[redacted]

DIFFERENTIALGLEICHUNGEN
LÖSUNGSMETHODEN UND LÖSUNGEN

VON

DR. E. KAMKE
UNIV.-PROF. A. D.

BAND. 1

GEWÖHNLICHE DIFFERENTIALGLEICHUNGEN

3. AUFLAGE

MIT 60 FIGUREN

CHELSEA PUBLISHING COMPANY
NEW YORK

THE PRESENT WORK IS PUBLISHED AT NEW YORK, N. Y.
IT IS PRINTED, 1971, ON LONG-LIFE ALKALINE PAPER
THIS 1971 EDITION IS A RE-ISSUE OF THE EDITION OF
1948. THE LATTER IS A REPRINT, WITH CORRECTIONS,
OF THE THIRD EDITION, PUBLISHED IN 1944 AT LEIPZIG

LIBRARY OF CONGRESS CATALOG CARD NUMBER 49-5862*

INTERNATIONAL STANDARD BOOK NUMBER 0-8284-0044-X

LIBRARY OF CONGRESS CLASSIFICATION NO. QA371.K282

DEWEY DECIMAL CLASSIFICATION NUMBER 517.38

PRINTED IN THE UNITED STATES OF AMERICA

Vorwort zur dritten Auflage.

Ziel und Inhalt dieses Buches waren in der ersten Auflage so umrissen: „Es soll in der Form eines Nachschlagewerks möglichst alles das enthalten, was von Nutzen sein kann, wenn man eine gegebene Differentialgleichung zu lösen oder ihre Lösungen näher zu untersuchen hat.

Der vorliegende Band behandelt die gewöhnlichen Differentialgleichungen und enthält:

A. Allgemeine Lösungsmethoden und Angaben über die Eigenschaften der Lösungen allgemeinerer Typen von Differentialgleichungen.

B. Theorie und Lösungsmethoden für die Rand- und Eigenwertaufgaben.

C. Rund 1500 Einzel-Differentialgleichungen in lexikographischer Anordnung mit ihren (nachgeprüften) Lösungen, Hinweisen für die Aufstellung der Lösungen und Literaturangaben."

Da seit dem Erscheinen der ersten Auflage noch nicht zwei Jahre vergangen sind, habe ich mich wie bei der zweiten Auflage im wesentlichen auf die Berichtigung der mir bekannt gewordenen Fehler beschränkt. Hinzugekommen sind dieses Mal einige Nachträge am Ende des Buches, die vor allem die linearen Differentialgleichungen zweiter Ordnung betreffen. Die Anzahl der behandelten Einzel-Differentialgleichungen ist dadurch auf rund 1600 gestiegen.

Für die Nachträge stand mir ein Manuskript des verstorbenen Professors *Franz Goldscheider* vom Luisenstädtischen Realgymnasium in Berlin zur Verfügung, das Herr Prof. *G. Witt*-Berlin bei der Zerstörung seiner Wohnung durch einen Luftangriff retten konnte und mir zur Verwertung übergeben hat. Ich danke Herrn *Witt* auch an dieser Stelle dafür. Das Manuskript *Goldscheider* enthält nahezu 400 lineare Differentialgleichungen zweiter Ordnung mit ihren Lösungen. Ein grosser Teil dieser Differentialgleichungen fand sich schon in meiner Sammlung. Wo es nötig schien, habe ich die aufgenommenen Lösungen *Goldscheiders* mit methodischen Bemerkungen versehen. Einen Teil von ihnen habe ich zu allgemeineren Typen zusammengefaßt. In diesen Fällen habe ich von einer Ursprungsangabe abgesehen.

Ich danke wiederum allen Benutzern des Buches, die mich auf dieses oder jenes aufmerksam gemacht haben, und bitte, mich auch fernerhin bei der weiteren Verbesserung und Ergänzung des Buches zu unterstützen. Dabei sei auch hier auf die in der Zeitschrift für angewandte Mathematik und Mechanik 22 (1942) 233 abgedruckte Einladung zur Veröffentlichung weiterer Einzel-Differentialgleichungen mit ihren Lösungen hingewiesen.

Tübingen, im Dezember 1943,
Eßlinger Str. 16.

E. Kamke.

Inhaltsverzeichnis.

§ 2. Systeme von allgemeinen expliziten Differentialgleichungen $y'_\nu = f_\nu(x, y_1, \ldots, y_n)$ $(\nu = 1, \ldots, n)$.

§ 3. Systeme von linearen Differentialgleichungen.

§ 4. Allgemeine Differentialgleichungen n-ter Ordnung.

§ 5. Lineare Differentialgleichungen n-ter Ordnung.

§ 6. Differentialgleichungen zweiter Ordnung.

§ 7. Lineare Differentialgleichungen dritter und vierter Ordnung.

§ 8. Numerische, graphische und maschinelle Integrationsverfahren.

B. Rand- und Eigenwertaufgaben.

§ 1. Rand- und Eigenwertaufgaben bei einer linearen Differentialgleichung n-ter Ordnung.

§ 2. Rand- und Eigenwertaufgaben bei Systemen linearer Differentialgleichungen.

§ 3. Rand- und Eigenwertaufgaben der niedrigeren Ordnungen.

C. Einzel-Differentialgleichungen.

Erklärung der Zeichen und Abkürzungen.

$a, b, \ldots, A, B, \ldots, \alpha, \beta, \ldots, k, m, n, \nu$ gegebene Konstanten (falls nichts anderes gesagt ist).

$C, C_1, C_2, \ldots$ willkürliche (Integrations-)Konstanten.

$\Re z = x,\ \Im z = y$ für $z = x + iy$.

$\exp u = e^u,\quad y' = \frac{dy}{dx},\quad f_x(x, y) = \frac{\partial f}{\partial x},\quad f_y(x, y) = \frac{\partial f}{\partial y}$.

sgn $u = +1, 0, -1$, je nachdem $u >, =, < 0$ ist.

$e_{p,q} = 0$ für $p \neq q$, $= 1$ für $p = q$.

$f(x) = o\,(g(x))$ für $x \to a$ besagt $\frac{f(x)}{g(x)} \to 0$ für $x \to a$.

$f(x) = O\,(g(x))$ für $x \to a$ besagt $\frac{f(x)}{g(x)}$ beschränkt für $x \to a$.

(a, b) = offenes Intervall $a < x < b$.

$\langle a, b\rangle$ = abgeschlossenes Intervall $a \leqq x \leqq b$.

$\mathfrak{G}(x, y)$ = Gebiet in der x, y-Ebene.

fin = untere Grenze, $\overline{\text{fin}}$ = obere Grenze.

D = Differential, Gl = Gleichung, I = Integral, also z. B.

DGl = Differentialgleichung, IKurve = Integralkurve.

Die Zahlenangaben bei Zitierung von Zeitschriften erfolgen in der Reihenfolge (Serie) Band (Jahreszahl) Seite, also z. B. Journal de Math. (4) 5 (1889) 376 = Journal de Mathématiques pures et appliquées, série 4, tome 5, 1889, p. 376.

Abel, Oeuvres: N. H. Abel, Oeuvres complètes. Christiania 1839.

Abhandlungen München: Abhandlungen der Königlich Bayerischen Akademie der Wissenschaften. Mathematisch-physikalische Klasse. München.

Acad. Belgique Bulletins: Académie royale de Belgique. Bulletins de la Classe des Sciences. Bruxelles.

Acad. Serbe: Académie Royale Serbe. Bulletin de l'Académie des Sciences mathématiques et naturelles. A: Sciences mathématiques et physiques. Belgrade.

Acad. Ukraïne: Académie des Sciences de l'Ukraïne. Mémoires de la Classe des Sciences Physiques et Mathématiques. Kiew.

Acta Math.: Acta Mathematica. Uppsala.

Acta Soc. Fennicae: Acta Societatis scientiarum Fennicae. Helsingforsiae.

Actualités scientif.: Actualités scientifiques et industrielles. Paris.

Akad. Wien: Akademie der Wissenschaften in Wien. Mathematisch-naturwissenschaftliche Klasse, Abt. IIa. Sitzungsberichte. Wien.

Americ. Journ. Math.: American Journal of Mathematics. Baltimore.

Americ. Math. Monthly: The American Mathematical Monthly. Menasha, Ithaca.

Annalen Hydrogr.: Annalen der Hydrographie und maritimen Meteorologie, Berlin.

Annalen Phys.: Annalen der Physik. Leipzig.

Annales Bruxelles: Annales de la Société Scientifique de Bruxelles. Louvain.

Annales École Norm.: Annales scientifiques de l'École Normale Supérieure. Paris.

Annales Toulouse: Annales de la Faculté des Sciences de l'Université de Toulouse. Paris, Toulouse.

Annali di Mat.: Annali di Matematica pura ed applicata. Bologna.

Annali Pisa: Annali della R. Scuola Normale Superiore di Pisa. Scienze fisiche e matematiche. Bologna.

Annals of Math.: Annals of Mathematics. Princeton.

Appell-Kampé de Fériet, Fonctions hypergéométriques: P. Appell — J. Kampé de Fériet, Fonctions hypergéométriques, polynomes d'Hermite. Paris 1926.

Archiv Elektrotechn.: Archiv für Elektrotechnik. Berlin.

Archiv Math.: Archiv der Mathematik und Physik. Leipzig, Berlin.

Arkiv för Mat.: Arkiv för Matematik, Astronomi och Fysik. Stockholm.

Artill. Monatsh.: Artilleristische Monatshefte. Berlin.

Atti Accad. Lincei: Atti della Reale Accademia Nazionale dei Lincei. Rendiconti. Classe di Scienze fisiche, matematiche e naturali. Roma.

Atti Pontificia Accad.: Atti della Pontificia Accademia delle Scienze Nuovi Lincei. Roma.

Atti Soc. Italiana: Atti della Società Italiana per il Progresso delle Scienze. Roma.

Atti Veneto: Atti del Reale Istituto Veneto di Scienze, Lettere ed Arti.

Bennett-Milne-Bateman, Numerical integration: A. A. Bennett — W. E. Milne — H. Bateman, Numerical integration of differential equations. Bulletin of the national research council 92, Washington 1933.

Berichte Leipzig: Berichte über die Verhandlungen der (Königlich) Sächsischen Gesellschaft der Wissenschaften zu Leipzig. Mathematisch-physische Klasse. Leipzig.

Berzolari Scritti: Scritti Matematici offerti a Luigi Berzolari. Pavia 1936.

Bieberbach, DGlen: L. Bieberbach, Theorie der Differentialgleichungen, 3. Aufl. Berlin 1930.

Biezeno-Grammel, Techn. Dynamik: C. B. Biezeno — R. Grammel, Technische Dynamik. Berlin 1939.

Bjerknes, Meteorologie: V. Bjerknes, Dynamische Meteorologie und Hydrographie II (Kinematik der Atmosphäre und Hydrosphäre). Braunschweig 1913.

Bôcher, Méthodes de Sturm: M. Bôcher, Leçons sur les méthodes de Sturm. Paris 1917.

Bol. mat.: Boletin matematico. Buenos Aires.

Bolletino Unione Mat. Italiana: Bolletino della Unione Matematica Italiana. Bologna.

Boole, Diff. Equations: G. Boole, A Treatise of Differential Equations. Cambridge 1859.

Buletinul Cernauţi: Buletinul Facultăţii de Stiinţe din Cernăuţi. Cernăuţi.

Bulletin Acad. Polonaise Cracovie A: Bulletin de l'Académie Polonaise des Sciences et des Lettres. Classe des Sciences Mathématique et Naturelles. Série A. Sciences Mathématiques. Krakau.

Bulletin Acad. URSS Leningrad: Bulletin de l'Académie des Sciences de l'Union des Républiques Soviétiques Socialistes. Classe des Sciences physico-mathématiques. Leningrad.

Bulletin Americ. Math. Soc.: Bulletin of the American Mathematical **Society.** Menasha, New York.

Bulletin Calcutta Math. Soc.: Bulletin of the Calcutta Mathematical Society. Calcutta.

Bulletin Liège: Bulletin de la Société Royale des Sciences de Liège.

Bulletin math. Fac. Sc.: Bulletin mathématique des Facultés des Sciences et des Grandes Écoles.

Bulletin math. Soc. Roumaine: Bulletin mathématique de la Société Roumaine des Sciences. București.

Bulletin Sc. math.: Bulletin des Sciences mathématiques. Paris.

Bulletin Soc. Math. France: Bulletin de la Société Mathématique de France. Paris.

Bulletin Soc. Math. Grèce: Bulletin de la Société Mathématique Grèce. Athen.

Commentarii math. Helvetici: Commentarii mathematici Helvetici. Zürich.

Compos. math.: Compositio mathematica. Groningen.

C. R. Paris: Comptes Rendus hebdomadaires des Séances de l'Académie des Sciences. Paris.

C. R. Moscou: Comptes Rendus (Doklady) de l'Académie des Sciences de l'URSS. Moscou.

C. R. Roumanie: Comptes Rendus des séances de l'Académie des Sciences de Roumanie. București.

Congrès sc. Bruxelles: Congrès national des sciences, Comptes rendus. Bruxelles 1930.

Courant, D- u. IRechnung: R. Courant, Vorlesungen über Differential- und Integralrechnung, 1. Aufl. Berlin 1927.

Courant-Hilbert, Methoden math. Physik: R. Courant — D. Hilbert, Methoden der mathematischen Physik I, 2. Aufl. Berlin 1931, II Berlin 1937.

Cranz, Ballistik: C. Cranz, Lehrbuch der Ballistik, I: Äußere Ballistik. 5. Aufl. Berlin 1925.

Darboux, Théorie des surfaces: G. Darboux, Leçons sur la théorie générale des surfaces II. Paris 1889.

Denkschriften Wien: Denkschriften der Kaiserlichen Akademie der Wissenschaften. Wien. Mathematisch-naturwissenschaftliche Klasse.

Deutsche Math.: Deutsche Mathematik. Leipzig.

Doetsch, Laplace-Transformation: G. Doetsch, Theorie und Anwendung der Laplace-Transformation. Berlin 1937.

Duffing, Erzwungene Schwingungen: G. Duffing, Erzwungene Schwingungen bei veränderlicher Eigenfrequenz und ihre technische Bedeutung. Sammlung Vieweg 41/42. Braunschweig 1918.

Duke Math. Journal: Duke Mathematical Journal. Durham.

Durand, Aerodynamic Theory: W. F. Durand, Aerodynamic Theory, vol. III. Berlin 1935.

Econometrica: Econometrica, Menasha, Wis. (USA).

Elektr. Nachr.-Techn.: Elektrische Nachrichten-Technik. Berlin.

Emden, Gaskugeln: R. Emden, Gaskugeln. Leipzig und Berlin 1907.

Encyklopädie: Encyklopädie der mathematischen Wissenschaften. Leipzig. II_1 1899—1916; II_2 1915; II_3 1909—1921.

Enseignement math.: L'Enseignement mathématique, Paris-Genève.

Ergebnisse Math.: Ergebnisse der Mathematik und ihrer Grenzgebiete. Berlin.

Euler: L. Euler, Institutiones Calculi Integralis, I—III, 3. Aufl., Petersburg 1824 bis 1827. Bd. IV, 1845.

Fick, DGlen: E. Fick, Aufgabensammlung über Differentialgleichungen. München und Berlin 1930.

Forsyth, Diff. Equations: A. R. Forsyth, Theory of Differential Equations, Bd. 2—4 Cambridge 1900—1902.

Forsyth-Jacobsthal, DGlen: A. R. Forsyth — W. Jacobsthal, Lehrbuch der Differentialgleichungen, 2. Aufl. Braunschweig 1912.

Frank-v. Mises, D- u. IGlen: Ph. Frank — R. v. Mises, Die Differential- und Integralgleichungen der Mechanik und Physik, Bd. I, 2. Aufl. Braunschweig 1930.

Fry, Diff. Equations: Th. C. Fry, Elementary Differential Equations. New York 1929.

Fuchs-Hopf-Seewald, Aerodynamik: R. Fuchs — L. Hopf — Fr. Seewald, Aerodynamik. 2. Aufl. Berlin, Bd. 1 (1934), Bd. 2 (1935).

Geiger-Scheel, Handbuch der Physik: H. Geiger — K. Scheel, Handbuch der Physik III, Mathematische Hilfsmittel der Physik. Berlin 1928.

Giornale Mat.: Giornale di Matematiche di Battaglini. Napoli.

Goursat, Cours d'Analyse: É. Goursat, Cours d'Analyse mathématique II, 4. Aufl. Paris 1925; III, 3. Aufl. 1923.

Halphen, Fonctions elliptiques: G. H. Halphen, Traité des fonctions elliptiques et de leurs applications. I—III, Paris 1886—1891.

Hamel, IGlen: G. Hamel, Integralgleichungen. Berlin 1937.

Haupt, Diss.: O. Haupt, Untersuchungen über Oszillationstheoreme. Diss. Würzburg 1911.

Hayashi, Funktionentafeln: K. Hayashi, Fünfstellige Funktionentafeln. Berlin 1930.

Heine, Kugelfunktionen: E. Heine, Handbuch der Kugelfunktionen, 2. Aufl. Berlin 1878.

Hilbert, IGlen: D. Hilbert, Grundzüge einer allgemeinen Theorie der linearen Integralgleichungen. Leipzig und Berlin 1912.

Hobson, Spherical harmonics: E. W. Hobson, The theory of spherical and ellipsoidal harmonics. Cambridge 1931.

Hohenemser, Lösung von Eigenwertproblemen: K. Hohenemser, Die Methoden zur angenäherten Lösung von Eigenwertproblemen in der Elastokinetik = Ergebnisse Math. Bd. 1, Heft 4. Berlin 1932.

Horn, DGlen: J. Horn, Gewöhnliche Differentialgleichungen, 2. Aufl. Berlin und Leipzig 1927.

Hort, DGlen: W. Hort, Die Differentialgleichungen des Ingenieurs, 2. Aufl. Berlin 1925.

Humbert, Fonctions de Lamé: P. Humbert, Fonctions de Lamé et fonctions de Mathieu = Mémorial des sciences mathématiques 10. Paris 1926.

Humbert, Potentiels: P. Humbert, Potentiels et Prépotentiels. Paris 1936.

Ince, Diff. Equations: E. L. Ince, Ordinary Differential Equations. London 1927.
Ingenieur-Archiv: Ingenieur-Archiv. Berlin.
Intermédiaire math.: L'intermédiaire des mathematiciens. Paris.
Intern. Math. Congress Cambridge: Proceedings of the fifth International Congress of Mathematicians. Cambridge 1912.

Jahnke-Emde, Funktionentafeln: E. Jahnke — F. Emde, Funktionentafeln, 2. Aufl. Leipzig und Berlin 1933.
Jahrbuch FdM: Jahrbuch über die Fortschritte der Mathematik. Berlin.
Jahrbuch schiffbautechn. Gesellschaft: Jahrbuch der schiffbautechnischen Gesellschaft. Berlin.
Jahresbericht DMV: Jahresbericht der Deutschen Mathematiker-Vereinigung. Leipzig.
Japanese Journal of Math.: Japanese Journal of Mathematics. Tokyo.
Journal de Math.: Journal de Mathématiques pures et appliquées. Paris.
Journal Franklin Institute: Journal of the Franklin Institute. Philadelphia.
Journal für Math.: Journal für die reine und angewandte Mathematik. Berlin.
Journal Hokkaido: Journal of the Faculty of Science, Hokkaido Imperial University.
Journal London Math. Soc.: Journal of the London Mathematical Society. London.
Journal Washington Acad.: Journal of the Washington Academy of Sciences. Washington.
Julia, Exercices d'Analyse: G. Julia, Exercices d'Analyse, Bd. 3. Paris 1933.

Kamke, DGlen: E. Kamke, Differentialgleichungen reeller Funktionen. New York
Kampé de Fériet, Fonction hypergéométrique: M. J. Kampé de Fériet, La fonction hypergéometrique = Mémorial des sciences mathématique 85. Paris 1937.
Klein, Hypergeometr. Funktion: F. Klein, Vorlesungen über die hypergeometrische Funktion. Berlin 1933.
Knopp, Unendl. Reihen: K. Knopp, Theorie und Anwendung der unendlichen Reihen. 3. Aufl. Berlin 1931.
Kowalewski, IGlen: G. Kowalewski, Integralgleichungen. Berlin und Leipzig 1930.
Kryloff, Solution approchée: N. Kryloff, Les méthodes de solution approchée des problèmes de la physique mathématique = Mémorial des sciences mathématiques 49. Paris 1931.

Laguerre, Oeuvres: Oeuvres de Laguerre, Paris 1898.
Levy-Baggott, Numerical studies: H. Levy — E. A. Baggott, Numerical studies in differential equations, Bd. 1. London 1934.
Lindow, Numerische Infinitesimalrechnung: M. Lindow, Numerische Infinitesimalrechnung. Berlin und Bonn 1928.

Madelung, Math. Hilfsmittel: E. Madelung, Die mathematischen Hilfsmittel des Physikers, 3. Aufl. Berlin 1936.
Mason, Randwertaufgaben: Ch. Mason, Randwertaufgaben bei gewöhnlichen Differentialgleichungen. Diss. Göttingen 1903.
Mat. Tidsskrift: Matematisk Tidsskrift. København.
Math. Annalen: Mathematische Annalen. Berlin.
Math. Gazette: The Mathematical Gazette. London.

Math. Zeitschrift: Mathematische Zeitschrift. Berlin.
Mathematica: Mathematica. Cluj.
Mathematical Notes: Mathematical Notes. A Review of Elementary Mathematics and Science. Edinburgh Mathematical Society.
Mathesis: Mathesis, Gembloux-Paris.
McLachlan, Bessel functions: N. W. McLachlan, Bessel functions for Engineers. Oxford 1934.
Meddelanden met.-hydr. Anstalt: Meddelanden från statens meteorologisk-hydrografiska Anstalt. Stockholm.
Mehmke, Graph. Rechnen: R. Mehmke, Leitfaden zum graphischen Rechnen. Leipzig-Berlin 1917.
Mémoires Liège: Mémoires de la Société des Sciences de Liège. Bruxelles.
Mémoires par divers Savants: Mémoires présentés par divers Savants à l'Académie des Sciences de l'Institut de France. Paris.
Memoirs College Engineering Kyoto: Memoirs of the College of Engineering. Kyoto Imperial University.
Memoirs Kyoto: Memoirs of the College of Science. Kyoto Imperial University. Series A.
Memoirs Kyūsyū: Memoirs of the Faculty of Science. Kyūsyū Imperial University. Series A, Mathematics. Hukuoka, Japan.
Memoirs Manchester: Memoirs and Proceedings of the Manchester Litterary and Philosophical Society. Manchester.
Mémorial Sci. Math.: Mémorial des Sciences Mathématiques. Paris.
Memorie Accad. d'Italia: Memorie della Reale Accademia d'Italia. Classe di Scienze fisiche e naturali.
Memorie Bologna: Memorie della R. Accademia delle Scienze dell'Istituto di Bologna. Classe di Scienze Fisiche. Bologna.
Mitteilungen Gutehoffnungshütte: Mitteilungen aus den Forschungsanstalten des Gutehoffnungshütte-Konzerns. Oberhausen (Rheinland).
Mitteilungen techn. Inst. Tung-chi-Universität: Mitteilungen aus den technischen Instituten der Staatlichen Tung-chi-Universität. Woosung (China).
Monatshefte f. Math.: Monatshefte für Mathematik und Physik. Leipzig.
Monthly Notices: Monthly Notices of the Royal Astronomical Society. London.
Morris-Brown, Diff. Equations: M. Morris — O. E. Brown, Differential Equations. New York 1935.
Moulton, Ballistics: F. R. Moulton, New Methods in Exterior Ballistics. Chicago, Illinois. 1926.
Moulton, Diff. Equations: F. R. Moulton, Differential Equations. New York 1930.
Myller, Diss.: A. Myller, Gewöhnliche Differentialgleichungen höherer Ordnung in ihrer Beziehung zu den Integralgleichungen. Diss. Göttingen 1906.

Nachrichten Göttingen: Nachrichten von der (Königlichen) Gesellschaft der Wissenschaften zu Göttingen. Mathematisch-physikalische Klasse. Göttingen.
Naturwissenschaften: Die Naturwissenschaften. Berlin.
Nielsen, Cylinderfunktionen: N. Nielsen, Handbuch der Theorie der Cylinderfunktionen. Leipzig 1904.
Nieuw Archief Wisk.: Nieuw Archief voor Wiskunde. Uitgegeven door het Wiskundig Genootschap te Amsterdam. Groningen.

Norsk mat. Tidsskrift: Norsk matematisk Tidsskrift. Kristiania.
Nouvelles Annales Math.: Nouvelles Annales de Mathématiques. Paris.
Nova Acta Halle: Nova Acta. Abhandlungen der Kaiserlich Leopoldinischen Deutschen Akademie der Naturforscher. Halle.
Nuovo Cimento: Il Nuovo Cimento. Bologna.
Nyt Tidsskrift Mat.: Nyt Tidsskrift for Matematik, Afdeling B, København.

Oregon Publication: University of Oregon Publication. Eugene (Oregon).
Oregon Publication, Math.: University of Oregon Publication, Mathematics Series. Eugene (Oregon).
Organ d. Eisenbahnwesens: Organ für die Fortschritte des Eisenbahnwesens in technischer Beziehung. Berlin und Wiesbaden.

Pascal, Integrafi: E. Pascal, I miei integrafi. Napoli 1914.
Pascal, Repertorium: E. Pascal, Repertorium der höheren Mathematik I, 2. Aufl. Leipzig und Berlin 1910—1929.
Perron, Kettenbrüche: O. Perron, Die Lehre von den Kettenbrüchen. 2. Aufl. Leipzig und Berlin 1929.
Petzval, DGlen: J. Petzval, Integration der linearen Differentialgleichungen, 2 Bde. Wien 1853 und 1859.
Philos. Magazine: The London, Edinburgh, and Dublin Philosophical Magazine. London.
Philosophical Transactions London: Philosophical Transactions of the Royal Society of London. London.
Physica: Physica. 's Gravenhage.
Physical Review: The Physical Review. Lancaster.
Physikal. Zeitschrift: Physikalische Zeitschrift. Leipzig.
Picard, Équ. differentielles: É. Picard, Leçons sur quelques problèmes aux limites de la théorie des équations différentielles. Paris 1930.
Poincaré, Mécanique céleste: H. Poincaré, Les méthodes nouvelles de la mécanique céleste. I—III. Paris 1892, 1893, 1899.
Poole, Diff. Equations: E. G. C. Poole, Introduction to the theory of linear differential equations. Oxford 1936.
Prace mat-fiz: Prace matematyczno-fizyczne. Warschau.
Proc. Acad. Allahabad: Proceedings of the Academy of Sciences. Allahabad.
Proc. Phys.-math. Soc. Japan: Proceedings of the Physico-mathematical Society of Japan. Tokyo.
Proceedings Acad. Tokyo: Proceedings of the Imperial Academy. Tokyo.
Proceedings Americ. Acad.: Proceedings of the American Academy of Arts and Sciences. Boston.
Proceedings Amsterdam: Koninklijke Nederlandsche Akademie van Wetenschappen. Proceedings of the Section of Sciences. Amsterdam.
Proceedings Cambridge: Proceedings of the Cambridge Philosophical Society, Cambridge.
Proceedings Edinburgh: Proceedings of the Royal Society of Edinburgh. Edinburgh.
Proceedings Edinburgh Math. Soc.: Proceedings of the Edinburgh Mathematical Society. London.

Proceedings London Math. Soc.: Proceedings of the London Mathematical Society. London.

Proceedings Soc. Japan: Proceedings of the Physico-mathematical Society of Japan. Tokyo.

Proceedings Soc. London: Proceedings of the Royal Society of London, Series A. London.

Proceedings Toronto: Proceedings of the international mathematical Congress Toronto 1924. Bd. 1, 2. Toronto 1928.

Proceedings USA Academy: Proceedings of the National Academy of Sciences of the United States of America. Boston

Publications math. Belgrade: Publications mathématiques de l'Université de Belgrade. Belgrade.

Quarterly Journal: The Quarterly Journal of pure and applied Mathematics. London.

Quarterly Journal Oxford: The Quarterly Journal of Mathematics, Oxford series. Oxford.

Recueil math. Moscou: Recueil mathématique de la Société Mathématique de Moscou.

Rendiconti Cagliari: Rendiconti del Seminario delle Facoltà di Scienze delle R. Università di Cagliari. Padova.

Rendiconti Istituto Lombardo: Reale Istituto Lombardo di Scienze e Lettere. Rendiconti. Milano.

Rendiconti mat.: Rendiconti di matematica e delle sue applicazioni. Regia Università di Roma e Reale Istituto Nazionale di alta Matematica. Roma.

Rendiconti Napoli: Rendiconti dell'Accademia delle Scienze fisiche e matematiche. Napoli.

Rendiconti Palermo: Rendiconti del Circolo Matematico di Palermo. Palermo.

Rendiconti Sem. Mat. Milano: Rendiconti del Seminario Matematico e Fisico di Milano. Milano.

Rendiconti Sem. Mat. Padova: Rendiconti del Seminario Matematico della R. Università di Padova. Padova.

Rendiconti Sem. Mat. Roma: Rendiconti del Seminario Matematico della R. Università di Roma.

Revue Électricité: Revue générale de l'Électricité. Organe de l'Union des Syndicats de l'Électricité et du Comité Électrotechnique Français. Paris.

Runge, Graphische Methoden: C. Runge, Graphische Methoden, 2. Aufl. Leipzig-Berlin 1919.

Runge-König, Numerisches Rechnen: C. Runge — H. König, Numerisches Rechnen. 1. Aufl. Berlin 1924.

Scarborough, Numerical Analysis: J. B. Scarborough, Numerical mathematical Analysis. Oxford 1930.

Schlesinger, Einführung in die DGlen: L. Schlesinger, Einführung in die Theorie der gewöhnlichen Differentialgleichungen auf funktionentheoretischer Grundlage. Berlin und Leipzig 1922.

Schlesinger, Handbuch der linearen DGlen: L. Schlesinger, Handbuch der Theorie der linearen Differentialgleichungen, 2 Bde. Leipzig 1895—1898.

Schrödinger, Wellenmechanik: E. Schrödinger, Abhandlungen zur Wellenmechanik. Leipzig 1928.

Schulz, Formelsammlung: G. Schulz, Formelsammlung zur praktischen Mathematik. Berlin und Leipzig 1937.

Schweiz. Bauzeitung: Schweizerische Bauzeitung. Zürich.

Schweiz. Naturf. Ges.: Denkschriften der Schweizerischen Naturforschenden Gesellschaft. Zürich.

Serret-Scheffers, Differential- und Integralrechnung: Serret-Scheffers, Lehrbuch der Differential- und Integralrechnung, Bd. 2, 6. und 7. Aufl. 1921, Bd. 3, 6. Aufl. Leipzig und Berlin 1924.

Sitzungsberichte Berlin. Math. Ges.: Sitzungsberichte der Berliner Mathematischen Gesellschaft. Göttingen.

Sitzungsberichte Heidelberg: Sitzungsberichte der Heidelberger Akademie der Wissenschaften. Mathematisch-naturwissenschaftliche Klasse, Abt. A. Heidelberg.

Sitzungsberichte München: Sitzungsberichte der mathematisch-physikalischen Klasse der K. B. Akademie der Wissenschaften zu München. München.

Sitzungsberichte Preuß. Akad.: Sitzungsberichte der Preußischen Akademie der Wissenschaften. Physikalisch-Mathematische Klasse. Berlin.

Strutt, Lamésche Funktionen: M. J. O. Strutt, Lamésche, Mathieusche und verwandte Funktionen in Physik und Technik = Ergebnisse der Mathematik und ihrer Grenzgebiete I_3, Berlin 1932.

Szegö, Orthogonal polynomials: G. Szegö, Orthogonal polynomials = American mathematical society colloquium publications 23. New York 1939.

Techn. Physics USSR: Technical Physics of the USSR. Leningrad.

Temple-Bickley, Rayleigh's principle: G. Temple – W. G. Bickley, Rayleigh's principle and its applications to Engineering. Oxford 1933.

Tôhoku Math. Journ.: The Tôhoku Mathematical Journal. Sendai (Japan).

Transactions Americ. Math. Soc.: Transactions of the American Mathematical Society. Menasha-New York.

Transactions Cambridge Soc.: Transactions of the Cambridge Philosophical Society. Cambridge.

Transactions Soc. Edinburgh: Transactions of the Royal Society of Edinburgh. Edinburgh.

Trefftz, Graphostatik: E. Trefftz, Graphostatik. Berlin-Leipzig 1936.

War Departm. Washington: Ordnance Textbook. War Department. Washington.

Washington Publications: University of Washington Publications in Mathematics. Washington.

Watson, Bessel functions: G. N. Watson, A treatise on the theory of Bessel functions. Cambridge 1922.

Weber-Festschrift: Festschrift Heinrich Weber gewidmet. Leipzig und Berlin 1912.

Wehrtechn. Monatshefte: Wehrtechnische Monatshefte. Berlin.

Westfall, Diss.: W. D. A. Westfall, Zur Theorie der Integralgleichungen. Diss. Göttingen 1905.

Weyrich, Zylinderfunktionen: R. Weyrich, Die Zylinderfunktionen und ihre Anwendungen. Leipzig und Berlin 1937.

Whittaker-Watson, Modern Analysis: E. T. Whittaker — G. N. Watson, A course of Modern Analysis, 4. Aufl. Cambridge 1927.

Willers, Graphische Integration: Fr. A. Willers, Graphische Integration. Berlin-Leipzig 1920.

Willers, Numerische Integration: Fr. A. Willers, Numerische Integration. Berlin-Leipzig 1923.

Willers, Prakt. Analysis: Fr. A. Willers, Methoden der praktischen Analysis. Berlin und Leipzig 1928.

Wiskundige Opgaven. Groningen.

Zeitschrift f. angew. Math. Mech.: Zeitschrift für angewandte Mathematik und Mechanik. Berlin.

Zeitschrift f. Astrophysik: Zeitschrift für Astrophysik. Berlin.

Zeitschrift f. Instrumentenkunde: Zeitschrift für Instrumentenkunde. Berlin.

Zeitschrift f. Math. Phys.: Zeitschrift für Mathematik und Physik. Leipzig.

Zeitschrift f. Phys.: Zeitschrift für Physik. Berlin.

Zeitschrift f. techn. Phys.: Zeitschrift für technische Physik. Leipzig.

Zeitschrift math. Unterricht: Zeitschrift für mathematischen und naturwissenschaftlichen Unterricht. Leipzig.

Zeitschrift VDI.: Zeitschrift des Vereins deutscher Ingenieure. Berlin.

Es sei noch auf folgendes Buch hingewiesen, in dem viel neuere Literatur verarbeitet ist, auf das jedoch im Text dieses Buches nicht Bezug genommen werden konnte:

G. Sansone, Equazioni differenziali nel campo reale. 2 Bde. Bologna 1941.

A. Allgemeine Lösungsmethoden.

§ 1. Differentialgleichungen erster Ordnung.

1. Explizite Differentialgleichungen $y' = f(x, y)$; allgemeiner Teil.

1·1. Bezeichnungen und Veranschaulichung der Differentialgleichung. Lösung, Integral, Integralkurve (IKurve) der Differentialgleichung

$$y' = f(x, y) \tag{1}$$

heißt jede differenzierbare Funktion $y = \varphi(x)$, welche diese Gl erfüllt, d. h. für welche

$$\varphi'(x) = f(x, \varphi(x))$$

identisch in x gilt. Ist f in dem betrachteten Bereich stetig, so hat jede Lösung $\varphi(x)$ stetige Ableitungen. Man findet auch die Bezeichnung Stammgleichung oder allgemeines Integral für eine nicht identisch erfüllte Gl

$$\Phi(x, y, C) = 0 \quad \text{oder} \quad \Phi(x, y) = C \tag{2}$$

von der Art, daß die Integrale von (1) gerade die differenzierbaren Funktionen $y = \varphi(x)$ sind, die man durch Auflösung dieser Glen nach y für einen gewissen Bereich der Konstanten C erhält; Φ selber wird dann eine Stammfunktion oder ebenfalls ein allgemeines Integral der DGl genannt[1]).

Wird zu jedem Punkt x, y des betrachteten Bereichs in der x, y-Ebene ein Winkel α bestimmt, für den

$$\operatorname{tg} \alpha = f(x, y)$$

ist, so heißt der Punkt x, y nebst der durch α festgelegten Richtung ein Linienelement. Die Gesamtheit der Linienelemente bildet ein Richtungsfeld, das die DGl veranschaulicht (Fig. 1). IKurve ist jede mit stetigen Tangenten versehene Kurve, die auf das Richtungsfeld paßt,

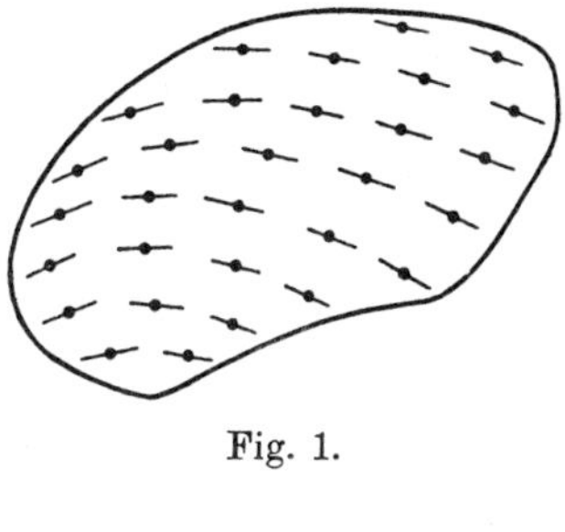

Fig. 1.

[1]) Die Bezeichnungen „StammGl" und „Stammfunktion" entstammen der älteren Literatur und sind dort wie auch in der obigen Einführung nicht präzis genug definiert. Vgl. hierzu 2·6 und 4·12.

d. h. die in jedem ihrer Punkte die durch das Richtungsfeld vorgeschriebene Richtung (Tangente) hat.

1·2. Existenz und eindeutige Bestimmtheit der Lösungen. Weiterhin wird (neben gelegentlichen anderen Voraussetzungen und wenn nichts anderes gesagt ist) stets vorausgesetzt, daß $f(x, y)$ in einem Gebiet $\mathfrak{G}(x, y)$ der x, y-Ebene stetig ist. Dann gilt der Existenzsatz von *Peano*: Durch jeden Punkt ξ, η von $\mathfrak{G}$ gibt es mindestens eine IKurve, und diese kann nach beiden Seiten bis an den Rand von $\mathfrak{G}$ fortgesetzt werden[1]).

Durch einen Punkt ξ, η kann mehr als eine IKurve gehen, wie das Beispiel C 1·57 zeigt[2]).

Durch den Punkt ξ, η gehen dann zwei IKurven (Maximal- und Minimal-Integral), so daß alle durch ξ, η gehenden IKurven zwischen jenen beiden liegen und das Gebiet zwischen ihnen vollständig überdecken. Für weitere Eigenschaften solcher Bündel von IKurven s. *P. Montel*, Bulletin Sc. math. (2) 50 (1926) 205—217; *E. Kamke*, Acta Math. 52 (1929) 327—339.

Es gibt sicher nur *eine* IKurve, wenn f in $\mathfrak{G}$ stetige partielle Ableitungen erster Ordnung hat oder eine Lipschitz-Bedingung

(3) $$|f(x, y_2) - f(x, y_1)| \leqq M\,|y_2 - y_1| \qquad (M \text{ konstant})$$

erfüllt[3]).

Für den Fall, daß $f(x, y)$ an der Stelle ξ, η unstetig ist, liefert 5·3 z. B. noch folgendes: Ist $f(x, y)$ für $0 < |x - \xi| \leqq a$, $|y - \eta| \leqq b$ stetig (Stetigkeit auf der Geraden $x = \xi$ wird also nicht verlangt) und ist dort

$$|f(x, y)| \leqq M(x), \quad |f(x, y_2) - f(x, y_1)| \leqq |y_2 - y_1|\, N(x),$$

wo $M(x)$ und $N(x)$ im *ganzen* Intervall $|x - \xi| \leqq a$ integrierbar sind, so gibt es genau ein Integral der DGl, das für $x \to \xi$ gegen η strebt. Die Integrierbarkeit von $M(x)$ und $N(x)$ ist z. B. gesichert, wenn $M(x)$ und $N(x) \leqq A\,(x - \xi)^{-\alpha}$ für ein $0 < \alpha < 1$ sind.

---

1) Vgl. z. B. *O. Perron*, Math. Annalen 76 (1915) 471—484. *Kamke*, DGlen, S. 59—65, 75—77. *M. Fukuhara*, Japanese Journal of Math. 5 (1928) 239—251. Einen Bericht über Existenzsätze und ihre Beweise findet man bei *M. Müller*, Jahresbericht DMV 37 (1928) 42f.

2) Es können sogar durch *jeden* Punkt des betrachteten Gebiets unendlich viele IKurven gehen; vgl. *M. Lavrentieff*, Math. Zeitschrift 23 (1925) 197—209.

3) Vgl. z. B. *Kamke*, DGlen, S. 98. Für weitere Eindeutigkeitssätze s. *M. Müller*, Sitzungsberichte Heidelberg 1927, 9. Abhandlung und Jahresbericht DMV 37 (1928) 45—48 sowie *E. Kamke*, Sitzungsberichte Heidelberg 1930, 17. Abhandlung. Auch später ist noch eine Reihe von Arbeiten zur Eindeutigkeitsfrage erschienen. Z. B.: *H. Okamura*, Memoirs Kyoto A 17 (1934) 319—328; s. dazu das Referat von *M. Müller* im Jahrbuch FdM 60_{II} (1934) 1093f. *A. Marchaud*, Mathematica 10 (1935) 1—31.

Ist $f(x, y)$ von der Gestalt $f(x, y) = h(x, y)/g(x, y)$, so läßt sich die DGl in der Gestalt

$$g(x, y)\, y' = h(x, y)$$

oder auch als System

$$x'(t) = g(x, y), \quad y'(t) = h(x, y)$$

schreiben. Für diese Gestalten der DGl s. auch 3, 4·12, 4·13, 7·2.

Über die Änderung der Integrale mit dem Anfangswert und mit der DGl selber s. 2·7 und 5·4.

Für die Untersuchung von Funktionen, die durch DGlen erster Ordnung bestimmt sind, s. z. B. *P. Boutroux*, Leçons sur les fonctions définies par les équations différentielles du premier ordre. Paris 1908.

2. Explizite Differentialgleichungen $y' = f(x, y)$; Lösungsverfahren.

2·1. Erste Orientierung und Methode der Polygonzüge. Hat man für die DGl 1 (1) das Richtungsfeld gezeichnet (vgl. auch 30·1), so kann man IKurven leicht ungefähr hineinskizzieren und damit eine ungefähre Übersicht über den Verlauf der IKurven gewinnen.

Es ist dabei oft nützlich, die sog. „Wendepunktskurve" zu zeichnen, d. h. diejenigen Punkte der IKurven, in denen $y'' = 0$ ist. Bei stetig differenzierbarem $f(x, y)$ ist für jede Lösung von 1 (1)

$$y'' = f_x + y' f_y = f_x + f f_y,$$

so daß die Bedingung $y'' = 0$ zu der Gleichung

$$(*) \qquad f_x + f f_y = 0$$

führt. Da die Bedingung $y'' = 0$ nur eine notwendige, aber keine hinreichende Bedingung für einen Wendepunkt ist, kann die „Wendepunktskurve" (*) auch Punkte enthalten, die keine Wendepunkte sind.

Beispiel: Für die Riccatische DGl $y' = x - y^2$ [zu dieser s. *O. Perron*, Math. Annalen 76 (1915) 480] ist die Wendepunktskurve $2y(x - y^2) = 1$.

Die Genauigkeit der Zeichnung läßt sich in naheliegender Weise steigern durch Vergrößerung des Maßstabes der Zeichnung und durch Vermehrung der Punkte, die Träger von Linienelementen sind. Abgesehen davon, daß die Vergrößerung des Maßstabes ihre Grenzen hat, ist einer der Hauptnachteile dieses Verfahrens, daß man, wenn man nur eine einzige IKurve benötigt, überflüssige Linienelemente zeichnen muß und daß deren Gewinnung aus einer analytisch gegebenen DGl garnicht immer hinreichend einfach ist.

Bei der Methode der Polygonzüge geht man daher, wenn man eine IKurve durch einen gegebenen Punkt ξ, η konstruieren soll, von dem

Punkt ξ, η ein Stück in der Richtung des zu ξ, η gehörigen Linienelements weiter, etwa bis zu einem Punkt ξ_1, η_1, sodann von ξ_1, η_1 wieder ein Stück weiter in der Richtung des zu ξ_1, η_1 gehörigen Linienelements, etwa bis zu einem Punkt ξ_2, η_2; usw. Man erhält so einen Polygonzug, der die gesuchte Kurve approximiert (Fig. 2 zeigt den entstehenden Polygonzug für die DGl $y' = -\frac{x}{y}$, wenn $\xi = 0$, $\eta = 1$ ist und wenn längs der x-Achse die feste Schrittlänge 0,1 gewählt wird; vgl. auch 30·3). Diese geometrische Formulierung läßt sich auch ins Analytische übertragen, so daß das Verfahren auch zur numerischen (genäherten) Berechnung des Integrals dienen kann. Erfüllt $f(x, y)$ eine der in 1·2 genannten Eindeutigkeitsbedingungen, so konvergieren die Polygonzüge bei unbegrenzt fortgesetzter Verfeinerung des Verfahrens, d. h. bei unbegrenzter Verkleinerung der Schrittlänge (und Vergrößerung der Schrittzahl) gegen die durch ξ, η gehende IKurve[1]). Wenn damit auch theoretisch gesichert ist, daß man durch Wahl einer passenden Schrittlänge eine hinreichend genaue Approximation der gesuchten IKurve bekommt, so können doch selbst Näherungskurven, die einen sehr glatten Verlauf zeigen, immer noch beträchtliche Abweichungen von der wahren IKurve aufweisen; z. B. hat die wahre IKurve (ein Halbkreis) zu der Fig. 2 für $x = 1$ die Ordinate 0, während die Näherungskurve 0,4 liefert. Für den weiteren Ausbau dieses Verfahrens und seine Verbesserung s. 30·4.

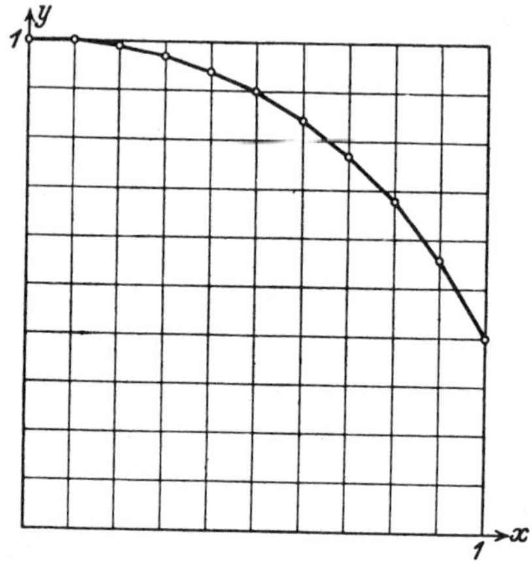

Fig. 2.

2·2. Das Iterationsverfahren von Picard-Lindelöf (Verfahren der sukzessiven Approximation oder der schrittweisen Näherung). In dem Rechteck

$$|x - \xi| < a \leqq \infty, \quad |y - \eta| < b \leqq \infty$$

mit dem Mittelpunkt ξ, η erfülle $f(x, y)$ eine Lipschitz-Bedingung 1 (3) und sei dort beschränkt, etwa $|f| \leqq A$; wählt man irgend eine durch ξ, η gehende stetige Kurve $y = \varphi_0(x)$, z. B. $\varphi_0 = \eta$, und setzt man weiter

1) Vgl. z. B. *M. Müller*, Sitzungsberichte Heidelberg 1927, 9. Abhandlung.

$$\varphi_1(x) = \eta + \int_\xi^x f(x, \varphi_0(x))\, dx\,,$$

$$\varphi_2(x) = \eta + \int_\xi^x f(x, \varphi_1(x))\, dx\,,$$

$$\cdots\cdots\cdots\cdots,$$

so konvergieren die $\varphi_n(x)$ für $n \to \infty$ mindestens in dem Intervall

$$|x - \xi| < \operatorname{Min}\left(a, \frac{b}{A}\right)$$

gegen die durch ξ, η gehende IKurve $\varphi(x)$[1]. Hat man $\varphi_0 = \eta$ gewählt, so gilt die Fehlerabschätzung

$$|\varphi_n(x) - \varphi(x)| \leqq \frac{A}{M} \sum_{\nu=n+1}^{\infty} \frac{M^\nu |x - \xi|^\nu}{\nu!}\,.$$

Haben $f(x, \eta)$ und der Differenzenquotient

$$D(x, y_1, y_2) = \frac{f(x, y_2) - f(x, y_1)}{y_2 - y_1} \qquad (y_2 \neq y_1)$$

in $\xi \leqq x \leqq \xi + a$ ein festes Vorzeichen, so gilt

$$\varphi_n(x) \lesseqgtr \varphi_{n+1}(x) \quad \text{für} \quad D > 0, \quad f(x, \eta) \gtreqless 0\,,$$

$$\varphi_{2n}(x) \lesseqgtr \varphi(x) \lesseqgtr \varphi_{2n+1}(x) \quad \text{für} \quad D < 0, \quad f(x, \eta) \gtreqless 0\,,$$

falls $\varphi_0 = \eta$ ist[2].

Erfüllt $f(x, y)$ nur die Voraussetzungen des zweiten Existenzsatzes von 1·2, so ist das Iterationsverfahren zur Gewinnung der Lösung ebenfalls noch anwendbar.

Das Verfahren ist auch zur genäherten numerischen Berechnung der Lösung brauchbar[3]. Man wertet dabei die vorkommenden bestimmten Integrale durch die Methoden der numerischen Integration aus, z. B. mittels der Trapezformel

$$\int_x^{x+h} g(x)\, dx \approx \frac{h}{2}\,[g(x) + g(x + h)]$$

oder mittels der Simpsonschen Regel

$$\int_x^{x+2h} g(x)\, dx \approx \frac{h}{3}\,[g(x) + 4g(x + h) + g(x + 2h)]\,.$$

Für den weiteren Ausbau dieses Verfahrens s. 28·2.

---

[1]) Vgl. z. B. *Kamke*, DGlen, S. 53ff.

[2]) *M. Gajas*, Bulletin Sc. math. (2) 58 (1934) 236—240; mit vereinfachtem Beweis im Referat von *M. Müller*, Jahrbuch FdM 60_{I} (1934) 374f.

[3]) Vgl. z. B. *Kamke*, DGlen, S. 58, Aufg. 18 nebst der Lösung auf S. 426. *Runge-König*, Numerisches Rechnen, S. 238—262, 300—311.

Geometrisch bedeutet das Iterationsverfahren folgendes (Fig. 3): Kennt man die Näherungskurve $y = \varphi_n(x)$, so werden ihre Punkte durch die Richtungskoeffizienten $f(x, \varphi_n(x))$ zu Linienelementen ergänzt. Diese Linienelemente werden längs ihrer Ordinaten so parallel verschoben, daß sie sich zu einer stetig differenzier-

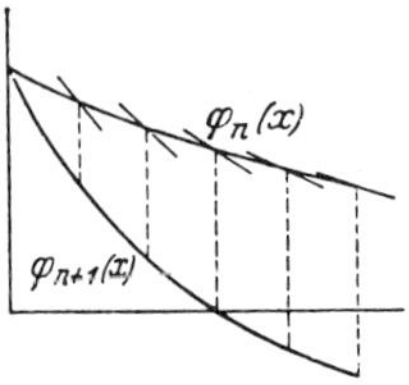

Fig. 3.

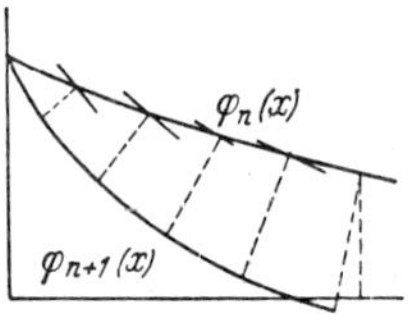

Fig. 4.

baren Kurve $y = \varphi_{n+1}(x)$ zusammenschließen. Wie *L. Vietoris*[1]) gezeigt hat, kann die Verschiebung auch längs anderer Kurven erfolgen, z. B. senkrecht zur Richtung des einzelnen Linienelementes; die Konvergenz kann dabei besser werden, aber man bekommt die neue Näherungsfunktion in einem veränderten Intervall (Fig. 4).

2·3. Ansetzen einer Potenzreihe. Ist $f(x, y)$ für

$$|x - \xi| < a \leqq \infty, \quad |y - \eta| < b \leqq \infty$$

in eine Potenzreihe

$$f(x, y) = \sum_{p, q} a_{p, q} (x - \xi)^p (y - \eta)^q$$

entwickelbar, so ist auch die durch ξ, η gehende IKurve $y = \varphi(x)$ der DGl I (1) in einer Umgebung der Stelle $x = \xi$ durch eine Potenzreihe

$$\varphi(x) = \eta + \sum_{\nu=1}^{\infty} c_\nu (x - \xi)^\nu$$

darstellbar. Die Reihe konvergiert mindestens für

$$|x - \xi| < \operatorname{Min}\left(a, \frac{b}{A}\right),$$

wenn A eine obere Schranke von $|f(x, y)|$ in dem vorher angegebenen Bereich ist. Die Koeffizienten lassen sich durch Vergleich entsprechender Potenzen von $x - \xi$ in

$$\sum_{p, q} a_{p, q} (x - \xi)^p \left\{ \sum_{\nu=1}^{\infty} c_\nu (x - \xi)^\nu \right\}^q = \sum_{\nu=1}^{\infty} \nu\, c_\nu (x - \xi)^{\nu - 1}$$

der Reihe nach berechnen[2]).

---

[1]) Monatshefte f. Math. 39 (1932) 15—50; 41 (1934) 384—391; 48 (1939) 19—25. Dort werden auch noch Verschiebungen mit Richtungsänderungen der Linienelemente behandelt.

[2]) Vgl. z. B. *Horn*, DGlen, S. 101ff.

2·4. Allgemeinere Reihenentwicklungen. *O. Perron*[1]) hat gezeigt, daß man noch in anderen, ziemlich allgemeinen Fällen die Lösungen der DGl 1 (1) in Gestalt von Reihenentwicklungen erhalten kann. Ist die DGl

$$(1) \qquad y' = \sum_{\nu=0}^{\infty} f_\nu(x)\, y^\nu$$

gegeben, so gehe man mit dem Ansatz

$$(2) \qquad y = \sum_{\nu=1}^{\infty} \varphi_\nu(x)$$

formal in die DGl (1) hinein. Man erhält

$$(3) \qquad \sum_{\nu=1}^{\infty} \varphi_\nu' = \sum_{p} \sum_{k_1, \ldots, k_p} \frac{(k_1 + \cdots + k_p)!}{k_1! \cdots k_p!} f_{k_1+\cdots+k_p}\, \varphi_1^{k_1} \cdots \varphi_p^{k_p}.$$

Die rechte Seite bringe man irgendwie durch formale Umordnung der Glieder in die Gestalt einer einfach unendlichen Reihe, so daß die obige Gl

$$(4) \qquad \sum_{\nu=1}^{\infty} \varphi_\nu'(x) = \sum_{\nu=1}^{\infty} \omega_\nu(x)$$

lautet; dabei soll in jedem ω_ν eine endliche oder unendliche Anzahl von Gliedern der rechten Seite von (3) zusammengefaßt sein, und zwar so, daß ω_1 kein φ_ν enthält und im übrigen jedes ω_ν nur $\varphi_1, \ldots, \varphi_{\nu-1}$ enthält. Die Gl (4) und damit auch (1) ist dann formal erfüllt, wenn

$$\varphi_\nu' = \omega_\nu \qquad (\nu = 1, 2, \ldots)$$

ist. Wird eine Lösung $y(x)$ mit dem Anfangswert $y(a) = \eta$ gesucht, so braucht man z. B. nur

$$\varphi_1(x) = \eta + \int_a^x \omega_1\, dx \quad \text{und} \quad \varphi_\nu(x) = \int_a^x \omega_\nu\, dx \quad \text{für } \nu > 1$$

zu setzen.

Die mit diesen Funktionen gebildete Reihe (2) konvergiert nebst der Reihe der ersten Ableitungen für $a \leqq x \leqq b$ absolut und gleichmäßig und ist eine Lösung von (1) mit dem Anfangswert $y(a) = \eta$, wenn folgende Bedingungen erfüllt sind:

(a) $f_\nu(x)$, $F_\nu(x)$ stetig für $a \leqq x \leqq b$, $|f_\nu| \leqq F_\nu$ und $F_\nu(x)$ wächst mit x monoton (Konstanz zugelassen);

(b) $\sum_{\nu=0}^{\infty} F_\nu(x)\, Y^\nu$ konvergiert für $Y = r > 0$ gleichmäßig in $a \leqq x \leqq b$;

(c) die DGl
$$Y' = \sum_{\nu=0}^{\infty} F_\nu(x)\, Y^\nu$$

hat eine Lösung, die den Anfangswert $Y(a) = |\eta|$ hat und für die $|Y(x)| \leqq r$ (also auch $|\eta| \leqq r$) gilt.

---

[1]) Sitzungsberichte Heidelberg 1919, 12., 2. und 8. Abhandlung mit Berichtigung ebenda 1920, 9. Abhandlung, Fussnote auf S. 10.

Durch Spezialisierung ergibt sich hieraus:

(A) $F_\nu(x) = K M^\nu$ (K und M positive Konstanten):

Wenn die Koeffizienten $f_\nu(x)$ der DGl (1) für $a \leqq x \leqq b$ stetig sind und den Ungleichungen

$$|f_\nu(x)| \leqq K M^\nu \qquad (\nu = 0, 1, 2, \ldots)$$

genügen und wenn $M|\eta| < 1$ ist, so liefert die vorhergehende Methode die Lösung in Gestalt der Reihe (2) mindestens in dem Intervall

$$a \leqq x \leqq \operatorname{Min}\left(b,\ a + \frac{(1 - M|\eta|)^2 - \varepsilon}{2KM}\right),$$

wobei $\varepsilon > 0$ beliebig klein sein darf.

(B) $F_0 = F_1 = 0$, $F_\nu = K M^{\nu-2}$ für $\nu \geqq 2$, also auch $f_0 = f_1 = 0$: Wenn die Koeffizienten $f_\nu(x)$ der DGl

$$y' = \sum_{\nu=2}^{\infty} f_\nu(x)\, y^\nu$$

für $a \leqq x \leqq b$ stetig sind und den Ungleichungen

$$|f_\nu(x)| \leqq K M^{\nu-2} \qquad (\nu = 2, 3, 4, \ldots)$$

genügen, und wenn $M|\eta| < 1$ ist, so liefert die vorhergehende Methode die Lösung in Gestalt der Reihe (2) mindestens in dem Intervall

$$a \leqq x \leqq \operatorname{Min}\left\{b,\ a + \frac{M}{K}\left[\log(M|\eta|) + \frac{1}{M|\eta|} - 1 - \varepsilon\right]\right\}.$$

Dieses Lösungsverfahren ist auch noch auf DGlen anderer Bauart anwendbar, wenn man folgende Transformationen anwendet:

Aus $y' = \sum_{\nu=1}^{\infty} f_\nu(x)\, y^\nu$ wird $z' = \sum_{\nu=2}^{\infty} f_\nu\, E^{\nu-1} z^\nu$

für $y = z E$, $E = \exp \int f_1\, dx$;

aus $y' = g(x)\, y + \sum_{\nu=0}^{\infty} f_\nu\, y^{-\nu}$ wird $z' = -\sum_{\nu=2}^{\infty} f_{\nu-2}\, E^{1-\nu} z^\nu$

für $y = \frac{E}{z}$, $E = \exp \int g\, dx$.

2·5. Reihenentwicklung nach einem Parameter[1]. In der von dem Parameter ϱ abhängenden DGl.

(5) $$y'(x) = \sum_{p+q \geqq 1} f_{p,q}(x)\, \varrho^p y^q \qquad (p \geqq 0,\ q \geqq 0)$$

[1]) Verschärfung eines Satzes von *Poincaré* durch *O. Perron*, Math. Annalen 113 (1936) 292—303.

seien die Koeffizienten $f_{p,q}(x)$ für $0 \leqq x \leqq a$ stetig und mögen dort für feste Zahlen $A > 0$, $r > 0$, $s > 0$ die UnGlen

$$|f_{p,q}| \leqq \frac{A\,s}{r^p\,s^q}$$

erfüllen, so daß die rechte Seite der DGl für $0 \leqq x \leqq a$, $|\varrho| < r$, $|y| < s$ konvergiert. Dann hat die Lösung $y(x)$ der DGl mit dem Anfangswert $y(0) = 0$ eine Entwicklung

$$(6) \qquad y(x) = \sum_{\nu=1}^{\infty} \varphi_\nu(x)\,\varrho^\nu \qquad (\text{alle } \varphi_\nu(0) = 0),$$

die für $0 \leqq x \leqq a$ und

$$|\varrho| < r \quad \sum_{\nu=1}^{\infty} \frac{\nu^{\nu-1}}{\nu!}(a+1)^{\nu-1}\,e^{-\nu(a+1)}$$

konvergiert; die Funktionen $\varphi_\nu(x)$ erhält man, indem man (6) in (5) einträgt und die Koeffizienten gleichhoher Potenzen von ϱ gleichsetzt. Für den Fall eines beliebigen Anfangswertes $y(0) = c$ s. 6·3.

2·6. Beziehung zu partiellen Differentialgleichungen. Die DGl 1 (1) steht in enger Beziehung zu der homogenen linearen partiellen DGl

$$(7) \qquad \frac{\partial z}{\partial x} + f(x, y)\frac{\partial z}{\partial y} = 0.$$

Einer der grundlegenden und leicht zu beweisenden Sätze über diese DGl lautet[1]: Ist $f(x, y)$ in dem Gebiet $\mathfrak{G}$ (x, y) stetig, so ist eine Funktion $z = \psi(x, y)$, die in $\mathfrak{G}$ stetige partielle Ableitungen erster Ordnung hat, in $\mathfrak{G}$ genau dann eine Lösung von (7), wenn $\psi(x, y) = \text{const}$ ist für jede IKurve $y = \varphi(x)$ der DGl 1 (1) (die Konstante darf mit φ wechseln), d. h. anschaulich ausgedrückt: wenn für die Fläche $z = \psi(x, y)$ die Projektionen der Höhenlinien auf die x, y-Ebene gerade die IKurven von 1 (1) sind.

Kennt man umgekehrt für die partielle DGl (7) eine Lösung $z = \psi(x, y)$, die in $\mathfrak{G}$ stetige partielle Ableitungen erster Ordnung hat und für die überdies $|\psi_x| + |\psi_y| > 0$ (abgesehen höchstens von isoliert liegenden Ausnahmepunkten in $\mathfrak{G}$) ist, so kennt man damit auch die Lösungen von 1 (1); sie sind nämlich die stetig differenzierbaren Lösungen $y = \varphi(x)$ der Gl $\psi(x, y) = C$ für alle möglichen Werte der Konstanten C. Die Funktion $\psi(x, y)$ ist dann also eine Stammfunktion im Sinne von 1·1.

Aber selbst wenn $f(x, y)$ beliebig oft differenzierbar ist, braucht es nicht immer für das volle Gebiet $\mathfrak{G}$ eine solche Stammfunktion zu geben[2]). Hat jedoch $f(x, y)$ in $\mathfrak{G}$ eine stetige partielle Ableitung f_y, so gibt es für

---

[1]) Vgl. z. B. *Kamke*, DGlen, S. 297ff.

[2]) *Ważewski*, Mathematica 8 (1933) 103ff.

jedes Teilgebiet $\mathfrak{g}$, das mit $\mathfrak{G}$ keinen im Endlichen gelegenen Randpunkt gemein hat und in dem f beschränkt ist, eine stetig differenzierbare Lösung $\psi(x, y)$ von (7), für die sogar stets $\psi_y > 0$ gilt und die somit eine Stammfunktion von I (I) ist[1]).

2·7. Abschätzungssätze.

(a) Ist $g(x, y)$ ebenso wie $f(x, y)$ in $\mathfrak{G}(x, y)$ stetig und erfüllt f dort eine Lipschitz-Bedingung mit der Lipschitz-Konstanten M, ist weiter in $\mathfrak{G}$

$$|f(x, y) - g(x, y)| \leqq \delta$$

und ist $y = \psi(x)$ eine durch den Punkt ξ, η gehende IKurve der DGl

$$y' = g(x, y),$$

so folgt aus (b) für die durch ξ, η gehende IKurve $y = \varphi(x)$ der DGl I (I) die Abschätzung[2])

$$|\varphi(x) - \psi(x)| \leqq \frac{\delta}{M}(e^{M|x-\xi|} - 1).$$

Man hat hiernach die Möglichkeit, kompliziertere DGlen dadurch genähert zu lösen, daß man zu passend gewählten benachbarten DGlen übergeht, die man leichter lösen kann. Davon wird schon bei der Aufstellung von DGlen, die technischen oder physikalischen Problemen entsprechen, weitgehend Gebrauch gemacht, indem bei dem mathematischen Ansatz mancherlei vernachlässigt wird.

(b)[3]) In dem Gebiet $\mathfrak{G}(x, y)$ sei $f(x, y)$ beschränkt und erfülle eine Lipschitz-Bedingung:

$$|f(x, y)| \leqq A, \quad |f(x, y_2) - f(x, y_1)| \leqq M|y_2 - y_1|.$$

Weiter seien $y = \varphi(x)$ und $y = \psi(x)$ für $a < x < b$ zwei stetig differenzierbare Kurven, die dem Gebiet $\mathfrak{G}$ angehören, durch Punkte ξ, η bzw. $\bar{\xi}, \bar{\eta}$ gehen und in dem Sinne ungefähr die DGl I (I) erfüllen, daß

$$|\varphi'(x) - f(x, \varphi(x))| \leqq \varepsilon_1, \quad |\psi'(x) - f(x, \psi(x))| \leqq \varepsilon_2$$

ist. Dann ist im ganzen Intervall $a < x < b$

$$|\varphi(x) - \psi(x)| \leqq \frac{\varepsilon_1 + \varepsilon_2}{M}(e^{M|x-\xi|} - 1)$$
$$+ [|\eta - \bar{\eta}| + (A + \varepsilon_1 + \varepsilon_2)|\xi - \bar{\xi}|]\, e^{M|x-\xi|}.$$

(c)[4]) Die Funktionen $f(x, y)$ und $g(x, y)$ seien in dem Gebiet $\mathfrak{G}(x, y)$ stetig und mögen dort die UnGl

(8) $$f(x, y) < g(x, y)$$

---

1) *E. Kamke*, Jahresbericht DMV 44 (1934) 156–161.

2) *Kamke*, DGlen, S. 94f.

3) *Kamke*, DGlen, S. 94.

4) *Kamke*, DGlen, S. 82, 91.

erfüllen. Sind $\varphi(x)$, $\psi(x)$ zwei Integrale der DGlen

$$\varphi' = f(x, \varphi) \quad \text{bzw.} \quad \psi' = g(x, \psi)$$

mit Anfangswerten $\varphi(\xi) \leqq \psi(\xi)$, so ist

(9) $$\varphi(x) \lesseqgtr \psi(x) \quad \text{für} \quad \xi \lesseqgtr x\,.$$

Erfüllt mindestens eine der Funktionen f, g eine der Eindeutigkeitsbedingungen von I·2, so kann in (8) das Zeichen $<$ durch $\leqq$ ersetzt werden; es ist dann auch in (9) das Gleichheitszeichen zuzulassen.

(d)[1]) In dem Gebiet $\mathfrak{G}(x, y)$ sei $f(x, y)$ stetig; ξ, η sei ein Punkt in $\mathfrak{G}$. Weiter seien $\psi_\nu(x)$ ($\nu = 1, 2$) stetige Funktionen, die in jedem Punkt des Intervalls $\xi \leqq x < a$ eine vordere und eine hintere Ableitung $D_+\psi_\nu$ bzw. $D_-\psi_\nu$ haben; das zwischen den Kurven $y = \psi_1$ und $y = \psi_2$ liegende Gebiet soll zu $\mathfrak{G}$ gehören. Ist dann

$$\psi_1(\xi) \leqq \eta \leqq \psi_2(\xi)$$

und für $\xi \leqq x < a$

$$D_\pm \psi_1(x) \leqq f(x, \psi_1(x)), \qquad D_\pm \psi_2(x) \geqq f(x, \psi_2(x)),$$

so existiert jede durch den Punkt ξ, η gehende IKurve $y = \varphi(x)$ von I (1) in dem ganzen Intervall $\xi \leqq x < a$, und es gilt dort

$$\psi_1(x) \leqq \varphi(x) \leqq \psi_2(x);$$

ψ_1, ψ_2 heißen Unter- und Oberfunktionen. Ist $\psi_1(\xi) = \psi_2(\xi) = \eta$, so sind die obere Grenze aller ψ_1 und die untere Grenze aller ψ_2 Integrale von I (1) mit dem Anfangswert η an der Stelle $x = \xi$.

(e)[2]) Ist $y(x)$ für $a \leqq x < b$ stetig und nach rechts differenzierbar, und gilt für zwei Konstante $M > 0$, $N \geqq 0$ die UnGl

$$|y'_+(x)| \leqq M\,|y(x)| + N\,,$$

so ist für je zwei Zahlen x, ξ des obigen Intervalls

$$|y(x)| \leqq |y(\xi)|\, e^{M|x-\xi|} + \frac{N}{M}\left(e^{M|x-\xi|} - 1\right).$$

2·8. Verhalten von Lösungen für große x[3]).

(a) $$y' = g(x)\, y + f(x, y)\,.$$

Hierin dürfen y, g, f komplex sein. In dem Bereich

$\mathfrak{B}$: $$x \geqq a, \quad |y| \leqq b$$

---

[1]) *O. Perron*, Math. Annalen 76 (1915) 471ff.

[2]) *Kamke*, DGlen, S. 93.

[3]) *G. Ascoli*, Berzolari Scritti, S. 617—635. Vgl. auch das Referat von *M. Müller* im Jahrbuch FdM 62_{II}, S. 1260f. Für lineare DGlen s. 4·4.

seien f und g stetig, ferner sei

$$g_1(x) = \Re g(x) > 0, \quad \lim_{x\to\infty} \frac{f(x,0)}{g_1(x)} = 0,$$

$$|f(x, y_2) - f(x, y_1)| \leqq \Theta\, g_1(x)\, |y_2 - y_1| \quad \text{für ein } 0 < \Theta < 1 .$$

Dann hat die DGl genau eine Lösung, die für alle hinreichend großen x existiert, dem Bereich $\mathfrak{B}$ angehört und für $x \to \infty$ gegen 0 strebt.

Ist

$$(10) \qquad \int_a^\infty g_1(x)\, dx$$

divergent, so gibt es keine weitere Lösung, die in $\mathfrak{B}$ für alle hinreichend großen x existiert. Ist (10) konvergent, so existiert die durch x_0, y_0 gehende IKurve für alle hinreichend großen x und zeigt das asymptotische Verhalten

$$(11) \qquad \lim_{x\to\infty} \left[y(x) - c \exp \int_a^x g(t)\, dt\right] = 0$$

mit einer passend zu wählenden Konstanten c, falls x_0 hinreichend groß und $|y_0|$ hinreichend klein ist.

(b)
$$y' = -g(x)\, y + f(x, y),$$

wo g und f die Voraussetzungen des ersten Teils von (a) erfüllen. Für alle hinreichend großen x_0 und hinreichend kleinen $|y_0|$ existiert die durch x_0, y_0 gehende IKurve für alle $x \geqq x_0$ und liegt in $\mathfrak{B}$. Ist (10) divergent, so streben alle diese IKurven für $x \to \infty$ gegen 0. Ist (10) konvergent, so gilt für die Lösungen wieder (11), jedoch mit $-g$ statt g.

(c) Die Ergebnisse gelten bei passenden Voraussetzungen auch für

$$y' = F(x, y).$$

Ist z. B. F in $\mathfrak{B}$ stetig, zweimal nach y differenzierbar und

$$\Re F_y > 0, \quad \lim_{x\to\infty} \frac{F(x,0)}{\Re F_y(x,0)} = 0, \quad \frac{F_{yy}(x,y)}{\Re F_y(x,0)} \text{ beschränkt in } \mathfrak{B},$$

so gibt es genau eine Lösung, die für alle hinreichend großen x existiert und mit $x \to \infty$ gegen 0 strebt.

2·9. Weitere Lösungsmethoden. Für diese s. § 8.

3. Implizite Differentialgleichungen $F(y', y, x) = 0$.

3·1. Über Lösungen und Lösungsmethoden. Bei der impliziten DGl

$$(1) \qquad F(y', y, x) = 0$$

können schon für sehr einfache Funktionen F die Verhältnisse ganz anders liegen als bei der expliziten DGl 1 (1). Z. B. hat die DGl

$$y'^2 - 2y' + y^2 + 1 = 0, \quad \text{d. h.} \quad (y'-1)^2 + y^2 = 0$$

überhaupt keine (reelle) Lösung; für $y'^2 = 1$ sind die Lösungen die Geraden $y = \pm x + C$, so daß durch jeden Punkt zwei sich rechtwinklig schneidende IKurven gehen.

Man hat daher auch nicht Lösungsmethoden von derselben Allgemeinheit wie bei der expliziten DGl. Man kann natürlich auch hier die Linienelemente $x, y, t = \operatorname{tg}\alpha$ bestimmen, die der Gl $F(t, y, x) = 0$ genügen, mit ihnen nach dem Muster von 1·1 und 2·1 das der DGl entsprechende Richtungsfeld aufbauen und durch dieses auf graphischem Wege zu Näherungslösungen gelangen.

Dabei kann wieder die „Wendepunktskurve" (vgl. 2·1) von Nutzen sein, die hier durch die beiden Glen

$$F = 0, \quad F_y y' + F_x = 0$$

gegeben ist, wobei y' als Parameter anzusehen ist.

Läßt sich $F(t, y, x)$ in eine Potenzreihe entwickeln, so kann man nach dem Muster von 2·3 für die Lösung $y(x)$ eine Potenzreihe ansetzen, mit dieser in die DGl hineingehen und durch Vergleich entsprechender Potenzen von x die Koeffizienten der Reihe bestimmen; anschließend muß natürlich noch die Konvergenz der für $y(x)$ erhaltenen Reihe untersucht werden.

In manchen Fällen läßt sich die DGl auch in der Gestalt

$$G(y', y, x) \cdot H(y', y, x) = 0$$

schreiben (zerfallende DGl); dann liefert jede Lösung einer der beiden DGlen

$$G(y', y, x) = 0, \quad H(y', y, x) = 0$$

natürlich auch Lösungen von (1); es ist dann jedoch noch zu untersuchen, ob sich aus Stücken der Lösungen dieser beiden DGlen noch weitere Lösungen zusammensetzen lassen.

Im allgemeinen führt man die DGl auf eine explizite DGl $y' = f(x, y)$ zurück, wo $t = f(x, y)$ eine Lösung von $F(t, y, x) = 0$ ist. Diese Reduktion ist nach einem bekannten Satz über implizite Funktionen in der Umgebung einer Stelle ξ, η, τ möglich, wenn $F(\tau, \eta, \xi) = 0$ und $F_t(\tau, \eta, \xi) \neq 0$ ist. Jedoch können bei diesem Verfahren Lösungen der DGl verloren gehen[1]).

Weiter gibt es das Verfahren der sog. Integration durch Differentiation (vgl. 4·14) und für einige besondere Typen noch andere Lösungsverfahren (vgl. 4)[2]).

---

[1]) Vgl. *O. Perron*, Jahresbericht DMV 22 (1913) 356ff.

[2]) Für einen allgemeineren Existenzsatz s. auch ***B. Manià***, Rendiconti Istituto Lombardo (2) 69 (1936) 461—476 und das Referat von *M. Müller* im Jahrbuch FdM 62_{II}, S. 1258—1260.

3·2. Reguläre und singuläre Linienelemente; Diskriminantenkurve und singuläre Lösungen. In älterer Bezeichnung heißen die Linienelemente x, y, t, welche die Gl $F(t, y, x) = 0$ erfüllen, regulär oder singulär, je nachdem für sie außerdem $F_t(t, y, x) \neq 0$ oder $= 0$ ist[1]). Die Punkte x, y, die Träger von singulären Linienelementen sind, bilden die sog. Diskriminantenkurve. Eine IKurve wird regulär oder singulär genannt, je nachdem sie ganz aus regulären oder singulären Linienelementen aufgebaut ist.

Beispiel 1: $x y' = y$. Die singulären Linienelemente sind $x = 0$, $y = 0$, t beliebig; die Diskriminantenkurve besteht nur aus dem einen Punkt 0,0. Die Integrale der DGl sind die Geraden $y = C x$. Durch den die Diskriminantenkurve darstellenden Punkt gehen alle IKurven.

Beispiel 2: $y'^2 = 4 x^2$. Die singulären Linienelemente sind $x = 0$, y beliebig, $t = 0$. Die Diskriminantenkurve ist demnach die y-Achse. Die Integrale der DGl sind die Parabeln $y = x^2 + C$ und $y = -x^2 + C$ und die aus Stücken von diesen zusammengesetzten differenzierbaren Funktionen. Durch jeden Punkt der Diskriminantenkurve gehen genau zwei der obigen IKurven (Fig. 5). Die Diskriminantenkurve ist selber keine IKurve. Keine IKurve ist, wenn sie hinreichend weit fortgesetzt ist, regulär.

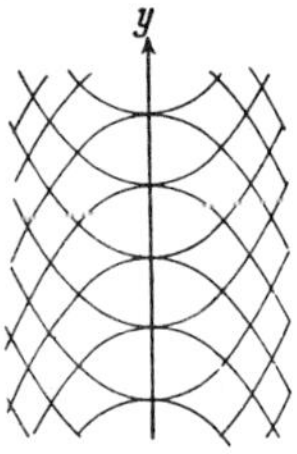

Fig. 5.

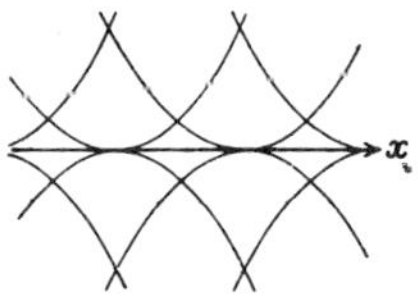

Fig. 6.

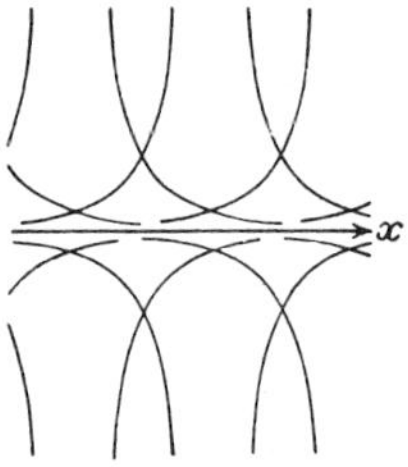

Fig. 7.

Beispiel 3: $y'^2 = 4\,|y|$. Die Diskriminantenkurve ist die x-Achse, die singulären Linienelemente sind x beliebig, $y = 0$, $t = 0$. Die Diskriminantenkurve ist

[1]) Vgl. hierzu etwa *Serret-Scheffers*, Differential- und Integralrechnung III, S. 118—134; *Kamke*, DGlen, S. 115ff. Gegen die obige Definition ist einzuwenden, daß nach ihr bei dem Beispiel $F = (t - x)^2$ jedes der DGl genügende Linienelement singulär ist; die DGl ist aber völlig gleichwertig mit der sehr einfachen expliziten DGl $y' = x$. Die obige Unterscheidung zwischen regulären und singulären Linienelementen erklärt sich daraus, daß in der Umgebung eines regulären Linienelements auf Grund des im vorletzten Absatz von 3·1 erwähnten Satzes über implizite Funktionen die DGl (1) nach y' aufgelöst werden kann. Der erwähnte Satz liefert aber nur eine hinreichende, keine notwendige Bedingung für die Auflösbarkeit, die Auflösung kann also auch in der Umgebung von singulären Linienelementen möglich sein. Daher hat *Kamke* a. a. O. die ältere Definition der singulären Linienelemente abgeändert. Für eine andere Abänderung s. *S. K. Zaremba*, Bulletin Acad. Polonaise Cracovie A 1931, S. 289—321 und das Referat von *Kamke* im Jahrbuch FdM 57_{I}, S. 505.

ein Integral, und zwar ein singuläres. Die Diskriminantenkurve berührt die IKurven $y = \pm (x + C)^2$ (Fig. 6). IKurven erhält man daher auch noch, indem man auf einer dieser Parabeln bis zu ihrer Berührung mit der x-Achse geht, auf dieser ein beliebiges Stück fortschreitet und dann auf eine neue Parabel übergeht.

Beispiel 4: $y'^2 = 4 |y|^3$. Singuläre Linienelemente und Diskriminantenkurve sind dieselben wie bei dem vorigen Beispiel. Die Diskriminantenkurve ist singuläres Integral. Die sämtlichen übrigen Integrale sind

$$y = \frac{1}{(x + C)^2} \quad \text{und} \quad y = -\frac{1}{(x + C)^2};$$

diese sind sämtlich regulär und haben die Diskriminantenkurve zur Asymptote (Fig. 7).

Für weitere Beispiele s. 4·18 und *Kamke*, DGlen, S. 119f.

4. Lösungsverfahren für besondere Typen von Differentialgleichungen.

4·1. Differentialgleichungen mit getrennten Variabeln $y' = f(x)$; $y' = g(y)$; $y' = f(x)\, g(y)$.

(a) $y' = f(x)$. Dieses ist der einfachste Typus einer DGl. Für stetiges $f(x)$ ist die durch den Punkt ξ, η gehende IKurve

$$y = \eta + \int_{\xi}^{x} f(x)\, dx .$$

(b) $y' = f(x)\, g(y)$, wobei auch $f \equiv 1$ sein kann.

Für stetige Funktionen $f(x)$, $g(y)$ und $g(\eta) \neq 0$ erhält man die durch den Punkt ξ, η gehende IKurve aus der Gl

$$\int_{\eta}^{y} \frac{dy}{g(y)} = \int_{\xi}^{x} f(x)\, dx$$

durch Auflösung nach y; ist $g(\eta) = 0$, so ist $y = \eta$ eine IKurve. Es können auch Lösungen auftreten, die aus den beiden Arten von IKurven zusammengesetzt sind.

Vgl. *Kamke*, DGlen, S. 5–21.

4·2. $y' = f(ax + by + c)$. Ist $b = 0$, so liegt der Fall 4·1 (a) vor. Ist $b \neq 0$, so ist die DGl auf 4·1 (b) zurückführbar, und zwar durch die Transformation $u(x) = a\,x + b\,y + c$. Für stetiges $f(u)$ und $a + b f(u) \neq 0$ erhält man daher die durch den Punkt ξ, η gehende IKurve aus

$$\int_{a\xi + b\eta + c}^{ax + by + c} \frac{du}{a + b\, f(u)} = x - \xi$$

durch Auflösung nach y.

Vgl. z. B. *Kamke*, DGlen, S. 21.

4·3. Lineare Differentialgleichungen $y' + f(x)\, y = g(x)$. Sind $f(x)$ und $g(x)$ für $a < x < b$ stetig, so ist die durch den Punkt ξ, η gehende IKurve

$$y = e^{-F}\left(\eta + \int_\xi^x g(x)\, e^F\, dx\right) \quad \text{mit} \quad F(x) = \int_\xi^x f(x)\, dx .$$

Diese hat, wenn $g(x) \neq 0$ ist, höchstens *einen* Punkt mit der x-Achse gemeinsam, da die Klammer dann eine eigentlich monotone Funktion ist.

Es durchläuft $y = \varphi_0(x) + \varphi(x)$ genau die sämtlichen Lösungen der DGl, wenn φ_0 eine feste Lösung ist und $\varphi(x)$ alle Lösungen der zugehörigen homogenen DGl, d. i. der DGl mit $g \equiv 0$ durchläuft. Für je drei verschiedene Lösungen φ_ν der DGl ist $(\varphi_3 - \varphi_2)/(\varphi_2 - \varphi_1)$ konstant.

Die Zeichnung des Richtungsfeldes der DGl wird dadurch erleichtert, daß die den Punkten einer „vertikalen" Graden $x = x_0$ zugeordneten Richtungen sämtlich auf denselben Punkt $P(x_0)$ mit den Koordinaten

$$\xi = x_0 + \frac{1}{f(x_0)}, \quad \eta = \frac{g(x_0)}{f(x_0)}$$

weisen. Diese Punkte $P(x_0)$ bilden die Leitkurve. Ist z. B. die DGl

$$y' + \frac{2x}{x^2+1}\, y = \frac{2x^2}{x^2+1}$$

gegeben, so erhält man für die Leitkurve die Parameterdarstellung

$$\xi = \frac{3x_0^2 + 1}{2x_0}, \quad \eta = x_0 ,$$

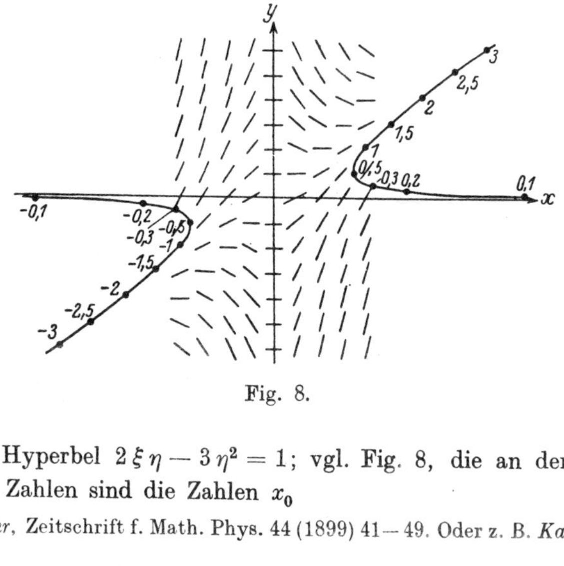

Fig. 8.

d. h. die Hyperbel $2\xi\eta - 3\eta^2 = 1$; vgl. Fig. 8, die an der Hyperbel stehenden Zahlen sind die Zahlen x_0

E. Czuber, Zeitschrift f. Math. Phys. 44 (1899) 41–49. Oder z. B. *Kamke*, DGlen, S. 29–34.

4·4. Asymptotisches Verhalten der Lösungen linearer Differentialgleichungen [1]

(A) $y' + a\,y = g(x)$ mit $g(x) \to b$ für $x \to \infty$.

Da nach 4·3

$$y = e^{-a\,x}\left(C + \int g(x)\,e^{a\,x}\,dx\right)$$

ist, ergibt die Bernoulli-l'Hospitalsche Regel, daß im Falle $\Re\,a > 0$ *jede* Lösung für $x \to \infty$ gegen $\frac{b}{a}$ strebt. Im Falle $\Re\,a < 0$ strebt nur die eine Lösung

$$y = -\,e^{-a\,x}\int_x^\infty e^{a\,x}\,g(x)\,dx$$

gegen $\frac{b}{a}$.[2]

(B) $x\,y' + (a\,x + b)\,y = x^\alpha\,P\left(\frac{1}{x}\right)$, wo $P(x)$ ein Polynom, $P(0) \neq 0$, α eine ganze Zahl, $a \neq 0$ und $\alpha + b \leqq 1$ ist.

(a) $a < 0$. Damit die auftretenden Integrale konvergieren, wird x auf den Bereich $x > 0$ beschränkt. Die Lösung

$$y = x^{-b}\,e^{-a\,x}\left(C - \int_x^\infty e^{a\,x}\,Q(x)\,dx\right) \quad \text{mit} \quad Q(x) = x^{\alpha+b-1}\,P\left(\frac{1}{x}\right)$$

hat die Eigenschaft, daß

$$y\,x^b\,e^{a\,x} \to C \quad \text{für} \quad x \to \infty$$

ist. Durch partielle Integration ergibt sich für beliebiges $m \geqq 0$

$$y\,x^b\,e^{a\,x} - C = e^{a\,x}\sum_{k=0}^{m}(-1)^k\,\frac{Q^{(k)}(x)}{a^{k+1}} + \frac{(-1)^m}{a^{m+1}}\int_x^\infty e^{a\,x}\,Q^{(m+1)}(x)\,dx\,,$$

und hieraus durch Abschätzung des Integrals bei festem m

$$\left|y - C\,x^{-b}\,e^{-a\,x} - \sum_{k=0}^{m}(-1)^k\,\frac{Q^{(k)}(x)}{{}^{k+1}}\,x^{-b}\right| < A\,x^{\alpha-m-2}\,.$$

Da A aus dem Integral der vorangehenden Gl näher bestimmt werden kann, ist diese Formel zur genäherten Berechnung von y für große x brauchbar, auch wenn die Reihe

$$\sum_k \frac{Q^{(k)}(x)}{a^{k+1}}$$

divergiert.

---

[1]) Vgl. auch 2·8.

[2]) *O. Perron*, Math. Zeitschrift 6 (1920) 158—160. *H. Späth*, ebenda 30 (1929) 487ff.

(b) $a > 0$. Jetzt soll $x < 0$ sein. Es ergibt sich dann entsprechend

$$y\,|x|^b\, e^{ax} - C = e^{ax} \sum_{k=0}^{m} (-1)^k \frac{Q^{(k)}(x)}{a^{k+1}} + \frac{(-1)^{m+1}}{a^{m+1}} \int_{-\infty}^{x} e^{ax}\, Q^{(m+1)}(x)\, dx\,,$$

wo jetzt

$$Q(x) = x^{\alpha-1}\,|x|^b\, P\left(\frac{1}{x}\right)$$

ist. Hieraus folgt bei festem m

$$\left| y - C\,|x|^{-b}\, e^{-ax} - \sum_{k=0}^{m} (-1)^k \frac{Q^{(k)}(x)}{a^{k+1}}\, |x|^{-b} \right| < A\,|x|^{\alpha-m-2}.$$

Beispiel: $x\,y' + x\,y = 1$. Die genaue Lösung ist

$$y = e^{-x}\left(C + \int \frac{e^x}{x}\, dx\right)$$

Nach (b) erhält man für $C = 0$:

$$\left| y - \sum_{k=0}^{m} \frac{k!}{x^{k+1}} \right| < \frac{(m+1)!}{|x|^{m+2}}.$$

Man schreibt hierfür auch

$$y \sim \sum_{k=0}^{\infty} \frac{k!}{x^{k+1}}\,,$$

obwohl die Reihe nicht konvergiert. Man nennt dieses eine asymptotische Entwicklung[1]) und versteht darunter den vorher geschilderten Sachverhalt.

(C) $x^2\, y' - (b\,x + a)\, y = x^{-\alpha}\, P(x)$; dabei sollen P, a, b, α dieselbe Bedeutung haben und denselben Beschränkungen unterliegen wie bei (B).

Für $y(x) = \eta(\xi)$, $\xi = \dfrac{1}{x}$ entsteht die DGl (B) mit ξ, η statt x, y. Durch Rücktransformation der dort aufgestellten asymptotischen Entwicklungen erhält man die im vorliegenden Fall geltenden asymptotischen Entwicklungen für kleine $|x|$.

Beispiel: $x^2\, y' + y = x$. Mit (B), (a) ergibt sich für kleine $x > 0$

$$y \sim \sum_{k=0}^{\infty} (-1)^k\, k!\, x^{k+1}$$

(D) Über das Verhalten der Lösungen von

$$x^k\, y' + f(x)\, y = g(x)$$

für $x \to 0$ s. *J. Horn*, Journal für Math. 120 (1899) 1—26; 122 (1900) 73—83; 143 (1913) 212—240.

---

[1]) Für derartige Entwicklungen s. *Knopp*, Unendl. Reihen, S. 554ff.

4·5. Bernoullische Differentialgleichungen $y' + f(x)\,y + g(x)\,y^\alpha = 0$.

Für $u(x) = y^{1-\alpha}$ entsteht die lineare DGl 4·3,

$$u' + (1-\alpha) f(x)\, u + (1-\alpha)\, g(x) = 0 .$$

4·6. Homogene und verwandte Differentialgleichungen.

(a) $y' = f\left(\frac{y}{x}\right)$. Für $y = x\,u(x)$ entsteht die DGl mit getrennten Veränderlichen

$$x\,u' = f(u) - u .$$

Die durch den Punkt ξ, η gehende IKurve erhält man also, falls $f\left(\frac{\eta}{\xi}\right) \neq \frac{\eta}{\xi}$ ist, aus

$$\int_{\eta/\xi}^{y/x} \frac{du}{f(u) - u} = \log \frac{x}{\xi} ,$$

indem man die Gl nach y auflöst. Ist $f\left(\frac{\eta}{\xi}\right) = \frac{\eta}{\xi}$, so ist $y = \frac{\eta}{\xi}\, x$ eine Lösung. Es kann auch Lösungen geben, die aus den beiden Arten zusammengesetzt sind.

Vgl. *Kamke*, DGlen, S. 24.

Die DGl

$$P(x, y)\, y' = Q(x, y) ,$$

wo P, Q ganze rationale und homogene Funktionen desselben Grades sind, geht in den Typus (a) über, wenn man durch die höchste vorkommende Potenz von x und durch $P\left(1, \frac{y}{x}\right)$ dividiert.

(b) $F\left(y', \frac{y}{x}\right) = 0$. In vielen Fällen wird man die DGl auf den Typus (a) zurückführen können. Man erhält aber auch alle Lösungen mit stetiger Ableitung y', die ständig $\neq 0$ ist, indem man alle stetigen Funktionen $\varphi(u)$ und alle stetig differenzierbaren Funktionen $\psi(u)$ bestimmt, für die $F(\varphi(u), \psi(u)) \equiv 0$ und ständig $\psi' \neq 0$, $\varphi \neq \psi$ ist; dann liefert

$$x = \exp \int \frac{\psi'}{\varphi - \psi}\, du , \quad y = x\,\psi(u)$$

die Lösungen der DGl in einer Parameterdarstellung.

(c) $y' = f\left(\frac{a x + b y + c}{\alpha x + \beta y + \gamma}\right)$.

Für $\Delta = a\beta - b\alpha \neq 0$ geht die DGl durch die Transformation

$$a u + b v = a x + b y + c, \quad \alpha u + \beta v = \alpha x + \beta y + \gamma,$$

d. h. durch

$$x = u + \frac{b\gamma - c\beta}{\Delta}, \quad y = v(u) + \frac{c\alpha - a\gamma}{\Delta}$$

über in den Typus (a)

$$\frac{dv}{du} = f\left(\frac{a\,u + b\,v}{\alpha\,u + \beta\,v}\right);$$

für $\Delta = 0$, $b \neq 0$ durch $v(x) = a\,x + b\,y + c$ in den Typus 4·1

$$\frac{dv}{dx} = a + b\,f\left(\frac{b\,v}{\beta v + b\gamma - c\beta}\right);$$

für $\Delta = 0$, $\beta \neq 0$ durch $v(x) = \alpha\,x + \beta\,y + \gamma$ in die DGl derselben Art

$$\frac{dv}{dx} = \alpha + \beta\,f\left(\frac{b\,v + c\beta - b\gamma}{\beta\,v}\right).$$

Vgl. z. B. *Kamke*, DGlen, S. 27—29.

(d) $\boldsymbol{y' = \frac{y}{x} + g(x)\,f\left(\frac{y}{x}\right)}$. Für $y = x\,u(x)$ entsteht die DGl vom Typus 4·1

$$x\,u' = g(x)\,f(u).$$

(e) $\boldsymbol{\left[f\left(\frac{y}{x}\right) + x^{\alpha}\,h\left(\frac{y}{x}\right)\right] y' = g\left(\frac{y}{x}\right) + y\,x^{\alpha-1}\,h\left(\frac{y}{x}\right)}$. Wird $y = x\,u(x)$ gesetzt und nachher u als unabhängige Veränderliche gewählt, so erhält man die Bernoullische DGl

$$[g(u) - u\,f(u)]\,\frac{dx}{du} = x\,f(u) + x^{\alpha+1}\,h(u).$$

Die *Darboux*sche DGl

$$[P\,(x, y) + x\,R\,(x, y)]\,y' = Q\,(x, y) + yR\,(x, y),$$

wo P, Q, R ganze rationale und homogene Funktionen sind und P, Q denselben Grad haben, geht in den obigen Typus über, wenn man durch die höchste, in P vorkommende Potenz von x dividiert.

Zu dieser DGl vgl. auch *Ince*, Diff. Equations, S. 29—31.

4·7. Gleichgradige Differentialgleichungen. Die DGl

$$P\,(y', y, x) = 0$$

heißt gleichgradig[1]), wenn $P\,(u, v, w)$ eine ganze rationale Funktion oder allgemeiner eine Summe von Gliedern $a\,u^{\lambda}\,v^{\mu}\,w^{\nu}$ von der Art ist, daß für passend gewählte Zahlen r, k mit $|r| + |k| > 0$ alle Glieder in $P\,(x^{k-r}, x^{k}, x^{r})$ von gleichem Grad sind[2]).

---

[1]) Oder auch eindimensional (*Jacobsthal*).

[2]) Die Methode, die Berührungspunkte mit 4·6 hat, ist auch noch in anderen Fällen anwendbar. Z. B. kann man die DGl $x^2\,y' = e^{xy}$ ebenfalls nach (a) behandeln. Für $y(x) = \frac{1}{x}\,\eta(\xi)$, $\xi = \log x$ wird aus der DGl $\eta' = \eta + e^{\eta}$.

(a) $r \neq 0$; es kann dann stets $r = 1$ gewählt werden. Die DGl geht bei der Transformation

$$y(x) = |x|^k \eta(\xi), \quad \xi = \log |x|$$

in eine DGl über, in der ξ nicht explizite vorkommt.

(b) $r = 0$. Die DGl geht für $u(x) = \frac{y'}{y}$ in eine algebraische Gl für u über. Nachdem man diese gelöst hat, hat man also nur noch die DGl $y' = u\,y$ mit getrennten Variablen zu lösen.

4·8. Spezielle Riccatische Differentialgleichungen $y' + a\,y^2 = b\,x^\alpha$.

Lit.: *F. Iseli*, Die Riccatische Differentialgleichung, Diss. Bern 1909. *Kamke*, DGlen, S. 37—41. *J. E. Ritt*, Bulletin Americ. Math. Soc. 33 (1927) 51—57. *Watson*, Bessel functions, S. 85—91, 111—123. Vgl. auch 4·9.

Für $u(x) = a\,y$, $c = a\,b$, $q = \frac{1}{2}\alpha + 1$ nimmt die DGl die Gestalt

$$u' + u^2 = c\,x^{2q-2}$$

an. Für andere Gestalten der DGl s. C 1·30, 99, 107.

Für $\alpha = 0$ s. C 1·23. Für $\alpha = -2$ s. C 1·143. Für $\alpha_n = -\frac{4n}{2n-1}$ (n eine ganze Zahl) wird die DGl durch die Transformation

$$\frac{1}{\eta(\xi)} = x^2\,y(x) - \frac{x}{a}, \quad \xi = x^{\alpha_n+3}$$

in

$$\eta' + \frac{b}{\alpha_n+3}\,\eta^2 = \frac{a}{\alpha_n+3}\,\xi^{\alpha_n-1}$$

übergeführt, und durch

$$\frac{1}{y(x)} = \xi^2\,\eta(\xi) + \frac{\alpha_n+1}{b}\,\xi, \quad \xi = x^{-(\alpha_n+1)}$$

in

$$\eta' - \frac{b}{\alpha_n+1}\,\eta^2 = -\frac{a}{\alpha_n+1}\,\xi^{\alpha_n-1}$$

(*D. Bernoulli*). Durch mehrfache Anwendung der ersten oder zweiten Transformation, je nachdem $n > 0$ oder < 0 ist, läßt sich die DGl also für Zahlen α der obigen Art auf den Fall $\alpha = 0$ zurückführen. In allen andern Fällen ist die DGl nicht durch Quadraturen und die elementaren Funktionen in „geschlossener" Form lösbar (*J. Liouville*).

Die DGl ist (vgl. 4·9) auf die lineare DGl zweiter Ordnung $y'' = a\,b\,x^\alpha\,y$ zurückführbar; zu dieser s. C 2·14. Die Lösungen dieser DGl lassen sich nach C 2·162 (10) auch durch die Besselschen Funktionen darstellen.

4·9. Allgemeine Riccatische Differentialgleichungen $y' = f(x)\,y^2 + g(x)\,y + h(x)$.

Lit.: *Kamke*, DGlen, S. 41—45. *Watson*, Bessel functions, S. 93f.

Durch die Transformation

$$y = E(x)\,u(x) \quad \text{mit} \quad E(x) = \exp \int g\,dx$$

nimmt die DGl die Gestalt

$$u' = f\,E\,u^2 + \frac{h}{E}$$

an, d. h. das lineare Glied ist fortgefallen. Ist $f \neq 0$ und sind f, g stetig differenzierbar, so erhält man für $u(x) = y + g/2f$ eine DGl derselben Gestalt, nämlich

$$u' = f\,u^2 + \left(\frac{g}{2\,f}\right)' - \frac{g^2}{4f} + h\,.$$

Für $$y = E(x)\,\eta(\xi), \quad \xi = -\int f(x)\,E(x)\,dx$$

erhält man die DGl

$$f\,E^2\,(\eta' + \eta^2) + h = 0\,,$$

bei der x in f, h, E nun noch durch ξ auszudrücken ist.

Ist $h \equiv 0$, so ist die DGl eine Bernoullische und für $u(x) = 1/y$ entsteht die lineare DGl

$$u' + g\,u + f = 0\,.$$

Die allgemeine Riccatische DGl steht in enger Beziehung zu den linearen DGlen zweiter Ordnung. Sind g, h für $a < x < b$ stetig und ist f differenzierbar, so wird jedes in einem Intervall $\alpha < x < \beta$ ($a \leqq \alpha < \beta \leqq b$) existierende Integral $y(x)$ durch

$$u(x) = \exp\left(-\int f\,y\,dx\right)$$

übergeführt in ein von Null verschiedenes Integral der linearen DGl

$$f\,u'' - (f' + f\,g)\,u' + f^2\,h\,u = 0$$

(für die spezielle Riccatische DGl 4·8 lautet diese: $u'' = a\,b\,x^\alpha\,u$), und umgekehrt geht jede Lösung $u \neq 0$ dieser DGl, falls $f \neq 0$ ist, durch

$$y(x) = -\frac{u'}{u\,f(x)}$$

in eine Lösung der Riccatischen DGl über. Diese Transformation ist wichtig, weil die lineare DGl in manchen Fällen leichter zu lösen ist als die ursprüngliche Riccatische DGl.

Kennt man für $a < x < b$ eine Lösung $\varphi(x)$ der Riccatischen DGl, so braucht man nur noch eine lineare DGl erster Ordnung zu lösen: $y(x)$ ist für $a \leqq \alpha < x < \beta \leqq b$ genau dann ein von $\varphi(x)$ verschiedenes Integral, wenn

$$\Phi(x) = \frac{1}{y(x) - \varphi(x)} \qquad \text{für} \quad \alpha < x < \beta$$

ein nirgends verschwindendes Integral der DGl

$$z' + (2\,f\,\varphi + g)\,z + f = 0$$

ist.

Für je vier verschiedene Lösungen $\varphi_\nu(x)$ der Riccatischen DGl ist das Doppelverhältnis

$$\frac{\varphi_3 - \varphi_1}{\varphi_4 - \varphi_1} : \frac{\varphi_3 - \varphi_2}{\varphi_4 - \varphi_2}$$

konstant. Kennt man drei Lösungen, so kann man weitere Lösungen finden, indem man das obige Doppelverhältnis gleicn verschiedenen Konstanten setzt. — Haben vier Funktionen $\varphi_\nu(x)$ für $a < x < b$ stetige Ableitungen und ist $\varphi_1 \varphi_4 - \varphi_2 \varphi_3 \neq 0$, so genügt die Gesamtheit der Funktionen

$$y = \frac{\varphi_1 + C\varphi_2}{\varphi_3 + C\varphi_4}$$

einer Riccatischen DGl.

Wegen der engen Beziehung der Riccatischen DGl zu den wichtigen linearen DGlen zweiter Ordnung ist immer wieder nach Fällen gesucht worden, in denen man eine oder sogar alle Lösungen der DGl leicht angeben kann. Dieses trifft z. B. in folgenden Fällen zu·

(a) $f + g + h \equiv 0$:

$$y = \frac{C + \int (f+h) E\,dx - E}{C + \int (f+h) E\,dx + E} \quad \text{mit} \quad E = \exp \int (f-h)\,dx\,.$$

M. Kourensky, Proceedings London Math. Soc. (2) 24 (1926) 202—210, insbes. 207.

(b) Ist allgemeiner

$$a^2 f + a b g + b^2 h \equiv 0$$

für passend gewählte Konstante a, b mit $|a| + |b| > 0$, so ist die DGl für $b = 0$, d. h. für $f \equiv 0$ linear und geht für $b \neq 0$ durch $y = \frac{a}{b} + u(x)$ in die Bernoullische DGl

$$u' = f u^2 + \left(\frac{2a}{b} f + g\right) u$$

über, ist also in jedem Falle leicht lösbar.

(c) Für $h = C_0^2 f \exp 2 \int g\,dx$ und $fh > 0$ sind

$$y = \sqrt{\frac{h}{f}}\, \mathrm{tg} \left(\int \sqrt{fh}\,dx + C\right)$$

Lösungen; ist $fh < 0$, so ist $y = \sqrt{-\frac{h}{f}}\, \mathfrak{Tg}\left(\int \sqrt{-fh}\,dx + C\right)$ zu setzen.

Abel, Oeuvres II, S. 230.

(d) Ist $$h = f\Psi^2 - \Phi\Psi + \Psi'$$

für eine passend gewählte Funktion $\Phi(x)$ und $\Psi = \frac{\Phi - g}{2f}$, so ist offenbar $y = \Psi$ eine Lösung der DGl. Die obige Bedingung ist z. B. erfüllt, wenn zwischen den Koeffizienten eine der folgenden Glen besteht:

$$4h = \frac{g^2}{f} - 2\left(\frac{g}{f}\right)' \qquad (\Phi = 0);$$

$$2g = 4\sqrt{fh} + \frac{h'}{h} - \frac{f'}{f} \qquad \left(\Phi = g - 2\sqrt{fh}\right);$$

$$4h = 2\left(\frac{1}{f}\right)'' - f\left(\frac{1}{f}\right)'^2 - 2\left(\frac{g}{f}\right)' + \frac{g^2}{f} \qquad \left(\Phi = -\frac{f'}{f}\right).$$

D. Mitrinovitch, C. R. Paris 206 (1938) 411–413. *R. Guigue*, Bulletin Sc. math. (2) 62 (1938) 166–171.

(e) Sind $G(x)$, $H(x)$ Polynome, so hat

$$y' = y^2 + G(x)\, y + H(x)$$

kein Polynom als Lösung, wenn der Grad von

$$\Delta = G^2 - 2G' - 4H$$

ungerade ist; ist der Grad gerade, so sind Polynom-Lösungen höchstens die Funktionen

(1) $$y = -\frac{1}{2}\left(G \pm \left[\sqrt{\Delta}\right]\right),$$

wobei $\left[\sqrt{\Delta}\right]$ der ganze rationale Teil in der Entwicklung von $\sqrt{\Delta}$ nach fallenden Potenzen von x $\left(\text{also z. B. } \left[\sqrt{x^4 - 2x^3 + x - 6}\right] = x^2 - x - \frac{1}{2}\right)$ ist. *Beide* Funktionen (1) sind genau dann Lösungen, wenn Δ konstant ist.

E. D. Rainville, Americ. Math. Monthly 43 (1936) 473–476.

Für weitere Untersuchungen über „elementar integrierbare" Fälle s. *M. Kourensky*, a. a. O. sowie Atti Accad. Lincei (6) 9 (1929) 450–457. *R. Lagrange*, Bulletin Soc. Math. France 66 (1938) 155–163. *Chiellini*, Rendiconti Cagliari 9 (1939) 142–155. *L. Tchacaloff*, Giornale Mat. 63 (1925) 139–179.

4·10. Abelsche Differentialgleichungen erster Art $y' = \sum_{\nu=0}^{3} f_\nu(x)\, y^\nu$.

Lit.: *P. Appell*, Journal de Math. (4) 5 (1889) 361–423. *R. Liouville*, Acta Math. 27 (1903) 55–78. *P. Boutroux*, Annals of Math. (2) 22 (1920–21) 1–10.

(a) Sind f_1 stetig, f_2 und f_3 stetig differenzierbar und $f_3 \neq 0$, so geht die DGl

(2) $$y' = \sum_{\nu=0}^{3} f_\nu(x)\, y^\nu$$

durch die Transformation

$$y = w(x)\,\eta(\xi) - \frac{f_2}{3f_3}, \quad \xi = \int f_3 w^2\, dx$$

mit

$$w(x) = \exp \int \left(f_1 - \frac{f_2^2}{3f_3}\right) dx$$

über in die Normalform

(3) $$\eta' = \eta^3 + I(x)$$

mit

$$f_3 w^3 I = f_0 + \frac{d}{dx}\frac{f_2}{3 f_3} - \frac{f_1 f_2}{3 f_3} + \frac{2 f_2^3}{27 f_3^2}.$$

(b) Ist $u(x)$ eine Lösung der ursprünglichen DGl, so geht sie durch die Transformation

$$y = u(x) + \frac{E(x)}{z(x)} \quad \text{mit} \quad E(x) = \exp \int (3 f_3 u^2 + 2 f_2 u + f_1)\, dx$$

über in die DGl

(4) $$z' + \frac{\Phi_1}{z} + \Phi_2 = 0$$

mit

$$\Phi_1(x) = f_3 E^2, \quad \Phi_2(x) = (3 f_3 u + f_2) E .$$

Zu dieser DGl vgl. 4·11. Ist $\Phi_2 = 0$, d. h. ist $u = -f_2/3 f_3$ eine Lösung der ursprünglichen DGl (2), so kann man (4), also auch (2) lösen. Dieses ist der Fall bei

(c) $$y' = f_3 y^3 + f_2 y^2 + f_1 y - \left(\frac{f_2}{3 f_3}\right)' + \frac{f_2}{3 f_3}\left(f_1 - \frac{2}{9}\frac{f_2^2}{f_3}\right);$$

man erhält die Lösungen

$$y(x) = E_1 \left(C - 2 \int f_3 E_1^2\, dx\right)^{-\frac{1}{2}} - \frac{f_2}{3 f_3}$$

mit

$$E_1(x) = \exp \int \left(f_1 - \frac{f_2^2}{3 f_3}\right) dx .$$

P. Scalizzi, Atti Accad. Lincei (5) 26 (1917) 60–64.

(d) Ist $f_0 \equiv 0$, d. h. ist die DGl

$$y' = f_3 y^3 + f_2 y^2 + f_1 y$$

gegeben und ist $f_2 \neq 0$, so geht die DGl durch die Transformation

$$y(x) = u(x)\, \eta(\xi), \quad \xi = \int u f_2\, dx, \quad u = \exp \int f_1\, dx$$

über in

(5) $$\eta'(\xi) = g(\xi)\, \eta^3 + \eta^2 \quad \text{mit} \quad g(\xi) = u(x) \frac{f_3(x)}{f_2(x)}.$$

Weiter geht (5) durch

(6) $$\xi'(t) = -\frac{1}{t\, \eta(\xi)}$$

über in

(7) $$t^2 \xi'' + g(\xi) = 0 .$$

Kann man $\xi(t)$ aus (7) berechnen, so führt (6) zu der Funktion $\eta(\xi)$.

R. Liouville, a. a. O. *H. Lemke*, Sitzungsberichte Berlin. Math. Ges. 18 (1920) 26f.

(e) Ist $f_0 \equiv 0$ und $f_2 \equiv 0$, so ist die DGl eine Bernoullische DGl und geht durch

$$y = u(x) \exp \int f_1 \, dx$$

über in die DGl mit getrennten Variabeln

$$u' = u^3 \exp 2 \int f_1 \, dx ,$$

und aus dieser erhält man

$$\frac{1}{u^2} = -2 \int \exp (2 \int f_1 \, dx) \, dx + C .$$

(f) Ist $f_0 \equiv 0$, $f_1 \equiv 0$ und $\left(\frac{f_3}{f_2}\right)' = a f_2$ für eine gewisse Konstante a, so geht die DGl durch $y = \frac{f_2}{f_3} u(x)$ über in die DGl mit getrennten Variabeln

$$u' = \frac{f_2^3}{f_3^2} (u^3 + u^2 + a u) .$$

A. Chiellini, Bolletino Unione Mat. Italiana 10 (1931) 301—307.

(g) Genügt die Funktion (Invariante)

$$\Phi(x) = f_0 f_3^2 + \frac{1}{3} (f_2' f_3 - f_2 f_3' - f_1 f_2 f_3) + \frac{2}{27} f_2^3$$

für eine passend gewählte Konstante α der DGl

$$f_3 \Phi' + (f_2^2 - 3 f_1 f_3 - 3 f_3') \Phi = 3 \alpha \Phi^{\frac{5}{3}} ,$$

so ist

$$y = \frac{3 \Phi^{\frac{1}{3}} u - f_2}{3 f_3} ,$$

wo $u = u(x)$ durch

$$\int \frac{du}{u^3 - \alpha u + 1} + C = \int \frac{\Phi^{\frac{2}{3}}}{f_3} \, dx$$

bestimmt ist. Ist $\Phi \equiv 0$, so ist $y = -\frac{f_2}{3 f_3}$ eine Lösung; die DGl geht durch

$$y = u(x) - \frac{f_2}{3 f_3}$$

über in die Bernoullische DGl

$$u' = f_3 u^3 + \left(f_1 + \frac{f_2^2}{3 f_3}\right) u .$$

M. Chini, Rendiconti Istituto Lombardo (2) 57 (1924) 506ff.

4·11. Abelsche Differentialgleichungen zweiter Art.

(a) $[y + g(x)] \, y' = f_2(x) \, y^2 + f_1(x) \, y + f_0(x)$

Lit.: *Abel*, Oeuvres II, S. 236—245. *R. Liouville*, Acta Math. 27 (1903) 55—78.

Für $u(x) = (y + g) E$ mit $E = \exp(-\int f_2\,dx)$

nimmt die DGl die speziellere Gestalt

(8) $$u\,u' = (f_1 + g' - 2 f_2 g) E u + (f_0 - f_1 g + f_2 g^2) E^2$$

an, und durch die Transformation

$$y + g = \frac{1}{u(x)}$$

geht sie, soweit $y + g \neq 0$ ist, über in die DGl 4·10

$$u' + (f_2 g^2 - f_1 g + f_0) u^3 + (f_1 - 2 f_2 g + g') u^2 + f_2 u = 0 .$$

Die DGl (8) ist von der Gestalt

$$y\,y' = f_1(x)\,y + f_0(x) ,$$

und diese DGl geht durch die Transformation

$$y = u(x) + F(x) \quad \text{mit} \quad F(x) = \int f_1\,dx$$

in

$$(u + F)\,u' = f_0$$

über. Ist $f_0 \neq 0$, so ergibt sich hieraus für

$$u(x) = \eta(\xi), \quad \xi = \int f_0\,dx$$

noch

$$(\eta + F)\,\eta' = 1 .$$

Für einzelne DGlen dieser Art hat *Abel* Lösungen angegeben, außerdem zu Multiplikatoren von gegebener Beschaffenheit zugehörige DGlen. Ist z. B. in der DGl (a)

$$f_1 = 2 f_2 g - g',$$

so ist

$$y = -g + E\,[2 \int (f_0 + g g' - f_2 g^2) E^{-2}\,dx]^{\frac{1}{2}} \quad \text{mit} \quad E = \exp \int f_2\,dx .$$

Die DGl

$$(y + g)\,y' = f_2 y^2 + f_1 y + f_1 g - f_2 g^2$$

hat die Lösungen

$$y = -g + E \int (f_1 + g' - 2 f_2 g) E^{-1}\,dx \quad \text{mit} \quad E = \exp \int f_2\,dx .$$

(b) $[g_1(x)\,y + g_0(x)]\,y' = f_2(x)\,y^2 + f_1(x)\,y + f_0(x)$.

Ist $g_0(2 f_2 + g_1') = g_1(f_1 + g_0')$ und $g_1 \neq 0$,

so ist

$$\frac{g_1 y^2 + 2 g_0 y}{g_1 I} = 2 \int \frac{f_0}{g_1 I}\,dx + C \quad \text{mit} \quad I = \exp \int \frac{2 f_2}{g_1}\,dx .$$

Julia, Exercices d'Analyse III, S. 82—86.

(c) $[g_1(x)\,y + g_0(x)]\,y' = \sum_{\nu=0}^{3} f_\nu(x)\,y^\nu$.

Sind g_1, g_0 differenzierbar und ist $g_1 \neq 0$, so geht die DGl für die Lösungen $y(x)$, für welche $g_1 y + g_0 \neq 0$ ist, durch die Transformation

$$g_1 y + g_0 = \frac{1}{u(x)}$$

in eine DGl der Gestalt 4·10 über[1]). Ist speziell $f_0 \equiv 0$, so entsteht für $y = \frac{1}{u}$ die DGl (a)

$$(g_0 u + g_1)\,u' + f_1 u^2 + f_2 u + f_3 = 0\,.$$

Vgl. auch *E. Haentzschel*, Journal für Math. 112 (1893) 148—155, wo man weitere Literaturangaben findet.

4·12. $g(x, y) + h(x, y)\,y' = 0$ als exakte Differentialgleichung.

Die DGl heißt exakt, wenn es eine Stammfunktion gibt, d. i. eine mit stetigen partiellen Ableitungen erster Ordnung versehene Funktion $F(x, y)$, für die $F_x = g$, $F_y = h$ ist. Kennt man eine Stammfunktion F (in der älteren Literatur allgemeines Integral), so sind die Lösungen der DGl, gerade die differenzierbaren Funktionen $y = \varphi(x)$, für die $F(x, \varphi(x))$ konstant ist.

Sind g, h, g_y, h_x in dem einfach zusammenhängenden Gebiet $\mathfrak{G}$ (x, y) vorhanden und stetig, so ist die DGl genau dann exakt, wenn $g_y = h_x$ ist. Eine Stammfunktion ist bei beliebigem ξ, η in $\mathfrak{G}$

$$F(x, y) = \int_{\xi,\eta}^{x,y} (g\,dx + h\,dy)\,,$$

wobei über eine beliebige stetige, rektifizierbare Kurve integriert werden darf, die in $\mathfrak{G}$ von ξ, η nach x, y führt. Bequemer ist es jedoch im allgemeinen, erst eine Funktion $\Phi(x, y)$ so zu bestimmen, daß $\Phi_x = g$ ist, und dann in $F = \Phi + \Psi(y)$ noch Ψ so zu bestimmen, daß auch $F_y = h$ ist.

Courant, D- u. IRechnung II, S. 240ff. *Kamke*, DGlen, S. 45—50.

4·13. $y' = f(x, y)$; $g(x, y) + h(x, y)\,y' = 0$; Eulerscher Multiplikator; integrierender Faktor. Eine Funktion $M(x, y) \neq 0$ heißt ein Eulerscher Multiplikator oder integrierender Faktor der DGl, wenn

$$M g + M h y' = 0$$

eine exakte DGl ist (s. 4·12). Diese DGl und die gegebene haben wegen $M \neq 0$ dieselben Lösungen.

Haben $\mathfrak{G}$, g, h die in 4·12 genannten Eigenschaften, so ist die mit stetigen partiellen Ableitungen erster Ordnung versehene Funktion $M(x, y) \neq 0$ in $\mathfrak{G}$ genau dann ein Multiplikator, wenn

$$h\frac{\partial M}{\partial x} - g\frac{\partial M}{\partial y} = M\left(\frac{\partial g}{\partial y} - \frac{\partial h}{\partial x}\right)$$

---

[1]) *P. Appell*, Journal de Math. (4) 5 (1889) 366.

ist. Diese DGl ist, wenn g und h stetige partielle Ableitungen erster Ordnung haben und wenn $|g| + |h| > 0$ ist, in jedem beschränkten Teilgebiet $\mathfrak{g}$, das mit $\mathfrak{G}$ keinen Randpunkt gemein hat, lösbar[1]). Grundsätzlich ist damit die gegebene gewöhnliche DGl nach der Multiplikatorenmethode lösbar. Die wirkliche Auffindung eines Multiplikators kann Schwierigkeiten machen.

Hat man zwei Multiplikatoren M_1, M_2 mit stetigen partiellen Ableitungen erster Ordnung und ist

$$\frac{\partial(M_1, M_2)}{\partial x \partial y} = M_{1x} M_{2y} - M_{1y} M_{2x} \neq 0,$$

so sind die Integrale der DGl genau die differenzierbaren Funktionen $y = \varphi(x)$, für die $\frac{M_1}{M_2}(x, \varphi(x))$ konstant ist.

Die DGl hat den Multiplikator

$M = (x g + y h)^{-1}$, wenn die Klammer $\neq 0$ ist und g, h homogene Funktionen desselben Grades sind;

$M = (x g - y h)^{-1}$, wenn die Klammer $\neq 0$ und $g = y g_1(x \cdot y)$, $h = x h_1(x \cdot y)$ ist;

einen nur von x abhängenden Multiplikator, wenn $(g_y - h_x)/h$ nur von x abhängt;

einen Multiplikator $M = m(x)\, n(y)$, wenn $g_y - h_x$ auf die Gestalt $g\, Y(y) - h\, X(x)$ gebracht werden kann;

$M = (g^2 + h^2)^{-1}$, wenn $g_x = h_y$, $g_y = -h_x$ ist, d. h. wenn $g + i h$ eine in $\mathfrak{G}$ reguläre Funktion der komplexen Veränderlichen $x + i y$ ist.

Vgl. hierzu *Serret-Scheffers*, Differential- und Integralrechnung III, S. 168—178. *Pascal*, Repertorium I_2, S. 532f. *D. S. Mitrinovitch*, Tôhoku Math. Journ. 42 (1936) 179—184. Viele Einzelfälle findet man bei *Euler* I, Sectio 2.

4·14. $F(y', y, x) = 0$, „Integration durch Differentiation".

Für Integrale $y = \varphi(x)$, für die $\varphi''(x)$ vorhanden und $\neq 0$ ist, gibt es zu $t = \varphi'(x)$ eine differenzierbare inverse Funktion $x = x(t)$. Durch Differenzieren der gegebenen DGl nach t ergeben sich, falls $F_x + t F_y \neq 0$ ist, die DGlen

$$\frac{dx}{dt} = -\frac{F_t}{F_x + t F_y}, \quad \frac{dy}{dt} = -\frac{t F_t}{F_x + t F_y}.$$

Kann man dieses System von zwei DGlen lösen, so erhält man Lösungen der ursprünglichen DGl $F = 0$ in einer Parameterdarstellung $x = x(t)$, $y = y(t)$. Es bleibt noch zu untersuchen, ob durch dieses Verfahren alle

---

[1]) *E. Kamke*, Math. Zeitschrift 41 (1936) 66; 42 (1937) 287ff.

Lösungen erhalten worden sind oder ob durch die erforderlichen Voraussetzungen Lösungen verloren gegangen sind.

Vgl. z. B. *Kamke*, DGlen, S. 112.

4·15. (a) $y=G(x, y')$; (b) $x=G(y, y')$.

Zu (a): Das Verfahren von 4·14 ergibt: Ist $x(t)$ eine Lösung von

$$\frac{dx}{dt}=\frac{G_t(x,t)}{t-G_x(x,t)}$$

und sind die hierbei auftretenden Zähler und Nenner $\neq 0$, so ist

$$x=x(t), \quad y=G\big(x(t),t\big)$$

eine Lösung in Parameterdarstellung.

Vgl. z. B. *Kamke*, DGlen, S. 112.

Zu (b): Das Verfahren von 4·14 ergibt: Ist $y(t)$ eine Lösung von

$$\frac{dy}{dt}=\frac{t\,G_t(y,t)}{1-t\,G_y(y,t)}$$

und ist hierbei G_t sowie der Nenner $\neq 0$, so ist

$$x=G\big(y(t),t\big), \quad y=y(t)$$

eine Lösung in Parameterdarstellung.

Vgl. z. B. *Kamke*, DGlen, S. 112f.

4·16. (a) $G(y', x)=0$; (b) $G(y', y)=0$.

Zu (a): Läßt sich die Gl nach y' auflösen, so ist die Lösung der DGl sehr leicht. Beschränkt man sich auf Lösungen $y(x)$ mit $y'\neq 0$, so läßt sich die DGl auf den Fall (b) zurückführen, indem man y als unabhängige, x als abhängige Veränderliche betrachtet.

Zu (b): In einer Reihe von Fällen wird man die DGl auf den Typus 4·1 $y'=g(y)$ oder auf den Typus 4·17 (a) zurückführen können. Man erhält aber auch alle Lösungen mit stetiger Ableitung y', indem man alle stetigen Funktionen $\varphi(u)\neq 0$ und alle stetig differenzierbaren Funktionen $\psi(u)$ bestimmt, für die $G(\varphi(u), \psi(u))\equiv 0$ und $\psi'(u)\neq 0$ ist; dann liefert

$$x=\int\frac{\psi'(u)}{\varphi(u)}\,du, \quad y=\psi(u)$$

die Integrale in Parameterdarstellung.

4·17. (a) $y=g(y')$; (b) $x=g(y')$.

Zu (a): Es sei $g(t)$ in einem nicht den Wert $t=0$ enthaltenden Intervall (t_1, t_2) eigentlich monoton und stetig differenzierbar, $t_1<t_0<t_2$, ξ beliebig, $\eta=g(t_0)$, a die untere und b die obere Grenze von

$$\xi+\int\limits_{t_0}^{t}\frac{g'(t)}{t}\,dt.$$

Dann gibt es genau eine durch den Punkt ξ, η gehende IKurve $y = \varphi(x)$; diese existiert für $a < x < b$ und ist durch die Parameterdarstellung

$$x = \xi + \int_{t_0}^{t} \frac{g'(t)}{t}\, dt, \quad y = g(t)$$

gegeben. Das ergibt sich, indem man die DGl auf den Typus $y' = h(y)$ zurückführt.

Vgl. z. B. *Kamke*, DGlen, S. 102.

Zu (b): Ist $g(t)$ für $t_1 < t < t_2$ eigentlich monoton und stetig differenzierbar, ist ferner a die untere und b die obere Grenze von $g(t)$, so gibt es für $a < \xi < b$ und beliebiges η genau eine IKurve $y = \varphi(x)$ durch den Punkt ξ, η; sie existiert für $a < x < b$ und ist durch die Parameterdarstellung

$$x = g(t), \quad y = \eta + \int_{t_0}^{t} t\, g'(t)\, dt$$

mit $g(t_0) = \xi$ gegeben. Das ergibt sich, indem man die DGl auf den Typus $y' = h(x)$ zurückführt.

Vgl. z. B. *Kamke*, DGlen, S. 101.

4·18. Clairautsche Differentialgleichungen.

(a) $y = x y' + g(y')$. Ist $g(t)$ an der Stelle $t = a$ definiert, so ist die gerade Linie

$$y = a x + g(a)$$

eine Lösung der DGl. Ist $g'(t)$ vorhanden und $\neq 0$ für $t_1 < t < t_2$, so sind die IKurven die Kurven in Parameterdarstellung

$$x = -g'(t), \quad y = -t g'(t) + g(t)$$

sowie die Tangenten $y = a x + g(a)$ an diese Kurve und die Kurven, die aus einem Stück der ersten Kurve und den Tangenten in den Endpunkten bestehen.

Kamke, DGlen, S. 103–108.

(b) $F(y - x y', y') = 0$. Diesen Fall versucht man durch Auflösung nach $y - x y'$ auf den vorigen zurückzuführen.

4·19. D'Alembertsche Differentialgleichungen $y = x f(y') + g(y')$.

Die Isoklinen der DGl, d. h. die Kurven, welche die Punkte x, y mit gleichgerichteten Linienelementen enthalten, sind die Geraden

$$y = x f(c) + g(c).$$

Für $f(t) = t$ hat man den Typus 4·18.

Sind $f(t)$, $g(t)$ für $\tau_1 < t < \tau_2$ stetig differenzierbar, so erhält man gerade die sämtlichen Integrale $y = \varphi(x)$, die eine stetige Ableitung haben und die UnGlen

(9) $$f(\varphi'(x)) \neq \varphi'(x), \quad x f'(\varphi'(x)) + g'(\varphi'(x)) \neq 0$$

erfüllen, indem man die Zahlen x_0, t_0 so wählt, daß in einer gewissen Umgebung der Stelle t_0 die UnGl $f(t) \neq t$ gilt und

(10) $$x = \left(\exp \int_{t_0}^{t} \frac{f'(t)}{t - f(t)}\, dt\right) \left\{x_0 + \int_{t_0}^{t} \frac{g'(t)}{t - f(t)} \exp\left(\int_{t_0}^{t} \frac{f'(t)}{f(t) - t}\, dt\right) dt\right\}$$

eine von Null verschiedene Ableitung hat, indem man weiter das größte den Punkt t_0 enthaltende Teilintervall (t_1, t_2) von (τ_1, τ_2) bestimmt, in dem dieses zutrifft; dann sind die Integrale durch (10) und $y = x f(t) + g(t)$ für $t_1 < t < t_2$ in einer Parameterdarstellung gegeben. Sodann ist noch zu untersuchen, ob durch die Einschränkungen (9) IKurven verloren gegangen sind.

Kamke, DGlen, S. 108–110. Vgl. auch 4·15.

4·20. $F(x, xy' - y, y') = 0$; Legendresche Transformation.

Ist $y = y(x)$ eine zweimal differenzierbare Funktion und ist $y'' \neq 0$, so gibt es zu $X = y'(x)$ eine differenzierbare Umkehrfunktion $x = h(X)$;

$$Y = Y(X) = X\, h(X) - y(h(X))$$

ist zweimal differenzierbar, und es ist

$$X = y'(x), \quad Y(x) = x\, y'(x) - y(x), \quad Y'(X) = x,$$
$$x = Y'(X), \quad y(x) = X\, Y'(X) - Y(X), \quad y'(x) = X,$$

$Y''(X) \neq 0$. Das ist die Legendresche Transformation. Sie transformiert jede Lösung $y(x)$ der gegebenen DGl, wenn $y'' \neq 0$ ist, in eine Lösung der DGl $F(Y', Y, X) = 0$, die manchmal leichter zu lösen ist. Ist $Y(X)$ eine Lösung dieser DGl und $Y'' \neq 0$, so ist

$$x = Y'(X), \quad y = X\, Y'(X) - Y(X)$$

eine Parameterdarstellung für eine Lösung der gegebenen DGl.

Kamke, DGlen, S. 113f.

§ 2. Systeme von allgemeinen expliziten Differentialgleichungen $y_\nu' = f_\nu(x, y_1, \ldots, y_n)$ $(\nu = 1, \ldots, n)$.

5. Allgemeiner Teil[1]).

5·1. Bezeichnungen und Veranschaulichung der Differentialgleichung. Statt von einem System

(1) $$y_\nu' = f_\nu(x, y_1, \ldots, y_n) \qquad (\nu = 1, \ldots, n)$$

[1]) Zu den folgenden Ausführungen vgl. man 1.

von DGlen spricht man in der technischen Literatur häufig auch von gekoppelten DGlen. Lösung, Integral, Integralkurve (IKurve) des Systems (1) heißt jedes System differenzierbarer Funktionen

$$y_1 = \varphi_1(x), \ldots, y_n = \varphi_n(x),$$

das die n Glen (1) erfüllt. Ein Zahlensystem $x, y_1, \ldots, y_n$ wird als Punkt eines $(n+1)$-dimensionalen Euklidischen Raumes bezeichnet, ein Zahlensystem $x, y_1, \ldots, y_n, p_1, \ldots, p_n$ als ein zu diesem Punkt gehöriges Linienelement. Die Gesamtheit der Linienelemente, die das DGlsSystem erfüllen, bildet ein Richtungsfeld, das als Veranschaulichung des DGls-Systems angesehen werden kann (echte Veranschaulichung nur für $n = 1$ und $n = 2$).

Das System (1) wird gelegentlich auch vektoriell

$$\mathfrak{y}'(x) = \mathfrak{f}(x, \mathfrak{y})$$

geschrieben, wo $\mathfrak{y}, \mathfrak{f}$ die Vektoren

$$\mathfrak{y} = (y_1, \ldots, y_n), \quad \mathfrak{f} = (f_1, \ldots, f_n)$$

bedeuten.

5·2. Existenz und eindeutige Bestimmtheit der Lösungen. Es gilt wieder der Existenzsatz von *Peano*: Sind die $f_\nu(x, y_1, \ldots, y_n)$ in dem Gebiet $\mathfrak{G}(x, y_1, \ldots, y_n)$ stetig, so geht durch jeden Punkt P mit den Koordinaten $\xi, \eta_1, \ldots, \eta_n$ von $\mathfrak{G}$ mindestens eine IKurve, und diese kann nach beiden Seiten bis an den Rand von $\mathfrak{G}$ fortgesetzt werden[1]).

Geht durch den Punkt P mehr als eine IKurve, so geht durch ihn ein Bündel von unendlich vielen IKurven. Dieses wird von jeder Ebene $x = x_0$ in einem Kontinuum geschnitten[2]). Ist Q ein Punkt auf dem Rande des Bündels, so gibt es eine IKurve, die Q mit P verbindet und zwischen Q und P nur aus Randpunkten des Bündels besteht[3]).

Es gibt durch jeden Punkt $\xi, \eta_1, \ldots, \eta_n$ nur *eine* IKurve, wenn die f_ν außerdem noch nach den y_k differenzierbar sind und diese Ableitungen stetige Funktionen von $x, y_1, \ldots, y_n$ in dem Gebiet $\mathfrak{G}$ sind oder wenn die

---

[1]) Vgl. z. B. *O. Perron*, Math. Annalen 78 (1918) 378—384. *Kamke*, DGlen, S. 126—130, 135f. *M. Müller*, Sitzungsberichte Heidelberg 1927, 9. Abhandlung; Jahresbericht DMV 37 (1928) 33—48; Math. Zeitschrift 26 (1927) 619—645.

[2]) *H. Kneser*, Sitzungsberichte Preuß. Akad. 1923, S. 171—174. *M. Müller*, Math. Zeitschrift 28 (1928) 349—355.

[3]) *M. Fukuhara*, Proceedings Acad. Tokyo 6 (1930) 360—362. *E. Kamke*, Acta Math. 58 (1932) 71f. *E. Digel*, Math. Zeitschrift 39 (1934) 157—160.

f_ν Lipschitz-Bedingungen

(2) $$|f_\nu(x, \bar{y}_1, \ldots, \bar{y}_n) - f_\nu(x, y_1, \ldots, y_n)| \leq M \sum_{k=1}^{n} |\bar{y}_k - y_k|$$

erfüllen[1]).

5·3. Existenzsatz von Carathéodory. Die Funktionen $f_\nu(x, y_1, \ldots, y_n)$ seien in dem Bereich

$$\mathfrak{G}: \quad a < x < b; \quad -\infty < y_1, \ldots, y_n < +\infty$$

definiert, für jedes feste System $y_1, \ldots, y_n$ in bezug auf x meßbar, für jedes feste x eines maßgleichen Kerns von $a < x < b$ in bezug auf $y_1, \ldots, y_n$ stetig, und schließlich sei

$$|f_\nu(x, y_1, \ldots, y_n)| \leq M(x) \qquad (\nu = 1, \ldots, n),$$

wo $M(x)$ eine für $a < x < b$ L-integrierbare Funktion ist. Dann gibt es für jeden Punkt $\xi, \eta_1, \ldots, \eta_n$ des Bereichs $\mathfrak{G}$ ein System von totalstetigen Funktionen $y_1(x), \ldots, y_n(x)$, das die Glen

(3) $$y_\nu(x) = \eta_\nu + \int_\xi^x f_\nu(x, y_1(x), \ldots, y_n(x))\, dx \qquad (\nu = 1, \ldots, n)$$

für $a < x < b$ erfüllt. Überall dort, wo der Integrand stetig ist, erfüllen die y_ν das DGlsSystem (1). Bilden die $y_\nu(x)$ eine Lösung von (3) und ist für beliebige Zahlen $\bar{y}_\nu$ die verallgemeinerte Lipschitz-Bedingung

$$|f_\nu(x, \bar{y}_1, \ldots, \bar{y}_n) - f_\nu(x, y_1(x), \ldots, y_n(x))| \leq N(x) \sum_{p=1}^{n} |\bar{y}_p - y_p(x)|$$
$$(\nu = 1, \ldots, n)$$

mit einer L-integrierbaren Funktion $N(x)$ erfüllt, so hat das System (3) genau *eine* Lösung $y_1(x), \ldots, y_n(x)$, und diese ändert sich stetig mit $\xi, \eta_1, \ldots, \eta_n$[2]).

Dieser Satz ist z. B. nützlich, wenn es sich darum handelt, die Existenz von Lösungen der Thomas-Fermi-DGl C 6·100

$$\sqrt{x}\, y'' = y^{\frac{3}{2}}$$

mit den Anfangswerten $y(0) = a > 0$, $y'(0) = b$ festzustellen.

5·4. Charakteristische Funktionen. Abhängigkeit der Lösungen von den Anfangswerten und von Parametern. Sind die $f_\nu(x, y_1, \ldots, y_n)$ in dem Gebiet $\mathfrak{G}$ $(x, y_1, \ldots, y_n)$ stetig und ist das DGlsSystem (1) schlicht, d. h.

---

[1]) Vgl. z. B. *Kamke*, DGlen, S. 141. Für weitere Eindeutigkeitssätze s. die S. 2, Fußnote 3 angegebene Literatur.

[2]) *C. Carathéodory*, Vorlesungen über reelle Funktionen, 1. Aufl. Leipzig und Berlin 1918, Kap. 11.

geht durch jeden Punkt $\xi, \eta_1, \ldots, \eta_n$ von $\mathfrak{G}$ nur **eine** IKurve, so wird diese nach Fortsetzung bis an den Rand von $\mathfrak{G}$ mit

$$y_1 = \varphi_1(x, \xi, \eta_1, \ldots, \eta_n), \ldots, y_n = \varphi_n(x, \xi, \eta_1, \ldots, \eta_n)$$

bezeichnet. Diese Funktionen φ_ν, als Funktionen ihrer $n + 2$ Argumente betrachtet, heißen **charakteristische Funktionen.** Jede von diesen ist in ihrem Existenzbereich eine stetige Funktion ihrer $n + 2$ Argumente. Haben die f_ν stetige partielle Ableitungen r-ter Ordnung ($r \geqq 1$) nach den y_ν, so haben die φ_ν stetige partielle Ableitungen r-ter Ordnung nach sämtlichen Argumenten mit der Einschränkung, daß in jeder dieser Ableitungen höchstens *eine* Differentiation nach x oder nach ξ vorkommen darf (haben die f_ν stetige partielle Ableitungen r-ter Ordnung nach allen $n + 1$ Argumenten, so fällt diese Einschränkung fort); ferner ist

$$\frac{\partial \varphi_\nu}{\partial \xi} + \sum_{k=1}^{n} f_k(\xi, \eta_1, \ldots, \eta_n) \frac{\partial \varphi_\nu}{\partial \eta_k} = 0$$

und die Funktionaldeterminante

$$J = \begin{vmatrix} \frac{\partial \varphi_1}{\partial \eta_1}, & \ldots, & \frac{\partial \varphi_n}{\partial \eta_1} \\ \cdot & \cdot \; \cdot \; \cdot & \cdot \\ \frac{\partial \varphi_1}{\partial \eta_n}, & \ldots & \frac{\partial \varphi_n}{\partial \eta_n} \end{vmatrix}$$

$$= \exp \int_{\xi}^{x} \sum_{\nu=1}^{n} f'_{\nu(y_\nu)}\big(x, \varphi_1(x, \xi, \eta_1, \ldots, \eta_n), \ldots, \varphi_n(x, \xi, \eta_1, \ldots, \eta_n)\big)\, dx\,,$$

wobei

$$f'_{\nu(y_k)} = \frac{\partial}{\partial y_k} f_\nu(x, y_1, \ldots, y_n)$$

ist[1]). Dieser Satz von *Lindelöf* ist von grundlegender Bedeutung für die linearen partiellen DGlen.

Hängen die f_ν außerdem noch von Parametern ab, etwa

$$f_\nu = f_\nu(x, y_1, \ldots, y_n, \mu_1, \ldots, \mu_k)\,,$$

so hängen natürlich auch die φ_ν noch von $\mu_1, \ldots, \mu_k$ ab. Hängen die f_ν stetig von den μ ab, so gilt dasselbe von den φ_ν; ebenso überträgt sich die Differenzierbarkeit der f_ν in bezug auf die μ auch auf die φ_ν[2])[3]).

5·5. Stabilitätsfragen. Bei vielen Anwendungen spielt die Zeit die Rolle der unabhängigen Veränderlichen. Das System (I) wird dann mit

---

[1]) Vgl. z. B. *Kamke*, DGlen, S. 154—166. Für eine Verallgemeinerung s. *M. Tsuji*, Japanese Journal of Math. 16 (1939) 149—161.

[2]) Vgl. z. B. *Kamke*, DGlen, S. 149ff., 161ff.

[3]) Der Fall, daß die f_ν stetig sind, aber das DGlsSystem nicht mehr schlicht zu sein braucht, ist behandelt bei *E. Kamke*, Acta Math. 58 (1932) 57—85.

den Bezeichnungen

(4) $$x'_\nu(t) = f_\nu(t, x_1, \ldots, x_n) \qquad (\nu = 1, \ldots, n)$$

geschrieben, wo die $x_\nu = x_\nu(t)$ die gesuchten Funktionen sind und die Bahnkurve eines sich bewegenden Punktes bestimmen. Sind die Funktionen f_ν in dem Bereich

$$t \geqq \tau, \quad -\infty < x_1, \ldots, x_n < +\infty$$

stetig und ist das System (4) dort schlicht (s. 5·4), so folgt aus 5·4 für jede Lösung

(5) $$x_1 = \varphi_1(t, \tau, \xi_1^0, \ldots, \xi_n^0), \ldots, x_n = \varphi_n(t, \tau, \xi_1^0, \ldots, \xi_n^0)$$

von (4) folgendes: Existiert die Bahnkurve (5) bei festem $\tau, \xi_1^0, \ldots, \xi_n^0$ für alle $t \geqq \tau$, so bleiben alle durch Nachbarpunkte von $\xi_1^0, \ldots, \xi_n^0$ gehenden Bahnkurven für jedes endliche Intervall $\tau \leqq t \leqq T$ in der Nähe der Kurve (5); genauer gesagt: zu jedem $T > \tau$ und $\varepsilon > 0$ gibt es ein $\delta > 0$, so daß alle Lösungen

(6) $$x_1 = \varphi_1(t, \tau, \xi_1, \ldots, \xi_n), \ldots, x_n = \varphi_n(t, \tau, \xi_1, \ldots, \xi_n)$$

ebenfalls für $\tau \leqq t \leqq T$ existieren und außerdem die UnGlen

(7) $$\sum_{\nu=1}^{n} |\varphi\ (t, \tau, \xi_1, \ldots, \xi_n) - \varphi_\nu(t, \tau, \xi_1^0, \ldots, \xi_n^0)| \leqq \varepsilon$$

für $\tau \leqq t \leqq T$ erfüllen, wenn nur

(8) $$\sum_{\nu=1}^{n} |\xi_\nu - \xi_\nu^0| \leqq \delta$$

ist.

Gibt es zu jedem $\varepsilon > 0$ ein $\delta > 0$, so daß die Lösungen (6) sogar für $\tau \leqq t < \infty$ existieren und die UnGlen (7) erfüllen, wenn (8) erfüllt ist, so heißt die Lösung (5) stabil (im Sinne von *Liapounoff*[1])). Gibt es ein $\varepsilon > 0$, zu dem es kein δ der obigen Art gibt, so heißt die Lösung (5) instabil.

Für Stabilitätsuntersuchungen bedeutet es offenbar keine Beschränkung der Allgemeinheit, wenn $\tau = \xi_1^0 = \cdots = \xi_n^0 = 0$ gesetzt wird. Ferner kann man durch die Transformation

$$y_\nu = x_\nu - \varphi_\nu(t, \tau, \xi_1^0, \ldots, \xi_n^0) \qquad (\nu = 1, \ldots, n)$$

immer zu dem Fall übergehen, daß die auf ihre Stabilität zu untersuchende Lösung aus den konstanten Funktionen $0, \ldots, 0$ besteht. Von den aus-

[1]) Für „Stabilität im Sinne von *Poisson*" s. *Poincaré*, Mécanique céleste III, S. 141.

gedehnten Untersuchungen über Stabilität[1]) und damit zusammenhängende Fragen sei hier folgendes Ergebnis[2]) angeführt:

In dem System

$$(9) \qquad x'_\nu = a_{\nu,1} x_1 + \cdots + a_{\nu\, n} x_n + \psi_\nu(t, x_1, \ldots, x_n) \qquad (\nu = 1, \ldots, n)$$

(die a_ν, x_ν, ψ_ν dürfen komplexe Werte haben) seien die ψ_ν in einem Bereich

$$t \geqq 0, \quad |x_\nu| \leqq a \qquad (\nu = 1, \ldots, n)$$

definiert und stetig, außerdem sei dort

$$\sum |\psi_\nu| \leqq K \sum |x_\nu|$$

für eine Konstante K, also insbesondere jedes $\psi_\nu(t, 0, \ldots, 0) = 0$ und daher $x_1 = 0, \ldots, x_n = 0$ eine Lösung des Systems (9); ferner sei

$$\frac{\sum |\psi_\nu|}{\sum |x_\nu|} \to 0 \quad \text{für} \quad \sum |x_\nu| \to 0, \quad t \to \infty;$$

schließlich mögen alle Nullstellen s der charakteristischen Determinante

$$\mathrm{Det}\, |a_{p,q} - s\, e_{p,q}|$$

negative Realteile haben. Dann ist die Lösung $x_1 = 0, \ldots, x_n = 0$ stabil.

6. Lösungsverfahren.

6·1. Erste Orientierung und Methode der Polygonzüge. Ist das System

$$y'(x) = f(x, y, z), \quad z'(x) = g(x, y, z)$$

gegeben, so liegt das Richtungsfeld im dreidimensionalen Raum und ist daher für eine erste Orientierung über die IKurven nicht geeignet. Man muß hier für eine erste Orientierung von Anfang an die Methode der Polygonzüge benutzen und dann dabei so vorgehen: Soll die durch den Punkt ξ, η, ζ gehende IKurve gezeichnet werden, so legt man für die x, y-Ebene und die x, z-Ebene getrennte Zeichnungen an und berechnet aus den DGlen $p(\xi) = y'(\xi) = f(\xi, \eta, \zeta)$ und $q(\xi) = z'(\xi) = g(\xi, \eta, \zeta)$. In der x, y-Ebene geht man nun vom Punkt ξ, η in der Richtung des Linienelements $\xi, \eta, p(\xi)$ ein Stück weiter, etwa bis zu dem Punkt ξ_1, η_1 und ebenso in der x, z-Ebene vom Punkt ξ, ζ ein Stück in der Richtung des

---

[1]) Vgl. z. B. *Goursat*, Cours d'Analyse III, S. 28ff. *Poincaré*, Acta Math. 13 (1890) 1—270, Kap. I; Mécanique céleste. *P. Bohl*, Journal für Math. 127 (1904) 179—276; Bulletin Soc. Math France 38 (1910) 5—138. *A. Liapounoff*, Annales Toulouse (2) 9 (1907) 203—475. *E. Cotton*, Bulletin Soc. Math. France 38 (1910) 144—154; Annales École Norm. (3) 28 (1911) 473—521. *O. Perron*, Math. Zeitschrift 32 (1930) 703—728. *F. Lettenmeyer*, Sitzungsberichte München 1929, S. 201—252. Ein Teil dieser Arbeiten bezieht sich auf die spezielleren „dynamischen Systeme" (vgl. 7·1).

[2]) *O. Perron*, Math. Zeitschrift 29 (1929) 129—160.

zu $\xi, \zeta, q(\xi)$ gehörigen Linienelements bis zum Punkt ξ_1, ζ_1. Für den Punkt ξ_1, η_1, ζ_1 kann man nun die Richtungen $p(\xi_1) = y'(\xi_1)$, $q(\xi_1) = z'(\xi_1)$ berechnen. In diesen Richtungen geht man in den beiden Ebenen von den Punkten ξ_1, η_1 und ξ_1, ζ_1 ein Stück weiter bis zu Punkten ξ_2, η_2 und ξ_2, ζ_2. Für den Punkt ξ_2, η_2, ζ_2 kann man wiederum die Richtungen aus der DGl berechnen, usw. Für den weiteren Ausbau des Verfahrens s. 31·1. Das Verfahren läßt sich auch bei mehr als zwei DGlen anwenden.

6·2. Das Iterationsverfahren von Picard-Lindelöf. In dem Quader

(1) $$|x - \xi| < a, \quad |y_1 - \eta_1| < b, \ldots, |y_n - \eta_n| < b$$

(a und b dürfen ∞ sein) mögen die $f_\nu(x, y_1, \ldots, y_n)$ stetig sein, Lipschitz-Bedingungen 5 (2) erfüllen, und es sei jedes $|f_\nu| \leqq A$. Um die durch den Punkt $\xi, \eta_1, \ldots, \eta_n$ gehende IKurve des Systems 5 (1) zu erhalten, setze man $\varphi_{\nu,0}(x) = \eta_\nu$ ($\nu = 1, \ldots, n$) und definiere weiter die $\varphi_{\nu,k}(x)$ ($\nu = 1, \ldots, n$) für $k = 1, 2, \ldots$ nacheinander durch

$$\varphi_{\nu,k}(x) = \eta_\nu + \int_\xi^x f_\nu(x, \varphi_{1,k-1}(x), \ldots, \varphi_{n,k-1}(x))\, dx\,.$$

Dann konvergieren die $\varphi_{\nu,k}(x)$ für $k \to \infty$ im Intervall

(2) $$|x - \xi| < \mathrm{Min}\left(a, \frac{b}{A}\right)$$

gegen die durch $\xi, \eta_1, \ldots, \eta_n$ gehende IKurve $y_1 = \varphi_1(x), \ldots, y_n = \varphi_n(x)$, und es gilt die Fehlerabschätzung

$$|\varphi_{\nu,k}(x) - \varphi_\nu(x)| \leqq \frac{A}{n\,M} \sum_{p=k+1}^{\infty} \frac{(n\,M\,|x - \xi|)^p}{p!}$$ [1]).

Für die Verwendung des Verfahrens zur genäherten numerischen Lösung von Integralen des Systems 5 (1) vgl. 2·2.

6·3. Ansetzen einer Potenzreihe oder allgemeinerer Reihenentwicklungen. Lassen sich die f_ν in Potenzreihen nach $x, y_1, \ldots, y_n$ entwickeln, so kann man nach dem Muster von 2·3 auch für die gesuchten Lösungen $y_\nu(x)$ Potenzreihen ansetzen und durch Vergleich entsprechender Potenzen von x die zunächst unbestimmten Koeffizienten dieser Reihen berechnen. Die gefundenen Potenzreihen für die Lösungen konvergieren dann in dem Bereich (2), wenn die Potenzreihen der f_ν im Bereich (1) konvergieren und A ebenfalls dieselbe Bedeutung wie in 6·2 hat, und geben dort die gesuchte Lösung des Systems 5 (1).

Für die Verwendung allgemeinerer Reihenansätze nach dem Muster von 2·4 s. *O. Perron*, Berichte Heidelberg 1920, Abhandlung 9.

---

[1]) Vgl. z. B. *Kamke*, DGlen, S. 124–126

Über die Entwicklung der Lösungen nach den Anfangswerten und einem Parameter gilt in Verallgemeinerung von 2·5[1]): Wenn in dem System

$$y'_p(x) = \sum_{q_0+\cdots+q_n \geq 1} f_{p,q_0,\ldots,q_n}(x)\,\varrho^{q_0} y_1^{q_1} \cdots y_n^{q_n} \qquad (p = 1, \ldots, n)$$

die Koeffizienten f für $0 \leqq x \leqq a$ stetig sind und für feste positive Konstante A, r_ν die UnGlen

$$|f_{p,q_0,\ldots,q_n}(x)| \leqq \frac{(q_0 + q_1 + \cdots + q_n)!}{q_0!\,q_1! \cdots q_n!} \frac{A\,r_p}{r_0^{q_0} r_1^{q_1} \cdots r_n^{q_n}}$$

erfüllen, läßt sich die Lösung $y_1(x), \ldots, y_n(x)$ mit den Anfangswerten $y_p(0) = c_p$ $(p = 1, \ldots, n)$ nach Potenzen von $\varrho, c_1, \ldots, c_n$ entwickeln:

$$y_p = \sum_{q_0+\cdots+q_n \geq 1} \varphi_{p,q_0,\ldots,q_n}(x)\,\varrho^{q_0} c_1^{q_1} \cdots c_n^{q_n},$$

und diese Reihen sind im Bereich

$$\frac{|\varrho|}{r_0} + \frac{|c_1|}{r_1} + \cdots + \frac{|c_n|}{r_n} < \sum_{\nu=1}^{\infty} \frac{\nu^{\nu-1}}{\nu!} e^{-\nu(n a A + 1)}$$

absolut konvergent.

6·4. Beziehung zu partiellen Differentialgleichungen[2]). Das System 5 (I) steht in enger Beziehung zu der homogenen linearen partiellen DGl

$$(3) \qquad \frac{\partial z}{\partial x} + \sum_{\nu=1}^{n} f_\nu(x, y_1, \ldots, y_n) \frac{\partial z}{\partial y_\nu} = 0\,.$$

Sind nämlich die f_ν in dem Gebiet $\mathfrak{G}\,(x, y_1, \ldots, y_n)$ stetig, so ist eine in $\mathfrak{G}$ mit stetigen partiellen Ableitungen erster Ordnung versehene Funktion $z = \psi(x, y_1, \ldots, y_n)$ genau dann eine Lösung der partiellen DGl, wenn die Funktion ψ längs jeder IKurve von 5 (I) konstant ist, d. h. wenn $\psi(x, \varphi_1(x), \ldots, \varphi_n(x))$ für jede einzelne IKurve $y_1 = \varphi_1(x), \ldots, y_n = \varphi_n(x)$ von 5 (I) konstant ist. Dieser Sachverhalt kann (vgl. 6·5) von Nutzen für die Lösung eines Systems 5 (I) sein.

6·5. Reduktion des Systems bei Kenntnis von Gleichungen zwischen den Lösungen. Bisweilen gelingt es leicht, stetig differenzierbare Funktionen $z = \psi(x, y_1, \ldots, y_n)$ ausfindig zu machen, die für die Punkte jeder einzelnen IKurve des Systems einen festen Wert haben und somit nach 6·4 Lösungen der partiellen DGl (3) sind.

Z. B. ergibt sich für jede Lösung des Systems

$$y_1' = y_2 + x\,, \quad y_2' = y_1 + x$$

offenbar

$$(y_1 - y_2)' + (y_1 - y_2) = 0\,,$$

also

$$x + \log|y_1 - y_2| = C\,.$$

---

[1]) *O. Perron*, Math. Annalen 113 (1936) 300. Vgl. auch 12

[2]) Vgl. z. B. *Kamke*, DGlen, S. 321f.

Man kann dann durch Auflösen der Gl

$$\psi(x, y_1, \ldots, y_n) = C$$

nach einem y_ν und Eintragen dieser Lösung in das DGlsSystem die Anzahl der gesuchten Funktionen vermindern. Hat man n unabhängige solcher Funktionen $\psi_1, \ldots, \psi_n$ gefunden, so wird man die Lösungen des Systems 5 (1) durch einen bloßen Eliminationsprozeß, nämlich durch Auflösung der Glen

$$\psi_1 = C_1, \ldots, \psi_n = C_n$$

nach den y_ν erhalten können.

Z. B. ist bei dem obigen speziellen System auch

$$y_1' + y_2' + 2 = y_1 + y_2 + 2x + 2,$$

also

$$x - \log|y_1 + y_2 + 2x + 2| = C'.$$

Aus den beiden erhaltenen Glen zwischen den Lösungen findet man

$$y_1 = -x - 1 + C_1 e^{-x} + C_2 e^x, \quad y_2 = -x - 1 - C_1 e^{-x} + C_2 e^x.$$

6·6. Reduktion des Systems durch Differentiation und Elimination. Bisweilen kann man einzelne der gesuchten Funktionen nebst ihren Ableitungen nach Differentiation einzelner Glen des System aus diesen bequem eliminieren. Es werden dann allerdings höhere Ableitungen auftreten. Bei dem Beispiel von 6·5 ergibt sich durch Differentiation der ersten DGl $y_1'' = y_2' + 1$ und dann mittels der zweiten DGl die leicht lösbare DGl $y_1'' - y_1 = x + 1$.

6·7. Abschätzungssätze.

(a)[1]) In dem Gebiet $\mathfrak{G}(x, y_1, \ldots, y_n)$ seien die Funktionen $f_\nu(x, y_1, \ldots, y_n)$ und $g_\nu(x, y_1, \ldots, y_n)$ $(\nu = 1, \ldots, n)$ stetig; ferner mögen die g_ν dort Lipschitz-Bedingungen 5 (2) erfüllen, und es sei

$$|f_\nu - g_\nu| \leqq \varepsilon \qquad (\nu = 1, \ldots, n).$$

Sind

$$y_1 = \varphi_1(x), \ldots, y_n = \varphi_n(x) \quad \text{und} \quad y_1 = \psi_1(x), \ldots, y_n = \psi_n(x)$$

für $a < x < b$ zwei durch den Punkt $\xi, \eta_1, \ldots, \eta_n$ gehende IKurven der DGlsSysteme 5 (1) und

$$y_\nu' = g_\nu(x, y_1, \ldots, y_n) \qquad (\nu = 1, \ldots, n),$$

so ist

$$\sum_{\nu=1}^{n} |\varphi_\nu(x) - \psi_\nu(x)| \leqq \frac{\varepsilon}{M}\left(e^{nM|x-\xi|} - 1\right).$$

Man hat also auch hier wie bei einer einzigen DGl die Möglichkeit, kompliziertere Systeme 5 (1) dadurch genähert zu lösen, daß man zu passend gewählten benachbarten Systemen übergeht, die man leichter lösen kann.

[1]) Vgl. *Kamke*, DGlen, S. 153.

(b)[1]) Die Funktionen $f_\nu(x, y_1, \ldots, y_n)$ mögen im Gebiet $\mathfrak{G}(x, y_1, \ldots, y_n)$ die Voraussetzungen von 6·2 (Stetigkeit, Beschränktheit, Lipschitz-Bedingung) erfüllen. Weiter seien

$$y_1 = \varphi_1(x), \ldots, y_n = \varphi_n(x) \quad \text{und} \quad y_1 = \psi_1(x), \ldots, y_n = \psi_n(x)$$

für $a < x < b$ zwei stetig differenzierbare Kurven, die dem Gebiet $\mathfrak{G}$ angehören, die Punkte $\xi, \eta_1, \ldots, \eta_n$ bzw. $\bar{\xi}, \bar{\eta}_1, \ldots, \bar{\eta}_n$ enthalten und in dem Sinne das DGlsSystem 5 (1) genähert erfüllen, daß

$$|\varphi_\nu' - f_\nu(x, \varphi_1, \ldots, \varphi_n)| \leqq \varepsilon_1, \qquad |\psi_\nu' - f_\nu(x, \psi_1, \ldots, \psi_n)| \leqq \varepsilon_2$$

ist. Dann ist für $a < x < b$

$$\sum_{\nu=1}^{n} |\varphi_\nu(x) - \psi_\nu(x)| \leqq \frac{\varepsilon_1 + \varepsilon_2}{M}\left(e^{nM|x-\xi|} - 1\right) + \left\{n(A + \varepsilon_1 + \varepsilon_2)|\xi - \bar{\xi}| + \sum_{\nu=1}^{n} |\eta_\nu - \bar{\eta}_\nu|\right\} e^{nM|x-\xi|}$$

(c)[2]) Im Gebiet $\mathfrak{G}(x, y_1, \ldots, y_n)$, dem die beiden Punkte $P(\xi, \eta_1, \ldots, \eta_n)$ und $P(\xi, \bar{\eta}_1, \ldots, \bar{\eta}_n)$ mit

$$\eta_\nu \leqq \bar{\eta}_\nu \qquad (\nu = 1, \ldots, n)$$

angehören, seien die Funktionen

$$f_\nu(x, y_1, \ldots, y_n), \quad g_\nu(x, y_1, \ldots, y_n) \qquad (\nu = 1, \ldots, n)$$

definiert, für $x \geqq \xi$ sei

(4) $$f_\nu(x, y_1, \ldots, y_n) < g_\nu(x, y_1, \ldots, y_n) \qquad (\nu = 1, \ldots, n),$$

und außerdem sei für jedes ν die Funktion f_ν (oder g_ν) eine monoton wachsende Funktion jeder Variablen y_μ mit $\mu \neq \nu$. Sind

$$y_1 = \varphi_1(x), \ldots, y_n = \varphi_n(x) \quad \text{und} \quad y_1 = \psi_1(x), \ldots, y_n = \psi_n(x)$$

zwei durch P bzw. $\bar{P}$ gehende und für $\xi \leqq x < \xi + a$ existierende IKurven des Systems 5 (1) bzw.

(5) $$y_\nu' = g_\nu(x, y_1, \ldots, y_n) \qquad (\nu = 1, \ldots, n),$$

so gilt für $\xi < x < \xi + a$

(6) $$\varphi_\nu(x) < \psi_\nu(x) \qquad (\nu = 1, \ldots, n).$$

Steht in (4) $\leqq$ statt $<$, so bleibt der Satz gültig, wenn auch in (6) das Gleichheitszeichen zugelassen wird und wenn außerdem die f_ν, g_ν stetig sind und das System (5) schlicht (s. 5·4) ist.

6·8. Weitere Lösungsmethoden. Für diese s. § 8.

---

[1]) *Kamke*, DGlen, S. 152.

[2]) *E. Kamke*, Acta Math. 58 (1932) 74, 82. Vgl. auch *M. Picone*, Annali di Mat. (4) 20 (1941) 67—103.

7. Dynamische Systeme.

7·1. Allgemeine dynamische Systeme. Es handelt sich um Systeme

$$(1)\qquad \frac{dx_\nu}{dt} = f_\nu(x_1, \ldots, x_n) \qquad (\nu = 1, \ldots, n),$$

bei denen die unwesentliche Änderung in der Bezeichnung (t, x_ν statt x, y_ν wie schon in 5·5) und die wesentliche Änderung eingetreten ist, daß die unabhängige Veränderliche in den f_ν nicht explizite vorkommt. Die charakteristischen Funktionen hängen jetzt nicht von t und τ einzeln, sondern von $t - \tau$ ab:

$$(2)\qquad x_1 = \varphi_1(t - \tau, \xi_1, \ldots, \xi_n), \ldots, x_n = \varphi_n(t - \tau, \xi_1, \ldots, \xi_n).$$

Dadurch wird eine zweite geometrische Deutung der IKurve nahegelegt: man betrachtet (2) bei festem τ, $\xi_1, \ldots, \xi_n$ als Parameterdarstellung einer Kurve (Charakteristik) im $x_1, \ldots, x_n$-Raum oder als Bahnkurve eines Punktes, der zur Zeit $t = \tau$ die Stelle $\xi_1, \ldots, \xi_n$ passiert. Wird vorausgesetzt, daß das System (1) in einem Gebiet $\mathfrak{G}$ ($x_1, \ldots, x_n$) schlicht ist, d. h. daß die f_ν in $\mathfrak{G}$ stetig sind und daß für beliebiges τ und einen beliebigen Punkt $\xi_1, \ldots, \xi_n$ aus $\mathfrak{G}$ durch den Punkt $\tau, \xi_1, \ldots, \xi_n$ nur *eine* IKurve im $t, x_1, \ldots, x_n$-Raum geht, dann geht auch bei der zweiten geometrischen Deutung durch den Punkt $\xi_1, \ldots, \xi_n$ von $\mathfrak{G}$ genau eine IKurve, falls Kurven, bei denen der Punkt $\xi_1, \ldots, \xi_n$ nur zu verschiedenen „Zeitpunkten" τ durchlaufen wird, als gleichwertig angesehen werden.

Die Hauptanwendungen der Systeme (1) liegen auf dem Gebiet der Mechanik, insbes. der Dynamik und Strömungslehre. Dabei tritt auch die zusätzliche Voraussetzung auf, daß die zugehörige Strömung inkompressibel ist; d. h. deutet man die IKurven als Strömungslinien von Flüssigkeitsteilchen, so soll eine zur Zeit $t = \tau$ abgegrenzte Menge von Flüssigkeitsteilchen während der Bewegung ihr Volumen nicht ändern.

Von den ausgedehnten Untersuchungen über diesen Gegenstand seien zur Einführung die folgenden genannt: *Poincaré*, Mécanique céleste. *G. D. Birkhoff*, Dynamical systems = American Mathematical Society Colloquium Publications, New York 1927; Jahresbericht DMV 38 (1929) 1—16; Probability and physical systems, Bulletin Americ. Math. Soc. 38 (1932) 361—379. *E. Husson*, Les trajectoires de la dynamique = Mémorial Sci. Math. 55 (1932). *E. Hopf*, Ergodentheorie = Ergebnisse Math. 5_2 (1937). *E. Maillet*, Journal de Math. (6) 5 (1909) 225—262. *T. M. Cherry*, Proceedings Cambridge 22 (1925) 287—294. *E. Hilmy*, Annals of Math. 37 (1936) 899—907. *B. O. Koopman*, Bulletin Americ. Math. Soc. 33 (1927) 341—351. Vgl. ferner auch die in 5·5 angegebene Literatur.

Bei der Untersuchung des Systems (1) und der Deutung seiner Lösungen als Bahnkurven eines Punktes im $x_1, \ldots, x_n$-Raum entstehen Komplikationen beim Auftreten von stationären Punkten (Ruhepunkte, auch vielfach als singuläre Punkte bezeichnet); das sind Punkte $x_1, \ldots, x_n$, für die

$$f_1(x_1, \ldots, x_n) = \cdots = f_n(x_1, \ldots, x_n) = 0$$

ist. Für den Fall $n = 2$ liegt eine vollständige Übersicht darüber vor, welchen Verlauf die Kurven in der Nähe eines stationären Punktes haben können (vgl. 7·2); im allgemeinen Fall scheint eine solche vollständige Übersicht noch nicht erreicht zu sein.

7·2. Über den Verlauf der Integralkurven für $n = 2$ in der Nähe eines stationären Punktes. Es ist jetzt das System

$$\frac{dx}{dt} = f(x, y), \quad \frac{dy}{dt} = g(x, y) \tag{3}$$

gegeben.

Die durch dieses System bestimmten Kurven in der x, y-Ebene sind überall dort, wo $f \neq 0$ ist, auch durch die eine DGl

$$y'(x) = \frac{g(x, y)}{f(x, y)} \tag{4}$$

bestimmt. In diesem Sinne ist das System (3) also dieser einen DGl gleichwertig, und Untersuchungen über die IKurven der DGl (4) erscheinen häufig auch in der Form von Untersuchungen über das System (3); stationäre Punkte des Systems (3) sind (spezielle) singuläre Punkte der DGl (4).

Unter den in 7·1 genannten Voraussetzungen (Stetigkeit und Schlichtheit) gilt folgendes: Jede geschlossene Charakteristik, deren Inneres zu $\mathfrak{G}(x, y)$ gehört, enthält in ihrem Innern mindestens eine stationäre Stelle. Enthält das einfach zusammenhängende Gebiet $\mathfrak{G}(x, y)$ nur *eine* stationäre Stelle S, so ist nur einer der folgenden Fälle möglich (als Beispiel vgl. C 8·5)[1]):

(a) Die Charakteristik ist eine geschlossene Kurve, die S im Innern enthält; alle etwa sonst noch auftretenden geschlossenen Charakteristiken liegen dann so, daß sie ebenfalls S im Innern enthalten;

(b) sie mündet mit beiden Enden in S ein; dann mündet auch jede in ihrem Innern gelegene Charakteristik mit beiden Enden in S ein;

(c) sie läuft mit jedem Ende in eine Spirale aus, die sich einer der Kurven (a) oder (b) asymptotisch nähert;

---

[1]) Diese Untersuchungen stammen von *H. Poincaré* und *I. Bendixson*. Vgl. *I. Bendixson*, Acta Math. 24 (1901) 1—88. *Kamke*, DGlen, S. 204—224. *M. Petrovitch*, Intégration qualitative des équations différentielles = Mémorial Sci. Math. 48 (1931). *H. Dulac*, Bulletin Soc. Math. France 36 (1908) 216—224; 51 (1923) 45—188; Points singuliers des equations differentielles = Mémorial Sci. Math. 61 (1934).

(d) sie läuft mit einem Ende an den Rand von $\mathfrak{G}$ und mündet mit dem anderen Ende in S ein;

(e) sie läuft mit einem Ende an den Rand von $\mathfrak{G}$ und läuft mit dem andern Ende in eine Spirale aus, die sich asymptotisch einer der Kurven (a) oder (b) nähert;

(f) sie läuft von Rand zu Rand.

Der stationäre Punkt heißt

Knoten (nœud), wenn in ihn die Charakteristiken mit bestimmten Tangenten einmünden (Fig. 9, 10);

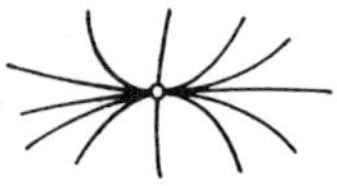

Fig. 9.

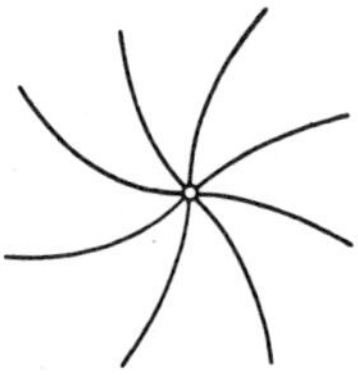

Fig. 10.

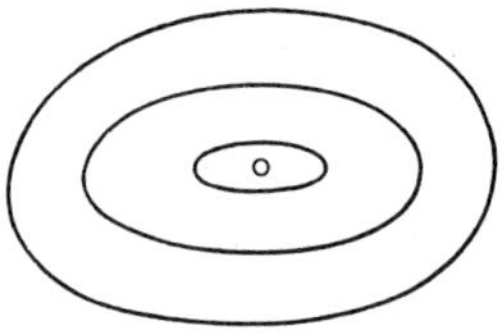

Fig. 11.

Fig. 12.

Wirbelpunkt (centre), wenn er von lauter geschlossenen Charakteristiken umgeben wird (Fig. 11);

Strudelpunkt (foyer), wenn die Charakteristiken sich ihm asymptotisch nähern, indem sie ihn in der Gestalt von Spiralen umwinden (Fig. 12);

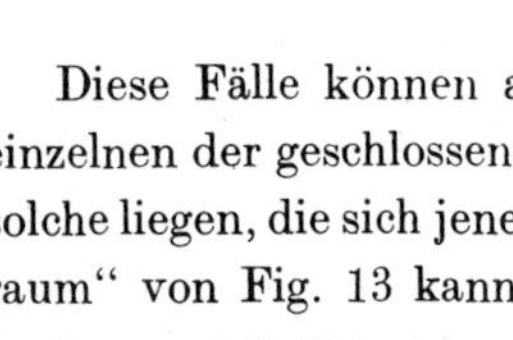

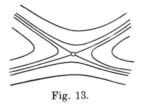

Fig. 13.

Sattelpunkt (col), wenn zwei Paar Halbcharakteristiken in ihn mit bestimmten Tangentenrichtungen einmünden und die übrigen Kurven an ihm vorbeigehen, so daß die Charakteristiken das Bild der Höhenlinien eines Gebirgssattels ergeben (Fig. 13).

Diese Fälle können auch gemischt auftreten; z. B. können zwischen einzelnen der geschlossenen Kurven von Fig. 11 statt geschlossener Kurven solche liegen, die sich jenen nach Art von Spiralen nähern, oder ein ,,Winkelraum" von Fig. 13 kann ein Knotengebiet sein.

Für spezielle Beispiele s. *G. Bouligand*, Lignes de niveau, lignes intégrales, Paris 1937, Kap. 4.

7·3. Kriterien für die Art der stationären Punkte.

(A) Das System (3) habe die Gestalt

$$x'(t) = a\,x + b\,y + f(x, y), \quad y'(t) = c\,x + d\,y + g(x, y) \tag{5}$$
$$(a\,d - b\,c \neq 0).$$

(a)[1]) Die Funktionen f, g mögen in einer gewissen Umgebung des Nullpunktes stetige partielle Ableitungen erster Ordnung haben und weiter die Bedingungen

$$f(0,0) = g(0,0) = 0,$$

$$\lim_{|x|+|y|\to 0} \frac{|f_x| + |f_y| + |g_x| + |g_y|}{(|x| + |y|)^\delta} = 0 \quad \text{für ein } \delta > 0$$

erfüllen. Dann ist der Nullpunkt ein Knotenpunkt, wenn einer der drei Fälle

(6) $\quad (a - d)^2 + 4bc > 0, \quad ad - bc > 0,$

(7) $\quad (a - d)^2 + 4bc = 0, \quad |b| + |c| > 0,$

(8) $\quad a = d, \quad b = c = 0$

vorliegt. Und zwar geht durch jeden hinreichend nahe am Nullpunkt gelegenen Punkt genau eine IKurve, und alle diese Kurven münden in den Nullpunkt ein. Im Fall (6) münden alle diese Kurven mit derselben Tangente in den Nullpunkt ein bis auf zwei Halbcharakteristiken, die eine andere gemeinsame Tangente haben (Fig. 9). Bei (7) münden alle Kurven in den Nullpunkt mit gemeinsamer Tangente ein, während bei (8) in jeder Richtung genau eine Kurve in den Nullpunkt einmündet (Fig. 10).

(b)[2]) Die Funktionen f, g mögen in einer gewissen Umgebung des Nullpunktes stetig sein, ferner sei

$$f(x, y) = o(|x| + |y|), \quad g(x, y) = o(|x| + |y|) \text{ für } |x| + |y| \to 0,$$

und die vier Differenzenquotienten

$$\frac{f(x_2, y) - f(x_1, y)}{x_2 - x_1}, \qquad \frac{g(x_2, y) - g(x_1, y)}{x_2 - x_1},$$

$$\frac{f(x, y_2) - f(x, y_1)}{y_2 - y_1}, \qquad \frac{g(x, y_2) - g(x, y_1)}{y_2 - y_1}$$

seien beschränkt. Dann geht durch jeden hinreichend nahe am Nullpunkt gelegenen und vom Nullpunkt verschiedenen Punkt genau eine Charakteristik.

Ist weiter

(9) $\quad (a - d)^2 + 4bc > 0, \quad ad - bc < 0,$

so gibt es mindestens zwei Halbcharakteristikenpaare, die mit zwei bestimmten, untereinander verschiedenen Tangentenrichtungen in den Null-

---

[1]) *O. Perron*, Math. Zeitschrift 15 (1922) 121—146. Vgl. auch *G. Hoheisel*, Jahresbericht DMV 42 (1932) 33—42.

[2]) *O. Perron*, Math. Zeitschrift 16 (1923) 273—295. Vgl. auch *I. Bendixson*, a. a. O. *J. Horn*, Archiv Math. (3) 8 (1905) 237—245. *S. K. Zaremba*, Bulletin Acad. Polonaise Cracovie A 1934, S. 197—207.

punkt einmünden. Streben außerdem die vier obigen Differenzenquotienten gegen Null bei Annäherung an den Nullpunkt, so liegt ein Sattel von der Art der Fig. 13 vor.

Ist

(10) $$(a-d)^2+4\,b\,c<0$$

und ist außerdem $a+d\neq 0$ oder

(11) $$a+d=0 \quad \text{und} \quad (a\,x+b\,y)\,g\,(x,y)\neq(c\,x+dy)\,f\,(x,y)$$

außerhalb des Nullpunkts, so ist der Nullpunkt ein Strudelpunkt. Trifft dagegen die zweite der Bedingungen (11) nicht zu, so ist der Nullpunkt ein Wirbelpunkt oder ein Wirbel-Strudelpunkt, d. h. er wird von geschlossenen Kurven umgeben, zwischen denen aber auch noch Spiralkurven liegen können.

(B)[1]) Das System (3) habe die Gestalt

$$y'(t)=f\,(x,y)\,,\qquad x'(t)=\varphi(x)\,,$$

so daß die DGl (4) der Bahnkurven auch

(12) $$\varphi(x)\,y'(x)=f\,(x,y)$$

ist. Es sei $\varphi(x)$ stetig für $0\leqq x\leqq a$, $\varphi(x)>0$ für $0<x\leqq a$, $f\,(x,y)$ stetig für $0\leqq x\leqq a$, $|y-\eta|\leqq b$.

Ist außerdem

(13) $$\xi=\int\limits_0^x\frac{dx}{\varphi(x)}$$

konvergent, so kann ξ in (12) als unabhängige Veränderliche eingeführt werden. Für $u(\xi)=y(x)$ entsteht dann eine DGl

$$u'(\xi)=f\,(x(\xi),u)=f^*\,(\xi,u)\,.$$

Erfüllt f eine Lipschitz-Bedingung in bezug auf y, so gibt es also nach 1·2 genau ein Integral mit $y(x)\to\eta$ für $x\to 0$.

Weiterhin sei daher das Integral (13) divergent. Die IKurven können nur in solchen Punkten $0,\eta$ in die y-Achse einmünden, in denen $f\,(0,\eta)=0$ ist. Es sei nun $\eta=0$, $f\,(0,0)=0$ und

$$0<k<\left|\frac{f\,(x,y_2)-f\,(x,y_1)}{y_2-y_1}\right|<K \quad \text{für} \quad y_2\neq y_1\,,$$

[1]) *O. Perron*, Math. Annalen 75 (1914) 256—273. *J. Haag*, Bulletin Sc. math. (2) 60 (1936) 131—138. Für $\varphi(x)=x^k$ bei *Bendixson*, a. a. O.; dort auch Methoden zur Berechnung der Lösungen (Iterationsverfahren). Zur Berechnung der Lösungen s. auch *J. Horn*, Jahresbericht DMV 25 (1917) 301—325; Journal für Math. 144 (1914) 167—189, 151 (1921) 167—199; Math. Zeitschrift 13 (1922) 263—282. *G. Rémoundos*, Bulletin Soc. Math. France 36 (1908) 185—195.

so daß

$$[f(x, y_2) - f(x, y_1)](y_2 - y_1)$$

ein festes Vorzeichen hat. Ist dieses Vorzeichen negativ, so hat (12) genau eine Lösung mit dem Limes 0 für $x \to +0$; ist es positiv, so gibt es unendlich viele Lösungen dieser Art. Ist noch $\varphi(x) = o(x)$ für $x \to 0$ und hat die durch $f(x, y) = 0$ definierte und sicher existierende Kurve im Nullpunkt eine bestimmte Tangente, die nicht in die y-Achse fällt, so berühren die im Nullpunkt einmündenden IKurven in diesem Punkt die Kurve $f(x, y) = 0$.

(C) $$x'(t) = \sum_{\nu=0}^{m} a_\nu x^\nu y^{m-\nu} + f(x, y), \quad y'(t) = \sum_{\nu=0}^{m} b_\nu x^\nu y^{m-\nu} + g(x, y),$$

wo f und g bei Annäherung an den Nullpunkt stärker Null werden als die ihnen vorangehenden Summen.

Hierzu s. *I. Bendixson*, a. a. O. *M. Frommer*, Math. Annalen 99 (1928) 222—272; 109 (1934) 395—424. *H. Forster*, Math. Zeitschrift 43 (1938) 271—320. *E. R. Lonn*, ebenda 44 (1939) 507—530. *R. v. Mises*, Compos. math. 6 (1938) 203—220. *M. Hukuhara*, Proc. Phys.-math. Soc. Japan (3) 21 (1939) 183—190.

Für die Untersuchung weiterer hierher gehöriger Fragen s. auch *J. Malmquist*, Arkiv för Mat. 14 (1920) Nr. 17: Untersuchung von

$$\frac{dy}{dx} = \frac{F(x, y, z)}{K(x, y, z)}, \quad \frac{dz}{dx} = \frac{G(x, y, z)}{K(x, y, z)}.$$

M. Hukuhara, Journal Hokkaido (1) 2 (1935) 177—216; asymptotische Entwicklung der Lösungen von

$$y'(x) = x^\alpha [f(x) y^2 + g(x) y + h(x)];$$

Proc. Phys.-math. Soc. Japan (3) 20 (1938) 167—189, 409—441, 865—907.

§ 3. Systeme von linearen Differentialgleichungen.

8. Allgemeine lineare Systeme.

8·1. Allgemeine Vorbemerkungen. Es handelt sich hier um DGls-Systeme

(1) $$y_p' = f_p(x) + f_{p,1}(x) y_1 + \cdots + f_{p,n}(x) y_n \qquad (p = 1, \ldots, n),$$

wobei die f_p und $f_{p,q}$ für $-\infty \leqq a < x < b \leqq +\infty$ stetig oder, wenn x eine komplexe Veränderliche ist, in dem betrachteten Bereich dieser Veränderlichen meromorph sein mögen.

Das durch Fortlassen aller f_p entstehende System heißt das zugehörige homogene oder verkürzte System. Im allgemeinen Falle heißen die f_p Störungsfunktionen.

Kennt man alle Lösungen des zugehörigen homogenen Systems und eine Lösung des Systems (1) selber, so kennt man auch alle Lösungen von (1). Ist nämlich $\psi_1(x), \ldots, \psi_n(x)$ eine Lösung von (1), so erhält man alle Lösungen von (1), wenn $\varphi_1(x), \ldots, \varphi_n(x)$ in

$$y_1 = \psi_1 + \varphi_1, \ldots, y_n = \psi_n + \varphi_n$$

alle Lösungen des zugehörigen homogenen Systems durchläuft.

Da man nach 8·3 die Lösungen des allgemeinen Systems aus den Lösungen des homogenen Systems durch bloße Quadraturen finden kann, ist die Behandlung des homogenen Systems besonders wichtig.

8·2. Existenz- und Eindeutigkeitssätze. Lösungsverfahren. Sind die $f_{p,q}(x)$ und $f_p(x)$ für $a < x < b$ stetig, so gibt es für jedes Wertesystem $\xi, \eta_1, \ldots, \eta_n$ mit $a < \xi < b$ genau eine IKurve

$$y_1 = \psi_1(x), \ldots, y_n = \psi_n(x)\,, \tag{2}$$

die durch den Punkt $\xi, \eta_1, \ldots, \eta_n$ geht, d. h. für die

$$\psi_1(\xi) = \eta_1, \ldots, \psi_n(\xi) = \eta_n \tag{3}$$

ist, und diese IKurve existiert für das ganze Intervall $a < x < b$[1]).

An Lösungsverfahren hat man neben den allgemeinen Methoden von 6 hier noch das Reduktionsverfahren 8·3.

Ferner kann man versuchen, eine Lösung mit den Anfangswerten (3) mittels einer beliebig gegebenen Folge von linear unabhängigen Funktionen[2]) $\chi_1(x), \chi_2(x), \ldots$ genähert zu gewinnen. Zu dem Zweck bildet man

$$y_p(x) = c_{p,1}\chi_1 + \cdots + c_{p,m}\chi_m \qquad (p = 1, \ldots, n)$$

und bestimmt die $c_{q,q}$ z. B. so, daß für eine fest gegebene positive Zahl r

$$\sum_{p=1}^{n} \int_a^b \Big| y_p' - \sum_{q=1}^{n} f_{p,q}\, y_q - f_p \Big|^r dx = \text{Min}$$

ist[3]).

Für Untersuchungen über Systeme mit fastperiodischen Koeffizienten s. *J. Favard*, Acta Math. 51 (1928) 31—81. *S. Bochner*, Math. Annalen 104 (1931) 579—587. *R. H. Cameron*, Duke Math. Journal 1 (1935) 356—360.

---

[1]) Vgl. z. B. *Kamke*, DGlen, S. 167. Der allgemeine Existenzsatz 5·3 liefert natürlich auch hier wieder einen weiter gehenden Satz. Ferner vgl. z. B. *L. Schlesinger*, Journal für Math. 131 (1906) 202—215.

[2]) D. h. je endlich viele der Funktionen sollen linear unabhängig sein; zu diesem Begriff s. 17·1.

[3]) *W. C. Risselman*, Duke Math. Journal 4 (1938) 640—649. Dort werden noch allgemeinere Ansätze sowie die Konvergenzfrage behandelt.

8·3. Reduktion des unhomogenen auf das homogene System. Bilden die Funktionen

$$\varphi_{p,1}(x), \ldots, \varphi_{p,n}(x) \qquad (p = 1, \ldots, n)$$

ein Hauptsystem von Lösungen (vgl. hierzu 9·1) des homogenen Systems und ist Δ_ν die Determinante, die man aus der Determinante

$$\Delta = \begin{vmatrix} \varphi_{1,1}, & \ldots, & \varphi_{1,n} \\ \cdot & \cdot & \cdot \\ \varphi_{n,1}, & \ldots, & \varphi_{n,n} \end{vmatrix}$$

erhält, indem man die ν-te Zeile durch $f_1, \ldots, f_n$ ersetzt, so bilden die Funktionen

$$\psi_p(x) = \sum_{\nu=1}^{n} \varphi_{\nu,p} \left(\int \frac{\Delta_\nu}{\Delta} dx + C_\nu \right) \qquad (p = 1, \ldots, n)$$

gerade die sämtlichen Lösungen des Systems (1). Grundsätzlich kann also das allgemeine System (1) als gelöst gelten, wenn man das zugehörige homogene System vollständig gelöst hat.

Vgl. z. B. *Kamke*, DGlen, S. 176—178.

8·4. Abschätzungssätze. Neben den allgemeinen Abschätzungssätzen 6·7 gelten hier z. B. noch die folgenden:

(a)[1]) Die Funktionen $y_1(x), \ldots, y_n(x)$ mögen für $a \leqq x < b$ differenzierbar sein und für zwei Konstante $M > 0$, $N \geqq 0$ die UnGlen

$$\sum_{\nu=1}^{n} |y'_\nu(x)| \leqq M \sum_{\nu=1}^{n} |y_\nu(x)| + N$$

erfüllen. Dann gilt für je zwei Zahlen x, ξ des obigen Intervalls

$$\sum_{\nu=1}^{n} |y_\nu(x)| \leqq \sum_{\nu=1}^{n} |y_\nu(\xi)| \, e^{M|x-\xi|} + \frac{N}{M} (e^{M|x-\xi|} - 1) .$$

(b)[2]) Die Funktionen $f_p(x), f_{p,q}(x), g_p(x), g_{p,q}(x)$ mögen für $a \leqq x < b$ stetig sein und die UnGlen

$$\sum_{p=1}^{n} |f_p| \leqq A, \quad \sum_{p=1}^{n} |f_{p,q}| \leqq B,$$

$$\sum_{p=1}^{n} |f_p - g_p| \leqq \delta, \quad \sum_{p=1}^{n} |f_{p,q} - g_{p,q}| \leqq \varepsilon$$

erfüllen. Ist (2) eine Lösung von (1) mit den Anfangswerten (3) und

$$z_1 = \chi_1(x), \ldots, z_n = \chi_n(x)$$

---

[1]) *Kamke*, DGlen, S. 151f. Für eine Verallgemeinerung s. *E. Kamke*, Sitzungsberichte Heidelberg 1930, 17. Abhandlung, S. 10.

[2]) Vgl. auch *M. Bôcher*, Americ. Journ. Math. 24 (1902) 311—318. *J. Tamarkin*, Bulletin Americ. Math. Soc. 36 (1930) 99—102.

eine Lösung von

$$(4) \qquad z'_p = g_p + \sum_{q=1}^{n} g_{p,q} z_q \qquad (p = 1, \ldots, n)$$

mit denselben Anfangswerten, so ist

$$(5) \qquad \sum_{p=1}^{n} |\psi_p - \chi_p| \leqq \left\{\frac{\delta}{B} + \frac{\varepsilon}{B}\left(\sum_{p=1}^{n} |\eta_p| + \frac{A}{B}\right) e^{B(b-a)}\right\} e^{(B+\varepsilon)(b-a)}$$

Die Abschätzung kann leicht noch verschärft werden, wie aus dem folgenden Beweis hervorgeht. Durch Addition der Glen (1) mit $y_p = \psi_p$ erhält man

$$\sum_{p=1}^{n} |\psi'_p| \leqq A + B \sum_{q=1}^{n} |\psi_q|,$$

also nach (a)

$$\sum_{p=1}^{n} |\psi_p| \leqq \left(\sum_{p=1}^{n} |\eta_p| + \frac{A}{B}\right) e^{B(x-a)}$$

Subtrahiert man die p-te Gl (4) von der p-ten Gl (1), so ergibt sich für $u_p = \psi_p - \chi_p$

$$(6) \qquad u'_p = f_p - g_p + \sum_q (f_{p,q} - g_{p,q}) \psi_q + \sum_q g_{p,q} u_q,$$

also

$$\sum_p |u'_p| \leqq \delta + \varepsilon \left(\sum_p |\eta_p| + \frac{A}{B}\right) e^{B(x-a)} + (B + \varepsilon) \sum_q |u_q|$$

und hieraus mit (a) die Behauptung (5). Man kann offenbar auch noch die einzelnen u_p abschätzen, indem man (5) zur Abschätzung der rechten Seite von (6) benutzt.

9. Homogene lineare Systeme.

9·1. Eigenschaften der Lösungen. Hauptsysteme von Lösungen. Es handelt sich jetzt um DGlsSysteme

$$(1) \qquad y'_p = \sum_{q=1}^{n} f_{p,q}(x)\, y_q \qquad (p = 1, \ldots, n),$$

wobei die $f_{p,q}(x)$ für $-\infty \leqq a < x < b \leqq +\infty$ stetig sein sollen.

Offenbar ist das Funktionensystem $y_1 = 0, \ldots, y_n = 0$ Lösung jedes Systems (1). Diese Lösung wird als triviale oder uneigentliche Lösung bezeichnet, während als eigentliche Lösungen nur solche gelten, die nicht aus lauter Nullen bestehen.

Sind die p Funktionensysteme

(2) $$\varphi_{\nu,1}(x), \ldots, \varphi_{\nu,n}(x) \qquad (\nu = 1, \ldots, p)$$

Lösungen von (1), so ist auch jede lineare Komposition

$$\varphi_1 = \sum_{\nu=1}^{p} C_\nu \varphi_{\nu,1}, \ldots, \varphi_n = \sum_{\nu=1}^{p} C_\nu \varphi_{\nu,n}$$

mit beliebigen Konstanten C_ν eine Lösung. Je p Lösungen (2) sind für $p > n$ voneinander linear abhängig, d. h. es gibt Konstante C_ν, die nicht alle Null sind und für die

$$\sum_{\nu=1}^{p} C_\nu \varphi_{\nu,1} \equiv 0, \ldots, \sum_{\nu=1}^{p} C_\nu \varphi_{\nu,n} \equiv 0$$

ist.

Für je n Lösungen (2) ist bei beliebigem $a < \xi < b$ die Determinante

$$\text{Det.}\ |\varphi_{p,q}(x)| = \text{Det.}\ |\varphi_{p,q}(\xi)| \exp \int_\xi^x \sum_{\nu=1}^{n} f_{\nu,\nu}(x)\, dx.$$

Von n Lösungen (2) sagt man, sie bilden ein Hauptsystem oder Fundamentalsystem von Lösungen, wenn sie voneinander linear unabhängig sind oder, was auf dasselbe hinausläuft, wenn die

$$\text{Det.}\ |\varphi_{p,q}(x)| \neq 0$$

ist.

Das System (1) läßt sich besonders kurz schreiben, wenn die (von x abhängende) Matrix $F = (f_{p,q})$ eingeführt wird. Dann besagt das Aufsuchen eines Hauptsystems für (1), daß die MatrixDGl[1])

(1a) $$Y'(x) = F\,Y(x)$$

so zu lösen ist, daß die Determinante $|Y(x)| \not\equiv 0$ ist; die Spalten der Matrix $Y(x)$ bilden dann ein Hauptsystem von Lösungen für (1).

9·2. Existenzsätze und Lösungsverfahren. In dem Existenzsatz von 8·2 ist enthalten: Durch jeden Punkt $\xi, \eta_1, \ldots, \eta_n$ mit $a < \xi < b$ gibt es genau eine IKurve

$$y_1 = \varphi_1(x), \ldots, y_n = \varphi_n(x)$$

und diese existiert im ganzen Intervall $a < x < b$.

Weiter gibt es Hauptsysteme von Lösungen. Man erhält ein solches, indem man n Zahlensysteme

$$\eta_{p,1}, \ldots, \eta_{p,n} \qquad (p = 1, \ldots, n)$$

---

[1]) Sind $A = (a_{p,q})$ und $B = (b_{p,q})$ zwei n-reihige Matrizen, so ist ihr Produkt $C = AB$ (nicht BA) die Matrix mit den Elementen

$$c_{p,q} = \sum_{\nu=1}^{n} a_{p,\nu} b_{\nu,q}.$$

mit einer

$$\text{Det. } |\eta_{p,q}| \neq 0$$

wählt und bei beliebig gewähltem $a < \xi < b$ zu jedem p eine IKurve $y_1 = \varphi_{p,1}, \ldots, y_n = \varphi_{p,n}$ bestimmt, die durch den Punkt $\xi, \eta_{p,1}, \ldots, \eta_{p,n}$ geht.

In der Sprache der Matrizenrechnung (vgl. 9·1) besagt dieser Satz: für jede konstante Matrix $\mathsf{H} = (\eta_{p,q})$ mit einer von Null verschiedenen Determinante hat die MatrixDGl (1a) genau eine Lösung mit dem Anfangswert $Y(\xi) = \mathsf{H}$[1]).

Die Gesamtheit der Lösungen von (1) besteht aus den Lösungen, die sich aus einem Hauptsystem linear komponieren lassen.

An Lösungsverfahren hat man neben den allgemeinen Methoden von 6 hier noch die Möglichkeit, in besonderen Fällen durch 9·3 Lösungen zu erhalten.

Das Iterationsverfahren 6·2 läßt sich hier in folgender Weise darstellen: Es sei (zu den Bezeichnungen s. 9·2)

$$I F = \int_\xi^x F \, dx = \left(\int_\xi^x f_{p,q}(x) \, dx \right),$$

$F I F$ das Produkt der Matrizen[2]) F und $I F$, und für natürliche Zahlen $m \geqq 2$

$$(I F)^m = I F \, (I F)^{m-1} = \int_\xi^x F \, (I F)^{m-1} \, dx,$$

endlich $(I F)^0 = 1$. Dann konvergiert die Matrizen-Reihe

$$\Phi(x) = \sum_{m=0}^{\infty} (I F)^m$$

für $a < x < b$, und die Spalten der Matrix Φ bilden ein Hauptsystem von Lösungen, deren Anfangswerte an der Stelle $x = \xi$ die Spalten der Einheitsmatrix

$$\begin{pmatrix} 1 & 0 & \cdots & 0 \\ 0 & 1 & \cdots & 0 \\ \cdot & \cdot & \cdot\cdot & \cdot \\ 0 & 0 & \cdots & 1 \end{pmatrix}$$

sind.

Sind die Koeffizienten $f_{p,q}$ des Systems (1) eindeutige analytische Funktionen der komplexen Veränderlichen x, so gilt das Obige ebenfalls, wenn alle $f_{p,q}$ an der Stelle ξ regulär sind. Φ konvergiert und liefert die Lösungen

---

[1]) Vgl. dazu *G. D. Birkhoff — R. E. Langer*, Proceedings Americ. Acad. 58 (1923) 53ff.

[2]) Vgl. Fußnote 1 der vorigen Seite.

in dem durch die $f_{p,q}$ bestimmten Mittag-Lefflerschen Stern. Diesen erhält man, indem man die singulären Stellen aller $f_{p,q}$ in Richtung des vom Punkt ξ zu ihnen führenden Strahls mit dem Punkt ∞ verbindet und alle diese von singulären Punkten zum Punkt ∞ führenden Strahlen in der x-Ebene auslöscht (Fig. 14). Die vorkommenden Integrationen müssen längs Wegen innerhalb des Restgebiets erfolgen[1]).

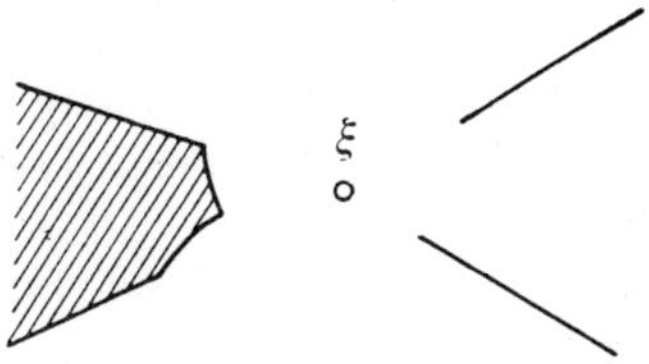

Fig. 14.

9·3. Reduktionsverfahren. Neben den allgemeinen Lösungsmethoden von 6 ist hier noch folgendes Verfahren zu nennen, durch welches das System (1) auf ein solches mit weniger Glen zurückgeführt wird, wenn man bereits eine eigentliche Lösung ausfindig gemacht hat. Ist $\varphi_1(x), \ldots, \varphi_n(x)$ eine Lösung mit $\varphi_1(x) \neq 0$, so läßt sie sich in folgender Weise zu einem Hauptsystem von Lösungen ergänzen: Man stelle ein Hauptsystem

$$\psi_{p,2}(x), \ldots, \psi_{p,n}(x) \qquad (p = 2, \ldots, n)$$

von Lösungen für das aus $n-1$ Glen bestehende homogene System

$$(3) \qquad y'_\nu = \sum_{q=2}^{n} \left[f_{\nu,q}(x) - \frac{\varphi_\nu(x)}{\varphi_1(x)} f_{1,q}(x) \right] y_q \qquad (\nu = 2, \ldots, n)$$

auf und setze

$$\psi_{p,1}(x) = \int \frac{1}{\varphi_1(x)} \sum_{q=2}^{n} f_{1,q}(x)\, \psi_{p,q}(x)\, dx \qquad (p = 2, \ldots, n);$$

dann bilden die Funktionen

$$\varphi_{p,1} = \psi_{p,1}\varphi_1, \quad \varphi_{p,2} = \psi_{p,1}\varphi_2 + \psi_{p,2}, \ldots, \quad \varphi_{p,n} = \psi_{p,1}\varphi_n + \psi_{p,n} \qquad (p = 2, \ldots, n)$$

zusammen mit der anfänglichen Lösung ein Hauptsystem von Lösungen für das ursprüngliche System (1).

Goursat, Cours d'Analyse II, S. 498–504. *Kamke*, DGlen, S. 167–176.

9·4. Adjungierte Systeme von Differentialgleichungen. Die linearen Systeme

$$(4) \qquad u'_p = \sum_{q=1}^{n} f_{p,q}(x)\, u_q \qquad (p = 1, \ldots, n)$$

[1]) Das ist das sog. *Peano-Baker-Verfahren.* Vgl. *Ince*, Diff. Equations, S. 408ff. *H. F. Baker*, Proceedings London Math. Soc. 34 (1902) 347–360; 35 (1903) 333 bis 378; (2) 2 (1905) 293–296. Für einen Existenzbeweis mit Hilfe des Produktintegrals von *Volterra* und *Schlesinger* s. *G. Rasch*, Journal für Math. 171 (1934) 75–119.

und

$$v_p' = -\sum_{q=1}^{n} f_{q,p}(x)\, v_q \qquad (p = 1, \ldots, n) \tag{5}$$

heißen zueinander adjungiert. Ist $u_1, \ldots, u_n$ irgendeine Lösung von (4) und $v_1, \ldots, v_n$ irgendeine Lösung von (5), so ist offenbar

$$\sum_{p=1}^{n} (u_p\, v_p)' = 0, \quad \text{also} \quad \sum_{p=1}^{n} u_p\, v_p = \text{const}.$$

Ist

$$u_{p,1}, \ldots, u_{p,n} \qquad (p = 1, \ldots, n)$$

ein Hauptsystem von Lösungen von (4), so ist

$$v_{p,1} = \frac{U_{p,1}}{U}, \ldots, \quad v_{p,n} = \frac{U_{p,n}}{U} \qquad (p = 1, \ldots, n) \tag{6}$$

ein Hauptsystem von Lösungen von (5), wenn

$$U = \text{Det.}\, |u_{p,q}|$$

und $U_{p,q}$ die zu $u_{p,q}$ gehörige Adjunkte (algebraisches Komplement, cofactor) in dieser Determinante ist.

Zum Begriff der adjungierten Systeme vgl. etwa auch *R. Lagrange*, Acta Math. 48 (1926) 179—201. *W. M. Whyburn*, Americ. Journ. Math. 56 (1934) 587—592.

9·5. Selbstadjungierte Systeme von Differentialgleichungen. Das System (4) heißt selbstadjungiert (im engeren Sinne), wenn das System (5) mit dem System (4) übereinstimmt, nachdem die v_ν durch die u_ν ersetzt sind. Das System (4) ist in diesem Sinne genau dann selbstadjungiert, wenn $f_{p,q} = -f_{q,p}$ ist; insbesondere müssen also alle $f_{p,p} = 0$ sein. Dieser Begriff des selbstadjungierten Systems ist für manche Zwecke zu eng; z. B. ist das aus der selbstadjungierten DGl (vgl. 24·1)

$$(f(x)\, y')' + g(x)\, y = 0$$

für $u_1 = y$, $u_2 = f\, y'$ entspringende System

$$u_1' = \frac{u_2}{f}, \quad u_2' = -g\, u_1$$

hiernach im allgemeinen nicht selbstadjungiert.

Man kann das System (4) auch selbstadjungiert (im weiteren Sinne) nennen, wenn[1]) es stetig differenzierbare Funktionen $T_{p,q}(x)$ $(p, q = 1, \ldots, n)$ gibt, so daß die

$$\text{Det.}\, |T_{p,q}| \neq 0 \tag{7}$$

ist und die Funktionen

$$v_p = \sum_{q=1}^{n} T_{p,q}(x)\, u_q(x) \qquad (p = 1, \ldots, n)$$

---

[1]) *G. A. Bliss*, Transactions Americ. Math. Soc. 28 (1926) 569.

gerade die Lösungen des Systems (5) durchlaufen, wenn $u_1, \ldots, u_n$ die Lösungen von (4) durchläuft. Das System (4) ist in diesem Sinne genau dann selbstadjungiert, wenn das DGlsSystem

$$T'_{p,q} = -\sum_{\nu=1}^{n}(T_{p,\nu} f_{\nu,q} + T_{\nu,q} f_{\nu,p}) \qquad (p, q = 1, \ldots, n)$$

ein Lösungssystem $T_{p,q}$ hat, für das die UnGl (7) gilt.

Ist

$$L(y) = \sum_{\nu=0}^{n} f_\nu(x)\, y^{(\nu)}$$

ein selbstadjungierter oder anti-selbstadjungierter DAusdruck n-ter Ordnung (vgl. 17·5), d. h. ist $\overline{L}(y) = \pm L(y)$, so führt die DGl $L(y) = 0$, wenn $y = u_1$, $y' = u_2, \ldots, y^{(n-1)} = u_n$ gesetzt wird, stets auf ein selbstadjungiertes System in diesem erweiterten Sinne.

Sollen die $T_{p,q}$ Konstante sein, so muß

$$f_{1,1} + f_{2,2} + \cdots + f_{n,n} = 0$$

sein; für $n = 2$ ist diese Bedingung auch hinreichend.

9·6. Adjungierte Systeme von Differentialausdrücken; Lagrangesche Identität und Greensche Formel[1]). Es sei der DAusdruck n-ter Ordnung

$$L_{p,q}(u) = \sum_{\nu=0}^{n} f_{p,q,\nu}(x)\, u^{(\nu)}$$

mit Funktionen $f_{p,q,\nu}$ gegeben, die ν-mal stetig differenzierbar sind; nach 17·5 ist der adjungierte DAusdruck

$$\overline{L}_{p,q}(v) = \sum_{\nu=0}^{n} (-1)^\nu (f_{p,q,\nu}\, v)^{(\nu)},$$

und mit dem zugehörigen bilinearen DAusdruck $L^*(u, v)$ besteht die Lagrangesche Identität

$$v\, L_{p,q}(u) - u\, \overline{L}_{p,q}(v) = \frac{d}{dx} L^*_{p,q}(u, v).$$

Wird für m Funktionen $u_1(x), \ldots, u_m(x)$ der lineare DAusdruck

$$L_p(u_1, \ldots, u_m) = \sum_{q=1}^{m} L_{p,q}(u_q)$$

gebildet, so heißt

$$L_p(v_1, \ldots, v_m) = \sum_{q=1}^{m} \overline{L}_{q,p}(v_q)$$

---

[1]) Vgl. 17·5, 17·6 und *M. Bôcher*, Transactions Americ. Math. Soc. 14 (1913) 403—420.

der zu L_p adjungierte DAusdruck. Die Lagrangesche Identität lautet nun

$$(8)\quad \sum_{p=1}^{m} [v_p L_p (u_1, \ldots, u_m) - u_p \overline{L}_p (v_1, \ldots, v_m)] = \frac{d}{dx} \sum_{p,q=1}^{m} L^*_{q,p} (u_p, v_q).$$

Die rechte Seite ist eine Bilinearform in den $u_p, u'_p \ldots, u_p^{(n-1)}$ und $v_p, v'_p, \ldots, v_p^{(n-1)}$, deren Determinante, abgesehen vom Vorzeichen, die n-te Potenz der

$$\text{Det.} \, |f_{p,q,n}(x)| \qquad (p, q = 1, \ldots, m)$$

ist. Durch Integration von (8) zwischen den Grenzen a und b erhält man die Greensche Formel.

9·7. Grundlösungen[1]). Die n Funktionensysteme

$$(9)\qquad g_{\nu 1}(x, \xi), \ldots, g_{\nu, n}(x, \xi) \qquad (\nu = 1, \ldots, n)$$

werden eine Grundlösung (franz.: solution principale) des DGlsSystems (4) für das Intervall $a < x < b$ genannt, wenn sie folgende Eigenschaften haben:

(α) jedes $g_{p,q}(x, \xi)$ hat in jedem der beiden Dreiecke $a \leqq x \leqq \xi \leqq b$ und $a \leqq \xi \leqq x \leqq b$ der x, ξ-Ebene stetige partielle Ableitungen erster Ordnung nach x;

(β) in jedem dieser beiden Dreiecke ist das System (9) für jedes ξ eine Lösung von (4);

(γ) für $a < \xi < b$ ist

$$g_{\nu,k}(\xi + 0, \xi) - g_{\nu,k}(\xi - 0, \xi) = e_{\nu,k} \text{ [2]}).$$

Die Grundlösungen von (4) sind

$$g_{\nu,k}(x) = \begin{cases} \sum\limits_{p=1}^{n} [c_{p,\nu}(\xi) - v_{p,\nu}(\xi)] \, u_{p,k}(x) & \text{für } x \leqq \xi, \\ \sum\limits_{p=1}^{n} c_{p,\nu}(\xi) \, u_{p,k}(x) & \text{für } x \geqq \xi; \end{cases}$$

dabei bedeuten

$$u_{p,1}, \ldots, u_{p,n} \qquad (p = 1, \ldots, n)$$

irgendein Hauptsystem von Lösungen für das System (4); $v_{p,1}(x), \ldots, v_{p,n}(x)$ die zu diesem gehörigen Funktionen (6), $c_{p,\nu}$ beliebige stetige Funktionen.

---

[1]) Vgl. *E. Bounitzki*, Journal de Math. (6) 5 (1909) 65ff.

[2]) Manche Autoren verlangen hier $-e_{\nu,k}$ statt $e_{\nu,k}$.

10. Homogene lineare Systeme mit singulären Stellen.

10·1. Einteilung der singulären Stellen[1]. Über die Koeffizienten $f_{p,q}(x)$ des Systems 9·1 (1) wird jetzt vorausgesetzt, daß sie Funktionen einer komplexen Veränderlichen x[2]) und in der Umgebung einer Stelle x_0 meromorph, d. h. abgesehen von Polen regulär sind. Ohne die Allgemeinheit einzuschränken, kann man $x_0 = 0$ annehmen. Das System läßt sich dann in die Gestalt bringen:

$$x^\alpha y_p'(x) = \sum_{q=1}^{n} f_{p,q}(x)\, y_q \qquad (p = 1, \ldots, n) \tag{1}$$

wo α eine ganze Zahl ist und die $f_{p,q}(x)$ an der Stelle $x = 0$ regulär sind, aber an dieser Stelle nicht alle den Wert 0 haben; d. h. die $f_{p,q}$ sind durch Potenzreihen

$$f_{p,q}(x) = \sum_{\nu=0}^{\infty} a_{p,q}^{(\nu)} x^\nu \tag{2}$$

darstellbar, die in einer gewissen Umgebung von $x = 0$ konvergieren, und nicht alle $a_{p,q}^{(0)}$ haben den Wert 0.

Für $\alpha \leqq 0$ heißt der Punkt $x = 0$ regulär[3]), für $\alpha \geqq 1$ singulär, und zwar für $\alpha = 1$ schwach singulär (Stelle der Bestimmtheit, regular singular point), für $\alpha \geqq 2$ stark singulär (Stelle der Unbestimmtheit, irregular singular point); $\alpha - 1$ heißt nach *Poincaré* der Rang der singulären Stelle.

Durch die Transformation

$$y(x) = \eta(\xi), \quad \xi = \frac{1}{x}$$

wird die singuläre Stelle $x = 0$ in den Punkt $\xi = \infty$ geworfen. Aus dem System (1) wird dabei

$$\eta_p'(\xi) = \xi^{\alpha-2} \sum_{q=1}^{n} g_{p,q}(\xi)\, \eta_q \qquad (p = 1, \ldots, n) \tag{3}$$

wo die $g_{p,q}(\xi)$ jetzt eine Entwicklung nach fallenden Potenzen von ξ

$$g_{p,q}(\xi) = \sum_{\nu=0}^{\infty} a_{p,q}^{(\nu)} \xi^{-\nu}$$

und nicht alle $a_{p,q}^{(0)}$ den Wert 0 haben. Die oben für den Punkt $x = 0$ eingeführten Bezeichnungen je nach dem Wert von α werden für den Punkt $\xi = \infty$ übernommen.

---

[1]) Vgl. hierzu 18 und *Ince*, Diff. Equations, S. 468.

[2]) Für Hinweise auf den Fall einer reellen Veränderlichen x s. den Schluß von 10·2 sowie 11.

[3]) Dann liegt der Fall 6·3 vor.

10·2. Schwach singuläre Stellen[1]. Ist der Punkt $x = 0$ schwach singulär, so lautet das System (1)

$$(4)\qquad x\, y_p'(x) = \sum_{q=1}^{n} f_{p,q}(x)\, y_q \qquad (p = 1, \ldots, n),$$

wo die $f_{p,q}$ durch (2) gegeben sind und die dort angegebenen Eigenschaften haben. Man gehe in das System (4) mit dem Ansatz

$$(5)\qquad y_1 = x^r \varphi_1(x), \ldots, y_n = x^r \varphi_n(x)$$

hinein; dabei soll jedes

$$(6)\qquad \varphi_p(x) = \sum_{\nu=0}^{\infty} c_{p,\nu}\, x^\nu$$

in einer gewissen Umgebung der Stelle $x = 0$ konvergieren, und es sollen nicht alle $c_{p,0}$ den Wert 0 haben. Aus (4) wird dann

$$(7)\qquad x\,\varphi_p' = f_{p,1}\,\varphi_1 + \cdots + (f_{p,p} - r)\,\varphi_p + \cdots + f_{p,n}\,\varphi_n \qquad (p = 1, \ldots, n)$$

und insbesondere für $x = 0$

$$(8)\qquad f_{p,1}(0)\, c_{1,0} + \cdots + [f_{p,p}(0) - r]\, c_{p,0} + \cdots + f_{p,n}(0)\, c_{n,0} = 0 \qquad (p = 1, \ldots, n).$$

Da die $c_{p,0}$ nicht alle den Wert 0 haben sollen, muß r eine Lösung der Index-Gl (charakteristischen Gl)

$$(9)\qquad F(r) = 0 \quad \text{mit} \quad F(r) = \text{Det.}\, |f_{p,q}(0) - r\, e_{p,q}|$$

sein.

Es sei r eine derartige Lösung (Index). Dann können Zahlen $c_{1,0}, \ldots, c_{n,0}$ so gewählt werden, daß sie die Glen (8) erfüllen und nicht alle Null sind. Trägt man (6) in (7) ein, so erhält man durch Vergleich entsprechender Potenzen von x für jedes $k = 1, 2, \ldots$ ein lineares GlsSystem

$$(10)\qquad \sum_{q=1}^{n} [a_{p,q}^{(0)} - (r + k)\, e_{p,q}]\, c_{p,k} = - \sum_{q=1}^{n} \sum_{\nu=0}^{k-1} a_{p,q}^{(k-\nu)}\, c_{p,\nu} \qquad (p = 1, \ldots, n).$$

Gibt es zu r keine Lösung der IndexGl, die sich von r um eine ganze Zahl unterscheidet, so können aus (10) für $k = 1$ die Zahlen $c_{p,1}$ berechnet werden, sodann ($k = 2$) die Zahlen $c_{p,2}$, usw. Gibt es zu r Indices, die sich von r um eine ganze Zahl unterscheiden, so ist die Berechnung der $c_{p,k}$ ebenfalls möglich, wenn aus dem System der Indices, die sich um eine ganze Zahl unterscheiden, für r der „größte" Index in dem Sinne gewählt wird, daß keine der Zahlen $r + 1, r + 2, \ldots$ ein Index ist[2]. Die mit den so aus (10) erhaltenen $c_{p,\nu}$ gebildeten Reihen (6) konvergieren in einer Umgebung von $x = 0$ und die mit ihnen gebildeten Funktionen (5) stellen in dieser

---

[1]) Vgl. 18·2.

[2]) Diese vorsichtige Ausdrucksweise ist nötig, weil r komplex sein kann.

(von $x = 0$ aufgeschnittenen) Umgebung eine Lösung des Systems (4) dar, wobei die Potenz x^r noch irgendwie so zu normieren ist, daß sie in der aufgeschnittenen Umgebung eine reguläre Funktion ist.

Sind Indices vorhanden, die sich von dem „größten" Index r um eine ganze Zahl unterscheiden (dazu gehört auch der Fall, daß r eine mehrfache Lösung der IndexGl ist), so läßt sich mit der gefundenen Lösung das System nach 9·3 reduzieren und auf das neue System wieder das geschilderte Verfahren anwenden. Man erhält dann im allgemeinen Lösungen, die noch logarithmische Faktoren enthalten[1]).

Das ist das von *L. Sauvage*, Annales École Norm. (3) 3 (1886) 391—404, beschriebene Lösungsverfahren; für ergänzende Betrachtungen s. auch *L. Sauvage*, ebenda (3) 5 (1888) 9—22; 6 (1889) 157—182; 8 (1891) 285—340; *J. A. Nyswander*, Americ. Journ. Math. 51 (1929) 247—264. Das Lösungsverfahren von *Frobenius* (s. 18·2) läßt sich ebenfalls auf Systeme von DGlen übertragen; dazu vgl. *E. Grünfeld*, Denkschriften Wien, 54_{II} (1888) 93—104; *E. Hille*, Annals of Math. (2) 27 (1926) 195 bis 198. Für eine besonders elegante Darstellung des Existenzbeweises für die Lösungen des Systems (4) mit Matrizenrechnung s. *A. Schmidt*, Journal für Math. 179 (1938) 1—4. Mit Hilfe des Produktintegrals von *Volterra* und *Schlesinger* sind diese Fragen behandelt von *G. Rasch*, Journal für Math. 171 (1934) 65—119.

Für Systeme

$$y_p'(x) = \sum_{q=1}^{n} \psi_{p,q}(x)\, y_q \qquad (p = 1, \ldots, n),$$

in denen die $\psi_{p,q}(x)$ elliptische Funktionen von x mit gemeinsamen Perioden ω_1, ω_2 und nur einfachen Polen sind, s. *W. L. Miser*, Transactions Americ. Math. Soc. 17 (1916) 109—129.

Für Untersuchungen über Systeme mit periodischen Koeffizienten (Analogon zu *Floquets* Theorie von 18·7) s. *F. R. Moulton — W. D. MacMillan*, Americ. Journ. Math. 33 (1911) 63—96.

Für Hillsche Systeme

$$y_p''(x) = \sum_{q=1}^{n} \Phi_{p,q}(x)\, y_q \qquad (p = 1, \ldots, n)$$

mit periodischen Funktionen $\Phi_{p,q}$ s. *G. Lemaitre — O. Godart*, Acad. Belgique Bulletins (5) 24 (1938) 19—23. *L. Cesari*, Memorie Accad. d'Italia (6) 11 (1940) 633—695.

In dem System (4) ist als Sonderfall die lineare DGl 18·2 (5)

$$\sum_{\nu=0}^{n} x^\nu g_\nu(x)\, y^{(\nu)} = 0$$

enthalten; sie geht für

$$y_1(x) = y,\ y_2(x) = x\, y_1', \ldots,\ y_n(x) = x\, y_{n-1}'$$

in ein System (4) über[2]).

---

[1]) Vgl. dazu 18·2.

[2]) *E. Hille*, Annals of Math. (2) 27 (1926) 195—198.

Für reelle Veränderliche hat *O. Dunkel*[1]) Systeme von ähnlicher Gestalt wie das System (4) untersucht:

$$x\, y_p'(x) = \sum_{q=1}^{n} [a_{p,q} + x\, f_{p,q}(x)]\, y_q \qquad (p = 1, \ldots, n);$$

dabei sind die $a_{p,q}$ Konstante, die Funktionen $f_{p,q}(x)$ für $0 < x < a$ stetig und für $0 \leqq x < a$ absolut integrierbar.

10·3. Stark singuläre Stellen. Ist die Stelle $x = \infty$ stark singulär, so hat das System nach (3) in einer Umgebung von $x = \infty$ die Gestalt

$$(11) \qquad y_p'(x) = x^{\alpha} \sum_{q=1}^{n} g_{p,q}(x)\, y_q \qquad (p = 1, \ldots, n)$$

mit

$$g_{p,q}(x) = \sum_{\nu=0}^{\infty} a_{p,q}^{(\nu)}\, x^{-\nu},$$

wobei nicht alle $a_{p,q}^{(0)}$ den Wert 0 haben und α eine ganze Zahl $\geqq 0$ ist; $\alpha + 1$ ist der Rang der singulären Stelle.

Geht man mit dem Ansatz

$$(12) \qquad y_p = e^{P(x)}\, x^s\, \varphi_p(x) \qquad (p = 1, \ldots, n),$$

$$P(x) = \sum_{\nu=0}^{\alpha} \varrho_\nu \frac{x^{\nu+1}}{\nu+1}, \quad \varphi_p(x) = \sum_{k=0}^{\infty} c_{p,k}\, x^{-k}$$

in das System (11) hinein, so lassen sich durch Vergleich entsprechender Potenzen von x die Zahlen ϱ_ν, s, $c_{p,k}$ bestimmen[2]). Die Zahl $r = \varrho_\alpha$ ist eine Lösung der IndexGl

$$\text{Det.}\ |a_{p,q}^{(0)} - r\, e_{p,q}| = 0\,.$$

Hat diese Gl mehrfache Lösungen, so entstehen Komplikationen. Sind die Lösungen sämtlich verschieden, so bekommt man für das System (11) formale Lösungen, die im allgemeinen divergieren, aber in gewissen Gebieten asymptotische Darstellungen von Lösungen für $|x| \to \infty$ liefern. Durch Einführung verallgemeinerter Laplace-Integrale kann man konvergente Darstellungen von Lösungen erhalten[3]).

Ist $x = 0$ singuläre Stelle und hat das System die Gestalt

$$x^{\alpha_p}\, y_p'(x) = \sum_{q=1}^{n} f_{p,q}(x)\, y_q \qquad (p = 1, \ldots, n)$$

---

[1]) Proceedings Americ. Acad. 38 (1903) 341—370.

[2]) Das scheint bisher nur durchgeführt zu sein, nachdem zuvor das System (11) in eine „kanonische" Gestalt gebracht ist.

[3]) *Ince*, Diff. Equations, S. 469—493. *G. D. Birkhoff*, Transactions Americ. Math. Soc. 10 (1909) 436—470. *J. Horn*, Jahresbericht DMV 24 (1915) 309—329; 25 (1917) 74—83. Für die Heranziehung von Integralen s. auch *J. Pierce*, Americ. Math. Monthly 43 (1936) 530—539.

wo die α_p ganze Zahlen $\geqq 0$ mit einer Summe $\alpha = \sum \alpha_p < n$ und die $f_{p,q}(x)$ an der Stelle $x = 0$ regulär sind, so hat das System mindestens $n - \alpha$ linear unabhängige, an der Stelle $x = 0$ reguläre Lösungen[1]).

11. Verhalten der Lösungen für große x.

Die unabhängige Veränderliche x ist jetzt wieder reell.

(a) Sind in dem System

$$y_p'(x) = \sum_{q=1}^{n} f_{p,q}(x)\, y_q \qquad (p = 1, \ldots, n)$$

die $f_{p,q}(x)$ stetig und beschränkt für $x \geqq x_0$, so gibt es zu jeder Lösung $y_1(x), \ldots, y_n(x)$ eine (von dieser abhängende) Zahl λ, so daß

$$y_p(x)\, e^{\lambda x} \to 0 \quad \text{für } x \to \infty \text{ und } p = 1, \ldots, n$$

ist. Denn[2]) nach einem von *Liapounoff* viel verwendeten Schlußverfahren ergibt sich für $y_p = e^{\lambda x} z_p$

$$\frac{1}{2} \frac{d}{dx} \sum_{p=1}^{n} z_p^2 = \sum_{p=1}^{n} z_p z_p' = \sum_{p} (f_{pp} - \lambda) z_p^2 + \sum_{\substack{p,q \\ p \neq q}} f_{p,q} z_p z_q .$$

Die rechts stehende quadratische Form ist für hinreichend großes λ negativ definit, daher nimmt $\sum_p z_p^2$ monoton ab, also sind die z_p beschränkt.

(b) In dem System

$$(1) \qquad y_p'(x) = f_p(x)\, y_p + \sum_{q=1}^{n} g_{p,q}(x)\, y_q \qquad (p = 1, \ldots, n)$$

seien die f_p und $g_{p,q}$ stetig für $x \geqq x_0$, ferner $g_{p,q}(x) \to 0$ für $x \to \infty$ (also z. B. alle $g_{p,q} \equiv 0$).

Ist $\quad \mathfrak{R} f_1 > \mathfrak{R} f_p + c \qquad (c > 0;\ p = 2, \ldots, n)$,

so hat (1) eine Lösung $y_1(x), \ldots, y_n(x)$ mit

$$\frac{y_p}{y_1} \to 0 \ (p = 2, \ldots, n) \quad \text{und} \quad \left(\frac{y_1'}{y_1} - f_1\right) \to 0 \quad \text{für } x \to \infty;$$

es gibt ein Hauptsystem von Lösungen dieser Art.

Ist sogar

$$\mathfrak{R} f_p > \mathfrak{R} f_{p+1} + c \qquad (c > 0;\ p = 1, \ldots, n-1),$$

[1]) *F. Lettenmeyer*, Sitzungsberichte München 1926, S. 287—307.

[2]) *Ince*, Diff. Equations, S. 155f. Für schärfere Aussagen s. *O. Perron*, Math. Zeitschrift 31 (1930) 748—766. *F. Lettenmeyer*, Sitzungsberichte München 1929, S. 201—252. *H. Schmidt*, ebenda 1931, S. 85—90. *M. Fukuhara*, Japanese Journal of Math. 8 (1931) 17—29, 143—157.

so gibt es ein Hauptsystem von Lösungen

$$y_{p,1}(x), \ldots, y_{p,n}(x) \qquad (p = 1, \ldots, n),$$

so daß

$$\frac{y_{p,q}}{y_{p,p}} \to 0 \ (q \neq p) \quad \text{und} \quad \left(\frac{y'_{p,p}}{y_{p,p}} - f_p\right) \to 0 \quad \text{für } x \to \infty$$

ist; sind insbesondere die $f_p = \varrho_p$ konstant, so lautet die letzte Beziehung

$$\frac{y'_{p,p}}{y_{p,p}} \to \varrho_p$$ [1].

Allgemeiner lassen sich Aussagen ähnlicher Art auch über die Lösungen eines Systems

$$y'_p = \sum_{q=1}^{n} f_{p,q}(x)\, y_q \qquad (p = 1, \ldots, n)$$

machen, bei dem die $f_{p,q}$ für $x \to \infty$ Grenzwerten zustreben[2].

12. Systeme, die von einem Parameter abhängen.[3]

(a) Aus den letzten Zeilen von 5·4 folgt: In dem System

(1) $$y'_p(x) = \sum_{q=1}^{n} f_{p,q}(x, \varrho)\, y_q \qquad (p = 1, \ldots, n)$$

sei

(2) $$f_{p,q}(x, \varrho) = \sum_{\nu=0}^{\infty} g_{p,q,\nu}(x)\, \varrho^\nu;$$

dabei sollen die $g_{p,q,\nu}(x)$ im Intervall $a \leqq x \leqq b$ stetig sein und für zwei positive Konstanten G, r die UnGlen

$$|g_{p,q,\nu}(x)| \leqq G\, r^{-\nu}$$

erfüllen, so daß die Reihen (2) für $a \leqq x \leqq b$, $|\varrho| < r$ konvergieren und stetige Funktionen von x darstellen. Dann hat das System (1) ein Hauptsystem von Lösungen

$$y_{k,1}(x, \varrho), \ldots, y_{k,n}(x, \varrho) \qquad (k = 1, \ldots, n),$$

die als Funktionen von ϱ für $|\varrho| < r$ regulär analytisch sind; speziell hat jede Lösung $y_1(x, \varrho), \ldots, y_n(x, \varrho)$, deren Anfangswerte an der Stelle $x = a$ nicht von ϱ abhängen, jene Eigenschaft.

---

[1] *O. Perron*, Journal für Math. 142 (1913) 254—270; 143 (1913) 25—50.

[2] *O. Perron*, a. a. O. *T. Peyovitch*, Bulletin Soc. Math. France 61 (1933) 85—94.

[3] Vgl. 6·3. *O. Perron*, Sitzungsberichte Heidelberg 1918, 13. und 15. Abhandlung; 1919, 6. Abhandlung. *J. Tamarkin* — *A. Besicovitch*, Math. Zeitschrift 21 (1924) 119—125.

(b) Hat das System die Gestalt[1])

$$y'_p(x) = \varrho f_p(x)\, y_p + \varrho \sum_{q=1}^{n} g_{p,q}(x, \varrho)\, y_q \qquad (p = 1, \ldots, n),$$

wo die f_p, $g_{p,q}$ für $a \leqq x \leqq b$ und alle hinreichend großen ϱ stetige Funktionen von x sind und weiter

$$\Re f_1(x) > \Re f_p(x) \qquad (p = 2, \ldots, n) \tag{3}$$

$$|g_{p,q}(x, \varrho)| < g(\varrho) \quad \text{mit } g(\varrho) \to 0 \text{ für } \varrho \to \infty$$

ist, so gibt es eine Lösung $y_1(x, \varrho), \ldots, y_n(x, \varrho)$, so daß die y_p die Gestalt

$$y_p = \omega_p(x, \varrho) \exp \varrho \left[\int_a^x f_1(x)\, dx + \psi(x, \varrho) \right] \qquad (p = 1, \ldots, n)$$

mit $\omega_1 \equiv 1$ haben und dabei für $\varrho \to \infty$ gleichmäßig in $a \leqq x \leqq b$

$$\begin{cases} \psi(x, \varrho) = O(g(\varrho)), & \omega_p(x, \varrho) = O(g(\varrho)) \qquad (p > 1), \\ \dfrac{d\psi}{dx} = O(\varrho\, g(\varrho)), & \dfrac{d\omega_p}{dx} = O(\varrho\, g(\varrho)) \qquad (p > 1) \end{cases} \tag{4}$$

ist; es gibt sogar n linear unabhängige Lösungen dieser Art.

Gilt statt (3) schärfer

$$\Re f_1(x) > \Re f_2(x) > \cdots > \Re f_n(x),$$

so gibt es ein Hauptsystem von Lösungen

$$y_{k,1}(x, \varrho), \ldots, y_{k,n}(x, \varrho) \qquad (k = 1, \ldots, n),$$

so daß die $y_{k,p}$ die Gestalt

$$y_{k,p} = \omega_{k,p}(x) \exp \varrho \left[\int_a^x f_k(x)\, dx + \psi_k(x, \varrho) \right]$$

mit $\omega_{kk} \equiv 1$ haben und dabei (4) mit $\psi_k, \omega_{k,p}$ $p \neq k$ statt $\psi, \omega_p, p > 1$ gilt.

(c) In dem System

$$y'_p(x) = \varrho^m f_p(x)\, y_p + \varrho^{m-1} \sum_{q=1}^{n} g_{p,q}(x, \varrho)\, y_q \qquad (p = 1, \ldots, n) \tag{5}$$

seien m eine natürliche Zahl, die $g_{p,q}(x, \varrho)$ gleichmäßig für $a \leqq x \leqq b$ durch asymptotische Entwicklungen

$$g_{p,q}(x, \varrho) \sim \sum_{\nu=0}^{\infty} \varphi_{p,q,\nu}(x)\, \varrho^{-\nu} \tag{6}$$

für $\varrho \to \infty$ darstellbar, die f_p und $\varphi_{p,q,\nu}$ beliebig oft differenzierbar.

Ist außerdem

$$\Re f_1(x) > \Re f_p(x) \qquad (p = 2, \ldots, n), \tag{7}$$

---

[1]) Die Funktionen f_p, $g_{p,q}$ dürfen komplexe Werte haben; x und ϱ sind reell.

so gibt es eine Lösung $y_1(x,\varrho), \ldots, y_n(x,\varrho)$, für die gleichmäßig im Intervall $a \leqq x \leqq b$

$$y_p(x) \sim \left\{\exp \varrho^m \sum_{\mu=0}^{m-1} h_\mu(x)\,\varrho^{-\mu}\right\} \sum_{\nu=0}^{\infty} \omega_{p,\nu}(x)\,\varrho^{-\nu}$$

für $\varrho \to \infty$ ist; dabei sind die rechts stehenden Ausdrücke so zu berechnen, daß sie das System (5) formal erfüllen; die bei der formalen Berechnung der h_ν und $\omega_{p,\nu}$ auftretenden Integrationskonstanten können beliebig gewählt werden, man erhält z. B.

$$h_0(x) = \int f_1(x)\,dx\,, \quad \omega_{1,0} \neq 0\,, \quad \omega_{2,0} = \cdots = \omega_{n,0} = 0\,.$$

Gilt statt (7) schärfer

$$\Re f_1(x) > \Re f_2(x) > \cdots > \Re f_n(x)\,, \tag{8}$$

so gibt es ein Hauptsystem von Lösungen

$$y_{k,1}(x,\varrho), \ldots, y_{k,n}(x,\varrho) \qquad (k = 1, \ldots, n)\,,$$

für das gleichmäßig in $a \leqq x \leqq b$

$$y_{k,p} \sim \exp\left\{\varrho^m \sum_{\mu=0}^{m-1} h_{k,\mu}(x)\,\varrho^{-\mu}\right\} \sum_{\nu=0}^{\infty} \omega_{k,p,\nu}(x)\,\varrho^{-\nu}$$

für $\varrho \to \infty$ ist, wobei wieder die obigen Bemerkungen gelten, jetzt jedoch

$$h_{k,0}(x) = \int f_k(x)\,dx\,, \quad \omega_{k,k,0} \neq 0\,, \quad \omega_{k,p,0} = 0 \quad \text{für } p \neq k$$

ist.

Ist $m = 1$, so kann in (7) das Gleichheitszeichen zugelassen werden, wenn

$$f_1(x) \neq f_p(x) \quad \text{für } p \neq 1 \text{ und } a \leqq x \leqq b$$

ist. Ebenso kann in (8) das Gleichheitszeichen zugelassen werden, wenn

$$f_p(x) \neq f_q(x) \quad \text{für } p \neq q \text{ und } a \leqq x \leqq b$$

ist.

13. Lineare Systeme mit konstanten Koeffizienten.

13·1. Homogene Systeme[1]). Es handelt sich jetzt um das System

$$y_p' = a_{p,1}\,y_1 + \cdots + a_{p,n}\,y_n \qquad (p = 1, \ldots, n)\,, \tag{1}$$

wo die $a_{p,q}$ gegebene Konstante sind. Ein solches DGlsSystem wird auch d'Alembertsches System genannt.

---

[1]) Vgl. z. B. *Kamke*, DGlen, S. 179–193.

Ist s_0 eine reelle r-fache Nullstelle des charakteristischen Polynoms

$$(2)\qquad \begin{vmatrix} a_{1,1}-s & a_{1,2} & \cdots & a_{1,n} \\ a_{2,1} & a_{2,2}-s & \cdots & a_{2,n} \\ \cdot & \cdot & \cdot & \cdot \\ a_{n,1} & a_{n,2} & \cdots & a_{n,n}-s \end{vmatrix}$$

so gibt es r linear unabhängige Lösungen des Systems (1) von der Gestalt

$$(3)\qquad y_1 = P_{h,1}(x)\, e^{s_0 x}, \ldots, y_n = P_{h,n}(x)\, e^{s_0 x}, \qquad (h = 1, \ldots, r)$$

wobei jedes $P_{h,k}$ ein Polynom höchstens $(h-1)$-ten Grades ist[1]). Ist s_0 eine nicht-reelle r-fache Nullstelle, so gilt dasselbe, wenn für die $P_{h,k}$ Polynome mit komplexen Koeffizienten zugelassen werden; die Aufspaltung der Funktionen (3) in Real- und Imaginärteil ergibt dann ein System von $2r$ linear unabhängigen reellen Lösungen von (1). Wird in dieser Weise für jede reelle Nullstelle von (2) und bei nicht-reellen Nullstellen jeweils für eine der beiden konjugiert komplexen Nullstellen ein System linear unabhängiger Lösungen aufgestellt, so bilden diese Systeme zusammen ein Hauptsystem von Lösungen. Jede Lösung von (1) läßt sich also aus Lösungen der eingangs beschriebenen Art additiv zusammensetzen. Die Lösungen (3) findet man im allgemeinen am einfachsten, indem man mit dem Ansatz (3) in (1) hineingeht.

13·2. Allgemeinere Systeme. Es sei das System

$$(4)\qquad \sum_{\varrho=1}^{n} P_{\nu,\varrho}(\mathrm{D})\, y_\varrho(x) = f_\nu(x) \qquad (\nu = 1, \ldots, n)$$

gegeben, wo $\mathrm{D} = \frac{d}{dx}$ ist und die $P_{\nu,\varrho}(u)$ Polynome mit konstanten Koeffizienten sind.

Nach 14 kann das System, falls in ihm Ableitungen höherer Ordnung vorkommen, in ein System übergeführt werden, das nur Ableitungen erster Ordnung enthält. Läßt sich dieses weiter auf die Gestalt (1) bringen, wobei jetzt allerdings auf der rechten Seite auch noch „Störungsfunktionen" $g_\nu(x)$ auftreten können, so kann man das zugehörige homogene System nach 13·1 und dann weiter das unhomogene System nach 8·3 lösen.

---

1) Unter den Lösungen befindet sich also ($h = 1$) stets eine Lösung der Gestalt

$$y_1 = C_1\, e^{s_0 x}, \ldots, y_n = C_n\, e^{s_0 x},$$

und wenn (2) n verschiedene Nullstellen $s_1, \ldots, s_n$ hat, gibt es n linear unabhängige Lösungen der Gestalt

$$y_{\nu,1} = C_{\nu,1}\, e^{s_\nu x}, \ldots, y_{\nu,n} = C_{\nu,n}\, e^{s_\nu x} \qquad (\nu = 1, \ldots, n).$$

Einfacher ist jedoch vielfach folgendes Verfahren: Es sei $p_{\nu,\varrho}(u)$ die zu $P_{\nu,\varrho}(u)$ gehörige Adjunkte in der Determinante

$$\Delta(u) = \text{Det.} \left| P_{\nu,\varrho}(u) \right| .$$

Da man mit Differentialausdrücken $P(\mathrm{D})$ wie mit Polynomen $P(u)$ rechnen kann, solange man sich auf Addition und Multiplikation beschränkt, müssen die Lösungen des Systems (4) auch den DGlen

$$\Delta(\mathrm{D})\, y_\nu = \sum_{\lambda=1}^{n} p_{\lambda,\nu}(\mathrm{D})\, f_\lambda(x)$$

genügen. Das sind DGlen von dem Typus 22·2 (3). Man kann daher nun sagen, von welcher Gestalt die Lösungen des Systems (4) sein müssen, und die Lösungen selbst finden, indem man mit dem entsprechenden Ansatz in das System (4) hineingeht. Dabei ist zu beachten, daß bei dem allgemeinen System (4), wie das Beispiel C 8·26 zeigt, Komplikationen auftreten können.

Zur Anwendung der Laplace-Transformation in den Fällen 13·1 und 13·2 s. *Doetsch*, Laplace-Transformation, S. 329—334. Vgl. auch 19·3.

§ 4. Allgemeine Differentialgleichungen n-ter Ordnung.

14. Die explizite Differentialgleichung $y^{(n)} = f(x, y, y', \ldots, y^{(n-1)})$.

Lösung, Integral der DGl

$$y^{(n)} = f(x, y, y', \ldots, y^{(n-1)}) \tag{1}$$

wird jede n-mal differenzierbare Funktion $y = \varphi(x)$ genannt, welche die Gl erfüllt. Die DGl ist offenbar gleichwertig mit dem aus n DGlen erster Ordnung für die Funktionen $y_0(x), y_1(x), \ldots, y_{n-1}(x)$ bestehenden DGls-System[1])

$$y_0' = y_1, \quad y_1' = y_2, \ldots, \; y_{n-2}' = y_{n-1}, \quad y_{n-1}' = f(x, y_0, y_1, \ldots, y_{n-1}) .$$

Daher ergeben die Existenz- und Eindeutigkeitssätze sowie die Lösungsverfahren von § 2 unmittelbar entsprechende Tatsachen für die DGl (1). Hervorgehoben sei:

Ist die Funktion $f(x, y_0, \ldots, y_{n-1})$ in dem Gebiet $\mathfrak{G}$ $(x, y_0, \ldots, y_{n-1})$ stetig, so gibt es für jeden Punkt $\xi, \eta_0, \ldots, \eta_{n-1}$ von $\mathfrak{G}$ mindestens ein

---

[1]) Die oben angegebene Transformation ist nicht die einzige, durch welche die DGl (1) in ein System von DGlen erster Ordnung übergeführt wird. Vgl. dazu 10·2 (gegen Ende) und 25·2 (c).

Integral $y = \varphi(x)$, das in einer gewissen Umgebung von ξ definiert ist und die Anfangsbedingungen

$$\varphi(\xi) = \eta_0, \quad \varphi'(\xi) = \eta_1, \ldots, \quad \varphi^{(n-1)}(\xi) = \eta_{n-1}$$

erfüllt; befriedigt f noch eine Lipschitz-Bedingung

$$|f(x, \bar{y}_0, \ldots, \bar{y}_{n-1}) - f(x, y_0, \ldots, y_{n-1})| \leqq M \sum_{p=0}^{n-1} |\bar{y}_p - y_p|,$$

so gibt es genau *ein* derartiges Integral.

Vgl. z. B. *Kamke*, DGlen, S. 224f. Für Methoden der praktischen Integration s. auch § 8.

Bei den DGlen höherer Ordnung spielen neben den Anfangswertaufgaben, bei denen für die gesuchte Funktion an einer Stelle der Wert der Funktion und der $n - 1$ ersten Ableitungen gegeben ist, noch Randwertaufgaben eine wichtige Rolle, bei denen die Werte der Funktion und einiger ihrer Ableitungen oder Glen zwischen diesen für verschiedene Stellen x gegeben sind. Vgl. hierzu B.

15. Besondere Typen der Differentialgleichung $F(x, y, y', \ldots, y^{(n)}) = 0$.

15·1. Exakte Differentialgleichungen. Die DGl

$$F(x, y, y', \ldots, y^{(n)}) = f(x) \tag{1}$$

heißt exakt, wenn es eine Funktion $\Phi(x, u_0, u_1, \ldots, u_n)$ gibt, so daß identisch in den Variabeln $x, u_0, \ldots, u_n$

$$F(x, u_0, \ldots, u_n) = \Phi_x + u_1 \Phi_{u_0} + \cdots + u_n \Phi_{u_{n-1}}$$

ist. Eine exakte DGl läßt sich auf eine solche niedrigerer Ordnung zurückführen, da eine n-mal differenzierbare Funktion $\varphi(x)$ offenbar genau dann eine Lösung von (1) ist, wenn

$$\Phi(x, \varphi, \varphi', \ldots, \varphi^{(n-1)}) = \int f(x)\, dx$$

ist.

Hat $F(x, u_0, \ldots, u_n)$ stetige partielle Ableitungen bis zur n-ten Ordnung und soll Φ stetige partielle Ableitungen bis zur zweiten Ordnung haben, so ist die Bedingung dafür, daß die DGl (1) exakt ist: Die Funktionen $\Delta_\nu F$ müssen von u_n unabhängig sein, und es muß $\Delta_n F = 0$ sein; dabei ist

$$\Delta\Phi = \Phi_x + u_1 \Phi_{u_0} + \cdots + u_n \Phi_{u_{n-1}},$$

$$\Delta_0 F = F_{u_n}, \quad \Delta_\nu F = F_{u_{n-\nu}} - \Delta \Delta_{\nu-1} F.$$

Insbesondere darf also u_n nur linear in F vorkommen.

Vgl. Encyklopädie II_1, S. 256. *Forsyth-Jacobsthal*, DGlen, S. 101ff. *Goursat*, Cours d'Analyse II, S. 452.

15·2. Gleichgradige Differentialgleichungen. Es sei $P(x, y, y_1, \ldots, y_n)$ eine ganze rationale Funktion oder allgemeiner eine Summe von Gliedern $a\, x^{\alpha}\, y^{\beta}\, y_1^{\beta_1} \cdots y_n^{\beta_n}$.[1]) Die DGl

$$P(x, y, y', \ldots, y^{(n)}) = 0$$

heißt gleichgradig oder homogen in erweitertem Sinne, wenn für passend gewählte Zahlen r und k, die nicht beide Null sein sollen, alle Glieder in

$$P(x^r, x^k, x^{k-r}, x^{k-2r}, \ldots, x^{k-nr})$$

von gleichem Grad sind.

(a) $r \neq 0$; es kann dann stets $r = 1$ gewählt werden. Die DGl geht dann durch die Transformation

$$y(x) = |x|^k \eta(\xi), \quad \xi = \log |x|$$

in eine DGl über, in der ξ nicht explizite vorkommt, die also nach 15·3 (a) auf eine DGl niedrigerer Ordnung zurückgeführt werden kann.

(b) $r = 0$. Die DGl geht für $u(x) = \frac{y'}{y}$ in eine solche niedrigerer Ordnung über.

Forsyth-Jacobsthal, DGlen, S. 98—101.

15·3. In der Differentialgleichung kommt x oder y nicht explizite vor.

(a) $F(y, y', \ldots, y^{(n)}) = 0$.

Die Lösungen $y = y(x)$, für die $y' \neq 0$ ist, besitzen Umkehrfunktionen $x = x(y)$, so daß $p(y) = y'(x(y))$ eine Funktion von y und weiter

$$y''(x) = p\,p', \quad y''' = p^2 p'' + p\,p'^2, \ldots$$

wird. Dadurch geht die DGl in eine DGl $(n-1)$-ter Ordnung für $p(y)$ über. Ist $p = \varphi(y) \neq 0$ eine Lösung der neuen DGl, so liefert

$$x = \int \frac{dy}{\varphi(y)}$$

eine Lösung der ursprünglichen DGl.

(b) $F(x, y', \ldots, y^{(n)}) = 0$.

Für $p(x) = y'$ entsteht die DGl $(n-1)$-ter Ordnung

$$F(x, p, p', \ldots p^{(n-1)}) = 0.$$

---

[1]) Vgl. auch 4·7.

§ 5. Lineare Differentialgleichungen n-ter Ordnung.

16. Allgemeine lineare Differentialgleichungen n-ter Ordnung.

16·1. Allgemeine Vorbemerkungen. Die allgemeine lineare DGl n-ter Ordnung ist von der Gestalt

$$\sum_{\nu=0}^{n} f_\nu(x)\, y^{(\nu)} = f(x) . \tag{1}$$

Über die Koeffizienten f_ν und f wird vorausgesetzt, daß sie in dem betrachteten Bereich stetig oder (vgl. 18·1) meromorph sind; ferner soll $f_n \neq 0$ sein oder nur einzelne isolierte Nullstellen haben.

Die DGl heißt homogen oder verkürzt, wenn $f(x) \equiv 0$ ist. Im allgemeinen Fall heißt f Störungsfunktion.

Ist $\psi(x)$ eine Lösung der allgemeinen DGl (1), so liefert $\psi(x) + \varphi(x)$ alle Lösungen dieser DGl, wenn φ die sämtlichen Lösungen der zugehörigen homogenen DGl durchläuft. Da man nach 16·4 die Lösungen der allgemeinen Gl (1) aus denen der homogenen Gl durch bloße Quadraturen finden kann, ist die Behandlung der homogenen DGl besonders wichtig.

Die DGl (1) geht durch die in 14 angegebene Umformung in ein System linearer DGlen erster Ordnung über. Aus den in § 3 für lineare Systeme angegebenen Sätzen kann man daher auch unmittelbar die entsprechenden Sätze für die DGl (1) ableiten.

16·2. Existenz- und Eindeutigkeitssatz. Lösungsverfahren. Sind die $f_\nu(x)$ und $f(x)$ für $a < x < b$ stetig und ist dort ferner $f_n \neq 0$, so gibt es für jedes Wertesystem $\xi, \eta_0, \ldots, \eta_{n-1}$ mit $a < \xi < b$ genau eine Lösung $y = \varphi(x)$ der DGl (1) mit den Anfangswerten

$$\varphi(\xi) = \eta_0, \quad \varphi'(\xi) = \eta_1, \ldots, \quad \varphi^{(n-1)}(\xi) = \eta_{n-1},$$

und diese Lösung existiert im ganzen Intervall $a < x < b$.

Vgl. z. B. *Kamke*, DGlen, S. 232. Aus dem Existenzsatz 5·3 ergibt sich ein allgemeinerer Satz; für $n = 2$ vgl. dazu *M. Bôcher*, Annals of Math. (2) 6 (1904—05) 49—63.

DGlen mit fastperiodischen Funktionen als Koeffizienten sind untersucht von *H. Bohr — O. Neugebauer*, Nachrichten Göttingen 1926, S. 8—22. *S. Bochner*, Math. Annalen 103 (1930) 588—597. *R. H. Cameron*, Acta Math. 69 (1938) 21—56.

G. Floquet, Annales École Norm. (3) 4 (1887) 111—128, hat die DGl

$$\sum_{\nu=0}^{n} f_\nu(x)\, y^{(\nu)} = \sum_{\nu=0}^{m} x^\nu\, \omega_\nu(x)$$

behandelt; dabei sind $f_n = 1$, die andern f_ν periodische Funktionen mit der gemeinsamen Periode ω, und die ω_ν Funktionen, für die $\omega_\nu(x + \omega) = \varepsilon\, \omega_\nu(x)$ mit konstantem ε gilt.

Für Lösungsverfahren s. 14, 8·2, das Reduktionsverfahren 16·4 und 18, 19.

Manchmal ist auch folgende einfache Bemerkung nützlich: Die linke Seite von (1) sei mit $L(y)$ bezeichnet; sind $u_1(x), u_2(x)$ Lösungen der DGlen

$$L(u_1) = f_1(x), \quad L(u_2) = f_2(x)\,,$$

so ist $u_1 + u_2$ eine Lösung von (1) mit $f = f_1 + f_2$[1].

Führt man (allgemeiner als in 22·2) den Differentialoperator

$$(2) \qquad P(\mathrm{D}) = \sum_{\nu=0}^{n} f_\nu(x)\,\mathrm{D}^\nu \quad \text{mit} \quad \mathrm{D}^\nu = \frac{d^\nu}{dx^\nu}$$

ein, so nimmt (1) die Gestalt

$$P(\mathrm{D})\,y = f(x)$$

an. Man kann noch etwas allgemeiner den Operator $Q(\mathrm{D})$ durch

$$(3) \qquad Q(\mathrm{D})\,y = \sum_{\mu=-\infty}^{+\infty} Q_\mu(x)\,\mathrm{D}^\mu\,y$$

einführen, wobei für natürliche Zahlen k der Operator $\mathrm{D}^{-k}\,y$ das k-fach iterierte Integral

$$\mathrm{D}^{-k}\,y = \mathrm{I}^k\,y = \int_{x_0}^{x} \cdots \int_{x_0}^{x} y(x)\,dx^k = \int_{x_0}^{x} \frac{(x-t)^{k-1}}{(k-1)!}\,y(t)\,dt$$

bedeuten soll. Für zwei derartige Operatoren P, Q soll

$$P(\mathrm{D})\,Q(\mathrm{D})\,y = R(\mathrm{D})\,y$$

den DAusdruck bedeuten, der entsteht, wenn man erst $Q(\mathrm{D})\,y$ bildet und auf diese Funktion dann die Operation $P(\mathrm{D})$ anwendet.

Um die DGl (1) zu lösen, bestimmt nun *I. M. Sheffer*[2]) zu dem Operator (2) einen inversen Operator Q, d. h. einen Operator (3), so daß

$$(4) \qquad Q(\mathrm{D})\,P(\mathrm{D})\,y \equiv P(\mathrm{D})\,Q(\mathrm{D})\,y \equiv y$$

---

[1]) *L. Bruwier*, Mémoires Liège (3) 16 (1931) 8. Mémoire, hat dieses auf den Fall ausgedehnt, daß $f(x)$ eine formale Fourier-Entwicklung

$$f(x) \sim \frac{a_0}{2} + \sum_{m=1}^{\infty} (a_m \cos m\,x + b_m \sin m\,x) = \sum_{m=0}^{\infty} f_m(x)$$

hat.

[2]) Tôhoku Math. Journ. 39 (1934) 299—315; Referat von *M. Müller* im Jahrbuch FdM 60_{II} (1934) 1106—1108. Vgl. auch *L. Fantappiè*, Memorie Accad. d'Italia 1 (1930) Nr. 2.

für beliebige hinreichend oft differenzierbare Funktionen $y(x)$ gilt. Man erhält dann offenbar eine Lösung von (1) in der Gestalt

$$(5)\qquad y = Q(\mathrm{D})\, f(x)\,.$$

Durch Eintragen von (2) und (3) in (4) erhält man Glen zur Bestimmung der Q_μ, wobei noch $Q_\mu = 0$ für $\mu \geqq 1 - n$ vorgeschrieben werden kann. Aus (5) wird dann

$$y = \int_{x_0}^{x} H(x,t)\, f(t)\, dt \quad \text{mit} \quad H(x,t) = \sum_{\nu=n}^{\infty} Q_{-\nu}(x)\, \frac{(x-t)^{\nu-1}}{(\nu-1)!}\,;$$

dieses Verfahren fällt somit unter das Lösungsprinzip 19. Für Einzelheiten und insbes. die Konvergenz der auftretenden Reihen s. *Sheffer*, a. a. O. Dort wird der Fall behandelt, daß x eine komplexe Veränderliche ist, aber das Verfahren kann auch bei reellem x anwendbar sein.

16·3. Beseitigung des zweithöchsten Gliedes. Hat $\dfrac{f_{n-1}}{f_n}$ eine stetige Ableitung $(n-1)$-ter Ordnung und wird

$$u(x) = \exp\left(-\frac{1}{n}\int \frac{f_{n-1}}{f_n}\, dx\right)$$

gesetzt, so ist

$$\sum_{\nu=0}^{n} f_\nu \frac{d^\nu}{d x^\nu}(y\, u) = f(x)$$

wieder eine DGl von dem Typus (1), jedoch hat $y^{(n-1)}$ den Koeffizienten Null; die Lösungen ψ der letzten DGl hängen mit den Lösungen φ der ursprünglichen DGl (1) durch $\varphi = \psi\, u$ zusammen.

Vgl. z. B. *Kamke*, DGlen, S. 238f.

16·4. Reduktion der unhomogenen auf die homogene Differentialgleichung. Es seien die Voraussetzungen von 16·2 erfüllt. Bilden $\varphi_1(x), \ldots, \varphi_n(x)$ ein Hauptsystem von Lösungen der zu (1) gehörigen homogenen DGl und ist $W_\nu(x)$ die Determinante, die aus der Wronskischen Determinante (vgl. 17·1) W dieses Hauptsystems hervorgeht, wenn man die ν-te Spalte durch $0, \ldots, 0, f$ ersetzt, so sind die Funktionen

$$\psi(x) = \sum_{\nu=1}^{n} \varphi_\nu(x) \int \frac{W_\nu(x)}{f_n(x)\, W(x)}\, dx$$

die Lösungen von (1). Jede lineare DGl kann daher unter den angegebenen Voraussetzungen im Prinzip als gelöst angesehen werden, sobald die zugehörige homogene DGl vollständig gelöst ist.

Vgl. z. B. *Kamke*, DGlen, S. 243f. Für die Lösung der DGl (1) mit Hilfe einer Grundlösung der homogenen DGl s. 17·4.

16·5. Verhalten der Lösungen für große x[1]). In der DGl (1) seien die Koeffizienten $f_\nu(x), f(x)$ für alle $x \geqq x_0$ reell und stetig, weiter sei $f_n = 1$ und für $x \to \infty$

$$f_\nu(x) \to a_\nu \quad (\nu = 0, 1, \ldots, n-1), \ a_0 \neq 0; \quad f(x) \to a,$$

schließlich seien die Nullstellen des „charakteristischen Polynoms"

$$\varrho^n + a_{n-1}\varrho^{n-1} + \cdots + a_0 \tag{6}$$

sämtliche reell und verschieden. Dann hat (1) eine Lösung $y(x)$, so daß für $x \to \infty$

$$y \to \frac{a}{a_0}, \quad y^{(\nu)} \to 0 \qquad (\nu = 1, \ldots, n) \tag{7}$$

ist. Sind alle Nullstellen von (6) negativ, so gilt (7) für *jede* Lösung von (1).

17. Homogene lineare Differentialgleichungen n-ter Ordnung.

17·1. Eigenschaften der Lösungen und Existenzsätze[2]). Über die homogene DGl

$$\sum_{\nu=0}^{n} f_\nu(x)\, y^{(\nu)} = 0 \tag{1}$$

wird in 17·1 bis 17·4 durchweg vorausgesetzt, daß die $f_\nu(x)$ für $a < x < b$ stetig sind und daß $f_n \neq 0$ ist.

Offenbar ist $y = 0$ Lösung jeder DGl (1). Diese Lösung wird als triviale oder uneigentliche Lösung bezeichnet, während als eigentliche Lösungen nur solche gelten, die $\not\equiv 0$ sind.

Hat man p Lösungen $\varphi_1(x), \ldots, \varphi_p(x)$ der DGl (1), so ist jede lineare Komposition $C_1\varphi_1 + \cdots + C_p\varphi_p$ mit beliebigen Konstanten C_ν auch eine Lösung. Je p Lösungen sind für $p > n$ linear abhängig, d. h. es gibt Konstante C_ν, die nicht alle Null sind und für die $C_1\varphi_1 + \cdots + C_p\varphi_p \equiv 0$ ist.

Für je n Lösungen $\varphi_1, \ldots, \varphi_n$ ist bei beliebigem $a < \xi < b$ die Wronskische Determinante

$$W(\varphi_1, \ldots, \varphi_n) = \begin{vmatrix} \varphi_1(x), & \ldots, & \varphi_n(x) \\ \varphi_1'(x), & \ldots, & \varphi_n'(x) \\ \cdots & \cdots & \cdots \\ \varphi_1^{(n-1)}(x), & \ldots, & \varphi_n^{(n-1)}(x) \end{vmatrix}$$

$$= W(\varphi_1(\xi), \ldots, \varphi_n(\xi)) \exp\left(-\int_\xi^x \frac{f_{n-1}(x)}{f_n(x)}\, dx\right),$$

---

[1]) *O. Perron*, Math. Zeitschrift 6 (1920) 161—166; 17 (1923) 149—152. Für weitergehende Untersuchungen s. *H. Späth*, Math. Zeitschrift 30 (1929) 487—513. Vgl. auch *O. Perron*, Math. Zeitschrift 1 (1918) 27—43.

[2]) Vgl. z. B. *Kamke*, DGlen, S. 231ff.

also konstant, wenn $f_{n-1} \equiv 0$ ist. Von n Lösungen sagt man, sie bilden ein **Hauptsystem** von Lösungen, wenn sie linear unabhängig sind oder, was auf dasselbe hinausläuft, wenn ihre Wronskische Determinante $\neq 0$ ist[1]).

Unter der Voraussetzung, daß die auftretenden Wronskischen Determinanten keine Nullstelle haben, läßt sich die linke Seite der DGl (1) als „Operatoren-Produkt"

$$\sum_{\nu=0}^{n} f_\nu(x)\, y^{(\nu)} = f_n \frac{W_n}{W_{n-1}} \mathrm{D} \frac{W_{n-1}^2}{W_n W_{n-2}} \cdots \mathrm{D} \frac{W_2^2}{W_3 W_1} \mathrm{D} \frac{W_1^2}{W_2 W_0} \mathrm{D} \frac{W_0}{W_1} y$$

mit

$$\mathrm{D} = \frac{d}{dx}, \quad W_0 = 1, \quad W_r = W(\varphi_1, \ldots, \varphi_r)$$

schreiben. *Frobenius*[1]). *G. Mammana*, Atti Accad. Lincei (6) 9 (1929) 538—544, 608—615. *C. Mambriani*, Atti del primo Congresso dell'Unione Matematica Italiana, Firenze 1937 (Bologna 1938) 231—237.

Der Existenzsatz 16·2 umfaßt auch die homogene DGl. Weiter gibt es stets Hauptsysteme von Lösungen; man erhält ein solches, indem man n Zahlensysteme

$$\eta_{\nu,0}, \ldots, \eta_{\nu,n-1} \qquad (\nu = 1, \ldots, n)$$

mit einer Det. $|\eta_{\nu p}| \neq 0$ wählt und bei beliebigem $a < \xi < b$ zu jedem ν ein Integral φ_ν mit den Anfangswerten $\varphi_\nu(\xi) = \eta_{\nu,0}, \ldots, \varphi_\nu^{(n-1)}(\xi) = \eta_{\nu,n-1}$ bestimmt. Die Gesamtheit der Integrale besteht aus den Funktionen, die sich aus einem Hauptsystem linear komponieren lassen.

17·2. Reduktion der Differentialgleichung auf eine solche niedrigerer Ordnung. Die DGl (1) ist gleichgradig im Sinne von 15·2 (b), geht also durch die Transformation $y' = y\,u(x)$ in eine DGl niedrigerer Ordnung über, die aber im allgemeinen nicht linear ist.

Kennt man eine Lösung $\varphi(x)$ der DGl (1), so läßt sie sich durch die „Variation der Konstanten" auf eine lineare DGl niedrigerer Ordnung zurückführen, indem man mit dem Ansatz $y = C(x)\,\varphi(x)$ in die DGl hineingeht; man erhält dann für $C(x)$ eine lineare DGl, die nicht $C(x)$ selber, sondern nur die Ableitungen von $C(x)$ enthält und sich somit in eine DGl niedrigerer Ordnung überführen läßt. Nur eine andere Formulierung ist das

Reduktionsverfahren von d'Alembert: Ist $\varphi_1(x)$ ein nirgends verschwindendes Integral von (1), so ist, wenn y als eine beliebig oft differenzierbare

---

[1]) Für Untersuchungen über die Wronskische Determinante s. *G. Frobenius*, Journal für Math. 77 (1874) 245—257. *M. Bôcher*, Bulletin Americ. Math. Soc. 8 (1902) 53—63; Annals of Math. (2) 17 (1915—16) 167f. *L. Orlando*, Atti Accad. Lincei (5) 17 (1908) 717—720. *P. Montel*, Journal de Math. (9) 10 (1931) 415ff. *M. Fréchet*, Bulletin Calcutta Math. Soc. 29 (1938) 121—124.

Funktion von x behandelt wird,

$$\sum_{\nu=0}^{n} f_\nu(x) \frac{d^\nu}{dx^\nu} (\varphi_1 \int y\, dx) = 0$$

eine lineare homogene DGl $(n-1)$-ter Ordnung. Ist $\psi_1, \ldots, \psi_{n-1}$ ein Hauptsystem von Lösungen dieser DGl, so sind die Funktionen

$$\varphi_1, \varphi_1 \int \psi_1\, dx, \ldots, \varphi_1 \int \psi_{n-1}\, dx$$

ein Hauptsystem von Lösungen der DGl (I). — Kennt man für die DGl (I) schon $n-1$ Lösungen $\varphi_1, \ldots, \varphi_{n-1}$ mit einer Wronskischen Determinante $W(\varphi_1, \ldots, \varphi_{n-1}) \neq 0$ in $a < x < b$, so ist für beliebiges $C \neq 0$ jede Lösung der unhomogenen DGl $(n-1)$-ter Ordnung

$$W(\varphi_1, \ldots, \varphi_{n-1}, y) = C \exp\left(-\int \frac{f_{n-1}}{f_n} dx\right)$$

ein Integral der DGl (I) und bildet zusammen mit $\varphi_1, \ldots, \varphi_{n-1}$ ein Hauptsystem von Lösung

Vgl. z. B. *Kamke*, DGlen, S. 242. *Serret-Scheffers*, Differential- und Integralrechnung III, S. 513ff. *Ch. de la Vallée Poussin*, Annales Bruxelles 29 (1905) 63—67.

17·3. Über die Nullstellen der Lösungen. Die f_ν mögen jetzt etwa noch beliebig oft differenzierbar sein. Sind $y_1(x)$, $y_2(x)$ zwei eigentliche Lösungen der DGl (I) und sind x_1, x_2 zwei aufeinanderfolgende Nullstellen von $y_1(x)$, während $y_2(x)$ an diesen beiden Stellen $\neq 0$ ist, so ist die Gesamtzahl der Nullstellen von $y_2(x)$ und $y_1 y_2' - y_1' y_2$ zwischen x_1 und x_2 (jede Nullstelle in ihrer Vielfachheit gezählt) eine ungerade Zahl[1]). Das ist eine Verallgemeinerung des Trennungssatzes 25·4 (b).

17·4. Grundlösungen. Unter einer Grundlösung der DGl (I)[2]) versteht man eine Funktion $g(x, \xi)$, die in dem Definitionsbereich $a \leqq x, \xi \leqq b$ folgende Eigenschaften hat:

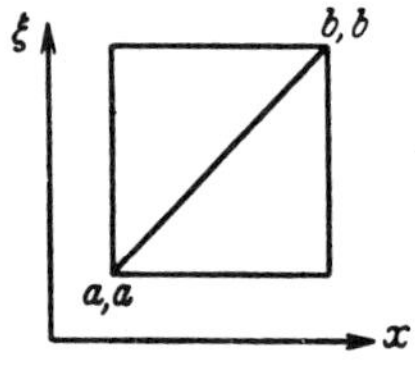

Fig. 15.

(α) $g(x, \xi)$ hat in jedem der beiden Dreiecke $a \leqq x \leqq \xi \leqq b$ und $a \leqq \xi \leqq x \leqq b$ partielle Ableitungen nach x bis zur n-ten Ordnung einschließlich, und diese Ableitungen sind in jedem der beiden Dreiecke stetige Funktionen von x, ξ;

(β) $g(x, \xi)$ erfüllt in jedem dieser Dreiecke als Funktion von x die DGl (I);

---

[1]) *C. N. Reynolds jr.*, Transactions Americ. Math. Soc. 22 (1921) 220—229. Dort findet man noch weitere Sätze ähnlicher Art, aber mit komplizierterem Wortlaut; ebenso bei *R. D. Carmichael*, Annals of Math. (2) 19 (1917—18) 159—171 und Americ. Journal Math. 44 (1922) 129—152. Vgl. auch *M. Nagumo*, Japanese Journal of Math. 5 (1928) 225—238.

[2]) Die am Anfang von 17·1 genannten Voraussetzungen sollen jetzt für das abgeschlossene Intervall $a \leqq x \leqq b$ erfüllt sein.

(γ) $g(x, \xi)$ ist in dem ganzen Quadrat $a \leqq x, \xi \leqq b$ stetig und $(n-2)$-mal nach x differenzierbar, alle diese Ableitungen sind dort stetige Funktionen von x, ξ;

(δ) für $a < \xi < b$ ist[1][2])

$$g_x^{(n-1)}(\xi + 0, \xi) - g_x^{(n-1)}(\xi - 0, \xi) = \frac{1}{f_n(\xi)}.$$

Es gibt stets Grundlösungen. Eine solche ist z. B., wie leicht nachzurechnen ist,

$$g(x, \xi) = \frac{\operatorname{sgn}(x-\xi)}{2 f_n(\xi) W(\xi)} \begin{vmatrix} y_1(\xi), & \ldots, & y_n(\xi) \\ y_1'(\xi), & \ldots, & y_n'(\xi) \\ \cdot & \cdot & \cdot \\ y_1^{(n-2)}(\xi), & \ldots, & y_n^{(n-2)}(\xi) \\ y_1(x), & \ldots, & y_n(x) \end{vmatrix}$$

dabei ist $y_1(x), \ldots, y_n(x)$ irgendein Hauptsystem von Lösungen der DGl (1) und $W(x)$ deren Wronskische Determinante.

Diese spezielle Grundlösung hat die Eigenschaft, daß bei ihr[2])

$$g(\xi, \xi) = g_x'(\xi, \xi) = \cdots = g_x^{(n-2)}(\xi, \xi) = 0$$

ist. Die Gesamtheit der Grundlösungen ist

$$g(x, \xi) + C_1(\xi)\, y_1(x) + \cdots + C_n(\xi)\, y_n(x)$$

mit stetigen $C_\nu(\xi)$.

Die Bedeutung der Grundlösung beruht darauf, daß

$$y(x) = \int_a^b g(x, \xi) f(\xi)\, d\xi$$

eine Lösung der unhomogenen DGl 16 (1) ist.

17·5. Adjungierte, selbstadjungierte und anti-selbstadjungierte Differentialausdrücke. Ist $f_\nu(x)$ sowohl r_ν-mal als auch s_ν-mal differenzierbar, so können die DAusdrücke

(2) $$L(y) = \sum_{\nu=0}^{m} [f_\nu(x)\, y^{(r_\nu)}]^{(s_\nu)}$$

und

(3) $$\overline{L}(y) = \sum_{\nu=0}^{m} (-1)^{r_\nu + s_\nu} [f_\nu(x)\, y^{(s_\nu)}]^{(r_\nu)}$$

gebildet werden, falls $y(x)$ so oft differenzierbar ist, wie Max $(r_\nu + s_\nu)$ angibt. Der zweite Ausdruck $\overline{L}(y)$ heißt zu dem ersten adjungiert, und

[1]) Manche Autoren haben bei der folgenden Gl auf der rechten Seite ein Minuszeichen, nehmen also das obige $-g$ als Grundlösung.

[2]) Es bedeutet hier $g_x^{(p)}$ die p-te Ableitung nach x.

die DGl $\overline{L}(v) = 0$ adjungiert zu $L(u) = 0$. Der adjungierte DAusdruck zu $\overline{L}(y)$ ist offenbar wieder $L(y)$.

Sind alle $s_\nu = 0$, so nehmen die obigen DAusdrücke die spezielle Gestalt

(4)
$$L_0(y) = \sum_{\nu=0}^{n} f_\nu\, y^{(\nu)}$$

und

(5)
$$\overline{L}_0(y) = \sum_{\nu=0}^{n} (-1)^\nu (f_\nu\, y)^{(\nu)}$$

an. Sind die f_ν in L sogar $(r_\nu + s_\nu)$-mal differenzierbar, so läßt sich L durch Produktdifferentiation auch in die Gestalt L_0 (mit anderen f_ν) überführen; es ist dann $\overline{L}(y) \equiv \overline{L}_0(y)$, d. h. der adjungierte DAusdruck ist unabhängig von der speziellen Schreibweise des ursprünglichen Ausdrucks.

$L(y)$ heißt selbstadjungiert, wenn $\overline{L}(y) \equiv L(y)$ ist; anti-selbstadjungiert, wenn $\overline{L}(y) \equiv -L(y)$ ist. Entsprechend heißen dann die DGlen $L(y) = 0$ selbstadjungiert und anti-selbstadjungiert. Die selbstadjungierten DAusdrücke sind

$$L(y) = \sum_{\nu=0}^{m} [f_\nu(x)\, y^{(\nu)}]^{(\nu)},$$

also stets von gerader Ordnung. Die anti-selbstadjungierten DAusdrücke sind

$$L(y) = \sum_{\nu=0}^{m} \left\{ [f_\nu(x)\, y]^{(2\nu+1)} + f_\nu(x)\, y^{(2\nu+1)} \right\}$$

oder auch

$$L(y) = \sum_{\nu=0}^{m} \left\{ [f_\nu(x)\, y^{(\nu)}]^{(\nu+1)} + [f_\nu(x)\, y^{(\nu+1)}]^{(\nu)} \right\},$$

also stets von ungerader Ordnung.

Selbstadjungierte DGlen spielen eine wichtige Rolle bei den Rand- und Eigenwertaufgaben B.

17·6. Lagrangesche Identität; Dirichletsche und Greensche Formeln. Durch partielle Integration ergibt sich für s-mal stetig differenzierbare Funktionen $U(x)$, $V(x)$

$$\int U^{(s)} V\, dx = (-1)^s \int U\, V^{(s)}\, dx + \sum_{p+q=s-1} (-1)^p\, U^{(q)}\, V^{(p)}.$$

Setzt man $U = f_\nu\, u^{(r_\nu)}$, $V = v$, so gewinnt man aus der obigen Formel für den DAusdruck (2) die Dirichletsche Formel

(6)
$$\int v\, L(u)\, dx = \int \sum_{\nu=0}^{m} (-1)^{s_\nu} f_\nu(x)\, u^{(r_\nu)}\, v^{(s_\nu)}\, dx + R(u, v)$$

mit

$$R(u, v) = \sum_{\nu=0}^{m} \sum_{p+q=s_\nu-1} (-1)^p [f_\nu u^{(r_\nu)}]^{(q)} v^{(p)}.$$

Einen entsprechenden Ausdruck erhält man für $\int u \bar{L}(v)\,dx$. Subtrahiert man diesen von dem vorigen, so erhält man

$$\int [v L(u) - u \bar{L}(v)]\,dx = L^*(u, v), \tag{7}$$

wo L^* der bilineare DAusdruck

$$L^*(u,v) = \sum_{\nu=0}^{m} \left\{ \sum_{p+q=s_\nu-1} (-1)^p (f_\nu u^{(r_\nu)})^{(q)} v^{(p)} - \sum_{p+q=r_\nu-1} (-1)^{r_\nu+s_\nu+p} (f_\nu v^{(s_\nu)})^{(q)} u^{(p)} \right\}$$

ist. Durch Differentiation nach x entsteht die Lagrangesche Identität

$$v L(u) - u \bar{L}(v) = \frac{d}{dx} L^*(u, v) \tag{8}$$

und durch Übergang zu einem bestimmten Integral die Greensche Formel

$$\int_a^b [v L(u) - u \bar{L}(v)]\,dx = [L^*(u, v)]_a^b. \tag{9}$$

Für den speziellen DAusdruck (4) nimmt L^* die einfachere Form

$$L^*(u, v) = \sum_{\nu=1}^{n} \sum_{p+q=\nu-1} (-1)^p u^{(q)} (f_\nu v)^{(p)}$$

an.

17·7. Über die Lösungen adjungierter und exakter Differentialgleichungen. Aus (7) folgt: Kennt man eine Lösung $v(x) \not\equiv 0$ der adjungierten DGl $\bar{L}(v) = 0$, so erhält man die Lösungen der DGl

$$L(y) = f(x) \tag{10}$$

aus

$$L^*(y, v) = \int v(x) f(x)\,dx + C;$$

diese DGl hat eine niedrigere Ordnung als die ursprüngliche DGl.

Ist insbesondere L der speziellere DAusdruck (4) und

$$f_0 - f_1' + f_2'' - + \cdots + (-1)^n f_n^{(n)} \equiv 0, \tag{11}$$

so ist die DGl (10) exakt (vgl. 15·1). Integriert man nun beide Seiten der DGl (10) nach x, so läßt sich wegen (11) auch links die Integration ohne Kenntnis von y mit Hilfe partieller Integration ausführen; man erhält für y wiederum eine DGl niedrigerer Ordnung.

Die DGl $L_0(u) = f(x)$ wird durch Multiplikation mit einer Funktion $v(x)$ genau dann exakt, wenn $v(x)$ der adjungierten DGl $\bar{L}_0(v) = 0$ genügt; v ist dann ein Multiplikator (integrierender Faktor) dieser DGl.

Ist $u_1, \ldots, u_n$ ein Hauptsystem von Lösungen für $L_0(u) = 0$ und $W(x)$ die Wronskische Determinante dieser Funktionen, so sind

$$v_\nu = \frac{1}{f_n} \frac{\partial \log |W|}{\partial u_\nu^{(n-1)}} \qquad (\nu = 1, \ldots, n)$$

ein Hauptsystem von Lösungen für $\overline{L}_0(v) = 0$, und es ist

$$\sum_{\nu=1}^{n} u_\nu^{(k)} v_\nu = 0 \qquad \text{für } k = 0, 1, \ldots, n-2,$$

$$\sum_{\nu=1}^{n} u_\nu^{(n-1)} v_\nu = f_n .$$

Zu dem Letzten vgl. *Darboux*, Théorie des surfaces II, S. 99ff

18. Homogene lineare Differentialgleichungen mit singulären Stellen.

18·1. Einteilung der singulären Stellen[1]). Über die Koeffizienten $f_\nu(x)$ der homogenen DGl

$$\sum_{\nu=0}^{n} f_\nu(x)\, y^{(\nu)} = 0 \tag{1}$$

wird jetzt vorausgesetzt, daß sie in einer Umgebung der Stelle $x = \xi$ meromorph, d. h. abgesehen von Polen regulär sind, und außerdem selbstverständlich, daß $f_n(x) \not\equiv 0$ und $f_0(x) \not\equiv 0$ ist. Durch Multiplikation der DGl mit einer passend gewählten Potenz $(x - \xi)^m$ (m ganz) kann erreicht werden, daß alle $f_\nu(x)$ an der Stelle ξ regulär sind, aber nicht alle an dieser Stelle den Wert 0 haben. Die Stelle ξ heißt dann eine reguläre oder singuläre Stelle der DGl, je nachdem $f_n(\xi) \neq 0$ oder $f_n(\xi) = 0$ ist.

Es sei nun ξ eine reguläre oder singuläre Stelle, also, soweit $f_\nu(x) \not\equiv 0$ ist,

$$f_\nu(x) = (x - \xi)^{\alpha_\nu} h_\nu(x)\,, \tag{2}$$

wobei die $\alpha_\nu \geqq 0$ und ganze Zahlen sind, alle $h_\nu(\xi) \neq 0$ und alle $h_\nu(x)$ in einer Umgebung von $x = \xi$ regulär, d. h. durch gewöhnliche, nach natürlichen Potenzen von $x - \xi$ fortschreitende Potenzreihen mit dem

---

[1]) Vgl. *Ince*, Diff. Equations, S. 160, 365ff. Die in dem Abschnitt 18 behandelten Dinge gehören einem eingehend untersuchten, umfangreichen Gebiet der Theorie der DGlen an. Vgl. dazu Encyklopädie II B 5 und 6; *Ince* a. a. O.; *Poole*, Diff. Equations; *Forsyth*, Diff. Equations; *Schlesinger*, Handbuch der linearen DGlen. Für den Fall, daß die Koeffizienten $f(x)$ in Dirichletsche Reihen entwickelbar sind, s. *S. Borofsky*, Annals of Math. 32 (1931) 811—829.

Anfangsglied $h_\nu(\xi)$ darstellbar sind. Es wird gefragt, ob die DGl Lösungen der Gestalt

$$(3)\qquad y = (x-\xi)^r \sum_{\mu=0}^{\infty} c_\mu (x-\xi)^\mu \qquad (c_0 \neq 0)$$

hat; dabei darf $(x-\xi)^r$ bei nicht ganzzahligem r irgendeinen der regulären Funktionszweige bedeuten, die in der komplexen x-Ebene zulässig sind, die längs eines von ξ ausgehenden Strahls aufgeschnitten ist (statt in der aufgeschnittenen Ebene kann man auch auf der Riemannschen Fläche von $(x-\xi)^r$ operieren). Als notwendige Bedingung für Lösungen der Gestalt (3) ergibt sich, daß r eine Nullstelle von $F(r)$ sein muß, wo $F(r)$ den Koeffizienten des Gliedes niedrigster Ordnung in

$$(4)\qquad \sum_\nu \binom{r}{\nu} \nu!\, h_\nu(\xi)\, (x-\xi)^{\alpha_\nu - \nu}$$

bedeutet. Die Gl $F(r) = 0$ heißt die Indexgleichung der DGl für die Stelle ξ, jede Lösung r ein Index. Ist ξ eine singuläre Stelle, so heißt sie schwach singulär (gewöhnlich: singuläre Stelle der Bestimmtheit, regular singularity) oder stark singulär (Stelle der Unbestimmtheit, irregular singularity), je nachdem $F(r)$ den Grad n hat oder nicht.

Die Stelle ξ ist genau dann regulär oder schwach singulär, wenn die DGl sich in der Gestalt

$$(5)\qquad \sum_{\nu=0}^{n} (x-\xi)^\nu g_\nu(x)\, y^{(\nu)} = 0$$

schreiben läßt und dabei alle $g_\nu(x)$ an der Stelle ξ regulär sind und $g_n(\xi) \neq 0$ ist[1]). Die linke Seite der IndexGl ist dann

$$(6)\qquad F(r) = \sum_{\nu=0}^{n} \binom{r}{\nu} \nu!\, g_\nu(\xi).$$

Die Stelle ξ ist genau dann stark singulär, wenn $\alpha_\nu - \nu < \alpha_n - n$ für mindestens ein ν ist. Es gibt dann ein $0 \leqq \varrho < n$, so daß

$$(7)\qquad \begin{cases} \alpha_\nu - \nu > \alpha_\varrho - \varrho & \text{für } \varrho < \nu \leqq n, \\ \alpha_\nu - \nu \geqq \alpha_\varrho - \varrho & \text{für } 0 \leqq \nu \leqq \varrho \end{cases}$$

ist; die IndexGl hat den Grad ϱ; $n - \varrho$ heißt die Klasse oder der charakteristische Index der singulären Stelle. Es gibt in der Umgebung der Stelle $x = \xi$ höchstens ϱ linear unabhängige Lösungen der Gestalt (3).

---

[1]) Der Fall einer regulären Stelle ξ ist insofern darin enthalten, als jedes g_ν den Faktor $(x-\xi)^{n-\nu}$ enthalten und dann die DGl durch $(x-\xi)^n$ dividiert werden kann.

Die Begriffe können auf den Punkt $\xi = \infty$ übertragen werden. Die Funktionen $f_\nu(x)$, soweit sie $\not\equiv 0$ sind, mögen für alle hinreichend großen $|x|$ die Gestalt

$$f_\nu(x) = x^{\alpha_\nu} h_\nu\left(\frac{1}{x}\right)$$

haben, wo alle $h_\nu(0) \neq 0$ und alle $h_\nu(x)$ an der Stelle $x = 0$ regulär sind. Als notwendige Bedingung dafür, daß die DGl (1) eine Lösung der Gestalt

$$(8) \qquad y = x^r \sum_{\mu=0}^{\infty} c_\mu x^{-\mu} \qquad (c_0 \neq 0)$$

hat, ergibt sich jetzt, daß r eine Nullstelle von $F(r)$ sein muß, wo $F(r)$ den Koeffizienten des Gliedes höchster Ordnung von

$$(9) \qquad \sum_\nu \binom{r}{\nu} \nu!\, h_\nu(0)\, x^{\alpha_\nu - \nu}$$

bedeutet. Der Punkt ∞ heißt eine reguläre oder singuläre Stelle der DGl, je nachdem der Punkt $x^* = 0$ ein regulärer oder singulärer Punkt für die DGl ist, die durch die Transformation

$$y(x) = y^*(x^*), \quad x^* = \frac{1}{x}$$

entsteht. Die Einteilung in schwach und stark singuläre Stellen kann wie vorhin wieder auf Grund des Grades von $F(r)$ erfolgen. Der Punkt ∞ ist genau dann eine reguläre oder schwach singuläre Stelle, wenn die DGl sich in der Gestalt

$$\sum_{\nu=0}^{n} x^\nu g_\nu\left(\frac{1}{x}\right) y^{(\nu)} = 0 \qquad (g_n(0) \neq 0)$$

mit Funktionen $g_\nu(x)$ schreiben läßt, die an der Stelle $x = 0$ regulär sind. Die Stelle ∞ ist genau dann stark singulär, wenn ein $\alpha_\nu - \nu > \alpha_n - n$ ist. Es gibt dann ein $0 \leqq \varrho < n$, so daß $\alpha_\nu - \nu < \alpha_\varrho - \varrho$ für $\varrho < \nu \leqq n$ und $\alpha_\nu - \nu \leqq \alpha_\varrho - \varrho$ für $0 \leqq \nu \leqq \varrho$ ist; $n - \varrho$ heißt wieder die Klasse der Singularität.

Die DGl heißt vom Fuchsschen Typus, wenn sie die Gestalt

$$\sum_{\nu=0}^{n} P^\nu Q_\nu y^{(\nu)} = 0$$

hat[1]); dabei soll

$$P = (x - a_1)(x - a_2) \cdots (x - a_m)$$

mit lauter verschiedenen (reellen oder komplexen) Zahlen a_μ und jedes Q_ν ein Polynom vom Grad $\leqq (n - \nu)(m - 1)$ und $Q_n = 1$ sein. Die DGl hat einschließlich des Punktes ∞ nur reguläre oder schwach singuläre Stellen. Zu diesem Typus gehören offenbar die Legendresche und die

[1]) Vgl. *Horn*, DGlen, S. 124—126.

hypergeometrische DGl. Bei der Besselschen DGl ist der Punkt $x = 0$ schwach singulär, $x = \infty$ stark singulär.

18·2. Die Stelle $x = \xi$ ist regulär oder schwach singulär[1]. Die DGl kann in diesem Fall nach 18·1 in die Gestalt

(5) $$\sum_{\nu=0}^{n} (x-\xi)^{\nu}\, g_{\nu}(x)\, y^{(\nu)} = 0$$

gebracht werden, wobei jedes $g_{\nu}(x)$ als Potenzreihe

(10) $$g_{\nu}(x) = \sum_{\mu=0}^{\infty} a_{\mu}^{(\nu)} (x-\xi)^{\mu}$$

geschrieben werden kann, die in einer gewissen Umgebung der Stelle $x = \xi$ konvergiert; ferner ist $g_n(\xi) = a_0^{(n)} \neq 0$.

Erste Lösungsart. Es sei r eine Lösung der IndexGl

(11) $$F(r) \equiv \sum_{\nu=0}^{n} \binom{r}{\nu} \nu!\, g_{\nu}(\xi) = 0\,.$$

Durch Eintragen des Ansatzes

(12) $$y = (x-\xi)^{r} \sum_{\nu=0}^{\infty} c_{\nu} (x-\xi)^{\nu}$$

in die DGl und Vergleich entsprechender Koeffizienten erhält man die Glen

(13) $$\sum_{\mu=0}^{k} c_{\mu} \sum_{\nu=0}^{n} \binom{r+\mu}{\nu} \nu!\, a_{k-\mu}^{(\nu)} = 0 \qquad (k = 0, 1, 2, \ldots)\,.$$

Nach Wahl eines beliebigen $c_0 \neq 0$ können die c_{μ} aus (13) nacheinander eindeutig berechnet werden, falls die IndexGl keine Lösung hat, die sich von r um eine ganze Zahl unterscheidet. Gibt es zu r Indices, die sich von r um eine ganze Zahl unterscheiden, so ist die Berechnung der c_{μ} ebenfalls möglich, wenn aus dem System der Indices, die sich nur um eine ganze Zahl unterscheiden, für r der „größte" Index gewählt wird, d. h. ein solcher, für den keine der Zahlen $r + 1$, $r + 2, \ldots$ ein Index ist[2]. Die mit den so erhaltenen c_{μ} gebildete Reihe (12) konvergiert in jedem Kreis, in dem alle g_{ν} regulär sind und $g_n \neq 0$ ist, und stellt in dem (von ξ aus aufgeschnittenen) Kreis eine Lösung der DGl dar.

Sind mehrere Indices, etwa $r_1, \ldots, r_m$ vorhanden, die sich um eine ganze Zahl unterscheiden, so läßt sich die Ordnung der DGl auf Grund der eben gefundenen Lösung durch das Reduktionsverfahren von 17·2

[1]) Vgl. hierzu *G. Frobenius*, Journal für Math. 76 (1873) 214–235. *Horn*, DGlen, S. 113–124. *Ince*, Diff. Equations, S. 396–415. Für eine etwas abgeänderte Darstellung s. *E. C. Poole*, Proceedings London Math. Soc. (2) 37 (1934) 209–220.

[2]) Diese vorsichtige Ausdrucksweise ist deswegen nötig, weil r komplex sein kann.

erniedrigen und dann das vorher geschilderte Verfahren von neuem anwenden. Sind die r_ν „abnehmend" geordnet, d. h. so, daß $r_1 - r_2 \geqq 0, \ldots, r_{m-1} - r_m \geqq 0$ ist, so ergibt sich auf diese Weise ein System linear unabhängiger Lösungen von der Gestalt

$$(14) \quad y_\mu = \sum_{\varkappa=1}^{\mu} (x-\xi)^{r_\varkappa} \varphi_{\mu,\mu-\varkappa}(x) \log^{\mu-\varkappa}(x-\xi) \qquad (\mu = 1, \ldots, m)$$

mit Funktionen φ, die an der Stelle ξ regulär sind.

Ist ξ eine reguläre Stelle der DGl, so treten keine logarithmischen Glieder auf, obwohl die Indices $r = 0, 1, \ldots, n-1$ sind, sich also sämtlich nur um ganze Zahlen unterscheiden. Vielmehr ist jede Lösung an der Stelle ξ, wie aus 14 in Verbindung mit 6·3 hervorgeht, in eine gewöhnliche Potenzreihe

$$y = \sum_{\nu=0}^{\infty} c_\nu (x-\xi)^\nu$$

entwickelbar.

Zweite Lösungsart (*Frobenius*). Der Unterschied gegenüber dem vorigen Verfahren besteht darin, daß die Reihe (12) nicht von vornherein mit Lösungen r der IndexGl (11) gebildet wird. Der Vorteil ist, daß man kein Reduktionsverfahren braucht und bequem genauen Aufschluß über die Gestalt der Lösungen erhält. Zur Verminderung der Schreibarbeit wird jetzt $\xi = 0$ angenommen.

In dem Kreis $|x| < \varrho$ seien die Funktionen $g_\nu(x)$ regulär und $g_n(x) \neq 0$. Man setze

$$(15) \qquad F(r) = \sum_{\nu=0}^{n} \binom{r}{\nu} \nu!\, g_\nu(0),$$

$$(16) \qquad c_0(r) = c(r) F(r+1) \cdots F(r+N),$$

wo $c(r)$ in einer gewissen Umgebung jeder Nullstelle von $F(r)$ eine reguläre analytische Funktion und $\neq 0$ ist und N die größte ganzzahlige Differenz ist, die bei irgend zwei Nullstellen von $F(r)$ vorkommt ($c_0 = c(r)$, wenn keine ganzzahlige Differenz vorkommt). Weiter bestimme man die $c_k = c_k(r)$ aus

$$(17) \qquad \begin{cases} c_1 F(r+1) + c_0 F(r) = 0, \\ c_2 F(r+2) + c_1 F_1(r+1) + c_0 F_2(r) = 0, \\ \ldots\ldots\ldots\ldots\ldots\ldots ; \end{cases}$$

dabei ist

$$(18) \qquad F_k(r) = \sum_{\nu=0}^{n} \binom{r}{\nu} \nu!\, a_k^{(\nu)}.$$

Schließlich werde

(19) $$y(x, r) = x^r \sum_{k=0}^{\infty} c_k(r)\, x^k$$

(20) $$y_p(x, r) = \frac{\partial^p}{\partial r^p}\, y(x, r)$$

gesetzt; die Reihen konvergieren für $|x| < \varrho$. Ist r_1 eine Nullstelle von $F(r)$ und sind $r_1, \ldots, r_m$ ($r_p - r_q \geqq 0$ für $p < q$) diejenigen Nullstellen, die sich von r_1 nur um eine ganze Zahl unterscheiden, so sind

(21) $$y_{p-1}(x, r_p) = x^{r_p} \sum_{q=0}^{p-1} \binom{p-1}{q} \log^{p-q-1} x \sum_{k=0}^{\infty} c_k^{(q)}(r_p)\, x^k$$

für $p = 1, \ldots, m$ ein System linear unabhängiger Lösungen der DGl. Macht man dieses für alle Nullstellen von $F(r)$, so erhält man ein Hauptsystem von Lösungen. Die Lösungen (21) sind übrigens auch von der Gestalt

(22) $$y_{p-1}(x, r_p) = \sum_{q=0}^{p-1} x^{r_{q+1}} \log^{p-q-1} x \sum_{k=0}^{\infty} \gamma_{k,q}\, x^k$$

18·3. Die Stelle $x = \infty$ ist regulär oder schwach singulär. Die DGl kann nach 18·1 in die Gestalt

$$\sum_{\nu=0}^{n} x^\nu\, g_\nu\left(\frac{1}{x}\right) y^{(\nu)} = 0$$

gebracht werden, wobei jedes $g_\nu(x)$ in einer Umgebung von $x = 0$ regulär und $g_n(0) \neq 0$ ist.

Die Behandlung der DGl in der Umgebung des Punktes ∞, d. h. für hinreichend große $|x|$ entspricht der Behandlung von (5) in der Umgebung von $x = \xi$. In den Glen (10) und (11) ist nur $\xi = 0$ zu setzen, während (12) und (13) hier lauten:

(12a) $$y = x^r \sum_{\nu=0}^{\infty} c_\nu\, x^{-\nu},$$

(13a) $$\sum_{\mu=0}^{k} c_\mu \sum_{\nu=0}^{n} \binom{r-\mu}{\nu} \nu!\, a_{k-\mu}^{(\nu)} = 0 \qquad (k = 0, 1, 2, \ldots).$$

Für r ist der „kleinste" Index zu wählen, d. h. ein solcher, für den keine der Zahlen $r - 1$, $r - 2$, ... ein Index ist. Die Reihe (12a) konvergiert für $|x| > \frac{1}{\varrho}$, wenn für $|x| < \varrho$ die $g_\nu(x)$ regulär sind und $g_n(x) \neq 0$ ist. Die r_ν sind „wachsend" zu ordnen, d. h. so, daß $r_1 - r_2 \leqq 0, \ldots, r_{m-1} - r_m \leqq 0$ ist. (14) lautet jetzt

(14a) $$y_\mu = \sum_{\varkappa=1}^{\mu} x^{r_\varkappa}\, \varphi_{\mu,\mu-\varkappa}\left(\frac{1}{x}\right) \log^{\mu-\varkappa} x,$$

und die $\varphi(x)$ sind an der Stelle $x = 0$ regulär.

Bei der zweiten Lösungsart ist in (17) $F(r+g)$ durch $F(r-g)$ und in (19), (21), (22) x^k durch $x^{\;k}$ zu ersetzen, ferner muß $r_p - r_q \leqq 0$ sein.

18·4. Die Stelle $x = \xi$ ist stark singulär. Nach 18·1 kann die DGl in die Gestalt

$$\sum_{\nu=0}^{n} (x-\xi)^{\alpha_\nu} h_\nu(x)\, y^{(\nu)} = 0$$

gebracht werden, wobei jedes $h_\nu(x)$ in der Umgebung von $x = \xi$ regulär, $h_n(\xi) \neq 0$, $h_0(\xi) \neq 0$ und für jedes andere ν entweder $h_\nu(x) \equiv 0$ oder $h_\nu(\xi) \neq 0$ ist und die α_ν ganze Zahlen sind. Dazu kommt noch die Bedingung, daß $\alpha_\nu - \nu < \alpha_n - n$ für mindestens ein ν ist, für das $h_\nu(\xi) \neq 0$ ist.

Die Behandlung der DGl wird übersichtlicher, wenn die singuläre Stelle ξ durch die Transformation

$$y(x) = y^*(x^*), \quad x^* = \frac{1}{x-\xi}$$

in den Punkt ∞ geworfen wird. Für eine unmittelbare Behandlung der DGl sei auf *Ince*, Diff. Equations, Kap. 17 verwiesen. Hier sei nur noch folgendes bemerkt:

Eine notwendige Bedingung für die Existenz einer Lösung von der Gestalt (3) besteht darin, daß $\alpha_\nu - \nu \leqq \alpha_0$ für mindestens ein ν mit $h_\nu(\xi) \neq 0$ sein muß.

Ist $\alpha_n < n$, so gibt es mindestens $n - \alpha_n$ linear unabhängige Lösungen der Gestalt (3), die in einer Umgebung der Stelle $x = \xi$ konvergieren. Sind die Koeffizienten $f_\nu(x)$ im Gebiet $\mathfrak{G}$ der komplexen x-Ebene regulär und hat f_n in $\mathfrak{G}$ s Nullstellen (jede Nullstelle in ihrer Vielfachheit gezählt), so hat (1) mindestens $n - s$ Lösungen, die in $\mathfrak{G}$ regulär sind[1]).

Ist
$$k = \operatorname*{Max}_{\nu=0,\ldots,n-1} \left(\frac{\alpha_n - \alpha_\nu}{n-\nu} - 1\right),$$

so gilt in einer hinreichend kleinen Umgebung $x - \xi = |x-\xi|\, e^{i\vartheta}$ der Stelle ξ für jedes beschränkte ϑ-Intervall bei passend gewähltem $K > 0$ für jede Lösung

$$|y| < e^{K|x-\xi|^{-k}}$$ [2]).

Für die Verwendung des Iterationsverfahrens zur Gewinnung von Lösungen s. *Y. Ikeda*, Tôhoku Math. Journ. 28 (1927) 33—45.

---

[1]) *O. Perron*, Math. Annalen 70 (1911) 1—32. *E. Hilb*, ebenda 82 (1921) 40f.
[2]) *O. Perron*, Math. Zeitschrift 3 (1919) 161—171.

18·5. Die Stelle $x=\infty$ ist stark singulär[1]. Nach 18·1 kann die DGl in die Gestalt

$$\sum_{\nu=0}^{n} x^{\alpha_\nu} h_\nu\left(\frac{1}{x}\right) y^{(\nu)} = 0$$

gebracht werden, wobei jedes $h_\nu(x)$ in der Umgebung von $x=0$ regulär, $h_n(0) \neq 0$, $h_0(0) \neq 0$ und für jedes andere ν entweder $h_\nu(x) \equiv 0$ oder $h_\nu(0) \neq 0$ ist, ferner die α_ν ganze Zahlen sind. Dazu kommt noch die Bedingung, daß $\alpha_\nu - \nu > \alpha_n - n$ für mindestens ein ν ist, für das $h_\nu(0) \neq 0$ gilt. Weiterhin sollen immer nur solche ν betrachtet werden, für die diese letzte UnGl gilt.

Eine notwendige Bedingung für die Existenz einer Lösung von der Gestalt

$$y = x^r \sum_{k=0}^{\infty} c_k x^{-k} \qquad (c_0 \neq 0) \tag{23}$$

ist, daß $\alpha_\nu - \nu \geqq \alpha_0$ für mindestens ein $\nu \geqq 1$ ist. Diese Bedingung ist jedoch keine hinreichende, wie das Beispiel

$$x^2 y'' + a x^2 y' + b y = 0$$

zeigt, bei dem sich zwar die c_k berechnen lassen, aber die Reihe (23) divergiert.

Notwendige Bedingungen dafür, daß eine Lösung in der Gestalt einer Thoméschen Normalreihe

$$y = e^{P(x)} x^r \sum_{k=0}^{\infty} c_k x^{-k} \qquad (P(x) \text{ Polynom vom Grad } p)$$

vorhanden ist, sind[2]: $\alpha_\nu + \nu(p-1) \geqq \alpha_0$ für ein $\nu \geqq 1$ und, falls $p>1$ ist, $\alpha_\nu \geqq \alpha_n$ für ein $1 \leqq \nu < n$. Für $p>1$ gilt für den Grad p die Abschätzung

$$1 + \operatorname*{Min}_{0<\nu\leqq n} \frac{\alpha_0 - \alpha_\nu}{\nu} \leqq p \leqq 1 + \operatorname*{Max}_{1\leqq\nu<n} \frac{\alpha_\nu - \alpha_n}{n-\nu};$$

die rechts stehende Zahl heißt der Rang der DGl. Für die wirkliche Aufstellung der Normalreihen kann man mit einem zunächst unbestimmt gelassenen Polynom $P(x)$ die Transformation

$$y = u(x) \exp P$$

ausführen und dann die Koeffizienten von P so bestimmen, daß die DGl für u eine IndexGl hat. Sodann geht man mit dem Ansatz

$$u = x^r \sum c_\nu x^{-\nu}$$

---

[1]) Vgl. *Ince*, Diff. Equations, Kap. 17. *L. W. Thomé*, Journal für Math. 74 (1872) 193–217; 75 (1873) 265–291; 76 (1873) 273–302.

[2]) Bei *Ince* ungenau.

in die DGl hinein. Wenn die entstehende Reihe (falls sie nicht abbricht) divergiert, was häufig der Fall ist, liefert sie jedenfalls für $p = 1$ eine asymptotische Darstellung für y; vgl. hierzu 20.

Für die Darstellung von Lösungen durch ein zweifaches Integral

$$\int\int U(s, t) \exp\left(s x + t \frac{x^2}{2}\right) ds\, dt,$$

das über geeignete Integrationswege in der komplexen s- und t-Ebene zu erstrecken ist, s. *E. Cunningham*, Proceedings London Math. Soc. (2) 4 (1907) 374—383.

18·6. Differentialgleichungen, deren Koeffizienten Polynome sind.

(a) Es sei die DGl

$$\sum_{\nu=0}^{n} P_\nu(x)\, y^{(\nu)} = 0$$

gegeben; dabei sind die $P_\nu(x)$ Polynome, der Grad jedes P_ν ist höchstens gleich dem Grad von P_n, die DGl hat (im Endlichen) nur reguläre oder schwach singuläre Stellen $a_1, \ldots, a_m$; für jede singuläre Stelle sind alle Indices ganze Zahlen. Unter diesen Voraussetzungen hat die DGl eine Lösung

$$y = e^{\lambda x} \frac{Z(x)}{N(x)},$$

wo $Z(x)$ ein Polynom, $N(x) = (x - a_1)^{\alpha_1} \cdots (x - a_m)^{\alpha_m}$ und $-\alpha_\mu$ der kleinste negative Index für die Stelle a_μ ist (gibt es keinen negativen Index, so ist $\alpha_\mu = 0$ zu setzen).

Hat die DGl nur Lösungen, die in der ganzen komplexen x-Ebene eindeutige Funktionen sind, so gibt es ein Hauptsystem von Lösungen von der Gestalt $e^{\lambda x} R(x)$, wo R eine rationale Funktion bedeutet[1]).

(b) In

$$P(x)\, y^{(n+1)} + \sum_{\nu=0}^{n} P_\nu(x)\, y^{(\nu)} = 0$$

sei P ein Polynom vom genauen Grad n und jedes P_ν ein Polynom vom Grad $\leqq \nu$. Wenn

$$g(m) = \sum_{\mu=0}^{n} \binom{m}{\mu} P_\mu^{(\mu)}$$

für eine ganze Zahl $m \geqq 0$ den Wert 0 annimmt, befindet sich unter den Lösungen der DGl mindestens ein Polynom. Ist $g(m) \neq 0$ für alle ganzen

---

[1]) *M. Halphen*, C. R. Paris 101 (1885) 1238ff. Vgl. auch *K. Yosida*, Japanese Journal of Math. 9 (1933) 231f.

Zahlen $m \geqq 0$, so gibt es unter den Lösungen genau eine ganze (transzendente) Funktion[1]).

18·7. Periodische Funktionen als Koeffizienten[2]). In der DGl

(24) $$\sum_{\nu=0}^{n} f_\nu(x)\, y^{(\nu)} = 0$$

seien die Koeffizienten $f_\nu(x)$ in der ganzen komplexen x-Ebene meromorphe Funktionen mit der gemeinsamen Periode ω, es sei $f_n(x) \not\equiv 0$, und die Lösungen der DGl seien eindeutige Funktionen[3]). Dann hat die DGl mindestens eine Lösung $\varphi(x) \not\equiv 0$ mit der Eigenschaft

$$\varphi(x+\omega) = s\,\varphi(x)$$

für eine passend gewählte Zahl s; $\varphi(x)$ heißt dann periodisch von zweiter Art; die durch $s = \exp \alpha\,\omega$ bestimmte Zahl α heißt charakteristischer Exponent der Lösung; $\psi = \varphi(x) \exp(-\alpha\, x)$ ist dann periodisch mit der Periode ω.

Es gibt weiter ein Hauptsystem von Lösungen $\varphi_\nu(x)$ von folgender Art: Hat das charakteristische Polynom[4])

(25) $$\text{Det.}\, |a_{p,q} - s\, e_{p,q}|$$

die Nullstellen $s_1, \ldots, s_r$ mit den Vielfachheiten $k_1, \ldots, k_r$, so gilt

$$\varphi_1(x+\omega) = s_1\,\varphi_1(x), \quad \varphi_2(x+\omega) = s_1[\varphi_1(x)+\varphi_2(x)], \ldots,$$
$$\varphi_{k_1}(x+\omega) = s_1[\varphi_{k_1-1}(x)+\varphi_{k_1}(x)]$$

nebst den entsprechenden Glen für die andern s_ν; dabei ist zuzulassen, daß in einigen oder allen eckigen Klammern die ersten Glieder fehlen.

Die Berechnung der charakteristischen Exponenten ist im allgemeinen schwierig.

Ist $n = 2$ und lautet die DGl

(26) $$y'' = f(x)\, y\,,$$

---

[1]) *O. Perron*, Math. Annalen 66 (1909) 479ff. Für Sätze ähnlicher Art s. auch 22·5 sowie *J. M. Sheffer*, Transactions Americ. Math. Soc. 35 (1933) 184—214.

[2]) Vgl. *G. Floquet*, Annales École Normale (2) 12 (1883) 47—88. *Ince*, Diff. Equations, S. 381ff.

[3]) Dieses ist z. B. der Fall, wenn $f_1 = 1$ und die f_ν regulär sind; vgl. hierzu die Mathieusche DGl C 2·22 und die Hillsche DGl C 2·30.

[4]) Ist $y_1(x), \ldots, y_n(x)$ irgendein Hauptsystem von Lösungen, so gibt es Zahlen $a_{p,q}$ mit einer Determinante $|a_{p,q}| \neq 0$, so daß

(*) $$y_p(x+\omega) = \sum_{q=1}^{n} a_{p,q}\, y_q(x) \qquad (p = 1, \ldots, n)$$

ist. Hierdurch sind die obigen $a_{p,q}$ bestimmt.

wo $f(x)$ periodisch mit der Periode ω ist, so kann man folgendermaßen vorgehen[1]): Es sei $y_1(x)$, $y_2(x)$ für (26) ein Hauptsystem von Lösungen mit den Anfangswerten

$$y_1(0) = 1, \; y_1'(0) = 0 \quad \text{und} \quad y_2(0) = 0, \; y_2'(0) = 1 .$$

Für dieses ist die Wronskische Determinante $W \equiv 1$, und die Zahlen $a_{p,q}$ in den Glen (*) der Fußnote 4 auf S. 87 sind

$$a_{1,1} = y_1(\omega), \; a_{1,2} = y_1'(\omega), \; a_{2,1} = y_2(\omega), \; a_{22} = y_2'(\omega) ,$$

können also nach einer der Näherungsmethoden von § 8 mit beliebiger Genauigkeit berechnet werden. $W = 1$ und die Determinante (25) liefern dann für s die Gl

$$s^2 - [y_1(\omega) + y_2'(\omega)]\, s + 1 = 0$$

oder für die charakteristischen Exponenten $\pm\alpha$ die Gl

$$\text{(27)} \qquad \mathfrak{Cof}\, \alpha\,\omega = \cos i\,\alpha\,\omega = \frac{y_1(\omega) + y_2'(\omega)}{2} .$$

Ist $f(x)$ eine gerade Funktion, so vereinfacht sich die Gl zu

$$\text{(28)} \qquad \mathfrak{Cof}\, \alpha\,\omega = \cos i\,\alpha\,\omega = y_1(\omega) .$$

18·8. Doppeltperiodische Funktionen als Koeffizienten[2]). Die Koeffizienten $f_\nu(x)$ der DGl (24) seien jetzt in der komplexen x Ebene elliptische, d. h. doppeltperiodische und meromorphe Funktionen mit dem Periodenpaar ω_1, ω_2. Sind die Lösungen der DGl eindeutige Funktionen, die nur isolierte singuläre Stellen haben, so gibt es eine Lösung $\varphi(x) \not\equiv 0$ derart, daß für zwei passend gewählte Zahlen s_1, s_2

$$\varphi\,(x + \omega_1) = s_1\, \varphi(x) \quad \text{und} \quad \varphi\,(x + \omega_2) = s_2\, \varphi(x)$$

gilt (vgl. dazu 18·7). Hat die DGl nur meromorphe Funktionen als Lösungen, so läßt sich $\varphi(x)$ in der Gestalt

$$\text{(29)} \qquad \varphi(x) = e^{\lambda x} \frac{\sigma\,(x-a)}{\sigma\,(x)}\, \Phi(x)$$

darstellen; dabei ist $\Phi(x)$ eine elliptische Funktion mit dem Periodenpaar ω_1, ω_2; σ Weierstraß' Funktion

$$\sigma(x) = x \prod_{k^2+l^2>0} \left(1 - \frac{x}{k\,\omega_1 + l\,\omega_2}\right) \exp\left[\frac{x}{k\,\omega_1 + l\,\omega_2} + \frac{1}{2}\left(\frac{x}{k\,\omega_1 + l\,\omega_2}\right)^2\right],$$

---

1) *Horn*, DGlen, S. 98f. Für eine andere Methode s. *Ince*, a. a. O., S. 383. Die DGl

$$y'' + f(x)\, y' + g(x)\, y = 0 ,$$

in der f und g periodische Funktionen mit gemeinsamer Periode sind, ist behandelt bei *G. Calamai*, Atti Accad. Lincei (6) 9 (1934) 560–566.

2) Vgl. *G. Floquet*, Annales École Normale (3) 1 (1884) 181–238, 405–408. *Ince*, Diff. Equations, S. 375ff.

für welche die Punkte $k\,\omega_1 + l\,\omega_2$ Nullstellen erster Ordnung sind; a, λ die Lösungen der Glen

$$\omega_1\,\lambda - \eta_1\,a = \log s_1, \quad \omega_2\,\lambda - \eta_2\,a = \log s_2$$

und die Zahlen η_ν durch

$$\sigma\,(x + \omega_\nu) = -\,\sigma(x)\exp\left(x + \frac{1}{2}\,\omega_\nu\right)\eta_\nu$$

bestimmt.

Ist $n = 2$, so hat die DGl ein Hauptsystem von Lösungen φ_1, φ_2, so daß

$$\varphi_1\,(x + \omega_1) = s_1\,\varphi_1(x), \quad \varphi_1\,(x + \omega_2) = s_2\,\varphi_1(x),$$
$$\varphi_2\,(x + \omega_1) = s_1\,\varphi_2(x) + t_1\,\varphi_1(x), \quad \varphi_2\,(x + \omega_2) = s_2\,\varphi_2(x) + t_2\,\varphi_1(x)$$

mit gewissen Zahlen $s_1 \neq 0$, $s_2 \neq 0$, t_1, t_2 gilt. Ist $t_1 = t_2 = 0$, so gilt auch für φ_2 eine Darstellung (29). Ist $|t_1| + |t_2| > 0$, so gilt für φ_2 eine Darstellung

$$\varphi_2(x) = [A\,\zeta(x) + B\,x + \Phi(x)]\,\varphi_1(x),$$

wo $\Phi(x)$ eine elliptische Funktion, $\zeta(x) = \dfrac{\sigma'}{\sigma}(x)$ und

$$A\,\eta_1 + B\,\omega_1 = \frac{t_1}{s_1}, \quad A\,\eta_2 + B\,\omega_2 = \frac{t_2}{s_2}$$

ist.

18·9. Reelle Veränderliche. In der DGl

$$y^{(n)} + \sum_{\nu=0}^{n-1} f_\nu(x)\,y^{(\nu)} = 0$$

seien die Funktionen $f_\nu(x)$ der reellen Veränderlichen x in dem offenen Intervall $a < x < b$ stetig; ferner seien für ein $0 \leqq k \leqq n$ die Funktionen

$$f_{n-1}, \ldots, f_{n-k}, \; (x - a)\,f_{n-k-1}, \ldots, (x - a)^{n-k} f_0$$

nebst ihren absoluten Beträgen im Intervall $a \leqq x < b$ integrierbar. Dann hat die DGl bei beliebig gegebenen Zahlen $\eta_k, \ldots, \eta_{n-1}$ genau eine Lösung, die nebst ihren ersten $k - 1$ Ableitungen für $x \to a$ gegen 0 strebt, während die $n - k$ folgenden Ableitungen gegen $\eta_k, \ldots, \eta_{n-1}$ streben; d. h. es gibt eine Lösung von der Gestalt

$$y = \eta_k\,\frac{(x-a)^k}{k!} + \cdots + \eta_{n-1}\,\frac{(x-a)^{n-1}}{(n-1)!} + (x-a)^{n-1}\,\varphi(x),$$

wo $\varphi(x)$ für $a \leqq x < b$ stetig und $\varphi(a) = 0$ ist[1]).

---

[1]) *M. Bôcher*, Bulletin Americ. Math. Soc. 5 (1899) 275—281.

19. Lösung der allgemeinen und der homogenen linearen Differentialgleichungen durch bestimmte Integrale.

19·1. Das allgemeine Prinzip[1]). Es sei die lineare DGl

(1) $$L_x(y) = f(x)$$

gegeben, wo

(2) $$L_x(y) = \sum_{\nu=0}^{n} f_\nu(x)\, y^{(\nu)}$$

gesetzt ist. Die Variable x sei vorerst reell, ferner seien die f_ν für $a < x < b$ ($a = -\infty$, $b = +\infty$ zugelassen) stetig. Es wird versucht, eine Lösung von (1) in der Gestalt

(3) $$y = {}^{\mathfrak{K}}\!\!\int K(x, t)\, \varphi(t)\, dt$$

zu erhalten; dabei bedeutet

(a) $\mathfrak{K}$ eine Kurve[2]) in der komplexen t-Ebene;

(b) $\varphi(t)$ eine Funktion, die in einer Umgebung $\mathfrak{G}$ von $\mathfrak{K}$ analytisch[3]) und $\neq 0$ ist;

(c) $K(x, t)$, der Kern des Integrals, sei für jedes feste t von $\mathfrak{G}$ im Intervall $a < x < b$ mit stetigen Ableitungen n-ter Ordnung versehen, ferner existiere, wenn $K_x^{(\nu)}$ die ν-te Ableitung nach x bedeutet, jedes der Integrale

$$^{\mathfrak{K}}\!\!\int K_x^{(\nu)}(x, t)\, \varphi(t)\, dt \qquad (0 \leqq \nu \leqq n),$$

und es sei

$$\frac{d^\nu}{dx^\nu}\, {}^{\mathfrak{K}}\!\!\int K(x, t)\, \varphi(t)\, dt = {}^{\mathfrak{K}}\!\!\int K_x^{(\nu)}(x, t)\, \varphi(t)\, dt.$$

Dann ist für die Funktion (3)

(4) $$L_x(y) = {}^{\mathfrak{K}}\!\!\int L_x(K)\, \varphi(t)\, dt.$$

Es sei nun weiter

(d) $$M_t(u) = \sum_{\nu=0}^{m} g_\nu(t)\, u^{(\nu)}(t)$$

ein linearer DAusdruck, dessen Koeffizienten $g_\nu(t)$ in $\mathfrak{G}$ analytisch sind[4]) und für den es

---

[1]) Vgl. hierzu *Ince*, Diff. Equations, S. 187ff. *H. Bateman*, Transactions Cambridge Soc. 21, No. VII (1909) 171–196.

[2]) Der Kurvenbegriff unterliegt den in der Funktionentheorie üblichen Beschränkungen, die dadurch bedingt sind, daß das Integral existieren soll. Die Kurve kann geschlossen sein. Sie kann auch die reelle t-Achse oder ein Stück davon sein; dann bleibt man im Bereich reeller Veränderlicher.

[3]) Ist $\mathfrak{K}$ ein Stück der reellen t-Achse, so kann $\mathfrak{G} = \mathfrak{K}$ gewählt werden; $\varphi(t)$ braucht dann in dem t-Intervall nur n-mal stetig differenzierbar zu sein.

[4]) Hier gilt eine entsprechende Bemerkung wie in Fußnote 3.

(e) eine Funktion $K_1(x, t)$ gibt, die für jedes feste x des Intervalls $a < x < b$ in $\mathfrak{G}$ eine reguläre Funktion[1]) von t ist und für die

(5) $$L_x(K) = M_t(K_1)$$

gilt.

Ist $\overline{M}_t(v)$ der zu $M_t(u)$ adjungierte und $M_t^*(u, v)$ der zugehörige bilineare DAusdruck (vgl. 17·5 und 17·6), so ist nach der Lagrangeschen Identität wegen (4) und (5)

(6) $$L_x(y) = {}^{\mathfrak{K}}\!\!\int K_1(x, t)\, \overline{M}_t(\varphi)\, dt + {}^{\mathfrak{K}}\!\!\int \frac{d}{dt} M_t^*(K_1, \varphi)\, dt\,.$$

Ist $\varphi(t)$ eine Lösung der DGl

(7) $$\overline{M}_t(v) = 0\,,$$

so ist daher die Funktion (3) eine Lösung der DGl (1), wenn

(8) $${}^{\mathfrak{K}}\!\!\int \frac{d}{dt} M_t^*(K_1, \varphi)\, dt = f(x)$$

ist. Die Hauptetappen dieses Verfahrens sind die Gewinnung der Identität (5), das Auffinden einer Lösung der sog. transformierten Gl (7) und die Befriedigung von (8).

Zu diesem allgemeinen und wichtigen Prinzip seien noch folgende Bemerkungen gemacht·

(α) Das Verfahren ist offensichtlich auch auf den Fall einer komplexen Veränderlichen x anwendbar.

(β) Das Verfahren ist auch für die numerische Berechnung der Lösungen brauchbar, da das Integral (3) durch die bekannten graphischen und numerischen Verfahren ausgewertet werden kann.

(γ) Häufig verwendete Kerne sind

$K = e^{xt}$ (*Laplace*),

$K = (x - t)^{\lambda}$ (*Euler*),

$K = k(x \cdot t)$ (*Mellin*).

(δ) Die Durchführung des Verfahrens und insbesondere die Befriedigung der Gl (8) wird manchmal durch die Verwendung mehrerer Lösungen φ_h von (7) und mehrerer Integrationswege $\mathfrak{K}_h$ erleichtert.

Man macht dann den Ansatz

(9) $$y = \sum_h C_h\, {}^{\mathfrak{K}_h}\!\!\int K(x, t)\, \varphi_h(t)\, dt\,.$$

(ε) Ist $\mathfrak{K}$ eine Kurve mit den Endpunkten $t = \alpha$ und $t = \beta$ und stehen im Integranden von (8) nur eindeutige Funktionen, so hat die zu erfüllende Gl die Form

(10) $$[M_t^*(K_1, \varphi)]_{t=\alpha}^{t=\beta} = f(x)\,.$$

[1]) Siehe die letzte Fußnote auf S. 90.

Ist der Integrand keine eindeutige Funktion, so sind an den Stellen $t = \alpha$ und $t = \beta$ diejenigen Werte zu nehmen, die sich ergeben, wenn die Wertänderung des Integranden auf seiner Riemannschen Fläche längs $\mathfrak{K}$ verfolgt wird.

(ζ) Ist $f \equiv 0$, so liegt es nahe, (8) dadurch zu erfüllen, daß für $\mathfrak{K}$ eine geschlossene Kurve gewählt wird. Es muß dann jedoch $\mathfrak{K}$ eine singuläre Stelle von $K(x, t)$ oder $\varphi(t)$ umschließen, da sonst das Integral (3), wenn der Integrand eine eindeutige Funktion ist, nach Cauchys Integralsatz den Wert Null hat. Ist K_1 oder φ keine eindeutige Funktion, so ist darauf zu achten, daß $M_t^*(K_1, \varphi)$ längs $\mathfrak{K}$ auch wirklich zum Anfangswert zurückkehrt, wenn man die Wertänderung auf der zugehörigen Riemannschen Fläche verfolgt.

(η) Wählt man im Falle $f \equiv 0$ für $\mathfrak{K}$ wie bei (ε) eine offene Kurve, hat diese weiter mindestens einen im Endlichen gelegenen Endpunkt α und will man (10) so erfüllen, daß $M_t^*(K_1, \varphi)$ in den einzelnen Endpunkten von $\mathfrak{K}$ verschwindet, so wird α eine singuläre Stelle der DGl (7) sein müssen. Denn nach 17·6 ist

$$M^*(K_1, \varphi) = \sum_{q=0}^{m-1} K_{1(t)}^{(q)} \sum_{p=0}^{m-q-1} (-1)^p (g_{p+q+1}\,\varphi)^{(p)}$$

wobei $K_{1(t)}^{(q)}$ die q-te Ableitung von K_1 nach t bedeutet. Wenn jede dieser Ableitungen wirklich von x abhängt, wird

$$M^*(K_1, \varphi)\big|_{t=\alpha} \equiv 0$$

nur dann sein können, wenn

$$\sum_{p=0}^{m-q-1} (-1)^p (g_{p+q+1}\,\varphi)^{(p)} = 0$$

für $t = \alpha$ und $q = 0, 1, \ldots, m-1$ ist. Falls $g_m(\alpha) \neq 0$ ist, müßte dann $\varphi(\alpha) = \varphi'(\alpha) = \cdots = \varphi^{(m-1)}(\alpha) = 0$, also $\varphi(t) \equiv 0$ sein im Widerspruch zu (b).

19·2. Die Laplace-Transformation[1]). Weiterhin wird zunächst die DGl

(11) $$\sum_{\nu=0}^{n} P_\nu(x)\, y^{(\nu)} = 0$$

behandelt, wobei die

(12) $$P_\nu(x) = \sum_{\mu=0}^{m} a_{\nu,\mu}\, x^\mu$$

---

[1]) Vgl. hierzu *Schlesinger*, Handbuch der linearen DGlen I, S. 409—426. *Forsyth-Jacobsthal*, DGlen, S. 267ff. *Ince*, Diff. Equations, S. 443—454. *J. Horn*, Math. Annalen 71 (1912) 510—532. *L. Fantappiè*, Memorie Accad. d'Italia 1, No. 2 (1930).

gegebene Polynome sind[1]). In der Bezeichnung von 19·1 ist also

(13) $$L_x(y) = \sum_{\nu=0}^{n} P_\nu(x)\, y^{(\nu)},$$

und es wird jetzt

(14) $$M_t(u) = \sum_{\mu=0}^{m} Q_\mu(t)\, u^{(\mu)}(t) \quad \text{mit} \quad Q_\mu = \sum_{\nu=0}^{n} a_{\nu,\mu}\, t^\nu$$

gewählt. Dann ist

$$L_x(e^{xt}) = M_t(e^{xt}),$$

d. h. (5) ist erfüllt für $K = K_1 = e^{xt}$. Daher ist

(15) $$y = {}^{\mathfrak{K}}\!\!\int e^{xt}\,\varphi(t)\,dt$$

eine Lösung von (11), wenn $\varphi(t)$ eine Lösung der sog. Laplace Transformierten

(16) $$\overline{M}_t(v) = 0 \quad \text{mit} \quad \overline{M}_t(v) = \sum_{\mu=0}^{m} (-1)^\mu\,(Q_\mu\, v)^{(\mu)}$$

und wenn außerdem

(17) $${}^{\mathfrak{K}}\!\!\int \frac{d}{dt} \sum_{k=0}^{m-1} \sum_{p+q=k} (-1)^p\,(Q_{k+1}\,\varphi)^{(p)}\, x^q\, e^{xt}\,dt = 0$$

ist.

(A) $a_{n,m} \neq 0$ (und natürlich $m \geqq 1$, $n \geqq 1$). Die DGl (16) möge an einer singulären Stelle τ eine Lösung

(18) $$\varphi(t) = (t-\tau)^r\,\psi(t-\tau)$$

haben[2]), wo r keine ganze Zahl $\geqq 0$, $\psi(t-\tau)$ an der Stelle τ regulär und $(t-\tau)^r$ irgendwie so normiert ist, daß diese Funktion in der längs eines Strahls

($\mathfrak{s}$) $$t = \tau + \varrho\, e^{i\alpha} \qquad (0 < \varrho < +\infty)$$

aufgeschnittenen t-Ebene eindeutig und regulär ist (ist r eine ganze Zahl, so ist das Aufschneiden nicht nötig). Etwaige weitere singuläre Stellen von (16), die auf $\mathfrak{s}$ liegen würden, werden durch kleine Ausbuchtungen von $\mathfrak{s}$ umgangen. Das Funktionselement (18) kann dann analytisch so fortgesetzt werden, daß die Funktion in einem gewissen Uferstreifen auf den beiden Seiten des Schnitts $\mathfrak{s}$ regulär und eine Lösung von (16) ist. Wird nun als Integrationsweg $\mathfrak{K}$ eine Kurve gewählt, die den Strahl $\mathfrak{s}$ in der nebenstehenden Art

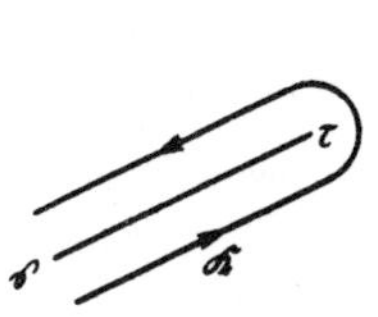

Fig. 16.

---

[1]) Diese brauchen nicht alle denselben Grad zu haben.

[2]) Das ist z. B. der Fall, wenn τ eine schwach singuläre Stelle der DGl (16) ist, und solche gibt es z. B., wenn $Q_m(t)$ nur einfache Nullstellen hat; daß r keine ganze Zahl $\geqq 0$ ist, wird gefordert, damit nicht $y \equiv 0$ wird.

umgibt und ganz in dem Uferstreifen verläuft, so ist (17) erfüllt und daher (15) eine Lösung der DGl für alle x innerhalb des Winkelraums

(19) $$\frac{\pi}{2} + \delta < \alpha + \operatorname{arc} x < \frac{3\pi}{2} - \delta$$

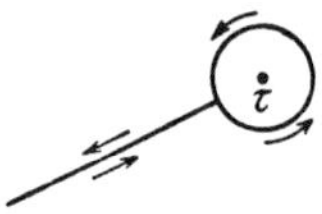

Fig. 17.

und mit hinreichend großem absoluten Betrag. Geht man auf die Riemannsche Fläche für $(t-\tau)^r$, so kann für $\mathfrak{K}$ der in Fig. 17 skizzierte Weg gewählt werden, der aus einem Stück von $\mathfrak{s}$, einem Kreis um τ und nochmals dem gleichen Stück von $\mathfrak{s}$ besteht.

Ist r eine ganze Zahl < 0, $N = -r-1$ und

(20) $$\psi = \sum_{\nu=0}^{\infty} c_\nu (t-\tau)^\nu,$$

so ist das Integral (15)

$$y = 2\pi i\, e^{\tau x} \sum_{\nu=0}^{N} \frac{c_\nu}{(N-\nu)!\, x^{N-\nu}}.$$

Für nicht-ganzzahliges r vgl. auch 20·1.

(B) $a_{n,m} \neq 0$ und $m < n$. In diesem Fall kann man außer, wie unter (A) geschildert, auch folgendermaßen vorgehen: Es möge $Q_m(t)$ lauter verschiedene Nullstellen $\tau_1, \ldots, \tau_n$ haben; zu jedem dieser τ_ν möge es eine Lösung

(18a) $$\varphi_\nu(t) = (t-\tau_\nu)^{r_\nu}\, \psi_\nu(t-\tau_\nu)$$

von (16) geben (r_ν keine ganze Zahl ≥ 0). Man wähle nun für $\mathfrak{K}_\nu$ eine einfache geschlossene Kurve, die τ_ν einschließt, jedes andere τ_μ ausschließt und durch einen nach Belieben gewählten Punkt τ_0 geht. Jede Lösung (18a) kann längs $\mathfrak{K}$ analytisch fortgesetzt werden. Für diese Funktionen ist

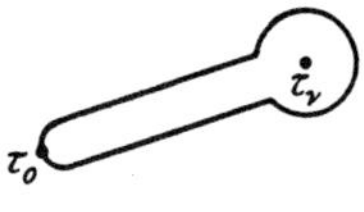

Fig. 18.

(21) $$y = \sum_{\nu=1}^{n} C_\nu \int_{\mathfrak{K}_\nu} e^{xt}\, \varphi_\nu(t)\, dt$$

eine Lösung von (11), wenn

(22) $$\sum_{\nu=1}^{n} C_\nu \left[\varphi_{\nu *}^{(\mu)}(\tau_0) - \varphi_\nu^{(\mu)}(\tau_0)\right] = 0 \qquad (\mu = 0, 1, \ldots, m-1)$$

ist; dabei bedeutet $\varphi_{\nu *}(\tau_0)$ den Wert von φ_ν, mit dem man bei der analytischen Fortsetzung von φ_ν wieder in τ_0 ankommt, wenn $\mathfrak{K}_\nu$ einmal durchlaufen ist. Wegen $m < n$ sind die m Glen (22) in der Tat durch Zahlen C_ν erfüllbar, die nicht alle Null sind.

In manchen Fällen ($r_\nu > -1$) können die Schleifenintegrale auch durch Integrale über einfache Verbindungswege zwischen τ_0 und den τ_ν oder zwischen den τ_ν selber ersetzt werden. Für weitere Einzelheiten vgl. *Ince*, a. a. O.

(C) Es sei jetzt die DGl

$$y^{(n)} + \sum_{\nu=0}^{n-1} x^{(n-\nu)(k-1)} P_\nu(x)\, y^{(\nu)} = 0$$

gegeben, wo die

$$P_\nu = a_{\nu,0} + \frac{a_{\nu,1}}{x} + \frac{a_{\nu,2}}{x^2} + \cdots \qquad (\nu = 0, 1, \ldots, n-1)$$

für alle hinreichend großen $|x|$ konvergieren; es ist dann der Punkt ∞ stark singulär mit dem Rang k (nach *Poincaré*). Durch die Transformation

$$y(x) = \eta(\xi), \quad \xi = x^k$$

geht die DGl über in eine DGl der Gestalt

$$\eta^{(n)} + \sum_{\nu=0}^{n-1} Q_\nu(\xi)\, \eta^{(\nu)} = 0\,,$$

wo die

$$Q_\nu = b_{\nu,0} + b_{\nu,1}\, \xi^{-\frac{1}{k}} + b_{\nu,2}\, \xi^{-\frac{2}{k}} + \cdots$$

für alle hinreichend großen $|\xi|$ konvergieren. Auch diese DGlen können mit der Laplace-Transformation behandelt werden[1]).

19·3. Die spezielle Laplace-Transformation[2]). Bei dieser wird als Integrationsweg die reelle positive x-Achse gewählt. Als L-Transformierte (Resultat-Funktion) einer für alle reellen $x \geqq 0$ stetigen Funktion $y(x)$ wird die Funktion

(23) $$Y(t) = \int_0^\infty e^{-xt}\, y(x)\, dx$$

bezeichnet, falls dieses Integral für ein (reelles oder komplexes) $t = t_0$ konvergiert; das Integral (23) existiert dann für alle komplexen t der Halbebene $\Re t > \Re t_0$ und definiert dort also eine beliebig oft differenzierbare Funktion $Y(t)$ mit den Ableitungen

(23a) $$Y^{(n)}(t) = (-1)^n \int_0^\infty e^{-xt}\, x^n\, y(x)\, dx.$$

Durch partielle Integration ergibt sich: Wenn $y(x)$ für $x \geqq 0$ n-mal stetig differenzierbar ist und die n-te Ableitung $y^{(n)}$ die oben für y statt $y^{(n)}$ ausgesprochenen Voraussetzungen erfüllt, also eine L-Transformierte hat, so ist die L-Transformierte der n-ten Ableitung

(24) $$\int_0^\infty e^{-xt}\, y^{(n)}(x)\, dx = t^n\, Y(t) - \sum_{\mu=0}^{n-1} t^{n-\mu-1}\, y^{(\mu)}(0)\,.$$

---

1) *J. Horn*, Math. Zeitschrift 8 (1920) 100—114; 21 (1924) 85—95.

2) Vgl. *Doetsch*, Laplace-Transformation. *H. Droste*, Die Lösung angewandter Differentialgleichungen mittels Laplacescher Transformation, Berlin 1939 = Neuere Rechenverfahren der Technik, Heft 1. *K. W. Wagner*, Operatorenrechnung nebst Anwendungen in Physik und Technik. Leipzig 1940.

Es sei nun für die lineare DGl

(25) $$\sum_{\nu=0}^{n} a_\nu y^{(\nu)} = f(x) \qquad \text{(es darf } f \equiv 0 \text{ sein)}$$

mit konstanten a_ν eine Lösung mit den Anfangswerten

$$y(0) = \eta_0, \ldots, y^{(n-1)}(0) = \eta_{n-1}$$

gesucht. Unter der Voraussetzung, daß die Funktionen $f(x)$ und $y^{(n)}(x)$ L-Transformierte haben, ergibt sich, wenn man die L-Transformierte der linken und rechten Seite von (25) bildet, nach (24) für alle komplexen t einer Halbebene $\Re t > \Re t_0$ eine Gl

$$Y(t) \sum_{\nu=0}^{n} a_\nu t^\nu = \sum_{\nu=1}^{n} a_\nu \sum_{\mu=0}^{\nu-1} t^{\nu-\mu-1} \eta_\mu + F(t)$$

mit

$$F(t) = \int_0^\infty e^{-xt} f(x)\, dx\,.$$

Aus dieser Gl erhält man unmittelbar die L-Transformierte $Y(t)$ der gesuchten Lösung. Es ist nun noch eine n-mal stetig differenzierbare Funktion $y(x)$ ausfindig zu machen, die $Y(t)$ zur L-Transformierten hat, und schließlich zu verifizieren, daß $y^{(n)}$ die anfänglich benutzten Voraussetzungen erfüllt, oder auch unmittelbar, daß $y(x)$ eine Lösung der DGl ist. Für das Aufsuchen der zu $Y(t)$ gehörigen Funktion $y(x)$ stehen neben einer allgemeinen Umkehrformel von der Gestalt

$$y(x) = \frac{1}{2\pi i} \int_{a-i\infty}^{a+i\infty} e^{xt}\, Y(t)\, dt$$

ausführliche Tabellen zur Verfügung[1]).

Dieses Verfahren ist auch noch anwendbar, wenn in (25) die a_ν nicht konstant, sondern Polynome von x sind[2]).

Man benutzt dabei (23a) und die aus (23a) und (24) folgende Gleichung

$$\int_0^\infty e^{-xt}\, x^m\, y^{(n)}(x)\, dx = (-1)^m \frac{d^m}{dt^m} \Big(t^n\, Y(t) - \sum_{\mu=0}^{n-1} t^{n-\mu-1}\, y^{(\mu)}(0)\Big)$$

und erhält für $Y(t)$ eine DGl, deren Ordnung gleich dem höchsten Exponenten von x ist.

19·4. Mellins Transformation[3]). Die Verwendung eines Mellinschen Kerns $K(x\,t)$ empfiehlt sich bei DGlen

(26) $$L_x(y) = 0\,,$$

wenn L_x die Gestalt

$$L_x(y) = x^n\, F(x\,\mathrm{D}_x)\, y + G(x\,\mathrm{D}_x)\, y$$

---

[1]) *Doetsch*, a. a. O., S. 401ff. [2]) *Doetsch*, a. a. O., S. 329.

[3]) Vgl. *Ince*, Diff. Equations, S. 195.

hat, wo $F(s)$, $G(s)$ Polynome sind und $D_x = \frac{d}{dx}$ ist. Ist $H(s)$ ein Polynom und $K(s)$ eine Lösung der DGl

$$s^n F(x\, D_s)\, K(s) = H(s\, D_s)\, K(s)\,,$$

so ist

$$L_x(K(x\,t)) = M_t(K(s\,t))$$

für

$$M_t(u) = t^{-n} H(t\, D_t)\, u + G(t\, D_t)\, u\,,$$

also nach 19·1

$$y = {}^{\varkappa}\!\!\int K(x\,t)\, \varphi(t)\, dt$$

eine Lösung von (26), wenn $\varphi(t)$ eine Lösung der adjungierten DGl

$$\overline{M}_t(v) = 0\,,$$

und wenn außerdem

$${}^{\varkappa}\!\!\int \frac{d}{dt} M_t^*(K, \varphi)\, dt = 0$$

ist.

19·5. Eulers Transformation[1]). Die Verwendung eines Eulerschen Kerns

$$K(x, t) = (t - x)^{\alpha}$$

empfiehlt sich bei DGlen (11), wenn jedes $P_\nu(x)$ ein Polynom vom Grad $\leqq \nu$ ist und $P_n(x)$ den genauen Grad n hat. Die DGl läßt sich dann in der Gestalt

$$(27)\quad L_x(y) = 0 \text{ mit } L_x(y) = \sum_{\nu=0}^{n} (-1)^\nu\, y^{(\nu)} \sum_{\mu=0}^{n-\nu} \binom{k+n-\nu-1}{n-\nu-\mu} Q_\mu^{(n-\nu-\mu)}(x)$$

schreiben, wo Q_μ ein Polynom vom Grad $\leqq n - \mu$ und k eine Konstante ist.

Treten in (27) tatsächlich nur $Q_0, \ldots, Q_p$ auf, so setze man

$$(28)\qquad M_t(u) = \sum_{q=0}^{p} Q_{p-q}(t)\, u^{(q)}.$$

Dann ist

$$L_x(K) = \binom{k+n-1}{n-p} (n-p)!\; M_t(K_1)$$

für

$$K = (t - x)^{k+n-1},\quad K_1 = (t - x)^{k+p-1}$$

Daher ist nach 19·1

$$(29)\qquad y = {}^{\varkappa}\!\!\int (t - x)^{k+n-1}\, \varphi(t)\, dt$$

eine Lösung der DGl (27), wenn $\varphi(t)$ eine Lösung von

$$(30)\qquad \overline{M}_t(v) = 0 \quad \text{mit} \quad \overline{M}_t(v) = \sum_{q=0}^{p} (-1)^q\, (Q_{p-q}\, v)^{(q)}\,,$$

---

[1]) Vgl. *Ince*, Diff. Equations, S. 191f.

und wenn außerdem

(31) $$\int^{\mathfrak{K}} \frac{d}{dt} \sum_{\varkappa=1}^{p} \sum_{\nu=0}^{\varkappa-1} (-1)^{\varkappa-\nu-1} u^{(\nu)} (Q_{p-\varkappa}\, \varphi)^{(\varkappa-\nu-1)} = 0$$

ist mit

$$u^{(\nu)} = \frac{d^\nu}{dt^\nu} (t-x)^{k+p-1}.$$

Zu beachten sind die in 19·1 angegebenen Bedingungen über Differentiationen unter dem Integralzeichen, ferner ist wegen der Mehrdeutigkeiten, die bei $(t-x)^k$ und $\varphi(t)$ auftreten können, evtl. auf den zugehörigen Riemannschen Flächen zu operieren.

Für eine mehr ins einzelne gehende Behandlung des Falles $p = 1$ s. 22·6.

Beispiel: Von dem hier behandelten Typus der DGl (11) ist u. a. die Legendresche DGl (vgl. C 2·240)

(32) $$(x^2-1)\, y'' + 2\, x\, y' - \nu\, (\nu+1)\, y = 0,$$

und zwar ist

$$Q_0 = x^2 - 1, \quad Q_1 = -2\,(k+1)\,x, \quad Q_2 = (k+1)\,(k+2) - \nu\,(\nu+1)$$

für beliebiges k. Wählt man $k = -\nu - 2$, so wird $Q_2 = 0$, und man kommt mit $p = 1$ aus. Man bekommt nun als Lösung der DGl (32) *Schläflis* Integral

(33) $$y = \frac{1}{2\pi i} \int^{\mathfrak{K}} \frac{(t^2-1)^\nu}{2^\nu (t-x)^{\nu+1}}\, dt,$$

und zwar stellt dieses gerade die als Legendresche Funktion erster Art bezeichnete Funktion $P_\nu(x)$ dar[1]), wenn die t-Ebene längs der reellen Halbachse $t \leqq -1$ aufgeschnitten ist, $x \neq 1$ ein Punkt in der aufgeschnittenen Ebene, $a > 1$ und $\mathfrak{K}$ eine einfache geschlossene Kurve durch a ist, die x und 1 im Innern enthält (Fig. 19); ist x reell, so ist $a > x$ zu wählen; für die vorkommenden Potenzen sind die Hauptwerte zu nehmen. Ist ν eine natürliche Zahl, so kann für $\mathfrak{K}$ ein Kreis mit dem Mittelpunkt x gewählt werden, es muß dabei nur $x \neq \pm 1$ sein. Durch die Substitution

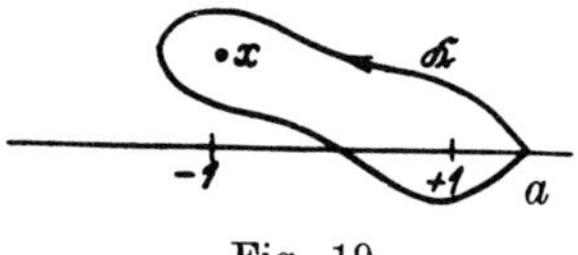

Fig. 19.

$$t - x = e^{i\varphi} \sqrt{x^2-1}$$

erhält man dann für $|\operatorname{arc} x| < \frac{1}{2}\pi$ die Laplacesche Integraldarstellung

---

[1]) Diese Funktionen P_ν, Q_ν sind natürlich andere als die vorher ebenso bezeichneten Funktionen.

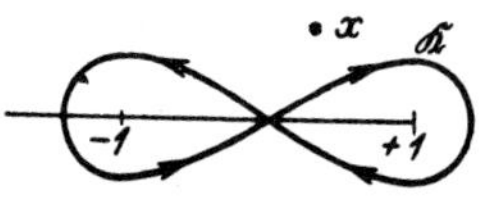

Fig. 20.

Die Legendresche Funktion zweiter Art $Q_\nu(x)$[1]) ergibt sich so: Die t-Ebene wird längs der reellen Halbachse $t \leqq 1$ aufgeschnitten, x möge in der aufgeschnittenen Ebene liegen. Für $\mathfrak{K}$ wird eine 8-förmige Kurve gewählt, welche die Punkte -1 und $+1$ wie in Fig. 20 umschlingt, aber den Punkt x nicht mitumschlingt. Dann ist

$$Q_\nu(x) = \frac{1}{4\pi \sin \nu \pi} \int^{\mathfrak{K}} \frac{(t^2-1)^\nu}{2^\nu (x-t)^{\nu+1}}\, dt \text{ für nicht-ganzzahliges } \nu,$$

falls der Arcus der Zahlen x und $x - t$ so gewählt wird, daß $|\operatorname{arc} x| < \pi$ und $\operatorname{arc}(x-t) \to \operatorname{arc} x$ für $t \to 0$ ist; ferner ist

$$Q_\nu(x) = \frac{1}{2^{\nu+1}} \int_{-1}^{+1} \frac{(1-t^2)^\nu}{(x-t)^{\nu+1}}\, dt \quad \text{für } \Re \nu > -1,$$

insbesondere also auch für natürliche Zahlen ν.

Vgl. hierzu *Whittaker-Watson*, Modern Analysis, S. 306ff., 316.

19·6. Lösung durch Doppelintegrale[2]). Gibt es zu der DGl (11) einen partiellen DOperator

$$M_{s,t} = A(s,t) \frac{\partial^2}{\partial s\, \partial t} + B(s,t) \frac{\partial}{\partial s} + C(s,t) \frac{\partial}{\partial t} + D(s,t)$$

sowie zwei Funktionen $K(x,s,t)$ und $K^*(x,s,t)$ derart, daß

$$L_x K(x,s,t) = M_{s,t} K^*(x,s,t)$$

ist, so ist

$$y(x) = \int_a^b \int_c^d K^*(x,s,t)\, \psi(s,t)\, ds\, dt$$

eine Lösung von (11), wenn ψ eine Lösung der DGl

$$(34) \qquad \overline{M}_{s,t}(w) \equiv \frac{\partial^2}{\partial s\, dt}(A w) - \frac{\partial}{\partial s}(B w) - \frac{\partial}{dt}(C w) + D w = 0$$

ist, und wenn außerdem

$$[M^*(K^*, \psi)]_{a,c}^{b,d} \equiv \int_a^b [(A K_s^* + C K^*) \psi]_c^d\, ds + \int_c^d [(A K_t^* + B K^*) \psi]_a^b\, dt$$
$$- [A K^* \psi]_{a,c}^{b,d} = 0$$

für alle x ist. Das Auffinden der Funktion $\psi(s,t)$ wird erleichtert, wenn (34) eine Lösung der Gestalt $\psi = u(s)\, v(t)$ hat.

---

[1]) Siehe Fußnote 1 auf S. 98.

[2]) Vgl. *Ince*, Diff. Equations, S. 197ff.

Beispiel: Es sei die spezielle hypergeometrische DGl (vgl. C 2·249)

$$(x^2-1)\,y''+(\alpha+\beta+1)\,x\,y'+\alpha\beta\,y=0$$

gegeben. Hier kann

$$K^*=K=\exp(x\,s\,t),\quad M_{s,t}=\left(s\frac{\partial}{\partial s}+\alpha\right)\left(t\frac{\partial}{\partial t}+\beta\right)-s^2t^2$$

gewählt werden. Eine Lösung von $\overline{M}_{s,t}(w)=0$ ist

$$\psi=s^{\alpha-1}\,t^{\beta-1}\exp\left(-\frac{1}{2}s^2-\frac{1}{2}t^2\right).$$

Für $\Re\,\alpha>0$ und $\Re\,\beta>0$ ist daher

$$y=\int_0^\infty\int_0^\infty s^{\alpha-1}\,t^{\beta-1}\exp\left(x\,s\,t-\frac{1}{2}s^2-\frac{1}{2}t^2\right)ds\,dt$$

eine Lösung.

20. Verhalten der Lösungen für große x.

20·1. Polynome als Koeffizienten[1]). Für die DGl

$$\text{(1)}\qquad \sum_{\nu=0}^{n}P_\nu(x)\,y^{(\nu)}=0$$

sollen hier die Voraussetzungen von 19·2 gelten und die P_ν Polynome sein. Wird der Integrationsweg von Fig. 17 (S. 94) gewählt und ist

$$(t-\tau)^r=|t-\tau|^r\,e^{i\alpha}$$

längs der auf τ zulaufenden Halbgeraden, so gilt für die Lösung 19 (15) in dem Winkelraum 19 (19) die asymptotische Darstellung (vgl. S. 18, Fußnote 1)

$$\text{(2)}\qquad y(x)\sim 2\pi i\,e^{\tau x}\sum_{\nu=0}^{\infty}\frac{c_\nu}{\Gamma(-r-\nu)}\,x^{-r-\nu-1}$$

in dem Sinne, daß nach beliebiger Wahl von N und Wahl eines geeigneten C für alle hinreichend großen $|x|$ des genannten Winkelraums die UnGl

$$\left|y(x)\,e^{-\tau x}\,x^{r+1}-\sum_{\nu=0}^{N}\frac{2\pi i\,c_\nu}{\Gamma(-r-\nu)}\,x^{-\nu}\right|<C\,x^{-N-1}$$

gilt; die c_ν sind dabei wieder durch 19 (20) bestimmt.

20·2. Allgemeinere Funktionen als Koeffizienten. Es sei die DGl

$$y^{(n)}+\sum_{\nu=0}^{n-1}x^{(n-\nu)k}P_\nu(x)\,y^{(\nu)}=0$$

gegeben, wo k eine ganze Zahl $\geqq 0$ ist und die

$$P_\nu=a_\nu+\frac{a_{\nu,1}}{x}+\frac{a_{\nu,2}}{x^2}+\cdots$$

---

[1]) Vgl. die bei 19·2 angegebene Literatur, ferner *H. Poincaré*, Americ. Journ. Math. 7 (1885) 203—258.

entweder für alle reellen, hinreichend großen x konvergieren oder die P_ν durch diese Reihen asymptotisch dargestellt werden; die DGl hat den Rang $k+1$ (vgl. 19·2 (C)). Hat das charakteristische Polynom

(3) $$\alpha^n + a_{n-1}\alpha^{n-1} + \cdots + a_0$$

n Nullstellen $\alpha_1, \ldots, \alpha_n$ mit verschiedenen Realteilen, so wird die DGl formal erfüllt durch n Normalreihen der Gestalt

$$S_\nu = e^{g_\nu(x)} x^{\varrho_\nu}\left(c_\nu + \frac{c_{\nu,1}}{x} + \frac{c_{\nu,2}}{x^2} + \cdots\right) \qquad (\nu = 1, \ldots, n)$$

mit

$$g_\nu = \frac{\alpha_\nu}{k+1} x^{k+1} + \alpha_{\nu,k} x^k + \cdots + \alpha_{\nu,1} x .$$

Es gibt dann ein Hauptsystem von Lösungen $y_1, \ldots, y_n$, so daß $y_\nu(x)$ für $x \to \infty$ durch S_ν asymptotisch dargestellt wird, d. h.

$$y_\nu = e^{g_\nu(x)} x^{\varrho_\nu}\left(c_\nu + \frac{c_{\nu,1}}{x} + \cdots + \frac{c_{\nu,m}}{x^m} + \frac{\gamma_{\nu,m}(x)}{x^m}\right)$$

mit

$$\lim_{x\to\infty} \gamma_{\nu,m}(x) \to 0$$

ist[1]).

Dieses Ergebnis kann verallgemeinert werden auf komplexe x und auf den Fall, daß das Polynom (3) mehrfache Nullstellen hat[2]).

Der Fall, in dem $k = 0$ und die

$$P_\nu \sim a_\nu(x) + \frac{a_{\nu,1}(x)}{x} + \frac{a_{\nu,2}(x)}{x^2} + \cdots$$

mit periodischen Funktionen $a_{\nu,\mu}(x)$ gleicher Periode sind, ist von *T. Carleman*[3]) behandelt worden.

20·3. Stetige Funktionen als Koeffizienten. In der DGl

$$y^{(n)} + \sum_{\nu=0}^{n} f_\nu(x)\, y^{(\nu)} = 0$$

seien die Koeffizienten $f_\nu(x)$ für $x \geqq x_0$ stetig, und für $x \to \infty$ sei $f_\nu(x) \to a_\nu$; ferner seien $\varrho_1, \ldots, \varrho_n$ die n Nullstellen des charakteristischen Polynoms

$$\varrho^n + a_{n-1}\varrho^{n-1} + \cdots + a_0 .$$

Sind $r_1, \ldots, r_s$ die *verschiedenen* Realteile der ϱ_ν und gibt es (in ihrer Vielfachheit gezählt) e_ν Zahlen ϱ_p mit übereinstimmendem Realteil $\Re\,\varrho_p = r_\nu$,

---

1) *J. Horn,* Acta Math. 24 (1901) 289—308.

2) *W. Sternberg,* Math. Annalen 81 (1920) 119—186. *J. Horn,* Journal für Math. 133 (1908) 16—67. *C. E. Love,* Annals of Math. (2) 15 (1913—14) 145—156. *W. J. Trjitzinsky,* Acta Math. 62 (1934) 167—226; Transactions Americ. Math. Soc. 37 (1935) 80—146.

3) Acta Math. 43 (1922) 319—336.

so hat die DGl ein Hauptsystem von Lösungen $y_1, \ldots, y_n$, die so in s Klassen zerfallen, daß für die e_ν linear unabhängigen Lösungen der ν-ten Klasse bei beliebigem $\varepsilon > 0$

$$e^{-(r_\nu+\varepsilon)x} \sum_{k=0}^{n} |y^{(k)}| \to 0, \quad e^{-(r_\nu-\varepsilon)x} \sum_{k=0}^{n-1} |y^{(k)}| \to \infty$$

für $x \to \infty$ gilt.

Haben die ϱ_ν sämtlich verschiedene Realteile, so gibt es ein Hauptsystem von Lösungen $y_1, \ldots, y_n$, für das

$$\lim_{x\to\infty} (y_\nu^{(n)} : y_\nu^{(n-1)} : \cdots : y_\nu' : y_\nu) = \varrho_\nu^n : \varrho_\nu^{n-1} : \cdots : \varrho_\nu : 1$$

ist[1]).

20·4. Oszillationssätze[2]). In

(4) $$y^{(n)} + g(x)\, y = 0$$

sei $g(x) > 0$ und stetig für $x \geqq a$ sowie

$$\int_a^\infty g(x)\, dx \quad \text{divergent.}$$

Für gerades n wechselt jede eigentliche Lösung von (4) unendlich oft das Vorzeichen. Für ungerades n haben die eigentlichen Lösungen unendlich viele Nullstellen oder streben gegen 0 für $x \to \infty$.

Sind in

$$y^{(n)} + f(x)\, y^{(n-1)} + g(x)\, y = 0$$

f und g stetig für $x \geqq a$, ferner $f \geqq 0$, $g \geqq C > 0$ und f beschränkt, so hat jede eigentliche Lösung unendlich viele Nullstellen oder strebt gegen 0 für $x \to \infty$.

21. Genäherte Darstellung der Lösungen von Differentialgleichungen, die von einem Parameter abhängen.

21·1. $\boldsymbol{y^{(n)} + \sum_{=0}^{n-1} \varrho^{k(n-\nu)} f_\nu(x, \varrho)\, y^{(\nu)} = 0.}$[3]) Über diese DGl wird vorausgesetzt: k ist eine natürliche Zahl, ϱ ein reeller Parameter; die f_ν sind stetig

---

[1]) *O. Perron*, Journal für Math. 143 (1913) 25—50, insbes. S. 46; 142 (1913) 254—270; insbes. S. 267; Math. Zeitschrift 1 (1918) 27—43. Vgl. auch *F. Lettenmeyer*, Sitzungsberichte München 1929, S. 201—252. *L. Cesari*, Annali Pisa (2) 9 (1940) fasc. III/IV, S. 1—24.

[2]) *W. B. Fite*, Transactions Americ. Math. Soc. 19 (1918) 344—350. Für ähnliche Sätze bei allgemeineren DGlen s. *A. Kneser*, Math. Annalen 42 (1893) 421ff.

[3]) *O. Perron*, Sitzungsberichte Heidelberg 1919, 6. Abhandlung, S. 22—25. Vgl. auch 12 und *O. Perron*, Sitzungsberichte Heidelberg 1918, 13. und 15. Abhandlung, S. 26ff. bzw. S. 26—30. *W. J. Trjitzinsky*, Acta Math. 67 (1936) 1—50.

und haben für $\varrho \to \infty$ die asymptotische Darstellung

$$f_\nu(x, \varrho) \sim \sum_{p=0}^{\infty} a_{\nu, p}(x)\, \varrho^{-\nu},$$

und zwar gleichmäßig für $a \leqq x \leqq b$, die $a_{\nu, p}(x)$ sind beliebig oft differenzierbar; die n Lösungen von

$$\omega^n + a_{n-1, 0}(x)\, \omega^{n-1} + \cdots + a_{0, 0}(x) = 0$$

sind verschieden, lassen sich also zu n Funktionen $\omega_1(x), \ldots, \omega_n(x)$ zusammenfassen, die beliebig oft differenzierbar sind.

(a) Ist außerdem bei geeigneter Numerierung der ω_ν

$$\Re\, \omega_n(x) > \Re\, \omega_p(x) \quad \text{für } p = 0, 1, \ldots, n-1,$$

so hat die DGl Lösungen $y(x)$, die eine asymptotische Entwicklung

$$y(x) \sim \left\{\exp \sum_{p=0}^{k-1} g_p(x)\, \varrho^{k-p}\right\} \sum_{q=0}^{\infty} \varphi_q(x)\, \varrho^{-k}$$

haben, und deren Ableitungen $y', \ldots, y^{(n-1)}$ asymptotisch gleich den Ausdrücken sind, die aus dem obigen durch formale Differentiation entstehen. Für jede Lösung, deren Anfangswerte $y(a), \ldots, y^{(n-1)}(a)$ den betreffenden Reihen asymptotisch gleich sind, gelten die obigen Darstellungen gleichmäßig für $a \leqq x \leqq b$.

(b) Ist sogar

$$\Re\, \omega_1(x) < \Re\, \omega_2(x) < \cdots < \Re\, \omega_n(x),$$

so hat die DGl n Lösungen $y_\nu(x)$ $(\nu = 1, \ldots, n)$, so daß

$$y_\nu(x) \sim \left\{\exp \sum_{p=0}^{k-1} g_{\nu, p}(x)\, \varrho^{k-p}\right\} \sum_{q=0}^{\infty} \varphi_{\nu, q}(x)\, \varrho^{-q} \tag{1}$$

mit geeigneten Funktionen $g_{\nu, p}, \varphi_{\nu, q}$ gilt und die Ableitungen $y_\nu', \ldots, y_\nu^{(n-1)}$ wieder den durch formale Differentiation entstehenden Reihen asymptotisch gleich sind. Die $g_{\nu, p}$ und $\varphi_{\nu, q}$ sind so zu bestimmen, daß die rechten Seiten von (1) die DGl formal erfüllen.

21·2. $\sum_{\nu=0}^{n} f_\nu(x, \varrho)\, y^{(\nu)} = 0.$[1] Es sei ϱ ein komplexer Parameter und

$$f_\nu(x, \varrho) = \sum_{k=0}^{\infty} a_{\nu, k}(x)\, \varrho^{-\nu-k}$$

konvergent und beschränkt für $a \leqq x \leqq b$, $|\varrho| \geqq R$; die $a_{\nu, k}(x)$ seien beliebig oft differenzierbar. Weiter seien $a_{n, 0} \neq 0$ und die n Lösungen von

$$\sum_{\nu=0}^{n} a_{\nu, 0}(x)\, \omega^\nu = 0$$

[1] *G. D. Birkhoff*, Transactions Americ. Math. Soc. 9 (1908) 219–231.

voneinander verschieden, so daß sie sich zu n Funktionen $\omega_1(x), \ldots, \omega_n(x)$ zusammenfassen lassen, die beliebig oft differenzierbar sind. Schließlich sei bei geeigneter Numerierung der ω_ν

$$\mathfrak{R}\,\varrho\,\omega_\nu(x) \leqq \mathfrak{R}\,\varrho\,\omega_{\nu+1}(x) + \varepsilon \qquad (\varepsilon \geqq 0;\ \nu = 1, \ldots, n-1)$$

für alle ϱ eines Sektors

$$S: \qquad \alpha \leqq \operatorname{arc}(\varrho - \varrho_0) \leqq \beta$$

der komplexen ϱ-Ebene.

Dann gibt es bei gegebenem $m \geqq 1$ für alle ϱ aus S mit hinreichend großem absolutem Betrage ein Hauptsystem

$$y_1(x, \varrho), \ldots, y_n(x, \varrho)$$

von Lösungen der DGl, das folgende Eigenschaften hat: jedes $y_\nu(x, \varrho)$ ist nach ϱ in S beliebig oft differenzierbar, und es ist für $p = 0, 1, \ldots, n-1$

$$(2) \qquad y_\nu^{(p)}(x, \varrho) = u_\nu^{(p)}(x, \varrho) + e^{\varrho\,\Omega_\nu(x)} \cdot \frac{E_p}{\varrho^{m-p}};$$

dabei bezieht sich die Differentiation auf die Veränderliche x; ferner ist

$$\Omega_\nu(x) = \int_a^x \omega_\nu(t)\,dt;$$

$u_\nu(x, \varrho)$ eine Funktion der Gestalt

$$(3) \qquad u_\nu(x, \varrho) = e^{\varrho\,\Omega_\nu(x)} \sum_{k=0}^{m-1} u_{\nu,k}(x)\,\varrho^{-k}$$

mit beliebig oft differenzierbaren $u_{\nu,k}(x)$ und $u_{\nu,0} \neq 0$; $E_p = E_p(x, \varrho, m)$ eine Funktion, die für $a \leqq x \leqq b$ und alle ϱ aus S mit hinreichend großem absolutem Betrage beschränkt ist.

Die $u_{\nu,k}(x)$ erhält man, indem man mit dem Ansatz (2), (3) in die DGl hineingeht und die $u_{\nu,k}$ so bestimmt, daß die Koeffizienten von

$$e^{\varrho\,\Omega_\nu(x)}\,\varrho^{-\mu} \quad \text{für } \mu = 0, 1, \ldots, m$$

identisch Null werden.

21·3. $\sum_{\nu=0}^{n} f_\nu(x)\,y^{(\nu)} + \varrho^n\,g(x)\,y = 0.$[1] Für $a \leqq x \leqq b$ seien die $f_\nu(x)$ stetig, $f_n \neq 0$, $g \neq 0$[2]), f_n und g n-mal, f_{n-1} $(n-1)$-mal stetig differen-

---

[1]) Vgl. *G. D. Birkhoff*, Transactions Americ. Math. Soc. 9 (1908) 380f.; Rendiconti Palermo 36 (1913) 117, Fußn. 10. *O. Perron*, Sitzungsberichte Heidelberg 1919, Abhandlung 6, S. 25f. *M. H. Stone*, Transactions Americ. Math. Soc. 28 (1926) 695ff. *J. Tamarkine*, Math. Zeitschrift 27 (1928) 1—54.

[2]) Für den Fall, daß $g(x)$ eine Nullstelle hat und die Variable x komplex sein darf, s. *H. Scheffé*, Transactions Americ. Math. Soc. 40 (1936) 127—154.

zierbar, l ganz, S in der komplexen ϱ-Ebene ein Sektor

$$S: \qquad \frac{l}{n}\pi \leqq \operatorname{arc}(\varrho - \varrho_0) \leqq \frac{l+1}{n}\pi .$$

Dann gibt es in S für alle hinreichend großen $|\varrho|$ ein Hauptsystem

$$y_1(x, \varrho), \ldots, y_n(x, \varrho)$$

von Lösungen der DGl mit folgenden Eigenschaften: jedes $y_\nu(x, \varrho)$ ist nach ϱ beliebig oft differenzierbar, und für $p = 0, 1, \ldots, n-1$ ist

$$\frac{d^p}{dx^p} y_\nu(x, \varrho) = \frac{d^p}{dx^p} e^{\varrho\,\Omega_\nu(x)} u_\nu(x) + E_p\, e^{\varrho\,\Omega_\nu(x)} \varrho^{p-1};$$

dabei sind $\omega_1(x), \ldots, \omega_n(x)$ die $(n-1)$-mal stetig differenzierbaren Lösungen von

$$f_n \omega^n + g = 0,$$

ferner ist

$$\Omega_\nu(x) = \int_a^x \omega_\nu(t)\, dt,$$

die $u_\nu(x)$ sind $\neq 0$ und n-mal stetig differenzierbar, $E_p = E_p(x, \varrho)$ beschränkt. Das folgt nach Division der DGl durch ϱ^n im wesentlichen aus 21·2.

22. Einige besondere Typen von linearen Differentialgleichungen.

22·1. Homogene Differentialgleichungen mit konstanten Koeffizienten. Hat das charakteristische Polynom

(1) $$P(s) = s^n + a_{n-1} s^{n-1} + \cdots + a_1 s + a_0$$

der DGl

(2) $$y^{(n)} + a_{n-1} y^{(n-1)} + \cdots + a_1 y' + a_0 y = 0$$

die verschiedenen Nullstellen $s_1, \ldots, s_r$ mit den Vielfachheiten $\lambda_1, \ldots, \lambda_r$, d. h. ist

$$P(s) = (s - s_1)^{\lambda_1} \cdots (s - s_r)^{\lambda_r},$$

so ist die Gesamtheit der Lösungen der DGl durch

$$e^{s_1 x} P_{\lambda_1 - 1}(x) + \cdots + e^{s_r x} P_{\lambda_r - 1}(x)$$

gegeben, wo $P_h(x)$ ein beliebiges Polynom (mit komplexen Zahlen als Koeffizienten) des Grades $\leqq h$ sein darf. Die reellen Lösungen der DGl sind die reellwertigen der obigen Ausdrücke; man kann die reellen Lösungen auch durch Aufspaltung der Ausdrücke in Real- und Imaginärteil erhalten[1]).

[1]) Vgl. z. B. *Kamke*, DGlen, S. 247—255, ferner 16 und 17·1.

Lösungen von (2) kann man auch auf folgendem Wege erhalten[1]): Man bestimme die Zahlen c_ν als Koeffizienten der Potenzreihe von

$$(1 + a_{n-1}\, s + \cdots + a_n\, s^n)^{-1} = 1 + c_1\, s + c_2\, s^2 + \cdots;$$

dann ist

$$y = \sum_{\nu=0}^{\infty} c_\nu \frac{x^{n+\nu-1}}{(n+\nu-1)!} \qquad (c_0 = 1)$$

die Lösung von (2) mit den Anfangswerten

$$y(0) = \cdots = y^{(n-2)}(0) = 0\,, \quad y^{(n-1)}(0) = 1;$$

jede Ableitung von y ist ebenfalls eine Lösung.

Zur Lösung von (2) mittels Laplace-Transformation s. 19·3. Über einen Kriterium dafür, daß eine DGl

$$y^{(n)} + f_{n-1}(x)\, y^{(n-1)} + \cdots + f_0(x)\, y = 0$$

durch eine Transformation $y(x) = u(x)\,\eta(\xi)$, $\xi = v(x)$ in eine lineare DGl mit konstanten Koeffizienten übergeführt werden kann, s. *J. Fayet*, C. R. Paris 204 (1937), S. 650ff.; *S. Kakeya*, Proc. Phys.-math. Soc. Japan (3) 20 (1938), S. 365—373.

22·2. Unhomogene Differentialgleichungen mit konstanten Koeffizienten[2]). Die DGl

$$y^{(n)} + a_{n-1}\, y^{(n-1)} + \cdots + a_1\, y' + a_0\, y = f(x)$$

nimmt mit der abgekürzten (symbolischen) Schreibweise

$$P(\mathrm{D}) = \mathrm{D}^n + a_{n-1}\, \mathrm{D}^{n-1} + \cdots + a_1\, \mathrm{D} + a_0\,, \quad \mathrm{D} = \frac{d}{dx}$$

die Gestalt

$$(3) \qquad P(\mathrm{D})\, y = f(x)$$

an. Hat man die homogene DGl vollständig gelöst, so genügt es, *eine* Lösung der unhomogenen DGl zu kennen (vgl. 16·1). Eine solche Lösung ist

$$(4) \qquad y = \sum_{\varkappa=1}^{r} \sum_{\lambda=1}^{\lambda_\varkappa} A_{\varkappa,\lambda} \frac{f(x)}{(\mathrm{D} - s_\varkappa)^\lambda}\,;$$

dabei sind die $s_\varkappa$ die Nullstellen von $P(s)$ und $\lambda_\varkappa$ ihre Vielfachheit, die Zahlen $A_{\varkappa,\lambda}$ sind durch die Partialbruchzerlegung

$$\frac{1}{P(s)} = \sum_{\varkappa=1}^{r} \sum_{\lambda=1}^{\lambda_\varkappa} \frac{A_{\varkappa,\lambda}}{(s - s_\varkappa)^\lambda}$$

bestimmt, und $\dfrac{f(x)}{(\mathrm{D} - s)^\lambda}$ bedeutet eine Lösung der DGl

$$(5) \qquad (\mathrm{D} - s)^\lambda\, Y = f(x)\,,$$

---

[1]) *U. Broggi*, Rendiconti Istituto Lombardo (2) 63 (1930) 1047—1050.

[2]) Vgl. z. B. *Kamke*, DGlen, S. 257—261.

eine solche ist bei beliebigem x_0

$$Y(x) = e^{sx} \int_{x_0}^{x} \frac{(x-t)^{\lambda-1}}{(\lambda-1)!} e^{-st} f(t)\, dt .$$

Formal läßt sich das Verfahren so beschreiben: man behandelt (3) so, als ob y ein Faktor und $P(\mathrm{D})$ ein Polynom einer Variablen D wäre; dividiert man dann (3) durch $P(\mathrm{D})$ und zerlegt man $\frac{1}{P(\mathrm{D})}$ in Partialbrüche, so erhält man (4). Hierin werden nun die einzelnen Glieder $Y = (\mathrm{D}-s)^{-\lambda} f(x)$ nach demselben formalen Prinzip behandelt und führen so zu den Glen (5)[1].

Für die Lösung der DGl können auch folgende Bemerkungen nützlich sein:

(a) Sind y_1, y_2 Lösungen von

$$P(\mathrm{D})\, y_1 = f_1(x), \quad P(\mathrm{D})\, y_2 = f_2(x),$$

so ist $y_1 + y_2$ eine Lösung von

$$P(\mathrm{D})\, y = f_1(x) + f_2(x) .$$

(b) Ist $f(x)$ eine ganze rationale Funktion k-ten Grades und ist

$$P(u) = u^{\lambda} P_1(u) \quad \text{mit} \quad P_1(0) \neq 0 ,$$

so gibt es unter den Lösungen der DGl eine ganze rationale Funktion vom Grad $\leqq k + \lambda$; man erhält sie am einfachsten durch Eintragen eines solchen Polynoms mit unbestimmten Koeffizienten in die DGl.

(c) Ist $f(x) = e^{\alpha x} f_1(x)$ (α reell oder komplex), so ist $y = z\, e^{\alpha x}$ eine Lösung der DGl, wenn z die DGl

$$P(\mathrm{D} + \alpha)\, z = f_1(x)$$

erfüllt.

(d) Ist $f(x) = f_1(x)\, e^{ax} \begin{smallmatrix}\cos\\ \sin\end{smallmatrix}\, b\, x$ (a, b reell), so ist $\mathfrak{R}\, y$ bzw. $\mathfrak{J}\, y$ eine Lösung der DGl, wenn y eine bei (c) mit $\alpha = a + b\, i$ auftretende Lösung ist.

(e) Werden die c_ν als Koeffizienten der Potenzreihe von

$$(s^n + a_{n-1}\, s^{n-1} + \cdots + a_0)^{-1} = c_0 + c_1\, s + c_2\, s^2 + \cdots$$

bestimmt, so ist unter gewissen Konvergenzbedingungen

$$y = c_0 f(x) + c_1 f'(x) + \cdots$$

eine Lösung von (3)[2].

---

[1]) Dieses formale Vorgehen (einschließlich noch weitergehender formaler Operationen) ist als sog. *Heaviside*-Kalkül bekannt. Tatsächlich ist es in dem obigen Umfange bereits von *Lagrange* einwandfrei begründet worden. Vgl. dazu *K. Th. Vahlen*, Zeitschrift f. angew. Math. Mech. 13 (1933) 283—298. Für seine Begründung mittels der Laplace-Transformation vgl. 19·3 und die dort angegebene Literatur.

[2]) *U. Broggi*, Rendiconti Istituto Lombardo (2) 63 (1930) 1047—1050.

22·3. Eulers Differentialgleichungen.

(a) $$\sum_{\nu=0}^{n} a_\nu x^\nu y^{(\nu)} = f(x).$$

Für $x > 0$ sind die Lösungen $y = y(x)$ gerade die Lösungen $Y(t)$ mit $t = \log x$ der DGl mit konstanten Koeffizienten

$$\sum_{\nu=0}^{n} a_\nu \mathrm{D}(\mathrm{D}-1)\cdots(\mathrm{D}-\nu+1)\, Y = f(e^t), \quad \mathrm{D} = \frac{d}{dt}.$$

Vgl. z. B. *Kamke*, DGlen, S. 261f.

(b) $$\sum_{\nu=0}^{n} A_\nu (a x + b)^\nu y^{(\nu)} = f(x).$$

Für $y(x) = \eta(\xi)$, $\xi = a x + b$ entsteht der Typus (a).

22·4. Lineare Funktionen als Koeffizienten[1]. Die *Laplace*sche DGl

$$\sum_{\nu=0}^{n} (a_\nu x + b_\nu)\, y^{(\nu)} = c$$

ist von dem Typus 19·2. Für die dortige Funktion $\varphi(t)$ ergibt sich hier

$$\varphi(t) = \frac{1}{P(t)} \exp \int \frac{Q}{P}\, dt$$

mit

$$P(t) = \sum_{\nu=0}^{n} a_\nu t^\nu, \quad Q(t) = \sum_{\nu=0}^{n} b_\nu t^\nu.$$

Daher ist

$$y = \int^{\mathfrak{K}} \frac{1}{P(t)} \exp\left(x t + \int \frac{Q(t)}{P(t)}\, dt\right) dt$$

eine Lösung der DGl, wenn

$$\int^{\mathfrak{K}} \frac{d}{dt} e^{xt} P(t)\, \varphi(t)\, dt = c$$

ist. Hat $\mathfrak{K}$ die Endpunkte α, β, so lautet diese Gl

$$[e^{xt} P(t)\, \varphi(t)]_\alpha^\beta = c,$$

wobei die Wertänderung der Funktion evtl. auf der zu $\varphi(t)$ gehörigen Riemannschen Fläche zu verfolgen ist. Für den allein interessanten Fall $n \geqq 2$ ist auch die Methode (B) von 19·2 anwendbar.

22·5. Polynome als Koeffizienten und als Lösungen[2].

(a) In

(6) $$P_{n-1}(x)\, y^{(n)} + \cdots + P_1(x)\, y'' + (a_1 x + b_1)\, y' + (a_0 x + b_0)\, y = 0$$

seien die P_ν Polynome vom Grad $\leqq \nu$, $|a_0| + |b_0| \neq 0$. Die DGl hat genau dann ein Polynom vom Grad m als Lösung, wenn $a_0 = 0$, $b_0 = -m a_1$,

---

[1]) Vgl. *Forsyth-Jacobsthal*, DGlen, S. 260ff.

[2]) *A. Mambriani*, Bolletino Unione Mat. Italiana 17 (1938) 26—32. Vgl. auch 18·6 (b), insbes. für den obigen Teil (b).

$a_1 \neq 0$ ist. Ein solches Polynom ist

$$y = \sum_{k=0}^{m} \left(-\frac{1}{a_1}\right)^k [x^m \,\mathrm{I}\, x^{-m-1} (P_{n-1} \mathrm{D}^n + \cdots + P_1 \mathrm{D}^2 + b_1 D)]^k x^m$$

mit $\mathrm{D} = \frac{d}{dx}$, $\mathrm{I}\, x^\nu = \frac{x^{\nu+1}}{\nu+1}$ für $\nu \neq -1$. Alle andern Polynomlösungen unterscheiden sich von der obigen nur um konstante Faktoren, insbes. gibt es auch keine Polynomlösungen anderen Grades.

Für die Laplacesche DGl 22·4 mit $b_0 \neq 0$ folgt hieraus z. B., daß sie nicht zwei linear unabhängige Polynomlösungen haben kann.

(b) Sind in

$$[a_n x^n + P_{n-1}(x)]\, y^{(n)} + \cdots + [a_1 x + P_0(x)]\, y' + a_0 y = 0$$

die P_ν wieder Polynome vom Grad $\leqq \nu$ und ist $a_0 \neq 0$, so hat die DGl genau dann ein Polynom als Lösung, wenn

$$g(m) = \sum_{\nu=0}^{n} \binom{m}{\nu} \nu!\, a_\nu = 0$$

für eine ganze Zahl $m \geqq 0$ ist. Ist m die kleinste derartige Zahl, so gibt es eine Polynomlösung des Grades m und keine geringeren Grades.

22·6. Pochhammers Differentialgleichung[1]. Diese lautet

$$\sum_{\nu=0}^{n} (-1)^\nu \binom{k+n-\nu-1}{n-\nu} P^{(n-\nu)} y^{(\nu)}$$
$$+ \sum_{\nu=0}^{n-1} (-1)^\nu \binom{k+n-\nu-1}{n-\nu-1} Q^{(n-\nu-1)} y^{(\nu)} = 0,$$

wo $P(x)$, $Q(x)$ Polynome vom Grad $\leqq n$ bzw. $\leqq n-1$ sind.

Die DGl ist vom Typus 19·5 (27). Nach dem dortigen Verfahren ist

(7) $$y = {}^{\mathfrak{K}}\!\!\int (t-x)^{k+n-1} \varphi(t)\, dt$$

mit

(8) $$\varphi(t) = \frac{1}{P(t)} \exp \int \frac{Q(t)}{P(t)}\, dt$$

eine Lösung, wenn

(9) $$^{\mathfrak{K}}\!\!\int \frac{d}{dt} [(t-x)^k P(t)\, \varphi(t)]\, dt = 0$$

ist. Um (9) zu erfüllen, wird man für $\mathfrak{K}$ entweder eine geschlossene Kurve oder eine solche offene Kurve wählen, daß

(10) $$[\cdot\,\cdot] = (t-x)^k P(t)\, \varphi(t)$$

in den Endpunkten verschwindet. Im allgemeinen ist die erste Wahl zweckmäßig, wenn P den Grad n und n verschiedene Nullstellen hat;

[1]) Vgl. *L. Pochhammer*, Math. Annalen 35 (1890) 470—526; 37 (1890) 500—543. *Ince*, Diff. Equations, S. 454—460. Ferner auch 19·5.

schließt man jede Nullstelle durch eine Kurve $\mathfrak{K}$ ein, so wird man gerade n linear unabhängige Lösungen erhalten können. Hat P nicht die genannte Eigenschaft, so sind Kurven der zweiten Art zur Ergänzung heranzuziehen. Im einzelnen ist folgendermaßen zu verfahren:

(A) Es seien $\tau_1, \ldots, \tau_m$ ($m \leqq n$) die verschiedenen Nullstellen von $P(t)$, also

$$\frac{Q(t)}{P(t)} = \sum_{\nu=1}^{m} \frac{c_\nu}{t-\tau_\nu} + R(t)\,, \tag{11}$$

wo $R(t)$ aus einem Polynom und Gliedern $\frac{c}{(t-\tau_\nu)^\lambda}$ mit $\lambda \geqq 2$ additiv zusammengesetzt ist. Dann ist

$$\varphi(t) = \frac{S(t)}{P(t)} \prod_{\nu=1}^{m} (t-\tau_\nu)^{c_\nu}\,, \tag{12}$$

wo $S(t)$ eine in der ganzen t-Ebene eindeutige analytische Funktion ist, die singuläre Stellen höchstens in den Punkten τ_ν hat. Es ist nun noch $\mathfrak{K}$ so zu wählen, daß (9) erfüllt ist.

(a) Für $x \neq \tau_\varkappa$ wird x mit einem Kreis $\mathfrak{K}_x$, $\tau_\varkappa$ mit einem Kreis $\mathfrak{K}_\varkappa$ umgeben, beide Kreise werden durch eine Strecke $\mathfrak{s}$ verbunden; von $\mathfrak{K}_x$ und $\mathfrak{K}_\varkappa$ soll kein weiteres τ_λ umschlossen werden, ebenso soll auf $\mathfrak{K}_x$, $\mathfrak{K}_\varkappa$ und $\mathfrak{s}$ kein τ_λ liegen. Der Gesamtweg ist (vgl. die schematische Fig. 21, in der übereinander liegende Strecken und Kreise auseinander gezogen sind)

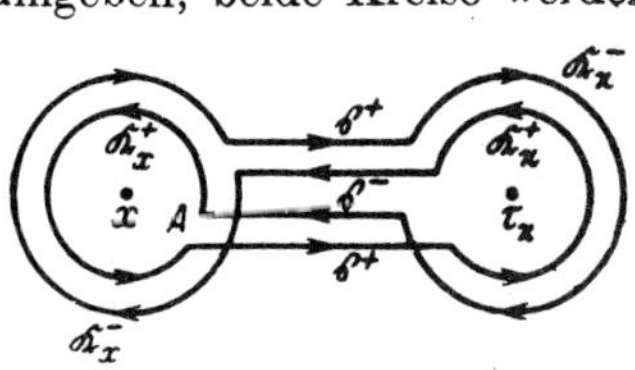

Fig. 21.

$$\mathfrak{K} = \mathfrak{K}_x^+ + \mathfrak{s}^+ + \mathfrak{K}_\varkappa^+ + \mathfrak{s}^- + \mathfrak{K}_x^- + \mathfrak{s}^+ + \mathfrak{K}_\varkappa^- + \mathfrak{s}^-.$$

Die auftretenden Funktionen sind auf ihren Riemannschen Flächen längs dieses Weges zu verfolgen. Dann ist (9) erfüllt, und eine Lösung der DGl ist

$$\begin{aligned} y_{\varkappa,x} = {} & (1-e^{2\pi i c_\varkappa}) \int_{\mathfrak{K}_x} (t-x)^{k+n-1}\,\varphi(t)\,dt \\ & - (1-e^{2\pi i k}) \int_{\mathfrak{K}_\varkappa} (t-x)^{k+n-1}\,\varphi(t)\,dt \\ & + (1-e^{2\pi i c_\varkappa})(1-e^{2\pi i k}) \int_{\mathfrak{s}} (t-x)^{k+n-1}\,\varphi(t)\,dt; \end{aligned} \tag{13}$$

dabei sind $\mathfrak{K}_x$, $\mathfrak{K}_\varkappa$ in positivem Sinne, $\mathfrak{s}$ in der Richtung von x nach $\tau_\varkappa$ zu durchlaufen, und die Integranden sind durch analytische Fortsetzung des Integranden an der Stelle A (s. Fig. 21) längs $\mathfrak{K}_x$ bzw. $\mathfrak{s} + \mathfrak{K}_\varkappa$ zu gewinnen.

(b) Ersetzt man x in (a) (außer im Integranden) durch ein $\tau_\lambda \neq \tau_\varkappa$, so ist (13) wiederum eine Lösung der DGl, und zwar für alle x, die weder auf dem Integrationswege liegen noch von den Kreisen eingeschlossen werden. Man erhält auf diese Weise höchstens m linear unabhängige Lösungen.

(B) Ist $c_\varkappa$ eine ganze Zahl, so werden $y_{\varkappa,x}$ und $y_{\varkappa,\lambda}$ Null. Man kann dann zu einer benachbarten DGl übergehen, indem man $c = c_\varkappa$ durch $c + \varepsilon$ ersetzt, und für diese DGl die Lösung $y_{\varkappa,x,\varepsilon}$ nach (Aa) bilden. Dann ist

$$\begin{aligned}\bar{y}_{\varkappa,x} &= \frac{\partial}{\partial \varepsilon}\, y_{\varkappa,x,\varepsilon}\Big|_{\varepsilon=0}\\ &= \left[2\pi i^{\,\varkappa_x}\int + 2\pi i\,(1-e^{2\pi i k})^{s}\int\right](t-x)^{k+n-1}\,\varphi(t)\,dt\\ &\quad + (1-e^{2\pi i k})^{\varkappa_\varkappa}\int (t-x)^{k+n-1}\,\varphi(t)\log(t-\tau_\varkappa)\,dt\end{aligned}$$

eine Lösung der eigentlich gegebenen DGl. Wie bei (Ab) kann hierin wieder x durch τ_λ ersetzt werden.

(C) Ist $\tau = \tau_\varkappa$ eine mehrfache Nullstelle von $P(t)$, so werde (11) in der Gestalt

(11a) $$\frac{Q(t)}{P(t)} = \sum_{\nu=1}^{h} \frac{a_\nu}{(t-\tau)^\nu} + \cdots \qquad (h \geqq 2)$$

geschrieben. Wird

$$t - \tau = \varrho\, e^{i\psi},\ \frac{a_\nu}{1-\nu} = \sigma_\nu\, e^{i\chi_\nu} \qquad (\nu \geqq 2)$$

gesetzt, so ist in (10)

$$[\cdot\,\cdot] = \varrho^{a_1}\, e^{i a_1 \psi}\,(t-x)^k\, T(t)\exp\left\{\sum_{\nu=2}^{h}\sigma_\nu\,\varrho^{1-\nu}\, e^{[(1-\nu)\psi+\chi_\nu]i}\right\},$$

wo $T(t)$ in einer gewissen Umgebung von τ regulär und $\neq 0$ ist. Bei festem ψ ist $|[\cdot\,\cdot]| \to 0$ oder $\to \infty$ für $\varrho \to 0$, je nachdem

(14) $$\cos[(1-h)\psi + \chi_h] < 0 \text{ oder } > 0$$

ist. Für $0 \leqq \psi < 2\pi$ gibt es $2(h-1)$ Sektoren, in denen (14) abwechselnde Vorzeichen hat; in den Sektoren mit ungerader Nummer sei (14) negativ. Ist nun $\mathfrak{K}$ eine einfache Kurve, die wie in Fig. 22 in dem Gebiet $I + II + III$ verläuft und deren Enden mit Tangenten in τ einmünden, die innerhalb der Sektoren I bzw. III liegen, so ist (9) erfüllt und (7) eine Lösung der DGl. Indem man $\mathfrak{K}$ innerhalb anderer Sektoren ungerader Nummer in τ einmünden läßt, erhält man weitere Lösungen, jedoch höchstens $h-1$ linear unabhängige.

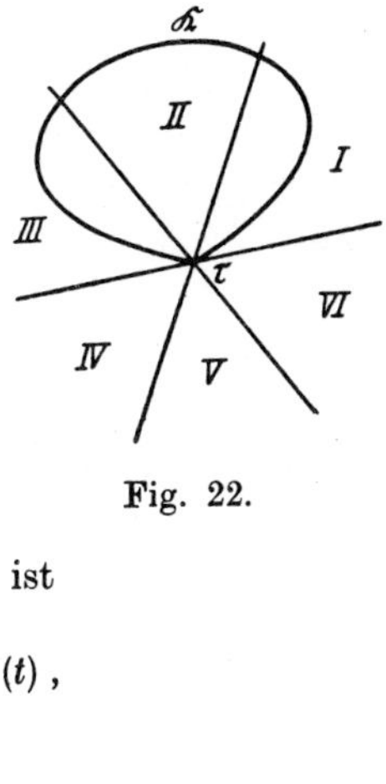

Fig. 22.

(D) Hat $P(t)$ keinen größeren Grad als $Q(t)$, so ist

(11b) $$\frac{Q(t)}{P(t)} = \sum_{\nu=1}^{g} b_\nu\, t^{\nu-1} + \sum_{\nu=1}^{m}\frac{c_\nu}{t-\tau_\nu} + U(t),$$

wo $g \geqq 1$, $b_g \neq 0$ und U eine Summe von Gliedern $\dfrac{c}{(t-\tau_\nu)^\lambda}$ mit $\lambda \geqq 2$ ist. Wird

$$t = \varrho\, e^{i\psi} \qquad \frac{b_\nu}{\nu} = \sigma_\nu\, e^{i\chi_\nu}$$

gesetzt, so ist in (10)

$$[\cdot\,\cdot] = (t-x)^k\, e^{V(t)} \prod_{\mu=1}^{m} (t-\tau_\mu)^{c_\mu} \exp \sum_{\nu=1}^{g} \sigma_\nu\, \varrho^\nu\, e^{(\nu\psi+\chi_\nu)i},$$

wo $V(t)$ eine rationale Funktion ist, deren Nenner einen höheren Grad als der Zähler hat. Bei festem ψ ist $|[\cdot\,\cdot]| \to 0$ oder $\to \infty$ für $\varrho \to \infty$, je nachdem

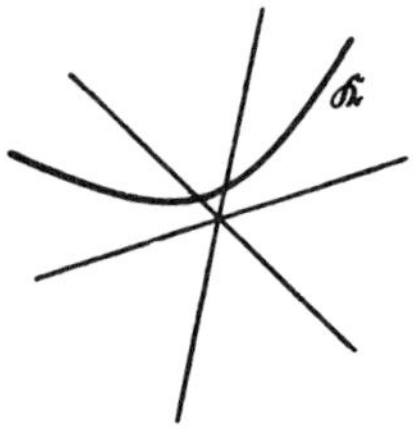

Fig. 23.

(14a) $\qquad \cos(g\psi + \chi_g) < 0$ oder > 0

ist. Die t-Ebene läßt sich von $t = 0$ aus in $2g$ Sektoren teilen, in denen diese UnGlen abwechselnd bestehen. Ähnlich wie bei (C) gibt es daher Kurven $\mathfrak{K}$ (s. Fig. 23), so daß $[\cdot\,\cdot] \to 0$ für $\varrho \to \infty$ und daher (7) eine Lösung der DGl ist.

Sonderfälle: I. *Tissots* DGl, d. h. die DGl mit

$$P(x) = \prod_{\nu=1}^{n-1} (x - a_\nu), \quad Q(x) = P(x) + \sum_{\nu=1}^{n-1} \frac{b_\nu P(x)}{x - a_\nu}.$$

Zu dieser DGl vgl. *Pochhammer*, Math. Annalen 37 (1890) 512–543.

II. *Riemanns* DGl C 2·403

$$\text{(15)} \quad y'' + y' \sum_{\nu=1}^{3} \frac{1-\alpha_\nu-\beta_\nu}{x-c_\nu} + \frac{y}{(x-c_1)(x-c_2)(x-c_3)} \sum_{\nu=1}^{3} \frac{\alpha_\nu \beta_\nu (c_\nu - c_{\nu-1})(c_\nu - c_{\nu+1})}{x - c_\nu} = 0$$

mit

$$\sum (\alpha_\nu + \beta_\nu) = 1, \quad c_{\nu+3} = c_\nu.$$

Für

$$y = u(x) \prod_{\nu=1}^{3} (x - c_\nu)^{\alpha_\nu}, \quad k = -1 - \sum \alpha_\nu,$$

$$P = (x-c_1)(x-c_2)(x-c_3),$$

$$Q = \sum_\nu (\beta_\nu + \alpha_{\nu-1} + \alpha_{\nu+1})(x - c_{\nu-1})(x - c_{\nu+1})$$

wird aus (15) die DGl

$$P u'' - (k P' + Q) u' + \left[\binom{k+1}{2} P'' + (k+1) Q'\right] u = 0.$$

Damit ist die DGl in den Pochhammerschen Typus übergeführt, und man erhält die Lösung

$$y(x) = P(x) {}^{\mathrm{K}}\!\int (t - x)^{-\alpha_1 - \alpha_2 - \alpha_3} \prod_{\nu=1}^{3} (t - c_\nu)^{\beta_\nu + \alpha_{\nu-1} + \alpha_{\nu+1} - 1}$$

($\alpha_{\nu+3} = \alpha_\nu$, $\beta_{\nu+3} = \beta_\nu$), wo die Kurve K noch nach (A b) zu wählen ist.

§ 6. Differentialgleichungen zweiter Ordnung.

23. Nichtlineare Differentialgleichungen.

23 1. Lösungsverfahren für besondere Typen von nichtlinearen Differentialgleichungen. Es handelt sich um dieselben Lösungsverfahren, die in 15 für den Fall einer DGl n-ter Ordnung angegeben sind. Sie beziehen sich also auf exakte DGlen, gleichgradige DGlen, $F(y'', y', y) = 0$, $F(y'', y', x) = 0$. Für Einzelheiten vgl. 15. Ist noch spezieller eine DGl

$$y'' = f(y)$$

mit stetigem f gegeben, so folgt aus dieser

$$\frac{dy'^2}{dx} = 2 f(y)\, y',$$

also

$$y'^2 = \eta_1^2 + 2 \int_{\eta_0}^{y} f(y)\, dy,$$

wenn die Lösung und ihre Ableitung die Anfangswerte η_0, η_1 an der Stelle ξ haben sollen. Hieraus erhält man für y' DGlen vom Typus 4·1. Für Näherungslösungen s. auch *K. Klotter*, Ingenieur-Archiv 7 (1936) 87—99.

Es sei noch folgendes Verfahren[1]) erwähnt, das gelegentlich zum Ziel führt. Ist

$$F(y'', y', y, x) = 0$$

gegeben, so führe man durch $\xi = x + i\,y$, $\eta = x - i\,y$ komplexe Koordinaten ein. Die neue DGl sei $\Phi(\eta'', \eta', \eta, \xi) = 0$, und es sei möglich, aus dieser eine Gl $\varphi(\eta', \eta, \xi, C) = 0$ mit einer willkürlichen komplexen Konstanten C herzuleiten. In dieser Gl führt man wieder x, y ein; durch Trennung von Real- und Imaginärteil erhält man zwei Glen

$$f_1(y', y, x, C_1) = 0, \quad f_2(y', y, x, C_2) = 0\,.$$

Durch Elimination von y' erhält man nun unter Umständen ohne weitere Quadratur eine Gl $g(y, x, C_1, C_2) = 0$ für die Lösungen von $F = 0$.

Beispiel: $2x\,y'' + y'^3 + y' = 0$ führt zu der DGl C 6·133 $(\xi + \eta)\,\eta'' + \eta'^2 - \eta' = 0$; hieraus erhält man $(\xi + \eta)\,\eta' = 2\,\eta + C$ und schließlich $(y + C_1)^2 = 2\,C_2\,x - C_2^2$.

---

[1]) *W. Anissimoff*, Math. Annalen 56 (1903) 273—276.

23·2. Einige weitere Bemerkungen.

(a) Ist die rechte Seite der DGl

$$y'' = f(x, y, y') \tag{1}$$

in einem Gebiet $\mathfrak{G}$ (x, y) bei beliebigem y' definiert, so kann es schon bei sehr einfachen DGlen (z. B. $y'' = 2\,y'^3$) vorkommen, daß eine IKurve nicht den Rand von $\mathfrak{G}$ erreicht, sondern im Innern von $\mathfrak{G}$ endigt. Dagegen kann jede IKurve von (1) bis an den Rand von $\mathfrak{G}$ fortgesetzt werden, wenn folgende Voraussetzungen erfüllt sind: Für alle Punkte x, y aus $\mathfrak{G}$ und beliebiges z ist $f(x, y, z)$ stetig und

$$|f(x, y, z)| \leqq \varphi(|z|)$$

für eine positive stetige Funktion $\varphi(u)$ von $u \geqq 0$ mit

$$\int_0^\infty \frac{u}{\varphi(u)}\, du = +\infty \text{ [1]}.$$

(b) Es seien $y_1(x)$, $y_2(x)$ zwei Lösungen von

$$y'' = f(x, y, y') \quad \text{bzw.} \quad y'' = g(x, y, y')$$

mit

$$y_1(a) \geqq y_2(a), \quad y_1(b) \geqq y_2(b),$$

und es seien f, g definiert für $a \leqq x \leqq b$ und beliebige y, y'. Dann ist $y_1(x) \geqq y_2(x)$ im ganzen Intervall $a \leqq x \leqq b$, wenn eine der drei Voraussetzungen erfüllt ist:

(α) $f < g$ und f oder g ist eine nicht-abnehmende Funktion von y;

(β) $f \leqq g$ und f oder g ist eine im engeren Sinne monoton wachsende Funktion von y;

(γ) $f \leqq g$ und f oder g ist eine nicht-abnehmende Funktion von y und eine monotone Funktion von y'.[2])

Für $f \equiv g$ erhält man hieraus Eindeutigkeitssätze für die Lösung von Randwertaufgaben.

23·3. Grenzwertsätze.

(a) Verhalten der Lösungen von

$$\lambda\, y'' + f(x, y, y', \lambda) = 0 \quad \text{für } \lambda \to 0 \text{ [3]}. \tag{2}$$

Es sei $Y(x)$ eine für $0 \leqq x \leqq h$ zweimal stetig differenzierbare Lösung von

$$F(x, Y, Y') = 0; \tag{3}$$

---

[1]) *M. Nagumo*, Proc. Phys.-math. Soc. Japan (3) 19 (1937) 861—865.

[2]) *Ida Groppi*, Bolletino Unione Mat. Italiana 17 (1938) 179—182. Vgl. auch *M. Picone*, Annali di Mat. (4) 20 (1941) 97ff.

[3]) *M. Nagumo*, Proc. Phys.-math. Soc. Japan (3) 21 (1937) 529—534. Vgl. auch Nachtrag zu B 8·3.

ferner seien für stetige und positive Funktionen $a(x)$, $b(x)$ und ein $\lambda > 0$ die Funktionen $f(x, y, z, \lambda)$ und $F(x, y, z)$ stetig in dem Bereich

$$(4) \qquad 0 \leqq x \leqq h, \quad |y - Y(x)| \leqq a(x), \quad |z - Y'(x)| \leqq b(x);$$

schließlich sei für positive Konstante ε, K, L

$$|f(x, y, z, \lambda) - F(x, y, z)| \leqq \varepsilon, \quad |F(x, y_2, z) - F(x, y_1, z)| \leqq K|y_2 - y_1|,$$

$$\frac{F(x, y, z_2) - F(x, y, z_1)}{z_2 - z_1} \geqq L.$$

Ist dann $y(x) = y(x, \lambda)$ eine Lösung von (2) mit $y(0) = Y(0)$ und beliebigem $y'(0)$, so existiert $y(x)$ bei hinreichend kleinen Werten von λ, ε und $p = |y'(0) - Y'(0)|$ in dem ganzen Intervall $0 \leqq x \leqq h$, und es gilt die Abschätzung

$$|y(x, \lambda) - Y(x)| < \left\{\frac{\varepsilon}{K} + \lambda\left(\frac{p}{L} + \frac{M}{K}\right)\right\} e^{-\frac{K}{L}x}$$

mit

$$M = \max_{0 \leqq x \leqq h} |Y''(x)|.$$

Hängt $f(x, y, z, \lambda)$ für $\lambda \geqq 0$ stetig von λ ab und ist $F(x, y, z) = f(x, y, z, 0)$, so ist also $y(x, \lambda) \to Y(x)$ für $\lambda \to 0$, und zwar gleichmäßig in $0 \leqq x \leqq h$ und unabhängig von dem Anfangswert $y'(0)$, wenn dieser nur hinreichend nahe an $Y'(0)$ liegt.

(b) $y'' + g(x)\, y = f(x, y, y')$.

Hierin soll $g \to \pm 1$, $f \to 0$ für $x \to \infty$ sein. Die Lösungen der DGl lassen sich dann unter gewissen zusätzlichen Voraussetzungen mit den Lösungen von $y'' \pm y = 0$ vergleichen; die zusätzlichen Voraussetzungen laufen etwa darauf hinaus, daß auch noch $f_y \to 0$, $f_{y'} \to 0$ ist und daß die Konvergenz gegen die Grenzwerte hinreichend gut ist[1]).

23·4. Ein Oszillationssatz[2]). In der DGl

$$y'' + \varphi(x) f(y) = 0$$

sei $\varphi(x) > 0$, stetig, beschränkt und monoton wachsend für $x \geqq a$; $f(y)$ stetig, monoton wachsend, eine ungerade Funktion und erfülle für $|y| \leqq b$ eine Lipschitz-Bedingung. Ist ein η mit $0 < |\eta| < b$ gegeben, so existiert die durch die Anfangswerte $y(a) = \eta$, $y'(a) = 0$ bestimmte Lösung für alle $x \geqq a$, hat unendlich viele Nullstellen, und die Amplituden nehmen monoton ab, haben aber nicht notwendig den Limes 0.

---

[1]) *K. Yosida*, Japanese Journal of Math. 9 (1932) 145—152, 227—230.

[2]) *E. Milne*, Bulletin Americ. Math. Soc. 28 (1922) 102—104.

24. Allgemeine lineare Differentialgleichungen zweiter Ordnung.

24·1. Allgemeine Bemerkungen[1]). Die allgemeine lineare DGl zweiter Ordnung ist von der Gestalt

(1) $$f_2(x)\,y'' + f_1(x)\,y' + f_0(x)\,y = f(x)\,.$$

Für die Beseitigung des zweithöchsten Gliedes $f_1\,y'$ s. 16·3.

Die linke Seite von (1) ist, wenn u statt y geschrieben wird, der homogene lineare DAusdruck

$$L(u) = f_2\,u'' + f_1\,u' + f_0\,u\,.$$

Sind die f_ν ν-mal stetig differenzierbar, so lautet der adjungierte DAusdruck (vgl. 17·5)

$$\overline{L}(v) = f_2\,v'' + (2f_2' - f_1)\,v' + (f_2'' - f_1' + f_0)\,v$$

und der zugehörige bilineare DAusdruck

$$L^*(u, v) = f_2\,(u'\,v - u\,v') + (f_1 - f_2')\,u\,v\,.$$

Der DAusdruck $L(u)$ ist genau dann selbstadjungiert, d. h. stimmt mit $\overline{L}(u)$ überein, wenn $f_1 = 2f_2'$ ist, d. h. wenn er die Gestalt

$$L(y) = (f_2\,y')' + f_0\,y$$

hat; hier braucht f_2 nur einmal stetig differenzierbar zu sein.

Für Lagrangesche Identität, Greensche und Dirichletsche Formeln sowie Grundlösung s. 17·6 und 17·4.

Die DGl (1) ist exakt, wenn

$$f_2'' - f_1' + f_0 = 0$$

ist; sie läßt sich dann auf die DGl erster Ordnung

$$f_2\,y' + (f_1 - f_2')\,y = \int f(x)\,dx + C$$

zurückführen.

Die DGl (1) hat, wenn die f_ν stetig sind und $f_2 \neq 0$ ist, dieselben Lösungen wie die selbstadjungierte DGl

$$(E\,y')' + \frac{f_0}{f_2}\,E\,y = \frac{f}{f_2}\,E \quad \text{mit} \quad E = \exp\int\frac{f_1}{f_2}\,dx\,,$$

d. h. man kann unter den genannten Voraussetzungen die linke Seite der DGl stets als selbstadjungiert annehmen.

Das Iterationsverfahren 6·2 zur Lösung der (zuvor nach 14 in ein System von DGlen erster Ordnung übergeführten) DGl kann hier in folgender Form angesetzt werden: Es sei

$$y'' = f(x)\,y' + g(x)\,y + h(x)$$

---

[1]) Vgl. hierzu 16.

gegeben, wobei f, g, h stetig in $a \leqq x \leqq b$ sind. Man wählt die lineare Funktion $y_0(x)$ so, daß sie die gegebenen Anfangsbedingungen an der Stelle $x = a$ erfüllt, und bestimmt sodann die y_k für $k \geqq 1$ nacheinander aus

$$y_k'' = f\, y_{k-1}' + g\, y_{k-1} + h\,, \quad y_k(a) = y_k'(a) = 0\,,$$

d. h. man setzt

$$y_k(x) = \int_a^x \int_a^x (f\, y_{k-1}' + g\, y_{k-1} + h)\, dx\, dx \qquad (k = 1, 2, \ldots);$$

dann ist

$$y = y_0 + y_1 + y_2 + \cdots$$

die gesuchte Lösung. Das ergibt sich z. B. aus 6·2, wenn man die dortigen Funktionen $\varphi_{1,k} - \varphi_{1,k-1}$ mit y_k bezeichnet.

24·2. Berechnung der Lösungen, wenn eine Lösung der zugehörigen homogenen Differentialgleichung bekannt ist. Ist $f_2 \neq 0$, so kann man die DGl (1) durch f_2 dividieren und erhält damit die DGl in der Gestalt

(2) $$y'' + f(x)\, y' + g(x)\, y = h(x)\,.$$

In dem betrachteten Intervall seien nun f, g, h stetig. Dann gilt folgendes:

(a) Ist $\varphi_1(x)$, $\varphi_2(x)$ ein Hauptsystem von Lösungen für die zugehörige homogene DGl

(3) $$y'' + f(x)\, y' + g(x)\, y = 0\,,$$

so sind

$$y = \varphi_2 \int \frac{\varphi_1 h}{W}\, dx - \varphi_1 \int \frac{\varphi_2 h}{W}\, dx + C_1 \varphi_1 + C_2 \varphi_2$$

mit

$$W(x) = \varphi_1 \varphi_2' - \varphi_1' \varphi_2$$

die sämtlichen Lösungen von (2) (Sonderfall von 16·4).

(b) Ist $\varphi(x)$ eine Lösung von (3) und $\varphi(x) \neq 0$, so geht (2) für $y = \varphi(x)\, u(x)$ über in die auf eine DGl erster Ordnung zurückführbare DGl

$$u'' + \left(\frac{2\varphi'}{\varphi} + f\right) u' = \frac{h}{\varphi}\,.$$

Die Lösungen der DGl (2) sind daher

$$y = C_1 \varphi + C_2 \varphi \int \frac{dx}{E\,\varphi^2} + \varphi \int \frac{1}{E\,\varphi^2} \left(\int E\, \varphi\, h\, dx\right) dx$$

mit

$$E(x) = \exp \int f\, dx;$$

dies gilt auch für $h \equiv 0$. Die DGlen (2) und (3) sind also im Prinzip gelöst, sobald ein nicht-triviales Integral der homogenen DGl (3) bekannt ist. Für die Auffindung eines solchen Integrals vgl. 25.

(c) Das Verfahren von (a) beruht auf der sog. „Variation der Konstanten“, d. h. es werden die Lösungen von (2) in der Gestalt

$$y = A(x)\,\varphi_1 + B(x)\,\varphi_2 \tag{4}$$

angesetzt und A, B durch

$$A'\varphi_1 + B'\varphi_2 = 0, \quad A'\varphi_1' + B'\varphi_2' = h \tag{5}$$

bestimmt. Dieses Verfahren kann verallgemeinert werden[1]), indem (4) durch

$$y = A(x)\,\varphi_1 + B(x)\,\varphi_2 + z(x) \tag{6}$$

oder auch durch

$$y = [A(x)\,\varphi_1 + B(x)\,\varphi_2]\,z(x)$$

ersetzt wird und statt (5) ebenfalls gewisse andere Glen zur Bestimmung von A, B, z benutzt werden. Benutzt man, falls $g \neq 0$ ist, z. B. (6) und die Glen

$$A'\varphi_1 + B'\varphi_2 = -z', \quad A'\varphi_1' + B'\varphi_2' = 0, \quad g\,z = h,$$

so bekommt man die Lösungen von (2) in der Gestalt

$$y = \frac{h}{g} + \varphi_2 \int \frac{\varphi_1'}{W}\left(\frac{h}{g}\right)' dx - \varphi_1 \int \frac{\varphi_2'}{W}\left(\frac{h}{g}\right)' dx + C_1\varphi_1 + C_2\varphi_2$$

mit $W = \varphi_1\varphi_2' - \varphi_1'\varphi_2$.

24·3. Abschätzungssätze. Es sei $f_\nu(x)$ und $g_\nu(x)$ stetig für $a \leqq x \leqq b$ $(\nu = 1, 2)$, ferner

$$0 \leqq f_1(x) \leqq f_2(x), \quad 0 \leqq g_1(x) \leqq g_2(x).$$

Ist $y_\nu(x)$ eine Lösung der DGl

$$y_\nu'' = f_\nu(x)\,y + g_\nu(x)$$

und

$$y_1(a) \leqq y_2(a), \quad y_1'(a) \leqq y_2'(a),$$

so ist

$$y_1(x) \leqq y_2(x) \quad \text{und} \quad y_1'(x) \leqq y_2'(x)$$

in jedem Intervall $a \leqq x \leqq a_1$, in dem $y_2(x) \geqq 0$ ist[2]).

Da sich bei jeder linearen DGl zweiter Ordnung nach 16·3 das Glied mit y' beseitigen läßt, hat man hiermit zugleich auch einen Abschätzungssatz für die allgemeine Form der DGl. Weitere Abschätzungssätze kann man nach 8·4 erhalten, indem man die lineare DGl zweiter Ordnung in ein System von zwei linearen DGlen erster Ordnung überführt; vgl. hierzu 25·2.

---

[1]) *M. Kourensky*, C. R. Paris 192 (1931) 1627—1629. Vgl. auch 25·8 (b), (c).

[2]) Das läßt sich ähnlich beweisen wie der Satz 5 auf S. 91 bei *Kamke*, DGlen. Vgl. auch *F. H. Murray*, Annals of Math. (2) 24 (1923) 69—88.

25. Homogene lineare Differentialgleichungen zweiter Ordnung und Systeme von zwei Differentialgleichungen erster Ordnung.

25·1. Über Reduktionen der Differentialgleichung. In 25·1 bis 25·6 handelt es sich um die DGl

(1) $$f(x)\, y'' + g(x)\, y' + h(x)\, y = 0;$$

dabei sollen f, g, h in dem betrachteten Intervall stetig und $f \neq 0$ sein.

Nach 24·2 (b) kann man alle Lösungen der DGl angeben, sobald man eine Lösung kennt, die keine Nullstelle hat. Für die Auffindung einer Lösung kann neben den allgemeinen Methoden von § 5 auch folgendes nützlich sein:

(a) Die DGl ist gleichgradig im Sinne von 15·2 (b) und geht für $u(x) = \frac{y'}{y}$ über in die Riccatische DGl 4·9

(2) $$f(x)\,(u' + u^2) + g(x)\, u + h(x) = 0\,.$$

(b) Die DGl (1) ist exakt (vgl. 17·7), wenn $h = g' - f''$ ist; aus (1) folgt dann

(3) $$f\, y' + (g - f')\, y = C\,.$$

(c) Für den Fall, daß die Koeffizienten f, g, h Konstante oder von der Gestalt $A_\nu\,(a\,x + b)^\nu$ ($\nu = 2, 1, 0$) oder von der Gestalt $a_\nu\, x + b_\nu$ sind, s. 22·1 bis 22·4.

(d) Für $u(x) = y \exp \frac{1}{2} \int \frac{g}{f}\, dx$ entsteht aus (1) die reduzierte Form oder Normalform

(4) $$u'' + I\, u = 0 \quad \text{mit} \quad I = \frac{h}{f} - \frac{1}{4}\left(\frac{g}{f}\right)^2 - \frac{1}{2}\left(\frac{g}{f}\right)';$$

hierbei ist vorausgesetzt, daß g/f differenzierbar ist. Die Funktion $I(x)$ heißt Invariante der DGl[1]).

---

[1]) Unter den nötigen Voraussetzungen kann man in der Taylorschen Reihe für

$$u\,(x + \xi) = \sum_{\nu=0}^{\infty} u^{(\nu)}(x)\,\frac{\xi^\nu}{\nu!}$$

auf Grund der DGl $u'' + I\,u = 0$ die zweiten und höheren Ableitungen von u durch u, u' und die Ableitungen von I ausdrücken. Es wird dann

$$u\,(x + \xi) = y(x)\; Y + y'(x)\; Y_1\,,$$

wo Y, Y_1 von der Gestalt

$$Y = \sum_{n=0}^{\infty} A_n(x)\,\frac{\xi^n}{n!}\,, \quad Y_1 = \sum_{n=0}^{\infty} B_n(x)\,\frac{\xi^n}{n!}$$

sind. *S. Brodetsky*, Proceedings Edinburgh Math. Soc. 34 (1916) 45—60, hat die Analogie der $A_n(x)$, $B_n(x)$ mit den gewöhnlichen Kreis- und Hyperbelfunktionen untersucht.

(e) Für zwei DGlen (I) und

(I a) $$f_1(x)\,u'' + g_1(x)\,u' + h_1(x)\,u = 0$$

($f_1 \neq 0$) hängen die Lösungen $y(x)$ und $u(x)$ genau dann mittels einer zweimal stetig differenzierbaren Funktion $P(x) \neq 0$ durch die Gl $y = u\,P(x)$ zusammen, wenn beide DGlen dieselbe Invariante haben. Sind y_1, y_2 und u_1, u_2 zwei durch die obige Gl verknüpfte Hauptsysteme von Lösungen der DGlen (I) und (I a), so ist

$$s(x) = \frac{y_1(x)}{y_2(x)} = \frac{u_1(x)}{u_2(x)},$$

wofern die Nenner $\neq 0$ sind, und es ist $s'(x) \neq 0$. Diese noch von drei willkürlichen Konstanten abhängende Funktion $s(x)$ genügt der DGl

(5) $$\{s, x\} = 2\,I\,,$$

wo

(6) $$\{s, x\} = \frac{s'''}{s'} - \frac{3}{2}\left(\frac{s''}{s'}\right)^2$$

die Schwarzsche Differential-Invariante von (I) oder auch die Schwarzsche Abgeleitete der Funktion $s(x)$ heißt. Ist $s(x)$ mit $s'(x) > 0$ eine Lösung von (5), so sind

$$\frac{1}{\sqrt{s'}}\,(C_1 + C_2\,s)$$

die Lösungen von $y'' + I\,y = 0$.

Vgl. *Forsyth-Jacobsthal*, DGlen, S. 105–128.

(f) Die Lösungen $y(x)$ der DGl (I) und $\eta(\xi)$ der DGl

(I b) $$f_1(\xi)\,\eta'' + g_1(\xi)\,\eta' + h_1(\xi)\,\eta = 0$$

($f_1 \neq 0$) hängen genau dann durch eine Transformation

$$y(x) = P(x)\,\eta(\xi), \quad \xi = \xi(x)$$

mit dreimal stetig differenzierbarem $\xi(x)$ und $\xi'(x) \neq 0$ zusammen, wenn $\xi(x)$ der DGl

(7) $$\frac{1}{2}\{\xi, x\} + \xi'^2\left[\frac{h_1}{f_1} - \frac{1}{4}\left(\frac{g_1}{f_1}\right)^2 - \frac{1}{2}\left(\frac{g_1}{f_1}\right)'\right] = \frac{h}{f} - \frac{1}{4}\left(\frac{g}{f}\right)^2 - \frac{1}{2}\left(\frac{g}{f}\right)'$$

genügt ($f = f(x), \ldots, f_1 = f_1(\xi), \ldots$); es besteht dann der Zusammenhang

(8) $$y\sqrt{|\xi'|}\,\exp\frac{1}{2}\int f\,dx = \eta\,\exp\frac{1}{2}\int f_1\,d\xi\,.$$

Man kann versuchen, durch passende Wahl von P und η die DGl (I) in eine einfachere DGl (I b) überzuführen.

Vgl. *Forsyth-Jacobsthal*, DGlen, S. 105–128.

(g) Für numerische und graphische Lösungsverfahren sowie für mechanische Hilfsmittel zur Lösung der DGl s. § 8.

25·2. Weitere Zusammenhänge mit anderen Differentialgleichungen.

(a) Über die DGl

$$y'' = \Phi(x)\, y$$

mit periodischen Funktionen $\Phi(x)$ s. Hillsche DGl C 2·30.

(b) Für die DGl dritter Ordnung, deren Lösungen gerade die Produkte von je zwei Lösungen von (1) sind, s. 26 und C 3·26. Für die DGl vierter Ordnung, deren Lösungen die Produkte aus einer Lösung und dem Quadrat derselben oder einer anderen Lösung von (1) sind, s. C 4·14.

(c) Die DGl (1) kann man auf mannigfache Weise in ein System

(9) $$y'(x) = P(x)\, y + Q(x)\, z, \quad z'(x) = R(x)\, y + S(x)\, z$$

überführen. Man hat, wie leicht nachzurechnen ist, nur $P, \ldots, S$ so zu wählen, daß

$$P + S + \frac{Q'}{Q} + \frac{g}{f} = 0\,, \quad RQ + P' + P^2 + P\frac{g}{f} + \frac{h}{f} = 0$$

ist. Z. B.:

(10) $$Q = 1\,, \quad P = 0\,, \quad R = -\frac{h}{f}\,, \quad S = -\frac{g}{f};$$

(11) $$Q = \frac{1}{E}\,, \quad P = S = 0\,, \quad R = -\frac{h}{f}E \quad \text{mit} \quad E = \exp\int \frac{g}{f}\,dx;$$

(12) $$Q = 1\,, \quad P = S = -\frac{g}{2f}\,, \quad R = \frac{1}{2}\left(\frac{g}{f}\right)' + \frac{1}{4}\left(\frac{g}{f}\right)^2 - \frac{h}{f};$$

(13) $$Q = \frac{1}{f}\,, \quad P = S = \frac{f'}{2f} - \frac{g}{2f}\,, \quad R = \frac{1}{2}(g' - f'') + \frac{1}{4f}(g - f')^2 - h\,.$$

Ist die DGl selbstadjungiert, d. h. ist

(14) $$(f\,y')' + g\,y = 0$$

gegeben und ist $f\,g > 0$, so kann man z. B. auch noch

(15) $$Q = \sqrt{\frac{g}{f}}\,, \quad P = S = -\frac{1}{4}\left(\frac{f'}{f} + \frac{g'}{g}\right),$$

$$R = \sqrt{\frac{f}{g}}\left\{\frac{1}{4}\left(\frac{f''}{f} + \frac{g''}{g}\right) - \frac{1}{16}\left(\frac{f'}{f}\right)^2 - \frac{5}{16}\left(\frac{g'}{g}\right)^2 + \frac{1}{8}\frac{f'\,g'}{f\,g} - \frac{g}{f}\right\}$$

wählen. Dabei ist vorauszusetzen, daß die vorkommenden Ableitungen existieren.

(d) Die Lösungen des Systems (9) sind genau die Funktionen

(16) $$y = C\,\varrho(x)\sin\vartheta(x)\,, \quad z = C\,\varrho(x)\cos\vartheta(x)\,,$$

wo C eine beliebige Konstante, $\vartheta(x)$ eine Lösung der DGl

(17) $$\vartheta' = Q\cos^2\vartheta + (P - S)\sin\vartheta\cos\vartheta - R\sin^2\vartheta$$

mit einem Anfangswert $0 \leqq \vartheta(a) < \pi$ und

$$\varrho = \exp\int_a^x [P\sin^2\vartheta + (Q + R)\sin\vartheta\cos\vartheta + S\cos^2\vartheta]\,dx$$

ist[1]). Diese Darstellung der Lösungen durch „Polarkoordinaten" ist nützlich bei der Untersuchung der Nullstellen der Lösungen. Die Nullstellen von $y(x)$ werden nämlich durch die Werte $\vartheta = k\pi$ (k ganz) erhalten, und für ϑ hat man die DGl erster Ordnung (17).

Ist z. B.
$$y'' + x^2 y = 0$$
gegeben[2]), so lautet (17) bei Verwendung der Transformation (15)
$$\vartheta' = x - \frac{3}{4x^3}\sin^2\vartheta\,,$$
für $x > 0$ ist also
$$x - \frac{3}{4x^3} \leqq \vartheta' \leqq x\,,$$
also $\vartheta \sim \frac{1}{2}x^2$ für $x \to \infty$, also die Nullstellen $\sim \sqrt{2k\pi}$

(e) Sind $y_1(x)$, $y_2(x)$ die beiden Lösungen von (14) mit den Anfangswerten
$$y_1(a) = 1,\quad y_1'(a) = 0;\quad y_2(a) = 0,\quad y_2'(a) = 1$$
und bestimmt man stetige Funktionen $r(x)$, $\varphi(x)$ durch
$$y_1 = r\cos\varphi\,,\quad y_2 = r\sin\varphi\,,\quad \varphi(a) = 0\,,$$
so ergibt sich: Man erhält jede Lösung $y(x)$ von (14) genau einmal, indem man
$$y = C\,r\sin(\varphi + \alpha)$$
setzt; dabei bedeutet C eine beliebige Konstante, α kann beliebig aus einem gegebenen Intervall $\alpha_0 \leqq \alpha < \alpha_0 + \pi$ gewählt werden, $r(x)$ ist die im ganzen Intervall existierende Lösung der DGl

$$(18)\qquad (f r')' + g r - \frac{[f(a)]^2}{f r^3} = 0$$

mit den Anfangswerten $r(a) = 1$, $r'(a) = 0$, und schließlich ist
$$\varphi(x) = \int_a^x \frac{f(a)}{f(x)}\frac{dx}{r^2}\,.$$

Ist $f = 1$ und $g \to -\infty$ für $|x| \to \infty$, so ist $r(x) \to \infty$ für $|x| \to \infty$ und $r'(x) \to \pm\infty$ für $x \to \pm\infty$. Die Transformation ist von Nutzen bei der Untersuchung von $y(x)$ für große x.

Vgl. *W. E. Milne*, Transactions Americ. Math. Soc. 30 (1928) 797—802. *H. Milloux*, Prace mat.-fiz. 41 (1934) 39—54.

Wird
$$\omega(x) = \frac{1}{r^2}$$

---

[1]) Vgl. *Kamke*, Americ. Math. Monthly 1939.

[2]) *J. K. L. MacDonald*, Bulletin Americ. Math. Soc. 45 (1939) 164—171.

gesetzt, so wird

$$y = \frac{C}{\sqrt{\omega}} \sin\left(\int \frac{f(a)}{f(x)}\,\omega(x)\,dx + \alpha\right),$$

wo $\omega(x)$ die im ganzen Intervall existierende Lösung der DGl

$$\left(\frac{\omega''}{2\omega} - \frac{3}{4}\frac{\omega'^2}{\omega^2}\right) f + \frac{\omega'}{2\omega} f' + \frac{\omega^2}{f} = g$$

mit den Anfangswerten $\omega(a) = 1$, $\omega'(a) = 0$ ist.

(f) Durch die Transformation

$$y(x) = u(x)\,\eta(\xi), \quad \xi = c + \int \frac{dx}{f u^2}$$

mit gegebenem zweimal stetig differenzierbarem $u(x) \neq 0$ geht (14) über in

$$\eta'' + \Phi(\xi)\,\eta = 0 \quad \text{mit} \quad \Phi(\xi) = f\,(f\,u')'\,u^3 + f\,g\,u^4.$$

Ist $u(x)$ speziell die in (e) eingeführte Funktion $r(x)$, so entsteht die DGl

$$\eta'' + \eta = 0.$$

Vgl. *G. Ascoli*, Atti Accad. Lincei (6) 22 (1935) 234–243. *E. Swift*, Americ. Journal Math. 50 (1928) 591–612; dort werden vor allem kanonische Formen der DGl für den Fall periodischer Koeffizienten untersucht.

25·3. Kettenbruchentwicklungen für Lösungen. Ist in der DGl (1) $h(x) \neq 0$, so kann die DGl in der Gestalt

$$y = Q_0(x)\,y' + P_1(x)\,y''$$

geschrieben werden. Sind Q_0 und P_1 beliebig oft differenzierbar, so erhält man durch wiederholte Differentiation

$$y' = Q_1\,y'' + P_2\,y''' \quad \text{mit} \quad Q_1 = \frac{Q_0 + P_1'}{1 - Q_0'}, \quad P_2 = \frac{P_1}{1 - Q_0'},$$

allgemein

$$y^{(\nu)} = Q_\nu\,y^{(\nu+1)} + P_{\nu+1}\,y^{(\nu+2)} \quad \text{mit} \quad Q_\nu = \frac{Q_{\nu-1} + P_\nu'}{1 - Q_{\nu-1}'}, \quad P_{\nu+1} = \frac{P_\nu}{1 - Q_{\nu-1}'},$$

falls die auftretenden Nenner $\neq 0$ sind. Aus der ursprünglichen DGl erhält man

$$\frac{y}{y'} = Q_0 + P_1 \frac{y''}{y'},$$

mit der nächsten Gl weiter

$$\frac{y}{y'} = Q_0 + \cfrac{P_1}{Q_1 + P_2 \cfrac{y'''}{y''}},$$

usw.; schließlich den Kettenbruch

$$\frac{y}{y'} = Q_0 + \frac{P_1|}{|Q_1} + \frac{P_2|}{|Q_2} + \frac{P_3|}{|Q_3} + \cdots.$$

Im Einzelfalle bleibt noch zu untersuchen, ob der Kettenbruch konvergiert.

Hat man auf diese Weise $\frac{y}{y'}$ und damit auch $\frac{y'}{y}$ gefunden, so kann man durch Integration des letzten Ausdrucks eine Lösung y erhalten[1]).

Speziell für die hypergeometrischen Funktionen (s. C 2·260) besteht die Kettenbruchentwicklung

$$\frac{F(\alpha, \beta+1, \gamma+1, x)}{F(\alpha, \beta, \gamma, x)} = \frac{1|}{|1} + \frac{a_1 x|}{|1} + \frac{a_2 x|}{|1} + \cdots$$

mit

$$a_{2\nu} = \frac{(\beta+\nu)(\alpha-\gamma-\nu)}{(\gamma+2\nu-1)(\gamma+2\nu)}, \quad a_{2\nu+1} = \frac{(\alpha+\nu)(\beta-\gamma-\nu)}{(\gamma+2\nu)(\gamma+2\nu+1)}$$

(*Perron*, a. a. O., S. 347), und diese konvergiert in der von $+1$ bis $+\infty$ aufgeschnittenen komplexen x-Ebene mit Ausschluß der Nullstellen von $F(\alpha, \beta, \gamma, x)$[2]).

25·4. Allgemeines über die Nullstellen der Lösungen. Trennungssätze.

(a) Da die IKurve durch Anfangswert von Funktion und Ableitung bestimmt ist, gilt: Keine IKurve von (I) außer $y \equiv 0$ berührt die x-Achse oder hat in einem endlichen abgeschlossenen Intervall unendlich viele Nullstellen.

(b) Es seien $y_1(x)$, $y_2(x)$ zwei linear unabhängige Lösungen von (I) und $x_1 < x_2$ zwei aufeinander folgende Nullstellen von y_1. Da die Wronskische Determinante $y_1 y_2' - y_1' y_2 \neq 0$ ist, ist $y_2(x_1) \neq 0$ und $y_2(x_2) \neq 0$. Wäre $y_2 \neq 0$ für $x_1 < x < x_2$, so wäre nach dem Satz von Rolle an mindestens einer Stelle dieses Intervalls

$$\frac{d}{dx}\frac{y_1}{y_2} = 0, \quad \text{also} \quad y_1 y_2' - y_1' y_2 = 0,$$

was wegen der linearen Unabhängigkeit von y_1, y_2 nicht der Fall sein kann. Daher hat y_2 mindestens eine Nullstelle im Intervall (x_1, x_2). Da y_1 und y_2 ihre Rollen tauschen können, ergibt sich der

Trennungssatz: Ist $y_1(x)$, $y_2(x)$ ein Hauptsystem von Lösungen der DGl (I), so liegt zwischen je zwei aufeinander folgenden Nullstellen (wenn es solche gibt) der einen Funktion genau eine Nullstelle der andern Funktion.

Weiter gilt für jede eigentliche Lösung $y(x)$ folgendes: Ist $h \neq 0$ (neben $f \neq 0$), so trennen die Nullstellen von y und y' sich wechselseitig. Ist $h \neq 0$ und $h^2 + h g' - g h' \neq 0$, so gilt dasselbe für die Nullstellen von y' und y' und, wenn $g \neq 0$ und $h^2 + h g' - g h' \neq 0$ ist, auch für die Nullstellen von y und y''. Vgl.

---

[1]) Zu diesem von *L. Euler* herrührenden Verfahren und zur Konvergenzfrage s. *Perron*, Kettenbrüche, § 80.

[2]) Vgl. hierzu auch *E. L. Ince*, Proceedings Edinburgh Math. Soc. 34 (1916) 146–154.

hierzu *E. Kamke*, Mathematica 15 (1939) 201—203[1]); dort sind auch Trennungssätze für Systeme von zwei linearen DGlen erster Ordnung angegeben. *C. O. Oakley* behandelt im American Journal Math. 52 (1930) 659—672 die DGl

$$y'' + f_1(x)\, y' + g_1(x)\, y + f_2(x)\, |y'| + g_2(x)\, |y| = h(x)\,.$$

25·5. Nullstellen und Oszillation der Lösungen in einem endlichen Intervall[2]). Die DGl wird in der selbstadjungierten Form (s. 24·1)

(14) $$(f\,y')' + g\,y = 0$$

betrachtet, wobei f stetig differenzierbar und > 0, g stetig sein soll für $a \leqq x \leqq b$.

(a) *Sturms erster Vergleichssatz*: Ist $y_\nu(x)$ eine eigentliche Lösung der DGl

(19) $$(f_\nu y')' + g_\nu\, y = 0 \qquad (\nu = 1, 2)$$

und ist

$$f_1 \geqq f_2 > 0\,, \quad g_1 \leqq g_2\,,$$

so liegt zwischen je zwei aufeinander folgenden Nullstellen x_1, x_2 von y_1 mindestens eine Nullstelle von y_2 oder es ist $y_2 = C\,y_1$ in $\langle x_1, x_2\rangle$. Ist in keinem Teilintervall zugleich

$$f_1 \equiv f_2\,, \text{ und } g_1 \equiv g_2\,,$$

so liegt im Innern von $\langle x_1, x_2\rangle$ stets mindestens eine Nullstelle von y_2.

Für den Beweis des Satzes s. (c). Zum Beweise kann auch die sog. Formel von *Picone*[3]) herangezogen werden:

$$\frac{d}{dx}\left\{\frac{y_1}{y_2}\,(f_1\,y_1'\,y_2 - f_2\,y_1\,y_2')\right\} = (g_2 - g_1)\,y_1^2 + (f_1 - f_2)\,y_1'^2 + f_2\left(y_1' - y_1\,\frac{y_2'}{y_2}\right)^2;$$

hierin bedeuten y_1, y_2 Lösungen von (19) für $\nu = 1, 2$, und in dem betrachteten Intervall soll $y_2 \neq 0$ sein. Sind x_1, x_2 zwei aufeinander folgende Nullstellen von y_1 und läge zwischen ihnen keine Nullstelle von y_2, so würde aus der obigen Formel durch Integration zwischen den Grenzen x_1 und x_2

$$0 = \int\limits_{x_1}^{x_2}\left\{(g_2 - g_1)\,y_1^2 + (f_1 - f_2)\,y_1^2 + f_2\left(y_1' - y_1\,\frac{y_2'}{y_2}\right)^2\right\}dx\,,$$

was nicht sein kann, wenn $f_1 \geqq f_2 > 0$, $g_1 \leqq g_2$ und $g_1 \not\equiv g_2$ ist.

---

1) Der dortige Satz I kann nach Mitteilung von *O. Perron* allgemeiner so formuliert werden: Sind $f(x)$, $g(x)$, $z(x)$ für $a \leqq x \leqq b$ stetig und ist $g \neq 0$, so liegt zwischen je zwei Nullstellen irgendeiner Lösung $y(x)$ von $y' = f\,y + g\,z$ mindestens eine Nullstelle von z, da, wenn x_0 eine Nullstelle von y ist, nach 4·3

$$y = E\int\limits_{x_0}^{x}\frac{g\,z}{E}\,dx \quad \text{mit} \quad E(x) = \int\limits_{x_0}^{x} f\,dx \qquad \text{ist.}$$

2) Vgl. *M. Bôcher*, Bulletin Americ. Math. Soc. 4 (1898) 365ff. und Méthodes de Sturm. *M. Picone*, Annali Pisa 10 (1908). *Ince*, Diff. Equations, S. 223—230.

3) Vgl. *Ince*, Diff. Equations, S. 226f. Für eine Ausdehnung der Formel auf DGlen n-ter Ordnung s. *G. Cimmino*, Atti Accad. Lincei (6) 9 (1929) 524—526; (6) 28 (1938) 354—364.

T. Fort, Bulletin Americ. Math. Soc. 24 (1918) 330—335, hat Vergleichssätze unter allgemeineren Voraussetzungen aufgestellt und die Nullstellen von Ausdrücken $\alpha(x)\, y_\nu(x) + \beta(x)\, y_\nu'(x)$ betrachtet; vgl. hierzu auch *H. J. Ettlinger*, Transactions Americ. Math. Soc. 19 (1918) 79—96. *C. O. Oakley*, Americ. Journ Math. 52 (1930) 659—672 hat die DGl

$$y'' + f_1(x)\, y' + g_1(x)\, y + f_2(x)\; y' \; + g_2(x)\; y \; = h(x)$$

behandelt. Vgl. auch 25·5 (c).

Nimmt man als VergleichsDGl zu (14) die DGl

$$k\, y'' + k \left(\frac{m\pi}{b-a}\right)^2 y = 0$$

mit konstantem k (bzw. K statt k), so ergeben sich hieraus die folgenden Bedingungen für Nicht-Oszillation und Oszillation der Lösungen:

(b) Ist $g \leqq 0$ oder

$$f \geqq k > 0, \quad g < k \left(\frac{\pi}{b-a}\right)^2,$$

so hat jede eigentliche Lösung von (14) höchstens eine Nullstelle in $\langle a, b\rangle$ [1]).

Ist
$$0 < f \leqq K, \quad g > K \left(\frac{m\pi}{b-a}\right)^2, \quad m \text{ ganz und } \geqq 1,$$

so hat jede eigentliche Lösung von (14) mindestens m Nullstellen in $\langle a, b\rangle$.

Für weitere Sätze dieser Art s. *M. Bôcher*, Bulletin Americ. Math. Soc. 5 (1899) 22—43 und 7 (1901) 333—340. *O. Dunkel*, ebenda 8 (1902) 288—292. *W. B. Fite*, Transactions Americ. Math. Soc. 19 (1918) 341—352. Zur Verteilung der Nullstellen der Lösungen im Bereich komplexer Veränderlicher s. *E. Hille*, Transactions Americ. Math. Soc. 23 (1922) 350—385; Bulletin Americ. Math. Soc. 28 (1922) 261—265; Proceedings Toronto 1924, Bd. 1, S. 511—519.

(c) [2]). Der Vergleichssatz läßt sich leicht beweisen und zugleich allgemeiner fassen, wenn man von der DGl zweiter Ordnung zu einem System von zwei DGlen erster Ordnung übergeht (vgl. 25·2 (c)) und weiter von dem System zu der DGl 25·2 (17). Diese DGl ist von der Gestalt

$$(20) \qquad \vartheta'(x) = A_\nu(x) \cos^2 \vartheta + B_\nu(x) \sin 2\vartheta + C_\nu(x) \sin^2 \vartheta\,.$$

---

[1]) Ist $f > 0$, $g \leqq 0$ und in keinem Teilintervall $g \equiv 0$, so hat $y\, y'$ für jede eigentliche Lösung y höchstens *eine* Nullstelle in $\langle a, b\rangle$ [*M. Bôcher*, Transactions Americ. Math. Soc. 3 (1902) 199]. Denn für $u(x) = f\, y\, y'$ ist

$$u' = (f\, y')'\, y + f\, y'^2 = f\, y'^2 - g\, y^2 \geqq 0\,,$$

und $u' \equiv 0$ in einem Teilintervall nur dann, wenn $y = C \neq 0$ und zugleich $g \equiv 0$ ist, was gerade ausgeschlossen wurde. Hieraus folgt die Behauptung.

[2]) Vgl. *E. Kamke*, Americ. Math. Monthly 1939, sowie *J. H. Sturdivant*, Transactions Americ. Math. Soc. 30 (1928) 560—566.

Hat man zwei derartige DGlen ($\nu = 1, 2$) mit stetigen Koeffizienten A_ν, B_ν, C_ν, ist weiter

(21) $$A_2 \geqq A_1, \quad C_2 \geqq C_1, \quad (A_2 - A_1)(C_2 - C_1) \geqq (B_2 - B_1)^2,$$

und ist schließlich $\vartheta_\nu(x, \alpha)$ die Lösung von (20) mit dem Anfangswert $\vartheta_\nu(a, \alpha) = \alpha$, so ist

$$\vartheta_2(x, \alpha_2) \geqq \vartheta_1(x, \alpha_1) \qquad \text{für } \alpha_2 \geqq \alpha_1.$$

Ist $B_2 \equiv B_1$, also die letzte der UnGlen (21) eine Folge der beiden ersten, so gilt

$$\vartheta_2(b, \alpha_2) > \vartheta_1(b, \alpha_1) \qquad \text{für } \alpha_2 \geqq \alpha_1$$

genau dann, wenn

entweder $\alpha_2 > \alpha_1$
oder $\alpha_2 = \alpha_1$ und außerdem $A_2 > A_1$, $|C_1| + |C_2| > 0$
oder $C_2 > C_1$, $|A_1| + |A_2| > 0$

an mindestens einer Stelle des Intervalls $a \leqq x \leqq b$ ist.

Hieraus folgt als Sonderfall für Systeme

(22) $$y' = P_\nu(x)\, y + Q_\nu(x)\, z, \quad z' = R_\nu(x)\, y + S_\nu(x)\, z:$$

Es seien $P_\nu, \ldots, S_\nu$ stetig in $\langle a, b\rangle$ und

$$Q_2 \geqq Q_1 > 0, \quad R_2 \leqq R_1, \quad P_2 - S_2 = P_1 - S_1,$$

weiter $y_\nu(x)$, $z_\nu(x)$ eine eigentliche Lösung von (22) sowie

entweder $y_1(a) = 0$

oder $y_1(a) \neq 0, \quad y_2(a) \neq 0, \quad \dfrac{z_1(a)}{y_1(a)} \geqq \dfrac{z_2(a)}{y_2(a)}.$

Dann gilt

Erster Vergleichssatz: $y_2(x)$ hat in $a < x \leqq b$ mindestens ebenso viele Nullstellen wie $y_1(x)$; sind x_n, $\bar{x}_n$ die n-ten Nullstellen von y_1, y_2, so ist $\bar{x}_n \leqq x_n$; es ist sogar $\bar{x}_n < x_n$, wenn an mindestens einer Stelle des Intervalls $a \leqq x \leqq x_n$

(23) $$\begin{cases} Q_2 > Q_1 \quad \text{und} \quad |R_1| + |R_2| > 0 \\ \text{oder } R_2 < R_1 \end{cases}$$

ist.

Zweiter Vergleichssatz: Wenn y_1 und y_2 gleichviel Nullstellen im Intervall $a < x < b$ haben, wenn $y_1(b) \neq 0$, $y_2(b) \neq 0$ ist und an mindestens einer Stelle des Intervalls $a \leqq x \leqq b$ die Voraussetzung (23) gilt, so ist

$$\frac{z_1(b)}{y_1(b)} > \frac{z_2(b)}{y_2(b)}.$$

Für $P_\nu = S_\nu = 0$, $Q_\nu = \dfrac{1}{f_\nu}$, $R_\nu = -g_\nu$ ist hierin der Satz (a) enthalten. Da man von den DGlen (14) und (1) noch auf mannigfache Art zu einem System (9) übergehen kann (vgl. 25·2 (c)), können aus den obigen beiden

Vergleichssätzen für Systeme leicht noch weitere Vergleichssätze für die DGlen (14) oder (1) abgeleitet werden. Z. B. die Sätze von *G. Cimmino*, Rendiconti Sem. Mat. Roma (4) 1 (1936) 31ff. oder auch die folgende Verschärfung von (a):

(d) Ist $y_\nu(x)$ eine eigentliche Lösung der DGl

(19) $$(f_\nu\, y')' + g_\nu\, y = 0 \qquad (\nu = 1, 2)$$

und

$$f_1 \geqq f_2 > 0\,, \quad g_1 \leqq g_2$$

sowie entweder $y_1(a) = 0$

oder $$y_1(a) \neq 0\,, \quad y_2(a) \neq 0\,, \quad \frac{f_1(a)\, y_1'(a)}{y_1(a)} \geqq \frac{f_2(a)\, y_2'(a)}{y_2(a)}\,,$$

so gilt für die n-ten Nullstellen $x_n, \bar{x}_n$ von y_1, y_2 in dem Intervall $a < x \leqq b$ die UnGl $\bar{x}_n \leqq x_n$.

Hieraus folgt, wenn für (14) die VergleichsDGl

$$K\, y'' - k\, y = 0$$

gewählt wird:

(e) Ist $f \geqq K > 0$, $-g \geqq k > 0$ und ist $y(x)$ eine Lösung von (14) mit den Anfangswerten $y(a) = \alpha$, $y'(a) = \beta$ ($|\alpha| + |\beta| > 0$), so hat diese Lösung in dem Intervall $a < x \leqq b$ keine Nullstelle, wenn $\alpha = 0$ oder $\alpha \neq 0$, $f(a)\,\dfrac{\beta}{\alpha} \geqq -\sqrt{k\,K}$ ist[1]).

25·6. Verhalten der Lösungen für $x \to \infty$. Die hierauf bezüglichen Sätze sind zum großen Teil nur für die DGl

(24) $$y'' + f(x)\, y = 0 \quad (f \text{ stetig für } x \geqq a)$$

formuliert. Das ist keine erhebliche Beschränkung der Allgemeinheit, da sich die DGl (1) nach 25·1 (d) stets in die obige Gestalt bringen läßt, wenn nur das dortige g/f stetig differenzierbar ist.

(a) $f \leqq 0$ Aus 25·5 (b) folgt unmittelbar, daß jede eigentliche Lösung höchstens *eine* Nullstelle hat, also $\neq 0$ für alle hinreichend großen x ist. Weitere derartige Sätze kann man auf Grund der Bemerkung am Ende von 25·5 (c) herleiten, indem man als VergleichsDGl $y'' = 0$ nimmt.

Ist $f(x) \leqq 0$ sogar für *alle* x, aber $\not\equiv 0$, so ist, wie leicht zu sehen ist, $y \equiv 0$ die einzige Lösung, die für alle x beschränkt ist[2]).

(b) $f(x) \to -\infty$ für $|x| \to \infty$. Jede eigentliche Lösung $y(x)$ hat nur endlich viele Nullstellen, und es ist

$$\left|\frac{y'(x)}{y(x)}\right| \to \infty \quad \text{für} \quad |x| \to \infty\,.$$

---

1) Für $f = 1$ bei *M. Bôcher*, Bulletin Americ. Math. Soc. 4 (1898) 301f.

2) *F. H. Murray*, Annals of Math. (2) 24 (1923) 69–88.

Es gibt zwei linear unabhängige Lösungen $u_1(x)$, $u_2(x)$, so daß $u_1, u_1' \to 0$, $u_2 \to \infty$, $u_2' \to -\infty$ für $x \to -\infty$ ist, und zwei linear unabhängige Lösungen v_1, v_2, so daß $v_1, v_1' \to 0$, $v_2, v_2' \to \infty$ für $x \to \infty$ ist.

W. E. Milne, Transactions Americ. Math. Soc. 30 (1928) 797–802.

(c) $f \geqq \alpha^2 > 0$. Dann hat jede eigentliche Lösung $y(x)$ nebst ihrer Ableitung unendlich viele Nullstellen, d. h. jede Lösung oszilliert unendlich oft; die Längen der Oszillationsintervalle, d. h. die Abstände aufeinander folgender Nullstellen bleiben beschränkt[1]).

Ist $f(x) \to \alpha^2 > 0$ für $x \to \infty$ und nimmt $f(x)$ monoton zu oder ist $\log f(x)$ von beschränkter Schwankung für $a \leqq x < \infty$, so streben die Längen der Oszillationsintervalle gegen $\frac{\pi}{\alpha}$. Sind η_n, η_n' die Amplituden von y, y', d. h. die Maxima von $|y|$, $|y'|$ in den Intervallen zwischen aufeinanderfolgenden Nullstellen, so existieren $\eta = \lim \eta_n$ und $\eta' = \lim \eta_n'$, und es $\eta' = \alpha\eta$. Die Lösungen von (24) verhalten sich also für große x ähnlich wie die Lösungen von $y'' + \alpha^2 y = 0$[2]).

Für jede eigentliche Lösung von (24) gilt

$$\lim_{x \to \infty} y(x) = 0\,, \quad \overline{\lim_{x \to \infty}}\, |y(x) \sqrt{f(x)}| > 0\,,$$

falls $f'(x)$ vorhanden und > 0 sowie außerdem entweder $f(x) \to \infty$ ist und $f'(x)$ monoton abnimmt oder

$$\frac{f\left(x + \frac{1}{\sqrt{f(x)}}\right)}{f(x)} \to 1$$

ist und $f'(x)$ monoton zunimmt (Monotonie jedesmal im weiteren Sinne)[3]).

Eine Note von *P. Fatou*, C. R. Paris 189 (1929) 967–969, nach der für jede Lösung von (24) $y(x)$ und $y'(x)$ beschränkt ist, wenn $\alpha^2 \leqq f(x) \leqq \beta^2$ gilt, ist nicht richtig; vgl. *O. Perron*, Nachrichten Göttingen 1930, S. 28f.

---

[1]) *W. F. Osgood*, Bulletin Americ. Math. Soc. 25 (1919) 216–221. *M. Biernacki*, Prace mat.-fiz. 40 (1933) 163–171. Ist außerdem f differenzierbar und existieren die folgenden Integrale, so ist, wie man leicht sieht,

$$F(0) \exp\left(-\int_{-\infty}^{+\infty} \frac{|f'|}{f}\,dx\right) \leqq F(x) \leqq F(0) \exp\left(\int_{-\infty}^{+\infty} \frac{|f'|}{f}\,dx\right)$$

für $F(x) = f y^2 + y'^2$; *R. Caccioppoli*, Atti Accad. Lincei (6) 11 (1930) 251–254.

[2]) *A. Kneser*, Math. Annalen 42 (1893) 409–435; Journal f. Math. 116 (1896) 178–212; 117 (1897) 72–103; 120 (1899) 267–275. *G. Ascoli*, Atti Accad. Lincei (6) 22 (1935) 234–243. *Caligo*, Bolletino Unione Mat. Italiana (2) 3 (1941) 286–295.

[3]) *M. Biernacki*, Prace mat.-fiz. 40 (1933) 163–171. Vgl. auch *H. Milloux*, ebenda 41 (1934) 39–54 sowie [2]). *A. Wiman*, Acta Math. 66 (1936) 121–145. *G. Sansone*, Berzolari Scritti, S. 385–403. *Z. Butlewski*, Mathematica 12 (1936) 36–48. Vgl. ferner 23·4.

(d) In

$$y'' + g_\nu y' + h_\nu y = 0 \qquad (\nu = 1, 2)$$

seien $g_\nu(x)$, $h_\nu(x)$ für alle $x \geqq a$ stetig, ferner sei

$$g_1 \leqq g_2 \leqq 0\,, \quad h_1 \leqq h_2\,, \quad h_2 > 0\,.$$

Wenn für die DGl mit $\nu = 1$ jede eigentliche Lösung unendlich oft oszilliert, so gilt dasselbe für jede eigentliche Lösung der DGl mit $\nu = 2$.[1])

(e) $y'' + g\,y' + h\,y = 0$; dabei seien $g(x)$ und $h(x)$ stetig für $x \geqq a$ und außerdem $g \to \alpha$, $h \to \beta$ für $x \to \infty$.

Die Lösungen der „charakteristischen Gl" $\varrho^2 + \alpha\,\varrho + \beta = 0$ seien ϱ_1, ϱ_2. Ist $\Re\,\varrho_1 \neq \Re\,\varrho_2$, so existiert für jede eigentliche Lösung

$$\lim_{x \to \infty} \frac{y'(x)}{y(x)} \tag{25}$$

und hat einen der Werte ϱ_1, ϱ_2. Ist $\Re\,\varrho_1 = \Re\,\varrho_2$, so braucht der Limes nicht zu existieren, wie $y'' + y = 0$ zeigt; auch dann nicht, wenn $\varrho_1 = \varrho_2$ ist, wie C 2·106 zeigt. Im Fall $\varrho_1 = \varrho_2$ kann, wie die Transformation $y = u(x) \exp \varrho_1 x$ zeigt, $\varrho_1 = \varrho_2 = 0$ angenommen werden, d. h. $g \to 0$ und $h \to 0$. Ist überdies $g \leqq 0$ und $h \leqq 0$, so existiert wieder (25) und hat den Wert 0.

O. Perron, Journal für Math. 142 (1913) 268f.; Sitzungsberichte Heidelberg 1917, Abhandlung 9, *G. Hamel*, Math. Zeitschrift 1 (1918) 220—228. Vgl. auch *F. H. Murray*, Annals of Math. (2) 24 (1923) 69—88.

(f) Sind in

$$(f\,y')' + g\,y = 0 \tag{14}$$

f und g stetig differenzierbar, $f > 0$, $g > 0$ und ist $f g$ monoton, so nehmen für jede Lösung von (14) die Amplituden mit wachsendem x monoton ab oder zu, je nachdem $f g$ zu- oder abnimmt.

Denn wird für eine Lösung $y(x)$

$$Y(x) = y^2 + \frac{(f y')^2}{f g}$$

gesetzt, so ist

$$Y' = -(f g)' \left(\frac{y'}{g}\right)^2$$

und $Y = y^2$ wenn $y' = 0$ ist.

G. Pólya; vgl. *G. Szegö*, Orthogonal polynomials, S. 161. Für Sätze dieser Art s. auch *Biernacki* und *Milloux* in Fußnote 3 auf S. 129.

(g) $y'' + [f(x) + \lambda]\,y = 0$. Ist $f(x)$ für $x \geqq a$ stetig differenzierbar und ist

$$f(x) = O\left(\frac{1}{x}\right), \quad f'(x) = O\left(\frac{1}{x^2}\right)$$

---

[1]) *W. B. Fite*, Transactions Americ. Math. Soc. 19 (1918) 342f. Der Beweis scheint nicht lückenlos zu sein, kann aber leicht vervollständigt werden.

für $x \to \infty$, so liegt

$$\overline{\lim_{x \to \infty}} \, |\varphi_\lambda(x)|$$

(φ_λ bedeutet eine beliebige zu λ gehörige Lösung der DGl) für alle $\lambda \geqq \lambda_0 > 0$ unter einer von λ unabhängigen Schranke.

Ist $f(x)$ für $x \geqq a$ stetig und $f(x) = O(x^{-k})$ mit $k > 1$ für $x \to \infty$, so läßt sich für $\lambda > 0$ jede Lösung $\varphi(x) \not\equiv 0$ in der Gestalt

$$\varphi = \varrho(x) \sin[\lambda x + \sigma(x)], \quad \varphi' = \lambda \varrho(x) \cos[\lambda x + \sigma(x)]$$

mit stetig differenzierbaren Funktionen $\varrho(x)$, $\sigma(x)$ darstellen, und für passend gewählte Zahlen $\varrho_0 \neq 0$ und σ_0 ist

$$\varrho(x) = \varrho_0 + O\left(\frac{1}{x^{k-1}}\right), \quad \sigma = \sigma_0 + O\left(\frac{1}{x^{k-1}}\right).$$

Courant-Hilbert, Methoden math. Physik I, S. 285ff.

25·7. Differentialgleichungen mit singulären Stellen. Bei der DGl

$$f_2(x)\, y'' + f_1(x)\, y' + f_0(x)\, y = 0$$

sind jetzt für die Koeffizienten $f_\nu(x)$ meromorphe Funktionen zugelassen. Für die Begriffe reguläre, schwach singuläre und stark singuläre Stelle der DGl s. 18·1. Aus 18 ergibt sich weiter durch Spezialisierung auf die DGl zweiter Ordnung:

(a) Die DGl ist vom Fuchsschen Typus, wenn sie die Gestalt

$$P^2 y'' + P Q y' + R y = 0$$

hat, wobei

$$P = (x - a_1)(x - a_2) \cdots (x - a_m)$$

mit lauter verschiedenen a_ν und Q, R Polynome vom Grad $\leqq m - 1$ bzw. $\leqq 2(m - 1)$ sind. Eine solche DGl hat einschließlich des Punktes ∞ nur reguläre oder schwach singuläre Stellen.

(b)[1] $\quad (x - \xi)^2 f(x)\, y'' + (x - \xi)\, g(x)\, y' + h(x)\, y = 0,$

f, g, h in einer Umgebung von $x = \xi$ regulär, d. h. in Potenzreihen entwickelbar und $f(\xi) \neq 0$. Die Stelle ξ ist dann regulär oder schwach singulär. Die Gestalt der Lösungen in der Umgebung der Stelle ξ hängt von den Lösungen der charakteristischen Gl oder IndexGl

$$r(r - 1) f(\xi) + r\, g(\xi) + h(\xi) = 0$$

ab. Die Numerierung der Lösungen r_1, r_2 sei dabei so gewählt, daß, wenn $r_1 - r_2$ eine ganze Zahl ist, diese $\geqq 0$ ist. Dann sind die Lösungen der

[1]) Außer der in 18·2 angegebenen Literatur vgl. auch *Forsyth-Jacobsthal*, DGlen, S. 152—163, 244—259, 584—597. *Whittaker-Watson*, Modern Analysis, S. 197—201.

DGl $C_1 y_1 + C_2 y_2$, und dabei ist y_1 von der Gestalt

$$(\alpha) \qquad y_1 = (x - \xi)^{r_1} \sum_{\nu=0}^{\infty} c_\nu (x - \xi)^\nu, \qquad c_0 = 1;$$

ferner

$$(\beta_1) \qquad y_2 = (x - \xi)^{r_2} \sum_{\nu=0}^{\infty} c_\nu^* (x - \xi)^\nu, \qquad c_\nu^* = 1,$$

falls $d = r_1 - r_2$ keine ganze Zahl ist;

$$(\beta_2) \qquad y_2 = y_1 \log (x - \xi) + (x - \xi)^{r_1} \sum_{\nu=1}^{\infty} d_\nu (x - \xi)^\nu$$

für $d = 0$;

$$(\beta_3) \qquad y_2 = c\, y_1 \log (x - \xi) + (x - \xi)^{r_2}\ 1 + \sum_{\nu=1}^{\infty} d_\nu (x - \xi)^\nu \Big),$$

falls d eine ganze Zahl > 0 ist (hierbei kann $c = 0$ sein). Die Koeffizienten von (α) und (β_1) bestimmt man, indem man mit dem Ansatz (α), (β_1) in die DGl hineingeht. Auf die Funktionen (β_2) und (β_3) führt der Ansatz $y(x) = y_1(x)\, u(x)$ sowie die Methode von Frobenius (s. 18·2).

Von dem Typus der hier behandelten DGl sind z. B. die Besselsche, Legendresche, hypergeometrische DGl.

$$\textbf{(c)} \qquad x^2 f\left(\frac{1}{x}\right) y'' + x\, g\left(\frac{1}{x}\right) y' + h\left(\frac{1}{x}\right) y = 0,$$

$f(x)$, $g(x)$, $h(x)$ sind in einer Umgebung von $x = 0$ regulär, $f(0) \neq 0$. Dann ist $x = \infty$ regulär oder schwach singulär. Durch die Transformation $y(x) = \eta(\xi)$, $\xi = \dfrac{1}{x}$ wird dieser Fall auf den Fall (b) zurückgeführt. Vgl. auch 18·3.

$$\textbf{(d)} \qquad x^a f\left(\frac{1}{x}\right) y'' + x^b g\left(\frac{1}{x}\right) y' + x^c h\left(\frac{1}{x}\right) y = 0,$$

$f(x)$, $g(x)$, $h(x)$ sind in einer Umgebung von $x = 0$ regulär; $f(0) \neq 0$, $h(0) \neq 0$; $g(x) \equiv 0$ oder $g(0) \neq 0$; a, b c ganze Zahlen.

UnGlen, in denen b vorkommt, brauchen im folgenden nur erfüllt zu sein, wenn $g(0) \neq 0$ ist. Ist $a \geqq b + 1$ und $a \geqq c + 2$, so liegt der Typus (c) vor. Weiterhin sei daher $a \leqq b$ oder $a \leqq c + 1$. Dann ist der Punkt ∞ eine stark singuläre Stelle (vgl. dazu 18·5). Für das Vorhandensein einer Lösung der Gestalt

$$y = x^r \sum_{k=0}^{\infty} c_k\, x^{-k}$$

ist notwendig, daß $g(0) \neq 0$, $a \leqq b$ und $c \leqq \mathrm{Min}\,(a-2,\ b-1)$ ist. Für das Vorhandensein einer Lösung von der Gestalt einer Thoméschen Normalreihe

$$y = e^{P(x)}\, x^r \sum_{k=0}^{\infty} c_k\, x^{-k}$$

(P ein Polynom vom Grad p) ist notwendig, daß

$$g(0) = 0, \quad c - 2\,(p-1) \leqq a \leqq c + 1$$

oder

$$g(0) \neq 0, \quad a \leqq b,\ \mathrm{Min}\left(c - b, \frac{c-a}{2}\right) \leqq p - 1 \leqq b - a$$

ist.

(e) Auch für den Fall reeller Veränderlicher sind ähnliche DGlen behandelt worden. Sind A, B Konstante, $f(x)$ und $g(x)$ stetig für $a < x \leqq b$ und existieren die Integrale

$$\int_a^b |f|\, dx\,, \quad \int_a^b (x-a)\,|g|\, dx\,,$$

so läßt sich die DGl

$$(x-a)^2\, y'' + [A\,(x-a) + f(x)\,(x-a)^2]\, y' + [B + (x-a)^2\, g(x)]\, y = 0$$

nach dem Iterationsverfahren lösen[1]).

25·8. Näherungslösungen, insbesondere asymptotische Lösungen; reelle Veränderliche.

(a)[2]) Es sei die DGl

(26) $$y'' + y' \sum_{\nu=0}^{\infty} \frac{a_\nu}{x^\nu} + y \sum_{\nu=0}^{\infty} \frac{b_\nu}{x^\nu} = 0$$

gegeben. Für den Sonderfall $a_0 = -1$, $b_0 = b_1 = 0$ können in

(27) $$y = \sum_{\nu=0}^{\infty} \frac{c_\nu}{x^\nu}$$

die Koeffizienten c_ν nach und nach berechnet werden, wenn man mit diesem Ansatz in die DGl hineingeht und die Koeffizienten gleichhoher Potenzen von x vergleicht. Die entstehende Reihe (27) divergiert im allgemeinen, liefert aber für die Lösung $y(x)$, die für $x \to \infty$ gegen c_0 strebt, eine asymptotische Darstellung

$$y \sim \sum_{\nu=0}^{\infty} \frac{c_\nu}{x^\nu}$$

---

[1]) *M. Bôcher*, Transactions Americ. Math. Soc. 1 (1900) 40—52. Vgl. auch 18·9.

[2]) Vgl. *Ince*, Diff. Equations, S. 169ff.

in dem Sinne, daß für jedes feste m und geeignet gewähltes A

$$\left| y(x) - \sum_{\nu=0}^{m} \frac{c_\nu}{x^\nu} \right| < \frac{A}{x^{m+1}}$$

für alle hinreichend großen x gilt. Das ist für die Berechnung von $y(x)$ für große x nützlich.

Der allgemeine Fall kann, wenn $a_0 \neq 0$ und $a_0^2 \neq 4 b_0$ ist, auf den obigen Fall durch die Transformation

$$y(x) = e^{\tau x} x^r \eta(\xi), \quad \xi = \varrho x$$

zurückgeführt werden. Dabei wird τ so gewählt, daß das neue $b_0 = 0$ wird; r so, daß das neue $b_1 = 0$ wird; ϱ so, daß das neue $a_0 = -1$ wird (vgl. auch 18·5).

(b)[1]) In

(28) $$y'' + f(x)\, y' + g(x)\, y = 0$$

sei g stetig, f stetig differenzierbar im Intervall $a < x \leqq b$. Die DGl (28) sei der DGl

(29) $$u'' + \varphi(x)\, u' + \psi(x)\, u = 0$$

mit stetigem ψ und stetig differenzierbarem φ in der Nähe der Stelle $x = a$ „sehr ähnlich" [Beispiel: die Besselsche DGl

$$x^2 y'' + x y' + (x^2 - n^2)\, y = 0 \quad \text{und} \quad x^2 u'' + x u' - n^2 u = 0$$

in der Nähe der Stelle $x = 0$], ferner seien zwei linear unabhängige Lösungen u_1, u_2 von (29) bekannt. Es wird dann (28) in der Gestalt

$$y'' + \varphi y' + \psi y = (\varphi - f)\, y' + (\psi - g)\, y$$

geschrieben. Mit der Grundlösung (vgl. 17·4) von (29)

$$\gamma(x, \xi) = \frac{u_1(\xi)\, u_2(x) - u_1(x)\, u_2(\xi)}{u_1(\xi)\, u_2'(\xi) - u_1'(\xi)\, u_2(\xi)} \qquad (x \leqq \xi)$$

ergibt sich hieraus

$$y(x) = \int_a^x \{[\varphi(\xi) - f(\xi)]\, y'(\xi) + [\psi(\xi) - g(\xi)]\, y(\xi)\}\, \gamma(x, \xi)\, d\xi$$

oder

$$y(x) = [f(a) - \varphi(a)]\, y(a)\, \gamma(x, a)$$
$$+ \int_a^x \left(\frac{d}{dx} \{[f(\xi) - \varphi(\xi)]\, \gamma(x, \xi)\} + [\psi(\xi) - g(\xi)]\, \gamma(x, \xi) \right) y(\xi)\, d\xi\,.$$

---

[1]) Vgl. *Y. Ikeda*, Math. Zeitschrift 22 (1925) 16—25; dort ist das Verfahren auf die Besselsche DGl angewendet.

Das erste Glied der rechten Seite ist, wenn $[f(a) - \varphi(a)]\, y(a)$ existiert, eine bestimmte Lösung $u(x)$ von (29). Man hat also für $y(x)$ eine Volterrasche IGl von der Gestalt

$$y(x) = u(x) + \int_a^x K(x, \xi)\, y(\xi)\, d\xi$$

erhalten und kann auf diese bei geeigneten Voraussetzungen das Iterationsverfahren von B 2·10 anwenden. Bricht man nach endlich vielen Iterationsschritten ab, so erhält man einen Näherungsausdruck für die Lösung.

(c)[1]) Es sei wieder die Gl (28) gegeben, d. h.

$$L(y) = 0 \quad \text{mit} \quad L(y) = y'' + f(x)\, y' + g(x)\, y\,, \tag{28a}$$

wobei jetzt $f(x)$ und $g(x)$ für alle $x \geqq a$ stetig sein sollen. Die gesuchte Lösung wird in der Gestalt

$$y(x) = \lambda_1(x)\, z_1(x) + \lambda_2(x)\, z_2(x) \tag{30}$$

angesetzt, wo z_1, z_2 Lösungen eines linearen Systems

$$z_1' = \alpha(x)\, z_1 + \beta(x)\, z_2\,, \quad z_2' = \gamma(x)\, z_1 + \delta(x)\, z_2$$

sein sollen. Erfüllen λ_1, λ_2 die Bedingungen

$$\tag{31} \left\{ \begin{aligned} &(\lambda_1' + \lambda_1 \alpha + \lambda_2 \gamma)' + (\alpha + f)(\lambda_1' + \lambda_1 \alpha + \lambda_2 \gamma) \\ &\qquad\qquad + \gamma(\lambda_2' + \lambda_1 \beta + \lambda_2 \delta) + g\, \lambda_1 = 0\,, \\ &(\lambda_2' + \lambda_1 \beta + \lambda_2 \delta)' + (\delta + f)(\lambda_2' + \lambda_1 \beta + \lambda_2 \delta) \\ &\qquad\qquad + \beta(\lambda_1' + \lambda_1 \beta + \lambda_2 \delta) + g\, \lambda_2 = 0\,, \end{aligned} \right.$$

so ist die Funktion (30) eine Lösung von (28a). Konvergiert schließlich

$$\int_x^\infty S(t)\, dt \quad \text{mit} \quad S(x) = \operatorname{Max}(|\alpha|, |\beta|, |\gamma|, |\delta|),$$

so läßt sich diejenige Lösung (30), bei der

$$z_1(x) \to \zeta_1, \; z_2(x) \to \zeta_2 \qquad \text{für } x \to \infty$$

ist, durch die Reihen

$$z_1 = \sum_{n=0}^\infty u_n(x)\,, \quad z_2 = \sum_{n=0}^\infty v_n(x) \tag{32}$$

darstellen, deren Glieder durch die Rekursionsformeln

$$u_0 = \zeta_1, \quad u_n = \int_\infty^x [\alpha(t)\, u_{n-1}(t) + \beta(t)\, v_{n-1}(t)]\, dt\,,$$

$$v_0 = \zeta_2, \quad v_n = \int_\infty^x [\gamma(t)\, u_{n-1}(t) + \delta(t)\, v_{n-1}(t)]\, dt$$

---

[1]) *G. Fubini*, Atti Accad. Lincei (6) 26 (1937) 253—259; Referat von *M. Müller* im Jahrbuch FdM 63_{I}, S. 434.

geliefert werden. Die Reihen (32) konvergieren absolut und gleichmäßig für alle x, für die

$$2\int_x^\infty S(t)\,dt < \varepsilon < 1$$

ist, und haben die Majorante

$$k\sum_{n=0}^\infty \varepsilon^n \quad \text{mit} \quad k = \operatorname{Max}(|\zeta_1|, |\zeta_2|).$$

Verlangt man, daß neben (31)

$$\lambda_1\alpha + \lambda_2\gamma = 0, \quad \lambda_1\beta + \lambda_2\delta = 0$$

gilt, so ist

$$\alpha = \frac{\lambda_2 L(\lambda_1)}{W}, \quad \beta = \frac{\lambda_2 L(\lambda_2)}{W}, \quad \gamma = -\frac{\lambda_1 L(\lambda_1)}{W}, \quad \delta = -\frac{\lambda_1 L(\lambda_2)}{W},$$

falls die Wronskische Determinante $W = \lambda_1\lambda_2' - \lambda_1'\lambda_2 \neq 0$ für alle hinreichend großen x ist.

Für die DGl

$$y'' = [Q(x) + 1]\,y$$

kommt man z. B. mit $\lambda_{1,2} = e^{\pm x}$ zum Ziel, wenn $\int_x^\infty |Q(t)|\,e^{2t}$ konvergiert.

(d) Eine weitere Methode ist von *H. Jordan*, Journal für Math. 162 (1930) 17–59, ausgearbeitet. Dabei wird für die DGl

$$y'' = f(x)\,y$$

die Funktion $f(x)$ durch eine Treppenfunktion mit unendlich vielen, geeignet gewählten Stufen ersetzt, so daß man die DGl für die einzelnen Stufen unmittelbar lösen kann. Hiermit werden die Besselschen Funktionen $J_n(a\,n)$ für $a \leqq 1$, also bei gleichzeitigem Wachsen von Index und Parameter untersucht.

25·9. Asymptotische Lösungen; komplexe Veränderliche[1]. In der DGl

$$(33) \qquad y''(z) + \left\{a_{1,0} + \frac{a_{1,1}}{z} + \frac{\psi_1(z)}{z^2}\right\} y'(z) + \left\{a_{2,0} + \frac{a_{2,1}}{z} + \frac{\psi_2(z)}{z^2}\right\} y(z) = 0$$

seien $a_{1,0}^2 \neq 4a_{2,0}$ und ψ_1, ψ_2 in dem Sektor

$$S: \qquad |z| \geqq r_0 > 0, \quad \varphi_0 \leqq \operatorname{arc} z \leqq \varphi_1 < \varphi_0 + 2\pi$$

[1]) *G. Hoheisel*, Journal für Math. 153 (1924) 228–244; dort finden sich auch weiterreichende Ausführungen. Weiter vgl. 20 sowie etwa *J. Horn*, Archiv Math. (3) 4 (1903) 213–230. *A. Hamburger*, Über die Restabschätzung bei asymptotischen Darstellungen der Integrale linearer Differentialgleichungen zweiter Ordnung, Diss. Berlin 1906. *O. Blumenthal*, Archiv Math. (3) 19 (1912) 136–174.

regulär und beschränkt. Durch die Transformation

$$y(z) = y^*(z) \exp\left(-a_{1,0}\frac{z}{2}\right)$$

geht (33) in eine DGl des gleichen Typs über, bei der jedoch das neue $a_{1,0} = 0$ ist. Es werde daher in (33) von vornherein $a_{1,0} = 0$, $a_{2,0} \neq 0$ angenommen.

Ist σ eine Lösung von $\sigma^2 = -a_{2,0}$, so werden die beiden von $z = 0$ ausgehenden Strahlen $\Re(z\sigma) = 0$ kritische Strahlen genannt. Liegt mindestens einer der kritischen Strahlen außerhalb S, so gibt es ein Hauptsystem von Lösungen y_1, y_2 der DGl, das in S eine Darstellung

$$y_\nu = e^{\sigma_\nu z} z^{\varrho_\nu}\left(1 + \sum_{n=1}^{\infty} \chi_{n,\nu}(z)\right) \qquad (\nu = 1, 2)$$

mit $\sigma_1 = \sigma$, $\sigma_2 = -\sigma$ hat, wobei $\chi_{n,1}$, $\chi_{n,2}$ in S regulär sind und für eine geeignete Konstante $C > 0$ die UnGlen

$$|\chi_{n,\nu}(z)| < \frac{1}{n!}\left(\frac{C}{|z|}\right)^n$$

erfüllen.

Das läßt sich herleiten, indem die DGl durch die Transformation

$$y = e^{\sigma z} z^{\varrho} \eta \quad \text{mit} \quad 2\varrho = -a_{1,1} - \frac{a_{2,1}}{\sigma}$$

in

$$\eta'' + \left(2\sigma + \frac{b}{z}\right)\eta' = -\frac{1}{z^2}(\psi_1\eta' + \psi_2\eta)$$

mit $\sigma b = -a_{2,1}$ übergeführt und auf diese DGl das Iterationsverfahren angewendet wird.

25·10. Genäherte Darstellung der Lösungen von Differentialgleichungen, die von einem Parameter abhängen.

(a) Vgl. hierzu 21 sowie die Arbeiten von *J. Horn*, Math. Annalen 52 (1899) 271—293, 340—362 über die DGlen

$$[f(x)\,y']' + [\varrho^2 g(x) + h(x)]\,y = 0 \quad \text{mit } f > 0, g > 0$$

und

$$y'' + \varrho^2 y \sum_{\nu=0}^{\infty} g_\nu(x)\,\varrho^{-\nu} = 0 \quad \text{mit } g_0(x) > 0\,.$$

In der zweiten Arbeit werden als Sonderfälle die Mathieusche, Besselsche und hypergeometrische DGl behandelt. Wesentlich ist dabei, daß ϱ^2, d. h. das höchste Glied in ϱ einen Koeffizienten ohne Nullstelle hat.

(b)[1]) Die WBK-Methode. Die DGl

$$y'' - [\varrho^2 f(x) + g(x)]\, y = 0 \tag{34}$$

geht durch die Transformation

$$y = \exp\left(\varrho \int u(x)\, dx\right)$$

über in die Riccatische DGl

$$\varrho\, u' + \varrho^2 u^2 - \varrho^2 f - g = 0\,.$$

Setzt man die Lösungen dieser DGl formal in der Gestalt einer Reihe

$$u = \sum_{\nu=0}^{\infty} u_\nu(x)\, \varrho^{-\nu} \tag{35}$$

an und trägt man diese in (34) ein, so ergibt der Vergleich entsprechender Potenzen von ϱ

$$u_0 = \pm \sqrt{f}\,, \quad u_1 = -\frac{u_0'}{2\,u_0}\,, \quad u_2 = \frac{g - u_1' - u_1^2}{2\,u_0}\,,$$

$$u_{\nu+1} = -\frac{1}{2\,u_0}\left(u_\nu' + \sum_{p=1}^{\nu} u_p\, u_{\nu+1-p}\right) \qquad (\nu \geqq 2)\,.$$

Für diese Methode ist wegen der Division durch u_0 vorauszusetzen, daß $f(x)$ in dem betrachteten x-Bereich keine Nullstelle hat. Unter der Voraussetzung, daß die Reihe (35) und die aus ihr durch zweimalige gliedweise Differentiation gebildeten Reihen für alle hinreichend großen ϱ in dem x-Bereich gleichmäßig konvergieren, erhält man hiernach Lösungen der DGl (34) durch einen im Prinzip sehr einfachen Prozeß. Dieses Verfahren wird in der physikalischen Literatur als WBK-Verfahren bezeichnet.

(c) Für den Fall, daß bei einer DGl

$$y'' + f(x, \varrho)\, y' + g(x, \varrho)\, y = 0$$

die Funktion $g(x, \varrho)$ für jedes $|\varrho| \geqq \varrho_0$ in dem betrachteten x-Bereich Nullstellen hat, liegt ebenfalls eine Reihe von Untersuchungen vor.

Vgl. hierzu den Bericht von *R. E. Langer* im Bulletin Americ. Math. Soc. 40 (1934) 545—582. Ferner etwa *H. Jeffreys*, Proceedings London Math. Soc. 23 (1935) 428—436, dazu Referat von O. *Perron* im Jahrbuch FdM 59, S. 301. *S. Goldstein*, Proceedings London Math. Soc. (2) 28 (1928) 81—90; (2) 33 (1932) 246—252. *R. E. Langer*, Transactions Americ. Math. Soc. 33 (1931) 23—64; 34 (1932) 447—480; 36 (1934) 90—106; 37 (1935) 397—416.

---

[1]) Vgl. B 9·10 (c) und *R. E. Langer*, Bulletin Americ. Math. Soc. 40 (1934) 545—582.

§ 7. Lineare Differentialgleichungen dritter und vierter Ordnung.

26. Lineare Differentialgleichungen dritter Ordnung.

Bei den linearen DGlen dritter Ordnung treten folgende Besonderheiten auf[1]): Die DGl

$$y''' + f_2(x)\, y'' + f_1(x)\, y' + f_0(x)\, y = 0$$

geht, wenn f_2 differenzierbar ist, durch Multiplikation mit

$$f = \exp \frac{1}{3} \int f_2\, dx$$

über in eine DGl der Gestalt

$$[f(f y')']' + g\, y' + h\, y = 0 .$$

Da die Ordnung ungerade ist, gibt es keine selbstadjungierten DAusdrücke dritter Ordnung. Die anti-selbstadjungierten DAusdrücke sind von der Gestalt

$$L_1(y) = (f\, y)''' + f\, y''' + (g\, y)' + g\, y'$$

oder

$$L_2(y) = (f\, y')'' + (f\, y'')' + (g\, y)' + g\, y'$$

oder, wenn der Koeffizient von y''' positiv ist, auch von der Gestalt

$$L_3(y) = [f(f y')']' + 2\, g\, y' + g'\, y .$$

Die zugehörigen DGlen $L(y) = 0$ werden manchmal auch kurz selbstadjungierte DGlen genannt, da die adjungierten DAusdrücke $\overline{L} = -L$ sind und daher $\overline{L}(y) = 0$ dieselben Lösungen wie $L(y) = 0$ hat.

Ist y_1, y_2 ein Hauptsystem von Lösungen der selbstadjungierten DGl zweiter Ordnung

$$2 f(f y')' + g\, y = 0 \qquad (f \neq 0),$$

so bilden y_1^2, $y_1 y_2$, y_2^2 ein Hauptsystem von Lösungen der anti-selbstadjungierten DGl $L_3(y) = 0$. Da dann auch $y_1^2 + y_2^2$ eine Lösung dieser DGl ist, hat jede anti-selbstadjungierte DGl dritter Ordnung eine Lösung, die in dem betrachteten Intervall keine Nullstelle hat, wenn auch der höchste Koeffizient in diesem Intervall keine Nullstelle hat.

Sind y_1, y_2 zwei linear unabhängige Lösungen von $L_3(y) = 0$ mit $f \neq 0$, so liegen zwischen je zwei benachbarten Nullstellen von y_1 höchstens zwei Nullstellen von y_2 und eine ungerade Anzahl von Nullstellen von y_2 und $y_1 y_2' - y_1' y_2$ zusammen. Für weitere Vergleichs- und Trennungssätze s. die angegebene Literatur.

---

[1]) Vgl. hierzu *G. D. Birkhoff*, Annals of Math. (2) 12 (1910--11) 103--127. *G. Mammana*, Rendiconti Istituto Lombardo (2) 63 (1930) 272--282. *G. Gallina*, Bolletino Unione Mat. Italiana 12 (1933) 142--145.

27. Lineare Differentialgleichungen vierter Ordnung.

Die selbstadjungierte DGl vierter Ordnung ist von der Gestalt

$$(1) \qquad [f(x)\, y'']'' + [g(x)\, y']' + h(x)\, y = 0\,.$$

Sie geht, wenn $f \neq 0$ und dreimal stetig differenzierbar ist und g stetig differenzierbar ist, durch die Transformation

$$y(x) = f^{-\frac{3}{8}}\, \eta(\xi), \qquad \xi = \int f^{-\frac{1}{4}}\, dx$$

über in eine DGl der Gestalt[1])

$$\eta^{(4)} + [G(\xi)\, \eta']' + H(\xi)\, \eta = 0\,.$$

Sie geht ferner durch die Transformation

$$y(x) = u(x)\, \eta(\xi), \qquad \xi(x) = \int \frac{dx}{f\, u^2}$$

über in eine DGl der Gestalt

$$\eta^{(4)} = \Phi(\xi)\, \eta\,,$$

wenn $u(x)$ eine nirgends verschwindende Lösung der DGl

$$30\,\frac{u''}{u} - 20\left(\frac{u'}{u}\right)^2 + 10\,\frac{f'}{f}\,\frac{u'}{u} + \left(\frac{f'}{f}\right)^2 - 3\,\frac{f''}{f} + 9\,\frac{g}{f} = 0$$

ist; für $v(x) = \dfrac{u'}{u}$ geht die letzte DGl über in die Riccatische DGl

$$30\, v' + 10\, v^2 + 10\,\frac{f'}{f}\, v + \left(\frac{f'}{f}\right)^2 - 3\,\frac{f''}{f} + 9\,\frac{g}{f} = 0$$

Zur Lage der Nullstellen bei linear unabhängigen Lösungen von (1) (Trennungssatz) vgl. 17·3. Einige weitere Sätze dieser Art für DGlen vierter Ordnung findet man bei *G. Cimmino*, Math. Zeitschrift 32 (1930) 4—58 und *W. M. Whyburn*, Americ. Journ. Math. 52 (1930) 171—196.

§ 8. Numerische, graphische und maschinelle Integrationsverfahren.

28. Numerische Integration: Differentialgleichungen erster Ordnung.

Lit.: Encyklopädie II_3, S. 141—159. *Bennett-Milne-Bateman*, Numerical Integration. *Lindow*, Numerische Infinitesimalrechnung, Kap. 4. *E. J. Nyström*, Über die numerische Integration von Differentialgleichungen, Acta Soc. Fennicae 50 (1926) Nr. 13. *Runge-König*, Numerisches Rechnen, S. 286—323. *Scarborough*, Numerical Analysis. *Schulz*, Formelsammlung, S. 111—132. *Willers*, Prakt. Analysis, S. 305—334.

---

[1]) Die Koeffizienten sind ausgerechnet bei *W. Sternberg*, Math. Zeitschrift 3 (1919) 192.

28·1. Verfahren von Runge, Heun und Kutta[1]. Es sei die DGl

$$y' = f(x, y) \tag{1}$$

gegeben.

Das Prinzip der viel verwendeten Methode von *Runge-Heun-Kutta* besteht darin, daß für ein Intervall $x_0 \leqq x \leqq x_0 + h$ Punkte ξ_ν, η_ν und Gewichte R_ν $(\nu = 0, 1, \ldots, m)$ so bestimmt werden, daß die Ordinate $y_1 = \varphi(x_0 + h)$ der durch x_0, y_0 gehenden IKurve $y = \varphi(x)$ an der Stelle $x_0 + h$ durch den Ausdruck

$$k = y_0 + h\ [R_0 f(\xi_0, \eta_0) + \cdots + R_m f(\xi_m, \eta_m)]$$

möglichst genau angegeben wird, und zwar möglichst genau in dem Sinne, daß bei einer Entwicklung von $\varphi(x)$ und $f(x, \varphi(x))$ nach Potenzen von h[2] in der Gl $\varphi'(x) = f(x, \varphi)$ möglichst viele Glieder auf beiden Seiten übereinstimmen. Dabei soll $\xi_0 = x_0$, $\eta_0 = y_0$ und

$$\begin{aligned} k_1 &= hf(\xi_0, \eta_0), \quad \eta_1 = \eta_0 + \alpha_1 k_1, \\ k_2 &= hf(\xi_1, \eta_1), \quad \eta_2 = \eta_0 + \alpha_2 k_1 + \beta_2 k_2 \\ &\cdots\cdots\cdots\cdots\cdots \end{aligned}$$

sein; ferner sollen die $R_\nu, \alpha_\nu, \beta_\nu$ unabhängig von der Funktion f gewählt werden. Die Durchführung der Rechnung ergibt folgendes:

Für die durch den Punkt x_0, y_0 gehende IKurve $y = \varphi(x)$ erhält man an den äquidistanten Stellen $x_0, x_1, x_2, \ldots$ $(x_{\nu+1} - x_\nu = h > 0)$ eine Folge von Werten $y_0, y_1, y_2, \ldots$, so daß $y_\nu \approx \varphi_\nu(x)$ ist, indem man je nach dem gewünschten Näherungsgrad folgende Formeln benutzt, um nacheinander $y_1, y_2, \ldots$ zu berechnen:

Formel erster Ordnung:

$$y_{\nu+1} - y_\nu = hf(x_\nu, y_\nu).$$

Formeln zweiter Ordnung:

$$k_1 = hf(x_\nu, y_\nu), \quad k_2 = hf(x_\nu + h, y_\nu + k_1),$$
$$y_{\nu+1} - y_\nu = \frac{1}{2}(k_1 + k_2)$$

oder auch

$$k_1 = hf(x_\nu, y_\nu), \quad k_2 = hf\left(x_\nu + \frac{1}{2}h, y_\nu + \frac{1}{2}k_1\right),$$
$$y_{\nu+1} - y_\nu = 0 \cdot k_1 + k_2.$$

---

[1] Außer der am Anfang genannten Literatur s. auch *W. Kutta*, Zeitschrift f. Math. Phys. 46 (1901) 435—453. *H. Koch*, Über die praktische Anwendung der Runge-Kuttaschen Methode zur numerischen Integration von Differentialgleichungen; Diss. Göttingen 1909. *Levy-Baggott*, Numerical studies, S. 96—110.

[2] Hier wird also vorausgesetzt, daß $f(x, y)$ eine analytische Funktion ist.

Formeln dritter Ordnung:

$$k_1 = h f(x_\nu, y_\nu), \quad k_2 = h f\left(x_\nu + \frac{1}{2} h, \; y_\nu + \frac{1}{2} k_1\right),$$
$$k_3 = h f(x_\nu + h, \; y_\nu - k_1 + 2 k_2),$$
$$y_{\nu+1} - y_\nu = \frac{1}{6} k_1 + \frac{2}{3} k_2 + \frac{1}{6} k_3$$

oder auch

$$k_1 = h f(x_\nu, y_\nu), \quad k_2 = h f\left(x_\nu + \frac{1}{3} h, \; y_\nu + \frac{1}{3} k_1\right),$$
$$k_3 = h f\left(x_\nu + \frac{2}{3} h, \; y_\nu + \frac{2}{3} k_2\right),$$
$$y_{\nu+1} - y_\nu = \frac{1}{4} k_1 + 0 \cdot k_2 + \frac{3}{4} k_3 .$$

Formeln vierter Ordnung:

$$k_1 = h f(x_\nu, y_\nu), \quad k_2 = h f\left(x_\nu + \frac{1}{2} h, \; y_\nu + \frac{1}{2} k_1\right),$$
$$k_3 = h f\left(x_\nu + \frac{1}{2} h, \; y_\nu + \frac{1}{2} k_2\right), \quad k_4 = h f(x_\nu + h, \; y_\nu + k_3),$$
$$y_{\nu+1} - y_\nu = \frac{1}{6} k_1 + \frac{1}{3} k_2 + \frac{1}{3} k_3 + \frac{1}{6} k_4$$

oder auch

$$k_1 = h f(x_\nu, y_\nu), \quad k_2 = h f\left(x_\nu + \frac{1}{3} h, \; y_\nu + \frac{1}{3} k_1\right),$$
$$k_3 = h f\left(x_\nu + \frac{2}{3} h, \; y_\nu - \frac{1}{3} k_1 + k_2\right), \quad k_4 = h f(x_\nu + h, \; y_\nu + k_1 - k_2 + k_3),$$
$$y_{\nu+1} - y_\nu = \frac{1}{8} k_1 + \frac{3}{8} k_2 + \frac{3}{8} k_3 + \frac{1}{8} k_4 .$$

Es gibt noch andere derartige Formeln. Eine brauchbare Fehlerabschätzung ist nicht bekannt. Die Fehler werden mit wachsender Entfernung vom Ausgangspunkt x_0 im allgemeinen immer stärker wachsen. Um zu einer ungefähren Abschätzung des Fehlers zu gelangen, kann man die Rechnung einmal mit der Schrittweite h und ein zweites Mal mit der Schrittweite $\frac{1}{2} h$ durchführen. Bei den Formeln m-ter Ordnung ist dann der Fehler der genaueren Rechnung näherungsweise $\frac{1}{2^m - 1}$ von der Differenz der beiden Ergebnisse[1]).

28·2. Kombiniertes Interpolations- und Iterationsverfahren[2]). Ist für die DGl (I) die IKurve $y = \varphi(x)$ mit dem Anfangswert $\varphi(x_0) = y_0$

[1]) Nach *Schulz*, Formelsammlung, S. 112. Vgl. auch *Koch*, a. a. O., S. 15.

[2]) Es handelt sich hier um eine Ausgestaltung des Verfahrens 2·2 für die praktische Rechnung. Vgl. auch *Nyström*, a. a. O., S. 29ff. *A. Nowakowski*, Zeitschrift f. angew. Math. Mech. 13 (1933) 299—322. *G. Schulz*, ebenda 12 (1932) 54—59 und Formelsammlung, S. 114—116.

gesucht, so nimmt man zu den äquidistanten Punkten $x_0, x_1, x_2, \ldots$ $(x_{n+1} - x_n = h > 0)$ irgendeine Wertefolge $y_0^0 = y_0, y_1^0, y_2^0, \ldots$ an (z. B. alle $y_n^0 = y_0$ oder noch besser eine solche, für welche die Punkte x_n, y_n^0 schon in der Nähe der gesuchten IKurve liegen), berechnet $f_n^0 = f(x_n, y_n^0)$ und stellt das Interpolationspolynom (nach *Lagrange*, *Newton* oder mit Hilfe der Differenzenrechnung) auf, das für $x = x_n$ den Wert f_n^0 annimmt. Durch Integration dieses Polynoms erhält man für die Stellen $x_0, x_1, x_2, \ldots$ eine verbesserte Wertefolge $y_0^1 = y_0, y_1^1, y_2^1, \ldots$. Auf diese wendet man das Verfahren von neuem an und fährt so fort, bis sich die Näherungsfolgen innerhalb der zugelassenen Fehlergrenze nicht mehr ändern. Werden die Zahlen dieser letzten Wertefolge kurz mit y_n bezeichnet, so ist $y_n \approx \varphi(x_n)$.

Verwendet man z. B. die Besselsche Interpolationsformel (vgl. *Schulz*, Formelsammlung, S. 77 und 86), so hat man

$$y_{n+1}^{\nu+1} - y_n^{\nu+1} = h\left[\frac{f_{n+1}^{\nu} + f_n^{\nu}}{2} - \frac{1}{12}\,\frac{\Delta^2 f_n^{\nu} + \Delta^2 f_{n-1}^{\nu}}{2} + \frac{11}{720}\,\frac{\Delta^4 f_{n-1}^{\nu} + \Delta^4 f_{n-2}^{\nu}}{2} - \frac{191}{60480}\,\frac{\Delta^6 f_{n-2}^{\nu} + \Delta^6 f_{n-3}^{\nu}}{2} + \cdots\right]$$

$(n = 0, 1, 2, \ldots;\ \nu = 0, 1, 2, \ldots)$ und dazu das Rechenschema

$$\begin{array}{cccccc|ccccc}
x_0 & y_0 & f_0 & & * & \cdots & y_0 & f_0 & & * & \\
 & & & \Delta f_0^0 & & \cdots & & & \Delta f_0^1 & \cdots & \\
x_1 & y_1^0 & f_1^0 & & \Delta^2 f_0^0 & \cdots & y_1^1 & f_1^1 & & \cdots & \\
 & & & \Delta f_1^0 & & \cdots & & & \Delta f_1^1 & \cdots & \\
x_2 & y_2^0 & f_2^0 & & \Delta^2 f_1^0 & \cdots & y_2^1 & f_2^1 & & \cdots & \\
 & & & \Delta f_2^0 & & \cdots & & & \Delta f_2^1 & \cdots & \\
x_3 & y_3^0 & f_3^0 & & \Delta^2 f_2^0 & \cdots & y_3^1 & f_3^1 & & \cdots & \\
 & & & \Delta f_3^0 & & \cdots & & & \Delta f_3^1 & \cdots & \\
x_4 & y_4^0 & f_4^0 & & \Delta^2 f_3^0 & \cdots & y_4^1 & f_4^1 & & \cdots & \\
\cdot & \cdot & \cdot & \cdot & \cdot & \cdot & \cdot & \cdot & \cdot & \cdot &
\end{array}$$

Um die Werte an den mit * bezeichneten Stellen zu erhalten, muß man innerhalb der betreffenden Spalte extrapolieren oder die Spalten von vornherein weiter nach oben fortsetzen. Ein Vorteil dieses Verfahrens ist, daß Ungenauigkeiten oder kleine Fehler im Laufe der Rechnung sich selbst korrigieren.

28·3. Das Extrapolationsverfahren von Adams[1]). Der Grundgedanke (vgl. hierzu auch 30·6) bei diesem Verfahren, das heute vielleicht am meisten

---

[1]) Außer der am Anfang angegebenen Literatur vgl. *F. Bashfort — J. C. Adams*, An attempt to test the Theory of Capillary Action, Cambridge 1883. *Levy-Baggott*,

benutzt wird, ist folgender: Soll die Lösung $y = \varphi(x)$ der DGl (1) mit dem Anfangswert $y_0 = \varphi(x_0)$ für eine Folge äquidistanter Stellen $x_0, x_1, x_2, \ldots$ $(x_{\nu+1} - x_\nu = h > 0)$ genähert berechnet werden, so sind als vorbereitender Schritt für eine gewisse Anzahl von Stellen $x_0, x_1, \ldots, x_n$ (z. B. $n = 3$) hinreichend genaue Näherungswerte y_ν für $\varphi(x_\nu)$ zu berechnen (das soll möglichst genau geschehen; über die Durchführung dieses vorbereitenden Schrittes s. 28·4 (a)). Ist dies geschehen, so berechnet man $f_\nu = f(x_\nu, y_\nu)$ für diese ν und stellt wie bei 28·2 das Interpolationspolynom $P(x)$ auf, das für die letzten m (z. B. $m = 4$) der x_ν die Werte f_ν annimmt. Dieses Polynom wird integriert (z. B. zwischen x_n und x_{n+1}) und so der Näherungswert y_{n+1} für $\varphi(x_{n+1})$ berechnet. Das ist der erste Extrapolationsschritt. Mit y_{n+1} wird $f(x_{n+1}, y_{n+1})$ berechnet und das zu den letzten m Punkten gehörige Interpolationspolynom jetzt zur Berechnung von y_{n+2} benutzt (zweiter Extrapolationsschritt), usw.

Als Interpolationsformel ist hier wieder die Besselsche Formel (s. *Schulz*, Formelsammlung, S. 77, 86) brauchbar, die nach Ausführung der Integration

$$(2) \qquad \int_{\xi_1}^{\xi_2} P(x)\,dx = h \sum_{\nu=0}^{m} \left[a_\nu \left(\frac{\xi_2 - x_k}{h}\right) - a_\nu \left(\frac{\xi_1 - x_k}{h}\right)\right] \nabla^\nu f_k$$

lautet, wenn $P(x)$ mit f_ν an den Stellen x_ν für $\nu = k, k-1, \ldots, k-m+1$ übereinstimmt; dabei ist

$$\nabla^0 f_k = f_k, \quad \nabla^1 f_k = \nabla f_k = f_k - f_{k-1}, \quad \nabla^\nu f_k = \nabla(\nabla^{\nu-1} f_k)$$

und

$$a_0(u) = u, \quad a_1(u) = \frac{u^2}{2}, \quad a_2(u) = \frac{u^2}{12}(2u+3),$$

$$a_3(u) = \frac{u^2}{24}(u+2)^2, \quad a_4(u) = \frac{u^2}{720}(6u^3 + 45u^2 + 110u + 90),$$

$$a_5(u) = \frac{u^2}{1440}(2u^4 + 24u^3 + 105u^2 + 200u + 144),$$

$$a_6(u) = \frac{u^2}{60480}(12u^5 + 210u^4 + 1428u^3 + 4725u^2 + 7672u + 5040).$$

Numerical studies, S. 111—162. *G. Schulz*, Formelsammlung, S. 116—126. *E. T. Whittaker — G. Robinson*, The Calculus of Observations, London 1924, S. 363—367. Für einen Beweis der Konvergenz des Verfahrens s. *J. Tamarkine*, Math. Zeitschrift 16 (1923) 214—219.

Die Extrapolation kann durchgeführt werden als

(a) Unmittelbare Extrapolation. Man benutzt dabei nach *Adams* die aus (2) folgende Formel

$$(3)\quad y_{n+1} - y_n = h\left[f_n + \frac{1}{2}\nabla f_n + \frac{5}{12}\nabla^2 f_n + \frac{3}{8}\nabla^3 f_n + \frac{251}{720}\nabla^4 f_n + \frac{95}{288}\nabla^5 f_n + \frac{19087}{60480}\nabla^6 f_n + \cdots\right]$$

oder nach *Nyström*[1]) besser

$$(4)\quad y_{n+1} - y_{n-1} = h\left[2f_n + \frac{1}{3}(\nabla^2 f_n + \nabla^3 f_n + \nabla^4 f_n + \nabla^5 f_n + \nabla^6 f_n) - \frac{1}{90}(\nabla^4 f_n + 2\nabla^5 f_n + 3\nabla^6 f_n) + \frac{1}{756}\nabla^6 f_n + \cdots\right]$$

und das Rechenschema

x_{n-3}	y_{n-3}	f_{n-3}		$\nabla^2 f_{n-2}$		$\cdots$
			∇f_{n-2}		$\nabla^3 f_{n-1}$	$\cdots$
x_{n-2}	y_{n-2}	f_{n-2}		$\nabla^2 f_{n-1}$		$\cdots$
			∇f_{n-1}		$\nabla^3 f_n$	$\cdots$
x_{n-1}	y_{n-1}	f_{n-1}		$\nabla^2 f_n$		$\cdots$
			∇f_n		$\nabla^3 f_{n+1}$	
x_n	y_n	f_n		$\nabla^2 f_{n+1}$		
			∇f_{n+1}			
x_{n+1}	y_{n+1}	f_{n+1}				

Bis zu der Treppenlinie ist die zweite Spalte auf Grund der vorbereitenden Rechnung bekannt, die folgenden Spalten können somit leicht berechnet werden. Durch (3) oder (4) erhält man y_{n+1} und kann nun die ganze erste Schrägzeile unter der Treppenlinie berechnen. Aus (3) bzw. (4) mit $n+1$ statt n erhält man dann y_{n+2}, usw.

Für eine Fehlerabschätzung s. *R. v. Mises*, Zeitschrift f. angew. Math. Mech. 10 (1930) 81–92. *W. Tollmien*, ebenda 18 (1938) 83–90.

(b) Mittelbare Extrapolation durch schrittweise Näherung, auch Interpolationsverfahren genannt. Nach der vorbereitenden Rechnung entnimmt man aus (3) einen ersten Näherungswert y^0_{n+1}, indem man von der rechten Seite nur das erste Glied oder die beiden ersten Glieder berücksichtigt. Mit diesem ersten Näherungswert wird die erste Schrägzeile unter der Treppenlinie des folgenden Rechenschemas (kleiner Antiqua-

[1]) A. a. O., S. 33.

Rechenschema:

x_{n-3}	y_{n-3}	f_{n-3}		$\nabla^2 f_{n-2}$		$\cdots$
			∇f_{n-2}		$\nabla^3 f_{n-1}$	$\cdots$
x_{n-2}	y_{n-2}	f_{n-2}		$\nabla^2 f_{n-1}$		$\cdots$
			∇f_{n-1}		$\nabla^3 f_n$	$\cdots$
x_{n-1}	y_{n-1}	f_{n-1}		$\nabla^2 f_n$		$\cdots$
			∇f_n		$\nabla^3 f^0_{n+1}$	$\cdots$
x_n	y_n	f_n		$\nabla^2 f^0_{n+1}$		$\cdots$
			∇f^0_{n+1}		$\nabla^3 f^1_{n+1}$	$\cdots$
x_{n+1}	y^0_{n+1}	f^0_{n+1}		$\nabla^2 f^1_{n+1}$	$\cdots\cdots$	$\cdots$
			∇f^1_{n+1}	$\cdots\cdots$		
	y^1_{n+1}	f^1_{n+1}	$\cdots\cdot$			
					$\nabla^3 f_{n+1}$	$\cdots$
	$\cdots$	$\cdots$		$\nabla^2 f_{n+1}$		$\cdots$
			∇f_{n+1}		$\nabla^3 f^0_{n+2}$	$\cdots$
	y_{n+1}	f_{n+1}		$\nabla^2 f^0_{n+2}$		
			∇f^0_{n+2}			
x_{n+2}	y^0_{n+2}	f^0_{n+2}				

druck) gebildet. Mit Benutzung dieser Schrägzeile berechnet man nach (mit $\xi_1 = x_n$, $\xi_2 = x_{n+1}$, $k = n + 1$, d. h. nach

$$(5) \quad y^1_{n+1} - y_n = h\Big[f^0_{n+1} - \frac{1}{2}\nabla f^0_{n+1} - \frac{1}{12}\nabla^2 f^0_{n+1} - \frac{1}{24}\nabla^3 f^0_{n+1} - \frac{19}{720}\nabla^4 f^0_{n+1} - \frac{3}{160}\nabla^5 f^0_{n+1} - \frac{863}{60480}\nabla^6 f^0_{n+1} + \cdots$$

einen zweiten Näherungswert y^1_{n+1} und kann nun mit y^1_{n+1} statt y das Verfahren wiederholen, bis man keine weitere Verbesserung mehr e zielt. Das Verfahren konvergiert im allgemeinen sehr rasch (häufig genüg zwei oder drei solcher Näherungen) zu einem Wert y_{n+1}, den man d weiteren Rechnung zugrunde legen kann. Das Verfahren hat den Vorte daß die Zahlenkoeffizienten in (5) offensichtlich kleiner als in (3) sin und ist im allgemeinen genauer als das Verfahren (a).

Für eine Fehlerabschätzung s. *G. Schulz*, Zeitschrift f. angew. Math. Mech. (1932) 44—59. *W. Tollmien*, ebenda 18 (1938) 83—90. *Collatz-Zurmühl*, eben 22 (1942).

28·4. Ergänzungen zum Verfahren von Adams. Für die praktisc Rechnung nach dem Verfahren von *Adams* scheint heute die mittelba Extrapolation 28·3 (b) bevorzugt zu werden. Dabei sind noch mancher Varianten möglich. Von diesen werden einige, die bei praktischen Rec nungen erprobt sind, im folgenden angegeben.

(a) Bei der vorbereitenden Rechnung kommt es nach dem Anfang von 28·3 darauf an, die IKurve $y = \varphi(x)$ für eine gewisse kleine Anzahl von Stellen $x_0, x_1, \ldots, x_n$ ziemlich genau zu berechnen. Das wird in vielen Fällen so geschehen können, daß man für $\varphi(x)$ eine Potenzreihe ansetzt und durch Eintragen dieser Reihe in die DGl die ersten Glieder der Reihe berechnet. Natürlich stehen auch die übrigen allgemeinen Verfahren (z. B. das Iterationsverfahren in der Form 2·2 oder 28·2 sowie die *Runge-Kutta*schen Formeln 28·1) zur Verfügung. Für ein besonders bequemes Verfahren s. auch (b).

(b) Für den Fall, daß es genügt, die dritten Differenzen zu berücksichtigen (was für hinreichend klein gewähltes h zutrifft), empfiehlt *W. E. Milne*[1]) folgende Variante des Verfahrens 28·3 (b): Aus (2) mit $k = n + 1$ folgt

(6) $$y_{n+1} \approx y_{n-3} + \frac{4}{3} h (2 f_n - f_{n-1} + 2 f_{n-2}) = y_{n-3} + 4h \left(f_{n-1} + \frac{2}{3} \nabla^2 f_n\right);$$

weiter hat man die Simpsonsche Regel

(7) $$y_{n+1} \approx y_{n-1} + \frac{1}{3} h (f_{n+1} + 4 f_n + f_{n-1}) = y_{n-1} + h \left(2 f_n + \frac{1}{3} \nabla^2 f_{n+1}\right).$$

Die zweite Formel ist im allgemeinen genauer als die erste, aber die erste liefert einen Näherungswert für y_{n+1} allein auf Grund der Kenntnis von $y_{n-3}, \ldots, y_n$. Hat man diese Werte mit genügender Genauigkeit berechnet, so kann man also durch (6) einen ersten Näherungswert y^0_{n+1} finden und diesen durch (7) mit $f_{n+1} = f(x_{n+1}, y^0_{n+1})$ verbessern.

Die Berechnung eines ersten Wertequadrupels (vorbereitende Rechnung) $y_{-1}, \ldots, y_2$ kann so erfolgen: Man geht aus von

$$y^0_{-1} = y_0 - h f_0, \quad y^0_1 = y_0 + h f_0, \quad y^0_2 = y_0 + 2 h f_0,$$

berechnet f^0_{-1}, f^0_1, f^0_2 und als nächste Näherung mit (6) und einer weiteren aus (2) folgenden Formel

$$y^1_2 = y_0 + \frac{1}{3} h (f^0_2 + 4 f^0_1 + f_0),$$

$$y^1_1 = y_0 + \frac{1}{24} h (-f^0_2 + 13 f^0_1 + 13 f_0 - f^0_{-1}),$$

$$y^1_{-1} = y^1_1 - \frac{1}{3} h (f^0_1 + 4 f_0 + f^0_{-1}),$$

sodann aus der DGl f^1_2, f^1_1, f^1_{-1} und nach den obigen Formeln mit f^1_ν statt f^0_ν neue Näherungswerte y^2_ν. Die Rechnung wird wiederholt, bis die gewünschte Genauigkeit erreicht ist.

---

[1]) Americ. Math. Monthly 33 (1926) 455–460.

Für Einzelheiten, Abschätzung des Fehlers und Beispiele s. *Milne*, a. a. O. Vgl. auch *H. Levy*, Proceedings London Math. Soc. 7 (1932) 305—318. *W. G. Bickley*, Philos. Magazine (7) 13 (1932) 1006—1014. *W. Sibagaki*, Proc. Phys.-math. Soc. Japan (3) 18 (1936) 659—705. *L. Collatz* — *R. Zurmühl*, Zeitschrift f. angew. Math. Mech. 21 (1941).

(c) Für genauere Rechnung ist folgende von *Lindelöf* angegebene Variante zu empfehlen. Mit $\xi_1 = x_{n-1}$, $\xi_2 = x_{n+1}$, $k = n + 2$ folgt aus (2) bei Fortlassen der höheren Differenzen

$$(8)\qquad y_{n+1} - y_{n-1} = h\left[2f_n + \frac{1}{3}(\nabla^2 f_n + \nabla^3 f_n)\right] + \frac{h}{3}\left[\nabla^4 f_{n+1} - \frac{1}{30}\nabla^4 f_{n+2}\right].$$

Ist das Rechenschema von 28·3.(b) bis zur Treppenlinie aufgestellt, so läßt man in (8) zunächst die zweite Zeile fort und berechnet y^0_{n+1} aus

$$(9)\qquad y^0_{n+1} - y_{n-1} = h\left[2f_n + \frac{1}{3}(\nabla^2 f_n + \nabla^3 f_n)\right].$$

Damit kann man einen Näherungswert $f^0_{n+1} = f(x_{n+1}, y^0_{n+1})$ berechnen und die erste Schrägzeile unter der Treppenlinie bilden. Indem man in (9) n durch $n + 1$ ersetzt, kann man auch Näherungswerte y^0_{n+2}, f^0_{n+2} und die zugehörige Schrägzeile berechnen. Nun kann die Korrektion

$$\delta_{n+1} = \frac{h}{3}\left[\nabla^4 f^0_{n+1} - \frac{1}{30}\nabla^4 f_{n+2}\right]$$

berechnet werden, die nach (8) an y^0_{n+1} anzubringen ist.

Für den nächsten Schritt ist aus (9) mit $n + 2$ statt n nun y^0_{n+3} und die zugehörige Schrägzeile neu zu berechnen. Damit kann man δ_{n+2} finden; usw.

Für eine weitere Verfeinerung des Verfahrens und durchgerechnete Beispiele s. *Lindelöf*, a. a. O.

29. Numerische Integration: Differentialgleichungen höherer Ordnung.

Die Methoden von 28 lassen sich auf Systeme von DGlen erster Ordnung und damit (vgl. 14) auch auf DGlen höherer Ordnung ausdehnen. Für DGlen zweiter Ordnung sind, entsprechend ihrer Wichtigkeit, die Lösungsverfahren eingehender entwickelt.

29·1. Systeme von Differentialgleichungen erster Ordnung.

(a) Verfahren von *Runge-Kutta*. Bei der Übertragung der Formeln von 28·1 auf das System

$$(1)\qquad y'(x) = f(x, y, z), \quad z'(x) = g(x, y, z)$$

---

[1]) *E. Lindelöf*, Acta Soc. Fennicae A 2 (1938) No. 13, S. 6ff.

lautet z. B. die erste der Formeln zweiter Ordnung[1])

$$k_1 = h f(x_\nu, y_\nu, z_\nu), \quad l_1 = h g(x_\nu, y_\nu, z_\nu),$$

$$k_2 = h f(x_\nu + h, y_\nu + k_1, z_\nu + l_1), \quad l_2 = h g(x_\nu + h, y_\nu + k_1, z_\nu + l_1),$$

$$y_{\nu+1} - y_\nu = \frac{1}{2}(k_1 + k_2), \quad z_{\nu+1} - z_\nu = \frac{1}{2}(l_1 + l_2)$$

und die erste der Formeln vierter Ordnung[2])

$$k_1 = h f(x_\nu, y_\nu, z_\nu), \quad l_1 = h g(x_\nu, y_\nu, z_\nu),$$

$$k_2 = h f\left(x_\nu + \frac{h}{2}, y_\nu + \frac{k_1}{2}, z_\nu + \frac{l_1}{2}\right), \quad l_2 = h g\left(x_\nu + \frac{h}{2}, y_\nu + \frac{k_1}{2}, z_\nu + \frac{l_1}{2}\right),$$

$$k_3 = h f\left(x_\nu + \frac{h}{2}, y_\nu + \frac{k_2}{2}, z_\nu + \frac{l_2}{2}\right), \quad l_3 = h g\left(x_\nu + \frac{h}{2}, y_\nu + \frac{k_2}{2}, z_\nu + \frac{l_2}{2}\right),$$

$$k_4 = h f(x_\nu + h, y_\nu + k_3, z_\nu + l_3), \quad l_4 = h g(x_\nu + h, y_\nu + k_3, z_\nu + l_3),$$

$$y_{\nu+1} - y_\nu = \frac{1}{6}(k_1 + 2k_2 + 2k_3 + k_4),$$

$$z_{\nu+1} - z_\nu = \frac{1}{6}(l_1 + 2l_2 + 2l_3 + l_4).$$

(b) Verfahren von *Adams*. Man hat zunächst wieder an einer gewissen Anzahl von Stellen $x_0, x_1, \ldots, x_n$ hinreichend genaue Näherungswerte y_ν, z_ν für die gesuchte Lösung zu berechnen. Bei der Wahl des Verfahrens 28·3 (a) für das System (1) rechnet man dann nach (3) (oder entsprechend bei Verwendung von (4)) und einer zweiten Formel weiter, die sich aus (3) ergibt, wenn man y, f durch z, g ersetzt; dabei ist jetzt

$$f_n = f(x_n, y_n, z_n), \quad g_n = g(x_n, y_n, z_n).$$

Neben dem Differenzenschema von 28·3 (a) für f ist jetzt noch ein zweites für g zu bilden.

29·2. Runge-Kuttasche Formeln für Differentialgleichungen zweiter Ordnung[3]). Für die DGl

$$y'' = f(x, y, y') \tag{2}$$

gelten folgende Formeln[4]):

$$k_1 = h f(x_\nu, y_\nu, y'_\nu),$$

$$k_2 = h f\left(x_\nu + \frac{h}{2}, y_\nu + \frac{h}{2} y'_\nu + \frac{h}{8} k_1, y'_\nu + \frac{k_1}{2}\right),$$

---

[1]) Vgl. *Schulz*, Formelsammlung, S. 114.

[2]) *Lindow*, a. a. O., S. 122. *Nyström*, a. a. O., S. 5f.

[3]) Vgl. hierzu 28·1 und die am Anfang von 28 angegebene Literatur, insbes *Nyström*, a. a. O. Bei *Nyström* findet man auch Formeln für Systeme von DGlen zweiter Ordnung.

[4]) *Nyström*, a. a. O., S. 25, Nr. V. Vgl. auch *R. Zurmühl*, Zeitschr. f. angew. Math. Mech. 20 (1940) 110f. mit entsprechenden Formeln für DGlen dritter Ordnung; jedoch erfordern die dort benutzten Bezeichnungen Vorsicht.

$$k_3 = hf\left(x_\nu + \frac{h}{2},\ y_\nu + \frac{h}{2}y'_\nu + \frac{h}{8}k_1,\ y'_\nu + \frac{k_2}{2}\right),$$
$$k_4 = hf\left(x_\nu + h,\ y_\nu + h\,y'_\nu + \frac{h}{2}k_3,\ y'_\nu + k_3\right),$$
$$y_{\nu+1} = y_\nu + h\,A_\nu \quad \text{mit} \quad A_\nu = y'_\nu + \frac{1}{6}(k_1 + k_2 + k_3),$$
$$y'_{\nu+1} = A_\nu + \frac{1}{6}(k_2 + k_3 + k_4).$$

Für die speziellere DGl

(3) $$y'' = f(x, y)$$

vereinfachen sich diese Formeln zu

$$k_1 = hf(x_\nu, y_\nu),$$
$$k_2 = hf\left(x_\nu + \frac{h}{2},\ y_\nu + \frac{h}{2}y'_\nu + \frac{h}{8}k_1\right),$$
$$k_3 = hf\left(x_\nu + h,\ y_\nu + h\,y'_\nu + \frac{h}{2}k_2\right),$$
$$y_{\nu+1} = y_\nu + h\,B_\nu \quad \text{mit} \quad B_\nu = y'_\nu + \frac{1}{6}(k_1 + 2\,k_2),$$
$$y'_{\nu+1} = B_\nu + \frac{1}{6}(2\,k_2 + k_3).$$

29·3. Das Verfahren von Adams-Störmer für $y'' = f(x, y, y')$.

(a) Die DGl (2) wird, indem man $y' = z$ setzt, auf ein spezielles System (1) von zwei DGlen erster Ordnung zurückgeführt, und die Rechnung kann (vgl 29·1 (b)) nun[1]) z. B. mit Hilfe der beiden Formeln

$$z_{n+1} - z_n = h\left[f_n + \frac{1}{2}\nabla f_n + \frac{5}{12}\nabla^2 f_n + \cdots\right]^{2)}$$

und

(4) $$\nabla^2 y_{n+1} = y_{n+1} - 2\,y_n + y_{n-1}$$
$$= h^2\left[f_n + \frac{1}{12}\nabla^2 f_n + \frac{1}{12}\nabla^3 f_n + \frac{19}{240}\nabla^4 f_n + \frac{3}{40}\nabla^5 f_n + \frac{863}{12\,096}\nabla^6 f_n + \cdots\right]$$

durchgeführt werden.

---

[1]) Vgl. *C. Störmer*, Comptes Rendus du Congrès international des mathématiciens Strasbourg 1920 (Toulouse 1921), S. 243—257 und Norsk mat. Tidsskrift 3 (1921) 121—134. *Schulz*, Formelsammlung, S. 116—126. *E. Lindelöf*, Acta Soc. Fennicae A 2 (1938) No. 13.

[2]) Die rechte Seite ist dieselbe wie in 28 (3), nur hat f hier eine andere Bedeutung.

(b) Für die Anwendung der mittelbaren Extrapolation 28·3 (b) werden von *L. Collatz* — *R. Zurmühl*[1]) die Formeln

$$\nabla^2 y_{n+1} = y_{n+1} - 2\,y_n + y_{n-1} = h^2 \left(f_n + \frac{1}{12}\,\nabla^2 f_{n+1}\right)$$

$$y'_{n+1} - y'_{n-1} = h\left(2\,f_n + \frac{1}{3}\,\nabla^2 f_{n+1}\right)$$

zur Verbesserung vorläufiger Werte y_{n+1} empfohlen, die man aus dem Gang der Werte $y_n, y_{n-1}, \ldots$ oder aus der Formel (4) durch Abbrechen hinter $\nabla^2 f_n$ entnehmen kann.

29·4. Das Verfahren von Adams-Störmer für $y'' = f(x, y)$.

(a) In diesem Fall kann die Rechnung schon allein auf Grund von (4) durchgeführt werden. Man hat dann das Rechenschema[2])

x_{n-3}	y_{n-3}		$\nabla^2 y_{n-2}$	f_{n-3}		$\nabla^2 f_{n-2}$		..
		∇y_{n-2}			∇f_{n-2}		$\nabla^3 f_{n-1}$	...
x_{n-2}	y_{n-2}		$\nabla^2 y_{n-1}$	f_{n-2}		$\nabla^2 f_{n-1}$		...
		∇y_{n-1}			∇f_{n-1}		$\nabla^3 f_n$	...
x_{n-1}	y_{n-1}		$\nabla^2 y_n$	f_{n-1}		$\nabla^2 f_n$		...
		∇y_n			∇f_n		$\nabla^3 f_{n+1}$	
x_n	y_n		$\nabla^2 y_{n+1}$	f_n		$\nabla^2 f_{n+1}$		
		∇y_{n+1}			∇f_{n+1}			
x_{n+1}	y_{n+1}			f_{n+1}				

Ist man bei der Rechnung bis zu der Treppenlinie gelangt, so liefert (4) $\nabla^2 y_{n+1}$. Damit hat man auch ∇y_{n+1} und y_{n+1} und kann nun auch f_{n+1}, $\nabla f_{n+1}, \ldots$ berechnen. Der nächste Schritt besteht in der Berechnung von $\nabla^2 y_{n+2}$ durch (4) mit $n+1$ statt n; usw.

Für eine Fehlerabschätzung s. *G. Schulz*, Zeitschrift f. angew. Math. Mech. 14 (1934) 224—234.

(b) *W. E. Milne*[3]) empfiehlt für die Lösung der DGl die Formeln

$$(5)\quad \left\{\begin{aligned} y_{n+1} - y_n &= y_{n-2} - y_{n-3} + \frac{h^2}{4}\,(5 f_n + 2 f_{n-1} + 5 f_{n-2}) \\ &= y_{n-2} - y_{n-3} + h^2\left(3 f_{n-1} + \frac{5}{4}\,\nabla^2 f_n\right), \\ y_{n+1} - y_n &= y_n - y_{n-1} + \frac{h^2}{12}\,(f_{n+1} + 10 f_n + f_{n-1}) \\ &= y_n - y_{n-1} + h^2\left(f_n + \frac{1}{12}\,\nabla^2 f_{n+1}\right), \end{aligned}\right.$$

---

[1]) Zeitschrift f. angew. Math. Mech. 21 (1941) [voraussichtlich].

[2]) Vgl. *Störmer* und *Schulz*, a. a. O.

[3]) Americ. Math. Monthly 40 (1933) 322—327. Vgl. auch *D. R. Hartree*, Memoirs Manchester 76 (1932) 91—107.

wenn die vierten und höheren Differenzen vernachlässigt werden können;

$$(6)\quad \begin{cases} y_{n+1} - y_n = y_{n-4} - y_{n-5} + \frac{h^2}{48}(67 f_n - 8 f_{n-1} + 122 f_{n-2} \\ \qquad\qquad\qquad\qquad - 8 f_{n-3} + 67 f_{n-4}), \\ y_{n+1} - y_n = y_{n-2} - y_{n-3} + \frac{h^2}{240}(17 f_{n+1} + 232 f_n + 222 f_{n-1} \\ \qquad\qquad\qquad\qquad + 232 f_{n-2} + 17 f_{n-3}), \end{cases}$$

wenn erst die sechsten und höheren Differenzen vernachlässigt werden können. Die zweite Formel jeder Formelgruppe ist im allgemeinen die genauere. Man rechnet nach den Formeln wieder wie bei 28·4 (b).

(c) *E. Lindelöf* (vgl. 28·4 (c)) hat folgende Formeln entwickelt, nach denen wie bei 28·4 (c) zu rechnen ist:

$$(7)\quad \nabla^2 y_{n+1} = h^2 \left[f_n + \frac{1}{12}(\nabla^2 f_n + \nabla^3 f_n) \right] + \delta_{n+1},$$
$$\delta_{n+1} = \frac{h^2}{12} \left[\nabla^4 f_{n+1} - \frac{1}{20} \nabla^4 f_{n+2} \right].$$

Ist das Rechenschema von (a) bis zur Treppenlinie gebildet, so wird aus (7) zunächst ein Näherungswert y_{n+1}^0 bei Vernachlässigung von δ_{n+1} und sodann entsprechend y_{n+2}^0 berechnet. Mit diesen Näherungswerten kann nun die Korrektur δ_{n+1} berechnet werden. Die Rechnung geht dann weiter wie bei 28·4 (c).

Vgl. auch *W. Sibagaki*, Proc. Phys. math. Soc. Japan (3) 18 (1936) 659—705. Für die numerische Integration von DGlen zweiter und höherer Ordnung durch ein abgeändertes *Adams*sches Verfahren s. auch *V. M. Falkner*, Philos. Magazine (7) 21 (1936) 624—640. Ein anderes Verfahren, das auf einer Verallgemeinerung der Differenzenrechnung beruht, ist von *J. P. Ballantine*, Washington Publications 2 (1934) Nr. 2, S. 5—34, angegeben. Über die Verwendung dieses Verfahrens in der Praxis ist nichts bekannt.

29·5. Das Verfahren von Blaess[1]**.** Für die gesuchte Lösung $y(x)$ der DGl

$$y'' = f(x, y, y')$$

seien die Anfangswerte y_0, y_0' der Funktion und ihrer Ableitung an der Stelle x_0 gegeben. Die Funktionswerte $y_\nu = y(x_\nu)$ mit den Ableitungen $y_\nu' = y'(x_\nu)$, $y_\nu'' = y''(x_\nu)$ werden bei fester Schrittlänge $h > 0$ nacheinander berechnet, und zwar zunächst für $\nu = 1, \ldots, 5$. Aus der DGl erhält man mit den gegebenen Werten

$$y_0'' = f(x_0, y_0, y_0').$$

---

[1]) *V. Blaess*, Zeitschrift VDI 81 (1937) 587—596. Vgl. auch *R. Zurmühl*, Zeitschrift f. angew. Math. Mech. 20 (1940) 104—109.

Mit der Taylorschen Formel erhält man genähert

$$y_1 \approx y_0 + h\, y_0' + \frac{h^2}{2} y_0'', \quad y_1' \approx y_0' + h\, y_0''$$

und hiermit wieder aus der DGl y_1''. Indem man so fortfährt, erhält man die ersten Zeilen des folgenden Rechenschemas:

x_0	y_0	$h\, y_0'$	$\frac{h^2}{2} y_0''$
x_1	$y_1 = y_0 + h\, y_0' + \frac{h^2}{2} y_0''$	$h\, y_1' = h\, y_0' + 2 \cdot \frac{h^2}{2} y_0''$	$\frac{h^2}{2} y_1''$
x_2	$y_2 = y_1 + h\, y_1' + \frac{h^2}{2} y_1''$	$h\, y_2' = h\, y_1' + 2 \cdot \frac{h^2}{2} y_1''$	$\frac{h^2}{2} y_2''$
x_3	$y_3 = y_2 + h\, y_2' + \frac{h^2}{2} y_2''$	$h\, y_3' = h\, y_2' + 2 \cdot \frac{h^2}{2} y_2''$	$\frac{h^2}{2} y_3''$
x_4	$y_4 = y_3 + h\, y_3' + \frac{h^2}{2} y_3''$	$h\, y_4' = h\, y_3' + 2 \cdot \frac{h^2}{2} y_3''$	$\frac{h^2}{2} y_4''$
x_5	$y_5 = y_4 + h\, y_4' + \frac{h^2}{2} y_4''$	$h\, y_5' = h\, y_4' + 2 \cdot \frac{h^2}{2} y_4''$	$\frac{h^2}{2} y_5''$
Korr.	$\delta = \bar{y}_5 - y_5$	$\varepsilon = h\, \bar{y}_5' - h\, y_5'$	
x_5	$\bar{y}_5$	$h\, \bar{y}_5'$	$\frac{h^2}{2} \bar{y}_5''$
x_6	$y_6 = \bar{y}_5 + h\, \bar{y}_5' + \frac{h^2}{2} \bar{y}_5''$	$h\, y_6' = h\, \bar{y}_5' + 2 \cdot \frac{h^2}{2} \bar{y}_5''$	$\frac{h^2}{2} y_6''$

In

$$y_5 \approx y_4 + h\, y_4' + \frac{h^2}{2} y_4''$$

ersetzt man die Funktionswerte und die Ableitungen erster Ordnung mit Hilfe der beiden mittleren Spalten der Tabelle durch die Werte an der Stelle x_0. Man erhält so

$$(8) \qquad y_5 \approx y_0 + 5h\, y_0' + \frac{h^2}{2} (9\, y_0'' + 7\, y_1'' + 5\, y_2'' + 3\, y_3'' + y_4'')$$

und, wenn für die zweiten Ableitungen die Taylorsche Formel

$$(9) \qquad \frac{h^2}{2} y_\nu'' = \frac{h^2}{2!} y_0'' + 3\nu \frac{h^3}{3!} y_0''' + 6\nu^2 \frac{h^4}{4!} y_0^{(4)} + 10\nu^3 \frac{h^5}{5!} y_0^{(5)} + 15\nu^4 \frac{h^6}{6!} y_0^{(6)} + \cdots$$

aufgestellt wird und diese Werte in (8) eingetragen werden,

$$y_5 \approx y_0 + 5h\, y_0' + 25 \frac{h^2}{2} y_0'' + 90 \frac{h^3}{3!} y_0''' + 420 \frac{h^4}{4!} y_0^{(4)} + 1920 \frac{h^5}{5!} y^{(5)} + 8790 \frac{h^6}{6!} y_0^{(6)}$$

Für den wahren Wert ergibt die Taylorsche Formel unmittelbar

$$\eta_5 = y_0 + 5\,h\,y_0' + 25\frac{h^2}{2!}\,y_0'' + 125\frac{h^3}{3!}\,y_0''' + 625\frac{h^4}{4!}\,y_0^{(4)}$$
$$+ 3125\frac{h^5}{5!}\,y_0^{(5)} + 15\,625\frac{h^6}{6!}\,y_0^{(6)} + \cdots.$$

Um den wahren Wert zu bekommen, hat man also zu dem Näherungswert y_5 die Korrektion

$$\delta^* = \eta_5 - y_5 = 35\frac{h^3}{3!}\,y_0''' + 205\frac{h^4}{4!}\,y_0^{(4)} + 1205\frac{h^5}{5!}\,y_0^{(5)} + 6835\frac{h^6}{6!}\,y_0^{(6)} + \cdots$$

zu addieren. In diese Korrektion gehen die höheren Ableitungen von y ein, deren Berechnung gerade vermieden werden soll. Daher wird δ^* durch einen Wert

$$\delta = \bar{y}_5 - y_5 = \frac{5}{24}\,\frac{h^2}{2}\,(9\,y_4'' + 20\,y_1'' - 29\,y_0'')$$

ersetzt, der so bestimmt ist, daß seine mit Hilfe von (9) hergestellte Taylor-Entwicklung

$$\delta = 35\frac{h^3}{3!}\,y_0''' + 205\frac{h^4}{4!}\,y_0^{(4)} + \frac{3725}{3}\,\frac{h^5}{5!}\,y_0^{(5)} + \frac{14\,525}{2}\,\frac{h^6}{6!}\,y_0^{(6)} + \cdots$$

mit δ^* in den beiden ersten Gliedern völlig übereinstimmt, während die beiden folgenden Gliederpaare nur geringe Abweichungen, nämlich von 3% und 6% aufweisen.

Entsprechend ergibt sich für die an $h\,y_5'$ anzubringende Verbesserung

$$\varepsilon = h\,\bar{y}_5' - h\,y_5' = \frac{1}{12}\,\frac{h^2}{2}\,(11\,y_5'' + 5\,y_1'' - 16\,y_0'')\,.$$

Die Rechnung geht nun in der Weise weiter, daß die Korrekturen δ, ε an y_5, $h\,y_5'$ angebracht werden; die korrigierten Werte seien $\bar{y}_5$, $h\,\bar{y}_5'$. Mit diesen Werten und x_5 statt x_0 setzt man die Rechnung fort und berechnet eine neue Serie von Werten y, y', y'' für $x = x_6, \ldots, x_{10}$, korrigiert die an der Stelle x_{10} erhaltenen Werte wie vorher an der Stelle x_5, usw.

Für Beispiele, Wahl einer zweckmäßigen Schrittlänge h und Ausdehnung des Verfahrens auf Systeme von DGlen zweiter Ordnung s. *Blaess*, a. a. O.

30. Graphische Integration: Differentialgleichungen erster Ordnung.

Lit.: Encyklopädie II_3, S. 141—159. *Mehmke*, Graph. Rechnen, S. 113—147. *Runge*, Graphische Methoden. *Fr. A. Willers*, Graphische Integration. *Willers*, Prakt. Analysis.

Das Verfahren der graphischen Integration ist besonders übersichtlich, wenn die DGl durch ihr Richtungsfeld gegeben ist oder wenn dieses leicht gezeichnet werden kann. Ist nur eine einzelne IKurve zu zeichnen, so braucht man — und das ist für die Brauchbarkeit wesentlich — nur für eine verhältnismäßig kleine Anzahl von Punkten, die Richtung zu bestimmen. die diesen durch die DGl zugeordnet ist. Bei einiger Geschicklichkeit kann man die IKurven ohne große Mühe mit einer Genauigkeit konstruieren, die für die meisten Zwecke (z. B. auch für viele ballistische Aufgaben) ausreicht.

30·1. $F(x, y, y') = 0$, Festlegung des Richtungsfeldes. Am anschaulichsten wird das Richtungsfeld dadurch festgelegt, daß man für eine hinreichend große Anzahl von Punkten die diesen durch die DGl zugeordnete Richtung einzeichnet (Fig. 24).

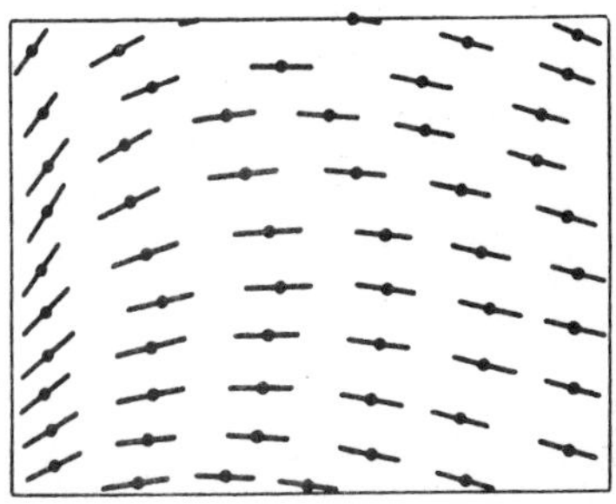

Fig. 24.

(a) In manchen Fällen kann man leicht die Gesamtheit der Punkte finden, denen dieselbe Richtung α (= Neigungswinkel gegen die x-Achse) durch die DGl zugeordnet ist; z. B. erfüllen diese Punkte bei der DGl $y' = g(y)$ die durch $g(y) = \operatorname{tg} \alpha$ bestimmte Parallele zur x-Achse (es kann auch mehrere solcher Parallelen geben). Die Punkte, denen dieselbe Richtung α zugeordnet ist, bilden die zu α gehörige Isokline. Das Richtungsfeld ist festgelegt, wenn die Isokline gezeichnet ist und die Richtungen angegeben sind, die den Punkten der einzelnen Isoklinen zugeordnet sind (s. Fig. 25). Geräte zum Einzeichnen der Richtungen, die zu den Punkten einer Isokline gehören, haben *V. Söderberg*[1]) und *V. Bjerknes*[2]) angegeben.

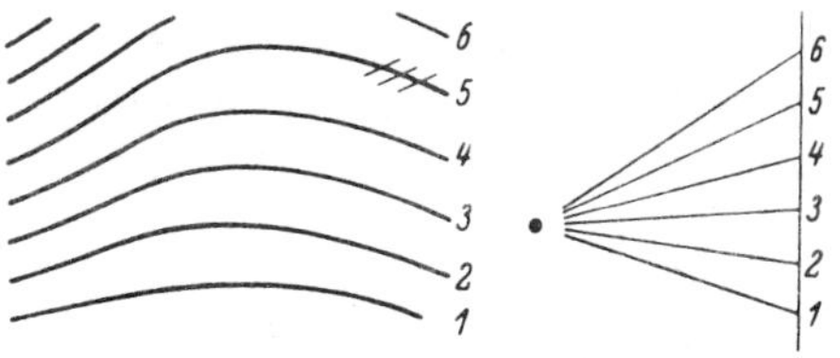

Fig. 25.

(b) Ist g eine gerade Linie, etwa eine Parallele zur y-Achse, so kann es vorkommen, daß die Richtungsgeraden, die den einzelnen Punkten von g durch die DGl zugeordnet sind, die Tangenten einer Kurve (g), der sog. Strahlkurve sind. Ist die Strahlkurve gezeichnet, so erhält man die

---

[1]) Siehe *J. W. Sandström*, Annalen Hydrogr. 37 (1909) 242—554. Dort findet man eine Reihe durchgeführter Beispiele, ebenso bei *G. Gyllström*, Meddelanden met.-hydr. Anstalt 4 (1928) Nr. 9.

[2]) *Bjerknes*, Meteorologie, S. 63

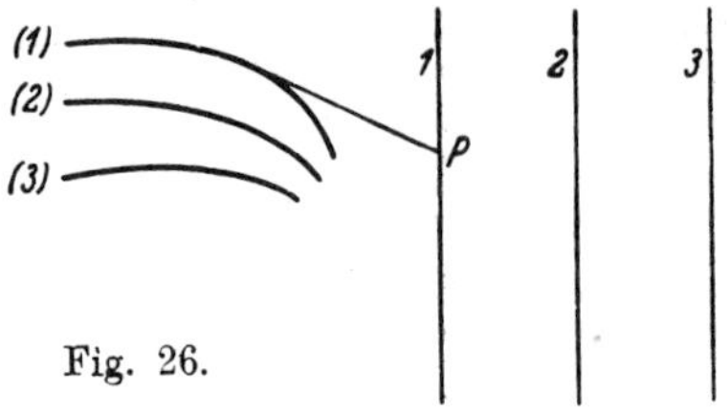

Fig. 26.

zu einem Punkt P von g gehörige Richtung, indem man von P aus die Tangente an (g) zieht (Fig. 26). Bei linearen DGlen schrumpft jede Strahlkurve auf einen Punkt zusammen (vgl. 4·3). Bei Riccatischen DGlen sind die Strahlkurven Hyperbeln[1]).

(c) Die Kurve

$$F(x, y, y) = 0$$

heißt die Direktrix der DGl. Ist x_0, y_0 ein Punkt der Direktrix, so ist ihm durch die DGl der Richtungswinkel $\alpha = \operatorname{arc\,tg} y_0$ zugeordnet. Die Direktrix liefert keineswegs immer das ganze Richtungsfeld, wie die DGlen $y' = y^2$ und $y' = x^2 + y^2$ zeigen.

(d) Für DGlen der Gestalt

$$y' = \frac{g_1(x) - g_2(y)}{f_1(x) - f_2(y)}$$

hat *H. Heinrich*[2]) ein nomographisches Verfahren zur Gewinnung des Richtungsfeldes mitgeteilt. In einem rechtwinkligen ξ, η-System werden die beiden Kurven

$X(x)$: $\qquad \xi = f_1(x), \quad \eta = g_1(x)$

und

$Y(y)$: $\qquad \xi = f_2(y), \quad \eta - g_2(y)$

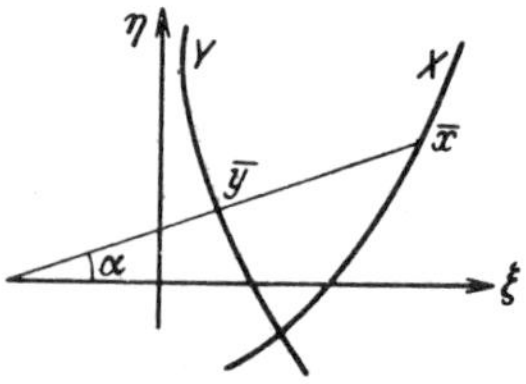

Fig. 27.

gezeichnet (Fig. 27); die Punkte der Kurven werden mit den Parameterwerten x bzw. y beziffert. Bildet eine Gerade g, welche die Funktionsleitern $X(x)$, $Y(y)$ in den Punkten $\bar{x}$, $\bar{y}$ schneidet, mit der ξ-Achse den Winkel α, so ist offenbar

$$\operatorname{tg} \alpha = \frac{g_1(\bar{x}) - g_2(\bar{y})}{f_1(\bar{x}) - f_2(\bar{y})}.$$

---

[1]) *Fr. A. Willers*, Archiv Math. (3) 26 (1917) 96—102; dort sind noch einige weitere Typen von DGlen behandelt.

[2]) Mitteilungen techn. Inst. Tung-chi Universität 2 (1935) Heft 1. Für eine ausführliche und erweiterte Darstellung s. *H. Heinrich*, Deutsche Math. 3 (1938) 353—389. Dort wird auch die allgemeine DGl $y' = f(x, y)$ in der Gestalt

$$y' = \frac{\eta_1(x, y) - \eta_2(x, y)}{\xi_1(x, y) - \xi_2(x, y)}$$

behandelt; die oben unter (a) und (b) angegebenen Verfahren erscheinen dann als Sonderfälle eines allgemeineren Prinzips. Vgl. auch *W. Richter*, Ingenieur-Archiv 8 (1937) 1; 10 (1939) 28—34, 292—301 (Lösung von DGlen für die Längsbewegung eines Flugzeugs). *P. Böning*, Archiv Elektrotechn. 31 (1937) 545—551 für die in der Elektrotechnik auftretenden DGlen $y' + a\,y = b \sin c\,x$ und $y' + f(y) = a \sin x$

Indem man die Gerade g parallel verschiebt, kann man die Koordinaten $\bar{x}$, $\bar{y}$ der zum Richtungswinkel α gehörigen Isokline erhalten.

Für die Verwendung des Verfahrens zur Lösung von DGlen erster und zweiter Ordnung s. 30·7 bzw. 31·4.

In speziellen Fällen, wie z. B. bei $f(y)\,y' + y = g(x)$ bieten sich auch noch andere einfache Verfahren zur Konstruktion des Richtungsfeldes dar. Vgl. z. B. *V. A. Bailey — J. M. Somerville*, Philos. Magazine (7) 26 (1938) 1—31; das dort benutzte Verschieben von Zeichnungen auf durchsichtigem Papier läßt sich auch durch Konstruktionen auf einem einzigen Zeichenblatt ersetzen.

Man wird das Richtungsfeld nur dann auf eine der eben beschriebenen Arten festlegen, wenn es leicht zu erhalten ist oder wenn eine größere Anzahl von IKurven gezeichnet werden soll. Ist nur eine einzelne Kurve zu zeichnen, so führen die im folgenden beschriebenen Verfahren im allgemeinen schneller zum Ziel.

30·2. Einschaltung über die graphische Integration einer Funktion $y = f(x)$. Für die graphische Integration dieser Funktion unterteilt man das Integrationsintervall $a \leq x \leq b$ durch eine Anzahl von Teilpunkten $a = x_0 < x_1 < \cdots < x_n = b$ und approximiert die Kurve $y = f(x)$ durch eine Treppenlinie $y = t(x)$ so, daß in den Teilpunkten x_ν kein Sprung der Treppenlinie stattfindet und

$$\int_{x_{\nu-1}}^{x_\nu} f(x)\,dx = \int_{x_{\nu-1}}^{x_\nu} t(x)\,dx$$

ist; das letztere kann man mit beträchtlicher Genauigkeit durch Augenmaß erreichen. Das Integral über die Treppenfunktion

$$T(x) = \int_a^x t(x)\,dx$$

ergibt einen Streckenzug, der leicht gezeichnet werden kann (s. Fig. 28). In den Teilpunkten x_ν stimmt die Ordinate des Streckenzuges mit der Ordinate der IKurve

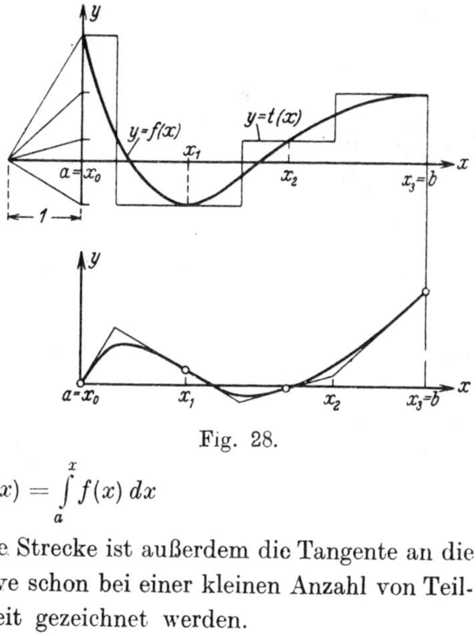

Fig. 28.

$$F(x) = \int_a^x f(x)\,dx$$

überein und die über x_ν liegende Strecke ist außerdem die Tangente an die IKurve. Daher kann die IKurve schon bei einer kleinen Anzahl von Teilpunkten mit großer Genauigkeit gezeichnet werden.

Weitere graphische Integrationsmethoden können den folgenden Nummern entnommen werden, da die Berechnung des obigen Integrals $y = F(x)$ ja auf die Lösung der DGl $y' = f(x)$ hinausläuft.

30·3. Erstes Näherungsverfahren zur Lösung von $y' = f(x, y)$. Ist der Anfangspunkt x_0, y_0 der IKurve gegeben, so kann man aus der DGl die Richtung der Tangente $(\operatorname{tg}\alpha = y_0' = f(x_0, y_0))$ berechnen, welche die IKurve an der Stelle x_0 hat. In dieser Richtung geht man ein Stück weiter, etwa bis zum Punkt x_1, y_1, und wiederholt bei diesem Punkt das Verfahren. Man gelangt so zu einer ersten Näherung für die IKurve (Fig. 29 für $y' = -\frac{y}{x}$, $x_0 = 2$, $y_0 = 6$ und konstante Sehnenlänge; die mit kleinen Kreisen markierten Punkte liegen auf der wahren IKurve).

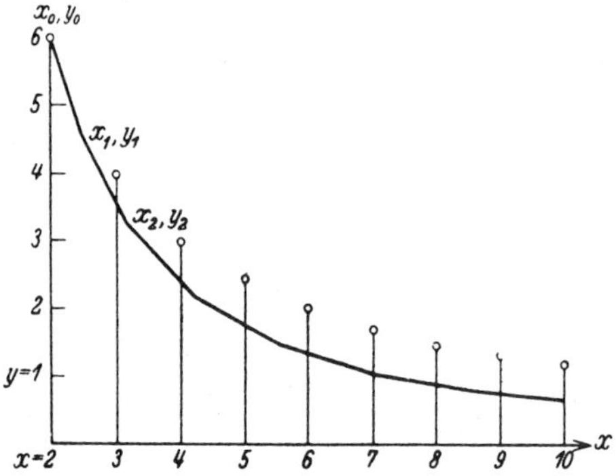

Fig. 29.

Bei dieser Gelegenheit sei vor einem Fehlschluß gewarnt. Bei den graphischen Lösungsmethoden kann es vorkommen, daß man als Näherungskurve einen Streckenzug erhält, der nicht den Eindruck eines Streckenzuges sondern einer stetig differenzierbaren Kurve macht. Man wird dann geneigt sein, ihn als eine sehr gute Annäherung an die gesuchte Kurve anzusehen. Das Beispiel von 2·1, Fig. 2 zeigt, daß das ein Fehlschluß ist.

30·4. Verfahren der eingeschalteten Halbschritte. Man fängt an wie bei 30·3, d. h. für den Anfangspunkt x_0, y_0 wird der zugehörige Richtungskoeffizient y_0' der IKurve aus der DGl entnommen. In dieser Richtung geht man ein Stück weiter, etwa bis zu dem Punkt ξ_1, η_1 (erster Halbschritt; s. Fig. 30, die DGl ist dieselbe wie bei Fig. 29, ebenso der Anfangspunkt). Für diesen Punkt wird aus der DGl der Richtungskoeffizient η_1' entnommen. In der durch η_1' gegebenen Richtung geht man nun nochmals vom **Punkt** x_0, y_0 aus, jedoch doppelt so **weit**

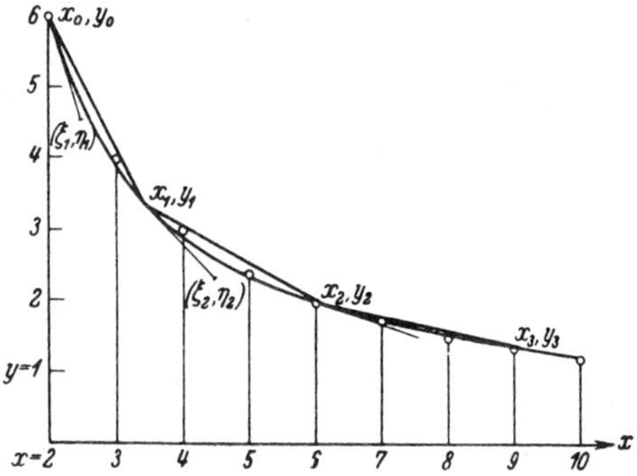

Fig. 30.

wie bei dem ersten Halbschritt, etwa bis zum Punkt x_1, y_1 (erster Vollschritt). Nun wird das Verfahren für den Punkt x_1, y_1 als Ausgangspunkt wiederholt; nach Zwischenschaltung eines zum Punkt ξ_2, η_2 führenden Halbschritts gelangt man zu einem Punkt x_2, y_2; usw. Die Punkte x_n, y_n sind die Punkte der gesuchten Näherungskurve. Da man in jedem Punkte x_n, y_n außerdem die Tangente der Kurve kennt — die Tangente ist die nach ξ_{n+1}, η_{n+1} führende Gerade —, so ist eine ziemlich genaue Zeichnung der Kurve möglich (in Fig. 30 liegen die durch kleine Kreise markierten Punkte auf der wahren IKurve).

Die Einschaltung von Halbschritten ist ein allgemeines Prinzip, das zur Erhöhung der Genauigkeit häufig mit Nutzen verwendet werden kann.

30·5. Verbesserung der Näherungskurve nach C. Runge[1]). Ist eine Näherungskurve K_1 (z. B. nach 30·3 oder 30·4) gefunden, so glättet man sie und berechnet für eine Reihe ihrer Punkte x_ν, y_ν aus der gegebenen DGl $y' = f(x, y)$ die Werte $y'_\nu = f(x_\nu, y_\nu)$. Durch die Punkte mit den Koordinaten x_ν, y'_ν wird ebenfalls eine möglichst glatte Kurve K'_2 gelegt und graphisch (s. 30·2) oder mit einem Integraphen integriert. Die Integrationskonstante wird dabei so gewählt, daß die IKurve K_2 durch den Anfangspunkt von K_1 geht. Ist der Unterschied zwischen K_1 und K_2 erheblich, so kann man das Verfahren mit K_2 statt K_1 wiederholen. Für die Wirksamkeit des Verfahrens ist wesentlich, daß bei seiner Wiederholung die Werte x_ν gewechselt und nötigenfalls dichter gewählt werden. Das Verfahren läuft auf das Iterationsverfahren 2·2 hinaus.

30·6. Extrapolationsverfahren. Dieses ist die graphische Form des Verfahrens von *Adams* (28·2). Man bestimmt zunächst ein Anfangsstück K_1 der IKurve, aber dieses möglichst genau (z. B. nach 30·4 bei Wahl einer kleinen Schrittlänge). Nach Gefühl setzt man das Stück K_1 nebst der Näherungskurve K'_1 ihrer Ableitung ein Stück fort. Die Integration der Fortsetzung von K'_1 liefert eine Kontrolle und evtl. eine Verbesserung der Fortsetzung von K_1. Ist die Fortsetzung von K_1 genau genug, so wird das Verfahren in derselben Weise fortgesetzt. Dieses Verfahren wird viel verwendet.

Bei der praktischen Verwendung dieser graphischen Methoden wird man von selbst noch mancherlei Mittel finden, durch die man die Genauigkeit steigern kann; insbesondere wird man die Teilpunkte dort dichter wählen, wo die Gestalt der IKurve sich schneller ändert.

---

[1]) Jahresbericht DMV 16 (1907) 270—272. *Fr. A. Willers*, Graphische Integration, S. 77—83.

30·7. Verwendung von Nomogrammen nach H. Heinrich[1]). Bei der Lösung der DGl

$$y' = f(x, y)$$

besteht ein wesentlicher Teil der Arbeit in der Gewinnung des zu dem einzelnen Punkt x, y gehörigen Richtstrahls, d. i. der Richtung, die dem Punkt x, y durch die DGl zugeordnet ist. Diese Arbeit läßt sich nach *Heinrich* in einer Reihe von Fällen durch Verwendung von Nomogrammen erleichtern.

Für DGlen von dem Typus

$$y' = \frac{g_1(x) - g_2(y)}{f_1(x) - f_2(y)}$$

ist die Herstellung solcher Nomogramme schon in 30·1 (d) beschrieben. Ist z. B. die homogene DGl

$$y' = \frac{x^2 - y^2}{x^2 + y^2}$$

gegeben, so sind die beiden Funktionsleitern von 30·1 (d)

$$X(x):\quad \xi = x^2,\ \eta = x^2 \quad \text{und} \quad Y(y):\quad \xi = -y^2,\ \eta = y^2,$$

sie liegen also auf den Strahlen $\eta = \xi \geqq 0$ und $\eta = -\xi \geqq 0$. Da es nur auf die Richtung der die Punkte $\bar{x}$ und $\bar{y}$ (Fig. 27 auf S. 156) verbindenden Geraden ankommt, kann die Einheit im ξ, η-System eine andere als im x, y-System sein, ferner kann das ξ, η-System in passender Weise parallel

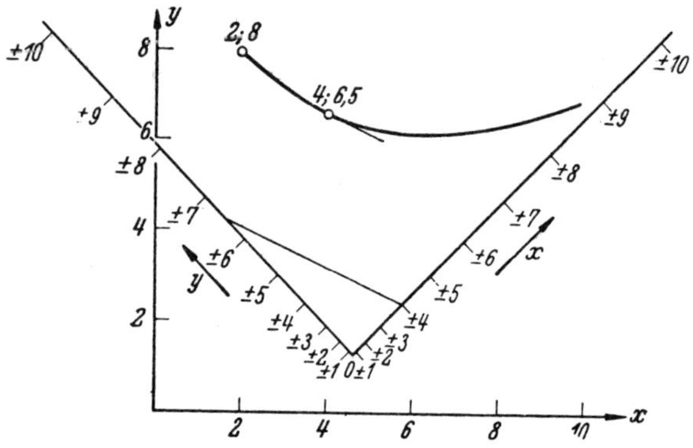

Fig. 31.

verschoben werden. In Fig. 31 sind diese Funktionsleitern und nach 30·4 ein Stück der IKurve gezeichnet, die durch den Punkt $x = 2$, $y = 8$ geht.

Dasselbe Beispiel läßt sich auch mit einem festen Pol für die Richtstrahlen behandeln. Wird

$$\text{(1)} \qquad \xi(x, y) = x^2 + y^2, \quad \eta(x, y) = x^2 - y^2$$

[1]) Siehe Fußnote 2 auf S. 156. Vgl. auch *H. Bonin*, Zeitschr. f. angew. Math. Mech. 4 (1924) 481—487, wo die DGl $y' = f(x)g(y) + h(x)$ behandelt wird.

gesetzt, so lautet die DGl

$$y' = \frac{\eta - 0}{\xi - 0},$$

man erhält also den zum Punkt x, y gehörigen Richtstrahl, indem man im ξ, η-System den festen Punkt 0, 0 mit dem Punkt $\xi(x, y)$, $\eta(x, y)$ verbindet. Die durch (1) vermittelte Abbildung der x, y-Ebene auf die ξ, η-Ebene ist hier leicht zu übersehen, da die Koordinatenlinien $x = x_0$ und $y = y_0$ der x, y-Ebene in die Geraden

$$\eta = -\xi + 2\,x_0^2$$

und

$$\eta = \xi - 2\,y_0^2$$

übergehen. In Fig. 32 sind diese Geraden mit $x = x_0$ und $y = y_0$ beziffert, und es ist wieder die durch den Punkt $x = 2$, $y = 8$ gehende IKurve gezeichnet. Dabei ist wieder davon Gebrauch gemacht, daß das ξ, η-System parallel verschoben und die Einheit in ihm willkürlich gewählt werden kann.

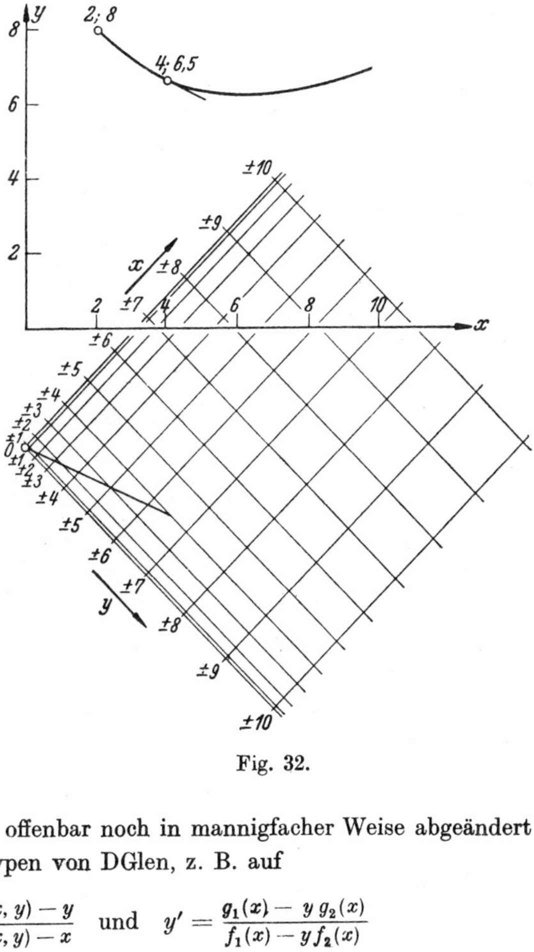

Fig. 32.

Das Verfahren kann offenbar noch in mannigfacher Weise abgeändert und auch auf andere Typen von DGlen, z. B. auf

$$y' = \frac{g(x, y) - y}{f(x, y) - x} \quad \text{und} \quad y' = \frac{g_1(x) - y\,g_2(x)}{f_1(x) - y\,f_2(x)}$$

angewendet werden. Allgemeiner sind von *Heinrich* auch die DGlen

$$y' = \frac{g_1(x, y) - g_2(x, y)}{f_1(x, y) - f_2(x, y)}$$

behandelt. Für die Anwendung des Verfahrens auf Systeme von DGlen und DGlen zweiter Ordnung s. 31·4.

30·8. Verwendung von Polarkoordinaten[1]. Ist die DGl

(2) $$F(\vartheta, \varrho, \varrho') = 0$$

für die gesuchte Funktion $\varrho = \varrho(\vartheta)$ gegeben oder auch

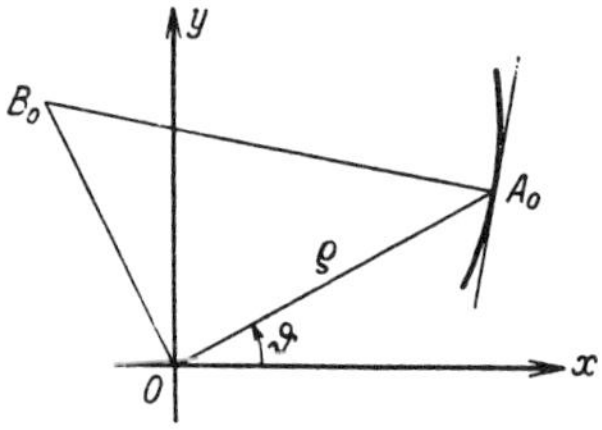

Fig. 33.

(3) $$F(\vartheta, \varrho, \varphi(\varrho, \varrho')) = 0\,,$$

wo $\varphi(u, v)$ eine gegebene Funktion ist, so kann man, wenn man ϱ, ϑ als Polarkoordinaten eines Punktes ansieht, folgendermaßen vorgehen:

(a) $\varphi = \varrho'$, d. h. die DGl (2) ist gegeben. Man zeichne die Kurve $F(\vartheta, \varrho, C) = 0$ für verschiedene Werte von C. Es sei A_0 ein Punkt einer zu C_0 gehörigen Kurve. Errichtet man auf OA_0 das Lot $OB_0 = C_0$ (Fig. 33), so ist das Lot zu A_0B_0 durch A_0 die Tangente der durch A_0 gehenden IKurve. Geht man auf der Tangente ein Stück weiter bis zu einem Punkt A_1 und liegt dieser auf der Kurve $F(\vartheta, \varrho, C_1)$, so kann man die Tangente der IKurve im Punkt A_1 zeichnen und durch Wiederholung des Verfahrens die durch A_0 gehende IKurve genähert erhalten.

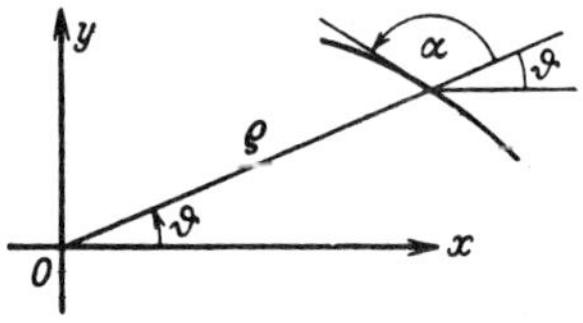

Fig. 34.

(b) $\varphi = \frac{\varrho}{\varrho'}$. Wird $\frac{\varrho}{\varrho'} = \operatorname{tg}\alpha$ gesetzt, so ist α der Winkel, den ϱ mit der Tangentenrichtung der Kurve $\varrho = \varrho(\vartheta)$ bildet (Fig. 34). Hat man die Kurvenschar $F(\vartheta, \varrho, C)$ gezeichnet, so kann man nun wieder leicht die Tangenten der gesuchten IKurve zeichnen.

(c) Ist $\varphi = \sqrt{\varrho^2 + \varrho'^2}$, so ist nach (b) $\varrho = \varphi \sin\alpha$, so daß man α durch C und ϱ finden kann. Weiter ist $\varrho = \varphi \operatorname{ctg}\alpha$ für $\varphi = \frac{\varrho^2}{\varrho'^2}$ und $\varrho = \varphi\cos\alpha$ für $\varphi = \frac{\varrho}{\varrho'}\sqrt{\varrho^2 + \varrho'^2}$. Das vorher geschilderte Verfahren ist somit auch in diesen Fällen anwendbar. Für nähere Ausführungen siehe die angegebene Literatur.

30·9. Weitere Verfahren. Hierzu ist auf das Linienbildverfahren von *Meissner* (31·6) und das Orthopolarenverfahren von *Grammel* (31·7) zu verweisen. Die Bedeutung dieser Verfahren liegt zwar vor allem darin, daß mit ihnen DGlen höherer Ordnung gelöst werden können, aber man kann sie auch zur Lösung von DGlen erster Ordnung benutzen. Vgl. ferner *V. A. Bailey* — *J. M. Somerville* a. a. O. (S. 157).

---

[1] *R. Neuendorff*, Zeitschrift f. angew. Math. Mech. 2 (1922) 131—136. *E. A. Kholodovsky*, Americ. Math. Monthly 37 (1930) 231—240.

31. Graphische Integration: Differentialgleichungen höherer Ordnung.

31·1. Systeme von Differentialgleichungen. Auf Systeme von DGlen erster Ordnung sind die Methoden von 30 ebenfalls anwendbar. Ist etwa das System

$$y' = f(x, y, z), \quad z' = g(x, y, z)$$

gegeben, so zeichnet man die Projektionen der IKurve auf die x, y-Ebene und auf die x, z-Ebene, d. h. man zeichnet eine Kurve $y = y(x)$ und eine Kurve $z = z(x)$.

In Fig. 35 ist z. B. für das System

$$y' = -z, \quad z' = y$$

die durch den Punkt $x = 0$, $y = 0$, $z = -1$ gehende IKurve nach dem Verfahren 30·3 konstruiert (Schrittlänge : 0,1). Die kleinen Kreise geben Punkte der wahren IKurve an, das primitive Verfahren 30·3 liefert also in diesem Falle die IKurve ziemlich genau.

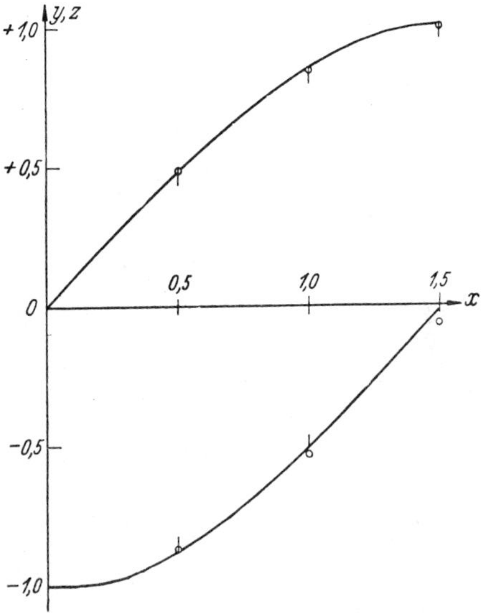

Fig. 35.

Für die Festlegung des Richtungsfeldes und die Verwendung von Strahlkurven s. *Willers*, Graphische Integration, S. 84—96.

Jede DGl höherer Ordnung kann nach 14 auf ein System von DGlen erster Ordnung zurückgeführt und dann nach den für diese Systeme angegebenen Methoden behandelt werden[1]. Für DGlen höherer Ordnung und besonders solche zweiter Ordnung sind jedoch auch noch besondere Methoden entwickelt worden.

31·2. Differentialgleichungen zweiter Ordnung: ein erstes Näherungsverfahren. Wie am Ende von 31·1 bemerkt, kann man die DGl zweiter Ordnung auf ein System von zwei DGlen erster Ordnung zurückführen und auf dieses System z. B. das Verfahren 30·3 oder 30·4 anwenden.

[1] Vgl. hierzu für DGlen zweiter Ordnung auch *B. G. Pobedinsky*, Recueil math. Moscou 35 (1928) 87—103 (russisch); Bericht hierüber im Jahrbuch FdM 55_{II} (1929) 948.

In Fig. 36 ist nach diesem Verfahren für die DGl

$$6\,y'' + y\,y' = 0$$

(vgl. C 6·43) die IKurve mit den Anfangswerten $y(2) = 6$, $y'(2) = -3$ konstruiert. Durch die Anfangswerte von y, y' ist auf Grund der DGl auch $y''(2) = 3$ bekannt. Mit $y'(2)$ und $y''(2)$ sind die Tangenten der Kurven $y(x)$ und $y'(x)$ im Punkt $x = 2$ bekannt. Diese Tangenten sind bis $x = 2{,}25$ als erste Näherungen der Kurven genommen, es kann daher für $x = 2{,}25$ aus der DGl ein Näherungswert für y'' berechnet werden (erster Halbschritt). Dieser Näherungswert wird als mittlerer Wert von y'' für das Intervall von $x = 2{,}0$ bis $x = 2{,}5$ gewählt und dient als verbesserte Steigung für die Strecke, die $y'(x)$ in diesem Intervall approximiert. Die Integration dieser Näherungskurve über das genannte Intervall liefert einen Näherungswert für $y(2{,}5)$. Man hat also Näherungswerte für y und y' im Punkt $x = 2{,}5$ gefunden. Damit ist der erste Schritt beendet. Dasselbe Verfahren wird nun auf das nächste Intervall der Länge 0,5 angewendet. Auch für die beiden nächsten Schritte sind noch Intervalle der Länge 0,5 benutzt, dann folgen zwei Schritte der Länge 1. Die kleinen Kreise geben Punkte der wahren IKurve an.

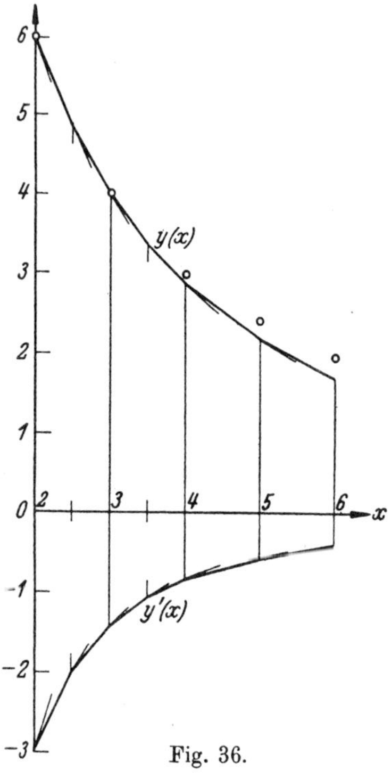

Fig. 36.

31·3. Das Verfahren der wiederholten Integration (Trapez- oder Seilpolygonverfahren) [1]. Dieses Verfahren kann als eine Weiterbildung des Verfahrens von 30·2 angesehen werden.

(a) Die Grundlage bildet die Lösung der DGl

$$y'' = f(x), \quad y(a) = \alpha, \; y'(a) = \beta,$$

[1] *A. Schwaiger*, Archiv Elektrotechn. 4 (1916) 269—278. *L. Gümbel*, Zeitschrift VDI 63 (1919) 771—778, 802—807; dort auch eine Reihe ausgeführter Beispiele; weitere Beispiele bei *Gümbel*, Jahrbuch schiffbautechn. Gesellschaft 2 (1901) 211—294. *Willers*, Graphische Integration, S. 102—104.

d. h. die Auswertung des Integrals[1])

$$y = F(x) = \alpha + \int_a^x \left[\beta + \int_a^x f(x)\,dx\right] dx\,.$$

Man unterteilt hierfür das Intervall $a \leqq x \leqq b$ so durch Teilpunkte $a = x_0 < x_1 < \cdots < x_n = b$, daß die Kurve $y'' = f(x)$ in jedem Teil-ntervall durch eine Strecke rsetzt werden kann (in Fig. 37 st speziell $x_\nu - x_{\nu-1} = 1$). Dann ist

$$T_\nu = \int_{x_{\nu-1}}^{x_\nu} f(x)\,dx$$

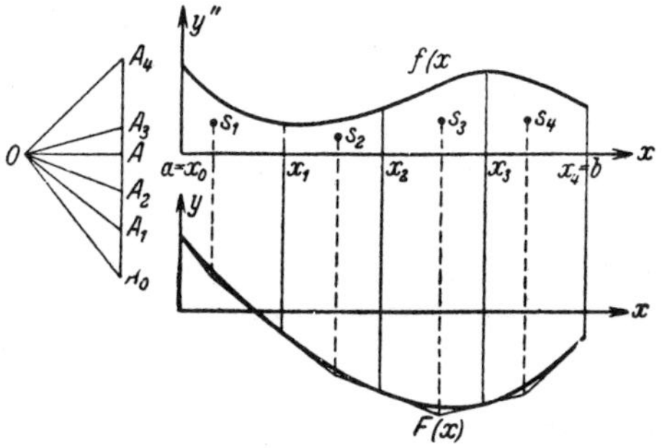

Fig. 37.

ler Inhalt eines Trapezes. In inem besonderen Diagramm verden auf einer Parallelen zur y''-Achse hintereinander angeragen $A\,A_0 = \beta$, $A_{\nu-1}A_\nu = T_\nu$, nd zwar unter Berücksichtigung der Vorzeichen. Links von A wird im bstand 1 ein „Pol" O markiert. Weiter werden die Schwerelinien der inzelnen Trapeze T_ν, d. h. die Lote zur x-Achse gezeichnet, die durch ie Schwerpunkte S_ν[2]) gehen. In einem zweiten, unter dem ersten liegenden , y-System wird nun durch den Punkt a, α die Parallele zu $O\,A_0$ geeichnet und bis zur ersten Schwerelinie fortgesetzt. Durch den Endpunkt vird die Parallele zu $O\,A_1$ bis zur nächsten Schwerelinie gezogen, usw.)er so erhaltene Streckenzug ist eine Approximation für die Kurve $= F(x)$, und zwar liefert er im Punkte x_ν nicht nur die Ordinate $F(x_\nu)$, ondern auch die Tangente an die Kurve. Daher ist $F(x)$ selbst bei einer eringen Anzahl von Teilpunkten schon verhältnismäßig genau bestimmt.

(b) Ist $y(x)$ durch

1) $$[\varphi(x)\,y']' = f(x), \quad y(a) = \alpha, \quad \varphi(a)\,y'(a) = \beta$$

---

[1]) Diese Aufgabe tritt in der Mechanik bei der Bestimmung der Seilkurve auf, nd das folgende sog. *Mohr*sche Verfahren wird meistens auch durch Überlegungen aus der Mechanik begründet; vgl. z. B. *Trefftz*, Graphostatik, § 30. Es läßt sich jedoch auch leicht rein mathematisch begründen.

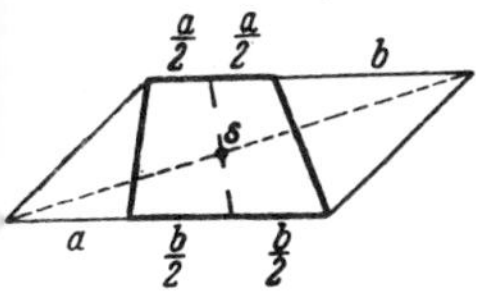

Fig. 38.

[2]) Den Schwerpunkt S eines Trapezes mit den parallelen Seiten a und b kann man nach Fig. 38 genau konstruieren. In den meisten Fällen wird jedoch eine Schätzung nach Augenmaß genügen.

bestimmt, d. h. ist

$$y'(x) = \frac{1}{\varphi(x)}\left[\beta + \int_a^x f(x)\,dx\right], \quad y(a) = \alpha ,$$

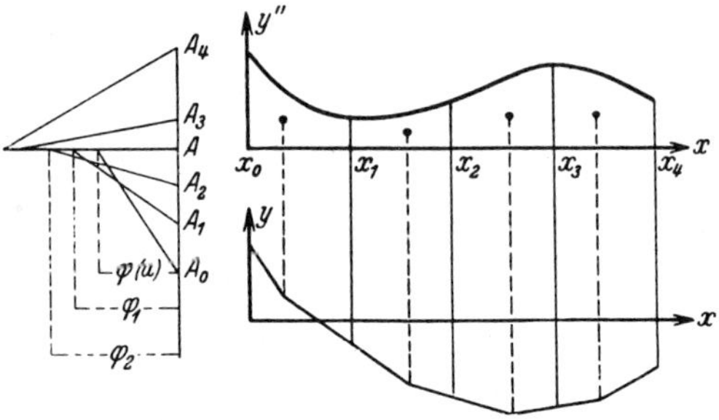

Fig. 39.

so benutzt man in dem Teilintervall $\langle x_{\nu-1}, x_\nu \rangle$ einen Mittelwert φ_ν von $\varphi(x)$; die Fig. 37 geht dann in Fig. 39 über.

(c) Bei der Lösung von Eigenwertaufgaben zweiter Ordnung nach dem Iterationsverfahren B 3·4 treten DGlen der Gestalt

$$(2) \qquad [f(x)\,y_k']' + h(x)\,y_k = g(x)\,y_{k-1}$$

auf; dabei ist $y_{k-1}(x)$ bekannt, und die gesuchte Funktion $y_k(x)$ soll noch gewisse Randbedingungen erfüllen. Sind diese von Sturmscher Art

$$(3) \qquad A\,y(a) + B\,y'(a) = 0, \quad C\,y(b) + D\,y'(b) = 0$$

und ist $h \equiv 0$[1]), so ist die DGl gerade von dem Typus (1). Wählt man die Anfangswerte $y(a)$, $y'(a)$ irgendwie so, daß die erste der Randbedingungen (3) erfüllt ist, so kann man die dadurch bestimmte Lösung von (2) nach (b) finden. Erfüllt die Lösung die zweite der Randbedingungen (3) noch nicht, so wiederholt man das Verfahren mit anderen Anfangswerten $y(a)$, $y'(a)$ (die natürlich wieder die erste der Glen (3) erfüllen müssen), bis die Lösung $y(x)$ auch noch die zweite der Randbedingungen mit hinreichender Genauigkeit erfüllt.

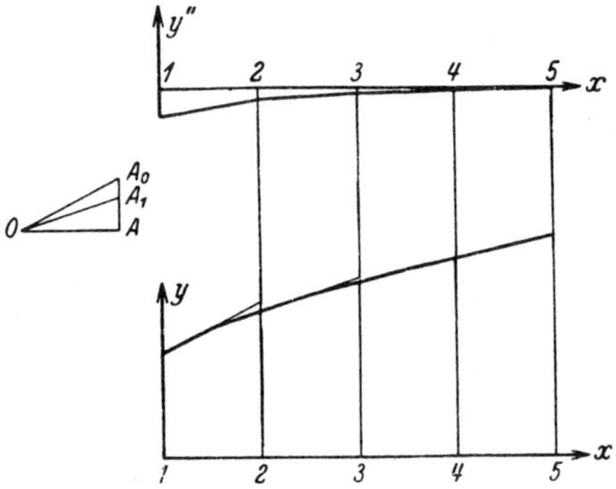

Fig. 40.

(d) Ist die DGl

$$y'' = f(x, y),$$
$$y(a) = \alpha, \quad y'(a) = \beta$$

zu lösen, so kann man folgendermaßen verfahren: Durch die Anfangswerte $y(a)$, $y'(a)$ ist ein Anfangsstück $y = F_0(x)$ der gesuchten Kurve

[1]) Für den Fall $h \not\equiv 0$ s. (e).

in einem Intervall $a \leqq x \leqq x_1$ genähert gegeben (Fig. 40 zeigt die Durchführung des Verfahrens für die DGl $4\,x^2\,y'' = -\,y$ und die Anfangswerte $y(1) = 1$, $y'(1) = \frac{1}{2}$), und zwar durch ein Stück einer geraden Linie. Setzt man

$$y''(a) = f\left(a, F_0(a)\right), \quad y''(x_1) = f\left(x_1, F_0(x_1)\right)$$

und interpoliert man linear, so hat man $y''(x)$ genähert für $a \leqq x \leqq x_1$. Durch doppelte Integration von y'' nach (a) erhält man nun verbesserte Näherungswerte $y = F_1(x)$ für $a \leqq x \leqq x_1$. Durch lineare Extrapolation erhält man aus F_1 eine Näherungsfunktion $y = F_0(x)$ in einem anstoßenden Intervall $x_1 \leqq x \leqq x_2$ und hieraus durch die Werte

$$y''(x_1) = f\left(x_1, F_0(x_1)\right), \quad y''(x_2) = f\left(x_2, F_0(x_2)\right)$$

in $x_1 \leqq x \leqq x_2$ wieder eine lineare Näherungsfunktion für $y''(x)$ und durch deren Integration wieder eine verbesserte Näherungsfunktion $F_1(x)$ in $x_1 \leqq x \leqq x_2$. Ist man so bis zum Punkt b gelangt, so kann man die erhaltenen Näherungskurven für y'' und y nach Gefühl glätten und das Verfahren von neuem durchführen, um die Näherungslösung noch weiter zu verbessern.

(e) Nach diesem Verfahren kann man die DGl (2) auch dann lösen, wenn $h \not\equiv 0$ ist. Man kann die Eigenwertaufgabe, die aus der DGl

$$[f(x)\,y']' + h(x)\,y = \lambda\,g(x)\,y$$

und Sturmschen Randbedingungen (3) besteht, aber auch direkt behandeln, indem man für λ irgendeinen Wert λ_0 wählt und außerdem für $y(a)$, $y'(a)$ Werte, welche die erste der Randbedingungen (3) erfüllen. Löst man nun die DGl nach (d) und ergibt sich dabei, daß $y(b)$, $y'(b)$ noch nicht die zweite der Randbedingungen erfüllen, so wiederholt man das Verfahren mit einem andern Wert λ_0^* (eine Veränderung von $y(a)$, $y'(a)$ hat keinen Zweck, da die Eigenfunktionen bei den Sturmschen Eigenwertaufgaben nur bis auf einen konstanten Faktor bestimmt sind).

31·4. Verwendung von Nomogrammen[1]).

(a)[2]) Ist die lineare DGl

$$y'' + f(x)\,y' + g(x)\,y = h(x) \tag{4}$$

gegeben, so wird y als unabhängige Veränderliche eingeführt und

$$y'(x) = z(y), \quad \text{also} \quad y''(x) = z\,z'$$

---

[1]) Vgl. 30·7 und Fußnote 2 auf S. 156.

[2]) *Heinrich*, a. a. O.

gesetzt. Dadurch wird aus (4) das System

$$(5) \qquad y'(x) = z\,, \quad z'(y) = \frac{\eta_1(x,z) - \eta_2(x,y)}{\xi_1(x,z) - \xi_2(x,y)}$$

mit

$$\xi_1(x,z) = z + g(x)\,, \quad \eta_1(x,z) = h(x) - z\,f(x)\,,$$

$$\xi_2(x,y) = g(x)\,, \qquad \eta_2(x,y) = y\,g(x)\,.$$

Durch die vorletzte Zeile wird die x, z-Ebene auf die ξ_1, η_1-Ebene (oder auf einen Teil von ihr), durch die letzte Zeile die x, y-Ebene auf die ξ_2, η_2-Ebene (oder auf einen Teil von ihr) abgebildet. Sind die Funktionen f, g, h so beschaffen, daß die Bildpunkte leicht gefunden werden können, so verläuft die weitere Konstruktion folgendermaßen: In einem zum y, z-System parallelen ξ, η-System trägt man die Punkte ξ_1, η_1 und ξ_2, η_2 ein, ihre Verbindungsgerade liefert die dem Punkte x, y, z zugeordnete Steigung $z'(y)$, während in dem x, y-System die dem Punkt x, y, z zugeordnete Richtung $y'(x)$ unmittelbar aus der ersten Gl (5) erhalten werden kann. Soll die IKurve mit den Anfangswerten $y(x_0) = y_0$, $y'(x_0) = z(y_0) = z_0$ konstruiert werden, so geht man von dem Punkt y_0, z_0 im y, z-System und von dem Punkt x_0, y_0 im x, y-System um ein hinreichend kleines Stück in jenen Richtungen weiter bis zu einem Punkt y_1, z_1 bzw. x_1, y_1 und wiederholt das Verfahren mit x_1, y_1, z_1 statt x_0, y_0, z_0, usw. Durch Einschalten von Halbschritten nach 30·4 kann die Genauigkeit des Verfahrens noch erhöht werden.

In Sonderfällen kann man durch geeignete Abänderung des Verfahrens noch zu bequemeren Konstruktionen gelangen. Ist z. B. die hypergeometrische DGl

$$x(x-1)\,y'' + \left(2x - \frac{3}{2}\right) y' + \frac{1}{4}\,y = 0$$

gegeben, so kann man diese durch das System

$$y'(x) = \frac{z}{x(1-x)}\,,$$

$$z'(x) = \frac{1}{2}\left(\frac{y}{2} - \frac{z}{x(1-x)}\right)$$

ersetzen. Nach Wahl einer Längeneinheit E trägt man auf einer horizontalen x-Achse die Werte $x(1-x)$ ab und beziffert sie mit x (Fig. 41). Auf einer z-Achse, die senkrecht zur x-Achse durch den Punkt mit der Ziffer $x = 0$ geht,

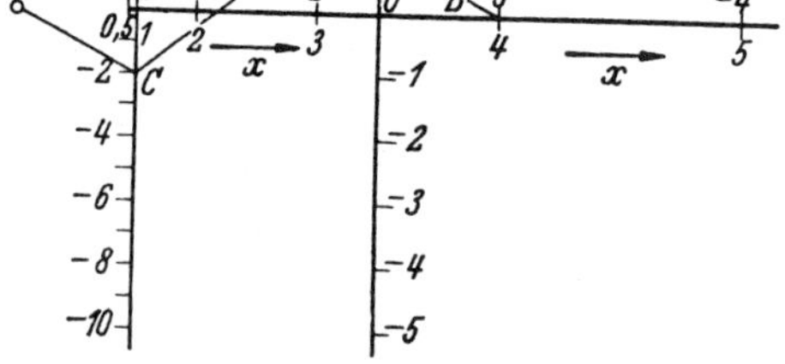

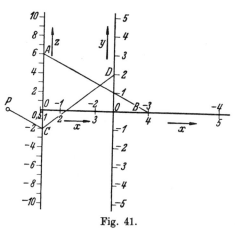

Fig. 41.

trägt man mit derselben Längeneinheit E die Werte z ab. Im Abstand $4\,E$ wird links von der z-Achse auf der x-Achse ein Pol P festgelegt. Schließlich wird rechts von der z-Achse und parallel zu ihr im Abstand $8\,E$ die y-Achse gezeichnet, auf ihr werden mit der Längeneinheit $2\,E$ die Werte y abgetragen. Die zum Punkt x, y, z gehörigen Steigungen y', z' erhält man (in der Figur ist die Zeichnung für $x = 4$, $y = 2$, $z = 6$ ausgeführt), indem man den Punkt $A(z)$ mit dem Punkt $B(x)$ verbindet; dann gibt AB die Steigung z' an. Weiter wird durch P die Parallele zu AB bis zum Schnittpunkt C auf der z-Achse gezogen; wird nun noch C mit $D(y)$ verbunden, so gibt CD die Steigung y' an. Die Steigungen lassen sich also leicht konstruieren. Die Zeichnung der IKurve kann nun wieder in der Weise erfolgen, daß man in den gefundenen Richtungen um hinreichend kleine Schritte weitergeht.

(b) Das Verfahren ist auch bei DGlen von der Gestalt

$$y'' = y' \frac{g_1(y) - g_2(y')}{f_1(y) - f_2(y')}$$

anwendbar[1]). Wird nämlich y als unabhängige Veränderliche eingeführt und $y'(x) = z(y)$ gesetzt, so geht die DGl über in

$$z'(y) = \frac{g_1(y) - g_2(z)}{f_1(y) - f_2(z)},$$

d. h. in eine DGl von einem Typus, der in 30·7 behandelt ist. Hat man etwa nach dem dort beschriebenen Verfahren von *Heinrich* eine Lösung $z(y)$ gefunden, so hat man $y'(x)$ und kann daraus die Funktionen $y(x)$ erhalten; z. B. bekommt man $x(y)$ durch graphische Integration von

$$x'(y) = \frac{1}{y'(x)} = \frac{1}{z(y)}.$$

Zu dieser Klasse von DGlen gehören insbesondere die SchwingungsGlen

$$y'' + f(y') + g(y) = 0$$

mit beliebigem Dämpfungsgesetz $f(y')$. Durch die angegebene Transformation geht die DGl über in

$$z' = \frac{g(y) + f(z)}{-z};$$

hier liegt die Y-Leiter (vgl. 30·7) auf der η-Achse. Ist speziell

$$f(y') = a\,y'\,|y'| + b\,y',$$

so besteht die Z-Leiter aus zwei Parabelstücken, die symmetrisch zur η-Achse liegen und im Punkt

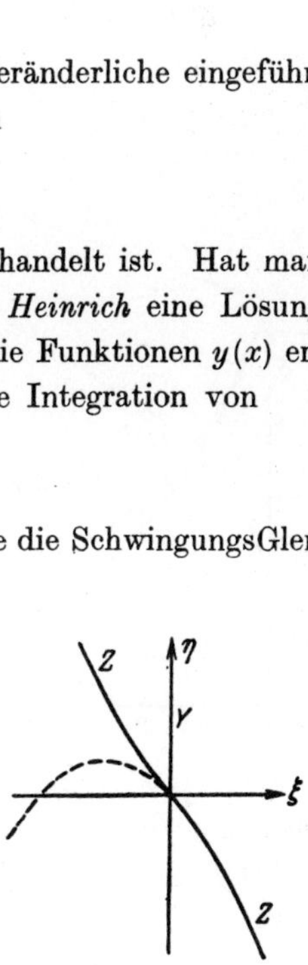

Fig. 42.

[1]) *W. Richter*, Ingenieur-Archiv 8 (1937) 1—3; 11 (1940) 437—450.

$\xi = 0$, $\eta = 0$ miteinander zusammenhängen (Fig. 42), kann also leicht gezeichnet werden. Zu diesem Fall vgl. auch C 6·45 ff.

31·5. Integration mittels Krümmungskreisen nach Lord Kelvin[1]. Es sei die DGl

(6) $$y'' = f(x, y, y')$$

gegeben. Ist $\varrho(x)$ der Krümmungsradius einer IKurve an der Stelle x und $\vartheta(x)$ der Winkel, den der Krümmungsradius mit der x-Achse bildet, also $\operatorname{ctg}\vartheta(x) = -y'(x)$, so läßt sich die DGl in der Gestalt

(7) $$\frac{1}{\varrho} = |f(x, y, -\operatorname{ctg}\vartheta)\sin^3\vartheta|$$

schreiben. Soll die IKurve gezeichnet werden, für die $y(x_0) = y_0$ und $y'(x_0) = y'_0$ gegeben sind, so kann man $\vartheta(x_0)$ und daher aus (7) auch $\varrho(x_0)$ berechnen. Da das Vorzeichen von f darüber Aufschluß gibt, nach welcher Seite die zu zeichnende Kurve konvex ist, kann man nun den Krümmungskreis K_0 für den Anfangspunkt x_0, y_0 zeichnen. Auf diesem Kreis geht man ein hinreichend kleines Stück weiter bis zu einem Punkt x_1, y_1. Setzt man $\vartheta(x_1)$ gleich dem Richtungswinkel des nach x_1, y_1 führenden Radius von K_0, so kann man das Verfahren von neuem auf x_1, y_1 statt x_0, y_0 anwenden und zu einem weiteren Punkt x_2, y_2 gelangen (s. Fig. 43, untere Kurve für die DGl (vgl. C 6·43) $6y'' + yy' = \dots$ und die Anfangswerte $y(2) = 6$, $y'(2) = -3$).

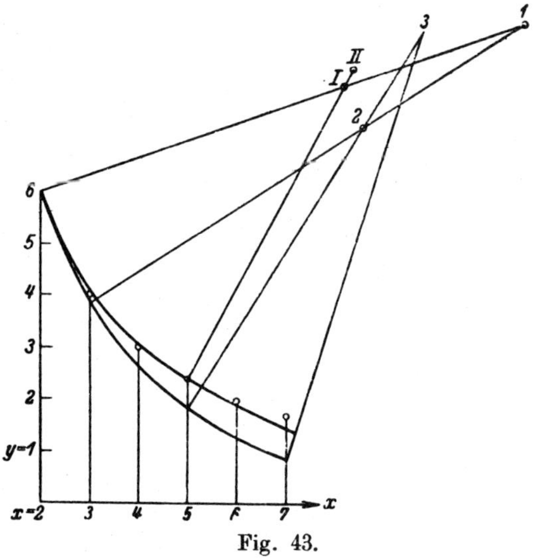

Fig. 43.

Auch hier kann man in Analogie zu 30·4 Halbschritte einschalten, um die Genauigkeit zu erhöhen (Fig. 43, obere Kurve; die durch kleine Kreise markierten Punkte liegen auf der wahren IKurve).

Für die Verbesserung der Näherungskurve und einige praktische Winke s. *R. Rothe*, Zeitschr. f. Math. Phys. 64 (1917) 90—100. *W. Meyer zur Capellen*

[1] Vgl. *Willers*, Graphische Integration, S. 99—104. *Mehmke*, Graph. Rechnen S. 139f.

Zeitschrift math. Unterricht 62 (1931) 121f., empfiehlt bei direkter Operation mit der Gl (6) für die Bestimmung des Krümmungsradius

$$\varrho = \frac{1}{y''}(1 + y'^2)^{\frac{3}{2}} \quad \text{oder} \quad \log \varrho + \log y'' = \frac{3}{2} \log (1 + y'^2)$$

ein Nomogramm mit drei parallelen Skalen. Für die Verwendung des Verfahrens bei der Darstellung der Kurve in einem Polarkoordinatensystem s. *R. Neuendorff*, Zeitschrift f. angew. Math. Mech. 3 (1923) 34–36.

31·6. Das Linienbildverfahren von Meissner[1]). Die Grundlage ist die Darstellung einer Funktion $f(x)$ durch ein Linienbild. Es wird ein Pol O und durch diesen ein Ausgangsstrahl festgelegt (Fig. 44). Der Punkt Q_x soll in bezug auf diese festen Elemente die Polarkoordinaten $x, f(x)$ bei positivem f und $x + \pi$, $-f(x)$ bei negativem f haben. Der Strahl $O Q_x$ wird in Q_x um $\frac{1}{2}\pi$ gedreht, auf dem gedrehten Strahl wird $Q_x P_x = f'(x)$ von Q_x aus abgetragen, wobei das Vorzeichen von f' in derselben Weise wie bei f zu berücksichtigen ist. Die Punkte P_x bilden das Linienbild $\mathfrak{S}$ der Funktion $f(x)$. Die Gerade $P_x Q_x$ ist die Tangente an die Kurve $\mathfrak{S}$ im Kurvenpunkt P_x. Die Kurve $\mathfrak{S}$ ist daher die Einhüllende der in den Punkten Q_x errichteten Lote. Daraus ergibt sich eine einfache Konstruktion der Punkte Q_x und damit der Funktionswerte $f(x)$, wenn das Linienbild $\mathfrak{S}$ gegeben ist.

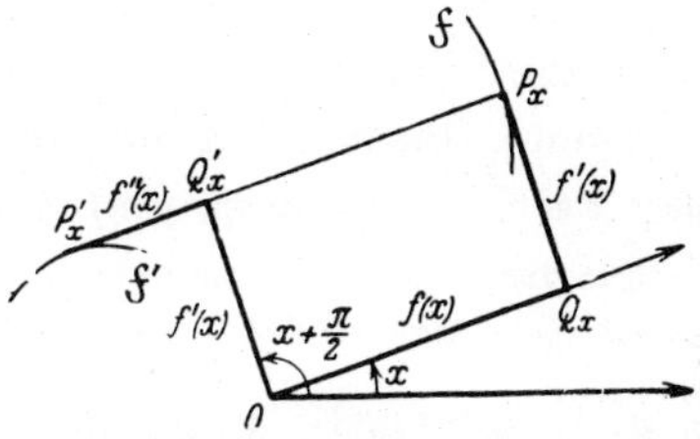

Fig. 44.

Nach demselben Verfahren wird das Linienbild $\mathfrak{S}'$ der Ableitung $f'(x)$ gezeichnet; dabei wird jedoch ein Ausgangsstrahl durch O genommen, der aus dem ersten Ausgangsstrahl durch Drehung um $\frac{1}{2}\pi$ hervorgeht. Die Kurve $\mathfrak{S}'$ ist die Evolute (Kurve der Krümmungsmittelpunkte) zu $\mathfrak{S}$, und daher ist der zu x gehörige Krümmungsradius $\varrho(x)$ der Kurve $\mathfrak{S}$

$$\varrho(x) = f(x) + f''(x).$$

Ist nun die DGl (6) gegeben, so schreibt man sie in der Gestalt

$$\varrho(x) = y + y'' = y + f(x, y, y'). \tag{8}$$

Sind die Werte $y(a)$ und $y'(a)$ für die gesuchte IKurve gegeben, so kann man den Punkt P_a zeichnen; aus den Glen (6) und (8) findet man $\varrho(a)$

[1]) *E. Meissner*, Schweizerische Bauzeitung 98 (1931) 287–290, 333–335; 99 (1932) 27–30, 41–44, 67–69. Vgl. auch *H. Ziegler*, Ingenieur-Archiv 9 (1938) 70–76, 163–178. Für die Anwendung auf die DGlen $y y'' + y^2 = a x + b$ siehe *J. Muller*, Revue Électricité **42 (1937) 389—406, 419—434.** *E. Völlm*, Commentarii math. Helvetici 11 (1939) 362—368 (Verbesserung der Interpolation).

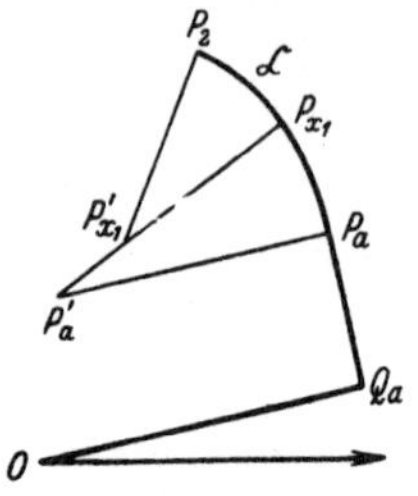
Fig. 45.

und damit den Punkt P'_a, also auch den Krümmungskreis von $\mathfrak{S}$ im Punkt P_a (Fig. 45). Auf diesem Krümmungskreis geht man ein hinreichend kleines Stück weiter bis zu einem Punkt P_{x_1}, zeichnet den zugehörigen Punkt Q_{x_1} und hat damit x_1, $y(x_1)$, $y'(x_1)$. Aus (6) und (8) erhält man $\varrho(x_1)$. Da der Krümmungsmittelpunkt P'_{x_1} auf $P_{x_1} P'_a$ liegt, kann man den Krümmungskreis in P_{x_1} zeichnen und schreitet nun auf diesem bis zu einem Punkt P_{x_2} fort; usw. Das Verfahren kann dadurch genauer gemacht werden, daß man für jeden Schritt einen mittleren Krümmungsradius durch Einschalten von Halbschritten nach dem Muster von 30·4 bestimmt. Hat man auf diese Weise $\mathfrak{S}$ näherungsweise erhalten, so kann man aus $\mathfrak{S}$ die Funktion $y(x)$ gewinnen.

Für die Verwendung dieses Verfahrens bei DGlen erster Ordnung s. *G. Doetsch*, Zeitschrift f. angew. Math. Mech. 1 (1921) 464—466.

31·7. Grammels Orthopolarenverfahren. (a) *R. Grammel*[1]) hat zu Meißners Linienverfahren ein Gegenstück entwickelt, das wegen seiner vielfachen Anwendungen[2]) besondere Beachtung verdient. In dem betrachteten Intervall der Variabeln x sei die gegebene Funktion $f(x)$ zunächst $\neq 0$ und stetig differenzierbar. Das Polarbild dieser Funktion ist die Kurve K, deren Punkte $P(x)$ die Polarkoordinaten $x, \frac{1}{f(x)}$ haben[3]). Das Orthopolarbild (Fig. 46) von K ist das um $+\frac{\pi}{2}$ gedrehte Polarbild der Ablei-

---

[1]) Ingenieur-Archiv 10 (1939) 395—411.

[2]) *Grammel* behandelt a. a. O. folgende Beispiele: Auswertung des uneigentlichen Integrals $\int_0^a x^{-\frac{1}{3}}\,dx$; Lösung der DGl $2y'' = 1 + \sqrt{1 + y'^2}$ für die Hängekurve eines Kabels bei gegebenen Anfangswerten; Lösung einer linearen DGl dritter Ordnung $y''' + a(x)\,y'' + b(x)\,y' = c(x)$, die mit der Biegung rotierender Dampfturbinenscheiben zusammenhängt, unter zweiseitigen Randbedingungen; Lösung einer linearen DGl vierter Ordnung, die bei dem Problem der biegesteifen, rotationssymmetrischen und belasteten Schale auftritt; das System von zwei DGlen zweiter Ordnung

$$x''(t) = -\,w\,(y, v)\,\frac{x'(t)}{v}, \quad y''(t) = -\,w\,(y, v)\,\frac{y'(t)}{v} - g(y)$$

$(v^2 = x'^2 + y'^2)$ für die Bahn eines Ferngeschosses bei beliebigem Widerstandsgesetz.

[3]) Das Vorzeichen von $f(x)$ wird wie in 31·6 berücksichtigt. Ist $f = 0$ an der Stelle $x = x_0$, so wird diesem Funktionswert der unendlich ferne Punkt des Strahls mit dem Richtungswinkel x_0 zugeordnet.

tung $f'(x)$, d. h. die Kurve, deren Punkte die Polarkoordinaten $x+\frac{\pi}{2}$, $\frac{1}{f'(x)}$ haben[1]). Jedem Punkt $P(x)$ des Polarbildes entspricht somit ein Punkt $P'(x)$ der Orthopolaren[2]); die beiden Punkte haben die wichtige Eigenschaft, daß ihre Verbindungsgerade PP' das Polarbild im Punkt P berührt (Fig. 46)[3]). Ist das Polarbild P und das Orthopolarbild P' von $f(x)$ an einer Stelle x_0 bekannt, so erhält man daher die Tangente an das Polarbild im Punkt x_0, indem man die beiden Punkte miteinander verbindet.

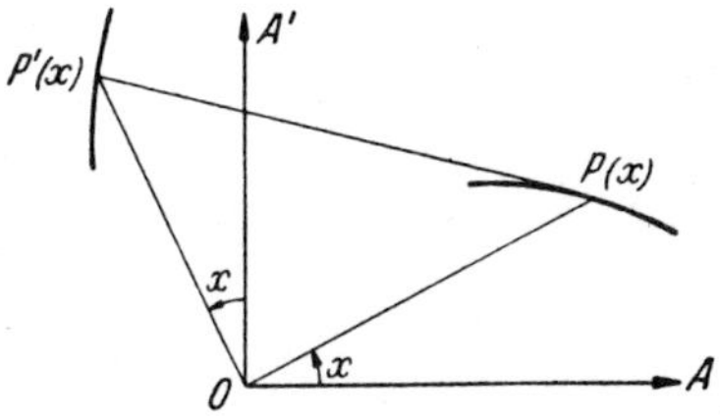

Fig. 46.

(b) Ist eine DGl erster Ordnung

$$y' = f(x, y)$$

gegeben und soll eine Lösung mit dem Anfangswert $y(x_0) = y_0$ konstruiert werden, so zeichnet man die Strahlen mit den Neigungswinkeln x_0 und $x_0 + \frac{\pi}{2}$ und trägt auf diesen die reziproken Werte OP_0 und OP'_0 von y_0 und

---

1) Siehe Fußnote 3 auf S. 172.

2) Ist $f(x)$ nicht stetig differenzierbar, sondern weist das Polarbild von $f(x)$ an der Stelle $P(x_0)$ einen Knick auf (Fig. 47), so entsprechen dem Punkt $P(x_0)$ zwei Punkte $P'(x_0)$ und $\bar{P}'(x_0)$.

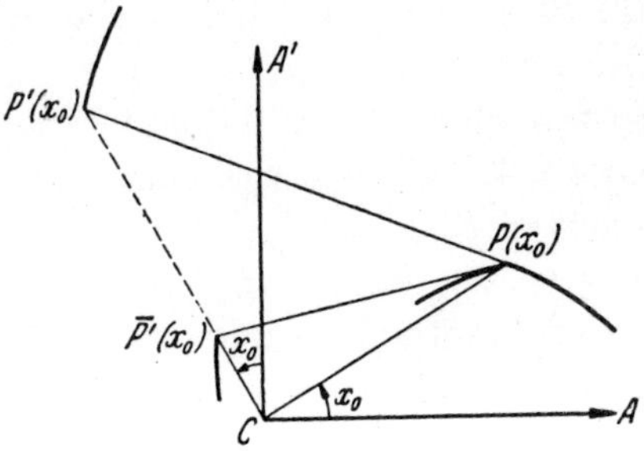

Fig. 47.

3) Beweis: Die rechtwinkligen Koordinaten von $P(x)$ und $P'(x)$ sind

$$X = \frac{\cos x}{f}, \quad Y = \frac{\sin x}{f}$$

und

$$\bar{X} = -\frac{\sin x}{f'}, \quad \bar{Y} = \frac{\cos x}{f'};$$

ihre Verbindungsgerade hat also die Steigung

$$\frac{\bar{Y}-Y}{\bar{X}-X} = -\frac{f\cos x - f'\sin x}{f\sin x + f'\cos x}.$$

Andererseits ergibt sich durch Differentiation

$$X'(x) = -\frac{f'}{f^2}\cos x - \frac{1}{f}\sin x\,, \quad Y'(x) = -\frac{f'}{f^2}\sin x + \frac{1}{f}\cos x\,,$$

und hieraus für die Steigung der Tangente des Polarbildes

$$\frac{Y'(x)}{X'(x)} = \frac{\bar{Y}-Y}{\bar{X}-X}.$$

$y'(x_0) = f(x_0, y_0)$ ab (Fig. 48). Die Gerade $P_0 P_0'$ ist dann Tangente an das Polarbild der gesuchten Lösung $y(x)$. Dreht man die beiden Strahlen um einen hinreichend kleinen Winkel $x_1 - x_0$, so liefert daher der Schnitt von $P_0 P_0'$ mit dem gedrehten Strahl $O P_0$ einen Punkt P_1, für den $\frac{1}{OP_1} \approx y(x_1)$ ist. Trägt man $OP_1' = \frac{1}{f(x_1, y_1)}$ auf dem gedrehten Strahl OP_0' ab, so kann man dasselbe Verfahren auf P_1, P_1' statt P_0, P_0' anwenden und gelangt durch Fortsetzung dieses Verfahrens zu einem genäherten Polarbild der gesuchten Lösung¹).

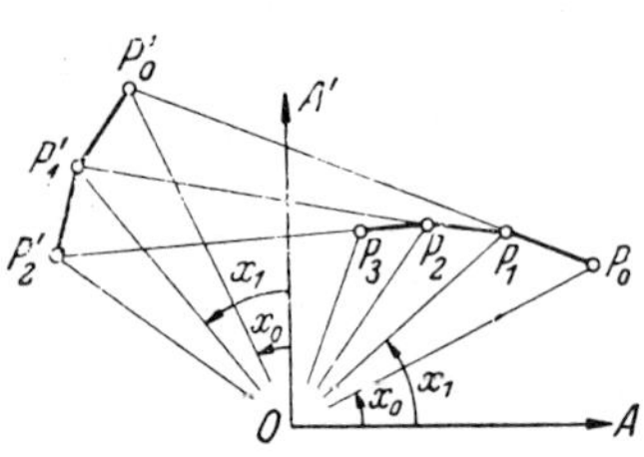

Fig. 48.

(e) Dieses Verfahren kann — und darauf beruht vor allem seine Bedeutung — auch auf DGlen

$$(9) \qquad y^{(n)} = f(x, y, y', \ldots, y^{(n-1)})$$

beliebig hoher Ordnung angewendet werden. Ist die Lösung mit den Anfangswerten

$$y = y_0,\ y' = y_0',\ \ldots,\ y^{(n-1)} = y_0^{(n-1)} \qquad \text{für } x = x_0$$

gesucht, so zeichnet man $n + 1$ Strahlen mit den Neigungswinkeln $x_0 + k\frac{\pi}{2}$ $(k = 0, 1, \ldots, n)$ und trägt auf diesen die reziproken Werte von y_0, y_0', $\ldots$, $y_0^{(n)}$ ab, wobei $y_0^{(n)}$ aus (9) zu berechnen ist (Fig. 49; dort ist $n = 4$). Mit den erhaltenen Punkten $P_0, \ldots, P_0^{(n)}$ wird der Streckenzug $P_0, \ldots, P_0^{(n)}$ gebildet. Die Strahlen werden nun sämtlich um einen hinreichend kleinen Winkel $x_1 - x_0$ gedreht. Die Schnittpunkte der ersten n gedrehten Strahlen mit dem Streckenzug seien $P_1, \ldots, P_1^{(n-1)}$. Die reziproken Werte ihrer Abstände von 0 sind genähert gleich den Werten $y(x_1), \ldots, y^{(n-1)}(x_1)$ der gesuchten Lösung. Wird mit diesen Werten aus (9) der zugehörige Näherungswert $y^{(n)}(x_1)$ berechnet und der reziproke Wert als $OP_1^{(n)}$ auf dem gedrehten Strahl $OP_0^{(n)}$ abgetragen,

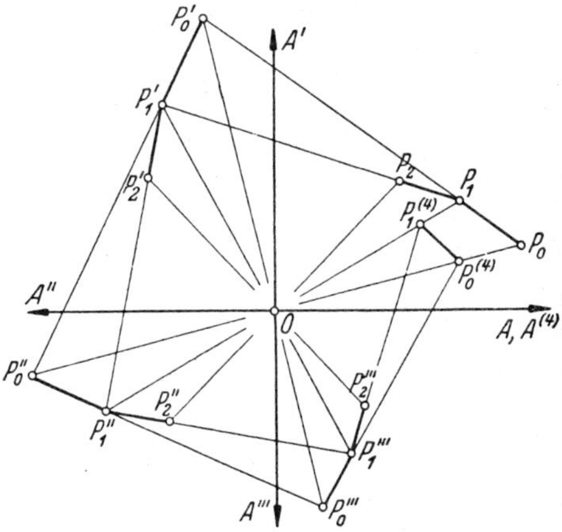

Fig. 49.

¹) Zur Erhöhung der Genauigkeit dieses Verfahrens s. (e).

so kann man nun das Verfahren von neuem auf die Punkte $P_1, \ldots, P_1^{(n)}$ statt $P_0, \ldots, P_0^{(n)}$ anwenden und gelangt durch Fortsetzung des Verfahrens zu einem genäherten Polarbild der gesuchten Funktion[1]).

(d) Einschaltung über die Auswertung bestimmter Integrale. Es sei $f(x)$ die gegebene Funktion; gesucht ist die Funktion $F(x)$ mit gegebenem Anfangswert $F(x_0)$, für die $F' = f$ ist. Man zeichnet $F(x_0)$ als Polarbild P_0, $F'(x)$ als Orthopolarbild (Fig. 50), teilt dieses in hinreichend kleine Stücke $Q_0 Q_1$, $Q_1 Q_2$, ..., markiert deren Mittelpunkte $q_0, q_1, \ldots$ und dreht die Strahlen $O Q_0, O Q_1, \ldots$ um den Winkel $-\frac{\pi}{2}$. Die den Stücken $Q_0 Q_1$, $Q_1 Q_2$, ... entsprechenden Kurven müssen zwischen diesen gedrehten Strahlen liegen. Die Gerade $P_0 q_0$ liefert eine mittlere Richtung der zu $Q_0 Q_1$ gehörigen IKurve, das zwischen den gedrehten Strahlen $O Q_0$ und $O Q_1$ liegende Stück $P_0 P_1$ dieser Geraden ist also näherungsweise eine Sehne des IKurvenstücks. Um den ganzen Sehnenzug der IKurve zu erhalten, hat man weiter nur P_1 mit q_1 bis zum Schnitt P_2 mit dem gedrehten Strahl $O Q_2$ zu verbinden, P_2 mit q_2 bis zum Schnitt P_3 mit dem gedrehten Strahl $O Q_3$, usw. Dann ist $P_0 P_1 P_2 \ldots$ angenähert ein der gesuchten IKurve einbeschriebener Sehnenzug. Die Geraden $P_0 Q_0$, $P_1 Q_1$, ... geben die Tangenten in den Punkten P_0, P_1, ... der gesuchten IKurve.

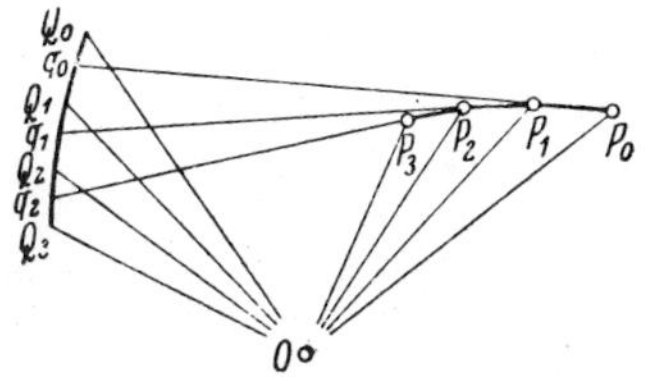

Fig. 50.

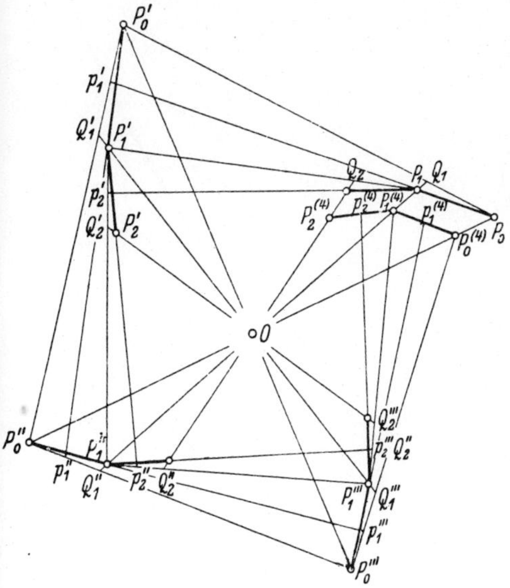

Fig. 51.

(e) Die Genauigkeit des Verfahrens (c) wird beträchtlich erhöht, wenn man (d) heranzieht und nötigenfalls ein oder mehrere Iterationsschritte hinzufügt. Die Fig. 48 ändert sich dann folgendermaßen. Man konstruiert zunächst mit den Punkten

[1]) Siehe Fußnote 1 auf S. 174.

$P_0, P_0', \ldots, P_0^{(n)}$ die Punkte $P_1, P_1', \ldots, P_1^{(n-1)}$, die jetzt mit $Q_1, Q_1', \ldots, Q_1^{(n-1)}$ bezeichnet werden (Fig. 51). Die durch $P_0' Q_1', P_0'' Q_1'', \ldots, P_0^{(n-1)} Q_1^{(n-1)}$ gegebenen Funktionen werden nun nach (d) integriert, indem man die

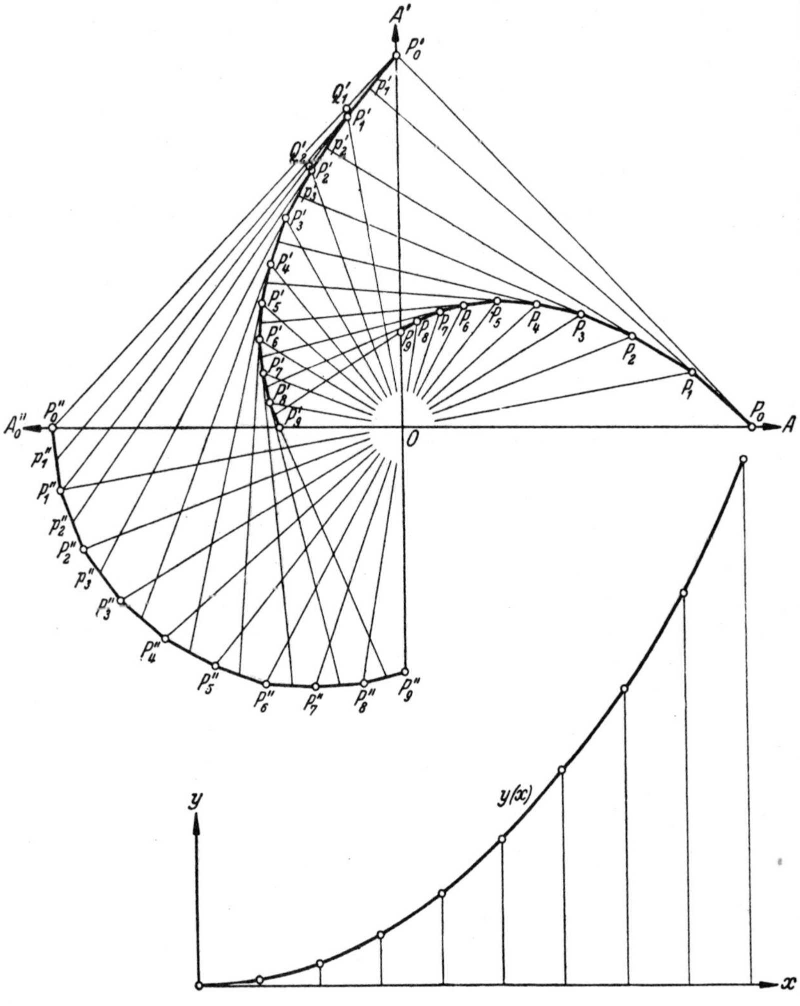

Fig. 52.

Mitten $p_1', p_1'', \ldots, p_1^{(n-1)}$ dieser Strecken mit $P_0, \ldots, P_0^{(n-2)}$ verbindet; die Schnittpunkte mit dem um $x_1 - x_0$ gedrehten Strahlenkreuz seien $P_1, \ldots, P_1^{(n-2)}$. „Um auch $P_1^{(n-1)}$ zu finden, berechnet man die Lage des Punktes $P_1^{(n)}$ in erster Näherung aus $P_1, P_1', \ldots, P_1^{(n-2)}$ und $Q_1^{(n-1)}$ (statt

$P_1^{(n-1)}$) und verbindet die Mitte $p_1^{(n)}$ von $P_0^{(n)} P_1^{(n)}$ mit $P_0^{(n-1)}$. Dies liefert $P_1^{(n-1)}$ in erster Näherung. Nun berechnet man $P_1^{(n)}$ in zweiter Näherung aus $P_1, \ldots, P_1^{(n-2)}$ und der gefundenen ersten Näherung von $P_1^{(n-1)}$ und wiederholt, wenn nötig, mit dem verbesserten Punkt $P_1^{(n)}$ die Konstruktion bis zu einer zweiten Näherung von $P_1^{(n-1)}$, usw." Die Geraden $P_0 P_0'$, $P_1 P_1'$, $P_2 P_2'$, ... liefern wieder die Tangenten in den Punkten $P_0, P_1, P_2, \ldots$[1]).

(f) Beispiel. Es sei die DGl

$$2\,y'' = 1 + \sqrt{1 + y'^2}$$

mit den Anfangsbedingungen $y(0) = 1$, $y'(0) = 0$ zu lösen. Man kann den durch den Anfangswert $y'(0) = 0$ hineinkommenden unendlich fernen Punkt vermeiden[2]), indem man $u(x) = y(x) + x$ setzt. Dann lautet die DGl

$$2\,u'' = 1 + \sqrt{1 + (u' - 1)^2}, \quad u(0) = 1, \quad u'(0) = 1\,.$$

Die Lösung (Fig. 52) ist nach dem Verfahren (e) konstruiert. Eine zweite Näherungsrechnung für die P_ν'' ist kaum nötig. Die Punkte Q_ν' liegen für $\nu \geqq 3$ so nahe an den P_ν', daß sie nicht mehr eingezeichnet sind. Nach C 6·61 erhält man $y\left(\frac{\pi}{2}\right) = 2{,}41$; die Konstruktion, deren Original in doppelter Größe ausgeführt war, ergab den Wert 2,43, wies also einen Fehler von weniger als 1% auf.

31·8. Graphische Verwendung der Taylorschen Entwicklung. Es sei die DGl

$$y'' = f(x, y, y') \tag{6}$$

mit den Anfangsbedingungen $y(a) = \alpha$, $y'(a) = \beta$ gegeben. Ist f beliebig oft stetig differenzierbar, so kann man mit Hilfe der DGl auch die Werte $y''(a)$, $y'''(a)$ der höheren Ableitungen berechnen und die Taylorsche Reihe

$$y(a + h) = \sum_{\nu=0}^{\infty} \frac{h^\nu}{\nu!}\, y^{(\nu)}(a)$$

ansetzen. Wenn diese Reihe für ein geeignet gewähltes, festes $h > 0$ konvergiert, erhält man aus ihr Näherungswerte für $y(a + h)$, indem man nur die ersten Glieder berücksichtigt. Um nicht nur den Punkt $a + h$, $y(a + h)$, sondern auch die Tangente der Näherungskurve in diesem Punkt zu erhalten, kann man so vorgehen[3]): Man zeichnet (s. Fig. 53)

---

[1]) Für Varianten dieses Verfahrens und sonstige nützliche Winke sei auf die Arbeit von *Grammel* verwiesen.

[2]) Bei *Grammel* ist die Konstruktion für $y(x)$, also mit Benutzung des unendlich fernen Punktes ausgeführt.

[3]) *V. Blaess*, Zeitschrift f. techn. Phys. 9 (1928) 7—11. Vgl. auch *R. Zurmühl*, Zeitschrift f. angew. Math. Mech. 20 (1940) 104ff.

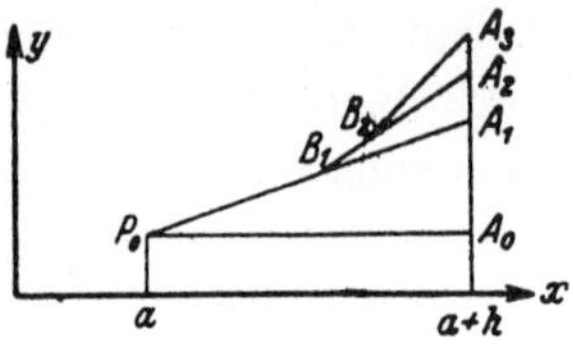

Fig. 53.

die Punkte $P_0(a, y(a))$ und $A_0(a+h, y(a))$ und trägt über $x = a + h$ die Ordinatenstücke

$$A_{\nu-1} A_\nu = \frac{h^\nu}{\nu!} y^{(\nu)}(a) \qquad (\nu \geqq 1)$$

auf Weiter wird P_0 mit A_1 verbunden, der Mittelpunkt B_1 dieser Strecke mit A_2, der Endpunkt B_2 des ersten Drittels von $B_1 A_2$ mit A_3, der Endpunkt B_3 des ersten Viertels von $B_2 A_3$ mit A_4, usw. Die Strecken $B_{\nu-1} A$ geben dann immer genauer die Tangentenrichtung im Punkt $a + h$, $y(a + h)$ an. Hat man diesen Punkt und seine Tangentenrichtung mit hinreichender Genauigkeit gefunden, so wiederholt man das Verfahren mit diesem Punkt als Ausgangspunkt; usw.

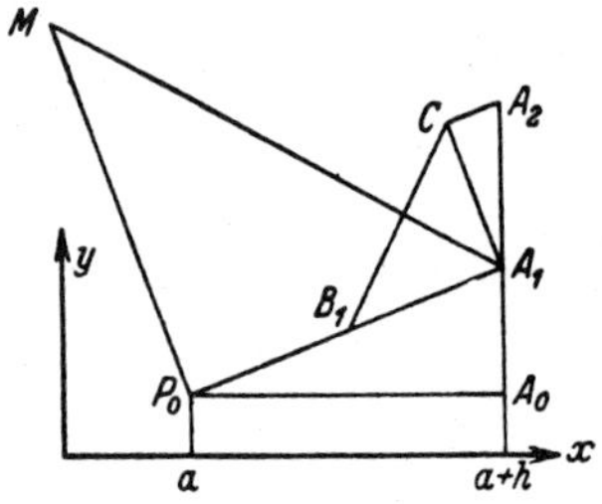

Fig. 54.

Auch der Krümmungskreis im Punkt P_0 kann leicht gezeichnet werden[1]). Man braucht hierfür nur die Punkte A_1, A_2. Durch A_2 (Fig. 54) wird die Parallele und durch A_1 das Lot zu $P_0 A_1$ gezeichnet, der Schnittpunkt sei C. Dann wird durch P_0 das Lot zu $P_0 A_1$ und durch A_1 das Lot zu $B_1 C$ gezeichnet. Der Schnittpunkt M ist der Mittelpunkt des Krümmungskreises für den Punkt P_0.

Für die Anwendung des Verfahrens bei Systemen von zwei DGlen s. *Blaess*[2]).

31·9. Das Verfahren von E. Braun[3]). Die unabhängige Veränderliche sei jetzt mit t bezeichnet, und es sei

$$x''(t) = f(t, x, x')$$

die gegebene DGl. Wird x als unabhängige Veränderliche eingeführt und $x'(t) = y(x)$ gesetzt, so nimmt die DGl die Gestalt

$$y'(x) = \frac{f(t, x, y)}{y} = \frac{u}{y} \tag{10}$$

an, und für die Bogenlänge $s(t)$ der Kurve

$$x = x(t), \quad y = y(x(t)) \tag{11}$$

---

1) *W. Meyer zur Capellen*, Zeitschrift f. techn. Phys. 11 (1930) 259f.

2) Siehe Fußnote 3 auf S. 177.

3) Ingenieur-Archiv 8 (1937) 198—202. Das Verfahren ist für DGlen der Gestalt

$$x''(t) + D(x') + R(x) = F(t)$$

und insbesondere für das Wasserschloßproblem entwickelt, ist aber auch auf den obigen allgemeineren Fall anwendbar. Zu dem Verfahren vgl. 31·5.

ergibt sich

(12) $$s'(t) = \sqrt{u^2 + y^2}.$$

Sind für eine IKurve die Anfangswerte $x_0 = x(t_0)$, $y_0 = x'(t_0) = y(x_0)$ gegeben, so ist (vgl. Fig. 55) $u_0 = f(t_0, x_0, y_0)$ die Subnormale $Q_0 N_0$ des Punktes $P_0 (x_0, y_0)$ der gesuchten Kurve (11), und nach (12) ist

(13) $$s'(t_0) = P_0 N_0 .$$

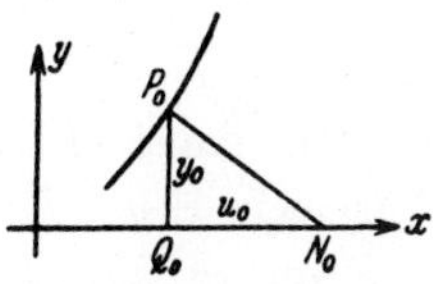

Fig. 55.

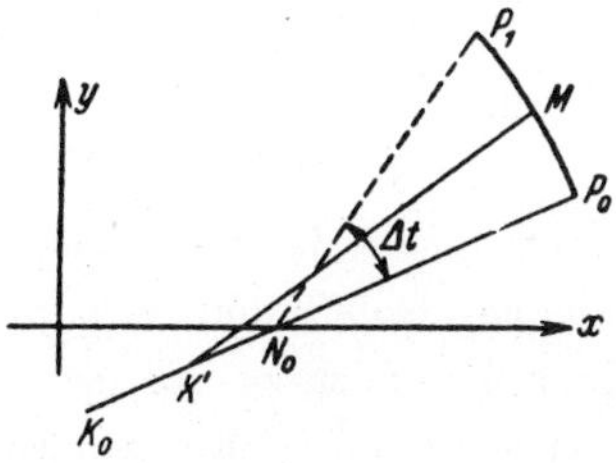

Fig. 56.

Da u_0 bekannt ist, wenn $x(t_0)$ und $x'(t_0)$ gegeben sind, kann die Normale gezeichnet werden, und nach (13) ist für einen hinreichend kleinen Kurvenbogen

$$\frac{\Delta s}{P_0 N_0} \approx \Delta t .$$

Man nimmt nun auf $P_0 N_0$ versuchsweise einen Krümmungsmittelpunkt K_0 an (Fig. 56) und zeichnet einen Kreisbogen $P_0 P_1$. Diese Näherung wird geprüft und verbessert, indem man den Mittelpunkt M von $P_0 P_1$ aufsucht und für diesen Punkt mit $t^* = t_0 + \frac{1}{2} \Delta t$ die Normalenkonstruktion von neuem durchführt; die neue Normale schneide $P_0 N_0$ in K'. Man führt nun die Konstruktion mit K' statt K_0 durch. Ergibt sich für den verbesserten Punkt P_1' eine zu große Abweichung von P_1, so war K_0 zu falsch gewählt, und man fängt das Verfahren mit einem neuen K nochmals an. Ist die Abweichung der Bogen $P_0 P_1$ und $P_0 P_1'$ gering, so setzt man das Verfahren fort, indem man es auf P_1' statt P_0 anwendet.

Hat die DGl speziell die in Fußnote 3 auf S. 178 angegebene Gestalt, so kann u leicht aus den Kurvenbildern der Funktionen $F(t)$, $R(x)$, $D(x')$ entnommen werden. Für den Fall einer periodischen Funktion $F(t)$ und für die graphische Untersuchung des Schwingungsvorganges mit Hilfe dieses Verfahrens s. *Braun*, a. a. O.

32. Apparate zur Lösung von Differentialgleichungen.

Zur mechanischen Lösung von DGlen ist eine Reihe von Konstruktionen angegeben worden, aber nur wenige sind anscheinend wirklich ausgeführt worden und haben sich als brauchbar erwiesen. Dazu kommt ein hoher Preis, wenn die Geräte einigermaßen leistungsfähig sein sollen.

Für die Lösung der DGl

$$y''(x) = f(y') + g(y) + h(x)$$

hat *Knorr*[1]) einen Apparat angegeben; dabei müssen $f(y')$, $g(y)$, $h(x)$ als Kurven gezeichnet vorliegen; an diesen entlang werden Fahrstifte geführt. Es lassen sich dann IKurven zeichnen, die gegebene Anfangsbedingungen erfüllen. Als Hersteller wird angegeben Gebr. Stärzel, Fabrik für Feinmechanik, München 15, Kapuziner Str. 18.

Am leistungsfähigsten scheint ein Apparat von *Bush*[2]) zu sein, der sich im Massachusetts Institute of Technology befindet. Durch dieses Gerät läßt sich ein System

$$y'(x) = z + f_1, \quad z'(x) = f_1 + f_2(f_3 + f_4) - \frac{d}{dx} f_1$$

und die entsprechende DGl zweiter Ordnung integrieren, dabei sind die f_ν willkürlich gegebene Funktionen von je einer der Variabeln x, y, z. Liegen diese Kurven gezeichnet vor, so werden durch den Apparat die Kurven $y(x)$, $z(x)$ gezeichnet. Ein zweites Gerät löst DGlen sechster Ordnung oder Systeme von zwei DGlen dritter Ordnung. Ein ähnliches Gerät war 1939 in Oslo im Bau und scheint jetzt benutzbar zu sein[3]). Etwas einfachere, aber auch recht leistungsfähige Geräte sind in Manchester und Cambridge hergestellt worden[4]).

Ein Gerät, das auf elektromagnetischen Gesetzen beruht und zur Lösung von linearen und nichtlinearen DGlen zweiter Ordnung dienen soll, ist von *N. Minorsky*[5]) beschrieben. Eine Vorrichtung dieser Art war 1936 im Massachusetts Institute of Technology im Bau.

Die von der modernen Nachrichtentechnik entwickelten elektrischen Hilfsmittel scheinen bisher bei dem Bau von Apparaten zur Lösung von DGlen noch nicht ausgenutzt zu sein[6]).

---

[1]) Organ d. Eisenbahnwesens 79 (1924) 353—358. DRP. 286519, 340239.

[2]) *V. Bush*, The Differential Analyzer, Journal Franklin Institute 212 (1931) 447—488. *P. Fourmarier*, Bulletin de la Société Française des Électriciens (5) 2 (1932) 13—43. *W. Meyer zur Capellen*, Mathematische Instrumente, Leipzig 1941, S. 205 ff. *R. Sauer* — *H. Pösch*, Zeitschrift VDI 87 (1943) 221—224. Für die Benutzung des Geräts zur Herstellung des Geschwindigkeitsdiagramms eines fahrenden Eisenbahnzuges s. *D. R. Hartree* — *J. Ingham*, Memoirs Manchester 83 (1939) 1—15.

[3]) Vgl. hierzu *S. Rosseland*, Naturwissenschaften 27 (1939) 729—735.

[4]) Beschreibung und Abbildung bei *J. E. Lennard-Jones* — *M. V. Wilkes* — *J. B. Bratt*, Proceedings Cambridge 35 (1939) 485—493.

[5]) C. R. Paris 202 (1936) 293—295. Revue Électricité 39 (1936) 787—794; Referat hierüber im Jahrbuch FdM 62 (1936) 1393f.

[6]) Jedoch ist folgendes gemacht worden: Bei den Integrationsapparaten werden die in der DGl als Koeffizienten auftretenden Funktionen dadurch in den Mechanismus eingeführt, daß ein Stift mit der Hand längs einer Kurve geführt wird. Unter Verwendung einer photoelektrischen Zelle sind Geräte konstruiert worden, welche die Führung automatisch machen. *P. M. S. Blackett* — *F. C. Williams*, Proceedings Cambridge 35 (1939) 494—505. *F. C. Williams*,

Für Geräte zur Lösung von DGlen der Ballistik s. *L. Jacob*, Le Calcul mécanique, Paris 1911, S. 383–392 [Encyclopédie scientifique, publiée sous la direction du Dr. Toulouse]. Ferner *P. Füsgen*, Flugbahn-Rechengerät, Diss. Aachen 1937.

Eine Anzahl einfacherer Geräte ist wenigstens modellmäßig ausgeführt. Vgl. hierzu

A. Galle, Mathematische Instrumente, Leipzig-Berlin 1912.

A. Galle, Neuere Integraphen, Zeitschrift f. angew. Math. Mech. 2 (1922) 458–466.

L. Jacob, a. a. O.

E. Pascal, I miei Integrafi per equazioni differenziali, Napoli 1914. Ins Deutsche übersetzt von *A. Galle*, Zeitschrift f. Instrumentenkunde 42 (1922) 232–243, 253–277, 300–311, 326–337.

Fr. A. Willers, Mathematische Instrumente, Berlin-Leipzig 1926, S. 116–125.

Willers, Prakt. Analysis, S. 334–339.

Diese Konstruktionen können in erster Linie zur Lösung der Riccatischen DGl

$$y' = f(x)\,y^2 + g(x)\,y + h(x)$$

und der Abelschen DGl

$$y' = f(x)\,y^3 + g(x)\,y^2 + h(x)\,y + k(x)$$

dienen.

Weitere Konstruktionen, über deren Bewährung jedoch nichts veröffentlicht ist, sind angegeben von

W. Thomson, Proceedings Soc. London 24 (1876) 269–275. Die DGl $[f(x)\,y']' = y$ wird durch das Iterationsverfahren gelöst; bei der Ausführung der Quadraturen soll ein von *J. Thomson* erdachtes Gerät benutzt werden.

M. Petrovitch, Americ. Journal Math. 20 (1898) 293–300; 23 (1901) 1–12. Es soll $f(y)\,y' = g(x - y)$ gelöst werden; das Gerät erfordert im Einzelfall zuviel Vorbereitungen, und das Ergebnis wird zu ungenau sein.

E. C. Bullard — P. B. Moon, Proceedings Cambridge 27 (1931) 546–552. Zur Lösung von $y'' = f(x)\,y$ soll ein magnetisches System benutzt werden.

T. Fuchida hat für die Lösung der DGl

$$y'' + a\,y' + b\,y = f(x)$$

die optisch aufgezeichnete Galvanometerbewegung benutzt; Bulletin of the Earthquake Research Institute, Tokyo Imperial University 14 (1936) 415–419 [nach Referat im Jahrbuch FdM 62_{II} (1939) 1394].

P. Suprunenko, Acad. Ukraïne 7 (1927–1928) 307–455 (ukraïnisch mit deutschen Auszügen), hat Geräte für die Lösung der DGlen beschrieben, die bei der Untersuchung der Bewegung eines Eisenbahnzuges auftreten. Die Arbeit enthält auch graphische Lösungsmethoden.

---

ebenda 506–511. — Vgl. jedoch auch *H. Kleinwächter*, Anwendungen der Braunschen Röhre für die Auflösung von Differentialgleichungen auf elektrischem Wege, Archiv Elektrotechn. 33 (1939) 118–120.

B. Rand- und Eigenwertaufgaben.

§ 1. Rand- und Eigenwertaufgaben bei einer linearen Differentialgleichung n-ter Ordnung.

Lit.: Encyklopädie II_1, S. 437—463; II_3, S. 1244—1266. *M. Bôcher*, Méthodes de Sturm. *Courant-Hilbert*, Methoden math. Physik I. *Ince*, Diff. Equations, S. 204—278. *W. T. Reid*, Bulletin Americ. Math. Soc. 43 (1937) 633—666 (ein Bericht). *L. Collatz*, Eigenwertprobleme und ihre numerische Behandlung, Leipzig 1944.

Für Rand- und Eigenwertaufgaben niedrigerer Ordnung, vor allem für solche zweiter Ordnung, ist weit mehr an Einzelheiten bekannt, als die folgenden allgemeinen Entwicklungen ergeben. Aus den reichhaltigeren Tatsachen für diese spezielleren Aufgaben kann man daher Anregungen auch für die Behandlung allgemeinerer Aufgaben erhalten. Diese spezielleren Aufgaben sowie als besonders einfaches Beispiel $y'' + \lambda y = 0$ mit irgendwelchen Randbedingungen möge man auch zur Illustration der allgemeinen Theorie heranziehen. Die bei technischen und physikalischen Problemen bisher aufgetretenen Rand- und Eigenwertaufgaben sind meistens selbstadjungiert und von der zweiten oder vierten Ordnung; insbesondere führen Aufgaben über Longitudinal- und Torsionsschwingungen elastischer Stäbe auf DGlen zweiter Ordnung und Aufgaben über Transversalschwingungen elastischer Stäbe auf DGlen vierter Ordnung.

1. Allgemeines über Randwertaufgaben.

1·1. Bezeichnungen und allgemeine Vorbemerkungen[1]. In dem Intervall $a \leqq x \leqq b$ seien die Funktionen $f(x)$ und $f_\nu(x)$ stetig, ferner $f_n(x) \neq 0$. Mit diesen Funktionen wird der lineare homogene DAusdruck

$$L(y) = \sum_{\nu=0}^{n} f_\nu(x)\, y^{(\nu)} \tag{1}$$

und mit diesem die lineare DGl

$$L(y) = f(x) \tag{2}$$

[1]) Die grundlegenden Originalarbeiten zu 1 sind: *G. D. Birkhoff*, Transactions Americ. Math. Soc. 9 (1908) 373ff. *E. Bounitzky*, Journal de Math. (6) 5 (1909) 65—125. *M. Bôcher*, Annals of Math. (2) 13 (1911—1912) 71—88 und Transactions Americ. Math. Soc. 14 (1913) 403—420. Zu 1·1 s. auch *Bôcher*, Méthodes de Sturm, S. 17ff.; *Ince*, Diff. Equations, S. 205ff.

gebildet; die zugehörige homogene DGl ist

(3) $$L(y) = 0\,.$$

Mit gegebenen Konstanten $\alpha_\mu^{(\varkappa)}$, $\beta_\mu^{(\varkappa)}$, für welche die Matrix

(4) $$\begin{pmatrix} \alpha_1^{(0)}, \ldots, \alpha_1^{(n-1)}, & \beta_1^{(0)} \ldots, \beta_1^{(n-1)} \\ \cdot\;\cdot\;\cdot\;\cdot\;\cdot\;\cdot & \cdot\;\cdot\;\cdot\;\cdot\;\cdot\;\cdot \\ \alpha_m^{(0)}, \ldots, \alpha_m^{(n-1)}, & \beta_m^{(0)}, \ldots, \beta_m^{(n-1)} \end{pmatrix}$$

den Rang m haben soll, werde für eine in $\langle a, b\rangle$ $(n-1)$-mal stetig differenzierbare Funktion $y(x)$

(5) $$U_\mu(y) = \sum_{\varkappa=0}^{n-1} [\alpha_\mu^{(\varkappa)} y^{(\varkappa)}(a) + \beta_\mu^{(\varkappa)} y^{(\varkappa)}(b)] \qquad (\mu = 1, \ldots, m)$$

gesetzt. Wegen der Voraussetzung über den Rang von (4) sind diese Ausdrücke in den $y^{(\varkappa)}(a)$, $y^{(\varkappa)}(b)$ voneinander linear unabhängig. Mit den Ausdrücken U_μ und gegebenen Zahlen γ_μ lassen sich für eine Lösung $y = \varphi(x)$ der DGl (2) die Randbedingungen (boundary conditions, conditions aux limites)

(6) $$U_\mu(\varphi) = \gamma_\mu \qquad (\mu = 1, \ldots, m)$$

bilden. Diese Rand*bedingungen* heißen homogen, wenn alle $\gamma = 0$ sind. Die DGl und die Randbedingungen zusammen bilden die Randwert-*aufgabe* (boundary problem; problema di valori ai limiti, problema al contorno). Die Randwert*aufgabe* heißt homogen, wenn die DGl *und* die Randbedingungen homogen sind; in jedem andern Falle unhomogen; gelegentlich halbhomogen (semihomogen), wenn die $\gamma_\mu = 0$ sind, aber $f(x) \not\equiv 0$ ist.

Bei dieser allgemeinen Formulierung ist in der Randwertaufgabe auch die übliche Anfangswertaufgabe (gegeben sind die Werte der Funktion und ihrer $n-1$ ersten Ableitungen an der Stelle a) enthalten.

Da $\varphi(x) \equiv 0$ Lösung jeder homogenen Randwertaufgabe ist, wird diese Funktion als triviale oder uneigentliche Lösung bezeichnet. Eigentliche oder nicht-triviale Lösungen der homogenen Randwertaufgaben sind nur solche Funktionen, die $\not\equiv 0$ sind.

Sind $\varphi_1, \ldots, \varphi_k$ Lösungen einer homogenen Randwertaufgabe, so ist auch jede lineare Komposition $C_1 \varphi_1 + \cdots + C_k \varphi_k$ mit beliebigen Zahlen C_ν eine Lösung derselben Randwertaufgabe.

Da die homogene DGl (3) ein System von n linear unabhängigen Lösungen besitzt, aus denen jede Lösung durch lineare Komposition erhalten werden kann, gibt es zu jeder homogenen Randwertaufgabe, falls sie überhaupt eine eigentliche Lösung besitzt ein System von k linear unabhängigen Lösungen $\varphi_1, \ldots, \varphi_k$, so daß jede Lösung der Randwertaufgabe aus $\varphi_1, \ldots, \varphi_k$ durch lineare Komposition erhalten werden kann; die homogene Randwertaufgabe heißt dann k-fach lösbar; k heißt die Vielfachheit der Lösbarkeit oder der Index der Randwertaufgabe. Z. B. hat die Aufgabe

$$y'' = 0, \quad y(0) + y'(0) = y(1), \quad y'(0) = y'(1)$$

den Index 2, da 1 und x Lösungen sind. Hat die Aufgabe keine eigentliche Lösung, so wird $k = 0$ gesetzt.

Sind φ_1, φ_2 zwei verschiedene Lösungen einer (unhomogenen) Randwertaufgabe, so ist offenbar $\varphi = \varphi_1 - \varphi_2$ eine eigentliche Lösung der zugehörigen homogenen Randwertaufgabe.

Ist ψ_0 eine Lösung einer unhomogenen Randwertaufgabe, so liefert $\psi = \psi_0 + \varphi$ alle Lösungen dieser Randwertaufgabe, wenn φ alle Lösungen der zugehörigen homogenen Randwertaufgabe durchläuft.

1·2. Bedingungen für die Lösbarkeit der Randwertaufgabe[1]). Eine gegebene Randwertaufgabe braucht keine Lösung zu haben[2]). Ist für (2) eine Lösung φ_0 und für (3) ein Hauptsystem von Lösungen $\varphi_1, \ldots, \varphi_n$ bekannt, so hat die Randwertaufgabe (2), (6) genau dann eine Lösung, und zwar ist diese

$$\varphi = \varphi_0 + c_1 \varphi_1 + \cdots + c_n \varphi_n,$$

wenn sich die c_ν so bestimmen lassen, daß φ die Randbedingungen (6) erfüllt. Auf diesem Wege ergibt sich: Notwendig und zugleich hinreichend für die Lösbarkeit der Randwertaufgabe ist, daß die Matrix

$$\begin{pmatrix} U_1(\varphi_1), \ldots, U_1(\varphi_n), & U_1(\varphi_0) - \gamma_1 \\ \cdot \quad \cdot \quad \cdot \quad \cdot \quad \cdot \quad \cdot \quad \cdot & \cdot \quad \cdot \quad \cdot \quad \cdot \\ U_m(\varphi_1), \ldots, U_m(\varphi_n), & U_m(\varphi) - \gamma_m \end{pmatrix}$$

denselben Rang wie die Matrix

$$(7) \qquad \begin{pmatrix} U_1(\varphi_1), \ldots, U_1(\varphi_n) \\ \cdot \quad \cdot \quad \cdot \quad \cdot \quad \cdot \quad \cdot \\ U_m(\varphi_1), \ldots, U_m(\varphi_n) \end{pmatrix}$$

hat. Die homogene Randwertaufgabe ist genau $(n - r)$-fach lösbar, wenn (7) den Rang r hat; sie ist also stets eigentlich lösbar für $m < n$, und für $m = n$ genau dann, wenn die Determinante

$$\begin{vmatrix} U_1(\varphi_1), \ldots, U_1(\varphi_n) \\ \cdot \quad \cdot \quad \cdot \quad \cdot \quad \cdot \quad \cdot \\ U_n(\varphi_1), \ldots, U_n(\varphi_n) \end{vmatrix} = 0$$

ist.

---

[1]) Vgl. *Bôcher*, a. a. O., S. 19—21. *Ince*, a. a. O., S. 207f.

[2]) Beispiel: $y'' = 0$, $y(a) - y(b) = 1$, $y'(a) + y'(b) = 0$.

Für $m = n$ folgt hieraus die wichtige Tatsache (sog. Alternative): Entweder hat eine gegebene unhomogene Randwertaufgabe genau *eine* Lösung, oder die zugehörige homogene Randwertaufgabe hat mindestens eine eigentliche Lösung.

1·3. Die adjungierte Randwertaufgabe[1]. Es sei jetzt $f_\nu(x)$ für $\nu = 1, \ldots, n$ sogar ν-mal stetig differenzierbar[2], so daß zu L der adjungierte DAusdruck

(8) $$\bar{L}(y) = \sum_{\nu=0}^{n} (-1)^\nu (f_\nu\, y)^{(\nu)}$$

gebildet werden kann. Für n-mal stetig differenzierbare Funktionen $u(x)$, $v(x)$ besteht dann die Lagrangesche Identität (s. A 17·6)

(9) $$v\, L(u) - u\, \bar{L}(v) = \frac{d}{dx} L^*(u, v)$$

mit

(10) $$L^*(u, v) = \sum_{r=0}^{n-1} \sum_{p+q=r} (-1)^p\, u^{(q)}\, (f_{r+1}\, v)^{(p)}.$$

Hieraus folgt die Greensche Formel

(11) $$\int_a^b [v\, L(u) - u\, \bar{L}(v)]\, dx = \Big[L^*(u, v)\Big]_a^b,$$

und hierin ist die rechte Seite eine Bilinearform in

(12) $$\begin{cases} u(a),\ u'(a), \ldots,\ u^{(n-1)}(a),\ u(b),\ u'(b), \ldots,\ u^{(n-1)}(b), \\ v(a),\ v'(a), \ldots,\ v^{(n-1)}(a),\ v(b),\ v'(b), \ldots,\ v^{(n-1)}(b), \end{cases}$$

und die Determinante dieser Bilinearform ist $\neq 0$.

Es sei nun die Randwertaufgabe

(13) $$L(u) = f(x); \quad U_\mu(u) = \gamma_\mu \qquad (\mu = 1, \ldots, m)$$

---

[1]) Vgl. *Bôcher*, a. a. O., S. 22–36. *Ince*, a. a. O., S. 210–214.

[2]) Diese Voraussetzung kann gemildert werden, wenn L sich in der Gestalt

(*) $$L(y) = \sum_{\nu=0}^{h} [f_\nu(x)\, y^{(r_\nu)}]^{(s_\nu)}$$

mit $r_{\nu+1} + s_{\nu+1} > r_\nu + s_\nu$ und $r_h + s_h = n$ schreiben läßt. Dann braucht nämlich f_ν nur stetige Ableitungen bis zur Ordnung Max (r_ν, s_ν) zu haben, also, wenn speziell

$$L(y) = \sum_{\nu=0}^{h} [f_\nu(x)\, y^{(\nu)}]^{(\nu)} \qquad (n = 2\,h)$$

ist, nur stetige Ableitungen bis zur Ordnung ν, während nach dem obigen Texte sogar Ableitungen $2\,\nu$-ter Ordnung zu verlangen wären. Die Formeln (9) bis (11) und ebenso die weiteren Ausführungen von 1·3 und 1·4 gelten unverändert für die DAusdrücke (*) mit den adjungierten und bilinearen DAusdrücken $\bar{L}$, L^*, die in A 17·5 und 17·6 angegeben sind.

gegeben. Da die Matrix (4) den Rang m hat, kann sie durch Hinzufügen von $2n-m$ Zeilen zu einer quadratischen Matrix vervollständigt werden, deren Determinante $\neq 0$ ist. Das mit dieser Matrix gebildete GlsSystem

$$U_\mu = \sum_{\varkappa=0}^{n-1} [\alpha_\mu^{(\varkappa)} u^{(\varkappa)}(a) + \beta_\mu^{(\varkappa)} u^{(\varkappa)}(b)] \qquad (\mu = 1, \ldots, 2n)$$

kann daher nach den $u^{(\varkappa)}(a)$, $u^{(\varkappa)}(b)$ aufgelöst werden. Trägt man das Ergebnis in die rechte Seite von (11) ein, so entsteht eine Gl von der Gestalt

$$\int_a^b [v\,L(u) - u\,\overline{L}(v)]\,dx = U_1 V_{2n} + U_2 V_{2n-1} + \cdots + U_{2n} V_1,$$

wobei die V_μ Linearformen der in der zweiten Zeile von (12) stehenden Größen sind. Die Randwertaufgabe

$$(\overline{13}) \qquad \overline{L}(v) = 0, \quad V_\mu(v) = 0 \qquad (\mu = 1, \ldots, 2n-m)$$

heißt die zu (13) adjungierte Randwertaufgabe. Es läßt sich beweisen, daß die adjungierte Randwertaufgabe, die scheinbar noch von der Art und Weise abhängt, wie die Matrix (4) zu einer quadratischen Matrix ergänzt ist, in Wirklichkeit hiervon nicht abhängt.

Beispiel: Es sei die Randwertaufgabe

$$u'' + g(x)\,u = 0, \quad u(a) + 2\,u(b) = 0, \quad 2\,u'(a) + u'(b) = 0$$

gegeben. Hier ist

$$L(u) = \overline{L}(u) = u'' + g\,u, \quad L^*(u, v) = u'\,v - u\,v',$$
$$U_1 = u(a) + 2\,u(b), \quad U_2 = 2\,u'(a) + u'(b),$$

und man kann z. B.

$$U_3 = u(b), \quad U_4 = u'(a)$$

setzen. Dann wird

$$[L^*(u, v)]_a^b = u'(b)\,v(b) - u(b)\,v'(b) - u'(a)\,v(a) + u(a)\,v'(a)$$
$$= v'(a)\,U_1 + v(b)\,U_2 - [2\,v'(a) + v'(b)]\,U_3 - [v(a) + 2\,v(b)]\,U_4,$$

also

$$V_1 = -v(a) - 2\,v(b), \quad V_2 = -2\,v'(a) - v'(b), \quad V_3 = v(b), \quad V_4 = v'(a).$$

Die adjungierten Randbedingungen sind somit

$$v(a) + 2\,v(b) = 0, \quad 2\,v'(a) + v'(b) = 0$$

und stimmen mit den ursprünglichen überein.

Sind die Randbedingungen der ursprünglichen Aufgabe (13) homogen, so haben demnach die adjungierten Randbedingungen die Eigenschaft, daß für jedes Zahlensystem (12), welches die Randbedingungen von (13) bzw. ($\overline{13}$) erfüllt, der bilineare Ausdruck L^* den Wert Null hat und daß daher für je zwei Funktionen $u(x)$, $v(x)$, welche die ursprünglichen bzw. die adjungierten Randbedingungen erfüllen

$$\int_a^b [v\,L(u) - u\,\overline{L}(v)]\,dx = 0$$

ist. Diese wichtige Eigenschaft ist charakteristisch für die adjungierten Randbedingungen.

Die Randwertaufgabe (13) ist genau dann lösbar[1]), wenn für jede Lösung $\psi(x)$ von $(\overline{13})$ die Gl

$$(14) \qquad \int_a^b \psi(x) f(x)\, dx = \gamma_1 V_{2n}(\psi) + \cdots + \gamma_m V_{2n-m+1}(\psi)$$

besteht. Ist k die Vielfachheit der Lösbarkeit für die homogene Randwertaufgabe

$$(13_0) \qquad L(u) = 0; \quad U_\mu(u) = 0 \qquad (\mu = 1, \ldots, m)$$

und $\bar{k}$ die entsprechende Zahl für $(\overline{13})$, so ist

$$\bar{k} = k + m - n;$$

im Falle $m = n$ ist also die eine der Aufgaben (13_0) und $(\overline{13})$ genau dann lösbar, wenn die andere lösbar ist, und beide Aufgaben haben dieselbe Vielfachheit von Lösungen.

Weiterhin wird stets $m = n$ sein.

1·4. Selbstadjungierte Randwertaufgaben. Die homogene Randwertaufgabe

$$(14) \qquad L(u) = 0; \quad U_\mu(u) = 0 \qquad (\mu = 1, \ldots, n)$$

heißt selbstadjungiert, wenn sie mit der zu ihr adjungierten Aufgabe

$$(\overline{14}) \qquad \bar{L}(u) = 0; \quad V_\mu(u) = 0 \qquad (\mu = 1, \ldots, n),$$

in der jetzt u statt v geschrieben ist, in dem Sinne übereinstimmt, daß erstens $L(u) = \bar{L}(u)$, d. h. $L(u)$ ein selbstadjungierter DAusdruck (s. A 17·5) ist, und daß zweitens die Randbedingungen von (14) und $(\overline{14})$ dasselbe besagen, d. h. wenn für jedes Zahlensystem

$$(15) \qquad u(a),\ u'(a),\ \ldots,\ u^{(n-1)}(a),\ u(b),\ u'(b),\ \ldots,\ u^{(n-1)}(b),$$

welches die Randbedingungen von (14) erfüllt, auch die Randbedingungen von $(\overline{14})$ erfüllt sind, und umgekehrt.

Für die Feststellung, ob eine gegebene Randwertaufgabe selbstadjungiert ist, bedient man sich meistens des folgenden Kriteriums: Die Randwertaufgabe (14) ist genau dann selbstadjungiert, wenn $L(u) = \bar{L}(u)$ und wenn außerdem der in der Greenschen Formel (11) auftretende bilineare DAusdruck

$$\Big[L^*(u, v)\Big]_a^b = 0$$

---

[1]) Bei diesem Satz gilt auch $y \equiv 0$ als Lösung der homogenen Randwertaufgabe.

ist für je zwei Zahlensysteme (15) und

(15a) $$v(a),\ v'(a), \ldots, v^{(n-1)}(a),\ v(b),\ v'(b), \ldots, v^{(n-1)}(b),$$

welche *beide* die Randbedingungen von (14) erfüllen[1]).

Den selbstadjungierten Randwertaufgaben kommt deswegen eine besondere Wichtigkeit zu, weil die in den Anwendungen auftretenden Randwertaufgaben meistens selbstadjungiert sind. Bei den Randwertaufgaben zweiter Ordnung kann man die selbstadjungierten leicht explizite angeben (s. 9·1), ebenso bei den Randwertaufgaben vierter Ordnung, soweit in dem letzten Fall die Randbedingungen von Sturmscher Art sind (s. 11·2).

Hat $L(u)$ konstante Koeffizienten, so sind, wenn $L(u) = \overline{L}(u)$ ist, die Randbedingungen der Periodizität

$$u^{(\nu)}(a) = u^{(\nu)}(b) \qquad (\nu = 1, \ldots, n)$$

selbstadjungiert. Dagegen sind die Anfangsbedingungen

$$u(a) = 0, \quad u'(a) = 0, \ldots, u^{(n-1)}(a)$$

keine selbstadjungierten Randbedingungen.

Als wichtige Folgerung aus dem letzten Teil von 1·3 sei noch notiert: Die halbhomogene Randwertaufgabe

$$L(u) = f(x); \quad U_\mu(u) = 0 \qquad (\mu = 1, \ldots, n)$$

ist, wenn die zugehörige homogene Randwertaufgabe selbstadjungiert ist, genau dann lösbar, wenn für jede Lösung $\psi(x)$ von $(\overline{13})$

$$\int_a^b f(x)\,\psi(x)\,dx = 0$$

ist.

1·5. Die Greensche Funktion[2]). Es sei die homogene Randwertaufgabe

(16) $$L(y) = 0, \quad U_\mu(y) = 0 \qquad (\mu = 1, \ldots, n)$$

gegeben, wobei die f_ν jetzt wieder nur stetig zu sein brauchen. Eine in dem Quadrat $a \leqq x,\ \xi \leqq b$ definierte Funktion $\Gamma(x, \xi)$ heißt eine Greensche Funktion oder Einflußfunktion (induction function) dieser Aufgabe, wenn sie eine Grundlösung (s. A 17·4) der DGl ist und außerdem für jedes feste $a < \xi < b$ als Funktion von x die Randbedingungen von (16) erfüllt.

---

[1]) Für eine andere Form der Bedingung der Selbstadjungiertheit s. *D. Jackson*, Transactions Americ. Math. Soc. 17 (1916) 418—424. *V. V. Latshaw*, Bulletin Americ. Math. Soc. 39 (1933) 969—978.

[2]) Vgl. *Bôcher*, Méthodes de Sturm, S. 98—104. *Ince*, Diff. Equations, S. 255 bis 259. Für eindimensionale Aufgaben tritt die Greensche Funktion zuerst auf bei *Burkhardt*, Bulletin Soc. math. France 22 (1894) 71—75.

Wenn die Randwertaufgabe (16) nur die triviale Lösung $y \equiv 0$ hat, gibt es zu der Aufgabe genau eine Greensche Funktion[1]). Man kann sie, wenn man ein Hauptsystem von Lösungen $y_1(x), \ldots, y_n(x)$ der DGl $L(y) = 0$ kennt, in folgender Weise erhalten: Für jedes $a \leqq \xi \leqq b$ bestimmt man die Lösung $c_1(\xi), \ldots, c_n(\xi)$ des linearen GlsSystems

$$\begin{cases} \sum_{\nu=1}^{n} c_\nu\, y_\nu^{(\varkappa)}(\xi) = 0 & (\varkappa = 0, \ldots, n-2)\,, \\ \sum_{\nu=1}^{n} c_\nu\, y_\nu^{(n-1)}(\xi) = \dfrac{1}{f_n(\xi)}\,, \end{cases}$$

sodann die Lösungen $b_1(\xi), \ldots, b_n(\xi)$ des GlsSystems

$$\sum_{\nu=1}^{n} b_\nu\, U_\mu(y_\nu) = \sum_{\nu=1}^{n} c_\nu\, U_{\mu,a}(y_\nu) \qquad (\mu = 1, \ldots, n)\,,$$

wobei $U_{\mu,a}$, $U_{\mu,b}$ die auf a bzw. b bezüglichen Teile in

$$U_\mu(y) = U_{\mu,a}(y) + U_{\mu,b}(y)$$

bedeuten. Schließlich wird $a_\nu = b_\nu - c_\nu$ gesetzt. Dann ist

$$\Gamma(x, \xi) = \begin{cases} \sum_{\nu=1}^{n} a_\nu(\xi)\, y_\nu(x) & \text{für } a \leqq x \leqq \xi \leqq b\,, \\ \sum_{\nu=1}^{n} b_\nu(\xi)\, y_\nu(x) & \text{für } a \leqq \xi \leqq x \leqq b\,. \end{cases}$$

Mit den Bezeichnungen von A 17·4 ist auch

(17) $$\Gamma(x, \xi) = \frac{Z(x, \xi)}{\Delta}\,,$$

wo

$$Z = \begin{vmatrix} g(x, \xi) & y_1(x) & \ldots & y_n(x) \\ U_1(g) & U_1(y_1) & \ldots & U_1(y_n) \\ \cdot & \cdot & \cdot & \cdot \\ U_n(g) & U_n(y_1) & \ldots & U_n(y_n) \end{vmatrix}$$

und Δ die Determinante

$$\Delta = \text{Det.}\,|U_p(y_q)| \qquad (p, q = 1, \ldots, n)$$

ist. Für $\xi = a$ und $\xi = b$ gilt die Darstellung (17) im allgemeinen nicht mehr. Man hat dann jedoch

$$\Gamma(x, a) = \lim_{\xi \to a} \Gamma(x, \xi) \quad \text{und} \quad \Gamma(x, b) = \lim_{\xi \to b} \Gamma(x, \xi)\,.$$

Für Beispiele s. C 2·1, 2·6, 2·14, 4·1.

---

[1]) Sie liefert für den Fall, daß die homogene Randwertaufgabe keine eigentliche Lösung hat, einen Ersatz für eine Lösung, der „nahezu" eine Lösung der Aufgabe ist.

Hat die Randwertaufgabe (16) nur die triviale Lösung $y \equiv 0$, so gilt dasselbe nach dem letzten Teil von 1·3 auch für die adjungierte Randwertaufgabe. Diese hat daher auch eine Greensche Funktion $\overline{\Gamma}(x, \xi)$, und zwar ist

$$\overline{\Gamma}(x, \xi) = \Gamma(\xi, x) .$$

Ist (16) selbstadjungiert, so ist daher $\Gamma(x, \xi) = \Gamma(\xi, x)$, d. h. $\Gamma(x, \xi)$ eine symmetrische Funktion. Ist die DGl anti-selbstadjungiert, so ist $\Gamma(x, \xi) = -\Gamma(\xi, x)$.

1·6. Lösung unhomogener Randwertaufgaben mittels der Greenschen Funktion. Ist die halbhomogene Randwertaufgabe

(18) $$L(y) = f(x); \quad U_\mu(y) = 0 \qquad (f \not\equiv 0; \quad \mu = 1, \ldots, n)$$

gegeben und ist für die zugehörige homogene Randwertaufgabe die Greensche Funktion $\Gamma(x, \xi)$ bekannt, so ist die Lösung von (18)

(19) $$y = \int_a^b \Gamma(x, \xi) f(\xi)\, d\xi .$$

Man kann hiernach also für beliebige $f(x)$ die Lösung der Randwertaufgabe sofort hinschreiben.

Auch die Lösung der allgemeineren Randwertaufgabe

(20) $$L(y) = f(x); \quad U_\mu(y) = \gamma_\mu \qquad (\mu = 1, \ldots, n)$$

kann man auf die Lösung gewisser Elementar-Aufgaben zurückführen. Ist nämlich $\psi_k(x)$ die Lösung der Randwertaufgabe

(21) $$L(y) = 0; \quad U_k(y) = 1, \quad U_\mu(y) = 0 \qquad (\mu \neq k; \ \mu = 1, \ldots, n),$$

so ist die Lösung von (20)

$$y = \int_a^b \Gamma(x, \xi) f(\xi)\, d\xi + \sum_{k=1}^n \gamma_k \psi_k(x) .$$

Um schließlich die Aufgabe (21) zu lösen, hat man die Möglichkeit, ein Hauptsystem von Lösungen $\varphi_1, \ldots, \varphi_n$ der DGl $L(y) = 0$ aufzustellen und die Konstanten c_ν so zu bestimmen, daß

$$\psi_k(x) = c_1 \varphi_1 + \cdots + c_n \varphi_n$$

eine Lösung von (21) ist.

1·7. Verallgemeinerte Greensche Funktionen[1]. Die Greensche Funktion existiert nach 1·5 nur, wenn die homogene Randwertaufgabe (16) keine

[1] Vgl. *D. Hilbert*, IGlen, S. 42ff. *W. D. A. Westfall*, Annals of Math. (2) 10 (1908—1909) 177—180. *W. W. Elliott*, Americ. Journal Math. 50 (1928) 243—258; 51 (1929) 397—416. Für die physikalische Bedeutung dieser Funktionen s. *Courant-Hilbert*, Methoden math. Physik I, S. 306ff.

eigentliche Lösung hat. Hat (16) eine eigentliche Lösung, so läßt sich durch eine Abänderung der Definition der Greenschen Funktion jedoch erreichen, daß man eine Lösung von (18) wieder durch eine Formel von der Gestalt (19) erhält.

Ist nämlich die Aufgabe (16) k-fach lösbar, so gibt es eine verallgemeinerte Greensche Funktion $\Gamma^*(x, \xi)$, welche für $a < \xi < b$ die Randbedingungen von (16) erfüllt und außerdem wieder die Eigenschaften (α), (γ), (δ) der Grundlösung (s. A 17·4) hat, während statt (β) gefordert wird, daß

(β^*) $\Gamma^*(x, \xi)$ bei festem ξ in jedem der Bereiche $a \leqq x \leqq \xi$ und $\xi \leqq x \leqq b$ eine Lösung der DGl

$$(16^*) \qquad L(y) = -\sum_{\varrho=1}^{k} \varphi_\varrho(x)\, v_\varrho(\xi)$$

ist; dabei bedeutet $v_1(x), \ldots, v_k(x)$ ein linear unabhängiges Lösungssystem der zu (16) adjungierten Randwertaufgabe und $\varphi_1(x), \ldots, \varphi_k(x)$ ein beliebiges System stetiger Funktionen, für das die Beziehung der Biorthogonalität (s. hierzu 2·2)

$$\int_a^b \varphi_p(x)\, v_q(x)\, dx = e_{p,q} \qquad (p, q = 1, \ldots, k)$$

gilt[1]).

Es ist dann

$$(19^*) \qquad y(x) = \int_a^b \Gamma^*(x, \xi) f(\xi)\, d\xi$$

eine Lösung von (18), wofern diese Randwertaufgabe überhaupt eine Lösung hat.

Ist $\Gamma_0^*(x, \xi)$ eine verallgemeinerte Greensche Funktion, so sind die sämtlichen verallgemeinerten Greenschen Funktionen

$$\Gamma^*(x, \xi) = \Gamma_0^*(x, \xi) + \sum_{\varrho=1}^{k} u_\varrho(x)\, \psi_\varrho(\xi),$$

wobei $u_1, \ldots, u_k$ ein System linear unabhängiger Lösungen von (16) und $\psi_1(x), \ldots, \psi_k(x)$ beliebige stetige Funktionen sind.

---

1) *Elliott*, a. a. O., S. 252–255. Der dortige Beweis bedarf noch einer Ergänzung, durch welche die Definition von G^* auch auf $\xi = a$ und $\xi = b$ ausgedehnt und die Stetigkeit von G^* und den Ableitungen nach x in bezug auf ξ gesichert wird.

Ist die Randwertaufgabe (16) selbstadjungiert, so gibt es k linear unabhängige Lösungen $u_1, \ldots, u_k$ von (16), für die

$$\int_a^b u_p(x)\, u_q(x)\, dx = e_{p,q}$$

ist; es kann dann $\varphi_p = v_p = u_p$ gewählt werden.

Sind die φ_ϱ und ψ_ϱ fest gegeben und ist

$$\text{Det.}\left|\int_a^b u_p(x)\,\psi_q(x)\,dx\right| \neq 0 \qquad (p, q = 1, \ldots, k),$$

so gibt es genau eine verallgemeinerte Greensche Funktion Γ^*, für die

$$\int_a^b \Gamma^*(x, \xi)\,\psi_\varrho(x)\,dx = 0 \qquad (\varrho = 1, \ldots, k)$$

ist. Die verallgemeinerte Greensche Funktion der adjungierten Randwertaufgabe ist dann $\overline{\Gamma}^*(x, \xi) = \Gamma^*(\xi, x)$.

Um eine verallgemeinerte Greensche Funktion zu erhalten, kann man ähnlich wie in 1·5 vorgehen. Man setzt

$$\Gamma^*(x, \xi) = \Phi(x, \xi) + \begin{cases} \sum_{\nu=1}^{n} a_\nu(\xi)\,u_\nu(x) & \text{für } x \leqq \xi, \\ \sum_{\nu=1}^{n} b_\nu(\xi)\,u_\nu(x) & \text{für } x \geqq \xi, \end{cases}$$

wo $\Phi(x, \xi)$ diejenige Lösung von (16*) ist, die nebst ihren $n-1$ ersten Ableitungen für $x = a$ den Wert 0 hat, $u_1, \ldots, u_k$ linear unabhängige Lösungen von (16) und $u_{k+1}, \ldots, u_n$ Lösungen der DGl $L(y) = 0$ sind, die zusammen mit $u_1, \ldots, u_k$ ein Hauptsystem von Lösungen bilden. Die a_ν, b_ν lassen sich dann wie in 1·5 bestimmen, wobei zu berücksichtigen ist, daß $u_1, \ldots, u_k$ schon die Randbedingungen erfüllen. Für Beispiele s. C 2·1, 4·1.

Für die bloße Berechnung einer Lösung von (18) kann eine allgemeinste Greensche Funktion bequemer sein, d. i. eine Funktion $\Gamma^{**}(x, \xi)$, die für $a \leqq x$, $\xi \leqq b$ stetig und so beschaffen ist, daß

$$y(x) = \int_a^b \Gamma^{**}(x, \xi)\,f(\xi)\,d\xi$$

eine Lösung der Randwertaufgabe (18) ist, wofern diese Aufgabe überhaupt lösbar ist. Eine Funktion dieser Art kann sofort aufgeschrieben werden; nämlich, wenn (16) k-fach lösbar ist, für $a < \xi < b$

$$\Gamma^{**}(x, \xi) = \frac{Z^{**}(x, \xi)}{\Delta^{**}};$$

dabei ist

$$Z^{**}(x, \xi) = \begin{vmatrix} g(x, \xi) & u_{k+1}(x) & \ldots & u_n(x) \\ U_{k+1}(g) & U_{k+1}(u_{k+1}) & \ldots & U_{k+1}(u_n) \\ \cdot & \cdot & \cdot & \cdot \\ U_n(g) & U_n(u_{k+1}) & \ldots & U_n(u_n) \end{vmatrix},$$

$$\Delta^{**} = \text{Det.}\,|U_\mu(u_\nu)| \qquad (\mu, \nu = k+1, \ldots, n),$$

$g(x, \xi)$ eine Grundlösung, die $u_{k+1}, \dots u_n$ sind linear unabhängige Lösungen von $L(y) = 0$, die nicht zugleich die Randbedingungen von (16) erfüllen, und die Randbedingungen sind so numeriert, daß $\Delta^{**} \neq 0$ ist (*Elliott*, a. a. O.).

2. Rand- und Eigenwertaufgaben bei der Differentialgleichung $\sum f_\nu(x)\, y^{(\nu)} + \lambda\, g(x)\, y = f(x)$; allgemeiner Teil.

2·1. Eigenwerte und Eigenfunktionen; die charakteristische Determinante $\Delta(\lambda)$. $L(y)$ und $U_\mu(y)$ haben die in 1·1 angegebene Bedeutung, $g(x)$ ist in $\langle a, b \rangle$ stetig und $\neq 0$. Mit einem Parameter λ wird die allgemeine Randwertaufgabe

(1) $$L(y) + \lambda\, g(x)\, y = f(x); \quad U_\mu(y) = \gamma_\mu \qquad (\mu = 1, \dots, n)$$

und die homogene Aufgabe

(2) $$L(y) + \lambda\, g(x)\, y = 0; \quad U_\mu(y) = 0 \qquad (\mu = 1, \dots, n)$$

gebildet. Bei der homogenen Aufgabe (2) handelt es sich häufig darum (Eigenwertaufgabe), Werte des Parameters λ zu bestimmen, für welche die Aufgabe (2) eine eigentliche Lösung hat. Solche Parameterwerte heißen Eigenwerte (eigenvalue, characteristic value, eit; valeur singulière, caractéristique, critique; autovalore, valore eccesionale), ihre Gesamtheit das Spektrum der Eigenwertaufgabe, die zugehörigen eigentlichen Lösungen von (2) heißen Eigenfunktionen (eigenfunction, characteristic function, eif; fonction caractéristique; autosoluzione). Einem Eigenwert wird die Vielfachheit k beigelegt, wenn für ihn die Aufgabe (2) k-fach lösbar ist (s. 1·1).

Ist
$$\varphi_1(x, \lambda), \dots, \varphi_n(x, \lambda)$$
ein Hauptsystem von Lösungen für die DGl von (2), und zwar ein solches, daß
$$\varphi_p^{(q)}(a, \lambda) = e_{p,q+1} \qquad (p = 1, \dots, n;\ q = 0, \dots, n-1)$$
ist, so wird

(3) $$\Delta(\lambda) = \text{Det.}\,|U_\mu(\varphi_\nu)| \qquad (\mu, \nu = 1, \dots, n)$$

die charakteristische Determinante genannt. Aus 1·2 folgt, daß die Eigenwerte gerade die Nullstellen von $\Delta(\lambda)$ sind. Die Vielfachheit eines Eigenwertes λ_0 ist höchstens gleich der Vielfachheit, die λ_0 als Nullstelle von $\Delta(\lambda)$ besitzt[1]). $\Delta(\lambda)$ ist eine ganze (im allgemeinen transzendente)

[1]) Für den Beweis s. *Ince*, Diff. Equations, S. 219. Beide Vielfachheiten brauchen nicht übereinzustimmen; z. B. ist $\lambda = 0$ einfacher Eigenwert von
$$y'' = \lambda\, y, \quad y(0) - y(1) + \frac{1}{2}\, y'(1) = 0, \quad y'(0) = 0,$$
aber doppelte Nullstelle von
$$\Delta(\lambda) = 1 - \operatorname{Cof} k + \frac{1}{2}\, k \operatorname{Sin} k \qquad (k^2 = \lambda).$$

Funktion von λ. Es kann $\Delta(\lambda) \equiv 0$ sein, d. h. jedes λ Eigenwert (s. C 2·9(f)). Ist $\Delta(\lambda) \not\equiv 0$, so gibt es höchstens abzählbar viele Eigenwerte, da eine ganze Funktion $\not\equiv 0$ höchstens abzählbar viele Nullstellen hat. Zugleich ergibt sich, daß die Eigenwerte stetig von der DGl und den Randbedingungen abhängen in dem Sinne, in dem dieses immer beim Auftreten von evtl. mehrfachen Nullstellen zu verstehen ist.

Beispiel: Für die Eigenwertaufgabe

$$y'' + \lambda y = 0; \quad y(a) = y(b), \quad y'(a) = y'(b)$$

ist

$$\varphi_1 = \begin{cases} \cos k x, \\ 1, \\ \mathfrak{Cof}\, k x \end{cases} \qquad \varphi_2 = \begin{cases} \frac{1}{k} \sin k x & \text{für } \lambda = k^2 > 0, \\ x & \text{für } \lambda = 0, \\ \frac{1}{k} \mathfrak{Sin}\, k x & \text{für } \lambda = -k^2 < 0 \end{cases}$$

zu wählen. Es ist dann

$$\Delta(\lambda) = \begin{cases} 2 - 2 \cos k (b - a), \\ 0, \\ 2 - 2\, \mathfrak{Cof}\, k (b - a), \end{cases}$$

d. h.

$$\Delta(\lambda) = 2 \sum_{\nu=1}^{\infty} (-1)^{\nu-1} \frac{(b-a)^{2\nu}}{(2\nu)!} \lambda^\nu = 2 [1 - \cos (b - a) \sqrt{\lambda}].$$

Die beiden Hauptprobleme bei den Eigenwertaufgaben sind das

Eigenwertproblem: Unter welchen Voraussetzungen gibt es zu einer Eigenwertaufgabe (2) überhaupt Eigenwerte? Wann gibt es unendlich viele? Wann sind sie reell? Was läßt sich über ihre Größe sagen?

Entwicklungsproblem: Unter welchen Voraussetzungen kann eine Funktion $F(x)$ in eine nach Eigenfunktionen $u_\nu(x)$ fortschreitende Reihe

$$F(x) = \sum c_\nu u_\nu(x)$$

entwickelt werden?

Entwicklungssätze sind z. B. wichtig für die Lösung partieller DGlen und für die Herleitung mancher nützlicher Sätze.

2·2. Die adjungierte Eigenwertaufgabe und die Greensche Resolvente; vollständiges Biorthogonalsystem. Es sei jetzt jedes f_ν ν-mal stetig differenzierbar[1]). Dann kann zu der DGl

$$L(u) + \lambda g u = 0$$

die adjungierte DGl gebildet werden, und diese ist nach A 17·5

$$\overline{L}(v) + \lambda g v = 0.$$

[1]) Oder es soll L ein DAusdruck von der auf S. 185, Fußn. 2 genannten Art sein und die dort genannten Voraussetzungen erfüllen.

Da der zu diesen beiden DGlen gehörige bilineare Ausdruck $L^*(u, v)$ (s. 1·3) $f_0 + \lambda\, g$ nicht enthält, ist die zu (2) adjungierte Aufgabe von der Gestalt

(4) $$\overline{L}(y) + \lambda\, g(x)\, y = 0; \quad V_\mu\,(y) = 0 \qquad (\mu = 1, \ldots, n),$$

wo die V_μ wieder die in 1·3 gebildeten Ausdrücke sind und weder von λ noch von g abhängen.

Aus 1·3 folgt, daß die Eigenwertaufgabe (2) und die adjungierte Aufgabe (4) dieselben Eigenwerte und jeden Eigenwert in derselben Vielfachheit haben.

Sind λ, λ^* zwei verschiedene Eigenwerte und ist $u(x)$ eine zu λ gehörige Eigenfunktion von (2), $v^*(x)$ eine zu λ^* gehörige Eigenfunktion von (4), so folgt aus der Greenschen Formel die Biorthogonalitätsbeziehung

$$\int_a^b g(x)\, u(x)\, v^*(x)\, dx = 0\,.$$

Ist λ_0 ein k-facher Eigenwert, so gibt es zu diesem, wie leicht einzusehen ist, stets ein linear unabhängiges System $u_1, \ldots, u_k$ von Eigenfunktionen von (2) und ein linear unabhängiges System $v_1, \ldots, v_k$ von Eigenfunktionen von (4), so daß

(5) $$\int_a^b g(x)\, u_p(x)\, v_q(x)\, dx = 0 \qquad \text{für } p \neq q$$

ist. Ist $\Delta(\lambda) \not\equiv 0$, so gibt es also, wenn es überhaupt Eigenfunktionen gibt, stets ein vollständiges Biorthogonalsystem von Eigenfunktionen

(6) $$\begin{cases} u_1(x), & u_2(x), \ldots, \\ v_1(x), & v_2(x), \ldots, \end{cases}$$

d. h. ein System von höchstens abzählbar vielen Eigenfunktionen von (2) bzw. (4) derart, daß jede Eigenfunktion $u(x)$, die zu einem Eigenwert λ gehört, sich aus den endlich vielen der obigen u_p, die ebenfalls zu λ gehören, linear komponieren läßt (entsprechendes für v) und daß die Relation (5) besteht.

Ist $\Delta(\lambda) \not\equiv 0$, so kann man für jedes λ, das kein Eigenwert ist, die Greensche Funktion $\Gamma(x, \xi, \lambda)$ (Greensche Resolvente) nach 1·5 bilden[1]). Diese ist eine meromorphe Funktion von λ, und die Vielfachheit eines Pols λ_0 an einer Stelle x, ξ ist offenbar höchstens gleich der Vielfachheit, die λ_0 als Nullstelle von $\Delta(\lambda)$ hat. Ist λ_0 ein k-facher Eigenwert, $u_1, \ldots, u_k$ und $v_1, \ldots, v_k$ ein zu λ_0 gehöriges Biorthogonalsystem von

[1]) Hierfür genügt es, daß die f_ν stetig sind.

Eigenfunktionen und ist λ_0 für $\Gamma(x, \xi, \lambda_0)$ höchstens ein Pol erster Ordnung, so ist

(7) $$\int_a^b g(t)\, u_p(t)\, v_p(t)\, dt \neq 0 \qquad (p = 1, \ldots, k),$$

und das Residuum von $\Gamma(x, \xi, \lambda)$ an der Stelle λ_0 gleich

(8) $$\sum_{p=1}^{k} \frac{u_p(x)\, v_p(\xi)}{\int_a^b g(t)\, u_p(t)\, v_p(t)\, dt}\ ^{1)}.$$

Das ist von Bedeutung für die Entwicklung gegebener Funktionen nach Eigenfunktionen (vgl. 2·5).

2·3. Genormte Randbedingungen; reguläre Eigenwertaufgaben[2]). Durch lineare Kombination der Randbedingungen von (2) läßt sich erreichen, daß

$$U_\mu(y) = U_{\mu,a}(y) + U_{\mu,b}(y)$$

ist, wo $U_{\mu,a}$, $U_{\mu,b}$ von der Gestalt

(9) $$\begin{cases} U_{\mu,a}(y) = \alpha_\mu\, y^{(k_\mu)}(a) + \sum\limits_{\nu=0}^{k_\mu - 1} \alpha_{\mu,\nu}\, y^{(\nu)}(a), \\ U_{\mu,b}(y) = \beta_\mu\, y^{(k_\mu)}(b) + \sum\limits_{\nu=0}^{k_\mu - 1} \beta_{\mu,\nu}\, y^{(\nu)}(b) \end{cases}$$

sind und $|\alpha_\mu| + |\beta_\mu| > 0$,

$$n - 1 \geqq k_1 \geqq k_2 \geqq \cdots \geqq k_n \geqq 0, \qquad k_{\nu+2} > k_\nu$$

ist (genormte Randbedingungen, normalized conditions).

Für $g(x) \neq 0$ wird eine Klasse von diesen Randbedingungen in folgender Weise herausgehoben: Die Lösungen der Gl

$$f_n(x)\, \omega^n + g(x) = 0$$

werden zu n stetigen Funktionen $\omega_1(x), \ldots, \omega_n(x)$ zusammengefaßt. Die Numerierung der ω_ν kann so gewählt werden, daß für eine ganze Zahl l die UnGlen

$$\Re\, \varrho\, \omega_\nu(x) \leqq \Re\, \varrho\, \omega_{\nu+1}(x) \qquad (\nu = 1, \ldots, n - 1)$$

---

1) *J. Tamarkine*, Rendiconti Palermo 34 (1912) 378; für den Fall, daß λ einfache Nullstelle von $\Delta(\lambda)$ ist, ist der Beweis auch ausgeführt bei *Ince*, Diff. Equations, S. 259f. Vgl. auch *W. W. Elliott*, Americ. Journal Math. 51 (1929) 397–416.

2) *G. D. Birkhoff*, Transactions Americ. Math. Soc. 9 (1908) 382f. *J. Tamarkine*, Rendiconti Palermo 34 (1912) 358ff. Zu der Arbeit von *Birkhoff*, Transactions Americ. Math. Soc. 9 (1908) 219–231, die einen für die Untersuchung wesentlichen Hilfssatz enthält, vgl. einen Einwand von *O. Perron*, Sitzungsberichte Heidelberg 1919, Abhandlung 6, S. 25f. sowie *J. Tamarkine*, Math. Zeitschrift 27 (1928) 1–54.

für alle komplexen Zahlen ϱ eines Sektors

$$\frac{l\pi}{n} \leqq \operatorname{arc} \varrho \leqq \frac{(l+1)\pi}{n}$$

gelten. Mit diesen ϱ wird die Determinante

$$\Theta(s_p, s_{p+1}) = \text{Det.} \, |\vartheta_{\mu,\nu}| \qquad (\mu, \nu = 1, \ldots, n)$$

gebildet, wo

$$\vartheta_{\mu,\nu} = \begin{cases} \alpha_\mu\, \omega_\nu^{k_\mu}(a) & \text{für } \nu \leqq p-1, \\ s_{\mu,p} & \text{für } \nu = p, \\ s_{\mu,p+1} & \text{für } \nu = p+1, \\ \beta_\mu\, \omega_\nu^{k_\mu}(b) & \text{für } \nu \geqq p+2 \end{cases}$$

ist. Die Eigenwertaufgabe[1]) heißt für ungerades $n = 2p - 1$ **regulär**, wenn stets $\Theta \neq 0$ ist sowohl für

$$s_{\mu,p} = \alpha_\mu\, \omega_p^{k_\mu}(a), \quad s_{\mu,p+1} = \beta_\mu\, \omega_{p+1}^{k_\mu}(b)$$

als auch für

$$s_{\mu,p} = \beta_\mu\, \omega_p^{k_\mu}(b), \quad s_{\mu,p+1} = \beta_\mu\, \omega_{p+1}^{k_\mu}(b);$$

sie heißt für gerades $n = 2p$ regulär, wenn $\Theta \neq 0$ ist sowohl für

$$s_{\mu,p} = \alpha_\mu\, \omega_p^{k_\mu}(a), \quad s_{\mu,p+1} = \beta_\mu\, \omega_{p+1}^{k_\mu}(b)$$

als auch für

$$s_{\mu,p} = \beta_\mu\, \omega_p^{k_\mu}(b), \quad s_{\mu,p+1} = \alpha_\mu\, \omega_{p+1}^{k_\mu}(a).$$

Für $n = 2$ sind allein die Randbedingungen

$$\alpha\, y'(a) + \beta\, y'(b) + \gamma\, y(a) + \delta\, y(b) = 0$$
$$\alpha\, \omega(a)\, y(a) - \beta\, \omega(b)\, y(b) = 0$$

irregulär, wo $|\alpha| + |\beta| > 0$ und $f_2(x)\,\omega^2 + g(x) = 0$ ist; insbesondere sind alle selbstadjungierten Eigenwertaufgaben zweiter Ordnung (s. 2·6 und 9·3) regulär[2]). Für gerades $n = 2p$ sind die „Sturmschen Randbedingungen“

$$\sum_{\nu=0}^{n-1} \alpha_\mu^{(\nu)}\, y^{(\nu)}(a) = 0, \quad \sum_{\nu=0}^{n-1} \beta_\mu^{(\nu)}\, y^{(\nu)}(b) = 0 \qquad (\mu = 1, \ldots, p)$$

regulär; bei diesen bezieht sich die eine Hälfte der Bedingungen nur auf den Punkt a, die andere Hälfte nur auf den Punkt b. Regulär sind ferner die Randbedingungen der Periodizität

$$y^{(\nu)}(a) = y^{(\nu)}(b) \qquad (\nu = 0, 1, \ldots, n-1).$$

Irregulär sind die Randbedingungen z. B., wenn $n \geqq 3$ ist und sich $n - 1$ der Randbedingungen nur auf den einen der Punkte a oder b beziehen.

---

[1]) Hier genügen die Voraussetzungen von 1·1 über die f_ν.

[2]) Wie es in dieser Hinsicht mit selbstadjungierten Eigenwertaufgaben höherer Ordnung steht, scheint nicht bekannt zu sein.

2·4. Die Eigenwerte bei regulären und irregulären Eigenwertaufgaben[1]**.** Ist $\Delta(\lambda) \neq 0$ und ist die Eigenwertaufgabe (2) regulär (also $g \neq 0$) und sind f_n und g n-mal, f_{n-1} $(n-1)$-mal stetig differenzierbar, die übrigen f_ν stetig, so gibt es unendlich viele Eigenwerte. Für ungerades n sind alle bis auf höchstens endlich viele einfach; sie lassen sich so in zwei Folgen

$$\lambda_1, \lambda_2, \ldots; \lambda_1^*, \lambda_2^*, \ldots \tag{10}$$

anordnen, daß die eine sich der einen Hälfte und die andere sich der andern Hälfte der imaginären λ-Achse in dem Sinne nähert, daß

$$\lambda_h = \left(\frac{2h\pi i}{N}\right)^n \left(1 + \frac{E_1}{h}\right), \quad \lambda_h^* = -\left(\frac{2h\pi i}{N}\right)^n \left(1 + \frac{E_2}{h}\right) \tag{11}$$

mit

$$N = \int_a^b \sqrt[n]{\left|\frac{g(x)}{f_n(x)}\right|}\, dx$$

ist; dabei bedeutet E eine beschränkte Funktion von h (und evtl. anderen Größen). — Für gerades n sind alle Eigenwerte bis auf höchstens endlich viele einfach oder doppelt. Die *Nullstellen* der charakteristischen Determinante $\Delta(\lambda)$ lassen sich, mehrfache in ihrer Vielfachheit aufgeführt, so in zwei Folgen (10) anordnen, daß

$$\lambda_h = \left(\frac{2h\pi i}{N}\right)^n \left(1 + \frac{E_1}{h}\right), \quad \lambda_h^* = \left(\frac{2h\pi i}{N}\right)^n \left(1 + \frac{E_2}{h}\right) \tag{12}$$

mit

$$N = -\operatorname{sgn}(g f_n) \left\{ \int_a^b \sqrt[n]{\left|\frac{g(x)}{f_n(x)}\right|}\, dx \right\}^n$$

ist. Die Nullstellen sind zwar zugleich Eigenwerte, aber eine mehrfache Nullstelle braucht nicht zugleich mehrfacher Eigenwert zu sein. Für gerades n nähern sich also die Eigenwerte asymptotisch einer der reellen Halbachsen. In jedem Falle folgt aus den Darstellungen (11) und (12), daß die Eigenwerte für große h weitgehend von den Randbedingungen und Koeffizienten der DGl unabhängig sind. Der Beweis dieser Tatsachen beruht auf A 21·3; mit Hilfe dieses Satzes läßt sich ein Näherungsausdruck für $\Delta(\lambda)$ gewinnen, aus dem sich die asymptotischen Werte für die Eigenwerte bestimmen lassen.

---

[1]) *G. D. Birkhoff*, Transactions Americ. Math. Soc. 9 (1908) 373—395; Rendiconti Palermo 36 (1913) 115—126 (hier beachte man besonders die Fußnote 10 auf S. 117). *J. Tamarkine*, Rendiconti Palermo 34 (1912) 345—382. *M. H. Stone*, Transactions Americ. Math. Soc. 28 (1926) 695—761.

Für die am Ende von 2·3 angeführte irreguläre Eigenwertaufgabe ereben sich nach derselben Methode ähnliche Tatsachen[1]).

2·5. Der Ansatz zur Entwicklung gegebener Funktionen nach Eigenfunktionen; Entwicklungssätze für reguläre und irreguläre Eigenwertaufgaben[2]). Die Funktionen 1 und $\cos k\, x$, $\sin k\, x$ ($k > 0$ und ganz) sind die Eigenfunktionen der Eigenwertaufgabe

$$y'' + \lambda\, y = 0; \quad y(0) = y\,(2\,\pi), \quad y'(0) = y'\,(2\,\pi)\,.$$

Die Entwicklung einer gegebenen Funktion $F(x)$ in eine Reihe

$$F(x) = \sum_\nu c_\nu\, u_\nu(x) \tag{13}$$

nach den Eigenfunktionen eines vollständigen Orthogonalsystems oder Biorthogonalsystems einer Eigenwertaufgabe (2) ist somit eine Verallgemeinerung der Entwicklung einer Funktion in eine Fourier-Reihe.

Wenn $\varDelta(\lambda) \not\equiv 0$ ist und die Eigenwertaufgabe (2) unendlich viele Eigenwerte hat, gibt es ein vollständiges Biorthogonalsystem von Eigenfunktionen

$$u_1(x),\ u_2(x), \ldots;\quad v_1(x),\ v_2(x), \ldots$$

der Eigenwertaufgaben (2) und (4). Wenn dann eine integrierbare Funktion $F(x)$ in eine gleichmäßig konvergente Reihe (13) entwickelt werden kann, folgt auf Grund der Biorthogonalität unmittelbar

$$c_\nu = \frac{\int_a^b g\,(x)\,F\,(x)\,v_\nu\,(x)\,dx}{\int_a^b g\,(x)\,u_\nu\,(x)\,v_\nu\,(x)\,dx}, \tag{14}$$

falls der Nenner nicht Null ist. Diese Koeffizienten c_ν, die man (verallgemeinerte) Fourier-Koeffizienten nennt, können für jede integrierbare Funktion $F(x)$ gebildet werden, falls die auftretenden Nenner $\neq 0$ sind, nach 2·2 also sicher dann, wenn $\Gamma(x, \xi, \lambda)$ höchstens Pole erster Ordnung hat. Es bleibt dann noch zu untersuchen, ob die mit diesen Koeffizienten gebildete Reihe (13) konvergiert und welches ihre Summe ist.

Aus (8) folgt: Ist $\varDelta(\lambda) \not\equiv 0$ und hat $\Gamma(x, \xi, \lambda)$ nur Pole erster Ordnung und ordnet man die Eigenfunktionen u_ν so, daß die absoluten Beträge der zugehörigen Eigenwerte monoton zunehmen, so ist

$$I_\varrho = \frac{1}{2\pi i} \int_{K_\varrho} \int_a^b \Gamma\,(x, \xi, \lambda)\, F\,(\xi)\, g\,(\xi)\, d\xi\, d\lambda \tag{15}$$

---

[1]) Vgl. *D. Jackson*, Proceedings Americ. Acad. 51 (1916) 383–417. *L. E. Ward*, Annals of Math. (2) 26 (1925) 21–36.

[2]) Vgl. die bei 2·4 angegebene Literatur.

gleich einer Teilsumme der Reihe (13); dabei bedeutet K_ϱ einen Kreis $|\lambda| = \varrho$ in der komplexen λ-Ebene, auf dessen Rand Γ als Funktion von λ regulär ist. Hat I_ϱ für $\varrho \to \infty$ einen Limes, so ist die Konvergenz der Reihe (13) also wenigstens bei geeigneter Zusammenfassung der Glieder gesichert. Nach *Birkhoff* ist nun wirklich für reguläre Eigenwertaufgaben und jede stückweis stetig differenzierbare Funktion $F(x)$ im Intervall $a < x < b$

$$\lim_{\varrho \to \infty} I_\varrho = \frac{1}{2}[F(x-0) + F(x+0)], \tag{16}$$

und zwar auch dann, wenn Γ Pole höherer Ordnung hat (eine Aussage über die Konvergenz der Reihe (13) ist damit allerdings im Falle von Polen höherer Ordnung nicht gegeben); für $x = a$ gilt (16) mit einer rechten Seite $\alpha F(a+0) + \beta F(b-0)$, wobei α und β von F unabhängig sind; das Entsprechende gilt für $x = b$.

Für eine genauere Untersuchung der Konvergenz und Summierbarkeit der sog. Birkhoffschen Reihen (15) und ihrer Ableitungen sowie ihre Beziehung zu den Fourierschen Reihen s. *Tamarkine* und *Stone* sowie *W. H McEven*, Americ. Journ. Math. 69 (1941) 29—38; für die entsprechenden Reihen, die aus der am Ende von 2·3 erwähnten irregulären Eigenwertaufgabe entspringen, s. *Jackson* und *Ward*.

2·6. Selbstadjungierte normale Eigenwertaufgaben. Ist die Eigenwertaufgabe (2) selbstadjungiert (s. 1·4 und 2·2)[1]), so erfüllen je zwei Eigenfunktionen ψ, ψ^*, die zu verschiedenen Eigenwerten gehören, nach 2·2 die Orthogonalitätsrelation

$$\int_a^b g(x)\, \psi(x)\, \psi^*(x)\, dx = 0,$$

und es gibt, wenn $\Delta(\lambda) \not\equiv 0$ ist und wenn es überhaupt Eigenwerte gibt (für die Existenz von Eigenwerten s. 2·9 und 2·13) stets ein vollständiges Orthogonalsystem von Eigenfunktionen $\psi_1(x)$, $\psi_2(x)$, ..., d. h. ein System von Eigenfunktionen derart, daß jede Eigenfunktion ψ sich aus den endlich vielen von ihnen linear komponieren läßt, die zu demselben Eigenwert wie $\psi(x)$ gehören, und daß die Glen

$$\int_a^b g(x)\, \psi_p(x)\, \psi_q(x)\, dx = 0 \qquad \text{für } p \neq q \tag{17}$$

bestehen.

---

[1]) Insbesondere sei jetzt $L(y) = \sum_{\nu=0}^{m} (f_\nu\, y^{(\nu)})^{(\nu)}$, f_ν ν-mal stetig differenzierbar, $f_n \not\equiv 0$ und $n = 2m$.

Die selbstadjungierte Eigenwertaufgabe (2) soll normal heißen, wenn für jede Eigenfunktion $\psi(x)$ von (2)

$$\int_a^b g(x)\, |\psi(x)|^2\, dx \neq 0$$

ist[1]).

Bei jeder normalen selbstadjungierten Eigenwertaufgabe (2) mit reellen Koeffizienten f_ν, g sind alle Eigenwerte reell; es ist $\Delta(\lambda) \not\equiv 0$, so daß es höchstens abzählbar unendlich viele Eigenwerte gibt und diese als eine evtl. abbrechende Folge

$$\cdots \leqq \lambda_{-2} \leqq \lambda_{-1} < \lambda_1 \leqq \lambda_2 \leqq \cdots$$

($\lambda_{-1} < 0$, $\lambda_1 \geqq 0$) geschrieben werden können; die Vielfachheit jedes Eigenwerts λ^* stimmt mit der Vielfachheit überein, die λ^* als Nullstelle von $\Delta(\lambda)$ hat[2]), die Greensche Resolvente $\Gamma(x, \xi, \lambda)$ hat höchstens Pole erster Ordnung[3]).

Die selbstadjungierte Eigenwertaufgabe (2) ist sicher normal, wenn eine der folgenden drei Bedingungen erfüllt ist (vgl. hierzu auch 4·3):

(a) $g(x) \geqq 0$ in $a \leqq x \leqq b$ (oder ständig $g \leqq 0$)[4]);

(b) $\lambda = 0$ ist kein Eigenwert und für jede (reelle) Funktion $y(x)$, die n-mal stetig differenzierbar ist und die Randbedingungen von (2) erfüllt, ist

$$\int_a^b y\, L(y)\, dx \geqq 0;$$

(c) wird der selbstadjungierte DAusdruck von (2) in der Gestalt

$$L(y) = \sum_{\nu=0}^{m} [f_\nu(x)\, y^{(\nu)}]^{(\nu)} \qquad (f_m \neq 0,\ n = 2m)$$

geschrieben (vgl. hierzu A 17·5), so ist

$$(-1)^\nu f_\nu(x) \geqq 0 \qquad \text{für } \nu = 0, 1, \ldots, m$$

(oder stets $\leqq 0$), jedoch $f_0(x) \not\equiv 0$, und außerdem (vgl. A 17·6)

$$[R(y)]_a^b = \sum_{r=0}^{m-1} \sum_{p+q=r} [(-1)^p\, (f_{r+1}\, y^{(r-1)})^{(q)}\, y^{(p)}]_a^b \geqq 0$$

---

[1]) Hierzu und zu dem nächsten Abschnitt vgl. 4·3. *E. Kamke*, Math. Zeitschrift 46 (1940) 231ff.

[2]) Für speziellere Voraussetzungen bei *J. Tamarkine*, Rendiconti Palermo 34 (1912) 379–381.

[3]) *G. A. Bliss*, Transactions Americ. Math. Soc. 28 (1926) 572 für Systeme von DGlen.

[4]) Der zweite Fall geht in den ersten über, wenn λ, g durch $-\lambda$, g ersetzt wird. Selbstverständlich ist auch noch (s. 2·1) $g \not\equiv 0$ vorausgesetzt.

(oder stets $\leqq 0$) für jede Funktion $y(x)$, die n-mal stetig differenzierbar ist und die Randbedingungen von (2) erfüllt; (c) ist ein Sonderfall von (b).

Ist z. B. $m = 1$, also

$$L(y) = (f_1 y')' + f_0 y ,$$

so ist $R(y) = f_1 y y'$. Die Eigenwertaufgabe ist nach (c) also sicher normal und selbstadjungiert, wenn $f_1 > 0$, $f_0 \leqq 0$ und $\not\equiv 0$ ist und wenn z. B. die Randbedingungen

$$y(a) = y(b) = 0 \qquad \text{oder} \quad y'(a) = y'(b) = 0 \qquad \text{oder}$$
$$y(a) = y'(b) = 0 \qquad \text{oder} \quad f_1(a)\, y(a) = f_1(b)\, y(b), \; y'(a) = y'(b)$$

gegeben sind.

Ist $g(x) \geqq 0$, so können die Funktionen $\psi(x)$ des vollständigen Orthogonalsystems so normiert werden, daß

$$\int_a^b g(x)\, \psi_p(x)\, \psi_q(x)\, dx = e_{p,q}$$

ist. Liegt der Fall (b) oder (c) vor, so ist $\lambda = 0$ kein Eigenwert, und die Eigenfunktionen ψ_p des vollständigen Orthogonalsystems können so normiert werden, daß

$$\int_a^b g(x)\, \psi_p(x)\, \psi_q(x)\, dx = \frac{\lambda_p}{|\lambda_p|}\, e_{p,q}$$

ist. Das System der ψ_p wird dann ein vollständiges normiertes Orthogonalsystem (Orthonormalsystem), im zweiten Falle, wenn g sein Vorzeichen wechselt, d. h. nicht der Fall (a) vorliegt, auch ein normiertes Polarsystem genannt.

Ist λ_0 ein Eigenwert der Vielfachheit k und $\psi_1(x), \ldots, \psi_k(x)$ ein zu diesem Eigenwert gehöriges Orthogonalsystem von Eigenfunktionen, so ist das Residuum der Greenschen Resolvente $\Gamma(x, \xi, \lambda)$ an der Stelle λ_0

$$\sum_{p=1}^{k} \frac{\psi_p(x)\, \psi_p(\xi)}{\int_a^b g(x)\, \psi_p^2(x)\, dx} ;$$

ist $g(x) \geqq 0$ und wird das Orthogonalsystem normiert gewählt, so ist das Residuum

$$\sum_{p=1}^{k} \psi_p(x)\, \psi_p(\xi) .$$

Die Fourier-Koeffizienten einer integrierbaren Funktion $F(x)$ (vgl. 2·5) lauten jetzt

$$c_p = \frac{\int_a^b g(x)\, F(x)\, \psi_p(x)\, dx}{\int_a^b g(x)\, \psi_p^2(x)\, dx} ; \tag{18}$$

ist das System der ψ_p normiert, so ist, falls $g(x) \geqq 0$ ist,

$$c_p = \int_a^b g(x)\, F(x)\, \psi_p(x)\, dx$$

und in den Fällen (b) und (c)

$$\text{(19)} \qquad c_p = \frac{\lambda_p}{|\lambda_p|} \int_a^b g(x)\, F(x)\, \psi_p(x)\, dx\,.$$

Im Falle $g \geqq 0$ besteht dann die leicht zu verifizierende Besselsche Identität

$$\int_a^b \Big[F(x) - \sum_{p=1}^N c_p\, \psi_p(x)\Big]^2 g(x)\, dx = \int_a^b F^2(x)\, g(x)\, dx - \sum_{p=1}^N c_p^2;$$

aus dieser folgt die Besselsche Ungleichung

$$\sum_{p=1}^N c_p^2 \leqq \int_a^b F^2(x)\, g(x)\, dx$$

für beliebiges N und daher die Konvergenz von $\sum c_p^2$. In den Fällen (b) und (c) ergibt sich entsprechend für Funktionen $F(x)$, die n-mal stetig differenzierbar sind und die Randbedingungen von (2) erfüllen,

$$\int_a^b (F + \sum c_p\, \psi_p)\, L\,(F + \sum c_p\, \psi_p)\, dx = \int_a^b F\, L(F)\, dx - \sum |\lambda_p|\, c_p^2\,,$$

also

$$\sum |\lambda_p|\; c_p^2 \leqq \int_a^b F\, L(F)\, dx\,,$$

und daher konvergiert in diesem Falle $\sum |\lambda_p|\, c_p^2$.

2·7. Einschaltung über Fredholmsche Integralgleichungen.

Lit.: Encyklopädie II_3, S. 1335–1597. *Pascal*, Repertorium I_3, S. 1250 bis 1324. *Hilbert*, IGlen. *Courant-Hilbert*, Methoden math. Physik I, S. 96—138. *Frank — v. Mises*, D- u. IGlen, S. 506–589. *Hamel*, IGlen. *Kowalewski*, IGlen. *G. Wiarda*, Integralgleichungen, Leipzig-Berlin 1930.

Die IGlen

$$\text{(20)} \qquad \int_a^b K(x, \xi)\, y(\xi)\, d\xi = f(x)\,,$$

$$\text{(21)} \qquad y(x) = \int_a^b K(x, \xi)\, y(\xi)\, d\xi + f(x)\,,$$

in denen $y(x)$ die gesuchte Funktion ist, heißen Fredholmsche Integralgleichungen erster und zweiter Art [die gesuchte Funktion $y(x)$ tritt einmal bzw. zweimal auf]; (21) heißt homogen, wenn $f \equiv 0$ ist. Aus den eingehenden und aufschlußreichen Untersuchungen über IGlen kann hier nur einiges wenige, unter Beschränkung auf die IGlen zweiter Art, mitgeteilt werden.

(a) Sind der Kern $K(x, \xi)$ und $f(x)$ für $a \leqq x, \xi \leqq b$ stetig und ist

$$\int_a^b \int_a^b K^2(x, \xi)\, dx\, d\xi < 1,$$

so konvergiert die *C. Neumann*sche Iterationsfolge

$$y_0(x) = f(x), \quad y_\nu(x) = f(x) + \int_a^b K(x, \xi)\, y_{\nu-1}(\xi)\, d\xi \qquad (\nu = 1, 2, \ldots)$$

gleichmäßig gegen eine Grenzfunktion $y(x)$, und diese ist eine Lösung von (21).

(b) Ist $K(x, \xi)$ für $a \leqq x, \xi \leqq b$ stetig, so konvergiert die Fredholmsche Determinante

$$D(\lambda) = 1 - \frac{\lambda}{1!} \int_a^b K(u, u)\, du + \frac{\lambda^2}{2!} \int_a^b \int_a^b \begin{vmatrix} K(u_1, u_1) & K(u_1, u_2) \\ K(u_2, u_1) & K(u_2, u_2) \end{vmatrix} du_1\, du_2 - + \cdots$$

für jedes λ; ferner konvergiert der lösende Kern (Resolvente)

$$k(x, \xi, \lambda) = K(x, \xi) - \frac{\lambda}{1!} \int_a^b \begin{vmatrix} K(x, \xi) & K(x, u) \\ K(u, \xi) & K(u, u) \end{vmatrix} du + \frac{\lambda^2}{2!} \int_a^b \int_a^b \begin{vmatrix} K(x, \xi) & K(x, u_1) & K(x, u_2) \\ K(u_1, \xi) & K(u_1, u_1) & K(u_1, u_2) \\ K(u_2, \xi) & K(u_2, u_1) & K(u_2, u_2) \end{vmatrix} du_1\, du_2 - + \cdots$$

bei beliebigem λ für $a \leqq x, \xi \leqq b$ gleichmäßig, ist also eine stetige Funktion von x, ξ und ebenso wie $D(\lambda)$ eine ganze (transzendente) Funktion von λ.

(c) Ist $f(x)$ stetig und $D(\lambda) \neq 0$, so ist

$$y(x) = f(x) + \frac{\lambda}{D(\lambda)} \int_a^b k(x, \xi, \lambda)\, f(\xi)\, d\xi$$

eine Lösung von

(22) $$y(x) = f(x) + \lambda \int_a^b K(x, \xi)\, y(\xi)\, d\xi,$$

und zwar die einzige Lösung. Die homogene IGl

(23) $$y(x) = \lambda \int_a^b K(x, \xi)\, y(\xi)\, d\xi$$

hat dann nur die triviale Lösung $y(x) \equiv 0$.

Die Werte λ, für welche (23) eine eigentliche Lösung, d. h. eine Lösung $y(x) \not\equiv 0$ hat, heißen Eigenwerte, die Lösungen Eigenfunktionen; die Gesamtheit der Eigenwerte heißt das Spektrum der IGl.

(d) Von jetzt ab wird vorausgesetzt daß der Kern $K(x, \xi)$ stetig und symmetrisch, d. h. $K(x, \xi) = K(\xi, x)$ und außerdem $\not\equiv 0$ ist.

Dann gibt es mindestens einen Eigenwert. Alle Eigenwerte sind reell und haben keinen im Endlichen gelegenen Häufungspunkt, das Spektrum ist also diskontinuierlich. Wird der n-te iterierte Kern K_n durch

$$K_1 = K, \quad K_n(x, \xi) = \int_a^b K_{n-1}(x, t)\, K(t, \xi)\, dt$$

definiert und

$$V_n = \int_a^b \int_a^b K_n^2(x, \xi)\, dx\, d\xi$$

gesetzt, so existiert

$$\lambda_1^2 = \lim_{n\to\infty} \frac{V_{n-1}}{V_n} = \lim_{n\to\infty} \frac{1}{\sqrt[n]{V_n}}$$

und ist das Quadrat des kleinsten Eigenwerts; für jedes n ist

$$\frac{1}{\sqrt[n]{V_n}} \leqq \lambda_1^2 \leqq \frac{V_{n-1}}{V_n},$$

so daß man zugleich eine Abschätzung des Fehlers hat. Ferner ist für jede stetige Funktion $u(x)$, für die

$$\int_a^b u^2(x)\, dx = 1$$

ist,

$$\left| \int_a^b \int_a^b K(x, \xi)\, u(x)\, u(\xi)\, dx\, d\xi \right| \leqq \frac{1}{|\lambda_1|},$$

die obere Grenze des Doppelintegrals ist $|\lambda_1|^{-1}$; man hat damit ein weiteres Mittel zur genäherten Berechnung des kleinsten Eigenwerts.

Je zwei Eigenfunktionen φ, ψ, die zu verschiedenen Eigenwerten gehören, erfüllen die Orthogonalitätsrelation

$$\int_a^b \varphi(x)\, \psi(x)\, dx = 0.$$

Zu jedem Eigenwert λ gehört ein System linear unabhängiger, zueinander orthogonaler Eigenfunktionen $\varphi_1, \ldots, \varphi_m$ derart, daß jede zu λ gehörige Eigenfunktion φ in der Gestalt

$$\varphi = c_1 \varphi_1 + \cdots + c_m \varphi_m$$

darstellbar ist; m heißt die Vielfachheit des Eigenwerts und erfüllt die UnGl

$$m \leqq \lambda^2 \int_a^b \int_a^b K^2(x, \xi)\, dx\, d\xi .$$

Die Gesamtheit dieser zu den verschiedenen Eigenwerten gehörenden Eigenfunktionen φ_ν bildet dann ein vollständiges Orthogonalsystem $\psi_1, \psi_2, \ldots$ von Eigenfunktionen. Durch Multiplikation mit passenden Zahlen kann noch erreicht werden, daß insgesamt

$$\int_a^b \psi_p(x)\, \psi_q(x)\, dx = e_{p,q}$$

ist (normiertes Orthogonalsystem).

Sind $\lambda_1, \lambda_2, \ldots$ die Eigenwerte, jeder in seiner Vielfachheit aufgeführt, so ist

$$\sum_\nu \frac{1}{\lambda_\nu^2} \leqq \int_a^b \int_a^b K^2(x, \xi)\, dx\, d\xi$$

und für $n = 2, 3, \ldots$

$$\sum_\nu \frac{1}{\lambda_\nu^n} = \int_a^b K_n(x, x)\, dx .$$

Ist K ein definiter Kern, d. h. ist für jede stetige Funktion $u(x)$

$$\int_a^b \int_a^b K(x, \xi)\, u(x)\, u(\xi)\, dx\, d\xi \geqq 0 ,$$

so ist $K(x, x) \geqq 0$, jedes $\lambda_\nu > 0$ und auch noch

$$\sum_\nu \frac{1}{\lambda_\nu} = \int_a^b K(x, x)\, dx .$$

Für die Berechnung einer Eigenfunktion nebst dem zugehörigen Eigenwert steht z. B. ein Iterationsverfahren wie bei (a) zur Verfügung. Man geht von einer Funktion φ_0 mit

$$\int_a^b \varphi_0^2(x)\, dx = 1 \qquad \text{(normierte Funktion)}$$

aus, setzt

$$(*) \qquad \varphi_n(x) = \lambda^{(n)} \int_a^b K(x, \xi)\, \varphi_{n-1}(\xi)\, d\xi \qquad (n = 1, 2, \ldots)$$

und wählt dabei $\lambda^{(n)}$ stets so, daß auch die φ_n normiert sind; dann konvergieren die $\lambda^{(n)}$ bei passender Wahl ihrer Vorzeichen gegen einen Eigenwert und die φ_n gegen eine zugehörige Eigenfunktion. Oder wenn man annehmen darf, daß eine Eigenfunktion existiert, die an der Stelle c von Null verschieden ist, kann man von einer beliebigen stetigen Funktion $\varphi_0(x)$ mit $\varphi_0(c) = 1$ ausgehen, die Glen (*) ansetzen und jetzt jedes $\lambda^{(n)}$ so bestimmen, daß $\varphi_n(c) = 1$ ist.

Vgl. hierzu auch Encyklopädie, S. 1501ff., und *Hamel*, S. 51ff., ferner auch *E. Trefftz*, Math. Annalen 108 (1933) 595—604 und für die Abschätzung von Eigenwerten *L. Collatz*, Math. Zeitschrift 46 (1940) 692. Weiß man, daß die IGl aus einer Eigenwertaufgabe (s. 2·9) entsprungen ist, deren Eigenwerte und Eigenfunktionen man kennt, so hat man damit auch die Eigenwerte und Eigenfunktionen der IGl.

Ein Kern $K(x, \xi)$ heißt abgeschlossen, wenn für jede stetige Funktion $u(x) \not\equiv 0$ auch

$$\int_a^b K(x, \xi)\, u(\xi)\, d\xi \not\equiv 0$$

ist. Zu einem abgeschlossenen, symmetrischen und stetigen Kern gibt es unendlich viele Eigenwerte. Jedes vollständige normierte Orthogonalsystem $\psi_1(x), \psi_2(x), \ldots$ enthält dann unendlich viele Funktionen, und jede Funktion $g(x)$, die sich mittels einer stetigen Funktion $q(x)$ „quellenmäßig" durch den Kern K in der Form

$$g(x) = \int_a^b K(x, \xi)\, q(\xi)\, d\xi$$

darstellen läßt, ist durch eine absolut und gleichmäßig konvergente Reihe

$$g(x) = \sum c_\nu\, \psi_\nu(x)$$

darstellbar; dabei ist

$$c_\nu = \int_a^b g(x)\, \psi_\nu(x)\, dx\,.$$

(e) Polare IGlen. Das sind IGlen von der Gestalt

$$y(x) = \lambda \int_a^b K(x, \xi)\, V(\xi)\, y(\xi)\, d\xi\,,$$

wo $V(\xi)$ eine nicht-konstante Funktion ist, die nur die Werte ± 1 annimmt. Ist der Kern K wieder symmetrisch, so gelten ähnliche Tatsachen wie im Fall (d). Für Einzelheiten s. *Hilbert*, S. 195—204, Encyklopädie und *E. Kamke*, Math. Zeitschrift 45 (1939) 706—718.

2·8. Beziehung zwischen Randwertaufgaben und Fredholmschen Integralgleichungen[1]. Es sei die Randwertaufgabe (1) unter den dort genannten Voraussetzungen gegeben. Zu dieser Aufgabe werden die Hilfsaufgaben

(24) $$L(y) = 0; \quad U_\mu(y) = 0 \qquad (\mu = 1, \ldots, n)$$

und

(25) $$L(y) = 0; \quad U_k(y) = 1, \quad U_\mu(y) = 0 \quad \text{für } \mu \neq k$$

gebildet. Die homogene Hilfsaufgabe (24) möge keine eigentliche Lösung und somit eine Greensche Funktion $\Gamma(x, \xi)$ haben. Die Hilfsaufgabe (25)

[1]) Vgl. *Hilbert*, IGlen. *Ince*, Diff. Equations, S. 261ff.

hat dann eine eindeutig bestimmte Lösung $\psi_k(x)$. Schreibt man die DGl von (1) in der Gestalt

$$L(y) = f(x) - \lambda\, g(x)\, y\,,$$

so folgt aus 1·6 mit $f - \lambda\, g\, y$ statt f:

Eine Funktion $y = \varphi(x)$ ist genau dann eine Lösung der Randwertaufgabe (1), wenn sie eine Lösung der Fredholmschen IGl zweiter Art

$$y(x) + \lambda \int_a^b K(x, \xi)\, y(\xi)\, d\xi = \Phi(x)$$

mit

$$K(x, \xi) = \Gamma(x, \xi)\, g(\xi), \quad \Phi(x) = \int_a^b \Gamma(x, \xi) f(\xi)\, d\xi + \sum_{k=1}^{n} \gamma_k \psi_k(x)$$

ist.

Sind die Hilfsaufgaben gelöst, so kann man nun die Theorie der IGlen für die Lösung der Aufgabe (1) nutzbar machen. Die Lösung der Hilfsaufgaben ist im allgemeinen unangenehm; man kann sie sich manchmal dadurch erleichtern, daß man $f_0 + \lambda\, g$ anders aufspaltet, etwa in $(f_0 + \lambda_0\, g) + \bar{\lambda}\, g$ mit $\bar{\lambda} = \lambda - \lambda_0$.

2·9. Beziehung zwischen Eigenwertaufgaben und Fredholmschen Integralgleichungen. Folgerungen für das Eigenwert- und Entwicklungsproblem[1]). Es sei jetzt die Eigenwertaufgabe (2) gegeben. Dann braucht man nur die Hilfsaufgabe (24). Hat diese keine eigentliche Lösung und somit eine Greensche Funktion $\Gamma(x, \xi)$, so sind die Lösungen von (2) gerade die Lösungen der IGl

$$y(x) + \lambda \int_a^b \Gamma(x, \xi)\, g(\xi)\, y(\xi)\, d\xi = 0\,. \tag{26}$$

Die Aufgabe (2) sei jetzt außerdem selbstadjungiert (vgl. 2·6).

(a) Ist $g(x)$ von festem Vorzeichen, etwa $g \geqq 0$, und hat g höchstens endlich viele Nullstellen, so wird aus (26) für $\eta(x) = y(x) \sqrt{g(x)}$ die IGl

$$\eta(x) + \lambda \int_a^b K(x, \xi)\, \eta(\xi)\, d\xi = 0$$

mit dem symmetrischen Kern

$$K(x, \xi) = \Gamma(x, \xi) \sqrt{g(x)\, g(\xi)}\,.$$

Da die homogene Aufgabe (24) keine eigentliche Lösung haben soll, ist die Aufgabe

$$L(y) = u(x) \sqrt{g(x)}\,, \quad U_\mu(y) = 0 \qquad (\mu = 1, \ldots, n)$$

---

[1]) Vgl. die bei 2·8 angegebene Literatur.

für jedes stetige $u(x)$ nach 1·6 lösbar und hat die Lösung

$$y(x) = \int_a^b \Gamma(x, \xi) \sqrt{g(\xi)}\, u(\xi)\, d\xi\,.$$

Daraus folgt, daß der Kern K abgeschlossen ist und daß jede den Randbedingungen genügende und n-mal stetig differenzierbare Funktion $F(x)$ sich für $g > 0$ mittels

$$q(x) = \frac{L(F)}{\sqrt{g(x)}}$$

quellenmäßig durch den Kern K darstellen läßt. Daher ergibt sich für die selbstadjungierte Aufgabe (2):

Es gibt nur reelle, und zwar abzählbar unendlich viele Eigenwerte ohne endlichen Häufungspunkt; ist $g > 0$, so läßt sich jede n-mal stetig differenzierbare und den Randbedingungen von (2) genügende Funktion $F(x)$ in eine absolut und gleichmäßig konvergente Reihe

$$F(x) = \sum_p c_p\, \psi_p(x)$$

nach den Eigenfunktionen ψ_p eines vollständigen Orthogonalsystems entwickeln, deren Koeffizienten durch 2·6 (18) gegeben sind. Für die gliedweise Differenzierbarkeit dieser Reihen s. Encyklopädie, S. 1252.

(b) Darf $g(x)$ endlich oft sein Vorzeichen wechseln und ist dafür die Eigenwertaufgabe d e f i n i t, d. h.

$$\int_a^b y\, L(y)\, dx > 0$$

für jede stetige Funktion $y(x) \not\equiv 0$, die n-mal stetig differenzierbar ist und die Randbedingungen von (2) erfüllt, so ist die Aufgabe (2) gleichwertig mit der polaren IGl (s. 2·7 (e))

$$\eta(x) + \lambda \int_a^b K(x, \xi)\, V(\xi)\, \eta(\xi)\, d\xi = 0;$$

dabei ist

$$V(x) = \operatorname{sgn} g(x), \quad K(x, \xi) = \Gamma(x, \xi) \sqrt{|g(x)\, g(\xi)|}, \quad \eta(x) = y(x) \sqrt{|g(x)|}.$$

Mit der Theorie der polaren IGlen ergibt sich jetzt[1]) die Existenz von unendlich vielen positiven und unendlich vielen negativen Eigenwerten sowie ein Entwicklungssatz; einfacher und zugleich in etwas größerer Allgemeinheit erhält man diese Tatsachen jedoch durch Ansetzen einer Variationsaufgabe; vgl. dazu 2·13 und 2·15.

---

[1]) Vgl. *E. Kamke*, Math. Zeitschrift 45 (1939) 706—719.

Mit Hilfe der Theorie der IGlen ergibt sich auch ein Satz über die wechselseitige Lage der Eigenwerte von (2) und der Aufgabe (2) mit abgeänderten Randbedingungen; vgl. *H. T. Davis*, Bulletin Americ. Math. Soc. 28 (1922) 390—394. Für *Hermite*sche Eigenwertaufgaben s. *W. W. Elliott*, Americ. Journal Math. 51 (1929) 397—416.

2·10. Einschaltung über Volterrasche Integralgleichungen.

Lit.: Encyklopädie II_3, S. 1349f., 1459—1466. *Pascal*, Repertorium I_3, S. 1258—1262. *Kowalewski*, IGlen, S. 49—90.

Die IGlen

(27) $$\int_a^x K(x,\xi)\, y(\xi)\, d\xi = f(x),$$

(28) $$y(x) = f(x) + \int_a^x K(x,\xi)\, y(\xi)\, d\xi$$

heißen Volterrasche Integralgleichungen erster und zweiter Art (die gesuchte Funktion kommt einmal bzw. zweimal vor, und die obere Grenze des Integrals ist veränderlich).

Ist der Kern $K(x,\xi)$ in dem Dreieck $a \leqq \xi \leqq x < b$ ($b = \infty$ ist zugelassen) und $f(x)$ für $a \leqq x < b$ stetig, so hat (28) für $a \leqq x < b$ genau eine stetige Lösung $y = y(x)$. Man kann sie durch ein Iterationsverfahren erhalten: Wählt man irgendeine stetige Funktion $y_0(x)$ und bildet man mit den Rekursionsformeln

$$y_k(x) = f(x) + \int_a^x K(x,\xi)\, y_{k-1}(\xi)\, d\xi \qquad (k = 1, 2, \ldots)$$

die Folge $y_0(x), y_1(x), y_2(x), \ldots$, so ist die Folge für jedes $a < c < b$ in dem Intervall $a \leqq x \leqq c$ gleichmäßig konvergent, und

$$y(x) = \lim_{k\to\infty} y_k(x)$$

ist die Lösung der IGl.

Die IGl (27) läßt sich unter gewissen Voraussetzungen auf (28) zurückführen: Ist $K(x,\xi)$ sowie die Ableitung $K_x(x,\xi)$ in $a \leqq \xi \leqq x < b$ stetig, $K(x,x) \neq 0$, $f(x)$ stetig differenzierbar und $f(a) = 0$, so hat (27) genau eine stetige Lösung $y(x)$, und zwar ist diese die stetige Lösung der IGl zweiter Art

$$y(x) + \int_a^x \frac{K_x(x,\xi)}{K(x,x)}\, y(\xi)\, d\xi = \frac{f'(x)}{K(x,x)}.$$

Für weitergehende Untersuchungen muß auf die angegebene Literatur verwiesen werden.

2·11. Beziehung zwischen Randwertaufgaben und Volterraschen Integralgleichungen[1]). Es sei die Randwertaufgabe (1) unter den dort genannten Voraussetzungen gegeben. Jede Lösung $y = \psi(x)$ dieser Aufgabe ist Lösung der DGl

$$L(y) = f(x) - \lambda\, g(x)\, \psi(x)$$

Die Lösungen dieser DGl, d. h. die Lösungen der DGl von (1) sind nach A 16·4 daher gerade die Lösungen der IGl

$$(29)\qquad y(x) = \int_a^x \sum_{\nu=1}^n \varphi_\nu(x) \frac{W_\nu(\xi)}{f_n(\xi)\, W(\xi)}\, d\xi + \sum_{\nu=1}^n C_\nu\, \varphi_\nu(x);$$

dabei sind $\varphi_1, \ldots, \varphi_n$ ein Hauptsystem von Lösungen für $L(y) = 0$, $W(x)$ deren Wronskische Determinante, $W_\nu(x)$ die Determinante, die aus W entsteht, wenn man die ν-te Spalte durch $0, \ldots, 0, f(x) - \lambda\, g(x)\, y(x)$ ersetzt. Damit $y(x)$ die Randbedingungen von (1) erfüllt, sind nun noch die C_ν passend zu wählen, wofern das möglich, d. h. wofern (1) lösbar ist.

Die IGl (29) läßt sich in der Gestalt

$$(30)\qquad y(x) = F(x) - \lambda \int_a^x K(x, \xi)\, y(\xi)\, d\xi$$

schreiben; dabei ist

$$F(x) = \int_a^x \frac{f(\xi)}{f_n(\xi)\, W(\xi)}\, D(x, \xi)\, d\xi + \sum_{\nu=1}^n C_\nu\, \varphi_\nu(x),$$

$$(31)\qquad K(x, \xi) = \frac{g(\xi)}{f_n(\xi)\, W(\xi)}\, D(x, \xi),$$

$$(32)\qquad D(x, \xi) = \begin{vmatrix} \varphi_1(\xi) & \ldots & \varphi_n(\xi) \\ \varphi_1'(\xi) & \ldots & \varphi_n'(\xi) \\ \cdot & \cdot\ \cdot\ \cdot & \cdot \\ \varphi_1^{(n-2)}(\xi) & \ldots & \varphi_n^{(n-2)}(\xi) \\ \varphi_1(x) & \ldots & \varphi_n(x) \end{vmatrix}$$

Damit ist (29) in die Form einer Volterraschen IGl (30) gebracht. Ist die homogene Aufgabe (2) für $\lambda = \lambda^*$ nicht lösbar, so ist (1) für $\lambda = \lambda^*$ eindeutig lösbar, und die Lösung $y(x)$ genügt für passend gewählte C_ν der IGl (30). Für die Lösung dieser IGl steht das Iterationsverfahren von 2·10 zur Verfügung, wenn die C_ν bereits bekannt sind. Sind sie nicht bekannt, so wird man sie bei jedem einzelnen Iterationsschritt so be-

[1]) Vgl. *Bôcher*, Méthodes de Sturm, S. 107—112. *Ince*, Diff. Equations, S. 269—273. *Courant-Hilbert*, Methoden math. Physik, S. 292. Dort ist der Fall $n = 2$ behandelt.

stimmen, daß auch jede Näherungslösung $y_k(x)$ die Randbedingungen von (1) erfüllt.

2·12. Beziehung zwischen Eigenwertaufgaben und Volterraschen Integralgleichungen[1]. Es sei jetzt die Eigenwertaufgabe (2) unter den dort angegebenen Voraussetzungen gegeben. Die mit der Eigenwertaufgabe gleichwertige Volterrasche IGl (30) lautet

$$y(x) = \sum_{\nu=1}^{n} C_\nu \varphi_\nu(x) - \lambda \int_a^x K(x, \xi)\, y(\xi)\, d\xi, \tag{33}$$

wo K und D wieder die in (31) und (32) angegebene Bedeutung haben. Dabei ist jetzt auch noch λ passend zu wählen.

Wendet man das Iterationsverfahren von 2·10 an und sind die C_ν bereits bekannt oder können sie fest gewählt werden (vgl. hierzu die nachfolgenden Beispiele), so wird man bei jedem k-ten Schritt $\lambda = \lambda^*$ so wählen, daß die Näherungsfunktionen $y_k(x)$ die Randbedingungen erfüllen. Man bekommt dann manchmal sehr schnell einen ziemlich genauen Näherungswert für den kleinsten Eigenwert.

Die Frage, ob die bei diesem Verfahren entstehenden Folgen y_k, λ_k konvergieren und welches die entstehenden Grenzwerte sind, ist noch offen gelassen und wird nur unter zusätzlichen Voraussetzungen zu beantworten sein (bis jetzt brauchte z. B. noch nicht einmal vorausgesetzt zu werden, daß die Aufgabe (2) selbstadjungiert ist). Das obige Verfahren steht in enger Beziehung zu dem Iterationsverfahren von 3·4 und kann auch zur Gewinnung asymptotischer Ausdrücke für die Eigenwerte dienen (vgl. dazu Beispiel 2).

Beispiel 1: Berechnung von Eigenwerten der Aufgabe

$$y'' + \lambda y = 0; \quad y(0) = y(1) = 0.$$

Wählt man $\varphi_1 = 1$, $\varphi_2 = x$, so ist $W = 1$, $K = D = x - \xi$. Daher lautet (33)

$$y(x) = C_1 + C_2 x - \lambda \int_0^x (x - \xi)\, y(\xi)\, d\xi.$$

Da $y(0) = 0$ sein soll, muß $C_1 = 0$ sein. Da die Eigenfunktionen $y(x)$ nur bis auf einen konstanten Faktor bestimmt sind, kann die IGl durch

$$y(x) = x - \lambda \int_0^x (x - \xi)\, y(\xi)\, d\xi$$

ersetzt werden. Wählt man $y_0 = 1$, so wird

$$y_1(x) = x - \lambda \int_0^x (x - \xi)\, d\xi = x - \frac{1}{2} \lambda x^2.$$

---

[1]) Vgl. die bei 2·11 angegebene Literatur.

Da $y_1(1) = 0$ sein soll, folgt $\lambda = \lambda_1 = 2$, also

$$y_1 = x - x^2.$$

Damit wird

$$y_2(x) = x - \lambda \int_0^x (x - \xi)(\xi - \xi^2)\, d\xi = x - \lambda \left(\frac{x^3}{6} - \frac{x^4}{12}\right).$$

$y_2(1) = 0$ ergibt

$$\lambda_2 = 12, \quad y_2 = x - 2\,x^3 + x^4.$$

Weiter erhält man

$$\lambda_3 = 10, \quad y_3 = x - \frac{5}{3}\,x^3 + 3\,x^5 - \frac{1}{3}\,x^6.$$

Der genaue kleinste Eigenwert ist offenbar $\lambda = \pi^2 \approx 9{,}8696$; eine zu diesem gehörige Eigenfunktion ist

$$y = \frac{1}{\pi}\sin \pi\, x \approx x - 1{,}6\,x^3 + 0{,}8\,x^5.$$

Geht man z. B. von $y_0 = \frac{1}{2\pi}\sin 2\pi\, x$ aus, so werden alle $\lambda_k = (2\pi)^2$ und alle $y_k = y_0$; in diesem Fall liefert das Verfahren also zwar einen Eigenwert, aber nicht den kleinsten.

Beispiel 2: Berechnung von asymptotischen Ausdrücken für die Eigenwerte der Aufgabe

$$y'' + g(x)\, y + \lambda^2 y = 0; \quad y(a) = y(b) = 0.$$

Für diesen Zweck wird als $L(y)$ ein Ausdruck gewählt, der λ enthält, nämlich

$$L(y) = y'' + \lambda^2 y$$

und als das frühere λg das jetzige g, während $f = 0$ ist. Ein Hauptsystem von Lösungen für $L(y) = 0$ ist jetzt

$$\varphi_1 = \cos \lambda\, x, \quad \varphi_2 = \sin \lambda\, x.$$

Damit wird $W = \lambda$, $D = \sin \lambda\,(x - \xi)$, und die IGl (33) lautet

$$y(x) = C_1 \cos \lambda\, x + C_2 \sin \lambda\, x - \frac{1}{\lambda}\int_a^x g(\xi)\, y(\xi) \sin \lambda\,(x - \xi)\, d\xi.$$

Die Randbedingung $y(a) = 0$ ergibt

$$C_1 \cos \lambda\, a + C_2 \sin \lambda\, a = 0,$$

also ist

$$C_1 \cos \lambda\, x + C_2 \sin \lambda\, x = C \sin \lambda\,(x - a).$$

Da die Eigenfunktionen nur bis auf einen konstanten Faktor bestimmt sind, kann die IGl in der Gestalt

$$y(x) = \sin \lambda\,(x - a) - \frac{1}{\lambda}\int_a^x g(\xi)\, y(\xi) \sin \lambda\,(x - \xi)\, d\xi$$

angenommen werden. Man sieht leicht, daß die hierdurch bestimmten Funktionen $y(x)$ gleichmäßig beschränkt sind für alle hinreichend großen $\lambda > 0$. Mit der zweiten Randbedingung ergibt sich daher

$$\sin\lambda\,(b-a) = \frac{1}{\lambda}\int_a^b g(\xi)\,y(\xi)\sin\lambda\,(b-\xi)\,d\xi = O\left(\frac{1}{\lambda}\right)$$

und hieraus

$$\lambda = \lambda_n = \frac{n\pi}{b-a} + O\left(\frac{1}{\lambda}\right) = \frac{n\pi}{b-a} + O\left(\frac{1}{n}\right)$$

für natürliche Zahlen n. Hiermit kann auch das zugehörige $y(x)$ näherungs weise bestimmt werden. Geht man damit von neuem in die IGl hinein, so lassen sich diese Abschätzungen verschärfen. Ebenso lassen sich auch noch andere Randbedingungen, z. B. alle Sturmschen Randbedingungen nach diesem Verfahren behandeln; vgl. dazu S. 262f und *Ince*, a. a. O. Für beliebige selbstadjungierte Randbedingungen s. *Zaanen*, Compositio math. 7 (1939) 253ff.

2·13. Beziehung zwischen Eigenwertaufgaben und Variationsrechnung[1]. Die Eigenwertaufgabe wird jetzt als selbstadjungiert und definit vorausgesetzt. Im einzelnen soll folgendes gelten: Die Eigenwertaufgabe lautet

$$(34) \qquad L(y) = \lambda\, g(x)\, y; \quad U_\mu(y) = 0 \qquad (\mu = 1, \ldots, n).$$

Dabei ist $n = 2m$ eine gerade Zahl,

$$(35) \qquad L(y) = \sum_{\nu=0}^{m} [f_\nu(x) y^{(\nu)}]^{(\nu)}$$

ein selbstadjungierter DAusdruck n-ter Ordnung, $f_m \neq 0$, jedes f_ν ν-mal stetig differenzierbar, $g(x)$ stetig, $\not\equiv 0$ und darf sein Vorzeichen wechseln, d. h. es darf der sog. polare Fall vorliegen; die U_μ haben die in 1·1 angegebene Bedeutung. Die Eigenwertaufgabe soll selbstadjungiert (s. 2·2 und 1·4) sein, ferner d e f i n i t, d. h. es soll $\lambda = 0$ kein Eigenwert und

$$(36) \qquad \int_a^b y\, L(y)\, dx \geqq 0$$

für jede z u l ä s s i g e Funktion $y(x)$ sein; $y(x)$ heißt dabei eine zulässige Funktion, wenn sie n-mal stetig differenzierbar ist und die Randbedingungen von (34) erfüllt. Dann ist die Eigenwertaufgabe auch normal (s. 2·6) und hat nur reelle Eigenwerte.

[1]) Vgl. *Courant-Hilbert*, Methoden math. Physik I, Kap. 6. *E. Kamke*, Math. Zeitschrift 45 (1939) 759ff.

Ist $g(x) \gtreqq 0$ oder wechselt $g(x)$ sein Vorzeichen, so wird zu der Eigenwertaufgabe die Variationsaufgabe gebildet: Unter allen zulässigen Funktionen $y(x)$, für die

(37) $$\int_a^b g\, y^2\, dx > 0$$

gilt, soll eine solche gefunden werden, für die

(38) $$\frac{\int_a^b y\, L(y)\, dx}{\int_a^b g\, y^2\, dx} = \text{Min}$$

wird. Unter den angegebenen Voraussetzungen hat diese Aufgabe eine Lösung $y = \psi_1(x)$. Ist λ_1 der Wert des Minimums, d. h.

(39) $$\lambda_1 = \frac{\int_a^b \psi_1\, L(\psi_1)\, dx}{\int_a^b g\, \psi_1^2\, dx} = \underset{y}{\text{Min}}\, \frac{\int_a^b y\, L(y)\, dx}{\int_a^b g\, y^2\, dx},$$

so ist λ_1 der kleinste positive Eigenwert und ψ_1 eine zu diesem gehörige Eigenfunktion.

Wird jetzt zu der Aufgabe (38) mit der Nebenbedingung (37) noch die weitere Nebenbedingung (Orthogonalitätsbedingung)

$$\int_a^b g\, \psi_1\, y\, dx = 0$$

hinzugenommen, so hat die Variationsaufgabe wiederum eine Lösung $\psi_2(x)$; ist λ_2 der Wert des Minimums, so ist λ_2 der nächstgrößere Eigenwert ($\geqq \lambda_1$) und ψ_2 eine zu λ_2 gehörige und zu ψ_1 orthogonale Eigenfunktion. Kennt man allgemeiner schon die ersten positiven Eigenwerte $\lambda_1 \leqq \cdots \leqq \lambda_{p-1}$ und ein zu diesen gehöriges Orthogonalsystem von Eigenfunktionen $\psi_1, \ldots, \psi_{p-1}$, so ist der nächste Eigenwert

(40) $$\lambda_p = \underset{y}{\text{Min}}\, \frac{\int_a^b y\, L(y)\, dx}{\int_a^b g\, y^2\, dx},$$

wobei jetzt solche zulässigen Funktionen $y(x)$ zu betrachten sind, für die neben (37) noch die Nebenbedingungen

(41) $$\int_a^b g\, \psi_\nu\, y\, dx = 0 \qquad (\nu = 1, \ldots, p-1)$$

erfüllt sind.

Negative Eigenwerte können nur vorkommen, wenn $g(x)$ sein Vorzeichen wechselt oder ständig $\leqq 0$ ist. Die negativen Eigenwerte $\lambda_{-1} \geqq \lambda_{-2} \geqq \cdots$ nebst einem zugehörigen Orthogonalsystem von Eigenfunktionen $\psi_{-1}, \psi_{-2}, \ldots$ erhält man dann durch das soeben geschilderte Verfahren, wenn darin (37) durch

(37a) $$\int_a^b g\, y^2\, dx \leqq 0\,,$$

Min durch Max, λ_ν durch $\lambda_{-\nu}$ und ψ_ν durch $\psi_{-\nu}$ ersetzt wird; man kann nämlich diesen Fall auf den vorher behandelten zurückführen, indem man in der Aufgabe (34) λ, g durch $-\lambda$, $-g$ ersetzt.

Auf diese Weise erhält man die Gesamtheit der Eigenwerte

(42) $$\cdots \leqq \lambda_{-2} \leqq \lambda_{-1} < (0) < \lambda_1 \leqq \lambda_2 \leqq \cdots$$

(jeder Eigenwert in seiner Vielfachheit aufgeführt, die eingeklammerte Zahl 0 ist kein Eigenwert) und ein vollständiges Orthogonalsystem von zugehörigen Eigenfunktionen

(43) $$\ldots,\ \psi_{-2}(x),\quad \psi_{-1}(x),\quad \psi_1(x),\quad \psi_2(x),\ \ldots,$$

die noch so normiert werden können, daß

(44) $$\int_a^b g\, \psi_p\, \psi_q\, dx = \varepsilon_p\, e_{p,q}\,,\quad \varepsilon_p = \frac{\lambda_p}{|\lambda_p|}$$

ist. Nimmt g sowohl positive als auch negative Werte an, so gibt es sowohl unendlich viele positive als auch unendlich viele negative Eigenwerte. Ist ständig $g \geqq 0$ ($\leqq 0$), so gibt es offenbar nur positive (negative) Eigenwerte, und zwar unendlich viele.

2·14. Zusätzliche Bemerkungen hierzu.

(a) Rayleighs Prinzip. Die Umformung der Eigenwertaufgabe in eine Variationsaufgabe ist sowohl für Beweisführungen als auch für die praktische Berechnung von Eigenwerten sehr wichtig. Z. B. ergibt sich für $g > 0$ aus (39) unmittelbar, daß der kleinste Eigenwert zunimmt, wenn g abnimmt, und weiter, daß für eine beliebige zulässige Funktion $y(x)$, die (37) erfüllt,

(45) $$\frac{\int_a^b y\, L(y)\, dx}{\int_a^b g\, y^2\, dx} \geqq \lambda_1 \qquad (\textit{Rayleighs}\ \text{Prinzip})$$

ist.

Für die Eigenwertaufgabe

$$-y'' = \lambda\, y;\quad y(0) = y(1) = 0$$

ist z. B $y = x\,(1-x)$ eine zulässige Funktion, und mit dieser erhält man nach (45) die Abschätzung $\lambda_1 \leqq 10$ für den wahren Wert $\lambda_1 = \pi^2$.

(b) Ein zweites Variationsprinzip [1]). Für die Eigenwertaufgabe (34) seien wieder die Bezeichnungen und Voraussetzungen des ersten Absatzes von 2·13 gültig; jedoch soll $g \geqq 0$ sein, $\lambda = 0$ darf Eigenwert sein, und die Definitheit wird anders erklärt.

Zunächst werden aus den Randbedingungen von (34) durch lineare Kombination möglichst viele linear unabhängige gebildet, die nur Ableitungen der Ordnung $\leqq m-1$ enthalten; diese „wesentlichen" Randbedingungen seien

(46a) $$U_1(y) = 0, \ldots, U_k(y) = 0\,.$$

Dann werden noch $n-k$ der Randbedingungen von (34) hinzugenommen, die von diesen unabhängig sind; diese „restlichen" Randbedingungen seien

(46b) $$U_{k+1}(y) = 0, \ldots, U_n(y) = 0\,.$$

Nach der Dirichletschen Formel A 17·6 (6) ist

(47) $$\int_a^b y\, L(y)\, dx = \int_a^b \sum_{\nu=0}^{m} (-1)^\nu f_\nu(x)\, [y^{(\nu)}]^2\, dx + [R(y)]_a^b$$

mit

(48) $$R(y) = \sum_{r=0}^{m-1} \sum_{p+q=r} (-1)^p\, [f_{r+1}\, y^{(r+1)}]^{(q)}\, y^{(p)}.$$

Mit (46b) werden aus $[R(y)]_a^b$ möglichst viele Ableitungen der Ordnung $\geqq m$ entfernt; es zeigt sich, daß dann sogar *alle* Ableitungen der Ordnung $\geqq m$ herausfallen. Die Aufgabe (34) sei jetzt in dem Sinne definit, daß

$$(-1)^\nu f_\nu(x) \geqq 0 \qquad (\nu = 0, 1, \ldots, m)$$

und für jedes Zahlensystem

$$y(a),\ y'(a), \ldots, y^{(m-1)}(a),\ y(b), \ldots, y^{(m-1)}(b),$$

das die Glen (46a) erfüllt, das reduzierte $[R(y)]_a^b \geqq 0$ ist. Bildet man nun die Variationsaufgabe (38), in der jedoch der Zähler nach der obigen Anweisung reduziert ist, so hat die Aufgabe (38) eine Lösung $y = \psi_1(x)$ auch dann, wenn zur Konkurrenz alle m-mal stetig differenzierbaren Funktionen zugelassen werden, welche die wesentlichen Randbedingungen (46a) erfüllen; das Minimum ist der kleinste Eigenwert λ_1, ψ_1 ist von selbst $2m$-mal stetig differenzierbar und eine zu λ_1 gehörige Eigenfunktion.

---

[1]) Zusatz während des Druckes; für Einzelheiten s. *Kamke*, Math. Zeitschrift, Bd. 47 oder 48 (1942).

(c) Ein drittes Variationsprinzip. Für $g(x) > 0$ kann die Variationsaufgabe (38) auch durch

$$\frac{\int_a^b \frac{1}{g}[L(y)]^2\,dx}{\int_a^b y\,L(y)\,dx} = \text{Min}$$

ersetzt werden, falls der Nenner > 0 ist für jede zulässige Funktion $y(x) \not\equiv 0$[1]).

Für eine beliebige zulässige Funktion $y(x)$ ist daher auch der obige Bruch stets eine obere Schranke für den kleinsten Eigenwert. Aber es ist (*Collatz*, a. a. O.)

$$\frac{\int_a^b \frac{1}{g}[L(y)]^2\,dx}{\int_a^b y\,L(y)\,dx} \geqq \frac{\int_a^b y\,L(y)\,dx}{\int_a^b g\,y^2\,dx} \geqq \lambda_1,$$

d. h. das Rayleighsche Prinzip liefert bei demselben y eine genauere obere Schranke.

Für die Eigenwertaufgabe am Ende von (a) ergibt sich z. B. mit der zulässigen Funktion

$$y = \frac{x}{12} - \frac{x^3}{6} + \frac{x^4}{12}$$

die Skala $9{,}882 > 9{,}871 > \pi^2$; aber es zeigt sich, daß für die Herleitung des ersten, ungenaueren Näherungswertes auch die Rechenarbeit geringer ist.

2·15. Entwicklungen nach Eigenfunktionen[2]). Unter den Voraussetzungen von 2·13 konvergieren die folgenden Reihen, und es ist

$$\sum \frac{\psi_p^2(x)}{|\lambda_p|} \leqq F(x, x), \qquad \sum \frac{1}{|\lambda_p|} \leqq \int_a^b \Gamma(x, x)\,|g(x)|\,dx;$$

dabei ist $\Gamma(x, \xi)$ die zu (34) mit $\lambda = 0$ gehörige Greensche Funktion.

Für jede zulässige Funktion $F(x)$ mit den Fourier-Koeffizienten

$$c_p = \varepsilon_p \int_a^b F(x)\,g(x)\,\psi_p(x)\,dx, \quad \varepsilon_p = \frac{\lambda_p}{|\lambda_p|}$$

ist

$$\sum |\lambda_p|\,c_p^2 \leqq \int_a^b F\,L(F)\,dx \qquad \text{(Besselsche Ungleichung)},$$

$$\sum \varepsilon_p\,c_p^2 = \int_a^b g(x)\,F^2(x)\,dx \qquad \text{(Parsevalsche Formel)}.$$

---

1) *L. Collatz*, Zeitschrift f. angew. Math. Mech. 19 (1939) 228.

2) Vgl. *E. Kamke*, Math. Zeitschrift 45 (1939) 775ff.

Ist auch $\Phi(x)$ eine zulässige Funktion mit den Fourier-Koeffizienten γ_p, so ist

$$\sum \varepsilon_p\, c_p\, \gamma_p = \int_a^b g(x)\, F(x)\, \Phi(x)\, dx\,.$$

Die Reihe

$$\sum |c_p\, \psi_p(x)|$$

konvergiert gleichmäßig; ist in keinem Teilintervall $g(x) \equiv 0$, so gilt der Entwicklungssatz

$$F(x) = \sum c_p\, \psi_p(x)\,.$$

2·16. Unabhängige Festlegung der Eigenwerte nach Courant[1]). Nach dem in 2·13 formulierten Variationsprinzip kann der Eigenwert λ_p nur festgelegt werden, wenn bereits $\lambda_1, \ldots, \lambda_{p-1}$ nebst zugehörigen Eigenfunktionen bekannt sind. Das ist häufig unbequem. Dieser Mangel wird durch folgende Festlegung der Eigenwerte nach *Courant* behoben: Es seien $w_1(x), \ldots, w_{p-1}(x)$ irgendwelche integrierbaren Funktionen. Mit diesen wird

$$m\,(w_1, \ldots, w_{p-1}) = \underline{\operatorname{fin}}_{y}\, \frac{\int_a^b y\, L(y)\, dx}{\int_a^b g\, y^2\, dx}\,,$$

$$M\,(w_1, \ldots, w_{p-1}) = \overline{\operatorname{fin}}_{y}\, \frac{\int_a^b y\, L(y)\, dx}{\int_a^b g\, y^2\, dx}$$

gebildet, wobei die $y(x)$ beliebige zulässige Funktionen sein dürfen, für welche die bei m auftretenden Nenner positiv und die bei M auftretenden Nenner negativ sind und für welche außerdem

$$\int_a^b w_\nu\, y\, dx = 0 \qquad (\nu = 1, \ldots, p-1)$$

ist. Dann gilt, falls g sein Vorzeichen wechselt,

$$m \leqq \lambda_p\,, \quad M \geqq \lambda_{-p}\,;$$

ist $g \geqq 0$ ($\leqq 0$), so fällt die zweite (erste) UnGl fort.

Werden nun noch die Funktionen $w_1, \ldots, w_{p-1}$ variiert, so ist

$$\lambda_p = \operatorname*{Max}_{w}\, m\,(w_1, \ldots, w_{p-1}), \qquad \lambda_{-p} = \operatorname*{Min}_{w}\, M\,(w_1, \ldots, w_{p-1})\,.$$

---

[1]) Vgl. *Courant-Hilbert*, Methoden math. Physik I, S. 351. *E. Kamke*, Math. Zeitschrift 45 (1939) 778ff. und für Berichtigungen ebenda 46 (1940) 280.

2·17. Ein Abschätzungssatz[1]. Es sei $g^*(x) \geqq g(x)$ und auch g^* stetig und $\not\equiv 0$; ferner seien λ_p^* die Eigenwerte der Aufgabe (34) mit g^* statt g. Dann ist

$$\lambda_p^* \leqq \lambda_p \qquad (p = \pm 1, \pm 2, \ldots)$$

soweit diese Eigenwerte existieren (wenn $g \geqq 0$ ist, also nur für $p = 1, 2, \ldots$).

Sind $\varkappa_1 \leqq \varkappa_2 \leqq \cdots$ die Eigenwerte der Eigenwertaufgabe, die aus (34) entsteht, wenn man g durch $|g|$ ersetzt, so ist

$$\lambda_{-p} \leqq -\varkappa_p < 0 < \varkappa_p \leqq \lambda_p.$$

3. Methoden zur praktischen Lösung von Eigen- und Randwertaufgaben.

3·1. Das Näherungsverfahren von Ritz-Galerkin[2]. Es seien wieder die Voraussetzungen von 2·13 erfüllt; außerdem sei zunächst $g(x) > 0$. Ferner seien $u_1(x), \ldots, u_k(x)$ zulässige Funktionen, die voneinander linear unabhängig sind. Setzt man nun die Variationsaufgabe 2 (38) nicht für beliebige zulässige Funktionen $y(x)$, sondern für Funktionen

(1) $$\bar{y}(x) = \sum_{\nu=1}^{k} a_\nu u_\nu(x)$$

an, so ist klar, daß der entstehende Minimalwert $\bar{\lambda}_1 \geqq \lambda_1$ ist. Aus der Variationsaufgabe wird jetzt eine einfache Minimumaufgabe zur Bestim-

[1]) Vgl. *E. Kamke*, Math. Zeitschrift 45 (1939) 780ff. und die Berichtigung ebenda 46 (1940) 280.

[2]) *W. Ritz*, Journal f. Math. 135 (1909) 1—61, insbes. 57—61. *Galerkin*, Wjestnik Inschenerow 1915 (Zitat nicht nachgeprüft), vgl. dazu *H. Hencky*, Zeitschrift f. angew. Math. Mech. 7 (1927) 80f. Das oben beschriebene Verfahren ist richtiger als „Verfahren von *Galerkin*" zu bezeichnen. Bei *Ritz* tritt es in anderer Form auf; *Ritz* geht nämlich von der Variationsaufgabe 2 (38) aus, in der für den Zähler die Umformung 2 (47) vorgenommen ist. Bei der so umgeformten Variationsaufgabe 2 (38) kann in einer Reihe von Fällen (vgl. 9·4) der Bereich der zugelassenen Funktionen $y(x)$ bzw. $u_\nu(x)$ in der obigen Gl (1) erweitert werden, was für die Gewinnung guter Näherungen für die Eigenwerte von Bedeutung ist. Es ist daher erwünscht zu wissen, wie weit in dem allgemeinen Fall des obigen Textes die Bedingungen für die $y(x)$ bzw. $u_\nu(x)$ gemildert werden können, ohne daß die wesentliche Eigenschaft verloren geht, daß man durch diesen Variationsansatz obere Schranken für die Eigenwerte bekommt. Eine solche allgemeine Untersuchung scheint bisher nicht vorzuliegen. Zusatz während des Druckes: Vgl. jedoch 2·14 (b), die dort angekündigte Untersuchung von *Kamke* und 9·4.

Vgl. ferner auch *Courant-Hilbert*, Methoden math. Physik I, Kap. 6. *Kryloff*, Solution approchée. *L. Collatz*, Zeitschrift f. angew. Math. Mech. 19 (1939) 231f. *E. Kamke*, Math. Zeitschrift 45 (1939) 782ff. *Biezeno-Grammel*, Techn. Dynamik, S. 163—169.

mung der a_ν. Nach den Regeln der DRechnung erhält man für die a_ν das lineare GlsSystem

$$\sum_{q=1}^{k} a_q \int_a^b u_p \left[L(u_q) - \lambda\, g\, u_q\right] dx = 0 \qquad (p = 1, \ldots, k);$$

dabei ist λ so zu bestimmen, daß die Glen eine Lösung $a_1, \ldots, a_k$ haben, die nicht aus lauter Nullen besteht; d. h. λ muß eine Nullstelle der Determinante

$$D(\lambda) = \text{Det.} \left| \int_a^b u_p \left[L(u_q) - \lambda\, g\, u_q\right] dx \right| \qquad (p, q = 1, \ldots, k)$$

sein. $D(\lambda)$ hat nur reelle Nullstellen. Sind diese $\bar{\lambda}_1 \leqq \bar{\lambda}_2 \leqq \cdots \leqq \bar{\lambda}_k$, so ist $\bar{\lambda}_\nu \geqq \lambda_\nu$[1]. Man erhält also obere Schranken für die ersten k Eigenwerte.

Wechselt $g(x)$ sein Vorzeichen, so wähle man die u_ν so, daß sie die Orthogonalitätsrelationen

$$\int_a^b g\, u_p\, u_q\, dx = 0 \qquad (p \neq q)$$

erfüllen. Will man positive Eigenwerte abschätzen, so sind die u_ν überdies so zu wählen, daß

$$\int_a^b g\, u_\nu^2\, dx > 0 \qquad (\nu = 1, \ldots, k)$$

ist. Die Determinante $D(\lambda)$ erhält dann die Gestalt

$$D(\lambda) = \text{Det.} \left| \int_a^b u_p \left[L(u_q) - \lambda\, e_{p,q}\, g\, u_q\right] dx \right| \qquad (p, q = 1, \ldots, k).$$

$D(\lambda)$ hat wieder nur reelle Nullstellen $\bar{\lambda}_1 \leqq \cdots \leqq \bar{\lambda}_k$, und es ist $\bar{\lambda}_\nu \geqq \lambda_\nu$. Will man negative Eigenwerte abschätzen, so hat man die u_ν so zu wählen, daß

$$\int_a^b g\, u_\nu^2\, dx < 0 \qquad (\nu = 1, \ldots, k)$$

ist. Es hat dann $D(\lambda)$ nur negative Nullstellen $\bar{\lambda}_{-k} \leqq \cdots \leqq \bar{\lambda}_{-1}$, und es ist $\bar{\lambda}_{-\nu} \leqq \lambda_\nu$.

Die Güte der erreichten Approximation hängt natürlich davon ab, mit welcher Güte die Funktionen u_ν oder lineare Kombinationen von ihnen die ersten Eigenfunktionen approximieren können. In vielen Fällen erhält man schon für sehr kleines k, z. B. $k = 2$ oder 3 brauchbare Ergebnisse. Für Fehlerabschätzungen bei einigen Typen von Eigenwertaufgaben zweiter Ordnung s. *Kryloff*, a. a. O.

---

[1]) Zuerst wohl bei *N. Kryloff*, Bulletin Acad. URSS Leningrad 1929, S. 464. Vgl. auch *Kryloff*, Solution approchée, S. 31. *J. K. L. MacDonald*, Physical Review (2) 43 (1933) 830—833. *E. Kamke*, a. a. O.

3·2. Das Näherungsverfahren von Grammel[1]). Für dieses Verfahren ist $g(x) > 0$ vorauszusetzen. Man macht wieder den Ansatz

$$y^*(x) = \sum_{\nu=1}^{k} a_\nu u_\nu(x)$$

wie in 3·1, geht aber mit diesem Ansatz jetzt in das dritte Variationsprinzip von 2·14 (c) hinein, d. h. bestimmt die a_ν so, daß

$$\frac{\int_a^b \frac{1}{g} [L(y^*)]^2 \, dx}{\int_a^b y^* L(y^*) \, dx}$$

ein Minimum wird. Entsprechend wie in 3·1 ergibt sich dann, daß das Minimum λ_1^* die kleinste Nullstelle der Determinante

$$D^*(\lambda) = \text{Det.} \left| \int_a^b L(u_q) \left[\frac{1}{g} L(u_p) - \lambda u_p\right] dx \right| \qquad (p, q = 1, \ldots, k)$$

ist. Ist $\bar{\lambda}_1$ der mit denselben u_ν nach 3·1 erhaltene Näherungswert, so ist $\lambda_1^* \geqq \bar{\lambda}_1 \geqq \lambda_1$. Das Verfahren von Ritz-Galerkin liefert also einen besseren Näherungswert; aber in vielen Fällen ist bei *Grammels* Verfahren in dieser vereinfachten Form die Rechenarbeit geringer und bereits λ_1^* ein ausreichender Näherungswert.

Grammel selbst schaltet noch einen Iterationsschritt (vgl. 3·4) ein, indem er den Ansatz

$$y^{**}(x) = \sum_{\nu=1}^{k} a_\nu v_\nu(x)$$

macht, wo die $v_\nu(x)$ Lösungen der Randwertaufgabe

$$L(v_\nu) = g(x) u_\nu, \quad U_\mu(v_\nu) = 0 \qquad (\mu = 1, \ldots, n)$$

oder, was auf dasselbe hinausläuft,

$$v_\nu(x) = \int_a^b \Gamma(x, \xi) g(\xi) u_\nu(\xi) \, d\xi \tag{2}$$

---

[1]) Vgl. *R. Grammel*, Ingenieur-Archiv 10 (1939) 35—46. *Biezeno-Grammel*, Techn. Dynamik, S. 169—172. *L. Collatz*, Zeitschrift f. angew. Math. Mech. 19 (1939) 225f. *E. Weinel*, Ingenieur-Archiv 10 (1939) 283—291. *E. Maier*, Biegeschwingungen von spannungslos verwundenen Stäben, insbesondere von Luftschraubenblättern; Diss. Stuttgart 1940. — In dem obigen Text folge ich der abgeänderten Darstellung, die *Collatz* für das Prinzip des *Grammel*schen Verfahrens gegeben hat. Der praktische Rechner sei jedoch nachdrücklich auf die Arbeiten von *Grammel* und *Maier* verwiesen, welche die besondere Leistungsfähigkeit des eigentlichen *Grammel*schen Verfahrens zeigen und nützliche Winke für die Durchführung der Rechnungen und die graphische Durchführung des Verfahrens enthalten.

sind. Wendet man nun das vorhergehende Prinzip mit y^{**}, v_ν statt y^*, u_ν an, so hat man die kleinste Nullstelle λ_1^{**} einer Determinante $D^{**}(\lambda)$ zu bestimmen, die sich von $D^*(\lambda)$ dadurch unterscheidet, daß überall v statt u auftritt. Mit 3·4 (b) ergibt sich dann die Genauigkeitsskala

$$\lambda_1^* \geqq \bar{\lambda}_1 \geqq \lambda_1^{**} \geqq \lambda_1,$$

d. h. man erhält jetzt einen besseren Näherungswert als durch Anwendung des *Galerkin*schen Verfahrens auf die u_ν, und zwar ist, wie Beispiele zeigen, die Verbesserung beträchtlich. Für die praktische Anwendung ist wesentlich, daß bei der Behandlung reiner Biegeschwingungen die Berechnung der Greenschen Funktion, die zunächst durch (2) hineinkommt, vermieden werden kann.

3·3. Die Lösung unhomogener Randwertaufgaben nach Ritz-Galerkin[1]. Es sei die halbhomogene Randwertaufgabe

$$(3) \qquad L(y) = f(x); \quad U_\mu(y) = 0 \qquad (\mu = 1, \ldots, n)$$

gegeben; dabei seien wieder die Voraussetzungen von 2·13 erfüllt, und es sei $f(x)$ stetig. Dann hat die zugehörige homogene Randwertaufgabe keine eigentliche Lösung und somit (3) genau eine Lösung $y = \varphi(x)$. Diese läßt sich in folgender Weise approximieren: Es seien $u_1(x), \ldots, u_k(x)$ zulässige Funktionen, die voneinander linear unabhängig sind. Man wählt in

$$\varphi_k = \sum_{\nu=1}^{k} a_\nu u_\nu$$

die Zahlen a_ν so, daß

$$\int_a^b \varphi_k [L(\varphi_k) - 2f(x)]\, dx = \text{Min},$$

d. h.

$$\sum_{p,q=1}^{k} a_p a_q \int_a^b u_p L(u_q)\, dx - 2 \sum_{p=1}^{k} a_p \int_a^b u_p f\, dx = \text{Min}$$

ist. Die a_q sind durch die Glen

$$\sum_{q=1}^{k} a_q \int_a^b u_p L(u_q)\, dx = \int_a^b u_p f\, dx \qquad (p = 1, \ldots, k)$$

eindeutig bestimmt. Dann ist φ_k eine Approximation von φ.

Sind auch die Randbedingungen unhomogen, so kann man die Randwertaufgabe in geeigneten Fällen auf die eben behandelte zurückführen,

[1]) *W. Ritz*, Journal f. Math. 135 (1909) 1—61, insbes. 52—57. *Kryloff*, Solution approchée. Für eine Weiterführung der Untersuchungen s. *W. H. McEven*, Transactions Americ. Math. Soc. 33 (1931) 979—997; Americ. Journal Math. 59 (1937) 295—305.

indem man mit einer geeigneten Funktion $v(x)$ die Transformation $y = \bar{y} + v$ vornimmt.

3·4. Das Iterationsverfahren[1]). Es seien wieder die Voraussetzungen von 2·13 erfüllt, außerdem sei $g(x) \geqq 0$. Man geht von einer beliebigen stetigen Funktion $y_0(x)$ aus, für die

$$\int_a^b g\, y_0^2\, dx > 0$$

ist, und berechnet eine Funktionenfolge $y_0(x)$, $y_1(x)$, $y_2(x)$, ..., indem man, wenn bereits y_{k-1} bekannt ist, y_k als Lösung der Randwertaufgabe

$$L(y_k) = g(x)\, y_{k-1}(x); \quad U_\mu(y_k) = 0 \qquad (\mu = 1, \ldots, n)$$

bestimmt. Dann ist (vgl. 1·6)

$$y_k(x) = \int_a^b \Gamma(x, \xi)\, g(\xi)\, y_{k-1}(\xi)\, d\xi\,.$$

Ist bereits y_0 eine zulässige Funktion für die Aufgabe 2·13 (34), so hat y_0 eine Entwicklung nach einem vollständigen normierten Orthogonalsystem von Eigenfunktionen $\psi_p(x)$

$$y_0 = \sum c_p\, \psi_p(x)\,,$$

und es ist

$$y_k = \sum_p \frac{c_p}{\lambda_p^k}\, \psi_p(x)\,.$$

Hieraus folgt:

(a) $\sigma_k(x) = \dfrac{y_{k-1}(x)}{y_k(x)}$ hat für $k \to \infty$ einen von x unabhängigen Grenzwert, und dieser ist ein Eigenwert λ_r[2]); ferner ist

$$\lim_{k \to \infty} \lambda_r^k\, y_k(x)$$

eine zu λ_r gehörige Eigenfunktion. Ist die Eigenwertaufgabe so beschaffen, daß die zum kleinsten Eigenwert λ_1 gehörigen Eigenfunktionen in $a < x < b$ keine Nullstelle haben, so liefert das Verfahren gerade den ersten Eigenwert λ_1, falls $y_0(x) \neq 0$ für $a < x < b$ ist. Wie aus den Oszillationssätzen

---

[1]) In der technischen Literatur wird das Verfahren vielfach nach *Vianello* und *Engesser* benannt, in deren Arbeiten sich die Keime des Verfahrens finden; vgl. z. B. *A. Schleusner*, Zur Konvergenz des Engesser-Vianello-Verfahrens, Leipzig-Berlin, 1938 (45 S.). Im übrigen s. zu diesem Verfahren *Biezeno-Grammel*, Techn. Dynamik, S. 155—163. *G. Temple*, Proceedings London Math. Soc. (2) 29 (1929) 272ff. *O. Blumenthal*, Zeitschrift f. angew. Math. Mech. 17 (1937) 232—244. *L. Collatz*, ebenda 19 (1939) 225ff. *E. Kamke*, Math. Zeitschrift 46 (1940) 283ff. *H. v. Sanden*, Zeitschrift f. angew. Math. Mech. 21 (1941) 381 f.

[2]) Für Mittel zur Konvergenzbeschleunigung s. *Hohenemser*, Lösung von Eigenwertproblemen S. 18 [344].

(9·2 (a_1)) folgt, haben z. B. die Sturmschen Eigenwertaufgaben zweiter Ordnung die genannte Eigenschaft.

Beispiel: $y'' + \lambda y = 0; \quad y(0) = y(1) = 0.$

Wählt man $y_0 = 1$, so erhält man als Näherungswerte für $\lambda_1 = \pi^2$ die Zahlen $\sigma_1\left(\frac{1}{2}\right) = 8$; $\sigma_2\left(\frac{1}{2}\right) = 9{,}6$; $\sigma_3\left(\frac{1}{2}\right) = 9{,}84$.

(b) Setzt man

$$a_k = \int_a^b g\, y_\nu\, y_{k-\nu}\, dx \qquad (\nu = 0, 1, \ldots, k)\,,$$

so hängt a_k nicht von ν ab, und es ist

$$0 < a_k^2 \leqq a_{k-1}\, a_{k+1} \qquad \text{für } k \geqq 1\,,$$

die Zahlen

$$\varrho_k = \frac{a_{k-1}}{a_k} \qquad (k \geqq 1)$$

nehmen also mit wachsendem k monoton ab; sie haben als Grenzwert einen Eigenwert λ_r. Man erhält den kleinsten Eigenwert unter denselben Voraussetzungen wie bei (a).

Bei dem vorigen Beispiel wird $\varrho_1 = 12$; $\varrho_2 = 10$; $\varrho_3 = 9{,}88$.

Da

$$\varrho_{2k} = \frac{\int_a^b y_k\, L(y_k)\, dx}{\int_a^b g\, y_k^2\, dx} \qquad \text{und für } g > 0\text{:}\ \varrho_{2k-1} = \frac{\int_a^b \frac{1}{g}\,[L(y_k)]^2\, dx}{\int_a^b y_k\, L(y_k)\, dx}$$

ist, folgt aus 2·14 (c), daß jedes $\varrho_k \geqq \lambda_1$ ist.

(c) Hat man den ersten Eigenwert und eine zu ihm gehörige Eigenfunktion $\psi_1(x)$ gefunden, so kann man, um zu höheren Eigenfunktionen zu gelangen, das Verfahren mit einer Funktion $y_0(x)$ ansetzen, die zu ψ_1 orthogonal ist. Für eine wirksamere Gestaltung dieses Verfahrens s. *Hohenemser*, a. a. O., S. 19 [345]ff.

Das Iterationsverfahren führt häufig schon nach wenigen Iterationsschritten zum Ziel und kann bei Eigenwertaufgaben zweiter Ordnung auch leicht graphisch durchgeführt werden; vgl. A 31·3 (c).

3·5. Genäherte Lösung von Rand- und Eigenwertaufgaben mittels Differenzenrechnung[1]). Der Grundgedanke des Verfahrens ist folgender: Es

[1]) Vgl. *M. Plancherel*, Bulletin Sc. math. 47 (1923) 153—160, 170—177. *L. Collatz*, Das Differenzenverfahren mit höherer Approximation für lineare Differentialgleichungen; Diss. Berlin 1935. *Schulz*, Formelsammlung, S. 126—132. *L. Collatz*, Deutsche Math. 2 (1937) 189—215; Zeitschrift f. angew. Math. Mech. 1 (1939) 244ff.

sei die Randwertaufgabe

(4) $$L(y) = f(x); \quad U_\mu(y) = \gamma_\mu \qquad (\mu = 1, \ldots, n)$$

gegeben; dabei gelten die Bezeichnungen und Voraussetzungen von I·1. Um eine Näherungslösung für die als lösbar vorausgesetzte Aufgabe zu erhalten, teilt man das Intervall $\langle a, b\rangle$ in m gleiche Teile mit der „Schrittlänge" $h = \frac{b-a}{m}$ und schreibt für jeden Teilpunkt $x_\nu = a + \nu h$ die Gl auf, die sich für ihn aus der DGl von (4) ergibt, wenn dort die Ableitungen in geeigneter Weise durch Differenzenquotienten approximiert werden. Eine solche Approximation wird auch für die in den Randbedingungen vorkommenden Ableitungen ausgeführt. Man erhält dann ein System von (algebraischen) linearen Glen für die Näherungswerte Y_ν der Werte $y_\nu = y(a + \nu h)$ der gesuchten Lösung $y(x)$ und hat damit die ursprüngliche Aufgabe in eine „finite" Aufgabe verwandelt.

Ist eine Eigenwertaufgabe

$$L(y) + \lambda g(x) y = 0; \quad U_\mu(y) = 0 \qquad (\mu = 1, \ldots, n)$$

gegeben, so hängen die Koeffizienten des entstehenden homogenen linearen GlsSystems noch von λ ab. Man hat nun λ so zu wählen, daß das GlsSystem eine nichttriviale Lösung hat. Man erhält auf diese Weise eine algebraische Gl für die Näherungswerte der ersten Eigenwerte.

Die Umwandlung der infinitesimalen Aufgabe in eine finite Aufgabe erfolgt mit Hilfe der folgenden Tabelle (*Collatz*, *Schulz*); durch Verwendung finiter Ausdrücke höherer Ordnung ist bei gleicher Schrittlänge auf eine Erhöhung der Genauigkeit zu rechnen.

$$f'(x) = \begin{cases} \frac{1}{2h}[f(x+h) - f(x-h)] + \frac{1}{6} h^2 R_3, \\ \frac{1}{12h}[-f(x+2h) + 8f(x+h) - 8f(x-h) + f(x-2h)] \\ \qquad\qquad + \frac{1}{18} h^4 R_5, \\ \frac{1}{60h}[f(x+3h) - 9f(x+2h) + 45f(x+h) - 45f(x-h) \\ \qquad + 9f(x-2h) - f(x-3h)] + \frac{47}{2100} h^6 R_7; \end{cases}$$

$$f''(x) = \begin{cases} \frac{1}{h^2}[f(x+h) - 2f(x) + f(x-h)] + \frac{1}{12} h^2 R_4, \\ \frac{1}{12h^2}[-f(x+2h) + 16f(x+h) - 30f(x) + 16f(x-h) \\ \qquad\qquad - f(x-2h)] + \frac{1}{54} h^4 R_6, \\ \frac{1}{180h^2}[2f(x+3h) - 27f(x+2h) + 270f(x+h) - 490f(x) \\ \qquad + 270f(x-h) - 27f(x-2h) + 2f(x-3h)] + \frac{47}{8400} h^6 R_8; \end{cases}$$

$$f'''(x) = \begin{cases} \frac{1}{h^3}[f(x+2h) - 3f(x+h) + 3f(x) - f(x-h)] + \frac{5}{6} h R_4; \\ \frac{1}{2h^3}[f(x+2h) - 2f(x+h) + 2f(x-h) - f(x-2h)] \\ \qquad + \frac{17}{60} h^2 R_5, \\ \frac{1}{8h^3}[-f(x+3h) + 8f(x+2h) - 13f(x+h) + 13f(x-h) \\ \qquad - 8f(x-2h) + f(x-3h)] + \frac{403}{2520} h^4 R_7; \end{cases}$$

$$f^{(4)}(x) = \begin{cases} \frac{1}{h^4}[f(x+2h) - 4f(x+h) + 6f(x) - 4f(x-h) + f(x-2h)] \\ \qquad + \frac{17}{90} h^2 R_6, \\ \frac{1}{6h^4}[-f(x+3h) + 12f(x+2h) - 39f(x+h) + 56f(x) \\ \qquad - 39f(x-h) + 12f(x-2h) - f(x-3h)] + \frac{403}{5040} h^4 R_8. \end{cases}$$

Hierbei bedeutet R_ϱ eine Zahl, die kleiner als das Maximum von $|f^{(\varrho)}(x)|$ in einem Intervall ist, das jeweils alle im finiten Ausdruck vorkommenden Abszissen enthält.

Durch Benutzung von finiten Ausdrücken höherer Ordnung sowie durch die Randbedingungen können sich finite Glen ergeben, welche Größen Y enthalten, die sich auf Punkte außerhalb des Intervalls a, b beziehen. Das läßt sich vermeiden, wenn man am Rande des Intervalls Ausdrücke geringerer Annäherung benutzt (vgl. das folgende Beispiel).

Beispiel (*Schulz*, a. a. O., S. 130): Wählt man für die Eigenwertaufgabe

$$y'' + \lambda x y = 0, \quad y(0) = y(1) = 0$$

$k = 4$, $h = \frac{1}{4}$, so erhält man durch die Formeln erster Näherung das GlsSystem

$$Y_2 - 2Y_1 + Y_0 + \frac{1}{4}\lambda h^2 Y_1 = 0,$$

$$Y_3 - 2Y_2 + Y_1 + \frac{2}{4}\lambda h^2 Y_2 = 0,$$

$$Y_4 - 2Y_3 + Y_2 + \frac{3}{4}\lambda h^2 Y_3 = 0.$$

Wegen der Randbedingungen reduziert sich dieses auf

$$(\lambda h^2 - 8) Y_1 + 4 Y_2 = 0, \quad Y_1 + (2\lambda h^2 - 8) Y_2 + Y_3 = 0,$$
$$Y_2 + (3\lambda h^2 - 8) Y_3 = 0;$$

der kleinste Wert λ, für den die Determinante dieses Systems Null ist und somit das System eine eigentliche Lösung hat, ist $\lambda = 17{,}87$. Dieser Näherungswert weicht von dem wahren Wert 18,956 des kleinsten Eigenwerts um 6% ab.

Mit den Formeln zweiter Annäherung erhält man die Glen

$$\begin{aligned} &-Y_3+16\,Y_2-30\,Y_1+16\,Y_0-Y_{-1}+3\lambda h^2\,Y_1=0,\\ &-Y_4+16\,Y_3-30\,Y_2+16\,Y_1-Y_0\;\;+6\lambda h^2\,Y_2=0,\\ &-Y_5+16\,Y_4-30\,Y_3+16\,Y_2-Y_1\;\;+9\lambda h^2\,Y_3=0; \end{aligned}$$

Y_0, Y_4 fallen durch die Randbedingungen fort; Y_{-1}, Y_5 werden eliminiert, indem man die DGl auch noch in den Randpunkten in finite Glen umwandelt und dabei Formeln erster Annäherung benutzt:

$$\begin{aligned} &Y_1-2\,Y_0+Y_{-1}+0\cdot\lambda h^2\,Y_0=0, \quad \text{d. i. } Y_{-1}=-\,Y_1,\\ &Y_5-2\,Y_4+Y_3\;\;+1\cdot\lambda h^2\,Y_4=0, \quad \text{d. i. } Y_5\;\;=-\,Y_3. \end{aligned}$$

Man erhält jetzt für den kleinsten Eigenwert den Näherungswert 18,86.

In theoretischer Hinsicht ist von Interesse, daß das Verfahren auch schon bei einem gröberen Vorgehen Näherungslösungen liefert, die für $h\to 0$ gegen die wirkliche Lösung konvergieren. Nach *Plancherel* gilt nämlich folgendes: In der Randwertaufgabe

$$[f(x)\,y']'+[g(x)+\lambda]\,y=h(x),\quad y(0)=y(1)=0 \tag{5}$$

seien $f>0$ und zweimal stetig differenzierbar und g, h stetig für $0\leqq x\leqq 1$. Ersetzt man die Ableitungen $y'(x_\nu)$, $y''(x_\nu)$, $f'(x_\nu)$ durch

$$\frac{\Delta\,y(x_{\nu-1})}{h},\quad \frac{\Delta^2\,y(x_{\nu-1})}{h^2}\quad \frac{\Delta\,f(x_\nu)}{h}\qquad \left(h=\frac{1}{n}\right),$$

so lautet das zugeordnete algebraische System

$$\begin{aligned} n^2 f_\nu\,(Y_{\nu+1}-2\,Y_\nu+Y_{\nu-1})+n^2\,(f_{\nu+1}-f_\nu)\,(Y_\nu-Y_{\nu-1})&\\ +\,(g_\nu+\lambda)\,Y_\nu=h_\nu\qquad(\nu=1,\ldots,n-1)& \end{aligned}$$

und dazu noch die Randbedingungen $Y_0=Y_n=0$. Ist λ kein Eigenwert der zugehörigen homogenen Randwertaufgabe, hat also (5) eine eindeutig bestimmte Lösung $y(x)$, so ist $Y_\nu\to y(x)$ für $\lim\limits_{n\to\infty}\frac{\nu}{n}=x$. Ist $h\equiv 0$, λ_p der p-te Eigenwert der Eigenwertaufgabe und sind $\lambda_p^{(n)}$ die nach wachsender Größe geordneten Nullstellen der Determinante des obigen linearen Gls-Systems, so ist $\lambda_p^{(n)}\to\lambda_p$ für $n\to\infty$.

3·6. Störungsrechnung[1]). Der Grundgedanke besteht darin, mit Hilfe der Lösung einer einfacheren Eigenwertaufgabe die Lösung einer anderen, der „gestörten" Aufgabe aufzubauen oder genähert zu berechnen. Dabei wird vorausgesetzt, daß die gestörte Aufgabe nach den Potenzen eines Parameters h entwickelt werden kann. Die Durchführung dieses Gedankens sei an zwei Typen dargestellt.

---

[1]) Vgl. *Courant-Hilbert*, Methoden math. Physik I, S. 296—302. *W. Meyer zur Capellen*, Annalen Phys. 400 (1931) 297—352; Ingenieur-Archiv 10 (1939) 167—174. *L. Collatz*, Zeitschrift f. angew. Math. Mech. 19 (1939) 297ff. Vgl. ferner 9·10 (b), A 25·10 (b) und eine demnächst erscheinende Arbeit von *Rellich*.

(a) Es sei die Sturmsche Eigenwertaufgabe

(6) $$[f(x)\,y']' + [g(x) + \lambda]\,y = 0\,,$$

(7) $$\alpha\,y(a) + \beta\,y'(a) = 0\,, \quad \gamma\,y(b) + \delta\,y'(b) = 0$$

vorgelegt ($|\alpha| + |\beta| > 0$, $|\gamma| + |\delta| > 0$). Es sei weiter

$$f = \sum_{\nu=0}^{\infty} h^\nu f_\nu(x)\,, \quad g = \sum_{\nu=0}^{\infty} h^\nu g_\nu(x)$$

für ein $h > 0$ gleichmäßig und absolut konvergent in $a \leqq x \leqq b$, g_ν stetig, f_ν stetig differenzierbar, $f_0 \neq 0$ und die erste Reihe gliedweise differenzierbar. Für das ungestörte, aus

(6_0) $$(f_0\,y')' + (g_0 + \lambda)\,y = 0$$

und (7) bestehende Problem seien der n-te (z. B. der erste) Eigenwert $\lambda = \varkappa$ und eine zugehörige normierte Eigenfunktion $\varphi(x)$ bekannt; $\varkappa$ sei ein einfacher Eigenwert. Man macht für den n-ten Eigenwert μ und die zugehörige normierte Eigenfunktion $\psi(x)$ der Aufgabe (6), (7) den Ansatz

(8) $$\mu = \sum_{\nu=0}^{\infty} h^\nu \mu_\nu\,, \quad \psi = \sum_{\nu=0}^{\infty} h^\nu \psi_\nu(x)\,,$$

wobei $\mu_0 = \varkappa$, $\psi_0 = \varphi$ sein soll und die ψ_ν die Randbedingungen (7) erfüllen sollen. Mit diesem Ansatz geht man in (6) hinein. Ist gliedweises Differenzieren und Multiplizieren der vorkommenden Reihen erlaubt, so sind nun offensichtlich $\lambda = \mu$, $y = \psi$ eine Lösung von (6), (7), wenn

(9) $$(f_0\,\psi_\nu')' + (g_0 + \varkappa)\,\psi_\nu = F_\nu(x) \qquad (\nu = 1, 2, \ldots)$$

ist; dabei ist

$$F_\nu(x) = -\sum_{p=1} [(f_p\,\psi_{\nu-p}')' + (g_p + \mu_p)\,\psi_{\nu-p}]$$

Da die homogene Aufgabe (6_0), (7) eine eigentliche Lösung hat, ist die inhomogene Aufgabe (9), (7) genau dann lösbar, wenn (s. 1·4)

(10) $$\int_a^b F_\nu\,\varphi\,dx = 0$$

ist. Diese Bedingungen lassen sich durch geeignete Wahl der μ_ν erfüllen. Für $\nu = 1$ ergibt diese Bedingung nämlich

$$\mu_1 = -\int_a^b [\varphi\,(f_1\,\varphi')' + g_1\,\varphi^2]\,dx\,.$$

Für dieses μ_1 ist nun (9), (7) mit $\nu = 1$ lösbar, und zwar gibt es eine normierte, zu φ orthogonale Lösung ψ_1. Für $\nu = 2$ kann nun weiter μ_2 so bestimmt werden, daß (10) gilt, und danach wieder (9), (7) für $\nu = 2$ gelöst werden, so daß die Lösung ψ_2 zu φ, ψ_1 orthogonal und normiert ist; usw.

Wenn die Glieder in (8) rasch abnehmen, kann dieses Verfahren zur genäherten Berechnung von μ und ψ dienen. Für Konvergenzbeweise und Fehlerabschätzungen s. *F. Rellich*, Math. Annalen 113 (1936), 116 (1939), 117 (1940). Das Verfahren ist auch auf DGlen höherer Ordnung und andere Randbedingungen anwendbar. Für weitere Einzelheiten und Beispiele s. *Meyer zur Capellen.*

(b) Es sei jetzt

(11) $$L(y) + \lambda y = 0, \quad L(y) = [f(x)\, y']' + g(x)\, y$$

nebst (7) die ungestörte Eigenwertaufgabe und

(12) $$L(y) + [h\, r(x) + \lambda]\, y = 0$$

nebst (7) die gestörte Aufgabe. Eigenwerte und normierte Eigenfunktionen der ungestörten Aufgabe seien λ_n, φ_n, die der gestörten Aufgabe seien μ_n, ψ_n. Man macht in etwas anderer Bezeichnung wieder den Ansatz

$$\mu_n = \lambda_n + h\,\varrho_n + h^2\sigma_n + \cdots, \quad \psi_n = \varphi_n + h\,u_n + h^2 v_n + \cdots.$$

Trägt man dieses in (12) ein und setzt man den Koeffizienten von h^ν gleich Null, so erhält man für $\nu = 1, 2, \ldots$ die Glen

(13) $$\begin{cases} L(u_n) + \lambda_n u_n = -(r + \varrho_n)\,\varphi_n \\ L(v_n) + \lambda_n v_n = -(r + \varrho_n)\,u_n - \sigma_n\,\varphi_n \\ \cdots\cdots\cdots\cdots\cdots \end{cases}$$

Sind

$$a_{p,q} = \int_a^b u_p\,\varphi_q\,dx$$

die Koeffizienten in der Entwicklung von u_p nach den φ_q, so folgt aus der ersten der Glen (13) mit der Greenschen Formel

$$(\lambda_p - \lambda_q)\,a_{p,q} = -d_{p,q} - e_{p,q}\,\varrho_p$$

mit

$$d_{p,q} = \int_a^b r\,\varphi_p\,\varphi_q\,dx\,.$$

Es ist also $\varrho_p = -d_{p,p}$ und, wenn die u_p normiert sein sollen,

$$u_p = \sum_{\substack{q=1\\ q\neq p}}^{\infty} \frac{d_{p\,q}}{\lambda_q - \lambda_p}\,u_q \qquad (p = 1, 2, \ldots)\,.$$

In entsprechender Weise können σ_n, v_n, ... aus den weiteren Glen (13) bestimmt werden.

Auch dieses Verfahren ist auf DGlen höherer Ordnung und andere selbstadjungierte Randbedingungen anwendbar. Für den Fall mehrfacher Eigenwerte, weitere Einzelheiten und Beispiele s. *Courant-Hilbert.*

3·7. Weitere Abschätzungen für die Eigenwerte. Es handelt sich jetzt wieder um die Eigenwertaufgabe 2·13 (34) unter den dort genannten Voraussetzungen; außerdem sei $g(x) \geqq 0$.

(a) Aufspaltungsformel von Dunkerley-Jeffcott[1]**.** Ist

$$g(x) = g_1(x) + \cdots + g_k(x) \qquad (g \text{ stetig, } \geqq 0 \text{ und } \not\equiv 0),$$

ist ferner $\lambda_1^{(\nu)}$ der erste Eigenwert der mit g_ν statt g gebildeten Eigenwertaufgabe, so ist

$$\frac{1}{\lambda_1} \leqq \sum_{\nu=1}^{k} \frac{1}{\lambda_1^{(\nu)}}.$$

(b) Aufspaltungsformel von Southwell[2]**.** Läßt sich $L(y)$ so in DAusdrücke n-ter Ordnung

$$L(y) = L_1(y) + \cdots + L_k(y)$$

aufspalten, daß jede der Eigenwertaufgaben

$$L_\nu(y) = \lambda\, g\, y; \quad U_\mu(y) = 0 \qquad (\mu = 1, \ldots, n)$$

die Voraussetzungen von 2·13 erfüllt, und ist Λ_ν der kleinste Eigenwert dieser Aufgabe, so ist

$$\lambda_1 \geqq \sum_{\nu=1}^{k} \Lambda_\nu .$$

(a) und (b) folgen unmittelbar aus der Festlegung des kleinsten Eigenwerts durch das Variationsprinzip in 2·13.

(c) Einschließungssatz von Temple[3]**.** Es sei $g(x) > 0$ und $y(x)$ eine zulässige Funktion (s. 2·13), die $\neq 0$ in $a < x < b$ ist und für die dort $\frac{1}{y} L(y) > 0$ ist; ferner sei

$$\lim_{x \to a} \frac{1}{y} L(y) \quad \text{und} \quad \lim_{x \to b} \frac{1}{y} L(y)$$

vorhanden, so daß also $\frac{1}{y} L(y)$ in dem abgeschlossenen Intervall $a \leqq x \leqq b$ als stetige Funktion angesehen werden kann. Dann liegt zwischen

$$m = \operatorname*{Min}_{a \leqq x \leqq b} \frac{L(y)}{g\, y} \quad \text{und} \quad M = \operatorname*{Max}_{a \leqq x \leqq b} \frac{L(y)}{g\, y}$$

mindestens ein Eigenwert λ_r. Ist die Eigenwertaufgabe überdies so beschaffen, daß bei allen Eigenwertaufgaben 2·13 (34) mit beliebigen stetigen Funktionen $g > 0$ die zum kleinsten Eigenwert gehörigen Eigenfunktionen

---

[1]) *S. Dunkerley*, Philosophical Transactions London (A) 185 (1894) 279—360; dort tritt $\lambda_1 \approx \sum \frac{1}{\lambda_1^{(\nu)}}$ als empirische Näherungsformel auf. Die obige UnGl findet sich bei *H. H. Jeffcott*, Proceedings Soc. London (A) 95 (1919) 106—115.

[2]) *H. Lamb — R. V. Southwell*, Proceedings Soc. London (A) 99 (1921) 272. Nach *Lamb* und *Southwell* ist $\sum \Lambda_\nu$ in vielen Fällen ein brauchbarer Näherungswert.

[3]) Proceedings London Math. Soc. (2) 29 (1929) 270; die Behauptung, daß man immer Schranken für den *kleinsten* Eigenwert erhalte, ist jedoch nicht richtig. Vgl. auch *J. Barta*, Ingenieur-Archiv 8 (1937) 35—37. *L. Collatz*, Zeitschrift f. angew. Math. Mech. 19 (1939) 239ff.

und nur diese für $a < x < b$ keine Nullstelle haben, so ist sogar $m \leqq \lambda_1 \leqq M$. Wie sich aus 9·2 ($a_1$) ergibt, ist diese Voraussetzung z. B. für alle Sturmschen Eigenwertaufgaben zweiter Ordnung erfüllt.

(d) Einschließungssatz von Kryloff-Bogoliubov[1]). Es sei $g(x) > 0$. Wird für eine beliebige zulässige Funktion $y(x) \not\equiv 0$

$$\alpha = \frac{\int_a^b y\,L(y)\,dx}{\int_a^b g\,y^2\,dx}, \quad \beta^2 = \frac{\int_a^b \frac{1}{g}[L(y)]^2\,dx}{\int_a^b g\,y^2\,dx}$$

gesetzt, so ist $\beta^2 \geqq \alpha^2$ und zwischen

$$\alpha - \sqrt{\beta^2 - \alpha^2} \quad \text{und} \quad \alpha + \sqrt{\beta^2 - \alpha^2}$$

liegt mindestens ein Eigenwert.

(e) Abschätzungen mittels der Greenschen Funktion. Aus der zweiten UnGl am Anfang von 2·15 ergibt sich im Falle $g \geqq 0$ für den ersten Eigenwert λ_1 eine Abschätzung nach unten:

$$\frac{1}{\lambda_1} \leqq \int_a^b \Gamma(x, x)\,g(x)\,dx\,,$$

wo Γ die Greensche Funktion der Aufgabe mit $\lambda = 0$ ist. Auch wenn die Eigenwertaufgabe nicht definit, jedoch $g > 0$ ist, hat man durch die Formel

$$\frac{1}{\sqrt[k]{V_k}} \leqq \lambda_1^2 \leqq \frac{V_{k-1}}{V_k}$$

von 2·7 (d) die Möglichkeit, den ersten Eigenwert abzuschätzen. Die Brauchbarkeit der Formeln wird durch das Eingehen der Greenschen Funktion beeinträchtigt, die in vielen Fällen nicht leicht zu berechnen ist. Aber es gibt anderseits auch eine Reihe von Aufgaben, in denen die Berechnung von $\Gamma(x, \xi)$ keine Mühe macht; dazu gehören z. B. die Eigenwertaufgaben zweiter Ordnung, bei denen die DGl von der Gestalt $y'' + \lambda g y = 0$ ist, d. h. bei denen es sich also um die Greensche Funktion der DGl $y'' = 0$ handelt.

(f) Untere Schranke nach Temple-Bickley[2]). Es sei λ_1 ein einfacher Eigenwert, L_2 eine obere Schranke für den zweiten Eigenwert λ_2 und

---

[1]) *N. Kryloff* — *N. Bogoliubov*, Bulletin Acad. URSS Leningrad 1929, S. 471f. In der Literatur wurde der Satz bisher nach *Weinstein*, Proceedings USA Academy 20 (1934) 529—532 benannt. Für den Beweis s. *E. Kamke*, Math. Zeitschrift 45 (1939) 788—790. Ein von *Huruya*, Memoirs Kyūsyū 1 (1941) 209—211, angegebener Beweis ist nicht einwandfrei.

[2]) *G. Temple*, Proceedings London Math. Soc. (2) 29 (1929) 275.

$L_2 > \varrho_k$, wo ϱ_k die in 3·4 angegebene Bedeutung hat. Dann ist

$$\lambda_1 \geqq \frac{L_2 - \varrho_{k-1}}{L_2 - \varrho_k} \varrho_k .$$

(g) Untere Schranke nach Trefftz-Newing[1]). Es sei wieder $g > 0$ und λ_1 ein einfacher Eigenwert. Dann ist

$$0 \leqq \beta - \lambda_1 \leqq \beta \sqrt{\frac{l_2 - l_1}{l_1 - \alpha}} \left(\gamma + 2\sqrt{\gamma} \sqrt{1 - \sqrt{\frac{l_2 - \alpha}{l_2 - l_1}}} \right);$$

dabei ist $\gamma = 1 - \frac{\alpha}{\beta}$, α und β haben die in (d) angegebene Bedeutung, l_2 und l_1 sind (rohe) untere Schranken für die beiden ersten Eigenwerte, und es soll $l_2 > \alpha$ sein. Die Formel dient zur Verbesserung von l_1. Ist nämlich $l_1 = l_1^{(0)}$ eine untere Schranke für λ_1, so erhält man aus der Formel eine neue untere Schranke für λ_1. Allgemein bekommt man aus der Formel, wenn man für l_1 eine untere Schranke $l_1^{(\nu)}$ einträgt, die neue untere Schranke

$$l_1^{(\nu+1)} = \beta - \beta \sqrt{\frac{l_2 - l_1^{(\nu)}}{l_1^{(\nu)} - \alpha}} \left(\gamma + 2\sqrt{\gamma} \sqrt{1 - \sqrt{\frac{l_2 - \alpha}{l_2 - l_1^{(\nu)}}}} \right)$$

Man erhält so eine Folge von unteren Schranken $l_1^{(0)}, l_1^{(1)} \ldots$ und kann so eine anfänglich grobe untere Schranke bis zu einem gewissen Grade verbessern.

(h) Untere Schranken für die höheren Eigenwerte nach Trefftz-Willers[2]). Ist

$$S_1 = \sum \frac{1}{\lambda_\nu} \quad \text{oder} \quad S_2 = \sum \frac{1}{\lambda_\nu^2}$$

und hat man für die ersten Eigenwerte obere Schranken

$$L_\nu \geqq \lambda_\nu \qquad (\nu = 1, \ldots, k)$$

z. B. nach dem Verfahren von Ritz-Galerkin berechnet, so ist

$$\frac{1}{\lambda_\nu} \leqq S_1 + \frac{1}{L_\nu} - \sum_{p=1}^{k} \frac{1}{L_p}, \quad \frac{1}{\lambda_\nu^2} \leqq S_2 + \frac{1}{L_\nu^2} - \sum_{p=1}^{k} \frac{1}{L_p^2}$$

für $\nu = 1, \ldots, k$ und außerdem

$$\frac{1}{\lambda_{k+1}} \leqq S_1 - \sum_{p=1}^{k} \frac{1}{L_p}, \quad \frac{1}{\lambda_{k+1}^2} \leqq S_2 - \sum_{p=1}^{k} \frac{1}{L_p^2}.$$

Nach 2·15 ist z. B. für $g > 0$

$$S_1 \leqq \int_a^b \Gamma(x, x)\, g(x)\, dx\,,$$

[1]) *R. A. Newing*, Philos. Magazine (7) 24 (1937) 114–127. Etwas anders bei *Trefftz*, Math. Annalen 108 (1933) 595–602.

[2]) Math. Annalen 108 (1933) 595–602. Zeitschrift f. angew. Math. Mech. 16 (1936) 336–344.

und für S_2 liefert die Theorie der IGlen eine entsprechende Abschätzung.

3·8. Übersicht über die Wege zur Berechnung von Eigenwerten und Eigenfunktionen[1]). Die Eigenwertaufgabe sei

$$L(y) = \lambda\, g(x)\, y; \quad U_\mu(y) = 0 \qquad (\mu = 1, \ldots, n).$$

Für die zusätzlichen Voraussetzungen, die bei den einzelnen Lösungsverfahren zu machen sind, s. die zitierten Abschnitte.

(a) Das $\Delta(\lambda)$-Verfahren. Hier sind keine zusätzlichen Voraussetzungen nötig. Kann man für jedes λ ein Hauptsystem von Lösungen

$$(14) \qquad \varphi_1(x, \lambda), \ldots, \varphi_n(x, \lambda)$$

der DGl berechnen, so kann man die Gl $\Delta(\lambda) = 0$ (s. 2·1) exakt oder mit numerischen Methoden auflösen. Hat man so einen Eigenwert λ_0 gefunden, so braucht man nur die Konstanten C_ν so zu bestimmen, daß

$$y = \sum_{\nu=1}^{n} C_\nu\, \varphi_\nu(x, \lambda_0)$$

die Randbedingungen der Eigenwertaufgabe erfüllt; dann ist y eine Eigenfunktion.

Wenn die explizite Aufstellung des Funktionensystems (14) Schwierigkeiten macht, aber die Existenz reeller Eigenwerte gesichert ist, kann man immer noch mit Näherungsmethoden für zwei reelle Werte $\lambda_1 < \lambda_2$ Hauptsysteme (14) berechnen. Haben $\Delta(\lambda_1)$ und $\Delta(\lambda_2)$ dann verschiedene Vorzeichen, so liegt zwischen λ_1 und λ_2 mindestens ein Eigenwert. Durch Verkleinerung des Intervalls (λ_1, λ_2) und Wiederholung des Verfahrens läßt sich der Eigenwert mit beliebiger Genauigkeit berechnen.

(b) Übergang zu einer Integralgleichung. Vgl. 2·9. Für theoretische Erörterungen kann dieser Schritt sehr vorteilhaft sein. Für die numerische Berechnung von Eigenwerten kann er im allgemeinen jedoch nicht empfohlen werden, da die Berechnung der Greenschen Funktion meistens nicht einfach ist.

(c) Störungsrechnung. Vgl. 3·6. Dieses Verfahren scheint z. Z. mehr von Physikern als von Technikern benutzt zu werden. Für Fehlerabschätzungen kann der Abschätzungssatz von 2·17 nützlich sein, ebenso 3·7 (a) und (b).

(d) Übergang zu einer Differenzengleichung. Vgl. 3·5. Dieses Verfahren liefert in vielen Fällen mit verhältnismäßig geringem Rechenaufwand eine ungefähre Übersicht über die ersten Eigenwerte.

---

[1]) Vgl. auch *N. Kryloff*, Annales Toulouse (3) 17 (1925) 153—186; 19 (1927) 167—199.

(e) Übergang zu einer Variationsaufgabe. Vgl. 2·13, 3·1, 3·2. Hierbei ist besonders auf das Rayleighsche Prinzip, die Näherungsverfahren von *Ritz* und *Galerkin* und *Grammel* sowie auf die Abschätzungssätze 2·17, 3·7 (a) und (b) hinzuweisen. Alles das sind sehr brauchbare Mittel zur genäherten Berechnung von Eigenwerten. Da die Wirksamkeit des Rayleighschen Prinzips und der beiden andern Näherungsverfahren um so größer ist, je besser die Funktion y bzw. die Funktionen $u_1, \ldots, u_k$ die ersten Eigenfunktionen approximieren, wird man gelegentlich mit Hilfe des Iterationsverfahrens 3·4 sich bessere Approximationen der ersten Eigenfunktionen verschaffen; häufig genügt bereits ein Iterationsschritt.

(f) Iterationsverfahren. Vgl. 3·4. Dieses führt in vielen Fällen schon nach wenigen Schritten zu guten Annäherungen. Rechnerisch ist es jedoch nicht immer bequem. Bei Eigenwertaufgaben zweiter Ordnung läßt es sich jedoch auch graphisch durchführen (s. A 31·3 (c)) und führt dann häufig recht schnell zum Ziel.

(g) Interpolationsverfahren. Erwähnt sei auch noch folgendes Verfahren[1]): Wie bei dem Näherungsverfahren von Ritz-Galerkin geht man von k zulässigen Funktionen $u_1(x), \ldots, u_k(x)$ aus, bildet

$$y = \sum_{\nu=1}^{k} a_\nu\, u_\nu(x)$$

und bestimmt die a_ν und λ so, daß die Funktion y an k gegebenen Stellen $a \leqq x_1 < x_2 < \cdots < x_k \leqq b$ die DGl der Eigenwertaufgabe erfüllt. Die so erhaltene Zahl λ und die Funktion $y(x)$ sind dann Näherungen für einen Eigenwert und eine zugehörige Eigenfunktion. Das Verfahren ist ziemlich primitiv, es hat jedoch den Vorzug, daß es ein weites Anwendungsgebiet hat.

(h) Zu den bisher genannten Methoden kommen noch die Abschätzungssätze von 3·7. Für Eigenwertaufgaben zweiter Ordnung s. auch 9·5. Einen Einblick in die Wirksamkeit der verschiedenen Methoden wird man durch die durchgerechneten Beispiele bekommen, die man bei *L. Collatz*, Zeitschrift f. angew. Math. Mech. 19 (1939) 303ff. findet.

Für die Lösung von Randwertaufgaben bei DGlen zweiter Ordnung oder Systemen von solchen DGlen mit konstanten Koeffizienten ist auch noch die Methode der endlichen Fourier-Transformation zu nennen; s. *H. Knieß*, Math. Zeitschrift 44 (1939) 266—292.

---

[1]) *R. A. Frazer — W. P. Jones — Sylvia W. Skan*, Aeronautical Research Committee Reports and Memoranda No. 1799; Air Ministry London 1937. Das Verfahren wird dort „collocation method" genannt. Es ist, wie die obige Beschreibung zeigt, ein Interpolationsverfahren.

4. Selbstadjungierte Eigenwertaufgaben bei der Differentialgleichung $\sum f_\nu(x)\, y^{(\nu)} = \lambda \sum g_\nu(x)\, y^{(\nu)}$.

4·1. Formulierung der Aufgabe[1]). Ein erheblicher Teil der vorher angeführten Sätze und Methoden läßt sich auf Eigenwertaufgaben übertragen, bei denen der Parameter λ in allgemeinerer Weise, aber immer noch linear in die DGl eingeht. Es sei also die DGl

$$F(y) = \lambda\, G(y) \tag{1}$$

gegeben, wo

$$F(y) = \sum_{\nu=0}^{m} (f_\nu\, y^{(\nu)})^{(\nu)}, \quad G(y) = \sum_{\nu=0}^{n} (g_\nu\, y^{(\nu)})^{(\nu)}$$

gegebene selbstadjungierte DAusdrücke sind; dazu seien die alten Randbedingungen (s. 1·1)

$$U_\mu(y) = 0 \qquad (\mu = 1, \ldots, 2\,m) \tag{2}$$

gegeben. Durchweg wird hier vorausgesetzt:

(a) $0 \leqq n < m$.

(b) $f_\nu = f_\nu(x)$ und $g_\nu = g_\nu(x)$ sind im Intervall $a \leqq x \leqq b$ reell, ν-mal stetig differenzierbar, ferner ist $f_m \neq 0$, $g_n \not\equiv 0$.

(c) Die Aufgabe (1), (2) ist für jedes λ selbstadjungiert. Das besagt: Erstens ist die aus der DGl $F(y) = 0$ und den Randbedingungen (2) bestehende Randwertaufgabe selbstadjungiert, d. h. es ist

$$[F^*(u, v)]_a^b = 0$$

für je zwei Zahlensysteme

$$\begin{cases} u(a),\ u'(a), \ldots, u^{(2m-1)}(a);\ u(b),\ u'(b), \ldots, u^{(2m-1)}(b), \\ v(a),\ v'(a), \ldots, v^{(2m-1)}(a),\ v(b),\ v'(b), \ldots, v^{(2m-1)}(b), \end{cases} \tag{3}$$

die *beide* die Glen (2) erfüllen; dabei ist F^* der in der Greenschen Formel (vgl. A 17·6)

$$\int_a^b [v\, F(u) - u\, F(v)]\, dx = [F^*(u, v)]_a^b$$

auftretende bilineare DAusdruck

$$F^*(u, v) = \sum_{\nu=1}^{m} \sum_{p+q=\nu-1} (-1)^p \left[(f_\nu\, u^{(\nu)})^{(q)}\, v^{(p)} - (f_\nu\, v^{(\nu)})^{(q)}\, u^{(p)} \right].$$

Außerdem ist zweitens auch

$$[G^*(u, v)]_a^b = 0$$

---

[1]) Zu dem Abschnitt 4 vgl. *E. Kamke*, Math. Zeitschrift 46 (1940) 231—286.

für je zwei Zahlensysteme (3), die beide die Glen (2) erfüllen; dabei ist $G^*(u, v)$ der bilineare DAusdruck, der in der Greenschen Formel

$$\int_a^b [v\, G(u) - u\, G(v)]\, dx = [G^*(u, v)]_a^b$$

auftritt und analog wie das obige F^* aussieht.

Bei der in 2 und 3 behandelten Eigenwertaufgabe ist $G(y) = g(x)\, y$ und $G^* \equiv 0$, also die letzte, auf G bezügliche Bedingung von selbst erfüllt.

Entsprechend der in 2·1 eingeführten Bezeichnung wird unter einer Eigenfunktion der Aufgabe (1), (2) eine solche Lösung verstanden, die $\not\equiv 0$ ist; jeder Wert von λ, für den es eine Eigenfunktion gibt, heißt wieder Eigenwert.

4·2. Vorbemerkungen allgemeiner Art. Zu der DGl (1) gibt es für jedes λ ein Hauptsystem von Lösungen

$$y_1(x, \lambda), \ldots, y_{2m}(x, \lambda),$$

aus dem sich jede Lösung von (1) linear komponieren läßt. Daher gibt es, wie wieder leicht zu sehen ist, für jeden Eigenwert λ_0 eine Zahl $k = k(\lambda_0)$ von linear unabhängigen Eigenfunktionen $\psi_1(x), \ldots, \psi_k(x)$, so daß die sämtlichen zu λ_0 gehörigen Eigenfunktionen gerade die Funktionen

$$\psi(x) = C_1 \psi_1 + \cdots + C_k \psi_k \qquad (\Sigma\, |C_p| > 0)$$

sind. Diese Zahl k heißt die Vielfachheit des Eigenwerts λ_0; offenbar ist $1 \leqq k \leqq 2m$.

Es sei nun weiterhin das Hauptsystem der $y_p(x, \lambda)$ so gewählt, daß

$$y_p^{(q)}(a, \lambda) = e_{p,q+1} \qquad (p = 1, \ldots, 2m;\ q = 0, \ldots, 2m - 1)$$

ist. Dann heißt die Determinante

$$\Delta(\lambda) = \text{Det.}\,|U_\mu(y_\nu)| \qquad (\mu, \nu = 1, \ldots, 2m)$$

wieder die charakteristische Determinante der Eigenwertaufgabe. $\Delta(\lambda)$ ist eine ganze Funktion von λ. Ist $\Delta(\lambda) \equiv 0$, so ist jede Zahl λ ein Eigenwert. Ist $\Delta(\lambda) \not\equiv 0$, so gibt es höchstens abzählbar viele Eigenwerte; diese sind die Nullstellen der ganzen Funktion $\Delta(\lambda)$ und haben somit keinen im Endlichen gelegenen Häufungspunkt. Ein Eigenwert λ_0 hat genau dann die Vielfachheit k, wenn die Determinante $\Delta(\lambda_0)$ den Rang $2m - k$ hat.

Weiter läßt sich (vgl. 2·2) auch wieder die Greensche Resolvente einführen, und wenn $\psi_1(x)$, $\psi_2(x)$ Eigenfunktionen sind, die zu verschiedenen Eigenwerten λ_1, λ_2 gehören, besteht die Orthogonalitätsbeziehung

$$\int_a^b \psi_1\, G(\psi_2)\, dx = 0. \tag{4}$$

4·3. Normale Eigenwertaufgaben. Die Eigenwertaufgabe (1), (2) heißt normal, wenn für jede ihrer Eigenfunktionen $\psi(x)$ die UnGl

$$\int_a^b \overline{\psi}\, G(\psi)\, dx \neq 0$$

besteht, wo $\overline{\psi}$ die zu ψ konjugiert komplexe Funktion bedeutet.

Eine Funktion $u(x)$ heißt eine zulässige Funktion für die Aufgabe (1), (2), wenn $u(x)$ $2m$-mal stetig differenzierbar ist und die Randbedingungen (2) erfüllt.

Die selbstadjungierte Aufgabe (1), (2) ist sicher dann normal, wenn eine der folgenden Bedingungen erfüllt ist:

(a) $G(y) = g(x)\, y$, wo $g \geqq 0$, jedoch $\not\equiv 0$ (oder $g \leqq 0$, jedoch $\not\equiv 0$) für $a \leqq x \leqq b$ ist;

(b) für jede reelle zulässige Funktion $u(x) \not\equiv 0$ ist

$$\int_a^b u\, G(u)\, dx > 0 \qquad \text{(oder stets } < 0\text{);}$$

(c) $\lambda = 0$ ist kein Eigenwert, und für jede reelle zulässige Funktion $u(x)$ ist

$$\int_a^b u\, G(u)\, dx \geqq 0 \qquad \text{(oder stets } \leqq 0\text{);}$$

(d) für jede reelle zulässige Funktion $u(x)$ ist

$$\int_a^b u\, F(u)\, dx \geqq 0, \tag{5}$$

und außerdem ist für diejenigen zulässigen Funktionen $u(x) \not\equiv 0$, für die in (5) etwa das Gleichheitszeichen gilt,

$$\int_a^b u\, G(u)\, dx \neq 0 \tag{6}$$

und hat ein festes Vorzeichen für alle diese u.

Ist (d) erfüllt, so soll die Aufgabe definit heißen und insbesondere eigentlich definit oder im engeren Sinne definit, wenn (5) für alle zulässigen Funktionen $u(x) \not\equiv 0$ sogar mit Ausschluß des Gleichheitszeichens gilt. Um zu entscheiden, ob bei einer speziell gegebenen Aufgabe einer der Fälle (b) bis (d) vorliegt, dafür wird man in erster Linie wieder die Dirichletsche Formel heranziehen (vgl. 2·6 (c)).

Auch für die normalen selbstadjungierten Eigenwertaufgaben der jetzt betrachteten allgemeineren Art gelten die auf S. 201 angeführten Tatsachen.

4.4. Definite Eigenwertaufgaben. Die Eigenwertaufgabe (1), (2) sei jetzt selbstadjungiert und im engeren Sinne definit[1]).

(a) Es gibt dann unendlich viele Eigenwerte; sie lassen sich in einer Folge

$$\cdots \leqq \lambda_{-2} \leqq \lambda_{-1} < \lambda_1 \leqq \lambda_2 \leqq \cdots$$

anordnen, bei der $\lambda_p > 0$ oder < 0 ist, je nachdem $p > 0$ oder < 0 ist, und bei der jeder Eigenwert in seiner Vielfachheit aufgeführt sei. Die Folge bricht höchstens nach einer Seite ab, und es ist $|\lambda_p| \to \infty$ für $|p| \to \infty$.

(b) Zu der obigen Folge der Eigenwerte gibt es ein vollständiges normiertes Orthogonalsystem von Eigenfunktionen

$$\ldots, \psi_{-2}(x), \quad \psi_{-1}(x), \quad \psi_1(x), \quad \psi_2(x), \ldots,$$

d. h. ein System von Eigenfunktionen, für das

$$\int_a^b \psi_p G(\psi_q)\, dx = \frac{\lambda_p}{|\lambda_p|} e_{p,q}$$

gilt und das die Eigenschaft hat, daß jede zu einem Eigenwert λ^* gehörige Eigenfunktion sich aus den endlich vielen, zu λ^* gehörigen Eigenfunktionen des obigen Systems durch lineare Komposition gewinnen läßt.

(c) Gibt es einen positiven Eigenwert, so gibt es zulässige Funktionen $u(x)$, für die

$$\int_a^b u\, G(u)\, dx > 0$$

ist; es ist dann

$$\lambda_1 = \operatorname*{Min}_u \frac{\int_a^b u\, F(u)\, dx}{\int_a^b u\, G(u)\, dx},$$

wenn hierbei alle zulässigen Funktionen u betrachtet werden, für die der Nenner positiv ist. Gibt es einen negativen Eigenwert, so gibt es auch zulässige Funktionen $u(x)$, für die

$$\int_a^b u\, G(u)\, dx < 0$$

ist; es ist dann entsprechend

$$\lambda_{-1} = \operatorname*{Max}_u \frac{\int_a^b u\, F(u)\, dx}{\int_a^b u\, G(u)\, dx}$$

---

[1]) Es würde genügen, daß die Aufgabe überhaupt definit ist. Bei der obigen schärferen Voraussetzung werden jedoch die Formulierungen einfacher.

(d) Ist $\psi_1(x), \ldots, \psi_{p-1}(x)$ ein zu den Eigenwerten $\lambda_1, \ldots, \lambda_{p-1}$ gehöriges Orthogonalsystem von Eigenfunktionen und gibt es noch weitere positive Eigenwerte, so ist

$$\lambda_p = \operatorname*{Min}_u \frac{\int_a^b u\, F(u)\, dx}{\int_a^b u\, G(u)\, dx},$$

wenn hierbei solche zulässigen Funktionen $u(x)$ betrachtet werden, für die

$$\int_a^b u\, G(u)\, dx > 0 \quad \text{und} \quad \int_a^b u\, G(\psi_\nu)\, dx = 0 \qquad (\nu = 1, \ldots, p-1)$$

ist. Ist $\psi_{-1}, \ldots, \psi_{-(p-1)}$ ein zu $\lambda_{-1}, \ldots, \lambda_{-(p-1)}$ gehöriges Orthogonalsystem von Eigenfunktionen, so gilt entsprechend

$$\lambda_{-p} = \operatorname*{Max}_u \frac{\int_a^b u\, F(u)\, dx}{\int_a^b u\, G(u)\, dx},$$

wenn hierbei solche zulässigen Funktionen betrachtet werden, für die

$$\int_a^b u\, G(u)\, dx < 0 \quad \text{und} \quad \int_a^b u\, G(\psi_\nu)\, dx = 0 \qquad (\nu = -1, \ldots, -(p-1))$$

ist.

(e) Aus (a) ergibt sich die für die numerische Berechnung von Eigenwerten wichtige Tatsache: Ist $u(x)$ eine zulässige Funktion, für die

$$\int_a^b u\, G(u)\, dx \neq 0$$

ist, so liegt zwischen 0 und

$$\frac{\int_a^b u\, F(u)\, dx}{\int_a^b u\, G(u)\, dx}$$

mindestens ein Eigenwert.

(f) Über die Vorzeichen der Eigenwerte. Ist für jede zulässige Funktion $u(x)$

$$\int_a^b u\, G(u)\, dx \geqq 0 \qquad (\leqq 0),$$

so sind alle Eigenwerte positiv (negativ). Gibt es in $\langle a, b\rangle$ ein Teilintervall $\langle \alpha, \beta\rangle$, in dem alle

(7) $$(-1)^\nu g_\nu(x) \geqq 0 \qquad (\nu = 0, 1, \ldots, n)$$

sind und mindestens eine dieser Funktionen > 0 ist, so gibt es sicher unendlich viele positive Eigenwerte. Gilt in (7) das entgegengesetzte Ungleichheitszeichen, so gibt es sicher unendlich viele negative Eigenwerte. Gibt es Teilintervalle $\langle\alpha, \beta\rangle$ von beiden Arten, so gibt es sowohl unendlich viele positive als auch unendlich viele negative Eigenwerte.

(g) Weiter gilt die

unabhängige Festlegung der Eigenwerte nach *Courant* von 2·16, wenn darin $L(y)$ durch $F(y)$ und $g\,y^2$ durch $y\,G(y)$ ersetzt wird;

der Abschätzungssatz von 2·17, wenn auch die Aufgabe

$$F(y) = \lambda^* G^*(y); \quad U_\mu(y) = 0 \qquad (\mu = 1, \ldots, 2m)$$

selbstadjungiert und wenn für jede zulässige Funktion $y(x)$

$$\int_a^b y\,G^*(y)\,dx \geqq \int_a^b y\,G(y)\,dx$$

ist;

das Näherungsverfahren von *Ritz* und *Galerkin* nebst dem Abschätzungssatz von *Kryloff* von 3·1, wenn $u_1, \ldots, u_k$ zulässige Funktionen sind, welche die Orthogonalitätsbeziehungen

$$\int_a^b u_p\,G(u_q)\,dx = 0 \qquad (p \neq q)$$

und die UnGlen

$$\int_a^b u_p\,G(u_p)\,dx > 0 \qquad (\text{bzw.} < 0)$$

erfüllen. Es ist dann

$$D(\lambda) = \text{Det.}\left|\int_a^b u_p\,[F(u_q) - \lambda\,e_{p,q}\,G(u_q)]\,dx\right| \qquad (p, q = 1, \ldots, k)$$

zu setzen.

4 5. Entwicklungen nach Eigenfunktionen. **(a)** Die Reihe

$$\sum_p \frac{1}{|\lambda_p|}\,[\psi_p^{(\nu)}(x)]^2$$

konvergiert für $\nu = 0, 1, \ldots, m-1$ und ist $\leqq \Gamma^{(\nu,\nu)}(x, x)$; dabei ist $\Gamma(x, \xi)$ die Greensche Funktion der Randwertaufgabe[1])

$$F(y) = 0; \quad U_\mu(y) = 0 \qquad (\mu = 1, \ldots, 2m)$$

und

$$\Gamma^{(p,q)}(x, \xi) = \frac{\partial^p}{\partial x^p}\frac{\partial^q}{\partial \xi^q}\Gamma(x, \xi)\,.$$

---

[1]) Diese hat, da $\lambda = 0$ bei eigentlich definiten Aufgaben (1), (2) kein Eigenwert ist, keine eigentliche Lösung; daher existiert die Greensche Funktion.

(b) Für eine stetige Funktion $\Phi(x)$ heißen die Zahlen

$$a_p = \frac{\lambda_p}{|\lambda_p|} \int_a^b \Phi\, G(\psi_p)\, dx$$

ihre Fourier-Koeffizienten in bezug auf die Eigenwertaufgabe (1), (2).

Für die Fourier-Koeffizienten a_p einer zulässigen Funktion $\Phi(x)$ gilt

$$\sum_p |\lambda_p|\, a_p^2 \leqq \int_a^b \Phi\, F(\Phi)\, dx \qquad \text{(Besselsche Ungleichung)}$$

und

$$\sum_p \frac{\lambda_p}{|\lambda_p|}\, a_p^2 = \int_a^b \Phi\, G(\Phi)\, dx \qquad \text{(Parsevalsche Formel)}.$$

Ist auch $\Psi(x)$ eine zulässige Funktion und sind b_p ihre Fourier-Koeffizienten, so ist

$$\sum_p \frac{\lambda_p}{|\lambda_p|}\, a_p\, b_p = \int_a^b \Phi\, G(\Psi)\, dx\,.$$

Unter etwas anderen Voraussetzungen gilt eine zweite Besselsche Ungleichung

$$\sum_p a_p^2 \leqq \int \Phi\, G(\Phi)\, dx\,;$$

hierfür ist wie bisher vorauszusetzen, daß die Aufgabe (1), (2) selbstadjungiert und definit ist, außerdem, daß Φ eine in bezug auf G zulässige Funktion ist und daß für jede in bezug auf G zulässige Funktion $u(x)$

$$\int_a^b u\, G(u)\, dx \geqq 0$$

gilt. Dabei soll eine Funktion $u(x)$ in bezug auf G zulässig heißen, wenn sie $2n$-mal stetig differenzierbar ist und die genormten Randbedingungen (2) (vgl. 2·3) erfüllt, soweit diese Ableitungen der Ordnung $\leqq 2n-1$ enthalten. Ist speziell $G(y) = g(x)\, y$, so ist jede stetige Funktion $u(x)$ eine zulässige Funktion dieser Art.

(c) Für die Aufstellung eines Entwicklungssatzes der üblichen Art werden die Randbedingungen wieder genormt. Es seien dann

$$U_\mu^*(y) = 0 \qquad (\mu = 1, 2, \ldots, ?) \tag{8}$$

diejenigen der Randbedingungen, die nur Ableitungen der Ordnung $\leqq m-1$ enthalten. Die Aufgabe (1), (2) möge abgeschlossen heißen, wenn $Y(x) \equiv 0$ die einzige $(m-1)$-mal stetig differenzierbare Funktion ist, die den Randbedingungen (8) und außerdem für jede zulässige Funktion $u(x)$ der Gl

$$\int_a^b Y\, G(u)\, dx = 0$$

genügt (vgl. hierzu (d)).

Dann gilt der Entwicklungssatz: Ist die Aufgabe (1), (2) selbstadjungiert und eigentlich definit, so konvergieren für jede zulässige Funktion $\Phi(x)$ mit den Fourier-Koeffizienten a_p die Reihen

$$\sum a_p \psi_p^{(\nu)} \qquad (\nu \leqq m - 1),$$

und zwar konvergieren sogar die Reihen der absoluten Beträge der Glieder gleichmäßig in $a \leqq x \leqq b$. Ist die Aufgabe überdies abgeschlossen, so ist

$$\Phi(x) = \sum_p a_p \psi_p(x),$$

und man kann die Reihe gliedweise $(m-1)$-mal differenzieren.

(d) Die selbstadjungierte Aufgabe (1), (2) ist genau dann abgeschlossen, wenn $Y(x) \equiv 0$ die einzige Funktion ist, die folgende Bedingungen erfüllt:

(α) $Y(x)$ ist $(m-1)$-mal stetig differenzierbar und erfüllt die Randbedingungen (8);

(β) wird

$$G_n(u) = g_n u^{(n)}, \quad G_\nu(u) = \frac{d}{dx} G_{\nu+1}(u) + g_\nu u^{(\nu)} \qquad (\nu = n-1, \ldots, 1, 0)$$

gesetzt, so existiert $G_\nu(Y)$ für $\nu = 0, 1, \ldots, n$;

(γ) $G_0(Y) = 0$[1]);

(δ) für alle zulässigen Funktionen $u(x)$ ist

$$\sum_{p=0}^{n-1} (-1)^p \left[u^{(p)} G_{p+1}(Y) - Y^{(p)} G_{p+1}(u)\right]_a^b = 0.$$

Beispiel: Es sei $m \geqq 2$, $n = 1$, d. h. die DGl (1) möge

$$F(y) + \lambda\,[(g_1 y')' + g_0 y] = 0$$

sein; unter den Randbedingungen mögen sich die Glen

$$y(a) = y'(a) = y(b) = y'(b) = 0$$

befinden. Dann ist (β) und (δ) von selbst erfüllt, und die Gl (γ) lautet

$$(g_1 y')' + g_0 y = 0.$$

Daher ist die Aufgabe sicher abgeschlossen, wenn die Randwertaufgabe

$$(g_1 y')' + g_0 y = 0, \quad y(a) = y'(a) = y(b) = y'(b) = 0$$

nur die Lösung $y \equiv 0$ hat. Ist $g_1(a) \neq 0$, so ist sicher $y \equiv 0$ in jedem Intervall, das den Punkt a enthält und in dem $g_1 \neq 0$ ist; Entsprechendes gilt für den Punkt b. Daher ist die Aufgabe sicher abgeschlossen, wenn $g_1(x)$ höchstens eine Nullstelle hat[2]).

---

[1]) Für $n = 1$ und $n = 2$ kann diese Gl durch $G(Y) = 0$ ersetzt werden.

[2]) Vgl. auch *H. Boerner*, Math. Zeitschrift 34 (1932) 304.

5. Rand- und Nebenbedingungen allgemeinerer Art.

Die gegebene DGl sei wieder (vgl. 1·1 und 2·1)

$$L(y) = f(x) \quad \text{oder} \quad L(y) + \lambda\, g(x)\, y = f(x)\,.$$

Die bisher behandelten Randbedingungen bezogen sich auf die beiden Endpunkte eines endlichen Intervalls. Diese Randbedingungen sind in mannigfacher Weise verallgemeinert worden.

(a) Das Intervall ist nach einer Seite unbegrenzt, z. B. das Intervall $a \leqq x < \infty$. Für die DGl werden Lösungen $y(x)$ gesucht, die für $x \to \infty$ gegen Null streben oder beschränkt bleiben, während für den Punkt a evtl. noch Randbedingungen der bisherigen Art vorgeschrieben sind (natürlich unter Fortfall der auf den Punkt b bezüglichen Teile dieser Bedingungen). Entsprechend bei einem Intervall $-\infty < x \leqq b$ und $-\infty < x < +\infty$.

(b) Ist der Punkt b singuläre Stelle der DGl, so wird eine Lösung gesucht, die für $x \to b$ gegen Null strebt oder beschränkt bleibt, während für den Punkt a evtl. noch Randbedingungen der bisherigen Art vorgeschrieben sind. Entsprechend, wenn $x = a$ oder beide Endpunkte des Intervalls singuläre Stellen sind.

(c) An n Stellen

$$a = a_1 < a_2 < \cdots < a_n = b$$

sind Funktionswerte

$$y(a_\mu) = \gamma_\mu \qquad (\mu = 1, \ldots, n)$$

der gesuchten Funktion vorgeschrieben.

(d) Allgemeiner: Mit gegebenen Zahlen $\alpha_{\mu,p}^{(q)}$ wird für

$$a = a_1 < a_2 < \cdots < a_k = b$$

$$U_{\mu,p}(y) = \sum_{q=0}^{n-1} \alpha_{\mu,p}^{(q)}\, y^{(q)}(a_p)$$

gebildet und

$$\sum_{p=1}^{k} U_{\mu,p}(y) = \gamma_\mu \qquad (\mu = 1, \ldots, n)$$

vorgeschrieben.

(e) Es werden Integralbedingungen

$$\sum_{\nu=0}^{n} \int_a^b a_{\mu,\nu}(t)\, y^{(\nu)}(t)\, dx = \gamma_\mu \qquad (\mu = 1, \ldots, n)$$

vorgeschrieben.

(f) Zu den Bedingungen in (d) treten Integralglieder hinzu.

(g) Es werden Bedingungen

$$\sum_{\nu=0}^{n-1}\int_a^b y^{(\nu)}(t)\,d\,\alpha_{\mu,\nu}(t)=\gamma_\mu \qquad (\mu=1,\ldots,n)$$

vorgeschrieben, wo die Integrale Riemann-Stieltjes-Integrale sind. In (g) sind die Bedingungen (c) bis (f) sowie die vorher behandelten eigentlichen Randbedingungen enthalten.

Allen diesen Randbedingungen ist die Linearität gemeinsam. Darauf beruht es, daß sich ein großer Teil der vorher für eigentliche Randbedingungen entwickelten Theorie auf diese allgemeineren Fälle fast wörtlich übertragen läßt. Das gilt insbesondere für die Existenz einer Greenschen Funktion und die Zurückführung der Randwertaufgaben auf IGlen, ferner, soweit keine singulären Stellen auftreten und $\langle a, b\rangle$ ein endliches Intervall ist, auch für die Determinante $\Delta(\lambda)$ und ihre Bedeutung zur Bestimmung von Eigenwerten.

Im einzelnen vgl. man

Zu (a) und (b): 9·9 und 9·10.

Zu (c): *C. E. Wilder*, Transactions Americ. Math. Soc. 18 (1917) 415–442; 19 (1918) 156–166. *H. Geppert*, Math. Annalen 95 (1926) 368–388. Ausführliche Darstellungen, welche die Methoden und Begriffsbildungen von *Birkhoff* (s. 2·3 bis 2·5) benutzen und zu Existenzsätzen für Eigenwerte und Entwicklungssätzen vordringen. Für die Eigenwerte ergeben sich dieselben asymptotischen Darstellungen wie in 2·4. Für eine von der üblichen abweichende Überführung der Randwertaufgabe in eine IGl s. *Kowalewski*, IGlen, S. 33ff.; *T. Takasu*, Tôhoku Math. Journ. 31 (1929) 378–387; *A. Kneschke*, Deutsche Math. 5 (1941) 384–393.

Zu (d): *K. Toyoda*, Tôhoku Math. Journ. 38 (1933) 343–355. *J. Tamarkine*, Math. Zeitschrift 27 (1928) 1–54.

Zu (e): *M. Picone*, Atti Accad. Lincei (5) 17 (1908) 340–347; (6) 15 (1932) 942–948.

Zu (f) *G. Mammana*, Autovalori e autosoluzioni per la più generale equazione differenziale lineare ordinaria, Annali Pisa 15 (1927). Ausführliche Darstellung, in der auch die allgemeinere DGl

$$L(y)+\lambda\, g(x,\lambda)\, y=f(x,\lambda)$$

sowie verschiedene Sonderfälle behandelt werden.

Zu (g): *R. D. Carmichael*, Americ. Journ. Math. 44 (1922) 129–152. *N. Cioranescu*, Buletinul Cernauţi 5 (1931) 99 117. *M. Picone*, Atti Accad. Lincei (6) 15 (1932) 942–948. Dort wird auch die DGl

$$y^{(n)}+\lambda\sum_{\nu=0}^{n-1} f_\nu(x)\, y^{(\nu)}=f(x)$$

behandelt.

Außerdem sei angeführt:

G. Sansone, Rendiconti Palermo 55 (1931) 168–176. Es wird die DGl

$$y^{(n)}+c_{n-1}\,y^{(n-1)}+\lambda\,[c_{n-2}\,y^{(n-2)}+\cdots+c_0\,y]=0$$

mit homogenen Randbedingungen (c) behandelt.

L. Bristow, Transactions Americ. Math. Soc. 33 (1931) 455—474. Es wird die DGl

$$x^n y^{(n)} + c\, x^{n-1} y^{(n-1)} + \sum_{\nu=0}^{n-2} f_\nu(x)\, x^\nu y^{(\nu)} + \lambda y = 0$$

mit den Randbedingungen

$$Y^{(\nu)}(a) = \alpha\, y^{(\nu)}(a) \qquad (\nu = 0, \ldots, n-1)$$

behandelt; dabei soll $x = 0$ ein schwach singulärer Punkt der DGl sein und $Y^{(\nu)}(a)$ den Wert bezeichnen, den $y^{(\nu)}(a)$ nach einmaligem Umlaufen des singulären Punktes annimmt.

§ 2. Rand- und Eigenwertaufgaben bei Systemen linearer Differentialgleichungen.

6. Rand- und Eigenwertaufgaben bei Systemen linearer Differentialgleichungen.

Lit.: *E. Bounitzky*, Journal de Math. (6) 5 (1909) 65—125. *M. Bôcher*, Transactions Americ. Math. Soc. 14 (1913) 403—420. *G. D. Birkhoff—R. E. Langer*, Proceedings Americ. Acad. 58 (1923) 53—128. *G. A. Bliss*, Transactions Americ. Math. Soc. 28 (1926) 561—584.

Für Systeme verläuft vieles ganz ähnlich wie für eine DGl n-ter Ordnung. In Fällen gleichlaufender Entwicklungen wird im folgenden auf die entsprechenden Stellen von § 1 verwiesen und nur das Abweichende hervorgehoben.

6·1. Bezeichnungen und Lösbarkeitsbedingungen[1]. Es sei das lineare DGlsSystem

(1) $$u'_\mu(x) = \sum_{\nu=1}^{n} f_{\mu,\nu}(x)\, u_\nu + f_\mu(x) \qquad (\mu = 1, \ldots, n)$$

mit Funktionen f_μ, $f_{\mu,\nu}$ gegeben, die im Intervall $a \leqq x \leqq b$ stetig sind. Mit einer Matrix[2])

$$(\alpha, \beta) = \begin{pmatrix} \alpha_{1,1}, \ldots, & \alpha_{1,n}, & \beta_{1,1}, \ldots & \beta_{1,n} \\ . & . & . & . \\ \alpha_{n,1}, \ldots, & \alpha_{n,n}, & \beta_{n,1}, \ldots, & \beta_{n,n} \end{pmatrix}$$

vom Rang n und mit gegebenen Zahlen γ_μ werden die Randbedingungen

(2) $$U_\mu(u) = \gamma_\mu \qquad (\mu = 1, \ldots, n)$$

gebildet, wobei

(3) $$U_\mu(u) = \sum_{\varkappa=1}^{n} [\alpha_{\mu,\varkappa}\, u_\varkappa(a) + \beta_{\mu,\varkappa}\, u_\varkappa(b)]$$

---

[1]) Vgl. 1·1 und 1·2.

[2]) Wie in 1 kann für die ersten Entwicklungen die Anzahl der Zeilen auch $\neq n$ sein.

ist. Es ist ein System von Funktionen

$$u_1(x), \ldots, u_n(x)$$

gesucht, welches die DGl (1) und die Randbedingungen (2) erfüllt. Das ist die Randwertaufgabe (1), (2). Die Randwertaufgabe heißt halbhomogen, wenn die $\gamma_\mu = 0$ sind, und homogen, wenn außerdem die $f_\mu \equiv 0$ sind. Die zu (1), (2) gehörige homogene Randwertaufgabe ist also

$$\left.\begin{aligned} &(4) \qquad u'_\mu = \sum_{\nu=1}^{n} f_{\mu,\nu}(x)\, u_\nu \\ &(5) \qquad U_\mu(u) = 0 \end{aligned}\right\} \qquad (\mu = 1, \ldots, n)\,.$$

Die triviale Lösung $u_1 \equiv \cdots \equiv u_n \equiv 0$ der homogenen Aufgabe gilt nicht als eigentliche Lösung. Ist die homogene Aufgabe überhaupt eigentlich lösbar, so gibt es eine Matrix linear unabhängiger Lösungen

$$\begin{array}{l} u_{1,1}, \ldots, u_{1,n}, \\ \cdot\quad\cdot\quad\cdot\quad\cdot\quad\cdot\quad\cdot \\ u_{k,1}, \ldots, u_{k,n} \end{array}$$

derart, daß jede Lösung $u_1, \ldots, u_k$ von (4), (5) aus diesen k Lösungen durch lineare Komposition erhalten werden kann, d. h. in der Gestalt

$$u_1 = \sum_{p=1}^{k} c_p\, u_{p,1}, \ldots, u_n = \sum_{p=1}^{k} c_p\, u_{p,n}$$

darstellbar ist. Die Randwertaufgabe wird dann k-fach lösbar genannt.

Ist

$$(6) \qquad \varphi_{\nu,1}(x), \ldots, \varphi_{\nu,n}(x) \qquad (\nu = 1, \ldots, n)$$

ein Hauptsystem von Lösungen für das DGlsSystem (4), so ist die homogene Randwertaufgabe genau dann eigentlich lösbar, wenn die Determinante

$$(7) \qquad \Delta = \text{Det.}\, |U_\mu(\varphi_\nu)| \qquad (\mu, \nu = 1, \ldots, n)$$

den Wert 0 hat; dabei bedeutet $U_\mu(\varphi_\nu)$ den Ausdruck, der durch Eintragen der in (6) hingeschriebenen Zeile in U_μ entsteht. Hat Δ den Rang r, so ist (4), (5) $(n - r)$-fach lösbar. Entweder hat die Aufgabe (1), (2) genau eine Lösung oder die Aufgabe (4), (5) mindestens eine eigentliche Lösung.

6·2. Die adjungierte Randwertaufgabe[1]**.** Das zu (4) adjungierte DGls-System (vgl. A 9·4) ist

$$(8) \qquad v'_\mu = -\sum_{\nu=1}^{n} f_{\nu,\mu}(x)\, v_\nu \qquad (\mu = 1, \ldots, n)\,.$$

Wird mit irgendwelchen stetig differenzierbaren Funktionen $u_\nu(x)$, $v_\nu(x)$ der DAusdruck

$$L_\mu(u) = u'_\mu - \sum_{\nu=1}^{n} f_{\mu,\nu}\, u_\nu$$

---

[1]) Vgl. 1·3.

und der zu diesem adjungierte DAusdruck (vgl. A 9·6)

$$\bar{L}_\mu(v) = -v'_\mu - \sum_{\nu=1}^{n} f_{\nu,\mu}\, v_\nu$$

gebildet, so lautet die Greensche Formel, wie unmittelbar zu sehen ist,

$$(9)\qquad \sum_{\mu=1}^{n}\int_a^b [v_\mu L_\mu(u) - u_\mu \bar{L}_\mu(v)]\, dx = \sum_{\mu=1}^{n}[u_\mu(b)\, v_\mu(b) - u_\mu(a)\, v_\mu(a)]\,.$$

Werden mit einer Matrix (γ, δ) (entsprechend der Matrix (α, β)) vom Rang n die Ausdrücke

$$V_\mu(v) = \sum_{\nu=1}^{n}[\gamma_{\mu,\nu}\, v_\nu(a) + \delta_{\mu,\nu}\, v_\nu(b)]$$

und mit diesen die Randbedingungen

$$(10)\qquad V_\mu(v) = 0 \qquad (\mu = 1, \ldots, n)$$

gebildet, so heißt die Randwertaufgabe (8), (10) zu (4), (5) adjungiert, wenn die rechte Seite von (9)

$$\sum_{\nu=1}^{n}[u_\nu(b)\, v_\nu(b) - u_\nu(a)\, v_\nu(a)] = 0$$

ist für je zwei Zahlensysteme

$$u_1(a), \ldots, u_n(a), \quad u_1(b), \ldots, u_n(b),$$
$$v_1(a), \ldots, v_n(a), \quad v_1(b), \ldots, v_n(b),$$

von denen das erste den Randbedingungen (5) und das zweite den Randbedingungen (10) genügen soll. Diese Bedingung besagt dasselbe wie

$$\sum_{k=1}^{n}(\alpha_{\mu,k}\, \gamma_{\nu,k} - \beta_{\mu,k}\, \delta_{\nu,k}) = 0 \qquad (\mu, \nu = 1, \ldots, n)$$

(*Bliss*, S. 564f.; vgl. auch *Bounitzky*, S. 73--76). Die Randwertaufgaben (4), (5) und (8), (10) sind stets gleichzeitig lösbar und haben dieselbe Vielfachheit von Lösungen.

Die halbhomogene Randwertaufgabe (1), (2) mit $\gamma_\mu = 0$ ist genau dann lösbar, wenn

$$\sum_{p=1}^{n}\int_a^b f_p(x)\, v_p(x)\, dx = 0$$

für jedes Lösungssystem $v_1, \ldots, v_n$ der Aufgabe (8), (10) ist.

Für selbstadjungierte Aufgaben s. 6·5.

6·3. Die Greensche Matrix[1]). Eine Matrix

$$\Gamma(x,\xi) = \begin{pmatrix} \Gamma_{1,1}(x,\xi), \ldots, \Gamma_{1,n}(x,\xi) \\ \ldots\ldots\ldots\ldots \\ \Gamma_{n,1}(x,\xi), \ldots, \Gamma_{n,n}(x,\xi) \end{pmatrix}$$

heißt Greensche Matrix für die Randwertaufgabe (4), (5), wenn die n Zeilen eine Grundlösung (s. A 9·7) des DGlsSystems (4) bilden und außerdem als Funktionen von x für jedes $a < \xi < b$ die Randbedingungen (5) erfüllen. Eine Greensche Matrix gibt es genau dann, wenn die homogene Aufgabe (4), (5) keine eigentliche Lösung hat, und zwar gibt es dann genau *eine* Greensche Matrix. Man kann diese aus der in A 9·7 angegebenen Grundlösung erhalten, indem man die $c_{p,\nu}(\xi)$ so bestimmt, daß jede Zeile der Grundlösung die Randbedingungen erfüllt[2]). Die Elemente $\overline{\Gamma}_{p,q}(x,\xi)$ der Greenschen Matrix für die adjungierte Aufgabe (8), (10) sind

$$\overline{\Gamma}_{p,q}(x,\xi) = -\overline{\Gamma}_{q,p}(\xi,x),$$

und die Lösung der halbhomogenen Aufgabe (1), (2) mit $\gamma_\mu = 0$ ist

$$u_\nu = \sum_{p=1}^{n} \int_a^b \Gamma_{p,\nu}(x,\xi) f_p(\xi)\, d\xi \qquad (\nu = 1, \ldots, n).$$

W. M. Whyburn, Annals of Math. (2) 28 (1927) 291—300, hat den Fall behandelt, daß die $f_{\mu,\nu}$ nur summierbar statt stetig sind. Für verallgemeinerte Greensche Matrizen s. *W. T. Reid*, Americ. Journ. Math. 53 (1931) 443—459.

6·4. Randwertaufgaben, die einen Parameter enthalten; Eigenwertaufgaben[3]). Es seien jetzt noch stetige Funktionen $g_{\mu,\nu}(x)$ gegeben, die nicht alle $\equiv 0$ sind. Mit einem Parameter λ wird die allgemeine Randwertaufgabe

$$(11) \quad u'_\mu = \sum_{\nu=1}^{n} (f_{\mu,\nu} + \lambda\, g_{\mu,\nu})\, u_\nu + f_\mu; \quad U_\mu(u) = \gamma_\mu \qquad (\mu = 1, \ldots, n)$$

und die zugehörige homogene Randwertaufgabe (Eigenwertaufgabe)

$$(12) \quad u'_\mu = \sum_{\nu=1}^{n} (f_{\mu,\nu} + \lambda\, g_{\mu,\nu})\, u_\nu; \quad U_\mu(u) = 0 \qquad (\mu = 1, \ldots, n)$$

gebildet. Die zu (11) adjungierte Randwertaufgabe ist

$$(13) \quad v'_\mu = -\sum_{\nu=1}^{n} (f_{\nu,\mu} + \lambda\, g_{\nu,\mu})\, v_\nu; \quad V_\mu(v) = 0 \qquad (\mu = 1, \ldots, n),$$

---

[1]) Vgl. 1·5 und 1·6.

[2]) Für eine explizite Darstellung der Greenschen Matrix s. *Bounitzky*, S. 70

[3]) Vgl. 2·1 und 2·2.

wo die V_μ die in 6·2 angegebene Bedeutung haben. Eine Zahl λ, für welche die homogene Aufgabe (12) eine eigentliche Lösung $u_1, \ldots, u_n$ hat, heißt **Eigenwert**, die Lösung selber **Eigenvektor**. Dem Eigenwert wird die **Vielfachheit** k zugeschrieben, wenn es für ihn genau k linear unabhängige Eigenvektoren gibt.

Ist jetzt (6) ein Hauptsystem von Lösungen für die DGl von (12) und werden die Funktionen $\varphi_{\nu,\varkappa} = \varphi_{\nu,\varkappa}(x, \lambda)$ für jedes λ so gewählt, daß

$$\varphi_{\nu,\varkappa}(a, \lambda) = e_{\nu,\varkappa} \qquad (\nu, \varkappa = 1, \ldots, n)$$

ist, so ist die Determinante

$$\Delta(\lambda) = \text{Det.} \left| U_\mu(\varphi_\nu) \right|$$

von 6·1 eine ganze Funktion von λ, und ihre Nullstellen sind die Eigenwerte von (12). Daraus folgt: Entweder ist jedes λ Eigenwert oder es gibt höchstens abzählbar viele Eigenwerte.

Die beiden Aufgaben (12) und (13) haben dieselben Eigenwerte und jeden in derselben Vielfachheit. Sind λ, λ^* zwei verschiedene Eigenwerte, sind ferner $u_1, \ldots, u_n$ ein zu λ gehöriger Eigenvektor von (12) und $v_1, \ldots, v_n$ ein zu λ^* gehöriger Eigenvektor von (13), so besteht die **Biorthogonalitätsbeziehung**

$$\sum_{p,q=1}^{n} \int_a^b g_{p,q}\, v_p\, u_q\, dx = 0\,.$$

Ist $\lambda = 0$ kein Eigenwert, so gibt es für (12) mit $\lambda = 0$ eine Greensche Matrix $\Gamma(x, \xi)$, und die Randwertaufgabe (11) ist ersetzbar durch das IGlsSystem

$$u_\nu(x) = \lambda \sum_{p,q=1}^{n} \int_a^b \Gamma_{p,\nu}(x, \xi)\, g_{p,q}(\xi)\, u_q(\xi)\, d\xi + \sum_{p=1}^{n} \int_a^b \Gamma_{p,\nu}(x, \xi) f_p(\xi)\, d\xi$$
$$(\nu = 1, \ldots, n)$$

6·5. Selbstadjungierte Eigenwertaufgaben[1]). Das DGlsSystem von (12) heißt (im weiteren Sinne) selbstadjungiert, wenn es eine (von λ unabhängige) Matrix $(T_{p,q})$ von stetig differenzierbaren Funktionen $T_{p,q}(x)$ $(p, q = 1, \ldots, n)$ gibt, so daß die

$$\text{Det.} \left| T_{p,q} \right| \neq 0$$

ist und das Funktionensystem

$$v_p(x) = \sum_{q=1}^{n} T_{p,q}(x)\, u_q(x) \qquad (p = 1, \ldots, n) \tag{14}$$

---

[1]) Vgl. A 9·5 und *Bliss*, a. a. O.

gerade alle Lösungen des DGlsSystems von (13) durchläuft, wenn $u_1, \ldots, u_n$ alle Lösungen des DGlsSystems von (12) durchläuft. Dieses ist genau dann der Fall, wenn die $T_{p,q}$ die Glen

$$\left.\begin{aligned} T'_{p,q} + \sum_{\nu=1}^{n} (T_{p,\nu} f_{\nu,q} + T_{\nu,q} f_{\nu,p}) = 0 \\ \sum_{\nu=1}^{n} (T_{p,\nu} g_{\nu,q} + T_{\nu,q} g_{\nu,p}) = 0 \end{aligned}\right\} \qquad (p, q = 1, \ldots, n)$$

erfüllen.

Die Eigenwertaufgabe (12) heißt **selbstadjungiert**, wenn das DGls-System von (12) selbstadjungiert ist und wenn außerdem die Randbedingungen von (12) dasselbe besagen wie die Randbedingungen von (13), nachdem die Werte $v_\nu(a)$, $v_\nu(b)$ eingetragen sind, die man aus (14) für $x = a, b$ erhält. Diese Bedingung besagt dasselbe wie

$$\sum_{p,q=1}^{n} \alpha_{\mu,p}\, T^{-1}_{p,q}(a)\, \alpha_{\nu,q} = \sum_{p,q=1}^{n} \beta_{\mu,p}\, T^{-1}_{p,q}(b)\, \beta_{\nu,q} \qquad (\mu, \nu = 1, \ldots, n)\,,$$

wobei $T^{-1}_{p,q}$ die Koeffizienten sind, die sich ergeben, wenn man das System (14) nach den u auflöst, also

$$u_p = \sum_{q} T^{-1}_{p,q}\, v_q\,.$$

Nach *Bliss* heißt eine selbstadjungierte Aufgabe (12) **definit-selbstadjungiert** (definitly self-adjoint), wenn noch folgende drei Bedingungen erfüllt sind[1]):

(α) Die Funktionen

$$S_{p,q}(x) = \sum_{\nu=1}^{n} T_{\nu,p}\, g_{\nu,q}$$

---

[1]) In einer späteren Arbeit, Transactions Americ. Math. Soc. 44 (1938) 413—428, hat *Bliss* die obige Definition dahin abgeändert, daß statt (γ) verlangt wird:

(γ*) Ist
$$\sum_{p,q} S_{p,q}\, y_p\, y_q \equiv 0$$
für eine Lösung der Randwertaufgabe
$$y'_\nu = \sum_{p=1}^{n} f_{\nu,p}\, y_p, \quad U_\nu(y) = 0 \qquad (\nu = 1, \ldots, n),$$
so ist $y_1 \equiv \cdots \equiv y_n \equiv 0$.

Es bestehen dann wieder die oben für die Eigenwerte und Eigenfunktionen angeführten Eigenschaften mit der einen Ausnahme, daß die Anzahl der Eigenwerte jetzt endlich sein kann.

Vgl. auch *W. T. Reid*, Transactions Americ. Math. Soc. 44 (1938) 508—521; dort wird insbesondere die der Eigenwertaufgabe entsprechende Variationsaufgabe aufgestellt. *W. T. Reid*, ebenda 45 (1939) 414—419. Eigenwertprobleme für Systeme im Bereich komplexer Veränderlicher sind behandelt von *R. E. Langer*, ebenda 46 (1939) 151—190, 467.

bilden eine symmetrische Matrix $(S_{p,q})$, so daß also für beliebige komplexe Zahlen y_p und ihre konjugiert komplexen $\bar{y}_p$

$$\sum_{p,q} S_{p,q}\, y_p\, \bar{y}_q$$

reell ist;

(β) es ist stets

$$\sum_{p,q} S_{p,q}\, y_p\, \bar{y}_q \geqq 0;$$

(γ) ist

$$\sum_{p,q} S_{p,q}\, y_p\, \bar{y}_q \equiv 0$$

für ein Lösungssystem $y_1(x), \ldots, y_n(x)$ irgendeines DGlsSystems

$$(15) \qquad y'_\nu = \sum_{p=1}^{n} (f_{\nu,p}\, y_p + g_{\nu,p}\, g_p) \qquad (\nu = 1, \ldots, n)$$

mit stetigen Funktionen $g_p(x)$, so ist $y_1 \equiv \cdots \equiv y_n \equiv 0$.

Geht man von einer selbstadjungierten Eigenwertaufgabe n-ter Ordnung mit $g > 0$ zu einem System von DGlen erster Ordnung über (s. A 14), so erhält man nach *Bliss* für dieses eine definit-selbstadjungierte Eigenwertaufgabe.

Für definit-selbstadjungierte Eigenwertaufgaben gilt folgendes: Alle Eigenwerte sind reell, die Eigenvektoren können daher ebenfalls reell angenommen werden. Die Vielfachheit eines Eigenwerts λ_0 stimmt mit der Vielfachheit überein, die λ_0 als Nullstelle von $\Delta(\lambda)$ hat. Es gibt abzählbar unendlich viele Eigenwerte und zu diesen ein vollständiges normiertes Orthogonalsystem von Eigenvektoren

$$u_{\nu,1}(x), \ldots, u_{\nu,n}(x) \qquad (\nu = 1, 2, \ldots),$$

für das

$$\sum_{p,q=1}^{n} \int_a^b u_{\mu,p}\, S_{p,q}\, u_{\nu,q}\, dx = e_{\mu,\nu} \qquad (\mu, \nu = 1, 2, \ldots)$$

gilt. Erfüllen die Funktionen $y_1(x), \ldots, y_n(x)$ die Randbedingungen von (12) und erfüllen sie weiter für geeignet gewählte stetige Funktionen $g_1(x), \ldots, g_n(x)$ die Glen (15), so konvergieren die n Reihen

$$\varphi_\nu(x) = \sum_{k=1}^{\infty} c_k\, u_{k,\nu}(x) \qquad (\nu = 1, \ldots, n)$$

mit

$$c_k = \sum_{p,q=1}^{n} \int_a^b u_{k,p}(\xi)\, S_{p,q}(\xi)\, y_q(\xi)\, d\xi$$

gleichmäßig in $a \leqq x \leqq b$, und es ist

$$\sum_{p=1}^{n} g_{\nu,p}\,(y_p - \varphi_p) \equiv 0 \qquad (\nu = 1, \ldots, n).$$

Soweit man aus diesen letzten Glen auf $y_p \equiv \varphi_p$ schließen kann, erhält man also für einzelne y_p oder alle y_p simultane Entwicklungen nach den Komponenten der Eigenvektoren. Dieser Schluß ist offensichtlich für alle $p = 1, \ldots, n$ möglich, wenn z. B. die Det. $|g_{p,q}| \neq 0$ ist.

6·6. Ergänzungen. Der Begriff der regulären Eigenwertaufgabe (vgl. 2·3) ist von *Birkhoff* und *Langer* a. a. O. auf Systeme von DGlen übertragen worden. Dabei ist angenommen, daß die $g_{\mu,\nu}$ in (12) eine Diagonalmatrix bilden oder daß das DGlsSystem sich wenigstens auf ein System dieser Art transformieren läßt. Die Entwicklungen verlaufen ähnlich wie bei einer DGl n-ter Ordnung. Es gibt abzählbar unendlich viele Eigenwerte, und es gibt einen Satz über die simultane Entwicklung von n Funktionen $y_1(x), \ldots, y_n(x)$ nach den Komponenten der Eigenvektoren. Schon vorher hatte *A. Schur*, Math. Annalen 82 (1921) 213—236, den Sonderfall behandelt, daß die $g_{\mu,\nu}$ eine Diagonalmatrix bilden, $g_{1,1} > g_{2,2} > \cdots > g_{n,n} > 0$ und alle $f_{\mu,\nu} < 0$ sind.

Für allgemeinere lineare Randbedingungen, die sich nicht nur auf die Endpunkte, sondern auch noch auf innere Punkte des Intervalls beziehen, liegen Untersuchungen von *K. Toyoda*, Tôhoku Math. Journ. 39 (1934) 387—398, vor, die etwa den Entwicklungen 6·1 bis 6·4 entsprechen. Für das spezielle System

$$y_\nu''(x) = \lambda\, y_\nu \qquad (\nu = 1, \ldots, n)$$

s. auch *M. G. Carman*, Americ. Journ. Math. 48 (1926) 169—182 und für die Behandlung der Aufgabe

$$y_\nu' + \left[\sum_{p=1}^{\nu} \lambda_p\, a_{\nu,p}(x_\nu) - \sum_{p=\nu+1}^{n} \lambda_p\, a_{\nu,p}(x_\nu)\right] y_\nu = 0 \qquad (\nu = 1, \ldots, n-1)$$

$$y_n' + \sum_{p=1}^{n} \lambda_p\, a_{n,p}(x_n)\, y_n = 0; \qquad y_\nu(a) = \alpha_\nu\, y_\nu(b) \qquad (\nu = 1, \ldots, n)$$

s. *H. P. Doole*, Bulletin Americ. Math. Soc. 37 (1931) 439—446.

Für Rand- und Eigenwertaufgaben bei Systemen von unendlich vielen linearen DGlen

$$y_p'(x) = \sum_{q=1}^{\infty} f_{p,q}(x)\, y_q \qquad (p = 1, 2, \ldots)$$

s. *W. T. Reid*, Transactions Americ. Math. Soc. 32 (1930) 284—318.

§ 3. Rand- und Eigenwertaufgaben der niedrigeren Ordnungen.

7. Aufgaben erster Ordnung.

7·1. Lineare Aufgaben. Es seien $f(x)$, $g(x)$, $h(x)$ stetig für $a \leqq x \leqq b$. Soll für die lineare DGl

(1) $$y' + [f(x) + \lambda\, g(x)]\, y = h(x)$$

eine Lösung bestimmt werden, die noch gewisse Nebenbedingungen erfüllt, so besteht insofern keine grundsätzliche Schwierigkeit, als man nach A 4·3 alle Lösungen der DGl angeben kann und daher nur noch die Integrationskonstante so zu bestimmen braucht, daß die Lösung die gegebenen Nebenbedingungen erfüllt. Für Reihenentwicklungen, die aus einer solchen Aufgabe entspringen, s. *E. Hilb*, Journal f. Math. 140 (1911) 205—229.

Ist die Aufgabe homogen, d. h. ist $h \equiv 0$ und ist die Randbedingung

$$y(b) = \alpha\, y(a) \qquad (\alpha \neq 0) \tag{2}$$

gegeben, so ist λ ein Eigenwert (vgl. 2·1), wenn die DGl für diese Zahl eine Lösung hat, die (2) erfüllt und $\not\equiv 0$ ist. Da die Lösungen von (1) in diesem Fall

$$y = C \exp\left\{-\int_a^x (f + \lambda\, g)\, dx\right\}$$

sind, muß λ die Gl

$$-\int_a^b (f + \lambda\, g)\, dx = \log \alpha$$

erfüllen. Ist $\int_a^b g\, dx \neq 0$, so gibt es unendlich viele Eigenwerte. Ist λ_0 ein Eigenwert, so sind die sämtlichen Eigenwerte durch

$$(\lambda - \lambda_0) \int_a^b g\, dx = 2\, k\, \pi\, i \qquad (k = 0, \pm 1, \pm 2, \ldots)$$

bestimmt; sie liegen also sämtlich auf einer Parallelen zur imaginären Achse der komplexen λ-Ebene; λ_0 kann genau dann reell gewählt werden, wenn $\alpha > 0$ ist. Die Bestimmung der Eigenwerte ist in diesem Fall also sehr einfach, aber insofern doch nicht ohne Interesse, als es sich hier um den einfachsten Fall einer nicht-selbstadjungierten Eigenwertaufgabe handelt.

Für weitere Eigenschaften der Eigenfunktionen und die Entwicklung gegebener Funktionen nach den Eigenfunktionen s. *M. H. Stone*, Transactions Americ. Math. Soc. 26 (1924) 335—355. *R. E. Langer*, ebenda 25 (1923) 155—172; in dieser Arbeit handelt es sich um die Aufgabe

$$y' = y \sum_{\nu=1}^{n} \frac{g_\nu(x)}{\lambda - \alpha_\nu}, \qquad y(a) = y(b)$$

7·2. Nichtlineare Aufgaben. Es wird ein λ gesucht, für das die DGl

$$y' = \lambda f(x, y)$$

eine IKurve hat, die durch zwei gegebene Punkte a, A und b, B mit $a < b$ geht. Ist $B > A$ und z. B. f stetig differenzierbar und > 0 in dem Rechteck $a \leqq x \leqq b$, $A \leqq y \leqq B$, so ist sehr leicht einzusehen, daß es genau einen Eigenwert gibt[1]).

[1]) Vgl. *K. Zawischa*, Monatshefte f. Math. 37 (1930) 103—124; nach *Zawischa* hat eine Frage aus der physikalischen Chemie auf die Aufgabe geführt. Vgl. auch *Hikosaka-Noboru*, Proceedings Phys.-math. Soc. Japan (3) 11 (1929) 73—83. In

8. Lineare Randwertaufgaben zweiter Ordnung.

8·1. Allgemeine Bemerkungen[1]). Es sei die DGl

$$f_2(x)\,y'' + f_1(x)\,y' + f_0(x)\,y = f(x)$$

gegeben. Sind die f_ν und f stetig und ist $f_2 \neq 0$ für $a \leqq x \leqq b$, so kann die DGl nach A 24·1 stets in die selbstadjungierte Gestalt

(1) $$[f(x)\,y']' + g(x)\,y = h(x)$$

gebracht werden. Dabei sind dann f stetig differenzierbar und $\neq 0$, g und h stetig; diese Voraussetzung sei weiterhin stets erfüllt.

Die Lösungen von (1) sollen die Randbedingungen

(2) $$U_\mu(y) = \gamma_\mu \qquad (\mu = 1, 2)$$

erfüllen, wobei

(3) $$U_\mu(y) = \alpha_\mu\,y(a) + \alpha'_\mu\,y'(a) + \beta_\mu\,y(b) + \beta'_\mu\,y'(b)$$

ist und die Matrix

(4) $$\begin{pmatrix} \alpha_1 & \alpha'_1 & \beta_1 & \beta'_1 \\ \alpha_2 & \alpha'_2 & \beta_2 & \beta'_2 \end{pmatrix}$$

den Rang 2 haben soll, d. h. die U_μ sollen voneinander linear unabhängig sein.

Die homogene Randwertaufgabe

(5) $$(f\,y')' + g\,y = 0; \quad U_\mu(y) = 0 \qquad (\mu = 1, 2)$$

ist genau dann selbstadjungiert (vgl. 1·4), wenn

(6) $$(\alpha_1\,\alpha'_2 - \alpha'_1\,\alpha_2)\,f(b) = (\beta_1\,\beta'_2 - \beta'_1\,\beta_2)\,f(a)$$

ist.

Die aus (1) und

(7a) $$y(a) = \gamma, \quad y(b) = \delta,$$

(7b) $$y'(a) = \gamma, \quad y'(b) = \delta,$$

(7c) $$\alpha\,y(a) + \alpha'\,y'(a) = \gamma, \quad \beta\,y(b) + \beta'\,y'(b) = \delta$$

bestehenden Randwertaufgaben heißen von erster, zweiter, dritter Art; die Randbedingungen (7c) mit $\gamma = \delta = 0$ heißen auch Sturmsche Randbedingungen. Die zugehörigen homogenen Randwertaufgaben sind

---

einer etwas naiven Note, die sich z. T. wörtlich an die eben genannte Arbeit von *Sawischa* anlehnt, behandelt *S. Takahashi*, Tôhoku Math. Journ. 34 (1931) 249—256, die Randbedingungen $y(a) = A$, $y'(b) = B$.

[1]) Vgl. 1; außerdem etwa noch *Kamke*, DGlen, § 27, und *Frank-v. Mises*, D- u. IGlen, Kap. 7—10.

selbstadjungiert; ebenso, falls $f(a) = f(b)$ ist, die zu den Randbedingungen der Periodizität

$$y(a) = y(b), \quad y'(a) = y'(b)$$

gehörige Randwertaufgabe.

8·2. Die Greensche Funktion. Die Greensche Funktion (vgl. 1·5 der Randwertaufgabe (5) ist von der Gestalt

$$\Gamma(x, \xi) = C_1(\xi)\,\varphi_1(x) + C_2(\xi)\,\varphi_2(x) + g(x, \xi);$$

dabei ist φ_1, φ_2 ein Hauptsystem von Lösungen der DGl von (5), g eine sog Grundlösung (vgl. A 17·4)

$$g(x, \xi) = \pm \frac{\varphi_1(x)\,\varphi_2(\xi) - \varphi_1(\xi)\,\varphi_2(x)}{2 f_2(\xi)\, W(\xi)}$$

(das obere Vorzeichen gilt für $x \leqq \xi$, das untere für $x \geqq \xi$),

$$W(\xi) = \varphi_1(\xi)\,\varphi_2'(\xi) - \varphi_1'(\xi)\,\varphi_2(\xi)$$

die Wronskische Determinante, und C_1, C_2 sind so zu bestimmen, daß Γ für jedes feste $a < \xi < b$ die Randbedingungen von (5) erfüllt. Für Beispiele von Greenschen Funktionen und Grundlösungen s. C 2·1, 2, 6, 11

8·3. Abschätzungen von Lösungen der Randwertaufgabe erster Art Hat die aus der DGl (1) und den Randbedingungen $y(a) = y(b) =$ bestehende Randwertaufgabe überhaupt eine Lösung $y(x)$ und ist $f > 0$ $g \leqq 0$, so ist[1])

$$|y| \leqq (b-a)^2 \frac{H}{\varphi} \quad \text{mit} \quad H = \operatorname*{Max}_{a \leqq x \leqq b} |h(x)|, \quad \varphi = \operatorname*{Min}_{a \leqq x \leqq b} f(x).$$

Denn es ist

$$y^2(x) = \left(\int_a^x y'\,dx\right)^2 \leqq (x-a)\int_a^x y'^2\,dx \leqq (b-a)\int_a^b y'^2\,dx,$$

also

$$\varphi\, y^2(x) \leqq (b-a)\int_a^b f\, y'^2\,dx = (b-a)\int_a^b g\, y^2\,dx - (b-a)\int_a^b h\, y\,dx,$$

und hieraus folgt die Behauptung.

Für die Verschärfung dieser Abschätzung und Abschätzungen ähnliche Art s. *M. Picone*, a. a. O. *P. Clemente*, Atti Accad. Lincei (6) 15 (193 925—931; es werden die Randbedingungen $y(a) = y(b)$, $y'(a) = y'($ behandelt. *Kryloff*, Solution approchée. *F. Prete*, Rendiconti Istitut Lombardo (2) 63 (1930) 1115—1132; hier werden auch Systeme

$$y'(x) = f_1(x)\,y + g_1(x)\,z + h_1(x), \quad z'(x) = f_2(x)\,y + g_2(x)\,z + h_2(x)$$

behandelt.

---

1) *M. Picone*, Math. Zeitschrift 28 (1928) 526.

8·4. Randbedingungen für $|x| \to \infty$. Sind $f(x)$ und $g(x)$ für $-\infty < x < +\infty$ stetig und gilt dort für gewisse Zahlen α, β, A

$$0 < \alpha \leqq f(x) \leqq \beta, \quad |g(x)| \leqq A,$$

so hat die DGl

$$y'' - f(x)\, y = g(x)$$

genau eine Lösung, die für $-\infty < x < +\infty$ beschränkt ist[1]).

8·5. $y'' + \alpha^2 y = g(x)$; periodische Lösungen[2]). Es sei $\alpha > 0$, $g(x) \not\equiv 0$ und für alle x stetig und periodisch mit der Periode p. Gesucht werden Lösungen mit derselben Periode p, d. h. Lösungen der Randwertaufgabe, die aus der obigen DGl und den Randbedingungen

$$y(0) = y(p), \quad y'(0) = y'(p)$$

besteht.

Für die zugehörige homogene DGl sind die Lösungen

$$C_1 \sin \alpha x + C_2 \cos \alpha x .$$

Nach A 24·2 kann man daher die Lösungen der unhomogenen DGl berechnen und hat dann, wofern das möglich ist, die Konstanten C_1, C_2 noch so zu bestimmen, daß die Lösung die Randbedingungen erfüllt. Dabei sind drei Fälle möglich:

(a) Die homogene Randwertaufgabe hat keine eigentliche Lösung, d. h. $\frac{\alpha p}{2\pi}$ ist keine ganze Zahl. Dann hat die gegebene Randwertaufgabe nach der Bemerkung am Ende von 1·2 genau eine Lösung.

(b) Die homogene Randwertaufgabe hat eigentliche Lösungen, d. h. es ist $\frac{\alpha p}{2\pi} = m$ eine ganze Zahl (Resonanzfall); dann ist sogar jede Lösung der homogenen DGl zugleich eine Lösung der homogenen Randwertaufgabe. Es ist nun weiter zu unterscheiden:

$$(\mathrm{b}_1) \qquad \int_0^p g(x) \cos \alpha x \, dx = \int_0^p g(x) \sin \alpha x \, dx = 0 .$$

Dann ist (vgl. die Schlußbemerkung von 1·4) jede Lösung der unhomogenen DGl zugleich Lösung der Randwertaufgabe, d. h. periodisch mit der Periode p.

(b_2) Liegt der Fall (b_1) nicht vor, so ist für jede Lösung $y(x)$ der unhomogenen DGl

$$\overline{\lim_{x \to \pm\infty}} |y(x)| = \infty ,$$

d. h. die „Schwingungsamplituden" sind nicht beschränkt.

---

[1]) *F. H. Murray*, Annals of Math. (2) 24 (1923) 84.

[2]) Vgl. *R. Iglisch*, Zeitschrift f. angew. Math. Mech. 17 (1937) 249ff.

8·6. Eine Rand- und Eigenwertaufgabe, die mit der Strömung von Flüssigkeiten zusammenhängt. Bei der Untersuchung der Strömung von Flüssigkeiten in Kanälen ist *J. Proudman*[1]) auf folgende Aufgabe gestoßen: Gegeben ist die Randwertaufgabe

$$(f\,y')' + \lambda\,y = -1\,,\quad y'(0) = y(1) = 0\,.$$

Für jede Lösung $y(x)$ wird der Mittelwert

$$M(\lambda) = \int_0^1 y\,dx$$

gebildet. Für eine gegebene Zahl α heißt eine Lösung y eine charakteristische Lösung, wenn $M(\lambda) = \alpha\,\lambda$ ist. Es werden u. a. die Fragen behandelt wann sich die Funktionen 0 und $F(x)$ so nach charakteristischen Funktionen $y_\nu(x)$ entwickeln lassen, daß

$$0 = \sum a_\nu\,y_\nu \quad \text{mit} \quad \sum a_\nu = 1$$

und

$$F(x) = \sum b_\nu\,y_\nu \quad \text{mit} \quad \sum b_\nu = 0$$

gilt.

Wird bei der Gezeitenströmung in einem Kanal noch die Erddrehung berücksichtigt, so kommt man nach *H. Horrocks*[2]) auf ein System

$$(f u')' + (\lambda + i\,\gamma)\,u = -1\,,\quad (f\,v')' + (\lambda - i\,\gamma)\,v = -1$$

mit denselben Nebenbedingungen, wobei jetzt nur

$$M(\lambda) = \frac{1}{2}\int_0^1 (u + v)\,dx$$

zu setzen ist.

9. Lineare Eigenwertaufgaben zweiter Ordnung.

9·1. Überblick über die behandelten Aufgaben. Am eingehendsten ist folgender Fall behandelt: Die DGl ist von der Gestalt

$$f_2(x)\,y'' + f_1(x)\,y' + [f_0(x) + \lambda\,g(x)]\,y = 0\,, \tag{1}$$

d. h. der Parameter λ tritt nur in dem Gliede auf, das y enthält, und dort auch nur linear; die f_ν und g sind in dem betrachteten Intervall $a \leqq x \leqq b$ stetig, und es ist dort $f_2 \neq 0$. Die Randbedingungen

$$\alpha_\mu\,y(a) + \beta_\mu\,y'(a) = \gamma_\mu\,y(b) + \delta_\mu\,y'(b) \qquad (\mu = 1, 2) \tag{2}$$

sind linear und voneinander linear unabhängig.

---

[1]) Proceedings London Math. Soc. (2) 24 (1926) 131–139.

[2]) Proceedings Soc. London A 115 (1927) 184–198.

Die DGl kann nach A 24·1 als selbstadjungierte DGl

$$(3)\qquad [f(x)\,y']' + [\lambda\,g(x) + h(x)]\,y = 0$$

geschrieben werden, wobei $f \neq 0$ und stetig differenzierbar ist, g und h stetig sind[1]).

Die Eigenwertaufgabe (3), (2) ist genau dann selbstadjungiert, wenn

$$(4)\qquad (\alpha_1\beta_2 - \alpha_2\beta_1)\,f(b) = (\gamma_1\delta_2 - \gamma_2\delta_1)\,f(a)$$

ist. Dieser Fall kommt in den Anwendungen am häufigsten vor. Über ihn wird in 9·2 berichtet. Die selbstadjungierten Eigenwertaufgaben zweiter Ordnung mit $g \neq 0$ sind übrigens auch immer regulär im Sinne von 2·3.

Allgemeiner ist auch die Eigenwertaufgabe

$$(5)\qquad [f(x,\lambda)\,y']' + g(x,\lambda)\,y = 0$$

mit den Randbedingungen (2) untersucht worden, in denen die Koeffizienten $\alpha_\mu, \ldots, \delta_\mu$ nun ebenfalls noch von λ abhängen dürfen. Die DGl (5) ist gleichwertig mit dem System

$$y' = \frac{z}{f}, \qquad z' = -g\,y\,.$$

Die Eigenwertaufgabe kann daher auch in der Gestalt

$$(6)\qquad y' = F(x,\lambda)\,z, \qquad z' = -G(x,\lambda)\,y$$

mit den Randbedingungen

$$(7)\qquad A_\mu\,y(a) + B_\mu\,z(a) = C_\mu\,y(b) + D_\mu\,z(b) \qquad (\mu = 1, 2)$$

geschrieben werden; diese Aufgabe ist genau dann selbstadjungiert, wenn

$$A_1 B_2 - A_2 B_1 = C_1 D_2 - C_2 D_1$$

ist. In dieser Form wird die Aufgabe in 9·3 behandelt.

9·4 handelt von Beziehungen zwischen Eigenwert- und Variationsaufgaben, 9·5 enthält Bemerkungen über die praktische Berechnung von Eigenwerten.

So weit wird vorausgesetzt, daß die Eigenwertaufgaben selbstadjungiert sind. In 9·6 wird über nicht-selbstadjungierte Randbedingungen und in 9·7 über Nebenbedingungen anderer Art berichtet. 9·8 enthält *Kleins* Oszillationssatz für Eigenwertaufgaben mit mehreren Parametern.

Bis dahin gilt für die DGl (1) die Voraussetzung $f_2 \neq 0$. Tatsächlich ist diese Voraussetzung nicht überall nötig. Das liegt u. a. daran, daß die Existenz der Lösungen für die DGl

$$y'' + f(x)\,y' + g(x)\,y = 0$$

[1]) Für eine speziellere Normalform s. 9·2 (a_1), *Liouvilles* Normalform.

nach dem Satz von *Carathéodory* (s. A 5·3) auch dann schon gesichert ist, wenn f und g integrierbar sind, also z. B. nur an einzelnen Stellen ξ Unstetigkeiten haben, und zwar von solcher Art, daß $f(x)(x-\xi)^\delta$ für ein $0 < \delta < 1$ an der Stelle ξ stetig ist. Die DGl (1) läßt sich aber offenbar als eine DGl dieser Art schreiben, wenn $f_2(x)$ an einzelnen Stellen eine „Nullstelle einer Ordnung < 1" hat[1]). Über den Fall daß $f_2(x)$ Nullstellen der Ordnung $\geqq 1$ hat, wird in 9·9 berichtet, und schließlich in 9·10 über den Fall unendlicher Intervalle.

9·2. $(fy')' + (\lambda g + h)y = 0$, $f \neq 0$; selbstadjungierte Aufgabe. Es sei die DGl (3) gegeben, $f \neq 0$ und stetig differenzierbar, g und h stetig für $a \leqq x \leqq b$; dazu die Randbedingungen (2), die selbstadjungiert sein d. h. (4) erfüllen sollen.

(a) $g(x) \neq 0$. Dann kann man $f > 0$ und $g > 0$ annehmen. Besonders häufig und eingehend ist die

(a₁) Sturmsche Eigenwertaufgabe behandelt worden, d. h. der Fall der Randbedingungen dritter Art oder Sturmschen Randbedingungen

$$\alpha y(a) + \beta y'(a) = 0, \quad \gamma y(b) + \delta y'(b) = 0$$

$(|\alpha| + |\beta| > 0, |\gamma| + |\delta| > 0)$ (für einfachste Beispiele s. C 2·9). In diesem Fall besagt

Sturms Oszillationssatz: Es gibt unendlich viele Eigenwerte alle Eigenwerte sind reell und lassen sich als eine monoton gegen $+\infty$ wachsende Folge $\lambda_0 < \lambda_1 < \lambda_2 < \cdots$ schreiben. Jeder Eigenwert ist einfach, die sämtlichen zu einem Eigenwert λ_n gehörigen Eigenfunktionen $\varphi_n(x)$ unterscheiden sich daher nur durch konstante, von Null verschieden Faktoren. Jede Eigenfunktion φ_n hat im offenen Intervall (a, b) genau n Nullstellen[2]).

---

[1]) Vgl. hierzu auch z. B. *M. Bôcher*, Bulletin Americ. Math. Soc. 5 (1899) 22–43.

[2]) Vgl. *Sturm*, Journal de Math. 1 (1836) 106–186. Beim Beweise stützt sich *Sturm* auf Vergleichssätze (vgl. A 25·5). Die ersten Beweise, die den heutigen strengeren Ansprüchen genügen, hat *M. Bôcher* gegeben, Bulletin Americ. Math. Soc. (1898) 295–313, 365–376. Auf demselben Prinzip beruhen z. B. auch die Beweis bei *Bôcher*, Méthodes de Sturm; *Ince*, Diff. Equations, S. 231ff.

Andere Beweise sind gegeben von

O. Haupt, Diss. Es wird eine „Kontinuitätsmethode" benutzt, bei der d DGl so abgeändert wird, daß die Oszillationseigenschaften der Lösungen erhalte bleiben und der Oszillationssatz für die abgeänderte Gl leicht nachgeprüft werde kann.

H. Prüfer, Math. Annalen 95 (1926) 499ff.; reproduziert bei *Kamke*, DGle S. 277ff. Für die Lösungen werden die Darstellungen durch „Polarkoordinaten

$$y = \varrho(x) \sin \vartheta(x), \quad f y' = \varrho(x) \cos \vartheta(x)$$

Die Eigenfunktionen erfüllen die Orthogonalitätsbeziehung

$$\int_a^b g\,\varphi_p\,\varphi_q\,dx = 0 \qquad \text{für } p \neq q\,.$$

Ist $\varphi_0, \varphi_1, \varphi_2, \ldots$ ein vollständiges normiertes System von Eigenfunktionen, d. h. ist noch

$$\int_a^b g\,\varphi_n^2\,dx = 1\,,$$

so gilt neben dem **Entwicklungssatz** von 2·15 z. B. auch noch der folgende: Für jede stetige und stückweis differenzierbare Funktion $F(x)$, die in denjenigen Endpunkten des Intervalls verschwindet, in denen φ_0 verschwindet, konvergiert die Reihe

$$F(x) = \sum_{n=0}^{\infty} c_n\,\varphi_n(x) \quad \text{mit} \quad c_n = \int_a^b F(x)\,g(x)\,\varphi_n(x)\,dx$$

absolut und gleichmäßig und hat zur Summe $F(x)$[1])

Liouvilles Normalform der Differentialgleichung[2]). Ist in (1) f_1 einmal und $\frac{g}{f_2}$ zweimal stetig differenzierbar, so geht (1) durch die Transformation

$$\eta(\xi) = \Phi(x)\,y(x)\,,\ \xi = \int_a^x \sqrt{\frac{g}{f_2}}\,dx$$

mit

$$\Phi(x) = \sqrt[4]{\frac{g}{f_2}}\,\exp\frac{1}{2}\int_a^x \frac{f_1}{f_2}\,dx$$

in Liouvilles Normalform

$$\eta'' + [\lambda + \varphi(\xi)]\,\eta = 0$$

---

benutzt (vgl. A 25·2 (d)); man hat dann die Lösungen der DGl erster Ordnung

$$\vartheta' = \frac{1}{f}\cos^2\vartheta + (\lambda\,g + h)\sin^2\vartheta$$

zu untersuchen.

Gelegentlich ist auch die Äquivalenz der Eigenwertaufgabe mit einer Variationsaufgabe (vgl. 2·13) für Beweise benutzt worden; vgl. dazu *Mason*, Randwertaufgaben und *R. G. D. Richardson*, Math. Annalen 68 (1910) 300.

[1]) S. z. B. *H. Prüfer*, a. a. O.; *E. Kamke*, a. a. O.; *Ince*, Diff. Equations, a. a. O. Vgl. auch *L. Lichtenstein*, Rendiconti Palermo 38 (1914) 113ff.; *G. Tautz*, Acta Math. 58 (1931) 23—148 und hierzu *J. D. Tamarkin* — *M. H. Stone*, ebenda 459—463.

Allgemeinere Entwicklungen werden z. B. betrachtet von *J. L. Walsh*, Annals of Math. (2) 24 (1923) 109—120; $F(x)$ braucht in dieser Arbeit nur L-integrierbar zu sein. *A. Haar*, Math. Annalen, 69 (1910) 331—371 und 71 (1912) 38—53; es handelt sich hier um die Entwicklungen nach beliebigen Orthogonalsystemen.

[2]) Encyklopädie II_3, s. 1256f.; *Ince*, Diff. Equations, S. 270f.

über: dabei ist

$$\varphi(\xi) = \frac{f_0}{g} + \frac{1}{2}\left(\frac{g}{f_2}\right)'\left(\frac{f_2}{g}\right)^2\frac{\Phi'}{\Phi} - \frac{f_2}{g}\frac{\Phi''}{\Phi},$$

und auf der rechten Seite ist noch x durch ξ auszudrücken. Man beachte, daß durch diese Transformation im allgemeinen auch die Randbedingungen und das Intervall $\langle a, b\rangle$ geändert werden. Sturmsche Randbedingungen gehen jedoch wieder in Sturmsche Randbedingungen über.

Eigenwerte und Eigenfunktionen für große n[1]). Die DGl sei in Liouvilles Normalform

$$(8) \qquad y'' + [\lambda + h(x)]\, y = 0$$

gegeben, wobei jetzt $h(x)$ in $\langle a, b\rangle$ stetig differenzierbar sein soll; die Randbedingungen sind wieder die am Anfang von (a_1) angegebenen Sturmschen Randbedingungen. Nach 2·12 ist die Eigenwertaufgabe gleichwertig mit der Volterraschen IGl

$$y(x) = -\beta \cos k(x-a) + \frac{\alpha}{k}\sin k(x-a) - \frac{1}{k}\int_a^x h(\xi)\, y(\xi)\sin k(x-\xi)\, d\xi$$

wobei $\lambda = k^2$ gesetzt ist und k so bestimmt werden soll, daß $y(x)$ auch noch die zweite der Randbedingungen erfüllt. Mit dem Iterationsverfahren (s. 2·10 und 2·12, Beispiel 2) kann man hieraus näherungsweise die Eigenwerte $\lambda_n = k_n^2$ und die Eigenfunktionen $\varphi_n(x)$ berechnen. Wird

$$H(u, v) = \frac{1}{2}\int_u^v h(\xi)\, d\xi$$

gesetzt, so findet man für

$\beta \neq 0, \quad \delta \neq 0$:

$$k_n = \frac{\pi n}{b-a} - \frac{A}{\pi n} + O\left(\frac{1}{n^2}\right) \quad \text{mit} \quad A = H(a, b) + \frac{\alpha}{\beta} - \frac{\gamma}{\delta},$$

$$\varphi_n = \cos\frac{\pi n(x-a)}{b-a} + \frac{1}{\pi n}\left[(x-a)\left(H(x, b) - \frac{\gamma}{\delta}\right) - (b-x)\left(H(a, x) + \frac{\alpha}{\beta}\right)\right]\sin\frac{\pi n(x-a)}{b-a} + O\left(\frac{1}{n^2}\right)$$

$\beta \neq 0, \quad \delta = 0, \quad \gamma = 1$:

$$k_n = \frac{(2n+1)\pi}{2(b-a)} - \frac{2B}{(2n+1)\pi} + O\left(\frac{1}{n^2}\right) \quad \text{mit} \quad B = H(a, b) + \frac{\alpha}{\beta},$$

$$\varphi_n = \cos\frac{(2n+1)\pi(x-a)}{2(b-a)} + \frac{2}{(2n+1)\pi}\left[(x-a)\, H(x, b) - (b-x)\left(H(a, x) + \frac{\alpha}{\beta}\right)\right]\sin\frac{(2n+1)\pi(x-a)}{2(b-a)} + O\left(\frac{1}{n^2}\right)$$

---

[1]) Encyklopädie II_3, S. 1257. *J. Liouville*, Journal de Math. (1) 2 (1837) 2… *Ince*, Diff. Equations, S. 270ff. *Courant-Hilbert*, Methoden math. Physik I, S. 2… bis 293. Vgl. auch *E. Makai*, Compos. math. 6 (1939) 368—374; Annali Pis… (2) 10 (1941) 123—126.

$\beta = 0, \quad \delta \neq 0, \quad \alpha = 1$:

$$k_n \text{ wie oben, jedoch mit } B = \frac{1}{2} H(a, b) - \frac{\gamma}{\delta},$$

$$\varphi_n = \sin \frac{(2n+1)\pi(x-a)}{2(b-a)} - \frac{2}{(2n+1)\pi}\left[(x-a)\left(H(x,b) - \frac{\gamma}{\delta}\right)\right.$$
$$\left. - (b-x) H(a,x)\right] \cos \frac{(2n+1)\pi(x-a)}{2(b-a)} + O\left(\frac{1}{n^2}\right);$$

$\beta = \delta = 0, \quad \alpha = \gamma = 1$:

$$k_n = \frac{(n+1)\pi}{b-a} - \frac{1}{(n+1)\pi} H(a,b) + O\left(\frac{1}{n^2}\right),$$

$$\varphi_n = \sin \frac{(n+1)\pi(x-a)}{b-a} - \frac{1}{(n+1)\pi}[(x-a) H(x,b)$$
$$- (b-x) H(a,x)] \cos \frac{(n+1)\pi(x-a)}{b-a} + O\left(\frac{1}{n^2}\right).$$

(a_2) Allgemeine selbstadjungierte Randbedingungen. Diese lassen sich lurch passende lineare Kombination in die Gestalt

$$y(b) = \alpha\, y(a) + \beta\, y'(a), \quad y'(b) = \gamma\, y(a) + \delta\, y'(a)$$

nit

$$\alpha\delta - \beta\gamma = \frac{f(a)}{f(b)}$$

ringen[1]). Zu dieser Eigenwertaufgabe gibt es unendlich viele Eigenwerte. Alle Eigenwerte sind reell. Der Oszillationssatz lautet jetzt[2]):

Die Gesamtheit der Eigenwerte läßt sich in zwei, gegen $+\infty$ konvergierenden Folgen

$$\lambda_1 < \lambda_2 < \lambda_3 < \cdots \quad \text{und} \quad (\bar{\lambda}_0 <)\, \bar{\lambda}_1 < \bar{\lambda}_2 < \cdots$$

nordnen, die folgende Eigenschaften haben: $\bar{\lambda}_0$ tritt nur für $\beta < 0$ und ür $\beta = 0$, $\alpha > 0$ auf; es ist

$$\lambda_n \leqq \bar{\lambda}_n < \lambda_{n+1}.$$

st $\lambda_n = \bar{\lambda}_n$ so ist diese Zahl ein doppelter Eigenwert, d. h. *alle* Lösungen on (3) mit $\lambda = \lambda_n$ sind Eigenfunktionen. Ist $\lambda_n < \bar{\lambda}_n$, so sind beide ahlen einfache Eigenwerte, d. h. die sämtlichen zu λ_n gehörigen Eigenınktionen $\varphi_n(x)$ unterscheiden sich nur durch konstante, von Null verhiedene Faktoren, und dasselbe gilt für die zu $\bar{\lambda}_n$ gehörigen Eigenfunkonen $\bar{\varphi}_n(x)$. Bedeutet $N(n)$ die Oszillationszahl, d. h. die Anzahl der

---

[1]) Vgl. z. B. *E. Kamke*, Math. Zeitschrift 44 (1938) 620f.

[2]) *H. J. Ettlinger*, Transactions Americ. Math. Soc. 19 (1918) 79—96, 22 (1921) 6—143; der Beweis stützt sich auf den Oszillationssatz im Falle (a_1). *O. Haupt*, iss. *E. Kamke*, Math. Zeitschrift 44 (1938) 635—658; es wird der Grundgedanke s Verfahrens von *Prüfer*[2]) auf S. 260 benutzt.

in dem halboffenen Intervall $a < x \leqq b$ gelegenen Nullstellen von Eigenfunktionen φ_n, $\overline{\varphi}_n$, die zu Eigenwerten λ_n, $\bar{\lambda}_n$ gehören, so ist $N(n)$ gleich

$$\begin{array}{ll} 2n-2 \text{ oder } 2n-1 & \text{für } \beta > 0\,, \\ 2n-1 & \text{für } \beta = 0\,,\quad \alpha < 0\,, \\ 2n-1 \text{ oder } 2n & \text{für } \beta < 0\,, \\ 2n & \text{für } \beta = 0\,,\quad \alpha > 0\,. \end{array}$$

Für Entwicklungssätze s. 2·15 sowie *A. C. Zaanen*, Compos. math. 7 (1939) 253—282. Ebenda sind auch Näherungsformeln für die Eigenwerte und Eigenfunktionen bei großem n hergeleitet.

(b) $g(x)$ darf das Vorzeichen wechseln; aber die Eigenwertaufgabe ist definit (vgl. 2·13), d. h. $\lambda = 0$ ist kein Eigenwert, und es ist

$$-\int_a^b [(f\,y')' + h\,y^2]\,dx = -[f\,y\,y']_a^b + \int_a^b (f\,y'^2 - h\,y^2)\,dx \geqq 0$$

für jede zweimal stetig differenzierbare Funktion $y(x)$, die den gegebenen selbstadjungierten Randbedingungen (2) genügt. Dieses ist z. B. der Fall, wenn $\lambda = 0$ kein Eigenwert, $f > 0$, $h \leqq 0$ und außerdem

$$[f\,y\,y']_a^b = 0$$

für jede Funktion der genannten Art ist. Lauten die Randbedingungen $y(a) = y(b) = 0$, so ist diese letzte Voraussetzung offenbar erfüllt[1]. Die Existenz unendlich vieler Eigenwerte und ein Entwicklungssatz ergibt sich aus 2·13 und 2·15[2]).

Die Oszillation der Eigenfunktionen ist untersucht worden von *R. G. D. Richardson*, Math. Annalen 68 (1910) 279—304, 73 (1913) 289—304, Americ. Journ. Math. 40 (1918) 283—316; *O. Haupt*, Math. Annalen 76 (1915) 67—104. Für die Randbedingungen $y(a) = y(b) = 0$ s. auch *E. Hilb*, Jahresbericht DMV 16 (1907) 279—28 und für $y'(a) = y'(b) = 0$ *M. Bôcher*, Bulletin Americ. Math. Soc. 21 (1915) 6—9.

(c) $g(x)$ darf das Vorzeichen wechseln; die Eigenwertaufgabe ist nicht definit. Für diesen Fall liegen Untersuchungen vor von *R. G. D. Richardson*, Math. Annalen 73 (1913) 289—304, Americ. Journ. Math. 40 (1918) 283—316.

9·3. $y' = F(x, \lambda)\,z$, $z' = -G(x, \lambda)\,y$ mit selbstadjungierten Randbedingungen, und zwar seien die Randbedingungen (7) gegeben, deren Koeffizienten jetzt auch noch von λ abhängen dürfen. Eine Zahl λ heißt wiederum Eigenwert dieser Eigenwertaufgabe, wenn es für sie eine eigentliche Lösung $y(x)$, $z(x)$ des obigen Systems (6) gibt, welche die Randbe-

[1]) Für das Beispiel $y'' + \lambda\,x^\nu\,y = 0$ s. auch C 2·1.

[2]) Vgl. hierzu auch *E. Holmgren*, Arkiv för Mat. 1 (1903) 401—417 sowie die oben genannten Arbeiten von *Richardson*, ferner *M. Picone*, Math. Zeitschrift 2 (1928) 519—555 und *M. Mason*, Transactions Americ. Math. Soc. 7 (1906) 337—360, 8 (1907) 427—432.

dingungen (7) erfüllt; die Funktionen y, z heißen dann Eigenfunktionen oder Eigenvektoren. Die Funktionen F, G sollen folgende Voraussetzungen erfüllen:

I. $F(x, \lambda)$, $G(x, \lambda)$ stetig und $F > 0$ für $a \leqq x \leqq b$, $\Lambda_1 < \lambda < \Lambda_2$.

II. $F(x, \lambda)$, $G(x, \lambda)$ nehmen bei festem x mit wachsendem λ nicht ab; für je zwei Zahlen $\lambda_1 < \lambda_2$ gibt es eine Stelle $x_0 = x_0(\lambda_1, \lambda_2)$, so daß

$$G(x_0, \lambda_1) < G(x_0, \lambda_2)$$

oder $F(x_0, \lambda_1) < F(x_0, \lambda_2)$ und $|G(x_0, \lambda_1)| + |G(x_0, \lambda_2| > 0$ ist.

III. $\lim\limits_{\lambda \to \Lambda_1} G(x, \lambda) = -\infty$, $\lim\limits_{\lambda \to \Lambda_2} G(x, \lambda) = +\infty$.

(a) Sturmsche Randbedingungen.

$$A\,y(a) = B\,z(a), \quad C\,y(b) = D\,z(b), \tag{9}$$

wo $A, \ldots, D$ stetige Funktionen von λ sind (insbesondere also auch konstant sein dürfen) und $|A| + |B| > 0$, $|C| + |D| > 0$ ist. Ferner wird vorausgesetzt:

entweder ist $B(\lambda) \equiv 0$
oder $B(\lambda) \not\equiv 0$ und $A(\lambda)/B(\lambda)$ nimmt mit wachsendem λ nicht zu; ferner ist entweder $D(\lambda) \equiv 0$
oder $D(\lambda) \not\equiv 0$ und $C(\lambda)/D(\lambda)$ nimmt mit wachsendem λ nicht ab.

Dann besteht der Oszillationssatz[1]): Es gibt unendlich viele Eigenwerte. Sie lassen sich als eine gegen Λ_2 konvergierende Folge $\lambda_0 < \lambda_1 < \lambda_2 < \cdots$ schreiben. Jeder Eigenwert ist einfach, d. h. die sämtlichen zu einem Eigenwert λ_n gehörigen Systeme von Eigenfunktionen $y_n(x)$, $z_n(x)$ unterscheiden sich nur durch konstante, von Null verschiedene Faktoren. Jedes $y_n(x)$ hat im offenen Intervall $a < x < b$ genau n Nullstellen.

W. A. Hurwitz[2]) hat das System

$$y' = [\lambda + f(x)]\,z, \quad z' = -[\lambda + g(x)]\,y \tag{10}$$

mit den Randbedingungen (9) bei konstanten $A, \ldots, D$ untersucht[3]); da $\lambda + f(x)$ Null werden kann, ist dies nicht ohne weiteres ein Sonderfall der vorher behandelten Aufgabe[4]). Die Aufgabe (10), (9) hat, wenn f und g stetig sind, ebenfalls unendlich viele Eigenwerte; alle Eigenwerte sind reell und einfach; sie lassen sich als eine Folge

$$\cdots < \lambda_{-2} < \lambda_{-1} < \lambda_0 < \lambda_1 < \lambda_2 < \cdots$$

---

[1]) *M. Bôcher*, Méthodes de Sturm, S. 63ff. *Ince*, Diff. Equations, S. 231ff. *T. Fort*, Bulletin Americ. Math. Soc. 24 (1918) 330–335; F und G werden hier in bezug auf x nur als integrierbar vorausgesetzt. In der obigen Form bei *E. Kamke*, Math. Zeitschrift 44 (1939) 639ff.

[2]) Transactions Americ. Math. Soc. 22 (1921) 526–543.

[3]) Vgl. hierzu auch 6.

[4]) Vgl. jedoch auch *Bôcher*, Méthodes de Sturm, S. 57.

schreiben, wo $\lambda_{-n} \to -\infty$, $\lambda_n \to +\infty$ ist. Ist $a = 0$, $b = 1$ und werden die Randbedingungen (9), was stets möglich ist, in der Form

$$y(0)\cos\alpha + z(0)\sin\alpha = 0, \quad y(1)\cos\beta + z(1)\sin\beta = 0$$

geschrieben, so ist

$$\lambda_n = \alpha - \beta - \frac{1}{2}\int_0^1 [f(x) + g(x)]\,dx + n\pi + O\left(\frac{1}{n}\right)$$

Die Eigenfunktionen y_n, z_n, die zu λ_n gehören, können so normiert werden, daß

$$\int_0^1 (y_p\,y_q + z_p\,z_q)\,dx = e_{p,q}$$

ist. Es ist dann

$$y_n = \sin(\xi_n - \alpha) + O\left(\frac{1}{n}\right), \qquad z_n = \cos(\xi_n - \alpha) + O\left(\frac{1}{n}\right)$$

mit

$$\xi_n = \lambda_n\,x + \frac{1}{2}\int_0^x [f(x) + g(x)]\,dx\,.$$

Sind die Funktionen $F(x)$, $G(x)$ zweimal stetig differenzierbar und erfüllen sie die Randbedingungen, so können sie simultan in zwei konvergente Reihen

$$F(x) = \sum_{-\infty}^{+\infty} c_n\,y_n(x), \qquad G(x) = \sum_{-\infty}^{+\infty} c_n\,z_n(x)$$

mit

$$c_n = \int_0^1 (F\,y_n + G\,z_n)\,dx$$

entwickelt werden.

(b) Allgemeine selbstadjungierte Randbedingungen, die nicht unter (a) fallen. Diese können (vgl. 9·2 (a_2)) in der Gestalt

$$y(b) = A\,y(a) + B\,z(a), \quad z(b) = C\,y(a) + D\,z(a)$$

angenommen werden. Dabei sollen $A, \ldots, D$ stetige Funktionen von λ mit $AD - BC = 1$ sein.

Außer I bis III wird vorausgesetzt: Entweder ist $B(\lambda) \equiv 0$ oder $B(\lambda) \neq 0$ für $\Lambda_1 < \lambda < \Lambda_2$, so daß also nur die vier Fälle

$$(\alpha)\ B > 0, \quad (\beta)\ B \equiv 0,\ A < 0, \quad (\gamma)\ B < 0, \quad (\delta)\ B \equiv 0,\ A > 0$$

möglich sind. Ferner ist

$$B \cdot \Delta A \geqq A \cdot \Delta B, \quad D \cdot \Delta C \geqq C \cdot \Delta D, \quad \Delta A \cdot \Delta D \geqq \Delta B \cdot \Delta C;$$

dabei ist $\Delta A = A(\lambda + \varepsilon) - A(\lambda)$, und ε bedeutet in allen Gliedern der UnGlen dieselbe positive Zahl; die UnGlen sollen für alle hinreichend kleinen ε erfüllt sein.

Dann besteht der Oszillationssatz[1]): Es gibt unendlich viele Eigenwerte; sie lassen sich in zwei gegen Λ_2 konvergierenden Folgen

$$\lambda_1 < \lambda_2 < \lambda_3 < \cdots \quad \text{und} \quad (\bar{\lambda}_0 <)\, \bar{\lambda}_1 < \bar{\lambda}_2 < \cdots$$

anordnen, die folgende Eigenschaften haben: $\bar{\lambda}_0$ tritt nur in den Fällen (γ), (δ) auf. Es ist $\lambda_n \leqq \bar{\lambda}_n < \lambda_{n+1}$. Ist $\lambda_n = \bar{\lambda}_n$, so ist diese Zahl ein doppelter Eigenwert, d. h. alle eigentlichen Lösungen des Systems (6) mit $\lambda = \lambda_n$ sind Eigenfunktionen. Ist $\lambda_n < \bar{\lambda}_n$, so sind beides einfache Eigenwerte, d. h. die sämtlichen zu λ_n gehörigen Systeme von Eigenfunktionen $y_n(x)$, $z_n(x)$ unterscheiden sich nur durch konstante, von Null verschiedene Faktoren, und dasselbe gilt für die zu $\bar{\lambda}_n$ gehörigen Systeme $\bar{y}_n(x)$, $\bar{z}_n(x)$ von Eigenfunktionen. Bedeutet $N(n)$ die Oszillationszahl, d. h. die Anzahl der in dem halboffenen Intervall $a < x \leqq b$ gelegenen Nullstellen von Funktionen $y_n(x)$, $\bar{y}_n(x)$, die zu den Eigenwerten λ_n, $\bar{\lambda}_n$ gehören (dabei darf $\lambda = \bar{\lambda}_n$ sein), so hat $N(n)$ in den vorher unterschiedenen Fällen die Werte

(α) $2n - 2$ oder $2n - 1$, (β) $2n - 1$, (γ) $2n - 1$ oder $2n$, (δ) $2n$.

In den Fällen (γ) und (δ) hat $\bar{y}_0$ sogar in dem beiderseits abgeschlossenen Intervall $a \leqq x \leqq b$ keine Nullstelle.

Das System (10) mit allgemeinen selbstadjungierten Randbedingungen (mit konstanten Koeffizienten) ist von *Ch. Cl. Camp*, Americ. Journ. Math. 44 (1922) 25—53, behandelt worden.

9·4. Eigenwertaufgaben und Variationsprinzip[2]). Ist in (3) $f > 0$, $g \not\equiv 0$ und $\geqq 0$, $h \leqq 0$, ferner

$$R = \Big[-f\, y\, y'\Big]_a^b \geqq 0$$

für jede Funktion $y(x)$, die den Randbedingungen genügt, und ist schließlich $\lambda = 0$ kein Eigenwert, so ist nach 2·13 der kleinste Eigenwert

$$\lambda_1 = \operatorname*{Min}_y \frac{-\int_a^b y\,[(f\,y')' + h\,y]\,dx}{\int_a^b g\,y^2\,dx}$$

---

[1]) *O. Haupt*, Diss.; Math. Annalen 76 (1915) 67—104. *H. J. Ettlinger*, Transact. Americ. Math. Soc. 19 (1918) 79—96; 22 (1921) 136—143. In der obigen Form bei *E. Kamke*, Math. Zeitschrift 44 (1939) 635—658. Vgl. auch 9·6 (b).

[2]) Vgl. 2·13.

oder, wie sich durch partielle Integration ergibt,

$$\text{(II)} \qquad \lambda_1 = \operatorname*{Min}_{y} \frac{\int\limits_a^b (f\,y'^2 - h\,y^2)\,dx + R}{\int\limits_a^b g\,y^2\,dx};$$

dabei sind zur Konkurrenz alle Funktionen $y(x)$ zugelassen, für die der Nenner $\neq 0$ ist und die

(a) zweimal stetig differenzierbar sind und

(b) die selbstadjungierten Randbedingungen (2) erfüllen.

Der Bereich der zugelassenen Funktionen kann nach 2·14 (b) [1]) erweitert werden, wenn man aus den Randbedingungen durch lineare Kombination möglichst viele „wesentliche" Randbedingungen bildet, d. h. solche, die keine Ableitung enthalten, und noch durch die „restlichen" Randbedingungen [2]), die von den Ableitungen nicht befreit werden können, ergänzt. Mit Hilfe der restlichen Randbedingungen lassen sich aus R alle Ableitungen entfernen, so daß aus R eine quadratische Form

$$R_0 = \alpha\,y^2(a) + \beta\,y(a)\,y(b) + \gamma\,y(b)$$

wird, von der vorausgesetzt wird, daß sie $\geqq 0$ ist für alle Zahlen $y(a)$, $y(b)$, die den wesentlichen Randbedingungen genügen. Dann ist auch

$$\lambda_1 = \operatorname*{Min}_{y} \frac{\int\limits_a^b (f\,y'^2 - h\,y^2)\,dx + R_0}{\int\limits_a^b g\,y^2\,dx},$$

wenn zur Konkurrenz alle Funktionen $y(x)$ zugelassen werden, für die der Nenner $\neq 0$ ist und die

(a) stetig und stückweis einmal stetig differenzierbar sind und

(b) die wesentlichen Randbedingungen erfüllen.

---

[1]) Außer der in 2·14 (b) angekündigten Arbeit von *Kamke* vgl. *E. Holmgren*, Arkiv för Mat. 1 (1903—04) 401—417; hier kommen (für $f = 1$, $h = 0$) bereits die Randbedingungen I—IV des obigen Textes vor. Für mancherlei Einzelheiten s. *Ch. M. Mason*, Randwertaufgaben; Math. Annalen 58 (1904) 528—544; C. R. Paris 140 (1905) 1086—1088; Transactions Americ. Math. Soc. 7 (1906) 337—360, 8 (1907) 427—432. *R. G. D. Richardson*, Math. Annalen 68 (1910) 279—304. *R. Courant*, Jahresbericht DMV 34 (1926) 90—117; Acta Math. 49 (1926) 1—68. *Courant-Hilbert*, Methoden math. Physik I, S. 348ff. Für die Randbedingungen I und einen allgemeineren (nichtlinearen) Typus von DGlen zweiter Ordnung s. auch *L. Lüsternik*, Commun. Soc. math. Kharkoff (4) 14 (1937) 139—150.

[2]) Das sind etwa die „natürlichen Randbedingungen" im Sinne von *R. Courant.*

Die Funktion $y(x)$, für die das Minimum eintritt, ist dann von selbst zweimal stetig differenzierbar und erfüllt auch die restlichen Randbedingungen, ist also eine zu λ_1 gehörige Eigenfunktion.

Diese Voraussetzungen sind erfüllt für die Randbedingungen

I. $y(a) = 0,\ y(b) = 0;$

II. $y(a) = 0,\ y'(b) = -\beta\, y(b),\ \beta \geqq 0;$

III. $y(b) = 0,\ y'(a) = \alpha\, y(a),\ \alpha \geqq 0;$

IV. $y(a) = y(b),\ f(a)\, y'(a) = f(b)\, y'(b);$

V. $y'(a) = \alpha\, y(a) - \beta f(b)\, y(b),\ y'(b) = \beta f(a)\, y(a) - \gamma\, y(b),$

$\alpha, \gamma \geqq 0\ \ \beta^2 f(a) f(b) \leqq \alpha\,\gamma.$

Die quadratischen Formen R_0 sind in diesen Fällen:

I. $R_0 = 0,$ II. $R_0 = \beta f(b)\, y^2(b),$

III. $R_0 = \alpha f(a)\, y^2(a),$ IV. $R_0 = 0,$

V. $R_0 = \alpha f(a)\, y^2(a) - 2\,\beta f(a) f(b) + \gamma f(b)\, y^2(b).$

9·5. Zur praktischen Berechnung von Eigenwerten und Eigenfunktionen. Hierzu ist auf 3 zu verweisen, vor allem auf das Verfahren von Ritz-Galerkin und auf die graphische Form des Iterationsverfahrens (A 31·3 (c)). Hingewiesen sei ferner auf die monographischen Darstellungen:

N. Kryloff, Solution approchée. Hier findet man teils mit, teils ohne Beweis auch eine Reihe von Abschätzungsformeln, die sich bei dem Näherungsverfahren von Ritz-Galerkin durch Verwendung spezieller Näherungsfunktionen ergeben.

Temple-Bickley, Rayleigh's Principle. In diesem für Ingenieure geschriebenen Buch werden an Hand vieler Beispiele die Methoden zur Berechnung der Eigenwerte bei selbstadjungierten Eigenwertaufgaben zweiter und vierter Ordnung auseinandergesetzt, vor allem die Methoden, die sich auf das Rayleighsche Prinzip stützen.

L. Collatz, Zeitschrift f. angew. Math. Mech. 19 (1939) 224—249, 297 bis 318. Hier wird u. a. die Güte der verschiedenen Methoden an Beispielen verglichen.

Weitere Bemerkungen findet man z. B. bei *R. Iglisch*, Zeitschrift f. angew. Math. Mech. 14 (1934) 51—55. *L. Collatz*, Ingenieur-Archiv 8 (1937) 325—331 [Randbedingungen $y(a) = y(b) = 0$].

Sind zu der DGl (3) Sturmsche Randbedingungen gegeben, so kann man diese in der Gestalt

$$y(a) \cos\alpha = y'(a)\, f(a) \sin\alpha \qquad (0 \leqq \alpha < \pi),$$

$$y(b) \cos\beta = y'(b)\, f(b) \sin\beta \qquad (0 < \beta \leqq \pi)$$

schreiben. Ist der Eigenwert λ_n gesucht, so ergibt die Transformation A 25·2 (d): man hat λ so zu bestimmen, daß die DGl

$$\vartheta'(x) = \frac{1}{f}\cos^2\vartheta + (\lambda\, g + h)\sin^2\vartheta \tag{12}$$

eine Lösung $\vartheta(x)$ mit den Anfangs- und Endwerten

$$\vartheta(a) = \alpha, \quad \vartheta(b) = \beta + n\pi \tag{13}$$

hat. Nimmt man versuchsweise ein $\lambda = \lambda^*$ an, so kann man nach einem Näherungsverfahren die Lösung $\vartheta(x)$ von (12) berechnen, deren Anfangswert $\vartheta(a) = \alpha$ ist. Ergibt sich, daß dieses $\vartheta(x)$ die zweite der Glen (13) noch nicht erfüllt, so wiederholt man das Verfahren mit einem neuen $\lambda = \lambda^*$, bis auch die zweite der Glen (13) mit hinreichender Genauigkeit erfüllt ist. Durch Interpolation zwischen den benutzten λ kann das Verfahren abgekürzt werden[1]).

9·6. Eigenwertaufgaben, die nicht selbstadjungiert zu sein brauchen.

(a) Reguläre und irreguläre Eigenwertaufgaben[2]). Die Eigenwertaufgabe

$$f_2(x)\, y'' + f_1(x)\, y' + [f_0(x) + \lambda\, g(x)]\, y = 0 \tag{1}$$

mit $f_2 \neq 0$, $g \neq 0$ und den Randbedingungen (2) ist genau dann irregulär, wenn sich die Randbedingungen durch lineare Kombinationen in die Gestalt

$$\alpha\, y'(a) + \beta\, y'(b) + \gamma\, y(a) + \delta\, y(b) = 0\,,$$
$$\alpha\, \omega(a)\, y(a) - \beta\, \omega(b)\, y(b) = 0$$

bringen lassen, wo

$$|\alpha| + |\beta| > 0 \quad \text{und} \quad \omega(x) = \sqrt{\left|\frac{g}{f_2}\right|}$$

ist. In jedem andern Falle ist die Eigenwertaufgabe regulär. Zu den regulären gehören insbesondere alle selbstadjungierten Eigenwertaufgaben. Für die Existenz der Eigenwerte, ihr asymptotisches Verhalten und Entwicklungssätze bei regulären Eigenwertaufgaben s. 2·4 und 2·5, außerdem für die Entwicklung sehr allgemeiner (Denjoy-integrierbarer) Funktionen nach Eigenfunktionen *M. H. Stone*, Transactions Americ. Math. Soc. 29 (1927) 826—844.

Die irreguläre Aufgabe

$$y'' + [\lambda + h(x)]\, y = 0, \quad y'(0) + \alpha\, y'(1) + \beta\, y(1) = 0, \quad y(0) - \alpha\, y(1) = 0$$

ist von *M. H. Stone*, Transactions Americ. Math. Soc. 29 (1927) 23—53 ausführlich untersucht worden. Hier kann (z. B. $h = 0$, $\alpha = 1$, $\beta = 0$)

---

[1]) Vgl. *W. E. Milne*, Americ. Math. Monthly 38 (1931) 14—16.

[2]) Vgl. 2·3.

jedes λ Eigenwert sein. Für $\beta \neq 0$ sowie noch für eine Reihe weiterer Fälle gibt es jedoch wieder abzählbar unendlich viele Eigenwerte. Für diese werden Abschätzungen gegeben, und es werden Entwicklungssätze aufgestellt.

(b) $y' = F(x, \lambda)\, z$, $z' = -G(x, \lambda)\, y$, Existenz von Eigenwerten. Kommt es nur auf die Existenz mindestens eines (reellen) Eigenwertes an, so kann über 9·3 hinaus folgendes gesagt werden[1]). Die gemeinsamen Voraussetzungen sind:

Für $a \leqq x \leqq b$, $\Lambda_1 < \lambda < \Lambda_2$ sind $F(x, \lambda)$ und $G(x, \lambda)$ stetig, ferner ist $F > 0$. Für eine in $\Lambda_1 < \lambda < \Lambda_2$ gelegene Zahlenfolge $\lambda = l_n$ ist

$$\lim_{n \to \infty} G(x, l_n) = -\infty \text{ gleichmäßig in } a \leqq x \leqq b;$$

ferner hat F für diese λ im ganzen Intervall $\langle a, b \rangle$ eine obere Schranke und[2]) in einem Teilintervall eine positive untere Schranke. Für eine in $\Lambda_1 < \lambda < \Lambda_2$ gelegene Zahlenfolge $\lambda = L_n$ ist

$$\lim_{n \to \infty} G(x, L_n) = +\infty \text{ gleichmäßig in } a \leqq x \leqq b;$$

ferner hat F für diese λ im ganzen Intervall $\langle a, b \rangle$ eine positive untere Schranke. Die vorkommenden Funktionen $A(\lambda), \ldots, D(\lambda)$ sind stetig für $\Lambda_1 < \lambda < \Lambda_2$.

I. Dann gibt es unendlich viele Eigenwerte, wenn die Randbedingungen

$$A\, y(a) + B\, z(a) = 0, \quad C\, y(b) + D\, z(b) = 0$$

lauten und wenn im ganzen Intervall $\Lambda_1 < \lambda < \Lambda_2$ entweder $A(\lambda) \neq 0$ oder $B(\lambda) \neq 0$ sowie entweder $C(\lambda) \neq 0$ oder $D(\lambda) \neq 0$ ist.

Es gibt mindestens einen Eigenwert in den folgenden Fällen:

II. $z(a) = A\, y(a)$, $y(a) = C\, y(b) + D\, z(b)$, die $A(l_n)$ sind nach unten beschränkt, ferner ist entweder

$$D(l_n) = 0, \quad C(l_n) \geqq C_0 > 0$$

oder

$$D(l_n) \geqq D_0 > 0, \quad C(l_n) \text{ nach unten beschränkt.}$$

III. $$y(a) = B\, z(a), \quad z(a) = C\, y(b) + D\, z(b),$$

ferner ist für $\Lambda_1 < \lambda < \Lambda_2$

entweder $B(\lambda) \geqq 0$	oder $B(\lambda) < 0$

[1]) *H. J. Ettlinger*, Annals of Math. (2) 21 (1919—20) 278—290; Bulletin Americ. Math. Soc. 27 (1921) 322—325. In der obigen Formulierung bei *E. Kamke*, Math. Zeitschrift 44 (1938) 619—634.

[2]) Für I wird die Existenz der positiven unteren Schranke nicht benötigt.

und außerdem für $n = 1, 2, \ldots$

entweder $D(l_n) = 0$, $C(l_n) \geqq C_0 > 0$	$B(l_n) \leqq B_0 < 0$ und
oder	entweder $D(l_n) = 0$, $C(l_n) \leqq C_0 < 0$
$D(l_n) \geqq D_0 > 0$ und die $C(l_n)$	oder
nach unten beschränkt.	$D(l_n) \leqq D_0 < 0$ und die $C(l_n)$
	nach oben beschränkt.

IV. $\quad y(b) = A\,y(a) + B\,z(a), \quad z(b) = C\,y(a) + D\,z(a)$

und $\Delta(\lambda) = A\,D - B\,C > 0$, ferner ist $\Delta(\lambda)$ beschränkt und

entweder $B(\lambda) \equiv 0$, $A(\lambda) > 0$, $A(l_n) \geqq A_0 > 0$, $C(l_n)$ nach oben beschränkt

oder $B(\lambda) < 0$, $B(l_n) \leqq B_0 < 0$, $C(l_n)$ und $D(l_n)$ nach oben, $A(l_n)$ nach unten beschränkt.

(c) Differentialgleichungen, in die der Parameter nicht linear eingeht. Hier sind zu nennen:

J. I. Vass, Duke Math. Journal 2 (1936) 151—165:

$$y'' - 2\,\lambda\,y' \cos c + \lambda^2\,y = 0\,, \quad c = \frac{p\pi}{q}\,, \quad 0 < 2\,p < q$$

mit den Randbedingungen

$$y(0) = 0 \ \text{ oder } \ y'(0) = 0, \quad \alpha\,y(0) + \beta\,y'(0) + \gamma\,y(1) + \delta\,y'(1) = 0.$$

R. E. Langer, Transactions Americ. Math. Soc. 31 (1929) 868—906:

$$y'' + [f_1(x)\,\lambda + f_0(x)]\,y' + [g_2(x)\,\lambda^2 + g_1(x)\,\lambda + g_0(x)]\,y = 0$$

mit Randbedingungen (2), deren Koeffizienten Polynome von λ sind.

R. E. Langer, ebenda 32 (1930) 238—250:

$$y'' + \left(f_0(x) + \sum_{\nu=1}^{n} \frac{f_\nu(x)}{\lambda - \alpha_\nu}\right) y' + \left\{g_0(x) + \sum_{\nu=1}^{n} \left(\frac{g_{1,\nu}(x)}{\lambda - \alpha_\nu} + \frac{g_{2,\nu}(x)}{(\lambda - \alpha_\nu)^2}\right)\right\} y = 0$$

mit linearen Randbedingungen (2).

9·7. Andere Nebenbedingungen.

(a) Polynome als Lösungen. Es sei die DGl

$$P(x)\,y'' + Q(x)\,y' + \lambda\,R(x)\,y = 0$$

gegeben, wo P, Q, R Polynome sind und $R \not\equiv 0$ ist. Statt der früheren Randbedingungen ist jetzt die Nebenbedingung „$y(x)$ ein Polynom" gegeben. Soll es eine Folge von „Eigenwerten" λ_n ($n = 0, 1, 2, \ldots$) geben, derart daß zu jedem λ_n eine „Eigenfunktion" der Gestalt

$$y_n = \sum_{\nu=0}^{n} c_{n,\nu}\,x^\nu \qquad (c_{n,n} = 1)$$

gehört, so muß die DGl die Gestalt

$$p\,y'' + q\,y' + \lambda\,y = 0 \tag{14}$$

mit

$$p = a x^2 + b x + c, \quad q = \alpha x + \beta$$

haben; es ist dann notwendig

$$\lambda_n = - a n (n - 1) - \alpha n .$$

Sind diese Zahlen λ_n sämtlich verschieden, so sind sie auch wirklich Eigenwerte; die $c_{n,\nu}$ können durch Eintragen von y_n in die DGl berechnet werden. Ist

$$(g p y')' + \lambda g y = 0$$

die zugehörige selbstadjungierte DGl, so erfüllen die y_n die Orthogonalitätsrelationen

$$\int_u^v g(x) y_m(x) y_n(x) dx = 0 \qquad (m \neq n),$$

wobei u, v die als verschieden vorausgesetzten Nullstellen ($\pm \infty$ zugelassen) von $p(x)$ sind. Ferner ist

$$h_n y_n = \frac{1}{g} \frac{d^n}{dx^n} (g p^n),$$

wobei h_n der Koeffizient von x^n auf der rechten Seite dieser Gl ist. Als Sonderfälle erhält man die Polynome von *Jacobi*, *Hermite*, *Laguerre*.

Zu diesen Polynomen s. *G. Szegö*, Orthogonal polynomials. Für Sonderfälle und weitere Einzelheiten s. *W. C. Brenke*, Bulletin Americ. Math. Soc. 36 (1930) 77—84 sowie das Referat von *M. Müller* im Jahrbuch FdM 56 (1930) 1043—1045. *S. Bochner*, Math. Zeitschrift 29 (1929) 730—736 hat die entsprechende Frage für die DGl

$$f_2(x) y'' + f_1(x) y' + [f_0(x) + \lambda] y = 0$$

behandelt, wo die f_ν irgendwelche reellen oder komplexen Funktionen sein dürfen und auch λ komplex sein darf. Es ergibt sich, daß die DGl dann wieder von der Gestalt (14) sein muß. Vgl. auch A 18·6 und 22·5.

(b) Sonstige Nebenbedingungen. Es sind folgende Fälle behandelt worden:

E. Hilb, Math. Zeitschrift 1 (1918) 58—69:

$$y'' + [h(x) + \lambda] y = 0; \quad y(0) = 0, \; y(1) = y(2).$$

W. M. Whyburn, Transactions Americ. Math. Soc. 30 (1928) 630—640:

$$y' = F(x, \lambda) z, \quad z' = - G(x, \lambda) y \tag{6}$$

mit den Nebenbedingungen

$$\sum_{\nu=1}^{k} \alpha_\nu(\lambda) y(a_\nu) = 0, \quad y(c) = 0 \quad (a \leqq a_1 < a_2 < \cdots < a_k \leqq b; \; a_1 < c \leqq b),$$

insbesondere mit

$$y(a_1) + y(a_2) = 0, \qquad y(c) = 0$$

sowie mit

$$\alpha(\lambda)\, z(a) = \beta(\lambda)\, y(a), \qquad \int_a^b A(x, \lambda)\, y(x)\, dx = 0,$$

wobei α, β stetig sind und A stetig in bezug auf λ, summierbar in bezug auf x ist.

R. v. Mises, Weber-Festschrift, S. 252—282: Die DGl (3) mit den Nebenbedingungen

$$\int_a^b A(x)\, y\, dx = 0, \qquad \int_a^b B(x)\, y\, dx = 0,$$

wo A und B gegebene Funktionen sind; die Ausführungen scheinen jedoch noch einer Präzisierung zu bedürfen. Vgl. auch *Frank v. Mises*, D- und IGlen I. 2. Aufl. 1930, S. 460 ff.

Vgl. ferner 5.

9·8.[1]) **Eigenwertaufgaben mit mehreren Parametern; Kleins Oszillationssatz.** Die gegebene DGl lautet

$$f_2(x)\, y'' + f_1(x)\, y' + \left[f_0(x) + g(x) \sum_{\nu=0}^{n} \lambda_\nu\, x^\nu\right] y = 0;$$

dabei sind die f_ν und g stetig, ferner $f_2 \neq 0$ und $g \neq 0$ in den getrennten liegenden Intervallen $a_\nu \leqq x \leqq b_\nu$ $(\nu = 0, 1, \ldots, n)$. Gesucht werden „Eigenwerte" λ_ν und zu ihnen gehörige „Eigenfunktionen" $\varphi_\nu(x)$ derart, daß jedes φ_ν in $\langle a_\nu, b_\nu\rangle$ eine eigentliche Lösung der DGl ist und die Randbedingungen

$$\alpha_\nu\, \varphi_\nu(a_\nu) + \alpha'_\nu\, \varphi'_\nu(a_\nu) = 0, \quad \beta_\nu\, \varphi_\nu(b_\nu) + \beta'_\nu\, \varphi'_\nu(b_\nu) = 0$$
$$(|\alpha_\nu| + |\alpha'_\nu| > 0, \quad |\beta_\nu| + |\beta'_\nu| > 0)$$

erfüllt.

Zu jedem System ganzer Zahlen $k_\nu \geqq 0$ $(\nu = 0, 1, \ldots, n)$ gibt es genau ein Eigenwertsystem $\lambda_0, \ldots, \lambda_n$, so daß die auf das Intervall $\langle a_\nu, b_\nu\rangle$ bezügliche Randwertaufgabe für das Eigenwertsystem $\lambda_0, \ldots, \lambda_n$ durch eine Funktion $\varphi_\nu(x)$ lösbar ist, die in (a_ν, b_ν) genau k_ν Nullstellen hat; es gibt nur reelle Eigenwertsysteme (Oszillationssatz von *F. Klein*).

Dieser Satz geht für $n = 0$ in Sturms Oszillationssatz über und läßt sich allgemein auf ihn durch Schluß von n auf $n + 1$ zurückführen. Die Fragestellung ist zuerst bei *Lamés* DGl C 2·408 aufgetreten.

9·9. Differentialgleichungen mit singulären Stellen in den Randpunkten Es sei die DGl

$$[F(x, \lambda)\, y']' + G(x, \lambda)\, y = 0$$

mit den Randbedingungen „$\lim\limits_{x\to a} y(x)$ und $\lim\limits_{x\to b} y(x)$ existieren" gegeben.

---

[1]) Encyklopädie II_1, S. 450—454. *Ince*, Diff. Equations, S. 248—251 *Courant-Hilbert*, Methoden math. Physik I, S. 275—279.

Es wird vorausgesetzt: $F > 0$ und G sind stetig für $a < x < b$, $\Lambda_1 < \lambda < \Lambda_2$; für jedes dieser λ sind F und G an den Stellen $x = a$ und $x = b$ reguläre Funktionen von x. Die DGl hat für jedes λ mindestens eine bei $x = a$ reguläre Lösung und auch mindestens eine bei $x = b$ reguläre Lösung [d. h. a und b sind schwach singuläre Stellen, und die Index-Glen für diese Stellen haben mindestens je eine Lösung $\geqq 0$ (vgl. A 18·1)]. Bei festem x nimmt F monoton ab und G monoton zu (im weiteren Sinne), wenn λ wächst. Schließlich ist für jedes feste $a < \alpha < \beta < b$

$$\frac{m_G(\alpha, \beta)}{M_F(\alpha, \beta)} \to \infty \quad \text{für} \quad \lambda \to \Lambda_2$$

mit

$$m_G(\alpha, \beta) = \min_{\alpha \leqq x \leqq \beta} G, \quad M_F(\alpha, \beta) = \max_{\alpha \leqq x \leqq \beta} F.$$

Unter diesen Voraussetzungen gibt es unendlich viele Eigenwerte λ_n, derart daß die Anzahl der Nullstellen der zugehörigen Eigenfunktionen mit n unbegrenzt wächst. Ist noch

$$\frac{M_G(\alpha, \beta)}{m_F(\alpha, \beta)} \to -\infty \quad \text{für} \quad \lambda \to \Lambda_1,$$

so gibt es auch genau eine Eigenfunktion, die in $a < x < b$ keine Nullstelle hat[1]).

In manchen Fällen können die Randbedingungen verschärft werden. Durch Transformationen der unabhängigen Veränderlichen kann man das Intervall (a, b) in unbegrenzte Intervalle überführen und so auch Sätze für Eigenwertaufgaben erhalten, die sich auf solche Intervalle beziehen.

9·10. Unbegrenzte Intervalle.

(a) $$y'' + G(x, \lambda)\, y = 0$$

mit den Randbedingungen

$$\text{„}y(x) \to 0, \quad y'(x) \to 0 \quad \text{für } |x| \to \infty\text{“}.$$

Ist G stetig für alle x, λ und

$$\frac{\partial G}{\partial \lambda} > 0, \quad \lim_{\lambda \to -\infty} G = -\infty, \quad \lim_{\lambda \to +\infty} G = +\infty, \quad \lim_{|x| \to \infty} G = -\infty,$$

so gibt es unendlich viele Eigenwerte, sie sind einfach und lassen sich als Folge $\lambda_0 < \lambda_1 < \lambda_2 < \cdots$ mit $\lambda_n \to \infty$ schreiben. Jede zu λ_n gehörige

[1]) *W. H. McCrea* — *R. A. Newing*, Proceedings London Math. Soc. (2) 37 (1934) 520—534.

Eigenfunktion $\varphi_n(x)$ hat genau n Nullstellen, und die Integrale

$$\int_{-\infty}^{+\infty} \varphi_n^2\,dx\,, \quad \int_{-\infty}^{+\infty} \varphi_n'^2\,dx\,, \quad \int_{-\infty}^{+\infty} G(x,\lambda)\,\varphi_n^2\,dx$$

existieren[1]).

(b) $y'' + [\lambda + f(x)]\,y = 0$ mit den Randbedingungen „$y(x)$ beschränkt für $-\infty < x < +\infty$".

Die DGl tritt in der Wellenmechanik mit den Bezeichnungen

$$\psi''(t) + \frac{8\pi^2 m}{h}\,[E - V(t)]\,\psi = 0$$

auf, wo m eine Masse, $V(t)$ eine potentielle Energie und E den Parameter bedeutet, der so bestimmt werden soll, daß es Lösungen gibt, die für alle t beschränkt sind. Die DGl ist unter dem Namen *Schrödingers* WellenGl bekannt und in der physikalischen Literatur vielfach untersucht worden[2]). Dabei wird häufig die „WBK-Methode" (*Wentzel*, *Brillouin*, *Kramers;* die Namen werden auch in anderer Reihenfolge genannt) benutzt zur genäherten Bestimmung von Eigenwerten. Diese Methode besteht darin, daß für die Lösung der obigen oder der mit ihr äquivalenten Riccatischen DGl (vgl. A 25·1 (a)) eine Reihe angesetzt wird, die nach Potenzen von $\frac{1}{h}$ fortschreitet; vgl. hierzu A 25·10 sowie die Störungsrechnung von 3·6 und die kritischen Bemerkungen von *R. E. Langer*, Bulletin Americ. Math. Soc. 40 (1934) 545—582.

(c) Zwei weitere Aufgaben. Für das Verhalten der Lösungen von

$$y'' + [\lambda + f(x)]\,y = 0, \quad y(0) = 0, \quad \alpha\,y(b) + \beta\,y'(b) = 0$$

für $b \to \infty$ s. *E. Hilb*, Math. Annalen 76 (1915) 333—339 und *W. E. Milne* an der bei (a) angegebenen Stelle.

Für die Eigenwertaufgabe

$$(f\,y')' + (\lambda + h)\,y = 0, \quad y'(0) = 0, \quad \int_0^\infty y^2\,dx \text{ existiert}$$

vgl. *E. Meissner*, Enseignement math. 25 (1926) 278f.

---

[1]) *W. E. Milne*, Transactions Americ. Math. Soc. 30 (1928) 797—802.

[2]) *Schrödinger*, Wellenmechanik. *G. Wentzel*, Zeitschrift f. Phys. 38 (1926) 518—529. *H. A. Kramers*, ebenda 39 (1926) 828—840. *J. Kudar*, ebenda 53 (1929) 95—99. *A. Zwaan*, Intensitäten im Ca-Funkenspektrum, Diss. Utrecht 1929. *E. Fues*, Zeitschrift f. Phys. 78 (1932) 580—585. *J. L. Dunham*, Physical Review 41 (1932) 713—720. *H. O. Koenig*, ebenda 44 (1933) 657—665. *W. Voss*, Zeitschrift f. Phys. 83 (1933) 581—618. *E. C. Kemble*, Physical Review 48 (1935) 549—561. *H. A. Kramers*, Physica 2 (1935) 483—490. Für den Fall eines periodischen $V(t)$ s. *Koenig* a. a. O. und *Kramers*, Physica 2.

10. Nichtlineare Rand- und Eigenwertaufgaben zweiter Ordnung.

10·1. Randwertaufgaben für ein endliches Intervall. Bisher ist (mit einer Ausnahme bei (l)) nur die Randwertaufgabe erster Art

(1) $$y'' = f(x, y, y'); \quad y(a) = A, \quad y(b) = B$$

behandelt worden; d. h. es wird eine IKurve $y = y(x)$ gesucht, die durch zwei gegebene Punkte a, A und b, B mit $a < b$ geht. Dabei soll durchweg vorausgesetzt werden:

V: $$f \text{ ist stetig für } a \leqq x \leqq b, \quad -\infty < y, \; y' < +\infty.$$

Dann gibt es zwar durch den Punkt a, A unendlich viele IKurven der DGl von (1) und immer noch mindestens eine IKurve, die durch diesen Punkt mit einer vorgeschriebenen Richtung $y'(a) = \alpha$ geht. Aber schon bei sehr einfachen DGlen, z. B. $y'' = 2\,y'^3$, kann es vorkommen, daß solche IKurven nicht die Gerade $x = b$ erreichen. Es sind also im allgemeinen noch zusätzliche Voraussetzungen nötig, wenn die Randwertaufgabe lösbar sein soll.

Die Randwertaufgabe (1) hat mindestens eine Lösung, wenn außer V noch eine der Voraussetzungen (a) bis (e) erfüllt ist:

(a) $f(x, y, y')$ ist beschränkt[1]). Durch passende Wahl von α kann man nämlich erreichen, daß die IKurve mit den Anfangswerten $y(a) = A$, $y'(a) = \alpha$ die Gerade $x = b$ oberhalb bzw. unterhalb des Punktes b, B trifft. Da der Schnittpunkt sich stetig mit α ändert, gibt es also mindestens ein α, so daß die IKurve durch den Punkt b, B geht.

(b) $|f| < C\,|y|$ für alle hinreichend großen $|y|$, wo

$$C < \frac{\sqrt{3\,\pi^3}}{(b-a)^2}$$

ist[2]).

(c) $\dfrac{f(x, y, y')}{|y| + |y'|} \to 0$ gleichmäßig in $a \leqq x \leqq b$ für $|y| + |y'| \to \infty$; außerdem erfüllt f in jedem beschränkten Teilgebiet eine Lipschitz-Bedingung in bezug auf y, y'.[3])

(d) f ist eine im weiteren Sinne monoton wachsende Funktion von y, erfüllt eine Lipschitz-Bedingung wie bei (c) und

$$|f(x, y, \bar{y}') - f(x, y, y')|$$

ist beschränkt[3])[4]).

---

[1]) Also hat z. B. die Duffingsche DGl $y'' + \alpha \sin y = g(x)$ (vgl. C 6·19) für stetiges $g(x)$ stets mindestens eine Lösung, die den Randbedingungen $y(a) = A$, $y(b) = B$ genügt.

[2]) *A. Hammerstein*, Sitzungsberichte Berlin. Math. Ges. 30 (1932) 3—10.

[3]) *G. Scorza Dragoni*, Rendiconti Sem. Mat. Roma (4) 2 (1938) 177—215, 253f.

[4]) Diese Voraussetzungen sind z. B. bei der linearen DGl $y'' = g(x)\,y + h(x)$ erfüllt, wenn $g > 0$ ist und g, h stetig sind.

(e) f erfüllt eine Lipschitz-Bedingung wie bei (c) und ist von der Gestalt

$$f = \varphi(x, y) + \psi(x, y, y'),$$

wo φ stetig ist, monoton mit y zunimmt und

$$\frac{\psi}{|y| + |y'|} \to 0$$

gleichmäßig in $a \leqq x \leqq b$ für $|y| + |y'| \to \infty$ ist[1]).

(f) Die Randwertaufgabe hat höchstens eine Lösung, wenn f stetige partielle Ableitungen nach y, y' hat und

$$|f_y| \leqq \alpha, \quad |f_{y'}| \leqq \beta \quad \text{mit} \quad \alpha + \beta < 1$$

ist[2]) oder $f_y \geqq 0$ ist[3]).

Bei (g) und (h) ist die Voraussetzung V gemildert:

(g) f sei stetig für $a \leqq x \leqq b$, $|y| \leqq \alpha$, $|y'| \leqq \beta$, und es sei

$$b - a \leqq \text{Min}\left(\sqrt{\frac{8\beta}{M}}, \ \frac{2\beta}{M}\right),$$

wo $M = \text{Max}\,|f|$ ist. Dann ist die Aufgabe (I) mit $A = B = 0$ lösbar[4]).

(h) für $a \leqq x \leqq b$, $\left|y - \frac{A+B}{2}\right| \leqq K$, $|y'| \leqq L$ sei f stetig, $|f| \leqq M$,

$$|f(x, \bar{y}, \bar{y}') - f(x, y, y')| \leqq \alpha\,|\bar{y} - y| + \beta\,|\bar{y}' - y'|,$$

und es sei

$$\frac{\alpha}{8}(b-a)^2 + \frac{\beta}{2}(b-a) < 1, \quad \frac{1}{2}|B - A| + \frac{M}{8}(b-a)^2 \leqq K,$$

$$\frac{|B-A|}{b-a} + \frac{M}{2}(b-a) \leqq L.$$

Dann hat die Aufgabe (I) genau eine Lösung, und man erhält sie durch das Iterationsverfahren

$$y_n'' = f(x, y_{n-1}, y_{n-1}'),$$

indem man jedes y_n so wählt, daß es die Randbedingungen von (I) erfüllt; die gesuchte Lösung ist

$$y = \lim_{n\to\infty} y_n \ {}^{5)}.$$

Für andere Voraussetzungen, bei denen mindestens bzw. höchstens eine Lösung von (I) existiert, siehe außer der schon angeführten Literatur noch *A. Rosenblatt*, Bulletin Sc. math. (2) 57 (1933) 100—106. *M. Nagumo*, Proceedings Soc. Japan (3) 19 (1937) 861—866. *G. Scorza Dragoni*, Giornale Mat. 69 (1931) 77—112; Rendiconti

---

[1]) *Scorza Dragoni* a. a. O.

[2]) *Hammerstein* a. a. O. Diese Voraussetzung ist z. B. bei der Duffingschen DGl (s. S. 277, Fußnote 1) erfüllt, wenn dort $|\alpha| < 1$ ist.

[3]) *A. Rosenblatt*, Bulletin Sc. math. (2) 57 (1933) 105.

[4]) *M. Fukuhara*, Japanese Journal of Math. 5 (1928) 351—367.

[5]) *Picard*, Équ. différentielles, S. 2—7. Vgl. auch *F. Lettenmeyer*, Deutsche Math. 7 (1942) 56—74.

Sem. Mat. Roma (4) 2 (1938) 255—275; Atti Accad. Lincei (6) 28 (1938) 317—325; Rendiconti Sem. Mat. Padova 10 (1939) 90—100. *S. Cinquini*, Annali Pisa (2) 8 (1939) 1—22, 271—283. *L. Tonelli*, Annali Pisa (2) 8 (1939) 75—88. *G. Zwirner*, Rendiconti Sem. Mat. Roma (4) 3 (1939) 57—70; Rendiconti Sem. Mat. Padova 10 (1939) 35—45, 55—64, 65—68.

(i) Die Randwertaufgabe

$$y'' = f(x, y), \quad y(0) = y(a) = 0$$

ist lösbar, wenn $f(x, y)$ im Bereich $0 \leqq x \leqq a$, $-\infty < y < +\infty$ stetig ist und wenn für zwei Zahlen $c_0 \geqq 0$, $c_1 > 0$

$$\int_0^y f(x, t)\, dt \geqq -c_1 y^2 - c_0, \quad 0 < a < \frac{\pi}{\sqrt{2 c_1}}$$

gilt[1]).

(k) Die Randwertaufgabe

$$y'' + y f(y'^2) = 0, \qquad y(0) = y(1) = 0$$

ist lösbar, wenn folgende Bedingungen erfüllt sind: Für $z \geqq 0$ ist $f(z)$ stetig, hat eine positive untere Schranke, wächst mit z monoton, erfüllt in der Umgebung jeder Stelle eine Lipschitz-Bedingung, und es gibt Zahlen $0 < C_1 < C_2$, $0 < \sigma < \frac{1}{2}$, so daß für alle hinreichend großen z

$$C_1 z^\sigma < f(z) < C_2 z^\sigma$$

ist[2]).

(l) $$\frac{d}{dx}[f(x, y)\, y'(x)] = g(x, y)$$

mit den Randbedingungen

$$y(a) = A, \quad y(b) = B \quad \text{oder} \quad g(a, y(a))\, y'(a) = A, \quad y(b) = B.$$

Jede der beiden Randwertaufgaben hat nach *T. H. Gronwall*[3]) genau eine Lösung, wenn folgende Voraussetzungen erfüllt sind:

Für $a \leqq x \leqq b$, $-\infty < y < +\infty$ sind f und g stetig, f hat eine positive untere Schranke, und es ist

$$f(x, y_2) \geqq f(x, y_1) \quad \text{für} \quad |y_2| \geqq |y_1|,$$

$$\left| \frac{1}{f(x, y_2)} - \frac{1}{f(x, y_1)} \right| \leqq M |y_2 - y_1|,$$

---

1) *A. Hammerstein*, Acta Math. 54 (1930) 120. *H. O. Hirschfeld*, Proceedings Cambridge 32 (1936) 86—95. *S. Cinquini*, Bolletino Unione Mat. Italiana 17 (1938) 99—105.

2) *A. Hammerstein*, Journal f. Math. 168 (1932) 37—43. Die obigen Voraussetzungen sind z. B. erfüllt bei $y'' + c^2 y \sqrt[3]{y'^2 + 1} = 0$.

3) Annals of Math. (2) 28 (1927) 355—364.

wo M von x und den y unabhängig ist,

$$g(x, 0) = 0, \quad g(x, y_2) > g(x, y_1) \quad \text{für} \quad y_2 > y_1,$$

und g erfüllt in jeden beschränkten Bereich eine Lipschitz-Bedingung in bezug auf y.

10·2. Randwertaufgaben für ein einseitig begrenztes Intervall.

(a) Die Randwertaufgabe

$$y'' = f(x, y)\, g(x), \quad y(0) = y_0 > 0, \quad y(x) \to 0 \quad \text{für} \quad x \to \infty$$

hat genau eine Lösung, wenn folgende Voraussetzungen erfüllt sind:

Für $x \geqq 0$, $y \geqq 0$ ist f stetig, wächst monoton mit y, erfüllt an jeder Stelle eine Lipschitz-Bedingung in bezug auf y, hat für jedes feste $y > 0$ eine positive untere Schranke, und es ist $f(x, 0) = 0$ für alle $x \geqq 0$. Für $x > 0$ ist $g(x)$ stetig, > 0, in jedem endlichen Intervall $0 < x < a$ integrierbar, aber

$$\int_0^\infty g(x)\, dx \text{ divergiert [1]}.$$

(b) Die DGl

$$y'' = f(x, y, y') \tag{2}$$

hat für jedes $y_0 > 0$ mindestens eine Lösung, die den Anfangswert $y(a) = y_0$ hat und für alle $x \geqq a$ existiert, und jede solche IKurve hat zugleich eine horizontale Asymptote, wenn folgende Voraussetzungen erfüllt sind: Für $a < x < \infty$, $\alpha \leqq y \leqq \beta$ $(\beta > y_0)$, $-\infty < y' < +\infty$ ist f stetig und $\geqq 0$, $f(x, \alpha, 0) = 0$ (also $y = \alpha$ eine Lösung von (2)) und $f(x, \alpha, y')$ eine monotone Funktion von y'. — Es gibt genau eine solche Lösung, wenn f auch noch mit y monoton wächst. — Folgt überdies

$$\lim_{x \to \infty} y(x) = \alpha$$

aus der Existenz von

$$\int_a^\infty f(x, y(x), y'(x))\, dx$$

für jede Funktion $y(x)$, die für $x \geqq a$ eine negative Ableitung hat, so gibt es durch den Punkt a, y_0 eine IKurve mit der Asymptote $y = \alpha$ [2].

---

[1]) *A. Mambriani*, Atti Accad. Lincei (6) 9 (1929) 620—622. Der Satz ist anwendbar auf die DGl $y'' = c^2 y^p \cdot x^q (p \geqq 1,\ q > -1)$, insbes. also auf die Thomas-Fermi-Gl $\sqrt{x}\, y'' = y^3$; vgl. C 6·100.

[2]) *G. Scorza Dragoni*, Giornale Mat. 69 (1931) 77—112; Atti Accad. Lincei (6) 9 (1929) 623—625. Der Satz ist anwendbar auf die in der vorigen Fußnote genannten DGlen.

(c) Ist die DGl

$$\frac{d}{dx}[f(x, y)\, y'(x)] = g(x, y)$$

mit den Randbedingungen

$$y(a) = A, \quad y(x) \to 0 \text{ für } x \to \infty$$

oder

$$g(a, y(a))\, y'(a) = A, \quad y(x) \to 0 \text{ für } x \to \infty$$

gegeben, so gibt es nach *Gronwall* a. a. O. genau eine Lösung dieser Randwertaufgabe, wenn die in 10·1 (l) genannten Voraussetzungen erfüllt sind und außerdem noch für jedes $c \neq 0$

$$\int_a^\infty g(x, c)\, dx \text{ divergiert.}$$

10·3. Eigenwertaufgaben.

(a) $$\frac{d}{dx}(F_{y'} - F_y) + 2k\lambda y^{2k-1} = 0, \quad y(a) = y(b) = 0;$$

dabei ist $F(x, y, y')$ eine $(2k+2)$-mal stetig differenzierbare Funktion, die in bezug auf y, y' homogen vom Grad $2k$ ist; für $k = 1$ soll $F_{y'y'} > 0$ sein, für $k > 1$ soll $F_{y'y'} \geqq 0$ sein und nur für $y = y' = 0$ den Wert 0 haben. Dann läßt sich die Sturmsche Eigenwerttheorie von 9·2 (a_1) weitgehend auf die obige Eigenwertaufgabe übertragen[1]).

(b)[2]) $$y'' + \lambda y f(x, y, y') = 0$$

mit den Randbedingungen

(3) $$y(0) = y(1) = 0.$$

Es seien folgende Voraussetzungen erfüllt: Für

$$0 \leqq x \leqq 1, \quad -\infty < y,\ y' < +\infty$$

ist f stetig und hat eine positive untere Schranke; für jedes λ und jedes α besitzt die DGl genau eine im ganzen Intervall $0 \leqq x \leqq 1$ existierende Lösung der Anfangswertaufgabe

$$y(\xi) = 0, \quad y'(\xi) = \alpha \qquad (0 \leqq \xi \leqq 1).$$

---

[1]) *L. Lusternik*, Recueil math. Moscou (N. S. 2) 44 (1937) 1143—1166; 46 (1938) 227—232.

[2]) Die hier wiedergegebenen Sätze findet man bei *A. Hammerstein*, Journal für Math. 168 (1932) 37—43. Für einen Satz über Existenz und Oszillation der Eigenfunktionen bei dem System

$$y' = f(x, y, z, \lambda)\, z, \quad z' = g(x, y, z, \lambda)\, y$$

mit den Randbedingungen

$$y(a) = y(b) = 0 \quad \text{oder} \quad y(a) = z(b) = 0$$

s. *W. M. Whyburn*, Transactions Americ. Math. Soc. 30 (1928) 848—854.

Dann gibt es zu jedem festen α unendlich viele positive Eigenwerte $\lambda = \lambda_n(\alpha)$, so daß die zugehörige Eigenfunktion neben den Randbedingungen (3) noch die Bedingung $y'(0) = \alpha$ erfüllt. Die Eigenwerte hängen im allgemeinen von α ab.

(c)[1]) Es sei die DGl

$$y'' + \lambda\, y\, f(y'^2) = 0$$

mit den Randbedingungen (3) gegeben; die Funktion $f(z)$ soll für $z \geqq 0$ stetig sein, eine positive untere Schranke haben und in jedem endlichen Intervall eine Lipschitz-Bedingung erfüllen. Dann gibt es zu jedem festen α unendlich viele Eigenfunktionen, die auch noch der Bedingung $y'(1) = \alpha$ genügen; unter diesen Eigenfunktionen sind solche mit 0, 1, 2, ... Nullstellen im offenen Intervall $0 < x < 1$.

Unter diesen Satz fällt z. B. die DGl

$$y'' + \lambda\,(y'^2 + 1)^{\frac{3}{2}} = 0$$

aus der Knickfestigkeitslehre.

11. Rand- und Eigenwertaufgaben dritter bis achter Ordnung.

11·1. Lineare Eigenwertaufgaben dritter Ordnung. Da es keine selbstadjungierten linearen DAusdrücke dritter Ordnung gibt (vgl. A 26), gibt es auch keine selbstadjungierten Eigenwertaufgaben dritter Ordnung. Von den allgemeinen Sätzen des § 1 sind daher alle diejenigen nicht anwendbar, die sich auf selbstadjungierte Eigenwertaufgaben beziehen[2]). An allgemeinen Sätzen bleiben daher, abgesehen von denen, die man in I findet, im wesentlichen nur diejenigen über reguläre Eigenwertaufgaben übrig. Dazu kommen noch Untersuchungen über einzelne irreguläre Eigenwertaufgaben sowie über solche Aufgaben, deren Randbedingungen sich auf drei Punkte beziehen.

Die DGl

$$y''' + \lambda\, y = 0$$

mit den Randbedingungen

$$y(0) = y'(0) = y(\pi) = 0$$

ist behandelt worden von *J. W. Hopkins*, Transactions Americ. Math. Soc. 20 (1919) 245—259. *D. Jackson*, Proceedings Americ. Acad. 51 (1916)

[1]) Siehe Fußnote 2 auf S. 281.

[2]) Bei Systemen von DGlen (s. 6) ist der Begriff der selbstadjungierten Eigenwertaufgabe allgemeiner gefaßt, so daß auch Eigenwertaufgaben dritter Ordnung, wenn man sie als Aufgaben für Systeme schreibt, selbstadjungiert sein können.

383—417; Bulletin Americ. Math. Soc. 28 (1922) 37—41. *L. E. Ward*, ebenda 33 (1927) 232—234. Für dieselbe DGl mit allgemeinen irregulären Randbedingungen s. *L. E. Ward*, Transactions Americ. Math. Soc. 29 (1927) 716—745, und 32 (1930) 544—557 bei den Randbedingungen

$$y(\pi) = y(e^{\frac{\pi i}{3}}\pi) = y(e^{\frac{-\pi i}{3}}\pi) = 0\,.$$

Die allgemeinere DGl

$$y''' + [\lambda + f(x)]\,y = 0$$

mit irregulären Randbedingungen hat *Ward* behandelt in den Transactions Americ. Math. Soc. 34 (1932) 417—434 und im Americ. Journ. Math. 57 (1935) 345—362.

G. Sansone[1]) hat Eigenwertaufgaben untersucht, bei denen die „Randbedingungen"

$$y(a) = y(b) = y(c) = 0 \qquad (a < b < c)$$

lauten und eine der DGlen

$$(1)\qquad y''' + A\,y'' + \lambda\,(B\,y' + C\,y) = 0 \qquad (|B| + |C| > 0)$$

$$(2)\qquad [f(x)\,y']'' + \lambda\,h(x)\,y = 0$$

$$(3)\qquad [f(x)\,y']'' + \lambda\,[(g(x)\,y)' + h(x)\,y] = 0$$

gegeben ist. Für (1) gibt es unendlich viele Eigenwerte. Ist bei (2) $f > 0$, zweimal stetig differenzierbar, $h \not\equiv 0$ und stetig und ändert $(x - b)\,h(x)$ nicht das Vorzeichen, so gibt es Eigenwerte; ebenso bei (3), wenn dort außerdem noch $(x - b)\,g(x)\,h(x) \geqq 0$ ist. Für weitere Sätze, insbesondere über die Existenz unendlich vieler Eigenwerte und einen Oszillationssatz s. *Sansone*, a. a. O. Für die Untersuchung der Aufgabe wird die Greensche Funktion aufgestellt, die zu der DGl und den Randbedingungen $y(a) = y(c)$ gehört, hiermit die Fredholmsche IGl gewonnen und nun noch $y(b) = 0$ berücksichtigt.

11·2. Lineare Eigenwertaufgaben vierter Ordnung. Für Bezeichnungen und allgemeine Lösungsmethoden s. § 1. Die am häufigsten behandelten Eigenwertaufgaben beziehen sich auf die selbstadjungierte DGl

$$\textbf{(a)}\qquad (f_2\,y'')'' + (f_1\,y')' + f_0\,y = \lambda\,g\,y$$

mit selbstadjungierten Randbedingungen; dabei sind die $f_\nu = f_\nu(x)$ in dem Grundintervall $a \leqq x \leqq b$ ν-mal stetig differenzierbar, ferner ist

---

[1]) Rendiconti Istituto Lombardo (2) 62 (1929) 683—692; Rendiconti Sem. Mat. Padova 1 (1930) 164—183; 3 (1932) 128—140. Bolletino Unione Mat. Italiana 10 (1931) 277—282.

$f_2 \neq 0$, $g = g(x)$ stetig und $\neq 0$. Speziell ist vor allem der Fall Sturmscher Randbedingungen behandelt worden:

$$\alpha_1 y_a + \beta_1 y'_a + \gamma_1 f_{2a} y''_a + \delta_1 [(f_2 y'')'_a + f_{1a} y'_a] = 0,$$
$$\alpha_2 y_a + \beta_2 y'_a + \gamma_2 f_{2a} y''_a + \delta_2 [(f_2 y'')'_a + f_{1a} y'_a] = 0,$$
$$\alpha_3 y_b + \beta_3 y'_b + \gamma_3 f_{2b} y''_b + \delta_3 [(f_2 y'')'_b + f_{1b} y'_b] = 0,$$
$$\alpha_4 y_b + \beta_4 y'_b + \gamma_4 f_{2b} y''_b + \delta_4 [(f_2 y'')'_b + f_{1b} y'_b] = 0;$$

dabei ist

$$\begin{vmatrix} \alpha_1 & \delta_1 \\ \alpha_2 & \delta_2 \end{vmatrix} = \begin{vmatrix} \beta_1 & \gamma_1 \\ \beta_2 & \gamma_2 \end{vmatrix}, \qquad \begin{vmatrix} \alpha_3 & \delta_3 \\ \alpha_4 & \delta_4 \end{vmatrix} = \begin{vmatrix} \beta_3 & \gamma_3 \\ \beta_4 & \gamma_4 \end{vmatrix}$$

und der Index a bzw. b bedeutet, daß $x = a$ bzw. $x = b$ einzusetzen ist.

Sind die Randbedingungen

$$y(a) = y'(a) = y(b) = y'(b) = 0\,,$$

so können höchstens doppelte Eigenwerte vorkommen, da es, wie leicht zu sehen ist, nicht mehr als zwei linear unabhängige Lösungen von (a) geben kann, für die $y(a) = y'(a) = 0$ ist[1]).

Oszillationssätze von der Art, wie sie für die Eigenwertaufgaben zweiter Ordnung (vgl. 9·2) angeführt sind, sind bei Eigenwertaufgaben vierter Ordnung aufgestellt von *O. Haupt*[2]) für die am häufigsten vorkommenden Randbedingungen und von *S. A. Janczewsky*[3]) für die Sturmschen Randbedingungen und in der zweiten Arbeit für die allgemeinen selbstadjungierten Randbedingungen[4]). Die allgemeine Formulierung ist hier wegen der größeren Typenzahl der Randbedingungen komplizierter als bei den Eigenwertaufgaben zweiter Ordnung.

Für verschiedenartige Untersuchungsmethoden sind neben den schon erwähnten Abhandlungen noch zu nennen die Arbeiten von *A. Davidoglou*, Annales École Norm. (3) 17 (1900) 359—444; (3) 22 (1905) 539—565 (Iterationsverfahren). *E. Bounitzky*, Journal de Math. (6) 5 (1909) 65—125 (Greensche Funktion und IGlen). *H. Boerner*, Math. Zeitschrift 34 (1932) 293—319 (unendlich viele Veränderliche). *H. T. Davis*, Americ. Journ. Math. 47 (1925) 101—120 hat untersucht, wann zwei Sturmsche Eigenwertaufgaben dieselben Eigenwerte haben und wann die Eigenwerte der einen Aufgabe durch die Eigenwerte der andern Aufgabe getrennt werden; weiter werden mit Sätzen von *Birkhoff* auch asymptotische Ausdrücke für die Eigenwerte hergeleitet.

Eine Eigenwertaufgabe, die sich auf eine speziellere DGl

$$(f y'')'' + g y'' + (a x + b) f y' + \lambda f y = 0$$

bezieht, hat *E. Sörensen* im Ingenieur-Archiv 8 (1937) 381—396 behandelt.

---

1) *G. Cimmino*, Math. Zeitschrift 32 (1930) 30.

2) *O. Haupt*, Diss.

3) Annals of Math. (2) 29 (1928) 521—542; (2) 31 (1930) 663—680.

4) Vgl. hierzu auch *W. M. Whyburn*, Americ. Journ. Math. 52 (1930) 171—196.

(b) Allgemeinere Typen von Eigenwertaufgaben. Von *G. Cimmino*[1]) und *H. Boerner*[2]) ist nach verschiedenen Methoden die Eigenwertaufgabe

$$(f_2 y'')'' + [(f_1 + \lambda g_1) y']' + (f_0 + \lambda g_0) y = 0,$$
$$y(a) = y'(a) = y(b) = y'(b) = 0$$

behandelt worden, in die also der Parameter λ in allgemeinerer Weise eingeht. Für dieselbe DGl mit beliebigen selbstadjungierten Randbedingungen s. 4. Hierbei sind die Randbedingungen vom Parameter λ noch unabhängig. Fälle, in denen das nicht mehr zutrifft, finden sich bei

W. Sternberg, Math. Zeitschrift 3 (1919) 191—208:

$$y^{(4)} + (f y')' + (g - \lambda) y = 0,$$
$$y(0) = y'(0) = y'(1) = y'''(1) + (\alpha + \lambda \beta) y(1) = 0,$$

wo $\alpha \geqq 0$ und β gegebene Zahlen sind; Existenz der Eigenwerte, Abschätzung der Eigenwerte und Eigenfunktionen, Entwicklungssatz.

H. Boerner, a. a. O.:

$$(f y'')'' - f_0 y + \lambda [(g_1 y')' + g_0 y] = 0$$

mit den Randbedingungen

$$y(a) = y(b) = 0, \quad [f y'' + \lambda \alpha y]_{x=a} = 0, \quad [f y'' - \lambda \beta y]_{x=b} = 0$$

oder

$$y'(a) = y'(b) = 0, \quad [(f y'')' - \lambda \alpha y]_{x=a} = 0, \quad [(f y'')' + \lambda \beta y]_{x=b} = 0;$$

Existenz der Eigenwerte, Entwicklungssatz.

(c) Über Randwertaufgaben, bei denen sich die Nebenbedingungen auf mehr als zwei Punkte beziehen, sei folgendes Ergebnis erwähnt[3]): Es seien $a_0, \ldots, a_3$ reelle Zahlen, $|a_0| + |a_1| + |a_2| > 0$, $x_1 < x_2 < x_3 < x_4$. Dann hat die Eigenwertaufgabe

$$y^{(4)} + a_3 y''' + \lambda (a_2 y'' + a_1 y' + a_0 y) = 0,$$
$$y(x_1) = y(x_2) = y(x_3) = y(x_4) = 0$$

unendlich viele Eigenwerte.

11·3. Lineare Eigenwertaufgaben für Systeme von zwei Differentialgleichungen zweiter Ordnung[4]). Es sei das selbstadjungierte System

$$y''(x) + \lambda (A_{1,1} y + A_{1,2} z) = 0, \quad z''(x) + \lambda (A_{2,1} y + A_{2,2} z) = 0$$

---

[1]) Math. Zeitschrift 32 (1930) 4—58.

[2]) Math. Zeitschrift 34 (1932) 293—319.

[3]) *G. Sansone*, Rendiconti Istituto Lombardo (2) 64 (1931) 724—736.

[4]) Vgl. hierzu auch 6 sowie *W. M. Whyburn*, Americ. Journ. Math. 52 (1930) 171—196.

mit den Randbedingungen

$$y(a) = y(b) = z(a) = z(b) = 0$$

gegeben; dabei sollen die $A_{p,q} = A_{p,q}(x)$ im Intervall $a \leqq x \leqq b$ stetig sein und die Bedingungen

$$A_{1,2} = A_{2,1}, \quad A_{1,1} > 0, \quad A_{1,1} A_{2,2} > A_{1,2}^2$$

erfüllen. Es gibt dann unendlich viele Eigenwerte, und man kann sie nach *Mason*[1]) auf folgende Weise erhalten: Wird

$$I(u, v) = \int_a^b (u'^2 + v'^2)\, dx\,,$$

$$K(u, v) = \int_a^b (A_{1,1} u^2 + 2 A_{1,2} u v + A_{2,2} v^2)\, dx\,,$$

$$L(y, z, u, v) = \int_a^b (A_{1,1} y u + A_{1,2} y v + A_{2,1} z u + A_{2,2} z v)\, dx$$

gesetzt, so ist

$$\lambda_1 = \text{Min} \frac{I(u, v)}{K(u, v)}$$

der kleinste Eigenwert, wenn hierbei solche zweimal stetig differenzierbaren Funktionen $u(x)$, $v(x)$ betrachtet werden, welche die Randbedingungen erfüllen. Sind die ersten Eigenwerte $\lambda_1, \ldots, \lambda_{p-1}$ und sind

$$y_\nu(x), \quad z_\nu(x) \qquad (\nu = 1, \ldots, p-1)$$

Paare von Eigenfunktionen, die zu den obigen Eigenwerten gehören und die Orthogonalitätsbeziehungen

$$L(y_\mu, z_\mu, y_\nu, z_\nu) = 0 \qquad \text{für } \mu \neq \nu$$

erfüllen, so ist

$$\lambda_p = \text{Min} \frac{I(u, v)}{K(u, v)}$$

der nächste Eigenwert, wenn hierbei solche zweimal stetig differenzierbaren Funktionen $u(x)$, $v(x)$ betrachtet werden, welche die Randbedingungen und die Glen

$$L(y_\nu, z_\nu, u, v) = 0 \qquad (\nu = 1, \ldots, p-1)$$

erfüllen.

Für Eigenwertaufgaben, die statt des einen Parameters λ mehrere Parameter enthalten, vgl. *R. G. D. Richardson*, Transactions Americ. Math. Soc. 13 (1912) 22—34; Math. Annalen 71 (1912) 214—232, 73 (1913) 289 bis 304.

---

[1]) *Ch. Mason*, Randwertaufgaben.

11·4. Nichtlineare Randwertaufgaben vierter Ordnung. Die Randwertaufgabe

$$y^{(4)} = f(x, y, y', y'', y''')$$

$$y(a) = \alpha, \quad y'(a) = \beta, \quad y(b) = \gamma, \quad y'(b) = \delta$$

ist lösbar, wenn f stetig und beschränkt für

$$a \leqq x \leqq b; \quad -\infty < y, y', y'', y''' < +\infty$$

ist[1]).

Das System

$$y_p'' = f_p(x, y_1, y_1', y_2, y_2') \qquad (p = 1, 2)$$

mit den Randbedingungen

$$y_p(a) = \alpha_p, \quad y_p(b) = \beta_p \qquad (p = 1, 2)$$

ist lösbar, wenn die f_p stetig und beschränkt für

$$a \leqq x \leqq b; \quad -\infty < y_p, y_p' < +\infty$$

sind. Wird die Gültigkeit dieser Voraussetzungen nur in einem Teil des angegebenen Bereichs verlangt, so wird dafür die Formulierung komplizierter[2]).

W. Nicliborc[3]) hat das ballistische Problem, ob ein gegebenes Ziel durch ein Geschoß mit gegebener Anfangsgeschwindigkeit v erreicht werden kann, folgendermaßen als „Randwertaufgabe" formuliert: Gegeben ist das DGlsSystem

$$x''(t) = f(t, x, y, x', y'), \quad y''(t) = g(t, x, y, x', y').$$

Gesucht ist eine Lösung $x(t)$, $y(t)$, so daß für gegebene $v > 0$, a, b

$$x(0) = y(0) = 0, \quad x'^2(0) + y'^2(0) = v^2$$

und für ein passend gewähltes τ

$$x(\tau) = a, \quad y(\tau) = b$$

ist. Mit Hilfe des Iterationsverfahrens wird gezeigt, daß die Aufgabe unter gewissen zusätzlichen Voraussetzungen lösbar ist.

11·5. Eigenwertaufgaben höherer Ordnung. Solche Aufgaben sind bei der Untersuchung der Eigenschwingungen eines Kreisbogens und einer Kreiszylinderschale aufgetreten, und zwar sind von *K. Federhofer*[4]) Aufgaben

[1]) *G. Zwirner*, Rendiconti Sem. Mat. Padova 9 (1938) 150–155.

[2]) *G. Scorza Dragoni*, Bolletino Unione Mat. Italiana 14 (1935) 225–230.

[3]) Berichte Leipzig 82 (1930) 227–242.

[4]) Akad. Wien 145 (1936) 29–50, 681–688; Zeitschrift für Architektur und Ingenieurwesen' Hannover 1910, S. 465; Ingenieur-Archiv 6 (1935) 223–225.

behandelt, die sich auf DGlen der Gestalt

$$y^{(6)} + 2\,y^{(4)} + (1 - a)\,y'' + \lambda\,a\,y = 0\,,$$
$$y^{(6)} + (\lambda + \nu)\,y^{(4)} + [\lambda\,(\nu - a) + a\,(1 - \sigma^2)]\,y'' + a\,\lambda\,(1 - \lambda)\,y = 0$$

und

$$y^{(6)} + (2 + a\,\lambda)\,y^{(4)} + (1 - \lambda + a\,\lambda)\,y'' + \lambda\,(1 + a - a\,\lambda)\,y = 0$$

beziehen. Bei *F. W. Waltking*[1]) kommen die DGlen

$$y^{(6)} + 2\,y^{(4)} + (1 - \lambda)\,y'' + \lambda\,y = 0$$

und

$$y^{(6)} + (2 + a\,\lambda)\,y^{(4)} + (1 - \lambda - a\,\lambda)\,y'' + \lambda\,(1 - a\,\lambda)\,y = 0$$

vor.

Bei der Berechnung kritischer Geschwindigkeiten ist das System

$$E\,I\,z^{(4)} + T\,y''' + F\,z'' - P\,\lambda\,z = 0\,,$$
$$E\,I\,y^{(4)} - T\,z''' + F\,y'' - P\,\lambda\,y = 0$$

mit den Randbedingungen

$$y(0) = y(l) = y''(0) = y''(l) = z(0) = z(l) = z''(0) = z''(l) = 0$$

aufgetreten. Für $E\,I = 245000$; $T = 2180$; $F = 4550$; $P = 6{,}9$; $l = 6{,}099$ hat *Maria Nasta*[2]) die beiden ersten Eigenwerte näherungsweise berechnet und $\lambda_1 \approx 16 \cdot 10^3$, $\lambda_2 \approx 270 \cdot 10^3$ gefunden.

---

[1]) Ingenieur-Archiv 5 (1934) 429–449; 6 (1935) 226–228.

[2]) Atti Accad. Lincei (6) 12 (1930) 209–216.

C. Einzel-Differentialgleichungen.

Vorbemerkungen.

I. Bei den Differentialgleichungen für eine unbekannte Funktion ist die unabhängige Veränderliche mit x, die gesuchte Funktion mit y bezeichnet.

II. Bei rationalen Zahlen und bei rationalen Funktionen in x, y, y', y'', ... sind die Nenner beseitigt. Es erscheinen also z. B. die DGlen

(1) $$y'^2 + \left(\frac{y}{x} + \frac{x}{y}\right) y' + 1 = 0$$

(2) $$y' = \frac{A\,x\,y + B\,y^2 + \alpha\,x + \beta\,y + \gamma}{A\,x^2 + B\,x\,y + a\,x + b\,y + c} \quad \text{(Jacobische DGl)}$$

(3) $$y'' + \frac{y'}{x} + \left(1 - \frac{\nu^2}{x^2}\right) y = 0 \quad \text{(Besselsche DGl)}$$

(4) $$y'' = \left(\frac{m^2 - \frac{1}{4}}{x^2} - \frac{k}{x} + \frac{1}{4}\right) y \quad \text{(konfluente hypergeometrische DGl)}$$

in der Gestalt

(1a) $$x\,y\,y'^2 + (y^2 + x^2)\,y' + x\,y = 0$$

(2a) $$(B\,x\,y + A\,x^2 + a\,x + b\,y + c)\,y' = B\,y^2 + A\,x\,y + \alpha\,x + \beta\,y + \gamma$$

(3a) $$x^2\,y'' + x\,y' + (x^2 - \nu^2)\,y = 0$$

(4a) $$4\,x^2\,y'' = (x^2 - 4\,k\,x + 4\,m^2 - 1)\,y\,.$$

III. Das Prinzip, nach dem innerhalb einer DGl ihre Glieder angeordnet sind, wird man in großen Zügen auch ohne nähere Angaben schon beim Durchblättern der Sammlung bald erkennen. In jeder DGl kommen zuerst alle Glieder mit der höchsten auftretenden Ableitung, dann alle Glieder mit der nächstniedrigeren Ableitung usw. Innerhalb jeder solchen Gruppe von Gliedern ist der „Schwierigkeitsgrad" oder der „Rang" der Glieder maßgebend, und zwar sind die Glieder nach abnehmendem Rang geordnet.

Die meisten DGlen der Sammlung (z. B. $x^3\,y'^2 + x^2\,y\,y' + a = 0$) enthalten nur Glieder der Gestalt

$$a\,x^{m_0}\,y^{m_1}\,y'^{\,m_2} \cdots y^{(k)\,m_{k+1}} \qquad (m_\nu \geqq 0 \text{ und ganz})\,.$$

* Hyperbolic sines, cosines, etc., are differentiated from the corresponding circular functions by being printed in German type.

Einem solchen Glied wird ein niedrigerer Rang als dem Gliede

$$b\, x^{n_0}\, y^{n_1}\, y'^{n_2} \cdots y^{(k)\, n_{k+1}} \qquad (n_\nu \geqq 0 \text{ und ganz})$$

beigelegt, wenn einer der folgenden Fälle vorliegt[1]):

(a) Sind m_r, n_r die letzten voneinander verschiedenen Exponenten, so ist $m_r < n_r$.

(b)[2]) Sind alle $m_\nu = n_\nu$, so gilt
a, b ganz und $|a| < |b|$ oder
a, b ganz, $-a = b > 0$ oder
a ganz, b nicht ganz oder eine beliebige (unbestimmt gelassene) Zahl.

Sind die Glieder nicht von der obigen einfachen Bauart, so gilt für die einzelnen Glieder jeder Gliedergruppe, welche dieselbe höchste Ableitung $y^{(k)}$ enthalten, in bezug auf diese Ableitung folgende aufsteigende Rangskala:

u^ν mit ganzzahligem ν,
u^ν mit beliebigem (unbestimmtem) ν,
u^ν mit speziellem, nicht ganzzahligem ν,
e^u, $\log u$,
hyperbolische Funktionen von u, trigonometrische Funktionen von u,
sonstige fest gegebene Funktionen von u,
Funktionen beliebiger (unbestimmter) Art.

Stimmen zwei Glieder in der höchsten Ableitung überein, so wird ihre Rangordnung festgelegt, indem diese Prinzipien auf die nächstniedrigere Ableitung angewendet werden.

Z. B. sind also in dem Ausdruck

$$y'' \operatorname{tg} y' + f(x)\, y'' + y'^2 + x\, e^y + x$$

die Glieder nach abnehmendem Rang geordnet.

Diese Prinzipien mögen auf den ersten Blick vielleicht etwas kompliziert erscheinen, man wird mit ihnen aber beim Durchblättern der Sammlung rasch vertraut werden und finden, daß sie recht einfach sind.

IV. Die einzelnen DGlen in der Sammlung sind nach aufsteigendem Rang der ersten Glieder oder, wenn diese übereinstimmen, der nächsten Glieder geordnet.

---

[1]) Die folgende Einteilung ist nicht erschöpfend und daher auch die Rangfestlegung nicht völlig eindeutig, aber sie reicht für die Sammlung aus.

[2]) Für die Festlegung der Reihenfolge der Glieder in einer einzelnen DGl wird (b) nicht gebraucht, da man Glieder, die, abgesehen von den Zahlenkoeffizienten, übereinstimmen, zusammenfassen kann. Dagegen ist (b) für die Anordnung der DGlen in der Sammlung nötig; vgl. hierzu IV.

Die Anordnung der DGlen ist dadurch zwar (vgl. Fußnote 1 auf S. 290) nicht völlig eindeutig festgelegt, aber es bleiben in bezug auf die Anordnung in der Sammlung nur so geringe Unsicherheiten, daß diese praktisch ohne Bedeutung sind, zumal da sie sich nur auf benachbarte Stellen beziehen.

V. Will man eine gegebene DGl in der Sammlung suchen, so ist es zweckmäßig, die DGl auf die in I—III beschriebene Form zu bringen und dabei auftretende Konstanten soweit wie möglieh zusammenzufassen.

Beispiele: Die Clairautsche DGl

$$y = x\,y' + y'\,(1 - y')$$

ist hiernach in der Form

$$y'^2 - (x + 1)\,y' + y = 0$$

zu schreiben und die Clairautsche DGl

$$y = x\,y' + \sqrt{1 + y'^2}$$

in der Form

$$\sqrt{y'^2 + 1} + x\,y' - y = 0\,.$$

Die WechselstromGl

$$\frac{dI}{dt} + \frac{W}{L}\,I = \frac{E}{L}\sin\omega\,t$$

erhält, wenn man x, y statt t, I schreibt und die auftretenden Konstanten zusammenfaßt, das Aussehen

$$y' + a\,y = b\sin c\,x\,,$$

und diese Gl findet man unter 1·3.

Bei *I. Runge*, Zeitschrift f. Physik 18 (1923) 228—231 findet sich die DGl

$$\frac{d\lambda(T)\,q\,\dfrac{dT}{dx}}{dx} = -\,\frac{i^2\,w(T)}{q} + 2\sqrt{\pi\,q}\,s(T)$$

für die Wärmeleitfähigkeit $\lambda(T)$ stromgeheizter strahlender Drähte, wo $T = T(x)$ die Temperatur an der Stelle x, q der Querschnitt des Drahts, i der Strom, $w(T)$ der spezifische Widerstand, $s(T)$ die pro Flächeneinheit ausgestrahlte Energie ist. Da q konstant ist, hat die DGl die Gestalt

$$\frac{d}{dx}\,[\lambda(T)\,T'(x)] = g(T)\,,$$

wo $g(T)$ eine gegebene Funktion ist, oder, wenn f, y statt λ, T geschrieben wird,

$$[f(y)\,y']' = g(y)\,,$$

d. i.

(5) $$f(y)\,y'' + f'(y)\,y'^2 = g(y)\,,$$

und diese DGl findet man unter 6·224.

Hat man die empfohlene Umschreibung vorgenommen, so wird man in ganz kurzer Zeit feststellen können, ob und wo die DGl in der Sammlung vorkommt. Dabei ist noch zu bedenken, daß die DGl auch in einer allgemeineren Form enthalten sein kann. Z. B findet man in der Sammlung nicht die DGl

$$2\,y'^2 + 3\,y' - y = 0\,,$$

wohl aber

$$a\,y'^2 + b\,y' - y = 0 \quad \text{und} \quad y'^2 + a\,y' + b\,y = 0\,,$$

welche die obige Gl als Sonderfall enthalten. Ebenso findet man nicht

$$y^3\,y'' + 3\,y^2\,y'^2 = e^y,$$

wohl aber die Gl (5), welche wiederum die obige Gl als Sonderfall umfaßt. Weiter bedenke man, daß das Aussehen einer DGl sich auch durch Vertauschung von abhängiger und unabhängiger Veränderlicher erheblich ändern kann. Z. B. wird aus der DGl

$$[x\,f(y) - g(y)]\,y' + 1 = 0\,,$$

wenn y als unabhängige Veränderliche gewählt wird,

$$x\,f(y) - g(y) + x'(y) = 0\,.$$

Wird schließlich die Bezeichnung geändert und x, y statt y, x geschrieben, so erhält man die lineare DGl

$$y'(x) + f(x)\,y = g(x)\,,$$

die man unter 1·11 findet.

Im übrigen ist wie bei jeder Tabelle — man denke z. B. an die Logarithmentafel — so auch hier eine gewisse Vertrautheit und Übung in der Benutzung der Sammlung nötig. Man wird leicht dazu gelangen, wenn man sich einige DGlen aufs Geratewohl aufschreibt und sie in der Sammlung sucht.

VI. Die Lösungen sind geprüft. Wird die Lösung einer DGl für eine wichtige Rechnung gebraucht, so muß die Richtigkeit der angegebenen Lösung trotzdem nochmals nachgeprüft werden, da bei einer solchen Sammlung Schreib- und Druckfehler und auch sachliche Irrtümer schwer ganz zu vermeiden sind. Für implizite DGlen hat sich die Prüfung vor allem auch darauf zu erstrecken, ob nicht etwa Lösungen übersehen sind (singuläre Lösungen!). Die Nachprüfung kann dadurch geschehen, daß man die angegebene Lösung in die DGl einträgt oder die Lösung auf Grund der im Einzelfalle skizzierten Methode herleitet und dazu nötigenfalls noch die angegebene Literatur heranzieht. In dieser wird man in vielen Fällen auch noch weitere Ausführungen zu der betreffenden DGl finden. Nach Möglichkeit sind die ergiebigsten, nicht die zeitlich frühesten Quellen angeführt. Für ein bloßes Auftreten einer DGl ohne Angabe der Lösung ist im allgemeinen keine Quelle angegeben.

1. Differentialgleichungen erster Ordnung.

DGlen mit Wurzelfunktionen: 1, 57—74, 112—116, 190—192, 209, 266, 332—340, 398, 511, 512, 516, 517, 550, 555—562.

DGlen mit Exponentialfunktionen: 2, 4, 5, 7, 37, 75, 88, 117, 131, 134, 206, 211, 259, 341, 342, 387, 459, 463.

DGlen mit Logarithmus-Funktionen: 9, 91, 93, 108, 109, 118—120, 132, 159, 193, 194, 343—346, 357, 373, 392, 563—565.

DGlen mit hyperbolischen Funktionen: 347—349.

DGlen mit trigonometrischen Funktionen: 3, 5—9, 21, 22, 32, 76—83, 90, 92, 93, 121—125, 152, 154, 195—200, 202, 208, 267, 278, 314. 338, 350—364, 393, 460, 513, 514, 539, 566—569.

DGl mit arctg x: 570.

DGl mit elliptischen Funktionen: 49

DGlen mit willkürlichen Funktionen: 10, 11, 16, 33—35, 50, 51, 53—56, 79, 80, 84—87, 110, 126—128, 201, 202, 212, 219, 230, 268, 269, 365—367, 370, 394, 395, 515—517, 551, 552, 561, 571—576.

1—367. Differentialgleichungen ersten Grades in y'.

$y' = (a_4 x^4 + a_3 x^3 + a_2 x^2 + a_1 x + a_0)^{-\frac{1}{2}}$ 1·1

Man erhält die Lösungen durch Integration der rechten Seite. Für die Auswertung des dabei auftretenden elliptischen Integrals s. die in 1·72 angegebene Literatur. Die DGl besitzt eine StammGl von der Gestalt

$$+ R(\wp(y)) = C,$$

wo R eine rationale Funktion und $\wp(y)$ die mit einem passend gewählten Periodenpaar gebildete Weierstraßsche Funktion ist.

Whittaker-Watson, Modern Analysis, S. 452ff. *Moulton*, Diff. Equations, S. 115ff.

$y' + a y = c e^{bx}$; lineare DGl. 1·2

$$y = \begin{cases} \dfrac{c}{a+b} e^{bx} + C e^{-ax} & \text{für } a + b \neq 0, \\ c x e^{bx} + C e^{-ax} & \text{für } a + b = 0. \end{cases}$$

1·3 $y' + a y = b \sin c x$; lineare DGl.

Als WechselstromGl tritt sie gewöhnlich in der Gestalt

$$\frac{dI}{dt} + \frac{W}{L} I = \frac{E_0}{L} \sin \omega t$$

auf, wo $I(t)$ die Stromstärke in einem Stromkreis mit der angelegten Spannung $E_0 \sin \omega t$, dem Ohmschen Widerstand W und dem Selbstinduktionskoeffizienten L ist. Das nach A 4·3 sich ergebende Integral läßt sich bei Einführung der „Phasenverschiebung" γ durch $\operatorname{tg} \gamma = \omega L / W$ $\left(|\gamma| < \frac{1}{2}\pi\right)$ mittels partieller Integration umformen in

$$I = e^{-\frac{W}{L}t} \left(I_0 + \frac{\omega L E_0}{W^2 + \omega^2 L^2}\right) + \frac{E_0}{\sqrt{W^2 + \omega^2 L^2}} \sin(\omega t - \gamma),$$

wo I_0 die Stromstärke zur Zeit $t = 0$ ist. Für $t \to \infty$ wird

$$I(t) \sim \frac{E_0}{\sqrt{W^2 + \omega^2 L^2}} \sin(\omega t - \gamma).$$

Kamke, DGlen, S. 34f. *Hort*, DGlen, S. 69ff.

1·4 $y' + 2 x y = x e^{-x^2}$; lineare DGl.

$$y = e^{-x^2} \left(\frac{1}{2} x^2 + C\right).$$

1·5 $y' + y \cos x = e^{2x}$; lineare DGl.

$$y = e^{-\sin x} \left(C + \int e^{2x + \sin x} dx\right).$$

1·6 $y' + y \cos x = \frac{1}{2} \sin 2x$; lineare DGl.

$$y = \sin x - 1 + C e^{-\sin x}$$

1·7 $y' + y \cos x = e^{-\sin x}$; lineare DGl.

$$y = (x + C) e^{-\sin x}.$$

1·8 $y' + y \operatorname{tg} x = \sin 2x$; lineare DGl.

$$y = -2 \cos^2 x + C \cos x.$$

1·9 $y' = (\sin \log x + \cos \log x + a) y$; DGl mit getrennten Variabeln.

$$y = C \exp x (\sin \log x + a).$$

$\boldsymbol{y' + f'(x)\, y = f(x)\, f'(x)}$; lineare DGl. 1·10

$$y = f(x) - 1 + C\, e^{-f(x)}.$$

Forsyth-Jacobsthal, DGlen, S. 21, 668.

$\boldsymbol{y' + f(x)\, y = g(x)}$; lineare DGl; s. A 4·3. 1·11

$\boldsymbol{y' + y^2 = 1}$; DGl mit getrennten Variabeln. 1·12

$$y = \pm 1, \quad \mathfrak{Tg}\,(x + C), \quad \mathfrak{Ctg}\,(x + C).$$

$\boldsymbol{y' + y^2 = a\,x + b}$; Riccatische DGl. 1·13

Transformiert man die DGl nach A 4·9 durch $u' = y\,u$ auf eine lineare DGl, so erhält man die DGl 2·10

$$u'' = (a\,x + b)\,u\,.$$

$\boldsymbol{y' + y^2 + a\,x^m = 0}$; Riccatische DGl. 1·14

Für $u'(x) = y\,u$ entsteht die DGl 2·14

$$u'' + a\,x^m\,u = 0\,.$$

Für eine Diskussion der IKurven s. *J. Haag*, Bulletin Sc. math. (2) 62 (1938) 99–109 (Druckfehler!).

$\boldsymbol{y' + y^2 - 2\,x^2\,y + x^4 - 2\,x - 1 = 0}$ 1·15

Für $u(x) = y - x^2$ entsteht $u' + u^2 - 1 = 0$, d. i. 1·12.

H. T. H. Piaggio, Math. Gazette 23 (1939) 51.

$\boldsymbol{y' + y^2 + (x\,y - 1)\, f(x) = 0}$; Riccatische DGl. 1·16

Eine Lösung ist $y = \frac{1}{x}$. Die Substitution $y = \frac{1}{x} + \frac{1}{u(x)}$ führt auf die lineare DGl

$$u' - \left(x\,f + \frac{2}{x}\right) u = 1\,.$$

Forsyth-Jacobsthal, DGlen, S. 200f.

$\boldsymbol{y' - y^2 - 3\,y + 4 = 0}$; DGl mit getrennten Variabeln. 1·17

$$y = \frac{C_1 - 4\,C_2\,e^{5\,x}}{C_1 + C_2\,e^{5\,x}}\,.$$

1·18 $\boldsymbol{y' - y^2 - x y - x + 1 = 0}$; Riccatische DGl.

Eine Lösung ist $y = -1$. Die Substitution $y = -1 + \frac{1}{u(x)}$ führt auf die lineare DGl

$$u' + (x - 2) u + 1 = 0 .$$

1·19 $\boldsymbol{y' = (y + x)^2}$; Riccatische DGl.

Für $u(x) = y + x$ entsteht $u' = u^2 + 1$, also $u = \operatorname{tg}(x + C)$.

1·20 $\boldsymbol{y' - y^2 + (x^2 + 1) y - 2x = 0}$; Riccatische DGl.

Für $u(x) = y - x^2 - 1$ entsteht die Bernoullische DGl

$$u' - (x^2 + 1) u = u^2 .$$

1·21 $\boldsymbol{y' - y^2 + y \sin x - \cos x = 0}$; Riccatische DGl.

Eine Lösung ist $y = \sin x$, die anderen Lösungen kann man nun nach A 4·9 erhalten.

1·22 $\boldsymbol{y' - y^2 - y \sin 2x - \cos 2x = 0}$; Riccatische DGl.

Eine Lösung ist $y = \operatorname{tg} x$; die andern Lösungen kann man nun nach A 4·9 erhalten:

$$y = \operatorname{tg} x + \frac{e^{-\cos^2 x}}{\cos^2 x}\left(C - \int \frac{e^{-\cos^2 x}}{\cos^2 x}\, dx\right)^{-1}.$$

Morris-Brown, Diff. Equations, S. 47, 355.

1·23 $\boldsymbol{y' + a y^2 = b}$; DGl mit getrennten Variabeln.

Die DGl ist zugleich ein Sonderfall der speziellen Riccatischen DGl Die durch den Punkt ξ, η gehende IKurve ist

$$y = \begin{cases} \eta + b(x - \xi) & \text{für } a = 0, \\ \dfrac{\eta}{1 + a\eta(x - \xi)} & \text{für } b = 0, \\ \dfrac{\eta\sqrt{ab} + b\,\mathfrak{Tg}\sqrt{ab}\,(x - \xi)}{\sqrt{ab} + a\eta\,\mathfrak{Tg}\sqrt{ab}\,(x - \xi)} & \text{für } ab > 0, \\ \dfrac{\eta\sqrt{-ab} + b\operatorname{tg}\sqrt{-ab}\,(x - \xi)}{\sqrt{-ab} + a\eta\operatorname{tg}\sqrt{-ab}\,(x - \xi)} & \text{für } ab < 0. \end{cases}$$

Kamke, DGlen, S. 44, 425.

$\boldsymbol{y' + a y^2 = b x^\alpha}$; spezielle Riccatische DGl; s. A 4·8. 1·24

$\boldsymbol{y' + a y^2 = b x^{2\alpha} + c x^{\alpha-1}}$; Riccatische DGl. 1·25

Für $\alpha = -1$ liegt 1·24 vor. Für $\alpha \neq -1$ geht die DGl durch

$$y = \beta x^\alpha \eta(\xi), \quad \xi = \frac{x^{\alpha+1}}{\alpha+1}$$

in

$$\xi \eta' + a \beta \xi \eta^2 + \frac{\alpha}{\alpha+1} \eta = \frac{b}{\beta} \xi + \frac{c}{(\alpha+1)\beta},$$

d. h. in 1·105 über.

F. Siacci, Rendiconti Napoli (3) 7 (1901) 139–143.

$\boldsymbol{y' = (A y - a)(B y - b)}$; DGl des Massenwirkungsgesetzes. 1·26

Die DGl ist von dem Typus A 4·1. Man erhält

$$y = \frac{C_1 b \exp(aB - bA)x - C_2 a}{C_1 B \exp(aB - bA)x - C_2 A} \qquad (C_1^2 + C_2^2 > 0)$$

für $aB - bA \neq 0$ und

$$y = \frac{a}{A}, \quad \frac{a}{A} - \frac{1}{A(Bx + C)} \quad \text{für } aB - bA = 0,\ A \neq 0 .$$

Fry, Diff. Equations, S. 42. *J. G. van der Corput — H. J. Backer*, Proceedings Amsterdam 41 (1938) 1058ff.

$\boldsymbol{y' + a y (y - x) = 1}$; Riccatische DGl. 1·27

Für $u(x) = y - x$ entsteht die Bernoullische DGl

$$u' + a(x u + u^2) = 0 .$$

Euler I, S. 340.

$\boldsymbol{y' + x y^2 - x^3 y - 2x = 0}$; Riccatische DGl. 1·28

Für $u(x) = x^2 - y$ entsteht die Bernoullische DGl

$$u' + x^3 u = x u^2 .$$

$\boldsymbol{y' - x y^2 - 3 x y = 0}$; Bernoullische DGl. 1·29

$$\left(1 + \frac{3}{y}\right) \exp \frac{3x^2}{2} = C .$$

Morris-Brown, Diff. Equations, S. 43, 354.

1·30 $\boldsymbol{y' + x^{-a-1} y^2 = x^a,\ x > 0}$; Riccatische DGl.

Für $a \neq 0$ geht die Gl durch $y(x) = \eta(\xi)$, $a\,\xi = -\,x^{-a}$ in die spezielle Riccatische DGl A 4·8

$$\eta' + \eta^2 = (-\,a\,\xi)^{-2-\frac{1}{a}}$$

über, durch $y(x) = x^{a+1}\,u'(x)/u(x)$ in die lineare DGl

$$x\,u'' + (a+1)\,u' - u = 0\,.$$

Watson, Bessel functions, S. 90.

1·31 $\boldsymbol{y' - a\,x^n\,(y^2+1) = 0}$; DGl mit getrennten Variabeln.

$$y = \begin{cases} \operatorname{tg}\left(\dfrac{a}{n+1}\,x^{n+1} + C\right) & \text{für } n \neq -1\,, \\ \operatorname{tg}\,(a \log C\,x) & \text{für } n = -1\,. \end{cases}$$

1·32 $\boldsymbol{y' + y^2 \sin x = 2\,\dfrac{\sin x}{\cos^2 x}}$; Riccatische DGl.

$$y = \frac{1}{\cos x}\,,\quad \frac{1}{\cos x} + \frac{3\cos^2 x}{C - \cos^3 x}\,.$$

Forsyth-Jacobsthal, DGlen, S. 147, 716.

1·33 $\boldsymbol{y' = \dfrac{f'(x)}{g(x)}\,y^2 - \dfrac{g'(x)}{f(x)}}$; Riccatische DGl.

$$y = -\,\frac{g}{f} + f^{-2}\left(C - \int \frac{f'}{g\,f^2}\,dx\right)^{-1}.$$

Abel, Oeuvres II, S. 234f.

1·34 $\boldsymbol{y' + f(x)\,y^2 + g(x)\,y = 0}$; Bernoullische DGl.

$$\frac{1}{y} = E(x) \int \frac{f(x)}{E(x)}\,dx \quad \text{mit} \quad E(x) = e^{\int g\,dx}.$$

Abel, Oeuvres II, S. 231.

1·35 $\boldsymbol{y' + f(x)\,(y^2 + 2\,a\,y + b) = 0}$; DGl mit getrennten Variabeln.

$$y + a = \begin{cases} \dfrac{1}{F} & \text{für } b = a^2, \\ -\,\alpha\,\operatorname{tg}\alpha\,F & \text{für } \alpha^2 = b - a^2 > 0, \\ \alpha\,\dfrac{\mathfrak{Tg}}{\mathfrak{Ctg}}\,\alpha\,F & \text{für } \alpha^2 = a^2 - b > 0; \end{cases}$$

dabei ist $F = F(x) = \int f(x)\,dx + C$

Abel, Oeuvres II, S. 231.

$y' + y^3 + a\,x\,y^2 = 0$; Abelsche DGl. 1·36

Für $u(x) = y^{-1} - \frac{1}{2}\,a\,x^2$ entsteht die spezielle Riccatische DGl

$$\frac{dx}{du} = \frac{1}{2}\,a\,x^2 + u\,.$$

P. Appell, Journal de Math. (4) 5 (1889) 380f.

$y' = y^3 + a\,e^x\,y^2$ 1·37

Für $y(x) = \eta(\xi)$, $\xi = e^{-x}$ entsteht

$$\xi^2\,\eta' + \xi\,\eta^3 + a\,\eta^2 = 0\,,$$ Sonderfall von 1·169.

$y' = a\,y^3 + b\,x^{-\frac{3}{2}}$; Abelsche DGl sowie Typus 1·52. 1·38

Für $y = x^{-\frac{1}{2}}\,\eta(\xi)$, $\xi = \log x$ entsteht der Typus A 4·1

$$\eta' = a\,\eta^3 + \frac{1}{2}\,\eta + b\,.$$

P. Appell, Journal de Math. (4) 5 (1889) 376f.

$y' = a_3\,y^3 + a_2\,y^2 + a_1\,y + a_0$. 1·39

Ein Sonderfall der Abelschen DGl A 4·10, der nach A 4·1 behandelt werden kann.

$y' + 3\,a\,y^3 + 6\,a\,x\,y^2 = 0$; Abelsche DGl A 4·10. 1·40

Für $u'(x) = y$ entsteht

(1) $$u'' + 3\,a\,u'^3 + 6\,a\,x\,u'^2 = 0\,,$$

und hieraus, wenn u als unabhängige Variable eingeführt wird,

(2) $$x'' - 6\,a\,x\,x' - 3\,a = 0\,.$$

Diese Gl ergibt sich durch Differentiation der Riccatischen DGl

$$x' - 3\,a\,x^2 - 3\,a\,u - 3\,C = 0\,,$$

und diese geht für $v'(u) = -3\,a\,x(u)\,v(u)$ in die lineare DGl

$$v'' + 9\,a\,v\,(a\,u + C) = 0$$

über; zu dieser DGl s. 2·10.

R. Liouville, Acta Math. 27 (1903) 60f.

1·41 $y' + a\,x\,y^3 + b\,y^2 = 0$; Abelsche DGl.

Für $\eta(\xi) = x\,y$, $\xi = \log x$ entsteht die Gl 1·39

$$\eta' + a\,\eta^3 + b\,\eta^2 - \eta = 0\,.$$

1·42 $y' = x\,(x+2)\,y^3 + (x+3)\,y^2$; Abelsche DGl.

Eine Lösung ist

$$y = -\frac{2}{x\,(x+2)}\,.$$

Wählt man $x = x(t)$ so, daß für die Lösungen $y(x)$ der DGl die Beziehung

$$y(x) = -(x + c\,t)^{-1}$$

(c beliebig, jedoch $\neq 0$) gilt, so erhält man die DGl

$$t\,(x+2)\,x'(t) = x + c\,t\,,$$

d. h. den Typus 1·237. Von dieser Gl kann man nach 1·237 zu einer DGl vom Typus 6·76 gelangen. Man erhält dabei eine in geschlossener Form integrierbare DGl dieses Typus.

1·43 $y' + (3\,a\,x^2 + 4\,a^2\,x + b)\,y^3 + 3\,x\,y^2 = 0$; Abelsche DGl.

Für $y = u'(x)$ entsteht

$$u'' + (3\,a\,x^2 + 4\,a^2\,x + b)\,u'^3 + 3\,x\,u'^2 = 0\,,$$

und hieraus, wenn u als unabhängige Veränderliche eingeführt wird, für $x = x(u)$ die DGl

(1) $$x'' - 3\,x\,x' - (3\,a\,x^2 + 4\,a^2\,x + b) = 0\,,$$

d. i.

$$\frac{d}{du}\left(x' - \frac{3}{2}\,x^2 - 2\,a\,x\right) + 2\,a\left(x' - \frac{3}{2}\,x^2 - 2\,a\,x\right) = b\,.$$

Das ist für die Klammer eine lineare DGl. Es ist also

(2) $$x' - \frac{3}{2}\,x^2 - 2\,a\,x = \frac{b + C\,e^{-2au}}{2\,a}\,.$$

Hieraus entsteht für $x(u) = -\frac{2}{3}\frac{v'(u)}{v(u)}$ die DGl

$$2\,v'' - 4\,a\,v' + \frac{3}{2\,a}(b + C\,e^{-2au})\,v = 0$$

und weiter durch die Transformation $v(u) = \eta(\xi)$, $\xi = e^{-2au}$ die Gl

$$\xi^2\,\eta'' + 2\,\xi\,\eta' + \frac{3}{16\,a^3}(C\,\xi + b)\,\eta = 0\,;$$

zu dieser s. 2·215.

R. Liouville, Acta Math. 27 (1903) 61f.

$\boldsymbol{y' + 2\,a\,x^3\,y^3 + 2\,x\,y = 0}$; Bernoullische DGl. 1·44

$$y^{-2} = -\frac{1}{2}a - a\,x^2 + C\exp 2\,x^2\,.$$

Forsyth-Jacobsthal, S. 22, 668.

$\boldsymbol{y' + 2\,(a^2\,x^3 - b^2\,x)\,y^3 + 3\,b\,y^2 = 0}$; Abelsche DGl sowie Typus 1·48. 1·45

Die DGl geht durch die Transformation

$$\frac{1}{y} + a\,x^2 - b\,x = 2\,a\,\xi^2\,, \quad a\,x + b = \frac{1}{\xi\,\eta}$$

in sich über.

R. Liouville, Acta Math. 27 (1903) 63ff. *H. Lemke*, Sitzungsberichte Berlin. Math. Ges. 18 (1920) 26—31.

$\boldsymbol{y' - x^a\,y^3 + 3\,y^2 - x^{-a}\,y - x^{-2a} + a\,x^{-a-1} = 0}$, Abelsche DGl. 1·46

Eine Lösung ist $y = x^{-a}$. Für $y = x^{-a} + u(x)$ entsteht die Bernoullische DGl

$$u' + 2\,x^{-a}\,u - x^a\,u^3 = 0\,.$$

Mathesis 51 (1937) 150.

$\boldsymbol{y' = a\,(x^n - x)\,y^3 + y^2}$; Abelsche DGl. 1·47

Wird für die Lösung $y(x) \neq 0$ eine Funktion $x(t)$ als Lösung der DGl $x'(t) = -\dfrac{1}{t\,y(x)}$ eingeführt, so erhält man für diese Funktion die DGl

$$t^2\,x'' = -\,a\,(x^n - x)\,.$$

$\boldsymbol{y' = (a\,x^n + b\,x)\,y^3 + c\,y^2}$, Abelsche DGl. 1·48

Für $y = \alpha\,\eta(\xi)$, $\xi = \alpha\,c\,x$, $\alpha = \dfrac{1}{c}\left(-\dfrac{a}{b}\right)^{\frac{1}{n-1}}$ entsteht der Typus 1·47

$$\eta' = -\frac{b}{c^2}\,(\xi^n - \xi)\,\eta^3 + \eta^2\,.$$

$\boldsymbol{y' + a\,\wp'(x)\,y^3 + 6\,a\,\wp(x)\,y^2 + (2\,a + 1)\,\dfrac{\wp''(x)}{\wp'(x)}\,y + 2\,(a + 1) = 0}$; 1·49
Abelsche DGl.

Für $y\,\wp'(x) + 2\,\wp(x) = 2\,\eta(\xi)$, $a\dfrac{dx}{d\xi} = -\,\wp'(x)$ entsteht der Typus 1·40

$$\eta'(\xi) = 4\,\eta^3 - g_2\,\eta - g_3\,,$$

wo g_2, g_3 die Invarianten von $\wp(x)$ sind.

P. Appell, Journal de Math. (4) 5 (1889) 377.

1·50 $y' = f_3(x)\, y^3 + f_2(x)\, y^2 + f_1(x)\, y + f_0(x)$; Abelsche DGl, s. A 4·10.

1·51 $y' = (y-f)\,(y-g)\left(y - \frac{af+bg}{a+b}\right) h + \frac{y-g}{f-g} f' + \frac{y-f}{g-f} g'$,
$f = f(x)$, $g = g(x)$, $h = h(x)$, $f \neq g$; Abelsche DGl A 4·10.

Die Lösungen erhält man aus

$$|y-f|^a\,|y-g|^b\left|y - \frac{af+bg}{a+b}\right|^{-a-b} = C \exp\left[\frac{ab}{a+b}\int (f-g)^2\, h\, dx\right]$$

Lösungen sind demnach z. B.

$$y = f,\ g,\ \frac{af+bg}{a+b}.$$

M. Chini, Rendiconti Istituto Lombardo (2) 36 (1903) 1035–1046.

1·52 $y' = a\, y^n + b\, x^{\frac{n}{1-n}}$; Typus 1·55.

Für $y = x^{\frac{1}{1-n}}\, u(x)$ entsteht die DGl mit getrennten Variabeln

$$x\, u' = a\, u^n + \frac{u}{n-1} + b$$

also

$$\log|x| = \int \frac{du}{a u^n + \frac{u}{n-1} + b}$$

M. Chini, Rendiconti Istituto Lombardo (2) 58 (1925) 244.

1·53 $y' = \frac{f^{1-n}\, g'}{(a\,g+b)^n}\, y^n + \frac{f'}{f}\, y + f\, g'$, $f = f(x)$, $g = g(x)$.

Für $y = u(x)\, f\cdot(a\,g+b)$ entsteht

$$(a\,g+b)\, u' = (u^n - a\,u + 1)\, g',$$

also ist

$$\int \frac{du}{u^n - a\,u + 1} + C = \frac{1}{a}\log|a\,g+b|.$$

M. Chini, Rendiconti Istituto Lombardo (2) 57 (1924) 503.

1·54 $y' = a^n f^{1-n}\, g'\, y^n + \frac{f'}{f}\, y + f\, g'$, $f = f(x)$, $g = g(x)$.

Für $y = \frac{f}{a}\, u(x)$ entsteht

$$u' = a\,(u^n + 1)\, g'$$

also

$$a\,g = \int \frac{du}{u^n + 1} + C.$$

M. Chini, Rendiconti Istituto Lombardo (2) 57 (1924) 503.

$y' = f(x)\, y^n + g(x)\, y + h(x)$ 1·55

Wenn für passend gewählte Konstante α, β

$$\left(\frac{h}{f}\right)^{\frac{1}{n}} = e^{\int g\,dx}\left[\beta + \alpha \int h\, e^{-\int g\,dx}\, dx\right]$$

ist, d. h. wenn

$$z = \left(\frac{h}{f}\right)^{\frac{1}{n}}$$

eine Lösung der linearen DGl

$$z' - g\,z = \alpha\,h$$

ist, erhält man die Lösungen der ursprünglichen DGl aus

$$y = \left(\frac{h}{f}\right)^{\frac{1}{n}} u(x)$$

wo u durch

$$\int \frac{du}{u^n - \alpha u + 1} + C = \int \left(\frac{f}{h}\right)^{\frac{1}{n}} h\,dx$$

bestimmt ist. — Für $h \equiv 0$ ist die DGl eine Bernoullische A 4·5.

M. Chini, Rendiconti Istituto Lombardo (2) 57 (1924) 498f., 58 (1925) 242ff.

$y' + f(x)\, y^a + g(x)\, y^b = 0$ 1·56

Für $a \neq 1$ und $u(x) = y^{a-1}$ entsteht

$$u' + (a-1)\,f\,u^2 + (a-1)\,g\,u^{\frac{a+b-2}{a-1}} = 0\,.$$

L. Conte, Bolletino Unione Mat. Italiana 11 (1932) 216—219.

$y' = \sqrt{|y|}$ 1·57

$y = 0$ und $y = \operatorname{sgn} x \cdot \frac{x^2}{4}$ sowie die Kurven, die aus diesen durch Parallelverschiebung längs der x-Achse hervorgehen, und die differenzierbaren Kurven, die aus den genannten stückweis zusammengesetzt sind. Die DGl ist ein Beispiel dafür, daß bei einer DGl mit stetiger rechter Seite durch einen Punkt (hier durch jeden Punkt der x-Achse) mehrere IKurven gehen können.

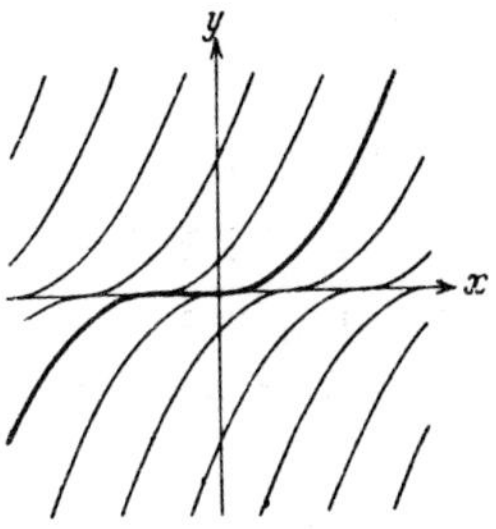

Fig. 57.

Kamke, DGlen, S. 15.

1·58 $\boldsymbol{y' = a\sqrt{y} + b\,x}$; Sonderfall von 1·52.

1·59 $\boldsymbol{y' = a\sqrt{y^2+1} + b}$, $a \neq 0$.

Eine Lösung ist $y = \pm\sqrt{\frac{b^2}{a^2} - 1}$, falls $\frac{b}{a} < -1$ ist. Für $y = \operatorname{tg} u(x)$ geht die DGl über in

$$\left(\frac{1}{\cos u} - \frac{b}{a + b\cos u}\right) u' = a\,.$$

Hieraus erhält man für $|a| < |b|$:

$$a\,x = C + \log\left|\frac{1+\sin u}{\cos u}\right| - \frac{b}{\sqrt{b^2-a^2}} \log\left|\frac{b + a\cos u + \sqrt{b^2-a^2}\sin u}{a + b\cos u}\right|$$

und für $|a| > |b|$:

$$a\,x = C + \log\left|\frac{1+\sin u}{\cos u}\right| \mp \frac{b}{\sqrt{a^2-b^2}} \operatorname{Arc\,sin} \frac{\sqrt{a^2-b^2}\sin u}{a + b\cos u}$$

wobei das obere oder untere Vorzeichen gilt, je nachdem

$$(a + b\cos u)\,(a\cos u + b) > 0 \text{ oder } < 0$$

ist.

Für $b = a$ ist

$$a\,x = \log\left|\operatorname{tg}\left(\frac{u}{2} + \frac{\pi}{2}\right)\right| - \operatorname{tg}\frac{u}{2} + C\,.$$

Ira Freeman, Bulletin Americ. Math. Soc. 31 (1925) 425—429.

1·60 $\boldsymbol{y' = \pm\sqrt{\frac{y^2-1}{x^2-1}}}$; DGl mit getrennten Variabeln.

Die Lösungen erhält man für $|x| < 1$, $|y| < 1$ aus

$$\operatorname{Arc\,sin} y = \pm \operatorname{Arc\,sin} x + C$$

(oder, was auf dasselbe hinausläuft:

$$y\sqrt{1-x^2} \mp x\sqrt{1-y^2} = C)$$

und für $|x| > 1$, $|y| > 1$ aus

$$y + \sqrt{y^2-1} = C\left(x \pm \sqrt{x^2-1}\right);$$

außerdem ist $y = \pm 1$ eine Lösung. Vgl. auch 1·448.

1·61 $\boldsymbol{y' = \pm\sqrt{\frac{x^2-1}{y^2-1}}}$; DGl mit getrennten Variabeln.

Die Lösungen erhält man für $|x| < 1$, $|y| < 1$ aus

$$\operatorname{Arc\,sin} y + y\sqrt{1-y^2} = C \pm \operatorname{Arc\,sin} x \pm x\sqrt{1-x^2}$$

und für $|x| > 1$, $|y| > 1$ aus

$$y\sqrt{y^2-1} - \log\left|y + \sqrt{y^2-1}\right| = C \pm \left[x\sqrt{x^2-1} - \log\left|x + \sqrt{x^2-1}\right|\right].$$

$$y' = \frac{y - x^2 \sqrt{x^2 - y^2}}{x y \sqrt{x^2 - y^2} + x}$$ 1·62

Für $y = x\,u(x)$ entsteht die exakte DGl

$$x(u^2 + 1) + \left(x^2 u + \frac{1}{\sqrt{1 - u^2}}\right) u' = 0\,.$$

Daher ist

$$\frac{1}{2} x^2 (u^2 + 1) + \operatorname{Arc\,sin} u + C = 0$$

und

$$y = x \sin\left[C - \frac{1}{2}(x^2 + y^2)\right].$$

Fry, Diff. Equations, S. 81, 247.

$$y' = \frac{1 + y^2}{\left[y + (1 + y)^{\frac{1}{2}}\right](1 + x)^{\frac{3}{2}}}\,;$$ DGl mit getrennten Variabeln. 1·63

$$\frac{2}{\sqrt{1 + x}} + \frac{1}{2}\log(1 + y^2) + \int \frac{\sqrt{1 + y}}{1 + y^2}\,dy = C\,.$$

Forsyth-Jacobsthal, DGlen, S. 20, 667.

$$y' = \pm \frac{(a y^2 + b y + c)^{\frac{1}{2}}}{(a x^2 + b x + c)^{\frac{1}{2}}}\,;$$ Typus 1·71. 1·64

Man kann die Gl nach A 4·1 lösen. Man erhält die Lösungen auch aus der StammGl

$$(a - C)^2 (x^2 + y^2) + 2(a^2 - C^2)\,x y + 2 b (a - C)(x + y) + b^2 - 4 c C = 0$$

Forsyth-Jacobsthal, DGlen, S. 287.

$$y' = \frac{(y^3 + 1)^{\frac{1}{2}}}{(x^3 + 1)^{\frac{1}{2}}}\,;$$ Typus 1·71. 1·65

Eine StammGl ist

$$x^2 y^2 - 4(x + y) + 2 C x y (x + y) + C^2 (x - y)^2 + 4 C = 0\,.$$

Ince, Diff. Equations, S. 61.

$$y' = \pm \frac{[y(1 - y)(1 - a y)]^{\frac{1}{2}}}{[x(1 - x)(1 - a x)]^{\frac{1}{2}}}\,;$$ Typus 1·71. 1·66

Für $y = \pm\,\eta^2(\xi)$, $x = \pm\,\xi^2$ entsteht

$$\eta' = \frac{[(1 - \eta^2)(1 - a\,\eta^2)]^{\frac{1}{2}}}{[(1 - \xi^2)(1 - a\,\xi^2)]^{\frac{1}{2}}}\,,$$

d. i. eine DGl von der Gestalt 1·68. Man erhält somit u. a. die StammGl

$$[x(1-y)(1-ay)]^{\frac{1}{2}} \mp [y(1-x)(1-ax)]^{\frac{1}{2}} = C(axy-1).$$

Forsyth-Jacobsthal, S. 285.

1·67 $\boldsymbol{y' = \pm \frac{\sqrt{1-y^4}}{\sqrt{1-x^4}}}$

Sonderfall von 1·68. Bei Verwendung von Lemniskatenfunktionen erhält man die StammGl

$$\sin \operatorname{lemn} y \mp \sin \operatorname{lemn} x = C.$$

Zu diesen Funktionen vgl. *Whittaker-Watson*, Modern Analysis, S. 524.

1·68 $\boldsymbol{y' = \pm \frac{(a y^4 + b y^2 + 1)^{\frac{1}{2}}}{(a x^4 + b x^2 + 1)^{\frac{1}{2}}}}$

Sonderfall von 1·71. In diesem besonderen Fall erhält man die Lösungen auch aus

$$(a x^2 y^2 - 1)^2 = 2C(x^2 + y^2)(a x^2 y^2 + 1) + 4bCx^2y^2 - C^2(x^2 - y^2)^2$$

sowie aus

$$x(a y^4 + b y^2 + 1)^{\frac{1}{2}} \mp y(a x^4 + b x^2 + 1)^{\frac{1}{2}} = C(a x^2 y^2 - 1).$$

Die erste Formel folgt leicht aus der zweiten.

Forsyth-Jacobsthal, DGlen, S. 287, 548f.

1·69 $\boldsymbol{y' = \pm \sqrt{XY}, \quad X = \sum_{\nu=0}^{4} a_\nu x^\nu, \quad Y = \sum_{\nu=0}^{4} b_\nu y^\nu}$

Die DGl ist vom Typus A 4·1. Über die Auswertung der Integrale, die sich bei Anwendung dieser Methode ergeben, s. 1·72.

1·70 $\boldsymbol{y' = \pm \sqrt{\frac{X}{Y}}, \quad X = \sum_{\nu=0}^{4} a_\nu x^\nu, \quad Y = \sum_{\nu=0}^{4} b_\nu y^\nu}$

Es gilt dasselbe wie bei 1·69.

1·71 $\boldsymbol{y' = \pm \sqrt{\frac{Y}{X}}, \quad X = \sum_{\nu=0}^{4} a_\nu x^\nu, \quad Y = \sum_{\nu=0}^{4} b_\nu y^\nu}$

Typus A 4·1. Über die Auswertung der Integrale, die sich bei Anwendung dieser Methode ergeben, s. 1·72. Ist $b_\nu = a_\nu$ ($\nu = 0, 1, \ldots, 4$), so ist

$$\left(\sqrt{Y} \pm \sqrt{X}\right)^2 = (y-x)^2 [a_4 (y+x)^2 + a_3 (y+x) + C]$$

eine StammGl, oder in anderer Gestalt

$$\left(x^2 \sqrt{Y} \pm y^2 \sqrt{X}\right)^2 = (y - x)^2 [C x^2 y^2 + a_1 x y (x + y) + a_0 (x + y)^2] .$$

Forsyth-Jacobsthal, S. 283ff., 794. Vgl. auch *Richelot*, Journal für Math. 23 (1842) 354—356. *Halphen*, Fonctions elliptiques II, S. 344ff. *Cayley*, Proceedings London Math. Soc. 8 (1877) 184—199. *W. Kapteyn*, Annales École Norm. (3) 9 (1892) 35—62.

$\boldsymbol{y' = R_1\left(x, \sqrt{X}\right) \cdot R_2\left(y, \sqrt{Y}\right)}$, R_1, R_2 rationale Funktionen von zwei 1·72
Veränderlichen und X, Y ganze rationale Funktionen

$$X = \sum_{\nu=0}^{4} a_\nu x^\nu , \quad Y = \sum_{\nu=0}^{4} b_\nu y^\nu$$

von höchstens viertem Grade.

Die DGl ist vom Typus A 4·1. Für die Auswertung der bei der Lösung auftretenden Integrale

$$\int R_1\left(x, \sqrt{X}\right) dx , \quad \int \frac{dy}{R_2(y, \sqrt{Y})}$$

vgl. z. B. *Serret-Scheffers*, Differential- und Integralrechnung II, S. 70 bis 98. Ist X oder Y von höherem als zweitem Grade, so treten im allgemeinen elliptische Integrale auf. Für die numerischen Werte solcher Integrale s. *Jahnke-Emde*, Funktionentafeln, 2. Aufl., S. 124ff., und für den Zusammenhang mit den elliptischen Funktionen s. *Whittaker-Watson*, Modern Analysis, S. 512ff.

$\boldsymbol{y' = \pm \frac{Y^{\frac{2}{3}}}{X^{\frac{2}{3}}}, \quad X = \sum_{\nu=0}^{3} a_\nu x^\nu , \quad Y = \sum_{\nu=0}^{3} a_\nu y^\nu}$ 1·73

Ist α eine einfache Nullstelle von X und

$$X = a_3 (x - \alpha) (x^2 + 2 p x + q) , \quad \beta = \frac{p^2 - q}{\alpha^2 + 2 \alpha p + q} ,$$

so geht die DGl durch die Transformation

$$X = a_3 (x - \alpha)^3 \xi^3 , \quad Y = a_3 (y - \alpha)^3 \eta^3$$

in

$$\frac{d\eta}{d\xi} = \pm \sqrt{\frac{\eta^3 + \beta}{\xi^3 + \beta}}$$

über. Die Lösungen erfüllen, gleichgültig, welches Vorzeichen auf der rechten Seite steht, die Gl

$$(\xi \eta + \xi \gamma + \eta \gamma)^2 = 4 (\xi \eta \gamma + \beta) (\xi + \eta + \gamma) ,$$

wobei γ eine willkürliche Konstante ist. Durch eine weitere (nicht nachgeprüfte) Rechnung ergibt sich, daß die Lösungen der ursprünglichen DGl der Gl

$$X\,Y\,C = \left[a_3\,x\,y\,c + \frac{1}{3}\,a_2\,(x\,y + x\,c + y\,c) + \frac{1}{3}\,a_1\,(x + y + c) + a_0\right]^3$$

mit der willkürlichen Konstanten c und

$$C = \sum_{\nu=0}^{3} a_\nu\, c^\nu$$

genügen.

Forsyth-Jacobsthal, DGlen, S. 344, 808ff.

1·74 $\boldsymbol{y' = f(x)\,[y - g(x)]\,\sqrt{(y-a)\,(y-b)}}$

Für $u^2(x) = \frac{y-a}{y-b}$ geht die DGl über in die Riccatische DGl

$$u' = \pm\,\frac{1}{2}\,f\cdot[a - g - u^2\,(b - g)]\,.$$

Ince, Diff. Equations, S. 315.

1·75 $\boldsymbol{y' - e^{x-y} + e^x = 0}$

Mit $u(x) = e^y$ erhält man

$$y = \log\,[1 + C\exp\,(-\,e^x)]\,.$$

Fick, DGlen, S. 4.

1·76 $\boldsymbol{y' = a\cos y + b}$, $a \neq 0$; DGl mit getrennten Variabeln.

$$\int \frac{dy}{a\cos y + b} = x + C\,.$$

Das Integral läßt sich mit Hilfe der Substitution

$$\cos y = \frac{t^2-1}{t^2+1}\,, \quad \sin y = \frac{2\,t}{t^2+1}$$

auswerten. Ist z. B. $b^2 > a^2$, so erhält man

$$\operatorname{arc\,tg}\left(\sqrt{\frac{b+a}{b-a}}\operatorname{ctg}\frac{y}{2}\right) + \frac{x}{2}\sqrt{b^2 - a^2} = C\,.$$

1·77 $\boldsymbol{y' = \cos\,(a\,y + b\,x)}$, $a \neq 0$.

Für $u(x) = a\,y + b\,x$ entsteht die DGl 1·76

$$u' = a\cos u + b\,.$$

$y' + a \sin(\alpha y + \beta x) + b = 0$ 1·78

Aus der DGl folgt

$$\alpha y + \beta x + \arcsin \frac{y' + b}{a} = 0;$$

das ist eine d'Alembertsche DGl A 4·19. Damit hat man einen Zugang zur Behandlung der DGl. Entsprechendes gilt natürlich auch, wenn statt des Sinus eine andere Funktion vorkommt.

D. Mitrinovitch, Publications math. Belgrade 4 (1935) 150f.

$y' + f(x) \cos a y + g(x) \sin a y + h(x) = 0$ 1·79

Für $u(x) = \operatorname{tg} \frac{1}{2} a y$ geht die DGl über in die Riccatische DGl

$$\frac{2}{a} u' + (h - f) u^2 + 2 g u + (h + f) = 0.$$

D. Mitrinovitch, Publications math. Belgrade 4 (1935) 149—152.

$y' + f \sin y + (1 - f') \cos y = f' + 1$, $f = f(x)$. 1·80

Für $u(x) = \operatorname{tg} \frac{y}{2}$ entsteht

$$u' - f' = u(u - f)$$

und hieraus für $v(x) = u - f$ die Bernoullische DGl

$$v' = v(v + f).$$

Mathesis 51 (1937) 152, 223.

$y' + 2 \operatorname{tg} y \operatorname{tg} x = 1$ 1·81

Lösungen sind z. B. $y = \frac{1}{2}\pi - x + k\pi$ (k ganz). Für $\eta(\xi) = \operatorname{tg} y$, $\xi = \operatorname{tg} x$ erhält man

$$(\xi^2 + 1)\eta' = (\eta^2 + 1)(1 - 2\xi\eta).$$

Zu dieser DGl s. 1·151.

$y' = a(1 + \operatorname{tg}^2 y) + \operatorname{tg} y \operatorname{\mathfrak{T}g} x$ 1·82

Der ziemlich komplizierte Verlauf der Integralkurven ist untersucht bei *B. Gambier*, Enseignement math. 28 (1929) 246ff. *H. Milloux*, ebenda 29 (1930) 86—112.

1·83 $\boldsymbol{y' = \operatorname{tg}(x\,y)}$

Die Lösungen erfüllen dic Gl

$$\int_0^y e^{\frac{1}{2}t^2} \cos(x\,t)\,dt = C\,e^{\frac{1}{2}x^2}$$

P. Hendlé, Intermédiaire math. 25 (1918) 45f.

1·84 $\boldsymbol{y' = f(a\,x + b\,y)}$

Für $u(x) = a\,x + b\,y$ erhält man die DGl mit getrennten Variabeln

$$u' = a + b\,f(u)\,.$$

L. E. Dickson, Annals of Math. (2) 25 (1924) 324.

1·85 $\boldsymbol{y' = x^{a-1}\,y^{1-b}\,f\left(\frac{x^a}{a} \pm \frac{y^b}{b}\right)}$

Für $u(x) = \frac{x^a}{a} \pm \frac{y^b}{b}$ entsteht die DGl mit getrennten Variabeln

$$u' = x^{a-1}\,[1 \pm f(u)]\,.$$

L. E. Dickson, Annals of Math. (2) 25 (1924) 324.

1·86 $\boldsymbol{y' = \frac{y - x\,f(x^2 + a\,y^2)}{x + a\,y\,f(x^2 + a\,y^2)}}$, d. i. 1·366.

1·87 $\boldsymbol{y' = \frac{y}{x}\,\frac{a\,f(x^c\,y) + c\,x^a\,y^b}{b\,f(x^c\,y) - x^a\,y^b}}$, d. i. 1·367.

1·88 $\boldsymbol{2\,y' - 3\,y^2 - 4\,a\,y = b + c\,e^{-2ax}}$; Riccatische DGl, s. 1·43 (2).

1·89 $\boldsymbol{x\,y' \pm \sqrt{a^2 - x^2} = 0}$; DGl der Schleppkurve (Tractrix); vgl. 1·492.

$$y = \mp \int \frac{\sqrt{a^2 - x^2}}{x}\,dx = \pm \frac{a}{2} \log \frac{a + \sqrt{a^2 - x^2}}{a - \sqrt{a^2 - x^2}} \mp \sqrt{a^2 - x^2} + C\,.$$

1·90 $\boldsymbol{x\,y' + y = x \sin x}$; lineare DGl.

$$y = \frac{\sin x}{x} - \cos x + \frac{C}{x}\,.$$

Fry, Diff. Equations, S. 83.

$\boldsymbol{x\,y' - y = \frac{x}{\log|x|}}$; lineare DGl. 1·91

$$y = C\,x + x \log\left|\log|x|\right|.$$

O. Perron, Math. Zeitschrift 15 (1922) 131.

$\boldsymbol{x\,y' - y = x^2 \sin x}$; lineare DGl. 1·92

$$y = x\,(C - \cos x).$$

$\boldsymbol{x\,y' - y = \frac{x \cos\log\left|\log|x|\right|}{\log|x|}}$; lineare DGl. 1·93

$$y = C\,x + x \sin\log\left|\log|x|\right|.$$

O. Perron, Math. Zeitschrift 15 (1922) 131.

$\boldsymbol{x\,y' + a\,y + b\,x^n = 0}$; lineare DGl. 1·94

Der Fall $x < 0$ kann auf $x > 0$ zurückgeführt werden. Für $x > 0$ ist

$$y = \begin{cases} C\,x^{-a} - \dfrac{b}{n+a}\,x^n & \text{für } a \neq -n, \\ C\,x^{-a} - b\,x^{-a}\log x & \text{für } a = -n. \end{cases}$$

$\boldsymbol{x\,y' + y^2 + x^2 = 0}$; Riccatische DGl. 1·95

Für $u'(x) = \frac{1}{x}\,y(x)\,u(x)$ entsteht die lineare DGl

$$x\,u'' + u' + x\,u = 0;$$

zu dieser s. 2·162 (9).

W. Kapteyn, Wiskundige Opgaven 10 (1910) 367.

$\boldsymbol{x\,y' - y^2 + 1 = 0}$; DGl mit getrennten Variabeln. 1·96

$$y = \frac{1 - C\,x^2}{1 + C\,x^2} \quad \text{und} \quad y = -1.$$

$\boldsymbol{x\,y' + a\,y^2 - y + b\,x^2 = 0}$; Typus A 4·6 (d). 1·97

Für $y = x\,u(x)$ entsteht die DGl mit getrennten Variabeln

$$u = -a\,u^2 - b.$$

1·98 $\boldsymbol{x y' + a y^2 - b y + c x^{2b} = 0}$; Riccatische DGl.

Für $y = \eta(\xi)$, $\xi = x^b$ entsteht 1·97:

$$b(\xi \eta' - \eta) + a \eta^2 + c \xi^2 = 0 .$$

1·99 $\boldsymbol{x y' + a y^2 - b y = c x^{\beta}}$

Die DGl geht durch die Transformation $y = \xi \eta(\xi)$, $\xi = x^b$ über in die spezielle Riccatische DGl A 4·8

$$\eta' + \frac{a}{b} \eta^2 = \frac{c}{b} \xi^{\alpha} \quad \text{mit} \quad \alpha = \frac{\beta}{b} - 2 .$$

Forsyth-Jacobsthal, DGlen, S. 194—197.

1·100 $\boldsymbol{x y' + x y^2 + a = 0}$; Sonderfall von 1·24.

1·101 $\boldsymbol{x y' + x y^2 - y = 0}$; Bernoullische DGl.

$$y = 0 \quad \text{und} \quad y = \frac{2x}{x^2 + C} .$$

1·102 $\boldsymbol{x y' + x y^2 - y - a x^3 = 0}$

Sonderfall von 1·201. Es sei $\alpha = \sqrt{|a|}$. Für $a > 0$ sind die Lösungen $y = \alpha x$ und

$$y = \alpha x \,\mathfrak{Tg} \left(\frac{1}{2} \alpha x^2 + C \right),$$

für $a < 0$:

$$y = \alpha x \operatorname{ctg} \left(\frac{1}{2} \alpha x^2 + C \right).$$

Julia, Exercices d'Analyse III, S. 131.

1·103 $\boldsymbol{x y' - x y^2 - (2 x^2 + 1) y - x^3 = 0}$; Riccatische DGl.

Transformiert man die DGl nach A 4·9 durch $u'(x) = -u y$ auf eine lineare DGl, so erhält man die DGl 2·123

$$x u'' - (2 x^2 + 1) u' + x^3 u = 0 ,$$

und hieraus

$$u = e^{\frac{x^2}{2}} (C_1 + C_2 x^2), \quad y = - \frac{C_1 x + C_2 (x^3 + 2x)}{C_1 + C_2 x^2} .$$

$\boldsymbol{x y' + a x y^2 + 2 y + b x = 0}$; Riccatische DGl. 1·104

Für $y = u(x) - \frac{1}{a x}$ entsteht

$$u' + a u^2 + b = 0,$$

also

$$x = -\int \frac{du}{a u^2 + b} + C.$$

Ist insbesondere $b = -a$, so erhält man

$$u = \pm 1, \quad \mathfrak{Tg}\,(a x - C), \quad \mathfrak{Ctg}\,(a x - C).$$

H. Schmidt, Jahresbericht DMV 49 (1939) 65 kursiv.

$\boldsymbol{x y' + a x y^2 + b y + c x + d = 0}$; Riccatische DGl. 1·105

Für $\eta'(\xi) = \eta(\xi)\, y(x)$, $\xi = a x$ entsteht die lineare DGl 2·120

$$\xi \eta'' + b \eta' + \left(\frac{c}{a}\xi + d\right)\eta = 0.$$

$\boldsymbol{x y' + x^a y^2 + \frac{a-b}{2} y + x^b = 0}$; Riccatische DGl. 1·106

$$y = x^{\frac{1}{2}(b-a)} \operatorname{tg}\left[C - \frac{2}{a+b} x^{\frac{1}{2}(a+b)}\right].$$

Abel, Oeuvres II, S. 230.

$\boldsymbol{x y' + a x^\alpha y^2 + b y = c x^\beta}$ 1·107

Für $b \neq \alpha$ werden die Lösungen durch $y = x^{-b} \eta(\xi)$, $\xi = x^{\alpha-b}$ eindeutig in die Lösungen der speziellen Riccatischen DGl A 4·8

$$(\alpha - b)\eta' + a \eta^2 = c x^\gamma, \quad \gamma = \frac{2b + \beta - \alpha}{\alpha - b}$$

übergeführt; die ursprüngliche DGl wird auch die *Rawson*sche Form der Riccatischen DGl genannt.

Watson, Bessel functions, S. 91.

$\boldsymbol{x y' - y^2 \log x + y = 0}$; Bernoullische DGl. 1·108

$$\frac{1}{y} = 1 + \log x + C x.$$

$\boldsymbol{x y' - y(2 y \log x - 1) = 0}$; Bernoullische DGl. 1·109

$$\frac{1}{y} - 2(1 + \log x) = C x.$$

Morris-Brown, Diff. Equations, S. 57, 358.

1·110 $\boldsymbol{x\,y' + f(x)\,(y^2 - x^2) - y = 0}$; Riccatische DGl.

Lösungen sind offenbar $y = \pm x$. Daher kann man die sämtlichen Lösungen nach A 4·9 erhalten.

1·111 $\boldsymbol{x\,y' + y^3 + 3\,x\,y^2 = 0}$; Abelsche DGl.

Nach *R. Liouville*, Acta Math. 27 (1903) 60, kann die DGl durch Quadraturen gelöst werden.

1·112 $\boldsymbol{x\,y' = \sqrt{y^2 + x^2} + y}$; Sonderfall von 1·113.

$$y + \sqrt{y^2 + x^2} = C\,x^2 .$$

Morris-Brown, Diff. Equations, S. 34, 353.

1·113 $\boldsymbol{x\,y' + a\,\sqrt{y^2 + x^2} - y = 0}$; homogene DGl.

$$y = x \operatorname{Sin}\left(a \log \frac{C}{x}\right),$$

insbesondere also für $a = 1$: $y = \frac{C}{2} - \frac{x^2}{C}$.

1·114 $\boldsymbol{x\,y' - x\,\sqrt{y^2 + x^2} - y}$; Typus A 4·6 (d).

$$y + \sqrt{y^2 + x^2} = C\,x\,e^x \quad \text{für} \quad C \neq 0 .$$

1·115 $\boldsymbol{x\,y' - x\,(y - x)\,\sqrt{y^2 - x^2} - y = 0}$

Für $y = x\,u(x)$ entsteht

$$u' = |x|\,(u - 1)\,\sqrt{u^2 - 1},$$

und hieraus für $u = \frac{1}{\cos v}$:

$$v' = \pm\,x\,(1 - \cos v),$$

also

$$\frac{1}{2}\,x^2 = \pm \operatorname{ctg} \frac{1}{2}\,v + \frac{1}{2}\,C,$$

also

$$(x^2 - C)^2 = 4\,\frac{y + x}{y - x}$$

und schließlich

$$y = x\frac{(x^2-C)^2+4}{(x^2-C)^2-4} \quad \text{für} \quad \frac{x(x^2-C)}{(x^2-C)^2-4} < 0.$$

W. Kapteyn, Wiskundige Opgaven 10 (1910) 333f.

$$\boldsymbol{x y' - x\sqrt{(y^2-x^2)(y^2-4x^2)} - y = 0}$$ 1·116

Für $y = x\,u(x)$ entsteht

$$u' = x\sqrt{(u^2-1)(u^2-4)},$$

$$\frac{1}{2}x^2 + C = \int_0^v \frac{du}{\sqrt{(u^2-1)(u^2-4)}}.$$

W. Kapteyn, Wiskundige Opgaven 10 (1910) 420f. Zu der Auswertung des Integrals vgl. auch 1·72.

$$\boldsymbol{x y' = x \exp\frac{y}{x} + y + x};$$ homogene DGl. 1·117

Für $x\,u(x) = y$ entsteht

$$\frac{u'}{e^u+1} = \frac{1}{x}, \quad \text{also} \quad \exp\frac{y}{x} = \frac{Cx}{1-Cx}.$$

Morris-Brown, Diff. Equations, S. 34, 353.

$$\boldsymbol{x y' = y \log y};$$ DGl mit getrennten Variabeln. 1·118

Man erhält

$$\int \frac{dy}{y \log y} = x + C, \quad \text{also} \quad y = \exp\frac{x}{C}.$$

$$\boldsymbol{x y' - y(\log x y - 1) = 0}$$ 1·119

Für $u(x) = x\,y$ entsteht

$$x u' = u \log u, \quad \text{also} \quad x y = e^{Cx}.$$

$$\boldsymbol{x y' - y\left(x \log\frac{x^2}{y} + 2\right) = 0}$$ 1·120

$$x + \log\log\frac{x^2}{y} = C.$$

M. O. Gonzalez, Bol. mat. 11 (1938) 206–209.

1·121 $\boldsymbol{x y' + \sin(y - x) = 0}$

Für $u(x) = x \operatorname{tg} \frac{y-x}{2}$ entsteht die Riccatische DGl

$$2 x u' + u^2 + x^2 = 0,$$

und diese geht für $u = 2x \frac{v'}{v}$ über in die DGl 2·162 (4)

$$x^2 v'' + x v' + \frac{x^2}{4} v = 0.$$

Forsyth, Diff. Equations II, S. 176.

1·122 $\boldsymbol{x y' + (\sin y - 3 x^2 \cos y) \cos y = 0}$

Nach Division durch $\cos^2 y$ ist die DGl exakt.

$$x \operatorname{tg} y - x^3 = C.$$

Morris-Brown, Diff. Equations, S. 26, 351.

1·123 $\boldsymbol{x y' = x \sin \frac{y}{x} + y}$; homogene DGl.

$$y = 2 x \operatorname{arc\,tg} C x.$$

1·124 $\boldsymbol{x y' + x \cos \frac{y}{x} - y + x = 0}$; homogene DGl.

$$\cos \frac{y}{x} - (C + \log x) \sin \frac{y}{x} = 1.$$

Morris-Brown, Diff. Equations, S. 35, 353.

1·125 $\boldsymbol{x y' + x \operatorname{tg} \frac{y}{x} - y = 0}$; homogene DGl.

$$x \sin \frac{y}{x} = C.$$

Morris-Brown. Diff. Equations, S. 58, 359.

1·126 $\boldsymbol{x y' = y f(x y)}$

Die DGl ist von dem Typus A 4·7. Für $y = x^{-1} \eta(\xi)$, $\xi = \log x$ geht sie über in

$$\eta' = \eta [1 + f(\eta)],$$

und hieraus erhält man

$$\log x = \xi = \int_C^{xy} \frac{d\eta}{\eta [1 + f(\eta)]}.$$

$x y' = y f(x^a y^b)$ 1·127

Für $u(x) = x^a y^b$ entsteht die DGl mit getrennten Variabeln

$$x u' = b u f(u) + a u .$$

L. E. Dickson, Annals of Math. (2) 25 (1924) 324.

$x y' + a y = f(x) g(x^a y)$ 1·128

Für $u(x) = x^a y$ entsteht die DGl mit getrennten Variabeln

$$u' = x^{a-1} f(x) g(u) .$$

L. E. Dickson, Annals of Math. (2) 25 (1924) 324.

$(x+1) y' + y(y - x) = 0$; Bernoullische DGl. 1·129

$$\frac{1}{y} = C u - 1 + u \int \frac{dx}{u} \quad \text{mit} \quad u = (x+1) e^{-x} .$$

$2 x y' + y = 2 x^3$; lineare DGl. 1·130

$$y = \frac{2}{7} x^3 + \frac{C}{\sqrt{x}} .$$

$(2 x + 1) y' - 4 e^{-y} + 2 = 0$ 1·131

Für $u(x) = e^y$ entsteht die lineare DGl

$$u' + \frac{2}{2x+1} u = \frac{4}{2x+1}; \quad (2x+1) e^y = 4x + C .$$

Morris-Brown, Diff. Equations, S. 58, 359.

$3 x y' - 3 x \log x \cdot y^4 - y = 0$; Bernoullische DGl. 1·132

$$x y^{-3} + \frac{3}{4} x^2 (2 \log x - 1) = C .$$

Morris-Brown, Diff. Equations, S. 42f.

$x^2 y' + y - x = 0$, lineare DGl. 1·133

$$y = \exp \frac{1}{x} \left[C + \int \frac{1}{x} \exp\left(-\frac{1}{x}\right) dx \right] .$$

Die DGl ist deswegen interessant, weil der Potenzreihenansatz für die Umgebung der Stelle $x = 0$ zu der divergenten Reihe

$$y = x - x^2 + 2!\, x^3 - 3!\, x^4 + - \cdots$$

führt, die eine asymptotische Entwicklung einer Lösung für kleine $x > 0$ darstellt und schon bei *Euler* auftritt. Vgl. A 4·4.

Schlesinger, Einführung in die DGlen, S. 29f.

1·134 $\boldsymbol{x^2 y' - y = x^2 e^{x - \frac{1}{x}}}$; lineare DGl.

$$y = e^{-\frac{1}{x}} (e^x + C) .$$

1·135 $\boldsymbol{x^2 y' = (x - 1) y}$; DGl mit getrennten Variabeln.

$$y = C x \exp \frac{1}{x} .$$

1·136 $\boldsymbol{x^2 y' + y^2 + x y + x^2 = 0}$; homogene DGl.

$$\frac{x}{y + x} = \log |x| + C \quad \text{und} \quad y = - x .$$

1·137 $\boldsymbol{x^2 y' - y^2 - x y = 0}$; homogene DGl.

$$\frac{x}{y} = - \log C x \quad \text{und} \quad y = 0 .$$

W. v. Dyck, Abhandlungen München 26 (1914) 10. Abhandlung, S. 22f. mit Bild der IKurven.

1·138 $\boldsymbol{x^2 y' - y^2 - x y = x^2}$; homogene DGl.

Außerdem ist die DGl exakt nach Division durch $x (x^2 + y^2)$.

$$\operatorname{arc\,tg} \frac{y}{x} - \log x = C .$$

Morris-Brown, Diff. Equations, S. 30, 351.

1·139 $\boldsymbol{x^2 (y' + y^2) + a x^k - b (b - 1) = 0}$; Riccatische DGl.

Für $u'(x) = u(x)\, y(x)$ entsteht 2·155 mit u statt x.

1·140 $\boldsymbol{x^2 (y' + y^2) + 4 x y + 2 = 0}$; Riccatische DGl.

$$y = - \frac{2}{x} \quad \text{und} \quad y = - \frac{x - 2C}{x (x - C)} .$$

$\boldsymbol{x^2 (y' + y^2) + a x y + b = 0}$; Riccatische DGl. 1·141

Für $u'(x) = u(x)\, y(x)$ entsteht die Eulersche DGl A 22·3

$$x^2 u'' + a x u' + b u = 0 .$$

$\boldsymbol{x^2 (y' - y^2) - a x^2 y + a x + 2 = 0}$; Riccatische DGl. 1·142

Für $u(x) = x y - 1$ erhält man die Bernoullische DGl

$$x u' - (a x + 3) u = u^2.$$

$\boldsymbol{x^2 (y' + a y^2) = b}$; Riccatische DGl und Typus 1·52. 1·143

Für $u(x) = x y$ entsteht die DGl mit getrennten Variabeln

$$x u' + a u^2 - u - b = 0 ,$$

also

$$\log |x| = - \int \frac{du}{a u^2 - u - b} + C .$$

$\boldsymbol{x^2 (y' + a y^2) + b x^\alpha + c = 0}$; Riccatische DGl. 1·144

Für $u(x) = x y + A$ mit $a A^2 + A + c = 0$ entsteht die DGl 1·99

$$x u' + a u^2 - (2 a A + 1) u + b x^\alpha = 0 .$$

$\boldsymbol{x^2 y' + a y^3 - a x^2 y^2 = 0}$; Abelsche DGl. 1·145

Für $u(x) = \dfrac{1}{y} + a x$ entsteht die Gl 1·36

$$\frac{dx}{du} + x^3 - \frac{u}{a} x^2 = 0 .$$

P. Appell, Journal de Math. (4) 5 (1889) 381.

$\boldsymbol{x^2 y' + x y^3 + a y^2 = 0}$; Sonderfall von 1·169. 1·146

$\boldsymbol{x^2 y' + a x^2 y^3 + b y^2 = 0}$; Abelsche DGl. 1·147

Für $y(x) = - \dfrac{1}{\sqrt[3]{a b}} \eta(\xi)$, $\xi = \dfrac{1}{x} \sqrt[3]{\dfrac{b^2}{a}}$ entsteht die DGl 1·145

$$\xi^2 \eta' = \eta^3 - \xi^2 \eta^2 .$$

1·148 $(x^2+1)\,y' + x\,y - 1 = 0$; lineare DGl.

$$y\sqrt{x^2+1} = C + \log\left(x + \sqrt{x^2+1}\right).$$

1·149 $(x^2+1)\,y' + x\,y = x\,(x^2+1)$; lineare DGl.

$$y = \frac{x^2+1}{3} + \frac{C}{\sqrt{x^2+1}}.$$

1·150 $(x^2+1)\,y' + 2\,x\,y = 2\,x^2$; lineare DGl.

$$y = \frac{2}{3}\,\frac{x^3+C}{x^2+1}.$$

Kamke, DGlen, S. 35, 424f.

1·151 $(x^2+1)\,y' + (y^2+1)\,(2\,x\,y - 1) = 0$; Abelsche DGl.

Durch eine Transformation $y = a(x)\,u(x) + b(x)$ kann man erreichen, daß keine konstanten Glieder und keine Glieder mit u selber auftreten. Hier ist dafür

$$x^4\,y = (x^2+1)\,u + x^3$$

zu setzen. Man erhält dann die DGl 1·185 mit u statt y.

1·152 $(x^2+1)\,y' + x\sin y\cos y - x\,(x^2+1)\cos^2 y = 0$

Für $u(x) = \operatorname{tg} y$ entsteht 1·149 mit u statt y.

1·153 $(x^2-1)\,y' - x\,y + 5 = 0$; lineare DGl.

$$y = 5\,x + C\sqrt{|x^2-1|}.$$

1·154 $(x^2-1)\,y' + 2\,x\,y - \cos x = 0$; lineare und exakte DGl.

$$(x^2-1)\,y - \sin x = C.$$

$(x^2-1)\,y' + y^2 - 2\,x\,y + 1 = 0$; Riccatische DGl. 1·155

Die Gl kann in der Gestalt

$$(x^2-1)\frac{d}{dx}(y-x) + (y-x)^2 = 0$$

geschrieben werden. Sie ist dann eine DGl mit getrennten Variabeln für $u = y - x$. Man erhält so

$$\frac{1}{y-x} = \frac{1}{2}\log\left|\frac{x-1}{x+1}\right| + C \quad \text{und} \quad y = x\,.$$

W. Kapteyn, Wiskundige Opgaven 10 (1910) 106.

$(x^2-1)\,y' - y\,(y-x) = 0$; Bernoullische DGl. 1·156

$$\frac{1}{y} = x + C\sqrt{|x^2-1|}$$

$(x^2-1)\,y' + a\,(y^2 - 2\,x\,y + 1) = 0$; Riccatische DGl. 1·157

Für $y = \frac{2a-1}{a}\,x - \frac{a-1}{a}\,\frac{1}{u(x)}$ geht die DGl in

$$(x^2-1)\,u' + (a-1)\,(u^2 - 2\,x\,u + 1) = 0$$

über. Ist a eine natürliche Zahl, so läßt sich also die DGl durch wiederholte Ausführung der Transformation in eine DGl derselben Gestalt, aber mit $a = 1$, d. h. in 1·155 überführen.

W. Kapteyn, Wiskundige Opgaven 10 (1910) 105ff

$(x^2-1)\,y' + a\,x\,y^2 + x\,y = 0$; Bernoullische DGl. 1·158

$$\frac{1}{y} = -a + C\sqrt{|x^2-1|}$$

Forsyth-Jacobsthal, DGlen, S. 22, 668.

$(x^2-1)\,y' = 2\,x\,y\log y$; DGl mit getrennten Variabeln. 1·159

$$y = \exp C\,(x^2-1)$$

$(x^2-4)\,y' + (x+2)\,y^2 - 4\,y = 0$; Bernoullische DGl. 1·160

$$\frac{1}{y} = \frac{x+2}{x-2}\,(C + \log|x+2|)\,.$$

Morris-Brown, Diff. Equations, S. 43, 355.

1·161 $(x^2 - 5x + 6)\, y' + 3xy - 8y + x^2 = 0$; lineare DGl.

Außerdem wird die DGl exakt durch Multiplikation mit $x - 2$.

$$12\, y\, (x^2 - 5x + 6)(x - 2) + x^3 (3x - 8) = C\,.$$

Morris-Brown, Diff. Equations, S. 32, 352.

1·162 $(x - a)(x - b)\, y' + y^2 + k\, (y + x - a)(y + x - b) = 0$; Riccatische DGl.

Ist $k(k + 1) \neq 0$, so geht die DGl durch die Transformation $k\, u(x) = y + k\, (y + x)$ in

$$\frac{u'}{(u - a)(u - b)} + \frac{k}{(x - a)(x - b)} = 0$$

über. Hieraus folgt

$$\frac{u - a}{u - b} \left(\frac{x - a}{x - b}\right)^k = C \qquad \text{für } a \neq b\,,$$

$$\frac{1}{u - a} + \frac{k}{x - a} = C \qquad \text{für } a = b\,.$$

Ist $k = 0$, so erhält man

$$y \log C \frac{x - a}{x - b} = a - b \qquad \text{für } a \neq b\,,$$

$$\frac{1}{y} + \frac{1}{x - a} = C \qquad \text{für } a = b\,.$$

Ist endlich $k = -1$, so ist die DGl linear, und man erhält

$$y = (x - a)(x - b) \left[C + \frac{1}{a - b} \log \frac{x - a}{x - b}\right] \qquad \text{für } a \neq b\,,$$

$$y = a - x + C\, (x - a)^2 \qquad \text{für } a = b\,.$$

Vgl. *Forsyth-Jacobsthal*, DGlen, S. 503.

1·163 $2x^2 y' - 2y^2 - xy + 2a^2 x = 0$; Riccatische DGl.

Eine Lösung ist $y = a\sqrt{x}$; die andern Lösungen können nach A 4·9 gefunden werden.

Forsyth, Diff. Equations II, S. 203.

1·164 $2x^2 y' - 2y^2 - 3xy + 2a^2 x = 0$; Riccatische DGl.

Eine Lösung ist $y = a\sqrt{x} - \frac{x}{2}$; die andern Lösungen können nach A 4·9 gefunden werden.

Forsyth, Diff. Equations II, S. 203.

$\boldsymbol{x(2x-1)y' + y^2 - (4x+1)y + 4x = 0}$; Riccatische DGl. 1·165

Eine Lösung ist $y = 1$. Hiermit erhält man nach A 4·9

$$y = \frac{2x^2 + C}{x + C}$$

$\boldsymbol{2x(x-1)y' + (x-1)y^2 - x = 0}$; s. 1·175 (1). 1·166

$\boldsymbol{3x^2 y' - 7y^2 - 3xy - x^2 = 0}$; homogene DGl. 1·167

$$3 \operatorname{arc\,tg} \sqrt{7}\, \frac{y}{x} = C + \sqrt{7} \log x\,.$$

Fick, DGlen, S. 8, 83.

$\boldsymbol{3(x^2-4)y' + y^2 - xy - 3 = 0}$; Riccatische DGl. 1·168

Die Lösungen von

$$y^4 - 6y^2 - 4xy - 3 = 0$$

erfüllen die DGl.

Cayley, Messenger of Math. (2) 4 (1875) 69—70, 110—113. Vgl. auch 1·179.

$\boldsymbol{(ax+b)^2 y' + (ax+b)y^3 + cy^2 = 0}$; Abelsche DGl. 1·169

Man bestimme zwei Zahlen α, β so, daß $\alpha b - \beta a = c$ ist. Dann geht die DGl durch

$$u(x) = \frac{1}{y} - \frac{\alpha x + \beta}{a x + b}$$

in die DGl

$$u'[(ax+b)u + \alpha x + \beta)] = 1$$

über, und die Lösungen dieser DGl erhält man, soweit $u' \neq 0$ ist, aus der linearen DGl

$$\frac{dx}{du} = x(au + \alpha) + bu + \beta\,.$$

P. Appell, Journal de Math. (4) 5 (1889) 377f.

$\boldsymbol{x^3 y' - y^2 - x^4 = 0}$; Sonderfall von 1·187. 1·170

$$y = x^2 - \frac{x^2}{\log Cx}\,.$$

M. Chini, Rendiconti Istituto Lombardo (2) 57 (1924) 505.

1·171 $x^3 y' - y^2 - x^2 y = 0$; Bernoullische DGl.

Nach Division durch $x^2 y^2$ ist die DGl auch exakt.

$$\frac{x}{y} - \frac{1}{x} = C .$$

1·172 $x^3 y' - x^4 y^2 + x^2 y + 20 = 0$; Riccatische DGl.

Transformiert man die DGl nach A 4·9 durch $y = -\frac{u'}{x u}$ auf eine lineare DGl, so erhält man die DGl 2·14

$$x^2 u'' = 20 u, \quad \text{also ist} \quad u = C_1 x^{-4} + C_2 x^5, \quad y = \frac{4 C_1 - 5 C_2 x^9}{C_1 x^2 + C_2 x^{11}} .$$

Morris-Brown, Diff. Equations, S. 152, 374.

1·173 $x^3 y' - x^6 y^2 - (2 x - 3) x^2 y + 3 = 0$; Riccatische DGl.

Transformiert man die DGl nach A 4·9 durch $y = - x^{-3} \frac{u'}{u}$ auf eine lineare DGl, so erhält man die DGl 2·35

$$u'' - 2 u' - 3 u = 0,$$

also ist $u = C_1 e^{3x} + C_2 e^{-x}, \quad y = -\frac{1}{x^3} \frac{3 C_1 e^{3x} - C_2 e^{-x}}{C_1 e^{3x} + C_2 e^{-x}}$

Morris-Brown, Diff. Equations, S. 152.

1·174 $x (x^2 + 1) y' + x^2 y = 2$; lineare DGl.

$$y \sqrt{x^2 + 1} + 2 \log \frac{1 + \sqrt{x^2 + 1}}{x} = C .$$

Morris-Brown, Diff. Equations, S. 58, 359.

1·175 $x (x^2 - 1) y' - (2 x^2 - 1) y + a x^3 = 0$; lineare DGl.

$$y = a x + C x \sqrt{|x^2 - 1|} .$$

Forsyth-Jacobsthal, DGlen, S. 21, 667.

1·176 $x (x^2 - 1) y' + (x^2 - 1) y^2 - x^2 = 0$; Riccatische DGl.

Für $y(x) = \eta(\xi)$, $\xi = x^2$ erhält man die DGl

(1) $$2 \xi (\xi - 1) \eta' + (\xi - 1) \eta^2 - \xi = 0 ,$$

die nach A 4·9 für

$$u(\xi) = \exp \int \frac{\eta}{2 \xi} d\xi$$

übergeht in die hypergeometrische DGl (s. 2·260)

$$\xi\,(\xi - 1)\, u'' + (\xi - 1)\, u' - \frac{1}{4}\, u = 0\,.$$

Über den Zusammenhang der DGl mit elliptischen Funktionen s. *Whittaker-Watson*, Modern Analysis, S. 534.

$\boldsymbol{x^2 (x-1)\, y' - y^2 - x\,(x-2)\, y = 0}$; Bernoullische DGl. 1·177

$$y = \frac{x^2}{(x-1)\, C + 1}\,.$$

$\boldsymbol{2\,x\,(x^2-1)\, y' + 2\,(x^2-1)\, y^2 - (3\,x^2-5)\, y + x^2 - 3 = 0}$; Riccatische DGl. 1·178

Eine Lösung ist $y = 1$. Die übrigen Lösungen sind daher nach A 4·9

$$y = 1 + \frac{1}{z}, \quad z = \sqrt{\left|\frac{x^2-1}{x}\right|}\left(C + \int \frac{1}{x}\sqrt{\left|\frac{x}{x^2-1}\right|}\,dx\right).$$

Julia, Exercices d'Analyse, S. 58—70.

$\boldsymbol{x\,(x^2-1)\, y' + x\, y^2 - (x^2+1)\, y - 3\,x = 0}$; Riccatische DGl. 1·179

Für $y(x) = \eta(\xi)$, $\xi = x + \frac{1}{x}$ entsteht 1·168 mit ξ, η statt x, y.

Vgl. auch *E. Pascal*, Rendiconti Istituto Lombardo (2) 36 (1903) 329f.

$\boldsymbol{a\,x^2 + b\,x + c)\,(x\,y' - y) - y^2 + x^2 = 0}$; Riccatische DGl. 1·180

Lösungen sind z. B. $y = \pm x$. Für $y = x\,u(x)$ geht die DGl in eine DGl mit getrennten Variabeln über. Man erhält auf diese Weise

$$\log\left|\frac{y-x}{y+x}\right| = C + 2\int \frac{dx}{a\,x^2 + b\,x + c}\,.$$

Julia, Exercices d'Analyse, S. 53—58.

$\boldsymbol{^4\,(y' + y^2) + a = 0}$, $a \neq 0$; Riccatische DGl. 1·181

Für $u(x) = x^2\, y$ entsteht

$$x^2\, u' + u^2 - 2\,x\,u + a = 0\,,$$

nd hieraus für $v(x) = u - x$ die DGl mit getrennten Variabeln

$$x^2\, v' + v^2 + a = 0$$

Ist $a = \alpha^2 > 0$, so erhält man hieraus

$$y = \frac{1}{x} + \frac{\alpha}{x^2}\,\mathrm{tg}\left(\frac{\alpha}{x} + C\right)$$

Euler I, S. 303f.

1·182 $\boldsymbol{x(x^3-1)y'-2xy^2+y+x^2=0}$; Riccatische DGl.

Eine Lösung ist $y = x^2$. Die andern Lösungen kann man nun nach A 4·9 erhalten.

1·183 $\boldsymbol{(2x^4-x)y'-2(x^3-1)y=0}$; DGl mit getrennten Variabeln.

$$(2x^3-1)y^3 = Cx^6.$$

1·184 $\boldsymbol{(ax^2+bx+c)^2(y'+y^2)+A=0}$; Riccatische DGl.

Für $u(x) = \exp\int y\,dx$ entsteht die lineare DGl 2·396

$$(ax^2+bx+c)^2u''+Au=0.$$

1·185 $\boldsymbol{x^7y'+2(x^2+1)y^3+5x^3y^2=0}$; Abelsche DGl.

Für $u(x) = y^{-1}$ entsteht

$$x^7uu' = 5x^3u+2(x^2+1)$$

und weiter für $xv(x) = x^3u+1$ die lineare DGl

$$\frac{dx}{dv}-\frac{xv}{2(v^2+1)}+\frac{1}{2(v^2+1)}=0.$$

1·186 $\boldsymbol{x^ny'+y^2-(n-1)x^{n-1}y+x^{2n-2}=0}$; Riccatische DGl.

$$y = x^{n-1}\operatorname{tg}(C-\log x).$$

Abel, Oeuvres II, S. 231.

1·187 $\boldsymbol{x^ny'=ay^2+bx^{2n-2}}$; Riccatische DGl sowie Sonderfall von 1·189.

$$y = \sqrt{\frac{b}{a}}\,x^{n-1}u(x),$$

wo $u(x)$ durch

$$\sqrt{ab}\log x = \int\frac{du}{u^2-\alpha u+1}+C \quad\text{mit}\quad \alpha = \frac{n-1}{\sqrt{ab}}$$

bestimmt ist.

M. Chini, Rendiconti Istituto Lombardo (2) 57 (1924) 504f.

1·188 $\boldsymbol{x^{2n+1}y'=ay^3+bx^{3n}}$; Abelsche DGl und Sonderfall von 1·189.

$\boldsymbol{x^{m(n-1)+n}\, y' = a\, y^n + b\, x^{(m+1)n}}$ 1·189

Sonderfall von 1·53. Man erhält

$$y = \sqrt[n]{\frac{b}{a}}\, x^{m+1}\, u(x)\,,$$

wo u durch

$$\int \frac{du}{u^n - \alpha u + 1} + C = b \sqrt[n]{\frac{a}{b}} \log|x| \quad \text{mit} \quad \alpha = \frac{m+1}{b} \sqrt[n]{\frac{b}{a}}$$

bestimmt ist.

M. Chini, Rendiconti Istituto Lombardo (2) 57 (1924) 504.

$\boldsymbol{\sqrt{x^2-1}\, y' = \pm \sqrt{y^2-1}}$ s. 1·60. 1·190

$\boldsymbol{\sqrt{1-x^2}\, y' = \pm y \sqrt{y^2-1}}$, $|x| < 1$, $|y| > 1$. 1·191

$$y = \pm 1 \quad \text{sowie} \quad x\sqrt{y^2-1} \pm \sqrt{1-x^2} = C\, y\,.$$

Morris-Brown, Diff. Equations, S. 22, 350.

$\boldsymbol{y' \sqrt{x^2+a^2} + y - \sqrt{x^2+a^2} + x = 0}$; lineare DGl. 1·192

$$y = \left(\sqrt{x^2+a^2} - x\right) \log\left(x + \sqrt{x^2+a^2}\right) + \frac{C}{a^2}\left(\sqrt{x^2+a^2} - x\right).$$

$\boldsymbol{x\, y' \log x + y = a\, x\, (\log x + 1)}$; lineare DGl. 1·193

$$y = a\, x + \frac{C}{\log x}\,.$$

Forsyth, Diff. Equations II, S. 210f.

$\boldsymbol{x\, y' \log x - y^2 \log x - (2 \log^2 x + 1)\, y - \log^3 x = 0}$; Riccatische DGl. 1·194

Für $y(x) = \eta(\xi)$, $\xi = \log x$ entsteht die DGl 1·103 mit ξ, η statt x, y. Daher ist

$$(C_1 + C_2 \log^2 x)\, y = -\, C_1 \log x - C_2\, (\log^3 x + 2 \log x)\,.$$

Morris-Brown, Diff. Equations, S. 152, 374.

$\boldsymbol{y' \sin x - y^2 \sin^2 x + (\cos x - 3 \sin x)\, y + 4 = 0}$; Riccatische DGl. 1·195

Für $u(x) = y \sin x$ entsteht die DGl 1·17 mit u statt y.

1·196 $\boldsymbol{y' \cos x + y + (1 + \sin x) \cos x = 0}$; lineare DGl.

$$\frac{1+\sin x}{\cos x}\, y = C + \sin x - 2 \log \frac{1+\sin x}{\cos^2 x}\,.$$

1·197 $\boldsymbol{y' \cos x - y^4 - y \sin x = 0}$; Bernoullische DGl.

$$y^{-3} = C \cos^3 x + 2 \sin^3 x - 3 \sin x\,.$$

1·198 $\boldsymbol{y' \sin x \cos x - y - \sin^3 x = 0}$; lineare DGl.

$$y = -\sin x + C \operatorname{tg} x\,.$$

1·199 $\boldsymbol{y' \sin 2x + \sin 2y = 0}$

Nach Division durch $\cos^2 x \cos^2 y$ ist die DGl exakt.

$$\operatorname{tg} y \operatorname{tg} x = C\,.$$

Morris-Brown, Diff. Equations, S. 26, 351.

1·200 $\boldsymbol{(a \sin^2 x + b)\, y' + a\, y \sin 2x + A\, x\, (a \sin^2 x + c) = 0}$; lineare DGl.

$$(a \sin^2 x + b)\, y = C + \frac{1}{8} A\, [a \cos 2x + 2\, a\, x \sin 2x - (2a + 4c)\, x^2]\,.$$

1·201 $\boldsymbol{2 f y' + 2 f y^2 - f' y - 2 f^2 = 0}$, $f = f(x)$; Riccatische DGl.

Für $f > 0$ ist $y = \sqrt{f}$ eine Lösung, so daß man nun die Gl nach A 4·9 lösen kann. Für

$$u(x) = \exp \int y(x)\, dx$$

geht die DGl in 2·79 mit $a = \frac{1}{2}$, $b = -1$ und mit u statt y über.

1·202 $\boldsymbol{f(x)\, y' + g(x) \operatorname{tg} y + h(x) = 0}$

Für $u(x) = \operatorname{tg} y$ entsteht die Abelsche DGl (s. A 4·10)

$$f u' + g u^3 + h u^2 + g u + h = 0\,.$$

H. Lemke, Publications math. Belgrade 4 (1935) 202.

1·203 $\boldsymbol{y y' + y + x^3 = 0}$ s. 6·74 (5).

$\boldsymbol{y\,y' + a\,y + x = 0}$ 1·204

$$(x \pm y) \exp \frac{x}{x \pm y} = C \qquad \text{für } a = \pm 2\,,$$

$$C_1 \, |y - \alpha\, x|^{\alpha} = C_2 \, |y - \beta\, x|^{\beta} \quad \text{für } |a| > 2$$

$$\text{mit } \; |C_1| + |C_2| > 0, \quad \alpha, \beta = -\frac{1}{2}\, a \pm \frac{1}{2} \sqrt{a^2 - 4}\,,$$

$$\log |y^2 + a\,x\,y + x^2| - \frac{2\,a}{\sqrt{4 - a^2}} \operatorname{arc\,tg} \frac{2\,y + a\,x}{x\sqrt{4 - a^2}} = C \quad \text{für } \; |a| < 2\,.$$

$\boldsymbol{y\,y' + a\,y + \frac{a^2 - 1}{4}\, x + b\, x^n = 0}$ 1·205

Wird t durch

$$t = \int \frac{dx}{y(x)}$$

für die Lösungen $y(x)$ der DGl als Funktion von x definiert und damit auch x als Funktion von t, so ist

$$x'(t) = \frac{1}{t'(x)} = y(x)\,,$$

und aus der DGl wird

$$x'' + a\,x' + \frac{a^2 - 1}{4}\, x + b\, x^n = 0\,.$$

Zu dieser DGl s. 6·26; für $a = -7$, $n = \frac{3}{2}$ s. auch 6·100 (2).

$\boldsymbol{y\,y' + a\,y + b\, e^{x} = 2\,a}$ s. 6·76 (4) 1·206

$\boldsymbol{y\,y' + y^2 + 4\,x\,(x + 1) = 0}$; Riccatische DGl. 1·207

Für $u(x) = y^2$ entsteht die lineare DGl

$$u' + 2\,u = -8\,x\,(x + 1); \quad y^2 + 4\,x^2 = C\, e^{-2x}.$$

$\boldsymbol{y\,y' + a\,y^2 - b\cos(x + c) = 0}$; Bernoullische DGl. 1·208

$$y^2 = \frac{2\,b}{4\,a^2 + 1} \left[2\,a \cos(x + c) + \sin(x + c)\right] + C \exp(-2\,a\,x)$$

Forsyth-Jacobsthal, DGlen, S. 21, 668.

$\boldsymbol{y\,y' = \pm \sqrt{a\,y^2 + b}}$; DGl mit getrennten Variabeln. 1·209

Für $u(x) = y^2$ entsteht die leicht lösbare DGl

$$u' = \pm\, 2 \sqrt{a\,u + b}\,.$$

1·210 $\boldsymbol{y\,y' + x\,y^2 - 4\,x = 0}$

Für $u(x) = y^2$ entsteht die lineare DGl

$$u' + 2\,x\,u = 8\,x; \quad y^2 = 4 + C\,e^{-x^2}$$

1·211 $\boldsymbol{y\,y' = x \exp\left(\frac{x}{y}\right)}$

Wird y als unabhängige Veränderliche eingeführt und $x = y\,u(y)$ gesetzt, so entsteht die DGl mit getrennten Variabeln

$$y\,e^u\,u\,u' = 1 - u^2\,e^u,$$

also

$$\log|y| = \int \frac{u\,e^u}{1 - u^2\,e^u}\,du + C\,.$$

1·212 $\boldsymbol{y\,y' + f(y^2 \pm x^2)\,g(x) + x = 0}$

Für $u(x) = y^2 \pm x^2$ entsteht die DGl mit getrennten Variabeln

$$u' + 2\,f(u)\,g(x) = 0\,.$$

L. E. Dickson, Annals of Math. (2) 25 (1924) 324.

1·213 $\boldsymbol{(y+1)\,y' = y + x}$; Typus A 4·6 (c).

1·214 $\boldsymbol{(y + x - 1)\,y' - y + 2\,x + 3 = 0}$; Typus A 4·6 (c).

$$\log\left[(3\,y - 5)^2 + 2\,(3\,x + 2)^2\right] + \sqrt{2}\ \operatorname{arc\,tg} \frac{3\,y - 5}{(3\,x + 2)\sqrt{2}} = C\,.$$

1·215 $\boldsymbol{(y + 2\,x - 2)\,y' - y + x + 1 = 0}$; Typus A 4·6 (c).

$$\log\left(x^2 + x\,y + y^2 - 2\,x - 3\,y + \frac{7}{3}\right) + 2\sqrt{3}\ \operatorname{arc\,tg} \frac{x + 2\,y - 3}{3\,x - 1}\sqrt{3} = C\,.$$

1·216 $\boldsymbol{(y - 2\,x + 1)\,y' + y + x = 0}$; Typus A 4·6 (c).

$$y^2 + x^2 - x\,y + y - x + \frac{1}{3} = C \exp\left(2\sqrt{3}\ \operatorname{arc\,tg} \sqrt{3}\,\frac{2\,y - x + 1}{3\,x - 1}\right).$$

1·217 $\boldsymbol{(y - x^2)\,y' = x}$

Wird y als unabhängige Variable gewählt, so entsteht für $u(y) = x^2$ die lineare DGl

$$u' + 2\,u = 2\,y; \quad x^2 = y - \frac{1}{2} + C\,e^{-2\,y}\,.$$

$(y - x^2)\, y' + 4\, x\, y = 0$ 1·218

Für $y = x^2\, u(x)$ entsteht die DGl mit getrennten Variabeln

$$x\,(u - 1)\, u' + 2\, u\,(u + 1) = 0;$$

hieraus ergibt sich

$$(y + x^2)^2 = C\, y\,.$$

$[y + g(x)]\, y' = f_2(x)\, y^2 + f_1(x)\, y + f_0(x)$ s. Abelsche DGl A 4·11. 1·219

$2\, y\, y' - x\, y^2 - x^3 = 0$ 1·220

Für $u(x) = y^2$ entsteht die lineare DGl

$$u' - x\, u = x^3\,.$$

$(2\, y + x + 1)\, y' - (2\, y + x - 1) = 0$; Typus A 4·6 (c). 1·221

$$2 \log |6\, y + 3\, x - 1| = 3\,(x - y) + C\,.$$

Morris-Brown, Diff. Equations, S. 38, 354.

$(2\, y + x + 7)\, y' - y + 2\, x + 4 = 0$; Typus A 4·6 (c). 1·222

$$\log |x^2 + y^2 + 6\, x + 4\, y + 13| + \operatorname{arc\,tg} \frac{y + 2}{x + 3} = C\,.$$

$(2\, y - x)\, y' - y - 2\, x = 0$; homogene DGl. 1·223

$$y^2 - x\, y - x^2 = C\,.$$

Morris-Brown, Diff. Equations, S. 35, 353.

$(2\, y - 6\, x)\, y' - y + 3\, x + 2 = 0$; Typus A 4·6 (c). 1·224

$$4 \log |5\, y - 15\, x + 2| = 10\, y - 5\, x + C\,.$$

Morris-Brown, Diff. Equations, S. 37, 353.

$(4\, y + 2\, x + 3)\, y' - 2\, y - x - 1 = 0$; Typus A 4·6 (c). 1·225

$$8\, y + 4\, x + 5 = C \exp (4\, x - 8\, y - 4)$$

$(4\, y - 2\, x - 3)\, y' + 2\, y - x - 1 = 0$ 1·226

Die DGl ist 1·225 mit $-y$ statt y.

1·227 $(4y-3x-5)\,y'-3y+7x+2=0$; Typus A 4·6 (c) und exakte DGl

$$4y^2-6xy+7x^2-10y+4x=C.$$

Morris-Brown, Diff. Equations, S. 26, 351.

1·228 $(4y+11x-11)\,y'-25y-8x+62=0$; Typus A 4·6 (c)

$$(y-4x-2)^3=C\,(2y+x-5).$$

Morris-Brown, Diff. Equations, S. 36, 353.

1·229 $(12y-5x-8)\,y'-5y+2x+3=0$; Typus A 4·6 (c).

$$(3y-x-1)\,(2y-x-2)=C.$$

Morris-Brown, Diff. Equations, S. 36, 353.

1·230 $a\,y\,y'+b\,y^2+f(x)=0$

Für $u(x)=y^2$ entsteht die lineare DGl

$$a\,u'+2\,b\,u+2f(x)=0.$$

1·231 $(a\,y+b\,x+c)\,y'+\alpha\,y+\beta\,x+\gamma=0$ s. A 4·6 (c).

1·232 $x\,y\,y'+y^2+x^2=0$, homogene DGl.

$$(2y^2+x^2)\,x^2=C.$$

1·233 $x\,y\,y'-y^2+a\,x^3\cos x=0$

Für $u(x)=y^2$ erhält man die lineare DGl

$$x\,u'-2\,u+2\,a\,x^3\cos x=0$$

und hieraus

$$y^2=x^2\,(C-2\,a\sin x).$$

1·234 $x\,y\,y'-y^2+x\,y+x^3-2\,x^2=0$ s. 6·172 (3).

$(xy+a)\,y'+by=0$, $b \neq 0$. 1·235

Wird y als unabhängige Veränderliche gewählt, so erhält man die lineare DGl

$$\frac{dx}{dy}+\frac{x}{b}=-\frac{a}{b\,y}$$

und hieraus

$$x=e^{-\frac{y}{b}}\left(C-\frac{a}{b}\int\frac{1}{y}e^{\frac{y}{b}}\,dy\right).$$

$x\,(y+4)\,y'-y^2-2\,y-2\,x=0$ 1·236

Die DGl ist von dem Typus A 4·6 (e) mit $\alpha=1$, $f=4$, $g=2\frac{y}{x}+2$, $h=\frac{y}{x}$; man erhält

$$(y-x)^2=C\,x\,(2\,y-x+4)\,.$$

$x\,(y+a)\,y'+b\,y+c\,x=0$ 1·237

Wird y als unabhängige Veränderliche eingeführt und

$$u\,(y)=(b\,y+c\,x)^{-1}$$

gesetzt, so wird aus der DGl die Abelsche DGl A 4·10

$$u'+b\,y\,(y+a)\,u^3-(y+a-b)\,u^2=0\,.$$

Für $y\,(x)=\frac{1}{2}\,a\,\xi\,\eta'\,(\xi)$, $x=\xi^2\,e^{\eta(\xi)}$ geht die DGl über in

$$\xi\,\eta''+\left(1+\frac{2\,b}{a}\right)\eta'+\frac{4\,c}{a^2}\,\xi\,e^{\eta}=0\,.$$

Zu dieser DGl s. 6·76.

$[x\,(y+x)+a]\,y'=y\,(y+x)+b$ 1·238

Die DGl ist von dem Typus A 4·6 (e) mit $\alpha=2$, $f=a$, $g=b$, $h=\frac{y}{x}+1$. Man kann auch so vorgehen: Für

$$u\,(x)+v\,(x)=x\,,\quad \frac{b}{a}\,u\,(x)-v\,(x)=y\,(x)$$

folgt

$$\frac{(a+b)\,u\,u'}{(a+b)\,u^2+a^2}=\frac{v'}{v}\,,$$

also

$$(a+b)\,u^2+a^2=C\,v^2$$

Forsyth-Jacobsthal, DGlen, S. 53, 676.

1·239 $(x y - x^2) y' + y^2 - 3 x y - 2 x^2 = 0$

Nach Multiplikation mit $2x$ ist die DGl exakt, und man erhält

$$x^2 y^2 - 2 x^3 y - x^4 = C .$$

1·240 $2 x y y' - y^2 + a x = 0$; Bernoullische DGl.

Für $u(x) = y^2$ entsteht eine lineare DGl

$$y^2 + a x \log x = C x .$$

1·241 $2 x y y' - y^2 + a x^2 = 0$

Für $u(x) = y^2$ erhält man die lineare DGl

$$x u' - u + a x^2 = 0 , \quad \text{also} \quad y^2 + a x^2 = C x .$$

1·242 $2 x y y' + 2 y^2 + 1 = 0$

Für $u(x) = y^2$ erhält man die lineare DGl

$$x u' + 2 u + 1 = 0 , \quad \text{also} \quad (2 y^2 + 1) x^2 = C .$$

1·243 $x (2 y + x - 1) y' - y (y + 2 x + 1) = 0$

Nach Multiplikation mit $(x y)^{-\frac{4}{3}}$ ist die DGl eine exakte, und man erhält

$$(y - x + 1)^3 = C x y .$$

W. Kapteyn, Wiskundige Opgaven 10 (1910) 370ff.

1·244 $x (2 y - x - 1) y' + y (2 x - y - 1) = 0$

Nach Multiplikation mit $(y + x + 1)^{-4}$ ist die DGl eine exakte, und man erhält

$$(y + x + 1)^3 = C x y ;$$

außerdem ist $y = 0$ eine Lösung.

Julia, Exercices d'Analyse, S. 71ff.

1·245 $(2 x y + 4 x^3) y' + y^2 + 12 x^2 y = 0$

Das ist $(4 x^3 y)' + (x y^2)' = 0$, also $4 x^3 y + x y^2 = C$.

Morris-Brown, Diff. Equations, S. 58, 359.

$\boldsymbol{x(3y+2x)y'+3(y+x)^2=0}$ 1·246

Nach Multiplikation mit x ist die DGl exakt.

$$6x^2y^2+8x^3y+3x^4=C\,.$$

Morris-Brown, Diff. Equations, S. 32, 352.

$\boldsymbol{(3x+2)(y-2x-1)y'=y^2-xy+7x^2+9x+3}$ 1·247

Für $x=u-\frac{2}{3}$, $y=v(u)-\frac{1}{3}$ entsteht die homogene DGl

$$3u(v-2u)v'=v^2-uv+7u^2\,.$$

Hieraus erhält man

$$(x+y+1)^2(2y-7x-4)=C(3x+2)\,.$$

Die gegebene DGl läßt sich auch in der Gestalt

$$y'=w+\frac{1}{w}+1 \quad \text{mit} \quad w=\frac{3x+2}{y-2x-1}$$

schreiben und ist somit von der Gestalt A 4·6 (c).

Morris-Brown, Diff. Equations, S. 38, 354.

$\boldsymbol{(6xy+x^2+3)y'+3y^2+2xy+2x=0}$ 1·248

Die DGl ist eine exakte.

$$3xy^2+x^2y+3y+x^2=C$$

Fick, DGlen, S. 13, 92.

$\boldsymbol{(axy+bx^n)y'+\alpha y^3+\beta y^2=0}$ 1·249

Für $u(x)=\frac{1}{y}$ entsteht die Bernoullische DGl

$$\frac{dx}{du}-\frac{bu}{\beta u+\alpha}x^n-\frac{a}{\beta u+\alpha}x=0\,.$$

W. Kapteyn, Wiskundige Opgaven 10 (1910) 328ff.

$\boldsymbol{(Bxy+Ax^2+ax+by+c)y'=(By^2+Axy+\alpha x+\beta y+\gamma)}$; 1·250
Jacobische DGl.

Ist $c=\gamma=0$, so ist die DGl von dem Typus A 4·6 (e) mit $\alpha=1$, $f=a+b\frac{y}{x}$, $g=\alpha+\beta\frac{y}{x}$, $h=A+B\frac{y}{x}$. Ist nicht $c=\gamma=0$, so sucht man dieses durch eine Transformation

$$x = \xi + p, \quad y = \eta + q$$

zu erreichen. Es ist dafür λ so zu bestimmen, daß

$$\begin{vmatrix} -\lambda & A & B \\ c & a+\lambda & b \\ \gamma & \alpha & \beta+\lambda \end{vmatrix} = 0$$

und

$$A\,p + B\,q - \lambda = 0, \quad (a+\lambda)\,p + b\,q + c = 0, \quad \alpha\,p + (\beta+\lambda)\,q + \gamma = 0$$

ist. Im allgemeinen befindet sich unter den Lösungen der DGl stets mindestens eine Funktion ersten Grades; es empfiehlt sich also, auf jeden Fall mit dem Lösungsansatz $y = r\,x + s$ in die DGl hineinzugehen.

Die DGl kann auch in der Gestalt

$$(x\,y' - y)\,(a_3\,x + b_3\,y + c_3) - y'\,(a_1\,x + b_1\,y + c_1) + a_2\,x + b_2\,y + c_2 = 0$$

geschrieben werden. Die Lösungen dieser DGl erhält man in einer Parameterdarstellung aus den Lösungen des linearen Systems mit konstanten Koeffizienten

$$x_\nu'(t) = a_\nu\,x_1 + b_\nu\,x_2 + c_\nu\,x_3 \qquad (\nu = 1, 2, 3)$$

(zu diesem System s. A 13·1), indem man

$$x = \frac{x_1}{x_3}, \quad y = \frac{x_2}{x_3}$$

setzt.

Lit.: *Serret-Scheffers*, Differential- und Integralrechnung III, S. 245–265. Für Eigenschaften der IKurven s. auch *F. Mouton*, Bulletin math. Fac. Sc. 3 (1937) 65–73.

1·251 $\mathbf{(x^2\,y - 1)\,y' + x\,y^2 - 1 = 0}$; exakte DGl.

$$x^2\,y^2 - 2\,(x + y) = C$$

1·252 $\mathbf{(x^2\,y - 1)\,y' - (x\,y^2 - 1) = 0}$

Wird $x\,t(x) = y(x)$ gesetzt und dann t als unabhängige, x als abhängige Veränderliche eingeführt, so entsteht die Bernoullische DGl

$$x' + \frac{1}{t-1}\,x = \frac{t}{t-1}\,x^4.$$

G. Lampariello, Atti Accad. Lincei (6) 19 (1934) 387f.

1·253 $\mathbf{(x^2\,y - 1)\,y' + 8\,(x\,y^2 - 1) = 0}$; Sonderfall von 1·265.

$$x(xy-2)y' + x^2y^3 + xy^2 - 2y = 0$$ 1·254

Für $u(x) = xy$ erhält man

$$\frac{d}{dx}\left(\frac{1}{u^2} - \frac{1}{u}\right) + \frac{1}{x} = 0\,, \quad \text{also} \quad \frac{1}{x^2 y^2} - \frac{1}{xy} + \log x = C\,.$$

Morris-Brown, Diff. Equations, S. 31, 352.

$$x(xy-3)y' + xy^2 - y = 0$$ 1·255

Nach Division durch $x\,y$ ist die DGl exakt.

$$xy - \log xy^3 = C\,.$$

Morris-Brown, Diff. Equations, S. 31, 352.

$x^2(y-1)y' + (x-1)y = 0$; DGl mit getrennten Variabeln. 1·256

$$y = C\,x\,e^{y+\frac{1}{x}}$$

Morris-Brown, Diff. Equations, S. 22, 350.

$$x(xy + x^4 - 1)y' = y(xy - x^4 - 1)$$ 1·257

$$(xy-1)\exp\left(xy + \frac{y^2}{2x^2}\right) = C\,.$$

S. Sispánov, Bol. mat. 11 (1938) 200—206.

$$2x^2yy' + y^2 = 2x^3 + x^2$$ 1·258

Für $u(x) = y^2 - x^2$ entsteht die DGl mit getrennten Variabeln

$$x^2u' + u = 0\,, \quad \text{also} \quad u = C\,e^{\frac{1}{x}}\,.$$

$$2x^2yy' - y^2 = x^2 e^{x-\frac{1}{x}}$$ 1·259

Für $u(x) = y^2$ entsteht die lineare DGl 1·134 mit u statt y.

$$(2x^2y + x)y' - x^2y^3 + 2xy^2 + y = 0$$ 1·260

Nach Division durch x^3y^3 ist die DGl exakt.

$$\frac{1}{x^2y^2} + \frac{4}{xy} + 2\log x = C\,.$$

Morris-Brown, Diff. Equations, S. 31, 352.

1·261 $(2x^2y - x)y' - 2xy^2 - y = 0$

Die DGl kann in der Form

$$2\frac{d}{dx}\log\left|\frac{y}{x}\right| = \frac{(xy)'}{x^2y^2}$$

geschrieben werden. Daher ist

$$2\log\left|\frac{y}{x}\right| + \frac{1}{xy} = C \quad \text{oder} \quad y = 0\,.$$

1·262 $(2x^2y - x^3)y' + y^3 - 4xy^2 + 2x^3 = 0$; homogene DGl.

$$C_1(y-2x)^2x^2 + C_2(y^2-x^2) = 0 \quad \text{mit} \quad |C_1| + |C_2| > 0\,.$$

1·263 $2x^3yy' + 3x^2y^2 + 7 = 0$; exakte DGl.

$$x^3y^2 + 7x = C\,.$$

Fick, DGlen, S. 12, 91.

1·264 $2x(x^3y+1)y' + (3x^3y-1)y = 0$; Sonderfall von 1·328.

$$3x^{\frac{21}{8}}y^{\frac{7}{4}} + 7x^{-\frac{3}{8}}y^{\frac{3}{4}} = C\,.$$

Morris-Brown, Diff. Equations, S. 31, 352.

1·265 $(x^{n(n+1)}y - 1)y' + 2(n+1)^2x^{n-1}(x^{n^2}y^2 - 1) = 0$ s. 6·102 (4).

1·266 $(y-x)\sqrt{x^2+1}\,y' = a\sqrt{(y^2+1)^3}$

Mit $y = \dfrac{x + \operatorname{tg} u}{1 - x\operatorname{tg} u}$ erhält man

$$u + \operatorname{arc\,tg} x + a\int\frac{du}{\sin u - a} = C\,.$$

Euler I, S. 270. *Forsyth-Jacobsthal*, DGlen, S. 20, 667.

1·267 $yy'\sin^2 x + y^2\cos x\sin x = 1$

Für $u(x) = y^2$ erhält man die lineare DGl

$$u' + 2u\operatorname{ctg} x = \frac{2}{\sin^2 x}, \quad \text{also} \quad y^2 = \frac{2x + C}{\sin^2 x}$$

Morris-Brown, Diff. Equations, S. 43, 355.

$$f(x)\, y\, y' + g(x)\, y^2 + h(x) = 0$$ 1·268

Für $u(x) = y^2$ entsteht die lineare DGl

$$f\, u' + 2\, g\, u + 2\, h = 0\,.$$

$$[g_1(x)\, y + g_0(x)]\, y = \sum_{\nu=0}^{3} f_\nu(x)\, y^\nu$$ s. A 4·11. 1·269

$$(y^2 - x)\, y' - y + x^2 = 0;$$ exakte DGl. 1·270

$$y^3 + x^3 - 3\, x\, y = C$$

$$(y^2 + x^2)\, y' + 2\, x\, (y + 2\, x) = 0;$$ homogene und exakte DGl. 1·271

$$y^3 + 4\, x^3 + 3\, x^2\, y = C\,.$$

Julia, Exercices d'Analyse III, S. 46ff.

$$(y^2 + x^2)\, y' - y^2 = 0;$$ homogene DGl. 1·272

$$\log y + \frac{2}{\sqrt{3}} \operatorname{arc\,tg} \frac{2\, y - x}{x \sqrt{3}} = C\,.$$

W. v. Dyck, Abhandlungen München 26 (1914), 10. Abhandlung, S. 24f.

$$(y^2 + x^2 + a)\, y' + 2\, x\, y = 0;$$ exakte DGl. 1·273

$$y^3 + 3\, x^2\, y + 3\, a\, y = C\,.$$

$$(y^2 + x^2 + a)\, y' + 2\, x\, y + x^2 + b = 0;$$ exakte DGl. 1·274

$$y^3 + x^3 + 3\,(x^2\, y + a\, y + b\, x) = C\,.$$

Euler I, S. 282.

$$(y^2 + x^2 + x)\, y' - y = 0$$ 1·275

Nach Division durch $x^2 + y^2$ ist die DGl exakt.

$$y + \operatorname{arc\,tg} \frac{y}{x} = C\,.$$

Morris-Brown, Diff. Equations, S. 30, 351.

1·276 $(y^2 - x^2)\, y' + 2\, x\, y = 0$; homogene DGl.

$$y = C\,(x^2 + y^2)\,.$$

J. E. Wright, Bulletin Americ. Math. Soc. 11 (1905) 180—182.

1·277 $(y^2 + x^4)\, y' - 4\, x^3\, y = 0$

Für $y = \pm\, u^2(x)$ entsteht eine homogene DGl. Aus dieser erhält man

$$y^2 - x^4 = C\, y \quad \text{und} \quad y = 0\,.$$

1·278 $(y^2 + 4 \sin x)\, y' = \cos x$

Wird y als unabhängige Veränderliche gewählt und $u(y) = \sin x$ gesetzt, so erhält man die lineare DGl

$$u' - 4\, u = y^2$$

und aus dieser

$$\sin x = C\, e^{4y} - \frac{y^2}{4} - \frac{y}{8} - \frac{1}{32}\,.$$

Morris-Brown, Diff. Equations, S. 41, 354.

1·279 $(y^2 + 2\, y + x)\, y' + (y + x)^2\, y^2 + y\,(y + 1) = 0$

Für $u(x) = -\, y\, \dfrac{y + x}{y + 1}$ entsteht $u' = u^2$, also

$$y + 1 = y\,(y + x)\,(x + C)\,.$$

W. Kapteyn, Wiskundige Opgaven 10 (1910) 419f.

1·280 $(y + x)^2\, y' = a^2$

Mit $u(x) = y + x$ erhält man

$$y + x = a \operatorname{tg} \frac{y + C}{a}\,.$$

Forsyth-Jacobsthal, DGlen, S. 19, 667.

1·281 $(y^2 \pm 2\, x\, y - x^2)\, y' \mp y^2 + 2\, x\, y \pm x^2 = 0$; homogene DGl.

$$y \pm x = C\,(y^2 + x^2)\,.$$

$$(y+3x-1)^2 y' - (2y-1)(4y+6x-3) = 0$$ 1·282

Für $y = v(u) + \frac{1}{2}$, $x = u + \frac{1}{6}$ verschwinden in den Klammern die konstanten Glieder, und man erhält die homogene DGl

$$(v + 3u)^2 v' = 4v(2v + 3u);$$
$$\left(y + x - \frac{2}{3}\right)(y - 3x)^3 = C\left(y - \frac{1}{2}\right)^3.$$

$$3(y^2 - x^2) y' + 2y^3 - 6x(x+1)y - 3e^x = 0$$ 1·283

Für $u(x) = y^3 - 3x^2 y$ entsteht die lineare DGl

$$u' + 2u = 3e^x; \quad (y^3 - 3x^2 y)e^{2x} - e^{3x} = C.$$

$(4y^2 + x^2) y' = xy$; homogene DGl. 1·284

Für $y = x\,u(x)$ entsteht die DGl

$$\left(\frac{1}{u} + \frac{1}{4u^3}\right) u' + \frac{1}{x} = 0, \quad \log|y| = \frac{x^2}{8y^2} + C.$$

Morris-Brown, Diff. Equations, S. 58, 359.

$(4y^2 + 2xy + 3x^2) y' + y^2 + 6xy + 2x^2 = 0$ homogene und exakte DGl. 1·285

$$4y^3 + 3xy^2 + 9x^2 y + 2x^3 = C.$$

$(2y - 3x + 1)^2 y' - (3y - 2x - 4)^2 = 0$; Typus A 4·6 (c). 1·286

$$(y - 4x + 6)^5 (4y - x - 9)^5 = C(5y - 5x - 3).$$

Morris-Brown, Diff. Equations, S. 58, 359.

$(2y - 4x + 1)^2 y' - (y - 2x)^2 = 0$; Typus A 4·6 (c). 1·287

$$7x - 28y + 2\log|7(2x - y)^2 - 8(2x - y) + 2| + \frac{9}{4}\sqrt{2}\log\left|\frac{14x - 7y - 4 - \sqrt{2}}{14x - 7y - 4 + \sqrt{2}}\right| = C.$$

Morris-Brown, Diff. Equations, S. 38, 354.

$(6y^2 - 3x^2 y + 1) y' - 3xy^2 + x^2 = 0$; exakte DGl. 1·288

$$12y^3 - 9x^2 y^2 + 6y + 2x^3 = C.$$

Forsyth-Jacobsthal, S. 51, 673.

1·289 $(6y - x)^2 y' - 6y^2 + 2xy + a = 0$

Das ist

$$\frac{d}{dx}\left[(6y - x)^3 + x^3 + 18ax\right] = 0,$$

also

$$(6y - x)^3 + x^3 + 18ax = C.$$

Morris-Brown, Diff. Equations, S. 58, 359.

1·290 $(ay^2 + 2bxy + cx^2)y' + by^2 + 2cxy + dx^2 = 0$; homogene und exakte DGl.

$$ay^3 + 3bxy^2 + 3cx^2y + dx^3 = C.$$

Morris-Brown, Diff. Equations, S. 26, 58, 351, 359.

1·291 $[b(\beta y + \alpha x)^2 - \beta(by + ax)]y' + a(\beta y + \alpha x)^2 - \alpha(by + ax) = 0$, $a\beta - b\alpha \neq 0$, $\beta \neq 0$.

Eine Lösung ist $y = -\frac{\alpha}{\beta}x$. Für $y = -\frac{\alpha}{\beta}x + u(x)$ entsteht die lineare DGl

$$\beta(a\beta - b\alpha)u^2\frac{dx}{du} - (a\beta - b\alpha)x = b\beta u - b\beta^2u^2.$$

Forsyth, Diff. Equations II, S. 81f.

1·292 $(ay + bx + c)^2 y' + (\alpha y + \beta x + \gamma)^2 = 0$; s. A 4·6 (c).

1·293 $x(y^2 - 3x)y' + 2y^3 - 5xy = 0$

Nach Division durch $x^{27}y^{16}$ ist die DGl exakt.

$$13x^{-25}y^{-15} - 5x^{-26}y^{-13} = C.$$

1·294 $x(y^2 + x^2 - a)y' - y(y^2 + x^2 + a) = 0$

Für $u(x) = xy$, $v(x) = \frac{y}{x}$ entsteht

$$(1 + v^{-2})v' = au^{-2}u',$$

also

$$y^2 - x^2 + a = Cxy.$$

Forsyth-Jacobsthal, DGlen, S. 724.

$\boldsymbol{x(y^2 + xy - x^2)y' - y^3 + xy^2 + x^2 y = 0}$ 1·295

Nach Division durch $x^2 y^2$ ist die DGl exakt.

$$\frac{x}{y} + \frac{y}{x} + \log x y = C .$$

Morris-Brown, Diff. Equations, S. 30, 351.

$\boldsymbol{x(y^2 + x^2 y + x^2)y' = 2y^3 + 2x^2y^2 - x^4}$ 1·296

Eine Lösung ist $y = -\frac{x^2}{2}$. Für $u(x) = \frac{1}{2} + \frac{y}{x^2}$ entsteht, wenn noch u als unabhängige Veränderliche gewählt wird, die Bernoullische DGl

$$\frac{dx}{du} + \frac{x}{2u} + \left(\frac{u}{2} - \frac{1}{8u}\right) x^3 = 0 .$$

$\boldsymbol{2x(y^2 + 5x^2)y' + y^3 - x^2 y = 0}$; homogene DGl. 1·297

$$x^{\frac{3}{2}} y^5 = C(3x^2 + y^2)$$

Morris-Brown, Diff. Equations, S. 58, 359.

$\boldsymbol{3xy^2y' + y^3 - 2x = 0}$ 1·298

Für $u(x) = y^3$ erhält man die lineare DGl

$$x u' + u = 2x, \quad \text{also} \quad y^3 = x + \frac{C}{x} .$$

$\boldsymbol{(3xy^2 - x^2)y' + y^3 - 2xy = 0}$; exakte DGl. 1·299

$$y^3 x - x^2 y = C .$$

$\boldsymbol{6xy^2y' + 2y^3 + x = 0}$ 1·300

Für $u(x) = y^3$ erhält man die lineare DGl

$$2xu' + 2u + x = 0, \quad \text{also} \quad 4xy^3 + x^2 = C .$$

$\boldsymbol{(6xy^2 + x^2)y' - y(3y^2 - x) = 0}$ 1·301

Nach Division durch $x^2 y$ ist die DGl exakt.

$$3y^2 + x \log x y = C x .$$

Morris-Brown, Diff. Equations, S. 31, 352.

1·302 $(x^2 y^2 + x) y' + y = 0$

Nach Division durch $x^2 y^2$ ist die DGl exakt.

$$x y^2 - 1 = C x y .$$

Morris-Brown, Diff. Equations, S. 30, 351.

1·303 $(x y - 1)^2 x y' + (x^2 y^2 + 1) y = 0$

Für $u(x) = x y$ ergibt sich eine DGl mit getrennten Variabeln, mit dieser erhält man

$$y^2 = C \exp\left(x y - \frac{1}{x y}\right) .$$

Forsyth-Jacobsthal, DGlen, S. 52, 674.

1·304 $(10 x^3 y^2 + x^2 y + 2 x) y' + 5 x^2 y^3 + x y^2 - 3 y = 0$

Die DGl ist von der Gestalt $x h_1(x \cdot y) y' + y g_1(x \cdot y) = 0$. Nach A 4·13 ist daher

$$M = \frac{1}{x y (g_1 - h_1)} = - \frac{1}{5 x y (x^2 y^2 + 1)}$$

ein Multiplikator. Mit diesem ergibt sich

$$4 \log(x^2 y^2 + 1) + \operatorname{arc\,tg}(x y) + 2 \log y - 3 \log x = C .$$

1·305 $(y^3 - 3 x) y' - 3 y + x^2 = 0$; exakte DGl.

$$3 y^4 - 36 x y + 4 x^3 = C .$$

1·306 $(y^3 - x^3) y' - x^2 y = 0$; homogene DGl.

$$y^3 (y^3 - 2 x^3) = C .$$

1·307 $(y^2 + x^2 + a) y y' + (y^2 + x^2 - a) x = 0$

Die DGl ist exakt; auch $u(x) = x^2 + y^2$ führt zum Ziel. Die Lösungen sind die durch

$$(x^2 + y^2)^2 - 2 a (x^2 - y^2) = C$$

gegebenen Cassinischen Kurven.

Forsyth-Jacobsthal, DGlen, S. 52, 674. *Kamke*, DGlen, S. 50

$\mathbf{2\,y^3\,y' + x\,y^2 - x^3 = 0}$; homogene DGl. 1·308

Durch Multiplikation mit $x^2 + y^2$ wird die DGl exakt.

$$(x^2 + y^2)^2\,(2\,y^2 - x^2) = C\,.$$

$\mathbf{(2\,y^3 + y)\,y' - 2\,x^3 - x = 0}$; exakte DGl und DGl mit getrennten Variabeln. 1·309

$$y^4 + y^2 = x^4 + x^2 + C\,.$$

$\mathbf{(2\,y^3 + 5\,x^2\,y)\,y' + 5\,x\,y^2 + x^3 = 0}$; homogene und exakte DGl. 1·310

$$2\,y^4 + 10\,x^2\,y^2 + x^4 = C\,.$$

$\mathbf{(20\,y^3 - 3\,x\,y^2 + 6\,x^2\,y + 3\,x^3)\,y' - y^3 + 6\,x\,y^2 + 9\,x^2\,y + 4\,x^3 = 0}$; exakte DGl. 1·311

$$5\,y^4 - x\,y^3 + 3\,x^2\,y^2 + 3\,x^3\,y + x^4 = C\,.$$

Morris-Brown, Diff. Equations, S. 58, 359.

$\mathbf{\left(\frac{y^2}{b} + \frac{x^2}{a}\right)(y\,y' + x) + \frac{a-b}{a+b}(y\,y' - x) = 0}$ 1·312

Für $u(x) = x^2$, $v(x) = y^2(x)$ folgt aus der DGl

$$\frac{\frac{u'}{a} + \frac{v'}{b}}{\frac{u}{a} + \frac{v}{b} - 1} + \frac{a+b}{2\,a\,b}(u' + v') = 0\,,$$

also

$$\frac{x^2}{a} + \frac{y^2}{b} - 1 = C \exp\left[-\frac{a+b}{2\,a\,b}(x^2 + y^2)\right].$$

Forsyth-Jacobsthal, DGlen, S. 54, 677f.

$\mathbf{(2\,a\,y^3 + 3\,a\,x\,y^2 - b\,x^3 + c\,x^2)\,y' - a\,y^3 + c\,y^2 + 3\,b\,x^2\,y + 2\,b\,x^3 = 0}$ 1·313

$$a\,y^3 + b\,x^3 + c\,x\,y = C\,(x + y)\,.$$

Für $a = b = c = 1$ bei *Boole*, Diff. Equations, S. 77—79.

$\mathbf{x\,y^3\,y' + y^4 - x\sin x = 0}$; Bernoullische DGl. 1·314

$$y^4 = \left(\frac{16}{x} - \frac{96}{x^3}\right)\sin x - \left(4 - \frac{48}{x^2} + \frac{96}{x^4}\right)\cos x + \frac{C}{x^4}\,.$$

Fry, Diff. Equations, S. 84f.

1·315 $(2\,x\,y^3 - x^4)\,y' - y^4 + 2\,x^3\,y = 0$

Nach Division durch $x^2\,y^2$ ist die Gl eine exakte; man erhält

$$y^3 + x^3 = C\,x\,y \quad \text{und} \quad y = 0\,.$$

Ince, Diff. Equations, S. 109.

1·316 $(2\,x\,y^3 + y)\,y' + 2\,y^2 - 4 = 0$

Wird y als unabhängige Veränderliche gewählt so erhält man die lineare DGl

$$\frac{dx}{dy} + \frac{y^3}{y^2 - 2}\,x = -\frac{y}{2\,(y^2 - 2)}$$

und hieraus

$$2\,x\,y^2 - 4\,x + 1 = C\,\exp\left(-\frac{y^2}{2}\right).$$

Morris-Brown, Diff. Equations, S. 58, 359.

1·317 $(2\,x\,y^3 + x\,y + x^2)\,y' + y^2 - x\,y = 0$

Nach Division durch $x\,y^2$ ist die DGl exakt.

$$y^2 + \log|x\,y| - \frac{x}{y} = C\,.$$

1·318 $(3\,x\,y^3 - 4\,x\,y + y)\,y' + y^2\,(y^2 - 2) = 0$

Durch Multiplikation mit $1 + x\,y$ entsteht eine exakte DGl.

$$x^2\,y^6 - 2\,x^2\,y^4 + 2\,x\,y^4 - 4\,x\,y^2 + y^2 = C\,.$$

Ince, Diff. Equations, S. 60.

1·319 $(7\,x\,y^3 + y - 5\,x)\,y' + y^4 - 5\,y = 0$

Nach Multiplikation mit $y^3 - 5$ ist die DGl exakt.

$$10\,x\,y\,(y^3 - 5)^2 + 2\,y^5 - 25\,y^2 = C\,.$$

Morris-Brown, Diff. Equations, S. 32, 352.

1·320 $(x^2\,y^3 + x\,y)\,y' = 1$

Wird y statt x als unabhängige Veränderliche eingeführt, so erhält man die Bernoullische DGl

$$\frac{dx}{dy} - y\,x - y^3\,x^2 = 0$$

und hieraus

$$\frac{1}{x} = 2 - y^2 + C \exp\left(-\frac{1}{2} y^2\right).$$

Forsyth-Jacobsthal, DGlen, S. 22, 668.

$(2x^2y^3 + x^2y^2 - 2x)\,y' = 2y + 1$ 1·321

Wird y als unabhängige Veränderliche gewählt, so erhält man die Bernoullische DGl

$$(2y+1)\frac{dx}{dy} = x^2y^2(2y+1) - 2x,$$

und hieraus

$$2y^2 - 2y + \log|2y+1| = C - \frac{8}{x(2y+1)}.$$

Morris-Brown, Diff. Equations, S. 43, 354.

$(10x^2y^3 - 3y^2 - 2)\,y' + 5xy^4 + x = 0$; exakte DGl. 1·322

$$5x^2y^4 - 2y^3 + x^2 - 4y = C.$$

$(axy^3 + c)\,xy' + (bx^3y + c)\,y = 0$ 1·323

$$ay^2 + bx^2 - \frac{2c}{xy} = C.$$

Boole, Diff. Equations, S. 74 für einen Sonderfall.

$(2x^3y^3 - x)\,y' + 2x^3y^3 - y = 0$ 1·324

Nach Division durch x^3y^3 ist die DGl exakt.

$$4(x+y) + \frac{1}{x^2y^2} = C.$$

Morris-Brown, Diff. Equations, S. 30, 351.

$y(y^3 - 2x^3)\,y' + (2y^3 - x^3)\,x = 0$; homogene DGl. 1·325

Für $y = x\,u(x)$ entsteht eine DGl mit getrennten Variabeln, aus der sich

$$\log|x| = -\log|u-1| + \int\frac{(u+1)^3\,du}{(u-1)(u^4+u^3+3u^2+u+1)} + C$$

ergibt. Mit der Substitution $v = u + \frac{1}{u}$ läßt sich das Integral auswerten, und zwar erhält man

$$\frac{2}{7}\log\frac{(v-2)^2}{v^2+v+1} - \frac{2}{7}\sqrt{3}\,\operatorname{arc\,tg}\frac{2v+1}{\sqrt{3}}.$$

Forsyth-Jacobsthal, DGlen, S. 723.

1·326 $\boldsymbol{y\,[(a\,y+b\,x)^3+b\,x^3]\,y'+x\,[(a\,y+b\,x)^3+a\,y^3]=0}$

Nach Division durch $(a\,y+b\,x)^3$ liegt eine exakte DGl vor.

$$(a\,y+b\,x)^2\,(x^2+y^2-C)+x^2\,y^2=0\,.$$

Forsyth-Jacobsthal, DGlen, S. 53, 676.

1·327 $\boldsymbol{(x\,y^4+2\,x^2\,y^3+2\,y+x)\,y'+y^5+y=0}$

Nach Division durch $(x\,y^3-1)^2$ liegt eine exakte DGl vor.

$$y^2+x\,y=C\,(x\,y^3-1)\,.$$

1·328 $\boldsymbol{a\,x^2\,y^n\,y'-2\,x\,y'+y=0}$

Wird y als unabhängige Veränderliche gewählt, so erhält man eine Bernoullische DGl.

$$x\left(C+\frac{a}{n+2}\,y^{n+2}\right)=y^2\,.$$

Forsyth-Jacobsthal, DGlen, S. 51, 673.

1·329 $\boldsymbol{y^m\,x^n\,(a\,x\,y'+b\,y)+\alpha\,x\,y'+\beta\,y=0}$ mit $a\beta-b\alpha\neq 0$

Wird

$$A=\frac{m\beta-n\alpha}{a\beta-b\alpha}\,,\quad B=\frac{m\,b-n\,a}{a\,\beta-b\,\alpha}$$

gesetzt, so erfüllen $u\,(x)=y^a\,x^b$, $v\,(x)=y^\alpha\,x^\beta$ für $x>0$ und $y>0$ die DGl

$$u^{A-1}\,u'+v^{B-1}\,v'=0\,,$$

und hieraus folgt

$$\frac{u^A}{A}+\frac{v^B}{B}=C\,.$$

Euler I, S. 268f., 291ff. *Forsyth-Jacobsthal*, DGlen, S. 51, 674.

1·330 $\boldsymbol{[a\,(y+x)^b+1]\,y'+a\,(y+x)^b=0}$

$$(b+1)\,y+a\,(y+x)^{b+1}=C \quad \text{für} \quad b\neq-1\,,$$
$$y+a\log|y+x|=C \quad \text{für} \quad b=-1\,.$$

1·331 $\boldsymbol{y'\sum_{\nu=0}^{p}f_\nu\,(x)\,y^\nu=\sum_{\nu=0}^{q}g_\nu\,(x)\,y^\nu}$

Eine Studie über diese DGl findet sich bei *P. Appell*, Journ. de Math. (4) 5 (1889) 361–423.

$(\sqrt{xy}-1)\,x\,y' - (\sqrt{xy}+1)\,y = 0$ 1·332

Die DGl kann in der Gestalt

$$\frac{d}{dx}\log\frac{y}{x} = \frac{(x\,y)'}{\sqrt{(x\,y)^3}}$$

geschrieben werden. Hieraus folgt

$$\log\frac{y}{x} + \frac{2}{\sqrt{x\,y}} = C\,.$$

$(2\,x^{\frac{5}{2}}\,y^{\frac{3}{2}} + x^2\,y - x)\,y' - x^{\frac{3}{2}}\,y^{\frac{5}{2}} + x\,y^2 - y = 0$ 1·333

Nach Division durch $(x\,y)^{\frac{5}{2}}$ ist die DGl exakt.

$$6\,(x\,y)^{-\frac{1}{2}} - 2\,(x\,y)^{-\frac{3}{2}} + 3\log(x\,y^{-2}) = C\,.$$

Morris-Brown, Diff. Equations, S. 31, 352.

$(\sqrt{y+x}+1)\,y' + 1 = 0$ 1·334

$$y = -x \quad\text{und}\quad y + 2\sqrt{y+x} = C$$

H. T. H. Piaggio, Math. Gazette 23 (1939) 51.

$\sqrt{y^2-1}\,y' = \pm\sqrt{x^2-1}$ s. 1·61. 1·335

$(\sqrt{y^2+1}+a\,x)\,y' + \sqrt{x^2+1} + a\,y = 0$ 1·336

Die DGl kann in der Form

$$\sqrt{y^2+1}\,y' + (a\,x\,y)' + \sqrt{x^2+1} = 0$$

geschrieben werden. Durch gliedweise Integration erhält man nun

$$y\sqrt{y^2+1} + \log\left(y+\sqrt{y^2+1}\right) + 2\,a\,x\,y + x\sqrt{x^2+1} + \log\left(x+\sqrt{x^2+1}\right) = C\,.$$

Forsyth-Jacobsthal, DGlen, S. 54, 677.

$(\sqrt{y^2+x^2}+x)\,y' = y$; homogene DGl. 1·337

Für $\operatorname{Sin} u(x) = \frac{x}{y}$ entsteht die DGl mit getrennten Variabeln

$$(\operatorname{sgn} u\,x + \operatorname{Ctg} u)\,u' = \frac{1}{x}\,,\quad\text{also}\quad \operatorname{Ar\,Sin}\frac{x}{|y|} - \log|y| = C\,.$$

Euler I, S. 281f.

1·338 $$\left[y\sqrt{y^2+x^2}+(y^2-x^2)\sin a-2xy\cos a\right]y' + x\sqrt{y^2+x^2}+2xy\sin a+(y^2-x^2)\cos a=0$$

Für $x = r(t)\cos t$, $y = r(t)\sin t$ folgt aus der DGl

$$[\cos(t+\alpha)+1]\,r' = -r\sin(t+\alpha)\,,$$

also

$$r = C[1+\cos(t+\alpha)]$$

oder

$$C(x^2+y^2) = \sqrt{y^2+x^2} - x\cos\alpha + y\sin\alpha\,.$$

Forsyth-Jacobsthal, DGlen, S. 52, 674.

1·339 $$\left[x\sqrt{x^2+y^2+1}-y(x^2+y^2)\right]y' - y\sqrt{x^2+y^2+1}-x(x^2+y^2)=0$$

Nach Division durch $(x^2+y^2)\sqrt{x^2+y^2+1}$ ist die DGl exakt.

$$\sqrt{x^2+y^2+1}+\operatorname{arc\,tg}\frac{x}{y} = C\,.$$

Morris-Brown, Diff. Equations, S. 29f.

1·340 $$\left(e_1\frac{x+a}{r_1^3}+e_2\frac{x-a}{r_2^3}\right)y' - y\left(\frac{e_1}{r_1^3}+\frac{e_2}{r_2^3}\right)=0,$$

$$r_1^2=(x+a)^2+y^2,\quad r_2^2=(x-a)^2+y^2\,.$$

Das ist die DGl der Kraftlinien auf Grund des Coulombschen Gesetzes. Nach Multiplikation mit y ist die DGl exakt. Eine StammGl ist somit

$$e_1\frac{x+a}{r_1}+e_2\frac{x-a}{r_2} = C\,.$$

Lit.: *Kamke*, DGlen, S. 50. Für die Konstruktion der Integralkurven s. *J. C. Maxwell*, Lehrbuch der Elektrizität und des Magnetismus I, Berlin 1883, S. 179ff.

1·341 $(x\,e^y+e^x)\,y'+e^y+y\,e^x=0$; exakte DGl.

$$x\,e^y+y\,e^x = C\,.$$

Fick, DGlen, S. 12. 91.

1·342 $$x\left(3\,e^{xy}+2\,e^{-xy}\right)(x\,y'+y)+1=0$$

Das ist

$$\left(3\,e^{xy}+2\,e^{-xy}\right)(x\,y)'+\frac{1}{x}=0\,,$$

also

$$3\,e^{xy}-2\,e^{-xy}+\log|x| = C\,.$$

Morris-Brown, Diff. Equations, S. 58, 359.

$(\log y + x)\, y' = 1$ 1·343

Wählt man y als unabhängige Veränderliche, so erhält man die lineare DGl

$$\frac{dx}{dy} - x = \log y\,, \quad \text{also} \quad x = e^y \left(C + \int e^{-y} \log y\, dy\right).$$

Morris-Brown, Diff. Equations, S. 41, 354.

$(\log y + 2\,x - 1)\, y' = 2\,y$ 1·344

Nach Division durch y^2 ist die DGl exakt.

$$2\,x + \log y = C\,y\,.$$

$x\,(2\,x^2\,y \log y + 1)\, y' = 2\,y$ 1·345

Wird y als unabhängige Veränderliche gewählt, so erhält man die Bernoullische DGl

$$2\,y \frac{dx}{dy} = 2\,x^3\,y \log y + x\,,$$

$$2\,y + x^2\,y^2\,(2 \log y - 1) = C\,x^2\,.$$

Morris-Brown, Diff. Equations, S. 43, 354.

$x\,(y \log x\,y + y - a\,x)\, y' = y\,(a\,x \log x\,y - y + a\,x)$ 1·346

$$y = a\,x + \frac{C}{\log x\,y}\,.$$

Forsyth, Diff. Equations II, S. 211 (Druckfehler).

$y'\,(1 + \operatorname{Sin} x) \operatorname{Sin} y + \operatorname{Cos} x\,(\operatorname{Cos} y - 1)$; exakte DGl. 1·347

$$(\operatorname{Sin} x + 1) \operatorname{Cos} y - \operatorname{Sin} x = C\,.$$

Morris-Brown, Diff. Equations, S. 26, 351.

$(x \operatorname{Cos} y + \operatorname{Sin} x)\, y' + y \operatorname{Cos} x + \operatorname{Sin} y = 0$; exakte DGl. 1·348

$$y \operatorname{Sin} x + x \operatorname{Sin} y = C\,.$$

$x\,y' \operatorname{Cos} \frac{y}{x} + 2\,x \operatorname{Sin} \frac{y}{x} - y \operatorname{Cos} \frac{y}{x} = 0$; homogene DGl. 1·349

Für $x\,u(x) = y$ erhält man

$$u' \operatorname{Ctg} u = -\frac{2}{x}\,, \quad \text{also} \quad x^2 \operatorname{Sin} \frac{y}{x} = C\,.$$

Morris-Brown, Diff. Equations, S. 35, 353.

1·350 $\boldsymbol{y' \cos y - \cos x \sin^2 y - \sin y = 0}$

Für $u(x) = \sin y$ entsteht die Bernoullische DGl

$$u' - u^2 \cos x - u = 0; \quad \frac{2}{\sin y} + \cos x + \sin x = C e^{-x}$$

Morris-Brown, Diff. Equations, S. 44, 355.

1·351 $\boldsymbol{y' \cos y + x \sin y \cos^2 y - \sin^3 y = 0}$

Für $u(x) = \operatorname{tg} y$ entsteht die Bernoullische DGl

$$u' + x u - u^3 = 0;$$

daher ist

$$\operatorname{ctg}^2 y = e^{x^2} \left(C - 2 \int e^{-x^2} dx\right).$$

Morris-Brown, Diff. Equations, S. 44, 355.

1·352 $\boldsymbol{y' (\cos y - \sin \alpha \sin x) \cos y + (\cos x - \sin \alpha \sin y) \cos x = 0}$; exakte DGl.

$$2(y + x) + \sin 2y + \sin 2x - 4 \sin \alpha \sin y \sin x = C,$$

z. B. ist also $y = \alpha - x$ eine Lösung.

Forsyth-Jacobsthal, DGlen, S. 52, 675.

1·353 $\boldsymbol{x y' \cos y + \sin y = 0}$; exakte DGl.

$$x \sin y = C.$$

Fick, DGlen, S. 12, 91.

1·354 $\boldsymbol{(x \sin y - 1) y' + \cos y = 0}$

Wählt man y als unabhängige Veränderliche, so entsteht die lineare DGl

$$\cos y \frac{dx}{dy} + x \sin y = 1,$$

also

$$x = \sin y + C \cos y.$$

Morris-Brown, Diff. Equations, S. 57, 358.

1·355 $\boldsymbol{(x \cos y + \cos x) y' - y \sin x + \sin y = 0}$; exakte DGl.

$$x \sin y + y \cos x = C.$$

Fick, DGlen, S. 13, 91f.

$(x^2 \cos y + 2 y \sin x)\, y' + 2 x \sin y + y^2 \cos x = 0$; exakte DGl. 1·356

$$x^2 \sin y + y^2 \sin x = C .$$

Ince, Diff. Equations, S. 61.

$x\, y' \log x \cdot \sin y + \cos y\, (1 - x \cos y) = 0$ 1·357

Für $u(x) = \cos y$ entsteht die Bernoullische DGl

$$x\, u' \log x + u\, (x\, u - 1) = 0 ,$$

aus dieser für $v(x) = \frac{1}{u}$ die lineare DGl

$$x\, v' \log x + v = x ,$$

und hieraus

$$(x + C) \cos y = \log x .$$

Für einen andern Lösungsweg s. *Morris-Brown*, Diff. Equations, S. 41, 354.

$y' \sin y \cos x + \cos y \sin x = 0$; DGl mit getrennten Variabeln. 1·358

$$\cos x \cos y = C .$$

$3\, y' \sin x \sin y + 5 \cos x \cos^3 y = 0$; DGl mit getrennten Variabeln. 1·359

$$\frac{1}{\cos^2 y} = C - \frac{10}{3} \log \sin x .$$

$y' \cos^2 a\, y = b\, (1 - c \cos a\, y) \sqrt{\cos^2 a\, y - (1 - c \cos a\, y)^2}$ 1·360

Für $u(x) = (\cos a\, y)^{-1} - c$ entsteht

$$u' = \pm\, a\, b\, u\, (u + c) \sqrt{(1 - u^2)\, [(u + c)^2 - 1]} .$$

Diese DGl ist durch elliptische Funktionen lösbar. Für die Diskussion der Lösungen s. *W. Müller*, Zeitschrift f. angew. Math. Mech. 10 (1930) 241f.

$[x \sin x\, y + \cos (x + y) - \sin y]\, y' + y \sin x\, y + \cos (x + y) + \cos x = 0$; 1·361 exakte DGl.

$$\cos x\, y - \sin (x + y) - \cos y - \sin x = C .$$

Fick, DGlen, S. 13, 92.

1·362 $(x^2 y \sin x y - 4x) y' + x y^2 \sin x y - y = 0$

Für $u(x) = x y$ entsteht

$$\frac{d}{dx}(\cos u + \log u^4) = \frac{3}{x}.$$

Hieraus erhält man

$$\cos x y + \log x y^4 = C.$$

Morris-Brown, Diff. Equations, S. 31, 352.

1·363 $(x y' - y) \cos^2 \frac{y}{x} + x = 0$; homogene DGl.

Für $x u(x) = y$ erhält man

$$u' \cos^2 u = -\frac{1}{x}, \quad \text{also} \quad \sin \frac{2y}{x} + \frac{2y}{x} + 4 \log x = C.$$

Morris-Brown, Diff. Equations, S. 34, 353.

1·364 $\left(y \sin \frac{y}{x} - x \cos \frac{y}{x}\right) x y' - \left(x \cos \frac{y}{x} + y \sin \frac{y}{x}\right) y = 0$; homogene DGl.

$$x y \cos \frac{y}{x} = C.$$

Forsyth-Jacobsthal, DGlen, S. 52, 674.

1·365 $[y f(r) - x] y' + y + x f(r) = 0$ mit $r = x^2 + y^2$.

$$\int \frac{f(r)}{r} dr = 2 \operatorname{arc\,tg} \frac{y}{x} + C.$$

Serret-Scheffers, Differential- und Integralrechnung III, S. 208f.

1·366 $f(x^2 + a y^2)(a y y' + x) = y - x y'$

Für $u(x) = x^2 + a y^2$, $v(x) = \frac{x}{y}$ entsteht die DGl mit getrennten Variabeln

$$\frac{v'}{v^2 + a} = \frac{f(u)}{2u} u', \quad \int \frac{dv}{v^2 + a} = \int \frac{f(u)}{2u} du.$$

L. E. Dickson, Annals of Math. (2) 25 (1924) 324.

1·367 $f(x^c y)(b x y' - a) = x^a y^b (x y' + c y)$

Für $u(x) = x^{-a} y^b$, $v(x) = x^c y$ entsteht die DGl mit getrennten Variabeln

$$u^{-\frac{2bc}{a+bc}} u' = v^{\frac{2ab}{a+bc} - 1} \frac{v'}{f(v)}.$$

L. E. Dickson, Annals of Math. (2) 25 (1924) 324.

368—517. Differentialgleichungen zweiten Grades in y'.

$y'^2 + a\,y + b\,x^2 = 0$ 1·368

Für die Lösung der DGl schreibe man sie in der Gestalt

$$y = \alpha\,y'^2 + \beta\,x^2$$

und behandle diese Gl nach A 4·15 (a). Dabei tritt die DGl

$$\frac{dx}{dt} = \frac{2\,\alpha\,t}{t - 2\,\beta\,x}$$

auf. Diese ist homogen und kann durch die elementaren Funktionen gelöst werden. Man erhält also die Lösungen der ursprünglichen DGl in einer Parameterdarstellung.

$y'^2 + y^2 = a^2$ 1·369

Löst man die DGl nach y' auf, so erhält man zwei DGlen mit getrennten Variabeln. Aus diesen erhält man

$$y = a\,\frac{1 - C^2}{1 + C^2}\sin x + a\,\frac{2\,C}{1 + C^2}\cos x$$

und $y = \pm\,a,\ -a\sin x$.

D. Mitrinovitch, Publications math. Belgrade 3 (1934) 173.

$y'^2 + y^2 = f^2(x)$ 1·370

Die DGl läßt sich auf eine Abelsche DGl zurückführen. Für $y = f\sin u(x)$ entsteht der Typus 1·202

$$f\,u' + f'\operatorname{tg} u = \pm f\,.$$

H. Lemke, Publications math. Belgrade 4 (1935) 201—212.

$y'^2 = y^3 - y^2$ 1·371

Löst man die DGl nach y' auf, so erhält man eine DGl mit getrennten Variabeln. Aus dieser bekommt man

$$y = 0,\ 1,\ \left(\cos\frac{x + C}{2}\right)^{-2}.$$

$y'^2 - 4\,y^3 + a\,y + b = 0$ 1·372

$$x = C + \int\frac{dy}{\sqrt{4\,y^3 - a\,y - b}}\,,$$

d. h. $y = \wp(x + C)$, wo $\wp(x)$ die Weierstraßsche Funktion mit den Invarianten $g_2 = a,\ g_3 = b$ ist.

Whittaker-Watson, Modern Analysis, S. 437, 491f.

1·373 $\boldsymbol{y'^2 + a^2 y^2 (\log^2 y - 1) = 0}$

Für $u(x) = \log y$ erhält man die DGl mit getrennten Variabeln

$$u'^2 = a^2 (1 - u^2),$$

und hieraus

$$y = \exp \sin a (x + C) \quad \text{sowie} \quad y = e \cdot \text{ und } \quad y = \frac{1}{e}.$$

1·374 $\boldsymbol{y'^2 - 2 y' - y^2 = 0}$

Löst man nach y' auf, so erhält man eine DGl mit getrennten Variabeln und weiter

$$1 \mp \sqrt{y^2 + 1} + y \log \left(\sqrt{y^2 + 1} \pm y\right) = y (x + C).$$

1·375 $\boldsymbol{y'^2 + a y' + b x = 0}$, $b \neq 0$.

Man löse nach x auf und wende A 4·15 an. Man erhält die Lösungen in der Parameterdarstellung

$$b x = - t^2 - a t, \quad b y = C - \frac{2}{3} t^3 - \frac{a}{2} t^2.$$

1·376 $\boldsymbol{y'^2 + a y' + b y = 0}$, $b \neq 0$.

Man löse nach y auf und wende A 4·15 an. Man erhält die Lösungen in der Parameterdarstellung

$$b x = - 2 t - a \log t + C, \quad b y = - t^2 - a t.$$

Man kann die DGl auch nach y' auflösen und erhält dann zwei DGlen mit getrennten Variabeln.

1·377 $\boldsymbol{y'^2 + (x - 2) y' - y + 1 = 0}$; Clairautsche DGl.

$$y = C (x - 2) + C^2 + 1 \quad \text{und} \quad y = x - \frac{x^2}{4}.$$

Morris-Brown, Diff. Equations, S. 67f.

1·378 $\boldsymbol{y'^2 + (x + a) y' - y = 0}$; Clairautsche DGl.

$$y = C (x + a) + C^2 \quad \text{und} \quad 4 y = - (x + a)^2$$

1·379 $\boldsymbol{y'^2 - (x + 1) y' + y = 0}$

Löst man die Gl nach y auf, so hat man eine Clairautsche DGl A 4·18 und bekommt

$$y = C x + C (1 - C), \quad y = \frac{1}{4} (x + 1)^2.$$

$y'^2 + 2xy' - y = 0$ 1·380

Durch $y(x) = -\bar{y}(x)$ geht die DGl in 1·381 über.

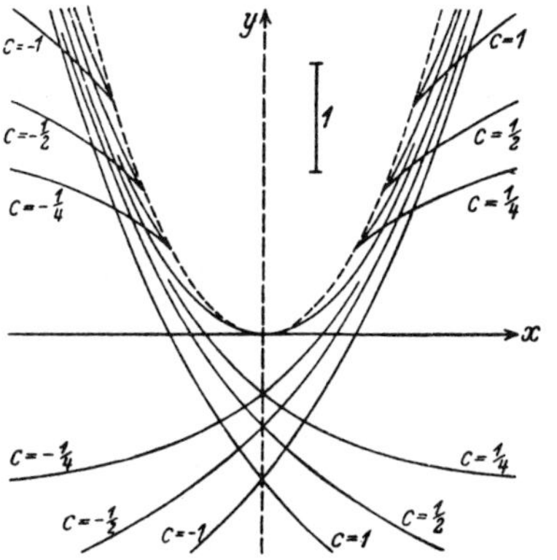

Fig. 58.

$y'^2 - 2xy' + y = 0$; d'Alembertsche DGl A 4·19. Vgl. Fig. 58. 1·381

$y = 0$, $y = \frac{3}{4}x^2$ sowie in Parameterdarstellung

$$x = \frac{2}{3}t + \frac{C}{t^2}, \quad y = 2xt - t^2.$$

Kamke, DGlen, S. 110—112.

$y'^2 + axy' = bx^2 + c$ 1·382

Man löse nach y' auf. Man erhält für $a^2 + 4b > 0$:

$$y = C - \frac{a}{4}x^2 + \frac{x}{4}\sqrt{(a^2+4b)x^2+4c} + \frac{c}{\sqrt{4a^2+b}} \log\left(x + \sqrt{x^2 + \frac{4c}{a^2+4b}}\right).$$

Für $a^2 + 4b \leqq 0$ läßt sich die DGl auf die gleiche Weise lösen.

$y'^2 + axy' + by + cx^2 = 0$ 1·383

Die DGl läßt sich in der Gestalt

$$\left(y' + \frac{a}{2}x\right)^2 = \left(\frac{a^2}{4} - c\right)x^2 - by$$

schreiben. Für $b = 0$ ist sie also leicht lösbar. Für $b \neq 0$ geht sie durch die Transformation $y = x^2 u(x)$ über in

$$\left(xu' + 2u + \frac{a}{2}\right)^2 = \frac{a^2}{4} - c - bu,$$

und hieraus wird für $v^2 = \frac{a^2}{4} - c - bu$ eine DGl mit getrennten Variabeln.

Ince, Diff. Equations, S. 90.

$y'^2 + (ax + b)y' - ay + c = 0$, $a \neq 0$; Clairautsche DGl. 1·384

$$y = (ax+b)C + aC^2 + \frac{c}{a} \quad \text{und} \quad 4ay = 4c - (ax+b)^2.$$

$y'^2 - 2x^2y' + 2xy = 0$ s. 1·404. 1·385

1·386 $\boldsymbol{y'^2 + a x^3 y' - 2 a x^2 y = 0}$; gleichgradige DGl.

Für $y = \eta(\xi)$, $\xi = x^2$ entsteht die Clairautsche DGl

$$\eta = \xi \eta' + 2 \frac{\eta'^2}{a}.$$

Daher erhält man

$$y = a C x^2 + 2 a C^2 \quad \text{und} \quad 8 y = - a x^4.$$

1·387 $\boldsymbol{y'^2 + (y' - y) e^x = 0}$

Durch die Transformation $y = e^x u(x)$ erhält man die DGl mit getrennten Variabeln

$$u' = -\frac{1}{2}(2 u + 1) \pm \frac{1}{2} \sqrt{4 u + 1}.$$

Fick, DGlen, S. 37, 129f.

1·388 $\boldsymbol{y'^2 - 2 y y' - 2 x = 0}$; Sonderfall von 1·390.

Löst man die DGl nach x auf und wendet man A 4·15 (b) an, so erhält man die Parameterdarstellung

$$x = \frac{t^2}{2} - y t, \quad y = \frac{t}{2} + \frac{1}{\sqrt{t^2 + 1}} \left(C - \frac{1}{2} \operatorname{Ar Cos} \sqrt{t^2 + 1} \right).$$

1·389 $\boldsymbol{y'^2 - (4 y + 1) y' + (4 y + 1) y = 0}$

Es gibt IKurven nur in der Halbebene $y \geqq -\frac{1}{4}$. Man setze $2 u^2(x) = 4 y + 1$ und löse die erhaltene DGl nach u' auf. Man erhält

$$y = C^2 e^{2x} + C e^x \quad \text{und} \quad y = -\frac{1}{4}.$$

Man kann auch die ursprüngliche DGl nach y' auflösen und erhält ebenfalls eine DGl mit getrennten Variabeln.

1·390 $\boldsymbol{y'^2 + a y y' = b x + c}$

Man differenziere nach x, führe y als unabhängige Veränderliche ein und setze $y'(x) = p(y)$. Man erhält

$$(a y + 2 p) p p' + a p^2 - b = 0$$

und hieraus die lineare DGl

$$(a p^2 - b) \frac{dy}{dp} + a p y + 2 p^2 = 0.$$

T. Peyovitch, Enseignement math. 23 (1923) 183. Vgl. auch 1·405 für den Fall $c = 0$.

$$\boldsymbol{y'^2 + (a\,y + b\,x)\,y' + a\,b\,x\,y = 0}$$ 1·391

Die DGl kann in der Gestalt

$$(y' + a\,y)\,(y' + b\,x) = 0$$

geschrieben werden und zerfällt somit in zwei DGlen.

$$\boldsymbol{y'^2 - x\,y\,y' + y^2 \log a\,y = 0}$$ 1·392

Man löse nach x auf und wende A 4·15 an. Man erhält

$$a\,y = \exp\,(C\,x - C^2) \quad \text{und} \quad a\,y = \exp\frac{1}{4}\,x^2.$$

Boole, Diff. Equations, S. 162.

$$\boldsymbol{y'^2 + 2\,y\,y'\operatorname{ctg} x - y^2 = 0}$$ 1·393

Löst man nach y' auf, so erhält man eine DGl mit getrennten Variabeln und hieraus

$$y\,(1 \pm \cos x) = C\,.$$

Forsyth-Jacobsthal, DGlen, S. 51, 673.

$$\boldsymbol{y'^2 + 2\,f\,y\,y' + g\,y^2 = (g - f^2)\exp\left(-2\int_a^x f\,dx\right)},\ f = f(x),\ g = g(x);$$ 1·394

Sonderfall von 1·395.

$$y = U\exp\left(-\int_a^x f\,dx\right);$$

dabei ist

$$U = \begin{cases} \sin\left(\int_a^x \sqrt{g - f^2}\,dx + C\right) & \text{für } g > f^2, \\ C & \text{für } g \equiv f^2, \\ \operatorname{Cos}\left(\int_a^x \sqrt{f^2 - g}\,dx + C\right) & \text{für } g < f^2. \end{cases}$$

G. Pirondini, Annali di mat. (3) 9 (1904) 185ff.; hier ergänzt.

$$\boldsymbol{y'^2 + 2\,f(x)\,y\,y' + g(x)\,y^2 + h(x) = 0}$$ 1·395

Die DGl geht durch

$$y(x) = \eta(\xi)\exp\left(-\int f\,dx\right), \quad \xi = \int \sqrt{\pm(g - f^2)}\,dx$$

in

$$\eta'^2 \pm \eta^2 = \frac{\pm h}{f^2 - g}\exp\left(2\int f\,dx\right)$$

über; dabei ist auf der rechten Seite noch x durch ξ auszudrücken.

D. Mitrinovitch, Publications math. Belgrade 3 (1934) 172. Für Fälle der Integrierbarkeit durch elementare Methoden s. *Mitrinovitch*, Acad. Serbe 1 (1933) 107—117, 2 (1935) 61—65.

Setzt man für Lösungen $y(x)$ der DGl $\lambda(x) = \frac{y}{y'}$, so folgt aus der DGl

$$y' = \left(\frac{-h}{1 + 2f\lambda + g\lambda^2}\right)^{\frac{1}{2}}, \quad y = \lambda\left(\frac{-h}{1 + 2f\lambda + g\lambda^2}\right)^{\frac{1}{2}}$$

Die rechte Seite der ersten Gl muß die Ableitung der rechten Seite der zweiten Gl sein. Das führt zu einer Abelschen DGl A 4·11 für λ:

$$(1 + f\lambda)\lambda' = \sum_{\nu=0}^{3} g\,(x)\,\lambda^{\nu}.$$

T. Peyovitch, Publications math. Belgrade 5 (1936) 39—43. *D. S. Mitrinovitch*, C. R. Paris 204 (1937) 1706—1708. Vgl. auch 1·461.

1·396 $y'^2 + y\,(y - x)\,y' - x\,y^3 = 0$

Auflösung nach y' ergibt die DGlen

$$y' = x\,y \quad \text{und} \quad y' = -\,y^2.$$

Aus diesen folgt

$$y = C\exp\frac{1}{2}x^2 \quad \text{und} \quad y = \frac{1}{x + C}.$$

1·397 $y'^2 - 2\,x^3\,y^2\,y' - 4\,x^2\,y^3 = 0$

Durch die Transformation $y^{-1} = \eta(\xi)$ $\xi = \frac{1}{2}x^2$ entsteht die Clairautsche DGl

$$\eta = \xi\,\eta' + \frac{1}{4}\eta'^2.$$

Daher bekommt man

$$y = 0, \quad y\,x^4 + 4 = 0, \quad (C\,x^2 + C^2)\,y = 1.$$

1·398 $y'^2 - 3\,x\,y^{\frac{2}{3}}\,y' + 9\,y^{\frac{5}{3}} = 0$

Die DGl kann nach x aufgelöst und weiter nach A 4·15 (b) behandelt werden. Einfacher ist es, die Transformation $y = u^3$ auszuführen. Man erhält dann die Clairautsche DGl

$$u = x\,u' - u'^2,$$

und aus dieser

$$y = (C\,x - C^2)^3 \quad \text{sowie} \quad y = \left(\frac{x}{2}\right)^6.$$

$\mathbf{2\,y'^2 + (x-1)\,y' = y}$; Clairautsche DGl. 1·399

$$y = C\,x + C\,(2\,C - 1) \quad \text{und} \quad 8\,y = -(x-1)^2\,.$$

$\mathbf{2\,y'^2 - 2\,x^2\,y' + 3\,x\,y = 0}$; gleichgradige DGl A 4·7. 1·400

Man setze $y = x^3\,\eta(\xi)$, $\xi = \log|x|$ und weiter $u(\xi) = \frac{1}{2}\sqrt{1 - 6\eta}$. Man erhält die DGl mit getrennten Variabeln

$$4\,u\,v' + 6\,u^2 \pm 3\,u = 0$$

und hieraus

$$(3\,y + C)^2 = 2\,C\,x^3 \quad \text{und} \quad y = \frac{x^3}{6}\,.$$

Ince, Diff. Equations, S. 92.

$\mathbf{3\,y'^2 - 2\,x\,y' + y = 0}$ 1·401

Die Auflösung nach y' ergibt

$$3\,y' = x \pm \sqrt{x^2 - 3\,y}\,.$$

Diese DGl ist nach Multiplikation mit $3\left(x \pm \sqrt{x^2 - 3\,y}\right)$ exakt.

$$x\,(2\,x^2 - 9\,y) \pm 2\,(x^2 - 3\,y)^{\frac{3}{2}} = C\,.$$

$\mathbf{3\,y'^2 + 4\,x\,y' - y + x^2 = 0}$ 1·402

Für $3\,y = x^2\,(u^2 - 1)$ entsteht

$$4\,(x\,u' + u)^2 = 1\,, \quad \text{also} \quad y = -\left(\frac{1}{2}\,x + C\right)^2 + 4\,C^2$$

$\mathbf{a\,y'^2 + b\,y' - y = 0}$ 1·403

Löst man nach y auf, so findet man mit A 4·15 die Parameterdarstellung

$$x = 2\,a\,t + b\log t + C\,, \quad y = a\,t^2 + b\,t\,.$$

$\mathbf{a\,y'^2 + b\,x^2\,y' + c\,x\,y = 0}$; gleichgradige DGl. 1·404

Für $y = x^3\,\eta(\xi)$, $\xi = \log|x|$ entsteht

$$a\,\eta'^2 + (6\,a\,\eta + b)\,\eta' + 9\,a\,\eta^2 + 3\,b\,\eta + c\,\eta = 0$$

Diese DGl löse man nach η' auf. Dann kann man die Lösungen durch Quadraturen finden.

Beispiel: $y'^2 - 2x^2 y' + 2xy = 0$,

$$(3y^2 - C)^2 = 4x^3 y^3 + 4Cx^3(x^3 - 3y).$$

Laguerre, Oeuvres I, S. 414.

1·405 $\boldsymbol{a y'^2 + y y' - x = 0}$

Man löse nach y auf, differenziere nach x und führe $t = y'$ als unabhängige Veränderliche ein. Man erhält die lineare DGl

$$\frac{dx}{dt} + \frac{x}{t(t^2-1)} + \frac{at}{t^2-1} = 0$$

und die Lösungen in Parameterdarstellung

$$x = \begin{cases} \dfrac{t}{\sqrt{1-t^2}}(C + a \operatorname{Arc\,sin} t) & \text{für } |t| < 1, \\ \dfrac{t}{\sqrt{t^2-1}}(C \mp a \operatorname{Ar\,Cos}(\pm t)) & \text{für } t \begin{cases} > 1 \\ < -1, \end{cases} \end{cases}$$

$$y = \frac{x}{t} - at,$$

außerdem $y = \pm(x - a)$.

1·406 $\boldsymbol{a y'^2 - y y' - x = 0}$

Man löse nach y auf, differenziere nach x und führe $t = y'$ als unabhängige Veränderliche ein. Man erhält die lineare DGl

$$\frac{dx}{dt} - \frac{x}{t(t^2+1)} - \frac{at}{t^2+1} = 0$$

und die Lösungen in Parameterdarstellung

$$x = \frac{t}{\sqrt{t^2+1}}\left[C + a \log\left(t + \sqrt{t^2+1}\right)\right] = \frac{t}{\sqrt{t^2+1}}[C + a \operatorname{Ar\,Sin} t],$$

$$y = at - \frac{x}{t}$$

Forsyth-Jacobsthal, DGlen, S. 35.

1·407 $\boldsymbol{x y'^2 = y}$

Löst man die Gl nach y auf, so hat man eine DGl mit getrennten Variabeln.

$$(y - x)^2 - 2C(y + x) + C^2 = 0.$$

$\boldsymbol{x y'^2 - 2 y + x = 0}$ 1·408

Man löse nach y auf und wende A 4·15 an. Man erhält die Parameterdarstellung

$$x = \frac{C}{(t-1)^2} \exp \frac{2}{t-1}, \quad y = \frac{x}{2}(t^2+1); \quad \text{ferner } y = x .$$

$\boldsymbol{x y'^2 - 2 y' - y = 0}$; d'Alembertsche DGl. 1·409

$$x = \frac{2t - 2\log|t| + C}{(t-1)^2}, \quad y = x t^2 - 2t;$$

außerdem $y = 0$, $y = x + 2$.

$\boldsymbol{x y'^2 + 4 y' - 2 y = 0}$ 1·410

Man kann A 4·15 anwenden. Man erhält die Parameterdarstellung

$$y = \left(\frac{t}{t-2}\right)^2 \left(C + 4\log|t| + \frac{8}{t}\right), \quad x = \frac{2y - 4t}{t^2}$$

und $y = 2x + 4$.

$\boldsymbol{x y'^2 + x y' - y = 0}$ 1·411

Löst man nach y auf, so findet man nach A 4·15

$$y = 0 \quad \text{sowie} \quad x = C t^2 e^t, \quad y = C(t+1) e^t .$$

$\boldsymbol{x y'^2 + y y' + a = 0}$ 1·412

Löst man nach y auf, so erhält man eine d'Alembertsche DGl.

$$x = \frac{C}{\sqrt{t}} - \frac{a}{3t^2}, \quad y = -C\sqrt{t} - \frac{2a}{3t} .$$

$\boldsymbol{x y'^2 + y y' - x^2 = 0}$ 1·413

Für $y = \sqrt{|x|^3}\, u(x)$ erhält man die DGl mit getrennten Variabeln

$$x u' = -2u \pm \frac{1}{2}\sqrt{u^2 + 4 \operatorname{sgn} x} .$$

Fick, DGlen, S. 37, 127f.

1·414 $\boldsymbol{x y'^2 + y y' + x^3 = 0}$

Für $y = x^2 u(x)$ erhält man die DGl mit getrennten Variabeln

$$2 x u' = -5 u \pm \sqrt{u^2 - 4}$$

und hieraus

$$(3 v^2 + 8)^5 x^{12} = C v^6 \quad \text{mit} \quad v = -u \pm \sqrt{u^2 - 4}\,.$$

Fick, DGlen, S. 36f.

1·415 $\boldsymbol{x y'^2 + y y' - y^4 = 0}$

Löst man nach x auf, so findet man mit A 4·15

$$y(x - C^2) = C\,.$$

1·416 $\boldsymbol{x y'^2 + (y - 3x) y' + y = 0}$

Die DGl kann als homogene und als d'Alembertsche DGl behan werden. Man findet $y = 0$, $y = x$ und die übrigen Lösungen in der P meterdarstellung

$$x t^{\frac{3}{2}} = C(t + 1)\,, \quad y t^{\frac{3}{2}} = C(3t - t^2)\,.$$

Julia, Exercices d'Analyse III, S. 238–249.

1·417 $\boldsymbol{x y'^2 - y y' + a = 0}$

Dividiert man durch y', so erhält man die Clairautsche DGl

$$y = x y' + \frac{a}{y'}\,,$$

und hieraus

$$y = C x + \frac{a}{C} \quad \text{und} \quad y^2 = 4 a x\,.$$

1·418 $\boldsymbol{x y'^2 - y y' + a y = 0}$

Man löse nach x auf und wende A 4·15 (b) an. Man erhält $y = 0$ s die Parameterdarstellung

$$x = C(t - a)\, e^{-\frac{t}{a}}\,, \quad y = C t^2 e^{-\frac{t}{a}}$$

$\boldsymbol{x y'^2 + 2 y y' - x = 0}$ I·419

Für $y = x u(x)$ erhält man $x u' + 2u = \pm \sqrt{u^2 + 1}$ und weiter für $v(x) = -u \pm \sqrt{u^2 + 1}$:

$$x^3 (3 v^2 - 1)^2 = C v^3$$

also

$$x^2 \left(x^2 + 3 y^2 \pm 3 y \sqrt{y^2 + x^2}\right)^2 + C\left(y \pm \sqrt{y^2 + x^2}\right)^3 = 0$$

oder

$$x^2 (x^2 - 3 y^2)^2 - 2 C y (y^2 - 3 x^2) - C^2 = 0 .$$

Fick, DGlen, S. 24, 113.

$\boldsymbol{x y'^2 - 2 y y' + a = 0}$, $a \neq 0$. I·420

Löst man nach y auf, so erkennt man, daß eine d'Alembertsche DGl vorliegt. Man findet die Parameterdarstellung

$$x = C t + \frac{a}{3t^2}, \quad y = \frac{x t}{2} + \frac{a}{2 t}$$

oder

$$16 a x^3 - 12 x^2 y^2 - 12 C a x y + 8 C y^3 + C^2 a^2 = 0 ,$$

außerdem $y = \pm 2 \sqrt{a x}$.

Forsyth-Jacobsthal, DGlen, S. 54, 678, 501.

$\boldsymbol{x y'^2 - 2 y y' - x = 0}$: homogene DGl. I·421

Die Parabeln (Fig. 59)

$$y = \frac{1}{2} C x^2 - \frac{1}{2 C} .$$

Fick, DGlen, S. 24, 112f.

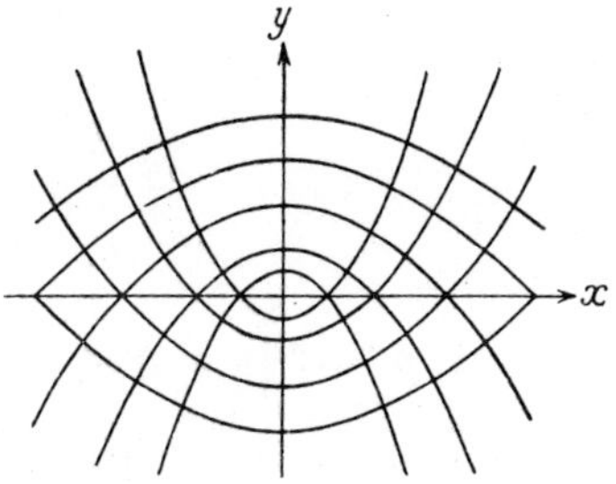

Fig. 59.

$\boldsymbol{x y'^2 - 2 y y' + 4 x = 0}$ I·422

Für $y = 2 x u(x)$ entsteht

$$x^2 u'^2 = u^2 - 1 , \quad \text{also} \quad y = C x^2 + C^{-1} \quad \text{und} \quad y = \pm 2 x .$$

Ince, Diff. Equations, S. 92.

1·423 $\boldsymbol{x y'^2 - 2 y y' + 2 y + x = 0}$

Man differenziere nach x, multipliziere die neue Gl mit x und subtrahiere von ihr die ursprüngliche DGl. Man erhält

$$2 (x y'' - y' + 1)(x y' - y) = 0 .$$

Diese DGl zerfällt in zwei leicht lösbare DGlen. Man erhält

$$y = \frac{1}{2} C x^2 + x + \frac{1}{C} \quad \text{und} \quad y = x\left(1 \pm \sqrt{2}\right).$$

Forsyth-Jacobsthal, DGlen, S. 54, 678.

1·424 $\boldsymbol{x y'^2 + a y y' + b x = 0}$; homogene DGl.

Man löse die Gl nach y auf und wende A 4·15 (a) an. Man erhält für

$$a \neq -1: \quad x = C t \left|(a+1) t^2 + b\right|^{-\frac{a+2}{2(a+1)}}, \quad y = -\frac{x}{a t}(t^2 + b)$$

und ev. noch Lösungen, die durch die für das Verfahren erforderlichen Voraussetzungen verloren gegangen sind (vgl. A 4·14). Ist insbesondere $a = -2$, so erhält man

$$y = C x^2 + \frac{b}{4 C} \quad \text{und für } b > 0 \text{ außerdem} \quad y = \pm x \sqrt{b}.$$

$$a = -1: \quad x = C t \exp\left(-\frac{t^2}{2 b}\right), \quad y = x\left(t + \frac{b}{t}\right).$$

1·425 $\boldsymbol{(x + 1) y'^2 - (y + x) y' + y = 0}$

Löst man nach y auf, so sieht man, daß eine Clairautsche DGl vorliegt. Man findet

$$y = C x + \frac{C^2}{C - 1}$$

und die Parameterdarstellung

$$x = \frac{2 t - t^2}{(t - 1)^2}, \quad y = \left(\frac{t}{t - 1}\right)^2.$$

1·426 $\boldsymbol{(3 x + 1) y'^2 - 3 (y + 2) y' + 9 = 0}$

Auflösung nach y liefert die Clairautsche DGl

$$y = x y' + \frac{(y' - 3)^2}{3 y'}$$

mit den Lösungen

$$3 C y = 3 C^2 x + (C - 3)^2 \quad \text{und} \quad y^2 + 4 y = 12 x .$$

$(3x+5)\,y'^2-(3y+x)\,y'+y=0$ 1·427

Auflösung nach y liefert die Clairautsche DGl

$$y = x\,y' + \frac{5\,y'^2}{3\,y'-1}$$

mit den Lösungen

$$x = -5\,t\,\frac{3\,t-2}{(3\,t-1)^2}, \quad y = \frac{5\,t^2}{(3\,t-1)^2}$$

sowie

$$y = C\,x + \frac{5\,C^2}{3\,C-1}.$$

$a\,x\,y'^2+(b\,x-a\,y+c)\,y'-b\,y=0$ 1·428

Auflösung nach y ergibt die Clairautsche DGl

$$y = x\,y' + \frac{c\,y'}{a\,y'+b}$$

mit den Lösungen

$$y = C\,x + \frac{c\,C}{a\,C+b}$$

und

$$x = -\frac{b\,c}{(a\,t+b)^2}, \quad y = x\,t + \frac{c\,t}{a\,t+b}.$$

$a\,x\,y'^2-(a\,y+b\,x-a-b)\,y'+b\,y=0$ 1·429

Durch Differenzieren nach x erhält man die in zwei DGlen zerfallende DGl

$$(2\,a\,x\,y' - a\,y - b\,x + a + b)\,y'' = 0$$

und hieraus

$$y = C\,x + \frac{C\,(a+b)}{a\,C-b} \quad \text{sowie} \quad (a\,y + b\,x - a - b)^2 - 4\,a\,b\,x\,y = 0\,.$$

Forsyth-Jacobsthal, DGlen, S. 53, 675.

$(a_2\,x+c_2)\,y'^2+(a_1\,x+b_1\,y+c_1)\,y'+a_0\,x+b_0\,y+c_0=0$ s. 1·479. 1·430

$x^2\,y'^2-y^4+y^2=0$ 1·431

Auflösung nach y' ergibt eine DGl mit getrennten Variabeln

$$\frac{1}{y} = \sin\log C\,x\,.$$

Forsyth, Diff. Equations II, S. 219.

1·432 $(x y' + a)^2 - 2 a y + x^2 = 0$; $a \neq 0$.

Man kann die Gl nach y auflösen und nach A 4·15 behandeln. Eine andere Behandlung: Für $2 a y - x^2 = u^2$ entsteht

$$x u u' - a (u - a) + x^2 = 0$$

und weiter für $u - a = x v(x)$:

$$(x v + a) v' + v^2 + 1 = 0 .$$

Wählt man nun v als unabhängige Veränderliche, so erhält man eine lineare DGl mit der Lösung

$$x = (v^2 + 1)^{-\frac{1}{2}} \left[C - a \log\left(v + \sqrt{v^2 + 1}\right)\right] .$$

1·433 $(x y' + y + 2 x)^2 = 4 (x y + x^2 + a)$

Für $u = x y + x^2 + a$ erhält man $u' = \pm 2 \sqrt{u}$.

Fick, DGlen, S. 37, 131.

1·434 $x^2 y'^2 - 2 x y y' - x^2 = 0$; homogene DGl.

$$2 C y + x^2 = C^2 .$$

Serret-Scheffers, Differential- und Integralrechnung III, S. 143f.

1·435 $x^2 y'^2 - 2 x y y' + y (y + 1) - x = 0$

Für $y = x u(x)$ erhält man die DGl mit getrennten Veränderlichen

$$u' = \pm \sqrt{\frac{1 - u}{x^3}} .$$

1·436 $x^2 y'^2 - 2 x y y' + y^2 (1 - x^2) - x^4 = 0$

Für $y = x u(x)$ erhält man eine leicht lösbare DGl.

$$y = \pm x \operatorname{Sin} (x + C) .$$

1·437 $x^2 y'^2 - (2 x y + a) y' + y^2 = 0$

Das ist eine Clairautsche DGl

$$(x y' - y)^2 = a y' ;$$

$$y = C x \pm \sqrt{a C} \quad (a C > 0) \quad \text{und} \quad y = -\frac{a}{4 x} .$$

$x^2 y'^2 + 3 x y y' + 2 y^2 = 0$; homogene DGl. I·438

$$x y = C, \quad x^2 y = C.$$

$x^2 y'^2 + 3 x y y' + 3 y^2 = 0$ I·439

Die DGl kann in der Gestalt

$$\left(x y' + \frac{3}{2} y\right)^2 + \frac{3}{4} y^2 = 0$$

geschrieben werden und hat daher nur die Lösung $y = 0$, entgegen einer Angabe bei *Forsyth-Jacobsthal*, DGlen, S. 31, 670.

$x^2 y'^2 + 4 x y y' - 5 y^2 = 0$ I·440

Das ist eine zerfallende DGl

$$(x y' + 5 y)(x y' - y) = 0$$

mit den Lösungen $y = C_1 x^{-5}$ und $y = C_2 x$.

$x^2 y'^2 - 4 x (y + 2) y' + 4 y (y + 2) = 0$ I·441

Löst man nach y' auf, so erhält man eine DGl mit getrennten Veränderlichen.

$$y = \frac{1}{2} C^2 x^2 - 2 C x \quad \text{und} \quad y = -2.$$

$x^2 y'^2 + (x^2 y - 2 x y + x^3) y' + (y^2 - x^2 y)(1 - x) = 0$ I·442

Für $y = x\, u(x)$ erhält man die zerfallende DGl

$$(u' + u)(u' + 1) = 0,$$

also

$$y = 0, \quad -x^2 + C x, \quad C x e^{-x}$$

und die hieraus zusammensetzbaren stetig differenzierbaren Kurven.

$x (x y' - y)^2 = y'$ I·443

Mit der Legendreschen Transformation A 4·20 erhält man $Y^2 Y' = X$ und hieraus die Parameterdarstellung

$$x = Y' = X \left(\frac{3}{2} X^2 - C\right)^{-\frac{2}{3}},$$

$$y = X Y' - Y = \left(C - \frac{1}{2} X^2\right) \left(\frac{3}{2} X^2 - C\right)^{-\frac{2}{3}}$$

1·444 $\boldsymbol{x^2 y'^2 - y(y - 2x) y' + y^2 = 0}$

Man löse nach x auf und wende A 4·15 an. Man erhält

$$y(C - x) = C^2, \quad y = 4x, \quad y = 0.$$

1·445 $\boldsymbol{x^2 y'^2 + (a x^2 y^3 + b) y' + a b y^3 = 0}$

Das ist eine zerfallende DGl

$$(y' + a y^3)(x^2 y' + b) = 0$$

mit den Lösungen

$$\frac{1}{y^2} = 2 a x + C \quad \text{und} \quad y = \frac{b}{x} + C.$$

1·446 $\boldsymbol{(x^2 + 1) y'^2 - 2 x y y' + y^2 - 1 = 0}$

Löst man nach y auf, so erhält man eine Clairautsche DGl.

$$(y - C x)^2 = 1 - C^2, \quad \text{und} \quad y^2 - x^2 = 1.$$

1·447 $\boldsymbol{(x^2 - 1) y'^2 = 1}$

Man löse die Gl nach y' auf.

$$y = \pm \operatorname{Ar\,Cos} x + C.$$

1·448 $\boldsymbol{(x^2 - 1) y'^2 = y^2 - 1}$; vgl. 1·60.

$$x^2 + y^2 - 2 C x y + C^2 = 1 \quad \text{und} \quad y = \pm 1.$$

1·449 $\boldsymbol{(x^2 - a^2) y'^2 + 2 x y y' + y^2 = 0}$

Das ist eine zerfallende DGl

$$(x y' + y + a y')(x y' + y - a y') = 0$$

mit den Lösungen

$$(x \pm a) y = C.$$

1·450 $\boldsymbol{(x^2 - a^2) y'^2 - 2 x y y' - x^2 = 0}$

Man löse nach y auf, differenziere nach x und setze $p(x) = y'$. Man erhält dann die zerfallende DGl

$$(x p' - p)(x^2 p^2 + x^2 - a^2 p^2) = 0$$

und schließlich

$$y = \frac{1}{2C}(x^2 - a^2 - C^2) \quad \text{sowie} \quad y^2 + x^2 = a^2 \qquad (y \neq 0).$$

Forsyth-Jacobsthal, DGlen, S. 48.

$(x^2+a)\,y'^2-2\,x\,y\,y'+y^2+b=0$ 1·451

Durch Differentiation nach x erhält man die zerfallende DGl

$$[(x^2+a)\,y'-x\,y]\,y''=0\,,$$

also

$$b\,x^2+a\,y^2+a\,b=0 \quad \text{und} \quad y=C_1\,x+C_2 \quad \text{für} \quad a\,C_1^2+C_2^2+b=0\,.$$

$(2\,x^2+1)\,y'^2+(y^2+2\,x\,y+x^2+2)\,y'+2\,y^2+1=0$ 1·452

Für $u(x)=x+y$, $v(x)=x\,y$ ergibt sich

$$v'^2+u\,u'\,v'+(1-v)\,u'^2=0\,,$$

also

$$\left(\frac{v'}{u'}\right)^2+u\,\frac{v'}{u'}+1-v=0\,,$$

weiter durch Differentiation

$$(2\,v'+u\,u')\,(u'\,v''-u''\,v')=0\,,$$

und hieraus schließlich

$$x\,y+C\,(x+y)=C^2+1 \quad \text{sowie} \quad x^2+y^2+6\,x\,y=4\,.$$

Forsyth-Jacobsthal, DGlen, S. 55, 678.

$(a^2-1)\,x^2\,y'^2+2\,x\,y\,y'-y^2+a^2\,x^2=0$ 1·453

Man löse die DGl nach y auf und wende A 4·15 an. Man erhält die Lösungen in der Parameterdarstellung

$$x=C\,(t^2+1)^{-\frac{1}{2}}\left(t+\sqrt{t^2+1}\right)^{-\frac{1}{a}}, \quad y=x\,t+a\,x\,\sqrt{t^2+1}\,.$$

$a\,x^2\,y'^2-2\,a\,x\,y\,y'+y^2-a\,(a-1)\,x^2=0$; homogene DGl. 1·454

Die DGl kann in der Gestalt

$$a\,(x\,y'-y)^2=a\,(a-1)\,x^2+(a-1)\,y^2$$

geschrieben werden. Setzt man $y=x\,u(x)$, so erhält man eine DGl mit getrennten Veränderlichen und aus dieser Gl schließlich

$$y\pm\sqrt{y^2+a\,x^2}=C\,x^{1+\alpha} \quad \text{mit} \quad \alpha=\sqrt{\frac{a-1}{a}}\,.$$

Forsyth-Jacobsthal, DGlen, S. 51, 673.

1·455 $x^3 y'^2 + x^2 y y' + a = 0$

Man löse die Gl nach y auf und differenziere nach x. Wird nun $p(x) = y'$ gesetzt, so erhält man die zerfallende DGl

$$(x^3 p^2 - a)(p' x^2 + 2 p x) = 0$$

und hieraus

$$C x y = C^2 x + a \quad \text{sowie} \quad x y^2 = 4 a .$$

Forsyth-Jacobsthal, DGlen, S. 51, 673.

1·456 $x(x^2 - 1) y'^2 + 2(1 - x^2) y y' + x y^2 - x = 0$

Für $y = x u(x)$ erhält man die DGl mit getrennten Veränderlichen

$$x^2 (x^2 - 1) u'^2 = 1 - u^2,$$

und hieraus

$$(y - C)^2 = (x^2 - 1)(1 - C^2) .$$

1·457 $x^4 y'^2 - x y' - y = 0$; gleichgradige DGl.

$$x y = C^2 x + C .$$

1·458 $x^2 (x^2 - a^2) y'^2 = 1$

Man löse die Gl nach y' auf.

$$a y = \pm \operatorname{arc\,cos} \frac{a}{x} + C .$$

1·459 $e^{-2x} y'^2 - (y' - 1)^2 + e^{-2y} = 0$

Man differenziere nach x und eliminiere y. Für $p(x) = y'$ erhält man dann die zerfallende DGl

$$[p' + p(p - 1)](e^{-2x} p - p + 1) = 0$$

und hieraus

$$e^y = C e^x \pm \sqrt{1 + C^2} \quad \text{sowie} \quad e^{2y} + e^{2x} = 1 .$$

Forsyth-Jacobsthal, DGlen, S. 51, 673.

1·460 $(y'^2 + y^2) \cos^4 x = a^2$

Eine Lösung ist $y = a(\cos x)^{-1}$. Wird $u(x)$ durch $y' = y \operatorname{ctg} u$ eingeführt, so wird aus der DGl

$$y \cos^2 x = \pm a \sin u$$

und hieraus durch Differentiation und Elimination von y mittels der vorangehenden Zeile die DGl 1·81 mit u statt y.

Bei *Ch. E. Wilder*, Americ. Math. Monthly 38 (1931) 17—25 findet man eine kinematische Einkleidung der DGl und eine unmittelbare Diskussion der IKurven auf Grund der DGl.

$A y'^2 + 2 B y y' + C y^2 + 2 D y' + 2 E y + F = 0$, $A = A(x)$, $B = B(x)$, ... 1·461

Ist $A = 0$, so hat man eine Abelsche DGl.

Ist die Determinante

$$\begin{vmatrix} A & B & D \\ B & C & E \\ D & E & F \end{vmatrix} \equiv 0\,,$$

so zerfällt die DGl in zwei lineare DGlen.

Es sei nun

(a) $A \neq 0$, $\Delta = B^2 - A\,C \neq 0$. Dann kann die DGl in der Gestalt

$$(y' + a\,y + b)\,(y' + \alpha\,y + \beta) = c \qquad (c \neq 0)$$

geschrieben werden. Die erste Klammer wird gleich $\lambda(x)$ gesetzt. Dann ist für jede Lösung der DGl, soweit $\lambda \neq 0$ ist,

$$y' + a\,y + b = \lambda\,, \quad y' + \alpha\,y + \beta = \frac{c}{\lambda}\,,$$

also

(1) $$y = \frac{\lambda^2 + (b - \beta)\,\lambda - c}{(a - \alpha)\,\lambda}\,, \quad y' = \frac{\alpha\,\lambda^2 + (a\,\beta - \alpha\,b)\,\lambda - a\,c}{(\alpha - a)\,\lambda}\,.$$

Die Ableitung der rechten Seite der ersten Gl muß gleich der rechten Seite der zweiten Gl sein. Dadurch kommt man zu einer Abelschen DGl A 4·11

$$(\lambda^2 + Q)\,\frac{d\lambda}{dx} = (M\,\lambda^2 + N\,\lambda + P)\,\lambda$$

für $\lambda(x)$. Hat man diese gelöst, so liefert (1) die Lösungen der ursprünglichen DGl, soweit für diese Lösungen die durch das Verfahren bedingten Voraussetzungen erfüllt sind.

(b) Ist $A \neq 0$, $\Delta \equiv 0$, so hat die DGl die Gestalt

$$(A\,y' + B\,y)^2 + A\,(2\,D\,y' + 2\,E\,y + F) = 0\,.$$

Setzt man nun

$$\lambda(x) = A\,y' + B\,y\,,$$

so erhält man

$$y = -\frac{A\,\lambda^2 + 2\,D\,\lambda + F}{2\,(A\,E - B\,D)}\,A\,, \quad y' = \frac{A\,B\,\lambda^2 + 2\,A\,E\,\lambda + B\,F}{2\,(A\,E - B\,D)}$$

und kann nun wieder wie bei (a) verfahren.

D. S. Mitrinovitch, Publications math. Belgrade 5 (1936) 10—22; C. R. Paris 206 (1938) 568—570.

$y\,y'^2 = 1$ 1·462

Man löse nach y' auf. Man erhält

$$4\,y^3 = 9\,(x + C)^2\,.$$

1·463 $\boldsymbol{y\,y'^2 = e^{2x}}$

Für $u(x) = y^{\frac{3}{2}}$ entsteht $u' = \pm \frac{3}{2} e^x$; hieraus erhält man

$$4\,y^3 = 9\,(e^x + C)^2.$$

1·464 $\boldsymbol{y\,y'^2 + 2\,x\,y' - y = 0}$

Für $u(x) = y^2$ entsteht eine Clairautsche DGl.

$$y^2 = 2\,C\,x + C^2.$$

1·465 $\boldsymbol{y\,y'^2 + 2\,x\,y' - 9\,y = 0}$; Sonderfall von 1·469.

Für $u(x) = y^2$ erhält man die d'Alembertsche DGl A 4·19

$$u = \frac{x}{9}\,u' + \frac{1}{36}\,u'^2$$

und hieraus die Lösung in der Parameterdarstellung

$$x = \frac{t}{14} + C\,t^{\frac{1}{8}}, \quad y^2 = \frac{t}{9}\,x + \frac{t^2}{36}.$$

1·466 $\boldsymbol{y\,y'^2 - 2\,x\,y' + y = 0}$

Man löse nach y auf und wende A 4·15 an. Man erhält

$$y^2 = 2\,C\,x - C^2 \quad \text{und} \quad y = \pm x.$$

Oder man setze $u(x) = x^2 - y^2$; man erhält dann die leicht lösbare DGl $u'^2 = 4\,u$. Oder man verfahre wie bei 1·464.

Forsyth-Jacobsthal, DGlen S. 54, 678.

1·467 $\boldsymbol{y\,y'^2 - 4\,x\,y' + y = 0}$

Man löse nach x auf und wende A 4·15 an. Man erhält

$$y^3 = \frac{C}{t\,(t^2 - 3)}, \quad x = y\,\frac{t^2 + 1}{4\,t}$$

oder

$$y^6 - 3\,x^2\,y^4 + 2\,C\,x\,(3\,y^2 - 8\,x^2) + C^2 = 0.$$

Ince, Diff. Equations, S. 92.

1·468 $\boldsymbol{y\,y'^2 - 4\,a^2\,x\,y' + a^2\,y = 0}$, $a \neq 0$; Sonderfall von 1·469.

Löst man nach y' auf, so erhält man eine homogene DGl und aus dieser die StammGl

$$y^6 - 3\,a^2\,x^2\,y^4 + 6\,C\,a\,x\,y^2 - 16\,C\,a^3\,x^3 + C^2 = 0.$$

Forsyth-Jacobsthal, DGlen, S. 55, 679.

$y y'^2 + a x y' + b y = 0$ 1·469

Man löse die Gl nach y auf und wende A 4·15 an. Man erhält für $a + b \neq 0$ die Parameterdarstellung

$$x^{-2(a+b)} = C t^{2a} (t^2 + b)^{-2(a+b)} (t^2 + a + b)^{a+2b},$$

$$(t^2 + b) y = -a x t.$$

Für $2a + b = 0$, $a \geqq 0$ kommt noch $y = \pm x \sqrt{a}$ hinzu.

Forsyth-Jacobsthal, DGlen, S. 51, 672.

Für $u(x) = y^2$ geht die DGl über in die d'Alembertsche DGl A 4·19

$$u'^2 + 2 a x u' + 4 b u = 0.$$

$y y'^2 + x^3 y' - x^2 y = 0$ 1·470

Integration durch Differentiation A 4·14 liefert

$$y^2 + C x^2 = C^2.$$

Forsyth-Jacobsthal, DGlen, S. 34, 671.

$y y'^2 - (y - x) y' - x = 0$ 1·471

Die DGl kann als zerfallende DGl

$$(y' - 1)(y y' + x) = 0$$

geschrieben werden. Man erhält also als Lösungen die Halbkreise $x^2 + y^2 = C^2$ $(y \neq 0)$ und die Geraden $y = x + C$ und die aus Stücken von ihnen zusammensetzbaren Kurven.

$(y + x) y'^2 + 2 x y' - y = 0$ 1·472

Man löse nach y auf und wende A 4·15 an. Man erhält $y = 0$ und die Parameterdarstellung

$$x = C (t^2 - 1), \quad y = C (2t - 1).$$

$(y - 2x) y'^2 - 2(x - 1) y' + y - 2 = 0$ 1·473

Man löse nach y auf und wende A 4·15 an. Man erhält $y = 2$ und die Parameterdarstellung

$$x = -\frac{1}{t^2} + C \frac{t^2 + 1}{t^2}, \quad y = 2 \frac{x t (t + 1) - t + 1}{t^2 + 1}.$$

$2 y y'^2 - (4x - 5) y' + 2 y = 0$ 1·474

Man löse die Gl nach y auf und wende A 4·15 (a) an.

$$4 y^2 = (4x - 5 - C) C \quad \text{und} \quad y = \pm \left(x - \frac{5}{4}\right).$$

Morris-Brown, Diff. Equations, S. 64, 361.

1·475 $\boldsymbol{4\,y\,y'^2+2\,x\,y'-y=0}$; Sonderfall von 1·469.

Für $u(x) = y^2$ erhält man die Clairautsche DGl

$$u = x\,u' + u'^2\,,$$

und aus dieser

$$y^2 = C\,x + C^2\,.$$

Die Lösung $4\,u = -\,x^2$ der Clairautschen DGl liefert keine Lösung der gegebenen DGl.

1·476 $\boldsymbol{9\,y\,y'^2+4\,x^3\,y'-4\,x^2\,y=0}$

Für $y^2 = \eta(\xi)$, $\xi = x^2$ entsteht die Clairautsche DGl

$$\eta = \xi\,\eta' + \frac{9}{4}\,\eta'^2\,.$$

Aus dieser erhält man

$$y^2 = 2\,C\,x^2 + 9\,C^2$$

1·477 $\boldsymbol{a\,y\,y'^2+(2\,x-b)\,y'-y=0}$

Man führe die Transformation $y(x) = \eta(\xi)$, $\xi = 2\,x - b$ aus, sehe dann η als unabhängige Veränderliche an und setze $\xi = \eta\,u(\eta)$. Man erhält die DGl mit getrennten Veränderlichen

$$\eta^2\,u'^2 = u^2 + 4\,a$$

und hieraus

$$y^2 = C\,(2\,x - b + a\,C)\,;$$

außerdem noch $\pm\,2\sqrt{-\,a}\,y = 2\,x - b$ für $a < 0$.

Forsyth-Jacobsthal, DGlen, S. 34, 671.

1·478 $\boldsymbol{(a\,y+b)\,(y'^2+1)=c}$, $c \neq 0$.

Für jede Lösung ist offenbar

$$0 \leqq \frac{a\,y + b}{c} \leqq 1\,.$$

Man kann daher $u(x)$ so wählen, daß

(1) $$a\,y + b = c\sin^2 u$$

ist. Es entsteht dann

$$2\,c\,u'\sin^2 u = \pm\,a\,,$$

also

(2) $$c\,(u - \sin u\cos u) = \pm\,a\,x + C\,.$$

(1) und (2) geben die Lösungen (Zykloiden) in Parameterdarstellung. Außerdem ist $y = -\frac{b}{a} + k\pi$ eine Lösung, wenn $c = k\pi$ mit ganzzahligem k ist.

$$(b_2 y + a_2 x + c_2) y'^2 + (a_1 x + b_1 y + c_1) y' + a_0 x + b_0 y + c_0 = 0$$ 1·479

Durch die Legendresche Transformation A 4·20 geht die DGl über in die lineare DGl

$$[A(X) + X\,B(X)]\,Y' - B(X)\,Y + C(X) = 0$$

mit

$$A(X) = a_2 X^2 + a_1 X + a_0\,,\quad B(X) = b_2 X^2 + b_1 X + b_0\,,$$
$$C(X) = c_2 X^2 + c_1 X + c_0\,.$$

J. Hofmann, Nova Acta Halle 110 (1928); dort ist der Verlauf der IKurven in der Nähe der singulären Punkte eingehend erörtert. Vgl. auch *W. v. Dyck*, Abhandlungen München 26 (1914) 10. Abhandlung, S. 36ff. *J. Weigel*, Nova Acta Halle 96 (1912) 277—343.

$$(a y - x^2) y'^2 + 2 x y y' - y^2 = 0$$ 1·480

Soweit $y'(x) \neq 0$ ist, kann x als Funktion von y angesehen werden. Mit $x = y\,u(y)$ erhält man dann

$$(C y + x)^2 = 4 a y\,.$$

$x y y'^2 + (y^2 + x^2) y' + x y = 0$; homogene DGl. 1·481

Man löse die Gl nach y' auf. Man findet

$$y = 0\,,\quad x y = C\,,\quad x^2 + y^2 = C^2$$

und die aus diesen zusammensetzbaren, stetig differenzierbaren Kurven.

$$x y y'^2 + (x^2 - y^2 + a) y' - x y = 0$$ 1·482

Für $\eta(\xi) = y^2$, $\xi = x^2$ erhält man die Clairautsche DGl

$$\eta = \xi \eta' + a \frac{\eta'}{1 + \eta'}$$

und damit für $a \neq 0$ die konfokalen Kegelschnitte

$$\frac{x^2}{C} + \frac{y^2}{C + a} = 1 \qquad (y \neq 0)$$

sowie die Achse $y = 0$; für $a = 0$ die Halbkreise

$$x^2 + y^2 = C^2 \ (y \neq 0) \quad \text{sowie} \quad y = C x\,.$$

Forsyth-Jacobsthal, DGlen, S. 48, 672.

1·483 $\mathbf{(2xy - x^2)\,y'^2 + 2xy\,y' + 2xy - y^2 = 0}$; homogene DGl.

Mit $y = x\,u(x)$ erhält man

$$x^2 + y^2 + 2C(x+y) + C^2 = 0\,.$$

1·484 $\mathbf{(2xy - x^2)\,y'^2 - 6xy\,y' - y^2 + 2xy = 0}$; homogene DGl.

Man kann die DGl wie 1·483 behandeln. Man kann auch $x\,y = u(x)$, $y - x = v(x)$ setzen. Man erhält dann $u' = \pm v' \sqrt{2u}$ und hieraus

$$2xy = (y - x + C)^2 \quad \text{sowie} \quad y = 0\,.$$

Fick, DGlen. S. 37, 131.

1·485 $\mathbf{a\,x\,y\,y'^2 - (a\,y^2 + b\,x^2 + c)\,y' + b\,x\,y = 0}$

Für $\eta(\xi) = y^2$, $\xi = x^2$ entsteht die Clairautsche DGl

$$(\xi\,\eta' - \eta)\,(a\,\eta' - b) = c\,\eta'.$$

Aus dieser ergibt sich

$(a\,C - b)\,y^2 = C\,(a\,C - b)\,x^2 - c\,C$ sowie $a\,y^2 = b\,x^2 \pm 2x\sqrt{-bc} - c$.

Die DGl ist die DGl für die Krümmungslinien der Fläche

$$A\,x^2 + B\,y^2 + C\,z^2 = 1$$

mit $a = A\,B\,(C - B)$, $b = A\,B\,(A - C)$, $c = C\,(B - A)$.

Forsyth-Jacobsthal, DGlen, S. 52, 675. *Serret-Scheffers*, Differential- und Integralrechnung III, S. 401–403.

1·486 $\mathbf{y^2\,y'^2 + y^2 - a^2 = 0}$

Man löse die Gl nach y auf.

$y = \pm a$ sowie die Viertelkreise, die durch Zerschneiden der Kreise

$$(x - C)^2 + y^2 = a^2$$

mittels horizontaler und vertikaler Durchmesser entstehen, und die aus den obigen zusammensetzbaren differenzierbaren Kurven.

1·487 $\mathbf{y^2\,y'^2 - 6\,x^3\,y' + 4\,x^2\,y = 0}$

Für $\eta(\xi) = y^3$, $\xi = x^2$ entsteht die Clairautsche DGl

$$\eta = \xi\,\eta' - \frac{1}{9}\,\eta'^2\,.$$

Aus dieser erhält man

$$y^3 = 3\,C\,x^2 - C^2 \quad \text{sowie} \quad 4\,y^3 = 9\,x^4\,.$$

$$\boldsymbol{y^2 y'^2 - 4 a y y' + y^2 - 4 a x + 4 a^2 = 0}$$ 1·488

Für $u(x) = 4 a x - y^2$ erhält man $u'^2 = 4 u$ und daher

$$4 a x - y^2 = (x + C)^2 \quad \text{sowie} \quad y^2 = 4 a x .$$

$$\boldsymbol{y^2 y'^2 + 2 x y y' + a y^2 + b x + c = 0}$$ 1·489

Man setze $u(x) = y^2$, differenziere die entstehende Gl nach x und setze $v(x) = u'$. Man erhält dann eine lineare DGl für $\dfrac{dx}{dv}$.

Julia, Exercices d'Analyse III, S. 256—269.

$$\boldsymbol{y^2 y'^2 - 2 x y y' + 2 y^2 - x^2 + a = 0}$$ 1·490

Für $u(x) = y^2 - x^2$ erhält man die leicht lösbare DGl

$$u'^2 + 8 u + 4 a = 0 ,$$

also

$$y^2 = \frac{1}{2} (C^2 - a) - (x + C)^2;$$

außerdem noch $y = \pm x$ für $a = 0$.

$$\boldsymbol{y^2 y'^2 + 2 a x y y' + (1 - a) y^2 + a x^2 + (a - 1) b = 0}$$ 1·491

Für $u(x) = y^2 + a x^2 - b$ erhält man die leicht lösbare DGl $u'^2 = 4 (a - 1) u$, und aus dieser

$$y^2 + a x^2 - b = (a - 1) (x + C)^2 \quad \text{sowie} \quad y^2 + a x^2 - b = 0 ,$$

falls diese Gl eine reelle Lösung hat.

$\boldsymbol{(y^2 - a^2) y'^2 + y^2 = 0}$; DGl der Schleppkurve oder Tractrix mit der x-Achse als Leitlinie. 1·492

Man löse die DGl nach y' auf. Man hat dann eine DGl mit getrennten Veränderlichen und erhält

$$a \log \left| \frac{a \pm \sqrt{a^2 - y^2}}{y} \right| \mp \sqrt{a^2 - y^2} = x + C .$$

Serret-Scheffers, Differential- und Integralrechnung III, S. 136ff.

$$\boldsymbol{(y^2 - 2 a x + a^2) y'^2 + 2 a y y' + y^2 = 0}$$ 1·493

DGl der orthogonalen Trajektorien zu den Kreisen, welche die Parabel $y^2 = 2 a x$ berühren und deren Mittelpunkte auf der x-Achse liegen.

Erste Behandlung als Sonderfall von 1·501. Zweite Behandlung: Man nehme y als unabhängige Veränderliche; dann entsteht 1·432 mit y, x statt x, y.

1·494 $(y^2 - a^2 x^2) y'^2 + 2 x y y' + (1 - a^2) x^2 = 0$

Man löse nach y auf und wende A 4·15 an. Man erhält die Parameterdarstellung

$$x = \frac{C t}{\sqrt{t^2 + 1}}, \quad y = a C - \frac{C}{\sqrt{t^2 + 1}}.$$

1·495 $[y^2 + (1 - a) x^2] y'^2 + 2 a x y y' + (1 - a) y^2 + x^2 = 0$

Man setze $x = r(x) \cos \varphi(x)$, $y = r(x) \sin \varphi(x)$. Man erhält

$$\log r = C \pm \varphi \sqrt{a - 1}$$

für $a > 1$, und $r = C$ für $a = 1$; für $a < 1$ gibt es keine (reelle) Lösung.

1·496 $(y - x)^2 (y'^2 + 1) - a^2 (y' + 1)^2 = 0$

Man löse nach $y - x$ auf und setze $y' = \operatorname{tg} u(x)$ mit $|u| < \frac{1}{2}\pi$. Man erhält

$$x = \pm a \sin u + C, \quad y = \mp a \cos u + C,$$

also

$$(x - C)^2 + (y - C)^2 = a^2, \quad \text{außerdem} \quad y = x \pm a.$$

1·497 $3 y^2 y'^2 - 2 x y y' + 4 y^2 - x^2 = 0$; Sonderfall von 1·491 mit $a = -\frac{1}{3}$, $b = 0$.

1·498 $(3 y - 2)^2 y'^2 + 4 (y - 1) = 0$

Man löse nach y' auf. Man erhält

$$y^2 - y^3 = (x - C)^2.$$

Ince, Diff. Equations, S. 92.

1·499 $(1 - a^2) y^2 y'^2 - 2 a^2 x y y' + y^2 - a^2 x^2 = 0$

Die Gl läßt sich auf 1·559 zurückführen. Die Lösungen sind

$$y^2 + (x - C)^2 = a^2 C^2 \quad \text{und} \quad (1 - a^2) y^2 = a^2 x^2 \quad \text{für} \quad |a| < 1.$$

$$(a-b)\,y^2\,y'^2-2\,b\,x\,y\,y'+a\,y^2-b\,x^2-a\,b=0$$ 1·500

Für $u(x)=x^2+y^2$ entsteht eine Clairautsche DGl. Aus dieser erhält man

$$x^2+y^2=C\,x+b-\frac{a-b}{4\,a}C^2 \quad \text{und} \quad (a-b)\,y^2-b\,x^2=(a-b)\,b\,.$$

$$(a\,y^2+b\,x+c)\,y'^2-b\,y\,y'+d\,y^2=0$$ 1·501

Man löse nach x auf und wende A 4·15 an. Die DGl wird dadurch auf eine lineare DGl zurückgeführt.

$$(a\,y-b\,x)^2\,(a^2\,y'^2+b^2)-c^2\,(a\,y'+b)^2=0$$ 1·502

Man löse die Gl nach $a\,y-b\,x$ auf und differenziere nach x. Man erhält dann für $p(x)=y'$ die zerfallende Gl

$$(a\,p-b)\,[(a^2\,p^2+b^2)^{\frac{3}{2}}\pm a\,b\,c\,p']=0$$

und hieraus die Geraden $a\,y-b\,x=\pm c\sqrt{2}$ sowie die untereinander kongruenten Ellipsen

$$(b\,x-C)^2+(a\,y-C)^2=c^2\,,$$

deren Mittelpunkte auf der Geraden $a\,y-b\,x=0$ liegen.

Forsyth-Jacobsthal, DGlen, S. 48, 672.

$$(b_2\,y+a_2\,x+c_2)^2\,y'^2+(b_1\,y+a_1\,x+c_1)\,y'+b_0\,y+a_0+c_0=0$$ 1·503

Durch die Legendresche Transformation A 4·20 wird aus der DGl

$$\begin{aligned}(b_2\,X+a_2)^2\,X^2\,Y'^2+[2\,(b_2\,X+a_2)\,(c_2-b_2\,Y)\,X^2+(b_1\,X+a_1)\,X\\ +b_0\,X+a_0]\,Y'+(b_2\,Y-c_2)^2\,X^2+(c_1-b_1\,Y)\,X+c_0-b_0\,Y=0\,.\end{aligned}$$

$$x\,y^2\,y'^2-(y^3+x^3-a)\,y'+x^2\,y=0,\quad a\neq 0.$$ 1·504

Für $\eta(\xi)=y^3$, $\xi=x^3$ entsteht eine Clairautsche DGl. Aus dieser erhält man die Lösungen

$$y^3=C\left(x^3+\frac{a}{C-1}\right) \quad \text{sowie} \quad x^3=\frac{a}{(t-1)^2},\quad y^3=t\,x^3+\frac{a\,t}{t-1}\,.$$

$$x\,y^2\,y'^2-2\,y^3\,y'+2\,x\,y^2-x^3=0$$ 1·505

Für $u(x)=y^2$ entsteht die zerfallende DGl

$$(u'-2\,x)\,(x\,u'-4\,u+2\,x^2)=0;$$
$$y^2=x^2+C\,,\quad y^2=x^2+C\,x^4\,.$$

1·506 $\boldsymbol{x^2 (x y^2 - 1) y'^2 + 2 x^2 y^2 (y - x) y' - y^2 (x^2 y - 1) = 0}$

Lösungen sind z. B. $y = x$, x^{-2}, $x^{-\frac{1}{2}}$. Für $u(x) = x + y + \frac{1}{x y}$, $v(x) = x y + \frac{1}{x} + \frac{1}{y}$ entsteht

$$3 v'^2 - 2 u u' v' + v u'^2 = 0 .$$

Diese DGl hat nach 1·401 die StammGl

$$u (2 u^2 - 9 v) \pm 2 (u^2 - 3 v)^{\frac{3}{2}} = C$$

oder

$$3 v^2 (2 u^2 + v) + 2 C u (2 u^2 - 9 v) + 9 C^2 = 0 .$$

Nach *Forsyth-Jacobsthal*, DGlen, S. 800.

1·507 $\boldsymbol{(y^4 - a^2 x^2) y'^2 + 2 a^2 x y y' + y^2 (y^2 - a^2) = 0}$

Lösungen sind offenbar $y = \pm a$. Für die allgemeine Behandlung löse man die Gl nach x auf:

$$x = \frac{y}{y'} \pm \frac{y^2}{a y'} \sqrt{y'^2 + 1} ;$$

sodann wende man A 4·15 an. Man gelangt dabei zu der linearen DGl

$$2 p (p^2 + 1) \frac{dy}{dp} - y = \pm a \sqrt{p^2 + 1} \quad \text{mit} \quad p(y) = y'(x) .$$

Für eine kinematische Einkleidung der Aufgabe und eine Diskussion des Verlaufs der IKurven auf Grund der DGl selbst s. *Ch. E. Wilder*, Americ. Math. Monthly 38 (1931) 17–25.

1·508 $\boldsymbol{(y^4 + x^2 y^2 - x^2) y'^2 + 2 x y y' - y^2 = 0}$

Für $y = x u(x)$ erhält man

$$\frac{u'}{u \sqrt{u^2 + 1}} = \pm y'$$

und hieraus

$$x = \pm y \operatorname{Sin} (y + C) \quad \text{sowie} \quad y = 0 .$$

Forsyth-Jacobsthal, DGlen, S. 32, 670; dort etwas umständlichere Form.

1·509 $\boldsymbol{9 y^4 (x^2 - 1) y'^2 - 6 x y^5 y' - 4 x^2 = 0}$

Für $u(x) = y^3$ erhält man

$$(x^2 - 1) u'^2 - 2 x u u' - 4 x^2 = 0 .$$

Diese Gl löse man nach u auf und behandle sie weiter nach A 4·15. Man erhält

$$y^3 = C (x^2 - 1) - \frac{1}{C} .$$

$$x^2 (x^2 y^4 - 1) y'^2 + 2 x^3 y^3 (y^2 - x^2) y' - y^2 (x^4 y^2 - 1) = 0$$ 1·510

Für $\eta(\xi) = y^2$, $\xi = x^2$ entsteht 1·506 mit ξ, η statt x, y.

$$(a^2 \sqrt{y^2 + x^2} - x^2) y'^2 + 2 x y y' + a^2 \sqrt{y^2 + x^2} - y^2 = 0$$ 1·511

Für $x = r(t) \cos t$, $y = r(t) \sin t$ entsteht

$$a^2 r'^2 = r^3 - a^2 r^2,$$

und hieraus erhält man

$$r \cos^2 \frac{t + C}{2} = a^2.$$

$$[a (y^2 + x^2)^{\frac{3}{2}} - x^2] y'^2 + 2 x y y' + a (y^2 + x^2)^{\frac{3}{2}} - y^2 = 0$$ 1·512

Die DGl kann in der Gestalt

$$a (y'^2 + 1) (x^2 + y^2)^{\frac{3}{2}} = (x y' - y)^2$$

geschrieben werden. 1·515 ergibt nun die Kardioiden

$$2 a r = 1 + \sin (t + C),$$

wenn $x = r \cos t$, $y = r \sin t$ ist.

Forsyth-Jacobsthal, DGlen, S. 52, 674.

$$y'^2 \sin y + 2 x y' \cos^3 y - \sin y \cos^4 y = 0$$ 1·513

Für $u(x) = \operatorname{tg} y$ entsteht die Clairautsche DGl 1·464 mit u statt y.

$y'^2 (a \cos y + b) = c \cos y + d$; DGl mit getrennten Variabeln. 1·514

$$x = \int \left(\frac{a \cos y + b}{c \cos y + d}\right)^{\frac{1}{2}} dy.$$

Für die Reduktion des Integrals s. *Denizot*, Zeitschrift f. Math. Phys. 46 (1901) 471—479.

$$f (x^2 + y^2) (y'^2 + 1) = (x y' - y)^2$$ 1·515

Für $x = r \cos \varphi$, $y = r \sin \varphi$, wo r und φ Funktionen einer Veränderlichen t sein mögen, entsteht

$$f (r^2) (r'^2 + r^2 \varphi'^2) = r^4 \varphi'^2,$$

also für $t = r$

$$\varphi = \pm \int \frac{1}{r} \left[\frac{f (r^2)}{r^2 - f (r^2)}\right]^{\frac{1}{2}} dr + C.$$

Boole, Diff. Equations, S. 134.

1·516 $(x^2+y^2)\,f\left(\frac{x}{\sqrt{x^2+y^2}}\right)(y'^2+1)=(x\,y'-y)^2$

Durch die bei 1·515 angegebene Transformation erhält man

$$\log r = \pm\int\left[\frac{1-f(\cos\varphi)}{f(\cos\varphi)}\right]^{\frac{1}{2}} d\varphi + C\,.$$

1·517 $(x^2+y^2)\,f\left(\frac{y}{\sqrt{x^2+y^2}}\right)(y'^2+1)=(x\,y'-y)^2$

Die DGl kann nach dem Muster von 1·516 gelöst werden.

518—544. Differentialgleichungen dritten Grades in y'.

1·518 $y'^3=(y-a)^2\,(y-b)^2$

Für $u^3(x)=(y-a)\,(y-b)$ geht die DGl in

$$u'^2=\frac{4}{9}\left[u^3+\left(\frac{a-b}{2}\right)^2\right]$$

über. Zu dieser DGl s. 1·72.

Ince, Diff. Equations, S. 315f.

1·519 $y'^3=f(x)\,(a\,y^2+b\,y+c)^2$

Löst man nach y' auf, so erhält man eine DGl mit getrennten Veränderlichen. Man kann auch $u^3(x)=a\,y^2+b\,y+c$ setzen und erhält dann

$$9\,u'^2=(4\,a\,u^3+b^2-4\,a\,c)\,f^{\frac{2}{3}}\,,$$

also wiederum eine DGl mit getrennten Veränderlichen. Bei der Ausführung der Integration tritt nun ein elliptisches Integral auf.

Ince, Diff. Equations, S. 341.

1·520 $y'^3+y'-y=0$

Man löse nach y auf und wende A 4·15 an. Man erhält die Parameterdarstellung

$$x=C+\frac{3}{2}\,t^2+\log|t|\,,\quad y=t^3+t\,.$$

1·521 $y'^3+x\,y'-y=0$; Clairautsche DGl.

$$y=C\,x+C^3\quad\text{und}\quad y=2\left(-\frac{x}{3}\right)^{\frac{3}{2}}\qquad(x<0)\,.$$

$y'^3 - (x+5)\,y' + y = 0$ 1·522

Die DGl kann in der Form

$$y = x\,y' + y'\,(5 - y'^2)$$

geschrieben werden und ist somit eine Clairautsche DGl.

$$y = C\,x + C\,(5 - C^2) \quad \text{und} \quad 27\,y^2 = 4\,(x+5)^3.$$

$y'^3 - a\,x\,y' + x^3 = 0$, $a \neq 0$. 1·523

Soweit $x\,y'' - y' \neq 0$ ist, ist $u(x) = \frac{y'}{x}$ eine eigentlich monotone Funktion von x, und x kann als Funktion von u dargestellt werden. Die DGl lautet dann für $u \neq -1$

$$x = \frac{a\,u}{u^3+1}.$$

Daher ist

$$\frac{dy}{du} = y'(x)\,\frac{dx}{du} = a^2\,\frac{u^2\,(1 - 2\,u^3)}{(u^3+1)^3}.$$

Für die Lösungen ergeben sich die Parameterdarstellungen

$$x = \frac{a\,u}{u^3+1}, \quad y = C + \frac{a^2}{6}\,\frac{4\,u^3+1}{(u^3+1)^2}.$$

Andere Lösungen gibt es nicht.

Forsyth-Jacobsthal, DGlen, S. 51, 672f.

$y'^3 - 2\,y\,y' + y^2 = 0$ 1·524

Man löse nach y auf und wende A 4·15 an. Man bekommt die Parameterdarstellungen

$$x = C \pm 3\sqrt{1-t} + 2\log\left(1 \mp \sqrt{1-t}\right), \quad y = t\left(1 \pm \sqrt{1-t}\right).$$

Fick, DGlen, S. 27, 120f.

$y'^3 - a\,x\,y\,y' + 2\,a\,y^2 = 0$ 1·525

Durch Differentiation nach x und Elimination von y erhält man für $p(x) = y'$ die zerfallende DGl

$$(2\,p'^2 - a\,x\,p' + a\,p)\,(9\,p - a\,x^2) = 0.$$

Der erste Faktor führt auf eine Clairautsche DGl. Man erhält schließlich

$$y = \frac{a}{4}\,C\,(x - C)^2 \quad \text{sowie} \quad y = \frac{a}{27}\,x^3$$

Forsyth-Jacobsthal, DGlen, S. 47 (für $a = 1$).

1·526 $\boldsymbol{y'^3 - (y^2 + x y + x^2)\, y'^2 + (y^3 x + y^2 x^2 + y x^3)\, y' - x^3 y^3 = 0}$

Die DGl kann als zerfallende DGl

$$(y' - x^2)\,(y' - y^2)\,(y' - x\,y) = 0$$

geschrieben werden. Hieraus folgt

$$y = \frac{1}{3} x^3 + C, \quad y = -\frac{1}{x + C}, \quad y = C \exp \frac{x^2}{2}.$$

1·527 $\boldsymbol{y'^3 - x\, y^4\, y' - y^5 = 0}$

Man setze $u(x) = \frac{1}{y}$ und differenziere nach x. Wird noch $v(x) = u'$ gesetzt, so ergibt sich die Gl

$$(3\,v^2 - x)\,v' = 0$$

und schließlich

$$y = \frac{C^3}{C^2\,x - 1}, \quad 4\,x^3\,y^2 = 27, \quad y = 0.$$

Forsyth-Jacobsthal, DGlen, S. 51, 672.

1·528 $\boldsymbol{y'^3 + a\, y'^2 + b\, y + a\, b\, x = 0}$

Man löse nach y oder x auf und wende A 4·15 an. Man erhält die Parameterdarstellung

$$2\,b\,x = -\,3\,t^2 + 2\,a\,t - 2\,a^2 \log(t + a) + C, \quad b\,y = -\,a\,b\,x - t^3 - a\,t^2;$$

außerdem ist $y = -\,a\,x$ eine Lösung.

Forsyth-Jacobsthal, DGlen, S. 54, 678.

1·529 $\boldsymbol{y'^3 + x\, y'^2 - y = 0}$; d'Alembertsche DGl.

$$x = -\frac{1}{2} - t + \frac{C}{(t-1)^2}, \quad y = -\frac{1}{2} t^2 + \frac{C\,t^2}{(t-1)^2};$$

außerdem sind $y = 0$ und $y = x + 1$ Lösungen.

Julia, Exercices d'Analyse III, S. 230—238.

1·530 $\boldsymbol{y'^3 - y\, y'^2 + y^2 = 0}$

Man löse nach y auf und wende A 4·15 an. Man erhält

$$x = t \pm r \mp \log |r + t - 2| + C, \quad y = \frac{1}{2} t^2 \pm \frac{1}{2} r\,t$$

mit $r^2 = \sqrt{t^2 - 4\,t}$.

$y'^3-(y^4+x\,y^2+x^2)\,y'^2+(x\,y^6+x^2\,y^4+x^3\,y^2)\,y'-x^3\,y^6=0$ 1·531

Die DGl kann in der Gestalt

$$(y'-x^2)\,(y'-x\,y^2)\,(y'-y^4)=0$$

geschrieben werden. Hieraus erhält man

$$3\,y-x^3=C;\quad x^2\,y+2=C\,y;\quad 3\,x\,y^3+1=C\,y^3.$$

Morris-Brown, Diff. Equations, S. 63, 360.

$a\,y'^3+b\,y'^2+c\,y'=y+d$ 1·532

Mit A 4·17 (a) erhält man die Parameterdarstellung

$$x=C+\frac{3\,a}{2}\,t^2+2\,b\,t+c\log|t|,\quad y=a\,t^3+b\,t^2+c\,t-d.$$

$x\,y'^3-y\,y'^2+a=0$ 1·533

Die DGl läßt sich als Clairautsche DGl schreiben:

$$y=x\,y'+\frac{a}{y'^2}$$

und hat daher die Lösungen

$$y=C\,x+\frac{a}{C^2},\quad 4\,y^3=27\,a\,x^2.$$

$4\,x\,y'^3-6\,y\,y'^2+3\,y-x=0$ 1·534

Man löse nach y auf und wende A 4·15 an. Man erhält

$$x=C\,(2\,t^2-1),\quad 3\,y=C\,(4\,t^3-1).$$

$8\,x\,y'^3-12\,y\,y'^2+9\,y=0$ 1·535

Man löse nach x auf und wende A 4·15 an. Man erhält

$$3\,C\,y^2=(x+C)^3\quad\text{sowie}\quad y=0\quad\text{und}\quad y=\pm\frac{3}{2}\,x.$$

Ince, Diff. Equations, S. 92.

$(x^2-a^2)\,y'^3+b\,x\,(x^2-a^2)\,y'^2+y'+b\,x=0$ 1·536

Die Gl läßt sich als zerfallende DGl

$$(y'+b\,x)\,[y'^2\,(x^2-a^2)+1]=0$$

schreiben. Hieraus erhält man

$$y=-\frac{1}{2}\,b\,x^2+C\quad\text{und}\quad y=\pm\arcsin\frac{x}{a}+C.$$

1·537 $x^3 y'^3 - 3x^2 y y'^2 + (3xy^2 + x^6) y' - y^3 - 2x^5 y = 0$

Die DGl läßt sich in der Gestalt

$$(xy' - y)^3 = x^5 (2y - xy')$$

schreiben. Für $y = x u(x)$ erhält man die Clairautsche DGl

$$u = x u' + u'^3.$$

1·538 $2(xy' + y)^3 - y y' = 0$

Man setze $u(x) = xy$, löse die entstehende Gl nach u auf und setze $v(x) = x u'$; man erhält

(1) $$u = \frac{1}{2} v \pm \frac{1}{2} v \sqrt{1 - 8v}.$$

Durch Differentiation nach x ergibt sich

$$\frac{2v}{x} = v' \pm \frac{1 - 12v}{\sqrt{1 - 8v}} v',$$

also

(2) $$v\left(\sqrt{1 - 8v} - 1\right) \exp 3\sqrt{1 - 8v} = C x^2 \left(\sqrt{1 - 8v} + 1\right).$$

(1) und (2) sind die Lösungen in Parameterdarstellung.

Forsyth-Jacobsthal, DGlen, S. 54, 678.

1·539 $y'^3 \sin x - (y \sin x - \cos^2 x) y'^2 - (y \cos^2 x + \sin x) y' + y \sin x = 0$

Das ist eine zerfallende DGl

$$(y' - y)(y' - \sin x)(y' \sin x + 1) = 0$$

mit den Lösungen

$$y = C e^x, \quad y = C - \cos x, \quad y = \log \left| \operatorname{ctg} \frac{x}{2} \right| + C.$$

Morris-Brown, Diff. Equations, S. 77, 364.

1·540 $2 y y'^3 - y y'^2 + 2 x y' - x = 0$

Die DGl läßt sich als zerfallende DGl

$$(2y' - 1)(y y'^2 + x) = 0$$

schreiben. Man erhält daher

$$y = \frac{1}{2} x + C, \quad |y|^{\frac{3}{2}} \pm |x|^{\frac{3}{2}} = C \quad \text{mit} \quad xy < 0.$$

Forsyth-Jacobsthal, DGlen, S. 32, 670.

$y^2 y'^3 + 2xy' - y = 0$ 1·541

Man löse nach x auf, setze $u(y) = \frac{1}{y'}$ und differenziere nach y. Man erhält

$$(y u' - u)(2y + u^3) = 0$$

und hieraus schließlich

$$y^2 = 2Cx + C^3 \quad \text{sowie} \quad 32x^3 + 27y^4 = 0\,.$$

Forsyth-Jacobsthal, DGlen, S. 34, 671.

$16 y^2 y'^3 + 2xy' - y = 0$ 1·542

Für $u(x) = y^2$ erhält man die Clairautsche DGl

$$u = x u' + 2 u'^3$$

und aus dieser

$$y^2 = Cx + 2C^3 \quad \text{und} \quad 27 y^4 + 2x^3 = 0.$$

$x y^2 y'^3 - y^3 y'^2 + x(x^2+1) y' - x^2 y = 0$ 1·543

Für $\eta(\xi) = y^2$, $\xi = x^2$ erhält man eine Clairautsche DGl und aus dieser

$$x^2 = \frac{t^2-1}{(t^2+1)^2}, \quad y^2 = x^2 t + \frac{t}{t^2+1}$$

sowie

$$y^2 = C x^2 + \frac{C}{C^2+1}\,.$$

$x^7 y^2 y'^3 - (3x^6 y^3 - 1) y'^2 + 3x^5 y^4 y' - x^4 y^5 = 0$ 1·544

Für $\eta(\xi) = y^3$, $\xi = x^3$ erhält man eine Clairautsche DGl und aus dieser

$$y^3 = C^3 x^3 + C^2 \quad \text{und} \quad 3x^2 y = \sqrt[3]{4}\,.$$

545—576. Differentialgleichungen allgemeinerer Art.

$y'^4 = (y-a)^3 (y-b)^2$ 1·545

Für $y - a = u^2(x)$ erhält man

$$4u'^2 = \pm u(u^2 + a - b)\,.$$

Zu dieser DGl s. 1·72.

Ince, Diff. Equations, S. 316.

1·546 $y'^4 + 3(x-1)y'^2 - 3(2y-1)y' + 3x = 0$

Löst man nach y auf, so erhält man eine d'Alembertsche DGl.

1·547 $y'^4 - 4y(xy' - 2y)^2 = 0$

Löst man nach x auf und differenziert man nach x, so erhält man

$$(2yy'' - y'^2)(y'^2 - 4y^{\frac{3}{2}}) = 0$$

und hieraus

$$y = C^2(x - C)^2 \quad \text{sowie} \quad 16y = x^4.$$

Forsyth-Jacobsthal, DGlen, S. 48.

1·548 $y'^6 = (y-a)^4(y-b)^3$

Für $y - a = u^3(x)$ erhält man

$$9u'^2 = u^3 + a - b.$$

Zu dieser DGl s. 1·72.

Ince, Diff. Equations, S. 316.

1·549 $x^2(y'^2 + 1)^3 = a^2$

Man löse nach x auf und wende A 4·15 an. Man erhält die Parameterdarstellung

$$x = aT, \quad y = C - at^3T \quad \text{mit} \quad T = (t^2 + 1)^{-\frac{3}{2}}.$$

1·550 $y'^r = ay^s + bx^{\frac{rs}{r-s}}$

Für $u(x) = y^{1-\frac{s}{r}}$ entsteht die homogene DGl

$$\left(\frac{r}{r-s}\right)^r u'^r = a + b\left(\frac{x}{u}\right)^{\frac{rs}{r-s}}.$$

Euler I, S. 461f. *Boole*, Diff. Equations, S. 135.

1·551 $y'^n = f^n(x)(y-a)^{n+1}(y-b)^{n-1}$

Wird $u(x)$ durch $u^n = \pm\frac{y-b}{y-a}$ eingeführt, so ergibt sich leicht

$$\frac{y-b}{y-a} = \left(\frac{b-a}{n}\int f\,dx\right)^n.$$

Ince, Diff. Equations, S. 315.

$y'^n = f(x)\, g(y)$ 1·552

Löst man nach y' auf, so hat man eine DGl mit getrennten Variabeln. Oder, was auf dasselbe hinausläuft, man nimmt bei geeigneten Funktionen $f(x)$ die Transformation

$$y(x) = \eta(\xi)\,, \quad \xi = \int f^{\frac{1}{n}}\, dx$$

vor und erhält dann die DGl $\eta'^n = g(\eta)$.

$a\, y'^m + b\, y'^n = y$; Typus A 4·17 (a). 1·553

Für $m \neq 1$, $n \neq 1$ erhält man die Parameterdarstellung

$$x = C + \frac{a\, m}{m-1}\, t^{m-1} + \frac{b\, n}{n-1}\, t^{n-1}, \quad y = a\, t^m + b\, t^n.$$

$x^{n-1}\, y'^n - n\, x\, y' + y = 0$ 1·554

Differenziert man nach x, so erhält man für $p(x) = y'$ die DGl

$$[n\, x\, p' + (n-1)\, p]\, (x^{n-2}\, p^{n-1} - 1) = 0$$

und hieraus

$$y = C\, x^{\frac{1}{n}} \quad \text{sowie} \quad y = (n-1)\, x^{\frac{1}{n-1}}.$$

J. Rose, Mathesis 44 (1930) 33—36.

$\sqrt{y'^2 + 1} + x\, y' - y = 0$; Clairautsche DGl. 1·555

Für die nichtlineare Lösung erhält man die Parameterdarstellung

$$x = -t\, (t^2 + 1)^{-\frac{1}{2}}, \quad y = (t^2 + 1)^{-\frac{1}{2}},$$

d. h. den Halbkreis $y = +\sqrt{1 - x^2}$, da hier $x\, t < 0$ ist.

Kamke, DGlen, S. 107.

$\sqrt{y'^2 + 1} - x\, y'^2 + y = 0$; d'Alembertsche DGl. 1·556

$$x = \frac{\sqrt{t^2+1} - \log\left(t + \sqrt{t^2+1}\right) + C}{(t-1)^2}, \quad y = x\, t^2 - \sqrt{t^2 + 1}\,.$$

Fick, DGlen, S. 32, 123.

1·557 $x\left(\sqrt{y'^2+1}+y'\right)-y=0$

Setzt man $y = x\,u(x)$, so erhält man

$$2\,x\,u\,u' + u^2 + 1 = 0$$

und hieraus

$$y = +\sqrt{C\,x - x^2}\,.$$

1·558 $a\,x\sqrt{y'^2+1}+x\,y'-y=0$

Man differenziere nach x und führe $t = y'$ als unabhängige Veränderliche ein. Man erhält

$$-\frac{a}{x}\frac{dx}{dt} = \frac{a\,t + \sqrt{t^2+1}}{t^2+1},$$

also für die Lösungen die Parameterdarstellung

$$x^a\,(t^2+1)^{\frac{1}{2}a}\left(t+\sqrt{t^2+1}\right) = C,\quad y = x\,t + a\,x\sqrt{t^2+1}\,.$$

1·559 $y\sqrt{y'^2+1}-a\,y\,y'-a\,x=0$

Man löse nach y auf, differenziere nach x und eliminiere x mit Hilfe der gegebenen Gl. Man erhält

$$\frac{d^2}{dx^2}\,y^2 + 2 = 0\,,$$

und hieraus

$y = \operatorname{sgn}(a\,C)\;\sqrt{a^2\,C^2 - (x-C)^2}$ sowie $y\sqrt{1-a^2} = a\,x$ für $|a| < 1$.

Forsyth-Jacobsthal, DGlen, S. 35, 671.

1·560 $a\,y\sqrt{y'^2+1}=2\,x\,y\,y'-y^2+x^2$

Für $u(x) = \dfrac{x}{x^2+y^2}$, $v(x) = \dfrac{x^2+y^2}{y}$ erhält man aus der DGl

$$v'(u) = \frac{v'(x)}{u'(x)} = \pm\,\frac{v^2}{a}\sqrt{v^2-a^2},$$

also

$$(u+C)^2 = \frac{1}{a^2} - \frac{1}{v^2}.$$

Hieraus folgt weiter, daß alle Lösungen den Glen

$$a^2\,[x + C\,(x^2+y^2)]^2 = (x^2+y^2)^2 - a^2\,y^2$$

oder

$$x^2 + y^2 = \pm\,a\,y$$

genügen. Ob jede Lösung der einen oder anderen Gl auch die gegebene DGl erfüllt, bleibt im Einzelfall noch nachzuprüfen.

J. E. Wright, Bulletin Americ. Math. Soc. 11 (1905) 180—182.

$f(x^2+y^2)\sqrt{y'^2+1} = x y' - y$ 1·561

Für $x = r(t)\cos t$, $y = r(t)\sin t$ ergibt sich

$$t = \int \frac{f(r^2)}{r\sqrt{r^2 - f^2(r^2)}}\, dr .$$

Forsyth-Jacobsthal, DGlen, S. 674.

$a\sqrt[3]{y'^3+1} + b x y' - y = 0$; d'Alembertsche DGl. 1·562

Für $b \neq 1$ erhält man die Parameterdarstellung der Lösungen

$$x = t^{\frac{b}{1-b}}\left[C + \frac{a}{1-b}\int t^{\frac{2b-1}{b-1}}(1+t^3)^{-\frac{2}{3}}\,dt\right],$$

$$y = b x t + a\sqrt[3]{1+t^3}.$$

Außerdem ist $y = a$ eine Lösung. Ist $b = 1$, so liegt eine Clairautsche DGl A 4·18 vor.

Forsyth-Jacobsthal, DGlen, S. 35, 671.

$\log y' + x y' + a y + b = 0$ 1·563

Ist $a \neq 0$ und $\neq -1$, so löse man die Gl nach y auf und wende A 4·15 (a) an. Man erhält die Parameterdarstellung

$$x = \frac{1}{a t} + C t^{-\frac{1}{a+1}}, \quad y = -\frac{1}{a}(x t + \log t + b).$$

Für $a = -1$ liegt eine Clairautsche DGl vor; sie hat die Lösungen

$$y = C x + \log C + b \quad \text{und} \quad y = \log\left(-\frac{1}{x}\right) + b - 1 \quad (x < 0).$$

Für $a = 0$ löse man die Gl nach x auf und wende A 4·17 (b) an. Man erhält die Parameterdarstellung

$$x = -\frac{\log t + b}{t}, \quad y = C + (b-1)\log t + \frac{1}{2}(\log t)^2.$$

$\log y' + a(x y' - y) = 0$; Clairautsche DGl. 1·564

$$y = C x + \frac{1}{a}\log C \quad \text{und} \quad a y + 1 + \log(-a x) = 0.$$

$y \log y' + y' - y \log y - x y = 0$ 1·565

Man löse nach x auf und wende A 4 15 (b) an. Man erhält die Parameterdarstellung

$$x = \log\frac{t}{y} + \frac{t}{y}, \quad \log y - \frac{t^2}{2 y^2} - \frac{t}{y} = C.$$

Morris-Brown, Diff. Equations, S. 66, 361.

1·566 $\sin y' + y' = x$; Typus A 4·17 (b).

$$x = t + \sin t, \quad y = \frac{t^2}{2} + t \sin t + \cos t + C.$$

1·567 $a \cos y' + b\, y' + x = 0$

Man löse nach x auf und wende A 4·17 (b) an. Man erhält die Parameterdarstellung

$$x = -a \cos t - b\, t, \quad y = C - a\, t \cos t + a \sin t - \frac{b}{2} t^2.$$

1·568 $y'^2 \sin y' = y$; Typus A 4·17 (a).

$$y = t^2 \sin t, \quad x = t \sin t - \cos t + C.$$

1·569 $(y'^2 + 1) \sin^2 (x\, y' - y) = 1$

Das ist eine Clairautsche DGl

$$y = x\, y' \pm \arcsin \frac{1}{\sqrt{y'^2 + 1}}$$

mit den Lösungen

$$y = C\, x \pm \arcsin \frac{1}{\sqrt{C^2 + 1}} \quad \text{und} \quad x = \frac{1}{t^2 + 1}, \quad y = x\, t + \operatorname{arc\,ctg} t.$$

Morris-Brown, Diff. Equations, S. 77, 364.

1·570 $(y'^2 + 1)(\operatorname{arc\,tg} y' + a\, x) + y' = 0$, $a \neq 0$.

Man löse nach x auf und wende A 4·15 an. Man erhält für die Lösungen die Parameterdarstellungen

$$-a\, x = \frac{t}{t^2 + 1} + \operatorname{arc\,tg} t, \quad -a\, y = C - \frac{1}{t^2 + 1}.$$

1·571 $a\, x^n f(y') + x\, y' - y = 0$

Durch Differentiation nach x ergibt sich für $p(x) = y'$ die DGl

$$a\, n\, x^{n-1} f(p) + a\, x^n f'(p)\, p' + x\, p' = 0,$$

also, wenn p als unabhängige Veränderliche eingeführt wird, die Bernoullische DGl

$$\frac{dx}{dp} + \frac{1}{n} \frac{f'(p)}{f(p)}\, x + \frac{1}{a\, n\, f(p)}\, x^{2-n} = 0.$$

D. S. Mitrinovitch, Acad. Serbe 1 (1933) 113f.

$(x y' - y)^n f(y') + y g(y') + x h(y') = 0$ I·572

Durch die Legendresche Transformation

$$y'(x) = X, \quad x = Y'(X), \quad y(x) = X Y'(X) - Y(X)$$

entsteht (vgl. A 4·20) die Bernoullische DGl

$$[X g(X) + h(X)] Y' - g(X) Y + f(X) Y^n = 0.$$

D. S. Mitrinovitch, Acad. Serbe 2 (1935) 62..

$f(x y'^2) + 2 x y' - y = 0$ I·573

I·576 liefert die Lösungen $[y - f(C)]^2 = 4 C x$.

$f(x - \frac{3}{2} y'^2) + y'^3 = y$ I·574

Durch Differentiation entsteht

$$(1 - 3 y' y'') \left[y' - f'\left(x - \frac{3}{2} y'^2\right)\right] = 0.$$

Daher ist

$$y = \left(\frac{2}{3} x - C\right)^{\frac{3}{2}} + f\left(\frac{3}{2} C\right)$$

und evtl.

$$y = t^3 + f\left(x - \frac{3}{2} t^2\right), \quad f'\left(x - \frac{3}{2} t^2\right) = t.$$

$y' f(x y y' - y^2) - x^2 y' + x y = 0$ I·575

Lösungen sind, wie leicht nachzurechnen ist,

$$(y^2 + C) f(C) = C x^2.$$

Ob man aus diesen Glen alle Lösungen erhält, ist im Einzelfall noch nachzuprüfen.

Forsyth-Jacobsthal, DGlen, S. 51, 673.

$\Phi [f(x, y, y'), g(x, y, y')] = 0$ I·576

Sind a und b zwei Zahlen, für die $\Phi(a, b) = 0$ ist, und entsteht durch Elimination von y' aus den Glen

$$f(x, y, y') = a, \quad g(x, y, y') = b$$

eine differenzierbare Funktion $y = y(x)$, die diese beiden Glen erfüllt, so ist $y(x)$ offenbar eine Lösung der DGl $\Phi = 0$.

2. Lineare Differentialgleichungen zweiter Ordnung.

DGlen mit Wurzelfunktionen: 61, 62, 142, 263, 276.
DGlen mit Exponentialfunktionen: 7, 17—20, 33, 34, 49, 51, 61, 63, 90, 99, 100, 109, 156, 158, 283, 344.
DGlen mit Logarithmus-Funktionen: 127, 156, 174, 183, 279, 283, 286, 308, 412, 413.
DGlen mit hyperbolischen Funktionen: 21, 64, 65, 414, 415.
DGlen mit trigonometrischen Funktionen: 3—5, 8, 22—25, 66—71, 88, 91, 175, 177, 178, 217, 218, 416—438.
DGlen mit elliptischen Funktionen: 26—28, 72—74, 439—441.
DGlen mit willkürlichen Funktionen: 29, 30—32, 36, 38, 75—85, 128, 163, 180, 205, 219—221, 236, 278, 303, 442—445.

1—90. $a\, y'' + \cdots$.

2·1 $y'' = 0$

$y = C_1 + C_2\, x$. Eine Grundlösung ist $\frac{1}{2}|x - \xi|$. Daher ist die Greensche Funktion $\Gamma(x, \xi)$ jeder homogenen Randwertaufgabe von der Gestalt

$$\Gamma(x, \xi) = C_1(\xi) + x\, C_2(\xi) + \frac{1}{2}|x - \xi|,$$

wofern eine Greensche Funktion existiert, d. h. wofern die Randwertaufgabe nur die Lösung $y \equiv 0$ besitzt.

Für die Sturmschen Randbedingungen

$$\alpha\, y(a) + \beta\, y'(a) = 0, \quad \gamma\, y(b) + \delta\, y'(b) = 0$$

ist

$$\Gamma(x, \xi) = \frac{(\alpha\, x - a\,\alpha - \beta)(\gamma\,\xi - b\,\gamma - \delta)}{(b - a)\,\alpha\,\gamma + \alpha\,\delta - \beta\,\gamma} \quad \text{für } x \leqq \xi;$$

für $x \geqq \xi$ hat man in dem Bruch x mit ξ zu vertauschen (*Mason*, Randwertaufgaben, S. 19).

Für die Randbedingungen $y'(a) = 0$, $y'(b) = 0$ gibt es keine Greensche Funktion, da $y = C$ eine eigentliche Lösung der Randwertaufgabe ist.

Für $\qquad \alpha\, y(a) + \beta\, y(b) = 0, \quad \gamma\, y'(a) + \delta\, y'(b) = 0$

ist, wofern es eine Greensche Funktion gibt,

$$\Gamma(x, \xi) = \begin{cases} \dfrac{\beta(\gamma + \delta)\,\xi - \delta(\alpha + \beta)\,x + a\,\alpha\,\delta - b\,\beta\,\gamma}{(\alpha + \beta)(\gamma + \delta)} & \text{für } x \leqq \xi, \\[2ex] \dfrac{\gamma(\alpha + \beta)\,x - \alpha(\gamma + \delta)\,\xi + a\,\alpha\,\delta - b\,\beta\,\gamma}{(a + \beta)(\gamma + \delta)} & \text{für } x \geqq \xi. \end{cases}$$

Für die Randbedingungen der Periodizität

$$y(a) = y(b), \quad y'(a) = y'(b)$$

ist $y = C$ eine eigentliche Lösung. Daher gibt es keine Greensche Funktion im eigentlichen Sinne. Eine verallgemeinerte Greensche Funktion ist (vgl. *Hilbert*, IGlen, S. 45)

$$\Gamma^*(x, \xi) = \frac{1}{2} |x - \xi| - \frac{(x-\xi)^2}{2(b-a)} - \frac{b-a}{12}.$$

$y'' + y = 0$ 2·2

$y = C_1 \cos x + C_2 \sin x$. Eine Grundlösung ist $\frac{1}{2} \sin |x - \xi|$.

$y'' + y = \sin n x$ 2·3

$$y = \begin{cases} y_0 - \dfrac{\sin n x}{n^2 - 1} & \text{für } n^2 \neq 1, \\ y_0 \mp \dfrac{1}{2} x \cos x & \text{für } n = \pm 1 \end{cases}$$

mit $\qquad y_0 = C_1 \cos x + C_2 \sin x = A \sin (x - B)$.

Forsyth-Jacobsthal, DGlen, S. 81, 628.

$y'' + y = a \cos b x$ 2·4

$$y = \begin{cases} \dfrac{a}{1 - b^2} \cos b x + C_1 \sin x + C_2 \cos x & \text{für } b^2 \neq 1, \\ \left(\dfrac{1}{2} a x + C_1\right) \sin x + C_2 \cos x & \text{für } b = \pm 1. \end{cases}$$

$y'' + y = \sin a x \sin b x$ 2·5

Die rechte Seite der DGl ist $\frac{1}{2} \mathfrak{R} [e^{(a-b)ix} - e^{(a+b)ix}]$. Daher findet man mit A 22·2

$$y = \frac{\cos (a-b) x}{2 - 2(a-b)^2} - \frac{\cos (a+b) x}{2 - 2(a+b)^2} + C_1 \cos x + C_2 \sin x$$

für $|a + b| \neq 1$ und $|a - b| \neq 1$; für $|a - b| = 1$ ist der erste, für $|a + b| = 1$ der zweite Bruch durch $\frac{1}{4} x \sin x$ zu ersetzen.

Forsyth-Jacobsthal, DGlen, S. 88, 686.

2·6 $y'' - y = 0$

$$y = C_1 e^x + C_2 e^{-x} = C_1^* \operatorname{Cof} x + C_2^* \operatorname{Sin} x .$$

Eine Grundlösung ist $\frac{1}{2} \operatorname{Sin} |x - \xi|$. Daher ist die Greensche Funktion jeder linearen Randwertaufgabe von der Gestalt

$$\Gamma(x, \xi) = C_1(\xi)\, e^x + C_2(\xi)\, e^{-x} + \frac{1}{2} \operatorname{Sin} |x - \xi| ,$$

wofern eine Greensche Funktion existiert, d. h. wofern die homogene Randwertaufgabe nur die Lösung $y \equiv 0$ hat. Z. B. ist für Randbedingungen $y'(a) = y'(b) = 0$:

$$\Gamma(x, \xi) = -\frac{\operatorname{Cof}(x - a)\operatorname{Cof}(\xi - b)}{\operatorname{Sin}(b - a)} \qquad \text{für } x \leqq \xi ,$$

und bei den Randbedingungen $y(a) = y(b)$, $y'(a) = y'(b)$:

$$\Gamma(x, \xi) = \frac{e^{x-\xi+b} + e^{\xi-x+a}}{2\,(e^a - e^b)} \qquad \text{für } x \leqq \xi .$$

Da beide Randwertaufgaben selbstadjungiert sind, erhält man in beiden Fällen $\Gamma(x, \xi)$ für $x \geqq \xi$, indem man in den obigen Ausdrücken x mit ξ vertauscht.

2·7 $y'' - 2y = 4x^2 \exp x^2$

$$y = \exp x^2 + C_1 \exp x\sqrt{2} + C_2 \exp\left(-x\sqrt{2}\right) .$$

Forsyth-Jacobsthal, DGlen, S. 84, 684.

2·8 $y'' + a^2 y = \operatorname{ctg} a x$

$$y = C_1 \cos a x + C_2 \sin a x + \frac{\sin a x}{a^2} \log \left| \frac{1 - \cos a x}{\sin a x} \right|$$

Morris-Brown, Diff. Equations, S. 121, 367.

2·9 $y'' + \lambda y = 0$

$$y = \begin{cases} C_1 \operatorname{Cof} x\sqrt{|\lambda|} + C_2 \operatorname{Sin} x\sqrt{|\lambda|} & \text{für } \lambda < 0 , \\ C_1 + C_2 x & \text{für } \lambda = 0 , \\ C_1 \cos x\sqrt{\lambda} + C_2 \sin x\sqrt{\lambda} & \text{für } \lambda > 0 . \end{cases}$$

Eigenwertaufgaben: Für die Eigenwerte und Eigenfunktionen der homogenen Eigenwertaufgabe dritter Art findet man Näherungswerte in B 9·2 (a_1). In einzelnen Fällen lassen sich die Eigenwerte und Eigenfunktionen leicht explizit angeben.

(a) $y(a) = y(b) = 0$: 2·9

Eigenwerte $\lambda_n = \left(\frac{n\pi}{b-a}\right)^2 \quad (n = 1, 2, 3, \ldots)$,

Eigenfunktionen (normiert) $\varphi_n(x) = \sqrt{\frac{2}{b-a}} \sin n\pi \frac{x-a}{b-a}$.

(b) $y'(a) = y'(b) = 0$:

$$\lambda_n = \left(\frac{n\pi}{b-a}\right)^2 \quad (n = 0, 1, 2, \ldots),$$

$$\varphi_0 = \frac{1}{\sqrt{b-a}}, \quad \varphi_n = \sqrt{\frac{2}{b-a}} \cos n\pi \frac{x-a}{b-a} \quad \text{für } n \geqq 1 \text{ (normiert)}.$$

(c) $y'(a) = \alpha\, y(a)$, $y'(b) = \alpha\, y(b)$ $(\alpha \neq 0)$:

λ_n wie bei (a), $\varphi_n = \cos n\pi \frac{x-a}{b-a} + \alpha \frac{b-a}{n\pi} \sin n\pi \frac{x-a}{b-a}$.

(d) $y(a) = y(b)$, $y'(a) = y'(b)$:

$$\lambda_n = \left(\frac{2n\pi}{b-a}\right)^2, \quad \varphi_n = C_1 \cos x\sqrt{\lambda_n} + C_2 \sin x\sqrt{\lambda_n} \quad (n = 0, 1, 2, \ldots).$$

Bis auf λ_0 sind die Eigenwerte zweifache.

(e) $y(b) = -y(a)$, $y'(b) = -y'(a)$

$$\lambda_n = \left[\frac{(2n-1)\pi}{b-a}\right]^2, \quad \varphi_n = C_1 \cos x\sqrt{\lambda_n} + C_2 \sin x\sqrt{\lambda_n} \quad (n = 1, 2, 3, \ldots).$$

Die Eigenwerte sind doppelte.

(f) $y(a) = y(b)$, $y'(a) = -y'(b)$:

Die Eigenwertaufgabe ist weder selbstadjungiert noch regulär. Jedes λ ist Eigenwert, und zwar einfacher. Die Eigenfunktionen sind

$$\varphi = \begin{cases} \cos k\left(x - \frac{a+b}{2}\right) & \text{für } \lambda = k^2, \\ 1 & \text{für } \lambda = 0, \\ \operatorname{Cof} k\left(x - \frac{a+b}{2}\right) & \text{für } \lambda = -k^2. \end{cases}$$

(g) $c\, y(0) = y(\pi)$, $y'(0) = c\, y'(\pi)$ $(c \neq 0, \pm 1)$:

Alle Eigenwerte sind positiv und werden aus

$$\cos \pi\sqrt{\lambda} = \frac{2c}{c^2+1}$$

erhalten. Die normierten Eigenfunktionen sind

$$\varphi_{2n} = \sqrt{\frac{2}{\pi}} \cos[(2n+p)x + \alpha] \quad (n = 0, 1, 2, \ldots),$$

$$\varphi_{2n-1} = \sqrt{\frac{2}{\pi}} \cos[(2n-p)x - \alpha] \quad (n = 1, 2, 3, \ldots),$$

wo α durch

$$\cos\alpha = \frac{1}{\sqrt{c^2+1}}, \quad \sin\alpha = \frac{c}{\sqrt{c^2+1}} \operatorname{sgn}(1-c), \quad -\frac{\pi}{2} < \alpha \leqq \frac{\pi}{2}$$

und p durch

$$\cos p\pi = \frac{2c}{c^2+1}, \quad 0 < p < 1$$

bestimmt ist.

A. C. Zaanen, Nieuw Archief Wisk. 20 (1940) 240—248.

(h) Randbedingung: $y(x)$ beschränkt für $|x| \to \infty$. Das Spektrum ist kontinuierlich, jeder positive Eigenwert ist doppelt, die Eigenfunktionen sind

$$C_1 \cos x\sqrt{\lambda} + C_2 \sin x\sqrt{\lambda} \qquad \text{für } \lambda \geqq 0 .$$

(i) Ist die DGl

$$y'' - a^2 y = 0, \quad a > 0$$

mit den Randbedingungen „$y(x)$ beschränkt für $-\infty < x < +\infty$" gegeben, so ist die Greensche Funktion

$$\Gamma(x,\xi) = -\frac{1}{2a}\exp(-a\,|x-\xi|) .$$

2·10 $\boldsymbol{y'' + (a x + b)\, y = 0}$, $a \neq 0$.

Für $\eta(\xi) = y(x)$, $\xi = a x + b$ entsteht

$$a^2\eta'' + \xi\eta = 0 .$$

Für die Lösung dieser DGl s. 2·14 und 2·162 (10).

2·11 $\boldsymbol{y'' - (x^2+1)\, y = 0}$

$$y = e^{\frac{1}{2}x^2}\left(C_1 + C_2 \int e^{-x^2}\,dx\right) .$$

Für die Randbedingungen „$y(x) \to 0$ für $|x| \to \infty$" ist die Greensche Funktion

$$\Gamma(x,\xi) = \begin{cases} -\dfrac{1}{\sqrt{\pi}} I(-\infty, x)\, I(\xi,\infty)\exp\dfrac{1}{2}(x^2+\xi^2) & \text{für } x \leqq \xi, \\ -\dfrac{1}{\sqrt{\pi}} I(x,\infty)\, I(-\infty,\xi)\exp\dfrac{1}{2}(x^2+\xi^2) & \text{für } x \geqq \xi \end{cases}$$

mit $$I(u,v) = \int_u^v e^{-t^2}\,dt .$$

2·12 $\boldsymbol{y'' - (x^2+a)\, y = 0}$

Sonderfall der konfluenten hypergeometrischen DGl 2·273 (11), Normalform von 2·46. Für $y(x) = \eta(\xi)$, $\xi = x\sqrt{2}$ entsteht die Webersche DGl 2·87

$$4\eta'' = (\xi^2 + 2a)\,\eta .$$

und für $u(x) = y \exp \frac{x}{2}$ die DGl 2·46

$$u'' - 2 x u' - (a + 1) u = 0.$$

Zu der DGl

$$y'' - (x^2 + 1) y + \lambda y = 0$$

mit den Randbedingungen

$$y \to 0 \quad \text{für} \quad |x| \to \infty$$

gehören die Eigenwerte $\lambda_n = 2n + 2$ $(n = 0, 1, 2, \ldots)$ und die normierten Eigenfunktionen

$$\varphi_n(x) = \left(2^n\, n!\, \sqrt{\pi}\right)^{-\frac{1}{2}} e^{-\frac{1}{2}x^2} H_n(x),$$

wo die H_n die Hermiteschen Polynome (s. 2·46) sind.

Für die Greensche Funktion der obigen Eigenwertaufgabe s. 2·11.

Courant-Hilbert, Methoden math. Physik I, S. 324.

$y'' - (a^2 x^2 + a) y = 0$ 2·13

$$y = e^{\frac{1}{2} a x^2} \left[C_1 + C_2 \int e^{-a x^2} dx\right].$$

$y'' = c x^\alpha y$ 2·14

Lit.: *A. Cayley,* Philos. Magazine 36 (1868) 348—351. *F. Iseli,* Die Riccatische DGl, Diss. Bern 1909. *Forsyth-Jacobsthal,* DGlen, S. 201ff., 271ff. *Watson,* Bessel functions, S. 88—90. *R. Lobatto,* Journal für Math. 17 (1837) 365—371.

Die DGl hängt eng zusammen mit der speziellen Riccatischen DGl A 4·8 und der Besselschen DGl 2·162. Verwandte DGlen sind auch 2·60, 2·105.

Durch die Transformation $y(x) = x \eta(\xi)$, $\xi = \frac{1}{x}$ geht die DGl über in

$$\eta'' = c\, \xi^{-\alpha-4} \eta.$$

Für $\alpha = -2$ liegt eine Eulersche DGl vor; ihre Lösungen sind

$$y = \begin{cases} C_1 x^{\frac{1}{2}+s} + C_2 x^{\frac{1}{2}-s} & \text{für } 4c + 1 > 0, \\ C_1 \sqrt{x} + C_2 \sqrt{x} \log x & \text{für } 4c + 1 = 0, \\ C_1 \sqrt{x} \cos(s \log x) + C_2 \sqrt{x} \sin(s \log x) & \text{für } 4c + 1 < 0; \end{cases}$$

dabei ist $2s = \sqrt{|4c + 1|}$.

Für $\alpha \neq -2$ setze man $q = \frac{1}{2}\alpha + 1$ und weiter (die oberen Vorzeichen beziehen sich auf die a_ν, die unteren auf b_ν; leere Produkte bedeuten 1)

$$a_\nu,\ b_\nu = \prod_{k=1}^{\nu} \frac{(2k - 1) q \mp 1}{k q \mp 1} \quad \text{für } \nu = 0, 1, 2, \ldots,$$

2·14 wenn $\pm \frac{1}{q}$ keine natürliche Zahl ist;

$$a_\nu,\ b_\nu = \begin{cases} \prod_{k=1}^{\nu} \dfrac{(2k-1)q \mp 1}{kq \mp 1} & \text{für } 0 \leqq \nu \leqq n, \\ 0 & \text{für } \nu > n, \end{cases}$$

wenn $\pm \frac{1}{q} = 2n+1$ eine natürliche ungerade Zahl ist;

$$a_\nu,\ b_\nu = \begin{cases} 0 & \text{für } \nu < 2n, \\ \prod_{k=2n+1}^{\nu} \dfrac{(2k-1)q \mp 1}{kq \mp 1} & \text{für } \nu \geqq 2n, \end{cases}$$

wenn $\pm \frac{1}{q} = 2n$ eine natürliche gerade Zahl ist; schließlich mit $X = \frac{x^q \sqrt{c}}{q}$

$$U_{1,2} = a_0 \mp \frac{a_1}{1!} X + \frac{a_2}{2!} X^2 \mp \frac{a_3}{3!} X^3 + \mp \cdots,$$

$$V_{1,2} = b_0 \pm \frac{b_1}{1!} X + \frac{b_2}{2!} X^2 \pm \frac{b_3}{3!} X^3 + \pm \cdots.$$

Dann sind

$$U_1^* = e^X U_1, \quad U_2^* = e^{-X} U_2,$$

$$V_1^* = e^{-X} V_1, \quad V_2^* = e^X V_2$$

Lösungen der DGl (Lösung von *Cayley*). Ist $\frac{1}{q} = 2n+1$, so sind $C_1 U_1^* + C_2 U_2^*$ alle Lösungen, und die Reihen U_1, U_2 brechen ab; ist $\frac{1}{q} = -(2n+1)$, so sind $C_1 V_1^* + C_2 V_2^*$ alle Lösungen, und die Reihen V_1, V_2 brechen ab. Liegt der erste Fall nicht vor, so ist $U_1^* = U_2^*$; liegt der zweite Fall nicht vor, so ist $V_1^* = V_2^*$; dann sind $C_1 U_1^* + C_2 V_2^*$ alle Lösungen.

Ist $\frac{1}{q} = 2n+1$ und n eine ganze Zahl, so geht die DGl durch $y(x) = \eta(\xi)\,\xi^n$, $q\,\xi = x^q$ in den Typus 2·153 über, und man erhält (vgl. *Forsyth-Jacobsthal*, S. 205, 738) mit $\mathrm{D} = \frac{d}{dx}$

$$y = x\,(x^{1-2q}\,\mathrm{D})^{n+1}\left[C_1 \exp\left(\frac{\sqrt{c}}{q}\,x^q\right) + C_2 \exp\left(-\frac{\sqrt{c}}{q}\,x^q\right)\right] \quad \text{für } n \geqq 0,$$

$$y = (x^{1-2q}\,\mathrm{D})^{-n}\left[C_1 \exp\left(\frac{\sqrt{c}}{q}\,x^q\right) + C_2 \exp\left(-\frac{\sqrt{c}}{q}\,x^q\right)\right] \quad \text{für } n < 0.$$

Da die DGl von der Gestalt 2·162 (10) ist, können die Lösungen auch durch die Besselschen Funktionen unmittelbar angegeben werden. Das ist wichtig, da die Besselschen Funktionen genau untersucht und tabuliert sind.

Für die Darstellung der Lösungen durch Integrale, die von einem Parameter abhängen, s. *Forsyth-Jacobsthal*, S. 271ff.

Liegt die Eigenwertaufgabe

$$y'' + \lambda\, x^{\nu}\, y = 0$$

mit den Randbedingungen

$$y(a) = y(b) = 0 \qquad (a \leqq 0,\ b > 0)$$

vor, so gibt es zu dieser unendlich viele Eigenwerte; diese nähern sich im allgemeinen asymptotisch zwei geraden Linien der komplexen λ-Ebene. Die Eigenwerte und Eigenfunktionen lassen sich mittels der Besselschen Funktionen asymptotisch abschätzen. Ferner gibt es einen Satz über die Entwicklung willkürlich gegebener Funktionen nach den Eigenfunktionen. Für Einzelheiten s. *R. E. Langer*, Transactions Americ. Math. Soc. 31 (1929) 1–24.

Für die DGl

$$y'' + \frac{y}{4x^2} = 0$$

mit den Randbedingungen $y(a) = y(a+1) = 0$ $(a > 0)$ ist die Greensche Funktion

$$\Gamma(x, \xi) = \sqrt{x\,\xi}\,\log\frac{x}{a}\,\log\frac{\xi}{a+1}\Big/\log\frac{a+1}{a}$$

für $x \leqq \xi$; für $x \geqq \xi$ erhält man sie durch Vertauschung von x und ξ. *G. Usai*, Giornale Mat. 63 (1925) 86.

$y'' = (a^2 x^{2n} - 1)\, y$ 2·15

Für $a\,n\,x^{n-1} > 1$ erhält man mit Hilfe der Laplace-Transformation

$$y = C_1 \int_{-1}^{+1} + C_2 \int_{1}^{\infty} e^{-\lambda t}\,(t-1)^{\mu-\nu}\,(t+1)^{\mu+\nu}\,dt$$

mit

$$\lambda = \frac{a}{n+1}\,x^{n+1}, \quad \mu = -\frac{n+2}{2n+2}, \quad \nu = \frac{x^{1-n}}{2a(n+1)}.$$

A. C. Banerji – P. L. Bhatnagar, Proc. Acad. Allahabad 8 (1938) 85–87.

$y'' + (a\,x^{2c} + b\,x^{c-1})\, y = 0$ s. 2·273 (12). 2·16

$y'' + (e^{2x} - \nu^2)\, y = 0$ s. 2·162 (23). 2·17

$y'' + a\,e^{bx}\, y = 0$ s. auch 2·162 (23). 2·18

Für $y(x) = \eta(\xi)$, $\xi = \exp b\,x$ entsteht die DGl 2·104

$$b^2\,\xi\,\eta'' + b^2\,\eta' + a\,\eta = 0.$$

2·19 $y'' = (4\,a^2\,b^2\,x^2\,e^{2bx^2} - 1)\,y$

Mit Hilfe der Laplace-Transformation erhält man die Lösungen

$$y = \int e^{-\xi t}\,(t-1)^{\eta-\zeta}\,(t+1)^{\eta+\zeta}\,dt;$$

dabei ist

$$\xi = a\,e^{bx^2},\quad \eta = \frac{1-2\,b\,x^2}{4\,b\,x^2},\quad \zeta = \frac{e^{-bx^2}}{8\,a\,b^2\,x^2},$$

und die Integrationsgrenzen sind so zu wählen, daß an diesen der mit $t^2 - 1$ multiplizierte Integrand verschwindet.

A. C. Banerji – P. L. Bhatnagar, Proc. Acad. Allahabad 8 (1938) 87–91.

2·20 $y'' + (a\,e^{2x} + b\,e^x + c)\,y = 0$

Die DGl ist eine Hillsche DGl 2·30 mit imaginärer Periode $2\pi i$; für $y(x) = \eta(\xi)$, $\xi = i\,x$ ergibt sich 2·30 mit reeller Periode 2π. Für $y = \eta(\xi)\,e^{-\frac{1}{2}x}$, $\xi = e^x$ entsteht die DGl 2·154

$$\xi^2\,\eta'' + \left(a\,\xi^2 + b\,\xi + c + \frac{1}{4}\right)\eta = 0.$$

Vgl. auch 2·273 (14).

2·21 $y'' + (a\,\mathfrak{Cos}^2\,x + b)\,y = 0$

Für $y(x) = \eta(\xi)$, $\xi = i\,x$ entsteht der Typus 2·22. Vgl. auch 2·268 und 2·348.

2·22 $y'' + (a\cos 2\,x + b)\,y = 0$; *Mathieu*sche DGl oder DGl des elliptischen Zylinders.

Lit.: *Humbert*, Fonctions de Lamé. *Whittaker-Watson*, Modern Analysis, Kap. 19. *Strutt*, Lamésche Funktionen. *Jahnke-Emde*, Funktionentafeln, 3. Aufl., S. 283ff. Vgl. auch A 18·7. Zur Konstruktion eines mechanischen Modells (Schwingers), mit dessen Hilfe man die IKurven homogener und unhomogener Mathieuscher DGlen aufzeichnen kann, s. *H. Neusinger*, Akustische Zeitschrift 5 (1940) 11–26. An neuerer Literatur sei noch genannt: *Nielsen*, Physical Review (2) 40 (1932) 445 bis 456. *Teller-Weigert*, Nachrichten Göttingen 1932, S. 218–231. *Pitzer*, Journ. Chem. Phys. 5 (1937) 468, 473. *Crawford*, ebenda 8 (1940) 273. *Wilson*, Chem. Rev. 27 (1940) 31 und Appendix II, Tab. 3. *Brainer-Weygandt*, Philos. Magazine (7) 30 (1940) 458.

Die DGl kann auch in der Gestalt

$$y'' + (2\,a\cos^2 x + b - a)\,y = 0$$

geschrieben werden und geht daher durch die Transformation $\eta(\xi) = y(x)$, $\xi = \cos^2 x$ über in die DGl

$$2\,\xi\,(\xi-1)\,\eta'' + (2\,\xi-1)\,\eta' - \left(a\,\xi + \frac{b-a}{2}\right)\eta = 0,$$

d. h. in den Typus 2·268. Durch 2·268 ist daher auch schon eine Methode zur Lösung der hier betrachteten Mathieuschen DGl gegeben. Für andere Gestalten der Mathieuschen DGl s. ebenfalls 2·268.

Die DGl, die weiterhin mit der Bezeichnung 2·22

(1) $$y'' + (a \cos 2x + \lambda)\, y = 0$$

geschrieben wird, ist auch ein Sonderfall der Hillschen DGl 2·30, wobei zu beachten ist, daß der Koeffizient von y hier allerdings die Periode π statt 2π hat. Die für die Hillsche DGl angegebenen Fragestellungen und Begriffsbildungen spielen auch bei den Anwendungen der Mathieuschen DGl eine wichtige Rolle. Insbesondere entnimmt man aus 2·30, daß es zu gegebenen Zahlen a, λ eine Lösung $y(x)$ und einen charakteristischen Exponenten μ gibt, so daß

(2) $$y(x + \pi) = e^{2\pi\mu}\, y(x)$$

ist.

Ist $y_1(x)$ eine Lösung von (1) mit den Anfangswerten $y_1(0) = 1$, $y_1'(0) = 0$, so ist nach A 18·7 der charakteristische Exponent μ durch die Gl

(3) $$\mathfrak{Cos}\, 2\pi\mu = y_1(\pi)$$

bestimmt. Da $y_1(x)$ nach einem der Näherungsverfahren von § 8 mit beliebiger Genauigkeit berechnet werden kann, kann μ auf diesem Wege ebenfalls mit beliebiger Genauigkeit berechnet werden.

Eine andere Methode ist folgende. Um eine Lösung von (1) mit der Eigenschaft (2) zu erhalten, geht man mit dem Ansatz

$$y = e^{2\mu x} \sum_{k=-\infty}^{+\infty} c_k\, e^{2kix}$$

in die Gl (1) hinein. Man erhält dann ein System von unendlich vielen linearen homogenen Glen für die c_k. Damit diese eine nichttriviale Lösung haben, muß der charakteristische Exponent μ so gewählt werden, daß

$$\mathfrak{Cos}\, \pi\mu = 1 + 2\Delta(0) \sin^2 \frac{\pi}{2} \sqrt{\lambda}$$

ist: dabei ist $\Delta(0)$ die Hillsche Determinante

$$\Delta(0) = \begin{vmatrix} \cdot & \cdot & \cdot & \cdot & \cdot & \cdot & \cdot \\ \cdots & \frac{a}{\lambda - 4} & 0 & 0 & 0 & \cdots \\ \cdots & 1 & \frac{a}{\lambda - 1} & 0 & 0 & \cdots \\ \cdots & \frac{a}{\lambda} & 1 & \frac{a}{\lambda} & 0 & \cdots \\ \cdots & 0 & \frac{a}{\lambda - 1} & 1 & \frac{a}{\lambda - 1} & \cdots \\ \cdots & 0 & 0 & \frac{a}{\lambda - 4} & 1 & \cdots \\ \cdot & \cdot & \cdot & \cdot & \cdot & \cdot & \cdot \end{vmatrix}$$

2·22 Für kleines a kann μ näherungsweise aus

$$\mathfrak{Cos}\,\pi\mu = 1 + 2\sin^2\frac{\pi}{2}\sqrt{\lambda} + \frac{\pi a^2}{4(1-\lambda)\sqrt{\lambda}}\sin\pi\sqrt{\lambda} + O(a^4)$$

berechnet werden.

Für die Berechnung von μ vgl. weiter *Strutt*, S. 25ff.; *J. H. McDonald*, Transactions Americ. Math. Soc. 29 (1927) 647—682; bei rein imaginärem a: *H. P. Mulholland — S. Goldstein*, Philos. Magazine (7) 8 (1929) 834—840. *E. Mettler*[1]).

Mit Hilfe der oben eingeführten Funktion $y_1(x)$ und der durch (3) bestimmten Zahl μ erhält man folgende Übersicht über die Gesamtheit der Lösungen der DGl (1)[1]):

(a) $y_1(\pi) > 1$: $y = C_1 e^{2\mu x}\varphi_1(x) + C_2 e^{-2\mu x}\varphi_2(x)$,

φ_1, φ_2 sind periodisch mit der Periode π.

(b) $y_1(\pi) < -1$: $\mu = \varrho + \frac{i}{2}$ mit reellem ϱ,

$$y = C_1 e^{2\varrho x}\varphi_1(x) + C_2 e^{-2\varrho x}\varphi_2(x),$$

φ_1, φ_2 sind periodisch mit der Periode 2π.

(c) $|y_1(\pi)| < 1$: $\mu = i\nu$ rein imaginär, $\cos 2\pi\nu = y_1(\pi)$,

$$y = (C_1\cos\nu x + C_2\sin\nu x)\,\varphi_1(x) + (C_2\cos\nu x - C_1\sin\nu x)\,\varphi_2(x),$$

φ_1, φ_2 sind periodisch mit der Periode π.

(d) $y_1(\pi) = \pm 1$: y besteht aus der Summe einer periodischen Funktion und einer mit x multiplizierten periodischen Funktion.

Für Untersuchungen über Stabilität ($\Re\mu < 0$) und Instabilität ($\Re\mu \geqq 0$) der Lösung $y(x)$ in (2) s. *Strutt*, a. a. O. sowie *B. van der Pol — M. J. O. Strutt*, Philos. Magazine (7) 5 (1928) 18—38; dort wird auch die DGl (1) mit $\cos 2x - \frac{1}{3}\cos 3x + \frac{1}{5}\cos 5x - + \cdots$ statt $\cos 2x$ behandelt.

Eingehend untersucht sind die für gewisse Werte a, λ [solche λ heißen Eigenwerte[2])] vorhandenen periodischen Lösungen der DGl, vor allem die Lösungen mit der Periode 2π. Diese letzteren heißen *Mathieusche Funktionen erster Art*[3]); bei gegebenem a können sie nur für $\lambda \geqq -a$ vor-

---

[1]) *E. Mettler*, Biegeschwingungen eines Stabes unter pulsierender Achsiallast, Mitteilungen Gutehoffnungshütte 8 (1940), Heft 1, S. 4.

[2]) Für ihre Berechnung s. bei reellem a: *Ince*: Proceedings Edinburgh 45 (1926) 20—29, 316—322; 47 (1927) 294—301. Bei rein imaginärem a: *Mulholland-Goldstein*, a. a. O. Für Abschätzungen der Eigenwerte der DGl

$$y'' + 2i\nu y' + (\lambda - \nu^2 + a\cos 2x)\,y = 0$$

s. *D. H. Weinstein*, Philos. Magazine (7) 20 (1935) 288—294.

[3]) Zur Verteilung ihrer Nullstellen s. *E. Hille*, Proceedings London Math. Soc. 23 (1925) 185—237.

kommen. Gibt es zu einem Zahlenpaar a, λ eine solche Funktion, so sind die von dieser linear unabhängigen Lösungen der DGl keine Mathieuschen Funktionen erster Art[1]) (außer für $\lambda = n^2$, $a = 0$); diese Lösungen heißen *Mathieusche Funktionen zweiter Art*[2]). Ersetzt man in den Mathieuschen Funktionen x durch $i x$, so erhält man die sogenannten *zugeordneten Mathieuschen Funktionen erster und zweiter Art*; sie erfüllen die DGl 2·22

$$y'' - (a \operatorname{Cos} 2x + \lambda)\, y = 0 .$$

Unter zugeordneten *Mathieuschen Funktionen dritter Art* versteht man solche linearen Kombinationen von Funktionen erster und zweiter Art, daß sie, von einem konstanten Faktor abgesehen, für $x \to \infty$ asymptotisch in

$$e^{-\frac{1}{2}x} \exp\left(\frac{1}{2} \sqrt{2a}\, e^{x}\right)$$

übergehen.

Die Mathieuschen Funktionen erster Art haben Fourier-Entwicklungen von der Gestalt

$$C_n(x, a) = \sum_{m=0}^{\infty} A_{n,\, 2m+1} \cos(2m+1)\, x \qquad (n = 1, 3, 5, \ldots),$$

$$C_n(x, a) = \sum_{m=0}^{\infty} A_{n,\, 2m} \cos 2m\, x \qquad (n = 0, 2, 4, \ldots),$$

$$S_n(x, a) = \sum_{m=1}^{\infty} B_{n,\, 2m+1} \sin(2m+1)\, x \qquad (n = 1, 3, 5, \ldots),$$

$$S_n(x, a) = \sum_{m=1}^{\infty} B_{n,\, 2m} \sin 2m\, x \qquad (n = 2, 4, 6, \ldots).$$

Dabei ist C_0 bei gegebenem a die gerade Funktion, die eine zum kleinsten ganzperiodischen Eigenwert gehörige Lösung von (1) ist; C_1 [S_1] die zum kleinsten halbperiodischen Eigenwert gehörige gerade [ungerade] Lösung; C_2 [S_2] die zum zweitkleinsten ganzperiodischen Eigenwert gehörige gerade [ungerade] Lösung usw. Diese Lösungen sollen außerdem so normiert sein, daß

$$\int_0^{2\pi} C_0^2\, dx = 2\pi \quad \text{und} \quad \int_0^{2\pi} C_n^2\, dx = \int_0^{2\pi} S_n^2\, dx = \pi \quad \text{für } n \neq 0$$

ist. Für $a = 0$ ist $S_n = \sin n x$, $C_n = \cos n x$. Bei festem a bilden die Mathieuschen Funktionen erster Art ein Orthogonalsystem und erfüllen eine homogene IGl

$$y(x) = \varkappa \int_{-\pi}^{\pi} e^{i \sqrt{2a} \sin x \sin t}\, y(t)\, dt .$$

[1]) Zuerst von *Ince* bewiesen. Vgl. auch *Whittaker-Watson*, a. a. O. *Ž. Marković*, Proceedings Cambridge 23 (1927) 203—205.

[2]) Für die Entwicklung dieser Funktionen in Reihen s. *S. Dhar*, Americ. Journ. Math. 45 (1923) 208—221.

Eine Tafel der Entwicklungskoeffizienten von C_n, S_n für $n = 0, 1, 2$ findet man bei *S. Goldstein*, Transactions Cambridge Soc. 23, No. XI (1927). Für numerische Werte s. auch *I. Lotz*, Luftfahrtforschung 12, S. 259 f.

Für die Berechnung der Mathieuschen Funktionen und ihr asymptotisches Verhalten s. die angegebene Literatur. Asymptotische Entwicklungen für die Lösungen der allgemeinen Gl (1) bei komplexem x, wenn mindestens einer der Parameter a, λ groß wird, sind aufgestellt von *R. E. Langer*, Transactions Americ. Math. Soc. 36 (1934) 636—695.

Für die Lösung der DGl (1) durch Integrale, insbesondere Laplace-Integrale s. *J. Dougall*, Proceedings Edinburgh Math. Soc. 44 (1926) 57—71; *A. Erdélyi*, Math. Zeitschrift 41 (1936) 653—664.

2·23 $\boldsymbol{y'' + (a\cos^2 x + b)\, y = 0}$ s. 2·22.

2·24 $\boldsymbol{y'' = (1 + 2\,\mathrm{tg}^2 x)\, y}$

$$y = \frac{C_1}{\cos x} + C_2\left(\sin x + \frac{x}{\cos x}\right)$$

2·25 $\boldsymbol{y'' = \left[\frac{m(m-1)}{\cos^2 x} + \frac{n(n-1)}{\sin^2 x} + a\right] y}$

Für $y(x) = \eta(\xi)\cos^m x \sin^n x$, $\xi = \sin^2 x$ entsteht die hypergeometrische DGl 2·260

$$\xi(\xi - 1)\,\eta'' + [(\alpha + \beta + 1)\,\xi - \gamma]\,\eta' + \alpha\beta\eta = 0$$

mit

$$\alpha, \beta = \frac{1}{2}(m + n) \pm \frac{1}{2}\sqrt{-a}, \quad \gamma = n + \frac{1}{2}.$$

Für $m = 0$ oder $n = 0$ s. auch 2·424 und 2·420.

Darboux, Théorie des surfaces II, S. 198f. Vgl. auch *W. v. Koppenfels*, Math. Annalen 112 (1936) 49ff.

2·26 $\boldsymbol{y'' = [A\,\wp(x) + B]\, y}$; *Lamé*sche DGl.

Lit.: *A. Lamé*, Journal de Math. (1) 2 (1837) 147—183. *Ince*, Diff. Equations, S. 378ff. sowie die bei 2·408 angegebene Literatur.

Für die Fragestellungen, die bei der Laméschen DGl behandelt sind, vgl. 2·408.

Genauer untersucht ist der Fall $A = n(n+1)$ für natürliche Zahlen n. Hat die $\wp$-Funktion das Periodenpaar ω_1, ω_2, so ist für die DGl

(1) $$y'' = [n(n+1)\,\wp(x) + a]\, y$$

jede der Stellen $x = k\,\omega_1 + l\,\omega_2$ schwach singulär mit den Indices $r = n + 1, -n$. Die Lösungen von (1) sind in der ganzen komplexen

x-Ebene meromorph. In der Umgebung der Stelle $x = k\omega_1 + l\omega_2$ gibt es Lösungen von der Gestalt 2·26

$$y_1 = (x - k\omega_1 - l\omega_2)^{n+1}\, Y_1(x)\,, \quad y_2 = (x - k\omega_1 - l\omega_2)^{-n}\, Y_2(x)\,,$$

wo Y_1, Y_2 an dieser Stelle regulär sind.

$n = 1$: Lösungen von (1) sind die Funktionen

$$y = \frac{\sigma(x \pm \alpha)}{\sigma(x)}\, e^{\mp x \zeta(\alpha)}\,, \tag{2}$$

wo α durch $\wp(\alpha) = a$ zu bestimmen ist und wo σ, ζ die bekannten Weierstraßschen Funktionen aus der Theorie der elliptischen Funktionen sind. Ist

$$a \neq e_1, e_2, e_3 \qquad \left(e_1 = \wp\left(\frac{\omega_1}{2}\right),\ e_2 = \wp\left(\frac{\omega_1 + \omega_2}{2}\right),\ e_3 = \wp\left(\frac{\omega_2}{2}\right)\right),$$

so sind die beiden Lösungen (2) voneinander linear unabhängig. Ist $a = e_\nu$, so bilden

$$y_1 = \frac{\sigma(x + \omega)}{\sigma(x)}\, e^{-\frac{1}{2}\eta x}, \quad y_2 = [\zeta(x + \omega) + e_\nu x]\, y_1$$

ein Hauptsystem von Lösungen; dabei ist $\omega = \frac{1}{2}\omega_1,\ \frac{1}{2}(\omega_1 + \omega_2),\ \frac{1}{2}\omega_2$ und $\eta = \eta_1,\ \eta_1 + \eta_2,\ \eta_2$ für $\nu = 1, 2, 3$.

$n = 2$: Für $a^2 \neq 3 g_2$ sind Lösungen

$$y = \frac{d}{dx}\, \frac{\sigma(x + \alpha)}{\sigma(x)}\, e^{-x[\zeta(\alpha) + \beta]}\,,$$

wo α eine der Lösungen von

$$\wp(\alpha) = \frac{a_1^3 + g_3}{3a_1^2 - g_2} \quad \text{mit} \quad a_1 = \frac{a}{3}$$

ist und

$$\beta = \frac{\wp'(\alpha)}{2\wp(\alpha) - a_1}$$

gesetzt ist. Für $a^2 = 3 g_2$ ist

$$y = \wp(x) + \frac{1}{2} a_1$$

eine Lösung.

Halphen, Mémoires par divers Savants (2) 28 (1884) 95—100. *Whittaker-Watson*, Modern Analysis, S. 459.

Für Methoden zur Lösung von (1) für weitere Werte von n s. *Halphen*, a. a. O., S. 100ff., sowie *Halphen*, Fonctions elliptiques II, S. 130ff., 465ff. *L. Crawford*, Quarterly Journal 27 (1895) 93—98; 29 (1898) 196—201. Z. B. ist $y = \wp'(x)$ eine Lösung der DGl

$$y'' = 12\wp(x)\, y;$$

die DGl

$$4y'' = 3\wp(x)\, y$$

hat die Lösungen

$$y_1 = \left[\wp'\left(\frac{x}{2}\right)\right]^{-\frac{1}{2}}, \quad y_2 = \wp\left(\frac{x}{2}\right) y_1\,.$$

2·27 $y'' + (a \operatorname{sn}^2 x + b)\, y = 0$; *Lamé*sche DGl, vgl. 2·408.

2·28 $y'' = \left(\frac{1}{30}\wp^{(4)}(x) + \frac{7}{3}\wp''(x) + a\,\wp(x) + b\right) y$

Forsyth, Diff. Equations III, S. 464.

2·29 $y'' = \left\{[f(x)]^2 + f'(x)\right\} y$

Eine Lösung ist

$$y = \exp \int f(x)\, dx\,.$$

M. Ielchin, C. R. Moscou, Nouv. Série, 18 (1938) 144.

2·30 $y'' + [\Phi(x) + \lambda]\, y = 0$ mit periodischem $\Phi(x)$; *Hill*sche DGl.

Lit.: *G. W. Hill*, On the part of the motion of the lunar perigee, Acta Math. 8 (1886) 1ff. *Whittaker-Watson*, Modern Analysis, Kap. 19, S. 404ff. *Strutt*, Lamésche Funktionen. *Z. Markovič*, Proceedings London Math. Soc. (2) 31 (1930) 417—438.

DGlen dieser Art treten häufig bei physikalischen, technischen und astronomischen Fragen auf; vgl. dazu *Strutt*. Eine Reihe wichtiger DGlen fällt teils unmittelbar, teils nach Ausführung geeigneter Transformationen unter den Typus der Hillschen DGl, so z. B. die verallgemeinerte Legendresche DGl in der Gestalt 2·436 und 2·430, die konfluente hypergeometrische DGl (vgl. dazu 2·273, 2·154, 2·20) und damit auch die Besselsche DGl (vgl. dazu 2·162), die Mathieusche DGl 2·22.

Weiterhin wird vorausgesetzt, daß $\Phi(x)$ die reelle Periode 2π hat. Dann hat die DGl nicht zwei linear unabhängige Lösungen der Periode 4π [1]), aber nach einem allgemeinen Satz von *Floquet* A 18·7 sicher Lösungen $y(x)$, für die bei geeigneter Wahl einer reellen oder komplexen Zahl μ, die *charakteristischer Exponent* heißt, die FunktionalGl

(1) $$y(x + 2\pi) = e^{2\pi\mu}\, y(x)$$

besteht. Die Lösung $y(x)$ heißt *stabil* oder *labil*, je nachdem μ rein imaginär ist oder einen von Null verschiedenen Realteil hat; die Lösung heißt *ganzperiodisch* oder *halbperiodisch*, je nachdem $\exp(2\pi\mu) = +1$ oder -1 ist; die zugehörigen Parameterwerte λ bzw. $\bar{\lambda}$ heißen *ganz-* oder *halbperiodische Eigenwerte*. Weiter liegen Untersuchungen über das Auftreten stabiler Lösungen und die Verteilung der zugehörigen Parameterwerte sowie die asymptotische Berechnung der Eigenwerte vor.

---

1) *E. L. Ince*, Proceedings Cambridge 23 (1927) 44—46.

Für die Berechnung des charakteristischen Exponenten s. A 18·7. Nach *Hill* kann man auch so vorgehen: Die periodische Funktion $\Phi(x)$ sei durch eine Fourier-Reihe

$$\Phi(x) = \sum_{n=-\infty}^{+\infty}{}^{*}\, a_n\, e^{i\,n\,x}$$

gegeben (der Stern bedeutet, daß $n = 0$ auszulassen ist); die nach *Floquet* vorhandene Lösung wird entsprechend in der Gestalt

$$y = e^{\mu x} \sum_{n=-\infty}^{+\infty} b_n\, e^{i\,n\,x}$$

angesetzt. Zu berechnen sind μ und die b_n, wobei nicht alle b_n den Wert Null haben sollen. Durch Eintragen von y in die DGl erhält man ein System von unendlich vielen linearen homogenen Glen für die b_n, das nur dann Lösungen der gewünschten Art hat, wenn eine unendliche Determinante, die von μ abhängt, den Wert 0 hat. Diese DeterminantenGl dient zur Bestimmung von μ; danach sind die b_n aus den linearen Glen zu berechnen. Für Einzelheiten vgl. die angegebene Literatur, insbesondere auch die Arbeit von *Hill*. Ist μ rein imaginär, so heißen die hiernach gefundenen Lösungen *Hillsche Funktionen*; diese haben die Periode $2\pi b$, wenn $i\mu = \frac{a}{b}$ (a, b ganz) ist. Vgl. hierzu auch den Sonderfall der Mathieuschen DGl 2·22, ferner 2·236.

Für *Hill*sche Systeme

$$y_p'' = \sum_{q=1}^{n} \Phi_{p,q}(x)\, y_q \qquad (p = 1, \ldots, n)$$

mit periodischen Funktionen $\Phi_{p,q}$ mit gemeinsamer Periode s. A 10·2.

$y'' = f(x)\,y$ 2·31

Für $y' = y\,u(x)$ entsteht die Riccatische DGl A 4·8

(1) $$u' + u^2 = f(x)\,.$$

Ist $u(x)$ eine Lösung dieser DGl, so sind die Lösungen der ursprünglichen DGl gerade die Lösungen der linearen DGlen erster Ordnung

$$y' - u(x)\,y = C \exp\left(-\int u\,dx\right)$$

mit beliebigem C.

Sind $\varphi_1 \neq 0$ und φ_2 Lösungen der DGl

(2) $$y'' = [f(x) + a]\,y$$

für $a = a_1, a_2$, so ist

(3) $$u(x) = \varphi_1 \left(\frac{\varphi_2}{\varphi_1}\right)'$$

eine Lösung der DGl

(4) $$u'' = \left[\varphi_1 \frac{d^2}{dx^2}\frac{1}{\varphi_1} + a_2 - a_1\right] u$$

$$= \left[2\left(\frac{\varphi_1'}{\varphi_1}\right)^2 - f(x) + a_2 - 2a_1\right] u\,.$$

Läßt man φ_2 in (3) alle Lösungen von (2) mit $a = a_2$ durchlaufen, so erhält man durch (3) alle Lösungen von (4). Diese Tatsache kann manchmal dazu dienen, die Lösungen komplizierterer DGlen aus den Lösungen einfacherer DGlen zu finden.

Darboux, Théorie des surfaces II, S. 196ff.

2·32 $\boldsymbol{y'' + \left[\frac{1}{2}\frac{g'''}{g'} - \frac{3}{4}\left(\frac{g''}{g'}\right)^2 + \left(\frac{1}{4} - \nu^2\right)\left(\frac{g'}{g}\right)^2 + g'^2\right] y = 0}$, $g = g(x)$;
s. 2·162 (14).

2·33 $\boldsymbol{y'' + y' + a\,e^{-2x}\,y = 0}$

Die DGl wird durch die Transformation $y(x) = \eta(\xi)$, $\xi = e^{-x}$ vereinfacht. Man erhält die DGl 2·9

$$\eta'' + a\,\eta = 0\,.$$

2·34 $\boldsymbol{y'' - y' + e^{2x}\,y = 0}$

Wird $\xi = -x$ als unabhängige Veränderliche eingeführt, so entsteht 2·33.

2·35 $\boldsymbol{y'' + a\,y' + b\,y = 0}$; homogene SchwingungsGl.

(a) $\lambda^2 = a^2 - 4b > 0$:

$$y = C_1 \exp\frac{-a+\lambda}{2}x + C_2 \exp\frac{-a-\lambda}{2}x;$$

(b) $\lambda^2 = 4b - a^2 > 0$:

$$y = e^{-\frac{1}{2}ax}\left(C_1 \cos\frac{1}{2}\lambda x + C_2 \sin\frac{1}{2}\lambda x\right) = A\,e^{-\frac{1}{2}ax} \sin\frac{1}{2}\lambda(x - B);$$

(c) $4b = a^2$: $y = e^{-\frac{1}{2}ax}(C_1 x + C_2)$.

$y'' + a\,y' + b\,y = f(x)$; unhomogene SchwingungsGl. 2·36

Werden dieselben Fallunterscheidungen wie in 2·35 gemacht, so ist

(a) $y = \frac{2}{\lambda} \int\limits_C^x f(t)\, e^{\frac{1}{2} a (t-x)}\, \mathfrak{Sin}\, \frac{\lambda}{2} (x - t)\, dt;$

(b) $y = \frac{2}{\lambda} \int\limits_C^x f(t)\, e^{\frac{1}{2} a (t-x)} \sin \frac{\lambda}{2} (x - t)\, dt;$

(c) $y = \int\limits_C^x f(t)\, (x - t)\, e^{\frac{1}{2} a (t-x)}\, dt.$

Additiv hinzuzufügen sind noch die in 2·35 angegebenen Lösungen.

Ist $f(x)$ periodisch und liegt der Fall (b) vor, so hat die homogene DGl, falls $a \neq 0$ ist, nach 2·35 offenbar keine periodische Lösung. Daher hat die unhomogene DGl nach B 1·2 genau eine periodische Lösung, und zwar mit derselben Periode wie $f(x)$.

Vgl. *M. Bôcher*, Annals of Math. (2) 10 (1908—09) 1—8. *R. Iglisch*, Zeitschrift f. angew. Math. Mech. 17 (1937) 249—258. Für die formelmäßige Darstellung der Lösung s. auch *Radaković*, Akad. Wien 114 (1905) 877.

Ist im Fall (b) insbesondere $f = c \sin \omega\, x$, $\omega \neq 0$, $b \neq \omega^2$ oder $a \neq 0$, so ist eine Lösung
$$y = c\,\alpha \sin \omega\, (x - \gamma)$$
mit dem „Verzerrungsfaktor" α, der durch
$$\alpha^{-2} = (b - \omega^2)^2 + a^2 \omega^2$$
bestimmt ist, und der „Phasenverschiebung"
$$\gamma = \frac{1}{\omega} \operatorname{Arc\,tg} \frac{a\,\omega}{b - \omega^2}\,.$$

Kamke, DGlen, S. 263. *Courant*, D- u. IRechnung I, S. 397 ff. Für $f(x) = c \operatorname{sgn} y'$ (Schwingung mit Dämpfung oder Aufschaukelung bei sog. trockener Reibung) s. *K. Bögel*, Ingenieur-Archiv 12 (1941) 247—254.

$y'' + a\,y' - (b^2 x^2 + c)\, y = 0$ s. 2·273 (11). 2·37

$y'' + 2\,a\,y' + f(x)\, y = 0$ 2·38

Es sei $a > 0$; $f(x)$ stetig und periodisch mit der Periode p, ferner
$$m^2 \leqq f(x) \leqq M^2\,.$$
Ist $a^2 \geqq M^2$, so ergibt sich leicht durch Abschätzungssätze, daß jede Lösung für $x \to \infty$ gegen 0 strebt. Ist $a^2 < M^2$, so ergibt sich mit *Floquets* Theorie, daß die Lösungen dieselbe Eigenschaft haben, wenn
$$\int\limits_0^p f(x)\, dx \leqq 4\, a\, \mathfrak{Ctg}\, a\, p \quad \text{ist.}$$

R. Einaudi, Atti Veneto 95_{II} (1936) 425—444.

2·39 $\boldsymbol{y'' + x\,y' + y = 0}$

$$y = e^{-\frac{1}{2}x^2}\left(C_1 + C_2 \int e^{\frac{1}{2}x^2}\,dx\right).$$

Forsyth-Jacobsthal, DGlen, S. 760.

2·40 $\boldsymbol{y'' + x\,y' - y = 0}$

$$y = C_1\,x + C_2\left[\exp\left(-\frac{1}{2}\,x^2\right) + x\int \exp\left(-\frac{1}{2}\,x^2\right)dx\right].$$

Julia, Exercices d'Analyse III, S. 138f.

2·41 $\boldsymbol{y'' + x\,y' + (n+1)\,y = 0}$, n eine natürliche Zahl.

Die DGl geht aus 2·39 durch n-maliges Differenzieren hervor, wenn die n-te Ableitung wieder mit y bezeichnet wird. Daher ist

$$y = \frac{d^n}{dx^n}\,e^{-\frac{1}{2}x^2}\left(C_1 + C_2 \int e^{\frac{1}{2}x^2}\,dx\right).$$

Forsyth-Jacobsthal, DGlen, S. 760.

2·42 $\boldsymbol{y'' + x\,y' - n\,y = 0}$

Für $y(x) = \eta(\xi)$, $\xi = i\,x$ entsteht die DGl 2·44 (1) mit ξ, η statt x, y.

2·43 $\boldsymbol{y'' - x\,y' + 2\,y = 0}$; Sonderfall von 2·44.

$$y = (x^2 - 1)\left(C_1 + C_2 \int \frac{1}{(x^2-1)^2}\,e^{\frac{1}{2}x^2}\,dx\right).$$

2·44 $\boldsymbol{y'' - x\,y' - a\,y = 0}$; *Webersche* DGl.

$$y = C_1\left(1 + \sum_{\nu=1}^{\infty} \frac{a\,(a+2)\cdots(a+2\,\nu-2)}{(2\,\nu)!}\,x^{2\nu}\right)$$
$$+ C_2\left(x + \sum_{\nu=1}^{\infty} \frac{(a+1)\,(a+3)\cdots(a+2\,\nu-1)}{(2\,\nu+1)!}\,x^{2\nu+1}\right).$$

Für $y = u(x)\exp\frac{1}{4}\,x^2$ entsteht

$$4\,u'' = (x^2 + 4\,a - 2)\,u\,,$$

d. h. die Webersche DGl in der Gestalt 2·87; für $y = \eta(\xi)$, $x = \xi\sqrt{2}$ entsteht 2·46 mit ξ, η, $-2\,a$ statt x, y, a; für $y = \eta(\xi)$, $x = i\,\xi$ entsteht 2·41 mit ξ, η, a statt x, y, $n+1$.

Der Fall, in dem $-a$ eine natürliche Zahl n ist, kann auf 2·41 zurückgeführt werden. Die DGl

(1) $$y'' - x\,y' + n\,y = 0$$

geht nämlich durch $y = u(x)\exp\frac{1}{2}\,x^2$ in 2·41 mit u statt y über.

Forsyth-Jacobsthal, DGlen, S. 207, 741; 760.

$y'' - x y' + (x-1) y = 0$ 2·45

$$y = C_1 e^x + C_2 e^x \int \exp\left(\frac{1}{2} x^2 - 2x\right) dx .$$

Forsyth-Jacobsthal, DGlen. S. 107, 695.

$y'' - 2 x y' + a y = 0$ 2·46

Für $y = u(x) \exp \frac{1}{2} x^2$ entsteht die Normalform

$$u'' + (a + 1 - x^2) u = 0$$

und für $y(x) = \eta(\xi) \exp \frac{1}{4} \xi^2$, $\xi = x \sqrt{2}$ die Webersche DGl 2·87

$$4 \eta'' = (\xi^2 - a - 1) \eta .$$

Ist $a = 2n$ und n eine natürliche Zahl, so ist eine Lösung das Hermitesche Polynom

$$y = H_n(x) = (-1)^n e^{x^2} \frac{d^n}{dx^n} e^{-x^2} = \sum_{0 \leq \nu \leq \frac{n}{2}} (-1)^\nu \binom{n}{2\nu} \frac{(2\nu)!}{\nu!} (2x)^{n-2\nu} ;$$

die Hermiteschen Polynome ergeben sich auch als Koeffizienten bei der Entwicklung

$$e^{-t^2+2tx} = \sum_{n=0}^{\infty} H_n(x) \frac{t^n}{n!} ,$$

und für $n \geqq 1$ ist

$$H_x'(x) = 2n H_{n-1}(x) .$$

Bei den Randbedingungen „$y(x)$ wird für $|x| \to \infty$ nur wie eine Potenz von x unendlich“ hat

$$y'' - 2 x y' + \lambda y = 0$$

die Eigenwerte $\lambda = 2n$ ($n = 0, 1, 2, \ldots$) und die Eigenfunktionen H_n.

Frank-v. Mises, D u. IGlen I, 1. Aufl., S. 343. *Courant-Hilbert*, Methoden math. Physik I, S. 77f., 283, 440f. *Appell-Kampé de Fériet*, Fonctions hypergéométriques, S. 331—362. Für allgemeine asymptotische Entwicklungen der Hermiteschen Polynome (a und x dürfen komplex sein) s. *N. Schwid*, Transactions Americ. Math. Soc. 37 (1935) 339—362.

$y'' + 4 x y' + (4 x^2 + 2) y = 0$ 2·47

$$y = (C_1 + C_2 x) e^{-x^2}.$$

$y'' - 4 x y' + (3 x^2 + 2 n - 1) y = 0$ 2·48

Für $y = e^{x^2} u(x)$ entsteht 2·12 mit $a = -2n - 1$ und u statt y.

2·49 $y'' - 4xy' + (4x^2 - 1)y = e^{x^2}$

Die homogene DGl ist vom Typus 2·55. Für $u(x) = y\,e^{-x^2}$ entsteht

$$u'' + u = 1; \quad u = 1 + C_1 \cos x + C_2 \sin x\,.$$

Morris-Brown, Diff. Equations, S. 159, 373.

2·50 $y'' - 4xy' + (4x^2 - 2)y = 0$

$$y = (C_1 + C_2 x)\,e^{x^2}.$$

2·51 $y'' - 4xy' + (4x^2 - 3)y = e^{x^2}$

$$y = e^{x^2}(C_1 e^x + C_2 e^{-x} - 1)\,.$$

Forsyth-Jacobsthal, DGlen, S. 109, 696.

2·52 $y'' + axy' + by = 0$

Vgl. 2·273 (10). Lautet die DGl insbesondere

$$y'' + axy' - nay = 0$$

(n eine natürliche Zahl), so geht sie für $y = \eta(\xi)$, $\xi = ix\sqrt{\frac{a}{2}}$ über in die DGl 2·46 mit ξ, η statt x, y und mit $a = 2n$; ihre Lösungen lassen sich also durch Hermitesche Polynome ausdrücken (briefliche Mitteilung von *H. Görtler*).

Vgl. auch 2·303 sowie *Abbé Lainé*, Enseignenent math. 23 (1923) 166. Für asymptotische Ausdrücke der Lösungen im Fall $a = -2$ s. *N. Schwid*, Transactions Americ. Math. Soc. 37 (1935) 339—362. Für die Lösung durch Integrale im allgemeinen Fall s. *J. H. Graf*, Math. Annalen 56 (1903) 442ff.

2·53 $y'' + 2axy' + a^2x^2y = 0$

$$e^{\frac{a}{2}x^2}\,y = \begin{cases} C_1 \operatorname{Cof} x\sqrt{a} + C_2 \operatorname{Sin} x\sqrt{a} & \text{für } a > 0\,, \\ C_1 \cos x\sqrt{-a} + C_2 \sin x\sqrt{-a} & \text{für } a < 0\,. \end{cases}$$

Forsyth-Jacobsthal, DGlen, S. 109, 696.

2·54 $y'' + (ax + b)y' + (cx + d)y = 0$

Für $y(x) = \eta(\xi)\exp\left(-\frac{c}{a}x\right)$, $\xi = \sqrt{|a|}\left(x + \frac{ab - 2c}{a^2}\right)$ entsteht

$$\eta'' \pm \xi\eta' \pm a^{-3}(c^2 - abc + a^2 d)\,\eta = 0\,,$$

wobei das obere oder untere Vorzeichen gilt, je nachdem $a > 0$ oder $a < 0$ ist. Zu der neuen DGl s. 2·40—44 und 2·52.

$y'' + (a\,x + b)\,y' + (\alpha\,x^2 + \beta\,x + \gamma)\,y = 0$ 2·55

Für $y = u(x)\exp s\,x^2$ entsteht, wenn s die Gl $4\,s^2 + 2\,a\,s + \alpha = 0$ erfüllt, die DGl 2·54

$$u'' + [(a + 4\,s)\,x + b]\,u' + [(\beta + 2\,b\,s)\,x + \gamma + 2\,s]\,u = 0\,.$$

Ist die gegebene DGl von der spezielleren Gestalt

$$y' - 2\,(a\,x + b)\,y' + [(a\,x + b)^2 - a]\,y = 0\,,$$

so ist

$$y = C_1\,y_1 + C_2\,y_2 \quad \text{mit} \quad y_1 = \exp\left(\frac{a}{2}\,x^2 + b\,x\right) \quad \text{und} \quad y_2 = y_1'\,.$$

Zu dieser Art von DGlen, bei denen eine Lösung die Ableitung einer anderen Lösung ist, vgl. *Th. Craig*, Americ. Journal Math. 8 (1886) 88.

$y'' - x^2\,y' + x\,y = 0$ 2·56

$$y = C_1\,x + C_2\left(\exp\frac{x^3}{3} - x\int x\exp\frac{x^3}{3}\,dx\right).$$

Forsyth-Jacobsthal, DGlen, S. 107.

$y'' - x^2\,y' - (x + 1)^2\,y = 0$ 2·57

$$y = \exp\left(\frac{1}{3}\,x^3 + x\right)\left[C_1 + C_2\int\exp\left(-\frac{1}{3}\,x^3 - 2\,x\right)dx\right].$$

$y'' - x^2\,(x + 1)\,y' + x\,(x^4 - 2)\,y = 0$ 2·58

$$y = \exp\frac{x^3}{3}\left[C_1 + C_2\int\exp\left(\frac{x^4}{4} - \frac{x^3}{3}\right)dx\right].$$

$y'' + x^4\,y' - x^3\,y = 0$ Sonderfall von 2·60. 2·59

$$y = C_1\,x + C_2\,x\int x^{-2}\exp\left(-\frac{x^5}{5}\right)dx\,.$$

$y'' + a\,x^{q-1}\,y' + b\,x^{q-2}\,y = 0$ 2·60

Für $q = 0$ liegt eine Eulersche DGl A 22·3 vor. Für $2\,b = a\,(q - 1)$ ist die DGl ein Sonderfall von 2·162 (16), sie geht durch $u(x) = y\exp\dfrac{a\,x^q}{2\,q}$ über in $4\,u'' = a^2\,x^{2q-2}\,u$; vgl. 2·14, 2·162 (10). Für $b = -a$, $a\,q$, $a\,(q - 1)$ sind x, $x\exp\left(-\dfrac{a\,x^q}{q}\right)$, $\exp\left(-\dfrac{a\,x^q}{q}\right)$ Lösungen (*H. Görtler*), die übrigen erhält man nach A 24·2.

2·61 $$\boldsymbol{y'' + y'\sqrt{x} + \left(\frac{1}{4\sqrt{x}} + \frac{x}{4} - 9\right) y = x \exp\left(-\frac{1}{3}x^{\frac{3}{2}}\right)}$$

Für $u(x) = y \exp\left(\frac{1}{3}x^{\frac{3}{2}}\right)$ entsteht

$$u'' - 9u = x; \quad u = C_1 e^{3x} + C_2 e^{\quad 3x} - \frac{x}{9}$$

Morris-Brown, Diff. Equations, S. 152, 374.

2·62 $$\boldsymbol{y'' - \frac{1}{\sqrt{x}} y' + \frac{1}{4x^2}(x + \sqrt{x} - 8) y = 0}$$

$$y = \left(C_1 x^2 + \frac{C_2}{x}\right) \exp\sqrt{x}\,.$$

Forsyth-Jacobsthal, DGlen, S. 108f.

2·63 $$\boldsymbol{y'' - (2e^x + 1) y' + e^{2x} y = e^{3x}}$$

Für $y(x) = \eta(\xi)$, $\xi = e^x$ entsteht die DGl 2·36

$$\eta'' - 2\eta' + \eta = \xi; \quad \eta = \xi + 2 + e^{\xi}(C_1 + C_2\xi)\,.$$

Morris-Brown, Diff. Equations, S. 151, 373.

2·64 $$\boldsymbol{y'' + a y' \,\mathfrak{Tg}\, x + b y = 0}$$

Für $y(x) = \eta(\xi)$, $\xi = \mathfrak{Sin}\, x$ entsteht die DGl 2·298

$$(\xi^2 + 1)\eta'' + (a + 1)\xi\eta' + b\eta = 0\,.$$

Für $a = 2$ kann die DGl in der Gestalt

$$(y\,\mathfrak{Cof}\, x)'' + (b - 1)\cdot y\,\mathfrak{Cof}\, x = 0$$

geschrieben werden und hat daher die Lösungen

$$y\,\mathfrak{Cof}\, x = \begin{cases} C_1 \cos\alpha x + C_2 \sin\alpha x & \text{für } b - 1 = \alpha^2 > 0\,, \\ C_1\,\mathfrak{Cof}\,\alpha x + C_2\,\mathfrak{Sin}\,\alpha x & \text{für } b - 1 = -\alpha^2 < 0 \end{cases}$$

J. Halm, Transactions Soc. Edinburgh 41 (1906) 651f.

2·65 $$\boldsymbol{y'' + 2n y' \,\mathfrak{Ctg}\, x + (n^2 - a^2) y = 0}$$

$$y = \left(\frac{1}{\mathfrak{Sin}\, x}\frac{d}{dx}\right)^n (C_1 e^{ax} + C_2 e^{-ax})\,.$$

2·66 $$\boldsymbol{y'' + y' \operatorname{tg} x + y \cos^2 x = 0}$$

$$y = C_1 \cos\sin x + C_2 \sin\sin x\,.$$

Forsyth-Jacobsthal, DGlen, S. 115, 697.

$y'' + y' \operatorname{tg} x - y \cos^2 x = 0$ 2·67

$$y = C_1 e^{\sin x} + C_2 e^{-\sin x}$$

$y'' + y' \operatorname{ctg} x + v(v+1) y = 0$ 2·68

Für $\eta(\xi) = y(x)$, $\xi = \cos x$ entsteht die DGl 2·240 mit ξ, η statt x, y.

Heine, Kugelfunktionen I, S. 49.

$y'' - y' \operatorname{ctg} x + y \sin^2 x = 0$ 2·69

$$y = C_1 \cos\cos x + C_2 \sin\cos x .$$

Forsyth-Jacobsthal, DGlen, S. 504.

$y'' + a y' \operatorname{tg} x + b y = 0$ 2·70

Für $y(x) = \eta(\xi)$, $\xi = \sin x$ entsteht die DGl 2·249

$$(\xi^2 - 1)\eta'' + (1 - a)\xi\eta' - b\eta = 0 .$$

Für $a = -2$ kann die DGl in der Gestalt

$$(y \cos x)'' + (b + 1) \cdot y \cos x = 0$$

geschrieben werden und hat daher die Lösungen

$$y \cos x = \begin{cases} C_1 \cos \alpha x + C_2 \sin \alpha x & \text{für } b + 1 = \alpha^2 > 0 , \\ C_1 \operatorname{Cof} \alpha x + C_2 \operatorname{Sin} \alpha x & \text{für } b + 1 = -\alpha^2 < 0 . \end{cases}$$

J. Halm, Transactions Soc. Edinburgh 41 (1906) 651f.

Für $a = 2$, $b = 3$ ist

$$y = C_1 \cos^3 x + C_2 \sin x (1 + 2\cos^2 x) .$$

$y'' + 2 a y' \operatorname{ctg} a x + (b^2 - a^2) y = 0$, $a \neq 0$, $b \neq 0$. 2·71

Für $u(x) = y \sin a x$ entsteht eine leicht lösbare DGl.

$$y \sin a x = C_1 \cos b x + C_2 \sin b x .$$

Forsyth-Jacobsthal, DGlen, S. 144, 711.

$y'' + a \wp'(x) y' + [\alpha + \beta \wp(x) - 4 n a \wp^2(x)] y = 0$ 2·72

Vgl. *P. Humbert*, Atti Pontificia Accad. 81 (1928) 71–84.

$y'' + \dfrac{\wp^3 - \wp\wp' - \wp''}{\wp' + \wp^2} y' + \dfrac{\wp'^2 - \wp^2\wp' - \wp\wp''}{\wp' + \wp^2} y = 0$, $\wp = \wp(x)$. 2·73

$$y = C_1 \wp(x) + C_2 e^{\zeta(x)}.$$

Forsyth, Diff. Equations III, S. 462.

2·74 $\boldsymbol{y'' + k^2 \frac{\operatorname{sn} x \operatorname{cn} x}{\operatorname{dn} x} y' + n^2 y \operatorname{dn}^2 x = 0}$

Vgl. *Forsyth*, Diff. Equations III, S. 462.

2·75 $\boldsymbol{y'' + f(x)\, y' + g(x)\, y = 0}$ s. A 24.

Ist $g \neq 0$ und $\frac{1}{|g|} \frac{d}{dx} \sqrt{|g|} + \frac{f}{\sqrt{|g|}} = a = \text{const.}$,

so geht die DGl durch $y(x) = \eta(\xi)$, $\xi = \int \sqrt{|g|}\, dx$ in die DGl

$$\eta'' + a\,\eta' + \frac{g}{|g|}\,\eta = 0$$

über, d. h. in eine DGl mit konstanten Koeffizienten.

Julia, Excercices d'Analyse III, S. 115ff.

2·76 $\boldsymbol{y'' + f(x)\, y' + [f'(x) + a]\, y = g(x)}$

Für eine Diskussion der DGl in der Gestalt

$$\frac{d^2 I}{dt^2} + \frac{R}{L}\frac{dI}{dt} + \left(\frac{1}{C\,L} \frac{d}{dt}\frac{R}{L}\right) I = \frac{1}{L}\frac{dR}{dt}$$

mit $R = R(t)$ (DGl des Pendelrückkopplungsempfängers) s. *A. Erdelyi*, Annalen d. Physik 415 (1935) 21—43, 380.

2·77 $\boldsymbol{y'' + [a\, f(x) + b]\, y' + [c\, f(x) + d]\, y = 0}$

Ist $a^2 d - a\,b\,c + c^2 = 0$, $a \neq 0$, so ist

$$y = e^{-\frac{c}{a}x}\left(C_1 + C_2 \int \exp\left[\left(\frac{2\,c}{a} - b\right) x - a \int f\,dx\right] dx\right).$$

O. Olsson, Arkiv för Mat. 14 (1920) No. 1, S. 9.

78 $\boldsymbol{y'' + f(x)\, y' + \left(\frac{f^2}{4} + \frac{f'}{2} + a\right) y = 0}$

Für $$u(x) = y \exp \frac{1}{2}\int f\,dx$$

entsteht $$u'' + a\,u = 0\,.$$

Forsyth-Jacobsthal, DGlen, S. 147, 715. *Julia*, Exercices d'Analyse III, S. 124.

2·79 $\boldsymbol{y'' - a \frac{f'(x)}{f(x)} y' + b\, f^{2a}(x)\, y = 0}$

Für $$y(x) = \eta(\xi),\ \xi = \int f^{2a}\, dx$$

entsteht $$(\eta'' + b\,\eta)\, f^{2a}(x) = 0\,,$$

also, soweit $f \neq 0$ ist, $$\eta'' + b\,\eta = 0\,.$$

$$y'' - \left(\frac{f'}{f} + 2a\right) y' + \left(a\frac{f'}{f} + a^2 - b^2 f^2\right) y = 0, \quad f = f(x).$$ 2·80

$$y = e^{a x}\left(C_1 E + \frac{C_2}{E}\right) \quad \text{mit} \quad E = \exp b \int f\,dx\,.$$

O. Olsson, Arkiv för Mat. 14 (1920) No. 1, S. 3; mit Anwendungen auf Funktionen f, die mit elliptischen Funktionen zusammenhängen; s. hierzu auch *Olsson*, ebenda Nr. 14.

$$y'' + \left(\frac{f f'}{f^2+4} - \frac{f''}{f'}\right) y' - \frac{f'^2}{9\,(f^2+4)}\, y = 0, \quad f = f(x).$$ 2·81

Eine Lösung ist die Lösung der Gl $y^3 + 3y = f(x)$.

Ince, Diff. Equations, S. 394.

$$y'' - \left[\frac{g''}{g'} + (2\mu - 1)\frac{g'}{g}\right] y' + \left[(\mu^2 - \nu^2)\left(\frac{g'}{g}\right)^2 + g'^2\right] y = 0, \quad g = g(x);$$ 2·82

s. 2·162 (15).

$$y'' - \frac{f'}{f} y' + \left[\frac{3}{4}\left(\frac{f'}{f}\right)^2 - \frac{1}{2}\frac{f''}{f} - \frac{3}{4}\left(\frac{g''}{g'}\right)^2 + \frac{1}{2}\frac{g'''}{g'} + \left(\frac{1}{4} - \nu^2\right)\left(\frac{g'}{g}\right)^2 + g'^2\right] y = 0,$$ 2·83

$f = f(x)$, $g = g(x)$; s. 2·162 (13).

$$y'' - \left[2\frac{f'}{f} + \frac{g''}{g'} - \frac{g'}{g}\right] y' + \left[\frac{f'}{f}\left(2\frac{f'}{f} + \frac{g''}{g'} - \frac{g'}{g}\right) - \frac{f''}{f} - \nu^2\left(\frac{g'}{g}\right)^2 + g'^2\right] y = 0,$$ 2·84

$f = f(x)$, $g = g(x)$; s. 2·162 (12a).

$$y'' - \left[\frac{g''}{g'} + (2\nu - 1)\frac{g'}{g} + 2\frac{h'}{h}\right] y' + \left[\frac{h'}{h}\left(\frac{g''}{g'} + (2\nu - 1)\frac{g'}{g} + 2\frac{h'}{h}\right) - \frac{h''}{h} + g'^2\right] y = 0,$$ 2·85

$g = g(x)$, $h = h(x)$; s. 2·162 (12b).

$4y'' + 9xy = 0$; Sonderfall von 2·14. 2·86

Multipliziert man die DGl mit $\frac{1}{4}x^2$, so hat man die DGl 2·162 (1).

$4y'' = (x^2 + a)\,y$; *Weber*sche DGl. 2·87

Lit.: *Pascal*, Repertorium I_3, S. 1451–1455. *Whittaker-Watson*, Modern Analysis, S. 347ff.

Zu der DGl s. 2·273 (13) sowie 2·12 und 2·44.

Ist $a = -2(2n+1)$ und n eine natürliche Zahl, so ist eine Lösung

$$y = D_n(x) = (-1)^n e^{\frac{1}{4}x^2} \frac{d^n}{dx^n} e^{-\frac{1}{2}x^2},$$

d. i.

$$y = 2^{-\frac{1}{2}n} e^{-\frac{1}{4}x^2} H_n\left(\frac{x}{\sqrt{2}}\right),$$

wo

$$H_n(x) = (-1)^n e^{x^2} \frac{d^n}{dx^n} e^{-x^2}$$

ein Hermitesches Polynom (vgl. 2·46) ist. Für nähere Untersuchungen über die Lösungen s. die angegebene Literatur. Über asymptotische Ausdrücke für die Lösungen (auch bei komplexem a und x) s. *N. Schwid*, Transactions Americ. Math. Soc. 37 (1935) 339—362.

2·88 $\mathbf{4y'' + 4y' \operatorname{tg} x - (5 \operatorname{tg}^2 x + 2) y = 0}$

$$y\sqrt{|\cos x|} = C_1 + C_2 (x + \sin x \cos x).$$

2·89 $\mathbf{a y'' - (x + ab + c) y' + [b(x+c) + d] y = 0}$; Sonderfall von 2·54.

Für $y(x) = e^{bx}\eta(\xi)$, $\xi\sqrt{a} = x - ab + c$ entsteht die DGl 2·44

$$\eta'' - \xi\eta' + d\eta = 0.$$

Forsyth-Jacobsthal, DGlen, S. 207, 741.

2·90 $\mathbf{a^2 y'' + a(a^2 - 2b e^{-ax}) y' + b^2 e^{-2ax} y = 0}$

$$y = C_1 y_1 + C_2 y_2 \text{ mit } y_1 = \exp\left(-\frac{b}{a^2} e^{ax}\right),\ y_2 = y_1'.$$

Th. Craig, Americ. Journal Math. 8 (1886) 89.

91—145. $(ax + b) y'' + \cdots$.

2·91 $\mathbf{x(y'' + y) = \cos x}$

$$y = C_1 \sin x + C_2 \cos x + \sin x \int \frac{\cos^2 x}{x}\,dx - \cos x \int \frac{\sin 2x}{2x}\,dx.$$

O. Perron, Math. Zeitschrift 6 (1920) 163.

2·92 $\mathbf{x y'' + (x + a) y = 0}$

Aus 2·134 kann entnommen werden, daß sich die DGl in den Typus 2·113 überführen läßt. Für eine unmittelbare Diskussion der DGl s. *M. Frenkel* Zeitschrift f. Physik 95 (1935) 599—629.

$x y'' + y' = 0$, d. i. $(x y')' = 0$. 2·93

$y = C_1 + C_2 \log|x|$. Eine Grundlösung ist $\frac{1}{2}\left|\log\frac{\xi}{x}\right|$. Daher ist die Greensche Funktion jeder homogenen Randwertaufgabe von der Gestalt

$$\Gamma(x, \xi) = C_1(\xi) + C_2(\xi) \log|x| + \frac{1}{2}\left|\log\frac{\xi}{x}\right|.$$

Für die Randbedingungen

$$y(1) = \alpha\, y'(1), \quad y(x) \text{ beschränkt für } x \to 0$$

ist

$$\Gamma(x, \xi) = \begin{cases} \alpha + \log\xi & \text{für } 0 < x \leqq \xi, \\ \alpha + \log x & \text{für } 0 < \xi \leqq x. \end{cases}$$

Westfall, Diss., S. 61.

$x y'' + y' + a y = 0$ s. 2·104. 2·94

$x y'' + y' + \lambda x y = 0$; Sonderfall von 2·162 (1). 2·95

Für die Randbedingungen

$$y(1) = 0, \quad y(x) \text{ beschränkt für } x \to 0$$

sind die Eigenfunktionen $C J_0\left(2\sqrt{\lambda x}\right)$, wobei die Eigenwerte durch die Gl $J_0\left(2\sqrt{\lambda}\right) = 0$ bestimmt sind und J_0 die Besselsche Funktion ist.

Courant-Hilbert, Methoden math. Physik I, S. 339.

$x y'' + y' + (x + a) y = 0$ 2·96

Für $y = \eta(\xi) \exp(\pm i x)$, $\xi = \mp 2 i x$ entsteht die DGl 2·113

$$\xi \eta'' + (1 - \xi) \eta' - \frac{1}{2}(1 \mp i a) \eta = 0.$$

Watson, Bessel functions, S. 105.

$x y'' - y' + a y = 0$ s. 2·106. 2·97

$x y'' - y' - a x^3 y = 0$; Sonderfall von 2·106 und 2·79. 2·98

Es sei $\alpha = \sqrt{|a|}$. Die Lösungen sind

$$y = \begin{cases} C_1 \operatorname{Cof} \frac{1}{2}\alpha x^2 + C_2 \operatorname{Sin} \frac{1}{2}\alpha x^2 & \text{für } a > 0, \\ C_1 \cos \frac{1}{2}\alpha x^2 + C_2 \sin \frac{1}{2}\alpha x^2 & \text{für } a < 0. \end{cases}$$

Julia, Exercices d'Analyse III, S. 130.

2·99 $\boldsymbol{x\,y'' - y' + x^3\,(e^{x^2} - \nu^2)\,y = 0}$

Für $y(x) = \eta(\xi)$, $\xi = \exp \frac{1}{2}\,x^2$ entsteht die Besselsche DGl 2·162 mit ξ, η statt x, y.

Forsyth-Jacobsthal, DGlen, S. 149, 718.

2·100 $\boldsymbol{x\,y'' + 2\,y' - x\,y = e^x}$

$$y = \frac{1}{2}\,e^x + \frac{1}{x}\,(C_1\,e^x + C_2\,e^{-x})\,.$$

Morris-Brown, Diff. Equations S. 149, 372.

2·101 $\boldsymbol{x\,y'' + 2\,y' + a\,x\,y = 0}$

Für $u(x) = x\,y$ entsteht die leicht lösbare DGl $u'' + a\,u = 0$.

Forsyth-Jacobsthal, DGlen, S. 88, 686.

2·102 $\boldsymbol{x\,y'' + 2\,y' + a\,x^2\,y = 0}$; Sonderfall von 2·162 (1).

Für $u(x) = x\,y$ entsteht $u'' + a\,x\,u = 0$, d. i. 2·14.

Forsyth-Jacobsthal, DGlen, S. 155, 725.

2·103 $\boldsymbol{x\,y'' - 2\,y' + a\,y = 0}$; Sonderfall von 2·106.

2·104 $\boldsymbol{x\,y'' + \nu\,y' + a\,y = 0}$, $a \neq 0$; Sonderfall von 2·162 (1).

Ist $2\nu = 2n + 1$ (n eine natürliche Zahl), so folgt die DGl durch n-malige Differentiation aus 2·130 mit $2a$ statt a, wenn die n-te Ableitung wieder mit y bezeichnet wird. Daher sind die Lösungen

$$y = \begin{cases} C_1 \dfrac{d^n}{dx^n} \operatorname{Cof} 2\sqrt{-a\,x} + C_2 \dfrac{d^n}{dx^n} \operatorname{Sin} 2\sqrt{-a\,x} & \text{für } a\,x < 0\,, \\ C_1 \dfrac{d^n}{dx^n} \cos 2\sqrt{a\,x} + C_2 \dfrac{d^n}{dx^n} \sin 2\sqrt{a\,x} & \text{für } a\,x > 0\,. \end{cases}$$

Forsyth-Jacobsthal, DGlen, S. 204.

Ist $\nu = -2n$ (n eine natürliche Zahl) und $a = -1$, so sind die Lösungen

$$y = (\delta - 1)\,(\delta - 3) \cdots (\delta - 2n + 1)\,e^{\pm x} \quad \text{mit} \quad \delta = x\,\frac{d}{dx}\,.$$

J. L. Burchnall — T. W. Chaundy, Quarterly Journal Oxford 1 (1930) 190

$xy''+ay'+bxy=0$ s. 2·162 (9). 2·105

Für $a \neq 1$, $x>0$ geht die DGl durch

$$y(x)=\eta(\xi),\quad x\,|q|=\xi^q,\quad q=\frac{1}{1-a}$$

über in die DGl 2·14

$$\eta''=-b\,\xi^{2q-2}\,\eta\,.$$

Für $y(x)=\eta(\xi)$, $\xi=\frac{1}{2}x^2$ entsteht die DGl 2·104

$$2\xi\eta''+(a+1)\eta'+b\eta=0\,.$$

Ist $a=2n$ (n eine natürliche Zahl), so ist also

$$y=C_1\frac{d^n}{d\xi^n}\exp\left(2\sqrt{-\tfrac{1}{2}b\xi}\right)+C_2\frac{d^n}{d\xi^n}\exp\left(-2\sqrt{-\tfrac{1}{2}b\xi}\right)$$

$$=C_1\left(\frac{1}{x}\,\mathrm{D}\right)^n\exp\left(x\sqrt{-b}\right)+C_2\left(\frac{1}{x}\,\mathrm{D}\right)^n\exp\left(-x\sqrt{-b}\right),$$

wo $\mathrm{D}=\frac{d}{dx}$ und z. B. $\left(\frac{1}{x}\,\mathrm{D}\right)^2=\frac{1}{x}\,\mathrm{D}\left(\frac{1}{x}\,\mathrm{D}\right)$ ist.

Für $a=-2n$ s. 5·6.

Für $0<a<2$, $a\neq 1$ bilden

$$y_1=\int_0^\pi \mathfrak{Cof}\left(x\sqrt{-b}\cos t\right)\sin^{a-1}t\,dt\,,$$

$$y_2=x^{1-a}\int_0^\pi \mathfrak{Cof}\left(x\sqrt{-b}\cos t\right)\sin^{1-a}t\,dt$$

ein Hauptsystem von Lösungen, falls $b<0$ ist; ist $b>0$, so bilden

$$y_1=\int_0^\pi \cos\left(x\sqrt{b}\cos t\right)\sin^{a-1}t\,dt\,,\qquad y_2=x^{1-a}\int_0^\pi \cos\left(x\sqrt{b}\cos t\right)\sin^{1-a}t\,dt$$

ein Hauptsystem; falls $a=1$ ist, ist y_2 durch

$$\int_0^\pi \mathfrak{Cof}\left(x\sqrt{-b}\cos t\right)\log\left(x\sin^2 t\right)dt$$

bzw. durch

$$\int_0^\pi \cos\left(x\sqrt{b}\cos t\right)\log\left(x\sin^2 t\right)dt$$

zu ersetzen.

Heine, Kugelfunktionen I, S. 239f. *Forsyth-Jacobsthal*, DGlen, S. 157, 204. *Serret-Scheffers*, Differential- u. Integralrechnung III, S. 501—512. *Ch. de la Vallée Poussin*, Annales Bruxelles 29 (1905) 140—143. *J. H. Graf*, Math. Annalen 56 (1903) 423—444.

2·106 $\boldsymbol{x\,y'' + a\,y' + b\,x^\alpha\,y = 0}$; Sonderfall von 2·162 (1).

Lautet die DGl insbesondere

$$x\,y'' + (1 - a)\,y' + a^2\,x^{2a-1}\,y = 0\,,$$

so sind die Lösungen

$$y = C_1 \cos(x^a + C_2)\,.$$

Für einige weitere Sonderfälle der Konstanten ist die DGl direkt behandelt bei *N. Nadsen*, Nyt Tidsskrift Mat. 13 (1902) 59—63. Für $a = 1$ s. auch *C. J. Malmstèn*, Journal für Math. 39 (1850) 108—115.

2·107 $\boldsymbol{x\,y'' + (x + b)\,y' + a\,y = 0}$

Für $y(x) = \eta(\xi)$, $\xi = -x$ entsteht 2·113 mit ξ, η statt x, y.

2·108 $\boldsymbol{x\,y'' + (x + a + b)\,y' + a\,y = 0}$

Nach A 22·4 sind Lösungen in der Gestalt von Kurvenintegralen

$$y(x) = \int_\alpha^\beta e^{-xt}\,t^{a-1}\,(1 - t)^{b-1}\,dt$$

(kritische Stellen des Integranden auf dem Integrationsweg sollen durch kleine Halbkreise umgangen werden) mit

a	b	x	α	β
> 0	> 0	beliebig	0	1
> 0	beliebig	> 0	0	$+\infty$
> 0	beliebig	< 0	$-\infty$	0
beliebig	> 0	> 0	1	$+\infty$
beliebig	> 0	< 0	$-\infty$	1

Für $a > 0$, $b > 0$, $x > 0$ sind die Lösungen

$$y = C_1 \int_0^1 e^{-xt}\,t^{a-1}\,(1 - t)^{b-1}\,dt + C_2 \int_1^\infty e^{-xt}\,t^{a-1}\,(t - 1)^{b-1}\,dt\,.$$

Ince, Diff. Equations, S. 188f. Für asymptotische Entwicklungen in der Umgebung von $x = \infty$ s. *W. Jacobsthal*, Math. Annalen 56 (1903) 129—154.

2·109 $\boldsymbol{x\,y'' - x\,y' - y = x\,(x + 1)\,e^x}$

$$y = (x^2 - x \log x - 1)\,e^x + C_1\,x\,e^x + C_2\,x\,e^x \int \frac{dx}{x^2\,e^x}\,.$$

Morris-Brown, Diff. Equations, S. 136, 369.

$x y'' - x y' - a y = 0$; Sonderfall von 2·113. 2·110

Ist $a = n$ (n eine natürliche Zahl), so ist

$$y_1 = \frac{d^{n-1}}{dx^{n-1}} e^x x^n$$

eine Lösung. Ist $a = -n$, so ist

$$y_2(x) = e^x y_1(-x)$$

eine Lösung; diese ist offenbar ein Polynom und, abgesehen von einem konstanten Faktor,

$$y = \sum_{\nu=1}^{n} (-1)^{n-\nu} \binom{n}{n-\nu}^2 (n-\nu)! \frac{\nu x^\nu}{n}.$$

G. Julia, Intermédiaire math. (2) 3 (1924) 130f. und 4 (1925) 60—64 sowie Exercices d'Analyse III, 132—138, 159—169.

$x y'' - (x+1) y' + y = 0$ 2·111

$$y = C_1 (x+1) + C_2 e^x.$$

Forsyth-Jacobsthal, DGlen, S. 121.

$x y'' - (x+1) y' - 2(x-1) y = 0$ 2·112

$$y = C_1 e^{2x} + C_2 (3x+1) e^{-x}.$$

$x y'' + (b-x) y' - a y = 0$; konfluente hypergeometrische DGl. 2·113

Lit.: *A. Kienast*, Schweiz. Naturf. Ges. 57 (1921) 247—325. *Watson*, Bessel functions, S. 100. *H. A. Webb* — *J. R. Airey*, Philos. Magazine (6) 36 (1918) 129 bis 141; dort auch Zahlentabellen der auftretenden Lösungen. *W. Magnus-F. Oberhettinger*, Formeln und Sätze für die speziellen Funktionen der mathematischen Physik, Berlin 1943, S. 86ff. *H. Buchholz*, Zeitschrift f. angew. Math. Mech. 23 (1943) 47—58, 101—118. Zahlentabellen ebenfalls in Report of the Britis h Association for the advancement of science 1926, S. 276; 1927, S. 220. *R. Gran Olsson*, Ingenieur-Archiv 8 (1937) 99—103. *Jahnke-Emde*, Funktionentafeln, 3. Aufl., S. 275 ff.

Ist b keine ganze Zahl, so sind die Lösungen

$$y = C_1 F(a, b, x) + C_2 x^{1-b} F(a-b+1, 2-b, x);$$

dabei ist

$$F(a, b, x) = {}_1F_1(a, b, x) = 1 + \sum_{k=1}^{\infty} \frac{a(a+1)\cdots(a+k-1)}{b(b+1)\cdots(b+k-1)} \frac{x^k}{k!}$$

die sog. *Pochhammersche Funktion* oder *konfluente hypergeometrische Funktion* dargestellt durch eine für alle x konvergente Reihe (vgl. hierzu die hypergeometrische Reihe 2·260 (10)). Diese Funktion genügt den FunktionalGlen

$$F(a, b, x) = e^x F(b-a, b, -x),$$

$$F(a, b, x) = \frac{a}{b} F'(a+1, b+1, x),$$

$$F(a, b, x) - F'(a, b, x) = \frac{b-a}{b} F(a, b+1, x),$$

$$a F(a, b, x) - b F'(a, b, x) = \frac{a(a-b)}{b(b+1)} x F(a+1, b+2, x).$$

Vgl. auch Nachträge, 2·113.

Für $y(x) = |x|^{-\frac{1}{2}b} \eta(\xi)$, $\xi = \pm x$ geht die DGl über in die konfluente hypergeometrische DGl 2·190 (vgl. auch 2·273)

$$\xi^2 \eta'' \mp \xi^2 \eta' + \left[\pm \left(\frac{b}{2} - a\right) \xi - \frac{b}{2}\left(\frac{b}{2} - 1\right)\right] \eta = 0.$$

Für $y = e^x u(x)$ entsteht die DGl 2·108

$$x u'' + (x + b) u' + (b - a) u = 0.$$

Ist $n = b - a$ eine natürliche Zahl, so ist diese DGl von dem Typus 2·116. Daher hat die ursprüngliche DGl in diesem Fall u. a. die Lösung

$$y = e^x \frac{d^{n-1}}{dx^{n-1}} |x|^{n-b} e^{-x}.$$

Die DGl

(1) $$x y'' + (m - x) y' + n y = 0$$

(m, n natürliche Zahlen) hat somit u. a. die Lösung

$$y = e^x \frac{d^{m+n-1}}{dx^{m+n-1}} x^n e^{-x} = \frac{n!}{(m+n-1)!} L_{m+n-1}^{(m-1)}(x),$$

wo

$$L_n(x) = e^x \frac{d^n}{dx^n} x^n e^{-x}$$

ein *Laguerresches Polynom* ist; (1) ist also die *DGl der Laguerreschen Polynome*[1]) und gewisser Ableitungen von ihnen.

Für $\Re a > 0$ ist

$$F(a, b, x) = \frac{\Gamma(b)\,\Gamma(1+a-b)}{2\pi i\,\Gamma(a)} \int^{\mathfrak{K}} t^{-b} (1-t)^{b-a-1} e^{\frac{x}{t}}\, dt,$$

wobei $\mathfrak{K}$ eine Kurve ist, die von ∞ kommt, die Strecke $0 < t < 1$ von der unteren in die obere komplexe t-Halbebene durchsetzt und wieder zu ∞ geht; z. B. kann man also geradlinig von $c - i\infty$ bis $c + i\infty$ bei $0 < c < 1$ integrieren. Für eine andere Integraldarstellung s. *H. Bateman*, Transactions Americ. Math. Soc. 33 (1931) 817—831.

O. Perron, Journal für Math. 151 (1921) 63—78. Dort wird auch das asymptotische Verhalten von

$$F(a, b+n, x), \quad F(a+n, b+n, x), \quad F(a+n, b, x)$$

für $n \to \infty$ untersucht.

---

[1]) Für Tafeln der Laguerreschen Polynome s. 2·137.

Für die Eigenwertaufgabe

$$x\,y'' + (m - x)\,y' + \lambda\,y = 0$$

(m eine natürliche Zahl) mit den Randbedingungen „$y(x)$ beschränkt für $x \to 0$ und nicht größer als eine Potenz von x für $x \to \infty$" sind die Eigenwerte $\lambda = n - m + 1$ ($n = m - 1, m, \ldots$) und die Eigenfunktionen $L_n^{(m-1)}(x)$.

$x\,y'' - 2\,(x - 1)\,y' - y = 0$; Sonderfall von 2·273 (5). 2·114

Für $\eta(\xi) = x\,e^{-x}\,y$, $\xi = 2\,x$ entsteht die DGl 2·134

$$4\,\xi\,\eta'' = (\xi - 2)\,\eta\,.$$

$x\,y'' - (3\,x - 2)\,y' + (2\,x - 3)\,y = 0$, Sonderfall von 2·162 (17). 2·115

$x\,y'' + (a\,x + b + n)\,y' + n\,a\,y = 0$; n eine natürliche Zahl. 2·116

Die DGl entsteht aus der linearen DGl erster Ordnung

$$x\,y' + (a\,x + b)\,y = 0$$

durch n-malige Differentiation wenn nachträglich wieder y statt $y^{(n-1)}$ geschrieben wird; daher ist eine Lösung

$$y = \frac{d^{n-1}}{dx^{n-1}}\,|x|^{-b}\,e^{-a\,x}\,.$$

Forsyth-Jacobsthal, DGlen, S. 759f.

$x\,y'' - (a + b)\,(x + 1)\,y' + a\,b\,x\,y = 0$, $a < b$. 2·117

Mit A 22·4 ergibt sich

$$y = C_1 \int_\alpha^\beta + C_2 \int_\gamma^\delta e^{x\,z}\,(z - a)^{m-1}\,(z - b)^{n-1}\,dz;$$

dabei ist

$$m = a\,\frac{b + a}{b - a}, \quad n = b\,\frac{a + b}{a - b}$$

und $\alpha = a - i\,\infty$, $\beta = \gamma = a$, $\delta = a + i\,\infty$, falls $0 < a < b$ ist; $\alpha = -\infty$, $\beta = \gamma = a$, $\delta = b$ ($\alpha = a$, $\beta = \gamma = b$, $\delta = +\infty$), falls $a < 0 < b$, $|a| > b$ und $x > 0$ ($x < 0$) ist. In den andern Fällen sind geeignet geführte Schleifenintegrale in der komplexen z-Ebene zu wählen.

Forsyth-Jacobsthal, DGlen, S. 265, 774. Dort muß jedoch manches genauer gefaßt werden.

2·118 $\boldsymbol{x y'' + [(a+b) x + m + n] y' + (a b x + a n + b m) y = 0}$; m, n natürliche Zahlen, $a \neq b$ oder $m \neq n$.

Für $u(x) = y \exp a x$ und $u(x) = y \exp b x$ entsteht 2·116

$$x u'' + [(b-a) x + m + n] u' + m (b-a) u = 0$$

und

$$x u'' + [(a-b) x + n + m] u' + n (a-b) u = 0 .$$

Daraus folgt

$$y = C_1 e^{-a x} \frac{d^{m-1}}{dx^{m-1}} x^{-n} e^{(a-b) x} + C_2 e^{-b x} \frac{d^{n-1}}{dx^{n-1}} x^{-m} e^{(b-a) x} .$$

Für $a = 0$ und für $b = 0$ gibt es unter den Lösungen also auch Polynome.

Forsyth-Jacobsthal, DGlen, S. 212, 759f.

2·119 $\boldsymbol{x y'' - 2 (a x + b) y' + (a^2 x + 2 a b) y = 0}$

$$y = e^{a x} (C_1 + C_2 x^{2b+1}) .$$

Forsyth-Jacobsthal, DGlen, S. 148, 717.

2·120 $\boldsymbol{x y'' + (a x + b) y' + (c x + d) y = 0}$ s. die vorangehenden DGlen, 2·138a und 2·273 (9).

2·121 $\boldsymbol{x y'' - (x^2 - x) y' + (x - 1) y = 0}$

$$y = C_1 x + C_2 x \int \frac{1}{x^2} \exp\left(\frac{1}{2} x^2 - x\right) dx .$$

2·122 $\boldsymbol{x y'' - (x^2 - x - 2) y' - x (x + 3) y = 0}$

$$y = \exp \frac{1}{2} x^2 \left(C_1 + C_2 \int x^{-2} \exp\left(-\frac{1}{2} x^2 - x\right) dx\right)$$

2·123 $\boldsymbol{x y'' - (2 x^2 + 1) y' + x^3 y = 0}$

Für $y = e^{\frac{1}{2} x^2} u(x)$ entsteht

$$x u'' - u' = 0; \qquad u = {}_1 + C_2 x^2 .$$

2·124 $\boldsymbol{x y'' - 2 (x^2 - a) y' + 2 n x y = 0}$ s. 2·210.

$x y'' + (4 x^2 - 1) y' - 4 x^3 y = 4 x^5$ 2·125

Für $y(x) = \eta(\xi)$, $\xi = x^2$ entsteht die DGl 2·36

$$\eta'' + 2\eta' - \eta = \xi ;$$

$$y = C_1 e^{\alpha x^2} + C_2 e^{\beta x^2} - x^2 - 2 ,$$

wo α, β durch $\alpha + \beta = -2$, $\alpha\beta = -1$ bestimmt sind.

Morris-Brown, Diff. Equations, S. 151.

$x y'' + (2 a x^3 - 1) y' + (a^2 x^3 + a) x^2 y = 0$ 2·126

$$y = (C_1 + C_2 x^2) \exp\left(-\frac{1}{3} a x^3\right) .$$

Th. Craig, Americ. Journal Math. 8 (1886) 89.

$x y'' + (a x^b + 2) y' + c x^{b-1} y = 0$ 2·126a

Für $c = a$, $a(b+1)$, $a b$ sind x^{-1}, $\exp\left(-\frac{a x^b}{b}\right)$, $x^{-1} \exp\left(-\frac{a x^b}{b}\right)$ Lösungen (*H. Görtler*); die übrigen Lösungen erhält man nach A 24·2.

$x y'' + (2 a x \log x + 1) y' + (a^2 x \log^2 x + a \log x + a) y = 0$ 2·127

$$y = C_1 y_1 + C_2 y_2 \quad \text{mit} \quad y_1 = \left(\frac{e}{x}\right)^{a x}, \ y_2 = y_1' .$$

Th. Craig, Americ. Journal Math. 8 (1886) 89.

$x y'' + [x f(x) + 2] y' + f(x) y = 0$ 2·128

$$x y = C_1 + C_2 \int \exp\left[-\int f(x)\, dx\right] dx .$$

Forsyth-Jacobsthal, DGlen, S. 144, 710.

$(x - 3) y'' - (4 x - 9) y' + (3 x - 6) y = 0$ 2·129

$$y = e^x \left[C_1 + C_2 \int e^{2x} (x-3)^3\, dx\right] .$$

Forsyth-Jacobsthal, DGlen, S. 148, 717.

$2 x y'' + y' + a y = 0$, $a \neq 0$. 2·130

Sonderfall von 2·162 (1). Mit $\eta(\xi) = y(x)$, $2x = \pm \xi^2$ erhält man unmittelbar

$$y = \begin{cases} C_1 \cos\sqrt{2 a x} + C_2 \sin\sqrt{2 a x} & \text{für } 2 a x > 0 , \\ C_1 \operatorname{Cos}\sqrt{|2 a x|} + C_2 \operatorname{Sin}\sqrt{|2 a x|} & \text{für } 2 a x < 0 . \end{cases}$$

Forsyth-Jacobsthal, DGlen, S. 204.

2·131 $2xy'' - (x-1)y' + ay = 0$

Für $y(x) = \eta(\xi)$, $x = \pm\xi^2$ entsteht die DGl 2·44

$$\pm\eta'' - \xi\eta' + 2a\eta = 0\,.$$

Laguerre, Oeuvres I, S. 128.

2·132 $2xy'' - (2x-1)y' + ay = 0$

Für $\eta(\xi) = y(x)$, $x = \xi^2$ entsteht die DGl 2·46

$$\eta'' - 2\xi\eta' + 2a\eta = 0\,.$$

2·133 $(2x-1)y'' - (3x-4)y' + (x-3)y = 0$

$$y = e^x\,[C_1 + C_2\int e^{-\frac{1}{2}x}(2x-1)^{-\frac{5}{4}}\,dx]\,.$$

Forsyth-Jacobsthal, DGlen, S. 127, 702.

2·134 $4xy'' - (x+a)y = 0$

Für $y = x\,e^{-\frac{1}{2}x}u(x)$ geht die DGl über in die DGl 2·113

$$x u'' + (2-x)u' - \left(\frac{a}{4}+1\right)u = 0$$

und für $y(x) = \eta(\xi)$, $x = 2i\xi$ in die DGl 2·92

$$\xi\eta'' + \left(\xi - \frac{1}{2}ia\right)\eta = 0\,.$$

2·135 $4xy'' + 2y' - y = 0$

$$y = \begin{cases} C_1 \operatorname{Cof}\sqrt{x} + C_2 \operatorname{Sin}\sqrt{x} & \text{für } x > 0\,, \\ C_1\cos\sqrt{|x|} + C_2\sin\sqrt{|x|} & \text{für } x < 0\,. \end{cases}$$

2·136 $4xy'' + 4y' - (x+2)y = 0$; Sonderfall von 2·138.

$$y = e^{\frac{1}{2}x}\left(C_1 + C_2\int\frac{e^{-x}}{x}\,dx\right)$$

Für die Randbedingungen „$y(x)$ regulär für $x = 0$ und $y(x) \to 0$ für $x \to \infty$“ ist die Greensche Funktion

$$\Gamma(x,\xi) = -\frac{1}{4}e^{\frac{1}{2}(x+\xi)}\int_\xi^\infty \frac{e^{-t}}{t}\,dt \qquad \text{für } x \leqq \xi\,,$$

für $x \geqq \xi$ hat man rechts x mit ξ zu vertauschen.

$4 x y'' + 4 y' - (x + 2) y + \lambda y = 0$ 2·137

Vgl. auch 2·138. Für die Randbedingungen

$$y(x) \text{ regulär für } x = 0 \text{ und } y(x) \to 0 \text{ für } x \to \infty$$

sind die Eigenwerte $\lambda = 4 n$ $(n = 0, 1, 2, \ldots)$ und die Eigenfunktionen $e^{-\frac{1}{2} x} L_n(x)$ (*Laguerresche Orthogonalfunktionen*); dabei sind

$$L_n(x) = \sum_{\nu=0}^{n} (-1)^\nu \binom{n}{\nu} (n - \nu)!\, x^\nu$$

die *Laguerreschen Polynome*; diese sind auch die Koeffizienten in der Entwicklung

$$\frac{1}{1-t} e^{\frac{xt}{t-1}} = \sum_{n=0}^{\infty} L_n(x) \frac{t^n}{n!}.$$

Courant-Hilbert, Methoden math. Physik I, S. 324 Tafeln der Laguerreschen Orthogonalfunktionen $l_n(x) = \frac{1}{n!} e^{-\frac{x}{2}} L_n(x)$ für $n = 1, 2, \ldots, 10$ und $0 \leqq x \leqq 34$ findet man bei *F. Tricomi*, Atti della R. Accademia di Scienze Torino 76 (1941).

$4 x y'' + 4 m y' - (x - 2 m - 4 n) y = 0$ 2·138

Für $y = e^{-\frac{1}{2} x} u(x)$ entsteht die DGl 2·113 (1) mit u statt y.

Schrödinger, Wellenmechanik, S. [132]. *Courant-Hilbert*, Methoden math. Physik I, S. 284, 324.

$16 x y'' + 8 y' - (x + a) y = 0$ 2·139

Für $y(x) = \eta(\xi)$, $x = \xi^2$ entsteht die DGl 2·87 mit ξ, η statt x, y.

$a x y'' + b y' + c y = 0$ 2·140

Nach Multiplikation mit x ist die DGl ein Sonderfall von 2·162 (1). Vgl. auch 2·104

$a x y'' + (b x + 3 a) y' + 3 b y = 0$ 2·141

$$y = \exp\left(-\frac{b}{a} x\right) \left[C_1 + C_2 \int x^{-3} \exp \frac{b}{a} x \, dx\right]$$

Forsyth-Jacobsthal, DGlen, S. 127, 702.

$5 (a x + b) y'' + 8 a y' + c (a x + b)^{\frac{1}{5}} y = 0$ 2·142

Für $\eta(\xi) = \xi\, y(x)$, $\xi = (a x + b)^{\frac{3}{5}}$ entsteht die DGl mit konstanten Koeffizienten

$$9 a^2 \eta'' + 5 c \eta = 0.$$

2·143 $\boldsymbol{2axy'' + (bx+a)y' + cy = 0}$

Für $y(x) = \eta(\xi)$, $x = \pm\xi^2$ entsteht die DGl 2·52

$$\pm a\eta'' + b\xi\eta' + 2c\eta = 0 .$$

2·144 $\boldsymbol{2axy'' + (bx+3a)y' + cy = 0}$

Für $\eta(\xi) = \xi\, y(x)$, $x = \pm\xi^2$ entsteht die DGl 2·52

$$\pm a\eta'' + b\xi\eta' + (2c - b)\eta = 0 .$$

2·145 $\boldsymbol{(a_2x+b_2)y'' + (a_1x+b_1)y' + (a_0x+b_0)y = 0}$, $|a_2| + |b_2| > 0$.

Ist $a_2 = 0$, so liegt der Typus 2·54 vor.

Ist $a_2 \neq 0$, so entsteht durch die Transformation $y(x) = e^{sx}\eta(\xi)$, $a_2\xi = a_2x + b_2$, wo s eine Lösung der Gl $a_2s^2 + a_1s + a_0 = 0$ sein soll, die DGl

$$a_2\xi\eta'' + \left[(2sa_2 + a_1)\xi + \frac{a_2b_1 - a_1b_2}{a_2}\right]\eta'$$
$$+ \left(\frac{a_2b_0 - a_0b_2}{a_2} + \frac{a_2b_1 - a_1b_2}{a_2}s\right)\eta = 0 .$$

Ist hierin $2sa_2 + a_1 = 0$, so ist die mit ξ multiplizierte Gl ein Sonderfall von 2·162 (1). Im allgemeinen ist die DGl dagegen von dem Typus der konfluenten hypergeometrischen DGl 2·273 (9). Für die Darstellung der Lösungen durch Kurvenintegrale s. A 22·4.

Für das Auftreten von Polynomen als Lösungen im Falle $a_0 = 0$ s. A 22·5 und *A. Sansone*, Atti Accad. Lincei (6) 15 (1932) 125—130, 194—197. *A. Mambriani*, Annali Pisa (2) 7 (1938) 191—194.

Ist bei der ursprünglichen Gl

$$(a_0b_1 - a_1b_0)(a_1b_2 - a_2b_1) = (a_0b_2 - a_2b_0)^2 ,$$

so ist e^{kx} eine Lösung der DGl, wobei k die gemeinsame Lösung der beiden Glen

$$a_2k^2 + a_1k + a_0 = 0 , \quad b_2k^2 + b_1k + b_0 = 0$$

ist; *Forsyth-Jacobsthal*, DGlen, S. 145, 712.

146—221. $x^2y'' + \cdots$.

2·146 $\boldsymbol{x^2y'' - 6y = 0}$; Typus 2·14 und 2·148.

$$y = C_1x^3 + C_2x^{-2} .$$

2·147 $\boldsymbol{x^2y'' - 12y = 0}$; Typus 2·14 und 2·148.

$$y = C_1x^4 + C_2x^{-3} .$$

$\boldsymbol{x^2 y'' + a y = 0}$; Typus 2·14 und 2·187. 2·148

$$\frac{y}{\sqrt{x}} = \begin{cases} C_1 \cos(b \log x) + C_2 \sin(b \log x) & \text{für } b^2 = a - \frac{1}{4} > 0\,, \\ C_1 x^b + C_2 x^{-b} & \text{für } b^2 = \frac{1}{4} - a > 0\,, \\ C_1 + C_2 \log x & \text{für } a = \frac{1}{4}\,. \end{cases}$$

$\boldsymbol{x^2 y'' + (a x + b) y = 0}$; Sonderfall von 2·162 (1). 2·149

$\boldsymbol{x^2 y'' + (x^2 - 2) y = 0}$ 2·150

$$y = C_1 \sin(x + C_2) + \frac{C_1}{x} \cos(x + C_2)\,.$$

Forsyth-Jacobsthal, DGlen, S. 144, 711.

$\boldsymbol{x^2 y'' = (a x^2 + 2) y}$; Sonderfall von 2·153. 2·151

$$y = C_1 \left(\sqrt{a} - \frac{1}{x}\right) e^{x\sqrt{a}} + C_2 \left(\sqrt{a} + \frac{1}{x}\right) e^{-x\sqrt{a}}$$

$\boldsymbol{x^2 y'' + (a^2 x^2 - 6) y = 0}$; Sonderfall von 2·153. 2·152

$$y = C_1 \left[\frac{3}{a x} \cos(a x + C_2) + \left(1 - \frac{3}{a^2 x^2}\right) \sin(a x + C_2)\right].$$

Forsyth-Jacobsthal, DGlen, S. 205, 738.

$\boldsymbol{x^2 y'' + [a x^2 - \nu(\nu - 1)] y = 0}$ s. 2·162 (7). 2·153

Für $u(x) = x^{-\nu} y$ entsteht die DGl 2·105 mit $u, 2\nu, a$ statt y, a, b. Ist $\nu = n$ eine natürliche Zahl, so ist daher

$$y = x^n \left(\frac{1}{x} \mathrm{D}\right)^n \left(C_1 e^{x\sqrt{-a}} + C_2 x^{-x\sqrt{-a}}\right).$$

Ist $-\nu = n$ eine ganze Zahl $\geqq 0$, so ist $\nu(\nu - 1) = n(n + 1)$, also

$$y = x^{n+1} \left(\frac{1}{x} \mathrm{D}\right)^{n+1} \left(C_1 e^{x\sqrt{-a}} + C_2 e^{-x\sqrt{-a}}\right).$$

Forsyth-Jacobsthal, DGlen, S. 204.

$\boldsymbol{x^2 y'' + (a x^2 + b x + c) y = 0}$ 2·154

Siehe 2·273 (6) und für den Fall $b = 0$ auch 2·153. Für $y(x) = \eta(\xi)\sqrt{x}$, $\xi = \log x$ entsteht die DGl 2·20

$$\eta'' + \left(a e^{2\xi} + b e^{\xi} + c - \frac{1}{4}\right) \eta = 0$$

Für eine genäherte Lösung dieser in der Physik als „radiale WellenGl" auftretenden DGl s. *F. L. Arnot*, Proceedings Cambridge 32 (1936) 161—178.

Für $a = -\beta^2$, $b = -2\alpha\beta$, $c = \alpha - \alpha^2$ ist (*H. Görtler*)

$$y = x^\alpha e^{\beta x} (C_1 + C_2 \int x^{-2\alpha} e^{-2\beta} dx).$$

2·155 $\boldsymbol{x^2 y'' + [a x^k - b (b-1)] y = 0}$

Sonderfall von 2·162 (1). Für $y = x^b \eta(\xi)$, $\xi = x^{1-2b}$ entsteht die DGl 2·14

$$(1 - 2b)^2 \eta'' + a \xi^r \eta = 0 \qquad \text{mit } r = \frac{k}{1 - 2b} - 2$$

und für $y = x^{1-b} \eta(\xi)$, $\xi = x^{2b-1}$ die DGl 2·14

$$(1 - 2b)^2 \eta'' + a \xi^s \eta = 0 \qquad \text{mit } s = \frac{k}{2b - 1} - 2.$$

Ist $r = 0$ oder $s = 0$, so erhält man also eine DGl mit konstanten Koeffizienten.

2·156 $\boldsymbol{x^2 y'' + \frac{y}{\log x} = x e^x (2 + x \log x)}$

$$y = e^x \log x + C_1 \log x + C_2 \log x \int \frac{dx}{\log^2 x}$$

Forsyth-Jacobsthal, DGlen, S. 148, 716.

2·157 $\boldsymbol{x^2 y'' + a y' - x y = 0}$

Zur Lösung der DGl durch bestimmte Integrale s. *J. H. Graf*, Math. Annalen 56 (1903) 432ff.

2·158 $\boldsymbol{x^2 y'' + a y' - (b^2 x^2 + a b) y = 0}$

$$y = e^{bx} \left[C_1 + C_2 \int \exp\left(\frac{a}{x} - 2bx\right) dx\right].$$

2·159 $\boldsymbol{x^2 y'' + x y' - y = a x^2}$

$$y = \frac{a}{3} x^2 + C_1 x + \frac{C_2}{x}.$$

2·160 $\boldsymbol{x^2 y'' + x y' + a y = 0}$; *Eulers* DGl A 22·3.

$$y = \begin{cases} C_1 |x|^\nu + C_2 |x|^{-\nu} & \text{für } a = -\nu^2 < 0, \\ C_1 \sin(\nu \log|x|) + C_2 \cos(\nu \log|x|) & \text{für } a = \nu^2 > 0, \\ C_1 + C_2 \log|x| & \text{für } a = 0. \end{cases}$$

Für die Behandlung von Eigenwertaufgaben (vgl. hierzu auch 2·164) wird gewöhnlich die selbstadjungierte Form der DGl mit $a = -\nu^2$ gewählt:

$$(x y')' - \frac{\nu^2}{x} y = 0.$$

Für Grundlösung und Greensche Funktion im Falle $\nu = 0$ s. 2·93. Ist $\nu > 0$, so ist eine Grundlösung

$$\frac{1}{4\nu}\left|\left(\frac{\xi}{x}\right)^{\nu} - \left(\frac{x}{\xi}\right)^{\nu}\right|.$$

Für die Randbedingungen

$$y(x) \text{ beschränkt für } x \to 0, \quad \alpha\, y(1) + \beta\, y'(1) = 0$$

ist die Greensche Funktion

$$\Gamma(x, \xi) = \begin{cases} \dfrac{x^\nu}{2\nu}\left(\dfrac{\alpha - \nu\beta}{\alpha + \nu\beta}\,\xi^\nu - \xi^{-\nu}\right) & \text{für } x \leqq \xi\,, \\[2ex] \dfrac{\xi^\nu}{2\nu}\left(\dfrac{\alpha - \nu\beta}{\alpha + \nu\beta}\,x^\nu - x^{-\nu}\right) & \text{für } x \geqq \xi\,. \end{cases}$$

Vgl. hierzu auch *Westfall*, Diss. S. 62f., wo anscheinend ein Fehler vorliegt.

$x^2 y'' + x y' - (x + a) y = 0$ s. 2·162 (3). 2·161

$x^2 y'' + x y' + (x^2 - \nu^2) y = 0$; *Bessel*sche DGl. 2·162

Lit.: Encyklopädie II_1, S. 742—757. *Pascal*, Repertorium I_3, S. 1420—1448. *Courant-Hilbert*, Methoden math. Physik I, S. 406—433. *Frank — v. Mises*, D- u. IGlen I, 1. Aufl., S. 322—340, 2. Aufl., S. 403 ff., 440 ff. *Jahnke-Emde*, Funktionentafeln. *Kampé de Fériet*, Fonction hypergéométrique. *McLachlan*, Bessel functions. *Nielsen*, Cylinderfunktionen. *Watson*, Bessel, functions; dort auf S. 789 f. eine Zusammenstellung der verschiedenen Bezeichnungen, die in Gebrauch sind. *Weyrich*, Zylinderfunktionen. *Whittaker-Watson*, Modern Analysis, Kap. 17. *W. Magnus-F. Oberhettinger*, Formeln und Sätze für die speziellen Funktionen der mathematischen Physik, Berlin 1943.

Für die numerischen Werte der Besselschen Funktionen und graphische Darstellungen s. Encyklopädie, S. 757. *Watson*. *Jahnke-Emde*. *Hayashi*, Funktionentafeln. *F. Tölke*, Besselsche und Hankelsche Zylinderfunktionen nullter bis dritter Ordnung vom Argument $r\sqrt{i}$, Stuttgart 1936 (92 S.). Bessel functions, Part I (Functions of Orders Zero and Unity, XX + 288 S.), Published for the British Association at Cambridge Press [enthält nach dem Referat im Philos. Magazine (7) 25 (1938) 1121: J_0 und J_1 auf 10 Stellen, Y_0 und Y_1 auf 8 Stellen, die ersten 150 Nullstellen von J_0 und J_1 sowie weitere Angaben].

Die Besselsche DGl gehört zu dem Typus der konfluenten hypergeometrischen DGl 2·273 (vgl. auch 2·403). In selbstadjungierter Form lautet sie

$$(x\, y')' + \left(x - \frac{\nu^2}{x}\right) y = 0\,.$$

Ihre Invariante (vgl. A 25·1) ist

$$I = 1 + \frac{1 - 4\nu^2}{4\, x^2}\,.$$

2·162 Durch die Transformation $y(x) = \eta(\xi)$, $\xi = -x$ geht die DGl in sich über. Bei Beschränkung auf reelle x genügt es daher, sich mit dem Bereich $x > 0$ zu beschäftigen. Ist ν keine ganze Zahl und beschränkt man sich nicht auf $x > 0$, so ist im folgenden x^ν als eindeutige analytische Funktion in der von $x = 0$ aus aufgeschnittenen komplexen x-Ebene festgelegt zu denken. Entsprechendes gilt für logarithmische Glieder.

Lösungen der DGl sind die *Besselschen Funktionen erster Art*

$$J_\nu(x) = \sum_{k=0}^{\infty} \frac{(-1)^k \left(\frac{x}{2}\right)^{\nu+2k}}{k!\,\Gamma(\nu+k+1)}$$

(ν keine negative ganze Zahl, die Reihe konvergiert für alle x) und die *Besselschen Funktionen zweiter Art*

$$Y_\nu(x) = \frac{J_\nu(x)\cos\nu\pi - J_{-\nu}(x)}{\sin\nu\pi} \qquad (\nu \text{ keine ganze Zahl}),$$

$$Y_n(x) = \lim_{\nu\to n} Y_\nu(x) \qquad (n \geqq 0 \text{ eine ganze Zahl})$$

$$= \frac{2}{\pi} J_n \log\frac{x}{2} - \frac{1}{\pi}\sum_{k=0}^{n-1} \frac{(n-k-1)!}{k!}\left(\frac{2}{x}\right)^{n-2k}$$

$$-\frac{1}{\pi}\sum_{k=0}^{\infty} \frac{(-1)^k \left(\frac{x}{2}\right)^{n+2k}}{k!\,(n+k)!}\left[\frac{\Gamma'(n+k+1)}{(n+k)!} + \frac{\Gamma'(k+1)}{k!}\right].$$

Ist ν keine ganze Zahl, so sind

$$C_1 J_\nu + C_2 J_{-\nu}$$

alle Lösungen; in jedem Fall sind (es kann $\nu \geqq 0$ angenommen werden) die *Zylinderfunktionen*

$$Z_\nu(x) = C_1 J_\nu + C_2 Y_\nu \qquad (C_1,\ C_2 \text{ beliebige Konstanten})$$

genau die sämtlichen Lösungen. Diese sind transzendente Funktionen und nur, wenn 2ν eine ungerade ganze Zahl ist, in geschlossener Form durch die sog. elementaren transzendenten Funktionen darstellbar. Vgl. hierzu 2·14 und *Watson*, S. 38ff., 117, 120. Für nicht-ganzzahliges ν ist die Wronskische Determinante

$$W(J_\nu, J_{-\nu}) = -\frac{2\sin\nu\pi}{\pi x}.$$

Die *Besselschen Funktionen dritter Art* oder *Hankelschen Funktionen* sind

$$H_\nu^{(1)}(x) = J_\nu(x) + i\,Y_\nu(x)\,, \quad H_\nu^{(2)}(x) = J_\nu(x) - i\,Y_\nu(x)\,.$$

$i^{\nu+1} H_\nu^{(1)}(i\,x)$ und $i^{-(\nu+1)} H_\nu^{(2)}(-i\,x)$ sind reell, wenn für die Potenzen stets die Hauptwerte genommen werden. Die Bedeutung der Hankelschen

Funktionen liegt darin, daß sie die einzigen Lösungen der DGl sind, welche 2·162
die Randbedingung

$$\lim_{r\to\infty} H_\nu^{(1)}(r\,e^{i\vartheta}) = 0, \quad \lim_{r\to\infty} H_\nu^{(2)}(r\,e^{-i\vartheta}) = 0$$

($\varepsilon \leqq \vartheta \leqq \pi - \varepsilon$, $\varepsilon > 0$) erfüllen; vgl. *Courant-Hilbert*, S 408f.

Die Besselschen Funktionen sind eingehend untersucht. Von ihren Eigenschaften seien hier nur folgende angeführt:

Für ganze Zahlen n sind die J_n, wenn $J_{-n} = (-1)^n J_n$ gesetzt wird, die Koeffizienten in der Entwicklung

$$e^{\frac{x}{2}\left(t-\frac{1}{t}\right)} = \sum_n J_n(x)\,t^n .$$

$$J_{-\frac{1}{2}}(x) = \left(\frac{2}{\pi x}\right)^{\frac{1}{2}} \cos x, \quad J_{\frac{1}{2}}(x) = \left(\frac{2}{\pi x}\right)^{\frac{1}{2}} \sin x,$$

und für natürliche Zahlen k:

$$J_{k+\frac{1}{2}}(x) = \frac{(-1)^k (2x)^{k+\frac{1}{2}}}{\sqrt{\pi}} \frac{d^k}{d(x^2)^k}\left(\frac{\sin x}{x}\right)\,^{1)};$$

$$\frac{1}{2}\,x J_\nu = (\nu+1) J_{\nu+1} - (\nu+3) J_{\nu+3} + (\nu+5) J_{\nu+5} - + \cdots$$

(die Reihe der absoluten Beträge konvergiert gleichmäßig in jedem beschränkten Intervall);

$$Y_n(x) = (-2x)^n \frac{d^n\,Y_0(x)}{d(x^2)^n},$$

$$Y_0(x) = J_0(x) \log x - 2 \sum_{k=1}^{n} \frac{(-1)^k}{k} J_{2k}(x),$$

$$\frac{d}{dx}\,x^\nu Z_\nu(x) = x^\nu Z_{\nu-1}(x), \quad \frac{d}{dx}\,x^{-\nu} Z_\nu(x) = -\,x^{-\nu} Z_{\nu+1}(x),$$

$$2\nu Z_\nu(x) = x\,[Z_{\nu-1}(x) + Z_{\nu+1}(x)];$$

in der ersten und dritten der drei letzten Formeln darf $\nu - 1$ und in der zweiten ν keine negative ganze Zahl sein.

Für Darstellungen der Besselschen Funktionen durch bestimmte Integrale und Kurvenintegrale vgl. die angegebene Literatur. Für ganzzahliges $n \geqq 0$ und große x ist

$$\sqrt{\pi x}\,J_{2n}(x) = (-1)^n (\cos x + \sin x) + O(x^{-2}),$$

$$\sqrt{\pi x}\,J_{2n+1}(x) = (-1)^{n+1} (\cos x - \sin x) + O(x^{-2}).$$

Für weitergehende asymptotische Darstellungen sowie über Abschätzungen der Lage der Nullstellen s. z. B. *Pascal*, S. 1432ff. und *Jahnke-Emde*. Einen Bericht über die Entwicklung von Funktionen in Reihen, die nach

---

1) Für $J_{-k-\frac{1}{2}}$ s. *Watson*, a. a. O., S. 55.

2·162 Besselschen Funktionen fortschreiten, findet man ebenfalls z. B. bei *Pascal*, S. 1443ff.

Verwandte DGlen. Eine große Anzahl anderer DGlen, die bei den Anwendungen der Mathematik auftreten, läßt sich in die Besselsche DGl überführen. Bei den folgenden DGlen können diese Transformationen aus der Gestalt der Lösungen unmittelbar abgelesen werden und damit auch die Transformationen, welche die verschiedenen Glen ineinander überführen (vgl. auch *Watson*, S. 95—102, *Nielsen*, S. 129—133). Für Einzelheiten über die angeführten DGlen vgl. auch die Stellen, an denen sie in dieser Sammlung einzeln eingereiht sind.

(1a) $x^2 y'' + a x y' + (b x^m + c) y = 0, \quad m \neq 0;$

$$b \neq 0: \quad y = x^{\frac{1-a}{2}} Z_\nu\left(\frac{2}{m}\sqrt{b}\, x^{\frac{m}{2}}\right) \quad \text{mit} \quad \nu = \frac{1}{m}\sqrt{(1-a)^2 - 4c},$$

$$b = 0: \quad y = \begin{cases} C_1 x^{\frac{1-a+\mu}{2}} + C_2 x^{\frac{1-a-\mu}{2}} & \text{für } \mu = \sqrt{(1-a)^2 - 4c} \neq 0, \\ x^{\frac{1-a}{2}} (C_1 + C_2 \log x) & \text{für } (1-a)^2 - 4c = 0. \end{cases}$$

(1b) $x^2 u'' + (1 - 2a) x y' + (b^2 c^2 x^{2b} + a^2 - \nu^2 b^2) y = 0:$

$$y = \begin{cases} x^a Z_\nu (c x^b) & \text{für } b \neq 0,\ c \neq 0, \\ C_1 x^{a-b\nu} + C_2 x^{a+b\nu} & \text{für } b \neq 0,\ c = 0,\ \nu \neq 0, \\ x^a (C_1 + C_2 \log x) & \text{für } b = 0 \text{ oder } b \neq 0,\ c = 0,\ \nu = 0. \end{cases}$$

Diese beiden Ergebnisse sind gleichwertig. Einige Sonderfälle dieser Formeln von *Lommel* und *Malmstén* sind:

(2) $x^2 y'' + x y' - (x^2 + \nu^2) y = 0;$ $\quad Z_\nu (i x)$

(3) $x^2 y'' + x y' - (x + \nu^2) y = 0;$ $\quad Z_{2\nu}\left(2 i \sqrt{x}\right)$

(4) $x^2 y'' + x y' + \frac{1}{4}(x - \nu^2) y = 0;$ $\quad Z_\nu\left(\sqrt{x}\right)$

(5) $x^2 y'' + x y' + 4 (x^4 - \nu^2) y = 0;$ $\quad Z_\nu (x^2)$

(6) $x^2 y'' + (1 - 2\nu) x y' + \nu^2 (x^{2\nu} + 1 - \nu^2) y = 0;$ $\quad x^\nu Z_\nu (x^\nu)$

(7) $x^2 y'' - [c x^2 + p (p - 1)] y = 0;$ $\quad \sqrt{x}\, Z_{p-\frac{1}{2}}\left(i \sqrt{c}\, x\right)$

(8) $x y'' + (1 - 2\nu) y' + x y = 0;$ $\quad x^\nu Z_\nu (x)$

(9) $x y'' - 2 p y' - c x y = 0;$ $\quad x^{p+\frac{1}{2}} Z_{p+\frac{1}{2}}\left(i \sqrt{c}\, x\right)$

(10) $y'' - c x^{2q-2} y = 0;$ $\quad \sqrt{x}\, Z_{\frac{1}{2q}}\left(i \sqrt{c}\, \frac{x^q}{q}\right)$, vgl. auch 2·14.

(11) $y'' \pm x y = 0;$ $\quad \sqrt{x}\, Z_{\frac{1}{3}}\left(\frac{2}{3} x^{\frac{3}{2}}\right), \quad \sqrt{x}\, Z_{\frac{1}{3}}\left(\frac{2}{3} i x^{\frac{3}{2}}\right).$

Allgemeiner als (1) sind folgende beiden gleichwertigen Ergebnisse von *Lommel*:

(12 a) $$y'' - \left[2\frac{f'}{f} + \frac{g''}{g'} - \frac{g'}{g}\right] y' + \left[\frac{f'}{f}\left(2\frac{f'}{f} + \frac{g''}{g'} - \frac{g'}{g}\right) - \frac{f''}{f} - \nu^2\left(\frac{g'}{g}\right)^2 + g'^2\right] y = 0,$$ 2·162

$$f = f(x),\ g = g(x); \qquad y = f(x)\, Z_\nu\,[g(x)]$$

(12 b) $$y'' - \left[\frac{g''}{g'} + (2\nu - 1)\frac{g'}{g} + 2\frac{h'}{h}\right] y' + \left[\frac{h'}{h}\left(\frac{g''}{g'} + (2\nu - 1)\frac{g'}{g} + 2\frac{h'}{h}\right) - \frac{h''}{h} + g'^2\right] y = 0,$$

$$g = g(x),\ h = h(x); \qquad y = h\, g^\nu Z_\nu(g)$$

Sonderfälle sind:

(13) $$y'' - \frac{f'}{f} y' + \left[\frac{3}{4}\left(\frac{f'}{f}\right)^2 - \frac{1}{2}\frac{f''}{f} - \frac{3}{4}\left(\frac{g''}{g'}\right)^2 + \frac{1}{2}\frac{g'''}{g'} + \left(\frac{1}{4} - \nu^2\right)\left(\frac{g'}{g}\right)^2 + g'^2\right] y = 0;$$

$$y = \sqrt{\frac{f g}{g'}}\, Z_\nu(g)$$

(14) $$y'' + \left[\frac{1}{2}\frac{g'''}{g'} - \frac{3}{4}\left(\frac{g''}{g'}\right)^2 + \left(\frac{1}{4} - \nu^2\right)\left(\frac{g'}{g}\right)^2 + g'^2\right] y = 0;$$

$$y = \sqrt{\frac{g}{g'}}\, Z_\nu(g)$$

(15) $$y'' - \left[\frac{g''}{g'} + (2\mu - 1)\frac{g'}{g}\right] y' + \left[(\mu^2 - \nu^2)\left(\frac{g'}{g}\right)^2 + g'^2\right] y = 0;$$

$$y = g^\mu Z_\nu(g)$$

(16) $$x^2 y'' - [(2a - 1) + 2bcx^c]\, x y' + [a^2 - \nu^2\beta^2 + (2a - c)\, bcx^c + b^2c^2x^{2c} + \alpha^2\beta^2 x^{2\beta}]\, y = 0;$$

$$y = x^a e^{b x^c} Z_\nu(\alpha x^\beta)$$

(17) $$x^2 y'' - [(2a - 1) + 2bcx^c]\, x y' + [(a^2 - \nu^2c^2) + (2a - c)\, bcx^c + (b^2 + d^2)\, c^2 x^{2c}]\, y = 0;$$

$$y = x^a e^{b x^c} Z_\nu(d x^c)$$

(18) $$x^2 y'' - [(2a - 1) \pm 2ibcx^c]\, x y' + [(a^2 - \nu^2c^2) \pm (2a - c)\, ibcx^c]\, y = 0;$$

$$y = x^a e^{\pm i b x^c} Z_\nu(b x^c)$$

(19) $$x^2(x^2 - 1)^2 y'' + [(1 - 4a)\, x^2 - 1]\, x\, (x^2 - 1)\, y' + [(x^2 - \nu^2)(x^2 - 1)^2 + 4a(a + 1)\, x^4 - 2a x^2 (x^2 - 1)]\, y = 0;$$

$$y = |x^2 - 1|^a Z_\nu(x)$$

(20) $$x^2 y'' + (x - 2x^2 \operatorname{tg} x)\, y' - (x \operatorname{tg} x + \nu^2)\, y = 0; \qquad \frac{1}{\cos x} Z_\nu(x)$$

(21) $$x^2 y'' + (x + 2x^2 \operatorname{ctg} x)\, y' + (x \operatorname{ctg} x - \nu^2)\, y = 0; \qquad \frac{1}{\sin x} Z_\nu(x)$$

(22) $$x^2 y'' + (x - 2x^2 f)\, y' + [x^2(1 + f^2 - f') - x f - \nu^2]\, y = 0,\ f = f(x);$$

$$y = Z_\nu(x) \exp \int f\, dx$$

(23) $x^2 y'' + 2axy' + [(b^2 e^{2cx} - \nu^2) c^2 x^2 + a(a-1) y] = 0; \quad y = x^{-a} Z_\nu (b e^{cx})$

(24) $x^4 y'' + \left(e^{\frac{2}{x}} - \nu^2\right) y = 0; \qquad y = x Z_\nu \left(e^{\frac{1}{x}}\right)$

Vgl. auch 2·343. Differentialgleichungen höherer Ordnung, die durch Besselsche Funktionen gelöst werden können, findet man in

3·6, 8, 32, 35, 42, 43, 51—53, 61, 67, 83;
4·22, 24—26, 33, 36—38;
5·9, 11.

2·163 $x^2 y'' + x y' + (x^2 - \nu^2) y = f(x)$; unhomogene *Bessel*sche DGl.

Die Lösungen der homogenen DGl sind nach 2·162 bekannt. Kennt man eine Lösung der unhomogenen Gl, so kennt man somit alle Lösungen. Da

$$J_\nu Y'_\nu - J'_\nu Y_\nu = \frac{2}{\pi x}$$

ist, ist (vgl. A 24·2 (a))

$$\frac{\pi}{2} Y_\nu(x) \int x J_\nu(x) f(x)\, dx - \frac{\pi}{2} J_\nu(x) \int x Y_\nu(x) f(x)\, dx$$

eine Lösung.

Für den Fall, daß $f(x) = x^\varrho$ ist, sind Reihenentwicklungen (*Lommel*sche Funktionen) von Lösungen bekannt:

(a) $f(x) = x^{\nu+2n}$, n eine natürliche Zahl:

$$(-1)^{n-1} (n-1)!\, 2^{\nu+2n-2} \sum_{k=0}^{n-1} (-1)^k \left(\frac{x}{2}\right)^{\nu+2k} \frac{\Gamma(\nu+n)}{k!\, \Gamma(\nu+k+1)};$$

dabei ist

$$\frac{\Gamma(\nu+n)}{\Gamma(\nu+k+1)} = (\nu+n-1)(\nu+n-2)\cdots(\nu+k+1);$$

(b) $f(x) = x^\varrho$, weder $\varrho + \nu$ noch $\varrho - \nu$ ist eine ganze Zahl $\leqq 0$:

$$2^{\varrho-2} \Gamma\left(\frac{\varrho+\nu}{2}\right) \Gamma\left(\frac{\varrho-\nu}{2}\right) \sum_{k=0}^{\infty} \frac{(-1)^k \left(\frac{x}{2}\right)^{\varrho+2k}}{\Gamma\left(\frac{\varrho+\nu}{2}+k+1\right) \Gamma\left(\frac{\varrho-\nu}{2}+k+1\right)}.$$

(c) $f(x) = x^{\nu-2n}$, n eine ganze Zahl $\geqq 0$ und ν keine ganze Zahl $\leqq n$:

$$\frac{\Gamma(\nu-n)}{n!\, 2^{-\nu+2n+2}} \left[2 J_\nu \log\frac{x}{2} - \sum_{k=0}^{n-1} \frac{(n-k-1)!}{\Gamma(\nu-n+k+1)} \left(\frac{x}{2}\right)^{\nu-2n+2k} \right.$$
$$\left. - \sum_{k=0}^{\infty} \frac{(-1)^k \left(\frac{x}{2}\right)^{\nu+2k}}{k!\, \Gamma(\nu+k+1)} \left(\frac{\Gamma'(k+1)}{\Gamma(k+1)} + \frac{\Gamma'(\nu+k+1)}{\Gamma(\nu+k+1)} \right) \right];$$

dabei bedeutet die erste Summe 0 für $n = 0$.

Nielsen, Cylinderfunktionen, S. 91ff. *Watson*, Bessel functions, S. 345ff.

(d) $$f(x) = \frac{4\left(\frac{x}{2}\right)^{\nu+1}}{\sqrt{\pi}\,\Gamma\left(\nu + \frac{1}{2}\right)}:$$

Eine Lösung ist *Struves* Funktion

$$H_\nu(x) = \sum_{k=0}^{\infty} (-1)^k \frac{\left(\frac{x}{2}\right)^{\nu+2k+1}}{\Gamma\left(k+\frac{3}{2}\right)\Gamma\left(\nu+k+\frac{3}{2}\right)}.$$

McLachlan, Bessel functions, S. 84.

Ist $\varphi(x)$ eine Lösung der DGl mit beliebigem $f(x)$, so ist

$$x^a \varphi(b x^c) \qquad (b \neq 0,\ c \neq 0)$$

eine Lösung von

(1) $x^2 y'' + (1 - 2a) x y' + (b^2 c^2 x^{2c} + a^2 - \nu^2 c^2) y = c^2 x^a f(b x^c)$

und

$$x^a e^{b x^c} \varphi(d x^c)$$

eine Lösung von

(2) $x^2 y'' - [(2a-1)x + 2bc\,x^{c+1}]\,y'$

$+ [(a^2 - \nu^2 c^2) + (2a - c) b c x^c + (b^2 + d^2) c^2 x^{2c}]\,y = c^2 x^a e^{bx^c} f(dx^c)$.

Nielsen, Cylinderfunktionen, S. 129–133.

$x^2 y'' + x y' + (\lambda x^2 - \nu^2) y = 0$ 2·164

Nach 2·162 (1) sind die Lösungen die Zylinderfunktionen $y = Z_\nu\left(x\sqrt{\lambda}\right)$.

Ist ν fest und λ ein Parameter, der durch die Randbedingungen

$$y(1) = 0, \quad y(x) \text{ beschränkt für } x \to 0$$

zu bestimmen ist, so sind die zugehörigen Eigenfunktionen $y = J_\nu\left(x\sqrt{\lambda}\right)$, wobei die Eigenwerte λ durch $J_\nu\left(\sqrt{\lambda}\right) = 0$ bestimmt sind; für den n-ten Eigenwert gilt $\lambda_n \sim (n\pi)^2$.

Courant-Hilbert, Methoden math. Physik I, S. 280, 361.

Für die Randbedingungen

$$y(x) \text{ beschränkt für } 0 < x < \infty$$

sind die Eigenfunktionen die Besselschen Funktionen $y = J_\nu\left(x\sqrt{\lambda}\right)$ $(\lambda \geqq 0)$; diese Eigenwertaufgabe hat also ein kontinuierliches Spektrum. Der Entwicklung einer gegebenen Funktion $f(x)$ nach Eigenfunktionen entspricht hier eine Integraldarstellung

$$f(x) = \int_0^\infty t\,J_\nu(t x)\,g(t)\,dx \quad \text{mit} \quad g(t) = \int_0^\infty \xi\,J_\nu(\xi t)\,f(\xi)\,d\xi.$$

Courant-Hilbert, Methoden math. Physik, S. 293, 424ff.

2·165 $\boldsymbol{x^2 y'' + x y' + 4 (x^4 - \nu^2) y = 0}$ s. 2·162 (5).

2·165a $\boldsymbol{x^2 y'' + (x + a) y' - y = 0}$

$$y = x\, e^{\frac{a}{x}} \left(C_1 + C_2 \int x^{-3} e^{-\frac{a}{x}} dx\right) \qquad (H.\ Görtler).$$

2·166 $\boldsymbol{x^2 y'' - x y' + y = 3 x^3}$

$$y = x (C_1 + C_2 \log x) + \frac{3}{4} x^3 .$$

Morris-Brown, Diff. Equations, S. 149, 373.

2·167 $\boldsymbol{x^2 y'' - x y' + (a x^m + b) y = 0}$ s. 2·162 (1).

2·168 $\boldsymbol{x^2 y'' + 2 x y' = 0}$, d. i. $(x^2 y')' = 0$.

$y = C_1 + \frac{C_2}{x}$; Grundlösung: $\frac{1}{2}\left|\frac{1}{x} - \frac{1}{\xi}\right|$.

Für die Randbedingungen „$y(1) = \alpha y'(1)$, $y(x)$ beschränkt für $x \to 0$“ ist die Greensche Funktion

$$\Gamma(x, \xi) = \begin{cases} \alpha + 1 - \frac{1}{\xi} & \text{für } 0 < x \leqq \xi , \\ \alpha + 1 - \frac{1}{x} & \text{für } 0 < \xi \leqq x . \end{cases}$$

Westfall, Diss., S. 62.

2·169 $\boldsymbol{x^2 y'' + 2 x y' + (a x - b^2) y = 0}$; Sonderfall von 2·162 (1).

2·170 $\boldsymbol{x^2 y'' + 2 x y' + (a x^2 + b) y = 0}$

Sonderfall von 2·162 (1). Ist $b = -n(n-1)$ (n eine natürliche Zahl), so entsteht für $y = x^{n-1} u(x)$ die DGl 2·105

$$x u'' + 2 n u' + a x u = 0 .$$

Daher hat z. B. die DGl

$$x^2 y'' + 2 x y' - (a^2 x^2 + 2) y = 0$$

die Lösungen

$$x^2 y = C_1 (a x - 1) e^{a x} + C_2 (a x + 1) e^{-a x}$$

Forsyth-Jacobsthal, DGlen, S. 88, 686.

2·171 $\boldsymbol{x^2 y'' + 2 x y' + [\lambda x^2 + a x - n (n + 1)] y = 0}$

Sind zu dieser DGl noch die Randbedingungen „$y(x)$ hat einen Grenzwert für $x \to 0$ und bleibt beschränkt für $x \to \infty$“

gegeben, so sind die Eigenwerte erstens alle Zahlen $\lambda > 0$ und zweitens diejenigen Zahlen $\lambda < 0$, für welche $l = \frac{a}{2\sqrt{-\lambda}}$ eine ganze Zahl $> n$ ist; das Spektrum besteht also aus einem kontinuierlichen Teil und einer abzählbaren Folge mit dem Limes $\lambda = 0$. Die zu dem ersten Teil gehörigen Eigenfunktionen können durch Ansetzen einer Potenzreihe gefunden werden. Die zu dem zweiten Teil gehörigen Eigenfunktionen sind

$$y = x^n \exp\left(-\frac{a}{2l}x\right) L_{n+1}^{(2n+1)}\left(\frac{a}{l}x\right),$$

wo die L_n die *Laguerre*schen Polynome sind.

Schrödinger, Wellenmechanik, S. [132]. *Courant-Hilbert*, Methoden math. Physik I, S. 294—296. Für die Bestimmung von Eigenwerten vgl. auch *D. R. Hartree*, Proceedings Cambridge 24 (1928) 89—132, 426—437.

$x^2 y'' + 2(x-1) y' + a y = 0$; Sonderfall von 2·162 (17). 2·172

$x^2 y'' + 2(x+a) y' - b(b-1) y = 0$ 2·173

Für $y(x) = \eta(\xi)\,\xi^b e^{-a\xi}$, $\xi = -\frac{1}{x}$ entsteht die Besselsche DGl 2·162 (9)

$$\xi\eta'' + 2b\eta' - a^2\xi\eta = 0.$$

Forsyth-Jacobsthal, DGlen, S. 118, 698.

$x^2 y'' - 2xy' + 2y = x^5 \log x$ 2·174

$$y = C_1 x + C_2 x^2 + \frac{x^5}{12}\left(\log x - \frac{7}{12}\right).$$

Morris-Brown, Diff. Equations, S. 121, 367.

$x^2 y'' - 2xy' - 4y = x\sin x + (a x^2 + 12a + 4)\cos x$ 2·175

$$y = C_1 x^4 + C_2 x^{-1} - a\cos x - \frac{2a+1}{x}\sin x.$$

Intermédiaire math. (2) 3 (1924) 133, Nr. 5321.

$x^2 y'' - 2xy' + (x^2+2) y = 0$; Sonderfall von 2·179. 2·176

$$y = C_1 x\sin x + C_2 x\cos x.$$

$x^2 y'' - 2xy' + (x^2+2) y = \frac{x^2}{\cos x}$ 2·177

$$y = x\sin x\log|x| - x\cos x\int_0^x \frac{\operatorname{tg} x}{x}\,dx + C_1 x\sin x + C_2 x\cos x.$$

J. Rose, Mathesis 45 (1931) 31f.

2·178 $\boldsymbol{x^2 y'' - 2 x y' + (x^2 + 2) y = \frac{x^3}{\cos x}}$

$$y = x^2 \sin x + x \cos x \log |\cos x| + C_1 x \sin x + C_2 x \cos x$$

J. Rose, Mathesis 45 (1931) 31–33.

2·179 $\boldsymbol{x^2 y'' - 2 x y' + (a^2 x^2 + 2) y = 0}$; Sonderfall von 2·162 (1).

$$y = C_1 x \cos a x + C_2 x \sin a x .$$

Forsyth-Jacobsthal, DGlen, S. 109, 696.

2·180 $\boldsymbol{x^2 y'' + 3 x y' + (x^2 + 1 - \nu^2) y = f(x)}$

Die homogene DGl ist ein Sonderfall von 2·162 (1) und hat die Lösungen $\frac{1}{x} Z_\nu(x)$. Daher ist die unhomogene Gl nach A 24·2 (a) lösbar.

Für $f(x) = \varrho\, x^{-\nu+2n+1}$ (ϱ beliebig, n eine ganze Zahl, ν nicht ganz oder ν ganz und $> n$) ist die *Lommelsche Funktion*

$$\varrho \frac{2^{2n-\nu-1}}{\Gamma(\nu - n)} n! \sum_{k=0}^{n} \frac{\Gamma(\nu - k)}{k!} \left(\frac{x}{2}\right)^{2k-\nu-1}$$

eine Lösung.

Watson, Bessel functions, S. 276. *Nielsen*, Cylinderfunktionen S. 285.

Für $\nu = n$ und

$$f(x) = \begin{cases} x & (n \geqq 0 \text{ und gerade}) \\ n & (n \geqq 0 \text{ und ungerade}) \end{cases}$$

genügen der DGl die *Neumannschen Polynome* $\left(\text{Polynome in } \frac{1}{x}\right)$

$$y = O_n(x) = \frac{1}{4} \sum_{0 \leqq k \leqq \frac{1}{2} n} \frac{n (n - k - 1)!}{k!} \left(\frac{x}{2}\right)^{2k-n-1} \qquad \text{für } n > 0$$

und $O_0(x) = \frac{1}{x}$.

Pascal, Repertorium, S. 1440.

2·181 $\boldsymbol{x^2 y'' + (3 x - 1) y' + y = 0}$

$$y = \frac{1}{x} \exp\left(-\frac{1}{x}\right) \left[C_1 + C_2 \int \frac{1}{x} \exp \frac{1}{x}\, dx\right].$$

2·182 $\boldsymbol{x^2 y'' - 3 x y' + 4 y = 5 x}$

$$y = 5 x + C_1 x^2 + C_2 x^2 \log |x| .$$

Morris-Brown, Diff. Equations, S. 148, 371.

$x^2 y'' - 3xy' - 5y = x^2 \log x$ 2·183

$$y = C_1 x^5 + \frac{C_2}{x} - \frac{x^2}{9} \log |x| .$$

Morris-Brown, Diff. Equations, S. 123.

$x^2 y'' - 4xy' + 6y = x^4 - x^2$ 2·184

$$y = \frac{x^4}{2} + x^2 \log |x| + C_1 x^2 + C_2 x^3 .$$

Morris-Brown, Diff. Equations, S. 148, 371.

$x^2 y'' + 5xy' - (2x^3 - 4) y = 0$; Sonderfall von 2·162 (1). 2·185

$x^2 y'' - 5xy' + 8y = x^3 \operatorname{Sin} x$ 2·186

$$y = C_1 x^2 + C_2 x^4 - \frac{1}{2} x^2 \operatorname{Cof} x + \frac{1}{2} x^4 \int \frac{\operatorname{Sin} x}{x^2} dx .$$

Morris-Brown, Diff. Equations, S. 124, 368.

$x^2 y'' + axy' + by = 0$; Eulersche DGl A 22·3. 2·187

Man bestimme α, β so, daß $\alpha + \beta = 1 - a$, $\alpha\beta = b$ ist. Sind α, β reell, so sind die Lösungen

$$y = \begin{cases} C_1 x^\alpha + C_2 x^\beta & \text{für } \alpha \neq \beta , \\ x^\alpha (C_1 + C_2 \log x) & \text{für } \alpha = \beta . \end{cases}$$

Sind $\alpha, \beta = r \pm i s$ nicht reell, so sind die Lösungen

$$y = x^r [C_1 \cos (s \log x) + C_2 \sin (s \log x)] .$$

$x^2 y'' + (ax + b) y' + cy = 0$ 2·188

Für $y(x) = e^\xi \xi^\nu \eta(\xi)$, $\xi = \frac{1}{x}$ entsteht, wenn ν die Gl $\nu^2 + \nu(1-a) + c = 0$ erfüllt, die DGl 2·120

$$\xi \eta'' + [(2-b)\xi + (2\nu + 2 - a)] \eta' + [(1-b)\xi + 2\nu + 2 - a - b\nu] \eta = 0 .$$

$x^2 y'' + axy' + (bx^m + c) = 0$ s. 2·162 (1). 2·189

Die DGl ist genau dann mit Hilfe der elementaren transzendenten Funktionen in geschlossener Form darstellbar, wenn $b = 0$ (der Fall der Eulerschen DGl) oder wenn $4[(a-1)^2 - 4c] = m^2 (2n+1)^2$ für eine natürliche Zahl n ist.

Forsyth-Jacobsthal, DGlen, S. 210, 748. Vgl. auch 6·84.

2·190 $x^2 y'' \pm x^2 y' + (a x + b) y = 0$; konfluente hypergeometrische DGl.

Vgl. 2·407. Für $y = u(x) \exp\left(\mp \frac{1}{2} x\right)$ entsteht die DGl 2·273

$$x^2 u'' + \left(-\frac{1}{4} x^2 + a x + b\right) u = 0 .$$

Für $a = 0$ ist diese DGl ein Sonderfall von 2·162 (1).

Whittaker-Watson, Modern Analysis, S. 337.

2·191 $x^2 y'' + x^2 y' - 2 y = 0$

$$y = \frac{x-2}{x}\left\{C_1 + C_2 \int \left(\frac{x}{x-2}\right)^2 e^{-x}\, dx\right\}.$$

2·192 $x^2 y'' + (x^2 - 1) y' - y = 0$

$$y \exp x = C_1 + C_2 \int \exp\left(x - \frac{1}{x}\right) dx .$$

Fick, DGlen, S. 63, 175.

2·193 $x^2 y'' + x (x + 1) y' + (x - 9) y = 0$

$$y = \frac{x^2 - 8 x + 20}{x^3}\left(C_1 + C_2 \int \frac{x^5 e^{-x}}{(x^2 - 8 x + 20)^2}\, dx\right).$$

2·194 $x^2 y'' + x (x + 1) y' + (3 x - 1) y = 0$

$$y = x (x - 3) e^{-x}\left(C_1 + C_2 \int \frac{e^x\, dx}{x^3 (x - 3)^2}\right)$$

Forsyth-Jacobsthal, DGlen, S. 161, 728.

2·195 $x^2 y'' + (x + 3) x y' - y = 0$

Für $y = x^{-\frac{3}{2}} e^{-\frac{x}{2}} u(x)$ entsteht als Normalform die Whittakersche DGl 2·273

$$4 x^2 u'' = (x^2 + 6 x + 7) y .$$

2·196 $x^2 y'' - x (x - 1) y' + (x - 1) y = 0$

$$y = C_1 x + C_2 x \int e^x x^{-3}\, dx .$$

2·197 $x^2 y'' - (x^2 - 2 x) y' - (x + a) y = 0$; Sonderfall von 2·162 (16).

$x^2 y'' - (x^2 - 2x) y' - (3x + 2) y = 0$ 2·198

$$y = x e^x \left(C_1 + C_2 \int \frac{e^{-x}}{x^4}\, dx\right).$$

$x^2 y'' - x(x + 4) y' + 4y = 0$ 2·199

$$y = x^4 e^x \left(C_1 + C_2 \int x^{-4} e^{-x}\, dx\right).$$

Forsyth-Jacobsthal, DGlen, S. 161, 728.

$x^2 y'' + 2x^2 y' - \nu(\nu - 1) y = 0$; Sonderfall von 2·162 (16). 2·200

Für $\nu = n + \frac{1}{2}$ sind die Lösungen untersucht und tabuliert bei *T. Okaya*, Proc. Phys.-math. Soc. Japan (3) 21 (1939) 287—298.

$x^2 y'' + x(2x + 1) y' - 4y = 0$ 2·201

$$y = \frac{2x^2 - 4x + 3}{3x^2}\left(C_1 + C_2 \int \frac{9x^3 e^{-2x}}{(2x^2 - 4x + 3)^2}\, dx\right)$$

$x^2 y'' - 2x(x + 1) y' + 2(x + 1) y = 0$ 2·202

$$y = C_1 x + C_2 x e^{2x}$$

Forsyth-Jacobsthal, DGlen, S. 134, 707.

$x^2 y'' + a x^2 y' - 2y = 0$ 2·203

$$a x y = C_1 (a x - 2) + C_2 (a x + 2) e^{-ax}$$

Forsyth-Jacobsthal, DGlen, S. 206, 740.

$x^2 y'' + (a + 2b) x^2 y' + [(a + b) b x^2 - 2] y = 0$; Sonderfall von 2·162 (17). 2·204

$$y = C_1 \left(\frac{1}{x} - \frac{a}{2}\right) e^{-bx} + C_2 \left(\frac{1}{x} + \frac{a}{2}\right) e^{-(a+b)x}.$$

Forsyth-Jacobsthal, DGlen, S. 163, 728f.

$x^2 y'' + a x^2 y' + f(x) y = 0$ 2·205

Für $$y = u \exp\left(-\frac{1}{2} a x\right)$$

entsteht $$x^2 u'' + \left[f(x) - \frac{1}{4} a^2 x^2\right] u = 0.$$

2·206 $\boldsymbol{x^2 y'' + (2ax + b)xy' + (cx^2 + abx + d)y = 0}$; Sonderfall von 2·162 (16) mit $c = \beta = 1$.

2·207 $\boldsymbol{x^2 y'' + (ax + b)xy' + (\alpha x^2 + \beta x + \gamma)y = 0}$ s. 2·215.

2·208 $\boldsymbol{x^2 y'' + x^3 y' + (x^2 - 2)y = 0}$

$$y = \frac{C_1}{x} + C_2\left(e^{-\frac{x^2}{2}} - \frac{1}{x}\int e^{-\frac{x^2}{2}}\,dx\right).$$

2·209 $\boldsymbol{x^2 y'' + (x^2 + 2)xy' + (x^2 - 2)y = 0}$

$$y = C_1\frac{E}{x^2} + C_2\left(\frac{1}{x} - \frac{E}{x^2}\int\frac{dx}{E}\right) \quad \text{mit} \quad E = E(x) = \exp\left(-\frac{x^2}{2}\right).$$

2·210 $\boldsymbol{x^2 y'' - 2x(x^2 - a)y' + \{2nx^2 + [(-1)^n - 1]a\}y = 0}$

Unter den Lösungen befinden sich Polynome $P_n(x)$, und zwar sind das für $a > -\frac{1}{2}$ und $n = 0, 1, 2, \ldots$ die Polynome, die entstehen, wenn man die Potenzen $1, x, x^2, \ldots$ so orthogonalisiert, daß

$$\int_{-\infty}^{\infty} e^{-x^2} |x|^{2a} P_m(x) P_n(x)\,dx = 0 \qquad \text{für } m \neq n$$

ist.

Szegö, Orthogonal polynomials, S. 371, Aufg. 25.

2·211 $\boldsymbol{x^2 y'' + 4x^3 y' + (4x^4 + 2x^2 + 1)y = 0}$

Für $u(x) = e^{x^2} y$ entsteht die DGl 2·187 $x^2 u'' + u = 0$, also ist

$$y = \sqrt{x}\, e^{-x^2}[C_1 \cos(\alpha \log x) + C_2 \sin(\alpha \log x)] \text{ mit } \alpha = \frac{1}{2}\sqrt{3}.$$

2·212 $\boldsymbol{x^2 y'' + (ax^2 + b)xy' + f(x)y = 0}$; s. 2·125 a und für spezielle Funktionen $f(x)$ auch 2·215.

2·213 $\boldsymbol{x^2 y'' + (x^3 + 1)xy' - y = 0}$

Für $y(x) = \eta(\xi)$, $3\xi = x^3$ entsteht die DGl 2·195

$$\xi^2 \eta'' + (\xi + 3)\xi\eta' - \eta = 0.$$

2·214 $\boldsymbol{x^2 y'' + [-x^4 + (2n + 2a + 1)x^2 + (-1)^n a - a^2]y = 0}$

Für $y = u(x)x^a \exp\left(-\frac{1}{2}x^2\right)$ entsteht die DGl 2·210 mit u statt y.

Szegö, Orthogonal polynomials, S. 371, Aufg. 25.

$\boldsymbol{x^2 y'' + (a x^n + b) x y' + (\alpha x^{2n} + \beta x^n + \gamma) y = 0}$, n braucht keine ganze Zahl zu sein. 2·215

Für $y(x) = \xi^k \eta(\xi)$, $\xi = x^n$ entsteht, wenn k der Gl

$$n^2 k^2 + (b - 1) k n + \gamma = 0$$

genügt, die DGl

$$n^2 \xi \eta'' + [n a \xi + 2 k n^2 + n (n - 1 + b)] \eta' + (\alpha \xi + k n a + \beta) \eta = 0 .$$

Forsyth-Jacobsthal, DGlen, S. 280, 790.

Diese DGl ist von dem Typus 2·120 und in besonderen Fällen, nämlich wenn

$$4\alpha \neq a^2 \quad \text{und} \quad 2\beta = a(b + n - 1)$$

ist, von dem Typus 2·162 (17); in besonderen Fällen ist auch die ursprüngliche DGl von dem Typus 2·162 (16).

$$x^2 y'' + (a x^b + 2c) x y' + [a(a + c + d - 1) x^b + c(c - 1) - d(d - 1)] y = 0,$$

$$y = x^{d-c} \exp\left(-\frac{a x^b}{b}\right)\left[C_1 + C_2 \int x^{-2d} \exp\frac{a x^b}{b}\, dx\right];$$

$$x^2 y'' + (a x^b + 2 c) x y' + [a (c - d) x^b + c (c - 1) - d (d - 1)] y = 0 .$$

$$y = x^{d-c}\left[C_1 + C_2 \int x^{-2d} \exp\left(-\frac{a x^b}{b}\right) dx\right] \quad (H.\ Görtler)$$

$\boldsymbol{x^2 y'' + (a x^\alpha + b) x y' + (A x^{2\alpha} + B x^\alpha + C x^\beta + D) y = 0}$ s. 2·162 (16). 2·216

$\boldsymbol{x^2 y'' - (2 x^2 \operatorname{tg} x - x) y' - (x \operatorname{tg} x + a) y = 0}$ s. 2·162 (20). 2·217

$\boldsymbol{x^2 y'' + (2 x^2 \operatorname{ctg} x + x) y' + (x \operatorname{ctg} x + a) y = 0}$ s. 2·162 (21). 2·218

$\boldsymbol{x^2 y'' + 2 x f y' + (x f' + f^2 - f + a x^2 + b x + c) y = 0}$, $f = f(x)$. 2·219

Für $u(x) = y \exp \int \frac{f}{x}\, dx$ entsteht die DGl 2·154 mit u statt y.

Boole, Diff. Equations, S. 450f.

$\boldsymbol{x^2 y'' + 2 x^2 f y' + [x^2 (f' + f^2 + a) - \nu (\nu + 1)] y = 0}$, $f = f(x)$. 2·220

Für $u(x) = y \exp \int f\, dx$ entsteht 2·153 mit u statt y.

$\boldsymbol{x^2 y'' + (x - 2 x^2 f) y' + [x^2 (1 + f^2 - f') - x f - \nu^2] y = 0}$, $f = f(x)$; s. 2·162 (22). 2·221

222—250. $(x^2 \pm a^2)\, y'' + \cdots$.

2·222 $(x^2+1)\, y'' + x\, y' + 2\, y = 0$; Sonderfall von 2·297.

$$y = C_1 \cos u + C_2 \sin u\,, \quad u = \sqrt{2} \log\left(x + \sqrt{x^2+1}\right).$$

2·223 $(x^2+1)\, y'' + x\, y' - 9\, y = 0$; Sonderfall von 2·297.

Die Lösungen können auch in der Gestalt

$$y = (4\,x^2+3)\, x \left(C_1 + C_2 \int \frac{dx}{x^2 (4\,x^2+3)^2 \sqrt{x^2+1}}\right)$$

geschrieben werden.

2·224 $(x^2+1)\, y'' + x\, y' + a\, y = 0$; Sonderfall von 2·297.

Vgl. hierzu auch *J. Halm*, Transactions Soc. Edinburgh 41 (1906) 651—676.

2·225 $(x^2+1)\, y'' - x\, y' + y = 0$

$$y = C_1\, x + C_2\, x \int \frac{\sqrt{x^2+1}}{x^2}\, dx\,.$$

2·226 $(x^2+1)\, y'' + 2\, x\, y' - \nu\, (\nu+1)\, y = 0$ s. 2·240 (1).

2·227 $(x^2+1)\, y'' - 2\, x\, y' + 2\, y = 0$

$$y = C_1\, x + C_2\, (x^2 - 1)\,.$$

2·228 $(x^2+1)\, y'' + 3\, x\, y' + a\, y = 0$

Durch Differentiation von

(1) $$(x^2+1)\, u'' + x\, u' + (a-1)\, u = 0$$

entsteht

$$(x^2+1)\, u''' + 3\, x\, u'' + a\, u' = 0\,.$$

Daher ist $y = u'$, wo u eine beliebige Lösung von (1) ist. Die Gl (1) läßt sich nach 2·297 lösen.

Vgl. auch *J. Halm*, Transactions Soc. Edinburgh 41 (1906) 651—676.

2·229 $(x^2+1)\, y'' + 4\, x\, y' + 2\, y = 2 \cos x - 2\, x$; exakte DGl.

$$(x^2+1)\, y = C_1 + C_2\, x - \frac{x^3}{3} - 2 \cos x\,.$$

Morris-Brown, Diff. Equations, S. 128.

$(x^2+1)\, y'' + a\, x\, y' + (a-2)\, y = 0$; exakte DGl. 2·230

$$y = (x^2+1)^{1-\frac{1}{2}a}\left[C_1 + C_2 \int (x^2+1)^{\frac{1}{2}a-2}\, dx\right].$$

$(x^2-1)\, y'' - \nu\,(\nu+1)\, y = 0$; Sonderfall von 2·240 (14), $a = n = 1$. 2·231

$(x^2-1)\, y'' - n\,(n+1)\, y + P_n'(x) = 0$, P_n das Legendresche Polynom n-ter Ordnung. 2·232

Eine Lösung ist $\frac{1}{2} P_{n-1}(x)$.

Forsyth-Jacobsthal, DGlen, S. 174, 732.

$(x^2-1)\, y'' - n\,(n+1)\, y + Q_n'(x) = 0$, Q_n die Kugelfunktion zweiter Art und n-ter Ordnun 2·233

Eine Lösung ist $\frac{1}{4\,(n+1)}\, Q_{n+1}(x)$.

Forsyth-Jacobsthal, DGlen, S. 175, 732.

$(x^2-1)\, y'' + x\, y' + 2 = 0$ 2·234

Das ist eine lineare DGl erster Ordnung für y'. Man erhält

$$y = C_1 + C_2\, u \pm u^2;$$

für $|x| < 1$ ist $u = \arcsin x$, und es gilt das obere Vorzeichen, für $|x| > 1$ ist $u = \mathfrak{Ar}\,\mathfrak{Cof}\, x$, und es gilt das untere Vorzeichen.

Forsyth-Jacobsthal, DGlen, S. 98, 692; ergänzt.

$(x^2-1)\, y'' + x\, y' + a\, y = 0$ 2·235

(a) $a = \alpha^2 > 0$. Die Lösungen sind

$$y = \begin{cases} C_1 \cos(\alpha\, \mathfrak{Ar}\,\mathfrak{Cof}\, |x|) + C_2 \sin(\alpha\, \mathfrak{Ar}\,\mathfrak{Cof}\, |x|) & \text{für } |x| > 1, \\ C_1 \exp(\alpha \arccos x) + C_2 \exp(-\alpha \arccos x) & \text{für } |x| < 1. \end{cases}$$

Forsyth-Jacobsthal, DGlen, S. 114; ergänzt.

(b) $a = -\alpha^2 < 0$. Die Lösungen sind

$$y = \begin{cases} C_1 \exp(\alpha\, \mathfrak{Ar}\,\mathfrak{Cof}\, |x|) + C_2 \exp(-\alpha\, \mathfrak{Ar}\,\mathfrak{Cof}\, |x|) & \text{für } |x| > 1, \\ C_1 \cos(\alpha \arccos x) + C_2 \cos(\alpha \arcsin x) & \text{für } |x| < 1. \end{cases}$$

Forsyth-Jacobsthal, DGlen, S. 114, 159, 697, 726; ergänzt.

(c) Ist $a = -n^2$ (n eine natürliche Zahl), so sind unter den Lösungen die Tschebyscheffschen Polynome

$$T_n(x) = 2^{-n+1} \cos(n \arccos x) .$$

Pascal, Repertorium I_3, S. 1456. *Courant-Hilbert*, Methoden math. Physik I, S. 75, 283, 439.

(d) Für die Eigenwertaufgabe

$$(x^2 - 1)\, y'' + x\, y' - \lambda\, y = 0\,, \quad y(x) \text{ regulär in } x = \pm 1$$

sind die Eigenwerte $\lambda = n^2$ (n ganz) und die Eigenfunktionen die Tschebyscheffschen Polynome $T_n(x)$.

2·236 $\mathbf{(x^2 - 1)\, y'' + x\, y' + f(x)\, y = 0}$

Für $|x| < 1$ geht die DGl durch die Transformation

$$y(x) = \eta(\xi)\,, \quad x = \cos\xi\,, \quad k\pi < \xi < (k+1)\pi$$

über in

$$\eta'' = \eta\, f(\cos\xi).,$$

d. h. in eine Hillsche DGl 2·30, und für $|x| > 1$ durch

$$y = \eta(\xi)\,, \quad |x| = \operatorname{Cos}\xi$$

in

$$\eta'' + f(\operatorname{Cos}\xi)\, \eta = 0\,.$$

Für eine unmittelbare Behandlung der DGl s. *Ince*, Diff. Equations, S. 385ff. Ferner *Poole*, Proceedings London Math. Soc. (2) 20 (1922) 374.

2·237 $\mathbf{(x^2 - 1)\, y'' + 2\, x\, y' = 0}$

$y = C_1 + C_2 \log\left|\dfrac{x-1}{x+1}\right|$. Eine Grundlösung ist

$$F = \frac{1}{4} \log\left|\frac{(x-1)(\xi+1)}{(x+1)(\xi-1)}\right|$$

Für die Randbedingungen

$$y(x) \text{ beschränkt in } -1 < x < 1$$

ist $y = C$ eine eigentliche Lösung. Daher gibt es zu dieser Randwertaufgabe keine Greensche Funktion im eigentlichen Sinne. Eine verallgemeinerte Greensche Funktion ist

$$\Gamma^*(x, \xi) = \begin{cases} -\dfrac{1}{2} \log(1-x)(1+\xi) + \log 2 - \dfrac{1}{2} & \text{für } x \leqq \xi, \\ -\dfrac{1}{2} \log(1+x)(1-\xi) + \log 2 - \dfrac{1}{2} & \text{für } x \geqq \xi. \end{cases}$$

Hilbert, Integralgleichungen, S. 45.

$(x^2-1)\, y'' + 2\, x\, y' = a$ 2·238

$$y = a \log|x+1| + C_1 + C_2 \log\left|\frac{x+1}{x-1}\right|.$$

$(x^2-1)\, y'' + 2\, x\, y' - \lambda\, y = 0$ 2·239

Die DGl ist im wesentlichen die Legendresche DGl 2·240. Sind die Randbedingungen

$$y(x) \text{ beschränkt für } -1 < x < 1$$

gegeben, so sind die (einfachen) Eigenwerte $\lambda = n\,(n+1)$ mit $n = 0$, 1, 2, ... und die normierten Eigenfunktionen $\sqrt{n+\frac{1}{2}}\, P_n(x)$, wo die P_n die Legendreschen Polynome sind.

Courant-Hilbert, Methoden math. Physik I, S. 280f.

$(x^2-1)\, y'' + 2\, x\, y' - \nu\,(\nu+1)\, y = 0$; *Legendre*sche DGl. 2·240

Lit.: Encyklopädie II_1, S. 695—732. *Pascal*, Repertorium I_3, S. 1397—1412. *Courant-Hilbert*, Methoden math. Physik I, S. 70—74, 280ff., 433—437. *Forsyth-Jacobsthal*, DGlen, S. 164—182, 208, 510ff., 744 (nicht immer ganz einwandfrei). *Heine*, Kugelfunktionen. *Frank-v. Mises*, D- u. IGlen, 2. Aufl. 1930, S. 389 ff., 434 ff. *Szegö*, Orthogonal polynomials. *Whittaker-Watson*, Modern Analysis, Kap. 15. *Hobson*, Spherical harmonics. *W. Magnus-F. Oberhettinger*, Formeln und Sätze der speziellen Funktionen der mathematischen Physik, Berlin 1943. Über die Beziehung zu den partiellen DGlen s. auch *Humbert*, Potentiels.

Für die numerischen Werte der Legendreschen Funktionen s. Encyklopädie II_1, S. 708. *Jahnke-Emde*, Funktionentafeln. *Hayashi*, Funktionentafeln. *Perry*. Philos. Magazine (5) 32 (1891) 512. *A. Schmidt*, Tafeln der normierten Kugelfunktionen, Gotha 1935, 52 S. *R. Egersdörfer — L. Egersdörfer*, Formeln und Tabellen der zugeordneten Kugelfunktionen 1. Art von $n = 1$ bis $n = 2$; I. Teil: Formeln; Reichsamt für Wetterdienst, Wissensch. Abh. 1, Nr. 6 (1936), 37 S. *H. J. Tallqvist*, Sechsstellige Tafeln der 16 ersten Kugelfunktionen $P_n(x)$; Sechsstellige Tafeln der 32 ersten Kugelfunktionen $P_n(\cos\vartheta)$; Acta Soc. Fennicae A (2) 2 (1938), Nr. 4 u. Nr. 11. *F. Vandrey*, Zeitschrift f. angew. Math. Mech. (2) 20 (1940) 277f. ($Q_n(x)$ für $n = 0, 1, \ldots, 7$ und $0 \leqq x < 1$.)

Die DGl ist in dem Typus 2·407 für $a_1 = -1$, $b_2 = 0$, $a_2 = a_3 = b_1 = b_3 = 1$, $\alpha_1 = \beta_1 = \alpha_3 = \beta_3 = 0$, $\alpha_2 = -\nu$, $\beta_2 = \nu + 1$ enthalten und kann daher auf die hypergeometrische DGl 2·260 zurückgeführt werden. Ferner ist sie in dem Typus 2·410 für $a = 1$, $b = 2$, $p = 2$, $q = 0$, $r = -\nu\,(\nu+1)$, $s = 0$ enthalten.

Häufig wird auch die durch die Transformation $y(x) = \eta(\xi)$, $x = \cos\xi$ entstehende Gl

$$\eta'' \sin\xi + \eta' \cos\xi + \nu\,(\nu+1)\,\eta \sin\xi = 0$$

als Legendresche DGl bezeichnet.

2·240 In selbstadjungierter Form geschrieben, lautet die DGl

$$[(x^2-1)\,y']' - \nu(\nu+1)\,y = 0\,.$$

Die Invariante der DGl ist

$$I = \frac{1}{(x^2-1)^2} - \frac{\nu(\nu+1)}{x^2-1}\,.$$

Durch die Transformation $y(x) = \eta(\xi)$, $\xi = -x$ geht die DGl in sich über. Bei Beschränkung auf reelle x genügt es daher, sich mit dem Bereich $x > 0$ zu beschäftigen. Beschränkt man sich nicht auf $x > 0$, so ist im folgenden x^ν bei nicht-ganzzahligem ν als eindeutige analytische Funktion in der von $x = 0$ aus aufgeschnittenen x-Ebene festgelegt zu denken. Entsprechendes gilt für logarithmische Glieder.

Potenzreihen als Lösungen.

(A) Für $|x| < 1$ erhält man auf Grund der oben erwähnten Beziehung der Legendreschen zur hypergeometrischen DGl die **Lösungen** in der Gestalt

$$y = C_1\,F\left(-\frac{\nu}{2}, \frac{1+\nu}{2}, \frac{1}{2}, x^2\right) + C_2\,x\,F\left(\frac{1-\nu}{2}, 1+\frac{\nu}{2}, \frac{3}{2}, x^2\right),$$

wo F die hypergeometrische Reihe 2·260 (10) ist.

(B) Für $|x| > 1$ wird

$$y_\nu(x) = x^\nu + \sum_{k=1}^{\infty} (-1)^k \frac{\binom{\nu}{2k}\binom{\nu}{k}}{\binom{2\nu}{2k}}\,x^{\nu-2k}$$

gesetzt; dabei soll 2ν keine natürliche ungerade Zahl sein; ist ν eine natürliche gerade Zahl, so sind alle Glieder fortzulassen, die im Zähler den Faktor 0 enthalten.

(a) 2ν keine ganze ungerade Zahl. Dann sind

$$y = C_1\,y_\nu + C_2\,y_{-\nu-1}$$

alle Lösungen der DGl.

(b) $2\nu = 2p+1$, p eine ganze Zahl $\geqq 0$. Dann sind die Lösungen

$$y = C_1\,y^* + C_2\,y_{-\nu-1};$$

dabei ist

$$y_\nu^* = \lim_{\varrho\to\nu} \frac{(\varrho-\nu)\,y_\varrho - \frac{1}{2}\lambda_\varrho(\nu)\,y_{-\varrho-1}}{\varrho-\nu}$$

$$= \sum_{k=0}^{\nu-\frac{1}{2}} (-1)^k \frac{\nu(\nu-1)\cdots(\nu-2k+1)\,x^{\nu-2k}}{2^k\,k!\,(2\nu-1)(2\nu-3)\cdots(2\nu-k+1)} + \lambda_\nu(\nu)\,y_{-\nu-1}\log x$$

$$+ \lambda_\nu(\nu)\sum_{k=1}^{\infty} A_k \frac{(\nu+1)(\nu+2)\cdots(\nu+2k)\,x^{\nu-1-2k}}{2^k\,k!\,(2\nu+3)(2\nu+5)\cdots(2\nu+2k+1)}$$

und 2·240

$$\lambda_\varrho(\nu) = (-1)^{\nu+\frac{1}{2}} \frac{\varrho(\varrho-1)\cdots(\varrho-2\nu)}{2^{\nu+\frac{1}{2}}\left(\nu+\frac{1}{2}\right)!\,(2\varrho-1)(2\varrho-3)\cdots(2\varrho-2\nu+2)},$$

$$A_k = A_k(\nu) = \sum_{\varkappa=1}^{k}\left(\frac{1}{2\varkappa} + \frac{1}{2\nu+2\varkappa+1}\right) - \sum_{\varkappa=1}^{2k}\frac{1}{\nu+\varkappa},$$

und das erste Glied der ersten Summe von y_ν^* soll x^ν sein.

(c) $2\nu = -(2q+1)$, q eine natürliche Zahl. Dann sind die Lösungen

$$y = C_1 y_\nu + C_2 y^*_{-\nu-1},$$

wo y^* die in (b) eingeführte Funktion ist.

(d) $\nu = -\frac{1}{2}$. Die Lösungen sind

$$y = C_1 y_{-\frac{1}{2}} + C_2 y^*_{-\frac{1}{2}};$$

dabei ist

$$y^*_{-\frac{1}{2}} = \lim_{\nu\to-\frac{1}{2}} \frac{y_\nu - y_{-\nu-1}}{2\nu+1}$$

$$= y_{-\frac{1}{2}}\log x + 2\sum_{k=1}^{\infty}\binom{4k}{2k}\binom{2k}{k} A_k\left(-\frac{1}{2}\right)(4x)^{-\frac{1}{2}-2k}$$

Einführung der Legendreschen Funktionen. Für $x > 1$ wird gesetzt

$$P_\nu(x) = \frac{\Gamma(2\nu+1)}{2^\nu\,\Gamma(\nu+1)\,\Gamma(\nu+1)}\, y_\nu(x)$$

(Γ die bekannte Gamma-Funktion), falls 2ν weder eine negative ganze Zahl noch eine positive ungerade Zahl ist, und

$$Q_\nu(x) = \frac{2^\nu\,\Gamma(\nu+1)\,\Gamma(\nu+1)}{\Gamma(2\nu+2)}\, y_{-\nu-1},$$

falls 2ν keine ganze Zahl < -1 ist. Diese Funktionen heißen *Legendresche Funktionen erster und zweiter Art* oder auch *Kugelfunktionen* erster und zweiter Art (zonal harmonics). Für die Darstellung dieser Funktionen durch Integrale s. A 19·5 sowie die dort angegebene Literatur.

Ist $\nu = n$ eine natürliche Zahl, so bricht die Reihe für y_n ab, und man erhält für alle x das Legendresche Polynom

$$P_n(x) = 2^{-n}\sum_{0\leqq k\leqq\frac{1}{2}n}(-1)^k\binom{n}{k}\binom{2n-2k}{n}x^{n-2k}$$

$$= \frac{1}{2^n n!}\frac{d^n}{dx^n}(x^2-1)^n,$$

also

$$P_0(x) = 1,\quad P_1(x) = x,\quad P_2(x) = \frac{1}{2}(3x^2-1),$$

$$P_3(x) = \frac{1}{2}(5x^3-3x),\quad P_4(x) = \frac{1}{8}(35x^4-30x^2+3),$$

2·240 während z. B.

$$Q_0(x) = \frac{1}{2}\log\frac{x+1}{x-1}, \quad Q_1(x) = \frac{1}{2}x\log\frac{x+1}{x-1} - 1,$$

$$Q_2(x) = \frac{1}{2}P_2(x)\log\frac{x+1}{x-1} - \frac{3}{2}x$$

ist.

Die $P_n(x)$ erfüllen für $-\infty < x < +\infty$ die DGl. Für natürliche Zahlen $\nu = n$ und $|x| > 1$ ist die Gesamtheit der Lösungen durch

$$y = C_1 P_n(x) + C_2 Q_n(x)$$

gegeben.

Die für die Lösung unhomogener DGlen nützliche Wronskische Determinante ist

$$W(P_n, Q_n) = P_n Q_n' - P_n' Q_n = (1-x^2)^{-1}.$$

Die Legendreschen Funktionen sind eingehend untersucht; vgl. dazu die angegebene Literatur. Hier sei folgendes angeführt: Die $P_n(x)$ sind die Koeffizienten in der Entwicklung

$$(1 - 2xt + t^2)^{-\frac{1}{2}} = \sum_{n=0}^{\infty} P_n(x)\, t^n.$$

Ferner ist

$$\nu P_\nu(x) = (2\nu - 1)\, x P_{\nu-1}(x) - (\nu - 1) P_{\nu-2}(x),$$

$$(x^2 - 1) P_\nu'(x) = \nu x P_\nu(x) - \nu P_{\nu-1}(x);$$

hieraus folgt

$$x P_\nu'(x) - P_{\nu-1}'(x) = \nu P_\nu(x).$$

Die Nullstellen von $P_n(x)$ sind sämtlich reell und liegen zwischen -1 und $+1$. Es ist

$$P_n(1) = 1, \quad P_n(-1) = (-1)^n,$$

$$P_{2n+1}(0) = 0, \quad P_{2n}(0) = (-1)^n \frac{(2n)!}{4^n (n!)^2}.$$

Die $P_n(x)$ bilden für das Intervall $-1 \leqq x \leqq +1$ ein Orthogonalsystem, und zwar ist

$$\int_{-1}^{+1} P_m(x)\, P_n(x)\, dx = \begin{cases} 0 & \text{für } m \neq n, \\ \dfrac{2}{2n+1} & \text{für } m = n. \end{cases}$$

Ist $f(x)$ in $-1 \leqq x \leqq +1$ von beschränkter Schwankung, so ist

$$\frac{1}{2}\left[f(x+0) + f(x-0)\right] = \sum_{n=0}^{\infty} a_n P_n(x)$$

mit

$$a_n = \left(n + \frac{1}{2}\right) \int_{-1}^{+1} f(t)\, P_n(t)\, dt.$$

Für allgemeinere Entwicklungssätze s. *Pascal*, Repertorium I_3, S. 1405. 2·240
Insbesondere ist

$$x^n = 2^n n! \sum_{0 \leq k \leq \frac{1}{2}n} \frac{(2n - 4k + 1)(n-k)!}{2^{2k} k!(2n - 2k + 1)!} P_{n-2k}(x) .$$

Über die P_n als Lösungen einer Eigenwertaufgabe s. 2·239.

Die Legendreschen Funktionen lassen sich auch durch Kurvenintegrale darstellen; z. B. ist

$$P_n(x) = \frac{1}{2\pi i} \int \frac{(t^2 - 1)^n}{2^n (t - x)^{n+1}} dt \qquad \text{(Integral von } \textit{Schläfli}\text{)},$$

wobei als Integrationsweg in der komplexen t-Ebene eine geschlossene Kurve zu wählen ist, die um den Punkt $t = x$ in positivem Sinne herumläuft. Ferner ist

$$P_\nu(x) = \frac{1}{\pi} \int_0^\infty \left(x + \sqrt{x^2 - 1} \cos\varphi\right)^\nu d\varphi ,$$

$$Q_\nu(x) = \int_0^\infty \frac{d\varphi}{\left(x + \sqrt{x^2 - 1} \operatorname{Cof}\varphi\right)^{\nu+1}} \qquad (\nu > -1).$$

Zu der Darstellung durch Integrale vgl. auch A 19·5. Für asymptotische Darstellungen s. *O. Blumenthal*, Archiv Math. (3) 19 (1912) 150–174.

Verwandte DGlen.

Bezeichnet $y_\nu(x)$ die Lösungen der Legendreschen DGl, so sind die Lösungen der folgenden DGlen:

(1) $(x^2 + 1) y'' + 2 x y' - \nu(\nu + 1) y = 0;$ $\qquad y = y_\nu(i x)$

(2) $(x^2 - 1) y'' + 2(n + 1) x y' - (\nu + n + 1)(\nu - n) y = 0;$ $\qquad y = y_\nu^{(n)}(x)$

(3) $2x(x - 1) y'' + [(2\nu + 5)x - (2\nu + 3)] y' + (\nu + 1) y = 0;$

$$y = x^{-\frac{\nu+1}{2}} y_\nu\left(\frac{x+1}{2\sqrt{x}}\right)$$

(4) $x(x^2 + 1) y'' + (2x^2 + 1) y' - \nu(\nu + 1) x y = 0;$ $\qquad y = y_\nu\left(\sqrt{x^2 + 1}\right)$

(5) $x(x^2 + 1) y'' + [2(n + 1) x^2 + 2n + 1] y'$

$$- (\nu - n)(\nu + n + 1) x y = 0; \qquad y = y_\nu^{(n)}\left(\sqrt{x^2 + 1}\right)$$

(6) $4x^2(x - 1) y'' + 2x(3x - 1) y' - \nu(\nu + 1)(x - 1) y = 0;$

$$y = y_\nu\left(\frac{x+1}{2\sqrt{x}}\right)$$

(7) $x^2(x^2 + 1) y'' + x(2x^2 + 1) y' - [\nu(\nu + 1) x^2 + n^2] y = 0;$

$$y = x^n y_\nu^{(n)}\left(\sqrt{x^2 + 1}\right), \quad n \geqq 0 \text{ und ganz.}$$

(8) $x^2(x^2 - 1) y'' + 2x^3 y' + \nu(\nu + 1) y = 0;$ $\qquad y = y_\nu\left(\frac{1}{x}\right)$

2·240 (9) $x^2(x^2-1)y'' + 2x^3y' - \nu(\nu+1)(x^2-1)y = 0;\qquad y = y_\nu\left(\frac{x^2+1}{2x}\right)$

(10) $x^2(x^2-1)y'' + 2x[(1-a)x^2+a]y'$
$+\{[a(a-1)-\nu(\nu+1)]x^2 - a(a+1)\}y = 0;\qquad y = x^a y_\nu(x)$

(11) $x^2(x^2-1)y'' - [2bcx^c(x^2-1) + 2(a-1)x^2 - 2a]xy'$
$+\{b^2c^2x^{2c}(x^2-1) + bc(2a-c-1)x^{c+2} - bc(2a-c+1)x^c$
$+[a(a-1)-\nu(\nu+1)]x^2 - a(a+1)\}y = 0;$
$y = x^a e^{bx^c} y_\nu(x)$

(12) $(x^2-1)^2y'' + 2x(x^2-1)y' - [\nu(\nu+1)(x^2-1)+n^2]y = 0;$
$y = |x^2-1|^{\frac{1}{2}n} y_\nu^{(n)}(x)$, $n \geqq 0$ und ganz.

Ist ν eine natürliche Zahl, so heißen die Lösungen

$$P_\nu^n(x) = (1-x^2)^{\frac{1}{2}n} P_\nu^{(n)}(x),$$
$$Q_\nu^n(x) = (1-x^2)^{\frac{1}{2}n} Q_\nu^{(n)}(x)$$

zugeordnete Legendresche Funktionen erster und zweiter Art vom Grad ν und der Ordnung n.

Vgl. *Whittaker-Watson*, S. 323ff. Encyklopädie, S. 708ff. *Pascal*, Repertorium I_3, S. 1407. *Hobson*, Kap. 3. *E. W. Barnes*, Quarterly Journal 39 (1908), 97—204 sowie 2·371.

(13) $(x^2-1)^2y'' - 2(2a-1)x(x^2-1)y'$
$+\{[2a(2a-1)-\nu(\nu+1)]x^2 + 2a + \nu(\nu+1)\}y = 0;$
$y = |x^2-1|^a y_\nu(x)$

(14) $(x^2-1)^2y'' + 2(n+1-2a)x(x^2-1)y'$
$+\{4a(a-n)x^2 - [2a+(\nu+n+1)(\nu-n)](x^2-1)\}y = 0;$
$y = |x^2-1|^a y_\nu^{(n)}(x)$, $n \geqq 0$ und ganz;

Whittaker-Watson, S. 324.

(15) $4x^2(x-1)^2y'' + 2x(x-1)(3x-1)y'$
$-[\nu(\nu+1)(x-1)^2 + 4n^2x]y = 0;$
$$y = C_1 P_\nu^n\left(\frac{x+1}{2\sqrt{x}}\right) + C_2 Q_\nu^n\left(\frac{x+1}{2\sqrt{x}}\right)$$

(16) $x(x^2-1)^2y'' + (x^2-1)(3x^2-1)y'$
$+[x^2-1-(2\nu+1)^2]xy = 0;$
$$y = |x^2-1|^{-\frac{1}{2}} y_\nu\left(\frac{1+x^2}{1-x^2}\right)$$

(17) $(a^2x^{2b}-1)x^2y'' + [a^2(b+1)x^{2b}+b-1]xy'$
$-\nu(\nu+1)a^2b^2x^{2b}y = 0;$
$$y = y_\nu(ax^b)$$

(18) $(b^2x^{2c}-1)x^2y'' + [(1+c-2a)b^2x^{2c}+2a+c-1]xy'$
$+\{b^2[a(a-c)-c^2\nu(\nu+1)]x^{2c} - a(a+c)\}y = 0;$
$y = x^a y_\nu(bx^c)$

(19) $y'' \sin x + (2n+1)\, y' \cos x + (\nu - n)(\nu + n + 1)\, y \sin x = 0;$

$$y = y_\nu^{(n)}(\cos x)$$

Heine I, S. 217.

(20) $y'' \sin^2 x + y' \sin x \cos x + [\nu(\nu+1)\sin^2 x - n^2]\, y = 0;$

$$y = \sin^n x\, y_\nu^{(n)}(\cos x)$$

(21) $f^2 g' (g^2 - 1)\, y'' + [2 f g g'^2 - (g^2-1)(f g'' + 2 f' g')] f y'$

$$+ \{(g^2-1)[f'(f g'' + 2 f' g') - f f'' g'] - [2 f' g + \nu(\nu+1) f g'] f g'^2\}\, y = 0,\ f = f(x),\ g = g(x);$$

$$y = f(x)\, y_\nu(g(x))$$

M. Müller, briefliche Mitteilung.

(22) $(x^2 - 1)^2 y^{(4)} + 10\, x (x^2 - 1)\, y'''$

$$+ \{8(3x^2 - 1) - 2[\mu(\mu+1) + \nu(\nu+1)](x^2-1)\}\, y''$$

$$- 6x[\mu(\mu+1) + \nu(\nu+1) - 2]\, y'$$

$$+ \{[\mu(\mu+1) - \nu(\nu+1)]^2 - 2\mu(\mu+1) - 2\nu(\nu+1)\}\, y = 0;$$

$$y = y_\mu(x)\, y_\nu(x) \qquad \text{für } \mu \neq \nu.$$

Für eine DGl 3. Ordnung s. 3·82.

$(x^2-1)\, y'' - 2x y' - (\nu+2)(\nu-1)\, y = 0$; Sonderfall von 2·240 (14) mit $n = a = 2$. 2·241

$(x^2-1)\, y'' - (3x+1)\, y' - (x^2 - x)\, y = 0$ 2·242

$$y = (x+1)^2 e^{-x}\left(C_1 + C_2 \int \frac{(x-1)^2}{(x+1)^3}\, e^{2x}\, dx\right).$$

$(x^2-1)\, y'' + 4x y' + (x^2+1)\, y = 0$ 2·243

$$(x^2 - 1)\, y = C_1 \sin x + C_2 \cos x.$$

Forsyth-Jacobsthal, DGlen, S. 121, 698.

$(x^2-1)\, y'' + 2(n+1)\, x y' - (\nu+n+1)(\nu-n)\, y = 0$, $n \geqq 0$ und ganz 2·244

s. 2·240 (2).

$(x^2-1)\, y'' - 2(n-1)\, x y' - (\nu-n+1)(\nu+n)\, y = 0$ 2·245

Sonderfall von 2·240 (14) mit $a = n$.

$(x^2-1)\, y'' - 2(\nu-1)\, x y' - 2\nu y = 0$ 2·246

$$y = |x^2-1|^\nu \left(C_1 + C_2 \int |x^2-1|^{-\nu-1}\, dx\right).$$

Ist $\nu = n$ eine natürliche Zahl, so entsteht durch n-malige Differentiation für $u(x) = y^{(n)}$ die Legendresche DGl 2·240 mit $\nu = n$ und u statt y.

Whittaker-Watson, Modern Analysis, S. 318.

2·247 $(x^2-1)\,y''+2\,a\,x\,y'+a\,(a-1)\,y=0$

$$y=C_1\,|x+1|^{1-a}+C_2\,|x-1|^{1-a}.$$

Forsyth-Jacobsthal, DGlen, S. 742.

2·248 $(x^2-1)\,y''+a\,x\,y'+(b\,x^2+c\,x+d)\,y=0$

Für $y=e^{-\lambda\xi}\,\eta(\xi)$, $\xi=x-1$, $\lambda^2=-b$ entsteht

$$\xi\,(\xi+2)\,\eta''+[-2\,\lambda\,\xi^2+(a-4\,\lambda)\,\xi+a]\,\eta' + [(c-a\,\lambda)\,\xi+b+c+d-a\,\lambda]\,\eta=0.$$

Zu dieser DGl s. 2·261. Zu der ursprünglichen DGl vgl. auch 2·240 (14), und für den Fall $c=0$: *J. A. Stratton*, Proceedings USA Academy 21 (1935) 51—56, 316—321; *E. Fisher*, Philos. Magazine (7) 24 (1937) 245—256.

2·249 $(x^2-1)\,y''+(a\,x+b)\,y'+c\,y=0$

Zu dieser DGl vgl. vor allem die Legendresche DGl 2·240 sowie die dort angegebenen DGlen, die sich mittels Legendrescher Funktionen lösen lassen. Für $y(x)=\eta(\xi)$, $2\xi=x+1$ entsteht die hypergeometrische DGl 2·260

$$\xi\,(\xi-1)\,\eta''+\left(a\,\xi-\frac{1}{2}a+\frac{1}{2}b\right)\eta'+c\,\eta=0.$$

Für die Lösung der DGl durch bestimmte Integrale s. A 19.

Ist $a>b$ und $a+b>0$, so sind unter den Lösungen genau dann Polynome, wenn $c=n\,(1-n-a)$ für eine ganze Zahl $n\geqq 0$ ist, und zwar erhält man Jacobische Polynome (vgl. 2·260). Insbesondere bekommt man für

$b=0$: ultraspherical polynomials;

$b=0, a=1$: Tschebyscheffsche Polynome erster Art $T_n(x)=\cos n\,\vartheta$;

$b=0, a=2$: Legendresche Polynome $P_n(x)$;

$b=0, a=3$: Tschebyscheffsche Polynome zweiter Art

$$U_n(x)=\frac{\sin(n+1)\,\vartheta}{\sin\vartheta};$$

$b=1$, $a=3$:

$$U_{2n}\left(\cos\frac{\vartheta}{2}\right)=\frac{\sin\left(n+\frac{1}{2}\right)\vartheta}{\sin\frac{1}{2}\,\vartheta};$$

dabei ist überall $x=\cos\vartheta$.

Szegö, Orthogonal polynomials, S. 28.

$(x^2 - a^2) y'' + 8 x y' + 12 y = 0$ 2·250

$$y = C_1 |x + a|^{-3} + C_2 |x - a|^{-3}$$

Forsyth-Jacobsthal, DGlen, S. 148, 717.

251—303. $(a x^2 + b x + c) y'' + \cdots$.

$x (x + 1) y'' - (x - 1) y' + y = 0$; hypergeometrische DGl 2·260 mit 2·251
$-x$ als unabhängiger Veränderlicher.

$$y = C_1 (x - 1) + C_2 [(x - 1) \log |x| - 4 x].$$

Morris-Brown, Diff. Equations, S. 195, 380.

$x (x + 1) y'' + (a x + b) y' + c y = 0$ 2·252

Für $y(x) = \eta(\xi)$, $\xi = -x$ entsteht die hypergeometrische DGl 2·260

$$\xi (\xi - 1) \eta'' + (a \xi - b) \eta' + c \eta = 0.$$

$x (x + 1) y'' + (3 x + 2) y' + y = 0$; Sonderfall von 2·252. 2·253

Eine Lösung ist $y = \frac{1}{x} \log |x + 1|$.

$(x^2 + x - 2) y'' + (x^2 - x) y' - (6 x^2 + 7 x) y = 0$ 2·254

$$y = (x - 1) e^{2x} \left\{ C_1 + C_2 \int \left(\frac{x + 2}{x - 1} \right)^2 e^{-5x} dx \right\}.$$

Forsyth-Jacobsthal, DGlen, S. 126f.

$x (x - 1) y'' + a y' - 2 y = 0$ 2·255

Die DGl ist eine exakte und gleichwertig mit den linearen DGlen

$$x (x - 1) y' - (2 x - a - 1) y = C$$

bei beliebig zu wählendem C.

$x (x - 1) y'' + (2 x - 1) y' - \nu (\nu + 1) y = 0$ 2·256

Für $y(x) = \eta(\xi)$, $\xi = 1 - 2 x$ entsteht die DGl 2·240 mit ξ, η statt x, y.

Forsyth-Jacobsthal, DGlen, S. 259.

2·257 $\boldsymbol{x(x-1)y'' + [(a+1)x+b]y' = 0}$

$$y = C_1 + C_2 \int |x|^b |x-1|^{-a-b-1} dx .$$

Multipliziert man die DGl mit $-x^{-b-1}(1-x)^{a+b}$, so nimmt sie die selbstadjungierte Gestalt

$$\frac{d}{dx}[x^{-b}(1-x)^{a+b+1} y'] = 0$$

an. Für $0 < x,\ \xi < 1$ ist eine Grundlösung

$$g(x, \xi) = \mp \frac{1}{2} \int_\xi^x T(t)\, dx \qquad \text{für} \quad \begin{matrix} x \leqq \xi, \\ x \geqq \xi \end{matrix}$$

mit

$$T(t) = t^b (1-t)^{-a-b-1}$$

Für die Randbedingungen

I. y und y' beschränkt für $x \to 0$, $(1-x)^{a+b+1} \frac{y'}{y} \to A \neq 0$ für $x \to 1$;

II. y und y' beschränkt für $x \to 1$, $x^{-b} \frac{y'}{y} \to B \neq 0$ für $x \to 0$;

III. $x^{-b} \frac{y'}{y} \to B \neq 0$ für $x \to 0$, $(1-x)^{a+b+1} \frac{y'}{y} \to A \neq 0$ für $x \to 1$

sind die Greenschen Funktionen

$$\Gamma_I(x, \xi) = \frac{1}{A} + \int_1^\xi T(t)\, dt \qquad (b < 0,\ -1 < a + b < 0);$$

$$\Gamma_{II}(x, \xi) = -\frac{1}{B} - \int_0^x T(t)\, dt \quad (-1 < b < 0,\ a + b > -1);$$

$$\Gamma_{III}(x, \xi) = \frac{1}{C}\left(\int_0^x T\, dt + \frac{1}{B}\right)\left(\int_1^\xi T\, dt + \frac{1}{A}\right)$$

$$(-1 < b < 0,\ -1 < a + b < 0),\ C = \frac{1}{B} - \frac{1}{A} + \int_0^1 T\, dt .$$

Dabei sind die Werte von Γ nur für $x \leqq \xi$ angegeben; für $x \geqq \xi$ erhält man sie, indem man in den obigen rechten Seiten x mit ξ vertauscht.

Wera Myller-Lebedeff. Math. Annalen 70 (1911) 87–93.

2·258 $\boldsymbol{x(x-1)y'' + (ax+b)y' + cy = 0}$ s. 2·260.

Die DGl ist eine exakte, wenn $c = a - 2$ ist; sie besagt dann dasselbe wie die linearen DGlen

$$x(x-1)y' + [(a-2)x + b + 1]y = C$$

mit beliebigem C.

$\boldsymbol{x(x-1)y'' + [(a+1)x + b]y' - \lambda y = 0}$ s. 2·260. 2·259

Für die Randbedingungen

$$y(x) \text{ beschränkt für } 0 < x < 1$$

sind die Eigenwerte $\lambda = n(n+a)$ $(n = 0, 1, 2, \ldots)$ und die Eigenfunktionen die Jacobischen Polynome $F(-n, n+a, b, x)$ von 2·260.

$\boldsymbol{x(x-1)y'' + [(\alpha+\beta+1)x - \gamma]y' + \alpha\beta y = 0}$; hypergeometrische DGl. 2·260

Lit.: Encyklopädie II_2, S. 537ff. *Forsyth-Jacobsthal*, DGlen, S. 213—244, 607ff. *E. Goursat*, Annales École Norm. (2) 10 (1881), Supplément, S. 1—142. *E. Goursat*, Leçons sur les séries hypergéométriques et sur quelques fonctions qui s'y rattachent. I: Propriétés générales de l'équation d'Euler = Actualités scientifiques et industrielles 333, Paris 1936. *Kampé de Fériet*, Fonction hypergéométrique. *Klein*, Hypergeometr. Funktion. *E. E. Kummer*, Journal für Math. 15 (1836) 39—83, 127—172. *Szegö*, Orthogonal polynomials. *Whittaker-Watson*, Modern Analysis, S. 281ff. Für hypergeometrische Funktionen von mehreren unabhängigen Veränderlichen s. *Appell-Kampé de Fériet*, Fonctions hypergéométriques.

Die DGl wird hier abgekürzt mit

(1) $$H(\alpha, \beta, \gamma, y, x) = 0$$

bezeichnet; sie und die im wesentlichen mit ihr gleichwertige DGl 2·403 umfassen eine Reihe wichtiger Sonderfälle.

Die Invariante der DGl (vgl. A 25·1) ist

$$I = \frac{1-\lambda^2}{4x^2} + \frac{1-\mu^2}{4(x-1)^2} + \frac{\lambda^2 + \mu^2 - \nu^2 - 1}{4x(x-1)}$$

mit $\lambda = \gamma - 1$, $\mu = \alpha + \beta - \gamma$, $\nu = \alpha - \beta$.

Die Wronskische Determinante ist für ein Hauptsystem von Lösungen

$$y_1 y_2' - y_2 y_1' = C\,|x|^{-\gamma}\,|1-x|^{\gamma-\alpha-\beta-1}$$

Transformationen der DGl. Durch

(2) $$y(x) = |x|^{1-\gamma}\eta(x), \qquad x \neq 0$$

werden die Lösungen der DGl (1) eineindeutig in die Lösungen von

(3) $$H(\alpha-\gamma+1,\ \beta-\gamma+1,\ 2-\gamma,\ \eta,\ x) = 0$$

übergeführt; durch

(4) $$y(x) = |x-1|^{\gamma-\alpha-\beta}\eta(x), \qquad x \neq 1$$

in die Lösungen von

(5) $$H(\gamma-\alpha,\ \gamma-\beta,\ \gamma,\ \eta,\ x) = 0;$$

durch

(6) $$y(x) = |x|^{-\alpha}\eta(\xi),\ \xi = \frac{1}{x}, \qquad x \neq 0$$

2·260 in die Lösungen von

(7) $$H(\alpha, \alpha - \gamma + 1, \alpha - \beta + 1, \eta, \xi) = 0;$$

durch

(8) $$y(x) = |x - 1|^{-\alpha} \eta(\xi),\ \xi = \frac{x}{x-1}, \qquad x \neq 1$$

in die Lösungen von

(9) $$H(\alpha, \gamma - \beta, \gamma, \eta, \xi) = 0 .$$

Bei Zulassung komplexer Veränderlicher sind die Absolutzeichen fortzulassen oder durch Klammern zu ersetzen. Zu den Transformationen vgl. auch 2·407.

Potenzreihen als Lösungen der DGl. Da durch (6) und (8) die Intervalle $x > 1$ und $x < 0$ in $0 < \xi < 1$ übergeführt werden, genügt es, wenn man sich auf reelle x beschränkt, Lösungen der DGl (1) für das Intervall $0 < x < 1$ anzugeben. Hierfür wird die *hypergeometrische Reihe*

(10) $$\begin{aligned} F(\alpha, \beta, \gamma, x) &= 1 + \sum_{k=1}^{\infty} \frac{\alpha(\alpha+1)\cdots(\alpha+k-1)}{k!} \frac{\beta(\beta+1)\cdots(\beta+k-1)}{\gamma(\gamma+1)\cdots(\gamma+k-1)} x^k \\ &= 1 + \sum_{k=1}^{\infty} \frac{\binom{\alpha+k-1}{k}\binom{\beta+k-1}{k}}{\binom{\gamma+k-1}{k}} x^k \end{aligned}$$

eingeführt; dabei soll γ keine ganze Zahl ≤ 0 sein. Die Reihe konvergiert sicher für $|x| < 1$; durch analytische Fortsetzung läßt sich eine eindeutige reguläre Funktion in der ganzen komplexen x-Ebene gewinnen, die längs der reellen Achse von $x = 1$ bis $x = +\infty$ aufgeschnitten ist. Sonderfälle der hypergeometrischen Funktion sind (n bedeutet eine natürliche Zahl):

$$F(\alpha, -n, -n, x) = F(-n, \alpha, -n, x) = \sum_{k=0}^{n} \binom{\alpha+k-1}{k} x^k;$$

$$F(1, 1, 1, x) = F(1, \beta, \beta, x) = F(\alpha, 1, \alpha, x) = \frac{1}{1-x},$$

$$F(-n, \beta, \beta, -x) = (1+x)^n;$$

$$n\,x\,F(1-n, 1, 2, x) = 1 - (1-x)^n;$$

$$2F\left(-\frac{n}{2}, -\frac{n-1}{2}, \frac{1}{2}, x^2\right) = (1+x)^n + (1-x)^n;$$

$$2\,n\,x\,F\left(-\frac{n-1}{2}, -\frac{n}{2} + 1, \frac{3}{2}, x^2\right) = (1+x)^n - (1-x)^n;$$

$$F(-n, 1, -n, x) = \sum_{k=0}^{n} x^k;$$

$$x\,F(1, 1, 2, -x) = \log(1+x);$$

$$2\,x\,F\left(\frac{1}{2}, 1, \frac{3}{2}, x^2\right) = \log\frac{1+x}{1-x};$$

$$x F\left(\frac{1}{2}, \frac{1}{2}, \frac{3}{2}, x^2\right) = \arcsin x;$$ 2.260

$$x F\left(\frac{1}{2}, 1, \frac{3}{2}, -x^2\right) = \operatorname{arc\,tg} x;$$

$$F\left(-n, n+\frac{1}{2}, \frac{1}{2}, x^2\right) = (-1)^n \frac{2^n n!}{1\cdot 3\cdots(2n-1)} P_{2n}(x);$$

$$x F\left(-n, n+\frac{3}{2}, \frac{3}{2}, x^2\right) = (-1)^n \frac{2^n n!}{1\cdot 3\cdots(2n+1)} P_{2n+1}(x),$$

wo $P_m(x)$ das Legendresche Polynom ist;

$$F(-n, n+a, b, x) = \frac{x^{1-b}(1-x)^{b-a}}{b(b+1)\cdots(b+n-1)} \frac{d^n}{dx^n}[x^{b+n-1}(1-x)^{a+n-b}],$$

das sind die *Jacobischen Polynome* (*Pascal*, S. 1456. *Frank-v. Mises*, D- u. IGlen I, 1. Aufl., S. 340).

Aus (10) folgt unmittelbar

$$F'(\alpha, \beta, \gamma, x) = \frac{\alpha\beta}{\gamma} F(\alpha+1, \beta+1, \gamma+1, x),$$

wenn γ keine ganze Zahl $\leqq 0$ ist.

Die hypergeometrische Funktion $F(\alpha, \beta, \gamma, x)$ erfüllt die DGl für $|x| < 1$. Ist $0 < x < 1$, so ist die Gesamtheit der Lösungen für

(a) γ keine ganze Zahl:

$$C_1 F(\alpha, \beta, \gamma, x) + C_2 x^{1-\gamma} F(\alpha-\gamma+1, \beta-\gamma+1, 2-\gamma, x);$$

(b) $\gamma = -c$ eine ganze Zahl, $c \geqq -1$:

$$C_1 y + C_2 y^*,$$

dabei ist

$$y = x^{c+1} F(\alpha+c+1, \beta+c+1, 2+c, x),$$

$$y^* = \begin{cases} \lim\limits_{\gamma\to -c}\left[F(\alpha, \beta, \gamma, x) - \dfrac{\lambda_\gamma}{\gamma+c} x^{1-\gamma} F(\alpha-\gamma+1, \beta-\gamma+1, 2-\gamma, x)\right] \\ \qquad\qquad \text{für } c \geqq 0, \\ \lim\limits_{\gamma\to 1} \dfrac{1}{\gamma-1}[F(\alpha, \beta, \gamma, x) - x^{1-\gamma} F(\alpha-\gamma+1, \beta-\gamma+1, 2-\gamma, x)] \\ \qquad\qquad \text{für } c = -1, \end{cases}$$

und

$$\lambda_\gamma = \begin{cases} \dbinom{\alpha+c}{c+1} \dfrac{\beta(\beta+1)\cdots(\beta+c)}{\gamma(\gamma+1)\cdots(\gamma+c-1)} & \text{für } c \geqq 1, \\ \alpha\beta & \text{für } c = 0, \\ 1 & \text{für } c = -1; \end{cases}$$

für y^* besteht auch die Darstellung

$$y^* = \lambda_{-c} x^{1+c} \log x \cdot F(\alpha+c+1, \beta+c+1, 2+c, x)$$

$$+ \sum_{k=0}^{c} (-1)^k \frac{\binom{\alpha+k-1}{k}\binom{\beta+k-1}{k}}{\binom{c}{k}} x^k + \lambda_{-c} \sum_{k=1}^{\infty} \frac{\binom{\alpha+c+k}{k}\binom{\beta+c+k}{k}}{\binom{c+k+1}{k}} A_k x^{c+1+k}$$

2·260 mit

$$A_k = \sum_{\varkappa=1}^{k} \left(\frac{1}{\alpha + c + \varkappa} + \frac{1}{\beta + c + \varkappa} - \frac{1}{c + 1 + \varkappa} - \frac{1}{\varkappa} \right),$$

weiter soll das erste Glied in $\sum_{k=0}^{c}$ den Wert 1 haben, für $c = -1$ soll diese Summe den Wert 0 bedeuten, und in $\sum_{k=1}^{\infty}$ sind die Nenner von A_k formal gegen die Zähler der Glieder zu kürzen, auch wenn die Nenner der A_k Null sind.

(c) $\gamma = c$ eine ganze Zahl $\geqq 2$. Dieser Fall wird durch die Transformation (2) auf den Fall (b) zurückgeführt.

Über die Nullstellen der hypergeometrischen Funktion im Intervall $0 < x < 1$ oder in einem Teil dieses Intervalls s. *F. Klein*, Math. Annalen 37 (1890), 573—590; *A. Hurwitz*, Nachrichten Göttingen 1890, S. 557—564; *L. Gegenbauer*, Monatshefte f. Math. 2 (1890) 125—130; *R. de Montessu*, Bulletin Soc. France 37 (1909) 101—108.

Über asymptotische Darstellungen von $F(\alpha, \beta, \gamma, x)$ für den Fall, daß einer oder mehrere der Parameter α, β, γ unbegrenzt wachsen, s. *O. Perron*, Sitzungsberichte Heidelberg 1916, 9. Abhandlung und 1917, 1. Abhandlung.

Bestimmte Integrale als Lösungen. Eine Lösung dieser Art ist z. B.

$$y = \int_0^1 t^{\beta-1} (1-t)^{\gamma-\beta-1} (1-t\,x)^{-\alpha}\,dt = \frac{\Gamma(\beta)\,\Gamma(\gamma-\beta)}{\Gamma(\gamma)} F(\alpha, \beta, \gamma, x)$$

für $\gamma > \beta > 0$ und $|x| < 1$. Für andere Lösungen dieser Art s. z. B. *Forsyth-Jacobsthal*, S. 273ff., 778ff. (die Angabe der Gültigkeitsgrenzen fehlt); *Goursat*, a. a. O.; *Barnes*, Proceedings London Math. Soc. (2) 6 (1908) 141—177; *Whittaker-Watson*, S. 286ff.; A 19·5.

Für Kettenbruchentwicklungen von Lösungen vgl. A 25·3.

Lösungen in geschlossener Form. Abgesehen von den Fällen, in denen die hypergeometrische Reihe abbricht, sind solche Lösungen in folgenden Fällen bekannt:

(11) $$H\left(\alpha, \alpha + \frac{1}{2}, 2\alpha + 1, y, x\right) = 0, \quad \alpha \neq 0;$$

$$y = C_1 u^{-2\alpha} + C_2 x^{-2\alpha} u^{2\alpha}, \quad u = 1 + \sqrt{1-x}.$$

Forysth-Jacobsthal, S. 232—235, 244.

(12) $$H\left(\alpha, \alpha - \frac{1}{2}, \frac{1}{2}, y, x\right) = 0;$$

$$y = C_1 \left(1 + \sqrt{x}\right)^{1-2\alpha} + C_1 \left(1 - \sqrt{x}\right)^{1-2\alpha}.$$

H. A. Schwarz, Journal für Math. 75 (1873) 324.

(13) $$H\left(\alpha, \alpha + \frac{1}{2}, \frac{3}{2}, y, x\right) = 0;$$

$$y = C_1 \frac{1}{u}(1+u)^{1-2\alpha} + C_2 \frac{1}{u}(1-u)^{1-2\alpha}, \; u = \sqrt{x}.$$ 2·260

H. A. Schwarz, a. a. O

(14) $$H(1, \beta, \gamma, y, x) = 0;$$

$$y = |x|^{1-\gamma}|x-1|^{\gamma-\beta-1}[C_1 + C_2 \int |x|^{\gamma-2}|x-1|^{\beta-\gamma}dx].$$

Forsyth-Jacobsthal, S. 125, 700f.

(15) $$H(\alpha, \beta, \alpha, y, x) = 0;$$

$$y = |x-1|^{-\beta}[C_1 + C_2 \int |x|^{-\alpha}|x-1|^{\beta-1}dx].$$

Forsyth-Jacobsthal, S. 125, 701.

(16) $$H(\alpha, \beta, \alpha+1, y, x) = 0;$$

$$y = |x|^{-\alpha}[C_1 + C_2 \int |x|^{\alpha-1}|x-1|^{-\beta}dx].$$

Forsyth-Jacobsthal, S. 125, 701.

Algebraische Lösungen können in folgender Weise gefunden werden. Nach A 25·1 kann man die Gesamtheit aller Lösungen der DGl finden, sobald man eine Lösung von

(17) $$\{s, x\} = 2I$$

kennt, wo I die Invariante (s. S. 465) der DGl ist. In einer Reihe von Fällen kann man geeignete Lösungen von (17) angeben und auf diese Weise zu einer Übersicht über die Gesamtheit aller algebraischen Lösungen von (1) gelangen. Vgl. hierzu *H. A. Schwarz*, Journal für Math. 75 (1873) 292—335. Encyklopädie, a. a. O. *E. L. Ince*, Proceedings London Math. Soc. 34 (1916) 149ff. Lösungen von (17) sind explizite angegeben bei *Forsyth-Jacobsthal*, S. 238, 239, 240, 244 für

α	$\frac{1}{4}$	$\frac{2}{3}$	$\frac{4}{3}$	$\frac{4}{3}$	$\frac{11}{24}$	$\frac{19}{24}$	$\frac{1}{6}$	$\frac{5}{12}$
β	$-\frac{1}{12}$	$\frac{1}{6}$	$\frac{1}{4}$	$\frac{1}{2}$	$-\frac{1}{24}$	$\frac{7}{24}$	$-\frac{1}{12}$	$\frac{1}{6}$
γ	$\frac{2}{3}$	$-\frac{1}{6}$	$\frac{7}{12}$	$\frac{1}{6}$	$\frac{2}{3}$	$\frac{4}{3}$	$\frac{3}{4}$	$\frac{5}{4}$

Lösungen, die durch vollständige elliptische Integrale ausgedrückt werden können. Hierzu s. *Kummer*, a. a. O., S. 146ff. Encyklopädie II_2, S. 277. *Halphen*, Fonctions elliptiques I, S. 313. Zu den DGlen dieser Art gehören z. B.

$$x(x-1)y'' + \left(\frac{7}{6}x - \frac{2}{3}\right)y' + \frac{1}{144}y = 0,$$

$$x(x-1)y'' + \left(\frac{5}{6}x - \frac{1}{3}\right)y' + \frac{1}{144}y = 0,$$

$$x(x-1)y'' + \left(\frac{19}{6}x - \frac{5}{6}\right)y' + \frac{53}{48}y = 0.$$

Verwandte DGlen. Hierzu gehören die schon am Anfang genannten DGlen 2·240, 2·403. Weiter seien die folgenden DGlen angeführt. Bezeichnet $y(\alpha, \beta, \gamma, x)$ die Lösungen von (1), so sind die Lösungen der folgenden DGlen:

(18) $$x(x-1)y'' + (2x-1)y' - \nu(\nu+1)y = 0;$$
$$y = y(\nu+1, -\nu, 1, x)$$

(19) $$x^2(x-1)y'' + [(a+b+1)x + (\alpha+\beta-1)]xy' + (abx - \alpha\beta)y = 0; \quad y = x^\alpha y(a+\alpha, b+\alpha, \alpha-\beta+1, x)$$

Whittaker-Watson, S. 283.

(20) $$(ax+1)x^2y'' + [a(b+2)x + (\alpha+\beta+1)]xy' + (abx + \alpha\beta)y = 0; \quad y = x^{-\alpha} y(1-\alpha, b-\alpha, 1-\alpha+\beta, -ax)$$

(21) $$x(x^2-1)y'' + (ax^2+b)y' + cxy = 0;$$
$$y = y\left(\frac{a-1}{2} + R, \frac{a-1}{2} - R, \frac{1-b}{2}, x^2\right) \text{ mit } R^2 = \frac{1}{4}(a-1)^2 - c$$

(22) $$x^2(ax^b-1)y'' + (apx^b+q)xy' + (arx^b+s)y = 0;$$
$$y = x^c y(\alpha, \beta, \gamma, ax^b),$$

wo c, α, β, γ aus
$$c = A_1, \quad (1-\gamma)b = A_2 - A_1, \quad b\alpha = A_1 + B_1, \quad b\beta = A_1 + B_2$$
zu bestimmen und A_1, A_2, B_1, B_2 die Lösungen der Glen
$$A^2 - (q+1)A = s, \quad B^2 - (p-1)B = -r$$
sind.

(23) $$16(x^3-1)^2y'' + 27xy = 0$$
$$y = (x^3-1)^{\frac{3}{4}} y\left(\frac{1}{12}, -\frac{1}{4}, -\frac{1}{3}, x^3\right)$$

(24) $$x(x-1)y'' + [(\alpha+\beta+2n+1)x - (\gamma+n)]y' + (\alpha+n)(\beta+n)y = 0$$
$$y = y(\alpha+n, \beta+n, \gamma+n, x) = y^{(n)}(\alpha, \beta, \gamma, x)$$

2·261 $$\boldsymbol{x(x+2)y'' + 2[n+1+(n+1-2\lambda)x - \lambda x^2]y' + [2\lambda(p-n-1)x + 2p\lambda + \mu]y = 0}$$

Vgl. 2·248. Sind n und $p - n = m$ natürliche Zahlen, so gibt es für geeignete Werte der Parameter λ, μ Lösungen, die Polynome $(m-1)$-ten Grades sind. Für weitere Untersuchungen der Lösungen s. *A. H. Wilson*, Proceedings Soc. London A 118 (1928) 617—635.

2·262 $$\boldsymbol{(x+1)^2y'' + (x^2+x-1)y' - (x+2)y = 0}$$
$$y \exp x = C_1 + C_2 \int (x+1) \exp \frac{x^2+x-1}{x+1}\, dx.$$

Fick, DGlen, S. 63, 174f.

$$x (x + 3) y'' + (3 x - 1) y' + y = (20 x + 30) (x^2 + 3 x)^{\frac{7}{3}}$$; exakte DGl. 2·263

Durch Integration erhält man die lineare DGl erster Ordnung

$$x (x + 3) y' + (x - 4) y = 3 (x^2 + 3 x)^{\frac{10}{3}} + C .$$

Morris-Brown, Diff. Equations, S. 148, 372.

$$(x^2 + 3 x + 4) y'' + (x^2 + x + 1) y' - (2 x + 3) y = 0$$ 2·264

$$y = C_1 (x^2 + x + 3) + C_2 e^{-x} .$$

$$(x - 1) (x - 2) y'' - (2 x - 3) y' + y = 0$$ 2·265

Für $y(x) = \eta(\xi)$, $\xi = x - 1$ entsteht eine hypergeometrische DGl 2·260.

$$(x - 2)^2 y'' - (x - 2) y' - 3 y = 0;$$ Typus A 22·3 (b). 2·266

$$y = C_1 (x - 2)^3 + \frac{C_2}{x - 2} .$$

Morris-Brown, Diff. Equations, S. 148, 371.

$$2 x^2 y'' - (2 x^2 - 5 x + \lambda) y' - (4 x - 1) y = 0$$ 2·267

Der Punkt $x = 0$ ist stark singulär. Trotzdem gibt es für bestimmte Werte λ (Eigenwerte), nämlich für $\lambda = \frac{(2 \nu + 1)^2 \pi^2}{8}$ $(\nu = 0, \pm 1, \pm 2, \ldots)$ beständig konvergente Potenzreihen

$$y = \sum_{k=0}^{\infty} a_k x^k$$

als Lösungen; die Koeffizienten sind

$$a_k = \sum_{n=0}^{\infty} \frac{(-\lambda)^n \Gamma\left(\frac{1}{2}\right)}{2^n n! \Gamma\left(k + n + \frac{3}{2}\right)} .$$

O. Perron, Acta Math. 48 (1926) 345—351.

$$2 x (x - 1) y'' + (2 x - 1) y' + (a x + b) y = 0$$ 2·268

Lit.: *F. Lindemann*, Über die DGl des elliptischen Zylinders, Math. Annalen 22 (1883) 117—123. *Whittaker-Watson*, Modern Analysis, S. 417—420.

Für $0 < x < 1$, $y(x) = \eta(\xi)$, $x = \cos^2 \xi$ geht die DGl in die Mathieusche DGl 2·22

$$\eta'' - 2 (a \cos^2 \xi + b) \eta = 0$$

über, für $x > 1$, $y(x) = \eta(\xi)$, $x = \mathfrak{Cof}^2 \xi$ in die DGl der zugeordneten Mathieuschen Funktionen 2·21 und für $x < 0$, $y(x) = \eta(\xi)$, $x = -\mathfrak{Sin}^2 \xi$ in

$$\eta'' - 2(a \mathfrak{Sin}^2 \xi - b)\eta = 0.$$

Die DGl läßt sich nach A 18·2 durch Ansetzen einer Potenzreihe lösen; wegen des Faktors $x(x-1)$ sind die Reihen nicht beständig konvergent. Nach *Lindemann* kann man aber auch so vorgehen: Es läßt sich zeigen, daß die DGl bei Zulassung komplexer Veränderlicher zwei linear unabhängige Lösungen $y_1(x)$, $y_2(x)$ besitzt, deren Produkt $Y(x)$ eine ganze Funktion ist, also in eine beständig konvergente Reihe

(1) $$Y(x) = \sum_{n=0}^{\infty} c_n x^n$$

entwickelbar ist. Nach 3·26 genügt Y der DGl

(2) $$2x(x-1)Y''' + 3(2x-1)Y'' + 2(2ax + 2b + 1)Y' + 2aY = 0.$$

Trägt man (1) in (2) ein, so erhält man, wenn

$$\alpha = 2a,\quad \beta = 2(2b+1)$$

gesetzt wird, die Beziehungen

$$6c_2 = \beta c_1 + \alpha c_0,\quad 30c_3 = 2(\beta + 6)c_2 + 3\alpha c_1$$

und für $n \geqq 2$:

$$(n+1)(n+2)(2n+3)c_{n+2} = [2n(n+2) + b](n+1)c_{n+1} + (2n+1)a c_n.$$

Bei passender Wahl von c_0, c_1 (Näheres darüber a. a. O.) ist die mit den hieraus berechneten c_n gebildete Reihe (1) beständig konvergent. Sind die Veränderlichen nun wieder reell, so ergibt die Wronskische Determinante wegen $y_1 y_2 = Y$ die Gl

$$\frac{y_1'}{y_1} - \frac{y_2'}{y_2} = \frac{C}{Y\sqrt{|x^2 - x|}};$$

dazu kommt

$$\frac{y_1'}{y_1} + \frac{y_2'}{y_2} = \frac{Y'}{Y}.$$

Hieraus können y_1, y_2 berechnet werden.

2·269 $\mathbf{2x(x-1)y'' + [(2\nu+5)x - (2\nu+3)]y' + (\nu+1)y = 0}$ s. 2·240 (3).

2·270 $\mathbf{(2x^2 + 6x + 4)y'' + (10x^2 + 21x + 8)y' + (12x^2 + 17x + 8)y = 0}$

$$y = (x+2)^4 e^{-3x}\left(C_1 + C_2 \int \frac{|x+1|^{\frac{3}{2}}}{(x+2)^5} e^x\,dx\right).$$

Forsyth-Jacobsthal, DGlen, S. 127, 702f.

$4 x^2 y'' + y = 0$; Typus 2·187. 2·271

Für die Randbedingungen $y(a) = y(a+1)$ $(a > 0)$ ist die Greensche Funktion

$$\Gamma(x, \xi) = \sqrt{x\,\xi}\,\frac{\log\frac{x}{a}\log\frac{\xi}{a+1}}{\log\frac{a+1}{a}} \qquad \text{für } x < \xi,$$

für $x > \xi$ ist rechts x mit ξ zu vertauschen.

G. Usai, Giornale Mat. 63 (1925) 85—97.

$4 x^2 y'' + (4 a^2 x^2 + 1) y = 0$; Sonderfall von 2·162 (1). 2·272

Für die Greensche Funktion bei den Randbedingungen $y(0) = y(1) = 0$ s. *G. Usai*, Giornale Mat. 63 (1925) 85—97.

$4 x^2 y'' = (x^2 - 4 k x + 4 m^2 - 1) y$; *Whittaker*sche DGl. 2·273

Lit.: *Whittaker-Watson*, Modern Analysis, S. 337—354. *A. Erdélyi*, Math. Zeitschrift 42 (1937) 125—143, 641—670. *G. E. Chappell*, Proceedings Edinburgh Math. Soc. 43 (1925) 117—130. *H. Buchholz*, Zeitschrift f. angew. Math. Mech. 23 (1943) 47—58, 101—118. Für numerische Werte der Lösungen: *Jahnke-Emde*, Funktionentafeln, 3. Aufl. Vgl. auch 2·407 und 2·113.

Die DGl ist die konfluente hypergeometrische DGl in reduzierter Form (vgl. dazu 2·407).

Für $k = 0$ entsteht die reduzierte Form der Besselschen DGl 2·162. Die DGl ist gleichwertig mit der DGl 2·113; sie geht nämlich durch die Transformation

$$y = x^{m+\frac{1}{2}} e^{-\frac{1}{2} x}\, u(x)$$

über in

$$x u'' + (2 m + 1 - x) u' + \left(k - m - \frac{1}{2}\right) u = 0.$$

Es bezeichne $y(k, m, x)$ eine Lösung der DGl. Jedes $y(k, m, x)$ ist ein $y(-k, m, -x)$ und umgekehrt. Bei der Lösung der DGl kann man sich also für reelle x auf den Bereich $x > 0$ beschränken.

Lösung der DGl mittels Potenzreihen; vgl. hierzu A 18·2. Es sei

$${}_1F_1(a, b, x) = 1 + \sum_{n=1}^{\infty} \frac{a(a+1)\cdots(a+n-1)\, x^n}{b(b+1)\cdots(b+n-1)\, n!}$$

(b keine ganze Zahl ≤ 0) die für alle x konvergente *Pochhammersche Reihe* (vgl. 2·113). Ist $2m$ keine ganze Zahl, so sind die sämtlichen Lösungen der DGl

(1) $$y = C_1 M_{k,m}(x) + C_2 M_{k,-m}(x),$$

wo

(2) $$M_{k,m}(x) = x^{\frac{1}{2}+m} e^{-\frac{1}{2}x}\, {}_1F_1\left(\frac{1}{2} + m - k,\ 2m + 1,\ x\right)$$

2·273 die von *Whittaker* eingeführte Funktion ist, für welche die FunktionalGl

$$M_{k,m}(x) = (-1)^{-\frac{1}{2}-m}\, M_{-k,m}(-x)$$

gilt. Ist $2m$ eine ganze Zahl, so ist wenigstens immer noch eines der beiden Glieder von (1) eine Lösung der DGl. Die Gesamtheit der Lösungen kann man dann nach A 18·2 und A 24·2 finden.

In Sonderfällen geht die Funktion M in andere bekannte Funktionen über. Z. B. ist

$$M_{0,m}(x) = 4^m e^{-\frac{1}{2}m\pi i}\, \Gamma(m+1) \sqrt{x}\, J_m\left(\frac{1}{2} i x\right)$$

($2m$ keine negative ganze Zahl), wo $J_m(x)$ die Besselsche Funktion ist:

$$M_{n+\frac{1}{4},-\frac{1}{4}}(x) = (-1)^n \frac{n!}{(2n)!} x^{\frac{1}{4}} e^{-\frac{1}{2}x} H_{2n}\left(\sqrt{x}\right)$$

$$= \frac{\Gamma\left(\frac{1}{2}-n\right)}{2^n \Gamma\left(\frac{1}{2}\right)} x^{\frac{1}{4}} D_{2n}\left(\sqrt{2x}\right),$$

$$M_{n+\frac{3}{4},\frac{1}{4}}(x) = (-1)^{n+1} \frac{n!}{2(2n+1)!} x^{\frac{1}{4}} e^{-\frac{1}{2}x} H_{2n+1}\left(\sqrt{x}\right)$$

$$= \frac{\Gamma\left(-\frac{1}{2}-n\right)}{2^{n+\frac{1}{2}} \Gamma\left(-\frac{1}{2}\right)} x^{\frac{1}{4}} D_{2n+1}\left(\sqrt{2x}\right)$$

(n ganz und $\geqq 0$), wo H Hermitesche Polynome und D Funktionen des parabolischen Zylinders sind (s. *Erdélyi*, S. 127ff.).

Whittakers Funktionen $W_{k,m}(x)$. Eine andere, von *Whittaker* genauer untersuchte Lösung der DGl ist

$$W_{k,m}(x) = -\frac{1}{2\pi i}\, \Gamma(\mu)\, e^{-\frac{1}{2}x} x^k \int (-t)^\mu \left(1+\frac{t}{x}\right)^{2m+\mu-1} e^{-t}\, dt;$$

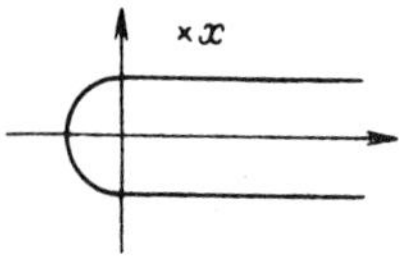

Fig. 60.

dabei ist $\mu = k + \frac{1}{2} - m$; der Integrationsweg ist eine Kurve, die mit beiden Enden nach $+\infty$ läuft und den Punkt $t = 0$ in positivem Sinne umschlingt, während der Punkt x (x keine reelle Zahl $\geqq 0$) nicht mitumschlungen wird (Fig. 60); $\operatorname{arc} x$ soll den Hauptwert haben, $|\operatorname{arc}(-t)| \leqq \pi$ und $\operatorname{arc}\left(1+\frac{t}{x}\right) \to 0$ sein, wenn $t \to 0$ ist längs eines Weges, der innerhalb des Integrationsweges liegt. Für die Gültigkeit der Formel darf μ keine ganze Zahl $\leqq 0$ sein. Für $\Re\,\mu \leqq -1$ gilt

$$W_{k,m}(x) = \frac{e^{-\frac{1}{2}x} x^k}{\Gamma(1-\mu)} \int_0^\infty t^{-\mu} \left(1+\frac{t}{x}\right)^{2m+\mu-1} e^{-t}\, dt,$$

und dieses ist eine Lösung, auch wenn μ eine ganze Zahl ist. $W_{k,m}(x)$ 2·273
und $W_{-k,m}(-x)$ bilden ein Hauptsystem von Lösungen. Für W besteht die asymptotische Entwicklung

$$W_{k,m}(x) \sim e^{-\frac{1}{2}x} x^k \left\{1 + \sum_{n=1}^{\infty} \frac{1}{n!\,x^n} \prod_{\nu=1}^{n} \left[m^2 - \left(k + \frac{1}{2} - \nu\right)^2\right]\right\},$$

$|\operatorname{arc} x| \leqq \pi - \delta < \pi$, $|x| \to \infty$. Ist $k - \frac{1}{2} \pm m$ eine natürliche Zahl, so bricht die Reihe ab und liefert eine exakte Darstellung. Ist $2m$ keine ganze Zahl, so ist

$$W_{k,m}(x) = \frac{\Gamma(-2m)}{\Gamma\left(\frac{1}{2} - m - k\right)} M_{k,m}(x) + \frac{\Gamma(2m)}{\Gamma\left(\frac{1}{2} + m - k\right)} M_{k,-m}(x).$$

Verwandte DGlen. Eine Reihe weiterer DGlen läßt sich in die vorliegende DGl überführen. Die Transformationen können aus den angegebenen Lösungen unmittelbar abgelesen werden.

(3) $$x^2 y'' + (a x^n + b) x y' + (\alpha x^{2n} + \beta x^n + \gamma) y = 0$$

fällt für $4\alpha \neq a^2$, $4\gamma \leqq (b-1)^2$ unter den Typus (5); vgl. auch 2·162 (17), 2·215.

(4) $$4 x^2 y'' - 4 x (2a + \beta - 1 + 2 b c x^c) y' + [4a(a+\beta) + (1 - 4m^2)\beta^2 + 4bc(2a + \beta - c) x^c + 4 b^2 c^2 x^{2c} + 4\alpha\beta^2 k x^\beta - \alpha^2\beta^2 x^{2\beta}] y = 0;$$
$$y = x^a e^{b x^c} y(k, m, \alpha x^\beta)$$

(5) $$4 x^2 y'' - 4 x (2a + c - 1 + 2 b c x^c) y' + [4a(a+c) + (1 - 4m^2) c^2 + 4c(2ab + \alpha c k) x^c + c^2 (4b^2 - \alpha^2) x^{2c}] y = 0;$$
$$y = x^a e^{b x^c} y(k, m, \alpha x^c)$$

(6) $$x^2 y'' + (a x + b) x y' + (\alpha x^2 + \beta x + \gamma) y = 0;$$
$$y = x^{-\frac{1}{2}b} e^{-\frac{1}{2}a x} y\left(\frac{2\beta - a b}{2\varrho}, m, \varrho x\right) \text{ für } \varrho^2 = a^2 - 4\alpha,\ 4m^2 = (b-1)^2 - 4\gamma;$$
vgl. auch 2·215

(7) $4 x^2 y'' + (4 x^2 + 1 - 4\nu^2) y = 0$, normierte Besselsche DGl 2·162

(8) $$4 x^2 y'' = (x^2 - 2(2m + 1) x + 4m^2 - 1) y;$$
$$y = x^{m+\frac{1}{2}} e^{-\frac{1}{2}x} \left(C_1 + C_2 \int x^{-2m-1} e^x\, dx\right)$$

(9) $$x y'' + (a x + b) y' + (c x + d) y = 0;$$
$$y = x^{-\frac{1}{2}b} e^{-\frac{1}{2}a x} y\left(\frac{2d - ab}{2\sqrt{a^2 - 4c}}, \frac{1}{2}(b-1), x\sqrt{a^2 - 4c}\right) \text{ für } a^2 > 4c;$$
vgl. auch 2·119

(10) $$y'' + a x y' + b y = 0;$$
$$y = x^{-\frac{1}{2}} e^{-\frac{1}{4}a x^2} y\left(\frac{b}{2a} - \frac{1}{4}, \frac{1}{4}, \frac{a}{2} x^2\right),$$ vgl. auch 2·52

(11) $y'' + a\,y' + (b - c^2 x^2)\,y = 0;$

$$y = x^{-\frac{1}{2}}\, e^{-\frac{1}{2}a x}\, y\left(\frac{4b - a^2}{16c}, \frac{1}{4}, c\,x\right)$$

(12) $y'' + (a\,x^{c-2} - b^2 x^{2c-2})\,y = 0;$

$$y = x^{\frac{1}{2}(1-c)}\, y\left(\frac{a}{2bc}, \frac{1}{2c}, \frac{2b}{c}\, x^c\right)$$

(13) $4\,y'' = (x^2 - 8\,k)$, Webersche DGl 2·87;

$$y = x^{-\frac{1}{2}}\, y\left(k, \frac{1}{4}, \frac{1}{2} x^2\right)$$

(14) $y'' = (a^2 e^{2x} + b\,e^x + c^2)\,y;$

$$y = e^{-\frac{1}{2}x}\, y\left(-\frac{b}{2a}, c, 2\,a\,e^x\right);$$ vgl. auch 2·20.

2·274 $\mathbf{4\,x^2 y'' + 4\,x\,y' + (x - \nu^2)\,y = 0}$ s. 2·162 (4).

2·275 $\mathbf{4\,x^2 y'' + 4\,x\,y' + [-x^2 + 2\,(1 - m + 2\,\lambda)\,x - m^2 + 1]\,y = 0}$

Für die Reduktion auf die Whittakersche DGl 2·273 s. 2·278. Ist m eine natürliche Zahl, so sind die Eigenwerte für die Randbedingungen

$$y(x) \text{ beschränkt für } x > 0$$

die Zahlen $\lambda = n$ (ganz und $\geqq m$) und die Eigenfunktionen

$$y = x^{\frac{1}{2}m}\, e^{-\frac{1}{2}x}\, L_n^{(m)}(x)\,,$$

wo die L_n die Laguerreschen Polynome sind.

Madelung, Math. Hilfsmittel, S. 200.

2·276 $\mathbf{4\,x^2 y'' + 4\,x\,y' - (4\,x^2 + 1)\,y = 4\sqrt{x^3}\, e^x}$

Die verkürzte DGl ist vom Typus 2·278. Für $u(x) = y\sqrt{x}$ erhält man

$$u'' - u = e^x\,,$$

und hieraus

$$y = \frac{1}{\sqrt{x}}\left(C_1 e^x + C_2 e^{-x} + \frac{x}{2} e^x\right).$$

Morris-Brown, Diff. Equations, S. 150, 373.

2·277 $\mathbf{4\,x^2 y'' + 4\,x\,y' - (a\,x^2 + 1)\,y = 0}$; Typus 2·162 (1) und 2·278.

$$y = \frac{1}{\sqrt{x}}\left(C_1 \exp\frac{x}{2}\sqrt{a} + C_2 \exp\left(-\frac{x}{2}\sqrt{a}\right)\right).$$

L. Conte, Publications math. Belgrade 6—7 (1937—38) 119—125.

$4 x^2 y'' + 4 x y' + f(x) y = 0$ 2·278

Für $u(x) = y \sqrt{x}$ entsteht die Normalform

$$4 x^2 u'' + [f(x) + 1] u = 0 .$$

$4 x^2 y'' + 5 x y' - y = \log x$ 2·279

Die verkürzte DGl ist vom Typus 2·187.

$$y = C_1 x^\alpha + C_2 x^\beta - \log x - 1 ,$$

wo α, β die Lösungen von $4 s^2 + s = 1$ sind.

Morris-Brown, Diff. Equations, S. 152, 373.

$4 x^2 y'' + 8 x y' - (4 x^2 + 12 x + 3) y = 0$; Sonderfall von 2·215. 2·280

$4 x^2 y'' - 4 x (2 x - 1) y' + (4 x^2 - 4 x - 1) y = 0$; Typus 2·78. 2·281

$$y \sqrt{|x|} = e^x (C_1 + C_2 x) .$$

Julia, Exercices d'Analyse III, S. 123–125.

$4 x^2 y'' + 4 x^3 y' + (x^2 + 6)(x^2 - 4) y = 0$; Sonderfall von 2·162 (17). 2·282

$4 x^2 y'' + 4 x^2 y' \log x + (x^2 \log^2 x + 2 x - 8) y = 4 x^2 \sqrt{\frac{e^x}{x^x}}$ 2·283

Für $u(x) = \sqrt{\frac{x^x}{e^x}}\, y$ entsteht die DGl

$$x^2 u'' - 2 u = x^2$$

mit den Lösungen

$$u = C_1 x^2 + \frac{C_2}{x} + \frac{1}{3} x^2 \log x .$$

Morris-Brown, Diff. Equations, S. 150, 373.

$(2 x + 1)^2 y'' - 2 (2 x + 1) y' - 12 y = 3 x + 1$ 2·284

Die homogene DGl ist vom Typus A 22·3 (b).

$$y = C_1 (2 x + 1)^3 + C_2 (2 x + 1)^{-1} - \frac{3 x}{16} - \frac{5}{96}$$

Morris-Brown, Diff. Equations, S. 124, 368.

$x (4 x - 1) y'' + [(4 a + 2) x - a] y' + a (a - 1) y = 0$ 2·285

Für $y(x) = \eta(\xi)$, $4 x - 1 = \pm \xi^2$ erhält man

$$(\xi^2 \pm 1) \eta'' + 2 a \xi \eta' + a (a - 1) \eta = 0$$

Zu dieser DGl s. 2·247 und 2·298.

Forsyth-Jacobsthal, DGlen, S. 207, 741f.

2·286 $(3x-1)^2 y'' + 3(3x-1)y' - 9y = \log^2|3x-1|$

Die homogene DGl ist vom Typus A 22·3 (b).

$$y = C_1(3x-1) + \frac{C_2}{3x-1} - \frac{2}{9} - \frac{1}{9}\log^2|3x-1|.$$

2·287 $9x(x-1)y'' + 3(2x-1)y' - 20y = 0$ s. 2·260.

2·288 $16x^2y'' + (4x+3)y = 0$

$$y = x^{\frac{1}{4}}\left(C_1\cos\sqrt{x} + C_2\sin\sqrt{x}\right)$$

O. Perron, Sitzungsberichte Heidelberg, Jahrg. 1917, 9. Abhandlung, S. 13.

2·289 $16x^2y'' + 32xy' - (4x+5)y = 0$

$$y = C_1\left(x^{-\frac{3}{4}} - x^{-\frac{5}{4}}\right)e^{\sqrt{x}} + C_2\left(x^{-\frac{3}{4}} + x^{-\frac{5}{4}}\right)e^{-\sqrt{x}}.$$

Ince, Diff. Equations, S. 428.

2·290 $(27x^2+4)y'' + 27xy' - 3y = 0$ s. 2·298.

Zu den Lösungen der DGl gehören die Lösungen der Gl

$$y^3 + y + x = 0.$$

Forsyth-Jacobsthal, DGlen, S. 206, 740.

2·291 $48x(x-1)y'' + (152x-40)y' + 53y = 0$ s. 2·260.

2·292 $50x(x-1)y'' + 25(2x-1)y' - 2y = 0$; Typus 2·260.

Eine Lösung genügt der Gl

$$y^5 - 5y^3 + 5y = 4x - 2.$$

Forsyth-Jacobsthal, DGlen, S. 507. *Forsyth*, Diff Equations III, S. 50.

2·293 $144x(x-1)y'' + (120x-48)y' + y = 0$ s. 2·260.

2·294 $144x(x-1)y'' + (168x-96)y' + y = 0$ s. 2·260.

2·295 $ax^2y'' + bxy' + (cx^2+dx+e)y = 0$, $a \neq 0$, $c \neq 0$.

Für

$$y = e^{\alpha x}x^{\beta}\eta(\xi),\ \xi = \gamma x$$

mit

$$a\alpha^2 = -c, \quad a\beta^2 + (b-a)\beta = -e, \quad \gamma = -2\alpha$$

entsteht die DGl. 2·113

$$\xi \eta'' - (\xi - A) \eta' + B \eta = 0$$

mit

$$a A = 2 a \beta + b, \quad 2 c B = (2 a \alpha \beta + b \alpha + d) \alpha .$$

Damit die Transformation im Reellen durchführbar ist, muß $a c < 0$ sein.

Für

$$y = \eta(\xi) x^{-\frac{b}{2a}}, \quad \xi = 2 x \sqrt{-\frac{c}{a}}$$

entsteht die Whittakersche DGl. 2·273

$$4 \xi^2 \eta'' = (\xi^2 + A \xi + B) \eta$$

mit

$$a A = -2 d \sqrt{-\frac{c}{a}}, \quad a^2 B = b^2 - 2 a b - 4 a e .$$

Zu dieser DGl vgl. auch 2·171 und *Schrödinger*, Wellenmechanik, S. [132]; *Courant-Hilbert*, Methoden math. Physik I, S. 294—296.

$a_2 x^2 y'' + (a_1 x^2 + b_1 x) y' + (a_0 x^2 + b_0 x + c_0) y = 0$ 2·296

Für $y = x^\alpha u(x)$ entsteht, falls α durch

(1) $$a_2 \alpha^2 + (b_1 - a_2) \alpha + c_0 = 0$$

bestimmt wird, die DGl 2·120

$$a_2 x u'' + (a_1 x + 2 a_2 \alpha + b_1) u' + (a_0 x + a_1 \alpha + b_0) u = 0 .$$

Zu dieser DGl s. auch 2·278 (9) und 2·145.

Für

$$y = x^\alpha e^{\beta x} u(x)$$

entsteht, falls wieder α der Gl (1) genügt, die DGl

$$a_2 x u'' + [(2 a_2 \beta + a_1) x + (2 a_2 \alpha + b_1)] u' + [(a_2 \beta^2 + a_1 \beta + a_0) x + (2 a_2 \alpha \beta + a_1 \alpha + b_1 \beta + b_0)] u = 0 ,$$

die durch passende Wahl von β noch vereinfacht werden kann.

$(a x^2 + 1) y'' + a x y' + b y = 0$ 2·297

Für

$$y(x) = \eta(\xi), \quad \alpha x = \operatorname{Sin} \alpha \xi, \quad a = \alpha^2 > 0$$

entsteht die DGl

$$\eta'' + b \eta = 0 .$$

Ist $a = -\alpha^2 < 0$, so setze man wieder $y(x) = \eta(\xi)$ und weiter

$$\alpha x = \sin \alpha \xi \qquad \text{für } |\alpha x| < 1,$$
$$|\alpha x| = \mathfrak{Cos}\, \alpha \xi \qquad \text{für } |\alpha x| > 1.$$

Dann erhält man die DGl

$$\eta'' + b\eta = 0 \quad \text{bzw.} \quad \eta'' - b\eta = 0.$$

2·298 $(a x^2 + 1) y'' + b x y' + c y = 0$

Ist $b = (2n + 1) a$ (n eine natürliche Zahl), so folgt die DGl durch n-malige Differentiation aus der DGl 2·297

$$(a x^2 + 1) y'' + a x y' + (c - n a) y = 0,$$

wenn die n-te Ableitung nachträglich wieder mit y bezeichnet wird. Weitere Fälle, in denen die Lösung in geschlossener Form angegeben werden kann, sind nach *Forsyth-Jacobsthal*, DGlen, S. 210, 755f.

$$(a - b)^2 - 4ac = (2n + 1)^2 a^2 \quad \text{oder} \quad [(2n + 1) a - b]^2.$$

Für beliebiges $a \neq 0$ tritt eine Vereinfachung der DGl durch die Transformation $y(x) = \eta(\xi)$, $\xi^2 = |a|\, x^2$ ein.

2·299 $(a^2 x^2 - 1) y'' + 2 a^2 x y' = 0$

$$y = C_1 + C_2 \log \left| \frac{a x + 1}{a x - 1} \right|.$$

Für die Randbedingungen $y(0) = y(1) = 0$ ist die Greensche Funktion

$$\Gamma(x, \xi) = \frac{1}{2 a S} \log \left| \frac{a x - 1}{a x + 1} \right| \cdot \log \left| \frac{a + 1}{a - 1} \frac{a \xi - 1}{a \xi + 1} \right|$$

mit $S = \log \left| \frac{a + 1}{a - 1} \right|$ für $x \leqq \xi$; für $x \geqq \xi$ erhält man Γ, indem man auf der rechten Seite x mit ξ vertauscht.

G. Usai, Giornale Mat. 63 (1925) 96.

2·300 $(a^2 x^2 - 1) y'' + 2 a^2 x y' - 2 a^2 y = 0$

$$y = C_1 x + C_2 \left(a x \log \left| \frac{a x + 1}{a x - 1} \right| - 2 \right).$$

Für die Randbedingungen $y(0) = y(1) = 0$ ist die Greensche Funktion

$$\Gamma(x, \xi) = x \left(\xi - 1 + \frac{a}{2} \xi \log \left| \frac{a \xi + 1}{a \xi - 1} \frac{a - 1}{a + 1} \right| \right)$$

für $x \leqq \xi$; für $x \geqq \xi$ erhält man Γ, indem man auf der rechten Seite x mit ξ vertauscht.

G. Usai, Giornale Mat. 63 (1925) 96f.

$$(a x^2 + b x) y'' + 2 b y' - 2 a y = 0$$ 2·301

$$x y = C_1 + C_2 (a x + b)^3$$

Forsyth-Jacobsthal, DGlen, S. 107, 696.

$$A_2 (a x + b)^2 y'' + A_1 (a x + b) y' + A_0 (a x + b) y = 0$$ s. A 22·3 (b). 2·302

$$(a x^2 + b x + c) y'' + (d x + e) y' + f y = 0, \quad a \neq 0.$$ 2·303

Die Gl

$$a x^2 + b x + c = 0$$

möge die Lösungen p, q haben. Ist $p \neq q$, so entsteht für

$$y = \eta(\xi), \quad x = p + (q - p)\,\xi$$

die hypergeometrische DGl 2·260

$$\xi(\xi - 1)\,\eta'' + \left(\frac{d}{a}\,\xi + \frac{dp + e}{a(q - p)}\right)\eta' + \frac{f}{a}\,\eta = 0\,.$$

Ist $p = q$, so bestimme man die Lösung k der Gl

$$a k^2 + (a - d) k + f = 0\,.$$

Für

$$y = \xi^k \eta(\xi), \quad x = p + \frac{1}{\xi}$$

entsteht dann die DGl 2·120

$$a \xi \eta'' - [(d p + e) \xi + d - 2 a (k + 1)]\,\eta' - k (d p + e)\,\eta = 0\,.$$

Forsyth-Jacobsthal, DGlen, S. 241, 276, 513, 765, 777f.

Hat die Gl

$$a n (n - 1) + d n + f = 0$$

eine natürliche Zahl n als Lösung und ist n die kleinste Lösung dieser Art, so befindet sich unter den Lösungen der DGl ein Polynom vom Grad $\leq n$. Wird $y_0 = y$, $y_{\nu+1} = y'_\nu$ gesetzt, so ergibt sich für jede Lösung y der DGl durch fortgesetztes Differenzieren die Kette der Glen

$$(a x^2 + b x + c)\, y_{m+2} + [(2 m a + d) x + m b + e]\, y_{m+1}$$
$$= (n - m) [(n + m - 1) a + d]\, y_m \qquad (m = 0, 1, 2, \ldots, n)\,.$$

Für $m = n$ ist die rechte Seite Null. Wird eine Funktion y_n so gewählt, daß $y_{n+1} = y'_n$, $y_{n+2} = y''_n$ diese letzte Gl erfüllen und werden dann die Funktionen $y_{n-1}, \ldots, y_1, y_0$ rekursiv durch das obige Gleichungssystem definiert, so ist y_0 eine Lösung der ursprünglichen DGl. Wird $y_n = 1$ gewählt, so erhält man auf diese Weise Polynome als Lösungen.

Abbé Lainé, Enseignement math. 23 (1923) 163ff.

304—341. $(a x^3 + \cdots) y'' + \cdots$.

2·304 $\boldsymbol{x^3 y'' + x y' - (2x+3) y = 0}$

Für $y(x) = \eta(\xi)$, $\xi = \dfrac{1}{x}$ entsteht die DGl 2·198 mit ξ, η statt x, y.

2·305 $\boldsymbol{x^3 y'' + 2 x y' - y = 0}$

Für $y(x) = \eta(\xi)$, $\xi = \dfrac{1}{x}$ entsteht die DGl 2·114

$$\xi \eta'' + 2(1-\xi)\eta' - \eta = 0 .$$

2·306 $\boldsymbol{x^3 y'' + x^2 y' + (a x^2 + b x + a) y = 0}$

Für komplexes x mit $|x| = 1$ geht die DGl durch

$$y(x) = \eta(\xi), \quad x = e^{2i\xi}$$

über in die Mathieusche DGl 2·22

$$\eta'' = (16 a \cos^2 \xi + 4b - 8a)\eta .$$

Ince, Diff. Equations, S. 503.

2·307 $\boldsymbol{x^3 y'' + x(x+1) y' - 2y = 0}$

Für $y(x) = \eta(\xi)$, $\xi = \dfrac{1}{x}$ entsteht die DGl 2·113 mit ξ, η statt x, y und $a = 2$, $b = 1$.

2·308 $\boldsymbol{x^3 y'' - x^2 y' + x y = \log^3 x}$

$$y = C_1 x + C_2 x \log x + \frac{1}{8x}(6 + 9\log x + 6\log^2 x + 2\log^3 x) .$$

Morris-Brown, Diff. Equations, S. 121, 367.

2·309 $\boldsymbol{x^3 y'' - (x^2 - 1) y' + x y = 0}$

Der Punkt $x = 0$ ist stark singulär, $x = \infty$ schwach singulär. Für $y(x) = \eta(\xi)$, $\xi = \dfrac{1}{x}$ entsteht die DGl 2·212

$$\xi^2 \eta'' - (\xi^2 - 3)\xi\eta' + \eta = 0 .$$

2·310 $\boldsymbol{x^3 y'' + 3 x^2 y' + x y = 1}$

Die verkürzte Gl ist eine Eulersche DGl A 22·3. Für die obige DGl erhält man somit

$$x y = \frac{1}{2}\log^2 |x| + C_1 + C_2 \log |x| .$$

$x\,(x^2+1)\,y'' + (2\,x^2+1)\,y' - \nu\,(\nu+1)\,x\,y = 0$ 2·311

Für $\eta(\xi) = y(x)$, $\xi^2 = x^2+1$ entsteht die Legendresche DGl 2·240 mit ξ, η statt x, y.

Heine, Kugelfunktionen I, S. 49.

$x\,(x^2+1)\,y'' + 2\,(x^2-1)\,y' - 2\,x\,y = 0$ 2·312

Für $y(x) = \eta(\xi)$, $\xi = -x^2$ entsteht die hypergeometrische DGl 2·260

$$\xi\,(\xi-1)\,\eta'' + \left(\frac{3}{2}\,\xi + \frac{1}{2}\right)\eta' - \frac{1}{2}\,\eta = 0\,.$$

$x\,(x^2+1)\,y'' + [2\,(n+1)\,x^2 + 2\,n + 1]\,y' - (\nu - n)\,(\nu + n + 1)\,x\,y = 0$ 2·313

s. 2·240 (5).

$x\,(x^2+1)\,y'' - [2\,(n-1)\,x^2 + 2\,n - 1]\,y' + (n+\nu)\,(n-\nu-1)\,x\,y = 0$; 2·314

Sonderfall von 2·357.

$x\,(x^2-1)\,y'' + y' + a\,x^3\,y = 0$ 2·315

Für $y(x) = \eta(\xi)$, $\xi = x^2 - 1$ entsteht die DGl 2·130

$$4\,\xi\,\eta'' + 2\,\eta' + a\,\eta = 0\,.$$

$x\,(x^2-1)\,y'' + (x^2-1)\,y' - x\,y = 0$; Sonderfall von 2·318. 2·316

$$y = C_1\,E(x) + C_2\,[E^*(x) - K^*(x)] \qquad (-1 < x < +1);$$

dabei sind $K(x), E(x)$ die elliptischen Normalintegrale erster und zweiter Gattung

$$K(x) = \int_0^{\frac{\pi}{2}} \frac{d\varphi}{\sqrt{1 - x^2 \sin^2\varphi}}\,, \quad E(x) = \int_0^{\frac{\pi}{2}} \sqrt{1 - x^2\sin^2\varphi}\;d\varphi\,,$$

und es ist $K^*(x) = K(x^*)$, $E^*(x) = E(x^*)$ mit $x^2 + x^{*2} = 1$.

Pascal, Repertorium I_2, S. 828.

$x\,(x^2-1)\,y'' + (3\,x^2-1)\,y' + x\,y = 0$ Sonderfall von 2·318. 2·317

$$y = C_1\,K(x) + C_2\,K^*(x) \qquad (-1 < x < +1);$$

zu den Bezeichnungen s. 2·316.

Pascal, Repertorium I_2, S. 827.

2·318 $\boldsymbol{x(x^2-1)y''+(ax^2+b)y'+cxy=0}$ s. 2·260 (21).

2·319 $\boldsymbol{x(x^2+2)y''-y'-6xy=0}$

Für $y(x)=\eta(\xi)$, $\xi=-\frac{1}{2}x^2$ entsteht die hypergeometrische DGl 2·260 mit $\alpha=1$, $\beta=-\frac{3}{2}$, $\gamma=\frac{1}{4}$.

2·320 $\boldsymbol{x(x^2-2)y''-(x^3+3x^2-2x-2)y'+(x^2+4x+2)y=0}$

$$y=C_1(x-1)+C_2x^2e^x.$$

Forsyth-Jacobsthal, DGlen, S. 257f.

2·321 $\boldsymbol{x^2(x+1)y''-x(2x+1)y'+(2x+1)y=0}$

$$y=C_1x+C_2x(x+\log x).$$

2·322 $\boldsymbol{x^2(x+1)y''+2x(3x+2)y'+2(3x+1)y=0}$

$$x^2(x+1)y=C_1+C_2x.$$

Julia, Exercices d'Analyse III, S. 156—159.

2·323 $\boldsymbol{x^2(x-1)y''+2x(x-2)y'-2(x+1)y=0}$

Die DGl ist von dem Typus 2·325. Für $y=x^{-1}u(x)$ entsteht die DGl 2·255

$$x(x-1)u''-2u'-2u=0.$$

Hiermit erhält man

$$x^2y=C_1+C_2(x-1)^3.$$

Ince, Diff. Equations, S. 131; dort ist ein anderer Lösungsweg angedeutet.

2·324 $\boldsymbol{x^2(x-1)y''-x(5x-4)y'+(9x-6)y=0}$;
Sonderfall von 2·260 (19).

$$y=C_1x^3+C_2(x^2+x^3\log|x|).$$

2·325 $\boldsymbol{x^2(x-1)y''+[(a+b+1)x+(\alpha+\beta-1)]xy'+(abx-\alpha\beta)y=0}$
s. 2·260 (19).

2·326 $\boldsymbol{x(x+1)^2y''+x(x+1)y'+y=0}$

Für $y(x)=\eta(\xi)$, $\xi=x+1$ entsteht der Typus 2·325.

$$(x+1)y=C_1x+C_2(x\log|x|-1).$$

$x^2\,(x-2)\,y'' - 2\,x\,y' + y = 0$; Sonderfall von 2·410. 2·327

$x\,(x-1)^2\,y'' - 2\,y = 0$ 2·328

$$y = C_1\,\frac{x}{x-1} + C_2\left(x + 1 - \frac{x}{x-1}\log x^2\right).$$

Forsyth-Jacobsthal, DGlen, S. 124f.

$x\,(x-1)\,(x-a)\,y'' + \{(\alpha+\beta+1)\,x^2$ 2·329
$-[\alpha+\beta+1+a\,(\gamma+\delta)-\delta]\,x + a\,\gamma\}\,y' + (\alpha\beta\,x - q)\,y = 0$,
*Heun*sche DGl.

Lit.: *K. Heun*, Math. Annalen 33 (1889) 161—179; dort wird die Bezeichnung $\alpha\,\beta\,q$ statt q benutzt.

Sonderfälle sind die hypergeometrische DGl 2·260 (für $a = 1$, $q = \alpha\,\beta$ fällt der Faktor $x - 1$, für $a = q = 0$ der Faktor x heraus), sowie die Lamésche DGl 2·408, wenn die Gestalt (14) für die Heunsche DGl gewählt wird.

Die DGl werde mit

(1) $$H\,(a, q;\ \alpha, \beta, \gamma, \delta, x) = 0$$

bezeichnet; ihre Lösungen seien

(2) $$y\,(a, q;\ \alpha, \beta, \gamma, \delta, x)\,.$$

Die DGl (1) läßt sich nach dem Muster der hypergeometrischen DGl behandeln.

Transformationen der DGl. Die Lösungen von (1) lassen sich durch die Lösungen gewisser transformierter DGlen darstellen: bei gegebenen Konstanten $a, \ldots, \delta$ stimmt jede der folgenden Funktionenmengen mit der Funktionenmenge (2) überein:

(3) $$y\,(1-a,\ \alpha\,\beta - q;\ \alpha, \beta, \delta, \gamma, 1-x)$$

(4) $$|x|^{1-\gamma}\,y\,(a, q_1;\ \alpha-\gamma+1,\ \beta-\gamma+1,\ 2-\gamma,\ \delta, x)\,,$$
$$q_1 = q + (\alpha-\gamma+1)\,(\beta-\gamma+1) - \alpha\,\beta + \delta\,(\gamma-1)$$

(5) $$|x|^{1-\gamma}\,y\left(\frac{1}{a}, \frac{1}{a}\,q_1;\ \alpha-\gamma+1, \beta-\gamma+1,\ 2-\gamma, \alpha+\beta-\gamma-\delta+1, \frac{x}{a}\right),$$
$$q_1 = q + (\alpha-\gamma+1)\,(\beta-\gamma+1) - \alpha\,\beta + \delta\,(\gamma-1)\,(1-a)\,.$$

(6) $$|x|^{-\alpha}\,y\left(\frac{1}{a}, q_1, \alpha, \alpha-\gamma+1, \alpha-\beta+1, \delta, \frac{1}{x}\right)$$
$$q_1 = \frac{q}{a} + \alpha\,(\alpha-\gamma+1) + \frac{\alpha}{a}\,(\delta-\beta) - \alpha\,\delta\,.$$

Durch Kombination dieser Ergebnisse lassen sich viele weitere mit (2) übereinstimmende Funktionenmengen gewinnen (vgl. *Heun*, S. 170ff.,

2·329 man achte dabei auf Druckfehler), z. B. die folgenden, bei denen von der Angabe der Konstanten q abgesehen ist:

$$(7) \qquad y\left(\frac{1}{a};\ \alpha, \beta, \gamma, \alpha+\beta-\gamma-\delta+1, \frac{x}{a}\right)$$

$$(8) \qquad y\left(1-\frac{1}{a};\ \alpha, \beta, \alpha+\beta-\gamma-\delta+1, \gamma, 1-\frac{x}{a}\right)$$

$$(9) \qquad |x|^{-\alpha} y\left(a;\ \alpha-\gamma+1, \alpha+\gamma-1, \alpha-\beta+1, \alpha+\beta-\gamma-\delta+1, \frac{a}{x}\right)$$

$$(10) \qquad |x|^{-\alpha} y\left(1-\frac{1}{a};\ \alpha, \alpha-\gamma+1, \delta, \alpha-\beta+1, \frac{x-1}{x}\right)$$

$$(11) \qquad |x|^{-\alpha} y\left(\frac{a}{a-1};\ \alpha, \alpha-\gamma+1, \delta, \alpha+\beta-\gamma-\delta+1, \frac{a\,(x-1)}{x\,(a-1)}\right)$$

$$(12) \qquad |x-1|^{-\alpha} y\left(\frac{a}{a-1};\ \alpha, \alpha-\delta+1, \gamma, \alpha-\beta+1, \frac{x}{x-1}\right)$$

$$(13) \qquad |x-1|^{-\alpha} y\left(1-\frac{1}{a}, \alpha, \alpha-\delta+1, \gamma, \alpha+\beta-\gamma-\delta+1, \frac{x\,(a-1)}{a\,(x-1)}\right).$$

Konstruktion der Lösungen. Für die Lösung der DGl ergibt sich aus der Übereinstimmung von (2) und (5), daß man sich (für $a \neq 0$) auf den Fall $|a| \geqq 1$ beschränken kann. Im Fall $a > 1$ werden die Intervalle $x < 0$, $1 < x < a$, $x > a$ durch

$$\xi = \frac{x}{x-1}, \quad \frac{a\,(x-1)}{x\,(a-1)}, \quad \frac{a}{x}$$

und im Fall $a < -1$ die Intervalle $x < a$, $a < x < 0$, $x > 1$ durch

$$\xi = \frac{a}{x}, \quad \frac{(a-1)\,x}{a\,(x-1)}, \quad \frac{x-1}{x}$$

in das Intervall $0 < \xi < 1$ übergeführt. Wegen der Übereinstimmung von (12), (11), (9) sowie von (9), (13), (10) mit (2) und weil auch die neu auftretenden Konstanten $|a| \geqq 1$ sind, kann man sich weiter auf das Intervall $0 < x < 1$ beschränken.

Für $|a| \geqq 1$ gibt es (vgl. A 25·7) eine Lösung der DGl (1) in Gestalt einer für $|x| < 1$ konvergenten Potenzreihe

$$F(a, q;\ \alpha, \beta, \gamma, \delta, x) = 1 + \sum_{n=1}^{\infty} c_n x^n,$$

falls γ keine ganze Zahl $\leqq 0$ ist; die Koeffizienten c_n sind durch die Rekursionsformeln

$$a\gamma c_1 = q,$$

$$a\,(n+1)\,(\gamma+n)\,c_{n+1} = \left[a\,(\gamma+\delta+n-1)+\alpha+\beta-\delta+n+\frac{q}{n}\right] n\,c_n$$
$$-\left[(n-1)\,(n-2)+(n-1)\,(\alpha+\beta+1)+\alpha\beta\right] c_{n-1}$$

bestimmt. Ist γ keine ganze Zahl, so ist (vgl. (4))

$$|x|^{1-\gamma} F(a, q_1;\ \alpha-\gamma+1, \beta-\gamma+1, 2-\gamma, \delta, x)$$

eine von der vorhergehenden linear unabhängige Lösung von (1). Ist γ eine ganze Zahl, so erhält man die Gesamtheit der Lösungen ähnlich wie bei der hypergeometrischen DGl, z. B. durch das Verfahren von Frobenius A 18·2.

Für eine nähere Untersuchung des Falles $\alpha + \beta = 1$, $\gamma = \delta = \frac{1}{2}$ vgl. *G. R. Goldsbrough*, Proceedings Soc. London (A) 130 (1931) 157—167.

Verwandte DGlen. Die DGl

(14) $(x - a_1)(x - a_2)(x - a_3)\,y'' + (A\,x^2 + B\,x + C)\,y' + (D\,x + E)\,y = 0$

$[4\,D \leqq (A - 1)^2]$ geht, falls $a_1 \neq a_2, a_3$ ist, durch

$$y(x) = \eta(\xi),\quad \xi = \frac{x - a_1}{a_2 - a_1}$$

in (1) mit ξ, η statt x, y über; dabei ist

$$a = \frac{a_3 - a_1}{a_2 - a_1},\quad q = -\frac{D\,a_1 + E}{a_2 - a_1},\quad \alpha, \beta = \frac{1}{2}(A - 1) \pm \frac{1}{2}\sqrt{(A - 1)^2 - 4\,D},$$

$$a\,\gamma = \frac{A\,a_1^2 + B\,a_1 + C}{(a_2 - a_1)^2},\quad (1 - a)\,\delta = \frac{A\,a_2^2 + B\,a_2 + C}{(a_2 - a_1)^2}.$$

$(x - a)(x - b)(x - c)\,y'' + (A\,x^2 + B\,x + C)\,y' + (D\,x + E)\,y = 0$ 2·330

Siehe 2·329 (14) und 2·408 (3). Für eine hierbei auftretende Eigenwertaufgabe und Kleins Oszillationssatz s. B 9·8.

$2\,x^2(x - 2)\,y'' - x\,(x - 4)\,y' + (x - 3)\,y = 0$ 2·331

$$y = C_1\sqrt{|x|} + C_2\sqrt{|x\,(x - 2)|}.$$

$4\,x^2(x + 1)\,y'' - 4\,x^2\,y' + (3\,x + 1)\,y = 0$ 2·332

Wird $-x$ statt x als unabhängige Veränderliche eingeführt, so hat man einen Sonderfall von 2·260 (19). Man erhält

$$y = \sqrt{|x|}\,[C_1 + C_2\,(x + \log|x|)].$$

Ince, Diff. Equations, S. 364.

$4\,x^2(x - 1)\,y'' + 2\,x\,(3\,x - 1)\,y' - \nu\,(\nu + 1)\,(x - 1)\,y = 0$ s. 2·240 (6). 2·333

$4\,x^2(x - 1)\,y'' + 4\,[(a + 1)\,x - 1]\,x\,y' + [(a^2 - b^2)\,x + c^2]\,y = 0$ 2·334

Die DGl ist von dem Typus 2·260 (19). Für die Lösung durch ein Kurvenintegral s. *Whittaker-Watson*, Modern Analysis, S. 385.

2·335 $\mathbf{4\,x\,(x-1)^2\,y'' + 2\,(x-1)\,(3\,x-1)\,y' + (a\,x+b)\,y = 0}$

Für $y(x) = \eta(\xi)$, $x = \xi^2$ entsteht

$$(\xi^2 - 1)^2\,\eta'' + 2\,\xi\,(\xi^2 - 1)\,\eta' + (a\,\xi^2 + b)\,\eta = 0\,.$$

Zu dieser DGl s. 2·240 (12).

2·336 $\mathbf{(x-1)\,(2\,x-1)^2\,y'' - (3\,x-1)\,y = 0}$

$$y = (x-1)\sqrt{|2\,x-1|}\left\{C_1 + C_2\left[\log\left(\frac{2\,x-1}{x-1}\right)^2 - \frac{1}{x-1}\right]\right\}.$$

2·337 $\mathbf{4\,(x+a)^2\,(x+b)\,y'' + 2\,(x+a)\,(3\,x+a+2\,b)\,y' + (a-b)\,y = 0}$, $a \neq b$.

$$y = |x+a|^{-\frac{1}{2}}\,(C_1 + C_2\,|x+b|^{\frac{1}{2}})\,.$$

Forsyth-Jacobsthal, DGlen, S. 146, 714.

2·338 $\mathbf{(9\,x-2)\,x^2\,y'' - 3\,x\,(6\,x-1)\,y' - 3\,y = 0}$

Für $$y = x\sqrt{|4\,x-1|}\;\eta(\xi)\,,\quad \xi = \int\frac{2\sqrt{|9\,x^2-2\,x|}}{4\,x^2-x}\,dx$$

entsteht $\eta'' = \pm\eta$, je nachdem $9\,x^2 - 2\,x \gtrless 0$ ist.

P. Appell, Journal de Math. (4) 5 (1889) 411.

2·339 $\mathbf{(a\,x+1)\,x^2\,y'' + [a\,(b+2)\,x^2 + (c-d+1)\,x]\,y' + (a\,b\,x - c\,d)\,y = 0}$

Für $y(x) = x^{-c}\,\eta(\xi)$, $\xi = -a\,x$ entsteht die hypergeometrische DGl 2·260 mit $\alpha = 1-c$, $\beta = b-c$, $\gamma = 1-c-d$ und ξ, η statt x, y.

Bei *Forsyth-Jacobsthal*, DGlen, S. 207, 741 sind Reihenentwicklungen für die Lösungen explizite angegeben.

2·340 $\mathbf{(a\,x+b)\,x^2\,y'' - 2\,x\,(a\,x+2\,b)\,y + 2\,(a\,x+3\,b)\,y = 0}$

$$(a\,x+b)\,y = x^2\,(C_1 + C_2\,x)\,.$$

Forsyth-Jacobsthal, DGlen, S. 127, 703.

2·341 $\mathbf{(a\,x+b)\,x^2\,y'' + (2\,a\,x+b)\,x\,y' + (a\,\nu\,x-b)\,y = A\,(a\,x+b)\,x^3}$

Für die Lösung der zugehörigen homogenen DGl s. 2·410. Eine Lösung der unhomogenen DGl ist

$$y = \frac{A}{\nu+12}\left[x^3 + \frac{b}{a}\,\frac{\nu+4}{\nu+6}\,x^2 - \frac{b^2}{a^2}\,\frac{3\,(\nu+4)}{(\nu+2)\,(\nu+6)}\,x\right].$$

E. Honegger, Festigkeitsberechnung von rotierenden Scheiben, Zeitschrift f. angew. Math. Mech. 7 (1927) 120—128.

342—396. $(a x^4 + \cdots) y'' + \cdots$.

$x^4 y'' + a y = 0$; Typus 2·14. 2·342

$$y = \begin{cases} x\left(C_1 e^{\frac{\alpha}{x}} + C_2 e^{-\frac{\alpha}{x}}\right) & \text{für} \quad a = -\alpha^2 < 0 \\ x\left(C_1 \cos\frac{\alpha}{x} + C_2 \sin\frac{\alpha}{x}\right) & \text{für} \quad a = \alpha^2 > 0 . \end{cases}$$

Euler II, S. 167.

$x^4 y'' - [a(a-1) x^2 + b(x+b)] y = 0$ 2·343

$$y = (a x + b) Z_a(\xi) + b i Z_a'(\xi), \; \xi = b i x^{-1},$$

wo die Z_a die Zylinderfunktionen (s. 2·162) sind.

J. R. Wilton, Quarterly Journal 46 (1915) 328.

$x^4 y'' + (e^{\frac{2}{x}} - \nu^2) y = 0$ s. 2·162 (24). 2·344

$x^4 y'' + x y' - 2 y = 0$ 2·345

$$y = C_1 x E + C_2 \left(x^2 - x E \int \frac{dx}{E}\right) \quad \text{mit} \quad E = E(x) = \exp\frac{1}{2 x^2}.$$

$x^4 y'' - 2 x^2 y' + (2 x + 1) y = 0$ 2·346

$$y = (C_1 + C_2 x) \exp\left(-\frac{1}{x}\right).$$

$x^4 y'' + x^3 y' + y = 0$; Sonderfall von 2·162 (1). 2·34

$x^4 y'' + x^3 y' + (\pm x - 1) y = 0$ 2·347a

$$y = e^{\mp\frac{1}{x}} \left(C_1 + C_2 \int x^{-1} e^{\pm\frac{2}{x}} dx\right) \quad (\textit{Görtler}).$$

$x^4 y'' + x^3 y' + [a(x^4 + 1) + b x^2] y = 0$ 2·348

Für $y(x) = \eta(\xi)$, $\xi = \log x$ entsteht die DGl 2·21

$$\eta'' + (2 a \operatorname{Cof} 2\xi + b) \eta = 0 .$$

J. Dougall, Proceedings Edinburgh Math. Soc. 44 (1926) 58.

$x^4 y'' + (x^2 + 1) x y' + y = 0$ 2·349

Für $y(x) = \eta(\xi)$, $\xi = \frac{1}{2 x^2}$ entsteht die DGl 2·113

$$\xi \eta'' + (1 - \xi) \eta' + \frac{1}{2} \eta = 0 .$$

2·350 $x^4 y'' + 2 x^3 y' + a^2 y = 0$

Man setze $\eta(\xi) = y(x)$, $\xi = \frac{1}{x}$. Man erhält

$$y = C_1 \cos \frac{a}{x} + C_2 \sin \frac{a}{x}.$$

Forsyth-Jacobsthal, DGlen, S. 115, 148, 697, 718.

2·351 $x^4 y'' + (2 x^2 + 1) x y' - y = 0$

$$y = C_1 E + C_2 E \int \frac{dx}{x^2 E} \quad \text{mit} \quad E = E(x) = \exp \frac{1}{2 x^2}.$$

2·352 $x^4 y'' + 2 x^2 (x + a) y' + b y = 0$

Für $\eta(\xi) = y(x)$, $\xi = \frac{1}{x}$ entsteht

$$\eta'' - 2 a \eta' + b \eta = 0.$$

2·353 $x^4 y'' - (2 x^2 - 1) x y' + y = 0$

$$y = \frac{1}{x}(x^4 + 2 x^2 - 1)\left(C_1 + C_2 \int \frac{x^4 \exp \frac{1}{2 x^2}}{(x^4 + 2 x^2 - 1)^2} dx\right).$$

2·354 $x^4 y'' - (2 x^2 - 1) x y' + 2 y = 0$

$$y = \left(5 - \frac{1}{x^2}\right)\left(C_1 + C_2 \int \frac{x^6}{(5 x^2 - 1)^2} \exp \frac{1}{2 x^2} dx\right).$$

2·355 $x (x^3 + 1) y'' + (x^3 - 1) y' - x^2 y = 0$

Für $y(x) = \eta(\xi)$, $\xi = - x^3$ entsteht die hypergeometrische DGl 2·266

$$\xi (\xi - 1) \eta'' + \left(\xi - \frac{1}{3}\right) \eta' - \frac{1}{9} \eta = 0.$$

2·356 $x^2 (x^2 + 1) y'' + x (2 x^2 + 1) y' - [\nu (\nu + 1) x^2 + n^2] y = 0$ s. 2·240 (7).

2·357 $x^2 (x^2 + 1) y'' + (a x^2 + a - 1) x y' + (b x^2 + c) y = 0$

Für $\eta(\xi) = y(x)$, $\xi^2 = x^2 + 1$ entsteht

$$(\xi^2 - 1)^2 \eta'' + a \xi (\xi^2 - 1) \eta' + (b \xi^2 + c - b) \eta = 0.$$

Bei geeigneten Größenverhältnissen der Konstanten ist diese DGl ein Sonderfall von 2·240 (13).

Heine, Kugelfunktionen I, S. 216f.

$\boldsymbol{x^2 (x^2-1) y'' - (x^2-2)(x y' - y) = 0}$; Sonderfall von 2·410. 2·358

$$y = C_1 x + C_2 x \cdot \begin{cases} \arcsin x & \text{für } |x| < 1, \\ \log\left(x + \sqrt{x^2-1}\right) & \text{für } |x| > 1. \end{cases}$$

$\boldsymbol{x^2 (x^2-1) y'' + 2 x^3 y' + \nu(\nu+1) y = 0}$ s. 2·240 (8). 2·359

$\boldsymbol{x^2 (x^2-1) y'' + 2 x^3 y' - \nu(\nu+1)(x^2-1) y = 0}$ s. 2·240 (9). 2·360

$\boldsymbol{x^2 (x^2-1) y'' - 2 x^3 y' - [a(a+3) x^2 - a(a+1)] y = 0}$ s. 2·362 für den Fall $n = a$. 2·361

$\boldsymbol{x^2 (x^2-1) y'' - 2 x^3 y'}$ 2·362
$\boldsymbol{- [(a-n)(a+n+1) x^2 (x^2-1) + 2 a x^2 + n(n+1)(x^2-1)] y = 0}$

Die DGl ist von dem Typus A 18·6. Ist n eine natürliche Zahl, so sind die Lösungen danach

$$y = x^{-n} [C_1 e^{\lambda x} P(x) + C_2 e^{-\lambda x} Q(x)],$$

wo $\lambda^2 = (a-n)(a+n+1)$ und P, Q Polynome vom Grade $\leqq 2n+2$ sind.

Für $n = a$ oder $n = -a-1$ (n braucht jetzt keine ganze Zahl zu sein) liegt der Typus 2·410 vor, und es ist

$$y = C_1 x^{-a} + C_2 \left(\frac{x^{a+3}}{2a+3} - \frac{x^{a+1}}{2a+1}\right),$$

falls die vorkommenden Nenner $\neq 0$ sind.

$\boldsymbol{x^2 (x^2-1) y'' + (a x^2 + a - 2) x y' + b(x^2-1) y = 0}$ 2·363

Für $\eta(\xi) = y(x)$, $2 x \xi = x^2 + 1$ entsteht

$$(\xi^2 - 1)\eta'' + a \xi \eta' + b \eta = 0.$$

Heine, Kugelfunktionen I, S. 217.

$\boldsymbol{x^2 (x^2-1) y'' - [2 b c x^c (x^2-1) + 2(a-1) x^2 - 2a] x y'}$ 2·364
$\boldsymbol{+ \{b^2 c^2 x^{2c} (x^2-1) + b c (2a-c-1) x^{c+2} - b c (2a-c+1) x^c}$
$\boldsymbol{+ [a(a-1) - \nu(\nu+1)] x^2 - a(a+1)\} y = 0}$ s. 2·240 (11).

2·365 $(x^2+1)^2 y'' + a y = 0$

$$\frac{y}{\sqrt{x^2+1}} = \begin{cases} C_1 \cos(\alpha \operatorname{arc\,tg} x) + C_2 \sin(\alpha \operatorname{arc\,tg} x) \text{ für } a+1=\alpha^2>0, \\ C_1 \operatorname{Cof}(\alpha \operatorname{arc\,tg} x) + C_2 \operatorname{Sin}(\alpha \operatorname{arc\,tg} x) \text{ für } a+1=-\alpha^2<0, \\ C_1 + C_2 \operatorname{arc\,tg} x \quad \text{für} \quad a=-1. \end{cases}$$

J. Halm, Transactions Edinburgh 41 (1906) 651f.

2·366 $(x^2+1)^2 y'' + 2x(x^2+1) y' + y = 0$

Oder in selbstadjungierter Form

$$[(x^2+1)y']' + \frac{y}{x^2+1} = 0.$$

Für $y(x) = \eta(\xi)$, $x = \operatorname{tg} \xi$ entsteht $\eta'' + \eta = 0$ mit den Lösungen $\sin \xi$, $\cos \xi$. Daher ist

$$y\sqrt{x^2+1} = C_1 + C_2 x.$$

2·367 $(x^2+1)^2 y'' + 2x(x^2+1) y' + [a^2(x^2+1)^2 - n(n+1)(x^2+1) + m^2] y = 0$

Die DGl kann nach dem Muster von 2·372 behandelt werden.

2·368 $(x^2+1)^2 y'' + a x (x^2+1) y' + b y = 0$

Für

$$\eta(\xi) = y(x), \quad \xi = \frac{x}{\sqrt{x^2+1}}$$

entsteht

$$(\xi^2-1)\eta'' - (a-3)\xi\eta' - b\eta = 0.$$

2·369 $(x^2-1)^2 y'' + a y = 0$

$$y = \begin{cases} \sqrt{|x^2-1|}\left[C_1 \cos\left(\alpha \log\left|\frac{x+1}{x-1}\right|\right) + C_2 \sin\left(\alpha \log\left|\frac{x+1}{x-1}\right|\right)\right] \\ \qquad\qquad \text{für } a-1 = 4\alpha^2 > 0, \\ (x+1)\left[C_1\left|\frac{x+1}{x-1}\right|^{\alpha-\frac{1}{2}} + C_2\left|\frac{x+1}{x-1}\right|^{-\alpha-\frac{1}{2}}\right] \quad \text{für } a-1 = -4\alpha^2 < 0, \\ \sqrt{x^2-1}\left(C_1 + C_2 \log\left|\frac{x+1}{x-1}\right|\right) \quad \text{für } a = 1. \end{cases}$$

J. Halm, Transactions Edinburgh 41 (1906) 651f. *Forsyth-Jacobsthal*, DGlen, S. 125, 700.

2·370 $(x^2-1)^2 y'' + 2x(x^2-1) y' - a^2 y = 0$

Für $a > 0$ ist

$$y = C_1\left|\frac{x-1}{x+1}\right|^{\frac{1}{2}a} + C_2\left|\frac{x+1}{x-1}\right|^{\frac{1}{2}a};$$

für die Randbedingungen

$$y(x) \text{ beschränkt in } |x| < 1$$

ist die Greensche Funktion

$$\Gamma(x, \xi) = \begin{cases} \dfrac{1}{2a(\xi^2 - 1)^3} \left(\dfrac{1+x}{1-x} \dfrac{1-\xi}{1+\xi}\right)^{\frac{1}{2}a} & \text{für } x \leqq \xi, \\ \dfrac{1}{2a(\xi^2 - 1)^3} \left(\dfrac{1-x}{1+x} \dfrac{1+\xi}{1-\xi}\right)^{\frac{1}{2}a} & \text{für } x \geqq \xi. \end{cases}$$

$(x^2-1)^2 y'' + 2x(x^2-1) y' - [\lambda(x^2-1) + a^2] y = 0$ 2·371

Für $y = |x^2 - 1|^{\frac{1}{2}a} u(x)$ entsteht

$$(x^2 - 1) u'' + 2(a+1) x u' + [a(a+1) - \lambda] u = 0.$$

Zu dieser DGl vgl. 2·244.

Für

$$y(x) = \eta(\xi), \quad x = i \operatorname{ctg} \xi$$

entsteht die DGl

$$\eta'' \sin^2 \xi - (a^2 \sin^2 \xi - \lambda) \eta = 0$$

und für

$$y(x) = \frac{\eta(\xi)}{\sqrt{|\sin \xi|}}, \quad x = \cos \xi$$

die DGl

$$\eta'' \sin^2 \xi + \left[\left(\lambda + \frac{1}{4}\right) \sin^2 \xi - \left(a^2 - \frac{1}{4}\right)\right] \eta = 0,$$

d. h. DGlen vom Typus 2·424. Die ursprüngliche DGl ist daher in geschlossener Form integrierbar, wenn $\lambda = -n(n-1)$ mit einer natürlichen Zahl n oder wenn $a + \frac{1}{2}$ eine natürliche Zahl ist.

E. G. C Poole, Journal London Math. Soc. 5 (1930) 189—191.

Ist $\lambda = \nu(\nu + 1)$ und $a = n$ eine natürliche Zahl, so ist die ursprüngliche DGl die DGl 2·240 (12) der zugeordneten Legendreschen Funktionen. Ist $a = n$ fest und gibt man die Randbedingungen

$$y(x) \text{ regulär für } x = 1 \text{ und } x = -1,$$

so sind die Eigenwerte $\lambda = m(m+1)$ und die Eigenfunktionen die zugeordneten Legendreschen Funktionen $P_m{}^n(x)$ mit den Orthogonalitätseigenschaften

$$\int_1^1 P_{m_1}{}^n(x) P_{m_2}{}^n(x)\, dx = \begin{cases} 0 & \text{für } m_1 \neq m_2, \\ \dfrac{2}{2m+1} \dfrac{(m+n)!}{(m-n)!} & \text{für } m_1 = m_2 = m \geqq n. \end{cases}$$

Courant-Hilbert, Methoden math. Physik I, S. 282. *Whittaker-Watson*, Modern Analysis, S. 324. Vgl. auch *E. G. C. Poole*, Quarterly Journal 49 (1923) 309—321.

2·372 $(x^2-1)^2 y'' + 2x(x^2-1)y' + [(ax^2+bx+c)(x^2-1)-k^2]y=0$

Für $a=b=0$ s. 2·371. Allgemein entsteht für

$$y = (x^2-1)^{\frac{k}{2}} u(x)$$

die DGl 2·248

$$(x^2-1)u'' + 2(k+1)xu' + [ax^2+bx+c+k(k+1)]u = 0.$$

A. H. Wilson, Proceedings Soc. London A 118 (1928) 617—647.

2·373 $(x^2-1)^2 y'' + 2x(x^2-1)y' - [a^2(x^2-1)^2 + n(n+1)(x^2-1) + m^2]y=0$

Für $a=0$ hat man die DGl 2·240 (12). Mit Hilfe der Lösungen dieser DGl läßt sich die obige DGl auf eine Volterrasche IGl zurückführen.

H. J. Priestley, Proceedings London Math. Soc. (2) 20 (1922) 37—50.

2·374 $(x^2-1)^2 y'' - 2(2a-1)x(x^2-1)y'$
$+\{[2a(2a-1)-\nu(\nu+1)]x^2 + 2a + \nu(\nu+1)\}y=0$ s. 2·240 (13).

2·375 $(x^2-1)^2 y'' + 2(n+1-2a)x(x^2-1)y'$
$+\{4a(a-n)x^2 - [2a+(\nu+n+1)(\nu-n)](x^2-1)\}y=0$
s. 2·240 (14).

2·376 $x^2(x^2+a)y'' + x(2x^2+a)y' + by=0$

Die DGl ist vom Typus 2·442 und geht für $\eta(\xi) = y(x)$, $\xi = \frac{1}{x}$ in die DGl 2·297 mit ξ, η statt x, y über.

Forsyth-Jacobsthal, DGlen, S. 148, 717, 751.

2·377 $(x^2 \pm a^2)^2 y'' + b^2 y=0$

DGl für die Ausbiegung eines doppelwandigen Druckstabes mit parabolischem Querschnitt. Für das obere Vorzeichen (eingeschnürter Stab) ist

$$y = \sqrt{x^2+a^2}\,(C_1 \cos u + C_2 \sin u) \text{ mit } u = \frac{\sqrt{a^2+b^2}}{a} \operatorname{arc\,tg} \frac{x}{a};$$

für das untere Vorzeichen (ausgebuchteter Stab) ist

$$y = \sqrt{a^2-x^2}\,(C_1 \cos u + C_2 \sin u) \text{ mit } u = \frac{\sqrt{b^2-a^2}}{2a} \log \frac{a+x}{a-x}, \quad |x| < a.$$

Für die weitere Diskussion unter verschiedenen Randbedingungen und für Zahlenangaben über den kritischen Druck s. *A. Lockschin*, Zeitschrift f. angew. Math. Mech. 10 (1930) 160—166.

$$x^2 (x-1)^2 y'' + 2x(x^2-1) y' - 2(x^2-x-1) y = 0$$ 2·378

$$y = \frac{x^2}{x-1}\left\{C_1 + C_2\left[\frac{1}{x} + \frac{1}{x-1} + \log\left(\frac{x-1}{x}\right)^2\right]\right\}.$$

$$(x+1)^2 (x^2+2x+3) y'' - 12 y = 0$$ 2·379

$$y = \frac{x^2+2x+3}{(x+1)^2}\left[C_1 + C_2\left(x + \frac{x+1}{x^2+2x+3} - \frac{3}{\sqrt{2}} \operatorname{arc\,tg} \frac{x+1}{\sqrt{2}}\right)\right].$$

$$x^2 (x-a)^2 y'' + b y = 0$$ 2·380

$$y = C_1 |x|^m |x-a|^{1-m} + C_2 |x|^{1-m} |x-a|^m,$$

wenn $m(m-1) a^2 = -b$ ist.

$$x^2 (x-a)^2 y'' + b y = c x^2 (x-a)^2$$ 2·381

$$y = \frac{c}{a(2m-1)}\Big[|x|^{1-m} |x-a|^m \int |x|^m |x-a|^{1-m} dx - |x|^m |x-a|^{1-m} \int |x|^{1-m} |x-a|^m dx\Big],$$

wenn $m(m-1) a^2 = -b$ ist.

Boole, Diff. Equations, S. 422f.

$$(x-a)^2 (x-b)^2 y'' = c y, \quad a \neq b.$$ 2·382

Für
$$y = (x-b)\,\eta(\xi), \quad \xi = \log \frac{x-a}{x-b}$$
entsteht die DGl mit konstanten Koeffizienten
$$(a-b)^2 (\eta'' - \eta') = c\,\eta.$$

Halphen, Mémoires par divers Savants (2) 28 (1884) 143.

Hiermit ergibt sich
$$y = C_1 |x-a|^{\frac{1+\lambda}{2}} |x-b|^{\frac{1-\lambda}{2}} + C_2 |x-a|^{\frac{1-\lambda}{2}} |x-b|^{\frac{1+\lambda}{2}}$$
$$\text{mit } \lambda^2 = \frac{4c}{(a-b)^2} + 1 \neq 0.$$

Forsyth-Jacobsthal, DGlen, S. 146, 714.

$$(x-a)^2 (x-b)^2 y'' + [(1+\alpha+\beta)(x-a)^2 (x-b) + (1-\alpha-\beta)(x-b)^2 (x-a)] y' + \alpha\beta (a-b)^2 y = 0$$ 2·383

s. 2·407 (4).

$$4 x^4 y'' - [(a^2-1) x^2 - 2(a+3) b x + b^2] y = 0$$ 2·384

$$y = e^{-\frac{b}{2x}} x^{\frac{3-a}{2}} \left(\frac{a+1}{x} - \frac{b}{x^2}\right)\left(C_1 + C_2 \int x^a e^{\frac{b}{x}} dx\right) - C_2 e^{\frac{b}{2x}} x^{\frac{3+a}{2}}$$

J. R. Wilton, Quarterly Journal 46 (1915) 329.

2·385 $\mathbf{4\,(x^2+1)^2\,y''+(a\,x^2+a-3)\,y=0}$

$$y=(x^2+1)^{\frac{1}{4}}\,(C_1\cos X+C_2\sin X)$$

mit
$$X=\frac{1}{2}\sqrt{a-1}\log\left(x+\sqrt{x^2+1}\right).$$

Für $a<1$ sind hierin $a-1$, cos, sin durch $1-a$, Coſ, Sin zu ersetzen.

J. Halm, Transactions Edinburgh 41 (1906) 673.

2·386 $\mathbf{(2\,x+1)^2\,(x^2+x+1)\,y''-18\,y=0}$

$$y=\frac{x^2+x+1}{(2\,x+1)^2}\left\{C_1+C_2\int\frac{(2\,x+1)^4}{(x^2+x+1)^2}\,dx\right\}.$$

Forsyth-Jacobsthal, DGlen, S. 125, 700; man achte auf Druckfehler.

2·387 $\mathbf{4\,(x^2+x+1)^2\,y''-3\,y=0}$

$$y=\sqrt{x^2+x+1}\left(C_1+C_2\operatorname{arc\,tg}\frac{2\,x+1}{\sqrt{3}}\right).$$

2·388 $\mathbf{4\,x^2\,(x-1)^2\,y''+2\,x\,(x-1)\,(3\,x-1)\,y'+[\nu\,(\nu+1)\,(x-1)-a^2\,x]\,y=0}$

Für $\eta(\xi)=y(x)$, $x=\xi^{-2}$ entsteht die DGl 2·240 (12) mit a, ξ, η statt n, x, y.

Whittaker-Watson, Modern Analysis, S. 205.

2·389 $\mathbf{4\,x^2\,(x-1)^2\,y''+2\,x\,(x-1)\,(3\,x-1)\,y'}$
$\mathbf{-[\nu\,(\nu+1)\,(x-1)^2+4\,n^2\,x]\,y=0}$ s. 2·260 (15).

2·390 $\mathbf{16\,x^2\,(x-1)^2\,y''+3\,y=0}$; Sonderfall von 2·382.

2·391 $\mathbf{x^2\,(a\,x^2+1)\,y''-x\,(7\,a\,x^2+5)\,y'+5\,(3\,a\,x^2+1)\,y=0}$

$$y=C_1\,x^5+C_2\,x\,(2\,a\,x^2+1).$$

Euler II, S. 200f. (Druckfehler in der DGl.)

2·392 $\mathbf{a\,(x^2-1)^2\,y''+b\,x\,(x^2-1)\,y'+(c\,x^2+d\,x+e)\,y=0}$

Durch die Transformation

$$y(x)=(x+1)^p\,(x-1)^q\,\eta(\xi)\,,\quad \xi=\frac{1}{2}\,(x+1)$$

geht die DGl in eine hypergeometrische DGl 2·260 für η über, wenn p und q so gewählt werden, daß

$4\,a\,q\,(q-1)+2\,b\,q+c+d+e=0,\quad (p-q)\,[2\,a\,(p+q-1)+b]=d$

ist.

$a\,x^2\,(x-1)^2\,y'' + (b\,x^2 + c\,x + d)\,y = 0$ 2·393

Werden p, q so bestimmt, daß

$$a\,p\,(p-1) + d = 0\,, \quad a\,q\,(q-1) + b + c + d = 0$$

ist, so entsteht durch $y = x^p\,(x-1)^q\,u(x)$ die hypergeometrische DGl 2·260

$$a\,x\,(x-1)\,u'' + 2\,a\,[(p+q)\,x - p]\,u' + (2\,a\,p\,q - c - 2\,d)\,u = 0\,.$$

$x^2\,(a\,x+b)^2\,y'' + 2\,x\,(a\,x+b)^2\,y' + c\,y = 0$ 2·394

Für $$\eta(\xi) = y(x),\ \xi = \frac{\sqrt{|c|}}{b}\log\frac{x}{a\,x+b}$$

entsteht die DGl mit konstanten Koeffizienten

$$\sqrt{|c|}\,\eta'' + b\,\eta' + \operatorname{sgn} c \cdot \sqrt{|c|}\,\eta = 0\,.$$

Julia, Exercices d'Analyse III, S. 117f.

$(a\,x+b)^4\,y'' + y = 0$ 2·395

Für $\eta\,(\xi) = y(x)$, $\xi = a\,x + b$ entsteht die DGl 2·14

$$a^2\,\xi^4\,\eta'' + \eta = 0\,.$$

Hieraus findet man

$$\eta = C_1\,\xi\cos\frac{1}{a\,\xi} + C_2\,\xi\sin\frac{1}{a\,\xi}\,.$$

$(a\,x^2 + b\,x + c)^2\,y'' + A\,y = 0$ 2·396

Durch $y = \sqrt{a\,x^2 + b\,x + c}\;\eta(\xi)$, $\xi = \int \frac{dx}{a\,x^2 + b\,x + c}$

entsteht die DGl mit konstanten Koeffizienten

$$\eta'' + \left(A + a\,c - \frac{1}{4}\,b^2\right)\eta = 0\,.$$

Das gilt, wofern $a\,x^2 + b\,x + c$ in dem betrachteten Intervall keine Nullstelle hat. Gibt es zwei verschiedene Nullstellen, so ist 2·382 anwendbar.

397—410. $P(x)\,y'' + \cdots$; P Polynom vom Grad $\geqq 5$.

2·397

$x^5\,y'' + x\,y' - y = 0$; Sonderfall von 2·442.

$$y = C_1\,x + C_2\,x\int\frac{1}{x^2}\exp\frac{1}{3\,x^3}\,dx\,.$$

2·398 $x(x^2-1)^2 y'' + (x^2-1)(3x^2-1)y' + [x^2-1-(2\nu+1)^2]xy = 0$

Für
$$y(x) = \eta(\xi)\sqrt{\frac{1}{2}\xi + 1}, \quad \xi = \frac{1+x^2}{1-x^2}$$
entsteht die Legendresche DGl 2·240 mit ξ, η statt x, y.

Forsyth-Jacobsthal, DGlen, S. 117, 697f.

2·399 $(x+1)(x-1)^2(3x+5)^2 y'' - (3x+1)(x-1)(3x+5)^2 y'$
$+ 36(x+1)^3 y = 0$

Für $y(x) = \eta(\xi)$, $12\xi = (x-1)^3(3x+5)$ entsteht die DGl 2·14
$$4\xi^2\eta'' + \eta = 0.$$
Daher erhält man
$$y = \sqrt{|\xi|}\,(C_1 + C_2 \log|\xi|).$$
Forsyth-Jacobsthal, DGlen, S. 115, 697.

2·400 $x^6 y'' - x^5 y' + a y = 0$

Für $y = x^2\eta(\xi)$, $\xi = x^{-2}$ entsteht
$$4\eta'' + a\eta = 0.$$

2·401 $x^6 y'' + (3x^2 + a)x^3 y' + b y = 0$

Für $\eta(\xi) = y \exp\frac{4\alpha - a}{4x^2}$ (α beliebig), $\xi = x^2$ entsteht die DGl 2·352
$$\xi^4\eta'' + 2\xi^2(\xi+\alpha)\eta' + \left(\frac{b}{4} - \frac{a^2}{16} + \alpha^2\right)\eta = 0.$$
Forsyth-Jacobsthal, DGlen, S. 149, 719.

2·402 $x^2(x^2-1)^2 y'' + [(1-4a)x^2-1]x(x^2-1)y'$
$+ [(x^2-\nu^2)(x^2-1)^2 + 4a(a+1)x^4 - 2ax^2(x^2-1)]y = 0$

s. 2·162 (19).

2·403 $y'' + y'\sum_{n=1}^{3}\frac{1-\alpha_n-\beta_n}{x-c_n}$
$$+ \frac{y}{(x-c_1)(x-c_2)(x-c_3)}\sum_{n=1}^{3}\frac{\alpha_n\beta_n(c_n-c_{n-1})(c_n-c_{n+1})}{x-c_n} = 0$$
mit $\sum(\alpha_n+\beta_n) = 1$, $c_{n+3} = c_n$; *Riemann*sche DGl.

Die DGl steht in enger Beziehung zur hypergeometrischen DGl 2·260; ihre Lösungen werden nach Riemann mit
$$P\begin{Bmatrix} c_1 & c_2 & c_3 & \\ \alpha_1 & \alpha_2 & \alpha_3 & x \\ \beta_1 & \beta_2 & \beta_3 & \end{Bmatrix}$$
bezeichnet. Näheres in 2·407.

$4\,x^6\,y'' + 4\,x^3\,(2\,x^2 + 1)\,y' - (2\,x^2 - 1)\,y = 0$ 2·404

$$y = \left(C_1 + \frac{C_2}{x}\right) \exp\left(\frac{1}{4\,x^2}\right).$$

L. A. Howland, Annals of Math. (2) 13 (1911–12) 119.

$4\,x^6\,y'' - 4\,x^3\,(2\,x^2 + 1)\,y' + (8\,x^4 + 10\,x^2 + 1)\,y = 0$ 2·405

$$y = (C_1 + C_2\,x)\,x \exp\left(-\frac{1}{4\,x^2}\right).$$

L. A. Howland, Annals of Math. (2) 13 (1911–12) 119.

$16\,(x^3 - 1)^2\,y'' + 27\,x\,y = 0$ 2·406

Für $y = (x^3 - 1)^{\frac{3}{4}}\,u(x)$ entsteht

$$16\,(x^3 - 1)\,u'' + 24\,x^2\,u' - 3\,x\,u = 0$$

und hieraus für $u = \eta(\xi)$, $\xi = x^3$ die hypergeometrische DGl 2·260

$$\xi\,(\xi - 1)\,\eta'' + \left(\frac{7}{6}\,\xi - \frac{2}{3}\right)\eta' - \frac{1}{48}\,\eta = 0\,.$$

$y'' + y' \sum_{n=1}^{3} (1 - \alpha_n - \beta_n)\,\dfrac{b_n}{b_n\,x - a_n}$ 2·407

$$- \frac{y}{(b_1\,x - a_1)\,(b_2\,x - a_2)\,(b_3\,x - a_3)} \sum_{n=1}^{3} \alpha_n\,\beta_n\,\frac{\Delta_n\,\Delta_{n-1}}{b_n\,x - a_n} = 0$$

mit $\sum (\alpha_n + \beta_n) = 1$, $|a_n| + |b_n| > 0$, $\Delta_n = a_n\,b_{n+1} - a_{n+1}\,b_n \neq 0$,

$$a_{n+3} = a_n\,,\quad b_{n+3} = b_n\,.$$

Lit.: *Whittaker-Watson*, Modern Analysis, S. 206–208, 291f., 337. *Halphen*, Fonctions elliptiques I, S. 332ff. *W. L. Ferrar*, Proceedings Edinburgh Math. Soc. 43 (1925) 39–47.

Die DGl sei auch mit

(1) $$\left\{\begin{matrix} a_1 & a_2 & a_3 \\ b_1 & b_2 & b_3 \end{matrix}\;\middle|\;\begin{matrix} \alpha_1 & \alpha_2 & \alpha_3 \\ \beta_1 & \beta_2 & \beta_3 \end{matrix}\;\middle|\;\begin{matrix} x \\ y \end{matrix}\right\} = 0$$

bezeichnet. In der Literatur ist der Fall $b_n = 1$ behandelt, Fälle mit $b_n = 0$ werden dann durch einen Grenzübergang gewonnen.

Für $a_1 = b_2 = 0$, $a_3 = b_3 = 1$, $\alpha_1 = \alpha_3 = 0$, $\alpha_2 = \alpha$, $\beta_1 = 1 - \gamma$, $\beta_2 = \beta$, $\beta_3 = \gamma - \alpha - \beta$ ist (1) die hypergeometrische DGl 2·260.

Für $a_1 = b_2 = 0$, $b_1 = a_2 = a_3 = 1$, $b_3 = b$, $\alpha_1 = \frac{1}{2} + m$,

$$\beta_1 = \frac{1}{2} - m\,,\quad \alpha_2 = -\frac{1}{b}\,,\quad \beta_2 = 0\,,\quad \alpha_3 = -k + \frac{1}{b}\,,\quad \beta_3 = k$$

wird aus (1)

(2) $$y'' + \frac{b - 1}{b\,x - 1}\,y' + \frac{y}{x\,(b\,x - 1)}\left[\left(m^2 - \frac{1}{4}\right)\frac{1}{x} + k\,\frac{1 - k\,b}{b\,x - 1}\right] = 0$$

und hieraus für $b \to 0$ die konfluente hypergeometrische DGl 2·273 in der Gestalt 2·190

(3) $$x^2 y'' + x^2 y' + \left(\frac{1}{4} - m^2 + k x\right) y = 0 .$$

Für $\alpha_3 + \beta_3 = 1$, $\alpha_3 \beta_3 = 0$, $b_n \neq 0$ entsteht die DGl

(4) $$y'' + \left(\frac{1 - \alpha - \beta}{x - a} + \frac{1 + \alpha + \beta}{x - b}\right) y' + \frac{\alpha \beta (a - b)^2}{(x - a)^2 (x - b)^2} y = 0 .$$

Diese DGl hat die Lösungen

$$C_1 \left|\frac{x - a}{x - b}\right|^{\alpha} + C_2 \left|\frac{x - a}{x - b}\right|^{\beta} \qquad \text{für } \alpha \neq \beta ,$$

$$C_1 \left|\frac{x - a}{x - b}\right|^{\alpha} + C_2 \left|\frac{x - a}{x - b}\right|^{\alpha} \log \left|\frac{x - a}{x - b}\right| \qquad \text{für } \alpha = \beta ;$$

dabei ist $a \neq b$ vorausgesetzt.

Durch die Transformation

(5) $$y(x) = \frac{|b_2 x - a_2|^{r+s}}{|b_1 x - a_1|^r \, |b_3 x - a_3|^s} \eta(\xi), \quad \xi = \frac{A x + B}{C x + D} \quad \text{mit } A D - B C \neq 0$$

gehen die Lösungen $y(x)$ der DGl (1) in die Lösungen $\eta(\xi)$ der DGl

(6) $$\begin{Bmatrix} A_1 & A_2 & A_3 & \alpha_1 + r & \alpha_2 - r - s & \alpha_3 + s & \xi \\ B_1 & B_2 & B_3 & \beta_1 + r & \beta_2 - r - s & \beta_3 + s & \eta \end{Bmatrix} = 0$$

über und umgekehrt; dabei ist $A_n = A a_n + B b_n$, $B_n = C a_n + D b_n$.

Für $r = -\alpha_1$, $s = -\alpha_3$, $A = \frac{b_1}{\Delta_3}$, $B = -\frac{a_1}{\Delta_3}$, $C = -\frac{b_2}{\Delta_2}$, $D = \frac{a_2}{\Delta_2}$ wird (6) eine hypergeometrische DGl. Man erhält somit die Lösungen $y(x)$ von (1), indem man $\eta(\xi)$ in (5) die Lösungen dieser hypergeometrischen DGl durchlaufen läßt.

Für die Darstellung der Lösungen durch Kurvenintegrale s. A 22·6.

2·408 $\boldsymbol{x (x^2 - a_1)(x^2 - a_2)(x^2 - a_3) y''}$
$\boldsymbol{+ [x^2 (x^2 - a_1)(x^2 - a_2) + x^2 (x^2 - a_1)(x^2 - a_3) + x^2 (x^2 - a_2)(x^2 - a_3)}$
$\boldsymbol{- (x^2 - a_1)(x^2 - a_2)(x^2 - a_3)] y' + (A x^2 + B) y = 0}$; *Lamé*sche DGl.

Lit.: *Heine*, Kugelfunktionen I, S. 347ff. *Halphen*, Fonctions elliptiques II, S. 465—531. *Forsyth*, Diff. Equations III, S. 464—474. *Humbert*, Fonctions de Lamé. *Strutt*, Lamésche Funktionen. *Whittaker-Watson*, Modern Analysis, Kap. 23.

Man kommt auf die DGl, wenn man bei der partiellen DGl

$$\Delta u + k^2 u = 0$$

zu elliptischen Koordinaten übergeht. Aus dieser Herkunft der DGl erklären sich die ihr eigentümlichen Fragestellungen.

Andere Schreibweisen der DGl sind

(1) $$y'' + \left(\frac{1}{x^2 - a_1} + \frac{1}{x^2 - a_2} + \frac{1}{x^2 - a_3} - \frac{1}{x^2}\right) x y' + \frac{(A x^2 + B) x^2}{(x^2 - a_1)(x^2 - a_2)(x^2 - a_3)} y = 0,$$

$$(2) \quad \frac{1}{x}\sqrt{(x^2-a_1)(x^2-a_2)(x^2-a_3)}\,\frac{d}{dx}\left[\frac{1}{x}\sqrt{(x^2-a_1)(x^2-a_2)(x^2-a_3)}\,y'\right] + (A\,x^2+B)\,y = 0 \qquad 2{\cdot}408$$

Für $\eta(\xi) = y(x)$, $\xi = x^2$ wird aus (1) die DGl 2·329 (14)

$$(3) \quad \eta'' + \frac{1}{2}\left(\frac{1}{\xi-a_1} + \frac{1}{\xi-a_2} + \frac{1}{\xi-a_3}\right)\eta' + \frac{A\,\xi+B}{4\,(\xi-a_1)(\xi-a_2)(\xi-a_3)}\,\eta = 0$$

Ist $\wp(x)$ die Weierstraßsche $\wp$-Funktion, die der DGl

$\wp'^2 = 4\,(\wp-e_1)(\wp-e_2)(\wp-e_3)$ mit $e_n = a_n - \frac{1}{3}(a_1+a_2+a_3)$ genügt,

so wird aus (1) für

$$\eta(\xi) = y(x), \quad x^2 = \wp(\xi) + \frac{1}{3}(a_1+a_2+a_3)$$

die DGl

$$(4) \qquad \eta'' + [A\,\wp(\xi) + B]\,\eta = 0\,.$$

Für

$$\eta(\xi) = y(x), \quad x^2 = a_3 + (a_2-a_3)\,\mathrm{sn}^2\,\xi \qquad (a_1 > a_2 > a)$$

geht (1) über in

$$(5) \qquad \eta'' + \left(\frac{a_2-a_3}{a_1-a_3}\,A\,\mathrm{sn}^2\,\xi + \frac{a_3\,A+B}{a_1-a_3}\right)\eta = 0\,.$$

(4) und (5) heißen, entsprechend den verwendeten elliptischen Funktionen, Weierstraßsche und Jacobische Form der Laméschen DGl, (1) und (3) algebraische Formen.

Spezielle Wahl von A. Gewöhnlich wird $A = -n\,(n+1)$ gewählt (n eine ganze Zahl $\geqq 0$); weiter werde $B = -\lambda$ gesetzt. Die so entstehenden Glen (1) bis (5) sollen mit (1a) bis (5a) bezeichnet werden. Wie schon bemerkt wurde, ist die DGl (3a) von dem Typus 2·329 (14) und hat daher in der dortigen Bezeichnung die Lösungen

$$\eta = y\left(\frac{a_1-a_3}{a_2-a_3}, \frac{4\,n\,(n+1)\,a_3+\lambda}{4\,(a_2-a_3)};\ \frac{n+1}{2}, -\frac{n}{2}, \frac{1}{2}, \frac{1}{2}, \frac{\xi-a_3}{a_2-a_3}\right)$$

(hierbei braucht übrigens n keine ganze Zahl zu sein). Die DGl (3a) hat weiter zwei Lösungen, deren Produkt ein Polynom höchstens n-ten Grades von ξ ist; dieses genügt (vgl. 3·26) der DGl

$$\begin{aligned}(6) \qquad & 2\,(\xi-a_1)(\xi-a_2)(\xi-a_3)\,\eta''' \\ & + [9\,\xi^2 - 6\,(a_1+a_2+a_3)\,\xi + 3\,(a_1 a_2 + a_1 a_3 + a_2 a_3)]\,\eta'' \\ & - 2\,[(n^2+n-3)\,\xi + a_1+a_2+a_3+\lambda]\,\eta' - n\,(n+1)\,\eta = 0\end{aligned}$$

und kann aus dieser DGl gefunden werden, indem man mit dem Ansatz

$$\eta = \sum_{\nu=0}^{n} c_\nu\,(\xi-a_1)^\nu$$

hineingeht. Ähnlich wie bei 2·268 können dann mit Hilfe dieses Polynoms die Lösungen von (3a) gefunden werden. Man gelangt damit auch zu

Lösungen von (1a), (4a), (5a). Vgl. *Whittaker-Watson*, S. 570ff.. Die der DGl (6) entsprechende, aus (4a) hervorgehende DGl lautet

$$(7) \qquad \eta''' - [4n(n+1)\wp(\xi) + \lambda]\,\eta' - 2n(n+1)\wp'(\xi)\,\eta = 0 .$$

Für $a_3 = 0$, $a_2 = a_1 = 1$, $\lambda = m^2 - n(n+1)$ (m eine natürliche Zahl) geht (1a) in die DGl 2·240 (12) der zugeordneten Legendreschen Polynome über.

Lamésche Funktionen. Weiter ist folgende Frage untersucht: Wie muß der Parameter λ (Eigenwert) gewählt werden, damit die DGl (3a) eine Lösung der Gestalt

$$P(\xi), \quad \sqrt{\xi - a_\nu}\,P(\xi),$$
$$\sqrt{(\xi - a_\mu)(\xi - a_\nu)}\,P(\xi), \quad \sqrt{(\xi - a_1)(\xi - a_2)(\xi - a_3)}\,P(\xi)$$

hat, wo P ein Polynom bedeuten soll? Solche Lösungen heißen *Lamésche Funktionen* 1, ..., 4. *Art* und *erster Gattung*. Die Fragestellung und die Lösungen übertragen sich durch die angegebenen Transformationen unmittelbar auf die DGlen (1a), (4a), (5a). Durch Ansetzen einer Reihe

$$\eta = \sum_{\nu \geqq 0} c_\nu (\xi - a_2)^{\frac{1}{2}n - \nu} \qquad (a_1 > a_2 > a_3)$$

erkennt man z. B. leicht, daß es bei geradem m Lamésche Funktionen erster Art gibt. Allgemein kann bei geradem n die Zahl λ **stets so gewählt** werden, daß es Lamésche Funktionen 1. und 3. Art, **bei ungeradem** n solche 2. und 4. Art gibt; z. B. für $n = 2$:

$$\xi + \frac{1}{6}\lambda_{1,2} \quad \text{mit} \quad \lambda_{1,2} = -2\sum a_\nu \pm \sqrt{\sum a_\nu^2 - \sum a_\mu a_\nu} .$$

Insgesamt gibt es bei gegebenem n ein System von $2n+1$ linear unabhängigen Laméschen Funktionen. Für $n \leqq 10$ sind sie von *G. Guerritore*, Giornale Mat. 47 (1909) 164—172 aufgestellt, doch soll die Aufstellung Fehler enthalten. Für Näherungswerte vgl. *H. A. Kramers — A. P. Ittmann*, Zeitschrift f. Phys. 53 (1929) 553—565; 58 (1929) 217—231. Die zu den Funktionen erster Gattung nach A 24·2 erhältlichen linear unabhängigen Lösungen der DGl heißen *Lamésche Funktionen zweiter Gattung*. Für weitere Untersuchungen über die Laméschen Funktionen s. die angegebene Literatur; für die DGl (4) s. auch 2·26.

2·409 $\boldsymbol{x^{2a} y'' + a x^{2a-1} y' + (a-1)^2 y = 0}$

$$y = C_1 \cos(x^{1-a}) + C_2 \sin(x^{1-a}) \quad \text{für} \quad a \neq 1 .$$

O. Perron, Sitzungsberichte Heidelberg 1917, 9. Abhandlung, S. 6.

$$x^2\,(a\,x^b - 1)\,y'' + (a\,p\,x^b + q)\,x\,y' + (a\,r\,x^b + s)\,y = 0$$ 2·410

Man bestimme die Lösungen A_1, A_2 und B_1, B_2 der Glen

$$A^2 - (q+1)\,A - s = 0\,, \quad B^2 - (p-1)\,B + r = 0$$

und berechne c, α, β, γ aus

$$c = A_1,\ (1-\gamma)\,b = A_2 - A_1,\quad b\,\alpha = A_1 + B_1,\ b\,\beta = A_1 + B_2\,.$$

Dann sind die gesuchten Lösungen

$$y = x^c\,\eta\,(a\,x^b)\,,$$

wo die $\eta(\xi)$ die Lösungen der hypergeometrischen DGl 2·260

$$\xi\,(\xi-1)\,\eta'' + [(\alpha+\beta+1)\,\xi - \gamma]\,\eta' + \alpha\,\beta\,\eta = 0$$

sind.

Für die Fälle, in denen Lösungen in geschlossener Form möglich sind, s. *Forsyth-Jacobsthal*, DGlen, S. 210f., 756ff. *Euler* II, S. 183ff.

411—445. Restliche Differentialgleichungen.

$$(e^x + 1)\,y'' = y$$ 2·411

Für $\eta\,(\xi) = y\,(x)$, $\xi = e^x$ entsteht

$$\xi^2\,(\xi+1)\,\eta'' + \xi\,(\xi+1)\,\eta' - \eta = 0\,,$$

$$y = C_1\,(1 + e^{-x}) + C_2\,[-1 + (1 + e^{-x})\log\,(1 + e^x)]\,.$$

$$x\,y''\log x - y' - y\,x\log^3 x = 0$$ 2·412

$$y = C_1\left(\frac{x}{e}\right)^x + C_2\left(\frac{e}{x}\right)^x.$$

Morris-Brown, Diff. Equations, S. 152, 374.

$$x^2\,(\log x - 1)\,y'' - x\,y' + y = 0$$ 2·413

$$y = \left(C_1 + C_2\int\frac{\log x - 1}{\log^2 x}\,dx\right)\log x\,.$$

Morris-Brown, Diff. Equations, S. 149, 373.

$$y''\,\mathfrak{Sin}^2 x - [a^2\,\mathfrak{Sin}^2 x + n\,(n-1)]\,y = 0$$ 2·414

$$y = \mathfrak{Sin}^n x\left(\frac{1}{\mathfrak{Sin}\,x}\,\frac{d}{dx}\right)^n (C_1\,e^{a\,x} + C_2\,e^{-a\,x}) \quad \text{für} \quad a \neq 0\,.$$

$y''\,\mathfrak{Sin}^2 x + 2\,n\,y'\,\mathfrak{Sin}\,x\,\mathfrak{Cos}\,x + (n^2 - a^2)\,y\,\mathfrak{Sin}^2 x = 0$ s. 2·65. 2·415

2·416 $\boldsymbol{y'' \sin x + (2n+1)\, y' \cos x + (\nu - n)(\nu + n + 1)\, y \sin x = 0}$
s. 2·240 (19).

2·417 $\boldsymbol{y'' \sin x + (\sin^2 x - \cos x)\, y' + y \sin^3 x = 0}$

Für $y(x) = \eta(\xi)$, $\xi = \cos x$ entsteht die DGl 2·35

$$\eta'' - \eta' + \eta = 0; \quad \eta = e^{\frac{\xi}{2}} \left(C_1 \cos \frac{\xi \sqrt{3}}{2} + C_2 \sin \frac{\xi \sqrt{3}}{2} \right)$$

Morris-Brown, Diff. Equations, S. 151, 373.

2·418 $\boldsymbol{(x \cos x - \sin x)\, y'' + x\, y' \sin x - y \sin x = 0}$

$$y = C_1 x + C_2 \sin x .$$

2·419 $\boldsymbol{x^2 y'' \cos x + (x^2 \sin x - 2x \cos x)\, y' + (2 \cos x - x \sin x)\, y = 0}$

$$y = C_1 x + C_2 x \sin x .$$

2·420 $\boldsymbol{y'' \cos^2 x - [a \cos^2 x + n(n-1)\, y] = 0}$; Sonderfall von 2·25.

Ist n eine natürliche Zahl, so ist

$$y = \cos^n x \left(\frac{1}{\cos x} \mathrm{D} \right)^n \left(C_1 e^{x \sqrt{a}} + C_2 e^{-x \sqrt{a}} \right);$$

dabei ist

$$\mathrm{D} = \frac{d}{dx}, \quad \left(\frac{1}{u(x)} \mathrm{D} \right)^2 = \frac{1}{u} \mathrm{D} \left(\frac{1}{u} \mathrm{D} \right) \quad \text{usw.}$$

Ince, Diff. Equations, S. 132. *Darboux*, Théorie des surfaces II, S. 210.

2·421 $\boldsymbol{y'' \cos^2 a x + (n-1)\, a\, y' \sin 2 a x}$
$\boldsymbol{+ n a^2 y [(n-1) \sin^2 a x + \cos^2 a x] = 0}$

$$y = C_1 y_1 + C_2 y_2 \quad \text{mit} \quad y_1 = \cos^n a x, \; y_2 = y_1' .$$

Nach *Th. Craig*, Americ. Journal Math. 8 (1886) 88, dort spezieller und fehlerhaft.

2·422 $\boldsymbol{y'' \sin^2 x - 2y = 0}$

$$y = C_1 \operatorname{ctg} x + C_2 (1 - x \operatorname{ctg} x) .$$

Forsyth-Jacobsthal, DGlen, S. 114, 711.

2·423 $\boldsymbol{y'' \sin^2 x + a y = 0}$

Für $y(x) = \eta(\xi)$, $\xi = \operatorname{ctg} x$ entsteht die DGl 2·226

$$(\xi^2 + 1)\, \eta'' + 2 \xi \eta' + a \eta = 0 .$$

Vgl. auch 2·424.

$y'' \sin^2 x - [a \sin^2 x + n(n-1)]\, y = 0, \quad a \neq 0.$ 2·424

Für $\eta(\xi) = y(x)$, $\xi = x - \frac{\pi}{2}$ entsteht 2·420 mit ξ, η statt x, y. Daher ist für natürliche Zahlen n

$$y = \sin^n x \left(\frac{1}{\sin x}\,\mathrm{D}\right)^n \left(C_1 e^{x\sqrt{a}} + C_2 e^{-x\sqrt{a}}\right).$$

Für $a = -m^2$ erhält man periodische Lösungen.

Vgl. auch *W. v. Koppenfels*, Math. Annalen 112 (1936) 44ff.

$y'' \sin^2 x - [a^2 \cos^2 x + (3 - 2a) \cos x + 3(1 - a)]\, y = 0$ 2·425

$$y = C_1 u + C_2 u \int \frac{dx}{u^2}$$

mit

$$u = (2a - 1) \sin^a x + (3 - 2a) \sin^{a-2} x (\cos x + 1).$$

J. R. Wilton, Quarterly Journal 46 (1915) 332f.

$y'' \sin^2 x - \left[a^2 \cos^2 x + b \cos x + \left(\frac{b}{2a - 3}\right)^2 - 3a + 2\right] y = 0$ 2·426

Eine Lösung ist

$$y = [(2\alpha + 1) \cos x + 2\beta] \sin^{\alpha+\beta} \frac{x}{2} \cos^{\alpha-\beta} \frac{x}{2}$$

mit $\alpha = a - 1$, $\beta = \frac{b}{2a - 3}$; die anderen Lösungen können hieraus nach A 24·2 gewonnen werden.

J. R. Wilton, Quarterly Journal 46 (1915) 333.

$y'' \sin^2 x - \{[a^2 b^2 - (a + 1)^2] \sin^2 x + a(a + 1) b \sin 2x + a(a - 1)\}\, y = 0$ 2·427

$$y = C_1 u + C_2 [v + (2a + 1) u \int v^2 dx]$$

mit

$$u = e^{abx} \sin^a x (\cos x + b \sin x), \quad v = e^{-abx} \sin^{-a-1} x.$$

J. R. Wilton, Quarterly Journal 46 (1915) 331.

$y'' \sin^2 x + (a \cos^2 x + b \sin^2 x + c)\, y = 0$ 2·428

Man drücke die eine der trigonometrischen Funktionen durch die andere aus und ersetze evtl. die Variable x durch $\frac{\pi}{2} - x$ oder $x - \frac{\pi}{2}$ und vgl. 2·420, 424, 431.

2·429 $\boldsymbol{y'' \sin^2 x + y' \sin x \cos x - y = 0}$

$$y = \frac{C_1}{\sin x} + C_2 \operatorname{ctg} x .$$

Forsyth-Jacobsthal, DGlen, S. 145, 713.

2·430 $\boldsymbol{y'' \sin^2 x + y' \sin x \cos x + [\nu(\nu+1) \sin^2 x - n^2]\, y = 0}$

Für die Lösung s. 2·240 (20). Die DGl 2·436 ist die reduzierte Form der obigen DGl.

2·431 $\boldsymbol{y'' \sin 2x - y' \cos 2x + 2y \sin 2x = 0}$

$$y = \left(C_1 + C_2 \int \frac{\sqrt{\sin 2x}}{\cos^2 2x}\, dx\right) \cos 2x .$$

Morris-Brown, Diff. Equations, S. 149, 373.

2·432 $\boldsymbol{4y'' \sin^2 x + 4y' \sin x \cos x - (17 \sin^2 x + 1)\, y = 0}$; Sonderfall von 2·434.

$$y = \frac{1}{\sqrt{\sin x}} (C_1 e^{2x} + C_2 e^{-2x}) .$$

2·433 $\boldsymbol{4x^2 y'' \cos^2 x + 4x^2 y' \sin x \cos x}$

$$\boldsymbol{+ (2x^2 + x^2 \sin^2 x - 24 \cos^2 x)\, y = 4x^2 \cos^{\frac{5}{2}} x}$$

Für $y = u(x) \sqrt{\cos x}$ entsteht

$$x^2 u'' - 6u = x^2$$

Die verkürzte DGl ist vom Typus 2·187.

$$u = C_1 x^3 + C_2 x^{-2} - \frac{x^2}{4}$$

Morris-Brown, Diff. Equations, S. 152, 374.

2·434 $\boldsymbol{a y'' \sin^2 x + b y' \sin x \cos x + (c \cos^2 x + d \cos x + e)\, y = 0}$

Für $\eta(\xi) = y(x)$, $\xi = \cos x$ entsteht die DGl 2·392 mit ξ, η, $a + b$ statt x, y, b.

Vgl. auch die vorher behandelten Sonderfälle der DGl sowie *Szegö*, Orthogonal polynomials, S. 66, und für Näherungslösungen *A. Havers*, Ingenieur-Archiv 6 (1935) 299ff.

2·435 $\boldsymbol{y'' \sin^3 x - 4y \sin 3x = 0}$

$$y = C_1 \sin^4 x + C_2 \frac{\cos x}{\sin^3 x} (5 + 6 \sin^2 x + 8 \sin^4 x + 16 \sin^6 x) .$$

Forsyth-Jacobsthal, DGlen, S. 125, 700.

2·436 $\boldsymbol{4y'' \sin^2 x + [4\nu(\nu+1) \sin^2 x - \cos^2 x + 2 - 4n^2]\, y = 0}$ s. 2·430.

$y'' \sin x \cos^2 x - y' (3 \sin^2 x + 1) \cos x - y \sin^3 x = 0$ 2·437

Für $y(x) = \eta(\xi)$, $\xi = \cos x$ entsteht die DGl 2·187

$$\xi^2 \eta'' + 4\xi \eta' - \eta = 0 \,, \quad \eta = C_1 \xi^{\frac{-3+\sqrt{13}}{2}} + C_2 \xi^{\frac{-3-\sqrt{13}}{2}}$$

Morris-Brown, Diff. Equations, S. 151, 373.

$y'' \cos^2 x \sin^2 x$ 2·438
$- [a \cos^2 x \sin^2 x + m(m-1) \sin^2 x + n(n-1) \cos^2 x] y = 0$ s. 2·25.

$[\wp(x) - \wp(a)] y'' - \wp'(x) y' - \{n(n+1) [\wp(x) - \wp(a)]^2 - \wp''(a)\} y = 0$ 2·439

Vgl. *Halphen*, Fonctions elliptiques II, S. 569ff.

$(\wp' + \wp^2) y'' + (\wp^3 - \wp \wp' - \wp'') y' + (\wp'^2 - \wp^2 \wp' - \wp \wp'') y = 0, \; \wp = \wp(x).$ 2·440

$$y = C_1 \wp(x) + C_2 e^{\zeta(x)}$$

$(\mathrm{sn}^2 x - \mathrm{sn}^2 a) y'' - (2 \,\mathrm{sn}\, x + \mathrm{cn}\, x \,\mathrm{dn}\, x) y'$ 2·441
$+ 2 [1 - 2(k^2 + 1) \mathrm{sn}^2 a + 3 k^2 \mathrm{sn}^4 a] y = 1$

Vgl. *Forsyth*, Diff. Equations III, S. 463.

$f(x) y'' + x y' - y = 0$ 2·442

Eine Lösung ist $y = x$. Die übrigen Lösungen lassen sich aus dieser nach A 24·2 berechnen.

$f(x) y'' + \frac{1}{2} f'(x) y' + g(x) y = 0$ 2·443

Für $f > 0$ entsteht durch

$$\eta(\xi) = y(x) \,, \quad \xi = \int \frac{dx}{\sqrt{f(x)}}$$

die DGl

$$\eta'' + g(x) \eta = 0 \,,$$

in der noch x durch ξ auszudrücken ist.

Forsyth-Jacobsthal, DGlen, S. 717.

$f y'' - a f' y' + b f^{2a+1} y = 0, \; f = f(x)$ s. 2·79. 2·444

$f^2 g' (g^2 - 1) y'' + [2 f g g'^2 - (g^2 - 1)(f g'' + 2 f' g')] f y'$ 2·445
$+ \{(g^2 - 1) [f'(f g'' + 2 f' g') - f f'' g']$
$- [2 f' g + \nu(\nu + 1) f g'] f g'^2\} y = 0, \; f = f(x), \; g = g(x)$ s. 2·240 (21).

3. Lineare Differentialgleichungen dritter Ordnung.

DGlen mit Exponentialfunktionen: 5, 18, 27.
DGlen mit Logarithmus-Funktionen: 46, 55, 63.
DGlen mit trigonometrischen Funktionen: 5, 22, 82.
DGlen mit elliptischen Funktionen: 9—14, 28.
DGlen mit willkürlichen Funktionen: 15, 23—26, 33, 45, 83.
DGlen, die sich auf DGlen zweiter Ordnung zurückführen lassen: 15, 26.

3·1 $\boldsymbol{y''' + \lambda y = 0}$

$$y = \begin{cases} C_1 + C_2 x + C_3 x^2 & \text{für } \lambda = 0, \\ C_1 e^{-kx} + e^{\frac{1}{2}kx}\left(C_2 \cos\frac{1}{2} k x \sqrt{3} + C_3 \sin\frac{1}{2} k x \sqrt{3}\right) & \text{für } \lambda \neq 0, \end{cases}$$

wenn k die reelle Lösung der Gl $\lambda = k^3$ ist.

3·2 $\boldsymbol{y''' + a x^3 y = b x}$

Für $\eta(\xi) = y(x)$, $\xi = x^2$ erhält man die DGl 3·34

$$2\xi\eta''' + 3\eta'' + \frac{a}{8}\xi\eta = \frac{b}{8}.$$

Forsyth-Jacobsthal, DGlen, S. 281, 791f.

3·3 $\boldsymbol{y''' = a x^b y}$

Für $\eta(\xi) = x^{\frac{b}{3}} y(x)$, $\xi = c x^{1+\frac{b}{3}}$ entsteht die DGl 3·60

$$\xi^3\eta''' + (1 - \nu^2)\xi\eta' + \left(\nu^2 - 1 - \frac{a\nu^3}{c^3}\xi^3\right)\eta = 0$$

mit $(b + 3)\nu = 3$.

Halphen, Mémoires par divers Savants (2) 28 Nr. 1 (1884) 143.

3·4 $\boldsymbol{y''' + 3y' - 4y = 0}$; Typus A 22·1.

$$y = C_1 e^x + (C_2 \cos\alpha x + C_3 \sin\alpha x)\, e^{-\frac{x}{2}} \quad \text{mit} \quad \alpha = \frac{1}{2}\sqrt{15}.$$

Morris-Brown, Diff. Equations, S. 147, 371.

$y''' - a^2 y' = e^{2ax} \sin^2 x$ 3·5

$$y = C_1 + C_2 e^{ax} + C_3 e^{-ax} + \left(\frac{1}{12 a^3} + \frac{(4 - 11 a^2) \sin 2x + 3a(4 - a^2) \cos 2x}{4(a^2+1)(a^2+4)(9a^2+4)}\right) e^{2ax}$$

Morris-Brown, Diff. Equations, S. 121, 367.

$y''' + 2axy' + ay = 0$ 3·6

Die DGl ist ein Sonderfall von 3·15. Die Lösungen sind somit

$$y = C_1 u^2 + C_2 u v + C_3 v^2,$$

wo u, v ein Hauptsystem von Lösungen der DGl 2·14

$$2y'' + axy = 0$$

sind. Die DGl ist also durch Besselsche Funktionen lösbar.

Für Lösungen mittels Integrale s. *Forsyth-Jacobsthal*, DGlen, S. 511.

$y''' - x^2 y' + (a + b - 1) x y' - a b y = 0$ 3·7

Die folgenden drei Reihen, die für alle x konvergieren, bilden ein Hauptsystem von Lösungen, wofern gewisse naheliegende Ungleichungen für die Koeffizienten erfüllt sind:

$$1 + \sum_{\nu=1}^{\infty} \frac{a b (a-3)(b-3) \cdots (a - 3\nu + 3)(b - 3\nu + 3)}{(3\nu)!} x^{3\nu},$$

$$x + \sum_{\nu=1}^{\infty} \frac{(a-1)(b-1)(a-4)(b-4) \cdots (a - 3\nu + 2)(b - 3\nu + 2)}{(3\nu+1)!} x^{3\nu+1},$$

$$\frac{x^2}{2} + \sum_{\nu=1}^{\infty} \frac{(a-2)(b-2)(a-5)(b-5) \cdots (a - 3\nu + 1)(b - 3\nu + 1)}{(3\nu+2)!} x^{3\nu+2}.$$

Forsyth-Jacobsthal, DGlen, S. 207, 741.

$y''' + x^{2c-2} y' + (c - 1) x^{2c-3} y = 0$; Sonderfall von 3·67. 3·8

$y''' - 3[2\wp(x) + a] y' + b y = 0$ 3·9

$$y = \sum_{\nu=1}^{3} C_\nu \frac{\sigma(x + \alpha_\nu)}{\sigma(x)\,\sigma(\alpha_\nu)} e^{\lambda_\nu x},$$

wo α_1, α_2, α_3 die drei Nullstellen von

$$b\,\wp'(x) + (3a^2 - g_2)\,\wp(x) + \frac{1}{4} b^2 - a^3 - g_3 = 0$$

sind (es wird vorausgesetzt, daß diese verschieden sind und $\alpha_1 + \alpha_2 + \alpha_3 = 0$ ist) und

$$\lambda_\nu = -\zeta(\alpha_\nu) + \frac{2\wp'(\alpha_\nu) + b}{2a - 4\wp(\alpha_\nu)}$$

ist.

Forsyth, Diff. Equations III, S. 460—462; nicht geprüft.

3·10 $\boldsymbol{y''' + (1-n^2)\wp(x)\, y' + \frac{1}{2}[(1-n^2)\wp'(x) - a]\, y = 0}$

Es sei

$$\wp'^2 = 4\wp^3 - g_3, \quad \text{d. h. } g_2 = 0.$$

Für $n = 2$ erhält man die drei Lösungen

$$y = \frac{\sigma(x+\alpha)}{\sigma(x)} e^{-x\zeta(\alpha)},$$

wo α eine der drei Lösungen von $\wp'(\alpha) = a$ ist.

Für $n = 4$ erhält man (nicht nachgeprüft)

$$y = \frac{d^2}{dx^2} \frac{\sigma(x+\alpha)}{\sigma(x)} e^{-x[\zeta(\alpha)+\beta]},$$

wo α, β durch

$$\wp'(\alpha) = \frac{a}{45} \frac{\lambda^2 - 10\lambda - 15}{(\lambda-1)^2}, \quad \beta = -\frac{5\wp'(\alpha) + a}{5(\lambda-3)\wp(\alpha)} \quad \text{mit} \quad \lambda = \frac{16a^2}{a^2 + 45^2 g_3}$$

bestimmt sind. Ist $a^2 = 135 g_3$, so gelten die obigen Formeln nicht. Man hat dann die Lösungen

$$y_1 = \wp'(x) - \frac{a}{15}, \quad y_2 = x y_1 + 2\wp(x),$$

$$y_3 = \left(\frac{15\wp'(x)}{a} + 1\right)[\zeta(x-\alpha) + \zeta(x-\varepsilon\alpha) + \zeta(x-\varepsilon^2\alpha)] + 6\zeta(x),$$

wo $15\wp'(\alpha) = -a$ und ε eine nichtreelle dritte Einheitswurzel ist.

Halphen, Mémoires par divers Savants (2) 28 (1884) Nr. 1, S. 186—195; Fonctions elliptiques II, S. 571ff.

3·11 $\boldsymbol{y''' - [4n(n+1)\wp(x) + a]\, y' - 2n(n+1)\wp'(x)\, y = 0}$ s. 2·408 (7).

3·12 $\boldsymbol{y''' + [A\wp(x) + a]\, y' + B\wp'(x)\, y = 0}$

Vgl. *Halphen*, Fonctions elliptiques II, S. 564, und für den Fall, daß neben $B\wp'$ noch Glieder $\alpha\wp + \beta$ im Koeffizienten von y vorkommen, *Forsyth*, Diff. Equations III, S. 462.

3·13 $\boldsymbol{y''' - (3k^2 \operatorname{sn}^2 x + a)\, y' + (b + c\operatorname{sn}^2 x - 3k^2 \operatorname{sn} x \operatorname{cn} x \operatorname{dn} x)\, y = 0}$

Vgl. *Forsyth*, Diff. Equations III, S. 463.

$\boldsymbol{y''' - (6\,k^2\,\mathrm{sn}^2\,x + a)\,y' + b\,y = 0}$ 3·14

Vgl. *Forsyth*, Diff. Equations III, S. 463.

$\boldsymbol{y''' + 2\,f(x)\,y' + f'(x)\,y = 0}$; Sonderfall von 3·26. 3·15

$$y = C_1\,u_1^2 + C_2\,u_1\,u_2 + C_3\,u_2^2\,,$$

wenn u_1, u_2 ein Hauptsystem von Lösungen der DGl

$$2\,u'' + f(x)\,u = 0$$

sind.

$\boldsymbol{y''' - 2\,y'' - 3\,y' + 10\,y = 0}$; Typus A 22·1. 3·16

$$y = C_1\,e^{-2x} + (C_2 \cos x + C_3 \sin x)\,e^{2x}\,.$$

Morris-Brown, Diff. Equations, S. 148, 371.

$\boldsymbol{y''' - 2\,y'' - a^2\,y' + 2\,a^2\,y = \mathfrak{Sin}\,x}$; Typus A 22·2. 3·17

Für $u(x) = y' - 2\,y$ entsteht die leicht lösbare DGl

$$u'' - a^2\,u = \mathfrak{Sin}\,x\,.$$

Damit erhält man

$$y = C_1\,e^{2x} + C_2\,e^{ax} + C_3\,e^{-ax} + \begin{cases} \dfrac{2\,\mathfrak{Sin}\,x + \mathfrak{Cof}\,x}{3\,(a^2 - 1)} & \text{für } a^2 \neq 1\,, \\ -\dfrac{x+1}{2}\,e^x - \dfrac{3\,x+1}{36}\,e^{-x} & \text{für } a^2 = 1\,. \end{cases}$$

$\boldsymbol{y''' - 3\,a\,y'' + 3\,a^2\,y' - a^3\,y = e^{ax}}$ 3·18

$$y = \left(\frac{x^3}{6} + C_1 + C_2\,x + C_3\,x^2\right) e^{ax}\,.$$

Morris-Brown, Diff. Equations, S. 148, 371.

$\boldsymbol{y''' + a_2\,y'' + a_1\,y' + a_0\,y = 0}$ s. A 22·1. 3·19

$\boldsymbol{y''' - 6\,x\,y'' + 2\,(4\,x^2 + 2\,a - 1)\,y' - 8\,a\,x\,y = 0}$; Sonderfall von 3·26. 3·20

$$y = C_1\,u^2 + C_2\,u\,v + C_3\,v^2\,,$$

wo u, v die Lösungen von 2·46 sind.

$\boldsymbol{y''' + 3\,a\,x\,y'' + 3\,a^2\,x^2\,y' + a^3\,x^3\,y = 0}$ 3·21

$$e^{\frac{1}{2}a x^2}\,y = \begin{cases} C_1 + C_2\,\mathfrak{Cof}\,x\sqrt{3\,a} + C_3\,\mathfrak{Sin}\,x\sqrt{3\,a} & \text{für } a > 0\,, \\ C_1 + C_2 \cos x\sqrt{|3\,a|} + C_3 \sin x\sqrt{|3\,a|} & \text{für } a < 0\,. \end{cases}$$

Th. Craig, Americ. Journal Math. 7 (1885) 281.

3·22 $\boldsymbol{y''' - y'' \sin x - 2\,y' \cos x + y \sin x = \log x}$; exakte DGl.

Durch zweimalige Integration erhält man die lineare DGl erster Ordnung

$$y' - y \sin x = \frac{1}{2} x^2 \log x - \frac{3}{4} x^2 + C_1 + C_2\, x\,.$$

Morris-Brown, Diff. Equations, S. 148, 372.

3·23 $\boldsymbol{y''' + f(x)\, y'' + y' + f(x)\, y = 0}$

Für $u(x) = y'' + y$ hat man die DGl

$$u' + f(x)\, u = 0\,.$$

Daher ist

$$y = C_1 \cos x + C_2 \sin x + C_3 \left(\sin x \int E \cos x\, dx - \cos x \int E \sin x\, dx\right)$$

mit $$E = \exp\left(-\int f\, dx\right).$$

Julia, Exercices d'Analyse III, S. 210–213.

3·24 $\boldsymbol{y''' + f(x)\,(x^2 y'' - 2\,x\,y' + 2\,y) = 0}$; Sonderfall von 3·83.

$$y = C_1\, x + C_2\, x^2 + C_3 \left(x \int x^{-2}\, u\, dx - x^2 \int x^{-3}\, u\, dx\right)$$

mit $$u = \exp\left[-\int x^2 f(x)\, dx\right].$$

Forsyth-Jacobsthal, DGlen, S. 138, 707.

3·25 $\boldsymbol{y''' + f\, y'' + g\, y' + (f\, g + g')\, y = 0}$, $f = f(x)$, $g = g(x)$.

Die Lösungen sind die Lösungen der DGlen zweiter Ordnung

$E\, y'' + g\, E\, y = C$ mit $E = \exp \int f\, dx$ und beliebigem C.

Julia, Exercices d'Analyse III, S. 210f.

3·26 $\boldsymbol{y''' + 3\,f\, y'' + (f' + 2\,f^2 + 4\,g)\, y' + (4\,f\,g + 2\,g')\, y = 0}$, $f = f(x)$, $g = g(x)$.

$$y = C_1\, u^2 + C_2\, u\, v + C_3\, v^2,$$

wenn $u(x)$, $v(x)$ ein Hauptsystem von Lösungen der DGl

$$y'' + f(x)\, y' + g(x)\, y = 0 \quad \text{ist.}$$

Whittaker-Watson, Modern Analysis, S. 298.

Zu den DGlen dritter Ordnung, die auf diese Weise auf DGlen zweiter Ordnung zurückgeführt werden können, gehören insbesondere die antiselbstadjungierten DGlen

$$[f\,(f\,y')']' + 2\,g\,y' + g'\,y = 0;$$

die zugehörige DGl zweiter Ordnung ist

$$2\,f\,(f\,y')' + g\,y = 0\,.$$

$4y''' - 8y'' - 11y' - 3y = -18e^x$; Typus A 22·2. 3·27

$$y = C_1 e^{3x} + (C_2 + C_3 x)\, e^{-\frac{x}{2}} + e^x .$$

Morris-Brown, Diff. Equations, S. 148, 371.

$27y''' - 36n^2 \wp(x)\, y' - 2n(n+3)(4n-3)\, \wp'(x)\, y = 0$ 3·28

Siehe *Halphen*, Mémoires par divers Savants (2) 28 (1884) Nr. 1, S. 106, 292—297. Dort sind insbesondere die Fälle $n = 1,\ 2,\ -1$ behandelt. Vgl. auch *Halphen*, Fonctions elliptiques II, S. 553ff.

$xy''' + 3y' + xy = 0$ 3·29

Für $u(x) = xy$ entsteht $u''' + u = 0$.

$xy''' + 3y'' - ax^2 y = 0$ 3·30

Für $u(x) = x\,y(x)$ entsteht $u''' = a x u$. Zu dieser DGl s. 5·3.

$xy''' + (a+b)\, y'' - xy' - ay = 0$, $a > 0,\ b > 0$. 3·31

Mit A 22·4 erhält man

$$y = \sum_{\nu=1}^{3} C_\nu \int_{\alpha_\nu}^{\beta_\nu} |t|^{a-1}\, |t^2 - 1|^{\frac{1}{2}b-1}\, e^{-tx}\, dx;$$

dabei ist $\alpha_1 = -1$, $\beta_1 = \alpha_2 = 0$, $\beta_2 = +1$, ferner $\alpha_3 = 1$, $\beta_3 = +\infty$ für $x > 0$ und $\alpha_3 = -\infty$, $\beta_3 = -1$ für $x < 0$.

Forsyth-Jacobsthal, DGlen, S. 512.

$xy''' - (x + 2\nu)\, y'' - (x - 2\nu - 1)\, y' + (x - 1)\, y = 0$; Sonderfall von 3·83. 3·32

$$y = C_1 e^x + x^{\nu+1} [C_2 J_{\nu+1}(ix) + C_3 Y_{\nu+1}(ix)],$$

wo J_ν und Y_ν die Besselschen Funktionen sind.

$xy''' + (x^2 - 3)\, y'' + 4xy' + 2y = f(x)$ 3·33

Die DGl ist eine exakte. Durch Integration erhält man eine DGl zweiter Ordnung, die wieder eine exakte ist und sich auf die linearen DGlen

$$xy' + (x^2 - 5)\, y = \int dx \int f(x)\, dx$$

zurückführen läßt.

Forsyth-Jacobsthal, DGlen, S. 103, 693.

3·34 $\boldsymbol{2\,x\,y''' + 3\,y'' + a\,x\,y = b}$, $a \neq 0$.

Mit A 22·4 erhält man

$$y = \sum_{\nu=1}^{4} C_\nu \int\limits_0^{\alpha_\nu} \frac{e^{xz}}{\sqrt{2\,z^3 + a}}\, dz\,;$$

dabei sind α_1, α_2, α_3 die drei Lösungen der Gl $2\,\alpha^3 + a = 0$, $\alpha_4 = -\infty$ oder $+\infty$, je nachdem $x > 0$ oder $x < 0$ ist; ferner

$$\sqrt{a}\,(C_1 + \cdots + C_4) + b = 0;$$

die Integrationswege sind gerade Linien.

Forsyth-Jacobsthal, DGlen, S. 791f.

3·35 $\boldsymbol{2\,x\,y''' - 4\,(x + \nu - 1)\,y'' + (2\,x + 6\,\nu - 5)\,y' + (1 - 2\,\nu)\,y = 0}$; Sonderfall von 3·83.

$$y = C_1\,e^x + x^\nu\,e^{\frac{1}{2}x}\left[C_2\,J_\nu\left(\frac{1}{2}\,i\,x\right) + C_3\,Y_\nu\left(\frac{1}{2}\,i\,x\right)\right],$$

wo J_ν und Y_ν die Besselschen Funktionen sind.

3·36 $\boldsymbol{2\,x\,y''' + 3\,(2\,a\,x + k)\,y'' + 6\,(b\,x + a\,k)\,y' + (2\,c\,x + 3\,b\,k)\,y = 0}$, $k > 0$.

Mit A 22·4 erhält man

$$y = \sum_{\nu=1}^{4} C_\nu \int\limits_0^{\alpha_\nu} e^{xz}\,[P(z)]^{\frac{1}{2}k-1}\,dz\,;$$

dabei ist

$$P(z) = z^3 + 3\,a\,z^2 + 3\,b\,z + c\,,$$

α_1, α_2, α_3 sind die drei als verschieden vorausgesetzten Nullstellen dieses Polynoms, $\alpha_4 = \mp\infty$ für $x \gtrless 0$, $C_1 + \cdots + C_4 = 0$.

Forsyth-Jacobsthal, DGlen, S. 282.

3·37 $\boldsymbol{(x - 2)\,x\,y''' - (x - 2)\,x\,y'' - 2\,y' + 2\,y = 0}$

Für $u(x) = y' - y$ entsteht die DGl zweiter Ordnung

$$x\,(x - 2)\,u'' - 2\,u = 0\,.$$

Unter den Lösungen dieser DGl ist nach dem zweiten Teil von 2·303 eine quadratische Funktion, und zwar $u = x\,(x - 2)$; eine zweite Lösung ist nach A 24·2 somit $u = x\,(x - 2)\log\left|\frac{x}{x-2}\right| - 2\,(x - 1)$. Damit erhält man

$$y = C_1\,x^2 + C_2\,e^x + C_3\,e^x \int e^{-x}\left[x\,(x - 2)\log\left|\frac{x}{x-2}\right| - 2\,(x - 1)\right]dx\,.$$

Morris-Brown, Diff. Equations, S. 149, 373.

$(2x-1)\,y''' - 8\,x\,y' + 8\,y = 0$ 3·38

Lösungen sind offenbar x und e^{2x}. Damit läßt sich die DGl nach A 17·2 auf eine lineare DGl erster Ordnung zurückführen.

$(2x-1)\,y''' + (x+4)\,y'' + 2\,y' = 0$; exakte DGl. 3·39

Die Lösungen erhält man aus der DGl erster Ordnung

$$(2x-1)\,y' + x\,y = C_1\,x + C_0\,.$$

Morris-Brown, Diff. Equations, S. 129.

$x^2\,y''' - 6\,y' + a\,x^2\,y = 0$ 3·40

Für $y(x) = x^2\,u(x)$ entsteht die DGl 3·66 mit u statt y.

Forsyth-Jacobsthal, DGlen, S. 207, 742.

$x^2\,y''' + (x+1)\,y'' - y = 0$ 3·41

Es gibt eine Lösung der Gestalt

$$y = \sum_{n=0}^{\infty} a_n \frac{x^n}{n!}\,,$$

die für alle x konvergiert; man wähle nämlich a_0, a_1 so, daß $\frac{a_0}{a_1}$ gleich dem unendlichen Kettenbruch

$$\frac{a_0}{a_1} = \frac{1|}{|1} + \frac{1|}{|2^2} + \frac{1|}{|3^2} + \frac{1|}{|4^2} + \cdots$$

ist und setze

$$a_{n+2} = a_n - n^2\,a_{n+1} \qquad (n = 0, 1, 2, \ldots)\,.$$

O. Perron, Math. Annalen 66 (1909) 448.

$x^2\,y''' - x\,y'' + (x^2+1)\,y' = 0$ 3·42

$$y = C + x\,Z_1(x)\,,$$

wo Z_1 die Zylinderfunktion erster Ordnung ist.

McLachlan, Bessel functions, S. 27.

$x^2\,y''' + 3\,x\,y'' + (4\,a^2\,x^{2a} + 1 - 4\,\nu^2\,a^2)\,y' + 4\,a^3\,x^{2a-1}\,y = 0$; Sonderfall von 3·66. 3·43

$$y = C_1\,J_\nu^2(x^a) + C_2\,J_\nu(x^a)\,Y_\nu(x^a) + C_3\,Y_\nu^2(x^a)\,.$$

3·44 $\boldsymbol{x^2 y''' - 3(x-m)\, y'' + [2x^2 + 4(n-m)\, x + m(2m-1)]\, y' - 2n(2x - 2m + 1)\, y = 0}$, Sonderfall von 3·26.

$$y = C_1 u^2 + C_2 u v + C_3 v^2 ,$$

wo u, v die Lösungen von 2·113 (1) sind.

G. Palamà, Annali di Mat. (4) 18 (1939) 320.

3·45 $\boldsymbol{x^2 y''' + 4 x y'' + (x^2 + 2)\, y' + 3 x y = f(x)}$

Nach Multiplikation mit x ist die DGl eine exakte. Sie wird dadurch zurückgeführt auf

$$x^3 y'' + x^2 y' + x^3 y = \int x f(x)\, dx + C .$$

Forsyth-Jacobsthal, DGlen, S. 103, 693.

3·46 $\boldsymbol{x^2 y''' + 5 x y'' + 4 y' = \log x}$; exakte DGl.

$$y = C_1 + \frac{C_2}{x} + C_3 \frac{\log x}{x} + \frac{x}{4} (\log x - 2) .$$

Morris-Brown, Diff. Equations, S. 136, 369.

3·47 $\boldsymbol{x^2 y''' + 6 x y'' + 6 y' = 0}$

$$y = C_1 + C_2 x^{-1} + C_3 x^{-2} .$$

3·48 $\boldsymbol{x^2 y''' + 6 x y'' + 6 y' + a x^2 y = 0}$

Für $u(x) = x^2 y$ entsteht $u''' + a u = 0$. Damit erhält man

$$x^2 y = C_1 e^{\alpha_1 x} + C_2 e^{\alpha_2 x} + C_3 e^{\alpha_3 x} ,$$

wo α_1, α_2, α_3 die Lösungen von $\alpha^3 + a = 0$ sind.

Forsyth-Jacobsthal, DGlen, S. 742.

3·49 $\boldsymbol{x^2 y''' - 3(p+q)\, x y'' + 3 p (3q+1)\, y' - x^2 y}$, p, q natürliche Zahlen.

$$y = \prod_{\mu=0}^{p-1} (\delta - 3\mu - 1) \prod_{\nu=0}^{q-1} (\delta - 3\nu - 2) \sum_{k=1}^{3} C_k e^{\omega_k x}$$

wo $\delta = x \frac{d}{dx}$ ist und die ω_ν die drei Lösungen von $\omega^3 = 1$ sind.

J. L. Burchnall – T. W. Chaundy, Quarterly Journal Oxford 1 (1930) 190.

$$x^2 y''' - 2(n+1) x y'' + (a x^2 + 6n) y' - 2 a x y = 0$$ 3·50

Es sei n eine natürliche Zahl. Die DGl ist dann von dem Typus A 18·6. Man erhält

$$y = C_1 + C_2 x^4 + C_3 x^{2n+1} \qquad \text{für } a = 0;$$

$$y = C_1 (a x^2 + 4n - 2) + C_2 e^{x\sqrt{-a}} P(x) + C_3 e^{-x\sqrt{-a}} Q(x)$$

für $a \neq 0$; dabei sind P und Q Polynome vom Grad $\leqq 2n + 2$.

Halphen, C. R. Paris 101 (1885) 1240.

$$x^2 y''' - (x^2 - 2x) y'' - \left(x^2 + \nu^2 - \frac{1}{4}\right) y' + \left(x^2 - 2x + \nu^2 - \frac{1}{4}\right) y = 0;$$ 3·51

Sonderfall von 3·83.

$$y = C e^x + \sqrt{x}\, Z_\nu(i x),$$

wo die Z_ν die Zylinderfunktionen sind.

$x^2 y''' - (x + \nu) x y'' + \nu(2x + 1) y' - \nu(x + 1) y = 0$; Sonderfall von 3·83. 3·52

$$y = C e^x + x^{\frac{\nu+1}{2}} Z_{\nu+1}\left(2\sqrt{\nu x}\right),$$

wo die Z_ν die Zylinderfunktionen sind.

$x^2 y''' - 2(x^2 - x) y'' + \left(x^2 - 2x + \frac{1}{4} - \nu^2\right) y' + \left(\nu^2 - \frac{1}{4}\right) y = 0$; Sonderfall von 3·83. 3·53

$$y = C_1 e^x + \sqrt{x}\, e^{\frac{1}{2}x} Z_\nu\left(\frac{1}{2} i x\right),$$

wo Z_ν die Zylinderfunktion der Ordnung ν ist.

$$x^2 y''' - (x^4 - 6x) y'' - (2x^3 - 6) y' + 2x^2 y = 0$$ 3·54

Die Stelle $x = 0$ ist schwach singulär. Die IndexGl (s. A 18·1) ist $r(r+1)(r+2) = 0$. Eine Lösung der DGl ist $y = x^{-2}$. Damit läßt sich die DGl auf eine lineare DGl zweiter Ordnung zurückführen.

$(x^2 + 1) y''' + 8 x y'' + 10 y' = 3 - \frac{1}{x^2} + 2 \log x$; exakte DGl. 3·55

Durch Integration erhält man wieder eine exakte DGl. Daher erhält man die Lösungen aus der DGl erster Ordnung

$$(x^2 + 1) y' + 4 x y = (x^2 + 1) \log x + C_0 + C_1 x.$$

3·56 $(x^2+2)\,y''' - 2\,x\,y'' + (x^2+2)\,y' - 2\,x\,y = 0$

$$y = C_1\,x^2 + C_2 \cos x + C_3 \sin x\,.$$

Forsyth-Jacobsthal, DGlen, S. 134, 707.

3·57 $2\,x\,(x-1)\,y''' + 3\,(2\,x-1)\,y'' + (2\,a\,x+b)\,y' + a\,y = 0$

Die DGl ist vom Typus 3·26. Die Lösungen sind

$$C_1\,y_1^2 + C_2\,y_1\,y_2 + C_3\,y_2^2\,,$$

wo y_1, y_2 zwei linear unabhängige Lösungen der hypergeometrischen DGl

$$2\,x\,(x-1)\,y'' + 3\,(2\,x-1)\,y' + \left(\frac{a}{2}\,x + \frac{b}{4} - \frac{1}{2}\right) y = 0$$

sind.

3·58 $4\,x^2\,y''' + (x^2 + 14\,x - 1)\,y'' + 4\,(x+1)\,y' + 2\,y = 0$

Der Punkt $x = 0$ ist stark singulär. Nach A 18·4 muß die DGl trotzdem eine Lösung haben, die in der Umgebung von $x = 0$ regulär ist. Eine solche Lösung ist

$$y = \sum_{\nu=0}^{\infty} a_\nu\,x^\nu$$

mit

$$a_0 = \operatorname{Cos}\frac{1}{2}\,,\quad a_1 = -\operatorname{Sin}\frac{1}{2}\,,$$

$$a_\nu = \left(-\frac{1}{4}\right)^\nu \sum_{k=0}^{\infty} \frac{\Gamma\left(\frac{1}{2}\right)}{4^{2\,k}\,k!\,\Gamma\left(\nu + k + \frac{1}{2}\right)}$$

O. Perron, Math. Annalen 48 (1926) 345—351.

3·59 $(a\,x+b)\,x\,y''' + (\alpha\,x+\beta)\,y'' + x\,y' + y = f(x)$

Das ist eine exakte DGl. Ihre Lösungen erhält man daher aus

$$(a\,x+b)\,x\,y'' + [(\alpha - 2a)\,x + \beta - b]\,y' + (x + 2\,a - \alpha)\,y = \int f(x)\,dx + C\,.$$

Forsyth-Jacobsthal, DGlen, S. 102f.

3·60 $x^3\,y''' + (1-\nu^2)\,x\,y' + (a\,x^3 + \nu^2 - 1)\,y = 0$

Die DGl ist von dem in A 18·6 behandelten Typus. Für $\nu = \pm 1$ liegt eine DGl mit konstanten Koeffizienten, für $a = 0$ eine Eulersche DGl A 22·3 vor.

Ist $a \neq 0$ und ist ν eine natürliche Zahl $\neq 1$, so ist

$$y = x^{1-\nu} \sum_{k=1}^{3} C_k \, e^{-\lambda_k x} \, P_k(x) ,$$

wo $\lambda_k^3 = a$ und die P_k gewisse Polynome vom Grad $\leqq 3(\nu - 1)$ sind. Bezeichnet y_ν eine Lösung der DGl bei beliebigem (auch komplexem) ν, so ist

(1) $\quad y_{\nu+3} = a\, y_\nu + (2\nu + 3)\, x^{-1}\, y_\nu'' - (2\nu + 3)(\nu + 1)(x^{-2}\, y_\nu' - x^{-3}\, y_\nu)$;

man erhält alle Lösungen $y_{\nu+3}$, wenn y_ν alle Lösungen der DGl durchläuft. Da $y_{\pm 1} = \exp(-\lambda x)$ für die drei Lösungen λ der Gl $\lambda^3 = a$ ein Hauptsystem von Lösungen ist, kann man mit Hilfe von (1) alle y_n für natürliche Zahlen n berechnen, die nicht durch 3 teilbar sind; z. B. ist

$$y_2 = \left(\frac{1}{x} + \lambda\right) e^{-\lambda x} \qquad (\lambda^3 = a) .$$

M. Halphen, C. R. Paris 101 (1885) 1240; Mémoires par divers Savants (2) 28 (1884) Nr. 1, S. 180. Zur Herkunft der DGl vgl. auch 3·3.

$x^3 y''' + [4x^3 + (1 - 4\nu^2)\, x]\, y' + (4\nu^2 - 1)\, y = 0$; Sonderfall von 3·66. 3·61

$$y = C_1\, x\, J_\nu^2(x) + C_2\, x\, J_\nu(x)\, Y_\nu(x) + C_3\, x\, Y_\nu^2(x) .$$

$x^3 y''' + (a x^{2\nu} + 1 - \nu^2)\, x y' + [b x^{3\nu} + a(\nu - 1)\, x^{2\nu} + \nu^2 - 1]\, y = 0$ 3·62

Für $\eta(\xi) = x^{\nu-1}\, y(x)$, $\nu\, \xi = x^\nu$ entsteht die DGl mit konstanten Koeffizienten

$$\eta''' + a\,\eta' + b\,\eta = 0 .$$

A. Chiellini, Rendic. Cagliari 9 (1939) 142–155.

$x^3 y''' + 3x^2 y'' - 2x y' + 2y = 6x^3 (x - 1) \log x - x^3 (x + 8)$ 3·63

Die homogene DGl ist vom Typus A 22·3.

$$y = C_1\, x + \frac{C_2}{x^2} + C_3\, x \log x + \frac{10x - 27}{90}\, x^3 \log x - \frac{25x + 9}{225}\, x^3 .$$

Morris-Brown, Diff. Equations, S. 148, 371.

$x^3 y''' + 3x^2 y'' + (1 - a^2)\, x y' = 0$; Typus A 22·3. 3·64

$$y = C_1 + C_2\, x^a + C_3\, x^{-a} \quad \text{für } a^2 \neq 1$$

3·65 $x^3 y''' - 4 x^2 y'' + (x^2 + 8) x y' - 2 (x^2 + 4) y = 0$

Für $y = x\,u(x)$, $u'' + u = v(x)$ entsteht die DGl $x v' = v$. Damit erhält man

$$y = C_1 x^2 + C_2 x \cos x + C_3 x \sin x\,.$$

3·66 $x^3 y''' + 6 x^2 y'' + (a x^3 - 12) y = 0$

Die DGl folgt durch Differenzieren aus der durch x^2 dividierten DGl 3·48, wenn nachträglich wieder y statt y' geschrieben wird. Die Lösungen der obigen DGl sind daher

$$y = \frac{d}{dx} \frac{1}{x^2} (C_1 e^{\alpha_1 x} + C_2 e^{\alpha_2 x} + C_3 e^{\alpha_3 x}) \quad \text{mit} \quad \alpha^3 + a = 0\,.$$

Forsyth-Jacobsthal, DGlen, S. 742.

3·67 $x^3 y''' + 3 (1 - a) x^2 y'' + [4 b^2 c^2 x^{2c+1} + (1 - 4 \nu^2 c^2 + 3 a (a - 1) x] y' + [4 b^2 c^2 (c - a) x^{2c} + a (4 \nu^2 c^2 - a^2)] y = 0$

$$y = C_1 x^a J_\nu^2(u) + C_2 x^a J_\nu(u) Y_\nu(u) + C_3 x^a Y_\nu^2(u)\,,$$

wobei $u = b x^c$ ist und J_ν, Y_ν die Besselschen Funktionen (vgl. 2·162) sind.

Nielsen, Cylinderfunktionen, S. 147. Vgl. auch 3·26.

3·68 $x^3 y''' + (x + 3) x^2 y'' + 5 (x - 6) x y' + (4 x + 30) y = 0$

Zwei linear unabhängige Lösungen sind

$$y_1 = x^{-6} - \frac{4^2 x^{-5}}{6(30 - 4\cdot 5)} + \frac{3^2 \cdot 4^2 x^{-4}}{5 \cdot 6 (30 - 3 \cdot 4)(30 - 4 \cdot 5)} - \frac{2^2 \cdot 3^2 \cdot 4^2 x^{-3}}{4 \cdot 5 \cdot 6 (30 - 2 \cdot 3)(30 - 3 \cdot 4)(30 - 4 \cdot 5)} + \frac{1^2 \cdot 2^2 \cdot 3^2 \cdot 4^2 x^{-2}}{3 \cdot 4 \cdot 5 \cdot 6 (30 - 1 \cdot 2)(30 - 2 \cdot 3)(30 - 3 \cdot 4)(30 - 4 \cdot 5)},$$

$$y_2 = x^5 - \sum_{n=6}^{\infty} (-1)^n \frac{7^2 \cdot 8^2 \cdots (n+1)^2 x^n}{5 \cdot 6 \cdots (n-1)(6 \cdot 7 - 30)(7 \cdot 8 - 30) \cdots (n(n+1) - 30)}\,.$$

Forsyth-Jacobsthal, DGlen, S. 206. Eine dritte dort angegebene Lösung scheint falsch zu sein.

3·69 $x^3 y''' + x^2 y'' \log x + 2 x y' - y = 2 x^3$

Nach Division durch x^2 und zweimaliger Integration erhält man die lineare DGl

$$x y' + (\log x - 2) y = \frac{x^3}{3} + C_1 + C_2 x\,.$$

Morris-Brown, Diff. Equations, S. 148, 372.

$$(x^2+1)\,x\,y''' + 3\,(2\,x^2+1)\,y'' - 12\,y = 0$$ 3·70

Die DGl ist nach Multiplikation mit x eine exakte, durch ihre Integration ergibt sich eine DGl zweiter Ordnung, die wieder exakt ist, und aus dieser erhält man

$$y = C_1\,(2\,x^2+1) + C_2\,x\,u + C_3\left(2\,x + \frac{2}{3\,x} - x\,u\log\frac{u+1}{u-1}\right),$$

$$u = \sqrt{x^2+1}\,.$$

$$(x+3)\,x^2\,y''' - 3\,(x+2)\,x\,y'' + 6\,(x+1)\,y' - 6\,y = 0$$ 3·71

$$y = C_1\,x^3 + C_2\,x^2 + C_3\,(x+1)\,.$$

$$2\,(x-a_1)\,(x-a_2)\,(x-a_3)\,y''' + [9\,x^2 - 6\,(a_1+a_2+a_3)\,x + 3\,(a_1\,a_2 + a_1\,a_3 + a_2\,a_3)]\,y'' - 2\,[(n^2+n-3)\,x + b]\,y' - n\,(n+1)\,y = 0$$ 3·72

s. 2·408 (6).

$$(x+1)\,x^3\,y''' - (4\,x+2)\,x^2\,y'' + (10\,x+4)\,x\,y' - 4\,(3\,x+1)\,y = 0$$ 3·73

$$y = C_1\,x^2 + C_2\,x^2\log x + C_3\,(x + x^3 + x^2\log^2 x)\,.$$

$$4\,x^4\,y''' - 4\,x^3\,y'' + 4\,x^2\,y' = 1$$ 3·74

Die homogene DGl ist nach Division durch x vom Typus A 22·3.

$$y = C_1 + C_2\,x^2 + C_3\,x^2\log x - \frac{1}{36\,x}\,.$$

Morris-Brown, Diff. Equations, S. 136, 369.

$$(x^2+1)\,x^3\,y''' - (4\,x^2+2)\,x^2\,y'' + (10\,x^2+4)\,x\,y' - 4\,(3\,x^2+1)\,y = 0$$ 3·75

$$y = C_1\,x^2 + C_2\,(x^3+x) + C_3\,x^2\log|x|\,.$$

$$x^6\,y''' + x^2\,y'' - 2\,y = 0$$ 3·76

Eine Lösung ist $y = x^2$. Die Stelle $x = 0$ ist stark singulär, $x = \infty$ schwach singulär. Für $y(x) = \eta(\xi)$, $\xi = \frac{1}{x}$ entsteht die DGl 3·54 mit ξ, η statt x, y.

Für Lösungen in der Form von Reihen, die nach Potenzen von $\frac{1}{x}$ fortschreiten, s. *Morris-Brown*, Diff. Equations, S. 191, 379.

3·77 $\boldsymbol{x^6 y''' + 6 x^5 y'' + a y = 0}$

Für $\eta(\xi) = y(x)$, $\xi = \frac{1}{x}$ entsteht die DGl 3·40 mit ξ, η statt x, y.

3·78 $\boldsymbol{x^2 (x^4 + 2 x^2 + 2 x + 1) y''' - (2 x^6 + 3 x^4 - 6 x^2 - 6 x - 1) y''}$
$\boldsymbol{+ (x^6 - 6 x^3 - 15 x^2 - 12 x - 2) y' + (x^4 + 4 x^3 + 8 x^2 + 6 x + 1) y = 0}$

$$y = C_1 e^x + C_2 x e^x + C_3 e^{\frac{1}{x}}.$$

Forsyth, Diff. Equations III, S. 250f.

3·79 $\boldsymbol{(x-a)^3 (x-b)^3 y''' - c y = 0}$, $a \neq b$.

Für

$$y(x) = (x-b)^2 \eta(\xi), \quad \xi = \log \frac{x-a}{x-b}$$

entsteht die DGl mit konstanten Koeffizienten

$$(a-b)^3 (\eta''' - 3 \eta'' + 2 \eta') - c \eta = 0 .$$

Halphen, Mémoires par divers Savants (2) 28 (1884) 143f.

3·80 $\boldsymbol{y''' \sin x + (2 \cos x + 1) y'' - y' \sin x = \cos x}$; exakte DGl.

Die Lösungen erhält man aus der linearen DGl erster Ordnung

$$y' \sin x + y = C_0 + C_1 x - \sin x .$$

3·81 $\boldsymbol{(\sin x + x) y''' + 3 (\cos x + 1) y'' - 3 y' \sin x - y \cos x = - \sin x}$; exakte DGl.

Für $u(x) = (\sin x + x) y$ entsteht $u''' = - \sin x$; hieraus erhält man

$$(\sin x + x) y = - \cos x \, C_0 + C_1 x + C_2 x^2 .$$

Morris-Brown, Diff. Equations, S. 129, 368.

3·82 $\boldsymbol{y''' \sin^2 x + 3 y'' \sin x \cos x + [\cos 2 x + 4 \nu (\nu + 1) \sin^2 x] y'}$
$\boldsymbol{+ 2 \nu (\nu + 1) y \sin 2 x = 0}$

$$y = C_1 u^2 + C_2 u v + C_3 v^2 ,$$

wenn u, v ein Hauptsystem von Lösungen der Legendreschen DGl 2·260 bilden und bei ihnen das Argument x durch $\cos x$ ersetzt wird.

Forsyth-Jacobsthal, DGlen, S. 207, 743.

$\frac{d}{dx} L(y) + A(x) L(y) = 0$ mit $L(y) = f(x) y'' + g(x) y' + h(x) y$, wobei 3·83
$f \neq 0$, g, h stetig differenzierbar sind.

Die DGl hat offenbar als Lösungen sicher die Lösungen von $L(y) = 0$. Man kann $A(x)$ so bestimmen, daß die DGl außerdem noch eine gegebene Funktion $\varphi(x)$ zur Lösung hat.

(a) Ist

$$L = x^2 y'' + (1 - 2a) x y' + (a^2 - \nu^2 c^2 + b^2 c^2 x^{2c}) y ,$$

so sind die Lösungen von $L(y) = 0$ durch 2·162 (1) bekannt. Wird

$$A = -\frac{(x - a + 1)^2 + x - \nu^2 c^2 + b^2 c^2 x^{2c-1} (2c + x)}{(x - a)^2 + x - \nu^2 c^2 + b^2 c^2 x^{2c}}$$

gewählt, so hat die DGl die Lösungen

$$y = C_1 e^x + x^a [C_2 J_\nu (b x^c) + C_3 Y_\nu (b x^c)] ,$$

wo die J_ν, Y_ν die Besselschen Funktionen (vgl. 2·162) sind.

(b) Ist

$$L = x^2 y'' - [(2a - 1) x + 2 b c x^{c+1}] y' + [(a^2 - \nu^2 c^2) + (2a - c) b c x^c + (b^2 + d^2) c^2 x^{2c}] y ,$$

so sind die Lösungen von $L(y) = 0$ durch 2·162 (17) bekannt. Wird $A(x)$ so gewählt, daß

$$-A [(x - a)^2 - \nu^2 c^2 + x + (2a - c) b c x^c - 2 b c x^{c+1} + (b^2 + d^2) c^2 x^{2c}]$$
$$= (x - a + 1)^2 - \nu^2 c^2 + x + (2a - c) b c^2 x^{c-1} + (2a - 3c - 2) b c x^c - 2 b c x^{c+1} + 2 c^3 (b^2 + d^2) x^{2c-1} + c^2 (b^2 + d^2) x^{2c}$$

ist, so hat die DGl die Lösungen

$$y = C_1 e^x + x^a e^{b x^c} [C_2 J_\nu (d x^c) + C_3 Y_\nu (d x^c)] .$$

Nielsen, Cylinderfunktionen, S. 133–136.

4. Lineare Differentialgleichungen vierter Ordnung

DGlen mit Exponentialfunktionen: 4, 40.
DGlen mit hyperbolischen Funktionen: 5, 9.
DGlen mit trigonometrischen Funktionen: 12, 15, 41, 42.
DGlen mit elliptischen Funktionen: 10.
DGlen mit willkürlichen Funktionen: 2, 11, 14, 43, 44.
DGl, die sich auf eine DGl zweiter Ordnung zurückführen läßt: 9.

4·1 $y^{(4)} = 0$

$$y = C_0 + C_1 x + C_2 x^2 + C_3 x^3.$$

Mit Benutzung der in 4·44 eingeführten Bezeichnungen für Grundlösung, Randbedingungen und Greensche Funktionen ist

$$g_2(x, \xi) = \frac{|x - \xi|^3}{12}$$

und für $a = 0$, $b = 1$ (die hingeschriebene Zeile gibt $\Gamma(x, \xi)$ für $x \leqq \xi$; vertauscht man auf der rechten Seite x mit ξ, so erhält man $\Gamma(x, \xi)$ für $x \geqq \xi$):

$$\Gamma^{\mathrm{I,\,I}} = x^2 \xi^2 (3x + 3\xi - 2x\xi - 6) + x^2 (3\xi - x),$$

$$12\,\Gamma^{\mathrm{I,\,II}} = -x^3 \xi^3 + 3x^2 \xi^2 (x + \xi) - 9x^2 \xi^2 + 2x^2 (3\xi - x),$$

$$6\,\Gamma^{\mathrm{I,\,III}} = -x^3 + 3x^2 \xi,$$

$$6\,\Gamma^{\mathrm{II,\,II}} = x\xi (x^2 + \xi^2 + 2) - x^3 - 3x\xi^2.$$

$\Gamma^{\mathrm{II,\,III}}$ und $\Gamma^{\mathrm{III,\,III}}$ gibt es nicht, da die Randwertaufgabe eigentliche Lösungen hat, nämlich $C_1 + C_2 x$. Als verallgemeinerte Greensche Funktionen, die so normiert sind, daß sie orthogonal zu diesen Lösungen sind, erhält man

$$*\Gamma^{\mathrm{II,\,III}} = \frac{|x - \xi|^3}{12} - \frac{x^3 + \xi^3}{12} + x\xi \left(\frac{33}{144} - \frac{x + \xi}{4} + \frac{x^2 + \xi^2}{4} - \frac{x^4 + \xi^4}{40}\right),$$

$$*\Gamma^{\mathrm{III,\,III}} = \frac{|x - \xi|^3}{12} + \frac{x^5 + \xi^5}{20} - (x^4 + \xi^4)\left(\frac{x\xi}{10} + \frac{1}{6}\right)$$
$$+ (x^3 + \xi^3)\left(\frac{x\xi}{4} + \frac{1}{12}\right) - (x + \xi)\left(\frac{x\xi}{4} + \frac{11}{210}\right) + \frac{13}{35} x\xi + \frac{1}{105}.$$

Myller, Diss., S. 25.

$\boldsymbol{y^{(4)} + 4y = f(x)}$ mit den Randbedingungen 4·2

$$\left.\begin{aligned} y = 0, \quad y' &= 0 \\ y = 0, \quad y'' &= 0 \\ y'' = 0, \quad y''' &= 0 \end{aligned}\right\} \text{ für } x = 0 \text{ bzw. } x = l\,.$$

Für die praktische Berechnung wird der Ansatz

$$y = C_1\, y_1(x) + \cdots + C_4\, y_4(x) + \int_0^x y_4(x - \xi)\, f(\xi)\, d\xi$$

mit

$$y_1 = \mathfrak{Cof}\, x \cos x, \qquad y_2 = \frac{1}{2}(\mathfrak{Cof}\, x \sin x + \mathfrak{Sin}\, x \cos x)\,,$$

$$y_3 = \frac{1}{2}\,\mathfrak{Sin}\, x \sin x, \quad y_4 = \frac{1}{4}(\mathfrak{Cof}\, x \sin x - \mathfrak{Sin}\, x \cos x)$$

empfohlen. Die C_ν sind noch so zu bestimmen, daß y die Randbedingungen erfüllt.

M. Kourensky, Tôhoku Math. Journ. 39 (1934) 192—199.

$\boldsymbol{y^{(4)} + \lambda y = 0}$ 4·3

(a) Hauptsysteme von Lösungen sind für

$$\begin{aligned} \lambda &= 0\colon\ 1,\ x,\ x^2,\ x^3; \\ \lambda &= 4\,k^4 > 0\colon\ \mathfrak{Cof}\, k\,x \cos k\,x,\ \mathfrak{Cof}\, k\,x \sin k\,x\,, \\ &\qquad\qquad \mathfrak{Sin}\, k\,x \cos k\,x,\ \mathfrak{Sin}\, k\,x \sin k\,x; \\ \lambda &= -\,k^4 < 0\colon\ \mathfrak{Cof}\, k\,x,\ \mathfrak{Sin}\, k\,x,\ \cos k\,x,\ \sin k\,x\,. \end{aligned}$$

(b) Eigenwertaufgaben, bei denen die Randbedingungen von der Gestalt

$$y^{(p)}(a) = y^{(q)}(a) = y^{(r)}(b) = y^{(s)}(b) = 0$$

sind. Diese Randbedingungen sind in der folgenden Tabelle mit

$$(p,\, q;\ r,\, s)$$

bezeichnet. Ferner wird zur Abkürzung gesetzt

$$\begin{aligned} K &= k\,(b - a) \\ \alpha &= \cos K\, \mathfrak{Cof}\, K, \quad \beta = \sin K\, \mathfrak{Sin}\, K, \\ \gamma &= \cos K\, \mathfrak{Sin}\, K, \quad \delta = \sin K\, \mathfrak{Cof}\, K, \\ u_1\,(x, k) &= \mathfrak{Cof}\, k\,(x - a) + \cos k\,(x - a), \\ u_2\,(x, k) &= \mathfrak{Cof}\, k\,(x - a) - \cos k\,(x - a), \\ u_3\,(x, k) &= \mathfrak{Sin}\, k\,(x - a) + \sin k\,(x - a), \\ u_4\,(x, k) &= \mathfrak{Sin}\, k\,(x - a) - \sin k\,(x - a). \end{aligned}$$

4·3 Die Eigenwerte sind die Zahlen $\lambda = - k^4$, wo k durch die in der zweiten Spalte der folgenden Tabelle stehenden Glen bestimmt ist. Bis auf den Fall (2, 3; 2, 3) sind die Eigenwerte in allen Fällen einfache. Ein Stern am Anfang der Zeile bedeutet, daß die Aufgabe selbstadjungiert ist.

Randbedingungen	Eigenwerte	Eigenfunktionen
*(0, 1; 0, 1)[1]	$\alpha = 1,\ k \neq 0$	$u_2(b, k)\, u_4(x, k) - u_4(b, k)\, u_2(x, k)$
*(0, 1; 0, 2)[2]	$\gamma = \delta$	
(0, 1; 0, 3)	$K = n\pi$ $(n = 1, 2, \ldots)$	
(0, 1; 1, 2)		$u_1(b, k)\, u_4(x, k) - u_3(b, k)\, u_2(x, k)$
*(0, 1; 1, 3)	$\gamma + \delta = 0$	$\cos K \cdot u_2(x, k) + \sin K \cdot u_4(x, k)$
*(0, 1; 2, 3)[3]	$\alpha + 1 = 0$	$u_1(b, k)\, u_4(x, k) - u_3(b, k)\, u_2(x, k)$
*(0, 2; 0, 2)[4]	$K = n\pi$ $(n = 1, 2, \ldots)$	$\sin k(x - a)$
(0. 2; 0, 3)	$\gamma + \delta = 0$	$\cos K \cdot \mathfrak{Sin}\, k(x - a) + \mathfrak{Cof}\, K \cdot \sin k(x - a)$
(0, 2; 1, 2)	$\gamma + \delta = 0$	$\sin K \cdot \mathfrak{Sin}\, k(x - a) + \mathfrak{Sin}\, K \cdot \sin k(x - a)$
*(0, 2; 1, 3)	$K = \frac{2n - 1}{2}\pi$ $(n = 1, 2, \ldots)$	$\sin k(x - a)$
*(0, 2; 2, 3)[5]	$\gamma = \delta$	$\sin K\, \mathfrak{Sin}\, k(x - a) + \mathfrak{Sin}\, K \sin k(x - a)$
(0, 3; 0, 3)	$\alpha = 1$	$u_3(b, k)\, u_2(x, k) - u_2(b\ k)\, u_3(x, k)$
(0, 3; 1, 2)	$\alpha + 1 = 0$	$u_4(b, k)\, u_2(x, k) - u_1(b, k)\, u_3(x, k)$
(0, 3; 1, 3)	$\gamma = \delta$	$(x - a)(x + a - 2b)$ für $k = 0$ und sonst: $\cos K \cdot u_2(x, k) - \sin K \cdot u_3(x, k)$
(0, 3; 2, 3)	$K = n\pi$ $(n = 0, 1, \ldots)$	$x - a$ für $k = 0$ und sonst: $u_2(b, k)\, u_2(x, k) - u_3(b, k)\, u_3(x, k)$
(1, 2; 1, 2)	$\alpha = 1$	1 für $k = 0$ und sonst: $u_3(b, k)\, u_1(x, k) - u_2(b, k)\, u_4(k, x)$
(1, 2; 1, 3)	$\gamma = \delta$	1 für $k = 0$ und sonst: $\cos K \cdot u_1(x, k) - \sin K \cdot u_4(x, k)$
(1, 2; 2, 3)	$K = n\pi$ $(n = 0, 1, \ldots)$	1 für $k = 0$ und sonst: $u_1(b, k)\, u_1(x, k) - u_4(b, k)\, u_4(x, k)$
*(1, 3; 1, 3)	$K = n\pi$ $(n = 0, 1, \ldots)$	$\cos k(x - a)$
*(1, 3; 2, 3)	$\gamma + \delta = 0$	1 für $k = 0$ und sonst: $\cos K \cdot \mathfrak{Cof}\, k(x - a) + \mathfrak{Cof}\, K \cdot \cos k(x - a)$
(2, 3; 2, 3)[6]	$\alpha = 1$	$C_1 + C_2 x$ für $k = 0$ und sonst: $u_4(b, k)\, u_1(x, k) - u_2(b, k)\, u_3(x, k)$

[1]) Bei den Transversalschwingungen eines Stabes sind diese Randbedingungen erfüllt im Falle des beiderseits eingespannten (eingeklemmten) Stabes.

[2]) Linkes Ende des Stabes eingespannt, rechtes gestützt (gehalten).

[3]) Linkes Ende des Stabes eingespannt, rechtes frei.

[4]) Beiderseits gestützter Stab.

[5]) Linkes Ende des Stabes gestützt, rechtes frei.

[6]) Beide Enden des Stabes sind frei.

Die übrigen Eigenwertaufgaben der Gestalt $(p, q; r, s)$ lassen sich durch die Transformation $\eta(\xi) = y(x)$, $\xi = -x$ auf die Aufgaben der Tabelle zurückführen.

Für die mit den Stabschwingungen in Zusammenhang stehenden Eigenwertaufgaben findet man neben den Eigenwerten die Greenschen Funktionen und damit die lösenden Kerne der zugehörigen Integralgleichungen bei *Myller*, Diss., S. 26—29.

(c) Für die Randbedingungen der Periodizität

$$y^{(\nu)}(a) = y^{(\nu)}(b) \qquad (\nu = 1, \ldots, 4)$$

sind die Eigenwerte $\lambda_n = -\left(\frac{2 n \pi}{b - a}\right)^4$ für $n = 0, 1, 2, \ldots$; außer λ_0 zählt jedes λ_n doppelt. Zu λ_n $(n > 0)$ gehören die Eigenfunktionen

$$C_1 \cos \frac{2 n \pi}{b - a} x + C_2 \sin \frac{2 n \pi}{b - a},$$

zu $\lambda_0 = 0$ die Funktion $y = \text{const} \neq 0$.

$y^{(4)} - 12 y'' + 12 y = 16 x^4 e^{x^2}$ 4·4

Die homogene Gl ist leicht lösbar. Die gegebene unhomogene Gl geht durch $u(x) = e^{-x^2} y$ über in

$$u^{(4)} + 8 x u''' + 24 x^2 u'' + 32 x^3 u' + 16 x^4 u = 16 x^4,$$

und für diese Gl ist $u = 1$ eine Lösung. Damit findet man

$$y = e^{x^2} + C_1 e^{\alpha x} + C_2 e^{-\alpha x} + C_3 e^{\beta x} + C_4 e^{-\beta x},$$

wo $\alpha^2 = 6 + 2\sqrt{6}$, $\beta^2 = 6 - 2\sqrt{6}$ ist.

Forsyth-Jacobsthal, DGlen, S. 89, 687.

$y^{(4)} + 2 a^2 y'' + a^4 y = \operatorname{Cof} a x$; Typus A 22·2, vgl. auch 4·6 für $\lambda = 1$. 4·5

$$y = (C_1 + C_2 x) \sin a x + (C_3 + C_4 x) \cos a x + \frac{1}{4 a^4} \operatorname{Cof} a x.$$

Morris-Brown, Diff. Equations, S. 148, 371.

$y^{(4)} + (\lambda + 1) a^2 y'' + \lambda a^4 y = 0$, $a > 0$ mit den Randbedingungen 4·6

$$y(0) = y'(0) = y\left(\frac{2\pi}{a}\right) = y'\left(\frac{2\pi}{a}\right) = 0.$$

Die Eigenwerte sind $\lambda = 0$ (einfach) und $\lambda = n^2$ (doppelt) für $n = 1, 2, \ldots$; die Eigenfunktionen sind

$$\cos a x - 1 \quad \text{und} \quad C_1 (\cos n a x - n \cos a x) + C_2 (\sin n a x - n \sin a x).$$

G. Cimmino, Math. Zeitschrift 32 (1930) 30.

4·7 $\boldsymbol{y^{(4)} + a\,(b\,x - 1)\,y'' + a\,b\,y' + \lambda\,y = 0}$

Die DGl mit gewissen homogenen Randbedingungen ist behandelt bei *W. Meyer zur Capellen*, Annalen Phys. 407 (1932) 1—27.

4·7a $\boldsymbol{y^{(4)} - 2\,a^2\,y'' + a^4\,y - \lambda\,(a\,x - b)\,(y'' - a^2\,y) = 0}$ s. S. 537.

4·8 $\boldsymbol{y^{(4)} + (a\,x^2 + b\,\lambda + c)\,y'' + (\alpha\,x^2 + \beta\,\lambda + \gamma)\,y = 0}$

Für die in der spezielleren Gestalt

$$y^{(4)} - 2\,\varkappa^2\,y'' + \varkappa^4\,y = i\,q\left(1 - \frac{\lambda}{\varkappa} + x^2\right)(y'' - \varkappa\,y) + 2\,i\,q\,y = 0$$

mit den Randbedingungen $y = y' = 0$ für $x = \pm 1$ auftretende Eigenwertaufgabe (λ ist zu bestimmen) hat *S. Goldstein*, Proceedings Cambridge 32 (1936) 40—66 Näherungslösungen angegeben. *A. Davidoglu*, C. R. Roumanie 1 (1936) 3—7 hat die DGl

$$y^{(4)} - \alpha^2\,y'' - [\alpha^2 + \lambda\,(\beta + x\,(1 - x))]\,(y'' - \alpha^2\,y) = 2\,\lambda\,y$$

mit den Randbedingungen $y(0) = y(1) = y'(0) = y'(1) = 0$ behandelt.

4·9 $\boldsymbol{y^{(4)} + a\,\wp(x)\,y'' + b\,\wp'(x)\,y' + [c\,\wp''(x) + d]\,y = 0}$

Einzelne Fälle sind behandelt bei *Halphen*, Mémoires par divers Savants (2) 28 (1884) Nr. 1, S. 269—291 sowie *Halphen*, Fonctions elliptiques II, S. 558ff.

4·10 $\boldsymbol{y^{(4)} - (12\,k^2\,\mathrm{sn}^2\,x + a)\,y'' + b\,y' + (\alpha\,\mathrm{sn}^2\,x + \beta)\,y = 0}$

Vgl. *Forsyth*, Diff. Equations III, S. 463.

4·11 $\boldsymbol{y^{(4)} + 10\,f\,y'' + 10\,f'\,y' + 3\,(f'' + 3\,f^2)\,y = 0}$, $f = f(x)$.

Die Lösungen sind

$$y = C_1\,u^3 + C_2\,u^2\,v + C_3\,u\,v^2 + C_4\,v^3,$$

wo u, v ein Hauptsystem von Lösungen der DGl

$$u'' + f(x)\,u = 0$$

ist.

Julia, Exercices d'Analyse III, S. 205—207.

4·12 $\boldsymbol{y^{(4)} + 2\,y''' - 3\,y'' - 4\,y' + 4\,y = 32\sin 2\,x - 24\cos 2\,x}$: Typus A 22·2.

$$y = (C_1 + C_2\,x)\,e^x + (C_3 + C_4\,x)\,e^{-2\,x} + \sin 2\,x\,.$$

Morris-Brown, Diff. Equations, S. 148, 371.

$$\boldsymbol{y^{(4)} + 4\,a\,x\,y''' + 6\,a^2\,x^2\,y'' + 4\,a^3\,x^3\,y' + a^4\,x^4\,y = 0}$$ 4·13

$$y = \sum_{n=1}^{4} C_n\, e^{-\frac{1}{2} a x^2 + s_n x},$$

wo die vier s_n die Lösungen von

$$s^4 - 6\,a\,s^2 + 3\,a^2 = 0$$

sind. Für imaginäre Lösungen dieser Gl geht man zu trigonometrischen Funktionen über.

Th. Craig, Americ. Journal Math. 7 (1885) 281.

$$\boldsymbol{y^{(4)} + 6\,f\,y''' + (4\,f' + 11\,f^2 + 10\,g)\,y'' + (f'' + 7\,f\,f' + 6\,f^3 + 30\,f\,g + 10\,g')\,y'}$$
$$\boldsymbol{+ 3\,(2\,f'\,g + 5\,f\,g' + 6\,f^2\,g + g'' + 3\,g^2)\,y = 0}, \quad f = f(x),\ g = g(x).$$ 4·14

$$y = C_1\,u^3 + C_2\,u^2\,v + C_3\,u\,v^2 + C_4\,v^3,$$

wo u, v ein Hauptsystem von Lösungen der DGl

$$u'' + f(x)\,u' + g(x)\,u = 0$$

bedeuten.

$$\boldsymbol{4\,y^{(4)} - 12\,y''' + 11\,y'' - 3\,y' = 4\cos x};$$ Typus A 22·2. 4·15

$$y = C_1 + C_2\,e^{\frac{x}{2}} + C_3\,e^x + C_4\,e^{\frac{3x}{2}} + \frac{18\sin x - 14\cos x}{65}.$$

Morris-Brown, Diff. Equations, S. 148, 371.

$$\boldsymbol{x\,y^{(4)} + 5\,y''' = 24}$$ 4·16

$$y = \frac{4}{5}\,x^3 + C_1 + C_2\,x + C_2\,x^2 + \frac{C_4}{x^2}.$$

$$\boldsymbol{x\,y^{(4)} - (6\,x^2 + 1)\,y''' + 12\,x^3\,y'' - (9\,x^2 - 7)\,x^2\,y' + 2\,(x^2 - 3)\,x^3\,y = 0}$$ 4·17

Lösungen sind e^{x^2} und $e^{\frac{1}{2}x^2}$. Damit kann man die DGl nach A 17·2 in eine solche zweiter Ordnung überführen.

S. Epsteen, Americ. Journal Math. 25 (1903) 147.

$$\boldsymbol{x^2\,y^{(4)} - 2\,(\nu^2\,x^2 + 6)\,y'' + \nu^2\,(\nu^2\,x^2 + 4)\,y = 0}$$ 4·18

Lösungen sind z. B. $\quad y = \dfrac{1}{\sqrt{x}}\,Z_{\frac{1}{2}}(i\,\nu\,x)$,

wo die Z_ν die Zylinderfunktionen (vgl. 2·162) sind.

Forsyth-Jacobsthal, DGlen, S. 509.

4·19 $x^2 y^{(4)} + x y''' + a y = b x^2$

Vgl. *F. Kann*, Kegelförmige Behälterböden, Dächer und Silotrichter. Forschungsarbeiten auf dem Gebiete des Eisenbetons, Heft 29, Berlin 1921.

4·20 $x^2 y^{(4)} + 4 x y''' + 2 y'' = 0$, d. i. $(x^2 y'')'' = 0$.

$$y = C_1 + C_2 x + C_3 \log|x| + C_4 x \log|x| .$$

Eine Grundlösung ist

$$g(x, \xi) = -|x - \xi| + \frac{1}{2}(x + \xi) \log\left|\frac{x}{\xi}\right| .$$

Für die Randbedingungen

$$y(1) = y'(1) = 0, \quad y(x) \text{ beschränkt für } x \to 0$$

ist die Greensche Funktion

$$\Gamma(x, \xi) = 1 - x\xi + \begin{cases} x - \xi + (x + \xi) \log \xi & \text{für } x \leqq \xi , \\ \xi - x + (x + \xi) \log x & \text{für } x \geqq \xi . \end{cases}$$

4·21 $x^2 y^{(4)} + 6 x y''' + 6 y'' = 0$ s. 4·27.

4·22 $x^2 y^{(4)} + 6 x y''' + 6 y'' - \lambda^2 y = 0$, d. i. $\frac{1}{x}(x^3 y'')'' - \lambda^2 y = 0$.

DGl der Transversalschwingungen eines spitzen Stabes, Sonderfall von 4·25.

$$y = \frac{d}{dx}\left[C_1 J_0\left(2\sqrt{\lambda x}\right) + C_2 Y_0\left(2\sqrt{\lambda x}\right) + C_3 J_0\left(2 i\sqrt{\lambda x}\right) + C_4 Y_0\left(2 i\sqrt{\lambda x}\right)\right]$$
$$= \frac{1}{\sqrt{x}}\left[C_1 J_1\left(2\sqrt{\lambda x}\right) + C_2 Y_1\left(2\sqrt{\lambda x}\right) + C_3 J_1\left(2 i\sqrt{\lambda x}\right) + C_4 Y_1\left(2 i\sqrt{\lambda x}\right)\right]$$

Für die Randbedingungen

$$y(1) = y'(1) = 0, \quad y(x) \text{ beschränkt für } x \to 0$$

sind die Eigenwerte die Lösungen von

$$\frac{d}{d\lambda}\left[J_0\left(2\sqrt{\lambda}\right) J_0\left(2 i\sqrt{\lambda}\right)\right] = 0$$

und die Eigenfunktionen für diese λ

$$J_0\left(2 i\sqrt{\lambda}\right) \frac{d}{dx} J_0\left(2\sqrt{\lambda x}\right) + J_0\left(2\sqrt{\lambda}\right) \frac{d}{dx} J_0\left(2 i\sqrt{\lambda x}\right) .$$

Myller, Diss., S. 29—33; einfacher jedoch ohne Integralgleichungen.

4·23 $x^2 y^{(4)} + 8 x y''' + 12 y'' = 0$ s. 4·34.

$\boldsymbol{x^2 y^{(4)} + 8 x y''' + 12 y'' - \lambda^2 y = 0}$; Sonderfall von 4·25. 4·24

$$x y = C_1 J_2(u) + C_2 Y_2(u) + C_3 J_2(i u) + C_4 Y_2(i u)$$

mit $u = 2\sqrt{\lambda x}$. Für die Randbedingungen

$$y(1) = y'(1) = 0, \quad y(x) \text{ beschränkt für } x \to 0$$

sind die Eigenwerte die Lösungen von

$$\frac{d}{d\lambda}\left[\frac{d}{d\lambda} J_0\left(2\sqrt{\lambda}\right) \cdot \frac{d}{d\lambda} J_0\left(2 i \sqrt{\lambda}\right)\right] = 0$$

und die Eigenfunktionen für diese λ

$$\frac{d}{d\lambda} J_0\left(2 i \sqrt{\lambda}\right) \frac{d^2}{dx^2} J_0\left(2\sqrt{\lambda x}\right) + \frac{d}{d\lambda} J_0\left(2\sqrt{\lambda}\right) \frac{d^2}{dx^2} J_0\left(2 i \sqrt{\lambda x}\right).$$

Die in diesen Ausdrücken auftretenden Ableitungen lassen sich nach 2·162 noch umformen.

A. Myller, Diss., S. 33f.

Für die Randbedingungen

$$y''(a) = y'''(a) = y(b) = y'(b) = 0$$

(eingespannter Stab mit veränderlichem Querschnitt, z. B. Schornstein) hat *N. Mononobe* den ersten Eigenwert berechnet und mit den gemessenen Eigenschwingungen von fünf japanischen Schornsteinen verglichen; Zeitschrift f. angew. Math. Mech. 1 (1921) 444—451.

$\boldsymbol{x^2 y^{(4)} + (2n - 2\nu + 4) x y''' + (n - \nu + 1)(n - \nu + 2) y'' - \frac{b^4}{16} y = 0}$; 4·25

Sonderfall von 4·37.

$$y = x^c \left[C_1 J_\mu(u) + C_2 Y_\mu(u) + C_3 J_\mu(i u) + C_4 Y_\mu(i u)\right]$$

mit

$$2c = \nu - n, \quad \mu = n - \nu, \quad u = b\sqrt{x}.$$

Wird die Lösung für $n = 0$ mit y_ν bezeichnet, so ist für natürliche Zahlen n auch $y = y_\nu^{(n)}$.

$\boldsymbol{x^3 y^{(4)} + 2 x^2 y''' - x y'' + y' - a^4 x^3 y = 0}$; Sonderfall von 4·37 4·26

$$y = C_1 J_0(a x) + C_2 Y_0(a x) + C_3 J_0(a i x) + C_4 Y_0(a i x).$$

$\boldsymbol{x^3 y^{(4)} + 6 x^2 y''' + 6 x y'' = 0}$, d. i. $(x^3 y'')'' = 0$. 4·27

$$y = C_1 + C_2 x + C_3 x^{-1} + C_4 \log|x|.$$

Eine Grundlösung ist

$$g(x, \xi) = \frac{|x^2 - \xi^2|}{4 x \xi} - \frac{1}{2} \log\left|\frac{x}{\xi}\right|.$$

Für die Randbedingungen

$$y(1) = y'(1) = 0, \quad y(x) \text{ beschränkt für } x \to 0$$

ist die Greensche Funktion

$$\Gamma(x, \xi) = -1 + (x + \xi) - \frac{x\xi}{2} - \begin{cases} \left(\frac{x}{2\xi} + \log \xi\right) & \text{für } x \leqq \xi, \\ \left(\frac{\xi}{2x} + \log x\right) & \text{für } x \geqq \xi. \end{cases}$$

Myller, Diss., S. 30.

4·28 $\boldsymbol{x^4 y^{(4)} - 2n(n+1)x^2 y'' + 4n(n+1)xy'}$
$\boldsymbol{+ [ax^4 + n(n+1)(n+3)(n-2)]y = 0}$; n eine natürliche Zahl, Sonderfall von A 18·6.

$$y = x^{-n} \sum_{\nu=1}^{4} C_\nu e^{\lambda_\nu x} P_\nu(x) \qquad \text{für } a \neq 0;$$

dabei sind die λ_ν die vier verschiedenen Lösungen der Gl $\lambda^4 + a = 0$, und die P_ν sind gewisse Polynome vom Grad $\leq 4n$. Für $a = 0$ liegt eine Eulersche DGl A 22·3 vor.

Halphen, C. R. Paris 101 (1885) 1240.

4·29 $\boldsymbol{x^4 y^{(4)} + 4x^3 y''' - (4n^2 - 1)x^2 y'' + (4n^2 - 1)xy' - 4x^4 y = 0}$

Eine Lösung ist

$$y = \sum_{\nu=0}^{\infty} \frac{\left(\frac{x}{2}\right)^{2n+4\nu}}{\nu!\,(n+\nu)!\,(n+2\nu)!}.$$

J. C. Costello, Philos. Magazine (7) 21 (1936) 308—318; dort ist auch der Zusammenhang der Lösungen mit den Besselschen Funktionen erörtert.

4·30 $\boldsymbol{x^4 y^{(4)} + 4x^3 y''' - (4n^2 - 1)x^2 y'' - (4n^2 - 1)xy' + (4n^2 - 1 - 4x^4)y = 0}$

Eine Lösung ist

$$y = \sum_{\nu=0}^{\infty} \frac{\left(\frac{x}{2}\right)^{2n+4\nu+1}}{\nu!\,(n+\nu)!\,(n+2\nu+1)!}.$$

Das Weitere wie bei 4·29.

4·31 $\boldsymbol{x^4 y^{(4)} + 4x^3 y''' - (4n^2 + 3)x^2 y'' + (12n^2 - 3)xy'}$
$\boldsymbol{- (12n^2 - 3 + 4x^4)y = 0}$

Eine Lösung ist

$$y = \sum_{\nu=0}^{\infty} \frac{\left(\frac{x}{2}\right)^{2n+4\nu-1}}{\nu!\,(n+\nu)!\,(n+2\nu-1)!}.$$

Das Weitere wie bei 4·29.

$$x^4 y^{(4)} + 6 x^3 y''' + [4 x^4 + (7 - \varrho^2 - \sigma^2) x^2] y'' + [16 x^3 + (1 - \varrho^2 - \sigma^2) x] y' + (8 x^2 + \varrho^2 \sigma^2) y = 0 \qquad 4{\cdot}32$$

Die Lösungen erhält man aus 4·33 mit $2\mu = \varrho + \sigma$, $2\nu = \varrho - \sigma$.

$$x^4 y^{(4)} + 6 x^3 y''' + [4 x^4 + (7 - 2\mu^2 - 2\nu^2) x^2] y'' + [16 x^3 + (1 - 2\mu^2 - 2\nu^2) x] y' + [8 x^2 + (\mu^2 - \nu^2)^2] y = 0 \qquad 4{\cdot}33$$

$$y = C_1 J_\mu(x) J_\nu(x) + C_2 J_\mu(x) Y_\nu(x) + C_3 Y_\mu(x) J_\nu(x) + C_4 Y_\mu(x) Y_\nu(x)$$

für $\mu^2 \neq \nu^2$; dabei bedeuten J, Y die Besselschen Funktionen (vgl. 2·162). Für eine Verallgemeinerung s. 4·36.

Nielsen, Cylinderfunktionen, S. 148.

$$x^4 y^{(4)} + 8 x^3 y''' + 12 x^2 y'' = 0, \quad \text{d. i.} \ (x^4 y'')'' = 0. \qquad 4{\cdot}34$$

$$y = C_1 + C_2 x + C_3 x^{-1} + C_4 x^{-2}.$$

Eine Grundlösung ist

$$g(x, \xi) = -\frac{|x - \xi|}{4 x \xi} + \frac{|x^3 - \xi^3|}{12 x^2 \xi^2}.$$

Für die Randbedingungen

$$y(1) = y'(1) = 0, \quad y(x) \text{ beschränkt für } x \to 0$$

ist die Greensche Funktion

$$\Gamma(x, \xi) = -1 + \frac{x + \xi}{2} - \frac{x \xi}{3} + \begin{cases} \dfrac{1}{2\xi} - \dfrac{x}{6\xi^2} & \text{für } x \leqq \xi, \\ \dfrac{1}{2x} - \dfrac{\xi}{6x^2} & \text{für } x \geqq \xi. \end{cases}$$

Myller, Diss., S. 33.

$$x^4 y^{(4)} + 8 x^3 y''' + 12 x^2 y'' + a y = 0; \quad \text{d. i.} \ (x^4 y'')'' + a y = 0. \qquad 4{\cdot}35$$

Das ist eine Eulersche DGl A 22·3. Die Lösungen sind für

$$a < 1: \ y = x^{-\frac{1}{2}} (C_1 x^{m_1} + \cdots + C_4 x^{m_4}) \text{ mit } m_\nu^2 = \frac{5}{4} \pm \sqrt{1 - a},$$

$$a = 1: \ y = x^{-\frac{1}{2} + m_1} (C_1 + C_2 \log x) + x^{-\frac{1}{2} + m_2} (C_3 + C_4 \log x) \text{ mit } m_{1,2} = \pm \frac{1}{2} \sqrt{5},$$

$$a > 1: \ y = x^{-\frac{1}{2}} [(C_1 x^\alpha + C_2 x^{-\alpha}) \cos(\beta \log x) + (C_3 x^\alpha + C_4 x^{-\alpha}) \sin(\beta \log x)]$$

mit $\alpha = \sqrt{r} \cos \frac{\varepsilon}{2}$, $\beta = \sqrt{r} \sin \frac{\varepsilon}{2}$, wo r und ε durch

$$r^2 = a + \frac{9}{16}, \quad \sqrt{a - 1} = r \sin \varepsilon, \quad 5 = 4 r \cos \varepsilon$$

bestimmt sind.

Ist die rechte Seite der DGl $A\,x^2 + B\,x + C$ statt 0, so hat man zu den angegebenen Lösungen noch

$$\frac{A}{a+24}\,x^2 + \frac{B}{a}\,x + \frac{C}{a}$$

zu addieren.

E. Lichtenstern, Zeitschrift f. angew. Math. Mech. 12 (1932) 349f.

4·36 $x^4 y^{(4)} + (6 - 4a)\,x^3 y''' + (4 b^2 c^2 x^{2c} + A)\,x^2 y''$
$+ [4 B b^2 c^2 x^{2c} + (2a-1)\,C]\,x\,y' + (4 D b^2 c^2 x^{2c} + E)\,y = 0$

mit

$$A = 6(a-1)^2 - 2c^2(\mu^2+\nu^2) + 1, \qquad B = 3c - 2a + 1,$$
$$C = 2c^2(\mu^2+\nu^2) - 2a(a-1) - 1, \qquad D = (a-c)(a-2c),$$
$$E = (\mu c + \nu c + a)(\mu c + \nu c - a)(\mu c - \nu c + a)(\mu c - \nu c - a).$$

Die Lösungen sind

$$y = x^a [C_1 J_\mu(u) J_\nu(u) + C_2 J_\mu(u) Y_\nu(u) + C_3 Y_\mu(u) J_\nu(u) + C_4 Y_\mu(u) Y_\nu(u)]$$

mit $u = b\,x^c$ unter der Voraussetzung, daß $\mu^2 \neq \nu^2$ ist. Die DGl wird durch $y = x^a z(u)$ auf 4·33 zurückgeführt.

Nielsen, Cylinderfunktionen, S. 148; man achte auf Druckfehler.

4·37 $x^4 y^{(4)} + A_3 x^3 y''' + A_2 x^2 y'' + A_1 x\,y' + A_0 y = 0$ mit

$$A_3 = 6 - 4a - 4c,$$
$$A_2 = 2(a^2 - \nu^2 c^2) + 4(a + c - 1)^2 + 4(a-1)(c-1) - 1,$$
$$A_1 = [2(\nu^2 c^2 - a^2) - (2a-1)(2c-1)](2a + 2c - 1),$$
$$A_0 = (a^2 - \nu^2 c^2)(a^2 + 4ac + 4c^2 - \nu^2 c^2) - b^4 c^4 x^{4c}.$$

Die Lösungen sind

$$y = x^a [C_1 J_\nu(u) + C_2 Y_\nu(u) + C_3 J_\nu(i\,u) + C_4 Y_\nu(i\,u)]$$

mit $u = b\,x^c$; die J_ν, Y_ν sind die Besselschen Funktionen.

Nielsen, Cylinderfunktionen, S. 138.

4·38 $\nu^4 x^4 y^{(4)} + (4\nu - 2)\,\nu^3 x^3 y''' + (\nu-1)(2\nu-1)\,\nu^2 x^2 y'' - \frac{1}{16} b^4 x^{\frac{2}{\nu}} y = 0$

$$y = \sqrt{x}\,[C_1 J_\nu(u) + C_2 Y_\nu(u) + C_3 J_\nu(i\,u) + C_4 Y_\nu(i\,u)]$$

mit $u = b\,x^{\frac{1}{2\nu}}$, wie man aus 4·37 ablesen kann.

4·39 $(x^2-1)^2 y^{(4)} + 10\,x\,(x^2-1)\,y'''$
$+ \{8(3x^3 - 1) - 2[\mu(\mu+1) + \nu(\nu+1)](x^2-1)\}\,y''$
$- 6x[\mu(\mu+1) + \nu(\nu+1) - 2]\,y'$
$+ \{[\mu(\mu+1) - \nu(\nu+1)]^2 - 2\mu(\mu+1) - 2\nu(\nu+1)\}\,y = 0$ s. 2·240 (22).

4·40 $(e^x + 2x)\,y^{(4)} + 4(e^x + 2)\,y''' + 6\,e^x y'' + 4\,e^x y' + e^x y = \frac{1}{x^5}$

Für $u(x) = (e^x + 2x)\,y$ entsteht $u^{(4)} = x^{-5}$, also ist

$$(e^x + 2x)\,y = \frac{1}{24x} + C_0 + C_1 x + C_2 x^2 + C_3 x^3 .$$

$$\boldsymbol{y^{(4)} \sin^4 x + 2\,y''' \sin^3 x \cos x + y'' \sin^2 x\,(\sin^2 x - 3)} \qquad 4{\cdot}41$$
$$\boldsymbol{+\,y' \sin x \cos x\,(2 \sin^2 x + 3) + (a^4 \sin^4 x - 3)\,y = 0};$$

DGl der biegesteifen, belasteten Kugelschale.

Für $a^4 = \lambda^2 + 1$ ist die DGl

$$L\,L(y) + \lambda^2 y = 0 \quad \text{mit} \quad L = \frac{d^2}{dx^2} + \operatorname{ctg} x \frac{d}{dx} - \operatorname{ctg}^2 x$$

und zerfällt in die konjugierten DGlen zweiter Ordnung

$$L(y) + i\lambda\,y = 0\,, \quad L(y) - i\lambda\,y = 0\,,$$

deren Lösungen konjugiert komplex sind, so daß man sich auf die Lösung der ersten dieser DGlen beschränken kann. Für

$$y = \eta(\xi) \sin x\,, \quad \xi = \sin^2 x$$

geht die DGl über in die hypergeometrische DGl 2·265

$$\xi\,(\xi - 1)\,\eta'' + \left(\frac{5}{2}\,\xi - 2\right)\eta' + \frac{1 - i\lambda}{4}\,\eta = 0\,.$$

Biezeno-Grammel, Techn. Dynamik, S. 496.

Für eine genäherte Lösung der DGl für großes a bei Spannungen und Biegungsmomenten, die gleichmäßig über den Rand verteilt sind, s. *O. Blumenthal*, Intern. Math. Congress Cambridge II, S. 319—327.

$$\boldsymbol{y^{(4)} \sin^6 x + 4\,y''' \sin^5 x \cos x - 6\,y'' \sin^6 x - 4\,y' \sin^5 x \cos x} \qquad 4{\cdot}42$$
$$\boldsymbol{+\,y \sin^6 x = f(x)}$$

Für $u(x) = y \sin x$ entsteht

$$u^{(4)} \sin^5 x = f(x)\,.$$

$$\boldsymbol{f(x)\,[y^{(4)} - 2\,a^2 y'' + a^4 y] + 2\,f'(x)\,[y''' - a^2 y'] = 0} \qquad 4{\cdot}43$$

Lösungen sind $e^{\pm a x}$. Durch

$$y = e^{a x} \int z(x)\,dx$$

reduziert sich die DGl auf

$$f z''' + 2\,(2\,a f + f')\,z'' + 2\,a\,(2\,a f + 3 f')\,z' + 4\,a^2 f' z = 0$$

und diese durch

$$z = e^{-2 a x} \int u(x)\,dx$$

auf

$$f u'' + 2\,(f' - a f)\,u' - 2\,a f' u = 0\,.$$

Diese DGl geht für $v(x) = f(x)\,u(x)$ über in

$$(v'' - 2\,a\,v')\,f - f''\,v = 0\,.$$

Diese DGl wird besonders einfach, wenn $f'' = 0$, d. h. wenn $f(x)$ eine lineare Funktion ist. Für diesen Fall sind die Lösungen der ursprünglichen DGl aufgestellt und diskutiert bei *R. Gran Olsson*, Ingenieur-Archiv 5 (1934) 365—367.

4·44 **$[f(x)\,y'']''=0$**

$$y = C_1 + C_2\,x + \int\limits_a^x \frac{x-t}{f(t)}\,(C_3 + C_4\,t)\,dt$$

oder auch

$$y = C_1 + C_2\,x + C_3\,\varphi(x) + C_4\,\psi(x)$$

mit

(1) $$\varphi(x) = \int\limits_a^b \frac{|x-t|}{f(t)}\,dt, \quad \psi(x) = \int\limits_a^b \frac{|x-t|\,t}{f(t)}\,dt$$

in jedem Intervall $\langle a, b\rangle$, in dem $f \neq 0$ und zweimal stetig differenzierbar ist. Eine Grundlösung ist

$$g_1(x,\xi) = \int\limits_a^b \frac{|x-t|\,|\xi-t|}{4f(t)}\,dt \text{ oder auch } g_2(x,\xi) = \frac{|x-\xi|}{x-\xi}\int\limits_\xi^x \frac{(x-t)(t-\xi)}{2f(t)}\,dt.$$

Bei den Transversalschwingungen eines Stabes treten die Randbedingungen auf:

I. $y = y' = 0$ (festgeklemmtes oder eingespanntes Ende)

II. $y = y'' = 0$ (gehaltenes oder gestütztes Ende)

III. $y'' = y''' = 0$ (freies Ende).

Bei den folgenden Greenschen Funktionen gibt der erste (zweite) obere Index an, welche der obigen Randbedingungen für den linken (rechten) Randpunkt $x = a$ $(x = b)$ vorgeschrieben ist; z. B. ist also $\Gamma^{\text{I, II}}(x,\xi)$ die zu den Randbedingungen

$$y(a) = y'(a) = y(b) = y''(b) = 0$$

gehörige Greensche Funktion. Werden neben (1) noch die Abkürzungen

$$\alpha = \int\limits_a^b \frac{dt}{f(t)}, \quad \beta = \int\limits_a^b \frac{t\,dt}{f(t)}, \quad \gamma = \int\limits_a^b \frac{t^2\,dt}{f(t)}$$

benutzt, so ist

$$\Gamma^{\text{I, I}} = g_1(x,\xi) + \frac{1}{4(\alpha\gamma-\beta^2)}\,\{\varphi(x)\,[\beta\,\psi(\xi) - \gamma\,\varphi(\xi)] + \psi(x)\,[\beta\,\varphi(\xi) - \alpha\,\psi(\xi)]\}$$

Hierbei ist $\alpha\gamma - \beta^2 \neq 0$ vorausgesetzt. Ist $\alpha\gamma - \beta^2 = 0$, so gibt es keine Greensche Funktion, da die Randwertaufgabe eine eigentliche Lösung hat, nämlich

$$y = C_3\,\varphi(x) + C_4\,\psi(x),$$

wo C_3, C_4 eine nicht-triviale Lösung der Glen

$$\alpha\,C_3 + \beta\,C_4 = 0, \quad \beta\,C_3 + \gamma\,C_4 = 0$$

ist.

$$N \cdot \Gamma^{\mathrm{I},\,\mathrm{II}} = N \cdot g_1(x,\xi)$$
$$+ (x-b)\,[(\xi-b)\,(\alpha\gamma-\beta^2) + (\gamma - b\beta)\,\varphi(\xi) + (b\alpha-\beta)\,\psi(\xi)]$$
$$- \varphi(x)\,[(\xi-b)\,(b\beta-\gamma) + b^2\varphi(\xi) - b\,\varphi(\xi)]$$
$$+ \psi(x)\,[(\xi-b)\,(b\alpha-\beta) + b\,\varphi(\xi) - \psi(\xi)]$$

mit $$N = 4\,(b^2\alpha - 2\,b\beta + \gamma)\,.$$

Ist $N = 0$, so gibt es keine Greensche Funktion, da die Randwertaufgabe dann eine eigentliche Lösung hat, nämlich

$$y = b\beta - \gamma - (b\alpha - \beta)\,x - b\,\varphi(x) + \psi(x)\,.$$

$$4\,\Gamma^{\mathrm{I},\,\mathrm{III}} = 4\,g_1(x,\xi) + \gamma - \beta\xi - \psi(\xi) + [\alpha\xi - \beta + \varphi(\xi)]\,x + \xi\,\varphi(x) - \psi(x)\,.$$

Für $a = 0$, $b = 1$ ist

$$4\,\Gamma^{\mathrm{II},\,\mathrm{II}} = 4\,g_1(x,\xi) + \gamma + (\beta - 2\gamma)\,\xi - \psi(\xi)$$
$$+ [\beta - 2\gamma + (\alpha - 4\beta + 4\gamma)\,\xi + 2\,\psi(\xi) - \varphi(\xi)]\,x - \xi\,\varphi(x) + (2\xi - 1)\,\psi(x)\,.$$

$\Gamma^{\mathrm{II},\,\mathrm{III}}$ und $\Gamma^{\mathrm{III},\,\mathrm{III}}$ gibt es nicht, da die Randwertaufgaben Lösungen haben, nämlich $C\,(x-a)$ und $C_1 + C_2\,x$. Die dann existierenden verallgemeinerten Greenschen Funktionen findet man bei *Myller*, Diss., S. 21ff.

$y^{(4)} - 2\,a^2\,y'' + a^4\,y - \lambda\,(a\,x - b)\,(y'' - a^2\,y) = 0$; DGl der Turbulenztheorie. 4·7a

Für

(1) $$z(x) = y'' - a^2\,y$$

entsteht

(2) $$z'' - a^2 z + \lambda\,(ax - b)\,z = 0.$$

Sind die Randbedingungen

(3) $$y(0) = y'(0) = 0,\quad y(1) = y'(1) = 0$$

vorgeschrieben, so ist

$$2\,a\,y = e^{ax}\int_0^x e^{-ax}\,z\,dx - e^{-ax}\int_0^x e^{ax}\,z\,dx$$

eine Lösung von (1), welche die beiden ersten Randbedingungen von (3) erfüllt. Damit auch die beiden letzten Randbedingungen erfüllt sind, ist $z(x)$ als Lösung von (2) so zu bestimmen, daß

$$\int_0^1 e^{-ax}\,z\,dx = \int_0^1 e^{ax}\,z\,dx = 0$$

ist.

Für die weitere Behandlung s. *Frank-v. Mises*, D- u. IGlen I, 2. Aufl 1930, S. 458—462. Auf die obige Eigenwertaufgabe läßt sich auch B 4 anwenden.

5. Lineare Differentialgleichungen fünfter und höherer Ordnung.

5·1 $\boldsymbol{y^{(5)} + 2\,y''' + y' = a\,x + b \sin x + c \cos x}$

$$y = \frac{a}{2}\,x^2 + \frac{b}{8}\,x^2 \cos x - \frac{c}{8}\,x^2 \sin x$$
$$+ C_1 + C_2 \sin x + C_3 \cos x + C_4\,x \sin x + C_5\,x \cos x\,.$$

Vgl. *O. Göhner*, Beanspruchung eines durch Druck und einfache Massenkraft belasteten, beiderseitig eingespannten Schraubenkörpers, Ingenieur-Archiv 7 (1936) 247.

5·2 $\boldsymbol{y^{(6)} + y = \sin \frac{3}{2}\,x \sin \frac{1}{2}\,x}$

Die rechte Seite ist $\Re \frac{1}{2}\,(e^{i\,x} - e^{2\,i\,x})$. Mit A 22·2 ergibt sich daher

$$y = \frac{x}{12} \sin x + \frac{1}{126} \cos 2\,x + A_1 \cos (x + B_1) + A_2\,e^{\frac{x}{2}\sqrt{3}} \cos \left(\frac{x}{2} + B_2\right)$$
$$+ A_3\,e^{-\frac{x}{2}\sqrt{3}} \cos \left(\frac{x}{2} + B_3\right)$$

Forsyth-Jacobsthal, DGlen, S. 81, 683.

5·3 $\boldsymbol{y^{(n)} - a\,x\,y = b}$, $a > 0$.

Mit der Laplace-Transformation A 19·2 erhält man

$$y = \sum_{\nu=0}^{n} C_\nu\,\varepsilon_\nu \int_0^\infty \exp \left(\varepsilon_\nu\,x\,t - \frac{t^{n+1}}{a\,(n+1)}\right) dt \text{ mit } \varepsilon_\nu = \exp \frac{2\,\nu\,\pi\,i}{n+1},\quad a \sum C_\nu = b\,.$$

Forsyth-Jacobsthal, DGlen, S. 263—265. Für $a = 1$ s. auch *R. Lobatto*, Journal f. Math. 17 (1837) 363—365.

5·4 $\boldsymbol{y^{(n)} + a\,x^\nu\,y' + a\,\nu\,x^{\nu-1}\,y = 0}$

Die DGl ist eine exakte und auf die DGlen $(n-1)$-ter Ordnung

$$y^{(n-1)} + a\,x^\nu\,y = C \qquad (C \text{ beliebig})$$

zurückführbar.

Für Lösungen in Gestalt von Integralen s. *Forsyth-Jacobsthal*, DGlen, S. 279, 787 f.

$y^{(n)} + a\, y^{(n-1)} = f(x)$ 5·5

Die Lösungen sind für

$a = 0$: $$y = \sum_{\nu=0}^{n-1} C_\nu x^\nu + \int_{x_0}^{x} \frac{(x-t)^{n-1}}{(n-1)!} f(t)\, dt\,,$$

wo x_0 beliebig gewählt werden darf.

Vgl. z. B. *Kamke*, DGlen, S. 258.

$a \neq 0$: Für $y^{(n-1)} = u(x)$ entsteht die lineare DGl

$$u' + a\,u = f(x)\,.$$

Die $n - 1$ Integrationen, die nach der Lösung dieser DGl noch auszuführen sind, können wie in dem vorangehenden Fall wieder durch eine einzige ersetzt werden. Handelt es sich um die Untersuchung der Lösungen für große x, so können folgende Gestalten nützlich sein: Für $a < 0$ ist

$$y = C\,e^{-a x} + \sum_{\nu=0}^{n-2} C_\nu x^\nu + \int_{x}^{\infty} \left(\frac{f(t)}{|a|^{n-1}} \sum_{\nu=0}^{n-2} |a|^\nu \frac{(x-t)^\nu}{\nu!} - e^{a(t-x)} \right) dt\,,$$

falls

$$\int_{x}^{\infty} |t|^{n-2}\, |f(t)|\, dt$$

konvergiert. Für $a > 0$ ist nur $\int_x^\infty$ durch $\int_\infty^x$ zu ersetzen.

Für $n = 2$ s. *Ince*, Diff. Equations, S. 170, Fußnote.

$x\, y^{(n)} - m\, n\, y^{(n-1)} + a\, x\, y = 0$, m und n natürliche Zahlen, $n \geqq 2$. 5·6

$$y = x^{(m+1)n-1} \left(x^{1-n} \frac{d}{dx} \right)^m \frac{u}{x^{n-1}}\,,$$

wenn $u(x)$ die Lösungen der DGl mit konstanten Koeffizienten

$$u^{(n)} + a\,u = 0$$

durchläuft.

Forsyth-Jacobsthal, DGlen, S. 210, 748—750. Einfacherer Beweis z. B. durch Schluß von m auf $m + 1$.

$x\, P(\mathrm{D})\, y + Q(\mathrm{D})\, y = 0$, P und Q Polynome, $\mathrm{D} = \frac{d}{dx}$. 5·7

Eine Lösung ist

$$y = \int_a^b \frac{1}{P(t)} \exp \left[x\,t + \int \frac{Q(t)}{P(t)}\, dt \right] dt\,,$$

falls $$\left[\exp \left(x\,t + \int \frac{Q(t)}{P(t)}\, dt \right) \right]_a^b \equiv 0 \quad \text{ist.}$$

Ince, Diff. Equations, S. 201.

5·8 $\boldsymbol{x\,y^{(n)} = \sum_{\nu=0}^{n-1} [a\,A_{\nu+1} - A_\nu)\,x + A_{\nu+1}]\,y^{(\nu)}}$

Lösungen sind

$$y = e^{\lambda x}, \quad \text{wenn } f(\lambda) = 0 \text{ ist};$$

$$y = e^{a x}\left(x - \frac{f'(a)}{f(a)}\right), \quad \text{wenn } f(a) \neq 0 \text{ ist}.$$

Dabei ist

$$f(\lambda) = \sum_{\nu=0}^{n-1} A_{\nu+1}\,\lambda^\nu .$$

Halphen, C. R. Paris 101 (1885) 1240.

5·9 $\boldsymbol{x^n\,y^{(2n)} = a\,y}$

$$y = x^{\frac{n}{2}} \sum_{k=1}^{n} Z_n\left(2\,\alpha_k\,i\,\sqrt{x}\right),$$

wo die Z_n die Zylinderfunktionen und $\alpha_1, \ldots, \alpha_n$ die Lösungen der Gl $\alpha^n = \sqrt{a}$ sind.

Forsyth-Jacobsthal, DGlen, S. 209, 745f. *Watson*, Bessel functions, S. 106.

5·10 $\boldsymbol{x^{2n}\,y^{(n)} = a\,y}$, $a \neq 0$.

Mit der leicht beweisbaren Formel

$$\frac{d^n}{dx^n}\,x^{n-1}\,e^{\frac{a}{x}} = (-1)^n\,a^n\,x^{-n-1}\,e^{\frac{a}{x}}$$

ergibt sich, daß $y = x^{n-1}\exp\left(-\frac{r}{x}\right)$ die DGl erfüllt, wenn $r^n = a$ ist. Für die n verschiedenen Lösungen dieser Gl bekommt man gerade n linear unabhängige Lösungen y der DGl.

A. Steen, Quarterly Journal 8 (1867) 233f. *J. Krug*, Archiv Math. (3) 14 (1909) 165f.

5·11 $\boldsymbol{x^{n+\frac{1}{2}}\,y^{(2n+1)} = a\,y}$

$$y = x^{\frac{1}{2}n+\frac{1}{4}} \sum_{k=0}^{2n} C_k\left[J_{-n-\frac{1}{2}}\left(2\,\alpha_k\,\sqrt{x}\right) + i\,J_{n+\frac{1}{2}}\left(2\,\alpha_k\,\sqrt{x}\right)\right],$$

wo $\alpha_0, \alpha_1, \ldots, \alpha_{2n}$ die Lösungen der Gl $\alpha^{2n+1} = -a\,i$ sind.

Forsyth-Jacobsthal, DGlen, S. 209, 746f. *Watson*, Bessel functions, S. 106.

$$(x-a)^n (x-b)^n y^{(n)} = c\,y, \quad a \neq b. \qquad 5\cdot12$$

Für $y = (x-b)^{n-1}\eta(\xi)$, $\xi = \log\dfrac{x-a}{x-b}$ entsteht eine DGl mit konstanten Koeffizienten.

Halphen, Mémoires par divers Savants (2) 28 (1884) 143ff.

$$\sum_{\nu=1}^{n} (-1)^\nu \binom{\lambda-\nu-1}{n-\nu} P^{(n-\nu)}(x)\, y^{(\nu)} + \sum_{\nu=0}^{n-1} (-1)^\nu \binom{\lambda-\nu-1}{n-\nu-1} Q^{(n-\nu-1)}(x)\, y^{(\nu)} = 0, \qquad 5\cdot13$$

$P = \prod_{\nu=1}^{n-1} (x-a_\nu)$, $Q = P(x) + \sum_{\nu=1}^{n-1} b_\nu \dfrac{P(x)}{x-a_\nu}$; Tissots DGl, s. A 22·6.

6. Nichtlineare Differentialgleichungen zweiter Ordnung.

DGlen mit Wurzelfunktionen: 13, 15, 22, 25, 60—67, 88, 100—102, 166, 177, 218, 220, 221, 234.

DGlen mit Exponentialfunktionen: 14, 15, 83, 242.

DGlen mit Logarithmus-Funktionen: 113, 222.

DGlen mit hyperbolischen Funktionen: 16.

DGlen mit trigonometrischen Funktionen: 17—19, 29, 48, 49, 121, 223.

DGlen mit willkürlichen Funktionen: 20, 29, 33—39, 41, 44, 51—55, 59, 68—70, 72, 85, 101, 103, 114—116, 122, 123, 129, 131, 136, 139, 148, 149, 152, 161, 167, 170, 187, 196—204, 224, 225, 230, 235, 241, 247—249.

Eine Reihe weiterer nichtlinearer DGlen findet man bei *P. Painlevé*, Acta Math. 25 (1902) 1ff., und *B. Gambier*, ebenda 33 (1910) 1ff. *R. Garnier*, Annales École Norm. (3) 34 (1917) 239—353.

1—72. $a y'' = F(x, y, y')$.

6·1 $y'' = y^2$

A 23·1 ergibt

$$x = \int \frac{dy}{\left(\frac{2}{3} y^3 - C_1\right)^{\frac{1}{2}}} + C_2,$$

also $y = \wp\left(\frac{x}{\sqrt{6}} - C_2\right)$, wo $\wp$ die Weierstraßsche $\wp$-Funktion mit den Invarianten $g_2 = 0$ und $g_3 = C_1$ (beliebig) ist.

6·2 $y'' = 6 y^2$

Für $p(y) = y'(x)$ entsteht

$$p p' = 12 y^2, \quad \text{also} \quad y' = \pm \sqrt{4 y^3 - C_1}$$

und somit $y = \wp(x + C_2)$, wo $\wp$ die Weierstraßsche $\wp$-Funktion mit den Invarianten $g_2 = 0$ und $g_3 = C_1$ ist.

6·3 $y'' = 6 y^2 + x$

Die DGl definiert eine sog. Painlevésche transzendente Funktion. Vgl. 6·5. *P. Appell*, Bulletin Soc. Math. France 45 (1917) 150—153. *E. Jüttner*, Zeitschrift f. Math. Phys. 58 (1910) 385—409 (Anwendungen auf chemische Probleme).

$y'' - 6\,y^2 + 4\,y = 0$ 6·4

A 23·1 ergibt, daß die DGl auf

$$y'^2 - 4\,y^3 + 4\,y^2 + C = 0$$

zurückgeführt werden kann. Die Lösung dieser DGl führt auf elliptische Integrale. Unter den Lösungen befinden sich (für $C = 0$) die Funktione..

$$y = \frac{1}{\sin^2(x + C_1)}.$$

Für die Lösung mit funktionentheoretischen Hilfsmitteln s. *Whittaker-Watson*, Modern Analysis, S. 438f.

$y'' + a\,y^2 + b\,x + c = 0$ 6·5

Für $b = 0$ ist die DGl nach A 23·1 gleichwertig mit

$$y'^2 + \frac{2}{3}a\,y^3 + c\,y = C;$$

diese DGlen sind durch elliptische Funktionen lösbar; vgl. 1·7.. Für $b \neq 0$ wird die DGl durch

$$y(x) = \alpha\,\eta(\xi), \quad \xi = \beta\left(x + \frac{c}{b}\right)$$

übergeführt in

$$\eta'' + \frac{a\,\alpha}{\beta^2}\eta + \frac{b}{\alpha\beta^3}\xi = 0;$$

bei geeigneter Wahl von α und β ist das die DGl 6·3

$$\eta'' = 6\,\eta^2 + \xi.$$

Ince, Diff. Equations, S. 330, 345ff. *P. Painlevé*, Bulletin Soc. Math. France 28 (1900) 228ff.; Acta Math. 25 (1902) 13ff.

$y'' - 2\,y^3 - x\,y + a = 0$ 6·6

Die DGl führt auf neue, sog. Painlevésche transzendente Funktionen.

Ince, Diff. Equations, S. 345 ff.

$y'' = a\,y^3$ 6·7

Lösungen sind z. B.

$$y = \sqrt{\frac{2}{a}}\,\frac{1}{x - C} \qquad (C \text{ beliebig}).$$

Nach A 23·1 läßt sich die DGl reduzieren auf

$$y'^2 = \frac{1}{4}\,a\,y^4 + C\,.$$

also eine DGl, die nach 1·71 durch elliptische Funktionen lösbar ist.

6·8 $\boldsymbol{y'' - 2a^2y^3 + 2abxy - b = 0}$

Jede Lösung der Riccatischen DGl

$$y' + a y^2 - b x = 0$$

erfüllt auch die obige DGl.

Vgl. weiter *B. Gambier*, Acta Math. 33 (1910) 32f.

6·9 $\boldsymbol{y'' + ay^3 + bxy + cy + d = 0}$

Für $a = 0$ oder $b = 0$ liegen einfachere Sonderfälle vor. Ist $a \neq 0$ und $b \neq 0$, so läßt sich die DGl durch eine Transformation

$$y = \lambda \eta(\xi), \quad \xi = \mu (b x + c)$$

in die von Painlevé betrachtete Normalform

$$\eta'' = 2\eta^3 + \xi\eta + \alpha$$

überführen. Diese DGl führt auf neue, sog. Painlevésche transzendente Funktionen.

P. Painlevé, Acta Math. 25 (1902) 13ff. *Ince*, Diff. Equations, S. 345ff.

6·10 $\boldsymbol{y'' + ay^3 + by^2 + cy + d = 0}$

Mit A 23·1 ergibt sich die DGl 1·71

$$y'^2 + \frac{1}{2} a y^4 + \frac{2}{3} b y^3 + 2 c y^2 + 2 d y + C = 0 .$$

6·11 $\boldsymbol{y'' + ax^\nu y^n = 0}$

Eine Lösung ist

$$y = \alpha x^\beta \text{ mit } \beta = \frac{2+\nu}{1-n}, \quad \alpha^{n-1} = -\frac{(\nu+2)(\nu+n+1)}{a(n-1)^2}.$$

Für $\eta(\xi) = y(x)$, $\xi = \frac{1}{x}$ ergibt sich die DGl 6·74

$$\xi \eta'' + 2\eta' + a\xi^{-\nu-3}\eta^n = 0 .$$

Für $a = -1$, $\nu = 1 - n$ s. 6·102; für $a = -1$, $\nu = -\frac{1}{2}$, $n = \frac{3}{2}$ s. 6·100.

6·12 $\boldsymbol{y'' + (n+1)a^{2n}y^{2n+1} - y = 0}$

Wird y als unabhängige Veränderliche gewählt und $p(y) = y'(x)$ gesetzt, so erhält man wegen $y'' = pp'(y)$ eine DGl erster Ordnung, die zu der DGl mit getrennten Variabeln

$$y'(x) = \pm y \sqrt{a^{2n} y^{2n} - 1 + C}$$

führt.

Forsyth-Jacobsthal, DGlen, S. 145, 715.

$y'' = (a y^2 + b x y + c x^2 + \alpha y + \beta x + \gamma)^{-\frac{3}{2}}$, $a \neq 0$. 6·13

Man setze

$$2\,a\,u(x) = 2\,a\,y + b\,x + \alpha$$

und bestimme weiter A, B, C durch

$$4\,a\,A = 4\,a\,c - b^2,\quad 2\,a\,B = 2\,a\beta - b\,\alpha,\quad 4\,a\,C = 4\,a\gamma - \alpha^2.$$

Dann entsteht die DGl 6·101

$$(A\,x^2 + B\,x + C)^{\frac{3}{2}}\,u'' = \left(\frac{au^2}{A\,x^2 + B\,x + C} + 1\right)^{-\frac{3}{2}}.$$

$y'' = e^y$ 6·14

Mit A 23·1 ergibt sich

$$x = \int (2\exp y + C_1)^{-\frac{1}{2}}\,dy + C_2;$$

das Integral läßt sich auswerten, indem man

$$t = (2\exp y + C_1)^{\frac{1}{2}}$$

als neue Integrationsveränderliche einführt.

Fick, DGlen, S. 42, 137; man achte auf Druckfehler.

$y'' + a\,e^x\,y^{\frac{1}{2}} = 0$ s. 6·242. 6·15

$y'' + e^x\,\mathfrak{Sin}\,y = 0$ 6·16

Die (nicht nachgeprüfte) Lösung mit den Anfangswerten $y(0) = 0$, $y'(0) = 1$ ist

$$y = x - \frac{x^3}{3!} - 2\frac{x^4}{4!} - 3\frac{x^5}{5!} - 2\frac{x^6}{6!} + 17\frac{x^7}{7!} + 128\frac{x^8}{8!} + 549\frac{x^9}{9!} + \cdots.$$

M. Chini, Giornale di Mat. 58 (1920) 35–53.

$y'' + a\sin y = 0$; PendelGl. 6·17

Als PendelGl wird die DGl gewöhnlich in der Form

(1) $$\varphi''(t) + \frac{g}{l}\sin\varphi(t) = 0$$

geschrieben.

Lit.: *Schlesinger*, Einführung in die DGlen, S. 23–25. *Duffing*, Erzwungene Schwingungen, S. 125–130. *K. Lachmann*, Jahresbericht DMV 48 (1938) 28f.

Für die Lösung $y(x)$ mit den Anfangswerten $y(x_0) = \alpha$, $y'(x_0) = \beta$ ergibt A 23·1

$$y' = \pm \sqrt{2\,a \cos y + \beta^2 - 2\,a \cos \alpha}\,,$$

also

$$x - x_0 = \int_\alpha^y [2\,a \cos y + \beta^2 - 2\,a \cos \alpha]^{-\frac{1}{2}}\,dy$$

und, wenn

$$\sin \frac{1}{2}\,y = k\,u, \quad k^2 = \sin^2 \frac{1}{2}\,\alpha + \frac{\beta^2}{4\,a}$$

gesetzt wird

$$\sqrt{a}\,(x - x_0) = \int\limits_{\frac{1}{k}\sin\frac{\alpha}{2}}^{u} \frac{du}{\sqrt{(1-u^2)(1-k^2 u^2)}}\,.$$

Das ist ein elliptisches Integral. Für $\alpha = 0$, $|k| < 1$ erhält man

$$\sin \frac{1}{2}\,y = k \operatorname{sn} \sqrt{a}\,(x - x_0)\,,$$

wobei die Jacobische Funktion sn zu dem Modul k gehören soll.

6·18 $\boldsymbol{y'' + \alpha^2 \sin y = \beta \sin x}$; spezielle *Duffing*sche DGl.

6·19 $\boldsymbol{y'' + \alpha^2 \sin y = \beta f(x)}$; verallgemeinerte *Duffing*sche DGl.

Lit.: *Duffing*, Erzwungene Schwingungen. *H. G. Block*, Arkiv för Mat. 14 (1920) No. 3. *G. Hamel*, Math. Annalen 86 (1922) 1—13. *K. Lachmann*, Math. Annalen 99 (1928) 479—492. *A. Hammerstein*, Jahresbericht DMV 39 (1930) 59—64. *Iglisch*, Monatshefte f. Math. 37 (1930) 325—342; 39 (1932) 173—220; 42 (1935) 7—36; Jahresbericht DMV 45 (1935) 131—132 kursiv; Math. Annalen 111 (1935) 568—581; 112 (1936) 221—246.

Die DGlen treten bei Untersuchungen von Schwingungen, insbesondere von Pendelschwingungen auf. *Duffing* selbst hat die erste DGl untersucht, indem er $\sin y$ näherungsweise durch die ersten Glieder der Potenzreihe für $\sin y$ ersetzte. Für $\beta = 0$ s. 6·17. Hier sei weiterhin $\beta \neq 0$.

Hamel gibt mehrere Ansätze zur Behandlung der ersten DGl, wenn die Randbedingungen der Periodizität

(1) $$y(0) = y(2\pi), \quad y'(0) = y'(2\pi)$$

gegeben sind. Ist $\alpha^2 < 1$, so hat diese Randwertaufgabe für jedes β genau eine Lösung; für $\alpha^2 > 1$ kann es mehrere Lösungen geben. Genähert kann man eine Lösung durch den Ansatz $y \approx A \sin x$ erhalten; A ist durch die Gl

$$A^2 - 2\,\alpha^2 J_1(A) + \beta = 0 \quad (J_1 \text{ Besselsche Funktion})$$

bestimmt. *Lachmann* hat dieses Verfahren weiter ausgebaut.

Die DGlen mit den Randbedingungen

(2) $$y(0) = y(\pi) = 0$$

sind von *Hammerstein* und *Iglisch* mehrfach und eingehend behandelt worden. Nach B 10·1 gibt es bei beliebigem α, β stets mindestens eine Lösung der Randwertaufgabe und bei $\alpha^2 < 1$ auch nur eine Lösung. Dasselbe gilt bei festem α für alle hinreichend großen $|\beta|$, falls bei der allgemeinen DGl 6·19 die Funktion $f(x)$ so beschaffen ist, daß die Lösung der Randwertaufgabe

$$u'' = f(x), \quad u(0) = u(\pi)$$

nur endlich viele Stellen mit $u' = 0$ hat. Bei festem β wächst die Anzahl der Lösungen von 6·19 mit (2) für $\alpha \to \infty$ über alle Grenzen. Wichtig sind ferner die Verzweigungslösungen, d. h. solche Lösungen $y(x)$, für welche die Randwertaufgabe

$$\varphi''(x) + \alpha^2 \cos y(x) \cdot \varphi(x) = 0, \quad \varphi(0) = \varphi(\pi) = 0$$

eine Lösung $\varphi(x) \not\equiv 0$ hat. Näheres hierüber s. bei *Iglisch*.

$y'' = x^{-\frac{3}{2}} f(y\,x^{-\frac{1}{2}})$ 6·20

Für $u(x) = y\,x^{-\frac{1}{2}}$ entsteht

$$\frac{d}{dx}(u'\,x)^2 = \frac{1}{2}\,u\,u' + 2 f(u)\,u',$$

also

$$(u'\,x)^2 = C_1 + \frac{1}{4}\,u^2 + 2\int f(u)\,du,$$

und hieraus

$$\int \left[C_1 + \frac{1}{4}\,u^2 + 2\int f(u)\,dx\right]^{-\frac{1}{2}} du = C_2 + \log|x|.$$

Forsyth-Jacobsthal, DGlen, S. 515.

$y'' - 3\,y' - y^2 - 2\,y = 0$ s. 6·73. 6·21

$y'' - 7\,y' + 12\,y - y^{\frac{3}{2}} = 0$ s. 6·100 (1). 6·22

$y'' + 5\,a\,y' - 6\,y^2 + 6\,a^2\,y = 0$ 6·23

$$y = a^2\,C_1^2\,e^{-2ax}\,\wp\,(C_1\,e^{-ax} + C_2,\ 0,\ -1).$$

A. Painlevé, Acta Math. 25 (1902) 53, Gl. (6).

6·24 $\boldsymbol{y'' + 3\,a\,y' - 2\,y^3 + 2\,a^2\,y = 0}$

$$y = -\,i\,a\,C_1\,e^{-a\,x}\,\mathrm{sn}_{k^2=-1}\,(C_1\,e^{-a\,x} + C_2)\,.$$

P. Painlevé, Acta Math. 25 (1902) 53, Gl (5).

6·25 $\boldsymbol{y'' - \frac{3\,n+4}{n}\,y' - \frac{2\,(n+1)\,(n+2)}{n^2}\,y\left(y^{\frac{n}{n+1}} - 1\right) = 0}$ s. 6·102 (2).

6·26 $\boldsymbol{y'' + a\,y' + b\,y^n + \frac{a^2-1}{4}\,y = 0}$

Für $y = \xi^\alpha\,\eta(\xi),\ \xi = e^x,\ \alpha = \frac{1}{2}\,(1-a)$

entsteht die DGl 6·74

$$\xi\,\eta'' + 2\,\eta' + b\,\xi^{\alpha\,n-\alpha-1}\,\eta^n = 0\,.$$

6·27 $\boldsymbol{y'' + a\,y' + b\,x^\nu\,y^n = 0}$ s. 6·74.

6·28 $\boldsymbol{y'' + a\,y' + b\,e^y = 2\,a}$ s. 6·76 (3).

6·29 $\boldsymbol{y'' + a\,y' + \varphi\,(x)\sin y = 0}$, $\varphi(x)$ periodisch.

Vgl. *A. Erdélyi*, Zeitschrift f. angew. Math. Mech. 14 (1934) 235—247. *F. Tricomi*, C. R. Paris 193 (1931) 635f.; Annali Pisa (2) 2 (1933) 1—20; Atti Accad. Lincei (6) 18 (1933) 26—28.

6·30 $\boldsymbol{y'' + y\,y' - y^3 = 0}$ s. 6·32 und 6·33.

6·31 $\boldsymbol{y'' + y\,y' - y^3 + a\,y = 0}$, $a \neq 0$; Sonderfall von 6·35.

$$y = \frac{1}{2}\sqrt{\frac{a}{3}}\,\frac{\wp'(u,\,12,\,C_1)}{\wp\,(u,\,12,\,C_1) - 1}\,,\qquad u = \frac{x}{2}\sqrt{\frac{a}{3}} + C_2\,.$$

P. Painlevé, Acta Math. 25 (1902) 54, Gl (8); nicht nachgeprüft.

6·32 $\boldsymbol{y'' + (y + 3\,a)\,y' - y^3 + a\,y^2 + 2\,a^2\,y = 0}$

$$y = C_1\,e^{-a\,x}\,\frac{\wp'(u,\,0,\,1)}{\wp\,(u,\,0,\,1)}\quad\text{mit}\quad u = \begin{cases} \dfrac{C_1}{a}\,e^{-a\,x} + C_2 & \text{für } a \neq 0\,,\\ C_1\,x + C_2 & \text{für } a = 0\,.\end{cases}$$

P. Painlevé, Acta Math. 25 (1902) 54, Gl (7); nicht nachgeprüft.

$$y'' + (y + 3f)\,y' - y^3 + y^2 f + y\,(f' + 2f^2) = 0, \quad f = f(x).$$ 6·33

(a) Für $y(x) = \xi'(x)\,\eta(\xi)$, wo $\xi(x)$ der DGl $\xi'' = -f\,\xi'$ genügt, entsteht die DGl

$$\eta'' + \eta\,\eta' - \eta^3 = 0,$$

d. h. die ursprüngliche DGl für den Sonderfall $f = 0$; zu der neuen DGl s. 6·32.

(b) Mit $u(x) = \exp\left(-\int f\,dx\right), \quad v(x) = \exp\int y\,dx$

läßt sich die DGl in der Gestalt

$$\frac{d}{dx}\left(\frac{v''}{u^2 v^2} - \frac{u'\,v'}{u^3 v^2}\right) = 0$$

schreiben. Hieraus folgt

$$\frac{v''}{u^2 v^2} - \frac{u'\,v'}{u^3 v^2} = \frac{3}{2}\,C_1, \quad \text{d. i.} \quad \frac{d}{dx}\,\frac{v'^2}{u^2} = 3\,C_1\,v^2\,v',$$

also die DGl mit getrennten Variabeln

$$v'^2 = u^2\,(C_1 v^3 + C_2).$$

Ince, Diff. Equations, S. 331f. (Druckfehler!).

$$y'' + y\,y' - y^3 - \left(\frac{f'}{f} + f\right)(3\,y' + y^2) + \left(a\,f^2 + 3\,f' + 3\,\frac{f'^2}{f^2} - \frac{f''}{f}\right) y + b\,f^3 = 0,$$ 6·34
$f = f(x)$.

(a) Für $y(x) = \xi'\,\eta(\xi), \quad \xi = \exp\int f\,dx$

entsteht

$$\eta'' + \eta\,\eta' - \eta^3 + (a-2)\,\frac{\eta}{\xi^2} + \frac{b}{\xi^3} = 0,$$

d. h. die obige DGl für den Sonderfall $f = \dfrac{1}{x}$.

(b) Für $a = 14$, $b = 24$ hat die DGl die Lösungen

$$y(x) = f\,\frac{\xi^3 u' + 2}{\xi^2 u - 1},$$

wo $\xi = \exp\int f\,dx$ und $u(\xi)$ eine beliebige Lösung von $u'' = 6\,u^2$ ist.

Ince, Diff. Equations, S. 332; dort jedoch nicht fehlerfrei.

$$y'' + \left(y - \frac{3f'}{2f}\right) y' - y^3 - \frac{f'}{2f}\,y^2 + \left(f + \frac{f'^2}{f^2} - \frac{f''}{2f}\right) y = 0, \quad f = f(x).$$ 6·35

(a) Für $y = \xi'(x)\,\eta(\xi), \quad a\,\xi'^2 = f(x)$

entsteht die DGl 6·31 mit ξ, η statt x, y.

(b) Wird

$$u(x) = 1 + \exp\int y\,dx \quad \text{und} \quad v(x) = 2\,u'' - u'\,\frac{f'}{f} - (u^2 - 1)\,f$$

gesetzt, so wird aus der gegebenen DGl

$$\frac{v'}{v} - \frac{f'}{f} - \frac{2\,u'}{u-1} = 0, \qquad \text{also } v = C\,(u-1)^2 f,$$

und daher

$$2\,\frac{u'\,u''}{f} - u'^2\,\frac{f'}{f^2} = [C\,(u-1)^2 + u^2 - 1]\,u',$$

und hieraus erhält man die DGl

$$u'^2 = f(x)\,[C_1\,(u-1)^3 + (u-1)^2 + C_2],$$

die nach A 4·1 gelöst werden kann und (vgl. 1·71) auf elliptische Funktionen führt.

P. Painlevé, Acta Math. 25 (1902) 33, Gl (10). *Ince*, Diff. Equations, S. 332.

6·36 $\boldsymbol{y'' + 2\,y\,y' + f(x)\,y' + f'(x)\,y = 0}$

Für $u(x) = y + \frac{1}{2} f$ entsteht die Riccatische DGl

$$u' + u^2 = \frac{1}{2} f' + \frac{1}{4} f^2 + C.$$

Ince, Diff. Equations, S. 331.

6·37 $\boldsymbol{y'' + 2\,y\,y' + f(x)\,(y' + y^2) = g(x)}$

Für $u(x) = y' + y^2$ entsteht

$$u' + f(x)\,u = g(x).$$

Damit ist die ursprüngliche DGl auf eine spezielle Riccatische und eine lineare DGl erster Ordnung zurückgeführt.

P. Painlevé, Acta Math. 25 (1902) 31, Gl (2). *Ince*, Diff. Equations, S. 331.

6·38 $\boldsymbol{y'' + 3\,y\,y' + y^3 + f(x)\,y = g(x)}$

Für $u'(x) = y\,u$ erhält man die lineare DGl

$$u''' + f(x)\,u' - g(x)\,u = 0.$$

6·39 $\boldsymbol{y'' + [3\,y + f(x)]\,y' + y^3 + f(x)\,y^2 = 0}$

Für die Lösungen $u(x)$ der DGl $u' = y\,u$ entsteht

$$u''' = f(x)\,u''.$$

Ince, Diff. Equations, S. 331.

6·40 $\boldsymbol{y'' - 3\,y\,y' - (3\,a\,y^2 + 4\,a^2\,y + b) = 0}$ s. 1·43 (1).

$y'' - [3y + f(x)]\, y' + y^3 + f(x)\, y^2 = 0$ 6·41

Für $y(x) = -u(x)$ entsteht 6·39 mit u, $-f$ statt y, f.

$y'' - 2ayy' = a$ s. 1·40 (2). 6·42

$y'' + ayy' + by^3 = 0$ 6·43

Die DGl ist von dem Typus A 15·3 (a). Für $p(y) = y'(x)$ erhält man die DGl

$$p p' + a y p + b y^3 = 0,$$

und aus dieser wird für

$$p(y) = y^2 u(t), \quad t = \log y$$

die DGl

$$u u' + 2u^2 + a u + b = 0,$$

also

$$t = -\int \frac{u\, du}{2u^2 + au + b} + C_1.$$

Das Integral läßt sich auswerten; für die entstehende Funktion hat man dann noch die DGl

$$y'(x) = y^2 u(\log y)$$

zu lösen und erhält

$$x = \int \frac{dy}{y^2 u(\log y)} + C_2.$$

Das Verfahren liefert die Integrale nur so weit, als $y'(x) \neq 0$ ist.

Für $a = -4$, $b = 2$ genaue Diskussion der Lösungen bei *H. Seifert*, Jahresbericht DMV 52 (1942) 75—79.

$y'' + f(x, y)\, y' + g(x, y) = 0$ 6·44

Ist
$$g_y - f_x = f X - X^2 - X',$$
wo X eine Funktion von x allein sein soll, so sind die Lösungen der DGl in jedem einfach zusammenhängenden Gebiet der x, y-Ebene die Lösungen der DGl erster Ordnung

$$\varphi(x)\, y' + \psi(x, y) = C,$$

wo φ, ψ durch

$$\varphi = \exp \int X\, dx, \quad \psi_x = g\varphi, \quad \psi_y = (f - X)\varphi$$

bestimmt sind.

Julia, Exercices d'Analyse III, S. 93—98.

$y'' + a y'^2 + b y = 0$ 6·45

Die DGl tritt bei der Untersuchung von kleinen Schwingungen mit Dämpfung auf, wenn diese proportional dem Quadrat der Geschwindigkeit ist; vgl. auch 6·46 und 6·48.

Für $v(y) = y'^2$ geht die DGl in die lineare DGl

$$v' + 2\,a\,v + 2\,b\,y = 0$$

über; hieraus folgt

(1) $$y'^2 = C\,e^{-2ay} + \frac{b}{2\,a^2}(1 - 2\,a\,y), \quad \text{also} \quad x = C_1 + \int \frac{dy}{\sqrt{Y}},$$

wo Y die rechte Seite der DGl (1) ist.

6·46 $\boldsymbol{y'' + a\,y'\,|y'| + b\,y' + c\,y = 0}$, $a > 0,\ b \geq 0,\ c > 0.$

DGl kleiner Schwingungen mit quadratischer Dämpfung (für beliebiges Widerstandsgesetz s. 6·72). Für

$$y(x) = \frac{\eta(\xi)}{2\,a}, \quad \xi = x\sqrt{c}$$

geht die DGl über in die Normalform

(1) $$\eta'' + \frac{1}{2}\,\eta'\,|\eta'| + B\,\eta' + \eta = 0 \quad \text{mit} \quad B = \frac{b}{\sqrt{c}}.$$

Man kann die Lösungen dieser DGl aus den Lösungen der beiden DGlen

(2) $$\eta'' \pm \frac{1}{2}\,\eta'^2 + B\,\eta' + \eta = 0$$

zusammenbauen; die Lösungen η der DGl mit dem oberen Vorzeichen sind offenbar die Funktionen $-\bar{\eta}$, wenn $\bar{\eta}$ die Lösungen der DGl mit dem unteren Vorzeichen durchläuft. Für $B = 0$ ist die DGl (auch bei komplexer Veränderlicher ξ) näher untersucht von *Milne* (s. unten). In diesem Fall kann man die Lösungen von

(3) $$\eta'' + \frac{1}{2}\,\eta'\,|\eta'| + \eta = 0$$

in folgender Weise aus den Lösungen $\eta = S(\xi, a)$ der DGl

(4) $$\eta'' - \frac{1}{2}\,\eta'^2 + \eta = 0$$

mit den Anfangswerten

$$\eta(0) = a, \quad \eta'(0) = 0$$

aufbauen: Existiert die aufzubauende Lösung für $\xi_0 < \xi < \infty$ und hat sie die an den Stellen $\xi_1 < \xi_2 < \cdots$ angenommenen Amplituden $a_1, a_2, \ldots$, wobei etwa $\eta(\xi_1) < 0$, also $\eta(\xi_1) = -a_1$ sei, so ist zu setzen

$$\eta = \begin{cases} \phantom{-S(\xi - \xi_1, a_1) = {}} S(\xi - \xi_1, -a_1) & \text{für } \xi_0 < \xi \leq \xi_1, \\ -S(\xi - \xi_1, a_1) = -S(\xi - \xi_2, -a_2) & \text{für } \xi_1 \leq \xi \leq \xi_2, \\ S(\xi - \xi_2, a_2) = S(\xi - \xi_3, -a_3) & \text{für } \xi_2 \leq \xi \leq \xi_3. \\ \cdots\cdots\cdots\cdots\cdots & \end{cases}$$

W. E. Milne, Oregon Publication 2_2 (1923); Oregon Publication Math. 1_1 (1929). Dort sind umfangreiche Zahlentabellen zur Herstellung der Lösungen von (1) und

(3) abgedruckt. Für die graphische Lösung der gegebenen DGl im Fall b = 0 s. A 31·4, 31·6 und 7 sowie 31·9; für Näherungslösungen s. *W. Müller*, Ingenieur-Archiv 5 (1934) 306–315. *M. Hampl*, ebenda 6 (1935) 213–216.

$y'' + a\,y'^2 + b\,y' + c\,y = 0$ 6·47

Für $v(y) = y'(x)$ entsteht die Abelsche DGl A 4·11

$$v\,v' + a\,v^2 + b\,v + c\,y = 0\,.$$

In den Anwendungen kommt (vgl. 6·46 und 6·49) auch der Fall vor, daß a mit y' das Vorzeichen ändert (Wasserschloßproblem). Für Näherungslösungen s. *W. Müller*, Ingenieur-Archiv 6 (1935) 270–282.

$y'' + a\,y'^2 + b \sin y = 0$ 6·48

Die DGl tritt bei Pendelschwingungen mit Dämpfung auf, wenn diese proportional dem Quadrat der Geschwindigkeit ist. Für $v(y) = y'^2$ entsteht die lineare DGl

$$v' + 2\,a\,v + 2\,b \sin y = 0\,.$$

Hieraus erhält man die DGl mit getrennten Variabeln

$$[y'(x)]^2 = C\,e^{-2ay} + \frac{2\,b}{4\,a^2 + 1}(\cos y - 2\,a \sin y)\,.$$

Vgl. *Fr. A. Willers*, Zeitschrift f. Instrumentenkunde 53 (1933) 504–506. *H. Ziegler*, Ingenieur-Archiv 9 (1938) 50–76, 163–178. Für den Fall, daß es sich um kleine Schwingungen handelt, also $\sin y$ durch y ersetzt werden kann, s. 6·45.

$y'' + a\,y'\,|y'| + b \sin y = 0$ 6·49

Man kann die Lösungen der DGl so finden, daß man die DGlen

$$y'' + a\,y'^2 + b \sin y = 0 \qquad \text{für } y' > 0$$

und

$$y'' - a\,y'^2 + b \sin y = 0 \qquad \text{für } y' < 0$$

nach 6·46 löst und diese Lösungen zu Lösungen der ursprünglich gegebenen DGl zusammensetzt.

Zur Untersuchung der Lösungen und über das Auftreten von aperiodischen Schwingungen s. *F. A. Willers*, Zeitschrift f. Instrumentenkunde 53 (1933) 504–506. Für die Verwendung der graphischen Methode von Meissner (A 31·6) vgl. *Ziegler*, Ingenieur-Archiv 9 (1938) 50–76, 163–178.

$y'' + a\,y\,y'^2 + b\,y = 0$; Typus 6·53. 6·50

Für $p(y) = y'(x)$ entsteht die Bernoullische DGl

$$p\,p' + a\,y\,p^2 + b\,y = 0\,.$$

6·51 $y'' + f(y)\,y'^2 + g(x)\,y' = 0$

Nach Division durch y' ist die DGl exakt. Ihre Lösungen erhält man daher aus

$$\log|y'| + \int f(y)\,dy + \int g(x)\,dx = C\,.$$

Außerdem ist natürlich $y = C$ für beliebiges C eine Lösung.

6·52 $y'' - \frac{f'(y)}{f(y)}\,y'^2 + g(x)\,y' + h(x)\,f(y) = 0$

Für $y(x) = \eta(\xi)$, wo $\xi = \xi(x)$ eine Lösung der auf eine lineare DGl erster Ordnung zurückführbaren DGl

$$\xi'' + g(x)\,\xi' + h(x) = 0$$

ist, entsteht

$$\xi'^2\,\eta'' - \frac{f'(\eta)}{f(\eta)}\,\xi'^2\,\eta'^2 + h(x)\,[f(\eta) - \eta'] = 0\,,$$

und diese DGl ist z. B. sicher erfüllt durch die Lösungen der DGl

$$\eta'(\xi) = f(\eta)\,.$$

Lösungen erhält man auch durch Lösen des DGlsSystems

$$y'(x) = u\,f(y),\quad u'(x) = -\,g(x)\,u - h(x),$$

bei dem zuerst die zweite und sodann die erste Gl gelöst werden kann.

6·53 $y'' + \varphi(y)\,y'^2 + f(x)\,y' + g(x)\,\psi(y) = 0$

Ist
$$\varphi(y) = \frac{1 - \psi'(y)}{\psi(y)},\quad F(x) = \int f(x)\,dx\,,$$
$$g(x) = e^{-2F(x)}\,[\pm \exp(2\int e^{-F(x)}\,dx) - \nu^2]$$

so entsteht für

$$\eta(\xi) = \exp\int\frac{dy}{\psi(y)},\quad \xi = \exp\int e^{-F(x)}\,dx$$

die Besselsche DGl 2·162

$$\xi^2\,\eta'' + \xi\,\eta' + (\pm\,\xi^2 - \nu^2)\,\eta = 0\,.$$

R. Müller, Zeitschrift f. angew. Math. Mech. 19 (1939) 46.

6·54 $y'' + f(y)\,y'^2 + g(y)\,y' + h(y) = 0$; Typus A 15·3 (a).

Für $p(y) = y'(x)$ entsteht die Abelsche DGl A 4·11

$$p\,p' + f(y)\,p^2 + g(y)\,p + h(y) = 0\,.$$

Ist $g \equiv 0$, so ist dieses eine Bernoullische DGl; ist $h \equiv 0$, so hat man eine lineare DGl. Vgl. auch 6·224.

$$y'' + (y'^2 + 1)\,[f(x, y)\,y' + g(x, y)] = 0$$ 6·55

Haben f und g eine Stammfunktion $\psi(x, y)$, so daß $\psi_x = g$ und $\psi_y = f$ ist, so erhält man die Lösungen der DGl aus

$$y' + \operatorname{tg}(\psi + C) = 0\,.$$

Serret-Scheffers, Differential- und Integralrechnung III, S. 346f., 374f. Dort findet man auch eine geometrische Deutung der DGl und ihrer Lösung.

$$y'' + a\,y\,(y'^2 + 1)^2 = 0$$ 6·56

DGl der Meridiankurven der Rotationsflächen mit konstanter Gaußscher Krümmung a. Mit A 15·3 (a) erhält man

$$x = \int \sqrt{\frac{a\,y^2 + C_1}{1 - a\,y^2 - C_1}}\,dy + C_2\,.$$

Für die Auswertung der elliptischen Integrale im Falle $a = \pm 1$ und Diskussion der Lösungen s. *Serret-Scheffers*, Differential- und Integralrechnung III, S. 389—391.

$y'' = a\,(x\,y' - y)^\nu$; Sonderfall von 6·59. 6·57

Für $y = x\,u(x)$ entsteht die Bernoullische oder (für $\nu = 1$) lineare DGl für u':

$$x\,u'' + 2\,u' = a\,x^{2\nu}\,u'^\nu$$

Forsyth, Diff. Equations III, S. 206ff.

$$y'' = k\,x^a\,y^b\,y'^c$$ 6·58

Ist $b + c \neq 1$, so kann die DGl als gleichgradige DGl (A 15·2) behandelt werden. Für

$$y = x^{\frac{c-a-2}{b+c-1}}\,\eta(\xi)\,, \quad \xi = \log x$$

entsteht dann

$$\eta'' + \frac{c - 2a - b - 3}{b + c - 1}\,\eta' - \frac{a + b + 1}{b + c - 1}\,\frac{c - a - 2}{b + c - 1}\,\eta = k\,\eta^b \left(\eta' + \frac{c - a - 2}{b + c - 1}\,\eta\right)^c$$

und hieraus für $\eta'(\xi) = p(\eta)$

$$p\,p' + \frac{c - 2a - b - 3}{b + c - 1}\,p - \frac{a + b + 1}{b + c - 1}\,\frac{c - a - 2}{b + c - 1}\,\eta = k\,\eta^b \left(p + \frac{c - a - 2}{b + c - 1}\,\eta\right)^c.$$

$$y'' + \left(y' - \frac{y}{x}\right)^a f(x, y) = 0$$ 6·59

Hierin möge f nur von x abhängen oder in x, y homogen vom Grad -1, d. h.

$$f(x, y) = \frac{1}{x}\,\varphi\left(\frac{y}{x}\right)$$

sein. Durch die Transformation $y(x) = x\,\eta(\xi)$, $\xi = \log x$ entsteht die DGl

$$(1) \qquad \eta'' + e^{\xi} f(e^{\xi}, e^{\xi}\eta)\,\eta'^{a} + \eta' = 0 .$$

Hängt f nur von x ab, so ist dieses für $u(\xi) = \eta'$ eine Bernoullische DGl A 4·5. Ist f eine Funktion von der genannten homogenen Art, so lautet (1)

$$\eta'' + \varphi(\eta)\,\eta'^{a} + \eta' = 0 .$$

Für $p(\eta) = \eta'(\xi)$ erhält man also die DGl erster Ordnung

$$p\,p' + \varphi(\eta)\,p^{a} + p = 0 .$$

A. Chiellini, Bolletino Unione Mat. Italiana 12 (1933) 14.

6·60 $y'' = a\sqrt{y'^2 + 1}$

Die DGl ist von dem Typus A 15·3 (a). Sie ist die DGl der Kettenlinie. Bei der Kettenlinie ist $a = \gamma/H$, wo γ das Gewicht der Kette pro Längeneinheit und H der Horizontalzug ist. Sind die Aufhängepunkte ξ_1, η_1 und ξ_2, η_2 $(\xi_1 < \xi_2)$, die Kettenlänge $L > \sqrt{(\xi_1 - \xi_2)^2 + (\eta_1 - \eta_2)^2}$ und γ gegeben, so ist

$$H = \frac{\gamma}{2\varrho}(\xi_2 - \xi_1) ,$$

wo ϱ die eindeutig bestimmte Lösung der Gl

$$\frac{\mathfrak{Sin}\,\varrho}{\varrho} = \frac{\sqrt{L^2 - (\eta_2 - \eta_1)^2}}{\xi_2 - \xi_1}$$

ist; die gesuchte Lösung der DGl ist

$$y = \frac{H}{\gamma}\,\mathfrak{Cof}\,\frac{\gamma}{H}(x - C_1) + C_2 ;$$

C_1, C_2 sind dadurch bestimmt, daß die Kurve durch die Punkte ξ_1, η_1 und ξ_2, η_2 führen soll.

Hort, DGlen, S. 108 118. *Kamke*, DGlen, S. 227—229.

6·61 $y'' = a\sqrt{y'^2 + 1} + b$; DGl der Hängebrücke.

Für $b = 0$ s. 6·60. Wird im allgemeinen Falle erstens $y'(x) = v(x)$ gesetzt, so entsteht die DGl 1·52 mit v statt y; aus 1·52 erhält man also x als Funktion von u, wobei $\operatorname{tg} u = y'$ ist. Wird zweitens in der gegebenen DGl $\operatorname{tg} u = y'(x)$ gesetzt und u als Funktion von y angesehen, so erhält man

$$\frac{\sin u}{\cos^2 u\,(a + b\cos u)}\,\frac{du}{dy} = 1 ,$$

also

$$a^2 y = C^* + a\,\frac{1}{\cos u} + b\log\left|\frac{(a+b)\cos u}{a + b\cos u}\right| .$$

Diese Gl zusammen mit der in 1·52 für x angegebenen Gl bildet eine Parameterdarstellung der gesuchten Lösung mit dem Parameter u.

Ira Freeman, Bulletin Americ. Math. Soc. 31 (1925) 425—429. Für eine graphische Lösung s. A 31·7 (f).

$y'' = a\sqrt{y'^2 + b y^2}$ 6·62

Für $p(y) = y'(x)$ entsteht die homogene DGl

$$p p' = a\sqrt{p^2 + b y^2}.$$

Euler II, S. 39f.

$y'' = a(y'^2 + 1)^{\frac{3}{2}}$ 6·63

Mit $u(x) = y'$ ergibt sich leicht

$$(y - C_1)^2 + (x - C_2)^2 = a^{-2}.$$

Forsyth-Jacobsthal, DGlen, S. 94, 690.

$y'' = 2 a x (y'^2 + 1)^{\frac{3}{2}}$; Typus A 15·3 (b). 6·64

$$y = C_1 + \int \frac{a x^2 + C_2}{\sqrt{1 - (a x^2 + C_2)^2}}\, dx.$$

Forsyth-Jacobsthal, DGlen, S. 97.

$y'' = a y (y'^2 + 1)^{\frac{3}{2}}$ 6·65

Für $p(y) = y'(x)$ entsteht

$$\frac{p p'}{(p^2 + 1)^{\frac{3}{2}}} = a y \quad \text{also} \quad 2(p^2 + 1)^{-\frac{1}{2}} + a y^2 = C.$$

Daher hat man nun noch die Glen

$$y' = \pm \frac{1}{a y^2 - C}\sqrt{4 - (a y^2 - C)^2}$$

zu lösen.

$y'' = 2 a (y + b x + c)(y'^2 + 1)^{\frac{3}{2}}$; DGl des gebogenen Stabes. 6·66

Vgl. *Frank-v. Mises*. D- u. IGlen I, 2. Aufl. 1930, S. 464—469.

Für $u(x) = y + b x + c$ erhält man

$$u'' [(u' - b)^2 + 1]^{-\frac{3}{2}} = 2 a u.$$

Multipliziert man diese Gl mit u', so kann man sie integrieren und erhält

$$\frac{b u' - (b^2 + 1)}{\sqrt{(u' - b)^2 + 1}} = a u^2 + C$$

und hieraus weiter, wenn u als unabhängige Veränderliche gewählt wird,

$$x'(u) = \frac{b}{b^2+1} \pm \frac{a\,u^2 + C}{b^2+1}\,[(b^2+1) - (a\,u^2+C)^2]^{-\frac{1}{2}}.$$

Hiernach läßt sich x durch elliptische Integrale von u darstellen.

I. Malkin, Math. Zeitschrift 101 (1929) 3.

6·67 $\boldsymbol{y'' + y^3 y' - y\,y' \sqrt{4\,y' + y^4} = 0}$

Für $u^2 = 4\,y' + y^4$ folgt aus der DGl, falls $u \neq 0$ ist,

$$u' = 2\,y\,y', \quad \text{also} \quad u = y^2 + C\,.$$

Damit erhält man schließlich die Lösungen

$$y = C, \quad 3\,(x + C)\,y^3 = 4\,.$$

$$y = C_1 \operatorname{tg}(C_1^3\,x + C_2), \quad y = C_1 \operatorname{\mathfrak{Tg}}(C_1^3\,x + C_2)\,.$$

Ince, Diff. Equations, S. 355.

6·68 $\boldsymbol{y'' = f(y', a\,x + b\,y)}$, $b \neq 0$.

Für $u(x) = a\,x + b\,y(x)$ entsteht die DGl A 15·3 (a)

$$u'' = f\left(\frac{u'-a}{b}, u\right).$$

L. E. Dickson, Annals of Math. (2) 25 (1924) 349.

6·69 $\boldsymbol{y'' = y\,f\left(x, \frac{y'}{y}\right)}$

Für $y' = u(x)\,y$ entsteht die DGl erster Ordnung

$$u' = f(x, u) - u^2.$$

L. E. Dickson, Annals of Math. (2) 25 (1924) 347.

6·70 $\boldsymbol{y'' = x^{a-2} f\left(\frac{y}{x^a}, \frac{x\,y'}{x^a}\right)}$; gleichgradige DGl.

Für $y(x) = x^a\,\eta(\xi)$, $\xi = \log x$ entsteht die DGl A 15·3 (a)

$$\eta'' + (2\,a - 1)\,\eta' + a\,(a-1)\,\eta = f(\eta, \eta' + a\,\eta)\,.$$

L. E. Dickson, Annals of Math. (2) 25 (1924) 349.

6·71 $\boldsymbol{8\,y'' + 9\,y'^4 = 0}$

$$(y + C_1)^3 = (x + C_2)^2.$$

$a\,y'' + R(y') + c\,y = 0$; DGl einer gedämpften Bewegung mit allgemeiner Widerstandsfunktion $R(y')$. 6·72

Sind $a > 0$, $b \geqq 0$, $c > 0$ Konstante und ist

$$R(v) = [b + f(v)]\,v$$

eine für $-\infty < v < +\infty$ stetige gerade Funktion und ist weiter $f(0) = 0$, $f'(v)$ für $v \geqq 0$ vorhanden, stetig, $\geqq 0$ und für $v > 0$ sogar > 0, so gilt für die Lösungen der DGl folgendes ($v = y'$):

Jede Lösung existiert in einem Intervall $X < x < \infty$, dort nimmt $a\,v^2 + c\,y^2$ mit wachsendem x monoton ab, ferner ist $a\,v^2 + c\,y^2 \to 0$ für $x \to \infty$ und $\to \infty$ für $x \to X$. Ist $4\,a\,c - b^2 \leqq 0$, so hat jede Lösung höchstens eine Nullstelle, es findet also keine Oszillation statt.

Weiterhin sei $4\,a\,c - b^2 > 0$. Dann hat jede Lösung unendlich viele Nullstellen, die Amplituden jeder Lösung nehmen monoton zu Null ab. Ist außerdem

$$\lim_{\to\infty} f(v) > a + c - b\,,$$

so hat jede Lösung eine kleinste Nullstelle und eine erste Amplitude, der Abstand je zweier Nullstellen und je zweier Extremstellen ist $> \sqrt{\frac{a}{c}}$, und es gibt eine kritische Lösung $y = \eta(x)$, deren Amplituden $\alpha_1, \alpha_2, \ldots$ zu den Amplituden $a_1, a_2, \ldots$ jeder Lösung in der Beziehung $a_1 \geqq \alpha_1 > a_2 \geqq \alpha_2 > \cdots$ stehen.

W. E. Milne, Oregon Publication 2_2 (1923). Vgl. auch 6·46 sowie für die DGl mit $R(y, y')$ statt $R(y')$: *H. Piesch*, Elektr. Nachr.-Techn. 14 (1937) 145—155.

73—103. $f(x)\,y'' = F(x, y, y')$.

$x\,y'' + 2\,y' - x\,y^n = 0$ 6·73

Das ist ein Gegenstück zu Emdens DGl 6·74. Man kann die dort angegebenen Transformationen auf diese DGl anwenden und erhält z. B. als Analogon zu der dortigen Gl (3)

$$u'' = x^{1-n}\,u^n;$$

zu dieser DGl s. 6·100 und 6·102. Für eine unmittelbare Diskussion der obigen DGl s. auch *E. A. Milne*, Proceedings Cambridge 23 (1927) 794—799.

Im Falle $n = 2$ ist $y = 2\,x^{-2}$ eine Lösung, und die DGl geht durch

$$y(x) = x^{-2}\,\eta(\xi), \quad \xi = \log x$$

über in

$$\eta'' - 3\,\eta' - 2\,\eta = \eta^2,$$

und hieraus wird für $\eta'(\xi) = p(\eta)$

$$p'(\eta) = 3 + \frac{\eta(\eta - 2)}{p}.$$

Für die letzten DGlen findet man numerische Lösungen bei *D. R. Hartree*, Memoirs Manchester 81 (1937) 1—9, und zwar solche Lösungen, für die $y \sim 2x^{-2}$ für $x \to \infty$ ist.

6·74 $\boldsymbol{x y'' + 2 y' + a x^\nu y^n = 0}$, $a > 0$.

Lit.: *Emden*, Gaskugeln. *R. H. Fowler*, Quarterly Journal 45 (1914) 289—350; Quarterly Journal Oxford 2 (1931) 259—288. *E. A. Milne*, Monthly Notices 91 (1931) 4—55. *R. H. Fowler*, ebenda, S. 63—91. *E. Hopf*, ebenda, S. 653—663. *N. Fairclough*, ebenda, S. 55—63 und 92 (1932) 644—651. *G. Sansone*, Rendiconti mat. (5) 1 (1940) 163—176. Ferner weitere Arbeiten in der astronomischen Literatur, insbesondere noch in Monthly Notices 91.

Für $a = -1$ s. 6·73. Hier ist $a > 0$ vorausgesetzt. Für $n = 1$ ist die DGl von dem Typus 2·162 (1). Für $n \neq 1$ geht die DGl durch $y = a^{\frac{-1}{n-1}} \bar{y}$ in

(1) $$x y'' + 2 y' + x^\nu y^n = 0$$

über, wobei wieder y statt $\bar{y}$ geschrieben ist. Für $\nu = 1$ ist das *Emdens* DGl der polytropen Gaskugel. Eine Lösung von (1) ist

$$y = c x^{-\mu} \quad \text{mit} \quad \mu = \frac{\nu + 1}{n - 1}, \quad c^{n-1} = \mu(1 - \mu).$$

Für $y(x) = \eta(\xi)$, $\xi = \frac{1}{x}$ geht (1) über in

(2) $$\eta'' + \xi^{-\nu-3} \eta^n = 0,$$

für $u(x) = x y$ in

(3) $$u'' + x^{\nu - n} u^n = 0;$$

aus (2) wird für $\eta(\xi) = \xi^\mu v(t)$, $t = \log \xi$:

(4) $$v'' + (2\mu - 1) v' + \mu(\mu - 1) v + v^n = 0,$$

und hieraus für $v'(t) = p(v)$

(5) $$p p' + (2\mu - 1) p + \mu(\mu - 1) v + v^n = 0.$$

Eine geschlossene Darstellung der Lösungen dieser DGlen ist nur in einigen Sonderfällen bekannt (s. unten). Unter der Voraussetzung $\nu \gtreqless n - 2$ haben *Fowler* und *Hopf* den Verlauf der IKurven für $x \to 0$ untersucht.

Über die DGl (1) hat *Sansone* a. a. O. bewiesen: Ist $n > 0$, $\nu > -1$, so gibt es für jedes $C > 0$ genau eine für $x > 0$ existierende Lösung $y(x)$, für die $y(x) \to 0$ für $x \to +0$ gilt; sie ist > 0 für

$$0 < x < [C^{1-n} \nu(\nu + 1)]^{\frac{1}{\nu+1}},$$

und ihre Ableitung erfüllt die Anfangsbedingung

$$x^2\,y' \to 0 \quad \text{für} \quad \to 0;$$

unter Berücksichtigung dieser Anfangsbedingungen für y und y' kann die Funktion durch das Iterationsverfahren erhalten werden. Ist weiter $2\nu - n + 3 > 0$, so hat die Funktion mindestens eine positive Nullstelle; ist $2\nu - n + 3 \leqq 0$, so ist $y > 0$ für alle $x > 0$ und $y \to 0$ für $x \to +\infty$.

Für eingehende Diskussion der DGlen

$$x\,y'' + a\,y' + b\,x^\nu\,y^n = 0 \quad \text{und} \quad y'' + a\,y' + b\,x^\nu\,y^n = 0 \cdot$$

s. die beiden an erster Stelle genannten Arbeiten von *Fowler*.

Es sei nun $\nu = 1$ (*Emdens DGl*). Das erwähnte Buch von *Emden* enthält eine ausführliche Darstellung der Theorie dieser DGl nebst ihren Anwendungen. Für $n = 0$ sind die Lösungen von (1)

$$y = C_1 + \frac{C_2}{x} - \frac{x^2}{6}$$

und für $n = 1$

$$y = C_1 \frac{\sin x}{x} + C_2 \frac{\cos x}{x}.$$

Die DGl (5) lautet jetzt für $p = p(v)$

$$\text{(5a)} \qquad p\,p' - \frac{n-5}{n-1}\,p - \frac{2\,(n-3)}{(n-1)^2}\,v + v^n = 0\,,$$

also insbesondere

$$\text{(6)} \qquad p\,p' + p + v^3 = 0 \qquad \text{für } n = 3\,,$$

$$\text{(7)} \qquad p\,p' = \frac{1}{4}\,v - v^5 \qquad \text{für } n = 5\,.$$

Die letzte Gl hat die Lösungen

$$v'^2(t) = p^2 = \frac{v^2}{4} - \frac{v^6}{6} + C_1$$

und führt, wenn $C_1 = 0$ gewählt wird, für (1) mit $n = 5$ zu der Lösungsschar

$$y^2 = \frac{3\,C}{x^2 + 3\,C^2}\,.$$

Ist $y(x)$ eine Lösung von (1), so ist auch $C^{\frac{2}{n-1}}\,y(x)$ eine Lösung. Man beherrscht somit die durch die y-Achse gehenden IKurven, wenn man die Lösungen mit $y(0) = 0$ und $y(0) = 1$ kennt. *Emden* gibt S. 77–89 Tabellen und Kurvenbilder für die Lösungen mit $y(0) = 1$, $y'(0) = 0$ für verschiedene n zwischen 0,5 und 6; *Fairclough* gibt für $y(x)$ im Intervall $0 \leqq x \leqq x_0$ Tabellen, wenn $y(x_0) = 0$ und $y'(x_0) = c$ gegeben ist, und zwar in den Fällen $n = 3$, $x_0 = 1$ und $n = 1{,}5$, $x_0 = 3{,}65379$.

6·75 $x\,y'' + 2\,y' + x\,e^y$ s. 6·76 und 6·172.

6·76 $\boldsymbol{x y'' + a y' + b x e^y = 0}$

Lit.: Für $a = 2$ (Emdens DGl der isothermen Gaskugel): *Emden*, Gaskugeln. Allgemein: *H. Lemke*, Journal für Math. 142 (1913) 118–137.

Die obige DGl sei auch kurz mit (1) bezeichnet. Für $b(a-1) > 0$ ist eine Lösung

(2) $$y = \log \frac{2a-2}{b x^2}.$$

Durch $y(x) = \bar{y}(\bar{x})$, $\bar{x} = x\sqrt{|b|}$ geht (1) in eine ebensolche DGl mit $b = \pm 1$ über, durch $y = \eta(\xi) - 2\xi$, $\xi = \log x$ in die DGl

(3) $$\eta'' + (a-1)\eta' + b e^\eta = 2a - 2,$$

für $\eta'(\xi) = p(\eta)$ in

(4) $$p p' + (a-1) p + b e^\eta = 2a - 2.$$

Mit (1) hängt auch 6·77 zusammen. Für

$$u(t) = x y'(x), \quad t = x^2 e^y$$

entsteht aus (1) die DGl 1·237

(5) $$t(u+2) u' + (a-1) u + b t = 0.$$

Durch die Transformation

$$y = r(s) + \log \frac{2a-2}{b x^2}, \quad s = x^{1-a}$$

geht (1) für $b(a-1) > 0$ über in

(6) $$(a-1) s^2 r'' + 2(e^r - 1) = 0.$$

(a) $a = 0$. Man erhält

$$y' = \pm \beta \sqrt{C_1 \mp e^y} \quad \text{mit} \quad \beta = \sqrt{2|b|},$$

wobei unter dem Wurzelzeichen das obere oder untere Vorzeichen zu nehmen ist, je nachdem $b > 0$ oder < 0 ist. Es ergibt sich weiter für

$C_1 = c^2 > 0$:

$$c^2 e^{-y} = \begin{cases} \operatorname{Cof}^2 \frac{1}{2} c\beta (x - C_2) & \text{für} \quad b > 0, \\ \operatorname{Sin}^2 \frac{1}{2} c\beta (x - C_2) & \text{für} \quad b < 0; \end{cases}$$

$C_1 = -c^2 < 0$:

$$c^2 e^{-y} = \sin^2 \frac{1}{2} c\beta (x - C_2);$$

$C_1 = 0$:

$$e^{-y} = -\frac{1}{2} b (x - C_2)^2.$$

Die beiden letzten Fälle sind für $b < 0$ zulässig.

(b) $a = 1$. Dann folgt aus (5)

$$u^2 + 4u + 2bt + 4C = 0,$$

also bei Berücksichtigung von (1) die Riccatische DGl für y'

$$2\,x^2\,y'' = x^2\,y'^2 + 2\,x\,y' + 4\,C;$$

diese geht durch die Transformation

$$y' = -\,2\,\frac{v'}{v}$$

über in die Eulersche DGl A 22·3

$$x^2\,v'' - x\,v' + C\,v = 0\,.$$

Für die weitere Diskussion s. *Lemke*, S. 126ff.

(c) $a = 2$. Eine Lösung ist durch (2) bekannt. Allgemein scheint (1) in diesem Fall aber durch die bekannten Funktionen in geschlossener Form nicht lösbar zu sein. *Emden* gibt S. 135 eine Tabelle für eine in den Nullpunkt mit horizontaler Tangente einmündende IKurve. Die Kurven von (4) münden in Gestalt von Spiralen in den Punkt $\eta = \log 2$, $p = 0$ ein; Kurvenbilder bei *Emden*, S. 138.

(d) $a \neq 0$ und $\neq 1$. Für diesen Fall hat *Lemke* (S. 130ff.) die Gestalt der Lösungen in der Nähe von $x = 0$ durch Reihenentwicklungen untersucht.

$x\,y'' + a\,y' + b\,x^{5-2a}\,e^y = 0$ 6·77

Für $\eta(\xi) = y(x)$, $\xi = x^{3-a}$ $(a \neq 3)$ entsteht die DGl 6·76

$$\xi\,\eta'' + \frac{2}{3-a}\,\eta' + \frac{b}{(3-a)^2}\,\xi\,e^{\eta} = 0\,.$$

$x\,y'' + (y-1)\,y' = 0$ 6·78

Für $y(x) = \eta(\xi)$, $\xi = \log|x|$ entsteht

$$\eta'' - 2\,\eta' + \eta\,\eta' = 0\,.$$

Daher läßt sich die DGl zweiter Ordnung auf die nach A 4·1 lösbare DGl erster Ordnung

$$2\,\eta' = 4\,\eta - \eta^2 + C$$

zurückführen.

Vgl. auch *H. Schlichting*, Zeitschrift f. angew. Math. Mech. 13 (1933) 261.

$x\,y'' - x^2\,y'^2 + 2\,y' + y^2 = 0$ 6·79

Gleichgradige DGl. Mit A 15·2 erhält man $y = 0$ und

$$x = \exp\left\{\int (C_1\,e^{\eta} + 2\,\eta + 1)^{-1}\,d\eta + C_2\right\},\quad \eta = x\,y\,.$$

Forsyth-Jacobsthal, DGlen, S. 100, 693.

6·80 $\boldsymbol{x\,y'' + a\,(x\,y' - y)^2 = b}$

Für $y = x\,u(x)$ entsteht die Riccatische DGl

$$x^2\,u'' + a\,x^4\,u'^2 + 2\,x\,u' = b$$

für u', und hieraus für $a\,x^2\,u' = \frac{v'}{v}$ die lineare DGl

$$v'' = a\,b\,v\,.$$

Vgl. auch *Forsyth*, Diff. Equations III, S. 195f.

6·81 $\boldsymbol{2\,x\,y'' + y'^3 + y' = 0}$

$$(y + C_1)^2 = 2\,C_2\,x - C_2^2\,.$$

W. Anissimoff, Math. Annalen 56 (1903) 275.

6·82 $\boldsymbol{x^2\,y'' = a\,(y^n - y)}$

Für $y(x) = x^{\frac{1}{2}(1-k)}\,\eta(\xi)$, $\xi = x^k$, $k = \sqrt{1 - 4\,a}$ entsteht die DGl 6·11

$$\eta'' = \frac{a}{1 - 4\,a}\,\xi^{\frac{n-1}{2k} - \frac{n+3}{2}}\,\eta^n$$

H. Lemke, Sitzungsberichte Berlin. Math. Ges. 18 (1920) 30.

6·83 $\boldsymbol{x^2\,y'' + a\,(e^y - 1) = 0}$ s. 6·76 (6).

6·84 $\boldsymbol{x^2\,y'' - (2\,a + b - 1)\,x\,y' + [\lambda^2\,b^2\,x^{2b} + a\,(a + b)]\,y = 0}$, $\lambda \neq 0$, $b \neq 0$.

$$y = x^a\,(C_1 \cos \lambda\,x^b + C_2 \sin \lambda\,x^b)\,.$$

R. H. Fowler, Quarterly Journal 45 (1914) 293.

6·85 $\boldsymbol{x^2\,y'' + (a + 1)\,x\,y' = x^a\,f\,(x^a\,y,\,x\,y' + a\,y)}$

Für $y = x^{-a}\,\eta(\xi)$, $\xi = \frac{x^a}{a}$ entsteht die DGl A 15·3 (a)

$$\eta'' = f\,(\eta, \eta')\,.$$

L. E. Dickson, Annals of Math. (2) 25 (1924) 349.

6·86 $\boldsymbol{x^2\,y'' + a\,(x\,y' - y)^2 = b\,x^2}$

Für $y = x\,u(x)$ entsteht

$$x\,u'' + a\,x^2\,u'^2 + 2\,u' = b\,.$$

Das ist eine Riccatische DGl für u'. Aus dieser wird für $a\,x\,u' = \frac{v'}{v}$ die DGl 2·162 (1)

$$x^2\,v'' + x\,v' - a\,b\,x^2 = 0\,.$$

Für eine andere Behandlung der DGl s. *Forsyth* III, S. 190.

$\boldsymbol{x^2 y'' + a\,y\,y'^2 + b\,x = 0}$ 6·87

Für $y(x) = x\,\eta(\xi)$, $\xi = \log x$ entsteht die DGl A 15·3 (a)

$$\eta'' + a\,\eta\,(\eta' + \eta)^2 + \eta' + b = 0\,.$$

$\boldsymbol{x^2 y'' = \sqrt{a\,x^2 y'^2 + b\,y^2}}$ 6·88

Typus gleichgradige DGl A 15·2. Für $y(x) = x\,\eta\,(\xi)$, $\xi = \log x$ entsteht die DGl

$$\eta'' + \eta' = \pm\sqrt{a\,(\eta' + \eta)^2 + b\,\eta^2}\,,$$

die vom Typus A 15·3 (a) ist und für $p(\eta) = \eta'(\xi)$ in die homogene DGl

$$p\,(p' + 1) = \pm\sqrt{a\,(p + \eta)^2 + b\,\eta^2}$$

übergeht.

Euler II, S. 52f. *Forsyth-Jacobsthal*, DGlen, S. 99.

$\boldsymbol{(x^2 + 1)\,y'' + y'^2 + 1 = 0}$ 6·89

Man setze $p(x) = y'$. Man erhält

$$y = C_1 + C_2\,x + (C_2^2 + 1)\log|x - C_2| \quad \text{und} \quad y = -\frac{1}{2}\,x^2 + C\,.$$

Forsyth-Jacobsthal, DGlen, S. 98, 691.

$\boldsymbol{4\,x^2 y'' - x^4 y'^2 + 4\,y = 0}$ 6·90

Gleichgradige DGl A 15·2. Für $y(x) = x^{-2}\,\eta(\xi)$, $\xi = \log x$ erhält man die DGl

$$4\,\eta'' - \eta'^2 + 4\,\eta\,\eta' - 20\,\eta' + 4\,\eta\,(7 - \eta) = 0\,,$$

die nach A 15·3 (a) auf eine DGl erster Ordnung zurückgeführt werden kann.

$\boldsymbol{9\,x^2 y'' + a\,y^3 + 2\,y = 0}$ 6·91

Für $y = x^{\frac{1}{3}}\,\eta(\xi)$, $\xi = x^{\frac{1}{3}}$ entsteht $\eta'' + a\,\eta^3 = 0$. Die DGl kann nach A 23·1 auf eine durch elliptische Funktionen lösbare DGl erster Ordnung zurückgeführt werden.

$\boldsymbol{x^3\,(y'' + y\,y' - y^3) + 12\,x\,y + 24 = 0}$; Sonderfall von 6·34 (b). 6·92

$$y = \frac{x^3\,u' + 2}{x\,(x^2\,u - 1)}\,, \text{ wo } u \text{ eine beliebige Lösung von } u'' = 6\,u^2 \text{ ist.}$$

6·93 $x^3 y'' = a (x y' - y)^2$

Gleichgradige DGl A 15·2. Für $y(x) = x \eta(\xi)$, $\xi = \log x$ erhält man eine leicht zu lösende DGl und daraus

$$y = \frac{x}{a} \log \frac{x}{C_1 x + C_2}.$$

Euler II, S. 53f: *Boole*, S. 214f. *Forsyth-Jacobsthal*, DGlen, S. 99, 692.

6·94 $2 x^3 y'' + (2 x^3 y + 9 x^2) y' - 2 x^3 y^3 + 3 x^2 y^2 + a x y + b = 0$

(a) Für $y(x) = \xi'(x) \eta(\xi)$, $\xi = -\frac{2}{\sqrt{|x|}}$ entsteht

$$\xi^3 (\eta'' + \eta \eta' - \eta^3) + (2a - 12) \xi \eta - 4b = 0.$$

(b) Ist $a = 12$, $b = -6$, so sind die Lösungen

(1) $$y = \frac{u' - 1}{u - x},$$

wo $u(x)$ eine beliebige Lösung von

$$x^3 u'^2 = u^3 + C \qquad (C \text{ beliebig})$$

ist. Daß (1) wirklich Lösungen ergibt, ist leicht nachzurechnen; daß (1) auch alle Lösungen liefert, folgt daraus, daß unter den Lösungen (1) solche mit beliebigen Anfangswerten von y und y' an einer beliebigen Stelle $x \neq 0$ vorkommen.

Ince, Diff. Equations, S. 333; man achte auf Druckfehler.

6·95 $2 (4 x^3 - x^k)(y'' + y y' - y^3) + (12 x^2 - k x^{k-1})(3 y' + y^2) + a x y + b = 0$, $k = 0, 1, 2$.

(a) Für $y(x) = \xi'(x) \eta(\xi)$, $\xi' = (4 x^3 - x^k)^{-\frac{1}{2}}$ entsteht

$$2 (\eta'' + \eta \eta' - \eta^3) + [(a - 24) x + k (k - 1) x^{k-2}] \eta + b \sqrt{4 x^3 - x^k} = 0,$$

wo noch x durch ξ auszudrücken ist; für $k = 0, 1, 2$ ist das mit Hilfe von elliptischen Funktionen möglich.

(b) Ist $k = 1$, $a = 48$, $b = -24$, so hat die DGl die Lösungen

(1) $$y = \frac{u' - 1}{u' - x},$$

wo $u(x)$ eine beliebige Lösung von

$$(4 x^3 - x) u'^2 = 4 u^3 - u + C \qquad (C \text{ beliebig})$$

ist, also durch elliptische Funktionen ausgedrückt werden kann. Daß (1) wirklich Lösungen ergibt, ist leicht nachzurechnen; daß (1) auch alle

Lösungen liefert, folgt daraus, daß unter den Lösungen (1) solche mit beliebigen Anfangswerten von y, y' an einer beliebigen Stelle x vorkommen.

Ince, Diff. Equations, S. 333 (Druckfehler).

$x^4 y'' + a^2 y^\nu = 0$ 6·96

Für $\nu = 1$ liegt der Typus 2·14 vor. Für $\nu \neq 1$ ist eine Lösung

$$y = \left(\frac{2(\nu - 3)\,x^2}{a^2(\nu - 1)^2}\right)^{\frac{1}{\nu-1}}.$$

Für weitere Untersuchungen s. 6·74 (2), (3) sowie *H. Lemke*, Journal für Math. 142 (1913) 140ff.

$x^4 y'' - (2\,x\,y + x^3)\,y' + 4\,y^2 = 0$ 6·97

Gleichgradige DGl. Für $y(x) = x^2\,\eta(\xi)$, $\xi = \log x$ und weiter $\eta'(\xi) = u(\eta)$ entsteht

$$u' = 2(\eta - 1) \quad \text{und} \quad u = 0\,,$$

also

$$\eta' = (\eta - 1)^2 + C \quad \text{und} \quad \eta = C\,,$$

und hieraus

$$\eta - 1 = \begin{cases} C_1 \operatorname{tg}(C_1\,\xi + C_2) & \text{für } C = C_1^2\,, \\ -C_1 \operatorname{\mathfrak{Tg}}(C_1\,\xi + C_2),\ -C_1 \operatorname{\mathfrak{Ctg}}(C_1\,\xi + C_2) & \text{für } C = -C_1^2\,, \end{cases}$$

außerdem $(\xi + C)(1 - \eta) = 1$ und $\eta' = C$.

Euler II, S. 64f., *Boole*, Diff. Equations, S. 216f.

$x^4 y'' - x^2 y'^2 - x^3 y' + 4\,y^2 = 0$ 6·98

Gleichgradige DGl. Mit A 15·2 erhält man $y = 0$ sowie

$$x = \exp\left\{\int (C_1\,e^\eta - 4\,\eta - 2)^{-1}\,d\eta + C_2\right\}, \quad y = x^2\,\eta\,.$$

Forsyth-Jacobsthal, DGlen, S. 100, 692.

$x^4 y'' + (x\,y' - y)^3 = 0$ 6·99

Man setze $y(x) = x\,\eta(\xi)$, $\xi = \dfrac{1}{x}$ oder auch $u(x) = x\,y' - y$. Man erhält dann leicht lösbare DGlen, und aus diesen

$$y = C_1\,x + x \arcsin \frac{C_2}{x}\,,$$

wobei auch arc cos statt arc sin stehen kann.

Forsyth-Jacobsthal, DGlen, S. 99, 692. *Fick*, DGlen, S. 63, 176f.

6·100 $\boldsymbol{y'' \sqrt{x} = y^{\frac{3}{2}}}$; DGl von *Thomas* und *Fermi* für die Elektronenverteilung in einem Atom.

Lit.: *L. H. Thomas*, Proceedings Cambridge 23 (1927) 542–548. *E. Fermi*, Atti Accad. Lincei (6) 6 (1927) 602–607. *A. Sommerfeld*, Zeitschrift f. Physik 78 (1932) 283–308. *A. Mambriani*, Atti Accad. Lincei (6) 9 (1929) 142–144, 620. *Scorza Dragoni*, ebenda, S. 623.

Eine Lösung der DGl ist

$$y = 144\, x^{-3}.$$

In der Theorie von *Thomas* und *Fermi* wird jedoch eine Lösung gesucht, für die

$$y(0) = 1, \quad y(x) \to 0 \quad \text{für } x \to \infty$$

ist. Die Existenz einer solchen Lösung ist durch B 10·2 (a) gesichert. Durch graphische Methoden hat *Fermi* in der Nähe von $x = 0$

$$y = 1 - 1{,}58\, x + \frac{4}{3}\, x^{\frac{3}{2}} + \cdots$$

gefunden, und *Sommerfeld* für große x durch ein analytisches Verfahren

$$y \approx (1 + z)^{-3{,}886} \quad \text{mit} \quad z = \left(\frac{x}{\sqrt[3]{144}}\right)^{0{,}772}$$

Die Lösung ist tabuliert bei *V. Bush — S. H. Caldwell*, Physical Review (2) 38 (1931) 1898–1901.

Steht auf der rechten Seite der DGl ein Minuszeichen, so ist sie in *Emdens* DGl 6·74 (2) und (3) enthalten. Die dortigen Transformationen lassen sich auch bei der Thomas-Fermi-Gl anwenden. Die DGl ist gleichgradig und geht durch

$$y = x^{-3}\eta(\xi), \quad \xi = \log x$$

in

(1) $$\eta'' - 7\eta' + 12\eta - \eta^{\frac{3}{2}} = 0$$

über, und diese DGl durch $p(\eta) = \eta'(\xi)$ in

(2) $$p\,p' - 7p + 12\eta - \eta^{\frac{3}{2}} = 0.$$

Für eine Verallgemeinerung der DGl s. 6·102 und für eine weitere Methode zur numerischen Berechnung von Integralen *C. Miranda*, Atti Soc. Italiana 21_{II} (1933) 121–125.

6·101 $\boldsymbol{(a x^2 + b x + c)^{\frac{3}{2}} y'' = f\left(\dfrac{y}{(a x^2 + b x + c)^{\frac{1}{2}}}\right)}$

Für $u(x) = (a\,x^2 + b\,x + c)^{-\frac{1}{2}}\, y(x)$ entsteht die DGl mit getrennten Variabeln

$$(a\,x^2 + b\,x + c)^2\, u'^2 = \left(\frac{1}{4}\, b^2 - a\,c\right) u^2 + 2\int f(u)\, du.$$

Forsyth-Jacobsthal, DGlen, S. 515.

$$x^{\frac{n}{n+1}}\,y'' = y^{\frac{2n+1}{n+1}}$$ 6·102

Für $n = 1$ ist das die Thomas-Fermi-DGl 6·100; vgl. auch 6·73 und 6·74. Eine Lösung der DGl ist

(1) $$y = \varphi(x) = \left[2\left(1+\frac{1}{n}\right)\left(1+\frac{2}{n}\right)\right]^{1+\frac{1}{n}} x^{-1-\frac{2}{n}}.$$

Diese Lösung erfüllt jedoch nicht die bei dem Thomas-Fermi-Problem auftretenden Randbedingungen

$$y(0) = y_0 \neq 0,\ y(x) \to 0 \quad \text{für} \quad x \to \infty.$$

Daß es auch Lösungen dieser letzten Art gibt, folgt aus B 10·2. *Lampariello* behandelt die DGl, indem er sie auf eine DGl erster Ordnung zurückführt. Für

$$\eta(\xi) = \frac{y(x)}{\varphi(x)}, \quad \xi = \log x$$

entsteht

(2) $$\eta'' - \frac{3n+4}{n}\eta' - \frac{2(n+1)(n+2)}{n^2}\eta\left(\eta^{\frac{n}{n+1}} - 1\right) = 0,$$

und hieraus, wenn η als unabhängige Veränderliche durch $u(\eta) = \eta'(\xi)$ eingeführt wird,

(3) $$u\,u' = \frac{3n+4}{n}u + \frac{2(n+1)(n+2)}{n^2}\eta\left(\eta^{\frac{n}{n+1}} - 1\right).$$

Wird schließlich noch die Transformation

$$u(\eta) = \frac{n+2}{n}\eta\,[1 - t^{n(n+1)}v(t)], \quad \eta = t^{(n+1)(n+2)}$$

angewendet, so entsteht die DGl

(4) $$v'(t) = -\,2\,(n+1)^2\,\frac{t^{n(n+1)-1}\,v^2 - t^{n-1}}{t^{n(n+1)}\,v - 1}.$$

Diese DGl wird für $n = 1$ in dem zweiten Teil der Arbeit von *Lampariello* diskutiert.

G. Lampariello, Atti Accad. Lincei (6) 19 (1934) 284—290, 386—393.

$$f^2\,y'' + f\,f'\,y' = \Phi(y, f\,y'), \quad f = f(x).$$ 6·103

Für $y(x) = \eta(\xi)$, $\xi = \int \frac{dx}{f(x)}$ entsteht die DGl A 15·3 (a)

$$\eta'' = \Phi(\eta, \eta').$$

104—187. $f(x)\,y\,y'' = F(x, y, y')$.

$y\,y'' = a$; Typus A 23·1. 6·104

$$x = \int (2a \log y + C_1)^{-\frac{1}{2}}\,dy + C_2.$$

6·105 $\boldsymbol{y\,y'' = a\,x}$, $a \neq 0$.

Für Lösungen mit den Anfangswerten $y(0) = c_0$, $y'(0) = c_1$ erhält man in den Fällen:

$c_0 = c_1 = 0$: $\quad y = \pm\sqrt{\frac{4a}{3}x^3}$;

$c_0 = 0$, $c_1 \neq 0$. $\quad y = c_1 x + c_2 x^2 + \cdots$,

die Reihe konvergiert sicher für $|x| < \frac{c_1^2}{|a|}$, die ersten Koeffizienten sind

$$c_2 = \frac{a}{2c_1},\quad c_3 = -\frac{c_2^2}{3c_1},\quad c_4 = \frac{2c_2^3}{9c_1^2},\quad c_5 = -\frac{17c_2^4}{90c_1^3};$$

$c_0 \neq 0$: Die Lösung ist nach allgemeinen Sätzen (vgl. A 11; A 6·3) ebenfalls durch eine in der Umgebung von $x = 0$ konvergente Potenzreihe darstellbar.

6·106 $\boldsymbol{y\,y'' = a\,x^2}$, $a \neq 0$.

Bedeutet $y(x)$ eine Lösung mit den Anfangswerten $y(0) = c_0$, $y'(0) = c_1$, so ist für

$c_0 = c_1 = 0$: $\quad y = \pm x^2\sqrt{\frac{1}{2}a}$;

$c_0 = 0$, $c_1 \neq 0$: $\quad y = c_1 x(1 + b_1 x^2 - b_2 x^4 + b_3 x^6 - + \cdots)$;

die Reihe konvergiert sicher für $|x| < \sqrt{\frac{3c_1^2}{|a|}}$, die ersten Koeffizienten sind

$$b_1 = \frac{a}{6c_1^2},\quad b_2 = \frac{3}{10}b_1^2,\quad b_3 = \frac{13}{70}b_1^3,\quad b_4 = \frac{25}{168}b_1^4;$$

für $a > 0$, $c_1 > 0$, $x > 0$ ist $y > 0$, nimmt mit x monoton zu, und für $x \to \infty$ ist

$$\frac{y'}{2x} \to \sqrt{\frac{1}{2}a},\quad y'' \to \sqrt{2a};$$

$c_0 \neq 0$: Die Lösung ist nach allgemeinen Sätzen ebenfalls durch eine in der Umgebung von $x = 0$ konvergente Potenzreihe darstellbar.

F. Mertens, Akad. Wien 126 (1917) 3–7. *W. Wirtinger*, ebenda, 128 (1919) 3–8.

6·107 $\boldsymbol{y\,y'' + y'^2 - a = 0}$

$$y^2 = a\,x^2 + C_1 x + C_2 \quad \text{und} \quad y = \pm x + C.$$

6·108 $\boldsymbol{y\,y'' + y^2 = a\,x + b}$

Für die Ausführung der graphischen Integration nach dem Verfahren A 31·6 von *Meissner* s. *J. J. Muller*, Oscillations électroniques dans le magnétron, Revue Électricité 42 (1937) 389–406, 419–434.

$\boldsymbol{y\, y'' + y'^2 - y' = 0}$; Typus A 15·3 (a). 6·109

$$y = C \quad \text{und} \quad x = y + C_1 \log |y - C_1| + C_2 .$$

H. T. H. Piaggio, Math. Gazette 23 (1939) 55.

$\boldsymbol{y\, y'' - y'^2 + 1 = 0}$; Typus 6·165 und A 15·3 (a). 6·110

$$C_1\, y = \mathfrak{Sin}\, (C_1\, x + C_2) \quad \text{und} \quad C_1\, y = \sin\, (C_1\, x + C_2) .$$

$\boldsymbol{y\, y'' - y'^2 - 1 = 0}$; Typus 6·165 und A 15·3 (a). 6·111

$$C_1\, y = \mathfrak{Cof}\, (C_1\, x + C_2), \quad \text{Kettenlinien.}$$

$\boldsymbol{y\, y'' - y'^2 + e^{2x}\, (a\, y^4 + b) + e^x\, y\, (c\, y^2 + d) = 0}$ 6·112

Für $\eta(\xi) = y(x)$, $\xi = e^x$ entsteht die DGl 6·171

$$\xi\, (\eta\, \eta'' - \eta'^2) + \eta\, \eta' + \xi\, (a\, \eta^4 + b) + c\, \eta^3 + d\eta = 0 .$$

Vgl. *P. Painlevé*, Acta Math. 25 (1902) 18ff.

$\boldsymbol{y\, y'' - y'^2 - y^2 \log y = 0}$ 6·113

Setzt man $u(x) = \log y$, so erhält man leicht

$$\log y = C_1\, e^x + C_2\, e^{-x} .$$

Forsyth-Jacobsthal, DGlen, S. 98, 692.

$\boldsymbol{y\, y'' - y'^2 - y' + f\, y^3 + y^2 \frac{d}{dx} \frac{f'}{f} = 0}$, $f = f(x)$. 6·114

Die Lösungen erhält man aus den DGlen erster Ordnung

$$\left(y' + \frac{f'}{f}\, y + 1\right)^2 + 2\, y^2\, (y\, f + \int f\, dx) = 0 .$$

Ince, Diff. Equations, S. 335.

$\boldsymbol{y\, y'' - y'^2 + f(x)\, y' - y^3 - f'(x)\, y = 0}$ 6·115

Die Lösungen erhält man aus den DGlen erster Ordnung

$$(y' - f)^2 = 2\, y^2\, (y - \int f\, dx + C) .$$

P. Painlevé, Acta Math. 25 (1902) 24, Gl (3).

6·116 $\boldsymbol{y\,y'' - y'^2 + f'\,y' - y^4 + f\,y^3 - f''\,y = 0}$, $f = f(x)$.

Die Lösungen erhält man aus den DGlen erster Ordnung

$$(y' - f')^2 - y^2\,(y - f)^2 = C\,y^2\,.$$

P. Painlevé, Acta Math. 25 (1902) 24, Gl (2). *Ince*, Diff. Equations, S. 335.

6·117 $\boldsymbol{y\,y'' - y'^2 + a\,y\,y' + b\,y^2 = 0}$

Für $y' = y\,u(x)$ entsteht die lineare DGl

$$u' + a\,u + b = 0\,.$$

P. Painlevé, Acta Math. 25 (1902) 55, Gl (15).

6·118 $\boldsymbol{y\,y'' - y'^2 + a\,y\,y' + b\,y^3 - 2\,a\,y^2 = 0}$ s. 6·172 (2).

6·119 $\boldsymbol{y\,y'' - y'^2 - (a\,y - 1)\,y' - 2\,b^2\,y^3 + 2\,a^2\,y^2 + a\,y = 0}$

$$y = -\frac{1}{2\,a} + e^{2\,a\,x}\,(u^2 + C) \text{ mit } u' = b\,e^{-a\,x}\left[(u^2 + C)\,e^{2\,a\,x} - \frac{1}{2\,a}\right] \quad \text{für } a \neq 0$$

$$y = -x + u^2 + C \quad \text{mit} \quad u' = b\,(u^2 + C - x) \quad \text{für } a = 0, \quad b \neq 0\,.$$

P. Painlevé, Acta Math. 25 (1902) 54, Gl (12).

6·120 $\boldsymbol{y\,y'' - y'^2 + a\,(y - 1)\,y' - y\,(y + 1)\,(b^2\,y^2 - a^2) = 0}$

$$y = -1 + C\,e^{-a\,x}\,\frac{1 + u^2}{1 - u^2} \quad \text{mit} \quad \frac{2}{b}\,u' = C\,e^{-a\,x}\,(u^2 + 1) + u^2 - 1.$$

P. Painlevé, Acta Math. 25 (1902) 54, Gl (11).

6·121 $\boldsymbol{y\,y'' - y'^2 + (\operatorname{tg} x + \operatorname{ctg} x)\,y\,y' + (\cos^2 x - \nu^2 \operatorname{ctg}^2 x)\,y^2 \log y = 0}$

$$y = \exp\,[Z_\nu\,(\sin x)]\,, \quad Z_\nu = \text{Zylinderfunktion}.$$

R. Müller, Zeitschrift f angew. Math. Mech. 19 (1939) 46.

6·122 $\boldsymbol{y\,y'' - y'^2 + f(x)\,y\,y' + g(x)\,y^2 = 0}$

Für $y' = y\,u(x)$ entsteht die lineare DGl

$$u' + f\,u + g = 0\,.$$

P. Painlevé, Acta Math. 25 (1902) 38, Gl (6).

6·123 $\boldsymbol{y\,y'' - y'^2 + (f\,y^2 + g)\,y' + f'\,y^3 - g'\,y = 0}$, $f = f(x)$, $g = g(x)$.

Die Lösungen sind die Lösungen der Riccatischen DGlen

$$y' + f\,y^2 + C\,y - g = 0\,.$$

P. Painlevé, Acta Math. 25 (1902) 24, Gl (1). *Ince*, Diff. Equations, S. 335 (Druckfehler).

$y\,y'' - 3\,y'^2 + 3\,y\,y' - y^2 = 0$ 6·124

Gleichgradige DGl A 15·2. Für $y' = y\,u(x)$ entsteht die Riccatische DGl

$u' = 2\,u^2 - 3\,u + 1$ mit den Lösungen $(1 - 2\,C\,e^x)\,u = 1 - C\,e^x$;

damit erhält man schließlich

$$(2\,e^x - C_1)\,y^2 = C_2\,e^{2x}.$$

$y\,y'' = a\,y'^2$ 6·125

Nach Division durch $y\,y'$ ist die DGl exakt. Durch Integration erhält man dann $y' = C\,|y|^a$, und hieraus

$$y = \begin{cases} |C_1\,x + C_0|^{\frac{1}{1-a}} & \text{für } a \neq 1\,, \\ C_1\,e^{Cx} & \text{für } a = 1\,. \end{cases}$$

$y\,y'' + a\,(y'^2 + 1) = 0$ s. 6·165 und 6·54. 6·126

$$x = \int (C_1\,y^{-2a} - 1)^{-\frac{1}{2}}\,dy + C_2\,.$$

Für $a = 1,\ -1,\ \frac{1}{2},\ -\frac{1}{2}$ sind das Halbkreise, Kettenlinien, Zykloiden, Parabeln.

Serret-Scheffers, Differential- und Integralrechnung III, S. 387f.

$y\,y'' + a\,y'^2 + b\,y^3 = 0$ s. 6·165 und 6·54. 6·127

Für $p(y) = y'(x)$ entsteht

$$y\,p\,p' + a\,p^2 + b\,y^3 = 0;$$

für

$$p(y) = y^{\frac{3}{2}}\,u(t), \quad t = \log y$$

geht diese DGl über in die Bernoullische DGl

$$u\,u' + \left(a + \frac{3}{2}\right) u^2 + b = 0\,.$$

Hieraus folgt

$$t = -\int \frac{u\,du}{\left(a + \frac{3}{2}\right) u^2 + b} + C = -\frac{1}{2a + 3} \log \left[\left(a + \frac{3}{2}\right) u^2 + b\right] + C\,,$$

also

$$y'^2 = y^3 \left(C\,y^{-2a-3} - \frac{2\,b}{2\,a + 3}\right).$$

6·128 $\boldsymbol{y\,y'' + a\,y'^2 + b\,y\,y' + c\,y^2 + d\,y^{1-a} = 0}$

Setzt man

$$y = \begin{cases} e^u & \text{für } a = -1\,, \\ u^{\frac{1}{a+1}} & \text{für } a \neq -1\,, \end{cases}$$

so entsteht für $u(x)$ die DGl mit konstanten Koeffizienten

$$u'' + b\,u' + c + d = 0 \quad \text{bzw.} \quad u'' + b\,u' + (a+1)\,c\,u = -(a+1)\,d\,.$$

Ch. Bioche, Bulletin Soc. Math. France 38 (1910) 160.

6·129 $\boldsymbol{y\,y'' + a\,y'^2 + f(x)\,y\,y' + g(x)\,y^2 = 0}$

Für $y = u^{\frac{1}{a+1}}$ entsteht die lineare DGl

$$u'' + f\,u' + (a+1)\,g\,u = 0\,.$$

Euler II, S. 70f. *P. Painlevé*, Acta Math. 25 (1902) 35, Gl (1).

6·130 $\boldsymbol{y\,y'' + a\,y'^2 + b\,y^2\,y' + c\,y^4 = 0}$ s. 6·54 und 6·165.

Für $p(y) = y'(x)$ ergibt sich

$$y\,p\,p' + a\,p^2 + b\,y^2\,p + c\,y^4 = 0$$

und hieraus für $p(y) = y^2\,u(t)$, $t = \log y$ die leicht lösbare DGl

$$u\,u' + (a+2)\,u^2 + b\,u + c = 0$$

mit der Lösung

$$t = -\int \frac{u\,du}{(a+2)\,u^2 + b\,u + c} + C_1\,.$$

Hat man das Integral ausgewertet und die obige Gl nach u aufgelöst, so hat man noch die DGl

$$y'(x) = y^2\,u\,(\log y)$$

zu lösen und erhält

$$x = \int \frac{dy}{y^2\,u\,(\log y)} + C_2\,.$$

6·131 $\boldsymbol{y\,y'' - \frac{a-1}{a}\,y'^2 - f\,y^2\,y' + \frac{a}{(a+2)^2}\,f^2\,y^4 - \frac{a}{a+2}\,f'\,y^3 = 0}$, $f = f(x)$.

Für

$$u(x) = y \exp\left(-\frac{a}{a+2}\int y\,f\,dx\right)$$

entsteht

$$a\,u\,u'' - (a-1)\,u'^2 = 0\,.$$

Mit $u' = u\,v(x)$ erhält man hieraus $u = C\,|x + C^*|^a$, also, da $w(x) = \frac{1}{y}$ nach der Definition von u die lineare DGl

$$w' + \frac{u'}{u}\,w + \frac{a}{a+2}\,f = 0$$

erfüllt,

$$y = -\frac{(a+2)\,|x + C_1|^a}{a \int |x + C_1|^a f(x)\,dx + C_2}.$$

Ince, Diff. Equations, S. 338 (Druckfehler).

$y\,y'' - (y'^2 + 1) - 2a\,y\,(y'^2 + 1)^{\frac{3}{2}} = 0$ 6·132

DGl für die Meridiankurven der Rotationsflächen mit konstanter mittlerer Krümmung a.

Für $a = 0$: die Kettenlinie $C_1\,y = \operatorname{Cos}(C_1\,x + C_2)$;

Für $a = \pm 1$: das elliptische Integral

$$x = \int \frac{y^2 + C_1}{\sqrt{y^2 - (y^2 + C_1)^2}}\,dy + C_2.$$

Die IKurven werden von dem Brennpunkt eines Kegelschnitts beschrieben der auf einer Geraden rollt.

Serret-Scheffers, Differential- und Integralrechnung III, S. 392–394.

$(y + x)\,y'' + y'^2 - y' = 0$; exakte DGl. 6·133

$$(y + x)\,y' - 2\,y = C.$$

$(y - x)\,y'' - 2\,y'\,(y' + 1) = 0$; Sonderfall von 6·136. 6·134

$$y = C; \quad y = C - x; \quad y = C_1 + \frac{C_2}{x - C_1}.$$

Nach Mitteilung von *U. Wegner*.

$(y - x)\,y'' + (y' + 1)\,(y'^2 + 1) = 0$; Sonderfall von 6·136. 6·135

Man findet $y + x = C_1$, sowie die weiteren Lösungen aus der DGl 1·502

$$(y - x)^2\,(y'^2 + 1) - C_2^2\,(y' + 1)^2 = 0,$$

d. h.

$$(x - C_3)^2 + (y - C_3)^2 = C_2^2.$$

Julia, Exercices d'Analyse III, S. 87–93.

6·136 $(y - x)\, y'' + f(y') = 0$

Lösungen sind $y = a\,x + C_1$ für die Zahlen a, welche die Gl $f(a) = 0$ erfüllen. Die übrigen Lösungen erhält man aus

$$(y - x)\,\varphi(y') = C_2 \quad \text{mit} \quad \varphi(u) = \exp\left(\int \frac{u-1}{f(u)}\,du\right).$$

Julia, Exercices d'Analyse III, S. 86f.

6·137 $2\,y\,y'' + y'^2 + 1 = 0$; Sonderfall von 6·165 und 6·54.

$$C_1 \operatorname{arc\,tg} \sqrt{\frac{y}{C_1 - y}} - \sqrt{y\,(C_1 - y)} = x + C_2$$

oder in Parameterdarstellung die Zykloiden

$$x = C_1\,(t - \sin t) + C_2,\ \ y = C_1\,(1 - \cos t)\,.$$

6·138 $2\,y\,y'' - y'^2 + a = 0$; Sonderfall von 6·165 und 6·224.

Die Lösungen erhält man aus

$$y'^2 - a = C\,y\,.$$

Ince, Diff. Equations, S. 339.

6·139 $2\,y\,y'' - y'^2 + f(x)\,y^2 + a = 0,\ \ a > 0.$

Sonderfall von 6·165. Sind u, v zwei Lösungen der linearen DGl

$$4\,y'' + f(x)\,y = 0\,,$$

welche die Bedingung $(u\,v' - u'\,v)^2 = a$ erfüllen, so ist $y = u\,v$ eine Lösung der gegebenen DGl.

Julia, Exercices d'Analyse III, S. 193—198; dort wird auch gezeigt, wie man dann alle Lösungen erhalten kann.

6·140 $2\,y\,y'' - y'^2 - 8\,y^3 = 0$; Sonderfall von 6·165 und 6·224.

Die Lösungen erhält man aus der mit elliptischen Funktionen lösbaren DGl

$$y'^2 = 4\,y^3 + C\,y$$

Ince, Diff. Equations, S. 337.

6·141 $2\,y\,y'' - y'^2 - 8\,y^3 - 4\,y^2 = 0$; Sonderfall von 6·165 und 6·224.

Die Lösungen erhält man aus der mit elliptischen Funktionen lösbaren DGl

$$y'^2 = 4\,y^3 + 4\,y^2 + C\,y\,.$$

Ince, Diff. Equations, S. 337.

$$2\, y\, y'' - y'^2 - 8\, y^3 - 4\, x\, y^2 = 0$$ 6·142

Für $y = \pm u^2$ entsteht die DGl 6·9 bzw. 6·6

$$u'' \mp 2\, u^3 - x\, u = 0\,.$$

$$2\, y\, y'' - y'^2 + a\, y^3 + b\, y^2 = 0;$$ Sonderfall von 6·165 und 6·224. 6·143

Für $y = u^2$ erhält man

$$4\, u'' + a\, u^3 + b\, u = 0\,,$$

und hieraus für $p(u) = u'(x)$ die DGl

$$2\, (p^2)' + a\, u^3 + b\, u = 0\,.$$

B. Gambier, Acta Math. 33 (1910) 27.

$$2\, y\, y'' - y'^2 + a\, y^3 + 2\, x\, y^2 + 1 = 0, \quad a \neq 0.$$ 6·144

Für eine Lösung $y(x) \neq 0$ sei $u(x)$ durch

$$y' = 2\, u\, y - 1$$

definiert. Dann folgt aus der DGl

(1) $$a\, y = -4\, u' - 4\, u^2 - 2\, x$$

und

(2) $$u'' - 2\, u^3 - x\, u - \frac{a}{4} + \frac{1}{2} = 0\,.$$

Ist umgekehrt u eine Lösung von (2), so erhält man aus (1) eine Lösung der ursprünglichen DGl. Damit ist die ursprüngliche DGl auf (2), d. h. auf den Typus 6·6 zurückgeführt.

B. Gambier, Acta Math. 33 (1910) 31, Gl (3). *Ince*, Diff. Equations, S. 340.

$$2\, y\, y'' - y'^2 + a\, y^3 + b\, x\, y^2 = 0$$ 6·145

Für $y = u^2$ entsteht die DGl 6·9

$$4\, u'' + a\, u^3 + b\, x\, u = 0\,.$$

P. Painlevé, Acta Math. 25 (1902) 35, Gl (4) (Druckfehler).

$$2\, y\, y'' - y'^2 - 3\, y^4 = 0;$$ Sonderfall von 6·165 und 6·224. 6·146

Die Lösungen erhält man aus der durch elliptische Funktionen lösbaren DGl

$$y'^2 = y^4 + C\, y\,.$$

Ince, Diff. Equations, S. 339.

6·147 $2yy'' - y'^2 - 3y^4 - 8xy^3 - 4(x^2 + a)y^2 + b = 0$

Im allgemeinen nicht durch die klassischen Funktionen in geschlossener Form lösbar; die Lösungen sind sog. Painlevésche transzendente Funktionen.

B. Gambier, Acta Math. 33 (1910) 31; Gl (3). *Ince*, Diff. Equations, S. 345.

6·148 $2yy'' - y'^2 + 3fyy' - 8y^3 + 2(f' + f^2)y^2 = 0, \quad f = f(x).$

Die DGl läßt sich auf die DGl erster Ordnung

$$(y' + fy)^2 = 4y\left\{y^2 + C\exp\left(-2\int f\,dx\right)\right\}$$

zurückführen.

P. Painlevé, Acta Math. 25 (1902) 35, Gl (3).

6·149 $2yy'' - y'^2 + 4y^2y' + y^4 + f(x)y^2 + 1 = 0$

Für $y = \dfrac{u'}{u}$ entsteht

$$2u'u''' - u''^2 + fu'^2 + u^2 = 0$$

und hieraus durch Differenzieren die lineare DGl

$$u^{(4)} + fu'' + \frac{1}{2}f'u' + u = 0.$$

Ince, Diff. Equations, S. 338f.

6·150 $2yy'' - 3y'^2 = 0$; Sonderfall von 6·224.

Dividiert man die Gl durch yy', so kann man sie integrieren.

$$y = C_1(x + C_2)^{-2} \quad \text{und} \quad y = C.$$

Ince, Diff. Equations, S. 15, Gl (2).

6·151 $2yy'' - 3y'^2 - 4y^2 = 0$; Typus 6·224.

Wählt man y als unabhängige Veränderliche, so erhält man für $p(y) = y'(x)$ die homogene DGl

$$2ypp' - 3p^2 - 4y^2 = 0,$$

und hieraus

$$y\cos^2(x + C_1) = C_2.$$

Forsyth-Jacobsthal, DGlen, S. 144, 710.

6·152 $2yy'' - 3y'^2 + f(x)y^2 = 0$

Für $u(x) = |y|^{-\frac{1}{2}}$ entsteht die lineare DGl $4u'' = f(x)u$.

$2\,y\,y'' - 6\,y'^2 + a\,y^5 + y^2 = 0$; Typus 6·224. 6·153

Für $p(y) = y'$ erhält man die Bernoullische DGl

$$p' - \frac{3\,p}{y} + \frac{a\,y^4 + y}{p} = 0\,,$$

$$4\,p^2 = 4\,a\,y^5 + y^2 + C\,y^6.$$

$2\,y\,y'' - y'^2\,(y'^2 + 1) = 0$; Typus A 15·3 (a). 6·154

Indem man $p(y) = y'(x)$ einführt, erhält man die DGl

$$y = 2\,C\,\frac{y'^2}{y'^2 + 1}$$

die von dem Typus A 4·17 (a) ist. Daher wird

$$x = 2\,C_1\,\frac{t}{t^2 + 1} + 2\,C_1 \operatorname{arc\,tg} t + C_2\,, \quad y = 2\,C_1\,\frac{t^2}{t^2 + 1}$$

oder für $t = \operatorname{tg}\frac{1}{2}u$

$$x = C_1\,u + C_1 \sin u + C_2\,, \quad y = C_1\,(1 - \cos u)\,,$$

also die Zykloiden, die mit ihrem Scheitelpunkt die x-Achse berühren.

Ince, Diff. Equations, S. 61; dort anders behandelt.

$2\,(y - a)\,y'' + y'^2 + 1 = 0$ 6·155

Die DGl ist vom Typus A 15·3 (a) und 6·224 Mit der ersten Methode erhält man

$$2\,x = C_1 \pm \sqrt{(y - a + C_2)\,(a - y)} \mp C_2 \operatorname{arc\,tg} \sqrt{\frac{a - y}{y - a + C_2}}\,.$$

Forsyth-Jacobsthal, DGlen, S. 97.

$3\,y\,y'' - 2\,y'^2 = a\,x^2 + b\,x + c$ 6·156

Durch dreimaliges Differenzieren erhält man für die Lösungen die DGl

$$3\,y\,y^{(5)} + 5\,y'\,y^{(4)} = 0$$

und hieraus

$$y^{(4)} = C\,|y|^{-\frac{5}{3}}\,;$$

weiter durch Elimination der höheren Ableitungen aus den erhaltenen Glen:

$$(2\,R\,y' - 3\,R'\,y)^2 = 9\,(b^2 - 4\,a\,c)\,y^2 - 2\,R^3 + C\,R\,|y|^{\frac{4}{3}}$$

mit $$R = a\,x^2 + b\,x + c\,.$$

Wird $u(x)$ durch $u^3 y^2 = R^3$ eingeführt, so ist u durch

$$\int u^{-1} [9 (b^2 - 4 a c) + C_1 u - 2 u^3]^{-\frac{1}{2}} du \pm \int \frac{dx}{3 R} = C_2$$

bestimmt, soweit die auftretenden Nenner $\neq 0$ sind.

Laguerre, Oeuvres I, S. 402–405. *Forsyth-Jacobsthal*, DGlen, S. 335ff.

6·157 $\mathbf{3\, y\, y'' - 5\, y'^2 = 0}$; Typus 6·224.

$$y^2 = (C_1 x + C_2)^{-3}.$$

6·158 $\mathbf{4\, y\, y'' - 3\, y'^2 + 4\, y = 0}$; Sonderfall von 6·238.

Für $y = \pm u^2$ entsteht die DGl 6·138

$$2 u u'' - u'^2 \pm 1 = 0 .$$

Ince, Diff. Equations, S. 337.

6·159 $\mathbf{4\, y\, y'' - 3\, y'^2 - 12\, y^3 = 0}$; Sonderfall von 6·224.

Für $y = \pm u^2$ entsteht die DGl 6·143

$$2 u u'' - u'^2 \mp 3 u^4 = 0 .$$

Ince, Diff. Equations, S. 337.

6·160 $\mathbf{4\, y\, y'' - 3\, y'^2 + a\, y^3 + b\, y^2 + c\, y = 0}$; Sonderfall von 6·165 und 6·224

Für $y = \pm u^2$ entsteht die DGl 6·165 in einfacherer Form

$$2 u u'' - u'^2 \pm \frac{1}{4} (a u^4 \pm b u^2 + c) = 0$$

6·161 $\mathbf{4\, y\, y'' - 3\, y'^2 + \left(6\, y^2 - 2 \frac{f'}{f} y\right) y' + y^4 - 2 \frac{f'}{f} y^3 + g\, y^2 + f\, y = 0}$, $f = f(x)$, $g = g(x)$.

$$4 y = -f \left(2 u' + u^2 - \frac{f'}{f} + \frac{g}{4}\right)^{-1},$$

wo $u = \frac{v'}{v}$ ist und v Lösung der linearen DGl

$$v''' = \frac{3 f'}{2 f} v'' + \left(\frac{f''}{f} - \frac{f'^2}{f^2} - \frac{g}{4}\right) v' + \frac{1}{8} \left(\frac{f'}{f} g - f - g'\right) v$$

ist.

B. Gambier, Acta Math 33 (1910) 28, Gl (2). *Ince*, Diff. Equations, S. 338 XXV). Nicht nachgeprüft.

$4\,y\,y'' - 5\,y'^2 + a\,y^3 = 0$; Sonderfall von 6·224. 6·162

Für $a = -4\,\alpha^2$ sind Lösungen z. B. $y = (\alpha\,x + C)^{-2}$.

$12\,y\,y'' - 15\,y'^2 + 8\,y^3 = 0$; Sonderfall von 6·224. 6·163

$$y\,[(x + C_1)^2 + C_2]^2 = 6\,C_2\,.$$

$n\,y\,y'' - (n-1)\,y'^2 = 0$; Sonderfall von 6·224. 6·164

$$y = (C_1\,x + C_2)^n\,.$$

Ince, Diff. Equations, S. 337.

$a\,y\,y'' + b\,y'^2 + c_4\,y^4 + \cdots + c_1\,y + c_0 = 0$; Typus 6·224. 6·165

Die DGl läßt sich auf die leicht lösbare lineare DGl

$$\frac{1}{2}\,a\,y\,u' + b\,u + c_4\,y^4 + \cdots + c_0 = 0$$

für $u = u(y)$ zurückführen; dabei ist $y'(x) = p(y)$, $p^2 = u$ gesetzt. Im Falle $a = 1$, $b = -1$ ergibt sich aus dieser linearen DGl

$$y'^2 + c_4\,y^4 + 2\,c_3\,y^3 + 2\,c_2\,y^2 \log|y| - 2\,c_1\,y - c_0\,y^{-1} = C\,y^2,$$

und im Falle $a = 2$, $b = -1$:

$$y'^2 + \frac{1}{3}\,c_4\,y^4 + \frac{1}{2}\,c_3\,y^3 - c_2\,y^2 - c_1\,y \log|y| - c_0 = C\,y\,.$$

Wenn die logarithmischen Glieder fehlen, lassen sich die Lösungen dieser DGlen durch elliptische Funktionen darstellen.

Ist $a = -2\,b$ und $c_1 = 0$, so kann man auch so vorgehen: Man differenziere die ursprüngliche DGl nach x und dividiere dann durch y; man erhält

$$a\,y''' + 4\,c_4\,y^2\,y' + 3\,c_3\,y\,y' + 2\,c_2\,y' = 0\,,$$

also

$$a\,y'' + \frac{4}{3}\,c_4\,y^3 + \frac{3}{2}\,c_3\,y^2 + 2\,c_2\,y + C = 0\,,$$

und durch Kombination dieser DGl mit der ursprünglich gegebenen

$$b\,y'^2 = \frac{1}{3}\,c_4\,y^4 + \frac{1}{2}\,c_3\,y^3 + c_2\,y^2 + C\,y - c_0\,.$$

B. Gambier, Acta Math. 33 (1910) 27.

$a\,y\,y'' + b\,y'^2 - \dfrac{y\,y'}{\sqrt{x^2 + c^2}} = 0$ 6·166

Für $y' = y\,u(x)$ entsteht die Bernoullische DGl

$$u' - \frac{u}{a\sqrt{x^2 + c^2}} + \left(1 + \frac{b}{a}\right) u^2 = 0\,.$$

Man kann auch so vorgehen: Dividiert man die gegebene DGl durch $y\,y'$, so entsteht

$$\frac{d}{dx}\left\{a \log|y'| + b \log|y| - \log\left(x + \sqrt{x^2 + c^2}\right)\right\} = 0;$$

hieraus folgt

$$y^{1+\frac{b}{a}} = C_1 + C_2\left(x + \sqrt{x^2 + c^2}\right)^{\frac{1}{a}}\left(\sqrt{x^2 + c^2} - a\,x\right).$$

Forsyth-Jacobsthal, DGlen, S. 101, 693.

6·167 $\boldsymbol{a\,y\,y'' - (a-1)\,y'^2 + (a+2)\,f\,y^2\,y' + f^2\,y^4 + a\,f'\,y^3 = 0}$, $f = f(x)$.

Für
$$y = \frac{v(x)}{\int f\,v\,dx}$$
entsteht
$$v\,v'' = \frac{a-1}{a}\,v'^2,$$
also
$$v = (C_1\,x + C_0)''\,..$$

B. Gambier, Acta Math. 33 (1910) 28, Gl (1).

6·168 $\boldsymbol{(a\,y + b)\,y'' + c\,y'^2 = 0}$

Nach Division durch $(a\,y + b)\,y'$ läßt sich die DGl integrieren. Man erhält

$$a\,y + b = \begin{cases} (C_1\,x + C_0)^{\frac{a}{a+c}} & \text{für } a + c \neq 0, \\ C_0\,e^{C_1 x} & \text{für } a + c = 0. \end{cases}$$

6·169 $\boldsymbol{x\,y\,y'' + x\,y'^2 - y\,y' = 0}$

Die DGl kann in der Gestalt $x(y^2)'' = (y^2)'$ geschrieben werden. Hieraus folgt

$$y^2 = C_1\,x^2 + C_2.$$

A. Guldberg, Journal f. Math. 118 (1897) 161.

6·170 $\boldsymbol{x\,y\,y'' + x\,y'^2 + a\,y\,y' + f(x) = 0}$

Für $u(x) = y^2$ entsteht die lineare DGl

$$x\,u'' + a\,u' + 2\,f(x) = 0,$$

und hieraus

$$u = C_1 + C_2\,x^{1-a} - 2\int x^{-a}\left(\int x^{a-1} f(x)\,dx\right)dx.$$

$$\boldsymbol{x\, y\, y'' - x\, y'^2 + y\, y' + a\, x\, y^4 + b\, y^3 + c\, y + d\, x = 0}$$

Die DGl ist im allgemeinen nicht durch die klassischen Funktionen n geschlossener Form integrierbar.

Ince, Diff. Equations, S. 335 (XIII).

$$\boldsymbol{x\, y\, y'' - x\, y'^2 + a\, y\, y' + b\, x\, y^3 = 0}$$

Das ist

$$x \frac{d^2}{dx^2} \log y + a \frac{d}{dx} \log y + b\, x\, y = 0\,.$$

Für $u(x) = \log y$ entsteht also die DGl 6·76 mit u statt y.

Wird $b = \pm \beta^2$ gesetzt, so geht die DGl durch $y(x) = \bar{y}(\bar{x})$, $\bar{x} = \beta\, x$ über in

(1) $$x\, y\, y'' - x\, y'^2 + a\, y\, y' \pm x\, y^3 = 0\,,$$

wobei die eigentlich zu schreibenden Querstriche wieder fortgelassen sind. Eine Lösung von (1) ist

$$y = \pm (2\, a - 2)\, x^{-2}\,.$$

Durch $y = x^{-2} \eta(\xi)$, $\xi = \log x$ geht (1) über in

(2) $$\eta\, \eta'' - \eta'^2 + (a - 1)\, \eta\, \eta' \pm \eta^3 + (2 - 2\, a)\, \eta^2 = 0\,,$$

und weiter für $\eta'(\xi) = p(\eta)$ in

(3) $$\eta\, p\, p' - p^2 + (a - 1)\, \eta\, p \pm \eta^3 + (2 - 2\, a)\, \eta^2 = 0\,.$$

Für weitere Angaben s. 6·76.

$\boldsymbol{x\, y\, y'' + 2\, x\, y'^2 + a\, y\, y' = 0}$; Sonderfall von 6·51. 6·173

Für $u(x) = y^3$ entsteht die DGl $x\, u'' + a\, u' = 0$. Hieraus erhält man

$$y^3 = C_1 + C_2\, x^{1-a}\,.$$

$\boldsymbol{x\, y\, y'' - 2\, x\, y'^2 + (y + 1)\, y' = 0}$ 6·174

Gleichgradige DGl A 15·2. Für $y(x) = \eta(\xi)$, $\xi = \log |x|$ entsteht der Typus A 15·3 (a). Man erhält die Lösungen

$$y = C, \quad y = \frac{1}{2} \log |x|, \quad 2\, C\, y = \operatorname{tg}(C \log |x|), \quad 2\, C\, y = \mathfrak{Ctg}\,(C \log |x|).$$

$\boldsymbol{x\, y\, y'' - 2\, x\, y'^2 + a\, y\, y' = 0}$; Sonderfall von 6·51. 6·175

Für $u(x) = \dfrac{1}{y}$ entsteht $x\, u'' + a\, u' = 0$. Hieraus erhält man

$$\frac{1}{y} = \begin{cases} C_1 + C_2\, x^{1-a} & \text{für } a \neq 1\,, \\ C_1 + C_2 \log x & \text{für } a = 1\,. \end{cases}$$

6·176 $\boldsymbol{x\,y\,y'' - 4\,x\,y'^2 + 4\,y\,y' = 0}$

Bei Division durch $x\,y$ entsteht der Typus 6·51

$$y^{-3} = C_1 + C_2\,x^{-3}.$$

Forsyth-Jacobsthal, DGlen, S. 724.

6·177 $\boldsymbol{x\,y\,y'' + \left(\frac{a\,x}{\sqrt{b^2 - x^2}} - x\right) y'^2 - y\,y' = 0}$

Für $y' = y\,u(x)$ ergibt sich eine Bernoullische DGl für u. Damit erhält man die Lösungen $y = C$ und

$$y = C_1 \exp\left\{\frac{1}{a}\sqrt{b^2 - x^2} + \frac{C_2}{a^2}\log\left(C_2 - a\sqrt{b^2 - x^2}\right)\right\}.$$

Forsyth-Jacobsthal, DGlen, S. 101, 693.

6·178 $\boldsymbol{x\,(y + x)\,y'' + x\,y'^2 - (y - x)\,y' - y = 0}$

Gleichgradige DGl. Man setze $u(x) = y + x$, $v = \frac{u'}{u}$. Man erhält dann wieder eine gleichgradige DGl; deren Auflösung führt zu

$$(y + x)^2 = C_1\,x^2 + C_2.$$

Schneller kommt man zum Ziel, wenn man $u(x) = (y + x)^2$ setzt; man erhält dann die DGl $x\,u'' - u' = 0$.

Forsyth-Jacobsthal, DGlen, S. 144, 711.

6·179 $\boldsymbol{2\,x\,y\,y'' - x\,y'^2 + y\,y' = 0}$; Typus 6·51.

$$y = C_1\left(\sqrt{|x|} + C_2\right)^2.$$

6·180 $\boldsymbol{x^2\,(y - 1)\,y'' - 2\,x^2\,y'^2 - 2\,x\,(y - 1)\,y' - 2\,y\,(y - 1)^2 = 0}$

Für $y = 1 + \frac{1}{u(x)}$ entsteht die DGl A 22·3

$$x^2\,u'' - 2\,x\,u' + 2\,u = -2$$

mit den Lösungen

$$u = -1 + C_1\,x + C_2\,x^2.$$

Forsyth, Diff. Equations III, S. 190f.

6·181 $\boldsymbol{x^2\,(y + x)\,y'' - (x\,y' - y)^2 = 0}$

Man setze $y + x = x\,u(x)$, $v = \frac{u'}{u}$. Es entsteht die DGl $x\,v' + 2\,v = 0$. Hieraus erhält man

$$y = -x + x\,C_1 \exp\frac{C_2}{x}$$

$$x^2 (y - x)\, y'' = a\,(x\,y' - y)^2$$ 6·182

Für $y - x = x\,u(x)$ entsteht

$$x\,u\,u'' - a\,x\,u'^2 + 2\,u\,u' = 0$$

und hieraus für $v(x) = \frac{u'}{u}$ die Bernoullische DGl

$$x\,v' + (1 - a)\,x\,v^2 + 2\,v = 0\,.$$

Für $w(x) = \frac{1}{v}$ geht diese über in die lineare DGl

$$w' - \frac{2}{x}\,w = 1 - a$$

mit den Lösungen $w = (a - 1)\,x + C\,x^2$. Hiermit erhält man für $a \neq 1$

$$u = \pm \left| C_0 + \frac{C_1}{x} \right|^{\frac{1}{1-a}}$$

Forsyth, Diff. Equations III, S. 205f.

$$2\,x^2\,y\,y'' - x^2\,(y'^2 + 1) + y^2 = 0;$$ Sonderfall von 6·139. 6·183

$$y = x\left(C_1 + \sqrt{4\,C_1\,C_2 - 1}\,\log|x| + C_2 \log^2|x|\right).$$

Julia, Exercices d'Analyse III, S. 194—199.

$$a\,x^2\,y\,y'' + b\,x^2\,y'^2 + c\,x\,y\,y' + d\,y^2 = 0$$ 6·184

Ist $a + b = 0$, so setze man $y' = y\,u(x)$; es entsteht die lineare DGl

$$a\,x^2 + c\,x\,u + d = 0\,.$$

Ist $a + b \neq 0$, so setze man

$$y = u^\alpha, \quad u = u(x), \quad \alpha = \frac{a}{a + b};$$

es entsteht die Eulersche DGl

$$a\,\alpha\,x^2\,u'' + c\,\alpha\,x\,u' + d\,u = 0\,.$$

$$x\,(x + 1)^2\,y\,y'' - x\,(x + 1)^2\,y'^2 + 2\,(x + 1)^2\,y\,y' - a\,(x + 2)\,y^2 = 0$$ 6·185

Für $y' = u(x)\,y$ erhält man eine lineare DGl für u, und aus dieser

$$y = C_1\,|x + 1|^a \exp\frac{C_2}{x}\,.$$

$$8\,(x^3 - 1)\,y\,y'' - 4\,(x^3 - 1)\,y'^2 + 12\,x^2\,y\,y' - 3\,x\,y^2 = 0$$ 6·186

Für $y = \eta^2(\xi)$, $\xi = x^3$ entsteht die hypergeometrische DGl 2·260

$$\xi\,(\xi - 1)\,\eta'' + \left(\frac{7}{6}\,\xi - \frac{2}{3}\right)\eta' - \frac{1}{48}\,\eta = 0\,.$$

Vgl. auch *Forsyth-Jacobsthal*, DGlen, S. 516f., wo einzelne Lösungen in komplexer Form angegeben sind.

6·187 $f(x)\, y\, y'' + g(x)\, y'^2 + h(x)\, y\, y' + k(x)\, y^2 = 0$

Für $u(x) = \frac{y'}{y}$ entsteht die Riccatische DGl

$$f\, u' + (f + g)\, u^2 + h\, u + k = 0;$$

ist $g = -f$, so ist diese sogar linear.

P. Appell, Journal de Math. (4) 5 (1889) 392ff.

188—225. $f(x, y)\, y'' = F(x, y, y')$.

6·188 $y^2 y'' = a$; DGl des freien Falls.

Man erhält $y\, y'^2 + 2a = C\, y$. Diese DGl ist leicht lösbar, wenn man y als unabhängige Veränderliche einführt, d. h. die DGl

$$y = (C\, y - 2\, a) \left(\frac{dx}{dy}\right)^2$$

betrachtet.

Fry, Diff. Equations, S. 111f. *Kamke*, DGlen, S. 2291

6·189 $y^2 y'' + y\, y'^2 + a\, x = 0$

Für $\frac{1}{y} = u'(x)$ entsteht

$$-u'\, u''' + 3\, u''^2 + a\, x\, u'^5 = 0$$

und hieraus, wenn u als unabhängige Veränderliche gewählt wird, die lineare DGl

$$x'''(u) + a\, x(u) = 0\,.$$

Euler II, S. 134—138. Vgl. auch 6·190.

6·190 $y^2 y'' + y\, y'^2 = a\, x + b$

Für $u(x) = y^2$ entsteht die DGl

$$u'' \sqrt{u} = 2\, a\, x + 2\, b\,.$$

Diese ist nach Multiplikation mit $\frac{u'^2}{\sqrt{u}} - 4\,(a\, x + b)$ exakt. Durch Integration erhält man dann

$$u'^3 - 12\, u' \sqrt{u}\,(a\, x + b) + 8\, a \sqrt{u^3} + \frac{8}{a}\,(a\, x + b)^3 = C\,,$$

d. i.

$$y^3\, y'^3 - 3\, y^2\, y'\,(a\, x + b) + a\, y^3 + \frac{1}{a}\,(a\, x + b)^3 = C\,.$$

Euler II, S. 143. Für $b = 0$ vgl. auch 6·189.

$(y^2+1)\, y'' - (2y-1)\, y'^2 = 0$ 6·191

Mit A 15·3 (a) erhält man

$$y = \operatorname{tg} \log (C_1 x + C_2)\,.$$

Man kann auch benutzen, daß die DGl nach Division durch y^2+1 exakt ist.

P. Painlevé, Acta Math. 25 (1902) 5. *Ince*, Diff. Equations, S. 317.

$(y^2+1)\, y'' - 3\, y\, y'^2 = 0$; Typus 6·224. 6·192

$$[1 - (C_1 x + C_2)^2]\, y^2 = (C_1 x + C_2)^2\,.$$

$(y^2+x)\, y'' + 2\,(y^2 - x)\, y'^3 + 4\, y\, y'^2 + y' = 0$ 6·193

Wird y statt x als unabhängige Veränderliche eingeführt, so erhält man für $x = x(y)$

$$(y^2 + x)\, x'' - 2\,(y^2 - x) - 4\, y\, x' - x'^2 = 0\,,$$

und weiter für $v(y) = y^2 + x$ die DGl $v\, v'' = v'^2$, und hieraus

$$y^2 + x = C_1 \exp C_2\, y \quad \text{sowie} \quad y = C\,.$$

$(y^2+x^2)\, y'' - (y'^2+1)\,(x\, y' - y) = 0$ 6·194

Es folgt

$$\operatorname{arc\,tg} y' - \operatorname{arc\,tg} \frac{y}{x} = C_1 \quad \text{oder} \quad y' - \frac{y}{x} = \left(1 + y'\, \frac{y}{x}\right) C_1$$

Durch Einführung von Polarkoordinaten

$$x = r \cos \varphi\,, \quad y = r \sin \varphi$$

erhält man weiter

$$r = C_2\, e^{C_1 \varphi}\,.$$

Julia, Exercices d'Analyse, S. 38ff.

$(y^2+x^2)\, y'' - 2\,(y'^2+1)\,(x\, y' - y) = 0$ 6·195

Die Lösungen sind die oberen und unteren Hälften der Kreise durch den Nullpunkt

$$x^2 + y^2 + C_1 x + C_2 y = 0$$

sowie die Geraden $y = C\, x$.

Serret-Scheffers, Differential- und Integralrechnung III, S. 345.

6·196 $\mathbf{2\,y\,(y-1)\,y''-(2\,y-1)\,y'^2+f(x)\,y\,(y-1)\,y'=0}$

Die Lösungen erhält man aus

$$y'^2 = C\,y\,(y-1)\exp\left(-\int f\,dx\right).$$

P. Painlevé, Acta Math. 25 (1902) 40, Gl (3).

6·197 $\mathbf{2\,y\,(y-1)\,y''-(3\,y-1)\,y'^2+f(y)=0}$

Die DGl ist von dem Typus 6·224. Ist $f\equiv 0$, so sind die Lösungen

$$y = -\operatorname{tg}^2(C_1\,x + C_2) \quad \text{und} \quad y = \mathfrak{Tg}\,(C_1\,x + C_2)\,.$$

Ince, Diff. Equations, S. 340.

6·198 $\mathbf{2\,y\,(y-1)\,y''-(3\,y-1)\,y'^2+4\,y\,y'\,(f\,y+g)}$
$\mathbf{+\,4\,y^2\,(y-1)\,(g^2-f^2-g'-f')=0}$, $f=f(x)$, $g=g(x)$.

Die Lösungen erhält man aus

$$[y' - 2\,(f+g)\,y]^2 = y\,(y-1)^2\,u^2 \quad \text{mit} \quad u = C\exp\int (g-f)\,dx\,.$$

P. Painlevé, Acta Math. 25 (1902) 39 Gl (1).

6·199 $\mathbf{2\,y\,(y-1)\,y''-(3\,y-1)\,y'^2-4\,(f\,y+g)\,y\,y'-(y-1)^3\,(\varphi^2\,y^2-\psi^2)}$
$\mathbf{-\,4\,y^2\,(y-1)\,(f^2-g^2-f'-g')=0}$;
f, g, φ, ψ gegebene Funktionen von x, und $\varphi' = 2\,f\,\varphi$, $\psi' = -\,2\,g\,\psi$.

Die DGl ist gleichwertig mit dem System

$$y' = -\,2\,(y-1)\,u + y\,(y-1)\,\varphi - 2\,y\,(f+g)\,,$$

$$y\,u' = -\,(y-1)\,u^2 - 2\,y\,u\,g + \frac{y-1}{4}\,\psi^2.$$

Elimination von y führt zu einer DGl für $u(x)$, die gleichwertig mit der Riccatischen DGl

$$u' + u^2 + (2\,g - \varphi)\,u = \frac{1}{4}\,\psi^2 + v$$

ist, wo $v' = 2\,(f-g)\,v$ ist.

Gambier, Acta Math. 33 (1910) 35f., Gl. (4). *Ince*, Diff. Equations, S. 341 (XL). Bei beiden Autoren ein Fehler.

6·200 $\mathbf{3\,y\,(y-1)\,y''-2\,(2\,y-1)\,y'^2+f(y)=0}$

Die DGl ist vom Typus A 15·3 (a) sowie 6·224. Ist $f\equiv 0$, so löse man die DGl nach y''/y' auf. Man erhält dann

$$y'^3 = C\,y^2\,(y-1)^2;$$

für die weitere Behandlung dieser DGl s. 1·519.

$4y(y-1)y'' - 3(2y-1)y'^2 + f(y) = 0$ 6·201

Die DGl ist von dem Typus 6·224. Ihre Lösungen erhält man aus den DGlen erster Ordnung

$$|y(y-1)|^{-\frac{3}{2}}\, y'^2 \pm \int f(y)\, |y(y-1)|^{-\frac{5}{2}}\, dy = C\,.$$

In manchen Fällen ist die Transformation

$$u^2(x) = 1 - \frac{1}{y}$$

vorteilhaft. Ist $f \equiv 0$, so ist es einfacher, die ursprüngliche DGl nach y''/y' aufzulösen. Man erhält dann

$$y'^4 = C\, y^3\, (y-1)^3.$$

Für Sonderfälle vgl. auch *Ince*, Diff. Equations, S. 342.

$a y(y-1)y'' + (by + c)\, y'^2 + f(y) = 0$ 6·202

Multipliziert man die DGl mit

$$y^{-\alpha}(y-1)^{-\beta}, \quad \text{wo} \quad \alpha = 1 + \frac{c}{a}, \quad \beta = 1 - \frac{b+c}{a}$$

ist, so erhält sie die Gestalt 6·224.

$a y(y-1)y'' - (a-1)(2y-1)\, y'^2 + f(x)\, y(y-1)\, y' = 0$ 6·203

Die Lösungen erhält man aus

$$y' = C\, y^{1-\frac{1}{a}}\, (y-1)^{1-\frac{1}{a}} \exp\left(-\frac{1}{a}\int f\, dx\right).$$

P. Painlevé, Acta Math. 25 (1902) 41.

$ab\, y(y-1)y'' - [(2ab - a - b)\, y + (1-a)\, b]\, y'^2$
$+ f(x)\, y(y-1)\, y' = 0$ 6·204

Die Lösungen erhält man aus

$$y' = C\, y^{1-\frac{1}{a}}\, (y-1)^{1-\frac{1}{b}} \exp\left(-\frac{1}{ab}\int f\, dx\right).$$

P. Painlevé, Acta Math. 25 (1902) 41.

$x y^2 y'' = a$ 6·205

Die DGl läßt sich auf die Gestalt 6·101 mit $a = 1$, $b = c = 0$, $f(s) = a s^{-2}$ bringen. Für $y = x\, u(x)$ erhält man die DGl mit getrennten Variabeln

$$x^4 u'^2 = \frac{-2a}{u} + C\,.$$

6·206 $(x^2 - a^2)(y^2 - a^2)\, y'' - (x^2 - a^2)\, y\, y'^2 + x\,(y^2 - a^2)\, y' = 0$

Für $u(x) = |y^2 - a^2|^{-\frac{1}{2}}\, y'$ ergibt sich $(x^2 - a^2)\, u^2 = C$, d. h. die DGl mit getrennten Variabeln

$$(x^2 - a^2)\, y'^2 = C\,(y^2 - a^2)\,.$$

Forsyth-Jacobsthal, DGlen, S. 515.

6·207 $2\,x^2 y\,(y-1)\, y'' - x^2\,(3\,y-1)\, y'^2 + 2\,x\,y\,(y-1)\, y'$
$+ (a\,y^2 + b)\,(y-1)^3 + c\,x\,y^2\,(y-1) + d\,x^2 y^2\,(y+1) = 0$

Nach *Ince*, Diff. Equations, S. 341 (XXXIX) nicht durch die klassischen transzendenten Funktionen in geschlossener Form lösbar.

6·208 $x^3 y^2 y'' + (x\,y' - y)^3\,(y + x) = 0$; Typus 6·59.

Für $y(x) = x\,\eta(\xi)$, $\xi = \log x$ entsteht

$$\eta^2 \eta'' + (\eta + 1)\,\eta'^3 + \eta^2 \eta' = 0$$

und hieraus für $p(\eta) = \eta'(\xi)$ die Riccatische DGl

$$\eta^2 p' + (\eta + 1)\, p^2 + \eta^2 = 0\,.$$

A. Chiellini, Bolletino Unione Mat. Italiana 12 (1933) 14

6·209 $y^3 y'' = a$; Typus A 15·3 (a).

$$(C_1\, x - C_2)^2 + C_1\, y^2 + a = 0 \quad \text{und} \quad y^2 = 2\,x\sqrt{-a} + C\,.$$

Man kann auch benutzen, daß die DGl nach Multiplikation mit $2\,y \quad y'$ exakt ist.

Serret-Scheffers, Differential- und Integralrechnung III, S. 383f.

6·210 $(y^3 + y)\, y'' - (3\,y^2 - 1)\, y'^2 = 0$; Typus A 15·3 (a).

Vgl. auch *K. Hiemenz*, Die Grenzschicht an einem in den gleichförmigen Flüssigkeitsstrom eingetauchten geraden Kreiszylinder, Diss. Göttingen 1911 = Dinglers Polytechnisches Journal 326 (1911); dort ist eine Lösung numerisch berechnet.

$$y = C \quad \text{und} \quad (C_1\, x + C_0)\,(y^2 + 1) = 1\,.$$

6·211 $2\,y^3 y'' + y^4 - a^2 x\, y^2 = 1$

Offenbar hat keine IKurve einen Punkt mit der x-Achse gemeinsam. Da mit $y(x)$ auch $-y$ eine Lösung ist, kann man sich auf die Halbebene $y > 0$ beschränken. Jede IKurve läßt sich nach beiden Seiten beliebig weit fortsetzen. Aus der DGl folgt leicht, daß keine IKurve für $x \to \infty$

monoton abnehmen kann. Es gibt genau eine IKurve, die für alle hinreichend großen x nach unten konkav ist (Ausnahme-Integral); für dieses gibt es eine asymptotische Entwicklung

$$y \sim \sqrt{x}\left(a_0 + \frac{a_2}{x^2} + \frac{a_4}{x^4} + \cdots\right).$$

Jede andere IKurve besitzt unendlich viele Wendepunkte und hat die Eigenschaft, daß $y(x) - a\sqrt{x}$ unendlich viele Maxima und Minima hat, die für $x \to \infty$ abnehmen und deren Abszissen gegen ∞ streben; für diese Integrale gilt bei geeigneten Konstanten

$$y = a\sqrt{x} + C_1 \sin\left(x + \frac{C_1^2}{12x^2}\log x - C_1\right) + O\left(\frac{1}{\sqrt{x}}\right).$$

G. Ascoli, Rendiconti Lombardo (2) 69 (1936) 167–197.

$2y^3y'' + y^2y'^2 = ax^2 + bx + c$ 6·212

Wird für die Lösung $y(x) \neq 0$

$$\xi = \int \frac{dx}{y(x)}$$

als unabhängige Veränderliche gewählt und $\eta(\xi) = y(x)$ gesetzt, so entsteht die DGl

$$2\eta\eta'' - \eta'^2 = ax^2 + bx + c.$$

Hieraus folgt durch zweimalige Differentiation nach x

(1) $$2\eta''' = 2ax + b, \quad \eta^{(4)} = a\eta.$$

Man erhält also für $\eta(\xi)$ eine lineare DGl 4·3. Ist $\eta(\xi)$ eine Lösung dieser DGl, so erhält man aus der ersten Gl (1) x als Funktion ξ und damit auch ξ als Funktion von x, also schließlich $y(x) = \eta(\xi(x))$. Unter den so erhaltenen Funktionen müssen sich die Lösungen der ursprünglichen DGl befinden.

Euler II, S. 138–143, dort findet sich auch noch eine Reduktion der DGl auf eine DGl erster Ordnung.

$2(y-a)(y-b)(y-c)y''$ 6·213
$-[(y-a)(y-b)+(y-a)(y-c)+(y-b)(y-c)]y'^2$
$+[(y-a)(y-b)(y-c)]^2\left\{A + \frac{B}{(y-a)^2} + \frac{C}{(y-b)^2} + \frac{D}{(y-c)^2}\right\} = 0$

Sonderfall von 6·224. Nach *Ince*, Diff. Equations, S. 343f., ist die Lösung durch elliptische Funktionen darstellbar. Vgl. auch *B. Gambier*, Acta Math. 33 (1910) 48.

6·214 $(4y^3 - g_2 y - g_3) y'' - \left(6y^2 - \frac{1}{2} g_2\right) y'^2 = 0$, g_2, g_3 Konstante.

$$y = \wp(C_1 x + C_0, g_2, g_3).$$

P. Painlevé, Acta Math. 25 (1902) 25, Gl (1).

6·215 $(4y^3 - g_2 y - g_3) [y'' + f(x) y'] = \left(6y^2 - \frac{1}{2} g_2\right) y'^2$

Die Lösungen erhält man aus

$$y' = C\sqrt{4y^3 - g_2 y - g_3}\exp\left(-\int f\,dx\right).$$

P. Painlevé, Acta Math. 25 (1902), 42, Gl (1).

6·216 $2x(x-1)y(y-1)(y-x)y'' - x(x-1)(3y^2 - 2xy - 2y + x)y'^2$
$+ 2y(y-1)(2xy - y - x^2)y' - y^2(y-1)^2$
$- f(x)[y(y-1)(y-x)]^{\frac{3}{2}} = 0$

Ist $\varphi(u, x)$ die durch

$$u = \int_0^{\varphi} \frac{ds}{s(s-1)(s-x)}$$

definierte elliptische Funktion mit den (von x abhängenden) Perioden $2\omega_1(x)$, $2\omega_2(x)$, so sind die Lösungen der DGl

(1) $$y = \varphi(u + C_1\omega_1 + C_2\omega_2, x),$$

wo $u(x)$ eine Lösung der linearen DGl

$$4x(x-1)u'' + 4(2x-1)u' + u = f(x)$$

ist. Ist $f \equiv 0$, so kann in (1) $u = 0$ gesetzt werden.

Ince, Diff. Equations, S. 354 (II), 344 (L).

6·217 $2x^2(x-1)^2 y(y-1)(y-x)y'' - x^2(x-1)^2(3y^2 - 2xy - 2y + x)y'^2$
$+ 2x(x-1)y(y-1)(2xy - y - x^2)y' + ay^2(y-1)^2(y-x)^2$
$+ bx(y-1)^2(y-x)^2 + c(x-1)y^2(y-x)^2 + dx(x-1)y^2(y-1)^2 = 0$

Die DGl ist im allgemeinen nicht durch die klassischen transzendenten Funktionen integrierbar; *Ince*, Diff. Equations, S. 344 (L). Für den Fall $a = b = c = 0$, $d = -1$ s. 6·216.

6·218 $(k^2y^2 - 1)(y^2 - 1)y''$
$+ \left[(k^2 + 1 - 2k^2y^2)y + a\sqrt{(k^2y^2 - 1)(y^2 - 1)}\right]y'^2 = 0$

$a, k \neq 0$; Sonderfall von 6·54.

$$y = \operatorname{sn}\left[\frac{1}{a}\log(C_1 x + C_0), k\right].$$

P. Painlevé, Acta Math. 25 (1902) 5. *Ince*, Diff. Equations, S. 344ff.

$(y^2 + a x^2 + 2 b x + c)^2 y'' + d y = 0$ 6·219

Nach Division durch den Koeffizienten von y'' und Multiplikation mit $a x (x y' - y) + b (2 x y' - y) + c y'$ ist die DGl exakt. Durch Integration erhält man dann

$$(a x^2 + 2 b x + c)\, y'^2 - 2 (a x + b)\, y y' + a y^2 + \frac{d y^2}{y^2 + a x^2 + 2 b x + c} = C .$$

Man kann die DGl auch mittels der Transformation

$$y = u(x) \sqrt{a x^2 + 2 b x + c} \quad \text{reduzieren.}$$

Lautet die DGl insbesondere

$$(y^2 + x^2)^2 y'' + a y = 0 ,$$

so wird sie durch Multiplikation mit $2 x (y^2 + x^2)^{-2} (x y' - y)$ exakt. Durch Integration erhält man dann die homogene DGl

$$(x y' - y)^2 - \frac{a x^2}{x^2 + y^2} = C .$$

Euler II, S. 127–129. *Forsyth-Jacobsthal*, DGlen, S. 105, 694.

$y'' \sqrt{y} = a$; Typus A 23·1. 6·220

Für $p(y) = y'(x)$ entsteht $p p' = y^{-\frac{1}{2}}$, also

$$y'(x) = p = 2 \sqrt{a \sqrt{y} + C} .$$

Euler II, S. 19f.

$\sqrt{y^2 + x^2}\, y'' = a (y'^2 + 1)^{\frac{3}{2}}$; Gleichgradige DGl. 6·221

$$x = C_1 \frac{\cos t}{\sin s - a}, \quad y = C_1 \frac{\sin t}{\sin s - a} \quad \text{mit} \quad t = C_2 - \int \frac{\sin s}{\sin s - a}\, ds .$$

Euler II, S. 54ff. *Forsyth-Jacobsthal*, DGlen, S. 19, 692.

$y (1 - \log y)\, y'' + (1 + \log y)\, y'^2 = 0$ 6·222

Für $u(x) = \log y$ erhält man eine leicht lösbare DGl, und aus dieser

$$y = C \quad \text{und} \quad \log y = \frac{x + C_1}{x + C_2}.$$

Forsyth-Jacobsthal, DGlen, S. 98, 692.

$(a \sin^2 y + b)\, y'' + a y'^2 \sin y \cos y + A (a \sin^2 y + c)\, y = 0$ 6·223

Wählt man y als unabhängige Veränderliche, so erhält man für $u(y) = y'^2$ die lineare DGl 1·200 mit $u, y, 2 A$ statt u, x, A.

Intermédiaire math. (2) 3 (1924) 19, Nr. 5264.

6·224 $\boldsymbol{f(y)\, y'' + a\, f'(y)\, y'^2 + g(y) = 0}$

Die DGl ist, wenn man durch $f(y)$ dividiert, vom Typus 6·54. Das dortige Verfahren führt die DGl auf eine Bernoullische DGl zurück. Eine zweite Methode: Nach Multiplikation der DGl mit $\pm 2\,|f|^{2a-1}\, y'$ (das obere oder untere Vorzeichen gilt, je nachdem $f > 0$ oder < 0 ist) ist die Summe der beiden ersten Glieder die Ableitung von $|f|^{2a}\, y'^2$, also die DGl gleichwertig mit

$$|f|^{2a}\, y'^2 \pm 2 \int |f|^{2a-1}\, g\, dy = C\,.$$

6·225 $\boldsymbol{f(y)\, y'' - f'(y)\, y'^2 = f^2(y)\, \Phi\left(x, \frac{y'}{f(y)}\right)}$

Für $u(x) = \frac{y'}{f(y)}$ entsteht

$$u' = \Phi(x, u)\,.$$

L. E. Dickson, Annals of Math. (2) 25 (1924) 349.

226—249. Restliche Differentialgleichungen.

6·226 $\boldsymbol{y'\, y'' - x^2\, y\, y' - x\, y^2 = 0}$

Die DGl ist eine exakte. Man erhält also

$$y'^2 - x^2\, y^2 = C\,.$$

Forsyth-Jacobsthal, DGlen, S. 105, 694.

6·227 $\boldsymbol{(x\, y' - y)\, y'' + 4\, y'^2 = 0}$

Für $u(x) = \frac{y'}{y}$ ergibt sich eine gleichgradige DGl. Für $\eta(\xi) = x\, u(x)$, $\xi = \log|x|$ entsteht aus dieser weiter die DGl mit getrennten Veränderlichen

$$(1 - \eta)\,\eta' = \eta\,(\eta + 1)^2\,.$$

Setzt man noch

$$t(\xi) = \frac{1}{\eta + 1}\,,$$

so erhält man

$$(2\,t - 1)\, t' = t - 1$$

und damit die Lösungen in der Parameterdarstellung

$$x = C_1\,(t - 1)\, e^{2t}\,, \quad y = C_2\, t\, e^{-2t}\,.$$

Forsyth-Jacobsthal, DGlen, S. 144, 710.

$(x\,y' - y)\,y'' = (y'^2 + 1)^2$ 6·228

DGl der Evolventen aller Kreise mit dem Nullpunkt als Kreismittelpunkt.

Serret-Scheffers, Differential- und Integralrechnung III, S. 347.

$a\,x^3\,y'\,y'' + b\,y^2 = 0$ 6·229

Für $u(x) = \frac{y'}{y}$ entsteht

$$a\,x^3\,u\,(u' + u^2) + b = 0\,.$$

Diese DGl ist wieder gleichgradig. Für $x\,u = \eta(\xi)$, $\xi = \log|x|$ entsteht

$$a\,\eta\,(\eta' - \eta + \eta^2) + b = 0\,.$$

J. Thomae, Berichte Leipzig 54 (1902) 136—138. *Serret-Scheffers*, Differential- und Integralrechnung III, S. 400.

$f_1\,y'\,y'' + f_2\,y\,y'' + f_3\,y'^2 + f_4\,y\,y' + f_5\,y^2 = 0$, $f_\nu = f_\nu(x)$, $f_1 \neq 0$. 6·230

Die DGl geht, wenn f_1 und f_2 stetig differenzierbar sind, durch

$$\eta(\xi) = y(x)\exp\int\frac{f_2}{f_1}\,dx\,,\quad \frac{d\xi}{dx} = \exp\int\frac{2f_2 - f_3}{f_1}\,dx$$

in eine DGl der Gestalt

$$\eta'\,\eta'' + g(\xi)\,\eta\,\eta' + h(\xi)\,\eta^2 = 0$$

über. Ist hierin $h(\xi) = \frac{1}{2}g'(\xi)$, so sind ihre Lösungen offenbar die Lösungen der DGlen

$$\eta'^2 + g\,\eta^2 = C\,.$$

Durch $u(x) = \frac{y'}{y}$ geht die ursprüngliche DGl in die Abelsche DGl des Typus A 4·11 über.

Sind die f_ν Konstante, so hat die DGl Lösungen der Gestalt $C\,e^{a\,x}$.

P. Appell, Journal de Math. (4) 5 (1889) 410.

$(2\,y^2\,y' + x^2)\,y'' + 2\,y\,y'^3 + 3\,x\,y' + y = 0$ 6·231

Die DGl ist exakt. Ihre Lösungen erhält man daher aus

$$y^2\,y'^2 + x^2\,y' + x\,y = C\,.$$

$(y'^2 + y^2)\,y'' + y^3 = 0$ 6·232

Gleichgradige DGl. Für $y = e^u$ erhält man

$$u = C_1 + \frac{1}{2}\log\left|\sin\left(x\sqrt{3} + C_2\right)\right| \pm \int\left[1 + \frac{3}{4}\operatorname{ctg}^2\left(x\sqrt{3} + C_2\right)\right]^{\frac{1}{2}} dx\,.$$

Forsyth-Jacobsthal, DGlen, S. 144, 710.

6·233 $[y'^2 + a(x y' - y)] y'' = b$

Man differenziere die Gl nach x und entferne dann $x y' - y$ mit Hilfe der gegebenen Gl. Man erhält für $p(x) = y'(x)$

$$b p'' + (2p + a x) p'^3 = 0$$

oder, wenn p als unabhängige Veränderliche gewählt wird, die leicht lösbare lineare DGl für $x = x(p)$

$$x'' - \frac{a}{b} x = \frac{2}{b} p .$$

Forsyth, Diff. Equations III, S. 201f.

6·234 $\left(a\sqrt{y'^2+1} - x y'\right) y'' = y'^2 + 1$

Mit A 15·3·(b) erhält man die Parameterdarstellung

$$x = \frac{at + C_1}{v}, \quad y = \frac{C_1 t - a}{v} - C_1 \log(t + v) + C_2 \text{ mit } v = \sqrt{t^2 + 1} .$$

Forsyth-Jacobsthal, DGlen, S. 97, 691f.

6·235 $f(y') y'' + g(y) y' + h(x) = 0$

Hieraus folgt

$$\int f(y')\, dy' + \int g(y)\, dy + \int h(x)\, dx = C ,$$

d. h. die DGl zweiter Ordnung kann in DGlen erster Ordnung übergeführt werden.

A. Chiellini, Bolletino Unione Mat. Italiana 12 (1933) 13.

6·236 $y''^2 = a y + b$

Für $p(y) = y'(x)$ entsteht $(p p')^2 = a y + b$, und hieraus die leicht lösbare DGl erster Ordnung

$$y'^2 = \frac{4}{3a}(a y + b)^{\frac{3}{2}} + C .$$

6·237 $a^2 y''^2 - 2 a x y'' + y' = 0$, d. i. $(a y'' - x)^2 = x^2 - y'$.

Für $y' = u(x)$ erhält man eine DGl erster Ordnung.

Forsyth-Jacobsthal, DGlen, S. 98, 691f.

$$\mathbf{2\,(x^2+1)\,y''^2 - x\,(4\,y'+x)\,y'' + 2\,(y'+x)\,y' - 2\,y = 0}$$ 6·238

Durch Differentiation ergibt sich

$$[4\,(x^2+1)\,y'' - 4\,x\,y' - x^2]\,y''' = 0\,,$$

und hieraus

$$16\,y = (X+C)^2 + 2\,x\,(X+C)\,\sqrt{x^2+1} - 3\,x^2 \quad \text{mit} \quad X = \log\left(x + \sqrt{x^2+1}\right),$$

sowie

$$y = C_1\,x^2 + C_2\,x + 4\,C_1^2 + C_2^2\,.$$

Die Kurven der ersten Schar sind die Einhüllenden für die Kurven der zweiten Schar.

Serret-Scheffers, Differential- und Integralrechnung III, S. 369—371.

$$\mathbf{3\,x^2\,y''^2 - 2\,(3\,x\,y' + y)\,y'' + 4\,y'^2 = 0}$$ 6·239

$$y = C_1^2\,x^2 + C_1\,C_2\,x + C_2^2$$

und die Lösungen

$$y = C\,x^{1 \pm \frac{2}{\sqrt{3}}}$$

der linearen DGl

$$3\,x^2\,y'' - 3\,x\,y' - y = 0\,.$$

P. Appell, Journal de Math. (4) 5 (1889) 410f.

$$\mathbf{(9\,x^3 - 2\,x^2)\,y''^2 - 6\,x\,(6\,x-1)\,y'\,y'' - 6\,y\,y'' + 36\,x\,y'^2 = 0}$$ 6·240

$$y = C_1^2\,x^3 + C_1\,C_2\,x + C_2^2$$

und die Lösungen

$$y = C\,E\,x\,\sqrt{4\,x-1}\,, \quad \frac{C}{E}\,x\,\sqrt{4\,x-1} \quad \text{mit } E = \exp\int\frac{2\,\sqrt{9\,x^2 - 2\,x}}{4\,x^2 - x}\,dx$$

der linearen DGl

$$(9\,x^3 - 2\,x^2)\,y'' - 3\,x\,(6\,x-1)\,y' - 3\,y = 0\,.$$

P. Appell, Journal de Math. (4) 5 (1889) 411.

$$\sum_{p,\,q=0}^{2} \mathbf{f_{pq}\,(x)\,y^{(p)}\,y^{(q)} = 0}$$ 6·241

Vgl. 6·230 und die dort angegebene Arbeit von *Appell*. Bei *Appell* werden insbesondere auch Bedingungen dafür angegeben, daß die Lösungen der DGl von der Gestalt

$$y = C_1^2\,u_1 + C_1\,C_2\,u_2 + C_2^2\,u_3$$

sind, wo u_1, u_2, u_3 Lösungen einer linearen DGl dritter Ordnung sind, und daß dazu noch singuläre Lösungen treten, die einer linearen DGl zweiter Ordnung genügen.

6·242 $\boldsymbol{y\,y''^2 = a\,e^{2x}}$

DGl für den Raumladungsstrom im Zylinderkondensator. Für $y = x^{\frac{2}{3}} u$ entsteht die DGl

$$\left(x^2 u'' + \frac{8}{3}\,x\,u' + \frac{4}{9}\,u\right)\sqrt{u} = \pm\sqrt{a\,e^x}$$

Für die Lösung mit $y(0) = y'(0) = 0$ ergibt sich hieraus eine zur Berechnung der Lösung geeignete Entwicklung nach Potenzen von x.

Mündliche Mitteilung von *Braunbek*-Tübingen.

6·243 $\boldsymbol{(a^2 y^2 - b^2)\,y''^2 - 2\,a^2\,y\,y'^2\,y'' + (a^2 y'^2 - 1)\,y'^2 = 0}$

Man führe y als unabhängige Veränderliche ein durch $p(y) = y'(x)$ und differenziere dann nach y. Man erhält die zerfallende DGl

$$[(a^2 y^2 - b^2)\,p' - a^2\,y\,p]\,p'' = 0\,.$$

Hieraus erhält man

$$y = C_1\,e^{C_2 x} \pm \frac{1}{a}\sqrt{b^2 + C_2^{-2}} \quad \text{und} \quad y = \pm\frac{b}{a}\cos\frac{x + C}{b}$$

Vgl. *Forsyth-Jacobsthal*, DGlen, S. 98, 144, 691, 711.

6·244 $\boldsymbol{(x^2\,y\,y'' - x^2\,y'^2 + y^2)^2 = 4\,x\,y\,(x\,y' - y)^3}$

Für $y = x\,u(x)$ entsteht

$$(u\,u'' - u'^2)^2 = 4\,u\,u'^3$$

und hieraus für $v = \frac{u'}{u}$:

$$v'^2 = 4\,v^3\,.$$

Hieraus folgt $(x + C)^2\,v = 1$ und weiter

$$u = C_0 \exp\frac{1}{C - x}.$$

Forsyth, Diff. Equations III, S. 242.

6·245 $\boldsymbol{(2\,y\,y'' - y'^2)^3 + 32\,y''\,(x\,y'' - y')^3 = 0}$

$$C_1\,C_2^3\,y = (C_1^2\,x + 1)^2 + 2\,C_2^2 \quad \text{und} \quad y^2 = 8\,x$$

Forsyth, Diff. Equations III, S. 274.

6·246 $\boldsymbol{\sqrt{a\,y'^2 + b\,y'^2} + c\,y\,y'' + d\,y'^2 = 0}$: Typus A 15·3.

Für $p(y) = y'(x)$ entsteht

$$\sqrt{a\,p'^2 + b} + c\,y\,p' + d\,p = 0\,.$$

Euler II, S. 45f.

$$F\left(y+\frac{y'^2}{y''},\ x+\frac{y'-y'^3}{2\,y''}\right)=0$$ 6·247

Man erhält Lösungen aus

$$(y-a)^2 = 2\,C\,(x-b)+C^2$$

immer dann, wenn $F(a, b) = 0$ ist. Ob man auf diese Weise alle Lösungen erhält, bedarf noch einer besonderen Untersuchung.

Boole, Diff. Equations, S. 255.

$$F\left(y'',\ y'-x\,y'',\ y-x\,y'+\frac{1}{2}x^2\,y''\right)=0$$ 6·248

Lösungen der DGl sind sicher alle Funktionen

$$y=\frac{1}{2}\,a\,x^2+b\,x+c \quad \text{mit} \quad F(a, b, c)=0\,.$$

Ince, Diff. Equations, S. 45.

$$F\left(x-\frac{y'^2+1}{y''}\,y',\ y+\frac{y'^2+1}{y''},\ \frac{(y'^2+1)^{\frac{3}{2}}}{y''}\right)=0$$ 6·249

Das ist eine Clairautsche DGl zweiter Ordnung. Gehören die Zahlen a, b, r dem Definitionsbereich der Funktion $F(u, v, w)$ an und erfüllen sie die Gl $F(a, b, r) = 0$, so ist eine Lösung der Kreis

$$(x-a)^2+(y-b)^2=r^2.$$

Serret-Scheffers, Differential- und Integralrechnung III, S. 403—406.

7. Nichtlineare Differentialgleichungen dritter und höherer Ordnung.

7·1 $y''' = a^2 (y'^5 + 2 y'^3 + y')$

7·19 liefert die Parameterdarstellung

$$a x = \int \Omega(u)\, du + C_2, \quad a y = \int u\, \Omega(u)\, du + C_3$$

mit

$$\frac{1}{\Omega} = \sqrt{C_1 + \frac{1}{3}(u^2 + 1)^3}\,.$$

Forsyth-Jacobsthal, DGlen, S. 95, 690.

7·2 $y''' + y y'' - y'^2 + 1 = 0$

Die DGl tritt in der Theorie der zähen Flüssigkeiten auf. Für die Lösung der Randwertaufgabe

$$y(0) = y'(0) = 0, \quad y'(x) \to 1 \text{ für } x \to \infty$$

durch Ansetzen einer Potenzreihe s. *Durand*, Aerodynamic Theory III, S. 92.

Vgl. auch *K. Hiemenz*, Die Grenzschicht an einem in den gleichförmigen Flüssigkeitsstrom eingetauchten geraden Kreiszylinder, Diss. Göttingen 1911 = Dinglers Polytechnisches Journal 326 (1911); dort ist eine Lösung numerisch berechnet.

7·3 $y''' - y y'' + y'^2 = 0$

Die DGl läßt sich in eine Abelsche DGl A 4·11 transformieren. Für $p(y) = y'(x)$ entsteht

$$p p'' + p'^2 - y p' + p = 0,$$

hieraus für $p(y) = y^2 u(\eta)$, $\eta = \log y$ die DGl

$$u u'' + u'^2 + 7 u u' - u' + 6 u^2 - u = 0$$

und weiter für $u'(\eta) = q(u)$ die DGl

$$u\,q\,q' + q^2 + (7\,u - 1)\,q + 6\,u^2 - u = 0\,.$$

Für eine andere Transformation auf eine DGl erster Ordnung s. *J. Chazy*, Acta Math. 41 (1918) 63f.

$y''' + a\,y\,y'' = 0$, GrenzschichtDGl. 7·4

Für $y = \alpha\,\bar{y}$ entsteht

$$\bar{y}''' + a\,\alpha\,\bar{y}\,\bar{y}'' = 0\,,$$

man kann also die DGlen mit verschiedenen Koeffizienten a leicht ineinander überführen.

Die DGl läßt sich nach A 15·3 (a) in eine Abelsche DGl A 4·11 transformieren. Für $p(y) = y'(x)$ entsteht

$$p\,p'' + p'^2 + a\,y\,p' = 0\,,$$

hieraus für $p(y) = y^2\,u(\eta)$, $\eta = \log y$ die DGl

$$u\,u'' + u'^2 + 7\,u\,u' + a\,u' + 6\,u^2 + 2\,a\,u = 0$$

und weiter für $u'(\eta) = q(u)$ die DGl

$$u\,q\,q' + q^2 + (7\,u + a)\,q + 6\,u^2 + 2\,a\,u = 0\,.$$

Die Randwertaufgabe, die aus der ursprünglichen DGl mit $a = 1$ und den Randbedingungen

$$y(0) = y'(0) = 0\,, \quad y'(x) \to 2 \text{ für } x \to \infty$$

besteht und bei der Behandlung laminarer Luftströmungen längs einer Platte auftritt, ist von *Blasius* durch Ansetzen einer Potenzreihe $y = \sum a_\nu\,x^\nu$ angegriffen worden.

Durand, Aerodynamic Theory III, S. 85ff. *Fuchs-Hopf-Seewald*, Aerodynamik II, S. 284ff.

$x^2\,y''' + x\,y'' + (2\,x\,y - 1)\,y' + y^2 = f(x)$ 7·5

Exakte DGl A 15·1. Die DGl wird dadurch zurückgeführt auf

$$x^2\,y'' - x\,y' + x\,y^2 = \int f(x)\,dx\,.$$

$x^2\,y''' + x\,(y - 1)\,y'' + x\,y'^2 + (1 - y)\,y' = 0$ 7·6

Nach Division durch x^2 hat man eine exakte DGl. Diese wird zurückgeführt auf

$$x\,y'' + (y - 1)\,y' = C\,x\,.$$

H. Schlichting, Zeitschrift f. angew. Math. Mech. 13 (1933) 261.

7·7 $\boldsymbol{y\,y''' - y'\,y'' + y^3\,y' = 0}$

Nach Division durch y^2 ist die DGl exakt und ergibt

$$\frac{y''}{y} + \frac{1}{2}\,y^2 = C\,.$$

Diese DGl wird durch Multiplikation mit $y\,y'$ exakt und ergibt dann

$$y' = \pm\sqrt{C_0 + C_1\,y^2 - \frac{1}{4}\,y^4}\,.$$

7·8 $\boldsymbol{4\,y^2\,y''' - 18\,y\,y'\,y'' + 15\,y'^3 = 0}$

Die DGl kann in der Gestalt

$$-\,8\,y^{\frac{7}{2}}\,\frac{d^3}{dx^3}\,y^{\frac{1}{2}} = 0$$

geschrieben werden. Man erhält also

$$y = C \quad \text{und} \quad y^{-\frac{1}{2}} = C_2\,x^2 + C_1\,x + C_0\,.$$

Nouvelles Annales Math. (4) 2 (1902) 424.

7·9 $\boldsymbol{9\,y^2\,y''' - 45\,y\,y'\,y'' + 40\,y'^3 = 0}$

Die DGl ist nach Multiplikation mit $y^{-\frac{11}{3}}$ exakt und wird dadurch auf die DGl A 23·1

$$9\,y^{-\frac{5}{3}}\,y'' - 15\,y^{-\frac{8}{3}}\,y'^2 = C$$

zurückgeführt. Am schnellsten erhält man die Lösungen der gegebenen DGl, wenn man $u(x) = y^{-\frac{2}{3}}$ setzt. Es entsteht dann $u''' = 0$, also

$$y^2 = (C_2\,x^2 + C_1\,x + C_0)^{-3}\,.$$

7·10 $\boldsymbol{2\,y'\,y''' - 3\,y''^2 = 0}$

Mit 6·150 ergibt sich mit beliebigen Zahlen $A, \ldots, D$

$$y = \frac{A\,x + B}{C\,x + D}$$

Ince, Diff. Equations, S. 15.

7·11 $\boldsymbol{(y'^2 + 1)\,y''' - 3\,y'\,y''^2 = 0}$

Mit 6·192 erhält man die Gesamtheit aller Kreise

$$(y - C_1)^2 + (x - C_2)^2 = C_3^2\,.$$

Ince, Diff. Equations, S. 15.

$(y'^2 + 1)\, y''' - (3\, y' + a)\, y''^2 = 0$ 7·12

Für $p(x) = y'$ liegt der Typus 6·54 vor. Man erhält

$$p'(x) = C\,(p^2 + 1)^{\frac{3}{2}} \exp\,(a \operatorname{arc\,tg} p)$$

und weiter für $t = \operatorname{arc\,tg} p$ die Parameterdarstellung

$$x = C_2 + C_1\, e^{-at}\,(a \cos t - \sin t), \quad y = C_3 + C_1\, e^{-at}\,(a \sin t + \cos t);$$

das sind logarithmische Spiralen für $a \neq 0$ und Kreise für $a = 0$.

Forsyth-Jacobsthal, DGlen, S. 721. *Serret-Scheffers*, Differential- und Integralrechnung III, S. 386f., 397f.

$y''\, y''' = a \sqrt{b^2\, y''^2 + 1}$ 7·13

Für $u(x) = y''^2$ entsteht die leicht lösbare DGl $u' = 2a \sqrt{b^2 u + 1}$. Mit 7·19 erhält man schließlich die Lösungen in der Parameterdarstellung

$$x = C_1 + \frac{v}{a\, b^2} \quad \left(v = \sqrt{b^2 u^2 + 1}\right)$$

$$y = C_2 + C_3 \frac{v}{a\, b^2} + \frac{u^3}{6 a^2 b^2} + \frac{u}{2 a^2 b^4} - \frac{\;}{2 a^2 b^5} \log\,(b\, u + v)\,.$$

Forsyth-Jacobsthal, DGlen, S. 94, 690.

$y'\, y^{(4)} - y''\, y''' + y'^3\, y'''$ s. 7·8 und 7·16. 7·14

$y'\,(f\, y')''' - y''\,(f\, y')'' + y'^3 (f\, y')' + 2\, q\, y'^2 \sin y$ 7·15
$+ (q\, y'' - q'\, y') \cos y = 0$, $f = f(x)$, $q = q(x)$.

DGl des gebogenen schlanken Stabes unter dem Einfluß einer in seiner Längsrichtung wirkenden Druckkraft; die unabhängige Veränderliche x ist dabei die Bogenlänge der Kurve, welche die Stabform darstellt. Wird demgemäß s statt x und außerdem ϑ statt y geschrieben, so lautet die DGl

$$\vartheta'\,(f\,\vartheta')''' - \vartheta''\,(f\,\vartheta')'' + \vartheta'^3\,(f\,\vartheta')' + 2\,q\,\vartheta'^2 \sin\vartheta$$
$$+ (q\,\vartheta'' - q'\,\vartheta') \cos\vartheta = 0$$

mit $f = f(s)$, $q = q(s)$, $\vartheta = \vartheta(s)$. Nach Multiplikation mit $\frac{\cos\vartheta}{\vartheta'^2}$ ist die DGl exakt. Führt man die Integration aus, so erhält man nach Multiplikation mit ϑ'

$$(f\,\vartheta')'' \cos\vartheta + (f\,\vartheta')'\,\vartheta' \sin\vartheta - q \cos^2\vartheta = C_1\,\vartheta'.$$

Dividiert man durch $\cos^2 \vartheta$, so kann man nochmals integrieren und erhält nach Multiplikation mit $\cos \vartheta$

$$(f\,\vartheta')' = C_1 \sin \vartheta + C_2 \cos \vartheta + \cos \vartheta \int_{s_0}^{s} q(\sigma)\, d\sigma .$$

Geht man jetzt zu rechtwinkligen Koordinaten x, y über, die durch die Glen

$$x'(s) = \cos \vartheta\,, \quad y'(s) = \sin \vartheta$$

eingeführt werden, so kann man nochmals integrieren und erhält

$$f\,\vartheta' = C_1\, y + C_2\, x + C_3 + \int_{s_0}^{s} q(\sigma)\,[x(s) - x(\sigma)]\, d\sigma .$$

Vgl. *H. Heinzerling*, Mathematische Behandlung einiger grundlegender Fragen des Knickproblems des geraden Stabes; Diss. Karlsruhe 1938, S. 22f. Dort werden auch die auftretenden Randwertaufgaben erörtert.

7·16 $\mathbf{3\, y''\, y^{(4)} - 5\, y'''^2 = 0}$

Mit 6·157 erhält man

$$(y + C_1\, x + C_2)^2 = C_3\, x + C_4 .$$

Ince, Diff. Equations, S. 15.

7·17 $\mathbf{9\, y''^2\, y^{(5)} - 45\, y''\, y'''\, y^{(4)} + 40\, y'''^3 = 0}$

Mit 7·9 ergibt sich

$$(y + C_1\, x + C_2)^2 = C_3\, x^2 + C_4\, x + C_5 .$$

Ince, Diff. Equations, S. 15.

7·18 $\mathbf{y^{(n)} = f\,(y^{(n-1)})}$

Für $u(x) = y^{(n-1)}$ entsteht $u' = f(u)$. Durch Auflösung von

$$x = \int \frac{du}{f(u)} + C$$

nach u und $(n-1)$-malige Integration erhält man y. Eine Parameterdarstellung für y ist

$$x = \int_{C}^{u} \frac{du}{f(u)}\,, \quad y = \int_{C_1}^{u} \frac{du_1}{f(u_1)} \int_{C_2}^{u} \frac{du_2}{f(u_2)} \cdots \int_{C_{n-1}}^{u_{n-2}} \frac{u_{n-1}\, du_{n-1}}{f(u_{n-1})} .$$

Forsyth-Jacobsthal, DGlen, S. 93.

$y^{(n)} = f(y^{(n-2)})$ 7·19

Für $u(x) = y^{(n-2)}$ entsteht die DGl $u'' = f(u)$, die von dem Typus A 23·1 ist. Durch Auflösung von

$$x = \pm \int [C_1 + 2 \int f(u)\, du]^{-1}\, du + C$$

nach u und $(n-2)$-malige Integration erhält man y. Eine Parameterdarstellung für y ist

$$x = \int_C^u \frac{du}{\varphi(u)}, \quad y = \int_{C_1}^u \frac{du_1}{\varphi(u_1)} \int_C^{u_1} \frac{du_2}{\varphi(u_2)} \cdots \int_{C_{n-2}}^{u_{n-3}} \frac{u_{n-2}\, du_{n-2}}{\varphi(u_{n-2})}$$

mit

$$\varphi(u) = \pm [C + 2 \int f(u)\, du]^{\frac{1}{2}}.$$

Forsyth-Jacobsthal, DGlen, S. 94f.

8. Systeme von linearen Differentialgleichungen.

Vorbemerkung. Bei den folgenden Systemen von DGlen sind abweichend von den vorhergehenden Abschnitten und von Teil A die unabhängige Veränderliche mit t, die gesuchten Funktionen mit $x, y, z, \ldots$ bezeichnet. Bei der geringen Anzahl der Systeme dieser Sammlung ist es nicht nötig, die Ordnungsprinzipien zu erläutern, nach denen die DGlen in den einzelnen Gruppen angeordnet sind.

1—18. Systeme von zwei Differentialgleichungen erster Ordnung mit konstanten Koeffizienten $a_\nu x' + b_\nu y' + c_\nu x + d_\nu y = f_\nu(t)$.

8·1 $\boldsymbol{x'(t) = a\,x, \quad y'(t) = b\,y}, \quad a \neq 0,\ b \neq 0$: Sonderfall von 8·5.

$$x = C_1 e^{at}, \quad y = C_2 e^{bt}.$$

Werden diese Lösungen als die Parameterdarstellung einer Kurve in der x, y-Ebene gedeutet, so können folgende Fälle vorliegen:

(a) $a = b$. Die Kurven sind die vom Nullpunkt ausgehenden Strahlen $C_2 x = C_1 y$; der Nullpunkt ist Knotenpunkt.

(b) $a \neq b$, $a\,b > 0$. Der Nullpunkt ist wieder Knotenpunkt. Ist z. B. $a = 1$, $b = 2$, so sind die IKurven die Parabeln $y = C x^2$ und die Koordinatenachsen; bei allen diesen Kurven ist der Nullpunkt auszulassen.

(c) $a \neq b$, $a\,b < 0$. Der Nullpunkt ist Sattelpunkt. Ist z. B. $a = 1$, $b = -1$, so sind die IKurven die Hyperbeln $x\,y = C$ und die Koordinatenachsen mit Ausschluß des Nullpunkts.

8·2 $\boldsymbol{x'(t) = a\,y, \quad y'(t) = -a\,x}, \quad a \neq 0$; Sonderfall von 8·3.

$x = C_1 \cos a\,t + C_2 \sin a\,t$, $y = C_2 \cos a\,t - C_1 \sin a\,t$: das sind Kreise in der x, y-Ebene.

8·3 $\boldsymbol{x'(t) = a\,y, \quad y'(t) = b\,x}, \quad a \neq 0,\ b \neq 0$: Sonderfall von 8·5.

Es sind zwei Fälle zu unterscheiden:

(a) $a\,b > 0$. Für $s^2 = a\,b$ ist

$$x = C_1 a\,e^{st} + C_2 a\,e^{-st}, \quad y = C_1 s\,e^{st} - C_2 s\,e^{-st}.$$

Werden diese Lösungen als Parameterdarstellungen einer Kurve in der x, y-Ebene aufgefaßt, so sind die IKurven die Hyperbeln

$$b\,x^2 - a\,y^2 = C \qquad (C \gtrless 0)$$

nebst deren Asymptoten $b\,x^2 = a\,y^2$ unter Auslassung des Nullpunkts, für $a = b$ also gleichseitige Hyperbeln. Der Nullpunkt ist Sattelpunkt.

(b) $a\,b < 0$. Für $s^2 = -a\,b$ ist

$$x = C_1\,a \cos s\,t + C_2\,a \sin s\,t, \quad y = C_2\,s \cos s\,t - C_1\,s \sin s\,t\,.$$

Das ist eine Parameterdarstellung der Ellipsen

$$|b|\,x^2 + |a|\,y^2 = C^2;$$

für $b = -a$ erhält man also Kreise mit dem Nullpunkt als Mittelpunkt. Der Nullpunkt ist Wirbelpunkt.

$x'(t) = a\,x - y,\quad y'(t) = x + a\,y$; Sonderfall von 8·5. 8·4

$$x = e^{a\,t}\,(C_1 \sin t + C_2 \cos t), \quad y = e^{a\,t}\,(C_2 \sin t - C_1 \cos t)\,.$$

Hieraus folgt

$$x^2 + y^2 = (C_1^2 + C_2^2)\,e^{2\,a\,t}.$$

Für $a = 0$ sind die IKurven Kreise, der Nullpunkt ist ihr Mittelpunkt. Für $a \neq 0$ winden sich die Kurven spiralig um den Nullpunkt; dieser ist Strudelpunkt.

$x'(t) = a\,x + b\,y,\quad y'(t) = c\,x + d\,y$ 8·5

Lit.: *Forsyth-Jacobsthal*, DGlen, S. 321f. *Kamke*, DGlen, S. 200—204. Vgl. auch A 7·2 und A 13·1.

(A) $a\,d - b\,c \neq 0$. Der Nullpunkt $x = y = 0$ ist einziger stationärer Punkt des Systems im Sinne von A 7·2; er ist

Knotenpunkt für $(a - d)^2 + 4\,b\,c = 0$ und
für $(a - d)^2 + 4\,b\,c > 0$, $a\,d - b\,c > 0$;
Sattelpunkt für $(a - d)^2 + 4\,b\,c > 0$, $a\,d - b\,c < 0$;
Strudelpunkt für $(a - d)^2 + 4\,b\,c < 0$, $a + d \neq 0$;
Wirbelpunkt für $(a - d)^2 + 4\,b\,c < 0$, $a + d = 0$.

Beispiele hierzu findet man in den vorangehenden Nummern.

Die charakteristische Gl (vgl. A 13·1) ist

$$s^2 - (a + d)\,s + a\,d - b\,c = 0\,.$$

(a) $(a - d)^2 + 4\,b\,c > 0$. Dann hat die charakteristische Gl zwei verschiedene reelle Lösungen s_1, s_2. Werden die Zahlen A_r, B_r als Lösungen der Glen

$$A_\nu (a - s_\nu) + b B_\nu = 0, \quad A_\nu c + (d - s_\nu) B_\nu = 0 \qquad (\nu = 1, 2)$$

bestimmt, so bilden die Funktionen

$$x_\nu = A_\nu e^{s_\nu t}, \quad y_\nu = B_\nu e^{s_\nu t} \qquad (\nu = 1, 2)$$

ein Hauptsystem von Lösungen für das DGlsSystem.

(b) $(a - d)^2 + 4bc < 0$. Dann hat die charakteristische Gl zwei konjugiert-komplexe Lösungen $s = \sigma \pm i\tau$ $(\tau \neq 0)$. Die Lösungen des DGlsSystems sind

$$x = e^{\sigma t} \{b C_1 \sin \tau t + b C_2 \cos \tau t\},$$
$$y = e^{\sigma t} \{[(\sigma - a) C_1 - \tau C_2] \sin \tau t + [\tau C_1 + (\sigma - a) C_2] \cos \tau t\}.$$

(c) $(a - d)^2 + 4bc = 0$, $a \neq d$:

$$x = \left[2b C_1 + \left(2bt + \frac{2b}{a - d}\right) C_2\right] \exp \frac{a + d}{2} t,$$

$$y = \left[(d - a) C_1 + \left((d - a) t + 1\right) C_2\right] \exp \frac{a + d}{2} t.$$

(d) $a = d \neq 0$, $b = 0$:

$$x = C_1 e^{at}, \quad y = (c C_1 t + C_2) e^{at}.$$

(e) $a = d \neq 0$, $c = 0$:

$$x = (b C_1 t + C_2) e^{at}, \quad y = C_1 e^{at}.$$

(B) $ad - bc = 0$, $a^2 + b^2 > 0$.

Die ganze Gerade $ax + by = 0$ besteht aus singulären Punkten. Das DGlsSystem ist von der Gestalt

$$x' = ax + by, \quad y' = \lambda (ax + by).$$

Die Lösungen sind für $a + \lambda b \neq 0$:

$$x = b C_1 + C_2 \exp (a + \lambda b) t, \quad y = - a C_1 + \lambda C_2 \exp (a + \lambda b) t,$$

und für $a + \lambda b = 0$:

$$x = C_1 (b \lambda t - 1) + b C_2 t, \quad y = \lambda^2 b C_1 t + (b \lambda^2 t + 1) C_2.$$

8·6 $a x'(t) + b y'(t) = \alpha x + \beta y, \quad b x'(t) - a y'(t) = \beta x - \alpha y$

Sonderfall von 8·5; man kann nämlich die DGlen so umformen, daß die eine Gl nur die Ableitung x' und die andere nur y' enthält. Man erhält die Lösungen

$$x = e^{At} (C_1 \cos Bt + C_2 \sin Bt), \quad y = e^{At} (C_2 \cos Bt - C_1 \sin Bt);$$

dabei sind A, B durch $(a^2 + b^2) A = a\alpha + b\beta$, $(a^2 + b^2) B = a\beta - b\alpha$ bestimmt, und es muß $a\beta - b\alpha \neq 0$ sein. Ist $a\beta - b\alpha = 0$, aber $|a| + |b| > 0$, so gibt es eine Zahl λ, so daß $\alpha = \lambda a$, $\beta = \lambda b$ ist. Dann sind die Lösungen

$$x = C_1 e^{\lambda t} + C_2 \cdot 0, \quad y = C_1 \cdot 0 + C_2 e^{\lambda t}.$$

$x'(t) = -y, \quad y'(t) = 2x + 2y$; Sonderfall von 8·5. 8·7

$$x = e^t [C_1 \sin t + C_2 \cos t], \quad y = e^t [(C_2 - C_1) \sin t - (C_2 + C_1) \cos t].$$

$x'(t) + 3x + 4y = 0, \quad y'(t) + 2x + 5y = 0$; Sonderfall von 8·5. 8·8

$$x = 2 C_1 e^{-t} + C_2 e^{-7t}, \quad y = -C_1 e^{-t} + C_2 e^{-7t}.$$

Forsyth-Jacobsthal, DGlen, S. 328, 802.

$x'(t) = -5x - 2y, \quad y'(t) = x - 7y$; Sonderfall von 8·5. 8·9

$$x = [2 C_1 \cos t + 2 C_2 \sin t]\, e^{-6t},$$
$$y = [(C_1 - C_2) \cos t + (C_1 + C_2) \sin t]\, e^{-6t}.$$

Forsyth-Jacobsthal, DGlen, S. 323, 801.

$x'(t) = a_1 x + b_1 y + c_1, \quad y'(t) = a_2 x + b_2 y + c_2$ 8·10

Die Lösungen des zugehörigen homogenen Systems sind nach 8·5 bekannt. Nach A 8·1 genügt es daher, *eine* Lösung des obigen Systems anzugeben.

(A) $a_1 b_2 - a_2 b_1 \neq 0$: $x = A$, $y = B$, wobei A, B die Lösungen von

$$a_1 A + b_1 B + c_1 = 0, \quad a_2 A + b_2 B + c_2 = 0$$

sind.

(B) $a_1 b_2 - a_2 b_1 = 0$, $a_1^2 + b_1^2 > 0$. In diesem Fall sind die DGlen von der Gestalt

$$x' = a x + b y + c_1, \quad y' = \lambda (a x + b y) + c_2.$$

Ist $r = a + b\lambda \neq 0$, so ist eine Lösung

$$x = \frac{b}{r} (c_1 \lambda - c_2)\, t - \frac{1}{r^2} (a c_1 + b c_2), \quad y = \lambda x + (c_2 - \lambda c_1)\, t.$$

Ist $a + b\lambda = 0$, so ist eine Lösung

$$x = \frac{1}{2} b (c_2 - c_1 \lambda)\, t^2 + c_1 t, \quad y = \lambda x + (c_2 - c_1 \lambda)\, t.$$

$x'(t) + 2y = 3t, \quad y'(t) - 2x = 4$ 8·11

Das homogene System kann nach 8·5 gelöst werden. Eine Lösung des unhomogenen Systems findet man dann nach A 8·3 (dasselbe gilt für 8·12, 13, 15—18). Damit erhält man als Gesamtheit der Lösungen

$$x = -\frac{5}{4} + C_1 \cos 2t - C_2 \sin 2t, \quad y = \frac{3}{2} t + C_1 \sin 2t + C_2 \cos 2t.$$

Morris-Brown, Diff. Equations, S. 142, 369.

8·12 $x'(t) + y = t^2 + 6t + 1, \quad y'(t) - x = -3t^2 + 3t + 1$

$$x = 3t^2 - t - 1 + C_1 \cos t + C_2 \sin t, \quad y = t^2 + 2 + C_1 \sin t - C_2 \cos t.$$

Morris-Brown, Diff. Equations, S. 153, 374.

8·13 $x'(t) + 3x - y = e^{2t}, \quad y'(t) + x + 5y = e^t$

$$900\,x = 36\,e^t + 175\,e^{2t} + (C_1 + C_2 + C_2 t)\,e^{-4t},$$
$$900\,y = 144\,e^t - 25\,e^{2t} - (C_1 + C_2 t)\,e^{-4t}$$

Forsyth-Jacobsthal, DGlen, S. 323, 801.

8·14 $x'(t) + y'(t) + 2x + y = e^{2t} + t, \quad x'(t) + y'(t) - x + 3y = e^{-t} - 1$

Hier kann nicht so verfahren werden wie bei den vorangehenden Systemen, da sich $x' + y'$ nicht trennen lassen. Durch Subtraktion der zweiten DGl von der ersten findet man

(1) $$3x - 2y = e^{2t} - e^{-t} + t + 1.$$

Man kann diese Gl nach y auflösen und den gefundenen Wert in die erste DGl eintragen. Man erhält eine lineare DGl für x allein, und aus dieser

$$x = C\,e^{-\frac{7}{5}t} + \frac{5}{17}\,e^{2t} + \frac{3}{7}\,t - \frac{1}{49}.$$

Durch Eintragen dieses Ergebnisses in (1) erhält man y.

Morris-Brown, Diff. Equations, S. 153, 374.

8·15 $x'(t) + y'(t) - y = e^t, \quad 2x'(t) + y'(t) + 2y = \cos t$

$$x = e^t + \frac{5}{17}\sin t - \frac{3}{17}\cos t + C_1 + 3\,C_2\,e^{4t},$$
$$y = -\frac{2}{3}\,e^t - \frac{1}{17}\sin t + \frac{4}{17}\cos t - 4\,C_2\,e^{4t}.$$

Morris-Brown, Diff. Equations, S. 142, 369.

8·16 $4x'(t) + 9y'(t) + 2x + 31y = e^t, \quad 3x'(t) + 7y'(t) + x + 24y = 3$

Man löse das System nach x' und y' auf und verfahre dann wie bei 8·11. Man erhält

$$x = \frac{31}{26}\,e^t - \frac{93}{17} + (C_1 \cos t + C_2 \sin t)\,e^{-4t},$$
$$y = -\frac{2}{13}\,e^t + \frac{6}{17} + [(C_1 - C_2)\sin t - (C_1 + C_2)\cos t]\,e^{-4t}.$$

Forsyth-Jacobsthal, DGlen, S. 323, 801.

$$\mathbf{4\,x'(t) + 9\,y'(t) + 11\,x + 31\,y = e^t,\quad 3\,x'(t) + 7\,y'(t) + 8\,x + 24\,y = e^{2t}}$$ 8·17

Nach dem Muster von 8·16 erhält man

$$x = \frac{31}{25}e^t - \frac{49}{36}e^{2t} + (C_1 t + C_2)\,e^{-4t},$$

$$y = -\frac{11}{25}e^t + \frac{19}{36}e^{2t} - (C_1 t + C_1 + C_2)\,e^{-4t}.$$

Forsyth-Jacobsthal, DGlen, S. 323, 801.

$$\mathbf{4\,x'(t) + 9\,y'(t) + 44\,x + 49\,y = t,\quad 3\,x'(t) + 7\,y'(t) + 34\,x + 38\,y = e^t}$$ 8·18

Nach dem Muster von 8·16 erhält man

$$x = \frac{19}{3}t - \frac{56}{9} - \frac{29}{7}e^t + C_1 e^{-6t} + C_2 e^{-t},$$

$$y = -\frac{17}{3}t + \frac{55}{9} + \frac{24}{7}e^t + 4\,C_1 e^{-6t} - C_2 e^{-t}.$$

Forsyth-Jacobsthal, DGlen, S. 323, 801 (Druckfehler).

19—25. Systeme von zwei Differentialgleichungen erster Ordnung, deren Koeffizienten nicht konstant sind.

$$\mathbf{x'(t) = x\,f(t) + y\,g(t),\quad y'(t) = -x\,g(t) + y\,f(t)}$$ 8·19

$$x = (C_1 \cos G + C_2 \sin G)\,F,\quad y = (-C_1 \sin G + C_2 \cos G)\,F$$

mit $F = \exp\int f(t)\,dt,\quad G = \int g(t)\,dt.$

$$\mathbf{x'(t) + (a\,x + b\,y)\,f(t) = g(t),\quad y'(t) + (c\,x + d\,y)\,f(t) = h(t)}$$ 8·20

(a) $a\,d - b\,c \neq 0$. Man multipliziere die erste DGl mit α, die zweite mit β und addiere dann beide. Man erhält

(1) $\alpha\,x' + \beta\,y' + [(\alpha\,a + \beta\,c)\,x + (\alpha\,b + \beta\,d)\,y]\,f(t) = \alpha\,g + \beta\,h.$

Man wähle nun α, β so, daß für eine passend zu wählende Zahl s

$$\alpha\,a + \beta\,c = s\,\alpha \quad \text{und} \quad \alpha\,b + \beta\,d = s\,\beta$$

ist. Dafür muß s eine Lösung der charakteristischen Gl

$$s^2 - (a + d)\,s + a\,d - b\,c = 0$$

sein. Dann wird aus (1) für $z(t) = \alpha\,x + \beta\,y$ die lineare DGl

(2) $z'(t) + s\,z\,f(t) = \alpha\,g(t) + \beta\,h(t),$

die man ohne weiteres lösen kann. Hat die charakteristische Gl zwei verschiedene Lösungen s_1, s_2, so kann man dieses Verfahren für beide

Zahlen s_1, s_2 durchführen und erhält zwei DGlen (2) mit α_ν, β_ν für Funktionen z_ν ($\nu = 1, 2$). Hat man diese beiden DGlen gelöst, so erhält man aus

$$\alpha_1 x + \beta_1 y = z_1, \quad \alpha_2 x + \beta_2 y = z_2$$

die Lösungen des gegebenen DGlsSystems.

(b) $a d - b c = 0$, $|a| + |b| > 0$. Dann ist das gegebene System von der Gestalt

$$x' + (a x + b y) f(t) = g(t), \quad y' + \lambda (a x + b y) f(t) = h(t).$$

Die Lösungen erhält man aus der für sich lösbaren DGl

$$x' + (a + b \lambda) x f(t) = g(t) + b f(t) \int (\lambda g - h)\, dt$$

und aus der Gl

$$y = \lambda x + \int (h - \lambda g)\, dt.$$

Forsyth-Jacobsthal, DGlen, S. 329.

8·21 $\boldsymbol{x'(t) = x \cos t, \quad y'(t) = x e^{-\sin t}}$

$$x = C_1 \exp \sin t, \quad y = C_1 t + C_2.$$

Serret-Scheffers, Differential- und Integralrechnung III, S. 80f.

8·22 $\boldsymbol{t x'(t) + y = 0, \quad t y'(t) + x = 0}$

$$x = C_1 t + \frac{C_2}{t}, \quad y = -C_1 t + \frac{C_2}{t}.$$

Morris-Brown, Diff. Equations, S. 18.

8·23 $\boldsymbol{t x'(t) + 2 x = t, \quad t y'(t) - (t + 2) x - t y = -t}$

$$x = \frac{t}{3} + C_1 t^{-2}, \quad y = -x + C_2 e^t.$$

Forsyth-Jacobsthal, DGlen, S. 327, 802.

8·24 $\boldsymbol{t x'(t) + 2 (x - y) = t, \quad t y'(t) + x + 5 y = t^2}$

$$x = \frac{3t}{10} + \frac{t^2}{15} + 2 C_1 t^{-3} + C_2 t^{-4}, \quad y = -\frac{t}{20} + \frac{2t^2}{15} - C_1 t^{-3} - C_2 t^{-4}.$$

Forsyth-Jacobsthal, DGlen, S. 329, 802.

8·25 $\boldsymbol{t^2 (1 - \sin t) x'(t) = t (1 - 2 \sin t) x + t^2 y,}$
$\boldsymbol{t^2 (1 - \sin t) y'(t) = (t \cos t - \sin t) x + t (1 - t \cos t) y}$

$$x = C_1 t^2 + C_2 t, \quad y = C_1 t + C_2 \sin t.$$

26—43. Systeme von zwei Differentialgleichungen von höherer als erster Ordnung.

$$x'(t) + y'(t) + y = f(t), \quad x''(t) + y''(t) + y'(t) + x + y = g(t)$$ 8·26

Die einzige Lösung ist

$$x = g + g' - f - f' - f'', \quad y = f + f'' - g'.$$

Auf den ersten Blick mag es so aussehen, als ob das im Widerspruch zu dem Existenzsatz von A 5·2 steht. Aber dieser Satz bezieht sich nur auf solche Systeme, die in der Form geschrieben werden können, daß links allein die Ableitungen der gesuchten Funktionen stehen, und zwar immer nur die Ableitung einer Funktion, rechts dagegen die Ableitungen nicht vorkommen. Diese Schreibweise ist für das obige System nicht möglich.

Forsyth-Jacobsthal, DGlen, S. 318; das obige Beispiel wird dort *Chrystal* zugeschrieben. Vgl. auch 8·14.

$$2x'(t) + y'(t) - 3x = 0, \quad x''(t) + y'(t) - 2y = e^{2t}$$ 8·27

$$x = \frac{1}{4} e^{2t} + C_1 e^t + [4 C_2 \cos\alpha t + 4 C_3 \sin\alpha t]\, e^{\frac{1}{2}t},$$

$$y = -\frac{1}{8} e^{2t} + C_1 e^t + \left[\left(-7C_2 - C_3\sqrt{23}\right)\cos\alpha t + \left(C_2\sqrt{23} - 7C_3\right)\sin\alpha t\right] e^{\frac{1}{2}}$$

mit $\alpha = \frac{1}{2}\sqrt{23}$.

$$x'(t) - y'(t) + x = 2t, \quad x''(t) + y'(t) - 9x + 3y = \sin 2t$$ 8·28

$$x = (C_1 + C_2 t)\, e^t + 3 C_3 e^{-3t} - \frac{36}{325}\sin 2t - \frac{2}{325}\cos 2t + 2t + 4,$$

$$y = [2C_1 + C_2(2t - 1)]\, e^t + 2C_3 e^{-3t} + \frac{16}{325}\cos 2t - \frac{37}{325}\sin 2t + 6t + 10.$$

Morris-Brown, Diff. Equations, S. 138—141.

$$x'(t) - x + 2y = 0, \quad x''(t) - 2y'(t) = 2t - \cos 2t$$ 8·29

Man kann y eliminieren und erhält

$$x = 2C_1 + 4C_2 e^{\frac{t}{2}} - t^2 - 4t + \frac{\sin 2t + 4\cos 2t}{34},$$

$$y = C_1 + C_2 e^{\frac{t}{2}} - \frac{t^2}{2} - t + 2 + \frac{9\sin 2t + 2\cos 2t}{68}$$

Morris-Brown, Diff. Equations, S. 154, 374.

8·30 $\boldsymbol{t\,x'(t) - t\,y'(t) - 2\,y = 0, \quad t\,x''(t) + 2\,x'(t) + t\,x = 0}$

$$x = C_1 \cdot 0 + C_2 \frac{\cos t}{t} + C_3 \frac{\sin t}{t},$$

$$y = \frac{C_1}{t^2} + C_2 \left(\frac{\cos t}{t} - \frac{2 \sin t}{t^2}\right) + C_3 \left(\frac{\sin t}{t} + \frac{2 \cos t}{t^2}\right).$$

Forsyth-Jacobsthal, DGlen, S. 327, 802.

8·31 $\boldsymbol{x''(t) + a^2 y = 0, \quad y''(t) - a^2 y = 0,}$ $a \neq 0$; Sonderfall von 8·32.

$$x = (C_1 \cos \alpha t + C_2 \sin \alpha t)\, e^{\alpha t} + (C_3 \cos \alpha t + C_4 \sin \alpha t)\, e^{-\alpha t},$$

$$y = (C_1 \sin \alpha t - C_2 \cos \alpha t)\, e^{\alpha t} + (-\, C_3 \sin \alpha t + C_4 \cos \alpha t)\, e^{-\alpha t},$$

$2\,\alpha^2 = a^2$.

Forsyth-Jacobsthal, DGlen, S. 323, 801 (Druckfehler).

8·32 $\boldsymbol{x''(t) = a\,x + b\,y, \quad y''(t) = c\,x + d\,y}$

Die charakteristische Gl (vgl. A 13·1) ist

$$s^4 - (a + d)\, s^2 + a\,d - b\,c = 0\,.$$

(A) $a\,d - b\,c \neq 0$.

(a) $(a - d)^2 + 4\,b\,c \neq 0$. Dann hat die charakteristische Gl vier verschiedene Lösungen $s_1, \ldots, s_4$. Die Lösungen des DGlsSystems sind

$$x = \sum_{\nu=1}^{4} A_\nu\, e^{s_\nu t}, \quad y = \sum_{\nu=1}^{4} B_\nu\, e^{s_\nu t},$$

wobei die A_ν, B_ν Lösungen der Glen

$$A_\nu\, (a - s_\nu^2) + B_\nu\, b = 0\,, \quad A_\nu\, c + B_\nu\, (d - s_\nu^2) = 0$$

sind.

(b) $(a - d)^2 + 4\,b\,c = 0$, $a \neq d$. Ein Hauptsystem von Lösungen ist

$$x_{1,2} = \left[2\,b\,t \pm \frac{4\,b}{a - d} \sqrt{2\,(a + d)}\right] E\,, \quad y_{1,2} = (d - a)\, t\, E\,,$$

$$x_{3,4} = 2\,b\,t\,E\,, \quad y_{3,4} = \left[(d - a)\, t \pm 2 \sqrt{2\,(a + d)}\right] E$$

mit

$$E = \exp\left(\pm\, t \sqrt{\frac{a + d}{2}}\right).$$

(c) $a = d \neq 0$, $b = 0$: $x = C_1\, E$, $y = \left(\frac{1}{2} C_1 \frac{c}{\sqrt{a}}\, t + C_2\right) E$.

(d) $a = d \neq 0$, $c = 0$: $x = \left(\frac{1}{2}\, C_1 \frac{b}{\sqrt{a}}\, t + C_2\right) E$, $y = C_1\, E$.

(B) $a\,d - b\,c = 0$, $a^2 + b^2 > 0$. Das DGlsSystem ist dann von der Gestalt

$$x'' = a\,x + b\,y\,, \quad y'' = \lambda\, (a\,x + b\,y)\,.$$

(a) $a + b\lambda \neq 0$:

$$x = C_1 \exp\left(t\sqrt{a + b\lambda}\right) + C_2 \exp\left(-t\sqrt{a + b\lambda}\right) + C_3\, b\, t + C_4\, b,$$
$$y = C_1 \lambda \exp\left(t\sqrt{a + b\lambda}\right) + C_2 \lambda \exp\left(-t\sqrt{a + b\lambda}\right) - C_3\, a\, t - C_4\, a.$$

(b) $a + b\lambda = 0$:

$$x = C_1\, b\, t^3 + C_2\, b\, t^2 + C_3\, t + C_4, \quad y = \lambda x + 6\, C_1\, t + 2\, C_2.$$

Forsyth-Jacobsthal, DGlen, S. 323, 801 (unvollständig).

$x''(t) = a_1 x + b_1 y + c_1, \quad y''(t) = a_2 x + b_2 y + c_2$ 8·33

Das zugehörige homogene System kann nach 8·32 gelöst werden. Daher genügt es, *eine* Lösung des unhomogenen Systems anzugeben.

(A) $a_1 b_2 - a_2 b_1 \neq 0$: $x = A$, $y = B$, wo A, B die Lösungen von

$$a_1 A + b_1 B + c_1 = 0, \quad a_2 A + b_2 B + c_2 = 0 \quad \text{sind.}$$

(B) $a_1 b_2 - a_2 b_1 = 0$, $a_1^2 + b_2^2 > 0$. Die DGlen sind in diesem Fall von der Gestalt

$$x'' = a x + b y + c_1, \quad y'' = \lambda (a x + b y) + c_2.$$

Ist $r = a + b\lambda \neq 0$, so ist eine Lösung

$$x = \frac{b}{2r} (\lambda c_1 - c_2)\, t^2 - \frac{1}{r^2} (a c_1 + b c_2), \quad y = \lambda x + \frac{1}{2} (c_2 - \lambda c_1)\, t^2.$$

Ist $a + b\lambda = 0$, so ist eine Lösung

$$x = b (c_2 - \lambda c_1) \frac{t^4}{4!} + c_1 \frac{t^2}{2}, \quad y = \lambda x + \frac{1}{2} (c_2 - \lambda c_1)\, t^2.$$

$x''(t) + x + y = -5, \quad y''(t) - 4x - 3y = -3$; Sonderfall von 8·33. 8·34

$$x = 18 - [t C_1 + (t - 1) C_2]\, e^t - [t C_3 + (t + 1) C_4]\, e^{-t},$$
$$y = -23 + [(2t + 2) C_1 + 2t C_2]\, e^t + [(2t - 2) C_3 + 2t C_4]\, e$$

$x''(t) = [3 \cos^2 (at + b) - 1]\, c^2 x + \frac{3}{2} c^2 y \sin 2 (at + b),$ 8·35
$y''(t) = [3 \sin^2 (at + b) - 1]\, c^2 y + \frac{3}{2} c^2 x \sin 2 (at + b)$

Aus den Glen folgt ($\tau = at + b$)

$$x'' \cos\tau + y'' \sin\tau = 2 c^2 (x \cos\tau + y \sin\tau),$$
$$x'' \sin\tau - y'' \cos\tau = c^2 (y \cos\tau - x \sin\tau)$$

und weiter, wenn

$$u(t) = x \cos\tau + y \sin\tau, \quad v(t) = x \sin\tau - y \cos\tau$$

gesetzt wird,

$$u'' + 2\,a\,v' - (2\,c^2 + a^2)\,u = 0\,, \quad v'' - 2\,a\,u' + (c^2 - a^2)\,v = 0\,.$$

Damit ist das System auf ein System mit konstanten Koeffizienten zurückgeführt.

J. Liouville, Journal de Math. (2) 1 (1856) 257. *Forsyth-Jacobsthal*, DGlen, S. 346, 814f.

8·36 $\boldsymbol{x''(t) + 6\,x + 7\,y = 0, \quad y''(t) + 3\,x + 2\,y = 2\,t}$

$$x = C_1\,e^t + C_2\,e^{-t} + 7\,C_3 \cos 3\,t + 7\,C_4 \sin 3\,t + \frac{14\,t}{9}\,,$$
$$y = -C_1\,e^t - C_2\,e^{-t} + 3\,C_3 \cos 3\,t + 3\,C_4 \sin 3\,t - \frac{4\,t}{3}\,.$$

Morris-Brown, Diff. Equations, S. 154, 375.

8·37 $\boldsymbol{x''(t) - a\,y'(t) + b\,x = 0, \quad y''(t) + a\,x'(t) + b\,y = 0}$

DGlen dieser Art treten auf bei der Untersuchung der Horizontalbewegung eines Pendels bei Berücksichtigung der Rotation der Erde.

$$x = C_1 \cos\alpha\,t + C_2 \sin\alpha\,t + C_3 \cos\beta\,t + C_4 \sin\beta\,t\,,$$
$$y = -C_1 \sin\alpha\,t + C_2 \cos\alpha\,t - C_3 \sin\beta\,t + C_4 \cos\beta\,t$$
$$\text{für } a^2 + 4\,b > 0; \quad 2\,\alpha,\ 2\,\beta = a \pm \sqrt{a^2 + 4\,b}\,.$$

Boole, Diff. Equations, S. 306. *Forsyth-Jacobsthal*, DGlen, S. 321.

8·38 $\boldsymbol{a_1\,x'' + b_1\,x' + c_1\,x - A\,y' = B\,e^{i\omega t}, \quad a_2\,y'' + b_2\,y' + c_2\,y + A\,x' = 0}$

DGlen für die Schwingungen von Schiff und Schiffskreisel. Das homogene System kann nach A 13·1 gelöst werden. Um eine Lösung des unhomogenen Systems zu erhalten, geht man mit dem Ansatz

$$x = A\,e^{i\omega t}, \quad y = B\,e^{i\omega t}$$

in das System hinein.

Genaue Diskussion der Resonanzfunktionen nebst zahlenmäßigen Untersuchungen für einige Schiffe bei *E. Hahnkamm*, Ingenieur-Archiv 5 (1934) 169–178.

8·39 $\boldsymbol{x'' + a\,(x' - y') + b_1\,x = c_1\,e^{i\omega t}, \quad y'' + a\,(y' - x') + b_2\,y = c_2\,e^{i\omega t}}$

DGlen eines reibungsgekoppelten Schwingungssystems. Für die Lösungsmethode gilt dasselbe wie bei 8·38.

Genaue Diskussion der Lösungen im Hinblick auf Resonanzerscheinungen und Anwendung auf den Kreiselkompaß von *Anschütz* und den Fliegerhorizont der Askania-Werke bei *E. Hahnkamm*, Zeitschrift f. angew. Math. Mech. 13 (1933) 183–202.

$$a_{11} x'' + b_{11} x' + c_{11} x + a_{12} y'' + b_{12} y' + c_{12} y = 0$$
$$a_{21} x'' + b_{21} x' + c_{21} x + a_{22} y'' + b_{22} y' + c_{22} y = 0$$ 8·40

Das System kann nach der allgemeinen Methode von A 13 gelöst werden.

Vgl. auch *W. Quade*, Über die Schwingungsvorgänge in gekoppelten Systemen, Ingenieur-Archiv 6 (1935) 15—34. Dort wird u. a. die Einteilung solcher Systeme nach den Kopplungsarten der zugehörigen mechanischen Systeme kritisch untersucht.

$$x'' - 2x' - y' + y = 0, \quad y''' - y'' + 2x' - x = t$$ 8·41

$$x = -t - 2 + 2C_1 e^{-t} - (2C_2 t + C_3) e^t,$$
$$y = -2 - 3C_1 e^{-t} + (C_2 t^2 + C_3 t + C_4) e^t.$$

$$x''(t) + y''(t) + y'(t) = \operatorname{Sin} 2t, \quad 2x''(t) + y''(t) = 2t$$ 8·42

$$x = \frac{t^2}{4} + \frac{t^3}{6} - \frac{1}{16} e^{2t} - \frac{2t+1}{8} e^{-2t} + C_1 + C_2 t + C_3 e^{-2t},$$
$$y = \frac{t}{2} - \frac{t^2}{2} + \frac{1}{8} e^{2t} + \frac{2t+1}{4} e^{-2t} - 2C_3 e^{-2t} + C_4.$$

Morris-Brown, Diff. Equations, S. 142, 370.

$$x''(t) - x'(t) + y'(t) = 0, \quad x''(t) + y''(t) - x = 0$$ 8·43

$$x = C_1 e^t + C_2 \alpha e^{\alpha t} + C_3 \beta e^{\beta t}, \quad y = C_4 - C_2 e^{\alpha t} - C_3 e^{\beta t}$$

mit $2\alpha = 1 + \sqrt{5}$, $2\beta = 1 - \sqrt{5}$.

Morris-Brown, Diff. Equations, S. 142, 370.

44—57. Systeme von mehr als zwei Differentialgleichungen.

$$x'(t) = 2x, \quad y'(t) = 3x - 2y, \quad z'(t) = 2y + 3z$$ 8·44

Die DGlen können nacheinander gelöst werden.

$$x = 4C_1 e^{2t}, \quad y = 3C_1 e^{2t} + 5C_2 e^{-2t}, \quad z = -6C_1 e^{2t} - 2C_2 e^{-2t} + C_3 e^{3t}$$

Morris-Brown, Diff. Equations, S. 146f.

$$x'(t) = 4x, \quad y'(t) = x - 2y, \quad z'(t) = x - 4y + z$$ 8·45

Die DGlen können nacheinander gelöst werden.

$$x = 18C_1 e^{4t}, \quad y = 3C_1 e^{4t} + 3C_2 e^{-2t}, \quad z = 2C_1 e^{4t} + 4C_2 e^{-2t} + C_3 e^t.$$

Morris-Brown, Diff. Equations, S. 153, 374.

8·46 $\boldsymbol{x'(t) = y - z, \quad y'(t) = x + y, \quad z'(t) = x + z}$

$$x = C_1 + C_2 e^t,\ y = -C_1 + (C_2 t + C_3) e^t,\ z = -C_1 + (C_2 t - C_2 + C_3) e^t.$$

8·47 $\boldsymbol{x'(t) - y + z = 0, \quad y'(t) - x - y = t, \quad z'(t) - x - z = t}$

Aus den Glen folgt $y' - z' = y - z$, also $y - z = C_1 e^t$. Nun kann man die erste und dann eine der beiden übrigen DGlen leicht lösen. Man erhält so

$$x = C_1 e^t + C_2,\ y = (C_1 t + C_3) e^t - t - 1 - C_2,\ z = y - C_1 e^t.$$

8·48 $\boldsymbol{a x'(t) = b c (y - z), \quad b y'(t) = c a (z - x), \quad c z'(t) = a b (x - y)}$

$$x = C_0 + r C_1 \cos r t + \frac{b c}{a} (C_2 - C_3) \sin r t,$$

$$y = C_0 + r C_2 \cos r t + \frac{c a}{b} (C_3 - C_1) \sin r t,$$

$$z = C_0 + r C_3 \cos r t + \frac{a b}{c} (C_1 - C_2) \sin r t$$

mit $r^2 = a^2 + b^2 + c^2, \quad a^2 C_1 + b^2 C_2 + c^2 C_3 = 0$.

Aus den DGlen findet man auch unmittelbar

$$a^2 x' + b^2 y' + c^2 z' = 0, \text{ also } a^2 x + b^2 y + c^2 z = C,$$

d. h. die IKurven $x = x(t)$, $y = y(t)$, $z = z(t)$ sind ebene Kurven.

8·49 $\boldsymbol{x'(t) = c y - b z, \quad y'(t) = a z - c x, \quad z'(t) = b x - a y}$

$$x = a C_0 + r C_1 \cos r t + (c C_2 - b C_3) \sin r t,$$
$$y = b C_0 + r C_2 \cos r t + (a C_3 - c C_1) \sin r t,$$
$$z = c C_0 + r C_3 \cos r t + (b C_1 - a C_2) \sin r t$$

mit $r^2 = a^2 + b^2 + c^2, \quad a C_1 + b C_2 + c C_3 = 0$.

Aus den DGlen findet man auch unmittelbar

$$a x' + b y' + c z' = 0, \text{ also } a x + b y + c z = C,$$

d. h. die IKurven $x = x(t)$, $y = y(t)$, $z = z(t)$ sind ebene Kurven.

Vgl. auch *Forsyth-Jacobsthal*, DGlen, S. 329. 803.

8·50 $\boldsymbol{x'(t) = h y - g z, \quad y'(t) = f z - h x, \quad z'(t) = g x - f y}$, $f = f(t)$, $g = g(t)$, $h = h(t)$.

Zunächst ergibt sich

$$x^2 + y^2 + z^2 = C^2.$$

Aus den Lösungen mit $C = 1$ erhält man alle übrigen durch Multiplikation mit einer beliebigen Konstanten. Es genügt also, den Fall $C = 1$ zu behandeln. Führt man für $C = 1$ neue Funktionen $\xi(t)$, $\eta(t)$ durch

$$x + i\,y = \xi\,(1 - z)\,, \quad x - i\,y = \frac{z - 1}{\eta}$$

ein, so erhält man für ξ die Riccatische DGl

$$\xi' = \frac{g + i f}{2}\,\xi^2 - i\,h\,\xi + \frac{g - i f}{2}$$

und dieselbe Gl für η statt ξ.

Darboux, Théorie des surfaces I, 2. Aufl. Paris 1914, S. 27—31.

$x'(t) = x + y - z, \quad y'(t) = y + z - x, \quad z'(t) = z + x - y$ 8·51

$$x\,e^{-t} = C_0 + C_1\sqrt{3}\cos t\sqrt{3} + (C_2 - C_3)\sin t\sqrt{3}\,,$$
$$y\,e^{-t} = C_0 + C_2\sqrt{3}\cos t\sqrt{3} + (C_3 - C_1)\sin t\sqrt{3}\,,$$
$$z\,e^{-t} = C_0 + C_3\sqrt{3}\cos t\sqrt{3} + (C_1 - C_2)\sin t\sqrt{3}$$

mit

$$C_1 + C_2 + C_3 = 0\,.$$

$x'(t) = -3\,x + 48\,y - 28\,z, \quad y'(t) = -4\,x + 40\,y - 22\,z,$ 8·52
$z'(t) = -6\,x + 57\,y - 31\,z$

$$x = 3\,C_1\,e^t + 4\,C_2\,e^{2t} + 2\,C_3\,e^{3t}, \quad y = 2\,C_1\,e^t + C_2\,e^{2t} + 2\,C_3\,e^{3t},$$
$$z = 3\,C_1\,e^t + C_2\,e^{2t} + 3\,C_3\,e^{3t}.$$

Morris-Brown, Diff. Equations, S. 147, 370.

$x'(t) = 6\,x - 72\,y + 44\,z, \quad y'(t) = 4\,x - 43\,y + 26\,z,$ 8·53
$z'(t) = 6\,x - 63\,y + 38\,z$

$$x = 2\,C_1 + 3\,C_2\,e^{2t} + 4\,C_3\,e^{-t}, \quad y = 2\,C_1 + 2\,C_2\,e^{2t} + C_3\,e^{-t},$$
$$z = 3\,C_1 + 3\,C_2\,e^{2t} + C_3\,e^{-t}.$$

Morris-Brown, Diff. Equations, S. 147, 370.

$x'(t) = a\,x + \gamma\,y + \beta\,z$ 8·54
$y'(t) = \gamma\,x + b\,y + \alpha\,z$
$z'(t) = \beta\,x + \alpha\,y + c\,z$

Die charakteristische Gl ist

$$(s - a)\,(s - b)\,(s - c) - \alpha^2\,(s - a) - \beta^2\,(s - b) - \gamma^2\,(s - c) - 2\,\alpha\beta\gamma = 0\,.$$

Ist
$$a - \frac{\beta\gamma}{\alpha} = b - \frac{\alpha\gamma}{\beta} = c - \frac{\alpha\beta}{\gamma} = \varrho\,,$$

so hat das System die Lösungen

$$x = C_1 e^{\varrho t} + \frac{C}{\alpha} e^{\sigma t}, \quad y = C_2 e^{\varrho t} + \frac{C}{\beta} e^{\sigma t}, \quad z = C_3 e^{\varrho t} + \frac{C}{\gamma} e^{\sigma t},$$

wo

$$\frac{C_1}{\alpha} + \frac{C_2}{\beta} + \frac{C_3}{\gamma} = 0, \quad \sigma = \varrho + \frac{\beta\gamma}{\alpha} + \frac{\gamma\alpha}{\beta} + \frac{\alpha\beta}{\gamma}$$

ist.

Forsyth-Jacobsthal, DGlen, S. 518.

8·55 $\boldsymbol{t x'(t) = 2x - t, \quad t^3 y'(t) = -x + t^2 y + t, \quad t^4 z'(t) = -x - t^2 y + t^3 z + t}$

Man kann zunächst die erste DGl lösen, danach die zweite und dann die dritte.

$$x = t + C_1 t^2, \quad y = C_1 + C_2 t, \quad z = C_1 t^{-1} + C_2 + C_3 t.$$

Serret-Scheffers, Differential- und Integralrechnung III, S. 282f.

8·56 $\boldsymbol{a t x'(t) = b c (y - z), \quad b t y'(t) = c a (z - x), \quad c t z'(t) = a b (x - y)}$

Die Lösungen sind die Lösungen von 8·48, wenn in diesen t durch $\log |t|$ ersetzt wird.

Forsyth-Jacobsthal, DGlen, S. 329, 802f.

8·57
$$\begin{aligned}
x_1'(t) &= + a x_2 + b x_3 \cos ct + b x_4 \sin ct \\
x_2'(t) &= -a x_1 + b x_3 \sin ct - b x_4 \cos ct \\
x_3'(t) &= -b x_1 \cos ct - b x_2 \sin ct + a x_4 \\
x_4'(t) &= -b x_1 \sin ct + b x_2 \cos ct - a x_3
\end{aligned}$$

Aus den DGlen folgt, daß die Lösungen dem System

$$x_1'' + c x_2' + m x_1 = 0, \quad x_2'' - c x_1' + m x_2 = 0,$$

sowie einem ebensolchen System mit x_3, x_4 statt x_1, x_2 genügen; dabei ist $m = a^2 + b^2 + a c$. Jedes dieser beiden Systeme ist von dem Typus 8·37. Ist $c^2 + 4m > 0$, so hat man in den Lösungen von 8·37 nur noch die Konstanten so zu bestimmen, daß die Lösungen das obige System erfüllen. Man findet so

$$\begin{aligned}
x_1 &= C_1 \cos\alpha t + C_2 \sin\alpha t + C_3 \cos\beta t + C_4 \sin\beta t, \\
x_2 &= C_1 \sin\alpha t - C_2 \cos\alpha t + C_3 \sin\beta t - C_4 \cos\beta t, \\
x_3 &= \gamma C_1 \sin\beta t + \gamma C_2 \cos\beta t + \delta C_3 \sin\alpha t + \delta C_4 \cos\alpha t, \\
x_4 &= -\gamma C_1 \cos\beta t + \gamma C_2 \sin\beta t - \delta C_3 \cos\alpha t + \delta C_4 \sin\alpha t
\end{aligned}$$

mit

$$\alpha, \beta = \frac{1}{2} c \pm \frac{1}{2} \sqrt{(2a + c)^2 + 4b^2}, \quad b\gamma = a + \alpha, \quad b o = a + \beta.$$

Forsyth-Jacobsthal, DGlen, S. 346, 813f.

9. Systeme von nichtlinearen Differentialgleichungen.

1–17. Systeme von zwei Differentialgleichungen.

$$x'(t) = -x(x+y), \quad y'(t) = y(x+y)$$ 9·1

Aus den DGlen folgt $y\,x' + x\,y' = 0$, also $x\,y = C$. Hiermit reduziert sich das System auf die eine DGl mit getrennten Veränderlichen

$$x' + x^2 + C = 0\,.$$

$$x'(t) = (a\,y + b)\,x, \quad y'(t) = (c\,x + d)\,y$$ 9·2

Aus den DGlen folgt

$$\left(a + \frac{b}{y}\right) y' = \left(c + \frac{d}{x}\right) x', \quad \text{also} \quad y^b\,e^{a\,y} = C\,x^d\,e^{c\,x}.$$

Für die weitere Diskussion der Lösungen im Zusammenhang mit einem biologischen Problem s. *V. Volterra*, Rendiconti Sem. Mat. Milano 3 (1930) 158ff.

$$x'(t) = [a\,(p\,x + q\,y) + \alpha]\,x, \quad y'(t) = [b\,(p\,x + q\,y) + \beta]\,y$$ 9·3

Hieraus folgt

$$y^a\,x^{-b} = C\,e^{(a\beta - b\alpha)\,t}$$

V. Volterra, Rendiconti Sem. Mat. Milano 3 (1930) 158ff. Für weitere Diskussion der DGl im Zusammenhang mit biologischen Problemen s. auch *A. J. Lotka*, Journal Washington Acad. 22 (1932) 461–469; *V. A. Kostitzin*, Symbiose, Parasitisme et Évolution = Actualités scientif. 96 (1934).

$$x'(t) = h\,(a - x)\,(c - x - y), \quad y'(t) = k\,(b - y)\,(c - x - y)$$ 9·4

Aus den DGlen folgt

$$|\,y - b\,|^h = C\,|\,x - a\,|^k\,.$$

Hiermit läßt sich das System auf eine DGl für x oder y zurückführen. Ist die Lösung mit den Anfangswerten $x(0) = y(0) = 0$ im Intervall $0 \leqq x < a$, $0 \leqq y < b$, $x + y < c$ gesucht, so erhält man die DGl

$$x' = h\,(c - a - b)\,(a - x) + h\,(a - x)^2 + h\,b\,a^{-\frac{k}{h}}\,(a - x)^{\frac{k}{h}+1}$$

und eine entsprechende DGl für y.

Für die Berechnung der Koeffizienten der Potenzreihe für $x + y$ s. *H. J. Curnow*, Journal London Math. Soc. 3 (1928) 89–92. Eine ausführliche Diskussion der DGl in Verbindung mit chemischen Problemen findet man bei *J. G. van der Corput — H. J. Backer*, Proceedings Amsterdam 41 (1938) 1058–1073.

9·5 $x'(t) = y^2 - \cos x, \quad y'(t) = -y \sin x$

Hieraus folgt $3\, y \cos x = y^3 + C$.

Vgl. z. B. auch *E. Ikonnikov*, Techn. Physics USSR 4_1 (1937) 433–437.

9·6 $x'(t) = -x\, y^2 + x + y, \quad y'(t) = x^2\, y - x - y$

Zwischen den Lösungen besteht die Gl

$$x^2 + y^2 - 2 \log |x\, y - 1| = C.$$

9·7 $x'(t) = x + y - x\,(x^2 + y^2), \quad y'(t) = -x + y - y\,(x^2 + y^2)$

Wird $-t$ statt t als unabhängige Veränderliche eingeführt, so erhält man 9·8.

9·8 $x'(t) = -y + x\,(x^2 + y^2 - 1), \quad y'(t) = x + y\,(x^2 + y^2 - 1)$

$$x = \frac{\cos t}{\sqrt{1 + C e^{2t}}}, \quad y = \frac{\sin t}{\sqrt{1 + C e^{2t}}};$$

für $C = 0$ ist das ein Kreis in der x, y-Ebene; für $C < 0$ $(t < -\frac{1}{2} \log |C|)$ sind das Spiralen, die außerhalb des Kreises liegen und sich um den Kreis herumwinden; für $C > 0$ erhält man Spiralen, die sich mit dem einen Ende dem Kreis asymptotisch nähern und sich mit dem andern Ende um den Nullpunkt herumwinden.

Kamke, DGlen, S. 217.

9·9 $$x'(t) = -y\, r^2, \quad y'(t) = \begin{cases} (x-1)\, r^2 & \text{für } r^2 \geqq 2x, \\ \left(\frac{x}{2} - \frac{y^2}{2x}\right) r^2 & \text{für } r^2 < 2x \end{cases}$$

mit $r^2 = x^2 + y^2$.

Die IKurven sind erstens die mit beiden Enden in den Nullpunkt einmündenden Kreise

$$x = \frac{2\varrho}{N} \quad y = \frac{4\varrho^3}{N} \quad \text{für } 0 < \varrho \leqq 1 \quad \text{und } N = 4\varrho^4 t^2 + 1,$$

und zweitens die vollen Kreise

$$x = \frac{\varrho^2 - 1}{N}\,[\varrho \sin(\varrho^2 - 1)\, t - 1], \quad y = -\frac{1}{N}\,\varrho\,(\varrho^2 - 1)\cos(\varrho^2 - 1)\, t$$

mit $\varrho > 1$, $N = \varrho^2 + 1 - 2\varrho \sin(\varrho^2 - 1)\, t$, welche die Kreise der ersten Art umschlingen.

Kamke, DGlen, S. 218.

$$\boldsymbol{x'(t) = -y + \begin{cases} x(r^2-1)\sin\frac{1}{r^2-1}, \\ 0, \end{cases} \quad y'(t) = x + \begin{cases} y(r^2-1)\sin\frac{1}{r^2-1}, \\ 0; \end{cases}}$$ 9·10

dabei ist $r^2 = x^2 + y^2$, und es ist die erste Zeile für $r^2 \neq 1$, die zweite für $r^2 = 1$ zu wählen.

Durch Einführung von Polarkoordinaten $x = r\cos\vartheta$, $y = r\sin\vartheta$ wird aus den DGlen

$$\frac{dr}{d\vartheta} = \begin{cases} r(r^2-1)\sin\frac{1}{r^2-1} & \text{für } r \neq 1, \\ 0 & \text{für } r = 1. \end{cases}$$

Unter den IKurven sind, den unendlich vielen Nullstellen von $\sin\frac{1}{r^2-1}$ entsprechend, unendlich viele Kreise enthalten, die sich gegen den Kreis $r = 1$ häufen. Zwischen zwei aufeinander folgenden Kreisen hat man Spiralen, die sich jedem der beiden Kreise asymptotisch nähern.

Bieberbach, DGlen, S. 87.

$$\boldsymbol{(t^2+1)\,x'(t) = -t\,x + y, \quad (t^2+1)\,y'(t) = -x - t\,y}$$ 9·11

$$x = \frac{C_1 + C_2 t}{t^2+1}, \quad y = \frac{C_2 - C_1 t}{t^2+1}\,.$$

$$\boldsymbol{(x^2+y^2-t^2)\,x'(t) = -2\,t\,x, \quad (x^2+y^2-t^2)\,y'(t) = -2\,t\,y}$$ 9·12

Für $u(t) = x^2 + y^2$ erhält man

$$(u - t^2)\,u' + 4\,t\,u = 0, \quad \text{also} \quad (x^2+y^2+t^2)^2 = C_1(x^2+y^2),$$

ferner

$$C_2\,x = C_3\,y \qquad (|C_2| + |C_3| > 0).$$

Serret-Scheffers, Differential- und Integralrechnung III, S. 283f.

$$\boldsymbol{x'^2 + t\,x' + a\,y' - x = 0, \quad x'\,y' + t\,y' - y = 0}$$ 9·13

Durch Differenzieren und Eliminieren von y erhält man die zerfallende DGl

$$[3\,x'^2 + 4\,x'\,t + t^2 - x]\,x'' = 0\,.$$

$x'' = 0$ führt zu den Lösungen

$$x = C_1 t + C_2, \quad a\,y = (C_2 - C_1^2)(t + C_1)\,.$$

Bei Nullsetzen des ersten Faktors hat man die DGl 1·402 und gelangt so zu

$$x = -\frac{1}{4}t^2 + 2\,C\,t + 12\,C^2, \quad a\,y = C(t + 4\,C)^2.$$

Forsyth-Jacobsthal, DGlen, S. 518.

9·14 $x = t x' + f(x', y'), \quad y = t y' + g(x', y')$; *Clairaut*sches DGlsSystem.

Lösungen sind die Geraden

$$x = t a + f(a, b), \quad y = t b + g(a, b)$$

mit beliebigem a, b; außerdem noch etwa vorhandene Einhüllende der Geraden und stetig differenzierbare Kurven, die sich aus den beiden Arten zusammensetzen lassen.

Serret-Scheffers, Differential- und Integralrechnung III, S. 334–336.

9·15 $x''(t) = a e^{2x} - e^{-x} + e^{-2x} \cos^2 y$,

$$y''(t) = e^{-2x} \sin y \cos y - \frac{\sin y}{\cos^3 y}$$

Einzelne IKurven sind angegeben bei *C. Störmer*, Zeitschrift f. Astrophysik 1 (1930) 237–274 sowie bei *G. Schulz*, Zeitschrift f. angew. Math. Mech. 14 (1934) 233.

9·16 $x''(t) = \frac{k x}{r^3}, \quad y''(t) = \frac{k y}{r^3}, \quad r^2 = x^2 + y^2.$

DGlen der Bewegung eines Massenpunktes in der x, y-Ebene, unter dem Einfluß einer Gravitationskraft. Das System kann nach dem Muster von 9·26 behandelt werden, oder auch so: Durch Übergang zu Polarkoordinaten mit

$$x = r \cos \varphi, \quad y = r \sin \varphi \qquad r = r(t), \quad \varphi = \varphi(t)$$

ergibt sich

$$r^2 \varphi' = C_1, \quad r'^2 + r^2 \varphi'^2 = -\frac{2k}{r} + C_2,$$

und weiter, wenn $C_1 \neq 0$ ist, also die Bewegung nicht in einer Geraden durch den Nullpunkt erfolgt,

$$\frac{dr}{d\varphi} = \pm \frac{r}{C_1} (C_2 r^2 - 2 k r - C_1^2)^{\frac{1}{2}},$$

also

$$r [C \cos(\varphi - \varphi_0) - k] = C_1^2, \quad C^2 = C_2 C_1^2 + k^2.$$

Das ist die Gl eines Kegelschnitts.

Vgl. auch *Moulton*, Diff. Equations, S. 92ff.

9·17 $x''(t) = -\frac{C(y) f(v)}{v} x', \quad y''(t) = -\frac{C(y) f(v)}{v} y' - g, \quad v^2 = x'^2 + y'^2.$

DGlen für die Koordinaten x, y eines fliegenden Geschosses; dabei ist g die Schwerebeschleunigung, $C(y) f(v)$ das für die Höhe y bei der dort

herrschenden Luftdichte geltende Widerstandsgesetz. **Ist ϑ der Neigungs-** 9·17
winkel der Bahntangente, d. h. ist

$$x' = v \cos \vartheta, \quad y' = v \sin \vartheta,$$

so können die DGlen auch in der Gestalt

$$\frac{d}{dt}(v \cos \vartheta) = -C(y) f(v) \cos \vartheta,$$

$$\frac{d}{dt}(v \sin \vartheta) = -C(y) f(v) \sin \vartheta - g$$

geschrieben werden. Aus diesen DGlen folgt

(1) $$y'(\vartheta) = -\frac{v^2}{g} \operatorname{tg} \vartheta,$$

(2) $$\frac{d}{d\vartheta}(v \cos \vartheta) = \frac{C(y)}{g} v f(v) \quad \text{für } v = v(\vartheta).$$

Die zweite DGl heißt *Hauptgleichung der äußeren Ballistik.*

Kann mit ausreichender Genauigkeit angenommen werden, daß $C(y)$ nicht von y abhängt, so kann (2) für sich gelöst werden. Durch die Transformation[1])

(3) $$v(\vartheta) = e^{u(\tau)}, \quad \tau = \log \operatorname{tg}\left(\frac{\vartheta}{2} + \frac{\pi}{4}\right)$$

geht (2) über in

(2a) $$u'(\tau) = \mathfrak{Tg}\,\tau + \frac{C}{g} f(e^u);$$

in dieser Form kann die DGl bei beliebigem Luftwiderstandsgesetz $f(v)$ mit ausreichender Genauigkeit graphisch integriert werden. Ist das Widerstandsgesetz speziell

$$f(v) = a\, v^n + b$$

(*Euler* für $n = 2$, $b = 0$; allgemein bei *d'Alembert*), so ist (2) eine Bernoullische DGl für $v(\vartheta)$; ist (*d'Alembert*)

$$f(v) = a \log v + b,$$

so geht (2) für $u(\vartheta) = \log v$ in eine lineare DGl für u über. In diesen beiden Fällen kann also (2) in geschlossener Form integriert werden.

Darf $C(y)$ nicht als konstant angenommen werden, so erhält man aus (1), wenn neben (3) noch $y(\vartheta) = z(\tau)$ gesetzt wird,

(1a) $$z'(\tau) = -\frac{1}{g} e^{2u}\, \mathfrak{Tg}\,\tau.$$

Das System (1a), (2a), wobei in (2a) $C(y)$ durch $C(z)$ zu ersetzen ist, kann nun ebenfalls graphisch integriert werden. Für Geräte zur Lösung der DGlen s. A 32.

---

[1]) *R. Rothe*, Sitzungsberichte Berlin. Math. Ges. 16 (1917) 92—97. *C. Cranz — R. Rothe*, Artill. Monatsh. 1917_{I}, S. 197—239.

Lit.: *Cranz*, Ballistik. *Moulton*, Exterior Ballistics. *P. Charbonnier*, Traité de balistique extérieure, Paris, I 1921, II 1927. *D. Jackson*, The method of numerical integration in exterior ballistics; War Department Washington, Document No. 984. 1921. *C. Cranz — W. Schmundt*, Berechnung einer Geschoß-Steilbahn unter Berücksichtigung des Kreiseleffekts und des Magnuseffekts, Zeitschrift f. angew. Math. Mech. 4 (1924) 449—463. *Ömer Lutfi Salih*, Prüfung der wichtigsten Methoden der äußeren Ballistik zur Ermittlung der Geschoßbahnen hinsichtlich Genauigkeit und Zeitaufwand; Wehrtechn. Monatsh., 1. Sonderheft 1935. *L. Hänert*, Geschütz und Schuß, Berlin 1940. *K. Stange*, Das Problem der Flugbahnberechnung, Berlin 1940. *K. Athen*, Ballistik Leipzig 1941.

18—29. Systeme von mehr als zwei Differentialgleichungen.

9·18 $\boldsymbol{x'(t) = y - z, \quad y'(t) = x^2 + y, \quad z'(t) = x^2 + z}$

Aus den DGlen folgt $x' - y' + z' = 0$, also $x - y + z = C$. Trägt man dieses ein, so findet man

$$x = C_1 + C_2 e^t, \quad y = -C_1^2 + (2 C_1 C_2 t + C_3) e^t + C_2^2 e^{2t}, \quad z = y - x + C_1.$$

9·19 $\boldsymbol{a x'(t) = (b - c) y z, \quad b y'(t) = (c - a) z x, \quad c z'(t) = (a - b) x y}$

Aus den DGlen folgt leicht

$$a x^2 + b y^2 + c z^2 = C_1, \quad a^2 x^2 + b^2 y^2 + c^2 z^2 = C_2.$$

Durch Auflösen dieser Glen nach y, z und Eintragen des Ergebnisses in die erste DGl erhält man eine DGl erster Ordnung, die auf elliptische Funktionen führt.

Oder man setze

$$b c u = (a - b)(a - c) x^2, \quad a c v = (b - a)(b - c) y^2,$$
$$a b w = (c - a)(c - b) z^2, \quad -3 \zeta = u + v + w.$$

Dann ist

$$\zeta + u = e_1, \quad \zeta + v = e_2, \quad \zeta + w = e_3$$

mit $e_1 + e_2 + e_3 = 0$, und das System wird auf die durch elliptische Funktionen lösbare DGl

$$\zeta'^2 = 4 (\zeta - e_1)(\zeta - e_2)(\zeta - e_3)$$

zurückgeführt.

Forsyth-Jacobsthal, DGlen, S. 346, 812f.

9·20 $\boldsymbol{x'(t) = x (y - z), \quad y'(t) = y (z - x), \quad z'(t) = z (x - y)}$

Die Integralkurven sind die Schnittkurven der Flächen

$$x + y + z = C_1, \quad x y z = C_2.$$

Forsyth-Jacobsthal, DGlen, S. 333f.

$$x'(t) + y'(t) = x\,y, \quad y'(t) + z'(t) = y\,z, \quad x'(t) + z'(t) = x\,z$$ 9·21

Vgl. *Halphen*, Fonctions elliptiques I, S. 330.

$$x'(t) = \frac{1}{2}x^2 - \frac{1}{24}y, \quad y'(t) = 2\,x\,y - 3\,z, \quad z'(t) = 3\,x\,z - \frac{1}{6}y^2$$ 9·22

Vgl. *Halphen*, Fonctions elliptiques I, S. 331.

$$x'(t) = x\,(y^2 - z^2), \quad y'(t) = y\,(z^2 - x^2), \quad z'(t) = z\,(x^2 - y^2)$$ 9·23

Die IKurven sind die Schnittkurven der Flächen

$$x^2 + y^2 + z^2 = C_1, \quad x\,y\,z = C_2.$$

$$x'(t) = x\,(y^2 - z^2), \quad y'(t) = -y\,(x^2 + z^2), \quad z'(t) = z\,(x^2 + y^2)$$ 9·24

Die IKurven sind die Schnittkurven der Flächen

$$x^2 + y^2 + z^2 = C_1, \quad y\,z = x\,C_2.$$

$$x' = -x\,y^2 + x + y, \quad y' = x^2\,y - x - y, \quad z' = y^2 - x^2$$ 9·25

Die IKurven sind die Schnittkurven der Flächen

$$x^2 + y^2 + \log z^2 = C_1, \quad z\,(x\,y - 1) = C_2.$$

$$x''(t) = \frac{\partial F}{\partial x}, \quad y''(t) = \frac{\partial F}{\partial y}, \quad z''(t) = \frac{\partial F}{\partial z},$$ 9·26

wo $F = F(r)$ eine Funktion von $r = \sqrt{x^2 + y^2 + z^2}$ ist; DGlen der Bewegung eines Massenpunktes unter dem Einfluß einer Zentralkraft.

Lit.: *Forsyth-Jacobsthal*, DGlen, S. 340—343.

Die DGlen können vektoriell in der Gestalt

$$\ddot{\mathfrak{x}} = \operatorname{grad} F \quad \text{oder} \quad \ddot{\mathfrak{x}} = \frac{F'(r)}{r}\,\mathfrak{x}$$

($\mathfrak{x}$ = Vektor mit den Komponenten x, y, z) geschrieben werden. Es ergibt sich leicht

$$\dot{\mathfrak{x}}^2 = 2\,(F + C_1) \qquad \text{(Energiesatz)},$$
$$\mathfrak{x} \times \dot{\mathfrak{x}} = \mathfrak{c} \qquad \text{(Flächensatz)},$$
$$\mathfrak{x} \cdot \mathfrak{c} = 0,$$

d. h. jede Bahnkurve liegt in einer Ebene, die durch den Nullpunkt geht. Den Vektor $\mathfrak{x}(t)$ selber kann man so erhalten: Durch

$$t = \int \frac{r\,dr}{R} + C_2, \quad \varphi = \int \frac{C_3}{r\,R}\,dr$$

mit

$$C_3 = |\mathfrak{c}|, \quad R^2 = 2\,r^2\,(F + C_1) - C_3^2$$

sind r und (durch Vermittlung von r auch) φ als Funktionen von t definiert. Die Lösungen der DGlen sind dann

$$\mathfrak{x} = r\,(\mathfrak{a}\cos\varphi + \mathfrak{b}\sin\varphi),$$

wo $\mathfrak{a}^2 = \mathfrak{b}^2 = 1$, $\mathfrak{a}\,\mathfrak{b} = 0$ sein muß.

9·27 $$(x-y)(x-z)\,x' = f(t), \quad (y-x)(y-z)\,y' = f(t),$$
$$(z-x)(z-y)\,z' = f(t)$$

Die Lösungen erhält man aus

$$x + y + z = C_1, \quad x\,y + y\,z + z\,x = C_2, \quad x\,y\,z = C_3 + \int f(t)\,dt.$$

Serret-Scheffers, Differential- und Integralrechnung III, S. 283f

9·28 $$x_1'(t)\sin x_2 = x_4 \sin x_3 + x_5 \cos x_3,$$
$$x_2'(t) = x_4 \cos x_3 - x_5 \sin x_3,$$
$$x_3'(t) + x_1'(t)\cos x_2 = a,$$
$$x_4'(t) - (1-\lambda)\,a\,x_5 = -\,m \sin x_2 \cos x_3,$$
$$x_5'(t) + (1-\lambda)\,a\,x_4 = m \sin x_2 \sin x_3$$

Die DGlen treten in der Kreiseltheorie auf; vgl. z. B. *Moulton*, Diff. Equations, S. 156. Dort steht $\psi, \vartheta, \varphi, \omega_1, \omega_2$ statt $x_1, \ldots, x_5$: diese veränderte Bezeichnung wird auch hier weiterhin benutzt. Aus den beiden letzten DGlen des obigen Systems erhält man dann

(1) $$\omega_1^2 + \omega_2^2 - 2\,m\cos\vartheta = C_1$$

und hieraus mit Hilfe der beiden ersten Glen

(1a) $$\psi'^2 \sin^2\vartheta + \vartheta'^2 - 2\,m\cos\vartheta = C_1.$$

In ähnlicher Weise ergibt sich

(2) $$(\omega_1 \sin\varphi + \omega_2\cos\varphi)\sin\vartheta + a\,\lambda\cos\vartheta = C_2$$

oder

(2a) $$\psi' \sin^2\vartheta + a\,\lambda\cos\vartheta = C_2$$

Aus (1a) und (2a) folgt

$$\begin{aligned}\vartheta'^2\sin^2\vartheta &= -\,2\,m\cos^3\vartheta - (C_1 + a^2\lambda^2\cos^2\vartheta) \\ &\quad + 2\,(m + a\,\lambda\,C_2)\cos\vartheta + C_1 - C_2^2 \\ &= F(\cos\vartheta)\end{aligned}$$

und hieraus für $u(t) = \cos\vartheta$

$$u'^2 = -2\,m\,(u - u_1)\,(u - u_2)\,(u - u_3)$$

mit reellen u_1, u_2, u_3. Damit ist das ursprüngliche System auf eine durch elliptische Funktionen lösbare DGl 1·71 zurückgeführt. Für die weitere Diskussion s. z. B. *Moulton*, a. a. O.

$$\boldsymbol{x_\nu''(t) = \frac{\partial F}{\partial x_\nu}} \quad (\nu = 1, 2, \ldots, n), \quad \text{wo } F = F(r), \quad r^2 = x_1^2 + \cdots + x_n^2 \text{ ist.}$$ 9·29

Lit.: *M. Binet*, Journal de Math. (1) 2 (1837) 457—468.

Wird der Vektor $\mathfrak{x} = (x_1, \ldots, x_n)$ eingeführt, so erhält man die Lösungen wörtlich wie in 9·26 bis auf den Flächensatz, der hier

$$x_\mu'\,x_\nu - x_\mu\,x_\nu' = C_{\mu,\nu}$$

lautet.

10. Funktional-Differentialgleichungen.

10·1 $y'(x) = y(x - \xi), \quad \xi \gtrless 0.$

Lit.: *F. Schürer*, Berichte Leipzig 64 (1912) 167–236; 65 (1913) 239–246 (Verbesserungen zur ersten Arbeit), 247–263. *G. Barba*, Atti Accad. Lincei (6) 11 (1930) 655–658, 735–740. Vgl. auch 10·11 und 10·6 sowie *E. C. Titchmarch*, Journal London Math. Soc. 14 (1939) 118–124.

Gesucht sind Lösungen, die für alle x existieren. Diese Lösungen sind notwendig beliebig oft differenzierbar. Man erhält sie folgendermaßen: Es sei $f(x)$ eine Funktion, die in dem Intervall mit den Endpunkten 0 und ξ beliebig oft differenzierbar ist und die Glen

$$f^{(\nu)}(0) = f^{(\nu+1)}(\xi) \qquad (\nu = 0, 1, 2, \ldots)$$

erfüllt. Man setzt dann in diesem Intervall $y(x) = f(x)$ und bestimmt, indem man immer um Intervalle der Länge $|\xi|$ fortschreitet, $y(x)$ weiterhin durch die Rekursionsformeln

$$y(k\xi + x) = y(k\xi) + \int_0^x y[(k-1)\xi + x]\,dx,$$

$$y(-k\xi + x) = f^{(k)}(x)$$

für $k = 1, 2, \ldots$ und x im Intervall mit den Endpunkten 0 und ξ.

Lösungen sind z. B. die folgenden Funktionen und ihre linearen Kompositionen:

$$y = C e^{\alpha x}, \text{ wenn } \alpha \text{ der Gl } \alpha = e^{-\alpha\xi} \text{ genügt};$$

$$y = C_1 \sin x + C_2 \cos x \text{ für } \xi = -\frac{1}{2}\pi + 2k\pi;$$

$$y = \sum_{n=0}^{\infty} \frac{(x - n\xi)^n}{n!} \quad \text{für } -\frac{1}{e} < \xi < \frac{1}{e};$$

diese letzte Lösung ist übrigens $\frac{1}{1 + \alpha\xi} e^{\alpha x}$, wo α die absolut kleinste Lösung von $\alpha = e^{-\alpha\xi}$ ist.

Da die Funktion $f(x)$ in weitem Umfange willkürlich gewählt werden kann, sind die Lösungen der gegebenen Gl sehr vielgestaltig. Über eine Möglichkeit, sie einzuschränken, s. 10·11.

$y'(x) = a\,y(x) + b\,y(x - \xi) + c, \quad \xi \neq 0, \; b \neq 0.$ 10·2

(a) $c = 0$, homogene Gl. Für

$$y(x) = e^{a x}\, u(t), \quad t = b\, e^{-a \xi}\, x, \quad \tau = b\, e^{a \xi}\, \xi$$

geht die Gl in

$$u'(t) = u(t - \tau)$$

über. Für deren Lösung s. 10·1.

(b) $c \neq 0$, unhomogene Gl. Lösungen sind

$$y(x) = \begin{cases} -\dfrac{c}{a+b} & \text{für } a + b \neq 0, \\[1ex] \dfrac{c}{1 - a\xi}\, x & \text{für } a + b = 0, \; a\xi \neq 1, \\[1ex] \dfrac{c}{\xi}\, x^2 & \text{für } a + b = 0, \; a\xi = 1. \end{cases}$$

Die Gesamtheit der Lösungen erhält man, indem man zu diesen Lösungen die Lösungen der homogenen Gl addiert.

Vgl. auch *R. W. James – M. H. Belz*, Econometrica 4 (1936) 157–160.

$y'(x) = a\,\dfrac{y(x - \xi)}{x - \xi} + b, \quad a \neq 0.$ 10·3

Vgl. 10·4. Für $a \neq 1$ ist $y = \dfrac{b\,x}{1 - a}$ eine Lösung. Die homogene Gl ($b = 0$) hat z. B. die Lösungen

$$y(x) = \begin{cases} C\,x & \text{für } a = 1, \\ C\,x\,(x + 2\xi) & \text{für } a = 2, \\ C\,x\,(2x^2 + 12\,x\,\xi + 15\,\xi^2) & \text{für } a = 3. \end{cases}$$

$(a\,x + b)\,y'(x) + (c\,x + d)\,y(x - \xi) = g(x)$ 10·4

Die Gl kann (vgl. 10·1) gelöst werden, indem man von einer Funktion $y(x)$ ausgeht, die in einem Intervall der Länge $|\xi|$ gegeben ist, und dann aus der DGl $y(x)$ in Nachbarintervallen der Länge $|\xi|$ schrittweise berechnet.

Für $a \neq 0$ geht die Gl durch die Transformation

$$y(x) = u(t), \quad x = -\xi\, t - \frac{b}{a}$$

über in

$$a\,t\,u'(t) + \left(c\,\xi\,t + \frac{a\,d - b\,c}{a}\right) u(t + 1) = g\left(\xi\,t - \frac{b}{a}\right),$$

d. h. in den Typus

$$t\,u'(t) + (\alpha\,t + \beta)\,u(t + 1) = h(t).$$

G. Hoheisel, Math. Zeitschrift 14 (1922) 35—98, hat unter gewissen zusätzlichen Voraussetzungen untersucht, ob die Gl Lösungen besitzt, die für $|x| \to \infty$ nicht stärker als eine Potenz von $|x|$ wachsen. Dieselbe Frage hat er für

$$(x^2 + a)\, y'(x) + (b\, x^2 + c\, x + d)\, y'(x + 1) = g(x)$$

untersucht und für

$$\sum_{\nu=0}^{n} P_\nu(x)\, y^{(\nu)}(x - \xi_\nu) = g(x)$$

(P_ν Polynome) entsprechende Ergebnisse formuliert; die angekündigte ausführliche Darstellung für diesen allgemeineren Typus ist nicht erschienen.

10·5 $\mathbf{(a_2 x^2 + a_1 x + a_0)\, y'(x) + (b_2 x^2 + b_1 x + b_0)\, y(x - \xi) = g(x)}$ s. 10·4.

10·6 $\mathbf{y'(x) = f(x)\, y\left(\frac{x}{\xi}\right) + g(x)}$

Lit.: *P. Flamant*, Rendiconti Palermo 48 (1924) 135—207. *G. Valiron*, Bulletin Soc. Math. France 54 (1926) 53—68. *C. Popovici*, Bulletin math. Soc. Roumaine 30 (1927) 71—74. *S. Izumi*, Tôhoku Math. Journal 30 (1929) 10—18.

Durch die Transformation

$$y(x) = u(t)\,, \quad t = \log x\,, \quad \tau = \log \xi$$

geht die Gl über in den Typus 10·2

$$u'(t) = \varphi(t)\, u(t - \tau) + \psi(t)$$

mit
$$\varphi(t) = e^t f(e^t)\,, \quad \psi(t) = e^t g(e^t)\,.$$

Ist $|\xi| \geqq 1$ und $\mathfrak{G}$ in der komplexen x-Ebene ein Gebiet, dem $x = 0$ und mit x auch $\frac{x}{\xi}$ angehört, sind ferner f und g in $\mathfrak{G}$ regulär, so gibt es genau eine reguläre Lösung, die für $x = 0$ einen gegebenen Wert y_0 annimmt. Man kann die Lösung durch Iteration, d. h. als Grenzwert der nacheinander zu berechnenden Funktionen

$$y_n(x) = y_0 + \int_0^x \left[f(x)\, y_{n-1}\left(\frac{x}{\xi}\right) + g(x) \right] dx$$

erhalten.

Valiron findet für die Gl

$$a\, y'(x\,\xi) - y(x) + e^{b\,x} = 0\,,$$

indem er das Iterationsverfahren

$$u_0(x) = e^{b\,x}, \quad u_n(x) = a\, u'_{n-1}(x\,\xi)$$

ansetzt, zunächst

$$u_n(x) = (ab)^n \, \xi^{\frac{1}{2}n(n-1)} \, e^{b x \xi^n}$$

und damit die Lösung $y = \sum u_n$ in der Konvergenzhalbebene dieser Reihe. Dieses Verfahren läßt sich auf den Fall ausdehnen, daß a eine rationale Funktion von x ist.

Für den Fall, daß f und g nicht durchweg regulär sind, sondern Pole haben können, sowie für die allgemeinere Gl

$$y'(x) = \sum_{\nu=1}^{n} f_\nu(x) \, y\left(\frac{x}{\xi_\nu}\right) + g(x)$$

s. *Flamant* und *Izumi*. *Popovici* hat Untersuchungen über Glen höherer Ordnung angestellt.

$y'(x) = f(x)\, y(\omega(x)) + g(x)$; f, g, ω sind gegebene Funktionen von x. 10·7

Lit.: *S. Izumi*, Tôhoku Math. Journ. 30 (1929) 10—18. *L. B. Robinson*, Bulletin Soc. Math. France 64 (1936) 66—70, 213—215; 66 (1938) 79f.; Tôhoku Math. Journ. 43 (1937) 310—313. Vgl. auch 10·15.

Durch die DGl sind Werte von y' an der Stelle x mit Werten von y an der Stelle $\omega(x)$ gekoppelt. Nach *Robinson* (letztes Zitat) hat z. B.

$$\lambda \, y'(x) = y(x^2) - x^3$$

als Lösungen $y(x) = y_1 + C\, y_2$, wo

$$y_1 = -\sum_{n-1}^{\infty} \frac{1}{a_1 \cdots a_n \lambda^n} x^{a_n} \quad \text{mit} \quad a_n = 5 \cdot 2^{n-1} - 1$$

und

$$y_2 = 1 + \sum_{n=1}^{\infty} \frac{1}{1 \cdot 3 \cdots (2^n - 1)\, \lambda^n} x^{2^n - 1}$$

ist. Eine weitere, in dem obigen y nicht enthaltene Lösung ist

$$y_3 = \sum_{n=0}^{\infty} a_0 \, a_1 \cdots a_n \, \lambda^n \, x^{a_{n+1}}$$

mit

$$a_0 = 1 \quad \text{und} \quad a_n = \frac{5}{2^n} - 1 \quad \text{für} \quad n > 1.$$

$y'(x)\, y(x) = y(y(x))$ 10·8

Für $\quad \varphi(x) = \int_a^x \frac{dx}{y(x)} \quad$ wird $\quad \varphi'(x) = \frac{1}{y(x)} = \frac{y'(x)}{y(y(x))}$,

also

$$\varphi(x) + C = \varphi(y(x))$$

Ist $\psi = \varphi^{-1}$ die inverse Funktion zu φ, so folgt hieraus

$$\frac{1}{\varphi'(x)} = y = \psi(\varphi + C),$$

d. h.

$$\psi'(\varphi) = \psi(\varphi + C).$$

Damit ist die gegebene DGl auf 10·1 zurückgeführt.

G. Barba, Atti Accad. Lincei (6) 11 (1930) 655—658, 735—740.

10·9 Einige Gleichungen zweiter Ordnung mit leicht erkennbaren Lösungen.

(a) $y''(x) = y(x - \pi)$

$$y = C_1 \sin x + C_2 \cos x .$$

(b) $y'' = -y(\xi - x)$

$$y(x) = C_1 \cos\left(x - \frac{1}{2}\xi\right) + C_2 \operatorname{Sin}\left(x - \frac{1}{2}\xi\right).$$

(c) $2y'' + y(x) - y(x - \pi) = 0$

$$y = C_0 + C_1 \cos x + C_2 \sin x .$$

Die beiden Lösungen 1 und $\cos x$ stimmen an der Stelle $x = 0$ nebst ihren ersten Ableitungen überein!

(d) $2y''(x) + 5y(x) + 3y(\pi - x) = 0.$

Auch diese Gl hat zwei Lösungen $y(x) = \cos x$ und $\cos 2x$, die nebst ihren ersten Ableitungen an der Stelle $x = 0$ übereinstimmen.

W. B. Fite, Transactions Americ. Math. Soc. 22 (1921) 313.

10·10 $y''(x+1) + r\,y''(x) = a\,y'(x+1) + b\,y'(x) + c\,y(x) + f(x)$

Die Gl tritt bei der Untersuchung über das Verhalten von Reglern, insbes. über den Zeitverzug auf, der zwischen der Änderung der kontrollierten Größe und dem Einsetzen der Wirkung des Reglers eintritt. Ist $f(x) \equiv 0$, so führt der Ansatz $y = C \exp \varrho x$ auf die Gl

$$\varrho(\varrho - a)e^{\varrho} + (r\varrho - b)\varrho - c = 0 .$$

Für $f \not\equiv 0$ sind der Heaviside-Kalkül sowie numerische und mechanische Methoden (Bush-Analyzer) zur Lösung der DGl herangezogen worden.

A. Callender — D. R. Hartree — A. Porter, Time Lag in a Control System, Philosophical Transactions London A 235 (1936) 415—444.

$$y^{(n)}(x) + \sum_{\nu=0}^{n-1} a_\nu\, y^{(\nu)}(x - \xi_\nu) = g(x),$$ 10·11

$n \geqq 1$, a_ν reelle oder komplexe Konstante, ξ_ν reelle Konstante.

Lit.: *E. Schmidt*, Math. Annalen 70 (1911) 499—524. *F. Schürer*, Berichte Leipzig 65 (1913) 139—143. *L. Bruwier*, Congrès sc. Bruxelles 1930, S. 91—97; Mathesis 47 (1933) 96—105. *O. Perron*, Math. Zeitschrift 45 (1939) 127—141.

Die Lösungsverhältnisse der Gl hängen von der Anzahl m der Nullstellen (jede mit ihrer Vielfachheit gezählt) der ganzen transzendenten Funktion

$$F(\lambda) = (i\lambda)^n + \sum_{\nu=0}^{n-1} a_\nu\, (i\lambda)^\nu\, e^{-i\lambda\xi_\nu}$$

ab. Werden nur solche Lösungen betrachtet, die mit ihren $n-1$ ersten Ableitungen für $|x| \to \infty$ höchstens wie eine Potenz von $|x|$ wachsen, so hat die Gl für $m = 0$ genau eine Lösung dieser Art; für $m > 0$ lassen sich m linear unabhängige Lösungen $\varphi_1(x), \ldots, \varphi_m(x)$ so angeben, daß die Gesamtheit der Lösungen gerade

$$y = C_1\varphi_1 + \cdots + C_m\varphi_m \qquad (C_\nu \text{ beliebige Konstante})$$

ist. Für $g \equiv 0$ erhält man die φ_ν, indem man für jede Nullstelle λ von F die Funktionen

$$e^{i\lambda x},\; x\, e^{i\lambda x}, \ldots,\; x^s\, e^{i\lambda x}$$

bildet, wobei s die Vielfachheit der betrachteten Nullstelle ist. Nach *E. Schmidt* gilt das auch noch für einen allgemeineren Typ von DGlen.

Für die speziellere Gl

$$y^{(n)}(x) + a_1\, y^{(n-1)}(x + \xi) + \cdots + a_n\, y(x + n\xi) = 0$$

hat *Bruwier* Lösungen der Gestalt

(1) $$y(x) = \sum_{\nu=0}^{\infty} A_\nu \frac{(x + \nu\xi)^\nu}{\nu!}$$

untersucht, wo die A_ν den Glen

$$A_{k+n} + a_1\, A_{k+n-1} + \cdots + a_n\, A_k = 0 \qquad (k = 0, 1, 2, \ldots)$$

genügen. Die unendliche Reihe (1) konvergiert in der ganzen komplexen x-Ebene, wenn

$$\overline{\lim_{k\to\infty}} \sqrt[k]{|A_k|} < \frac{1}{e\,|\xi|}$$

ist: vgl. hierzu auch *Perron*, a. a. O.

Bei *R. Raclis*, Bulletin math. Soc. Roumaine 30 (1927) 106—109 findet man Bemerkungen über Randwertaufgaben und deren Beziehung zu Integralgleichungen.

10·12 $$\sum_{p=0}^{m}\sum_{q=0}^{n} a_{p,q}\, y^{(p)}(x+\xi_q) = g(x)$$

Vgl. die Literatur zu 10·11 und *E. Hilb*, Math. Annalen 78 (1918) 137 bis 170.

10·13 $$y^{(n)}(x) + \sum_{p=1}^{n-1} a_p\, y^{(p)}(x+\xi_p) + \sum_{q=1}^{m} A_q\, y(x+\Xi_q) = F(x)$$

L. Bruwier, Bulletin Liège 4 (1935) 336—342, 5 (1936) 14—17.

10·14 $$\sum_{\nu=0}^{n} P_\nu(x)\, y^{(\nu)}(x-\xi_\nu) = g(x)$$ s. 10·4.

10·15 $$y^{(n)}(x) + \sum_{\nu=0}^{n-1} f_\nu(x)\, y^{(\nu)}(x) + g(x)\, y(\omega(x)) = 0,$$

f_ν, g, ω sind gegebene Funktionen von x, die in dem Intervall $a \leqq x \leqq b$ stetig sind.

Lit.: *Polossuchin*, Über eine besondere Klasse von funktionalen Differentialgleichungen, Diss. Zürich 1910. *W. B. Fite*, Transactions Americ. Math. Soc. 22 (1921) 311—319.

Durch die Gl sind Werte von y an der Stelle x mit Werten an der Stelle $\omega(x)$ gekoppelt. Ist $a < \xi < b$, $a \leqq \omega(x) \leqq b$ und $|\omega(x) - \xi| \leqq |x - \xi|$, so gibt es für beliebiges $\eta_0, \ldots, \eta_{n-1}$ genau eine Lösung der Gl mit den Anfangswerten $y(\xi) = \eta_0, \ldots, y^{(n-1)}(\xi) = \eta_{n-1}$. Der Beweis kann durch das Iterationsverfahren (vgl. 10·6) geführt werden. Durch dieses kann die Lösung auch näherungsweise gefunden werden.

Nachträge zu Teil A.

2·7 (e). Allgemeiner gilt folgendes: Ist $y(x)$ für $a \leqq x < b$ stetig und nach rechts differenzierbar und ist für zwei in diesem Intervall stetige Funktionen $f(x) \geqq 0$, $g(x) \geqq 0$ die UnGl

$$|y'_+(x)| \leqq f(x)\,|y(x)| + g(x)$$

erfüllt, so ist für je zwei Zahlen ξ, x des obigen Intervalls

$$|y(x)| \leqq F(x)\left(|y(\xi)| + \left|\int_\xi^x \frac{g(x)}{F(x)}\,dx\right|\right) \quad \text{mit} \quad F(x) = \exp\left|\int_\xi^x f(x)\,dx\right|.$$

18·7, S. 88, Fußnote 1. Die charakteristische Gl für die in der Fußnote genannte DGl lautet

$$s^2 - [y_1(\omega) + y_2'(\omega)]\,s + W(\omega) = 0 \quad \text{mit} \quad W(\omega) = e^{-\int_0^\omega f(x)\,dx}$$

Vgl. auch *Calamai*, Bolletino Unione Mat. Italiana (2) 3 (1941) 370—372; Atti Accad. Italia (7) 3 (1942) 183—193.

22·2, S. 107, Zeile 7. Hat $P(s)$ insbes. lauter verschiedene Nullstellen $s_1, \ldots, s_n$, so hat daher (3) das Integral

$$y = \sum_{\nu=1}^{n} \frac{e^{s_\nu x}}{P'(s_\nu)} \int f(x)\, e^{-s_\nu x}\,dx.$$

25·2 (d). Für die DGl

$$y'' + g(x)\,y = 0 \qquad (g > 0)$$

kann auch die Transformation

$$\varrho(x)\sin\vartheta(x) = y\sqrt{g(x)}, \quad \varrho(x)\cos\vartheta(x) = y'$$

von Nutzen sein; man erhält für ϑ die DGl

$$\vartheta' = \sqrt{g} + \frac{1}{4}\frac{g'}{g}\sin 2\vartheta.$$

Vgl. dazu *E. Makai*, Compos. math. 6 (1939) 368—374; Annali Pisa (2) 10 (1941) 123—126.

Nachträge zu Teil B.

3, S. 220. Hierzu ist hinzuweisen auf *L. Collatz*, Eigenwertprobleme und ihre numerische Behandlung. Leipzig 1944.

8·3. Es sei folgendes Ergebnis erwähnt, bei dem die Lösung einer Randwertaufgabe zweiter Ordnung zu der Lösung einer Anfangswertaufgabe erster Ordnung in Beziehung gebracht wird: Es sei $f(x)$ für $0 \leqq x \leqq 1$ stetig differenzierbar und $y(x, \lambda)$ die für jedes $\lambda > 0$ existierende Lösung der Randwertaufgabe

$$y'' - \lambda(y' + y) = \lambda f(x), \quad y(0) = y(1) = 0.$$

Dann ist

$$\lim_{\lambda\to\infty} y(x,\lambda)=\eta(x) \quad \text{für } 0\leq x<1,$$

wo $\eta(x)$ die Lösung der Anfangswertaufgabe

$$\eta'+\eta=-f(x), \quad \eta(0)=0$$

ist. *E. Rothe*, Iowa College, Journal of Science 13 (1939) 369—372.

Nachträge zu Teil C.

1·130 a $\mathbf{2xy'=y^2+4ixy-1}$

$$y=\frac{-iZ_0(x)+Z_1(x)}{iZ_0(x)+Z_1(x)}, \quad Z=\text{Zylinderfunktion}$$

mit übereinstimmenden willkürlichen Konstanten bei Z_0 und Z_1.

L. Schwarz, Zeitschr. f. angew. Math. Mech. 23 (1943) 125.

1·360 a $\mathbf{\left(\cos^2\frac{x}{2}+a\right)y'=y\left(\cos^2\frac{x}{2}-y+a+1\right)\operatorname{tg}\frac{x}{2}}$.

Für $y(x)=\dfrac{\xi}{\eta(\xi)}$, $\xi=\dfrac{1}{\cos^2\frac{2}{x}}$ entsteht die lineare DGl

$$(a\xi+1)\eta'+\eta=\xi$$

mit der Lösung

$$\eta=\frac{\xi-1}{a+1}+C(a\xi+1)^{-\frac{1}{a}}.$$

K. Schwarzschild, Untersuchungen zur geometrischen Optik II, S. 22f. [Abhandlungen Göttingen, Neue Folge 4 (1906)].

1·369 a $\mathbf{y'^2=ay^2+b}$, $a\neq 0$, $b\neq 0$.

Löst man die Gl nach y' auf, so erhält man zwei DGlen mit getrennten Veränderlichen. Aus diesen erhält man die Lösungen

$$a=\alpha^2,\quad b=\alpha^2\beta^2:\quad y=\beta\,\mathfrak{Sin}\,\alpha(x+C),$$
$$a=\alpha^2,\quad b=-\alpha^2\beta^2:\quad y=\beta\,\mathfrak{Cof}\,\alpha(x+C),$$
$$a=-\alpha^2,\quad b=\alpha^2\beta^2:\quad y=\beta\cos\alpha(x+C).$$

E. Goursat, Nouvelles Annales Math. (4) 20 (1920) 387—391.

1·458 a $\mathbf{[(ax+b)^2+c^2]^2(y'^2-n^2a^2)+a^2c^2y^2=0}$

Für $y(x)=nc\sqrt{\xi^2+1}\,\eta(\xi)$, $\xi=\dfrac{ax+b}{c}$

entsteht

$$(\xi^2+1)\eta'^2+2\xi\eta\eta'+\eta^2=1$$

Auflösung nach η ergibt die d'Alembertsche DGl

$$\eta=-\xi\eta'\pm\sqrt{1-\eta'^2}.$$

Diese hat z. B. die trivialen Lösungen $\eta = \pm 1$. Aus diesen erhält man für die gegebene Gl die beiden Lösungen

$$y = \pm n \sqrt{(a x + b)^2 + c^2}\,.$$

$(y^2 - b)\, y'^2 + 2\,(x\,y - c)\, y' + x^2 - a = 0$ I·492 a

Durch eine Drehung des Koordinatensystems läßt sich $c = 0$ erreichen. Es wird daher weiterhin

(1) $$(y^2 - b)\, y'^2 + 2\,x\,y\,y' + x^2 - a = 0$$

behandelt.

Man erhält für $a = 0$, $b > 0$ die Kreise $x^2 + \left(y \pm \sqrt{b}\right)^2 = C^2$.

Für $a > 0$, $b = 0$ vertauschen x und y ihre Rollen, man erhält also die Kreise $(x \pm \sqrt{a})^2 + y^2 = C^2$.

Für $a = b = c^2$ erhält man die Kreisevolventen

$$x = c\,[\cos t + (t - t_0)\sin t]\,, \quad y = c\,[\sin t - (t - t_0)\cos t]\,.$$

Für $a > 0$, $b > 0$ ergeben sich die Ellipsenevolventen

$$x = \sqrt{a}\left(\cos t + \frac{\sin t}{s}\int s\,dt\right), \quad y = \sqrt{b}\left(\sin t - \frac{\cos t}{s}\int s\,dt\right)$$

mit $$s^2 = a\sin^2 t + b\cos^2 t\,,$$

und gleichen Integrationskonstanten bei beiden Integralen. Ferner für $a > 0$, $b < 0$ die Hyperbelevolventen

$$x = \pm\sqrt{a}\left(\operatorname{Cos} t - \frac{\operatorname{Sin} t}{s}\int s\,dt\right), \quad y = \sqrt{-b}\left(\operatorname{Sin} t - \frac{\operatorname{Cos} t}{s}\int s\,dt\right)$$

mit $$s^2 = a\operatorname{Sin}^2 t - b\operatorname{Cos}^2 t\,.$$

Für $a < 0$, $b > 0$ tauschen hierin wieder x und y ihre Rollen. Die Evolventen lassen sich mit einer Tafel der elliptischen Integrale punktweise berechnen.

W. Heybey, Zeitschr. f. angew. Math. Mech. 23 (1943) 123f.

$f(y') = y\,y' + x$ I·570 a

Für ein Lösungsverfahren s. *W. Heybey*, Zeitschr. f. angew. Math. Mech. 23 (1943) 124.

$f(y\,y' + x) = y^2(y'^2 + 1)$ I·573 a

Für stetig differenzierbares $f(u)$ und zweimal stetig differenzierbares $y(x)$ folgt durch Differentiation nach x

(1) $$[f'(u) - 2\,y\,y']\,u'(x) = 0 \quad \text{mit} \quad u(x) = y\,y' + x\,.$$

Ist in (1) der erste Faktor an einer Stelle $\neq 0$, so ist das auch in einer Umgebung dieser Stelle der Fall, also dort der zweite Faktor $= 0$, also

$$u = a\,, \quad \text{d. h.} \quad 2\,y\,y' = -2\,x + 2\,a\,, \quad \text{also} \quad y^2 = -(x - a)^2 + b;$$

Einsetzen in die gegebene DGl ergibt, daß dieses eine Lösung für $b = f(a)$ ist. Man erhält also die Lösungen

$$y^2 = f(a) - (x - a)^2 .$$

Ist $u' \neq 0$ an einer Stelle, so ist in einer Umgebung dieser Stelle der erste Faktor von (1) Null, also $y^2 = \int f'(u)\,dx$. Aus $f'(u) = 2yy' = 2(u - x)$ folgt weiter $(f'' - 2)\,u' = -2$. Daher ist

$$y^2 = \int f'(u)\left[1 - \frac{1}{2}f''(u)\right]du = f(u) - \frac{1}{4}f'^2(u) + C.$$

Bei Eintragen dieser Funktion in die DGl ergibt sich $C = 0$. Man erhält damit für diese Lösungen die Parameterdarstellung

$$y^2 = f(u) - \frac{1}{4}f'^2(u), \quad x = u - \frac{1}{2}f'(u) \quad \text{für} \quad f''(u) \neq 2.$$

Maria di Bello, Rendiconti Napoli (4) 10 (1940) 111—114.

1·575a $\boldsymbol{\Phi(f_x + f_y y', f - x(f_x + f_y y')) = 0}, \quad f = f(x, y)$.

Für $f = y$ erhält man die Clairautsche DGl, für $f = x^2 + y^2$ die DGl 1·573a. Um im allgemeinen Fall Lösungen zu erhalten, differenziere man nach x. Sind Φ_u, Φ_v die Ableitungen von $\Phi(u, v)$, so erhält man

$$(f_x + y' f_y)'\,(\Phi_u - x\,\Phi_v) = 0 .$$

Setzt man den ersten Faktor $= 0$, so erhält man Lösungen aus der Gl

$$f(x, y) = Ax + B \quad \text{mit} \quad \Phi(A, B) = 0 .$$

Es bleibt noch zu untersuchen, ob die DGl

$$\Phi_u(\,.\,.) - x\,\Phi_v(\,.\,.) = 0$$

Lösungen hat und welche von diesen der gegebenen DGl genügen.

Maria di Bello, Rendiconti Napoli (4) 10 (1940) 281—287.

2·11a $\boldsymbol{y'' - (x^2 + 3)\,y = 0}$

$$y = x e^{\frac{1}{2}x^2}\left(C_1 + C_2 \int \frac{1}{x^2}\,e^{-x^2}\,dx\right). \quad (G)^1)$$

2·20a $\boldsymbol{y'' = (a^2 e^{2x} + a\,(2b + 1)\,e^x + b^2)\,y}$; Sonderfall von 2·29.

$$y = E\left(C_1 + C_2 \int \frac{dx}{E^2}\right) \quad \text{mit} \quad E = \exp(a e^x + b x) .$$

H. Görtler, Zeitschr. f. angew. Math. Mech. 23 (1943) 233.

[1]) Die mit (*G*) bezeichneten Lösungen sind dem Manuskript *Goldscheider* entnommen; vgl. dazu das Vorwort.

$$y'' = \left(a\,b \sin 2x + \frac{a^2 - b^2}{2}\cos 2x + (2bc - a)\sin x + (2ac + b)\cos x + \frac{a^2 + b^2}{2} + c^2\right) y$$ 2·23a

$$y = E\left(C_1 + C_2 \int \frac{dx}{E^2}\right) \quad \text{mit} \quad E = \exp\,(a \sin x - b \cos x + c x)\,.$$

H. Görtler, Zeitschr. f. angew. Math. Mech. 23 (1943) 233.

$$y'' + a\,y' + (b\,e^x + c)\,y = 0$$ 2·37a

$$y = e^{-\frac{ax}{2}} Z_\nu\left(2\sqrt{b\,e^{\frac{x}{2}}}\right) \quad \text{mit} \quad \nu = \sqrt{a^2 - 4c},\ Z_\nu = \text{Zylinderfunktion.}$$

H. Görtler, Zeitschr. f. angew. Math. Mech. 23 (1943) 233.

$$y'' + a\,y' + b\,e^{2ax}\,y = 0$$ 2·37b

Für $y = \frac{\eta(\xi)}{\xi}$, $\xi = e^{ax}$ entsteht die DGl 2·9

$$\eta'' + \frac{b}{a^2}\eta = 0\,.$$

L. Conte, Publications math. Belgrade 6—7 (1937—1938) 119—125.

$$y'' + x\,y' + (b\,x^2 + a)\,y = 0$$ 2·41a

Für $b = \frac{1}{4}$ ist

$$y = \begin{cases} e^{-\frac{x^2}{4}}\left(C_1 e^{x\sqrt{\frac{1}{2}-a}} + C_2 e^{-x\sqrt{\frac{1}{2}-a}}\right) & \text{für } a \neq \frac{1}{2}, \\ e^{-\frac{x^2}{4}}(C_1 + C_2 x) & \text{für } a = \frac{1}{2}. \end{cases}$$ (*G*)

$$y'' + (a e^x + b)\,y' + (A\,e^{2x} + B\,e^x + C)\,y = 0$$ 2·63a

Für $A = -\alpha(a + \alpha)$, $C = -\beta(b + \beta)$, $B = -(a\beta + b\alpha + 2\alpha\beta + \alpha)$ ist

$$y = \exp\,(\alpha e^x + \beta x)\left\{C_1 + C_2 \int \exp\,[-(a + 2\alpha)e^x - (b + 2\beta)x]\,dx\right\}.$$

Der Fall $A = 0$ tritt offenbar sowohl für $\alpha = 0$ als auch für $\alpha = -a$ ein.

H. Görtler, Zeitschr. f. angew. Math. Mech. 23 (1943) 233.

$$y'' + y' \operatorname{tg} x + a\,y \cos^2 x = 0$$ 2·66a

Für $y(x) = \eta(\xi)$, $\xi = \sin x$ entsteht die DGl 2·9

$$\eta'' + a\eta = 0\,.$$

Durch die Transformation $y = u(x)\cos^{a+1} x$ wird aus der DGl die folgende: 2·70

$$u'' - (a + 2)\,u' \operatorname{tg} x + (b - a - 1)\,u = 0\,.$$

Für eine natürliche Zahl n hat die DGl

(1) $$y'' - 2ny' \operatorname{tg} x + by = 0$$

die Lösungen

$$y = \left(\frac{1}{\cos x}\frac{d}{dx}\right)^n v,$$

wenn $v(x)$ die Lösungen von

$$v'' + (b + n^2)v = 0$$

durchläuft; die DGl

(2) $$y'' + 2ny' \operatorname{tg} x + by = 0$$

hat für dieselben Funktionen v die Lösungen

$$y = \cos^{2n+1} x \left(\frac{1}{\cos x}\frac{d}{dx}\right)^{n+1} v.$$

Das Letzte folgt aus dem Resultat für die DGl (1) mit Hilfe der vorangehenden Transformation.

Für ungerade ganze Zahlen n benutze man die am Anfang angegebene Transformation auf die Legendresche Differentialgleichung.

Für einige weitere Fälle der ursprünglichen DGl sind von *Goldscheider* die folgenden Lösungen angegeben:

$b = a + 1$: $\quad y = \cos^{a+1} x\,(C_1 + C_2 \int \cos^{-a-2} x\,dx)$;

$b = 1 - a$: $\quad y = C_1 \sin x + C_2 [\cos^{a-1} x + (a-1)\sin x \int \cos^{a-2} x\,dx]$;

$b = 2a + 4$: $\quad y = C_1 \sin x \cos^{a+1} x + C_2\left(\frac{1}{\cos^2 x} - (a+3)\sin x \cos^{a+1} x \int \cos^{-a-4} x\,dx\right)$;

$b = 4 - 2a$: $\quad y = C_1\{(a-2)\sin^2 x + 1\} + C_2\{(a-1)\sin x \cos^{a-3} x + (a-3)[(a-2)\sin^2 x + 1]\int \cos^{a-4} x\,dx\}$;

$b = \frac{1-a^2}{4}$: $\quad y = C_1(1+\sin x)^{\frac{a+1}{2}} + C_2(1-\sin x)^{\frac{a+1}{2}}$.

2·71a $\boldsymbol{y'' + a y' \operatorname{ctg} c x + b y = 0}$

Für $y(x) = \eta(\xi)$, $\xi = cx + \frac{\pi}{2}$ entsteht die DGl 2·70

$$\eta'' - \frac{a}{c}\eta' \operatorname{tg}\xi + \frac{b}{c^2}\eta = 0.$$

Speziell ist nach *Goldscheider* für $c = 2$ und

$b = 1 - \frac{a^2}{4}$: $\quad y = C_1 \sin^\nu x + C_2 \cos^\nu x \quad$ mit $\quad \nu = 1 - \frac{a}{2}$;

$a = 2,\ b = -1$: für $y(x) = \eta(\xi)$, $\xi = \sin x$ entsteht die DGl 2·317 mit ξ, η statt x, y;

$a = 2,\ b = -\frac{3}{4}$: für $y(x)\cos\frac{x}{2} = \eta(\xi)$, $\xi = \operatorname{tg}\frac{x}{2}$ entsteht die DGl 2·317 mit ξ, η statt x, y.

$\boldsymbol{y'' - 2\,y' \operatorname{ctg} 2\,x + a\,y \operatorname{tg}^2 x = 0}$ 2·71b

Für $y(x) = \eta(\xi)$, $\xi = \cos x$ entsteht die DGl 2·187

$$\xi^2 \eta'' - \xi\,\eta' + a\,\eta = 0\,. \quad (G)$$

$\boldsymbol{y'' + f\,y' - (a(a+1)\,f^2 + a f')\,y = 0}$, $f = f(x)$. 2·76a

$$y = e^{aF}\,(C_1 + C_2 \int e^{-(2a+1)F}\,dx) \quad \text{mit} \quad F = \int f(x)\,dx\,.$$

H. Görtler, Zeitschr. f. angew. Math. Mech. 23 (1943) 233.

$\boldsymbol{y'' + (f+g)\,y' + (f' + f g)\,y = 0}$, $f = f(x)$, $g = g(x)$. 2·77a

$$y = e^{-F}\,(C_1 + C_2 \int e^{F-G}\,dx) \quad \text{mit} \quad F = \int f(x)\,dx, \quad G = \int g(x)\,dx\,.$$

H. Görtler, Zeitschr. f. angew. Math. Mech. 23 (1943) 233.

$\boldsymbol{y'' + 2\,f\,y' + \left(f^2 + f' + \frac{g''}{2g} - \frac{3g'^2}{4g^2} - a\,g^2\right) y = 0}$, $f = f(x)$, $g = g(x)$, $a \geqq 0$. 2·78a

Lösungen sind

$$y = \frac{1}{\sqrt{g}}\, e^{-\int (f \pm \sqrt{a}\, g)\,dx}\,.$$

Die Gesamtheit der Lösungen erhält man hieraus nach A 24·2.

Weitere Transformationen der DGl: 2·105

Für $u(x) = x^a y'$ entsteht $x u'' - a u' + b x u = 0$,

für $u(x) = \frac{1}{x}\, y'$ entsteht $x u'' + (a+2)\,u' + b x u = 0$,

für $u(x) = x^{a-1} y$ entsteht $x u'' + (2-a)\,u' + b x u = 0$.

V. A. Lebesgue, Journal de Math. 11 (1846) 338f.

Für $\alpha = 1 - 2\,a$, $b = -k(a-1)^2$ ist 2·106

$$y = C_1 \exp\left(\sqrt{k}\, x^{1-a}\right) + C_2 \exp\left(-\sqrt{k}\, x^{1-a}\right).$$

Nach *Goldscheider* sind Lösungen für 2·107

$x(y'' + y') \pm y = 0$: $y = x e^{\mp x}$, x je nach dem Vorzeichen;

$x y'' + (x+1)\,y' + y = 0$: $y = e^{-x}$;

$x y'' + (x+2)\,y' + c y = 0$: $y = \frac{1}{x}$ für $c = 1$ und $y = e^{-x}$ für $c = 2$.

S. 428 oben füge man hinzu: 2·113

Es ist

$$F(a, a, x) = e^x\,,$$

und zwar soll das per definitionem auch für ganze Zahlen $a \leqq 0$ gelten.

Ferner ist

$$F(-m, b, x) = \sum_{k=0}^{m} (-1)^k \binom{m}{k} \frac{x^k}{b(b+1)\cdots(b+k-1)},$$

wenn m eine ganze Zahl $\geqq 0$ und $b \neq 0, -1, \ldots, -(m-1)$ ist. Für $a = b = -m =$ ganze Zahl $\leqq 0$ ist auch

$$y = \sum_{k=0}^{m} \frac{x^k}{k!} = F(-m, -m, x) - \frac{x^{m+1}}{(m+1)!} F(1, m+2, x)$$

eine Lösung der DGl.

Ist $b = n$ eine natürliche Zahl, so sind die Lösungen für $n \geqq 2$, $a \neq 0$

$$y = C_1 F(a, n, x) + C_2 \left\{ \sum_{k=0}^{n-2} (-1)^{n-k} (n-1)!(n-k-2)! \binom{a-n+k}{k} x^{k+1-n} \right.$$
$$+ \binom{a-1}{n-1} \Big[F(a, n, x) \log x$$
$$\left. + \sum_{k=1}^{\infty} \frac{a(a+1)\cdots(a+k-1)\, x^k}{n(n+1)\cdots(n+k-1)\, k!} \sum_{\nu=0}^{k-1} \left(\frac{1}{a+\nu} - \frac{1}{n+\nu} - \frac{1}{1+\nu} \right) \Big] \right\}$$

und für $n = 1$, $a \neq 0$

$$y = C_1 F(a, 1, x) + C_2 \Big[F(a, 1, x) \log x$$
$$+ \sum_{k=1}^{\infty} \binom{a+k-1}{k} \frac{x^k}{k!} \sum_{\nu=0}^{k-1} \left(\frac{1}{a+\nu} - \frac{2}{1+\nu} \right) \Big].$$

(*Kienast*, a. a. O.). Man erhält diese Lösungen nach beiden Methoden A 18·2 und A 25·7. Der Fall $b = -n$ läßt sich durch Übergang zu $x^{1-b} F(a-b+1, 2-b, x)$ auf den vorigen zurückführen.

2·115a $\boldsymbol{x y'' + (3x - 1) y' - (4x + 5a + 4) y = 0}$

Für $y(x) = e^x \eta(\xi)$, $\xi = -5x$ entsteht die DGl 2·113

$$\xi \eta'' - (\xi + 1) \eta' + (a+1) \eta = 0.$$

Aufgabe aus Nouvelles Annales Math. (6) 2 (1927) 27.

2·115b $\boldsymbol{x y'' + (ax + 2) y' - \left(b^2 x e^{2x} + \frac{1 - a^2}{4} x - a \right) y = 0}$

$$y = \frac{1}{x} \exp\left(b e^x - \frac{a+1}{2} x \right) \{ C_1 + C_2 \int \exp(x - 2b e^x)\, dx \}.$$

H. Görtler, Zeitschr. f. angew. Math. Mech. 23 (1943) 234.

2·115c $\boldsymbol{x y'' + 2(ax + 1) y' + (b x e^x (1 - b e^x) + a^2 x + 2a) y = 0}$

$$y = \frac{1}{x} \exp(-ax - b e^x) \{ C_1 + C_2 \int \exp(2b e^x)\, dx \}.$$

H. Görtler, Zeitschr. f. angew. Math. Mech. 23 (1943) 234.

$xy'' + (2ax + b)y' + (cx + ab)y = 0$, Sonderfall von 2·162 (17). 2·119a

$$y = x^{\frac{1-b}{2}} e^{-ax} Z_\nu\left(x\sqrt{c-a^2}\right) \quad \text{mit} \quad \nu = \frac{1-b}{2}.$$

$xy'' + (ax + b)y' - [(a + c)x + b]cy = 0$ 2·119b

Eine Lösung ist $y = e^{cx}$, die andern Lösungen erhält man aus dieser nach A 24·2 (b).

Für $y = e^{-\frac{a}{2}x} u(x)$ erhält man 2·120

$$xu'' + bu' + \left[\left(c - \frac{a^2}{4}\right)x + d - \frac{ab}{2}\right]u = 0.$$

Für $c = \frac{a^2}{4}$ ist das die DGl 2·104 und für $d = \frac{ab}{2}$ die DGl 2·105.

$xy'' + (ax + b)y' + (-c^2x^2 + acx + (b + 1)c)xy = 0$ 2·120a

Eine Lösung ist $y = \exp\left(-\frac{c}{2}x^2\right)$; die andern Lösungen erhält man aus dieser nach A 24·2 (b).

$xy'' + (x^2 + 1)y' + 2xy = 0$ 2·120b

$$y = e^{-\frac{x^2}{2}}\left(C_1 + C_2\int \frac{1}{x} e^{\frac{x^2}{2}} dx\right). \quad (G)$$

$xy'' + (ax^2 + 2)y' + bx^3y = 0$; Typus 2·125b. 2·125a

Für $xy(x) = u(x)$ entsteht die DGl 2·55

$$u'' + axu' + (bx^2 - a)u = 0;$$

für $a = 1$, $b = \frac{1}{4}$ hat diese die Lösungen (G)

$$u = e^{-\frac{x^2}{4}}\left(C_1 e^{x\sqrt{\frac{3}{2}}} + C_2 e^{-x\sqrt{\frac{3}{2}}}\right).$$

$xy'' + (ax^2 + b)y' + f(x)y = 0$ 2·125b

Für $y = x^{\frac{1-b}{2}} e^{-\frac{a}{4}x^2} u(x)$ entsteht die DGl

$$x^2u'' + xu' + \left(xf - \frac{a^2}{4}x^4 - a\frac{b+1}{2}x^2 - \frac{(b-1)^2}{4}\right)u = 0.$$

Ist

$$f = \frac{a(b+1)}{2}x + \frac{A}{x} + Bx^3 \quad \text{oder} \quad f = \frac{a^2}{4}x^3 + \frac{A}{x} + Bx,$$

so ist die neue DGl von dem Typus 2·162 (1).

2·125 c $\boldsymbol{x y'' + (a x^2 + b x + c) y' + (A x^2 + B x + C) y = 0}$

(a) $A = a(b+k)$, $B = 2a - bk - k^2$, $C = b(c-1) + k(c-2)$:

$$y = x^{1-c} \exp\left(-\frac{a x^2}{2} + k x\right)\left\{C_1 + C_2 \int x^{c-2} \exp\left[\frac{a x^2}{2} - (b+2k)\, x\right] d x\right\}.$$

(b) $A = a(b+k)$, $B = a(c+1) - k(b+k)$, $C = -ck$:

$$y = \exp\left(-\frac{a x^2}{2} + k x\right)\left\{C_1 + C_2 \int x^{-c} \exp\left[\frac{a x^2}{2} - (b+2k)\, x\right] d x\right\}.$$

(c) $A = -ak$, $B = a(c-1) - k(b+k)$, $C = b(c-1) + k(c-2)$:

$$y = x^{1-c} e^{k x}\left\{C_1 + C_2 \int x^{c-2} \exp\left[-\frac{a x^2}{2} - (b+2k)\, x\right] d x\right\}.$$

(d) $A = -ak$, $B = -k(b+k)$, $C = -ck$:

$$y = e^{k x}\left\{C_1 + C_2 \int x^{-c} \exp\left[-\frac{a x^2}{2} - (b+2k)\, x\right] d x\right\}.$$

H. Görtler, Zeitschr. f. angew. Math. Mech. 23 (1943) 234.

2·126 b $\boldsymbol{x y'' + (x^{a+1} - a) y' + b x^{2a+1} y = 0}$, $a \neq -1$.

$$y = C_1 e^{\alpha_1 X} + C_2 e^{\alpha_2 X} \quad \text{für} \quad b \neq \frac{1}{4},$$

wo $X = \frac{x^{a+1}}{a+1}$ ist und α_1, α_2 die beiden verschiedenen Lösungen von $\alpha^2 + \alpha + b = 0$ sind. Für $b = \frac{1}{4}$ ist

$$y = e^X (C_1 + C_2 x^{a+1}). \quad (G)$$

2·127 a $\boldsymbol{x y'' - 2 (x \operatorname{tg} x + 1) y' + 2 y \operatorname{tg} x = 0}$

$$y = C_1(\operatorname{tg} x - x) + C_2(x \operatorname{tg} x + 1). \quad (G)$$

2·138 a $\boldsymbol{4 x y'' + 4(x + a) y' + x y = 0}$, Sonderfall von 2·162 (16).

$$y = x^{\frac{1-a}{2}} e^{-\frac{x}{2}} Z_{1-a}\left(\sqrt{-2 a x}\right). \quad (G)$$

2·145 a $\boldsymbol{(a x + b) y'' + s (c x + d) y' - s^2 [(a + c) x + b + d] y = 0}$

Eine Lösung ist $y = e^{sx}$, die übrigen Lösungen erhält man aus dieser nach A 24·2.

H. Görtler, Zeitschr. f. angew. Math. Mech. 23 (1943) 234.

2·187 a $\boldsymbol{x^2 y'' + 2 a x y' + [(b^2 e^{2cx} - \nu^2) x^2 + a (a - 1)] y = 0}$ s. 2·162 (23).

Für $b = 1$, $c = a - 2$ hat die ursprüngliche DGl die Lösungen 2·188

$$y = x^{2-a} e^{\frac{1}{x}} \left(C_1 + C_2 \int x^{a-4} e^{-\frac{1}{x}} dx \right).$$

$x^2 y'' + (a x + b) y' + (c x^2 + d x + e) y = 0$ 2·188a

Für $y = x^{-\frac{a}{2}} e^{\frac{b}{2x}} u(x)$ (vgl. A 16·3) erhält man die DGl

$$x^2 u'' + \left[c x^2 + d x + e + \frac{a}{2}\left(1 - \frac{a}{2}\right) + b\left(1 - \frac{a}{2}\right)\frac{1}{x} - \frac{b^2}{4 x^2} \right] u = 0,$$

insbes. also für $b = 0$:

$$x^2 u'' + \left[c x^2 + d x + e + \frac{a}{2}\left(1 - \frac{a}{2}\right) \right] u = 0.$$

Für das obere Vorzeichen, $a = 0$, $b = -2$ ist 2·190

$$y = C_1 \left(1 - \frac{2}{x}\right) + C_2 \left(1 + \frac{2}{x}\right) e^{-x}. \quad (G)$$

$x^2 y'' + x^2 y' + (a x^2 + b) y = 0$ 2·191a

Sonderfall von 2·162 (16) mit den dortigen Zahlen $a = -b = \frac{1}{2}$, $c = \beta = 1$, $\alpha^2 = a - \frac{1}{4}$, $\nu^2 = \frac{1}{4} - b$.

$x^2 y'' + x(x + a) y' + \left(\frac{1-a}{2}\right)^2 y = 0$ 2·205a

Für $y = x^{\frac{1-a}{2}} u(x)$ entsteht die DGl 2·107

$$x u'' + (x + 1) u' + \frac{1-a}{2} u = 0.$$

$x^2 y'' + (2 a x + b) x y' + (a^2 x^2 + c x + d) y = 0$ 2·206a

Sonderfall von 2·162 (16) mit $c = 1$, $\beta = \frac{1}{2}$.

$x^2 y'' + (a x + b) x y'$ 2·207a
$+ (A(a - A) x^2 + (a B + b A - 2 A B) x + B(b - B - 1)) y = 0$

$$y = x^{-B} e^{-Ax} (C_1 + C_2 \int x^{2B-b} e^{(2A-a)x} dx).$$

H. Görtler, Zeitschr. f. angew. Math. Mech. 23 (1943) 234.

$x^2 y'' - x(x^2 - 1) y' - (x^2 + 1) y = 0$; Sonderfall von 2·162 (17). 2·209a

$$y = \frac{1}{x}\left(C_1 + C_2 e^{\frac{x^2}{2}} \right). \quad (G)$$

2·212a $\boldsymbol{x^2 y'' + (a x^2 + b x + c) x y' + (A x^3 + B x^2 + C x + D) y = 0}$

(a) $A = ar,\ B = as + br - r^2,\ C = bs + cr - 2rs,\ D = s(c - s - 1)$:

$$y = x^{-s} e^{-rx} \left\{C_1 + C_2 \int x^{2s-c} \exp\left[(2r - b)x - \frac{a x^2}{2}\right] dx\right\}.$$

(b) $A = a(b - r),\ B = a(c - s + 1) + r(b - r),\ C = bs + cr - 2rs,$
$D = s(c - s - 1)$:

$$y = x^{-s} \exp\left(-\frac{a x^2}{2} - rx\right) \left\{C_1 + C_2 \int x^{2s-c} \exp\left[\frac{a x^2}{2} + (2r - b)x\right] dx\right\}.$$

H. Görtler, Zeitschr. f. angew. Math. Mech. 23 (1943) 234.

2·216a $\boldsymbol{x^2 y'' - 2 x^2 y' \operatorname{tg} x + a y = 0}$

Für $u(x) = y \cos x$ entsteht die DGl 2·153

$$x^2 u'' + (x^2 + a) u = 0. \quad (G)$$

2·216b $\boldsymbol{x^2 y'' + 2 x^2 y' \operatorname{ctg} x + a y = 0}$

Für $u(x) = y \sin x$ erhält man dieselbe DGl wie bei 2·216 (a).

2·216c $\boldsymbol{x^2 y'' - (2 x \operatorname{tg} x - 1) x y' - (x \operatorname{tg} x + a) y = 0}$

Für $u(x) = y \cos x$ entsteht die DGl 2·162

$$x^2 u'' + x u' + (x^2 - a) u = 0.$$

2·216d $\boldsymbol{x^2 y'' + (2 x \operatorname{ctg} x + 1) x y' + (x \operatorname{ctg} x - a) y = 0}$

Für $u(x) = y \sin x$ entsteht dieselbe DGl wie bei 2·216c.

2·218a $\boldsymbol{x^2 y'' + x f y' + (x f' + (a - 1) f + a(1 - a)) y = 0}$, $f = f(x)$.

$$y = x^a e^{-F} (C_1 + C_2 \int x^{-2a} e^F dx) \quad \text{mit} \quad F = \int \frac{f(x)}{x} dx.$$

H. Görtler, Zeitschr. f. angew. Math. Mech. 23 (1943) 234.

2·218b $\boldsymbol{x^2 y'' + x(f + 2a) y' + [(a + bx) f - b^2 x^2 + a(a - 1)] y = 0}$, $f = f)x)$.

$$y = x^{-a} e^{-bx} \left\{C_1 + C_2 \int \exp\left(2bx - \int \frac{f(x)}{x} dx\right) dx\right\}.$$

H. Görtler, Zeitschr. f. angew. Math. Mech. 23 (1943) 234.

2·225a $\boldsymbol{(x^2 + 1) y'' - x y' - 24 y = 0}$

Für $y(x) = \eta(\xi)$, $\xi = ix$ erhält man den zweiten Sonderfall von 2·231a mit ξ, η statt x, y.

2·231a $\boldsymbol{(x^2 - 1) y'' - x y' + a y = 0}$; Sonderfall von 2·247a.

$a = -3$: $y = C_1(2x^3 - 3x) + C_2 |x^2 - 1|^{\frac{3}{2}}$;
$a = -24$: $y = C_1(64x^6 - 120x^4 + 60x^2 - 5) + C_2 x(8x^2 - 3) |x^2 - 1|^{\frac{3}{2}}$. (G)

$(x^2-1)\,y''+a\,y'-6\,y=0$ 2·232a

Eine Lösung ist

$$y=|x+1|^{1+\frac{a}{2}}\,|x-1|^{1-\frac{a}{2}}(4x-a);$$

die übrigen Lösungen erhält man aus dieser nach A 24·2 (b). (*G*).

$(x^2-1)\,y''-2\,x\,y'+2\,y=0$ 2·240a

$$y=C_1x+C_2(x^2+1)\,.$$

$(x^2-1)\,y''+3\,x\,y'+a\,y=0$ 2·241a

Für $u(x)=y(x)\sqrt{|x^2-1|}$ erhält man die DGl 2·235

$$(x^2-1)\,u''+x\,u'+(a-1)\,u=0\,.$$

$(x^2-1)\,y''+a\,x\,y'+b\,y=0$ 2·247a

Im Intervall $|x|<1$ erhält man für $y(x)=\eta\,(\xi)$, $x=\sin\xi$ die DGl 2·70

$$\eta''+(1-a)\,\eta'\,\mathrm{tg}\,\xi-b\eta=0$$

und in den Intervallen $x>1$ bzw. $x<-1$ für $y\,(x)=\eta(\xi)$, $x=\pm\,\mathfrak{Cof}\,\xi$ die DGl 2·65

$$\eta''+(a-1)\,\eta'\,\mathfrak{Ctg}\,\xi+b\eta=0\,.$$

Ferner geht die ursprüngliche DGl für $y=|x^2-1|^{1-\frac{a}{2}}u(x)$ über in

$$(x^2-1)\,u''+(4-a)\,x\,u'+(2-a+b)\,u=0\,.$$

Die an erster Stelle genannten Transformationen sind vorteilhaft, wenn a eine ganze ungerade Zahl ist.

$x\,(x-1)\,y''+a\,y'+b\,y=0$; Sonderfall von 2·260. 2·255a

Einzelne Lösungen sind für

$b=-6$: $\quad y=|x|^{1+a}\,|x-1|^{1-a}\,(4\,x-a-2)$;

$a=2,\ b=-6$: $\quad y=x^3$;

$a=-2,\ b=-6$: $\quad y=(x-1)^3$;

$a=\frac{1}{2},\ b=-\frac{3}{4}$: $\quad y=|x|^{\frac{3}{2}}$.

Die andern Lösungen lassen sich aus den angegebenen nach A 24·2 (b) berechnen. (*G*).

2·258 (a) $b=c=-a$: $y=(x-1)\left(C_1+C_2\int\frac{dx}{|x|^a(x-1)^2}\right)$;

(b) $b=\frac{1}{2}-a$, $c=\frac{a}{2}-\frac{3}{4}$: $y=|x|^{\frac{3}{2}-a}\left(C_1+C_2\int\frac{|x|^{a-\frac{5}{2}}}{\sqrt{|x-1|}}\,dx\right)$;

(c) $b=4$, $c=-3(a+2)$:

$$y=|x-1|^{-a-3}\,[(a+6)x-4]\left\{C_1+C_2\int\frac{x^4|x-1|^{a+2}}{[(a+6)x-4]^2}\,dx\right\};$$

(d) $a=2i-1$, $b=-2i-1$, $c=1-2i$: eine Lösung ist $y=5x+4i-3$.

(*Goldscheider*). Vgl. auch 2·268, 2·268a, 2·269.

2·267a $\mathbf{2\,x\,(x-1)\,y''+(x-1)\,y'-y=0}$

$$y=C_1(x-1)+C_2\left(2\sqrt{|x|}\begin{cases}+(x-1)\log\left|\dfrac{\sqrt{x}-1}{\sqrt{x}+1}\right| & \text{für } x>0,\\ -2(x-1)\operatorname{arctg}\sqrt{|x|} & \text{für } x<0.\end{cases}\right)\quad (G)$$

2·268a $\mathbf{2\,x(x-1)\,y''-(2\,x-1)\,y'+a\,y=0}$

Für $y(x)=\eta(\xi)$, $x=\sin^2\frac{\xi}{2}$ entsteht die DGl 2·71a

$$\eta''-2\eta'\operatorname{ctg}\xi-\frac{a}{2}\eta=0.$$

Ist speziell $a=2$, so ist $y=2x-1$ eine Lösung. (*G*)

2·281a $\mathbf{4\,x^2y''+4\,x^3y'+(2\,x^2-3)\,y=0}$

$$y=\frac{1}{\sqrt{x}}\left(C_1+C_2e^{-\frac{x^2}{2}}\right).\quad (G)$$

2·282a $\mathbf{4\,x^2\,y''+4\,x^3\,y'+(x^4+a\,x^2+b)\,y=0}$

Sonderfall von 2·162 (16); die dortigen Konstanten haben die Werte $a=\frac{1}{2}$, $b=-\frac{1}{4}$, $c=2$, $\beta=1$, $\alpha=\frac{1}{2}\sqrt{a-2}$, $\nu=\frac{1}{2}\sqrt{1-b}$. Ist in der obigen Gl speziell $a=2$, so ist

$$y=\sqrt{x}\,e^{-\frac{x^2}{4}}\left(C_1x^{\frac{1}{2}\sqrt{1-b}}+C_2x^{-\frac{1}{2}\sqrt{1-b}}\right),$$

und für $a=b=1$ ist

$$y=\sqrt{x}\,e^{-\frac{x^2}{4}}(C_1+C_2\log x).\quad (G)$$

2·285a $\mathbf{4\,x(x-1)\,y''+4(2\,x-1)\,y'+y=0}$

Für $y(x)=\eta(\xi)$, $x=\xi^2$ entsteht die DGl 2·317 mit ξ,η statt x, y. (*G*)

2·285b $\mathbf{4\,x(x-1)\,y''+4(x-1)\,y'-y=0}$

Für $y(x)=\eta(\xi)$, $x=\xi^2$ entsteht die DGl 2·316 mit ξ,η statt x, y. (*G*)

$$\mathbf{4(x^2-1)\,y''+4(2x-1)\,y'+y=0}$$ 2·286a

$$y\sqrt{|x+1|}=C_1+C_2\begin{cases}\arcsin x & \text{für } |x|<1,\\ \operatorname{Ar\,Cos} x & \text{für } |x|>1.\end{cases}$$

$$\mathbf{x^3y''+(ax+b)\,y=0}$$ 2·303a

Man dividiere die Gl durch x; man erhält dann den Typus 2·155 mit $k=-1$.

$$\mathbf{x^3y''+xy'+ay=0}$$ 2·304a

$$a=-1:\quad y=x\left(C_1+C_2\,e^{\frac{1}{x}}\right);$$

$$a=-2:\quad y=e^{\frac{1}{x}}\left(C_1+C_2\int e^{-\frac{1}{x}}\,dx\right).\quad (G)$$

$\mathbf{x^3y''+ax^2y'+(bx+c)\,y=0}$; Sonderfall von 2·162 (1). 2·305a

$$\mathbf{x^3y''+(ax+b)\,xy'+(cx+d)\,y=0}$$ 2·310a

Für $y=x^k u(x)$ mit $k=-\frac{d}{b}$ erhält man die DGl 2·188

$$x^2u''+[(a+2k)\,x+b]\,u'+[k(a+k-1)+c]\,u=0\,.$$

Ist $c=0,\ d=b(a-2)$, so ist $y=e^{\frac{b}{x}}$ eine Lösung der gegebenen DGl; die übrigen Lösungen erhält man aus dieser nach A 24·2 (b).

$$\mathbf{x(x^2+1)\,y''-2(x^2+1)\,y'+2xy=0}$$ 2·311a

$$y=C_1(x^2+1)+C_2\,[(x^2+1)\operatorname{arc\,tg}x-x]\,.\quad (G)$$

$$\mathbf{x(x^2+1)\,y''-(x^2+1)\,y'+xy=0}$$ 2·311b

Für $y(x)=x\,\eta(\xi),\ \xi=\frac{i}{x}$ entsteht die DGl 2·316 mit ξ,η statt x, y.

$\mathbf{x(x^2-1)\,y''+(x^2+1)\,y'-xy=0}$; Sonderfall von 2.318. 2·315a

Für $-1<x<+1$ ist

$$y=C_1\,E^*(x)+C_2\,[E(x)-K(x)];$$

zu den Bezeichnungen s. 2·316.

$$\mathbf{x(x^2-1)\,y''-2(x^2-1)\,y'+2xy=0}$$ 2·316a

$$y=(x^2-1)\left\{C_1+C_2\left(\log\left|\frac{x-1}{x+1}\right|-\frac{2x}{x^2-1}\right)\right\}.\quad (G)$$

2·318 $\boldsymbol{x(x^2-1)\,y''+(a\,x^2+b)\,y'+c\,x\,y=0}$

(a) $c=-(a+b)(b+1)$: eine Lösung ist $y=x^{b+1}$;

(b) $b=0,\ c=\frac{a}{2}\left(\frac{a}{2}-1\right)$: eine Lösung ist $y=(x\pm 1)^{-\frac{2c}{a}}$;

(c) $c=-2(a+1)$: eine Lösung ist $y=x^2+\frac{b-1}{a+1}$.

Die andern Lösungen erhält man in diesen drei Fällen nach A 24·2 (b).

(d) $b=1-a$: Im Bereich $x^2<1$ entsteht für $y(x)=\eta(\xi)$, $x=\sin\xi$ die DGl 2·71a

$$\eta''+(a-1)\,\eta'\operatorname{ctg}\xi-c\eta=0,$$

und im Bereich $x^2>1$ für $y(x)=\eta(\xi)$, $x=\pm\operatorname{Cos}\xi$ die DGl 2·64

$$\eta''+(a-1)\,\eta'\operatorname{Tg}\xi+c\eta=0.$$

(e) $a=-2(\nu-1),\ b=2\nu,\ c=\nu(\nu-1)$: Sonderfall von 2·240 (18), wobei die dortigen Größen $a=\nu,\ b=1,\ c=-1$ sind.

(f) $a=3,\ b=-1,\ c=\frac{3}{4}$: Für $y(x)\sqrt{1+x}=\eta(\xi),\ \xi=\sqrt{\frac{1-x}{1+x}}$ entsteht die DGl 2·317 mit $\xi,\ \eta$ statt $x,\ y$. (*G*)

(g) Für $y(x)=\eta(\xi),\ \xi=\sqrt{1-x^2}$ entsteht die DGl

$$\xi(\xi^2-1)\,\eta''+(a\,\xi^2-a-b+1)\,\eta'+c\,\xi\eta=0.$$

Für $a=-2(\nu-1),\ b=-1,\ c=\nu(\nu-1)$ ist das die DGl (e) mit ξ,η statt x,y.

2·320a $\boldsymbol{x^2(x+1)\,y''-(x-1)\,x\,y'+(2\,x+1)\,y=0}$

Für $y=e^{i\log x}\,u(x)$ erhält man die hypergeometrische DGl

$$x(x+1)\,u''+[(2i-1)\,x+2i+1]\,u'+(1-2i)\,u=0.$$

Man sieht unmittelbar, daß $u=(2i-1)\,x+2i+1$ eine Lösung ist. Trägt man diese in y ein und trennt man Real- und Imaginärteil, so erhält man die Lösungen

$$y=C_1\,[(x-1)\cos\log x+2(x+1)\sin\log x]$$
$$+\,C_2\,[2(x+1)\cos\log x-(x-1)\sin\log x]\,.$$

2·322a $\boldsymbol{x^2(x-1)\,y''+x(x+1)\,y'-y=0}$; Sonderfall von 2·260 (19).

$$y=\frac{x}{x-1}\,(C_1+C_2\log x)\,.$$

F. Pérez y Gonzales, Revista matematica Hispano-Americana 1942.

2·325a $\boldsymbol{x^2(x-1)\,y''+(a\,x+b)\,x\,y'+(c\,x+d)\,y=0}$

Man bestimme k so, daß $k^2-(b+1)\,k=d$ ist. Dann entsteht für $y=x^k u(x)$ die DGl 2·260

$$x(x-1)\,u''+[(a+2k)\,x+b-2k]\,u'+[c+k(a+k-1)]\,u=0.$$

Für komplexes $k = \alpha + i\beta$ ist die Transformation ebenfalls anwendbar; es ist dann

$$x^k = x^\alpha e^{i\beta \log x} = x^\alpha [\cos(\beta \log x) + i \sin(\beta \log x)]$$

zu setzen.

Sonderfälle nach *Goldscheider*:

(a) $b = -2,\ c = 0,\ d = 6$: mit $k = -3$ erhält man die DGl 2·258 (c)

$$x(x-1)u'' + [(a-6)x + 4]u' - 3(a-4)u = 0.$$

(b) $c = 0, \quad d = (a+b)(a-1)$. eine Lösung ist $y = x^{1-a}$, die andern Lösungen erhält man nach A 24·2 (b).

(c) $a = -2,\ b = 4,\ c = 2,\ d = -6$: mit $k = 2$ erhält man die DGl

$$(x-1)u'' + 2u' = 0, \quad u = C_1 + \frac{C_2}{x-1}.$$

(d) $a = b = -1,\ c = 2,\ d = -1$: mit $k = i$ erhält man die DGl 2·258 (d), also

$$y = C_1[(5x-3)\cos\log x - 4\sin\log x] \\ + C_2[(5x-3)\sin\log x + 4\cos\log x].$$

$\boldsymbol{x^4 y'' = (2x^2 \pm 1) y}$; Sonderfall von 2·155 mit $k = -2$. 2·342a

$$y = C_1(x^2 - x)e^{\frac{1}{x}} + C_2(x^2 + x)e^{-\frac{1}{x}} \text{ für das obere Vorzeichen,}$$

$$y = C_1\left(x^2\cos\frac{1}{x} + x\sin\frac{1}{x}\right) + C_2\left(x^2\sin\frac{1}{x} - x\cos\frac{1}{x}\right) \text{ für das untere}$$

Vorzeichen. (*G*)

$\boldsymbol{x^4 y'' + (x^2 - 1)xy' - (x^2 - 1)y = 0}$ 2·349a

Eine Lösung ist offenbar x. Damit erhält man

$$y = x\left(C_1 + C_2 \exp\left(-\frac{1}{2x^2}\right)\right). \quad (G)$$

$\boldsymbol{x^4 y'' + a x^3 y' + (b x^2 + c x^m) y = 0}$ 2·354a

Sonderfall von 2·162 (1); man dividiere durch x^2.

$\boldsymbol{x^4 y'' + (ax + 2b) x^2 y' + (c x^4 + d x^2 + e x + f) y = 0}$ 2·354b

Man dividiere durch x^2. Die DGl ist dann ein Sonderfall von 2·162 (16), falls mindestens zwei der drei Glen $c = 0$, $e = (a-2)b$, $f = b^2$ erfüllt sind.

$\boldsymbol{x^2(x^2 - 1)y'' + (3x^2 - 1)xy' + y = 0}$; Sonderfall von 2·363a. 2·362a

Für $xy = u(x)$ entsteht die DGl 2·315a mit u statt y. (*G*)

2·362 b $\boldsymbol{x^2(x^2-1)\,y''+3(x^2-1)\,x\,y'-y=0}$; Sonderfall von 2·363 a.

Für $u(x)=x\,y$ entsteht die DGl 2·316 mit u statt y. (*G*)

2·363 a $\boldsymbol{x^2(x^2-1)\,y''+(a\,x^2+b)\,x\,y'+c\,y=0}$

Ist $c=(a+b)\,(a-1)$, so ist $y=x^{1-a}$ eine Lösung; die andern Lösungen erhält man nach A 24·2 (b).

Für $y=x^r u(x)$, wo r eine Lösung der Gl $r^2-(b+1)\,r=c$ ist, entsteht die DGl 2·318

$$x(x^2-1)\,u''+[(a+2r)\,x^2+b-2r]\,u'+r\,(a+r-1)\,u=0.$$

2·378 a $\boldsymbol{x(x-1)\,(x+1)^2\,y''+2\,x(x+1)\,(x-3)\,y'-2\,(x-1)\,y=0}$

Für $u(x)=(x+1)^2y$ entsteht die DGl

$$x(x-1)\,u''-2\,x\,u'+2u=0$$

mit den Lösungen

$$u=C_1x+C_2(1-x^2+2\,x\log x). \quad (G)$$

2·383 a $\boldsymbol{x^2(x-1)\,(2\,x-1)\,y''+2\,(x-2)\,(2\,x-1)\,x\,y'-2\,(x-1)\,y=0}$

Für $u(x)=x^2y$ entsteht die DGl

$$(x-1)\,(2\,x-1)\,u''-2\,(2\,x-1)\,u'+4u=0,$$

die für $u(x)=\eta(\xi)$, $\xi=2\,x-1$ in die hypergeometrische DGl 2·260 übergeht und die Lösungen hat:

$$u=C_1\,(2\,x-1)+C_2\,[2\,x^2-1-(2\,x-1)\log\,(2\,x-1)]. \quad (G)$$

2·383 b $\boldsymbol{2\,x(x-1)\,(x+1)^2\,y''+2\,(2\,x-1)\,(x+1)^2\,y'+y=0}$

Für $y(x)=\eta(\xi)$, $\xi=\sqrt{\dfrac{1-x}{1+x}}$ entsteht die DGl 2·317 mit ξ, η statt x, y. (*G*)

2·385 a $\boldsymbol{4\,(x^2-1)^2\,y''+(x^2+2)\,y=0}$

$$y=\begin{cases}\sqrt[4]{1-x^2}\,(C_1+C_2\,\mathrm{Arc\,sin}\,x) & \text{für } |x|<1,\\ \sqrt[4]{x^2-1}\,(C_1+C_2\,\mathrm{Ar\,Cos}\,x) & \text{für } |x|>1. \quad (G)\end{cases}$$

2·410 a $\boldsymbol{y''\,\mathrm{Cos}^2\,a(x-x_0)=b\,y}$

Für $y(x)=\eta(\xi)$, $a(x-x_0)=\log\dfrac{\xi}{\sqrt{1-\xi^2}}$ $\quad(0<\xi<1)$

durchläuft x alle reellen Zahlen, und aus der DGl wird

$$\xi(\xi^2-1)\,\eta''+(3\,\xi^2-1)\,\eta'+\frac{4\,b}{a^2}\,\xi\,\eta=0\,.$$

Für $4b = a^2$ ist dieses die DGl 2·317. — Durch die Transformation

$$y(x) = \eta(\xi), \quad a(x - x_0) = \log \sqrt{\frac{\xi}{1-\xi}} \qquad (0 < \xi < 1)$$

wird aus der ursprünglichen DGl die hypergeometrische DGl

$$\xi(\xi - 1)\,\eta'' + (2\xi - 1)\,\eta' + \frac{b}{a^2}\,\eta = 0.$$

Besgue, Journal de Math. 11 (1846) 96. *J. Liouville*, ebenda 14 (1849) 235f.

$y'' \,\mathfrak{Sin}^2 a(x - x_0) = b\,y$ 2·410b

Für $y(x) = \eta(\xi)$, $a(x - x_0) = \pm \log \dfrac{\xi}{\sqrt{\xi^2 + 1}}$ $\quad (\xi > 0)$

durchläuft x alle reellen Zahlen $\gtrless x_0$, und aus der DGl wird

$$\xi(\xi^2 + 1)\,\eta'' + (3\xi^2 + 1)\,\eta' = \frac{4b}{a^2}\,\xi\,\eta\,.$$

$x^2 y'' \log x + y = 0$ 2·412a

$$y = C_1 \log x + C_2 \left(x - \log x \int \frac{dx}{\log x}\right). \quad (G)$$

$y'' \sin x - y' + a\,y \sin x \operatorname{tg}^2 \frac{x}{2} = 0$ 2·415a

Für $y(x) = \eta(\xi)$, $\xi = \cos \dfrac{x}{2}$ entsteht die DGl 2·160

$$\xi^2\eta'' + \xi\eta' + 4a\eta = 0. \quad (G)$$

$4y'' \sin x + 4\,y' + y \sin x = 0$ 2·417a

Für $y(x) = \eta(\xi)$, $\xi = \cos \dfrac{x}{2}$ entsteht die DGl 2·315a mit ξ, η statt x, y. (G)

$y'' \cos^2 x + a\,y' \sin 2\,x + b\,y = 0$ 2·420a

(a) $b = 2a$: $\quad y = \cos^{2a} x\,(C_1 + C_2 \int \cos^{-2a} x\,dx)$;

(b) $a = \frac{1}{2}$, $\quad b = \frac{3}{4}$: $\quad y = \sqrt{|\cos x|}\left(C_1 \sin \frac{x}{2} + C_2 \cos \frac{x}{2}\right)$;

(c) $a = -\frac{1}{2}$, $\quad b = -\beta^2 < 0$: $\quad y = C_1 \left(\frac{1 + \sin x}{\cos x}\right)^{\beta} + C_2 \left(\frac{1 - \sin x}{\cos x}\right)^{\beta}$;

(d) $a = -\frac{3}{2}$, $\quad b = -24$: $\quad y = \dfrac{1}{\cos^6 x}\{C_1 \sin x\,(5 \sin^2 x + 3)$

$$+ C_2 (\sin^6 x - 15 \sin^4 x - 45 \sin^2 x - 5)\}. \quad (G)$$

$y'' \cos^2 x - y' \sin x \cos x + y(a \cos^4 x - 1) = 0$ 2·420b

Für $u(x) = y \cos x$ entsteht die DGl 2·66a

$$u'' + u' \operatorname{tg} x + a\,u \cos^2 x = 0. \quad (G)$$

2·420c $y'' \cos^2 x + 6\,y' \cos^2 x \operatorname{ctg} 2\,x - 24\,y = 0$

Für $u(x) = y \cos^6 x$ entsteht eine DGl, in der u selbst nicht vorkommt, die also u. a. die Lösung $u = 1$ hat. Damit hat man auch eine Lösung der gegebenen DGl und kann sie nun nach A 24·2 (b) vollständig lösen.

2·430a $y'' \sin^2 x + y' (\cos x + 2) \sin x + a\,y = 0$

Für $y(x) = \eta(\xi)$, $\xi = \operatorname{tg} \frac{x}{2}$ entsteht die DGl 2·187

$$\xi^2 \eta'' + 3\,\xi\,\eta' + a\,\eta = 0. \quad (G)$$

2·430b $y'' \cos x \sin x - y' (3 \cos x + 2) \cos x - 2\,y (\cos x + 1) \sin x = 0$

$$y = C_1 \cos x + C_2 [\sin^2 x + 2 \cos x \log (\cos x)]. \quad (G)$$

2·430c $y'' \cos x \sin x + (a \sin^2 x + b)\,y' + c\,y \cos x \sin x = 0$

(a) $c = (b-1)(a+b-1)$: $y = \sin^{1-b} x$;
(b) $c = (b+1)(a+b+1)$: $y = \cos^{a+b+1} x$;
(c) $c = 2(a+2)$: $y = \sin^{1-b} x \cos^{a+b+1} x$;
(d) $a = b = 1,\ c = 2$: $y = 1 + \cos^2 x$;
(e) $a = 2,\ c = 24$: $y = \sin^{1-b} x \cos^{b+3} x\,(8 \sin^2 x + b - 3)$.

Die übrigen Lösungen erhält man in diesen Fällen nach A 24·2 (b).

(f) $a = 2\nu - 1,\ b = 1,\ c = -\nu(\nu - 1)$: für $y(x) = \eta(\xi)$, $\xi = \cos x$ entsteht die DGl 2·240 (18) (mit $a = \nu$, $b = 1$, $c = -1$)

$$\xi(\xi^2 - 1)\,\eta'' - [2(\nu-1)\,\xi^2 - 2\nu]\,\eta' + \nu(\nu-1)\,\xi\,\eta = 0. \quad (G)$$

2·436a $y'' \cos x \sin^2 x + y' \sin^3 x + a\,y \cos^3 x = 0$

Für $y(x) = \eta(\xi)$, $\xi = \sin x$ entsteht die DGl 2·187 (8)

$$\xi^2 \eta'' + a\,\eta = 0. \quad (G)$$

2·436b $y'' \cos x \sin^2 x - y' \sin^3 x - \nu(\nu + 1)\,y \cos x = 0$

Für $y(x) = \eta(\xi)$, $\xi = \sin x$ entsteht die DGl 2·240 (8).

2·437a $y'' \cos^2 x \sin x + y' (a \sin^2 x + b) \cos x + c\,y \sin x = 0$

(a) $c = a(b+1)$: $y = \cos^a x$;
(b) $c = (a+2)(b-1)$: $y = \operatorname{tg}^{1-b} x$;
(c) $c = 2(a+b-1)$: $y = \sin^{1-b} x \cos^{a+b-1} x$;
(d) $b = -(a+3),\ c = -24$: $y = \dfrac{\sin^{a+4} x}{\cos^6 x} [(a-2)\cos^2 x + 8]$. (G)

Die übrigen Lösungen erhält man aus den angegebenen nach A 24·2 (b).

$y'' \cos^2 x \sin x + y'(a \sin^2 x - 1) \cos x + b\, y \sin^3 x = 0$ 2·437 b

Für $y(x) = \eta(\xi)$, $\xi = \cos x$ entsteht die DGl 2·187

$$\xi^2 \eta'' + (1 - a)\, \xi \eta' + b\eta = 0\,.$$

$f y'' + (f^2 - f')\, y' + a f^3 y = 0$, $f = f(x)$ 2·443 a

Für $y = e^{\alpha F} u(x)$ mit $F = \int f(x)\, dx$ erhält man eine DGl, in der das Glied mit u verschwindet, falls $\alpha^2 + \alpha + a = 0$ ist, die also für dieses α die Lösung 1 hat. Damit wird

$$y = C_1 e^{\alpha_1 F} + C_2 e^{\alpha_2 F},$$

wo α_1, α_2 die beiden Lösungen von $\alpha^2 + \alpha + a = 0$ für $a \neq \frac{1}{4}$ sind. (G)

$f y'' + (f g + f' + 1)\, y' + g\, y = 0$, $f = f(x)$, $g = g(x)$. 2·444 a

$$y = e^{-F} \left\{ C_1 + C_2 \int \frac{1}{f} \exp\left(F - \int g\, dx\right) dx \right\} \quad \text{mit } F = \int \frac{dx}{f}.$$

H. Görtler, Zeitschr. f. angew. Math. Mech. 23 (1943) 234.

$y^{(n)} = a x^2 y' + b x y' + c y$ 5·4 a

Lösung mittels der Integraltransformation

$$y = \int_0^\infty \int_0^\infty e^{-\frac{u^n + v^n}{n}} u^\alpha v^\beta \sum_{\nu=1}^{n} C_\nu e^{\lambda_\nu u v x} du\, dv$$

($\alpha > -1$, $\beta > -1$, $\lambda_\nu^n = a$) bei *S. Spitzer*, Math. Annalen 3 (1871) 453 bis 455.

$y'' + f(x, y)\, y'^3 = 0$ 6·54 a

Wird y als unabhängige Veränderliche gewählt, so erhält man für $x = x(y)$ die DGl $x'' = f(x, y)$.

Die Randwertaufgabe 6·65

$$y'' + \lambda y (y'^2 + 1)^{\frac{3}{2}} = 0, \quad y(-a) = y(+a) = 0, \quad y(x) > 0 \text{ für } |x| < a$$

hat genau eine Lösung für jedes λ, das die UnGlen

$$\frac{2\gamma^2}{a^2} < \lambda < \frac{\pi^2}{a^2} \quad \text{mit } \gamma = \int_0^1 \frac{t^2}{\sqrt{1-t^4}}\, dt = \frac{1}{2} \int_0^1 \sqrt{\frac{s}{1-s^2}}\, ds$$

erfüllt; die IKurve verläuft symmetrisch zur y-Achse, der Maximalwert η der Lösung erfüllt die UnGl $2a\, \lambda(\pi - \gamma)\, \eta < \pi^2$.

R. Caccioppoli, Portugaliae Mathematica 3 (1942) 79—86.

6·162 Für $y = u^{-4}$ entsteht die DGl 6·209

$$u^3 u'' = \frac{a}{16}.$$

Die Methode von 6·224 ergibt die DGl mit getrennten Veränderlichen

$$y'^2 + a y^3 = A\,|y|^{\frac{5}{2}},$$

aus der man

$$x + B = \int \frac{d y}{\sqrt{A\,|y|^{\frac{5}{2}} - a y^3}}$$

erhält. Für die Auswertung des Integrals setze man $y = \pm u^{-2}$. Für $a \neq 0$ erhält man

$$y = \frac{\pm 16\, C_1^2}{[(C_1 x + C_2)^2 \pm a]^2} \quad \text{sowie } y = (D x + C)^{-2} \quad \text{mit } 4\,D^2 = -a,$$

und für $a = 0$: $y = (C_1 x + C_2)^{-4}$.

Mit anderer Methode und Druckfehlern bei *E. Makai*, Zeitschr. f. angew. Math. Mech. 22 (1942) 167.

6·193a $\mathbf{(y^2 + x^2)\, y'' + (y'^2 + 1)\,(x y' - y) = 0}$

Wie bei 6·194 erhält man

$$\operatorname{arctg} y' + \operatorname{arctg} \frac{y}{x} = C_1' \quad \text{oder } y' + \frac{y}{x} = \left(1 - y' \frac{y}{x}\right) C_1.$$

Das ist eine homogene DGl. Für $y = x u(x)$ wird aus ihr die DGl mit getrennten Veränderlichen

$$x(C_1 u + 1)\, u' + C_1 u^2 + 2u - C_1 = 0.$$

Aus dieser erhält man

$$x^2 (C_1 u^2 + 2u - C_1) = C_2, \quad \text{also } 2 x y + C_1 (y^2 - x^2) = C_2.$$

Für den Zusammenhang der DGl mit einer Variationsaufgabe s. *F. Paulus*, Mathem. Zeitschrift 25 (1926) 358.

6·246a $\mathbf{f(y'' + y) = y''^2 + y'^2}$

Durch Differentiation entsteht

$$[f'(y'' + y) - 2\, y']\,(y''' + y') = 0.$$

Aus $y''' + y' = 0$ gewinnt man die Lösungen

$$y = A \sin(x + B) + C \quad \text{mit } A^2 = f(C).$$

Setzt man die eckige Klammer gleich Null, so erhält man durch Einführung von $y'' + y = u$ die singulären Lösungen in der Parameterdarstellung

$$x = \int \frac{2 - f''(u)}{\sqrt{4 f(u) - f'^2(u)}}\, du, \quad y = u - \frac{1}{2} f'(u).$$

E. Goursat, Nouvelles Annales Math. (4) 20 (1920) 385f.

$$\boldsymbol{y\,y''' + a\,y'\,y'' + f(y)\,y' = 0}$$ 7·7a

Nach Multiplikation mit y^{a-1} ist die DGl exakt, man erhält also

$$y^a y'' + \int y^{a-1} f(y)\,dy = C_1\,.$$

Multipliziert man diese Gl mit $2y'\,y^{-a}$, so kann man nochmals integrieren und bekommt die DGl erster Ordnung

$$y'^2 = C_2 + 2\int y^{-a}\,[C_1 - \int y^{a-1} f(y)\,dy]\,dy\,.$$

K. Wieghardt, Zeitschr. f. angew. Math. Mech. 23 (1943) 125.

$$\boldsymbol{y^2 y''' + 3\,y\,y'' = y''\sqrt{16\,y^3 y'' + 1}}$$ s. 7·12a. 7·7b

$$\boldsymbol{\frac{d}{dx}\left(\varphi(y)\,y''\right) = f(y)\,F(\varphi(y)\,y'')}\,;\quad f \neq 0.$$ 7·12a

Da x selbst in der DGl nicht vorkommt, kann man nach A 15·3 (a) die Ordnung der DGl erniedrigen. Vorteilhafter ist nach *Liouville* folgendes Verfahren: Man löst die DGl

(1) $$u'(t) = F(u)$$

und setzt $$v(y) = \int f(y)\,dy;$$

durch die letzte Gl ist auch y als Funktion von v bestimmt: $y = Y(v)$. Mit dieser Funktion bildet man für $v = v(t)$ die DGl

(2) $$v''(t) = \frac{u(t)}{\varphi(Y(v))\,f(Y(v))}\,.$$

Für eine Lösung $v(t)$ dieser DGl setze man

$$x = \int \frac{dt}{f(Y(v(t)))}$$

und berechne hieraus $t = t(x)$ als Funktion von x. Dann ist

$$y(x) = Y(v(t(x)))$$

ein Integral der gegebenen DGl.

Die DGl 7·7b ergibt sich für

$$\varphi(y) = y^3,\quad f(y) = \frac{1}{y^2},\quad F(u) = u\sqrt{16\,u + 1}\,.$$

In diesem Fall lautet (1)

$$u'(t) = u\sqrt{16\,u + 1}\,.$$

Man erhält hieraus

$$\frac{1}{16u} = \sinh^2\frac{t - t_0}{2} \quad \text{und} \quad \frac{1}{16u} = -\cosh^2\frac{t - t_0}{2}\,.$$

Die Gl (2) lautet daher

$$16\,v''\sinh^2\frac{t - t_0}{2} + v = 0 \quad \text{bzw.} \quad 16\,v''\cosh^2\frac{t - t_0}{2} - v = 0\,.$$

Das sind die beiden DGlen 2·410a und b.

J. Liouville, Journal de Math. 14 (1849) 225—241. *C. G. Jacobi*, ebenda 181—200.

10·6a $\boldsymbol{y'(x) = y\left(\frac{1}{x}\right)}$; Sonderfall von 10·7.

$$y(x) = C\sqrt{x}\cos\left(\frac{\sqrt{3}}{2}\log x - \frac{\pi}{6}\right).$$

L. Silberstein, Philos. Magazine (7) 30 (1940) 185f.; Berichtigung im Jahrbuch FdM. 66 (1940) 405.

10·6b $\boldsymbol{2\,y(x)\,y'(x) = y(2\,x)}$

$$y = x\,,\quad C\sin\frac{x}{C}\,,\quad C\exp\frac{x}{2\,C}\,.$$

Dieses sind die einzigen Lösungen, die im Punkt $x = 0$ regulär sind.

E. Beke, Matematikai és Fizikai Lapok 48 (1941) 387—392.

Register.

(Die Zahlen geben die Seiten an.)

CHELSEA

SCIENTIFIC

BOOKS

BASIC GEOMETRY

By G. D. BIRKHOFF and R. BEATLEY

A highly recommended high-school text by two eminent scholars.

"is in accord with the present approach to plane geometry. It offers a sound mathematical development . . . and at the same time enables the student to move rapidly into the heart of geometry."—*The Mathematics Teacher.*

"should be required reading for every teacher of Geometry."—*Mathematical Gazette.*

—Third edition. 1959. 294 pp. 5¼x8. [120]

KREIS UND KUGEL

By W. BLASCHKE

Isoperimetric properties of the circle and sphere, the (Brunn-Minkowski) theory of convex bodies, and differential-geometric properties (in the large) of convex bodies. A standard work.

—x + 169 pp. 5½x8½. [59] Cloth

VORLESUNGEN ÜBER INTEGRAL-GEOMETRIE. Vols. I and II

By W. BLASCHKE

AND

EINFÜHRUNG IN DIE THEORIE DER SYSTEME VON DIFFERENTIAL-GLEICHUNGEN

By E. KÄHLER

—222 pp. 5½x8½. [64] Three Vols. in One

VORLESUNGEN ÜBER FOURIERSCHE INTEGRALE

By S. BOCHNER

"A readable account of those parts of the subject useful for applications to problems of mathematical physics or pure analysis."

—*Bulletin of the A. M. S.*

—1932. 237 pp. 5½x8½. Orig. pub. at $6.40. [42]

SPHERICAL AND ELLIPSOIDAL HARMONICS

By E. W. HOBSON

"A comprehensive treatise . . . and the standard reference in its field."—*Bulletin of the A. M. S.*

—1930. 512 pp. 5⅜x8. Orig. pub. at $13.50. [104]

DIE METHODEN ZUR ÄNGENAHERTEN LÖSUNG VON EIGENWERTPROBLEMEN IN DER ELASTOKINETIK

By K. HOHENEMSER

—(Ergeb. der Math.) 1932. 89 pp. 5½x8½. Orig. pub. at $4.25. [55]

ERGODENTHEORIE

By E. HOPF

—(Ergeb. der Math.) 1937. 89 pp. 5½x8½. [43]

HUDSON, "Ruler and Compasses," see Hobson

THE CALCULUS OF FINITE DIFFERENCES

By CHARLES JORDAN

". . . destined to remain the classic treatment of the subject . . . for many years to come."—*Harry C. Carver, Founder and formerly Editor of the* ANNALS OF MATHEMATICAL STATISTICS.

—1947. Second edition. xxi + 652 pp. 5½x8¼. [33]

THEORIE DER ORTHOGONALREIHEN

By S. KACZMARZ and H. STEINHAUS

The theory of general orthogonal functions. *Monografje Matematyczne*, Vol. VI.

—304 pp. 6x9. [83]

KAHLER, "System von . . . ," see Blaschke

DIFFERENTIALGLEICHUNGEN: LOESUNGSMETHODEN UND LOESUNGEN

By E. KAMKE

Everything possible that can be of use when one has a given differential equation to solve, or when one wishes to investigate that solution thoroughly.

PART A: General Methods of Solution and the Properties of the Solutions.

PART B: Boundary and Characteristic Value Problems.

PART C: Dictionary of some 1600 Equations in Lexicographical Order, with solution, techniques for solving, and references.

"A reference work of outstanding importance which should be in every mathematical library."

—*Mathematical Gazette.*

—Third ed. 692 pp. 6x9. Orig. Publ. at $15.00. [44]

KEMPE, "How to Draw a Straight Line," see Hobson

VORLESUNGEN ÜBER HÖHERE GEOMETRIE

By FELIX KLEIN

In this third edition there has been added to the first two sections of *Klein's* classical work a third section written by Professors *Blaschke, Radon, Artin* and *Schreier* on recent developments.

—Third ed. 413 pp. 5½x8. Orig. publ. at $10.80. [65]

VORLESUNGEN UEBER NICHT-EUKLIDISCHE GEOMETRIE

By F. KLEIN

CHAPTER HEADINGS: I. Concept of Projective Geometry. II. Structures of the Second Degree. III. Collineations that Carry Structure of Second Degree into Itself. IV. Introduction of the Euclidean Metric into Projective Geometry. V. Projective Coordinates Independent of Euclidean Geometry. VI. Projective Determination of Measure. VII. Relation between Elliptic, Euclidean, and Hyperbolic Geometries. VIII. The Two Non-Euclidean Geometries. IX. The Problem of the Structure of Space. X AND XI. Relation between Non-Euclidean Geometry and other Branches of Mathematics.

—1928. xii + 326 pp. 5x8. [129]

THEORIE DER ENDLICHEN UND UNENDLICHEN GRAPHEN

By D. KÖNIG

"Elegant applications to Matrix Theory . . . Abstract Set Theory . . . Linear Forms . . . Electricity . . . Basis Problems . . . Logic, Theory of Games, Group Theory."—*L. Kalmar, Acta Szeged.*

—1936. 269 pp. 5¼x8¼. Orig. publ. at $7.20. [72] **$4.95**

DIOPHANTISCHE APPROXIMATIONEN

By J. F. KOKSMA

—(Ergeb. der Math.) 1936. 165 pp. 5½x8½. Orig. publ. at $7.25. [66]

FOUNDATIONS OF THE THEORY OF PROBABILITY

By A. KOLMOGOROV

Translation edited by N. MORRISON. With a bibliography and notes by A. T. BHARUCHA-REID.

Almost indispensable for anyone who wishes a thorough understanding of modern statistics, this basic tract develops probability theory on a postulational basis.

—2nd ed. 1956. viii + 84 pp. 6x9. [23]

EINFÜHRUNG IN DIE THEORIE DER KONTINUIERLICHEN GRUPPEN

By G. KOWALEWSKI

—406 pp. 5¼x8¼. Orig. publ. at $10.20. [70]

THE DEVELOPMENT OF MATHEMATICS IN CHINA AND JAPAN

By Y. MIKAMI

"Filled with valuable information. Mikami's [account of the mathematicians he knew personally] is an attractive features."
—*Scientific American.*

—1913-62. x + 347 pp. 5⅜x8. [149]

KURVENTHEORIE

By K. MENGER

—1932-63. vi+376 pp. 5⅜x8¼. [172]

GEOMETRIE DER ZAHLEN

By H. MINKOWSKI

—viii + 256 pp. 5½x8¼. [93]

DIOPHANTISCHE APPROXIMATIONEN

By H. MINKOWSKI

—viii + 235 pp. 5¼x8¼. [118]

MORDELL, "Fermat's Last Theorem," see *Klein*

INVERSIVE GEOMETRY

By F. MORLEY and F. V. MORLEY

—xi + 273 pp. 5¼x8¼. [101]

INTRODUCTION TO NUMBER THEORY

By T. NAGELL

A special feature of Nagell's well-known text is the rather extensive treatment of Diophantine equations of second and higher degree. A large number of non-routine problems are given.

—1951-64. Corr. repr. of 1st ed. 309 pp. 5⅜x8 [163]

THE THEORY OF SUBSTITUTIONS

By E. NETTO

Partial Contents: CHAP. I. Symmetric and Alternating Functions. II. Multiple- valued Functions and Groups of Substitutions. III. The Different Values of a Multiple-valued Function and their Algebraic Relation to One Another. IV. Transitivity and Primitivity; Simple and Compound Groups; Isomorphism. V. Algebraic Relations between Functions Belonging to the Same Group . . . VII. Certain Special Classes of Groups. VIII. Analytical Representation of Substitutions. The Linear Group. IX. Equations of Second, Third, Fourth Degrees. Groups of an Equation. X. Cyclotomic Equations. XI. Abelian Equations . . . XIII. Algebraic Solution of Equations. XIV. Group of an Algebraic Equation. XV. Algebraically Solvable Equations.

—In prep. Corr. repr. of 1st ed. 310 pp. 5⅜x8.

LEHRBUCH DER KOMBINATORIK

By E. NETTO

A standard work on the fascinating subject of Combinatory Analysis.

—2nd ed. viii+348 pp. 5⅜x8. [123]

VORLESUNGEN ÜBER DIFFERENZENRECHNUNG

By N. H. NÖRLUND

—ix+551 pp. 5⅜x8. Orig. publ. at $11.50 [100]

FUNCTIONS OF REAL VARIABLES FUNCTIONS OF A COMPLEX VARIABLE

By W. F. OSGOOD

TWO VOLUMES IN ONE.

"*Well-organized courses, systematic, lucid, fundamental,* with many brief sets of appropriate exercises, and occasional suggestions for more extensive reading. The technical terms have been kept to a minimum, and have been clearly explained. The aim has been to develop the student's power and to furnish him with a substantial body of classic theorems, whose proofs illustrate the methods and whose results provide equipment for further progress."—*Bulletin of A. M. S*

—676 pp. 5x8. 2 vols. in 1. [124]

DIE LEHRE VON DEN KETTENBRUECHEN

By O. PERRON

Both the Arithmetic Theory and the Analytic Theory are treated fully.

"An indispensable work . . . Perron remains the best guide for the novice. The style is simple and precise and presents no difficulties."

—*Mathematical Gazette.*

—2nd ed. 536 pp. 5⅜x8. [73]

IRRATIONALZAHLEN

By O. PERRON

—2nd ed. 1939. 207 pp. 5⅜x8. [47] Cloth
[113] Paper

EIGHT-PLACE TABLES OF TRIGONOMETRIC FUNCTIONS

By J. PETERS

Eight-place tables of the trigonometric functions (sine, tangent, cotangent, and cosine) for every second of arc of the quadrant; with an appendix on the computation to twenty decimal places.

—1963. xii+956 pp. 8x11. [174]

PETERSEN, "Methods and Theories for Solution of Problems of Geometrical Construction," see Ball

SUBHARMONIC FUNCTIONS

By T. RADO

—(Ergeb. der Math.) 1937. iv + 56 pp. 5½x8½. [60]

THE PROBLEM OF PLATEAU

By T. RADO

—(Ergeb. der Math.) 1933. 113 pp. 5½x8. Orig. publ. (in paper binding) at $5.10. [81]

COLLECTED PAPERS

By S. RAMANUJAN

Ramanujan's papers on Number Theory are edited by G. H. Hardy, P. V. Seshu Aiyar, and B. M. Wilson.

—1927-63. xxxvi+355 pp. 6x9. [159]

RAMANUJAN, see also Hardy

EINFÜHRUNG IN DIE KOMBINATORISCHE TOPOLOGIE

By K. REIDEMEISTER

Group Theory occupies the first half of the book; applications to Topology, the second. This well-known book is of interest both to algebraists and topologists.

—221 pp. 5½x8¼. [76]

KNOTENTHEORIE

By K. REIDEMEISTER

—(Ergeb. der Math.) 1932. 78 pp. 5½x8½. [40]

FOURIER SERIES

By W. ROGOSINSKI

Translated by H. Cohn. Designed for beginners with no more background than a year of calculus, this text covers, nevertheless, an amazing amount of ground. It is suitable for self-study courses as well as classroom use.

"The field covered is extensive and the treatment is thoroughly modern in outlook . . . An admirable guide to the theory."—*Mathematical Gazette.*

—2nd ed. 1959. vi+176 pp. 4½x6½ [67]
[178] Paper **$1.39**

PROJECTIVE METHODS IN PLANE ANALYTICAL GEOMETRY

By C. A. SCOTT

The original title of the present work, as it appeared in the first and second editions, was "An Introductory Account of Certain Modern Ideas and Methods in Plane Analytic Geometry." The title has been changed to the present more concise and more descriptive form, and the corrections indicated in the second edition have been incorporated into the text.

CHAPTER HEADINGS: I. Point and Line Coordinates. II. Infinity. Transformation of Coordinates. III. Figures Determined by Four Elements. IV. The Principle of Duality. V. Descriptive Properties of Curves. VI. Metric Properties of Curves; Line at Infinity. VII. Metric Properties of Curves; Circular Points. VIII. Unicursal (Rational) Curves. Tracing of Curves. IX. Cross-Ratio, Homography, and Involution. X. Projection and Linear Transformation. XI. Theory of Correspondence. XII. The Absolute. XIII. Invariants and Covariants.

—3rd ed. xiv + 288 pp. 5⅜x8. [146]

LEHRBUCH DER TOPOLOGIE

By H. SEIFERT and W. THRELFALL

This famous book is the only modern work on *combinatorial topology* addressed to the student as well as to the specialist. It is almost indispensable to the mathematician who wishes to gain a knowledge of this important field.

"The exposition proceeds by easy stages **with examples and illustrations at every turn.**"

—*Bulletin of the A. M. S.*

—1934. 360 pp. 5½x8½. Orig. publ. at $8.00. [31]

SHEPPARD, "From Determinant to Tensor," see Klein

HYPOTHÈSE DU CONTINU

By W. SIERPIŃSKI

An appendix consisting of sixteen research papers now brings this important work up to date. This represents an increase of more than forty percent in the number of pages.

"One sees how deeply this postulate cuts through all phases of the foundations of mathematics, how intimately many fundamental questions of analysis and geometry are connected with it . . . a most excellent addition to our mathematical literature."

—*Bulletin of A. M. S.*

——Second edition. 1957. xvii + 274 pp. 5x8. [117]

SINGH, "Non-Differentiable Functions," see Hobson

PROJECTIVE GEOMETRY OF *n* DIMENSIONS

By O. SCHREIER and E. SPERNER

Translated from the German by CALVIN A. ROGERS.

Suitable for a one-semester course on the senior undergraduate or first-year graduate level. The background required is minimal: The definition and simplest properties of vector spaces and the elements of matrix theory.

There are exercises at the end of each chapter to enable the student to test his mastery of the material.

CHAPTER HEADINGS: I. n-Dimensional Projective Space. II. General Projective Coordinates. III. Hyperplane Coordinates. The Duality Principle. IV. The Cross Ratio. V. Projectivities. VI. Linear Projectivities of P_n onto Itself. VII. Correlations. VIII. Hypersurfaces of the Second Order. IX. Projective Classification of Hypersurfaces of the Second Order. X. Projective Properties of Hypersurfaces of the Second Order. XI. The Affine Classification of Hypersurfaces of the Second Order. XII. The Metric Classification of Hypersurfaces of the Second Order.

—1961. 208 pp. 6x9. [126]

VORLESUNGEN UEBER DIE ALGEBRA DER LOGIK

By E. SCHRÖDER

—In prep. 3 Vols. 2,014 pp. 5⅜x8. [171]

AN INTRODUCTION TO THE OPERATIONS WITH SERIES

By I. J. SCHWATT

Many useful methods for operations on series, methods for expansions of functions, methods for the summation of many types of series, and a wealth of explicit results are contained in this book. The only prerequisite is knowledge of the Calculus.

Some of the Chapter Headings are: I. Higher Derivatives of Functions of Functions, and their Expansions. II. H. D. of Trigonometric Series, and their Expansions. IV. H. D. of Powers of Trigonometric Series, etc. V. The Operator $(xd/dx)^n$. VII. Expansions of Powers of Series. X. The Sum of a Series as Solution of Differential Equation. XIII. Evaluation of Definite Integrals.

—1924-62 x+287 pp. 5⅜x8. [158]

DIOPHANTISCHE GLEICHUNGEN

By T. SKOLEM

—(Ergeb. der Math.) 1938. ix + 130 pp. 5½x8½. Cloth. Orig. publ. at $6.50. [75]

INTERPOLATION

By J. F. STEFFENSEN

"A landmark in the history of the subject.

"Starting from scratch, the author deals with formulae of interpolation, construction of tables, inverse interpolation, summation of formulae, the symbolic calculus, interpolation with several variables, in a clear, elegant and rigorous manner . . . The student . . . will be rewarded by a comprehensive view of the whole field. . . . A classic account which no serious student can afford to neglect."—*Mathematical Gazette.*

—1950. 2nd ed. 256 pp. 5¼x8¼. Orig. $8.00. [71]

ALGEBRAISCHE THEORIE DER KOERPER

By E. STEINITZ

"Epoch-making."—*A. Haar, Aca Szeged.*

—177 pp. including two appendices. 5¼x8¼. [77]

A HISTORY OF THE MATHEMATICAL THEORY OF PROBABILITY

By I. TODHUNTER

Introduces the reader to *almost every process and every species of problem which the literature of the subject can furnish.* Hundreds of problems are solved in detail.

—640 pp. 5¼x8. Previously publ. at $8.00. [57]

A HISTORY OF THE CALCULUS OF VARIATIONS IN THE 19th CENTURY

By I. TODHUNTER

A critical account of the various works on the Calculus of Variations published during the early part of the nineteenth century. Of the seventeen chapters, fourteen are devoted to the calculus of Variations proper, two to various memoirs that touch upon the subject, and the seventeenth is a history of the conditions of integrability. Chapter Nine contains a translation in full of Jacobi's memoir.

—Repr. of ed. of 1862. xii+532 pp. 5⅜x8. [164]

SET TOPOLOGY

By R. VAIDYANATHASWAMY

In this text on Topology, the first edition of which was published in India, the concept of partial order has been made the unifying theme.

Over 500 exercises for the reader enrich the text.

CHAPTER HEADINGS: I. Algebra of Subsets of a Set. II. Rings and Fields of Sets. III. Algebra of Partial Order. IV. The Closure Function. V. Neighborhood Topology. VI. Open and Closed Sets. VII. Topological Maps. VIII. The Derived Set in T_1 Space. IX. The Topological Product. X. Convergence in Metrical Space. XI. Convergence Topology.

—2nd ed. 1960. vi + 305 pp. 6x9. [139]

LECTURES ON THE GENERAL THEORY OF INTEGRAL FUNCTIONS

By G. VALIRON

—1923. xii + 208 pp. 5¼x8. [56]

GRUPPEN VON LINEAREN TRANSFORMATIONEN

By B. L. VAN DER WAERDEN

—(Ergeb. der Math.) 1935. 94 pp. 5½x8½. [45]

THE LOGIC OF CHANCE

By J. VENN

One of the classics of the theory of probability. Venn's book remains unsurpassed for clarity, readability, and sheer charm of exposition. No mathematics is required.

CONTENTS: PART ONE: Physical Foundations of the Science of Probability. CHAP. I. The Series of Probability. II. Formation of the Series, III. Origin, or Causation, of the Series. IV. How to Discover and Prove the Series. V. The Concept of Randomness. PART TWO: Logical Superstructure on the Above Physical Foundations. VI. Gradations of Belief. VII. The Rules of Inference in Probability. VIII. The Rule of Succession. IX. Induction. X. Causation and Design. XI. Material and Formal Logic . . . XIV. Fallacies. PART THREE: Applications. XV. Insurance and Gambling. XVI. Application to Testimony. XVII. Credibility of Extraordinary Stories. XVIII. The Nature and Use of an Average as a Means of Approximation to the Truth.

—Repr. of 3rd ed xxix+508 pp. 5⅜x8. [173] Cloth
[169] Paper **$2.25**